航天科技图书出版基金资助出版

卫星导航系统概论

刘天雄　编著

中国宇航出版社
·北京·

图书在版编目（CIP）数据

卫星导航系统概论 / 刘天雄编著. -- 北京 : 中国宇航出版社，2018.11

ISBN 978-7-5159-1564-7

Ⅰ. ①卫… Ⅱ. ①刘… Ⅲ. ①卫星导航—全球定位系统—高等学校—教材 Ⅳ. ①P228.4

中国版本图书馆 CIP 数据核字（2018）第 282882 号

责任编辑 侯丽平　　封面设计 宇星文化

出版发行 中国宇航出版社

社 址 北京市阜成路 8 号　邮 编 100830

(010)60286808　(010)68768548

网 址 www.caphbook.com

经 销 新华书店

发行部 (010)60286888　(010)68371900

(010)60286887　(010)60286804(传真)

零售店 读者服务部　(010)68371105

承 印 河北画中画印刷科技有限公司

版 次 2018 年 11 月第 1 版

2018 年 11 月第 1 次印刷

规 格 787×1092

开 本 1/16

印 张 40.75

字 数 988 千字

书 号 ISBN 978-7-5159-1564-7

定 价 268.00 元

本书如有印装质量问题，可与发行部联系调换

航天科技图书出版基金简介

航天科技图书出版基金是由中国航天科技集团公司于2007年设立的，旨在鼓励航天科技人员著书立说，不断积累和传承航天科技知识，为航天事业提供知识储备和技术支持，繁荣航天科技图书出版工作，促进航天事业又好又快地发展。基金资助项目由航天科技图书出版基金评审委员会审定，由中国宇航出版社出版。

申请出版基金资助的项目包括航天基础理论著作，航天工程技术著作，航天科技工具书，航天型号管理经验与管理思想集萃，世界航天各学科前沿技术发展译著以及有代表性的科研生产、经营管理译著，向社会公众普及航天知识、宣传航天文化的优秀读物等。出版基金每年评审1～2次，资助20～30项。

欢迎广大作者积极申请航天科技图书出版基金。可以登录中国宇航出版社网站，点击“出版基金”专栏查询详情并下载基金申请表；也可以通过电话、信函索取申报指南和基金申请表。

网址：http：//www.caphbook.com

电话：（010）68767205，68768904

序　一

我国在2000年建成北斗一号双星定位系统，成为世界上第三个拥有自主卫星导航系统的国家，到2012年北斗二号卫星导航系统对亚太地区提供定位、导航和授时服务，再到2017年发射第一组北斗三号卫星，我国开启了北斗三号全球组网的新时代。从北斗一号RDSS有源定位，到北斗二号RNSS无源定位，再到北斗三号利用星间链路实现全球组网导航卫星之间信息的互联互通，为全球用户免费提供基本导航＋星基增强＋报文通信＋搜索救援四大服务，北斗卫星导航系统达到了世界一流卫星导航系统的水平。北斗卫星导航系统不仅解决了“我在哪里”的问题，而且解决了“让别人知道我在哪里”的难题，卫星导航与卫星通信一体化的技术体制使得北斗系统在救灾减灾、搜索救援、应急广播、指挥调度、航路跟踪、态势感知等领域发挥了无以伦比的作用。

北斗卫星导航系统是我国重要的时间和空间信息基础设施，已成为现代信息产业、大数据服务和人工智能技术的重大技术支撑，是具有巨大带动力的时代产业发展引擎，与国家安全、国民经济和社会民生密切相关，是实现航天强国梦和军民融合发展的典型代表。作为国家重大科技工程，北斗卫星导航系统的应用服务是我们建设北斗系统的出发点和落脚点，只有应用服务于国计民生，才能产生真正的价值，才能不忘初心，方得始终。北斗卫星导航系统要打造“天上好用、地上用好”的格局与态势，要广泛推广应用，要天上地上配合好、建好用好、发挥好系统的作用，要不断进步、强化军民融合发展引领作用，构建好时空服务体系，形成智能信息服务的巨大产业。

目前，世界上有美国的GPS、俄罗斯的GLONASS、欧洲的Galileo以及中国的BDS四大全球卫星导航系统，还有日本的QZSS以及印度的IRNSS两小区域卫星导航系统，卫星导航应用领域的竞争是不可避免的。北斗系统能否顺利成长并赢得国内外市场，取决于国内广大用户、行业管理人员和科研队伍对卫星导航技术的认识，对北斗系统的理解。GPS等国外系统能做的事情，我们的北斗系统也能做，而且还有自己的特色服务。因此，编写一本全面介绍卫星导航系统的专著是十分迫切和必要的。

全书分为原理篇、系统篇、工程篇、性能篇、应用篇、展望篇六个部分，系统地阐述了卫星导航系统相关技术，各篇内容自成体系，内容完整，从事卫星导航系统建设的科研人员和开展卫星导航专业学习的师生以及从事卫星导航系统科研管理的人员可以根据需要，选择阅读相关的内容。相信本书的出版，将会对我国卫星导航技术的发展、北斗卫星导航系统的建设和推广应用起到积极的促进作用。自主创新、攻坚克难、团结协作、追求卓越的北斗精神一定会继续发扬光大！

“两弹一星”功勋奖章获得者

中国科学院院士

2018年2月16日

序 二

“日月安属，列星安陈?”当千年前的屈原仰望苍穹问天时，可曾想到千年后一个全新的“北斗”星群高悬于九天之际？这个“北斗”就是中国科技创新的新名片——北斗卫星导航系统。

卫星导航系统自诞生以来，为地球表面和近地空间用户提供了定位、导航和授时服务，成为人类活动、社会经济发展及国防建设的重要空间信息基础设施，极大地改变了人类的生产和生活方式。卫星导航系统是政治大国、经济强国、军事强国和科技强国的重要标志。正在运行的卫星导航系统有美国的全球定位系统（GPS）、俄罗斯的全球导航卫星系统（GLONASS）、欧洲的Galileo全球卫星导航系统、日本的准天顶卫星系统（QZSS）以及印度的区域卫星导航系统（IRNSS）。我国21世纪初开始建设独立自主的卫星导航系统，取名为“北斗卫星导航系统”（简称BDS），并已先后建成北斗实验验证系统（简称BDS-I）和北斗区域卫星导航系统（简称BDS-II），目前正在建设北斗全球卫星导航系统（简称BDS-III），预计2020年完成北斗全球卫星导航系统星座的建设，并投入运行。

BDS-I卫星导航系统采用透明转发体制，除了为用户提供定位、导航和授时服务外，还具有独特的双向数字报文通信功能，可实现用户与主管部门、用户与用户之间的短报文通信，创造性地扩展了系统的应用范围，在公共安全、减灾救灾、搜索救援、森林防火、气象探测、应急通信、指挥调度、态势感知、信息采集、车辆监控等特殊领域发挥了巨大作用。BDS-II除直接提供定位、导航和授时服务外，也保留BDS-I的透明转发定位能力，并提供短报文通信服务。BDS-III继承了BDS-II的全部服务功能，还增加了新的全球短报文服务、标准搜救服务以及星基增强服务功能。

2017年11月5日，北斗三号卫星导航系统发射了第一组MEO双星，开启了北斗三号全球组网的新时代。卫星导航系统的发展，不仅涉及到航天科学、空间科学、地球科学，也涉及电子、通信、时间频率、测绘等学科，因此，中国北斗卫星导航系统的建设不仅促进了中国导航事业的发展，也有力促进了其他相关学科的发展。

本书作者来自中国空间技术研究院总体设计部，是北斗卫星导航系统建设团队的核心成员。本书内容全面，技术总结到位、精准，涵盖了北斗卫星导航系统工作原理、星座构成、有效载荷、卫星轨道、时间频率、系统性能等内容，是一部全面反映卫星导航系统工程的著作。该书的出版不仅是北斗卫星导航系统建设相关理论与技术的总结，也是北斗卫星导航系统工程建设经验的总结；不仅有利于广大读者分享北斗卫星导航系统建设成就，也有利于广大工程建设人员和院校师生更好地理解北斗、推广北斗和应用北斗。

天河漫漫，人间俯仰千年。中国的北斗卫星导航系统志在寥廓，相信它的发展将“鸿鹄一再高举，天地睹方圆”，也相信本书的出版发行，一定会对我国卫星导航技术的发展、北斗卫星导航系统的建设和应用起到促进作用。

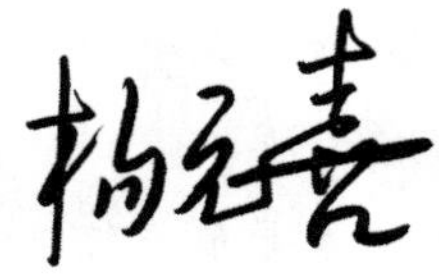

中国科学院院士

2018年1月18日

前　言

卫星导航系统能够为地球表面和近地空间的广大用户提供全天时、全天候、高精度的定位、导航和授时服务，是拓展人类活动、促进社会发展的重要空间基础设施。卫星导航正在使世界政治、经济、军事、科技、文化发生革命性的变化。

北斗七星，自古以来就是我国神话中永恒的神圣象征，《晋书天文志》说北斗七星在太微北，枢为天，璇为地，玑为人，权为时，衡为音，开阳为律，摇光为星。我们的祖先利用北斗七星来确定北极星的方位，再通过观测北极星辨别方向，所以汉乐府有诗云“玉衡指孟冬，众星何历历”。

今天我们不再需要通过观测天象去判断时间和位置。2000 年，我国相继发射两颗北斗一号卫星，基于无线电测定业务（RDSS），利用两颗地球静止轨道卫星为中国及周边地区提供有源定位、授时和短报文通信服务，建成了北斗双星定位系统，我国成为世界上第三个拥有自主卫星导航系统的国家。2012 年，完成 5 颗 GEO、5 颗 IGSO 和 4 颗 MEO 北斗卫星的发射并组成混合星座，建成了北斗二号卫星导航系统，基于无线电导航业务（RNSS）和 RDSS，为国土及部分亚太地区提供定位、导航、授时和短报文通信服务。北斗二号区域卫星导航系统一方面继承了北斗双星定位系统的有源定位服务，另一方面对标国际一流卫星导航系统，同时为用户提供无源定位服务，北斗短报文通信服务解决了用户告知别人自己“在哪儿，干什么”的难题。目前正在开展北斗三号全球卫星导航系统建设，计划 2020 年前后建成世界一流的全球卫星导航系统。

本人有幸参加了我国北斗一号、北斗二号和北斗三号卫星导航系统的建设工作，从事导航卫星总体设计工作。在工作中，注重与团队不同专业设计师研讨相关技术问题，向高校老师学习相关理论知识，同用户交流相关指标的理解。一流的事业，需要一流的队伍和一流的管理，在北斗全球卫星导航系统的建设过程中，需要设计师系统掌握卫星导航相关业务知识，推动北斗卫星导航系统的应用。2012 年 12 月 27 日，北斗二号卫星导航系统正式向亚太地区提供公开服务，具备了与 GPS、GLONASS、Galileo 等卫星导航系统同台竞争的条件。作者期望借此书出版的机会，与国内外同行开展交流，共同推进全球卫星导航系统的建设和应用。

全书分为原理篇、系统篇、工程篇、性能篇、应用篇、展望篇六个部分，系统地阐述了卫星导航系统的前世今生、定位原理、系统组成、功能性能、误差分析、工程实现、行业应用以及发展趋势。各篇内容自成体系，内容完整，从事卫星导航系统建设的科研人员、从事卫星导航专业学习的师生以及从事卫星导航系统科研管理的工作人员可以根据需要，选择阅读相关的内容，初学者应按顺序系统地学习各篇内容。

原理篇包括第1章概述、第2章定位原理、第3章时空基准三章。本篇翔实地介绍了卫星导航系统的光辉历史、闪耀的今天，阐明了卫星导航系统的定位原理，时间与空间参考基准对卫星导航系统的重要性，读者可以在本篇找到最权威的说明。

第1章阐述了卫星导航系统的前世今生。苏联发射的世界第一颗人造卫星触发了美国科学家研制卫星定位系统的灵感。斗转星移，卫星导航系统已走过了60年的光辉历程。目前，世界上有美国的GPS、俄罗斯的GLONASS、欧洲的Galileo以及中国的BDS四大全球卫星导航系统，也有日本的QZSS和印度的IRNSS区域卫星导航系统。卫星导航系统已成为当今信息产业的时空基准，正如GPS之父，美国工程院院士，斯坦福大学教授Parkinson先生所言“卫星导航应用只受想象力的限制”。关心当今卫星导航系统现状的朋友可以在本章找到最清晰的说明。

第2章解读了卫星导航系统的定位原理。信号到达时间（TOA）测距是卫星导航系统确定用户位置的数学基础，精密时间测量是卫星导航系统确定用户位置的物理基础。地面用户接收到导航卫星播发的导航信号后，计算导航信号从卫星到接收机的传播时间，再乘以无线电信号传播速度，得到星地之间的距离。通过导航信号的电文，可得到卫星的位置坐标，以卫星为球心、信号传播的距离为半径画球面，用户接收机一定在球面上。当接收机分别测量出与4颗导航卫星之间的距离时，4个球面相交于一点，即可以确定用户的空间位置。

第3章阐明了卫星导航系统的时间基准和空间参考框架，描述卫星在地球附近的运动规律时，必须相对某个参照物来描述卫星在空间的位置和运动，对地理空间中的要素进行定位和导航也必须要嵌入到一个时间和空间参照系统中。自洽的卫星导航系统时间和空间基准确保了定位、导航和授时服务过程中各个环节空间坐标和时间参考系统的统一。

系统篇包括第4章系统组成、第5章轨道和星座、第6章导航电文、第7章导航信号四章，为了给用户提供连续、完好、可用的定位、导航和授时服务，本篇介绍了卫星导航系统空间段、控制段和用户段的组成及任务分工。导航卫星应该运行在什么轨道？在空间应该组成什么样的星座？参与位置解算的导航卫星的空间几何构形对定位精度有什么影响？导航电文应该涉及哪些信息？导航信号应该如何调制导航电文和伪随机测距码？本篇涉及卫星导航系统的know-how，需要系统掌握卫星导航系统知识的朋友有必要深入研读本篇内容。

第4章说明了卫星导航系统组成及任务分工。空间段卫星导航系统是整个卫星导航系统的关键，要求连续、稳定、可靠地生成并播发导航信号；控制段地面运行控制系统是整个卫星导航系统的核心，负责生成卫星轨道、钟差、电离层延迟等导航数据；用户段应用系统是整个卫星导航系统的要素，导航应用的程度决定了系统生存空间。当然导航卫星组网运行离不开运载火箭的助推，离不开航天发射场的支持，离不开航天测控网的支撑。卫星导航系统作为典型的大国航天工程，体现着一个国家的政治、经济和军事的综合实力，美国曾把 GPS 系统定义为继载人登月和航天飞机之后的第三大航天工程正是源于这点。

第 5 章论述了导航卫星的轨道和卫星导航的星座，利用导航卫星进行定位，先决条件是用户要知道卫星的空间位置，即运行轨道。其次要求用户必须要能够同时接收到 4 颗以上导航卫星播发的信号，也就是说导航卫星对地要四重覆盖。那么设计导航卫星轨道时需要解决的第一个问题是确定导航卫星轨道的类型。确定导航卫星的轨道后，如何做到用户视界范围内有 4 颗以上导航卫星的基本要求呢？那么需要解决的第二个问题是确定空间导航卫星的数量和星座结构。

第 6 章说明了卫星导航系统导航电文数据的内容和数据结构，用户机只有解调出导航信号发射时刻卫星的轨道位置、星上时间以及电离层改正数等导航数据，才能解算出用户和卫星之间的伪距，这是解算用户位置的基础之一。

第 7 章阐述了导航信号的频率范围、调制方式、复用方案，导航信号是系统向用户播发导航数据和实现星地测距的唯一手段，是联系卫星导航系统各个环节的纽带。导航信号设计是卫星导航系统建设的顶层任务，用户的定位精度可以转化为对用户和卫星之间伪距测量的精度要求，以及对导航信号发射时刻的卫星轨道位置和星上时钟的精度要求。一定程度上说，导航信号的性能决定了整个卫星导航系统的性能。在无线电导航信号频段有限且拥挤的情况下，如何保证系统内导航信号的平稳过渡、系统间的兼容互操作、军用与民用信号的频谱分离、在战时复杂电磁环境下导航信号的可用性，是我们开展新一代卫星导航信号设计过程中必须要解决的问题。

工程篇包括第 8 章导航卫星和导航信号播发、第 9 章运控系统和导航电文生成、第 10 章接收机和 PVT 解算三章。本篇以导航信号为主线，阐明了作为代表一个国家航天工程水平的卫星导航系统如何为用户提供定位、导航和授时服务，空间段导航卫星如何生成导航信号并将导航信号播发给用户，控制段地面运控系统如何开展星地时间同步与导航卫星的轨道测量，用户段的导航接收机如何实现伪距观测和位置解算。本篇涉及卫星导航系统工程实现层面的 know-how，需要深入理解卫星导航系统工作机制和工作流程的朋友可以研读本篇内容。

第 8 章介绍了导航卫星平台和有效载荷的组成与功能，给出了导航信号的生成与播发过程，导航卫星只有可靠地接收地面运控系统上注的导航数据，连续、稳定地生成并播发下行导航信号，卫星导航系统才能实现为用户提供定位、导航和授时服务。

第9章说明了地面运控系统的组成和功能，介绍了导航数据的生成与上注过程、上注策略、数据校正、数据预测、覆盖范围等任务。系统的定位、导航和授时服务是以包含在导航信号中的卫星轨道位置和星上时钟信息为基础的，运控系统的导航数据生成精度与更新速率决定了整个系统的服务精度。

第10章分析了导航接收机如何捕获、跟踪、解扩、解调、译码导航信号，如何实现伪距观测和位置、速度和时间解算的过程。一个卫星导航系统生存和发展的前提是能为各个领域、各个行业的用户提供可靠的定位、导航和授时服务，并得到大量的应用。为此，本章也系统地给出了接收机的性能指标以及各组成环节的特点和技术要求。

性能篇包括第11章系统关键性能、第12章误差分析两章。本篇系统地论述了卫星导航系统的关键性能及其指标，分析了影响用户定位精度的因素，给出了进一步提高系统服务性能的措施等内容。建议那些准备和正在开展卫星导航应用的朋友阅读了解本篇相关内容。

第11章论述了卫星导航系统覆盖范围、定位精度、连续性、完好性、可用性等关键特性的定义及内涵。本章引用了斯坦福大学教授Parkinson先生关于卫星导航系统3A特性的说明材料，只有深刻理解卫星导航系统的关键特性，才能更好地开展相关的导航应用。

第12章分析了影响卫星导航系统定位、导航和授时服务精度的主要因素，从卫星导航信号生成与播发、导航信号传播、导航信号接收三个环节，给出了如何采取相应措施以减缓或者避免造成误差的方法。

应用篇包括第13章定位服务、第14章导航服务、第15章授时服务、第16章其他服务四章。卫星导航系统作为典型的军民两用系统，战略作用与商业利益并举，已广泛应用于交通运输、武器制导、精确打击、地理测绘、水文监测、通信时统、电力调度、气象预报、应急通信、搜索救援、救灾减灾、森林防火、海洋渔业、精准农业等领域，为军民融合奠定了技术基础。本篇以典型示例方式，简明地介绍了卫星导航系统的应用。

第13章以形变监测为例，简要说明卫星导航系统定位服务的定位模式、工作原理、实施方案等内容。第14章以车载导航和GNSS/INS组合导航为例，简要介绍卫星导航系统导航服务的工作模式、工作原理、实施方案等内容。第15章以互联网时间同步、移动通信网络时间同步、电力系统网络时间同步以及铁路时间网络同步为例，简要说明卫星导航系统的授时服务在各个领域的工作模式、工作原理、实施方案等内容。第16章给出了搜索救援、自动相关监视、报文通信等卫星导航系统的非典型应用，这些应用也进一步拓展了卫星导航系统的发展方向，卫星导航系统全球组网运行，是典型的天地一体化运行的信息系统。期望本篇能够引发读者的灵感，共同促进卫星导航系统的发展与应用。

展望篇包括第17章卫星导航技术发展趋势、第18章Micro-PNT系统与综合PNT体系两章。卫星导航系统在时间和空间的覆盖性上，在定位、导航和授时的服务精度上，都取得了革命性的进步，彻底改变了人们的生产、生活和斗争方式，追求无止境，新的需求、新的技术也将促进卫星导航系统新的发展。

第17章以专题的方式阐述了卫星导航技术的发展趋势，兼容互操作技术是多个卫星导航系统协同为用户提供更好的定位、导航和授时服务的必由之路。世界并不太平，信息化和网络化战争都离不开时间与空间基准的支撑，未来，导航战是不可回避的问题，从事卫星导航系统建设的同志们一定要未雨绸缪。卫星导航系统与通信系统和惯性导航系统的信息融合技术、新的调制方式以及新的导航信号恒包络复用方案、新一代导航信号体制设计等专题是当前值得我们研究的课题。

第18章简要介绍了可能会影响未来卫星导航系统发展的PNT技术和体系，在频谱对抗日趋激烈的战场电磁环境中，卫星导航信号发射功率低、穿透能力差等固有弱点，要求我们一方面要改善GNSS性能，一方面寻找GNSS的备份方案，以化解战时PNT服务不可用的风险。Micro-PNT是十分引人注目的技术，新的导航技术和系统不会取代卫星导航系统，但是一定会促进卫星导航系统的进步。在互联网+时代，大数据技术、人工智能技术和云平台技术一定会助力PNT技术体系的发展。

本书系统地阐述了卫星导航系统相关技术，内容完整，材料翔实，结构清晰，逻辑合理，重点突出，同时也有机地融入了学术界、工业部门在卫星导航技术领域的最新思想和成果，是一部学术与技术并重的专著，可以作为卫星导航系统相关领域的工程师、科研管理人员必备的参考书，也可以作为高等院校师生开展卫星导航系统学习的教材。相信本书的出版发行一定能够为我国北斗卫星导航系统的顶层设计、系统建设和推广应用踵事增华！

本书是作者从事北斗卫星导航工程导航卫星总体设计工作的总结，在成稿过程中，中国空间技术研究院总体部王海红高工和赵小鲂工程师编写了第5章轨道和星座，中国空间技术研究院总体部崔小准研究员和刘彬高工编写了第7章导航信号，中国空间技术研究院西安分院王岗研究员和郭媛媛工程师编写了第8章导航卫星和导航信号播发，中国东方红卫星股份有限公司的李晓梅研究员和中国空间技术研究院总体部赵欣工程师编写了第9章运控系统和导航电文生成，中国空间技术研究院航天恒星科技有限公司的俞能杰研究员和中国空间技术研究院总体部刘庆军高工编写了第10章接收机和PVT解算，中国空间技术研究院总体部张弓高工、徐峰高工及中国空间技术研究院航天恒星科技有限公司云岗地面站刘天惠工程师编写了应用篇，中国空间技术研究院航天恒星科技有限公司王盾研究员编写了 17.2 节导航通信一体化，清华大学陆明泉教授编写了 17.5 节卫星导航信号，中国卫星导航工程中心的高为广高工编写了 18.3 节综合 PNT 体系。推动北斗卫星导航系统又好又快发展是编写本书的最大动力，感谢他们对本书成稿所作的努力！

本书出版之际，作者衷心感谢中国空间技术研究院范本尧院士、北京卫星导航中心谭述森院士、地理空间工程国家重点实验室杨元喜院士、北斗卫星导航系统前工程副总师现高级顾问李祖洪研究员、北斗卫星导航系统工程副总师谢军研究员、中国卫星导航定位协会首席专家曹冲研究员、南京大学刘林教授、清华大学陆明泉教授、国防科技大学王飞雪教授、北京卫星导航中心韩春好教授、周兵研究员及王宏兵高工、中国航天科技集团有限公司张广宇高工，他们在百忙之中审阅了书稿并提出了建设性的修改意见。南京大学刘林教授重点审阅了第 5 章轨道和星座并提供了权威的参考资料。国防科技大学王飞雪教授和中国空间技术研究院航天恒星科技有限公司王盾研究员重点审阅了第 10 章接收机和 PVT 解算，给出了修改意见并提供了权威的参考资料。清华大学陆明泉教授审阅了第 7 章导航信号和第 10 章接收机和 PVT 解算，提出了系统的修改意见并提供了权威的参考资料。本书前后修改了三稿，从章节的安排到内容的取舍，均得到了范本尧院士、杨元喜院士、谭述森院士、陆明泉教授的悉心指导，感谢中国宇航出版社对本书的出版给予了大力的支持，感谢业内专家对作者的帮助与支持！

卫星导航系统涉及多个学科的专业知识，卫星导航系统技术发展迅速，限于作者专业水平有限，工作之余成稿时间仓促，本书难免出现不妥与疏漏之处，敬请读者批评指正。

刘天雄

2017 年国庆节于北京

目　录

第 1 部分　原理篇

第3部分　工程篇

第 4 部分　性能篇

第 5 部分　应用篇

第 6 部分 展望篇

第 1 部分　原理篇

第1章　概　述

1.1　导航起源

定位（positioning，P）是确定点位的地理经度、纬度和高程，对应位置信息服务；导航（navigation，N）是确定运动载体或者人员从一个地点到另一个地点的位置、速度和时间的科学，对应路径信息服务；授时（timing，T）是指在全世界任何地方和用户定义的时间参量条件下从一个标准得到并保持精密和准确时间的能力，包括时间传递，对应时间信息服务。统一、精确、实时的时间和空间基准是信息化的基础与核心，对经济社会和国家安全至关重要。PNT 技术指利用声、光、电、磁等能量传输载体的物理规律，对各类对象的时空属性进行测量的方法和实现途径。PNT 体现了导航的全部要素，即位置、速度和时间。PNT 能力指系统是否能够提供 PNT 全部要素的能力。

导航技术的关键是寻找识别并记住参考点的标志。日常生活中，当我们穿街走巷去一座城市中会亲访友时，通常会利用某个高楼大厦、街心公园、电视塔、立交桥等固定建筑物（地标或者参照物）作为视觉暗示进行导航；当我们驾车行驶在高速公路上从一个城市去另一个城市时，通常利用道路标识或里程碑等视觉暗示进行导航。然而，在一望无际的海上、广阔无垠的沙漠和虚无缥缈的高空，没有参照物，我们也就失去了视觉暗示导航能力，那么如何引导我们从一个地点到另一个地点呢?

获取导航参数的原理和技术手段有很多，PNT 的发展伴随着人类文明的发展而不断进步，历史上历经了四个发展阶段。第一阶段是天文导航，通过测量自然天体相对用户的矢量方向来实现定位和导航，日月星辰构成的惯性参考系具有较高的精度和可靠性，将导航方法建立在恒星和行星参考系基础上的天文导航具有直接、自然、可靠和准确的优点。第二阶段是惯性导航，人们利用罗盘、陀螺仪和航海钟实现了远洋航海，开辟了人类的大航海时代。惯性导航是一种自主导航技术，具有短时精度高、输出连续、抗干扰能力强、可以同时提供位置和姿态信息，但导航误差随时间累积，不能长时间独立工作。第三阶段是无线电导航，人们利用雷达测速仪、多普勒测距、陆基无线电信标、无线电指向信标、电罗经实现航空、航海和洲际货运。第四阶段是卫星导航，人们利用导航卫星实现近地空间和地表的 PNT 服务。近 20 年来，随着原子钟技术和微电子技术的发展，卫星导航系统得到蓬勃发展，世界上有美国的 GPS、俄罗斯的 GLONASS、欧洲的 Galileo 以及中国的 BDS 四大全球卫星导航系统（Global Navigation Satellite System，GNSS），此外还有日本的 QZSS 及印度的 IRNSS 两个区域卫星导航系统。

天文导航是利用光学仪器通过观测天体来测定载体当前所在的位置。天体是宇宙空间中各种恒星的总称，天体包括自然天体（恒星、行星、卫星、慧星、流星等）和人造天体（人造地球卫星等），自然天体按照人类难以干预的恒定的规律运动。人们通过长期的观测与计算，掌握了自然天体的运动规律，给出了按年度出版的反映自然天体运动规律的天文年历，天文年历中给出太阳、月球、各大行星和千百颗基本恒星在一年内不同时刻相对于不同参考系的精确位置。在航天器飞行过程中，那些便于用星载设备进行观测的自然天体就构成了天文导航的信标，通过对信标观测所获得的数据进行处理后，可获得航天器的所在位置。因而天文年历是天文导航的主要资料，而六分仪、星敏感器、天文罗盘等为常见的天文导航仪器。天文导航系统通常由惯性平台、信息处理电子仪器、时间基准器等组成。由古代波利尼西亚人和现代海军发展的一项基本导航技术对自然星体的测量，最为明显且运行规律不变的太阳、月亮和星星是作为导航基准的最佳参照物，这就是导航的天文时代。18 世纪末，人们利用天体导航实现跨海航行，利用六分仪测量地平线上天体的高度角（仰角），利用精确的时钟确定观测的时间，从历书中可以找到预报的天体位置，通过磁罗盘确定方位角一起来计算位置，并保持天体观测间的航线的连续性。

在导航的天文时代出现了一段插曲，就是指南针的出现和使用，而且在经纬度概念还没有成形、地球是圆是方没有定论、发生在中国明朝时期的郑和七下西洋，更是天文导航主旋律与指南针插曲共同谱写的一段巅峰乐章。以“过洋牵星图”为依据，达到了较高的导航精度，代表了 15 世纪天文导航的最高水平。

惯性导航是利用惯性仪器（或惯性器件）测量载体的位置、速度、航向、姿态等导航参数。惯性导航基于牛顿经典力学定律，利用宇宙空间一切物体所具有的惯性原理来测量其运动参数。1944 年，惯性导航技术首次应用于 V2 弹道导弹制导，采用惯性仪表测量导弹的运动参数和姿态信息，利用制导计算机给出的指令控制导弹的飞行状态，引导其准确命中目标。利用惯性导航系统（INS）提供的平台信息辅助卫星导航接收机的码环和载波环，可以使卫星导航接收机环路的跟踪带宽比较窄，进而进一步抑制卫星导航信号带外干扰，提高卫星导航接收机的抗干扰能力约 10～15 dB。目前这种组合导航技术已在各类军用飞机、舰船、巡航导弹、精确制导导弹等武器系统中得到广泛应用。

无线电导航是利用无线电技术对运载体航行的全部（或部分）过程实施导航。为用户提供定位和导航服务的无线电导航系统或设备，称为无线电导航台。导航台与载体上的导航设备通过无线电联系，利用无线电技术测量载体的运动参数，构成无线电导航系统。无线电导航根据所测量的几何参量分为测角、测距和测距离差三种模式，根据位置线的特点分为直线无线电导航、圆周无线电导航和双曲线无线电导航。位置线是由几何观测参量所确定的运载体可能处于的所有位置形成的空间曲线。第一次世界大战期间，实现了近距离无线电导航。第二次世界大战期间，盟军实现了远距离无线电导航。第二次世界大战后航空无线电导航技术飞速发展，1949 年国际民航组织采用甚高频全向信标，又称为伏尔（VOR），作为标准航空近程导航系统，伏尔只能给飞机指出方位。为了给飞机指示出空中的位置，1949 年国际民航组织同时采用了距离测量设备，又称为测距器（DME），作为标准航空近程导航系统，目前航空仍在使用。1955年在美国海军资助下发展了塔康（TACAN）系统，用于航空母舰导航，同时能为200海里以内的飞机提供距航母的距离与方位服务。

天文导航、惯性导航和陆基无线电导航不同程度地存在使用区域受限、精度低、设备复杂、使用不方便等问题，不能全面满足用户对定位和导航的需求。例如，观测星相是航海家的看家本领，需要具有一定天文专业知识，而且观测星相常常受限于天气状况；天文导航技术在白天无法使用，设备复杂，精度差，成本高。惯性导航定位误差累积，一般为航程的0.5%～1%，高精度惯性导航设备成本较高。陆基罗兰/奥米加等无线电导航系统精度200/2 000 m，作用范围2 000 km，电波频率100 kHz /10 kHz ，主要适用于海上。地面雷达导航覆盖范围小，成本高。此外，在对遇险人员的搜索救援过程中，需要更准确地知道他们的位置、预期的航向或者时间。

为解决上述困境，人们想到将导航台置于天上的一类特殊的无线电导航——卫星导航系统，卫星导航发展迅速，对导航技术的发展和应用产生了深远的革命性影响，卫星导航本质上也还是无线电导航，“青出于蓝而胜于蓝”，可以将其作为一种独立的导航手段与传统的无线电导航分开。卫星导航系统可以为近地空间免费提供连续的PNT服务，一般用户几乎可以在任意时间和任意地点得到10 m左右的定位精度、几十纳秒的时间精度。卫星导航系统的发展彻底改变了人们的生活方式，也改变了部队的作战模式，尤其是改变了战场感知方式。

卫星导航系统一般利用导航信号传播的到达时间（time of arrival，TOA）来确定用户的位置。基本观测量是导航信号从位置已知的参考点发出时刻到达用户接收该信号时刻所经历的时间，将信号传播时延的时间段乘以信号的传播速度，就可以得到参考点和用户之间的距离。用户通过测量多个位置已知的参考点所播发的信号的传播时延，就能够确定自己的位置。

例如，如果我们同时观测到两个已知的目标（参考点），并测定与目标的距离和方位，那么就能够确定我们相对于目标的位置。假设你在茫茫的大海上，想知道你在哪儿，远处你可以看见一个灯塔，沿另一个不同的方向你又能看到一座山峰，查阅地图后，你发现这两个地点的位置地图上都有标注，如果你知道你和灯塔以及山峰（参考点）之间的距离，你就能找到你的位置。首先，以灯塔为圆心，以你到灯塔的距离为半径画圆，然后再以山峰为圆心，以你到山的距离为半径画圆，这两个圆将交于两点，而你到地标的方位是已知的，你就可以在这两个点中判断出你的准确位置，如图1-1所示。

由此可知，要找出你的位置在哪儿的问题，就简化成找出你和地标之间的距离的问题。距离可以通过在每个地标点上有人向你发送时间信号来测量。比如说，在每个地标位置上，有一个喊话者发送这样一条信息：“说话时的时间是某点某分某秒”，当你听到这个声音时，你可以读出你手表上的时间，并对照喊话者所说的时间，两个时间将有一个微小的时间差，这个时间差就是声音传播到你的位置所用的时间，用这个时间差乘以声速就能得到距离。就这个例子而言，假设在灯塔的喊话者说：“说话时的时间是11 h：12 m：13 s”，当你听到时，

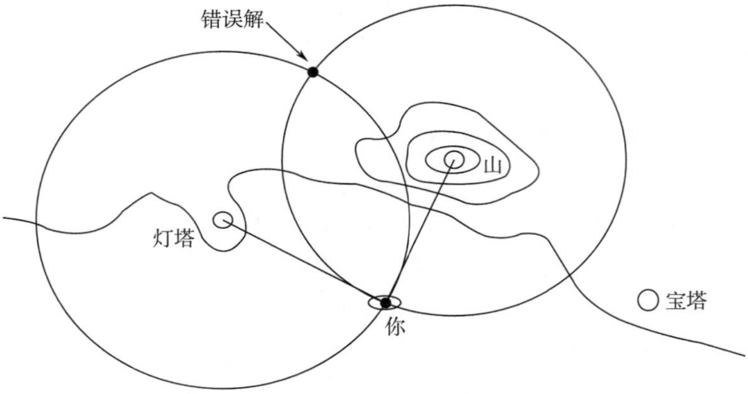

图 1-1　利用两个参考点判断位置

你的手表显示 11 h：12 m：28 s，那么声音传到你的位置用了15 s；如果声速是 340 m/s，那么你到喊话者的距离是 340×15＝5 100 m。

这种测量距离的方法有个很大的缺点，必须使所有的时钟保持同步！但是，如果再增加一个地标位置，那么，仅仅需要喊话者之间的时钟同步，你的时钟则没有必要同步。由于对所有的地标而言，由时间不同步而引起的误差是一致的，这个误差将在相同的程度上增加或缩短计算出的距离，如图 1-2 所示。

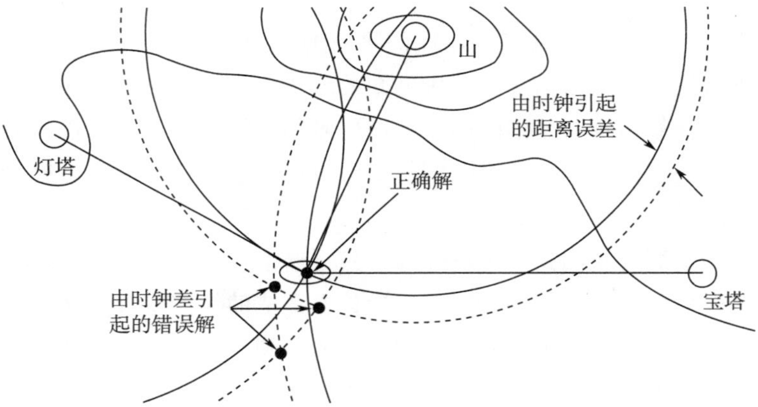

图 1-2　你的时钟没有同步所产生的影响

在这个例子中增加了第三个地标——宝塔。当能看到宝塔时，不管选择了哪两个地标，你的正确位置将不再变，也就是说，三个圆将交汇于一点。如果你的时钟与地标的时钟不同步，那么将得到三个不一致的结果。当时钟同步误差变小时，错误的结果将趋近于正确位置点。当所有的钟差都去除后，三个错误解将聚在正确解上。另外，通过添加第三个地标，你将得到唯一的一个位置解，而不是使用两个地标时得到的两个解算结果。即，通过附加测量可以消除位置解算的多值性，获得正确的解算结果，如图 1-3 所示。

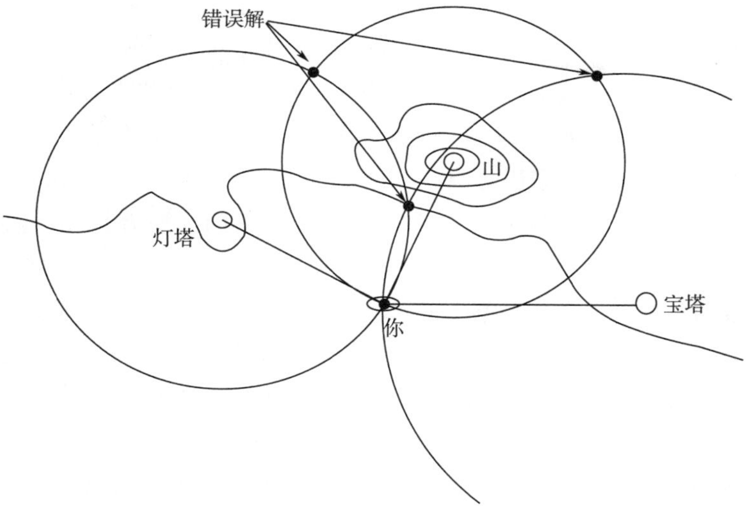

图 1-3 通过附加测量消除位置解的多值性

上述例子仅仅是在二维平面如何确定用户位置，类似地，对于三维空间内确定用户位置，我们需要引用三个地标。用户位置一定在以喊话者为球心，以喊话者和地标之间为距离的三个球面的交点上。如前讨论所言，我们需要加入第四个地标来去除时钟之间不同步造成的测距误差。因此，我们需要一个本地时钟和四个具有同步时钟的地标，就可以解决用户在三维空间的位置确定问题。

如果我们进一步已知这些参照目标位于一个较大的圆球（例如，地球）上，那么就能够确定我们相对于圆球的位置，这就是所谓的三角测量方法。三角测量的概念应用于空间，为地面导航提供了一种基本体制，在空间轨道上运行的卫星为地面用户提供了一个参照点（动态已知）。对任意给定时刻，若能观测到足够数量的参照卫星，就可以进行三角测量，这就是卫星导航系统的基本工作原理。

回到前面的例子，让它更复杂一些。不再用固定的地标，而假设喊话者坐在行驶在高速路的汽车上，如何确定我们的位置？解决这个问题的基本思路还是一样的，你需要知道当喊话者发出信息时他所处的位置。而要解决这个问题，可以让喊话者在发出信息的时候，不但给出当时的时间信息，还给出他在发信息时所处的位置信息。这样你就可以在你的地图上标记当信息发出时喊话者所处的位置，接着找出距离并画圆。对每一个地标都这样做，之后，就可以解算出你的具体位置。卫星导航系统本质上就是这样实现用户位置的解算的。

在卫星导航系统中，地标就是卫星，卫星的时钟需要同步于卫星导航系统时间，通过星地钟差同步技术，可以确定星载时钟和卫星导航系统时间的偏差以及偏差的变化规律，并预测一段时间的偏差，利用导航电文将星载时钟与系统时间之间的时间偏差播发给用户。此外，卫星是运动的，需要通过精密定轨技术确定卫星的轨道参数并利用导航电文将轨道参数播发给用户。

在卫星导航系统中，导航卫星以电文形式给出了导航信号播发时刻的位置和时间信息，位置信息为历书和星历，同时包含了 Keplerian 轨道参数和 Keplerian 参数变化率。卫星用由符号“1”和“0”组成的两个长序列来代替喊话者发出的声音信息，这种序列称为伪随机噪声码（PRN 码）。例如，GPS 有两个这样的伪随机噪声码：一个是民用 C/A 码，C/A 测距码信号长度为 1 023 个码片（chip），每 1 毫秒（ms）重复一次；另一个是军用 P 码，P 测距码信号长度为 2.35×10^{14} 个码片，一个 P 码的周期为 38 个星期。短码可以用来引导捕获长码。用户接收机通过跟踪、接收、解扩、解调电文信息，就可以计算并获取在给定时刻卫星的位置、导航信号播发的时刻以及信号在空间传递的时间。信号在空间传递的时间乘以无线电传播的速度（光速），就可以得到卫星和用户机之间的距离。

由于光速非常快（299 792 458 m/s），卫星导航系统导航信号的时间单元不再以秒为单位，而是用“码片（chip）”为时间单位。例如，GPS 民用 C/A 码的一个码片的时间为 1/1 023 ms=977.517 1 ns。由此在一个时间单元内，GPS 的无线电导航信号可以传输 $299\ 792\ 458\times977.517\ 1\times10^{-9}=29.305$ m。

如果卫星导航系统用户想要测量 30 m 左右的距离，考虑系统误差，用户需要有能力测量百分之一个码片的时间。接收机数字基带信号处理软件必须在非常短的时间间隔内，完成导航信号的跟踪、捕获、解调、解扩和译码，这个时间间隔要小于 10 ns。

测量距离的能力也就是测量时间的能力！测距就是测时！

卫星导航系统需要导航卫星每天接收一次或者多次上行注入信息，即地面运控系统上行注入导航电文来更新星地时间同步数据和卫星的轨道位置，如果要求导航信号的精度低于 10 m，那么对于时间转换的精度要求是很苛刻的。由于这个原因，卫星导航系统必须使用原子频率标准生成时间单位码片。由于卫星导航系统使用了高精度的原子频率标准，卫星导航系统除了提供定位和导航服务，还能提供授时服务，人们有时将导航系统称为“空间时钟”。

正像我们有秒、分钟、小时、星期这样不同的时间度量单位，卫星导航系统也有它的不同的时间度量单位——“历元（epoch）”和“周（week）”。“历元”指一个时期和一个事件的起始时刻或者表示某个测量系统的参考日期。“周”就是我们常用的标准星期，例如，GPS 的周数（week number）是从 1980 年 1 月 6 日开始累计的星期数。

1.2　前世今生

对于大多数人来说，导航技能需要我们的眼睛、常识和地标，有时需要我们的位置、速度和时间，这时就需要使用不同于地标的导航装置。随着无线电技术的发展，出现了新型的无线电导航系统，代表系统有定向机/无方向信标（DF/NDB）、仪表着陆系统（ILS）、甚高频全向信标（VOR）、测距器（DME）、战术空中导航（TACAN）、远程无线电导航（LORAN）和超远程连续波双曲线相位差无线电导航系统（OMEGA），人们利用一个或者多个无线电导航系统的信号就能计算出位置，某些无线电导航系统还提供速度测定和授时服务。一般来说，陆基无线电导航系统的精度与其工作频率成正比。高精度的导航系统一般在相对短的波长上发射导航信号，用户必须保持在视线方向（LOS），而在较低的频率（较长的波长）上广播导航信号的系统则不受视线方向的限制，但精度较低。

由于人造卫星技术的出现，使得获取更精确的视距无线电导航信号成为可能，20 世纪 60 年代，这一想法成为现实，美国海军的导航卫星系统，又称为子午导航系统，开辟了人类导航技术和能力的新纪元。卫星导航系统是天基无线电定位、导航与授时系统，解决了“我在哪里？现在是什么时候？”的难题。现代卫星导航系统与人类历史上的第一颗人造地球卫星的关系颇为密切。

1.2.1 第一颗人造地球卫星——Sputnik－1 触发的灵感

耸立在纽约东河畔的联合国总部，以其挺拔隽秀的设计在曼哈顿众多摩天大楼中独树一帜，但其最大的特色，在于庭院、走廊和会议室中陈列和装饰的许多雕塑、绘画、挂毯和工艺品，这些都是各成员国赠送给联合国的礼物，礼物寓意深邃，各具特色，是展示一个国家能力的窗口！苏联的礼物是人类历史上第一颗人造地球卫星 Sputnik－1 卫星模型，美国的礼物则是 1969 年 7 月 20 日阿波罗 11 号飞船从月球带回的月岩岩石！

1957 年 10 月 4 日，苏联科学家在拜科努尔航天中心，把人类历史上第一颗人造地球卫星 Sputnik－1 送上太空，卫星如图 1－4 所示，开创了人造天体的新时代。由于正值东

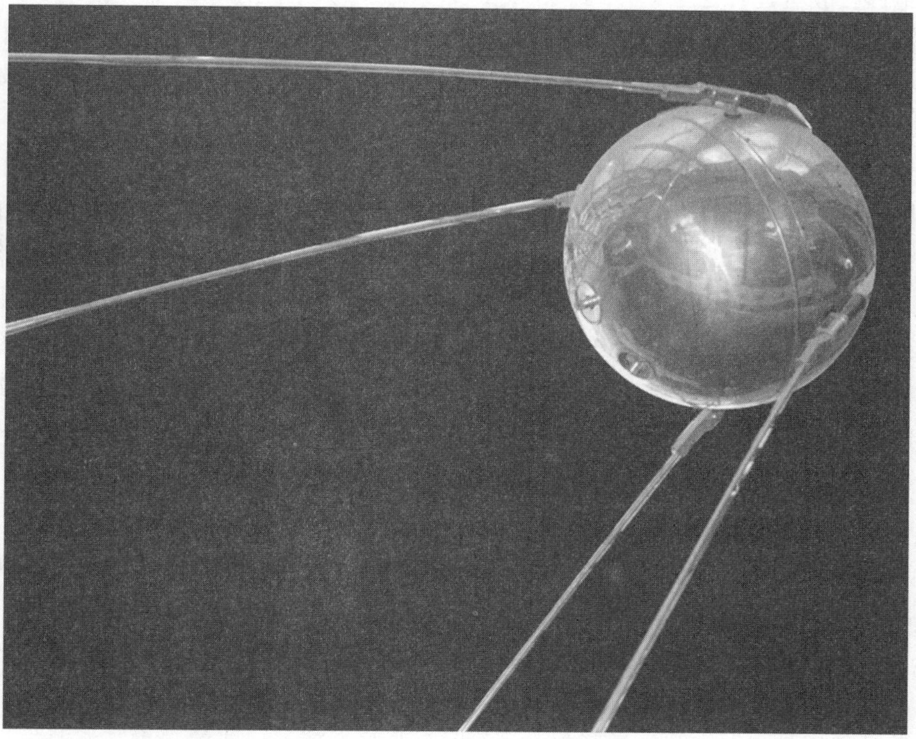

图 1－4 Sputnik－1 卫星

西方冷战时期，Sputnik－1 人造卫星毫无先兆地成功发射，震撼了整个西方，导致了美国的极大恐慌，在美国国内引发了一连串事件，如华尔街股灾、斯帕特尼克危机，由此引发了美苏两国之后持续 20 多年的太空竞赛，成为冷战时期两大强国的一个主要竞争点。

如何准确测量 Sputnik－1 卫星的轨道，不再仅仅是科学家的任务和天文爱好者的兴趣，而是国家军事和国防的需要。美国 Johans Hopkians 大学应用物理实验室的两名科学家 George Weiffenbach 和 William Guier 在 Sputnik－1 卫星发射后的第三天捕获并跟踪到了 Sputnik－1 卫星播发的无线电信号，通过测量计算无线电信号的多普勒频移，给出了 Sputnik－1 卫星的运行轨道。即通过单一一组多普勒频移数据（从地平线到地平线的一条轨迹），可以推断出一颗近地卫星的一组完整轨道参数，并可达到较高的精度。应用物理实验室研究中心主任 Frank McClure 进一步研究后提出建议，如果知道卫星在轨道中的位置并且其是可以预测的，那么通过测量分析卫星播发的无线电信号的多普勒频移，可以计算出地面信号接收机的位置！即利用“逆向问题”（已知轨道参数）可以预测接收机的地面位置。

也就是说，如果从位置已知的接收机跟踪到 Sputnik－1 卫星信号，通过测量信号多普勒频移可以确定 Sputnik－1 卫星的轨道参数；那么如果假设知道卫星轨道参数，地面上的观测者通过测量卫星信号的多普勒频移，就应该能够确定信号接收机在地球上的位置。这种“反向观测方案”基本原理是利用多普勒频移与信号源和接收机的相对位移关系，进而实现对地面接收机进行定位的目的。Johans Hopkians 大学应用研究实验室了解到美国海军需要精确测定北极星潜艇位置的需求，作为发射弹道导弹的初始条件，在 1958 年向美国海军提交了子午卫星导航系统的提议。多普勒频移与信号源和接收机的相对位移关系成就了世界上第一个天基无线电导航系统——子午卫星导航系统，将导航卫星作为一种动态已知点，利用测量卫星信号的多普勒频移，通过计算，实现水面舰艇的定位和导航。

实际上，多普勒频移效应从 19 世纪下半叶起就被天文学家用来测量恒星的视向速度。第二次世界大战期间，由于海上和空中导航的需要，英国研发了 GEE 导航系统，美国利用 GEE 技术体制研发了远程导航系统（LORAN），均是利用无线电信号多普勒频移实现导航的系统。多普勒效应在生活中无处不在，例如，在水中嬉戏游动的天鹅，天鹅向前游动过程中，天鹅面前的水波曲率半径变小（即频率变高，波长变短），而天鹅背后的水波曲率半径变大（即频率变低，波长变长），就是多普勒效应的现象，如图 1－5 所示。生活中我们会感受到，远方急驶过来的救护车鸣笛声变得尖细（即频率变高，波长变短），而离我们而去的救护车鸣笛声变得低沉（即频率变低，波长变长），就是多普勒效应，如图 1－6 所示。

这一现象最初是由奥地利物理学家 Christian Doppler 于 1842 年在布拉格发现的。荷兰气象学家拜斯・巴洛特在 1845 年让一队喇叭手站在一辆从荷兰乌德勒支附近疾驶而过的敞篷火车上吹奏，他在站台上测到了音调的改变，这是科学史上最有趣的实验之一。多普勒效应已被广泛用来观测天体和人造卫星的运动。

多普勒效应是波源和观察者有相对运动时，观察者接收到波的频率与波源发出的频率并不相同的现象。多普勒频移（doppler frequency shift）是多普勒效应在无线电领域的体

图 1-5　天鹅游动水波多普勒效应

图 1-6　鸣笛声波的频率与波源发出的频率并不相同

现。当无线电信号发射机和接收机之间存在相对运动，接收机接收到的信号频率将与发射机发出的信号频率之间产生一个差值，该差值就是多普勒频移。在经典物理学中，信号接收机与信号发射机的移动速度远远低于无线电信号在空间的传播速度（光速），用户观察到的频率 f（接收机接收到的信号频率）和发射源的频率 f_0（卫星发射机发出的信号频率）的关系为

$$f=\left\{\frac{c+v_r}{c+v_s}\right\}f_0 \tag{1-1}$$

式中　c ——卫星发射机发出的无线电信号在空间中的传播速度；

v_r ——用户接收机在空间的运动速度，如果用户接收机朝着卫星运动则取正值；

v_s ——卫星无线电信号发射机在空间的运动速度，如果卫星远离用户接收机运动则取正值。

由计算公式可知，如果卫星远离接收机运动或者接收机远离卫星运动，用户观察到的频率 f 将变小。卫星和接收机之间的相对运动速度决定了频移的幅度。

1.2.2 第一代卫星导航系统——Transit 卫星导航系统

由于美国海军对引导潜艇完成极区任务，特别是对解决携带洲际导弹的潜艇精确定位有重大军事需求，1958 年 12 月，在美国海军先进研究项目署（ARPA）的基金资助下，美国 Johans Hopkians 大学应用物理实验室（APL）的 Richard Kershner 博士带领团队开展美国海军卫星导航系统（Navy Navigation Satellite System，NNSS）的研发工作。

Johans Hopkians 大学应用物理实验室的科学家通过测量分析 Sputnik－1 卫星播发无线电信号的多普勒频移，发现当卫星信号源逐渐与接收机接近时，接收到的频率升高；卫星过顶时接收到的频率与实际播发的频率一致；而卫星离开时接收到的频率会降低。卫星运动过程中无线电信号的多普勒效应如图 1－7 所示，在所接收到的信号多普勒频移中，最大变化速率相应于导航卫星的最近通过点，“上”多普勒频移和“下”多普勒频移之间的差值可用于计算卫星在用户最近通过点处星地之间的距离。

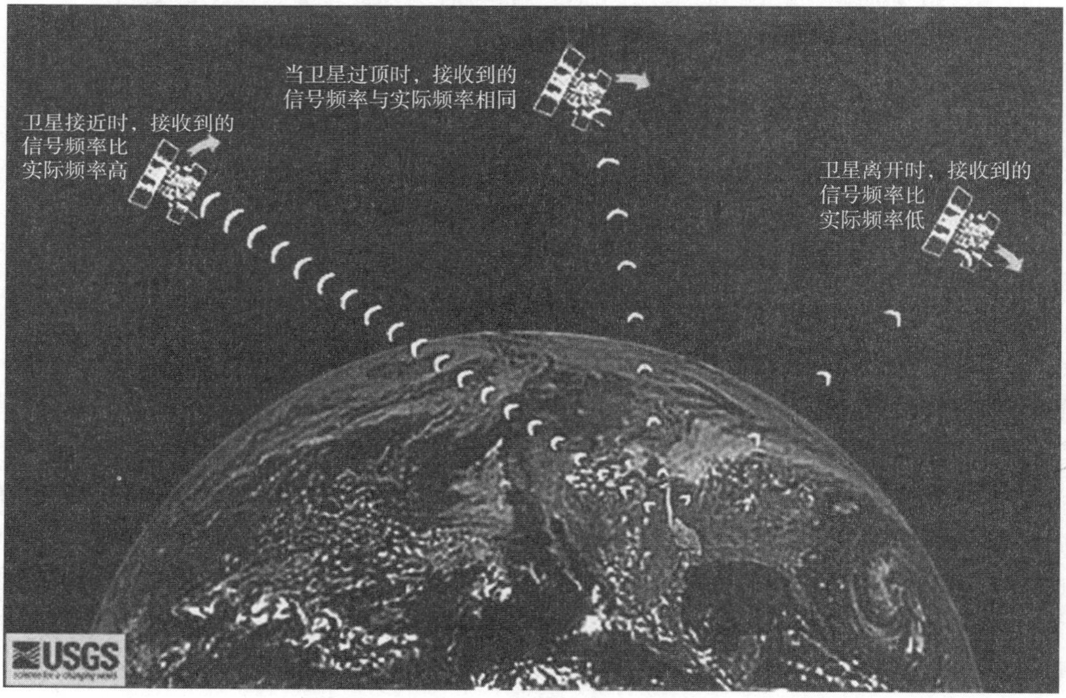

图 1－7 卫星运动过程中无线电信号的多普勒效应

多普勒计数是指信号源发射的基准频率与接收机接收到的频率之差，在一定时间间隔内对时间的积分，利用多普勒频移与信号源和接收机的相对位移关系，即可获得信号源与接收机的相对位移。因此，在已知高度（例如海平面上）和具有卫星广播星历的用户能够使用这种多普勒频移计算其位置，当然还要对用户的速度进行校正。由此，Johans Hopkians 大学应用物理实验室获得了 Sputnik－1 卫星精确的运行轨道参数。如果卫星的轨道位置是精确确定的，利用“反向观测方案”，或者说“逆向求解方案”，以及卫星信号的多普勒频移，就能确定用户的位置。经过 Johans Hopkians 大学应用物理实验室 6 年的努力，于 1964 年，美国海军建成了人类历史上第一个卫星导航系统——子午卫星导航系统 Transit，解决了美军水面舰艇的定位问题，由此开启了人类历史卫星导航系统的伟大时代。

1.2.2.1 多普勒测速定位

通过观测导航卫星经过用户上空时信号的多普勒效应，即利用导航信号相对用户的运动产生的无线电信号的多普勒频移，确定卫星和用户之间的相对运动的速度，进而确定用户的位置的定位方法就是多普勒测速定位。卫星信号多普勒频移是卫星相对于用户位置运动的唯一函数，为了准确计算用户的位置，用户必须知道卫星的轨道、实时位置（星历）以及所播发信号的频率，同时卫星的时间和用户接收机的时间也是非常重要的参数。导航电文将这些参数调制到导航信号中，用户接收到导航信号后就能获取卫星星历（位置及轨道信息）和时间。

假设导航卫星播发信号的实际频率为 f_T，信号源和观测点连续方向上的径向速度为 v_R，用户端收到的导航信号由于相对运动而产生多普勒频移 $\pm f_D$，相背离时为正，实际频率 f_T 与多普勒频移 f_D 的关系为

$$f_D = \left(\frac{c}{c + v_R} - 1\right) f_T \tag{1-2}$$

式中 c ——导航信号传播的速度（光速）。

当测得多普勒频移后，确定用户相对于信号源的径向速度的常用方法有双程相干载波测速、双程非相干载波测速、单程非相干载波测速。在卫星多普勒频移测速定位中，为了校正电离层延迟，一般采用双频测量体制。多普勒频移引起接收机接收信号载频的每秒相位周数增加或者减少，把某一时间间隔内增加或者减少的相位周数用计数器累加起来，称为多普勒计数（doppler count）或多普勒积分，根据多普勒积分值，就可以求出该时间间隔的起点时刻信号源到用户的距离差。到信号源两点距离差为一定值的点的轨迹，是以这两点为焦点的旋转双曲面，双曲面与地球表面相交的点就是用户所在的位置。Transit（子午）卫星导航系统就是利用这个原理实现用户的定位，如果用户能够准确估计自身的运动速度，那么也可以在运动中实现定位。

在用户视界范围内，Transit 卫星导航系统仅需要一颗卫星就能确定用户的位置，只要用户能够看到子午卫星，用户机就能按上述算法重复计算用户位置，解算精度随着观测时间延长而不断提高，多普勒定位示意如图 1－8 所示。如果用户接收机也是运动的，那么在利用上述算法解算用户位置时，为了计算基于星地之间倾斜距离变化值的多普勒频移，我们需要给出用户机的运动规律以及在观测卫星期间用户机的位置变化。

根据导航电文给出的星历信息，用户机可以确定在导航信号播发时刻卫星的位置，通过上一次用户位置计算结果或者通过用户给出大概的位置两种方法，用户接收机可以获得位置解算的初值。根据位置估计结果，用户机可以计算星地之间倾斜距离期望的变化值，

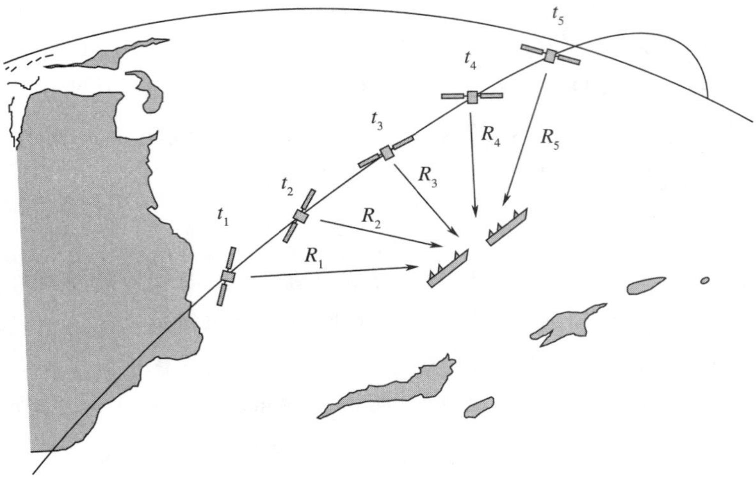

图 1-8 多普勒定位（利用视界范围内的一颗子午卫星实现用户位置连续解算）

并同实测的结果相比对。然后修改用户位置估计值，并按同样流程进一步迭代计算，直到星地之间倾斜距离期望的变化值小于预先设定的门限，由此准确获得用户位置估算结果。

算法可以利用多次定位结果组合给出用户的位置、航迹、速度，这样可以为后续位置解算确定较为准确的初值。在多普勒定位过程中，如果只用一颗卫星来定位，那么在导航卫星低于水平面时，我们需要利用航迹推算图（dead reckoning，DR）来推算用户的位置、航迹、速度的估计值，并为下一颗接替定位服务的卫星提供用户当前的位置、航迹、速度的估计值。

多普勒导航系统是利用多普勒效应测量飞行器相对地面的速度，进而确定飞行器位置，实现无线电导航的系统。多普勒导航系统由脉冲雷达、飞行器姿态参考系统和导航计算机组成。利用安装在飞行器上的多普勒雷达所发射的信号频率与地面发射回来的信号频率之间的频差，可以获得径向速度。将多普勒雷达测量得到的速度信号与飞行器姿态角度信号送入导航计算机，再结合初始距离条件进行解算，能够获得飞行器坐标系或者发射坐标系下的速度及位置。将计算出的速度和位置等导航状态量提供给制导系统，生成制导指令，就可以引导飞行器与目标交会或者进入目标区。多普勒导航系统无需地面设备配合工作，不受地面和气候条件限制，测量速度精度高，但是多普勒雷达天线对地指向有要求，因此，需要限制飞行器姿态角度和动态范围。

1.2.2.2 多普勒测距误差和定位精度

多普勒测距定位的理论精度与具体选择的导航信号频率的波长有关，例如，Transit 卫星导航系统信号频率为 400 MHz，对应电磁波波长为 0.75 m，单次定位的理论精度也约为 0.75 m。但是，一些客观存在的误差和偏差都将影响卫星导航系统的定位精度。

一是无线电信号传播折射误差，导航无线电信号在空间传播过程中，有两类折射误差源。第一类是地球大气层中的电离层改变了信号的传播路径，同时造成导航信号频率偏移，由此影响星地之间的测距精度；为了补偿电离层对导航信号的影响，导航卫星需要播发两个不同频点的导航信号，通过比较多普勒频移值而消除电离层对导航信号的影响。第二类是地球大气层中的对流层改变了信号的传播速度，对流层对信号传播速度的影响与大气温度、湿度以及用户仰角有关，对流层对无线电信号的影响程度类似，很难通过建模来消除其影响。

二是多普勒定位算法误差，多普勒定位误差与用户的经度和纬度有关，是用户接收机位置的函数，也与导航卫星的轨道面以及接收机的高程有关。如果不能准确确定接收机的高程，即使用户在利用多普勒测距过程中的边界条件一样，也会得到不同的定位结果，如图1-9所示。从图中还能看出，即使用户有同样的高程误差，接收机离卫星轨道面越近，位置解算误差越大。

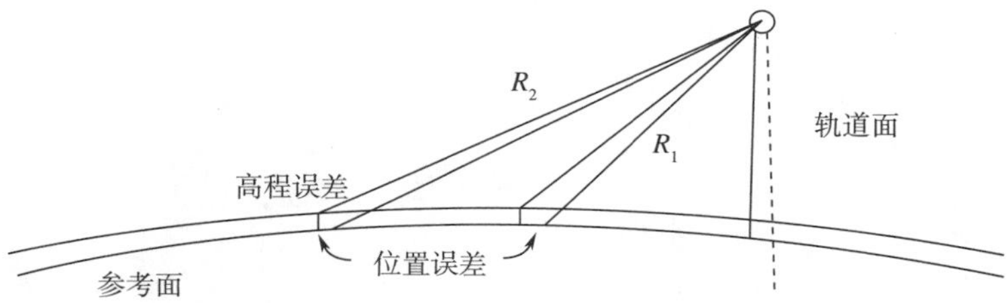

图1-9 接收机相对地球参考面的高程误差将导致多普勒定位误差

另外，对于多普勒定位计数，为了获取精确的定位结果，定位算法需要给出用户位置、航迹和速度初值。初值对位置估计、航迹和速度估计的影响程度不同，虽然通过迭代算法，初值估计的误差会被消除，但是航迹和速度会影响卫星和接收机之间的多普勒频移估算结果。

三是导航卫星误差，由导航卫星引入的多普勒定位误差主要包括卫星星历和星载时钟误差，其中星历误差主要是由于大气阻力和太阳光压造成，需要建模加以修正。地面控制系统负责计算卫星星历，生成导航电文并上注给卫星，以减小卫星星历和星载时钟误差。

1.2.2.3 子午卫星导航系统

习惯上将美国海军卫星导航系统称为子午卫星导航系统（Transit），其导航卫星运行在极地轨道，绕过地球的南北两极上空，即沿着地球子午圈的轨道运行，由空间段卫星、地面控制段（计算中心、美国海军天文台、注入站）和用户接收设备三部分组成。Johans Hopkians大学应用物理实验室同时建立了全球卫星跟踪网络监测站，精确测定了地球重力场以支持卫星定轨及其12小时轨道外推工作，测量了卫星轨道空间环境，建设了地面运行控制系统以及舰载接收设备。子午导航卫星每天绕地球13圈，用户每次只能见到一颗卫星，用户接收机接收到记录有卫星轨道信息的导航电文，即对用户来说空间运行卫星的位置为动态已知点，期间（10～20 min）接收机连续记录信号的多普勒频移，通过多普勒计数（直接测量到的在某个时间间隔内用户接收机与卫星之间距离的变化）最终解算出静止或者缓慢运动中的用户位置。

空间段由多颗极轨导航卫星组成，子午卫星导航系统星座如图1-10所示。导航卫星分别命名为Oscar和Nova，卫星如图1-11所示，卫星轨道高度约为600海里，轨道周期为 106 min。每颗子午导航卫星用 UHF 频段天线每两分钟播发一次导航信号，信号频率为 150 MHz 和 400 MHz，信号中包含卫星的轨道参数和时钟信息。地面控制站每天两次上行注入修正的星历和时钟参数。双频导航信号用于修正电离层传播延迟。5 颗子午导航卫星就可以实现合理的全球覆盖，为确保为用户提供连续、稳定服务，子午卫星导航星座需要至少 10 颗导航卫星组网运行。

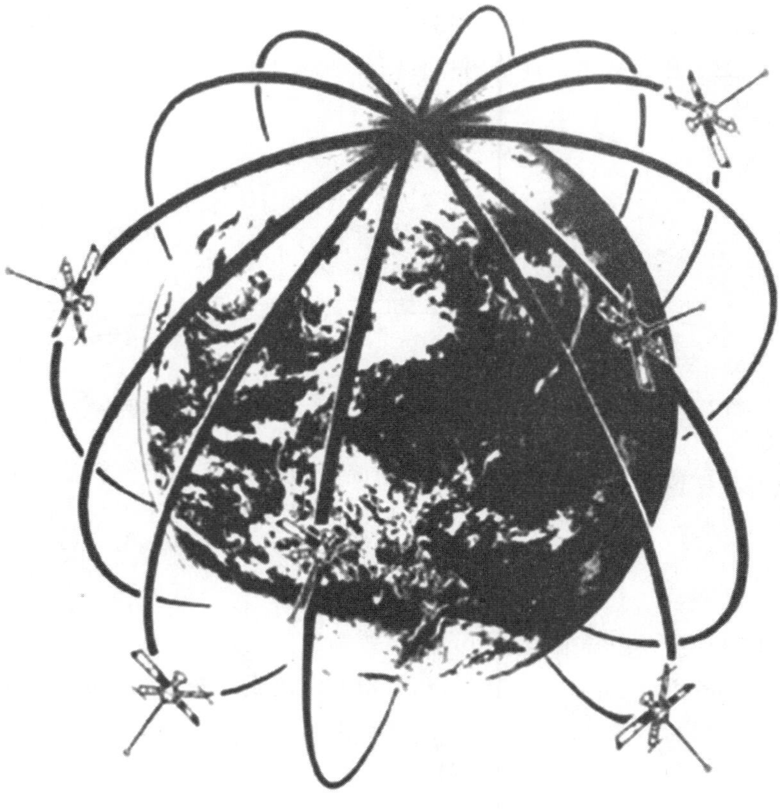

图 1－10　子午卫星导航系统星座

1959 年 9 月，美国海军卫星导航系统发射了第一颗试验卫星 Transit 1A，如图 1－12 所示，遗憾的是因运载火箭 Thor－Able 故障，Transit 1A 卫星未能进入工作轨道，但通过地面接收信号，Transit 1A 验证了“反向观测方案”原理的正确性和天基系统的工程可实现性。1960 年 4 月 13 日，第二颗试验卫星 Transit 1B 成功发射并进入预定轨道，随后顺利完成了在轨测试，验证了远距离星座的有效作用范围和高精度定位统一的可行性，奠定了今天对人类政治、经济、军事活动带来重大影响的天基无线电导航的基础。

1960 年 6 月，第三颗试验卫星 Transit 2A 与 GRAB 1 电子侦查卫星（告密者一号）在美国卡纳维拉尔角空军基地由雷神运载火箭一箭双星方式发射，如图 1－13 所示。1964 年年底，Johans Hopkians 大学应用物理实验室设计、研制并发射了 15 颗子午系列导航卫星，其中 8 颗是卫星导航系统试验卫星。

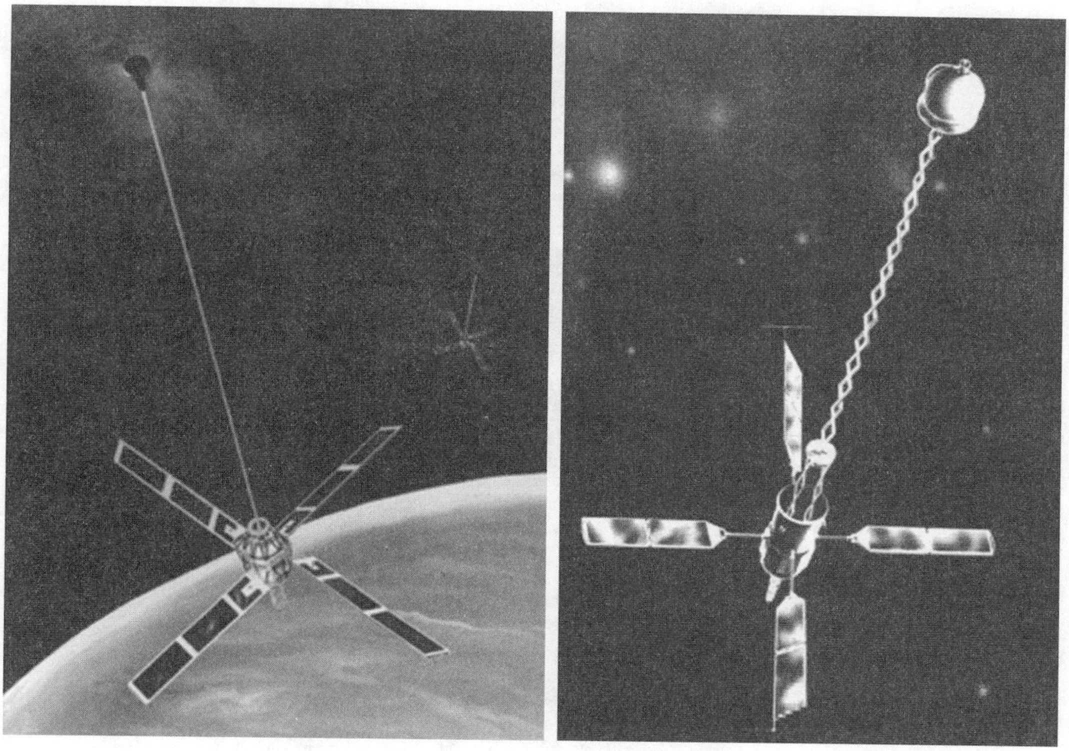

图 1-11 子午导航卫星（左为 Oscar，右为 Nova）

图 1-12 第一颗子午试验卫星 Transit 1A

1964 年 7 月，美国海军建成人类历史上第一个卫星导航系统——子午卫星导航系统，为美军核潜艇和各类水面舰船等提供全天候的二维高精度定位服务。系统首次应用

图 1-13　Transit 2A 与 GRAB 1 一箭双星发射

了先进的时间和频率标准、首台星载电子存储计算机。双频用户定位误差约为 0.025 海里，单频（400 MHz）信号用户定位误差约为 0.05 海里。一般情况下，一节船速误差会引入 0.25 海里定位误差，授时精度约 50 μs。子午卫星导航系统开创了无线电导航系统的新时代！

子午卫星导航系统定位的频度随纬度而变化，理论上在赤道附近的子午卫星导航系统用户平均每 110 min 可获得一次定位，而在南北纬度 80°以上地区的定位速度则改善到平均每30 min一次。用户机每一次定位都需要 10～15 min 用于接收机解算用户位置，这样的特点适用于水面舰艇等用户，这些用户运行速度较低，对定位数据更新要求不频繁，对定位精度要求不高，但无法满足对定位有连续性、高精度、高动态需求的航空和武器用户的需求。

子午系统于 1967 年向民用用户开放，1967 年 10 月，美国前副总统 Hubert Humphrey 授予 Richard Kershner 博士美国杰出公共服务奖（Distinguished Public Service Award）。1964 年 7 月后，美国海军陆续发射 31 颗子午导航卫星，1988 年 8 月发射最后一颗子午导航卫星；直到 1996 年 12 月 31 日，美国政府才停用海军卫星导航系统，该系统为美国海军提供了 32 年的连续、稳定、可靠的服务！1996 年 10 月，Johans Hopkians

大学应用物理实验室因在建设子午卫星导航系统过程中取得巨大成就而荣获美国国防创新大奖。

1.2.3 第二代卫星导航系统——GPS 全球定位系统

子午系统广泛应用于低动态平台的定位，由于系统存在只能提供二维定位、不能连续服务等固有缺陷，美国海军计划改进子午卫星导航系统。美国 Johans Hopkians 大学应用物理实验室对子午卫星导航系统提出了改进建议，同时，美国海军研究实验室开展了星载高稳定原子钟试验，可以获得精确的时间和高精度的时间传递。

1972 年，美国海军研究实验室在 Roger Easton 领导下研发了美国海军卫星导航系统——TIMATION，TIMATION 导航卫星采用非常精密的高稳定铷原子钟和铯原子钟作为卫星的时频基准，这些原子钟的频率稳定性优于 1×10^{-12}/天，有效地提高了星地测距精度，增强了卫星轨道（星历）的预测精度，由此延长了地面运行控制系统对在轨卫星进行星历更新的时间间隔。TIMATION 导航卫星采用测音调制技术实现卫星和用户之间的测距，同时广播各种同步的音调以解决相位多值性问题。

1967 年，美国海军研究实验室发射了第一颗 TIMATION 导航卫星（TIMATION-I），如图 1-14 所示，轨道高度为 500 海里的太阳同步轨道，目的是验证如何利用卫星实现导航无线电信号连续覆盖；1969 年，美国海军研究实验室发射第二颗 TIMATION 导航卫星（TIMATION-II），如图 1-15 所示，轨道高度仍是 500 海里的太阳同步轨道，目的是掌握空间无线电信号通过电离层的空间信号变化特征（大气传播环境直接影响到信号的测量精度和可靠性）；1974 年，美国海军研究实验室发射第三颗 TIMATION 导航卫星（TIMATION-III），又称为导航技术卫星 I 号（NTS-1），轨道高度为 7 500 海里，卫星首次携带了两台原子钟（一台铷钟和一台铯钟），并首次利用 L 频段信号实现星地伪距测量，不仅验证了星载原子钟的可行性与可靠性，也确定了卫星导航系统的技术体制，它也可作为 GPS 全球定位系统的技术演示卫星；1975 年，美国海军研究实验室发射了导航技术卫星 II 号（NTS-2），如图 1-16 所示，轨道高度为 10 980 海里的半同步轨道，卫星携带了三台原子频标（一台铷钟和两台铯钟）。

为了满足美国空军的高动态导航服务需求，1972 年，美国空军开展了 621B 卫星导航研究计划，由设在美国加州 EI Segundo 的美国空军空间和导弹机构（SAMSO）高级计划组的一个办公室领导。1972 年，在美军 Yuma 试验场，开展了利用伪卫星播发伪随机噪声码（PRN）信号为基础的新型卫星测距信号的测距试验。为了演示验证随机噪声码测距技术，美国空军利用美国 New Mexican 沙漠中的伪卫星播发伪随机噪声码测距信号，在美国 Holloman 空军基地成功地开展了飞行验证。

此外，美国陆军选择在新泽西州 Monmouth 要塞论证了多种天基无线电导航技术，包括测距、测角和多普勒测量，最终利用伪随机噪声码信号实现测距。伪随机噪声码测距信号调制本质上是一些随机的二进制码（0 或 1）组成的重复数字序列，这种序列可以使用移位寄存器生成，导航用户能够检测到这种重复序列的起始点（相位），并用它测定到卫

图 1－14　TIMATION－I 卫星

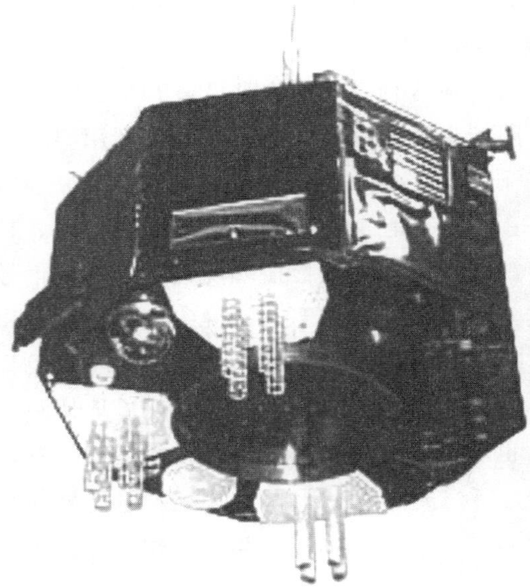

图 1－15　TIMATION－II 卫星

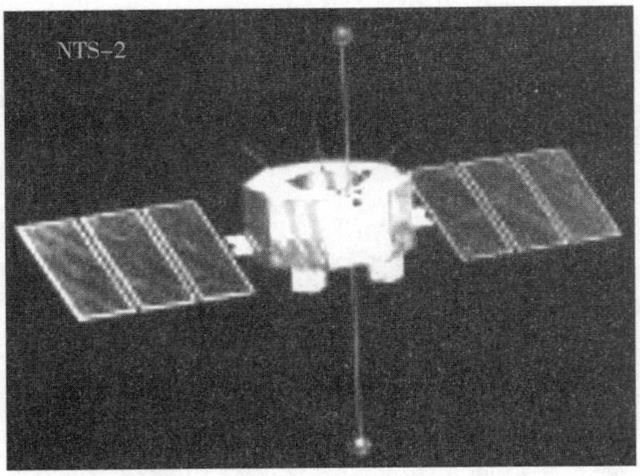

图 1－16　NTS－2 卫星

星的距离，甚至在信号功率谱密度低于环境噪声的 1% 时也能被检测出来，适当选择一些正交的 PRN 编码序列，使所有的卫星可以在相同的固定频率上广播不同的 PRN 编码序列信号，从而可以区分不同的卫星。

伪随机噪声码信号具有一定的抗阻塞和欺骗抗干扰能力，还可以用在更低速率上翻转整个序列的方法产生附加通信信息，这种翻转能用来表示数字码 0 或 1，这个技术后来一直被 GPS 系统卫星播发导航电文（星历和时钟数据），信息速率为 50 bps。

美国海军子午卫星导航系统验证了天基卫星无线电定位系统的可行性，美国海军 TIMATION 导航卫星验证了原子钟作为导航系统时间基准的可行性，美国空军 621B 计划验证了伪随机噪声码实现星地测距的可行性，这是现代卫星导航系统的三大技术基础。

美国海军和美国空军各自研发的卫星导航系统都可以为美军提供服务，但同时研制两个功能相同的系统必要性不大，为满足军民用户对连续实时和三维定位、导航的迫切要求，需要联合各方技术力量发展美军的卫星导航系统。1973 年 5 月 1 日，美国国防部批准海陆空三军联合研制军用卫星导航系统——Navigation by Satellite Timing and Ranging/Global Positioning System（NAVSTAR/GPS），导航卫星则称为 NAVSTAR，正好是 "Navigation by Satellite Timing and Ranging" 的简写，即基于卫星时间和测距的导航系统，简称 GPS（全球定位系统）。美国国防部成立卫星导航系统联合项目办公室（JPO），办公室成员包括美国陆军、海军、空军、海军陆战队、国防测绘局、海岸警卫队、空军后勤指挥部和北约的代表。1973 年 12 月 17 日，美国国防系统联合采办和评审委员会（DSARC）批准发展全球定位系统。Bradford W. Parkinson 博士是 GPS 联合办公室的第一位主任，他的职责主要是联合美国海军 Transit 卫星导航系统、TIMATION 卫星导航系统及美国空军的 621B 计划的技术力量，制定 GPS 方案，获得美国国防部批准后开展演示验证和系统建设。

1.2.3.1　时差定位

GPS 采用时差定位原理，或者说伪距测量定位原理，测量导航信号到用户传播时间，或者说利用接收机观测与多颗导航卫星之间的伪距，然后利用圆球面交会来确定用户的位置。接收机包含一个时钟，假定该钟与系统时间同步，如果测定的用户到卫星距离为 r，以卫星为中心来看，则用户可能位于以卫星为中心、半径为 r 的圆球上任意一点，因为该圆球上任意一点到卫星的距离都是 r。如果用户能测定其到 3 颗卫星的距离，则对每颗卫星就产生了 3 个假想圆球，3 个球交会于空间一点，这一点就是用户的位置。从数学角度而言，每一个伪距观测数据，建立了一个用户位置与卫星位置（已知）的方程，3 个卫星的伪距观测数据就是 3 个方程。用户在空间的位置用（x，y，z）表示，是 3 个未知数。3 个方程解 3 个未知数，算法是较为成熟的。在实际应用中，用户接收机通常与系统时间是有偏差的，这时候又多了一个未知数，所以最少需要接收 4 颗卫星信号。在观测到更多卫星的情况下，可以用统计方法最优估计出用户位置和钟差。

由上述伪距测量定位的基本原理可知，如果用户观测到与 4 颗导航卫星之间的伪距，则用户不用携带和导航卫星时间完全同步的精密时钟。如果用户观测到与 3 颗导航卫星之间的伪距，需要用户配置与导航卫星时间完全同步的精密时钟，这种方法成本太高而实际上是不可行的。如果用户观测到与 2 颗导航卫星之间的伪距，即双星定位系统，还需要借助地球球面与用户到卫星的 2 个球面相交，才能确定用户位置，3 个球面相交于 2 个点，即定位存在多值性，需要判断逻辑上明显不合理的点，详见第 2 章相关内容。

时差定位系统要求以高精度的时间基准和精密的时间测量技术作为定位的基础，导航信号的频率和时间稳定性对于用户位置解算来说非常关键。目前，GPS、GLONASS、Galileo、BDS 卫星导航系统的导航卫星都配置卫星无线电导航业务（Radio Navigation Satellite Services，RNSS）载荷，基于时差定位原理，由用户接收卫星无线电导航信号，自主完成至少到 4 颗卫星的距离测量，进行用户位置、速度及航行参数计算，如图 1-17 所示。

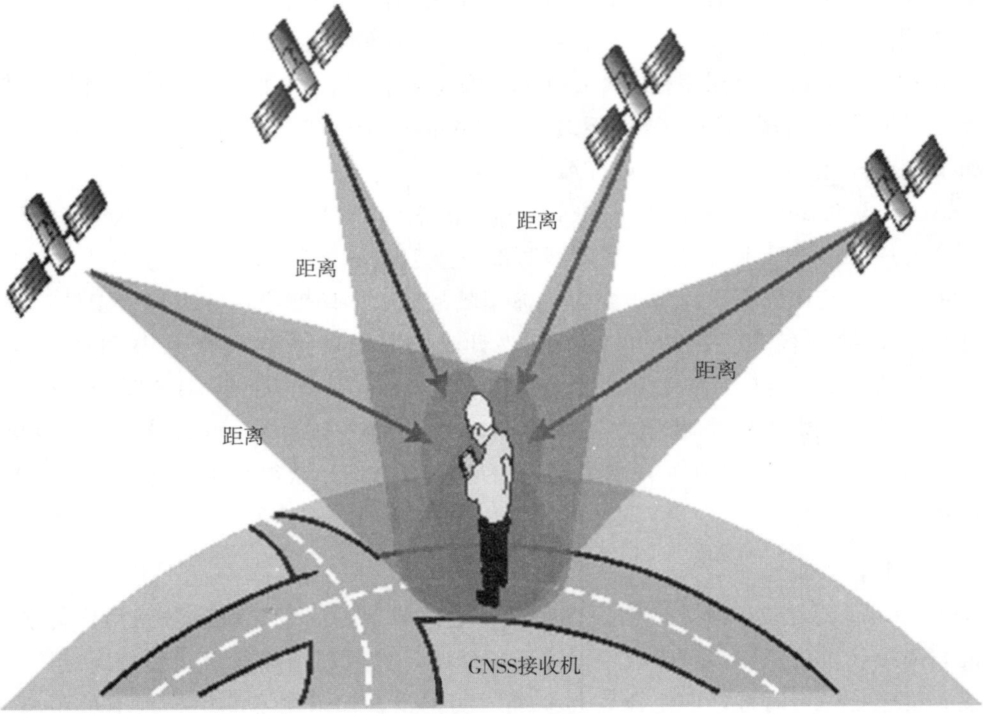

图 1-17　卫星导航系统卫星无线电导航业务实现时差定位

1.2.3.2　全球定位系统

空间段导航卫星的主要作用是产生并播发导航信号，为了提供连续的全球定位能力，每个卫星导航系统的星座必须包含足够数量的卫星，以确保在每个站可同时观测至少 4 颗卫星。例如，GPS 最初设计将 24 颗导航卫星放置在互成 120°的 3 个轨道上，每个轨道上有 8 颗卫星，地球上任何一点均能观测到 6～9 颗卫星。由于预算压缩，GPS 减少卫星数量，改为将 18 颗卫星分布在互成 60°的 6 个轨道上，然而这一方案使得卫星可靠性得不到保障。1988 年，又对星座方案进行了优化设计，将 21 颗工作星和 3 颗备份星放置在互成 30°的 6 条轨道上，如图 1-18 所示，这也是现在 GPS 卫星星座的工作方式。

GPS 卫星星座和轨道高度设计主要是基于以下四个因素的考虑。首先是用户的可见性，其次是卫星周期性地通过美国大陆的上空，再次是上行注入站的需要，最后是运载火箭发射成本。GPS 的建设共分为方案论证和初步设计阶段、全面研制和试验阶段、实用组网阶段。

第一阶段（方案论证和初步设计阶段）：从 1978 年到 1979 年，由位于加利福尼亚的范登堡空军基地采用双子座火箭发射 4 颗试验卫星，卫星运行轨道长半轴为 26 560 km，倾角为 64°，轨道高度为 20 000 km。这一阶段主要研制了地面接收机及建立地面跟踪网，定位结果满足设计要求。1978 年 2 月 22 日，第一颗 GPS 试验卫星的成功发射，标志着 GPS 进入工程研制阶段。

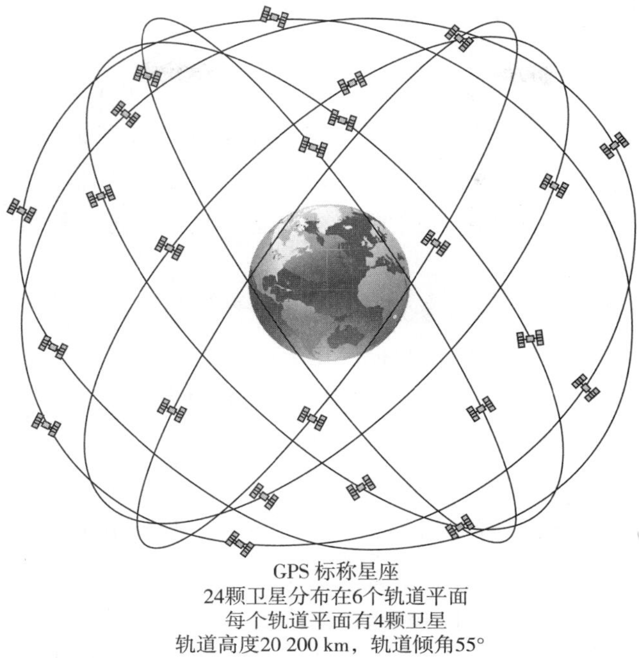

GPS标称星座
24颗卫星分布在6个轨道平面
每个轨道平面有4颗卫星
轨道高度20 200 km，轨道倾角55°

图 1-18　GPS 卫星星座

第二阶段（全面研制和试验阶段）：从 1979 年到 1984 年，又陆续发射了 7 颗称为 BLOCK-I 的试验卫星，研制了各种用途的接收机。实验表明，GPS 定位精度远远超过设计标准，利用民用 C/A 码定位，其精度就可达 14 m。

第三阶段（实用组网阶段）：1989 年 2 月 14 日，第一颗 GPS 工作卫星 BLOCK-II 成功发射，宣告 GPS 系统进入了组网阶段，这一阶段的卫星称为 BLOCK-II 和 BLOCK-IIA。此阶段宣告 GPS 系统进入工程建设状态。1993 年年底，建成 21+3 颗导航卫星组成的 GPS 星座。1994 年 3 月，建成了信号覆盖率达到 98%的 GPS 工作星座。

1993 年，美国国防部宣布 GPS 具备初始运行能力（Initial Operational Capability，IOC），同年，宣布 GPS 对全世界开放，用户免费使用。1995 年，美国国防部宣布 GPS 具备全面运行能力（Full Operational Capability，FOC），宣告历时 20 年、耗资 200 亿美元的 GPS 全面建成，具备在海、陆、空全方位、全天时、全天候三维定位、导航和授时服务功能。GPS 成为美国继阿波罗登月计划、航天飞机之后的第三大航天工程。

GPS 建设过程中的几个重大事件为：

1）1977 年，地面用户系统研制出 GPS 信号接收机，并利用伪卫星（pseudo satellites）播发导航信号，开展定位体制验证；

2）1980 年起，发射的 1 颗 BLOCK-I 卫星配置有核爆探测载荷，目的是监控美国与苏联于 1963 年签署的限制在陆地、海洋及空间进行核试验条约的执行情况；

3）1983 年，1 架韩国客机（Flight 007）因误入苏联领空而被击落，促使美国 GPS 对民用用户开放；

4）1986 年，挑战者航天飞机事故对 GPS 系统建设造成重大影响，美国曾计划用航天飞机将 BLOCK－II 型 GPS 卫星送入轨道；

5）1989 年 2 月 4 日，成功发射第一颗 GPS 组网工作卫星 BLOCK－II；

6）1990—1991 年，海湾战争期间，由于军用接收机数量不能满足战争需要，美国国防部暂时取消选择可用性（SA）技术，一般用户定位精度改善了 10 倍；

7）1993 年，美国国防部宣布 GPS 提供初始运行服务，同年美国国防部宣布 GPS 对全世界开放，用户免费使用；

8）1994 年，全部 BLOCK－II 系列导航卫星组网运行；

9）1995 年，美国国防部宣布 GPS 提供完全运行服务；

10）2000 年，美国国防部宣布 GPS 取消选择可用性技术，一般民用接收机定位精度由 100 m 提高到 10 m；

11）2000 年，GPS 发射了 50 颗导航卫星；

12）2005 年，GPS 发射了第一颗 BLOCK－IIR－M 导航卫星，卫星播发新的 M 码军用信号和第二民用信号 L2C；

13）1996 年 4 月，Rockwell International 公司获得研制 GPS 12 颗新一代卫星 BLOCK－IIF 的研制合同，2010 年 5 月 28 日，在美国佛罗里达州 CAPE CANAVERAL 空军基地，利用 Delta IV 中型运载火箭成功发射第一颗 BLOCK－IIF 卫星，BLOCK－IIF 卫星播发了第三民用信号 L5（1 176 MHz）；

14）2008 年 5 月 15 日，Lockheed Martin 公司获得 GPS 系统 BLOCK－III 卫星的研制合同，卫星将播发第四民用信号 L1C，该信号与欧洲 Galileo、中国 BDS、俄罗斯 GLONASS 卫星导航系统在 L1 频点（1 575.42 MHz）实现兼容互操作。新一代导航卫星 BLOCK－III 有 36 颗，其中 3 颗在轨备份星，分为 A、B、C 3 种类型，BLOCK－IIIA 系列导航卫星有 12 颗，BLOCK－IIIB 系列导航卫星有 8 颗，BLOCK－IIIC 系列导航卫星有 16 颗。BLOCK－III 卫星将播发功率更大的、不易受干扰的军用 M 码导航信号，同时播发与 GlONASS、Galileo 以及 BDS 卫星导航系统兼容互操作信号，在未来导航战中具备在特定区域关闭 PNT 服务的功能，同时保持为美军提供 PNT 服务的能力，全面满足美军未来 2030 年前后的 PNT 服务需求。

美国国防部承担了 GPS 的研发工作，GPS 是一个以军事目的为主导的系统。在 40 年前，美国国防部研发 GPS 的主要目的是用于精确武器投放。一旦发生军事危机或者爆发战争，美国国防部完全可以以“国家安全”为由，在任何时间中断 GPS 服务。

美国国防部控制着 GPS 的运行，通过两种措施限制用户的服务。一是选择可用性（Selective Availability，SA）技术，给每颗卫星的信号引入时钟误差，同时给导航电文中的卫星星历引入坐标误差，由此将一般用户的定位误差放大约 10 倍以上。SA 技术于 1990 年初开始生效，2000 年 5 月，克林顿政府宣布关闭 SA，但美国国防部可以随时开启 SA 功能。二是对精密测距码（P 码）的加密措施，称为反电子欺骗（anti－spoofing，AS）措施，引入机密码 W 码，并将 P 码与 W 码进行模 2 相加，将 P 码转换成 Y 码。由于 W 码是严格保密的，所以非特许用户无法利用P码做精密定位，也没有办法发射适当的干扰频率来实现电子欺骗。1994年1月以来，GPS卫星全部实施了A/S技术，以防止敌方对P码实施电子干扰。

作为一个军事为主兼顾民用的系统，GPS自从研发阶段，就穿上了美军的"服装"，它的真正身份是军事设施，服务对象是美国军方。它是以卫星为核心的新型无线电导航系统，其精度、覆盖范围、可用性都远远优于其他无线电导航系统。GPS已成为重要的军事"传感器"，是高精尖武器系统效能的倍增器。

1.3 系统发展

卫星导航系统能够为地球表面和近地空间的广大用户提供全天时、全天候、高精度的定位、导航和授时服务，是拓展人类活动、促进社会发展的重要空间基础设施，使世界政治、经济、军事、科技、文化发生了革命性的变化。卫星导航系统作为国家的时间和空间基准，是一种赋能系统，是一个国家信息产业的基础设施。

卫星导航系统是现代复杂的航天工程，具有规模庞大、系统复杂、技术密集、综合性强，以及投资多、周期长、风险大、应用广泛和政治、经济、军事效益十分可观等特点，是国家重大航天工程，例如，美国政府从1973年批准发展GPS，到1995年该系统提供全面运行能力，历时20余年，耗资200亿美元，是继阿波罗登月计划、航天飞机后的美国第三大航天工程。目前，全球有美国GPS、俄罗斯GLONASS、欧洲Galileo以及中国BDS 4个全球卫星导航系统以及日本QZSS、印度IRNSS 2个区域卫星导航系统。从市场的发展来看，系统间的兼容与互操作将是必然的发展方向，用户可以用1个多模接收机接收多个系统的信号或者组合各系统的信号来实现定位、导航和授时服务。

1.3.1 GPS

美国国防部于1973年批准GPS计划，组织GPS方案总体设计。1993年12月，美国国防部宣布GPS具备初始运行服务能力。1995年4月，美国国防部宣布GPS具备全面运行服务能力。根据Wikipedia百科统计，目前已发射60颗GPS导航卫星，其中有31颗在轨健康工作，NAVSTAR GPS卫星部署情况见表1-1。

表1-1 NAVSTAR GPS全球定位系统卫星部署情况

卫星类型	发射时期	发射成功	发射失败	目前在轨和健康状况
BLOCK-I	1978—1985年	10	1	0
BLOCK-II	1989—1990年	9	0	0
BLOCK-IIA	1990—1997年	19	0	10
BLOCK-IIR	1997—2004年	12	1	12
BLOCK-IIRM	2005—2009年	8	0	7
BLOCK-IIF	2010—2016年	12	0	12

续表

卫星类型	发射时期	发射成功	发射失败	目前在轨和健康状况
BLOCK－III	2018年—	0	0	计划发射36颗
合计		70	2	41

1.3.2 GLONASS

20世纪60年代末，苏联（USSR）建设了低轨卫星导航系统奇卡达（Tsikada），系统由4颗导航卫星组成，卫星工作在轨道高度为1 000 km的圆轨道面上，轨道倾角83°，定位精度在1 000 m以内。定位服务的连续性和定位精度都不能满足用户的需求，特别是不能满足洲际弹道导弹精确制导的需求，在Tsikada低轨卫星导航系统的基础上，苏联国防部于1976年启动了与美国GPS类似的第二代军用卫星导航系统——全球导航卫星系统（GLONASS）的研发，GLONASS是GLObal NAvigation Satellite System的缩写，俄文则是“ГЛОНАСС”。GLONASS是天基全球无线电导航系统，在俄罗斯PE－90地球参考系和GLONASS系统时间下，基于三角测量方法给出用户的位置。系统设计目标是“能够在全球和近地空间，为空中、水域及其他各种类型用户提供一种能够实现全球覆盖、全天候三维定位、速度测量和授时的功能服务”。

GLONASS导航卫星由俄罗斯应用力学科研联合体负责总体设计，并负责卫星的制造与试验；俄罗斯无线电导航时间研究所负责原子钟和导航接收机的研制；俄罗斯空间科学工业研究所负责系统运行控制和监测设备的研制；俄罗斯天军负责系统运行控制，包括GLONASS时间的建立与维持，导航卫星的跟踪、遥测和遥控。

1982年10月12日，GLONASS利用Proton－K运载火箭发射了第一组3颗导航试验卫星，随后按计划开展了系统体制验证和后续卫星的改进设计工作；1986年年底，完成了系统的在轨试验工作并确定了系统的技术状态基线；1987—1993年，GLONASS组网发射导航卫星，由于这一阶段的导航卫星设计寿命只有3年，到了1993年年末，GLONASS星座中只有12颗导航卫星能够正常工作，系统初步具备服务能力。1993年9月24日，俄罗斯联邦总统发布政令，宣布GLONASS具备初始运行能力（www.spaceandtech.com/spacedata/constellations/glonass_consum.shtml）。1996年1月18日，星座标称的24颗导航卫星才组网运行，标志着GLONASS具备完全运行状态（FOC），随着苏联的解体，俄罗斯经济的持续萧条，1996年后，GLONASS星座得不到正常的维护，星座中可用卫星数量逐渐减少，2001年，星座中能够工作的导航卫星减少到7颗，导致系统性能严重衰退。2001年8月20日，俄罗斯联邦总统Vladimir Putin签署No.587政令，把GLONASS建设列为优先发展的项目。2003年12月，GLONASS发射了第一颗新一代的GLONASS－M导航卫星；2011年2月26日，发射了第一颗第三代导航卫星GLONASS－K1；2010年GLONASS空间星座21颗现代化导航卫星组网运行，能够为100%俄罗斯国土及全球大部分地区提供PNT服务；2011年，GLONASS具备全面运行服务能力。GLONASS空间星座卫星数量变化情况如图1－19所示。

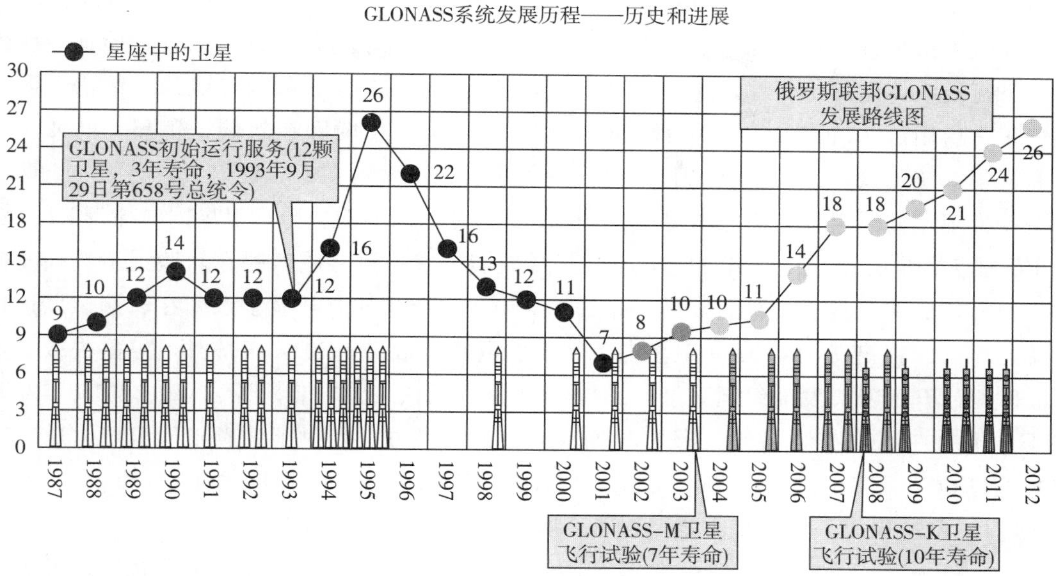

图 1－19　GLONASS 空间星座卫星数量变化情况

1988 年 5 月，在国际民航组织（ICAO）的未来航空导航专门委员会的会议上，苏联决定向全球免费提供 GLONASS 导航信号，这是 GLONASS 作为军用卫星导航系统向民用用户开放的第一步。1990 年 5 月和 1991 年 4 月，苏联空间局两次公布 GLONASS 的民用 ICD 接口控制文件，并向国际民航和海事组织承诺将向全球用户提供民用导航服务，引起了国际社会的广泛关注。俄罗斯“Space Today Online”网站给出了 GLONASS 水平定位精度 55 m、垂直定位精度 70 m 的参考值，定位精度远远低于 GPS，主要原因包括 GLONASS 受限国土范围限制不能全球布站，卫星星历和星钟误差等导航电文数据不能得到及时更新。

1.3.3　Galileo

卫星导航系统军民两用，战略威慑与商业利益并举，鉴于系统在军事、经济、科技和社会等方面的重要性，且涉及国家主权问题，为了打破美国在卫星导航市场中的垄断地位，增加欧洲的就业机会，欧洲决定建设独立自主的卫星导航系统。为欧洲公路、铁路、空中和海洋运输及欧洲共同防务提供 PNT 服务。1999 年，欧盟提出建设 Galileo 全球卫星导航系统，2002 年 3 月正式启动，系统由空间段、地面运行控制段和用户段组成，其中空间段由 30 颗卫星组成，系统计划在 2020 年投入运营。Galileo 系统利用全球组网的中圆轨道星座资源，为用户提供全球搜索救援服务（search and rescue，SAR），将用户的求救信号通过转发器播发给当地救援合作中心（Rescue Coordination Centre），由当地救援合作中心开展救援工作，同时通过反向链路将搜救信息反馈给用户，给用户提供反馈信息是 Galileo 卫星导航系统搜索救援服务的亮点。

2005 年 12 月和 2008 年 4 月，欧洲空间局分别发射了 2 颗导航试验卫星 GIOV－A 和

GIOV－B，主要任务是掌握中地球轨道（Medium－Earth Orbit，MEO）的空间环境特性，在轨测试星载原子钟等有效载荷关键仪器设备及其抗辐射加固的有效性；验证导航信号上下行技术体制的正确性，并确保 Galileo 卫星导航系统的 L 频段导航信号频谱资源到期前正常启用。2011 年 10 月 21 日，欧空局发射了第一组两颗在轨验证卫星，2012 年 4 月完成了系统测试；2012 年 10 月 12 日，发射了第二组两颗在轨验证卫星，与第一组两颗在轨验证卫星共同组成最简导航星座。2012 年 12 月，四颗在轨验证卫星同时播发 E1、E5 和 E6 频点导航信号，2013 年 3 月，欧空局导航实验室通过接收四颗在轨验证卫星播发的导航信号，成功实现了位置的解算，此后欧空局在欧洲范围内开展了系列在轨测试以评估系统性能。2014 年 5 月，FM4 卫星发生短暂供电系统故障，2014 年 7 月，卫星失效。随后，欧盟已开始密集发射组网卫星，2014 年 8 月 22 日、2015 年 3 月 27 日、2015 年 9 月 11 日以及 2015 年 12 月 17 日，欧空局四次以一箭双星方式发射了 8 颗组网卫星（FOC1、FOC2、FOC3、FOC4、FOC5、FOC6、FOC7、FOC8），2016 年 11 月 17 日和 2017 年 12 月 12 日，欧空局以一箭四星方式发射了 8 颗组网卫星（FOC－M6 SAT 15－16－17－18，19－20－21－22），2016 年 12 月 15 日，欧洲空间局宣布 Galileo 卫星导航系统正式开展初始服务。计划在 2018 年发射最后一组四颗卫星，其中包括两颗在轨备份卫星。

1.3.4　BDS

北斗卫星导航系统国际注册名称为 BDS（Beidou System），是四大全球卫星导航系统之一。北斗卫星导航系统是中国自主建设、独立运行，并与世界其他卫星导航系统兼容共用的全球卫星导航系统。按照“质量、安全、应用、效益”的总要求，坚持“自主、开放、兼容、渐进”的发展原则，遵循“先区域、后全球”的总体思路分步实施，采取“三步走”发展战略。

第一步，建设北斗一号双星定位系统，陈芳允院士结合中国国情实际，创造性地提出利用 2 颗地球同步静止轨道卫星和地面数字高程模型，构建双星定位系统，系统基于无线电测定业务（Radio Determination Satellite Service，RDSS）原理，为中国及周边地区提供定位、授时和短报文通信服务。2000 年 10 月和 12 月分别成功发射了 2 颗北斗导航试验卫星，2 颗卫星定点于东经 80°、140°赤道上空，标志着中国成为继美、俄之后世界上第三个拥有自主卫星导航系统的国家。2003 年 5 月和 2007 年 2 月又发射了 2 颗备份卫星，完成北斗一号双星定位系统的建设任务。

第二步，建设北斗二号区域卫星导航系统。2004 年，中国正式启动北斗二号卫星导航系统工程建设，利用 GEO、IGSO 和 MEO 卫星组成混合星座，3 种轨道的卫星基于无线电导航业务（Radio Navigation Satellite System，RNSS）和 RDSS 无线电测定业务，为中国及部分亚太地区提供导航定位、导航授时和短报文通信等服务。2007 年 4 月 14 日，发射北斗二号卫星导航系统第一颗中圆地球轨道卫星（COMPASS－M1）。2012 年完成 5 颗 GEO 卫星、5 颗 IGSO 卫星和 4 颗 MEO 卫星发射和组网运行任务。2012 年 12 月 27 日，北斗二号卫星导航系统正式向亚太地区提供服务，北斗系统服务区水平定位精度优于

10 m（置信度95%）。北斗二号卫星导航系统集成RNSS和RDSS两种定位体制，为广大用户提供位置报告与短报文通信的特色服务。目前北斗二号卫星导航系统运行连续、稳定，服务区域内的系统性能满足指标要求，部分地区性能优于指标要求，通过与其他卫星导航系统兼容使用，可提供更可靠、稳定的服务。

第三步，建设北斗三号全球卫星导航系统。北斗三号卫星导航系统空间段由3颗GEO卫星、3颗IGSO卫星和24颗MEO卫星组成混合星座。其中24颗MEO卫星组成Walker 24/3/1星座，卫星轨道高度21 500 km，轨道倾角55°，均匀分布在3个轨道面上；IGSO卫星轨道高度36 000 km，均匀分布在3个倾斜同步轨道面上，轨道倾角55°，3颗IGSO卫星星下点轨迹重合，交叉点经度为东经118°，相位差120°；GEO卫星分别定点于东经80°、110.5°和140°。3种轨道的卫星基于无线电导航业务和无线电测定业务，2020年前后，为全球用户提供PNT服务。2017年11月5日，北斗三号卫星导航系统发射了第一组MEO双星；2018年1月12日，发射了第二组MEO双星，开启了北斗三号全球组网的新时代，标志着北斗卫星导航系统“三步走”发展战略进入了第三步。

北斗卫星导航系统与GPS、GLONASS以及Galileo等相比，具有短报文通信功能，并且能全天候快速定位，导航通信一体化设计具有巨大的优势。自北斗一号系统2003年正式提供服务以来，北斗系统已在交通运输、海洋渔业、海上作业、水文监测、气象测报、环境监测、森林防火、救灾减灾、通信时统、电力调度和国家安全等诸多领域得到广泛应用，短报文通信功能在应急抢险等特殊场景的指挥调度、状态监控、态势感知环节发挥了巨大作用，特别是在防范南方冰冻灾害、四川汶川和青海玉树抗震救灾、北京奥运会以及上海世博会中发挥了重要作用。当前全球卫星导航系统主要性能指标对比如表1-2所示。

表1-2 当前全球卫星导航系统主要性能指标对比（L1单频、95%）

项目	GPS		GLONASS	BDS	
	当前	未来		区域系统	未来全球系统
星座	24+3 MEO	24+6 MEO	24 MEO	4 MEO+5 GEO+5 IGSO	24 MEO
服务区	全球	全球	全球	国土及周边亚太地区	全球
定位精度	水平9 m 高程15 m	水平6 m 高程13 m	水平10 m 高程10 m	水平10 m 高程10 m	水平5 m 高程9 m
测速精度	0.1 m/s	0.1 m/s	0.15 m/s	0.2 m/s	0.1 m/s
授时精度	≤20 ns	≤20 ns	≤20 ns	≤50 ns	≤20 ns
导航增强	无	20 dB	无	有	重点地区增强15 dB
注入抗干扰	无	有	无	有	有
自主运行能力	60天 自主运行	60天 自主运行	无	无	自主运行
其他功能	核爆探测	核爆探测、 搜索救援	报文通信	报文通信 有源定位	全球位置报告、精密单点定位、星基增强

1.3.5　QZSS

日本位于北半球的中纬度地区，是一个从东北向西南延伸的弧形岛国，山脉或高层建筑物容易遮挡导航信号，仅仅靠 GPS 提供的定位、导航和授时服务已不能满足日本用户的需求，如果采用 GEO 卫星播发导航增强信号，则遮挡效应更为严重。高层建筑物不仅遮挡导航卫星信号，而且还会造成多路径干扰误差，即建筑物对直达导航信号的反射引起的接收误差，为了减缓地面多径干扰误差，就需要提高用户接收信号的仰角。

由此，日本将传统 WAAS 和 EGNOS 等增强系统采用的 GEO 卫星播发 GPS 导航增强信号方案改为大倾角椭圆同步轨道方案，一方面可以保证卫星在日本上空运行较长的时间，另一方面可以保证用户在较高仰角接收导航信号，即导航信号在地面几乎不受遮挡，因此，可以有效减缓多路径干扰误差。在测绘等领域开展高精度测量过程中，仅靠 GPS 自身已很难满足用户对系统可用性和定位精度的需求，需要增加卫星播发增强信号，但 GPS 由美国军方负责运行控制，不可能根据用户的要求而增加卫星的数量。因此，日本通过研发与 GPS 兼容的导航卫星来提高日本地区用户的定位精度，产生了准天顶卫星系统（quasi - zenith satellite system，QZSS）。

“准天顶”一词来源于日本导航卫星所采用的特殊大倾角椭圆轨道，卫星在一天中的大部分时间均运行在日本上空。由于美国对 GPS 军用信号采用授权使用管理措施，GPS 的民用信号一直不如军用信号定位精度高；日本的准天顶导航卫星，就是想以“打补丁”的方式，通过在日本上空播发差分信号和导航增强信号，来提高 GPS 民用信号的精度和可用性，可以认为是 GPS 的增强系统，即，一方面是可用性增强（改善 GPS 信号的可用性），另一方面是性能增强（提高 GPS 信号的精度和可靠性）。QZSS 将 GPS 民用信号在日本国土及周边的精度提升一个数量级，达到亚米级，而这种精度已经非常接近 GPS 军用信号的定位精度了。

日本宇宙航空研究开发机构（Japan Aerospace Exploration Agency，JAXA）和日本卫星定位研究和应用中心（Satellite Positioning Research and Application Center，SPAC）负责 QZSS 相关研发工作。QZSS 为了确保与 GPS 的民用导航信号实现兼容与互操作，一方面播发 GPS 的 L1C/A、L1C、L2C 以及 L5 信号，另一方面播发 L1 - SAIF 和 LEX 差分信号与完好性增强信号，这样用户接收机可以同时接收 QZSS 信号和 GPS 信号，由此可以获得亚米级和厘米级定位精度。此外，利用 QZSS 播发的故障监测和系统健康数据，可以改善系统服务的可靠性。

2010 年 9 月，QZSS 首发导航卫星——引路号，JAXA 负责开展系统卫星所有功能的在轨验证工作，试验表明，较单独使用 GPS，GPS＋QZSS 能够平均提高 10％的定位精度，在 GPS 卫星精度因子（DOP）最差的情况下，GPS＋QZSS 能够提高 40％的定位精度。2013 年，日本政府授予 Mitsubishi 公司 5.4 亿美元的合同，建造 3 颗 QZSS 卫星，其中 1 颗地球同步静止轨道卫星，2 颗大倾角椭圆轨道卫星。日本政府与 NEC 为主导的公司同步签署了开展 QZSS 地面控制段的设计和建设工作的合同。2018 年年底，日本准天顶卫星系统将有4颗QZSS卫星在轨组网运行，可以保证在东亚和大洋洲地区的用户始终可以看到3颗QZSS卫星，连同GPS卫星，届时日本上空将始终保持可见8颗以上导航卫星，由此大幅度改善GPS在东亚和大洋洲地区的可用性和定位精度。仿真分析表明，在某些时段，山脉或高层建筑物还会遮挡当前QZSS 4颗卫星播发的导航信号，为了进一步提升QZSS性能，日本政府计划在2018年之后再发射3颗QZSS卫星，届时QZSS组网卫星数量增加到7颗，QZSS及GPS卫星在轨数量统计如表1-3所示。

表1-3 GPS及QZSS卫星在轨数量统计

多频点导航卫星数量	QZSS	GPS	总数
2015年10月	1颗卫星	17颗卫星(10颗播L5信号)	18颗卫星(11颗播L5信号)
2018年	4颗卫星	21颗卫星(14颗播L5信号)	25颗卫星(18颗播L5信号)
2018年之后	7颗卫星	31颗卫星(24颗播L5信号)	38颗卫星(31颗播L5信号)

目前QZSS是一个区域卫星导航系统，作为GPS的一个辅助和增强系统，还必须依赖GPS才能完成用户定位。完成计划的全部4颗卫星的组网运行后，也主要是满足提高日本及其周边的GPS服务可用性。在这一阶段，它只是作为GPS的一个差分和增强系统，但这只是日本构筑整个卫星导航系统计划中的第一步。日本政府认为必须建立与GPS兼容的并逐步过渡到能够独立定位的卫星导航系统。按照计划，随着系统内QZSS卫星数量的不断增加，QZSS可能升级为独立的、具备全球竞争力的卫星导航系统，提供完整的PNT服务，这个时间可能在2020—2025年。

1.3.6 IRNSS

印度原计划参加欧洲Galileo卫星导航系统建设，但因成本过高以及无法获取对其军事方面的支持而放弃。印度政府基于两点考虑确定建设独立自主卫星导航系统：一是自身的卫星导航系统建成后，可以使印度海军在印度洋乃至更大区域自由航行，扩大印度海军的国际影响力，战时依靠他国卫星导航系统为印度军方提供定位和授时服务是不现实的；二是系统建设和完善将使印度武器的精确制导能力进入世界先进行列，并迅速提升远程导弹的全球打击能力，印度政府期待能通过自主全球卫星定位系统，从一个区域军事大国迅速发展为具有全球影响力的军事强国。

2006年5月，印度政府批准印度空间研究组织（Indian Space Research Organisation，ISRO）建设印度区域卫星导航系统（Indian Regional Navigational Satellite System，IRNSS），IRNSS又称为NAVIC，印度语的意思是水手（sailor）或者领航员（navigator）。IRNSS空间段由7颗技术状态一致的导航卫星组成，其中3颗运行在GEO，4颗运行在IGSO。印度政府曾计划在2014年建成整个系统，工程将耗资160亿卢比，为印度及周边提供定位和授时服务。

按照印度空间研究组织的计划，IRNSS的组网工作将分为两步：第一步是发射地球同步轨道卫星建成覆盖印度的“区域卫星导航系统”，曾计划2011年开始陆续发射7颗导航卫星，2014年卫星系统组网运行，提供覆盖印度及其周边1 500～2 000 km范围的较为精确的卫星定位、导航和授时服务；第二步是从区域卫星导航系统过渡到全球卫星导航系统，区域卫星导航系统建成后，计划再发射大约 10 颗导航卫星，最终形成印度版的全球定位系统。这种循序渐进的方式不失为一种明智的做法，与世界上第一个自主“区域导航定位系统”——中国北斗二号区域卫星导航系统的发展思路是一致的。从覆盖范围和技术水平来看，IRNSS 同北斗二号卫星导航系统都是由地球同步静止轨道卫星和倾斜地球同步轨道卫星组成区域覆盖系统，均是一种可向全球性拓展的区域卫星导航系统。

2013 年 7 月 1 日，印度当地时间 23 时 41 分（北京时间 7 月 2 日凌晨 2 时 11 分），印度区域卫星导航系统首颗卫星 IRNSS－1A 利用印度 PSLV－C22XL（Polar Satellite Launch Vehicle）（极轨卫星运载火箭）在印度东南部 Sriharikota 的 Satish Dhawan 空间中心成功发射。2016 年 4 月 28 日，发射了第 7 颗区域卫星 IRNSS－1G，随后印度区域卫星导航系统组网运行并为用户提供服务。

1.4 系统功能

人类在地球上的一切活动都是在某一特定的时空中存在的。卫星导航系统 PNT 服务需要一个统一的空间位置和时间参考基准。自洽的卫星导航系统时空基准确保了卫星导航系统定位、导航和授时服务各个环节空间位置坐标和时间系统的统一，保证了空间位置坐标和时间服务的一致性。

卫星导航系统时空基准是指卫星导航系统的空间坐标和时间参考，由相应的卫星导航系统空间坐标系统和时间系统以及它们相应的参考框架来实现。为了体现独立性，各卫星导航系统都有独立的时间和空间参考系统。卫星导航系统空间坐标基准规定了卫星导航系统的定位、导航和授时服务的起算基准、尺度基准以及实现方式。卫星导航系统时间基准规定了时间测量的参考标准，包括时刻的参考标准和时间间隔的尺度标准。卫星导航系统时间参考框架是在全球或者局域范围内，通过守时、授时和时间频率测量技术，实现和维护统一的时间系统。

国际民用坐标参考标准是国际地球参考框架（ITRF），由国际地球自转服务局（IERS）根据一定要求，建立分布全球的地面观测站，采用甚长基线干涉测量（VLBI）、卫星激光测距（SLR）、激光测月（LLR）和卫星多普勒定轨定位（DORIS）等空间大地测量技术，由国际地球自转服务局对所有观测数据进行综合分析处理，得到地面观测站的坐标和速度场，以及相应的地球定位定向参数（EOP）。各卫星导航系统的地球参考框架实际上都是 ITRF 的一种实现。目前，各全球卫星导航系统的空间坐标系统的定义基本一致，但与 IERS 定义的参数均有差异，如果不同卫星导航系统参考坐标的差别在目标精度之内，那么在参考坐标角度，可以说 2 个卫星导航系统是可以互操作的。例如，GPS 的参考指标是 WGS84，而 Galileo 的参考指标是伽利略地球参考框架（GTRF），WGS84 和 GTRF 参考指标的差别在 3 cm 之内。因此，可以在大部分导航应用场景下保证 GPS 和 Galileo 具有互操作性。

国际民用时间参考标准协调世界时（UTC）和原子时（TAI），GPS的时间参考系统（GPST）和Galileo的时间参考系统（GST）之间的偏差在纳秒量级，GPS和Galileo的系统时间均以导航电文方式播发给地面用户。因此，可以认为GPS和Galileo在时间参考系统环节具有互操作性。

导航卫星向地面和空间用户连续播发无线电导航信号，通常是L频段无线电信号，载波信号调制有周期数字码（periodic digital code）和导航电文（navigation message），周期数字码又称为伪随机噪声码（pseudo - random noise code，PRN），用于实现卫星和用户之间的伪距测量。导航信号是可供无限用户共享的信息资源，对于陆地、海洋和空间的广大用户，只要能够同时接收到4颗以上导航卫星播发的导航信号，通过信号到达时间测距或者多普勒测速分别获得用户相对卫星的距离或者距离变化率等导航观测量，根据导航方程就能解算出用户的位置坐标。

接收导航信号的装置称为卫星导航接收机，可以安装在低轨道卫星、飞机、舰船、坦克、潜艇、汽车、卡车、武器以及士兵装备中。虽然接收机大小不一，千姿百态，样式各异，型号不同，有袖珍式、背负式，也有手持式的，但是基本结构是一致的，主要包括接收天线、射频前端、基带数字信号处理、应用处理4个模块。导航接收机的工作原理完全相同，通过捕获、跟踪、解扩解调导航信号，得到卫星的星历、时钟偏差校正、电离层误差改正等导航电文数据，才能够利用伪随机测距码测量出卫星与用户机之间的距离，代入定位方程后就可以解算出用户的位置（positioning，P）、速度（velocity，V）和时间（timing，T）解，简称PVT导航解，其中位置解算结果分别以导航卫星信号发射天线的接相位中心和用户机的收天线相位中心为参考点。为用户提供全天候、全天时的定位、导航和授时服务。

1.4.1 空间基准

卫星导航系统作为空间基准，在测绘领域的应用主要表现在建立和实时维护高精度全球参考框架，建立不同等级国家平面控制网，建立各种工程测量控制网和满足航空摄影测量、地籍测量、海洋测量等多方面的应用需求。目前卫星导航系统已成为建立和实时维护高精度全球参考框架的重要技术手段，ITRF2000坐标框架是由全球分布的800多个测站组成，并对这些测站提供的多种数据综合处理而求得的。其中GPS站的长期高精度的观测数据至关重要，其精度也已经与VLBI、SLR、LLR大致相等，因而GPS在建立国际地球参考框架过程中发挥了重要作用。

全球卫星导航系统定位技术具有全球、全天候、全天时、高精度、测站间无需通视等优点，目前已成为快速、高效建立不同等级国家平面控制网的技术途径，通过连续运行的卫星导航位置测量站和若干测量点组成一个国家的平面控制网，逐年解算连续运行参考网站的坐标，可以给出最新的站点坐标值，并推算这些站点坐标的年变化率。显然，利用卫星导航系统定位技术建立的国家平面控制网可以反映站点坐标和历元坐标的关联性以及随时间变化的规律。

利用卫星导航定位技术布设国家控制网、城市控制网、工程测量控制网时，定位精度比常规方法高很多，而且极大地提高了布网效率，节约了布网成本。在1998年抗御长江特大洪水期间，清江隔河岩大坝外观变形，GPS自动化监测系统能够快速反映隔河岩大坝在超高蓄水位下的三维变形，监测系统运行安全可靠，及时为防汛办领导决策提供有力依据，为长江防洪发挥了重要作用，防止造成巨大的经济损失，产生了较高的社会效益。1999年，清江隔河岩大坝外观变形GPS自动化监测系统获得湖北省人民政府科学技术进步一等奖（详见《科技进步与对策》，2001年10月）。

航空摄影测量在地理要素信息采集方面有着广泛的应用，也是目前制作不同比例尺地形图的重要手段，开展航空摄影测量时，需要在测区布设一定数量的大地控制点，为减少作业的工作量，可以在航测飞机上安置卫星导航接收机来测定航空摄影仪的光学中心在曝光瞬间的三维坐标，并将其作为附加信息来参加解算，就可以大幅度减少甚至不再需要布设地面的控制点。

地籍测量是调查和测定土地及其附着物的界限、位置、面积、权属和利用现状等基本情况及其几何形状的测绘工作，可以利用卫星导航系统静态定位技术开展高精度的地籍测量控制工作。

1.4.2　时间基准

卫星导航系统建立了自己专用的时间系统，由卫星导航系统主控站的原子钟控制。卫星导航系统时间属原子时系统，其秒长与原子时相同。例如，GPS原点定义为1980年1月6日0时，与协调世界时的时刻一致。GPS导航卫星中安装有精确度和稳定度极高的铷原子钟和铯原子钟（原子频率标准）。美国国防部（DoD）下属的GPS地面运行控制系统负责调整星载原子钟的偏差，确保GPS时与美国海军观象台运控的协调世界时保持一致，星载原子钟的精度可以保证GPS时与协调世界时之间的误差在几纳秒之内，这样通过GPS的授时功能，我们与协调世界时建立了时间尺度的联系。

在地面监测站的监控下，导航卫星传送精确时间和频率信息，是卫星导航系统的重要应用，应用该功能可进行精确时间或频率的控制。卫星导航系统一般每秒发送一次时间基准信号，在全球任何位置均能接收到该信号，是理想的时间同步时钟源。卫星导航系统导航信号中的秒脉冲（1 pps）信号的时刻准确度可达50 ns，例如，GPS精密定位服务（PPS）的授时精度为200 ns，标准定位服务（SPS）的授时精度为340 ns，未来GPS-III的授时精度将达到5.7 ns。因此，卫星导航系统是一个高准确度的授时系统。利用卫星导航系统导航信息中的标准时间和定时信号，能实现标准时间尺度的建立和高准确度的时间（频率）统一和同步以及高准确时间频率比对。

卫星导航系统以精确时间基准为工作基础，意味着反过来可以利用导航信号对其他用户或者系统的非常精确的时钟和时标进行同步。即，卫星导航系统的授时服务提供的精确时间可以作为一个共同的时间基准。例如，电力系统利用卫星导航系统实现异地电压相位的同步采样，使整个系统的时间和频率一致性成为可能，从而降低检测和测量系统的误差，使相角测量的精度得到较大提高。在电力系统输送中线路的断点定位对发现和修复线路故障极为重要，利用卫星导航系统的同步时钟测量断点形波的到达时间，就可以即时确定故障点的位置，对电网的安全运营产生巨大效益。卫星导航系统的授时服务在电力系统已广泛应用，主要包括电力调度、续电保护、能源管理、数据采集、系统监控、故障录波、变电站综合自动化系统、高压输电线路故障测距、线路的实时监测等环节。

精密测时是现代科技中的一项重要任务，与经典的测时方法相比，卫星导航系统测时具有精度高、稳定性好、方法简单、经济可靠等特点。一般情况下，利用一台单频卫星导航接收机在已知站点上观测一颗导航卫星就可以得到 30 ns（95%），采用更加高级的技术，则可以精确地实现优于 1 ns 的全球时间同步结果。高精度的时间同步和时间标记是通信系统、电力系统、金融系统、网络系统以及广播电视领域正常运行的前提条件，在无线通信系统可以更加有效地利用无线频率资源，在电子商务和电子银行系统使追踪金融交易和票据的时间成为可能。

卫星导航系统源于军事、用于军事。卫星导航系统军事应用的重要性，并不亚于杀伤性武器，已成为精确打击武器的“耳目”，导弹、飞机、军舰离开它便“有力无处使”。卫星导航系统作为现代军事中一个非常重要的组成部分，可以有效提高对作战部队的指挥控制、军兵种协同作战和快速反应能力，在国防现代化发展中的地位是不可替代的。

自海湾战争以来，美国海外战斗能力一直处于压倒性优势地位，由 GPS 引导下的 B52 轰炸机在万米高空执行作战任务时，可以将炸弹的圆概率误差（CEP）缩小至 10 m 左右。2001 年 10 月 7 日，为报复 9·11 恐怖袭击，以美国为首的联军对阿富汗基地组织和塔利班政权开展了代号为“持久自由行动”的空袭，打响了 21 世纪世界第一场战争，史称“阿富汗战争”。在战争的初始 3 天，共 6 架 B-2 轰炸机从美国本土起飞，经太平洋、东南亚和印度洋，对阿富汗实施空袭后再到迪岛降落，创造了连续作战飞行 44 小时的新纪录，并投掷了 96 枚联合直接攻击弹药（JDAM），对阿富汗首都塔布尔的塔利班国防部大楼、机场等重要目标实施了精确打击，SHINDAND 机场飞机跑道被 GBU-31 型 JDAM 联合直接攻击弹药轰炸前后的卫星图片如图 1-20 所示，有效地阻止了阿富汗基地组织飞机的起飞和降落。

美军生动地昭示了卫星导航系统可以是如此凌厉的杀手。此外，卫星导航系统还可以对打击目标命中率进行评估。在装有卫星导航系统接收终端的弹药击中目标的瞬间，触发发射机，将位置信息和时间信息迅速传送到指挥中心，从而进行命中率评估，其评估效果已在伊拉克战争中得到充分检验。

卫星导航系统的民用包括陆地应用、海洋应用和航空航天应用 3 个维度。陆地应用主要包括车辆的导航与监控、道路桥梁建设、港口航道建设、地壳运动监测、地球资源勘探、工程测量、形变监测、精准农业、航空遥感、地理信息、市政规划等领域。海洋应用包括远洋船舶最佳航程航线测定、船舶实时调度与导航、海洋救援、海洋测绘、水文地质测量以及海洋平台定位、海平面升降监测等。航空航天应用包括飞机导航、航空遥感姿态控制、低轨卫星定轨、导弹制导、航空救援等业务。四大卫星导航系统中，北斗卫星导航

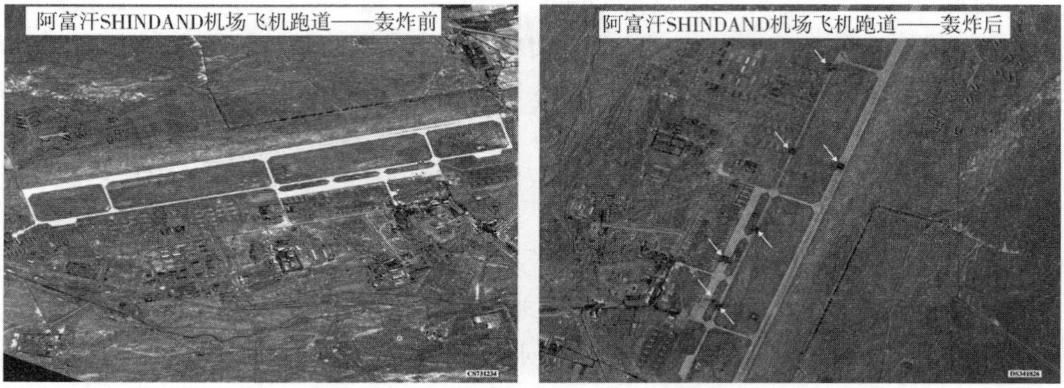

图 1-20　阿富汗 SHINDAND 机场飞机跑道被炸前后的卫星图片

系统除了具有定位、导航和授时功能外，还提供独特的报文通信服务，可实现用户与主管部门、用户与用户之间的短报文通信，创造性地扩展了系统的应用范围，导航与通信技术融合，在抢险救灾、应急通信、搜索救援、海洋渔业、土壤墒情、大型活动安保、灾害天气预报等特殊环节发挥了巨大作用。

中国有着悠久的历史和光辉灿烂的文化，是人类文明的重要发源地之一。中国自古就利用北斗七星来辨识方位，并发明了世界上最早的导航装置——司南，促进了人类文明的发展。今天，北斗卫星导航系统将成为中国对人类社会的又一贡献。北斗卫星导航系统的建设与发展将满足国家安全、经济建设、科技发展和社会进步等方面的需求，维护国家权益，增强综合国力。北斗卫星导航系统将致力于为全球用户提供稳定、可靠、优质的卫星导航服务，并与世界其他卫星导航系统携手，共同推动全球卫星导航事业的发展，促进人类文明和社会发展，服务全球、造福人类。

参 考 文 献

[1] Elliott D. Kaplan. GPS原理与应用（第二版）[M]．寇艳红，译．北京：电子工业出版社，2007.

[2] Bradford W. Parkinson. Global Positioning System：Theory and Applications. American Institute of Aeronautics and Astronautics [M]，Inc. 370 L'Enfant Promenade，SW，Washington，DC 20024 -2518.

[3] 党亚民．全球导航卫星系统原理与应用 [M]．北京：测绘出版社，2007.

[4] Hofmann - Wellenhof. 全球卫星导航系统 [M]．程鹏飞，译．北京：测绘出版社，2009.

[5] 谭述森．卫星导航定位工程 [M]．北京：国防工业出版社，2007.

[6] 刘基余．GPS卫星导航定位原理与方法 [M]．北京：科学出版社，2003.

[7] Dan Doberstein. GPS接收机硬件实现方法 [M]．王新龙，译．北京：国防工业出版社，2013.

[8] David A. Turner，Deputy Director Office of Space and Advanced Technology U. S. Department of State，GPS Civil Service Update & U. S. International GNSS Activities [C]，China Satellite Navigation Conference 2016，Changsha，May 17 - 20.

[9] Review of tropospheric，ionospheric and multipath data and models for Global Navigation Satellite Systems，presented in the 3rd European Conference on Antennas and Propagation (EuCAP) in 2009 [R]．Berlin (Germany)，Martellucci and Prieto Cerdeira.

[10] GPS Program Update to 48th CGSIC Meeting [R]，2008. 9. 15.

[11] 中国卫星导航系统管理办公室．北斗卫星导航系统公开服务性能规范（1.0版）[S]．2013.

[12] 中国卫星导航系统管理办公室．北斗卫星导航系统发展报告（1.0版）[S]．2012.

[13] 中国卫星导航系统管理办公室．北斗卫星导航系统空间信号接口控制文件公开服务信号（2.0版）[S]．2013.

[14] Global Positioning System，Standard Positioning Service Performance Standard. 4th Edition [S]．September，2008.

[15] Navstar Global Positioning System Interface Specification，IS - GPS - 200，GPS全球定位系统接口规范 [S]．

[16] Global Positioning System Precise Positioning Service Performance Standard [S]，2007.

[17] Annex 10 (Aeronautical Telecommunications) To The Convention On International Civil Aviation，Volume I - Radio Navigation Aids，International Standards And Recommended Practices (SARPs) [S]．ICAO Doc. AN10 - 1，6th Edition，Jul 2006 国际民航组织国际公约附件10卷1.

[18] 谭述森．北斗卫星导航系统的发展与思考 [J]．宇航学报，2000 (2)：392 - 396.

[19] Minimum Operational Performance Standards for Global Positioning System/Wide Area Augmentation System Airborne Equipment [J]．RTCA DO - 229，Dec 2006.

[20] Russia Launches CDMA Payload on GLONASS - M [J/OL]．Inside GNSS，[2014 - 06 - 16]．http：//www. navipedia. net/index. php/GLONASS _ Space _ Segment.

[21] Bradford w Parkinson. Three Key Attributes and Nine Druthers [EB/OL]．[2012 - 10 - 01]

http：//www. gpsworld. com/ expert - advice - pnt - for - the - nation/.

[22] Error Analysis for Global Positioning System [DB/OL] . Wikipedia. https：//en. wikipedia. org/ wiki/Error _ analysis _ for _ the _ Global _ Positioning _ System # Selective _ availability.

[23] An intuitive approach to the GNSS positioning [DB/OL] . Navipedia. 2011，https：//www. baidu. com/ link? url = oJq4uiRT6ce0cioCUGgMbi4awSIxh7M0uKjui7FqHx - 1NnADA5mlZ - ryWIB2py0OLQGg-O5kTkD6QD8M5oYuU2pEmFNNuEaQQgH2BMCxrXIDM8d5EIarPpefhrHp _ oUS2&wd = &eqid = 8ecdfab90004579400000045ae5608e.

第 2 章　定位原理

2.1　基本思想

卫星无线电导航业务（RNSS）的工作原理是用户至少接收 4 颗导航卫星播发的信号，基本观测量是信号从位置已知的参考点发出时刻到达用户接收该信号时刻所经历的时延，信号传播时延乘以信号的传播速度，就可以得到参考点和用户之间的距离，即利用导航信号传播的到达时间（time of arrival，TOA）来确定用户和卫星之间的伪距，利用三边测量法自主完成用户位置的解算。

例如，在雷雨天气中，闪电和雷声是同时发生的自然现象，但由于闪电和雷声在大气中传递的速度不同，我们先看到闪电而后听到雷声，通过计算两者的时间差便可以计算得出天空中的闪电离我们有多远，该距离等于我们看到闪电的时刻（开始时刻）和听到雷声的时刻（结束时刻）之间的时间差（时延）与声音在大气中传播速度（大约 330 m/s）的乘积。

再如，假设汽车行驶在一条笔直的、很长的高速公路上，如何确定汽车的位置？我们需要一座无线电发射塔，该无线电发射塔安装在公路的一端，发射塔每秒播发一个时间脉冲信号，如果汽车上有一台与该无线电发射塔时间同步的时钟，通过测量无线电脉冲信号从发射塔到汽车的传递时间，就能够计算出公路上汽车的位置，如图 2－1 所示。

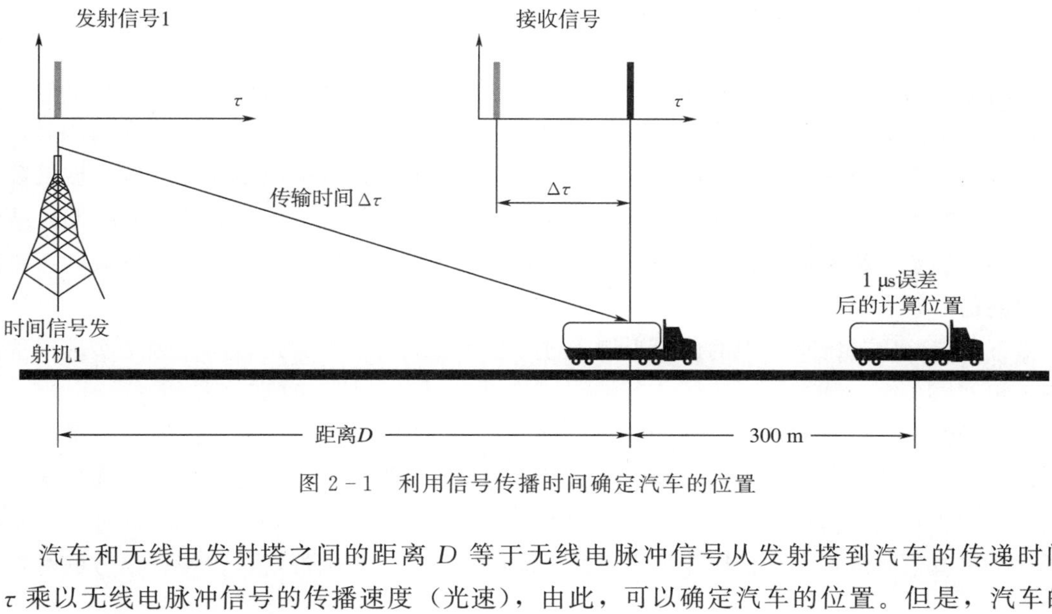

图 2－1　利用信号传播时间确定汽车的位置

汽车和无线电发射塔之间的距离 D 等于无线电脉冲信号从发射塔到汽车的传递时间 $\Delta\tau$ 乘以无线电脉冲信号的传播速度（光速），由此，可以确定汽车的位置。但是，汽车的时钟与发射塔的电子钟不可能完全同步，那么无线电信号从发射塔到汽车的传递时间测量值与真实值之间必然存在一定差异，由此导致计算的距离与实际距离之间也存在偏差。在卫星导航技术领域，这个不准确的距离测量值又称为“伪距”，例如，如果时间偏差为 1 μs，那么测量伪距就有 300 m 误差。

为了提高定位精度，解决伪距误差问题，可以提高车载电子钟的精度，例如装备与发射塔配置一样的高精度原子钟，但成本太高。另一个办法是再架设一座无线电发射塔，同时播发时间同步的时间脉冲信号，且两座无线电发射塔之间的距离 A 是确定的。那么即使汽车的时钟不是十分精确，通过同时测量时间脉冲信号从两个发射塔分别到汽车接收机的传递时间，就能准确计算出汽车和第一个无线电发射塔之间的距离 D，同时消除时间偏差，如图 2－2 所示。

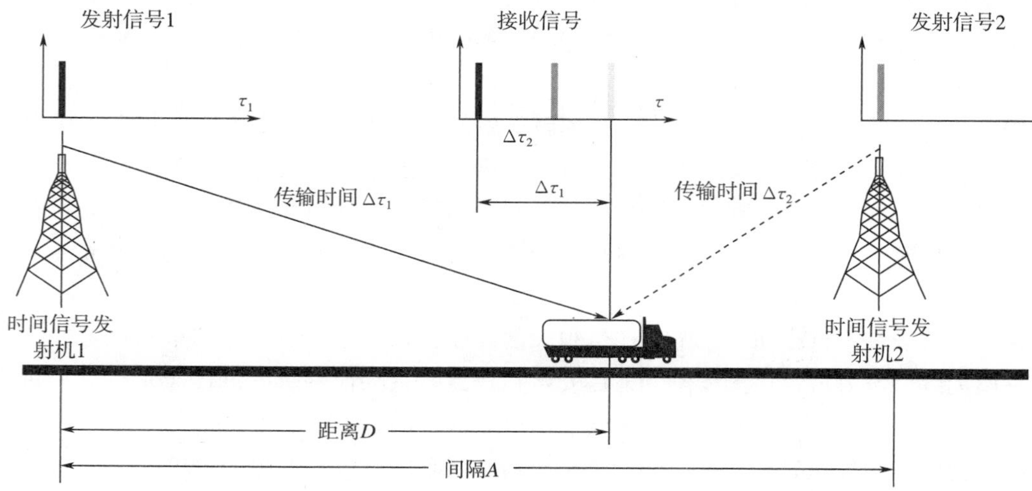

图 2－2　利用两个时间信号发射机就可以准确计算汽车的位置

由上述的例子可知，为了准确计算汽车在笔直的高速公路上的位置（一维定位），我们需要两个广播信号。也就是说，当汽车的时钟与无线电发射塔的时钟不完全同步时，在计算汽车位置的过程中，我们需要无线电发射塔播发时间信号的数量要比求解的变量数量多一个，其中一个用于解算位置，另一个用来解算时间偏差。进一步可以推广上述结论为：如果确定二维平面位置，则需要三个时间信号转发器；确定三维空间位置，则需要四个时间信号转发器。

下面以确定二维平面中的位置为例，进一步阐述利用信号到达时间测距来实现位置解算思想。

假设海岸灯塔准确地在分钟标记时广播雾号角（声音信号），雾号角的功率足够大并使得几千米外的水手能够听到。再假设船上时钟与灯塔雾号角时钟是同步的，如果水手在某个时刻收听到灯塔广播的声音信号，比如船上时刻 11 h：12 min：20 s，则可以初步推断这个声音信号从灯塔传播到船上水手的时间应为 20 s，那么灯塔广播声音信号的时刻可能为 11 h：12 min：00 s，声音在空气中的传播速度是确定的已知量，约为 340 m/s，由此可以计算出灯塔与船之间的距离为 $\rho=20\ \text{s}\times340\ \text{m/s}=6\ 800\ \text{m}$。这样，利用一个灯塔发出的广播声音信号，借助一个测量值，水手就可以知道自己的位置位于距离灯塔半径为 $\rho=6\ 800\ \text{m}$ 的圆周上，如图 2－3 中左边的实线圆周所示。

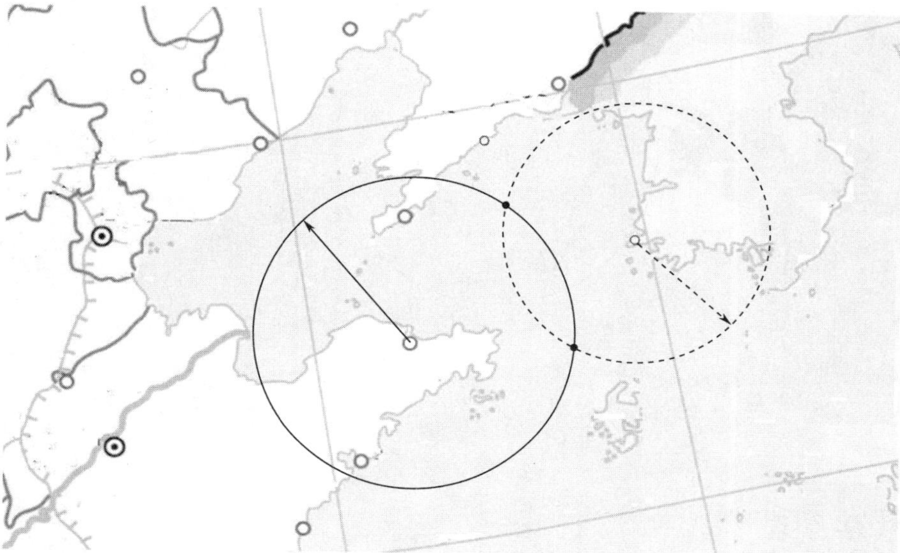

图 2－3　水手通过测量与两个灯塔之间的距离实现定位

如果水手还能同时收听到另一个灯塔广播的声音信号，利用同样的办法，水手可以确定自己的位置同时还应该位于以距离第二个灯塔的距离为半径的第二个圆周上，如图2－3中右边的虚线圆周所示。这里假定了各灯塔雾号角信号的播发时间均同步于公共的时间基准，且船上时钟与灯塔雾号角时钟是同步的，此外水手知道两个雾号角声音的播发时刻。因此，相对于这些雾号角来说，水手可以确定自己的位置一定在这两个圆周的交点上，如图 2－3 中左边的实线圆周和右边的虚线圆周相交的两个交点所示，从逻辑上剔除一个不合理的交点，由此水手就可以准确确定自己的位置。

但是，这种测量距离的方法有两个缺点，首先是船上时钟必须和灯塔广播雾号角的时钟同步，其次是水手在某个时刻听到灯塔的广播声音信号时，他并不知道过了几分钟（声音是从哪个时间起点发出的）。例如，水手在 11 h：30 min：20 s 收听到灯塔广播的声音信号，灯塔广播声音信号的时刻也有可能为 11 h：29 min：00 s，也有可能为 11 h：28 min：00 s，甚至是 11 h：27 min：00 s，即存在广播时刻不确定（模糊）问题，或者说 1 min 的周期模糊问题，声音信号从灯塔传播到船上水手的时间应为 $t=n\times1\ \text{min}+20\ \text{s}$。

怎么办？可以引入第三个灯塔来解决上述广播时刻不确定问题，利用同样的办法，水手可以确定自己的位置同时还应该位于以距离第三个灯塔的距离为半径的第三个圆周上，由此，水手可以确定自己的位置一定在这三个圆周的唯一的一个交点上，如图 2－4 所示。

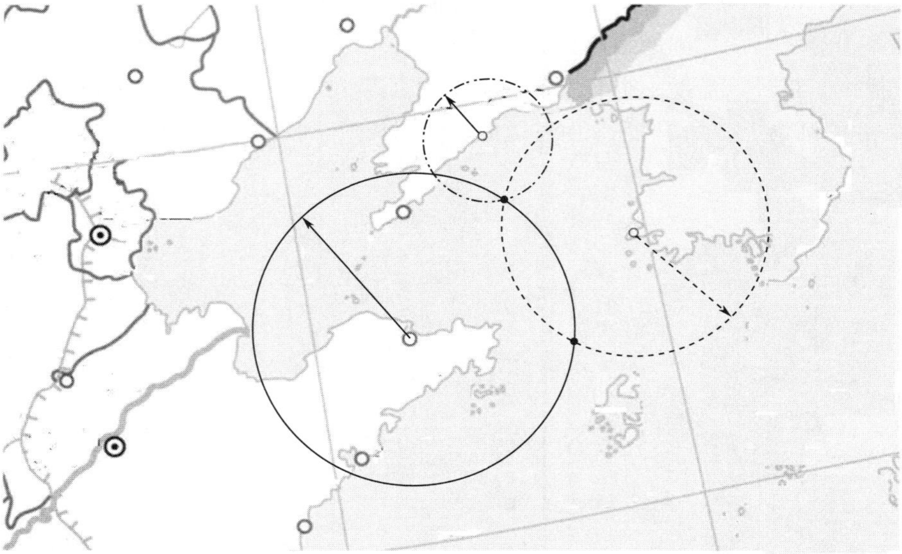

图 2－4　水手通过测量与三个灯塔之间的距离实现准确定位

2.2　数学原理

基于同样的到达时间测距原理，我们也可以实现卫星定位服务。卫星导航的数学原理是基于导航卫星的三边定位，就是空间已知三个点的位置（第一个解题条件），以及你到这三点的相对距离（第二个解题条件），来求解你的位置，这是中学解析几何里一个很简单的问题。

假设有一颗导航卫星正在播发测距信号，导航卫星上的时钟控制着测距信号的定时播发。这颗导航卫星上的时钟和整个星座内其他导航卫星的时钟都与卫星导航系统时间（简称系统时）保持同步。用户接收机也有一个时钟，暂时假定与系统时间同步。定时信息内嵌在导航卫星播发的测距信号中，使接收机能够计算出导航信号离开卫星的时刻（基于导航卫星的时钟时间）。当接收机接收到该卫星播发的导航信号并记下接收到信号的时刻（基于接收机的时钟时间），就可以计算出导航信号在空间的传播时间，传播时间再乘以无线电信号在空间的传播速度（光速），就可以得到这颗导航卫星和用户接收机之间的距离 r 。以这颗导航卫星为球心，以 r 为半径画一圆球面，用户的位置应处于该球面上的某一个地点，如图 2－5 所示。

如果接收机同时接收到另一颗导航卫星的测距信号，同理，可将用户定位在以第二颗导航卫星为球心的球面上，因此，用户将在两个球面相交的圆弧线上的某个地点，或者两个球面相切的单一点上（即此时两个球面刚好相切），如图 2－6 所示。

现在引入第三颗卫星，即如果接收机同时接收到第三颗导航卫星播发的测距信号，重复上述的测量过程，便将用户同时定位在以第三颗卫星为球心，以接收机到该第三颗卫星

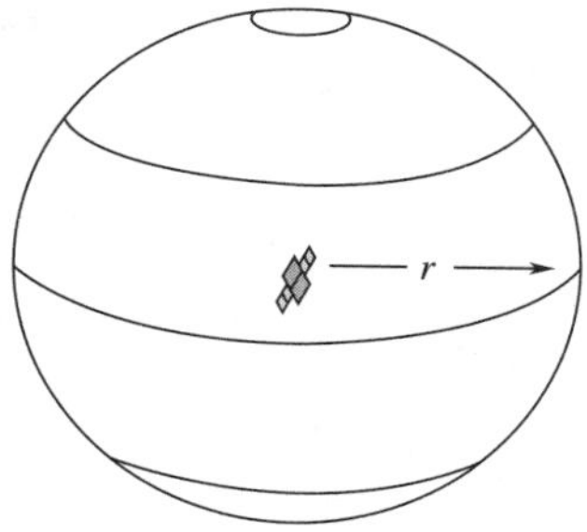

图 2-5　用户位于一颗卫星确定的球面上

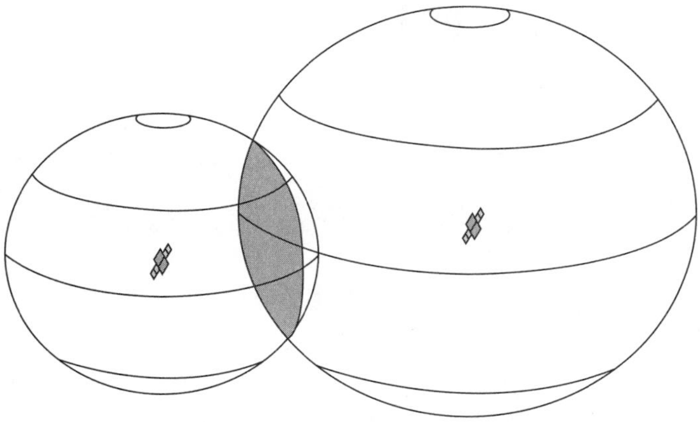

图 2-6　用户位于两颗卫星确定的圆弧线上

的距离为半径的球面上，该球面与图 2-6 中前两颗导航卫星所确定的圆弧线相交于两个交点，用户在这两个交点上，但其中只有一个是用户的正确位置，如果是地表用户，可以剔除空间中明显不符合逻辑的另一点，因此，利用三颗导航卫星播发的测距信号就可以确定用户位置，如图 2-7 所示。如果是确定地球表面以上的用户的空间位置坐标，那么就存在多值性的问题。

由此，引入第四颗导航卫星，即如果接收机同时接收到第四颗导航卫星播发的测距信号，重复上述的测量过程，以此卫星为球心，以接收机到卫星的距离为半径画一圆球面，该球面必然与图 2-8 中前三颗导航卫星所确定的两个交点中的一个相交，即利用四颗导航卫星播发的测距信号最终可以确定我们的位置，如图 2-8 所示。

图 2-5～图 2-8 给出了如何利用用户到卫星的距离确定位置的示意图，毋庸置疑，利用接收机准确测量与三颗以上导航卫星之间的距离是解算位置的物理基础。另外，由于地球是一个不规则的椭圆体，其表面形态也极为不规则，因此还需要配合一些地理知识，排除明显不合理的位置解，从而确定实际位置。

2.2.1　误差分析

通过计算用户和已知空间位置坐标的导航卫星（又称动态已知点）之间的距离，可以

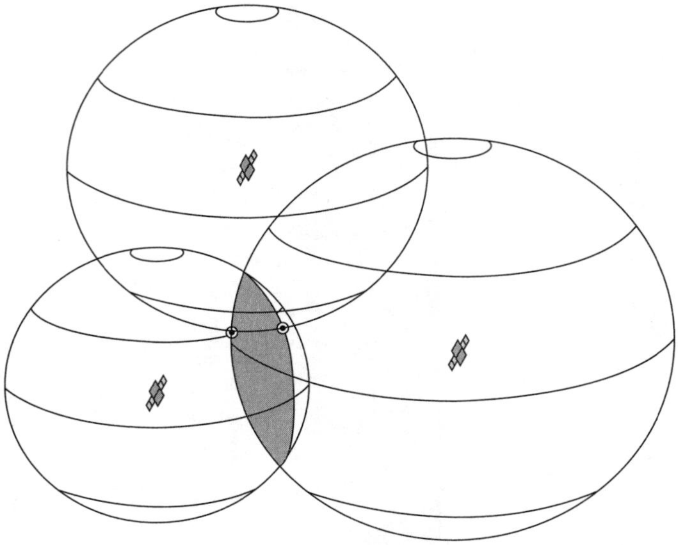

图 2-7　接收机位于三颗卫星确定的两个交点上

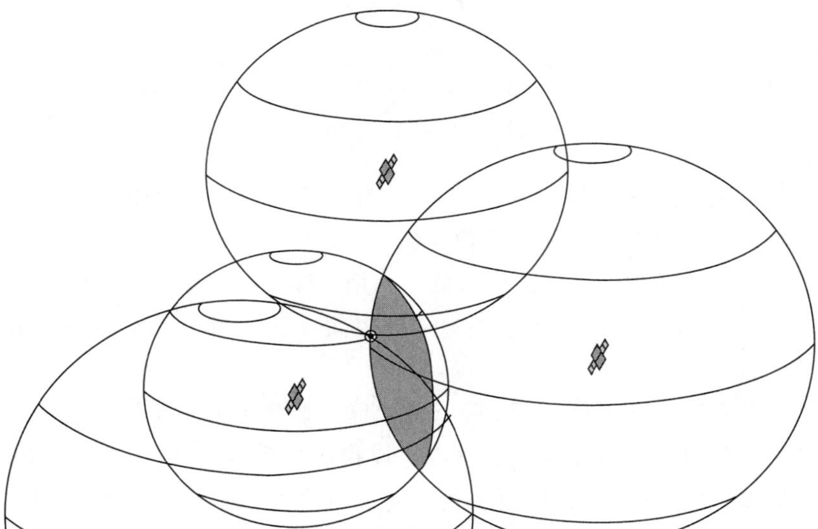

图 2-8　接收机位于四颗卫星确定的一个交点上

解算出在同一空间参考系统下的位置坐标。在这种情况下，利用空间导航卫星播发的无线电测距信号，算出导航信号在空间的传播时间来计算用户和卫星之间的距离。

道理很简单，但是在工程上实现起来非常不容易。以 2.1 节水手利用灯塔雾号角定位为例，船上时钟与灯塔雾号角时钟之间不可能精确同步，一定存在偏差，如果偏差过大，那么这个声音信号从灯塔到船的传播时间（也称为传播时延）就会存在较大偏差，由此会导致计算得到的灯塔与船之间的距离出现较大误差。

我们可以假设船上时钟相对灯塔时钟存在一个固定偏差为 $\mathrm{d}\tau$ ，这样就可以等效认为船上时钟与灯塔时钟完全同步了，那么图 2－3 中灯塔与船之间的测量距离会有一个偏移量 $\mathrm{d}t = v \times \mathrm{d}\tau$ ，这个偏移量将在同等程度上增加或减少测量距离数值，对所有的地标而言，由时间不同步而引起的误差是一致的。

这样，图 2－3 中两个圆周的半径会因为一个共同的未知偏移量 $\mathrm{d}t$ 而发生变化，由于真实的“距离”存在未知偏移量（误差），如图 2－9 所示。数学上可以证明这两个圆周的交点只能位于双曲线的一个分支上，双曲线的两个焦点就是图 2－3 中的两个灯塔所在的位置。

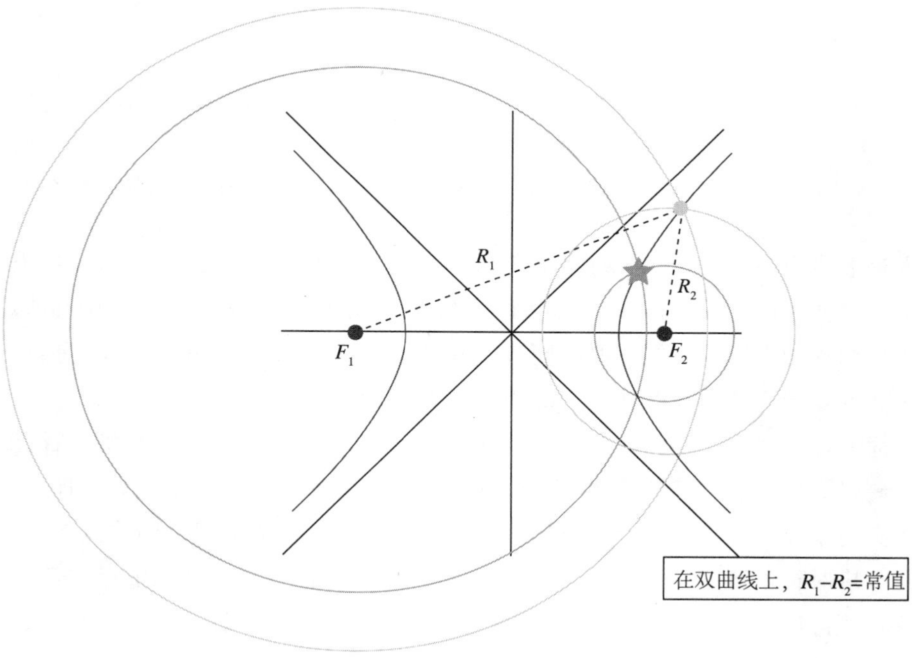

图 2－9　利用两个灯塔测距实现二维位置解算（时钟偏差导致测距误差）

也就是说，船上时钟与灯塔时钟之间的偏差 $\mathrm{d}\tau$ 将必然造成灯塔与船之间的距离测量值存在不确定的偏移量 $\mathrm{d}t$ ，即两个圆周的半径（灯塔与船之间的距离）发生一点变化。但是，利用船上同样的一台时钟测量得到不同灯塔与船之间的距离，这个固定的偏移量 $\mathrm{d}t = v \times \mathrm{d}\tau$ 可以通过差分来消除，即利用伪距差分处理技术可以消除时钟偏差。

如果引入第三个灯塔，那么图 2－3 中两个圆周交于两点而导致的船位的不确定性问题将迎刃而解，求解船位的过程由两个圆周相交演变成两条双曲线相交，如图 2－10

所示。请注意，我们既然引入第三个灯塔，由两条双曲线相交直接可以求解得到船位，那么自然也就可以求解出船上时钟与灯塔时钟的同步偏差 $d\tau$ 。也就是说在水手确定船位的过程中，仅仅需要灯塔雾号角之间的时钟保持同步，而船上时钟不再需要与灯塔保持同步。

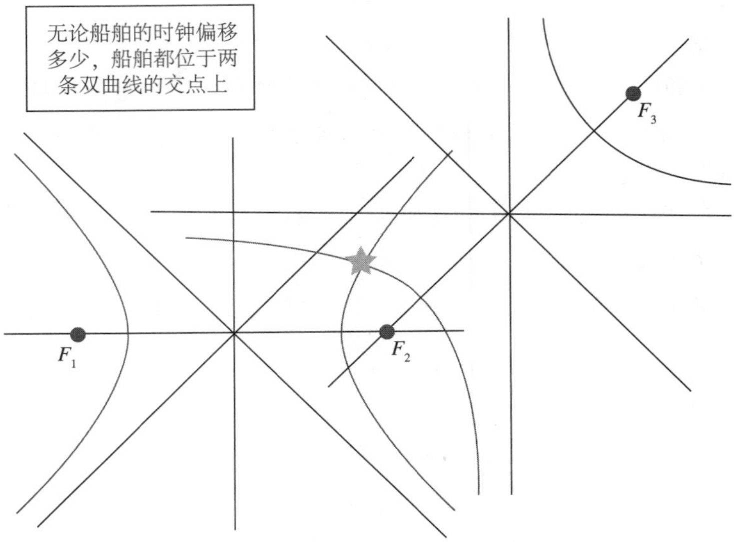

图 2-10　利用三个灯塔测距实现二维平面位置解算（同时解算出船上时钟与灯塔时钟之间的偏差）

下面进一步说明引入第三个灯塔后二维平面位置解算误差，分别以三个灯塔为圆心，以船与灯塔之间的距离 ρ_1、ρ_2 和 ρ_3 为半径绘圆周，则船的位置在图 2-11 中部所示的一个小圆周内，圆周的半径恰好等于时钟同步偏差 $d\tau$ 造成的距离偏差 dt ，即圆周的半径 $dt = v \times d\tau$ ，该小圆周分别与半径为 ρ_1、ρ_2 和 ρ_3 的大圆周相切。

最后简要分析误差影响，回到图 2-4 中的场景，假设船上时钟与灯塔时钟完全同步，如果准确测量灯塔与船之间的距离，则分别以两个灯塔 F_1 和 F_2 为圆心，以船与两个灯塔之间的距离为半径绘圆周，水手就能够确定出船一定在上述两个圆周的交点上。然而，船上时钟与灯塔时钟不可能完全同步，船与两个灯塔之间的测量距离一定存在测量误差 ε 。测量误差 ε 使得位置解算结果存在一个不确定区域，不确定区域的大小和形状取决于船与两个灯塔之间的几何关系，如图 2-12 所示。

上文求解船位过程中，假定了各灯塔雾号角信号的播发时间均同步于公共的时间基准，且船上时钟与灯塔雾号角时钟是同步的，然而，实际情况可能并非如此。各灯塔雾号角信号的播发时间均同步于公共的时间基准比较好实现，但是船上时钟很难与灯塔雾号角时钟保持同步，一定存在偏差，水手在确定船位过程中的每次测量都使用了相同的、有偏差的时间基准，所以对每次测量来说，上述时间偏差是相同的，即偏差是公共的，如果这种偏差可以被消除或者被补偿掉，那么这些测距圆便会交于一点。

另外，由于大气效应、雾号角时钟相对于公共的时间基准的偏移、雾号角声音信号受

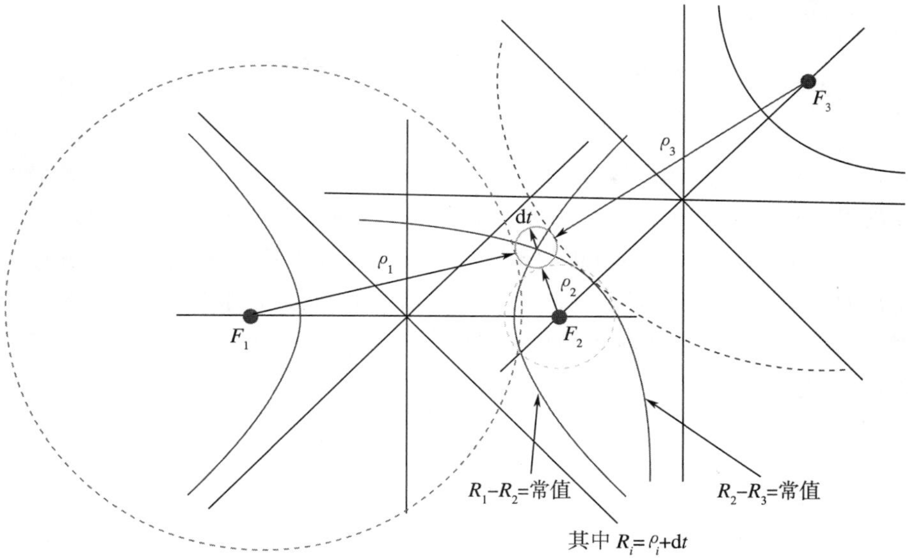

图 2-11　利用三个灯塔测距实现二维平面位置解算的详细过程

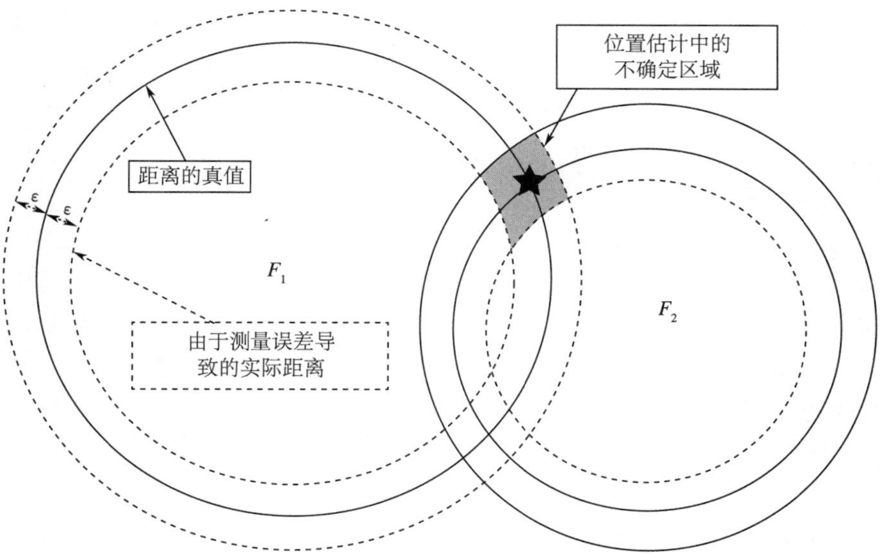

图 2-12　测量误差导致定位结果出现不确定区域

到干扰等原因造成的误差，基于到达时间原理的测距值一定是存在误差的，和上述船上时钟存在与灯塔雾号角时钟偏差的情形不同，大气效应、雾号角时钟偏移、雾号角声音信号干扰造成的误差是独立的，它们将以不同的方式影响每一次测量，从而导致距离计算不准确。

2.2.2 卫星无线电导航

卫星无线电导航业务（Radio Navigation Satellite Service，RNSS）的工作原理是用户接收卫星无线电导航信号，自主完成至少四颗卫星的距离测量，进行用户位置、速度及航行参数计算。卫星导航系统的定位过程与水手根据灯塔的位置和灯塔发出的声音来确定自己的位置过程一致。假定 x_i,y_i,z_i 分别为四颗导航卫星在空间中的位置坐标，i 为 1,2,3,4；x_u,y_u,z_u 为待解算的用户接收机的坐标；t_u 为接收机的时钟偏差；c 为导航信号传播速度（光速）；R_i 为接收机到四颗卫星的距离。导航接收机接收到导航卫星播发的导航信号后，计算导航信号从卫星到接收机的传播时间，再乘以无线电信号传播速度，得到星地之间的距离，得到如下定位方程组为

$$
\begin{aligned}
R_1 &= \sqrt{(x_1-x_u)^2+(y_1-y_u)^2+(z_1-z_u)^2}+cb_u \\
R_2 &= \sqrt{(x_2-x_u)^2+(y_2-y_u)^2+(z_2-z_u)^2}+cb_u \\
R_3 &= \sqrt{(x_3-x_u)^2+(y_3-y_u)^2+(z_3-z_u)^2}+cb_u \\
R_4 &= \sqrt{(x_4-x_u)^2+(y_4-y_u)^2+(z_4-z_u)^2}+cb_u
\end{aligned}
\qquad (2-1)
$$

根据导航信号中的电文数据可得到卫星的位置坐标，当接收机同时接收四颗导航卫星的信号，测量出与四颗导航卫星之间的距离时，以卫星为球心，导航信号传播的距离为半径画球面，用户接收机一定在四个球面相交于一点的位置上，如图 2-13 所示。联合求解定位方程组（2-1），就可以解算出用户的空间位置（经度、纬度和高程）和接收机时钟的钟差。借助已知的地理信息及电子地图，将用户所在位置与目标位置比较，就可以引导用户到达目的地，从而实现卫星导航。

卫星导航系统的基本观测量是导航信号从卫星到接收机的传播时延。在卫星导航系统中，导航卫星的作用与二维定位中的灯塔作用完全一致。在二维平面定位问题中，灯塔的位置是固定不变的，且假定水手事前知道灯塔的位置坐标。在卫星导航系统的定位解算过程中，卫星在空间沿着轨道运动，用户如何实时确定卫星的轨道位置坐标呢？其实也很简单，导航卫星播发导航信号，导航信号中调制有导航卫星的开普勒轨道参数（星历数据），只要用户机接收到导航信号，就能解调出导航卫星播发导航信号时刻的轨道位置坐标，因此，人们常常将空间中运动着的卫星称为“动态已知点”。

接收机和导航卫星之间的距离测量也是通过测量导航信号从卫星到接收机的传播时间（时延）来计算的。由此，卫星时钟是卫星导航系统中最关键的环节。为了确保星载时钟的稳定度，卫星导航系统的星载时钟需要采用具有高精度、高稳定度的空间原子频率标准（原子钟）来生成导航信号。原子钟的天稳定度指标一般为 $\Delta f/f=10^{-13}\sim10^{-14}$ 。尽管如此，随着时间的推移，具有高稳定度的空间星载原子钟也会累积出一定的偏差。地面运行控制系统会连续地监测并估计星载原子钟偏差，并通过导航电文将星载原子钟偏差数据播发给地面用户，用户对时间偏差数据进行修正。

另一方面，出于成本考虑，用户接收机也不可能配置原子钟，一般采用成本较低的石英晶体时钟，其天稳定度一般为 $\Delta f/f\approx10^{-9}$ ，用户接收机时钟和星载原子钟之间必然存

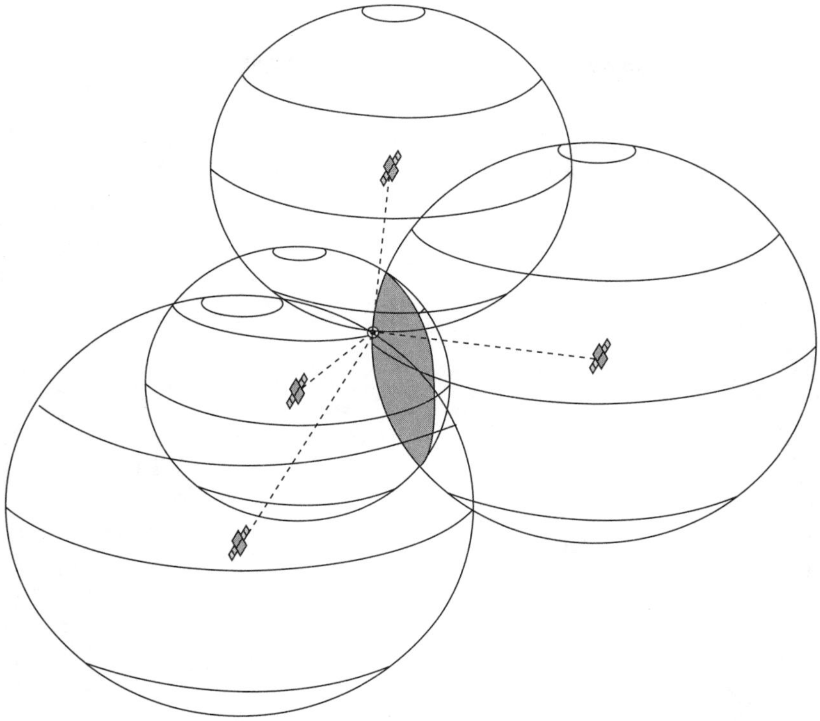

图 2－13　接收机基于到达时间测距原理实现对用户位置的解算

在偏差，即定位方程组（2－1）中定义的接收机的时钟偏差 t_u ，通过引入第四颗导航卫星，形成四个定位方程，就可以联合求解定位方程组（2－1）中的四个未知量（用户接收机在空间中的坐标 x_u, y_u, z_u 以及接收机的时钟偏差 t_u ）。

在卫星导航系统运行过程中，导航信号在空间传播过程中还会产生电离层和对流层延迟、信号多路径反射及接收机热噪声等误差，因而，接收机观测到的卫星与用户之间的距离较真实几何距离也存在一定的偏差，一般称为“伪距”。因此，由定位方程组（2－1）解算的用户位置不是一个准确的点，而是散布在一个不确定的区域内，测距误差对位置解算的影响如图 2－14 所示。不确定区域的大小和形状取决于用户与卫星之间的几何关系。

2.3　工程实现——伪距测量和位置解算

从数学角度来讲，用户只要同时知道地球表面上的一个点（用户接收机）到三颗导航卫星（动态已知点）的距离，即知道空间已知三个点的位置（第一个解题条件），以及用户接收机到这三点的相对距离（第二个解题条件），以导航卫星为球面的中心，以用户接收机到导航卫星的距离为半径绘制球面，那么利用球面相交的原理就可以确定用户接收机的位置，用户接收机的位置必然位于由上述距离所确定的三个球面的交点上。

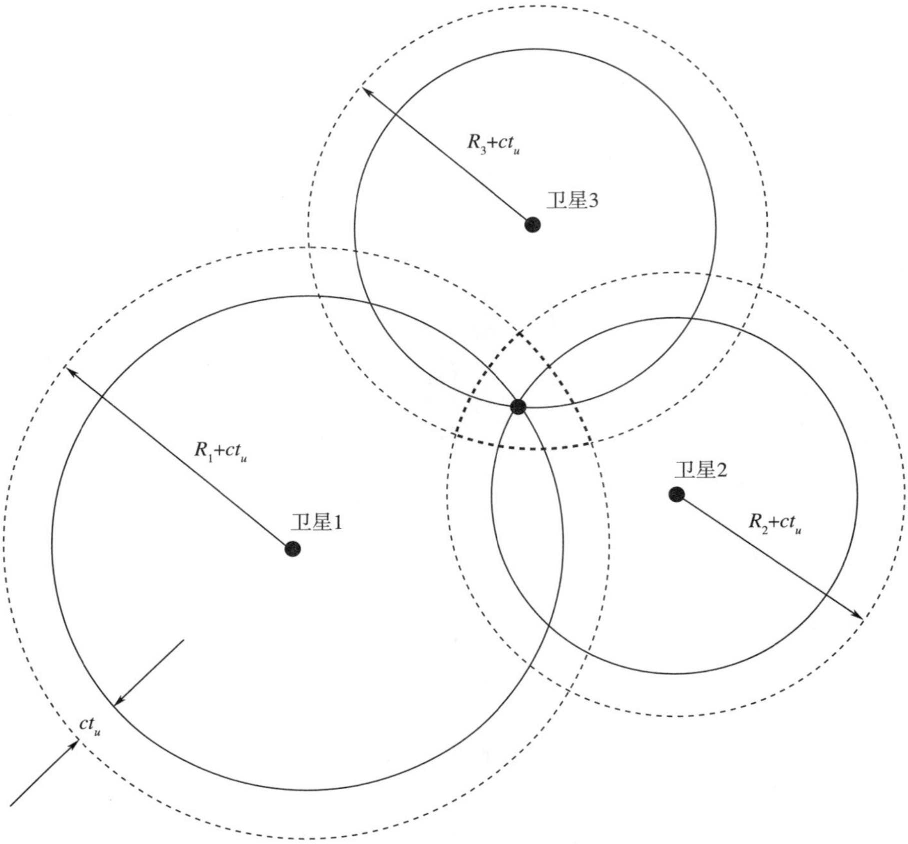

图 2－14　测距误差导致定位结果出现不确定区域

这是利用中学解析几何知识就能求解空间位置坐标的一个很简单的问题！工程上如何实现定位可以这样理解，已知三点的位置就是天上的三颗卫星，卫星是按照预定的规律精确地运行在轨道空间，所以可以知道它在某一时刻的位置，即，根据“星历”就能获取卫星在轨道空间的位置，这就满足了数学原理的第一个解题条件；第二个条件是需要知道用户接收机到这三颗卫星的相对距离，导航卫星发射特定的无线电测距信号，用户接收机可以测量出卫星和接收机之间无线电信号的传输时间，因为无线电信号以光的速度传播，因此可以算出接收机和卫星之间的距离。

首先，如何确定导航卫星的空间位置呢？很简单，要确定卫星所在的正确位置，首先要保证卫星在其预定的轨道上运行。这就需要优化设计卫星的运行轨道，并且要求监测站通过各种手段连续不断地监测卫星的运行轨道，当卫星运行轨道偏离预定轨道时，地面控制中心发送遥控指令给卫星予以调整偏差。这样，地面运行控制系统将卫星的运动轨迹编成星历，注入到卫星之后，再由它发送给用户接收机。只要用户机接收到导航信号，通过星历，就可以确定卫星的空间位置。

其次，如何确定用户接收机到卫星的距离呢？从物理概念上来说，测量信号传输的时间需要用两个不同的时钟，一个时钟安装在卫星上以记录无线电信号播发的时刻，另一个时钟则内置于用户接收机上，用以记录无线电信号接收的时刻。假设卫星时钟和接收机时钟完全同步，如果卫星与接收机同时发出一种声音给我们听，那么我们一定会听到第二次声音，这是因为导航卫星的轨道高度大约为20 000 km，导航信号传播需要一定的时间。因此，通过准确测量信号传播的时间，再与信号传播的速度相乘，就是用户接收机到卫星的距离。

简单地说，先来看一颗卫星，它在一个规定的时间发送一组信号到地面，好比说时刻 8：00 整发送一组信号，要是地面接收机在时刻 8：02 收到了这一组信号，那么就是说信号从卫星到接收机传播时间是 2 s，用户接收机测量距离原理如图 2－15 所示，由于这颗卫星的位置和导航信号传播的速度已知，那么就可以确定接收机就在以卫星为球心的一个球面上。

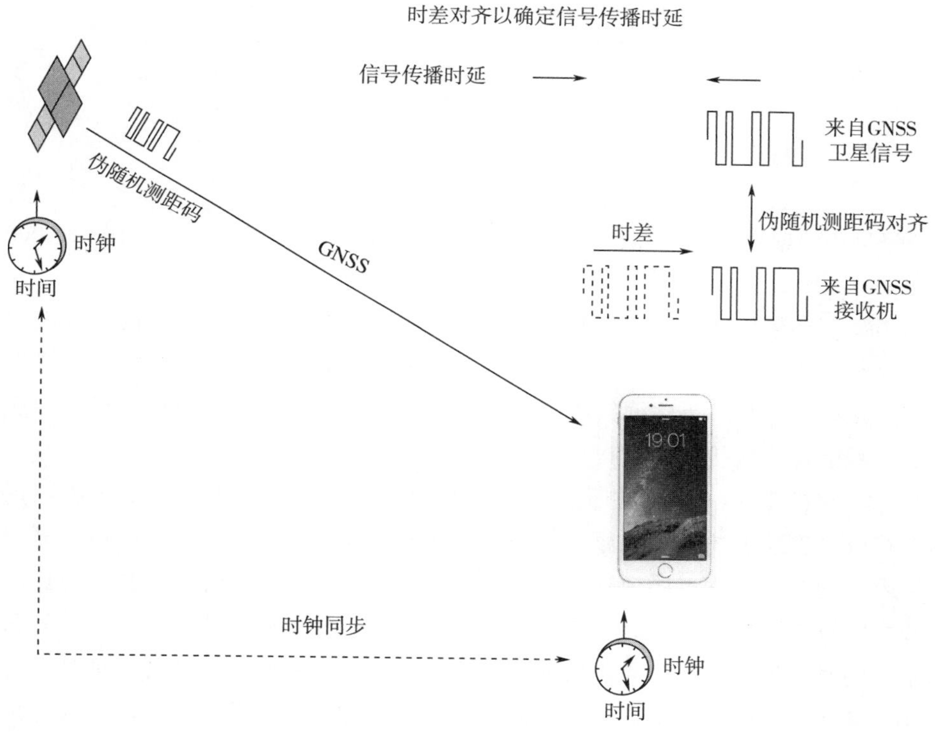

图 2－15　用户接收机测量星地距离原理

但是，上述推演都基于卫星时钟和接收机时钟完全同步，这是准确测定卫星和接收机之间距离的物理前提，否则失之毫厘（测距误差），谬以千里（定位误差）。导航卫星上都安装有高稳定度、高准确度的空间气泡型铷原子频率标准，简称铷原子钟。这些原子钟在 1 年内误差不到 10 μs，铷原子钟物理部分的内部结构如图 2－16 所示，十分复杂。地面运行控制系统定期对在轨原子钟进行同步调整，使得卫星上的原子钟与地面更高精度的原子钟保持时间同步。

目前欧洲正在部署的 Galileo 卫星导航系统采用氢原子钟作为卫星系统的时间和频率基

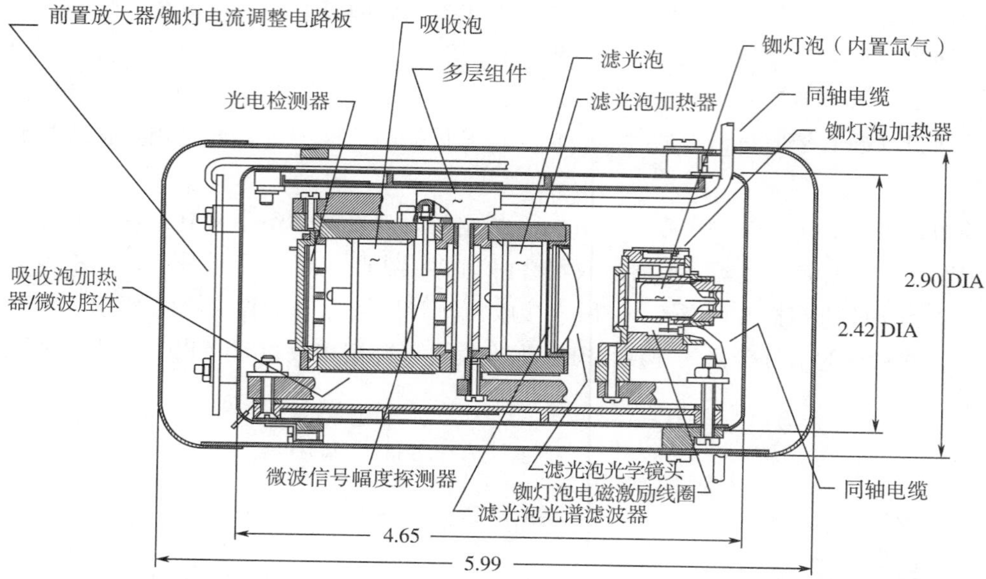

图 2-16　空间气泡型铷原子频率标准的物理部分

准，氢原子钟稳定度比铷原子钟还要高两个数量级，也就是说氢原子钟在10 000 000年内误差不到 1 s！

可以想象，如果地面接收机不配备一个高精度、高稳定度的原子钟的话，确定出来的位置肯定会相差很多。原子钟一般质量约为 10 kg，单价约 $ 50 000，显然不能把原子钟安装到用户接收机中！如果地面接收机也配置一台原子钟，一般用户还买得起导航接收机吗？这在工程上是不能接受的方案！

但是，接收机 1 ms 的时间测量误差（1/1 000 s）会带来 300 000 m 的测距误差！需要给用户接收机安装上述高精度原子钟吗？实际上，即使接收机配置了高精度原子钟，卫星钟和接收机的时钟也不可能做到完全同步，包括卫星钟和地面运行控制系统更高精度的系统主钟之间也不可能做到完全同步。因此，工程上需要定时对导航卫星的时间和地面运行控制系统的时间进行校准和同步处理，而地面用户接收机接收到导航卫星播发的导航信号后，导航电文中注释有卫星钟的时间信息，接收机定位解算程序会自动完成与星载原子钟时间的同步处理。因此，我们给地面用户接收机配备一般的晶体石英钟就可以了，利用第四颗导航卫星来定量估计用户接收机和系统之间存在的偏差。

接收机需要解算的是空间位置坐标（x、y、z）和接收机时间偏差（t）四个未知量，待解算的未知量和四颗卫星的关系如图 2-17 所示，我们可以通过观测接收机到空间按预定轨道运行的四颗导航卫星的距离，来解算含有这四个未知量的定位方程组（2-1）。

第四颗导航卫星解决了卫星导航系统产业化、商业化的难题，一想到用您手里的导航仪或者具有导航模块的一般智能手机，就能解决“我现在在哪里？现在是什么时候？我要去哪里？如何去？”的难题，就不得不佩服美国研发 GPS 先驱们的睿智！

卫星导航系统的工作原理的确十分简单，但工程实现起来却是相当的困难。从美国

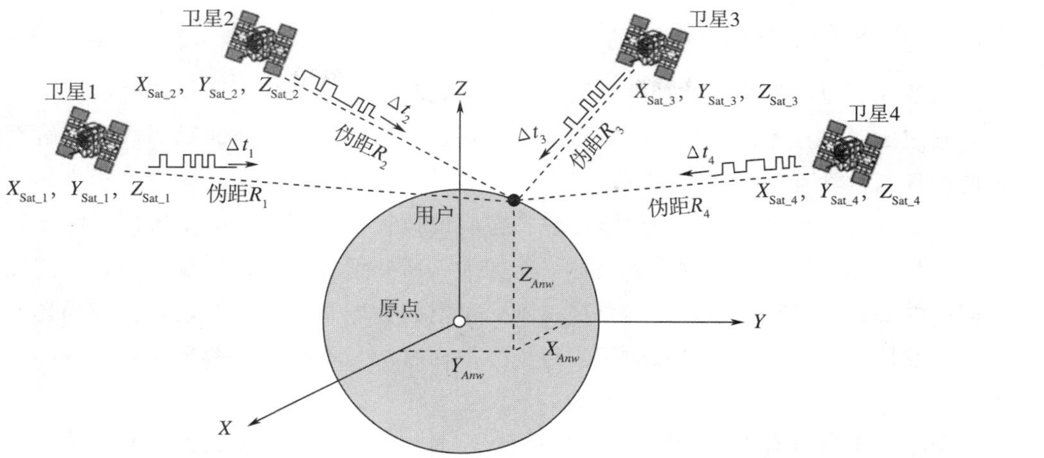

图 2－17　待解算的未知量（用户位置坐标和时间）与四颗卫星的关系

GPS 的建设历程就可略知一二。1974 年 8 月 17 日，美国国防部提出开展基于 GPS 研究的工程建设的建议并开始组织演示验证，1995 年 4 月 27 日，美国空军太空司令部宣布由 24 颗 BLOCK－II 导航卫星组成的 NAVSTAR GPS 星座部署完成并开始全面运营。

2.3.1　时间参考系统

卫星导航系统的主要任务就是确定用户在空间的位置，地理空间中的要素必须要嵌入到一个空间参照系中，即在进行位置描述时，需要有一个空间坐标参照系。同样，如何保持时间精度和远距离时钟的同步是一个古老的问题。时间同步是卫星导航系统的核心，工程上需要定时对导航卫星的时间和地面运行控制系统的时间进行校准和同步处理，测距的本质就是测时，即时间测量，整个卫星导航系统就是围绕精密时间测量和时间同步技术实现对用户的位置解算。因此，需要有一个稳定的时间参照系统。

目前世界上有多种不同用途的时间系统，大地测量、天文导航和空间飞行器的跟踪、定位需要知道以地球自转为依据的世界时——格林尼治时间，格林尼治时间是“地球自转时间”，因为地球自转导致了太阳东升西落和昼夜交替。随着科技的进步，人们发现地球自转的速度实际并不稳定，有的时候快，有的时候慢。

卫星导航系统则需要以原子时秒为基准的均匀时间间隔时间系统，对于卫星导航系统的用户来说，协调世界时（Universal Time Coordinated，UTC）和卫星导航系统时间是最重要的。以 GPS 为例，参考时间以协调世界时 UTC 为参照，GPS 时被设定与 1980 年 1 月 6 日的协调世界时 UTC 保持一致。GPS 时又是一个连续的原子时间系统，不用闰秒调整，GPS 系统时钟的历元是从星期六 24 点/星期日 0 点交替时刻和 GPS 星期编号所经过的秒数区分开的。GPS 星期依序编号，并以 1980 年 1 月 6 日 0 时作为第 0 星期的开始。GPS 导航信号同时播发 UTC 时间，为用户提供时间同步服务，应用范围可以从提供基本的时间基准到实现跳频通信。

2.3.2　空间坐标系统

为建立卫星导航系统的数学模型，除了选定时间参考系统，还必须要确定空间坐标系统，确定的时空参考系统是描述导航卫星轨道运动规律、处理地面观测数据、解算用户位置的物理与数学基础。

卫星导航系统的任务就是确定用户在空间的位置。所谓用户的位置，实际上是指用户在一个特定的坐标系统中的位置坐标，例如大家所熟悉的经度、纬度和高程。因此，地理空间中的要素要进行定位，必须要嵌入到一个空间参照系中，即在进行位置描述时，需要有一个参照系。用户位置是相对于参考坐标系而言的，不同的参考坐标系会有不同的位置表述。

卫星受地球万有引力作用围绕地心旋转，而与地球的自转无关。因此，采用不随地球自转的惯性坐标系可以方便地描述卫星在其轨道上的运动规律，不随地球自转的地心坐标系也就是空间固定坐标系。另一方面，用户一般在地球表面，用户的空间位置随地球自转而运动。因此，采用与地球固定连接的地心坐标系描述用户位置也是十分必要的。

根据坐标轴的不同指向，空间参考系统有地心惯性坐标系和地心地固坐标系。在不同的观测瞬间，坐标轴指向会发生微小的变化。因此，空间坐标系对时间系统具有依赖性，为了使用上的统一，国际上通过协议来确定坐标轴指向，称之为协议坐标系。

2.3.3　伪距测量

卫星导航接收机的任务是捕获并跟踪按一定卫星仰角要求所选择的导航卫星的信号，同时对所接收到的导航信号进行解扩、解调、译码处理，测量出导航信号从卫星到用户接收机的传播时间，并根据导航电文给出的星历参数和时间信息，解算出用户的位置坐标。接收机是卫星导航系统的用户接口。

GPS、Galileo 和 BDS 等全球卫星导航系统均采用码分多址（CDMA）信号技术，星座中所有导航卫星的同类信号共用在同一个载波频率上，而每颗卫星对应一个唯一的伪随机噪声码（PRN），伪随机噪声码信号具有高度自相关性，零延迟时间，自相关函数取得最大值（峰值），而信号之间的互相关性极低，不同伪随机噪声序列（码）之间几乎是正交的。

卫星先将伪随机噪声测距码对导航电文进行扩频处理，再将扩频信号调制在载波信号中。各大卫星导航系统为了推广民用导航信号的应用，均以空间信号接口控制文件形式公开发布导航信号的结构、伪随机噪声码设计以及导航电文等信息，空间信号接口控制文件简称 SIS ICDs（Signal In Space Interface Control Document）。用户接收机在搜索导航信号前可以预先获取每颗卫星的伪随机噪声码，因此，通过本地复制 PRN 码信号与接收到的导航 PRN 码信号进行相关处理（signal correlation），就可以快捷地判断出这颗卫星（信号）是否在可见范围内。

根据导航信号的播发时刻（卫星星载原子时钟标记）和接收时刻（接收机时钟标记），

卫星与接收机完成时间同步处理后，导航接收机可以计算出导航信号在空间的传播时间 dt，乘以无线电信号的传播速度 c，就可以得到卫星与用户机之间的距离 R，这是导航接收机定位的基本原理。卫星配置星载原子钟，如果卫星在时刻 t_0 播发了调制有测距码的导航信号，用户接收机有本地时钟，用户接收机在本地时刻 t_1 接收到卫星信号，假设卫星时钟和接收机本地时钟时间完全同步，那么通过计算这个时间差“$t_1 - t_0$”就能知道导航信号的传播时间 Δt，导航信号的传播时间乘以无线电信号的传播速度就可以得到卫星与用户机之间的距离，星地之间的距离观测过程如图 2－18 所示。因此，星地之间距离测量本质是测距码信号从卫星到接收机传播时间（时延）的测量。

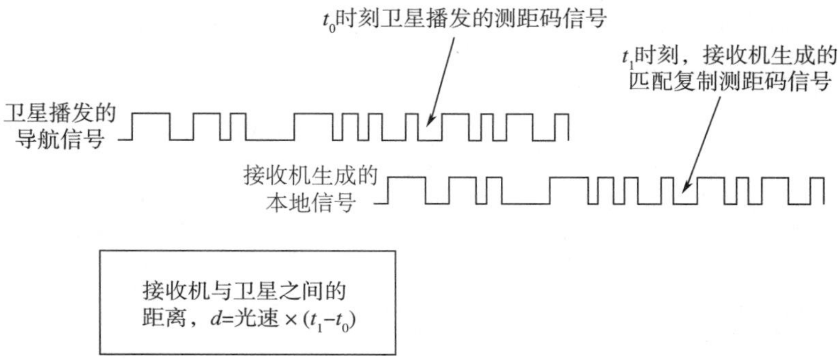

图 2－18　星地之间的距离观测过程

下面简要给出接收机是如何通过测量导航信号波形或者射频载波而得到精确伪距估计值的，射频信号能量脉冲可以使用一种具有明确断点或者初相时元的特殊的脉冲码序列进行调制，例如 GPS 民用 C/A 码测距信号是每毫秒重复一次的脉冲码序列，C/A 码测距信号是一种看起来随机的或者伪噪声（pseudo noise，PN）的 1 023 个基码的二进制序列，于是伪距“$t_1 - t_0$”能够在特殊的延迟锁定环路接收机中被恢复，接收机内置数字基带信号处理软件可以跟踪和检测导航信号，根据信号 PRN 码可以确定信号来自哪颗导航卫星并实现伪距观测，如图 2－19 所示。

伪距观测依赖于每颗导航卫星的 PRN 信号独特的码相关特性，使得用户接收机可以分别测量到每颗导航卫星的伪距。

工程上是这样实现上述信号相关处理过程的，用户接收机基带数字信号处理软件建立起与已知调制序列相同的复制 PRN 码序列，复制 PRN 码序列产生的超前和滞后基准信号均馈送到相关器。一般接收机解扩卫星导航信号时，码元跟踪环一般采用超前相关器、滞后相关器和即时相关器跟踪码元，通过比较超前相关器、滞后相关器和即时相关器的输出，就可对导航信号进行精确跟踪。本地复制伪码信号与接收到的卫星伪随机码信号的相位完全对齐时，通常称为即时相关。在跟踪模式中所产生的误差信号用于控制信号时钟，然后从用户时钟时间中减去信号播发时卫星时钟时间，再乘以光速，就可以得到卫星和用户之间的伪距观测量，这种伪距观测技术被称为伪码测距。

如果用户接收机时钟和导航卫星时钟均与卫星导航系统的参考系统（基准时间）同

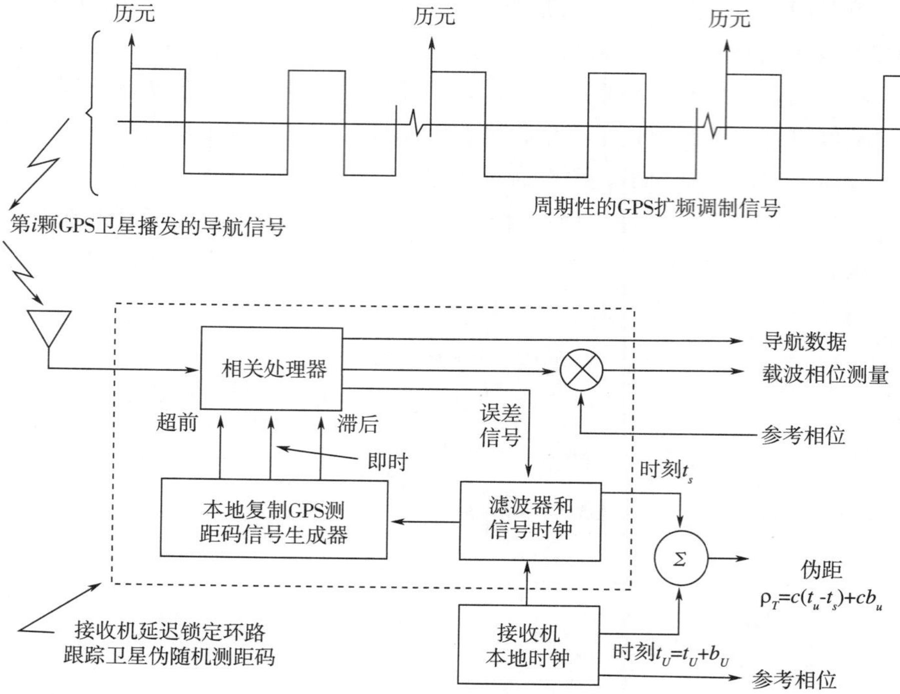

图 2－19　用户接收机使用延迟锁定环实现星地之间伪距观测

步，那么星地之间距离为 $c(t_1-t_0)$，为了便于讨论，这里略去了大气层和其他传播路径扰动。当用户接收机时钟有一个未知的、可能随时间而变化的时钟偏差 b_u（以秒计）时，星地之间的距离（伪距）也是用同样的方法测量得到。此时卫星和用户接收机之间的伪距计算公式可以表示为

$$\rho=c(t_1-t_0)+cb_u \tag{2-2}$$

式中　t_0——以卫星钟为基准的导航信号的播发时刻，播发时刻含有相对于绝对时间基准的误差；

t_1——以用户接收机时钟为基准的导航信号的接收时刻，接收时刻含有相对于绝对时间基准的误差、导航信号传播时延、接收设备时延以及热噪声；

c——无线电导航信号的传播速度，即光速。

一般用户接收机均可以重建系统射频载波，并使用这种正弦波信号作为一种测距信号，称为载波相位测距，这种测量是非常精确的，典型的测量精度为亚厘米级或者导航信号波长的百分之一，但是其测距精度主要受整周数模糊解算困难的限制，即整周多值性或者 $n\lambda$ 问题。解决整周模糊问题后，载波相位测距技术可以使我们获得非常精确的定位结果。

卫星导航系统定位过程中存在三个时间系统：用户接收机的时间、导航卫星的时间以及卫星导航系统的参考时间。例如 Galileo 卫星导航系统的时间参考系统为“GST”（Galileo System Time），GPS 的时间参考系统为“GPST”（GPS Time）。三个时间系统之

间必然存在偏差，因此根据导航信号的传播时间得到的卫星与用户机之间的距离与实际情况存在较大偏差，这也正是将测得的距离称之为伪距的缘由，在代入导航方程求解前必须予以修正。

用户接收机时钟不可能与卫星星载原子钟保持同步，卫星采用高精度、高稳定度的原子钟，而用户接收机则采用一般精度的石英钟。但这并不重要，只需要知道用户接收机时钟与卫星星载原子钟之间的偏差即可，当然这个偏差还要保持相对稳定才行，可以把用户接收机时钟与卫星星载原子钟之间的偏差作为未知量来求解，最简单的方法就是通过增加观测卫星数量在定位方程中统一解算。

地面运行控制系统采取星地时间比对等技术，通过定时修正每颗卫星的时钟，可以实现轨道上所有导航卫星的时间与卫星导航系统的时间保持一致，或者说做到完全同步。

具体测量星地之间距离时，用户接收机的时间可以预知，也可以假定一个具体的时刻，也就是说，只要知道导航信号发射的时刻就可以计算出伪距，即关键环节是接收机在接收到导航信号的 t_1 时刻必须知道卫星是什么时刻！

卫星导航信号电文的编排使得信号播发流程中的任意点都有自己的准确时间。一般情况下，用户接收机利用接收到的每颗卫星的时间历元，外推以卫星钟为基准的导航信号的播发时刻（实现星地时间同步），进而得到导航信号的传播时间，注意每颗卫星都有一个独立的测距码。基本概念如图 2－20 所示。周内时计数（time of week，TOW ）是卫星导航系统导航卫星播发导航信号的时间标记（time stamp），时间标记简称时标，时标记录在导航电文每个子帧的起始位置处。

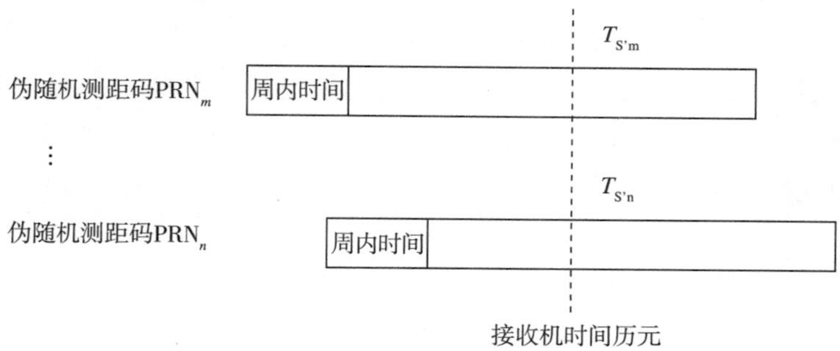

图 2－20　接收机外推导航信号传播时间原理

以 GPS L1 频点 C/A 码信号为例，GPS 导航电文的基本单位是长 1 500 bits 的一个主帧（frame），一个主帧包括 5 个子帧（subframe），每个子帧有 300 个数据比特（data bit），每一个数据比特为 20 ms，每一个数据比特内有 20 个 C/A 测距码，每个 C/A 测距码长度为 1 023 个码片（chip），码片速率（Chipping rate）为 1.023 Mcps，C/A 测距码信号周期是 1/1.023 ms（约为 1 ms），每个码片对应时间 1/1 023 ms。在导航信号跟踪过程中，数控振荡器（NCO）将每个码片又进一步分为若干部分，这部分分辨率的大小与数控晶体振荡器的字长有关。接收机的任意一个采样时刻所采集到的卫星信号都会有上述几个不同部分，通过拼接后就能得到完整的卫星信号在空间中的传播时间。由于不同接收机的设计会有差异，同时在电路处理过程中通常不是由一个环节来完成所有测量过程，这就出现了从某些单元或寄存器读取数据再拼接的情形。信号比特位同步以及帧同步后，接收机外推导航信号的传播时间过程如图 2-21 所示。

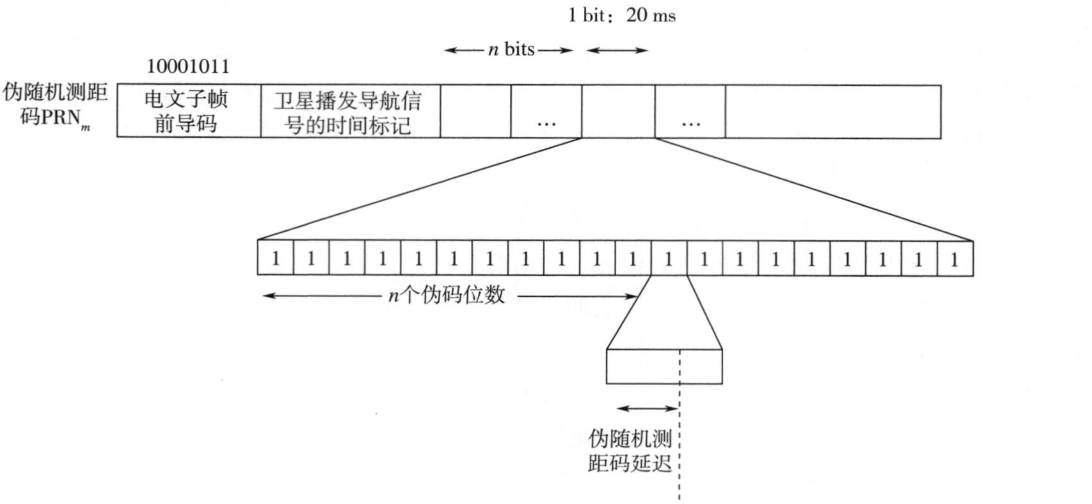

$T_{S'm}$=(伪随机测距码延迟)+(n个伪码位数*1 ms)+(n bits*20 ms)+(卫星播发导航信号的时间标记)

图 2-21　接收机实现星地时间同步后，外推导航信号的传播时间示例

首先，根据导航电文的 Z 记数可以知道导航电文每一帧数据开始时对应的系统时间 GPST，Z 计数实际是一个时间计数，它以每星期六/星期日子夜零时起算的时间计数，给出下一帧开始瞬间的 GPST。由于传输一个子帧需要持续 6 s，所以下一个子帧开始的时间为 $6\times Z$ s，用户接收机可以通过交接字将本地时间精确同步到 GPS 系统时间。

其次，帧同步后，对数据位、码周期数、半个码片滑动整数及小数部分分别进行计数，就可以精确地推算出接收到导航信号的 t_1 时刻对应的导航信号的发射时刻，计算公式如下

$$\begin{aligned} t^s(t-\tau) = & Z-\text{count}\times 1.5 \\ & +\text{number of navigation data bits transmitted}\times 20\times 10^{-3} \\ & +\text{number of C/A-code repeats}\times 10^{-3} \\ & +\text{number of whole C/A-code chips}/(1.023\times 10^6) \\ & +\text{fraction of a C/A-code chips}/(1.023\times 10^6)\text{seconds} \end{aligned} \tag{2-3}$$

$$T_S = \text{TOW} + (30w+b)\times 0.020 + \left(c+\frac{\text{CP}}{1023}\right)\times 0.001 \tag{2-4}$$

式中　TOW——当前子帧所对应的周内时计数；

w——当前子帧中接收到的字数；

b——当前字中接收到的比特数；

c——当前比特中接收到的 C/A 码周期数；

CP——当前周期内码相位测量值；

T_S ——卫星钟为基准的导航信号的播发时刻（单位为 s）。

定位原理假设接收机测量出与导航卫星之间的几何距离，但现实情况是用户接收机时钟、卫星时钟和系统时钟三者不可能严格时间同步。实际应用中，必然存在接收机钟差、卫星钟差，同时导航信号在空间传播过程中还会产生电离层延迟和电离层延迟、信号多路径干扰及接收机热噪声等误差源，由导航信号传播时间乘以传播速度得到的卫星与用户机之间的距离也存在较大的误差，一般称为“伪距”，英文翻译为“pseudorange”，在代入导航方程求解用户位置前，需要对其进一步修正处理。

2.3.4　位置解算

对于所有的定位方法，最重要的因素就是系统要有“精确的时间”，接收机内置软件解算出接收机和卫星之间距离的前提之一是卫星播发的导航电文中要有精确的时间信息。无线电信号传播的速度是每秒三十万千米，因此，一微秒的时间测量误差（1/1 000 000 s）会带来 300 m 的测距误差！换言之，如果定位精度为 300 m，意味着系统时间精度为一微秒，即时间误差要保持在 1×10^{-6} s 以内，这还是在其他误差因素都不考虑时的最宽泛的估计。

接收机要准确测量出卫星和接收机之间无线电信号的传输时间，首先要解决时间基准问题，也就是说要有一个精确的系统时钟作参考。就好像我们想测量长度要用尺子、称量质量要用秤一样，测量结果是否准确的前提就是所使用的尺子、秤自身首先是准确的。

时间精度意味着定位精度！导航卫星星载原子钟和地面运行控制系统主钟之间不可能做到完全同步，工程上需要定期对导航卫星的时间和地面运行控制系统的时间进行校准和同步处理，同时还要确保地面主钟以更高的精度和稳定度运行。例如，GPS 地面运行控制系统的主钟位于华盛顿特区的美国海军实验室，该钟不仅是对导航卫星的时间进行校准和同步处理的标准，而且也是美国国防部的军用时间标准。

以美国 GPS 为例，GPS 导航卫星高速运行在轨道高度为 20 180 km 的轨道空间，无线电信号到达地面的时间一般约为 67.3 ms，比对用户接收机时钟记录到的无线电信号的到达时刻和记录有星载原子钟时间信息的无线电信号的播发时刻，就能够计算出无线电导航信号在空间传递的时间，如图 2 - 22 所示。

卫星导航接收机完成导航信号的相关接收，所谓相关接收是指接收机在接收卫星导航系统卫星信号时，通过改变本地伪随机码生成器的相位，使其与相应卫星信号的伪随机码的相位对齐，从而完成对该卫星信号的跟踪和锁定的过程。接收机利用捕获环路和跟踪环路实现导航信号同步（码同步和帧同步），确定导航信号在空间的传播时间，用信号传播时间乘以无线电信号的传播速度，即可得到卫星与接收机之间的距离，代入导航定位方程，解算出用户所在位置的位置（P）、速度（V）和时间（T）。卫星导航系统实现用户位置、速度和时间计算过程如图 2 - 23 所示。工程上，利用四颗导航卫星实现地面用户三维定位也有六个条件。

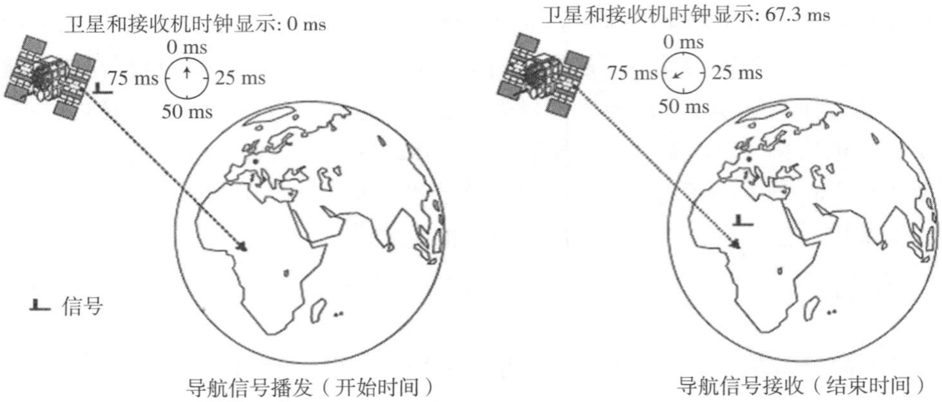
卫星和接收机时钟显示: 0 ms
0 ms
75 ms
25 ms
50 ms
信号
导航信号播发（开始时间）
卫星和接收机时钟显示: 67.3 ms
0 ms
75 ms
25 ms
50 ms
导航信号接收（结束时间）

图 2-22　导航信号在空间的传递时延

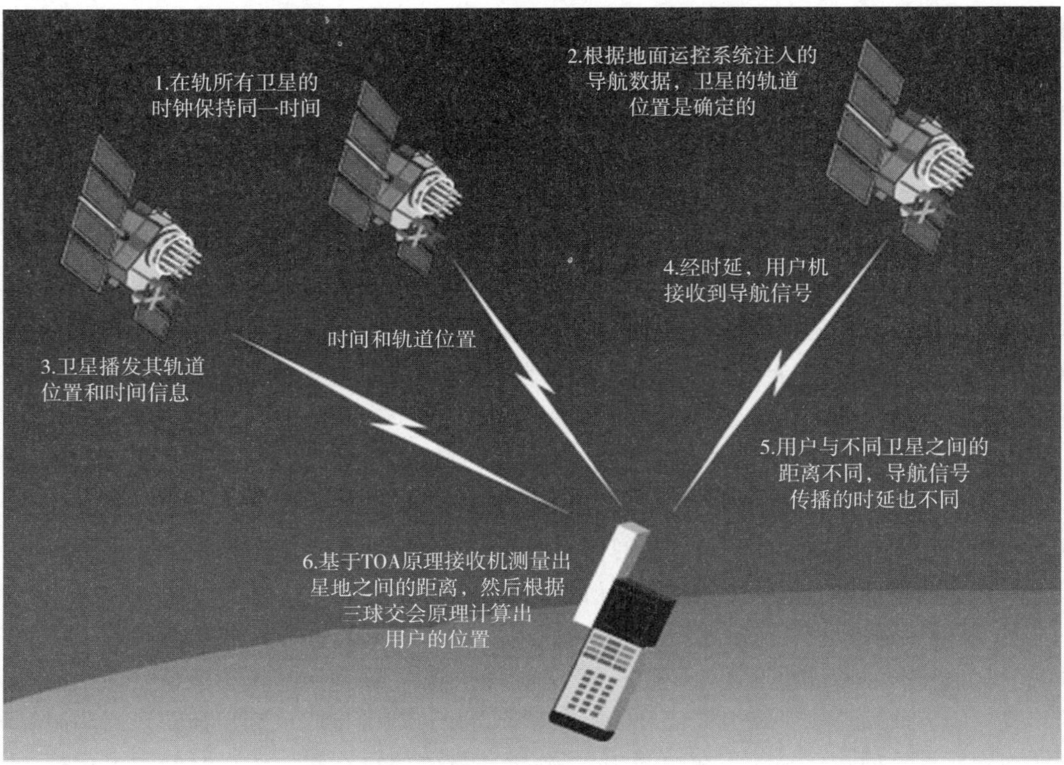
1.在轨所有卫星的
时钟保持同一时间
2.根据地面运控系统注入的
导航数据，卫星的轨道
位置是确定的
3.卫星播发其轨道
位置和时间信息
时间和轨道位置
4.经时延，用户机
接收到导航信号
5.用户与不同卫星之间的
距离不同，导航信号
传播的时延也不同
6.基于TOA原理接收机测量出
星地之间的距离，然后根据
三球交会原理计算出
用户的位置

图 2-23　卫星导航系统实现位置、速度和时间计算过程

2.3.5　定位精度

定位精度反映了卫星导航系统的最终性能指标，由导航卫星、地面运行控制系统以及用户接收机共同实现。虽然定位精度与测距精度有关，但两者内涵并不相同，两者之间的

关系是所选择的一组导航卫星的空间几何结构的函数，即导航信号到达方向的函数。为了获取一定的定位精度，测距精度和导航卫星的空间几何结构必须结合起来达到可以接受的范围。导航卫星的空间几何结构与定位结果的不确定性关系如图 2-24 所示，不仅产生解算结果的不确定性，甚至会造成模糊性问题。

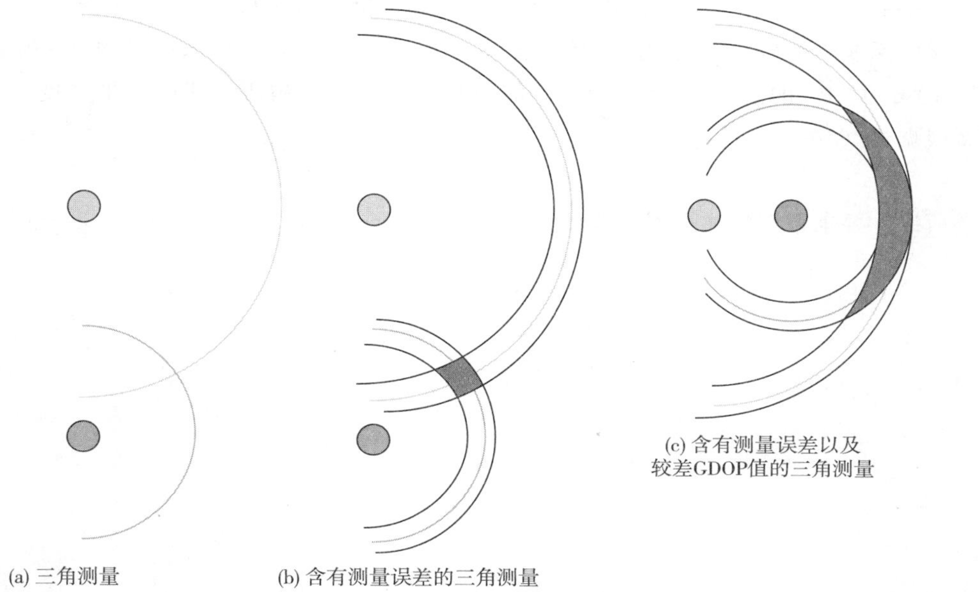

图 2-24　导航卫星的几何分布与定位结果的不确定性关系

导航卫星的空间几何结构对定位精度的影响用几何精度因子（Geometry Dilution of Precision，GDOP）衡量，表示所观测卫星的几何关系对计算用户位置和用户机钟差的综合精度影响。GDOP 仅与所观测卫星的空间分布有关，也称为观测卫星星座的图形强度因子。

精度因子的概念是由测量误差引起的，位置误差取决于用户和卫星之间的相对几何布局，图 2-24 给出了两种几何布局，虽然在两种情况下，距离测量是等精度的，但是显然位置估算的精度却不相同，用阴影来表示不确定区域，显然图（b）比图（c）的不确定区域要小很多。位置估算的精度取决于距离测量的精度和两个已知点（卫星）S_1 和 S_2 之间的几何角度。一般认为，在高度角满足要求时，当一颗卫星位于用户接收机的天顶，而其余三颗卫星相距约 120°均布时，GDOP 值最小，这种卫星几何分布可以作为选星的参考。进行单点定位（绝对定位）时，定位精度主要取决于伪距观测量的误差（UERE）和所观测卫星的几何分布。用户距离误差的变化量和精度因子值越小，位置计算的精度就越高。

如果每次单独的伪距测量均有一个零平均统计独立的误差，且有相同的均方根 σ（由所有效应引起），那么，均方根位置误差（定位精度）由下式表示为

$$\text{位置误差} = \text{DOP} \times \sigma \tag{2-5}$$

式中，DOP 即为由导航卫星空间几何结构等因素所确定的精度因子，典型值在1～100之间。

DOP 值是由指向每颗导航卫星的单位矢量计算出来的，一般来说，如果 DOP 值大于6，就说明导航卫星空间几何结构不是很好。例如，水平定位误差的计算公式为

$$\text{均方根水平位置误差} = \text{水平精度因子(HDOP)} \times \sigma \tag{2-6}$$

导航无线电信号在空间中的传播速度大约为 $c \cong 0.3\ \text{m/ns}$，如果要求水平定位误差小于 10 m（GPS 的公开服务精度），导航卫星空间几何结构所造成的水平精度因子为 3，那么根据式（2-6）有

$$\text{HDOP} \times \sigma = 3\sigma \leqslant 10\ \text{m} \tag{2-7}$$

所以，要求系统的测距精度至少为 $\sigma \leqslant 3.3\ \text{m}$，或测距精度要小于等于 11 ns。

参 考 文 献

[1] Bradford W. Parkinson. Global Positioning System: Theory and Applications. American Institute of Aeronautics and Astronautics [M], Inc. 370 L'Enfant Promenade, SW, Washington, DC 20024 -2518.

[2] Elliott D. Kaplan. GPS 原理与应用（第二版） [M]. 寇艳红，译. 北京：电子工业出版社，2007.

[3] 党亚民. 全球导航卫星系统原理与应用 [M]. 北京：测绘出版社，2007.

[4] Hofmann - Wellenhof. 全球卫星导航系统 [M]. 程鹏飞，译. 北京：测绘出版社，2009.

[5] 谭述森. 卫星导航定位工程 [M]. 北京：国防工业出版社，2007.

[6] 刘基余. GPS 卫星导航定位原理与方法 [M]. 北京：科学出版社，2003.

[7] Pratap Misra. 全球定位系统——信号、测量与性能（第二版）[M]. 罗鸣译. 北京：电子工业出版社，2008.

[8] 袁建平. 卫星导航原理与应用 [M]. 北京：中国宇航出版社，2004.

[9] 刘基余. 全球定位系统原理及其应用 [M]. 北京：测绘出版社，1993.

[10] 王惠南. GPS 导航原理与应用 [M]. 北京：科学出版社，2003.

[11] 李明峰. GPS 定位技术及其应用 [M]. 北京：国防工业出版社，2007.

[12] 杨俊. GPS 基本原理及其 MATLAB 仿真 [M]. 北京：西安电子科技大学出版社，2006.

[13] 方群. 卫星定位导航基础 [M]. 北京：西北工业大学出版社，1999.

[14] 李跃. 导航与定位——信息化战争的北斗星 [M]. 北京：国防工业出版社，2008.

[15] 曹冲. 北斗与 GNSS 系统概论 [M]. 北京：电子工业出版社，2016.

[16] 刘忆宁. 格洛纳斯卫星导航系统原理 [M]. 北京：国防工业出版社，2016.

[17] 刘天雄. GPS 全球定位系统是怎么实现定位的？[J]. 卫星与网络，2012（114）：54 - 57.

[18] 刘天雄. GPS 系统导航卫星几何精度因子是怎么回事？（下） [J]. 卫星与网络，2013（128）：66 -72.

[19] 刘天雄. GPS 系统如何描述用户的位置？（上）[J]. 卫星与网络，2013（130）：56 - 61.

[20] 刘天雄. GPS 系统如何描述用户的位置？（下）[J]. 卫星与网络，2013（131）：66 - 72.

[21] Ahmed El - Rabbany. Introduction to GPS: the Global Positioning System [J/OL]. 2002 ARTECH HOUSE, INC. 685 Canton Street Norwood, MA 02062. http://www.vavipeda.net.

第3章　时空基准

3.1　概述

人类的一切活动都是在某一特定的时间和空间中进行的。人造地球卫星的运动包括卫星的质心运动和卫星自身组成部分相对卫星质心的运动，前者是轨道动力学问题，后者是姿态动力学问题。导航卫星和用户在空间的位置和运动必须相对某个参照物来描述，这样的参照物就是参考系。描述不同物体的运动应选择不同的参考系。引进适当的参考系可以使研究的问题清晰、动力学模型简单。例如，导航卫星的运动应在天球参考系中描述，而地表用户的位置和运动则在地球参考系中描述更为方便。这些参考系可以用数学模型和动力学方程给予定义，如太阳系天体的历表是解算描述天体在太阳系动力学模型中的运动方程得到的，它定义了某些不变的点和方向，构造了动力学天球参考系。在宇宙中非常遥远的天体，如类星体或星系没有自行，或者小于 2×10^{-5} 角秒/年，由这些遥远天体的运动性质或者其几何结构定义的参考系称为运动学天球参考系。地面上的台站坐标用理论模式描述的参考系称为地球参考系。牛顿力学框架下定义的参考系是相对三维空间的，而广义相对论中定义的参考系一般都是针对四维时空的。

描述一个参考系包括以下几个方面：参考框架、一组模型和常数、相应的理论和数据处理方法。例如，目前国际上通用的 IERS（International Earth Rotation and Reference System Service）定义的国际天球参考系（ICRS）包括国际天球参考架（ICRF），确定该参考架所采用的一组模型常数，即 IERS 规范；确定该参考架参考点（河外射电源或光学对应体）坐标值的一套理论和数据处理方法。因而，参考系是多方面因素组成的系统，ICRS 的原点在太阳系的质心，采用一组精确测量的河外射电源的坐标实现其坐标轴的指向，其基本平面（XY 平面）接近 J2000.0 平赤道，X 坐标轴指向接近 J2000.0 平春分点。与参考系对应的坐标系是用于描述物体位置、运动和姿态的一种数学工具。对于欧氏空间，坐标系的定义包括坐标原点的位置、坐标轴的指向、坐标尺度三个要素。坐标系是理论定义的，因而没有误差可言。坐标系之间的转换关系包括原点间的平移、坐标轴方向的旋转以及坐标尺度的调整。

由标定了坐标值的一组物理点组成的框架称为参考架。参考架是数学上定义的坐标系的物理实现，它通过一定数量的物理点的标定坐标来实现。国际天球参考架（ICRF）作为国际天球参考系的实现，由一组精确测量的河外射电源的坐标实现其坐标轴的指向，并确定了 212 颗定义源作为定标的基准和坐标网格。这些河外射电源非常遥远，因此自行可以忽略。尽管如此，射电源的结构不稳定性仍会导致参考架的不稳定，因此需要长期监测。而在光学波段由依巴谷星表（Hipparcos）给予实现，并将其命名为依巴谷天球参考架（HCRF）。有了参考架，其他天体的位置可以相对于这个框架给以描述，才能真正使天体的位置及其变化加以定量的描述。

简而言之，坐标系是理论概念的数学表示，参考架是坐标系的物理实现，参考系包含理论概念和物理实体——参考架的综合系统。尽管参考系与坐标系在概念上有所区别，在本书相关章节阐述中，在并不引起误解的情况下，一般混用参考系与坐标系。轨道力学涉及的主要内容是一个动力学问题，处理一个具体的动力学问题，首先需要选择适当的时空参考系。本章针对导航卫星介绍相关参考系及其相互转换关系，并给出具体的转换公式。

利用卫星导航系统确定用户空间位置时需要在一个时间和地理空间中来描述，为地理空间中的用户提供定位、导航和授时服务。卫星导航系统时空基准是指卫星导航系统的空间坐标基准和时间参考基准，由相应的参考框架来实现，其空间坐标基准规定了卫星导航系统定位的起算基准、尺度标准以及实现方式，时间参考基准规定了时间测量的参考标准，包括时刻的参考标准和时间间隔的尺度标准。空间参考框架由国际地球参考框架实现，是由国际地球自转服务局根据一定要求，由分布全球的地面观测台站，采用甚长基线干涉测量（VLBI）、卫星激光测距（SLR）、激光测月（LLR）以及卫星多普勒定轨定位（DORIS）等空间大地测量技术，由国际地球自转服务局对所有观测数据进行综合分析处理，得到地面观测站的坐标和速度场以及相应的地球定向参数。时间参考框架则是在全球和局域范围内，通过守时、授时和时间频率测量，实现和维护统一的时间系统。

位置是相对于参考坐标系而言的，不同的参考坐标系会有不同的位置表述结果。为了建立卫星导航系统的数学模型，必须要选定时间系统和空间参考系统，确定的时空参考系统是描述卫星导航系统导航卫星轨道运动规律、处理地面观测数据、解算用户位置的物理与数学基础。以地球质心为原点的坐标系，由于地球围绕太阳旋转，存在加速度，必须考虑广义相对论效应的影响。因为相对论效应的影响主要来自于地球本身的重力场，所以地心坐标系比较适合描述人造地球卫星的运动。对于卫星导航等提供全球服务的系统，选择赤道坐标系描述卫星运动比较合适，如图3-1所示。

导航卫星的运动应在天球参考系中描述，而地表用户的位置和运动则在地球参考系中描述更为方便。天球坐标系与地固坐标系的坐标轴不一样，天球坐标系中的 x 轴指向春分点，是赤道面与黄道面的交线，地固坐标系的 x 轴定义为赤道面与格林尼治子午面的交线，两个坐标系都采用地球自转矢量作为纵轴 z ，两个坐标系的 y 轴与纵轴 z 和横轴 x 垂直，并构成右手坐标系。天球坐标系与地固坐标系的 x 轴之间的夹角称为格林尼治恒星时。将地球围绕太阳的运动看作无自转的公转，地心坐标系的坐标轴将保持平行。由于多种复杂的原因，地球自转矢量会发生摆动，干扰扭矩主要来自太阳和月球的引力，所以空间参考框架的建立与维持是比较复杂的工作。

描述导航卫星与用户接收机之间距离 $\boldsymbol{\rho}$ 、导航卫星瞬时空间位置矢量 $\boldsymbol{\rho}_s$ 、用户瞬时位置矢量 $\boldsymbol{\rho}_r$ 三者关系的基本方程为

$$\boldsymbol{\rho}=\boldsymbol{\rho}_s-\boldsymbol{\rho}_r \tag{3-1}$$

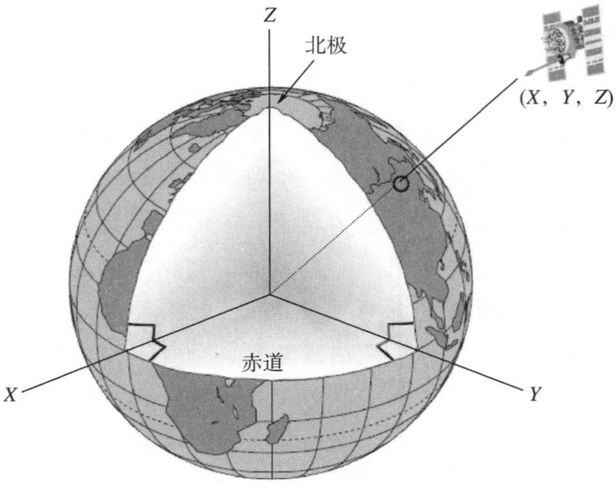

图 3-1 赤道坐标系

式中，$\boldsymbol{\rho}_s$ 及 $\boldsymbol{\rho}_r$ 必须在同一个坐标系中表示，定义三维笛卡儿坐标系需要协议确定坐标轴指向和原点位置。卫星导航系统自洽的时间和空间基准确保了定位、导航和授时服务过程中各个环节的空间坐标和时间参考系统的统一。

3.2 空间坐标系统

一个空间坐标系包含坐标原点、参考平面（xy 坐标面）和该平面的主方向（x 轴方向）三个要素。对于导航卫星的轨道运动而言，所涉及到的坐标系主要是地心天球坐标系和地固坐标系，二者的坐标原点都是地心。参考平面及其主方向的选择，将会受到岁差章动和地极移动的影响，而空间坐标系的复杂性正是由岁差章动和地极移动等原因所引起。日、月和大行星对地球非球形部分的吸引，会产生两种效应。一种是作为刚体平动的力效应，将引起一种地球扁率间接摄动。另一种是作为刚体定点转动的力矩效应，使地球像陀螺那样，出现进动与章动，即自转轴在空间的摆动，这就是岁差章动。由于岁差章动，地球赤道面随时间在空间摆动。另外，由地球内部和表面物质运动引起的地球自转轴在其内部的移动（极移），都将影响坐标系中参考平面的选取问题。对于月球和火星也存在同样的问题，基于上述原因，就出现了各种赤道坐标系统。下面就地球的特征，介绍相应的赤道坐标系系统及其相应的转换关系。

在天文研究、空间探测、大地测量以及地球动力学等领域，地心惯性坐标系和地心地固坐标系的学术名称是国际天球参考框架和国际地球参考框架，严格来说，只有理想的天球参考系才能称之为惯性系，原点建立在地心处、围绕太阳作周年运动的地心天球参考坐标系是一个“准”惯性系，关于这一点，在进行导航卫星精密定轨的动力学建模中，已经作了修正处理。本书仍然沿用地心地固坐标系和地心惯性系这一传统说法。

根据坐标轴的不同指向，空间参考系统有地心惯性坐标系和地心地固坐标系。在不同的观测瞬间，坐标轴指向会发生微小的变化。因此，空间坐标系对时间系统具有依赖性。为了使用上的统一，国际上通过协议来确定坐标轴指向，称之为协议坐标系。

导航卫星受地球万有引力作用围绕地心旋转，导航卫星在空间中的运动规律与地球的自转无关。为了描述和测定导航卫星的轨道，采用不随地球自转的地心天球坐标系可以方便地描述导航卫星在其轨道上的运动规律。地心天球坐标系的原点位于地球质心，坐标轴指向相对于恒星而言是固定的。另一方面，用户一般在地球表面，用户的空间位置随地球自转，因此，采用与地球固定连接的地心地固坐标系描述用户位置也是十分必要的。

3.2.1　地心天球坐标系

以地球的质心 M 为球心，半径为无穷大的一个球体存在于宇宙空间，天文学中称之为“天球”。无限延伸地球赤道面称之为天球赤道面，天球赤道面与天球相交的圆称为天球赤道。地球围绕其极轴自转，地球极轴在宇宙空间的指向是稳定不变的，无限延伸地球极轴和天球相交于两点，分别称为天球北极 Pn 和天球南极 Ps ，Pn 、Ps 两点连线称之为天球极轴，天球示意图如图 3-2 所示。

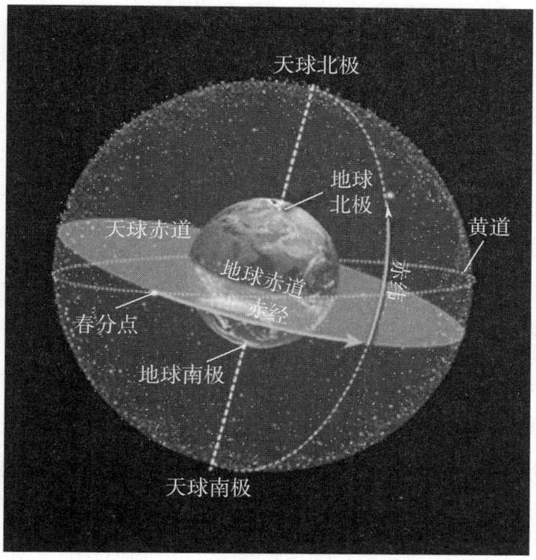

图 3-2　天球示意图

地球围绕太阳公转的平面称之为黄道平面，将黄道平面无限延伸和天球相交，相交的大圆称为天球黄道，天球赤道和天球黄道相交于两点，一点称为春分点，另一点称为秋分点。天球赤道面和天球黄道面在宇宙空间的位置稳定不变，故春分点和秋分点在宇宙空间中的位置也是不变的，天球中地球和太阳的几何关系如图 3-3 所示。

当前的观测数据，如太阳系行星历表等，都是在国际天球参考系（ICRS）中描述的，该参考系的坐标原点在太阳系质心，其坐标轴的指向由一组精确观测的银河系外射电源的坐标实现，称作国际天球参考架，而具体实现是使其基本平面和基本方向尽可能靠近历元 J2000 平赤道面和平春分点。由银河系外射电源实现的 ICRS，坐标轴相对于空间固定，所

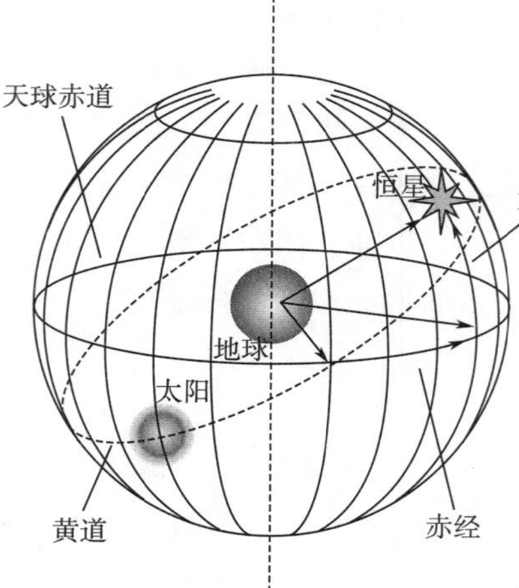

图 3-3　天球中地球和太阳的几何关系

以与太阳系动力学和地球的岁差章动无关，也脱离了传统意义上的赤道、黄道和春分点，因此，更接近惯性参考系。

引入 ICRS 和银河系外射电源实现参考架之前，基本天文参考系是 FK5 动力学参考系（严格地说是由动力学定义，并考虑了恒星运动学改正的参考系），基于对亮星的观测和 IAU1976 天文常数系统，参考系的基本平面是 J2000.0 的平赤道面，X 轴的方向为 J2000.0 平春分点。显然，这样定义的动力学参考系是与历元相关的。最新的动力学参考系的实现仍是 FK5 星表，通常称该动力学参考系为 J2000.0 平赤道参考系。

考虑到参考系的延续性，ICRS 的坐标轴与 FK5 参考系在 J2000.0 历元需尽量地保持接近。ICRS 的基本平面由 VLBI 观测确定，它的极与动力学参考系的极之间的偏差大约为 20 毫角秒。ICRS 的参考系零点的选择也是任意的，为了实现 ICRS 和 FK5 的连接，天文学家选择了 23 颗射电源的平均赤经零点作为 ICRS 的零点。ICRS 和 FK5 动力学参考系的关系由天极的偏差 ξ_0 和 η_0 以及经度零点差 $d\alpha_0$ 三个参数决定，它们的值分别为

$$\begin{cases}\xi_0 = -0''.016\,617 \pm 0''.000\,010 \\ \eta_0 = -0''.006\,819 \pm 0''.000\,010 \\ d\alpha_0 = -0''.014\,6 \pm 0''.000\,5\end{cases} \tag{3-2}$$

于是 ICRS 和 J2000.0 平赤道参考系的关系可以写为

$$\begin{cases}\boldsymbol{r}_{\mathrm{J2000.0}} = \boldsymbol{B}\boldsymbol{r}_{\mathrm{ICRS}} \\ \boldsymbol{B} = R_x(-\eta_0)R_y(\xi_0)R_z(d\alpha_0)\end{cases} \tag{3-3}$$

$\boldsymbol{r}_{\mathrm{J2000.0}}$ 和 $\boldsymbol{r}_{\mathrm{ICRS}}$ 是同一个矢量在不同参考系中的表示，其中常数矩阵 $\boldsymbol{B}$ 称为参考架偏差矩阵，由三个小角度旋转组成。上述 J2000.0 平赤道参考系，正是包括导航卫星在内的各种人造地球卫星轨道力学中普遍采用的一种地心天球参考系，如无特殊要求，上述参考架偏差就不再提及。在地心天球坐标系中，导航卫星遵循牛顿运动定律和万有引力定律。

为了更清楚地刻画天球参考系与地球参考系之间的联系，下面引进中间赤道的概念。天轴是地球自转轴的延长线，交天球于天极。由于进动运动，地球自转轴在天球参考系中的指向随时间而变化，具有瞬时的性质，从而天极和天赤道也具有同样的性质。为了区别，IAU2003 规范特称现在所说的这种具有瞬时性质的天极和天赤道为中间赤道和天球中间极（Celestial Intermediate Pole，CIP）。

为了在天球参考系中进行度量，需要在中间赤道上选取一个相对于天球参考系没有转动的点作为零点，称其为天球中间零点（Celestial Intermediate Origin，CIO）。同样地，为了在地球参考系中进行度量，需要在中间赤道上选取一个相对于地球参考系没有转动的点作为零点，叫做地球中间零点（Terrestrial Intermediate Origin，TIO）。CIO 是根据天球参考架的一组类星体选定的，接近国际天球参考系的赤经零点（春分点）。TIO 则是根据地球参考架的一组地面测站选定的，接近国际地球参考系的零经度方向或本初子午线方向（习惯称为格林尼治方向）。图 3－4 中的圆周即表示地心参考系中的中间赤道，E 为地球质心，γ 为春分点。

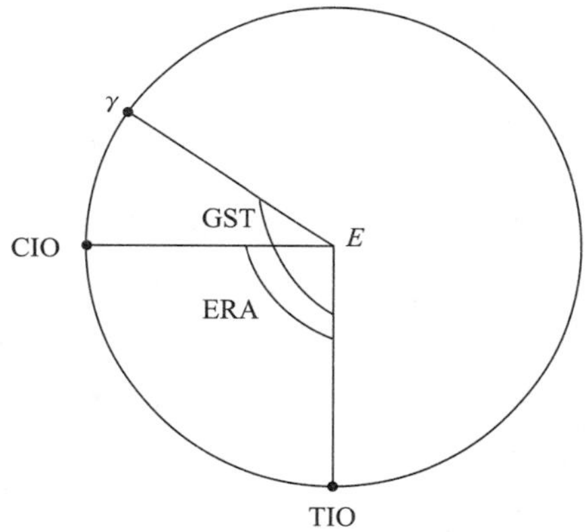

图 3－4　中间赤道示意图

在天球参考系中观察时，中间赤道与 CIO 固结，叫做天球中间赤道，TIO 沿赤道逆时针方向运动，周期为 1 恒星日。反之，在地球参考系中观察时，中间赤道与 TIO 固结，叫做地球中间赤道，CIO 同样沿赤道顺时针方向周期运动。这两种观察所反映的都是地球绕轴自转的运动，CIO 和 TIO 之间的夹角是地球自转角度的度量，叫做地球自转角（Earth Rotating Angle，ERA）。

历元（J2000.0）地心天球坐标系是前面提到的 J2000.0 平赤道参考系，简称为地心天球坐标系 $O-xyz$，如图 3－5 所示。其坐标原点 O 是地心，xy 坐标面是历元（J2000.0）时刻的平赤道面，x 轴方向指向该历元的平春分点 $\bar{\gamma}_0$，它是历元 J2000.0 的平赤道与该历元时刻的瞬时黄道的交点。这是一个在一定意义下（即消除了坐标轴因地球赤道面摆动引起的转动）的“不变”坐标系，它可以将不同时刻运动天体（如地球卫星）轨道放在同一个坐标系中来表达，便于比较和体现天体轨道的实际变化，已是国内外习惯采用的空间坐标系。在该坐标系中，地球非球形引力位是变化的。简言之，选择地球质心 M

为天球坐标系的原点，Z 轴指向天球极轴北极 Pn，X 轴指向春分点，Y 轴垂直于 XMZ 平面，与 X 轴和 Z 轴构成右手坐标系。

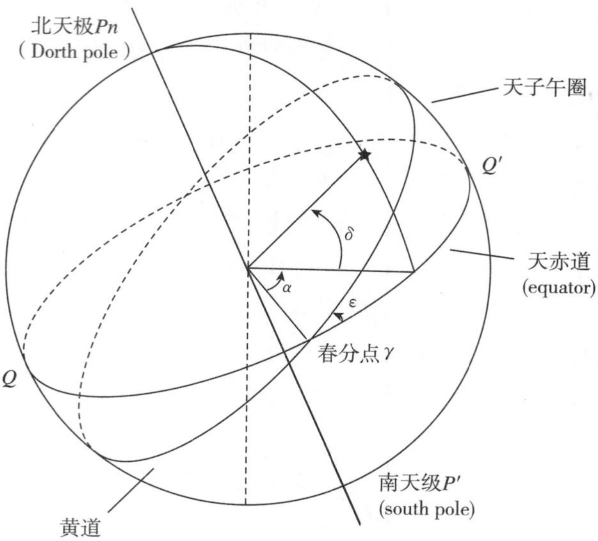

图 3-5　地心天球坐标系的表述

导航卫星 S 的位置在天球坐标系由 (X,Y,Z) 描述。天球球面坐标系将地球质心 M 作为坐标系的原点，春分点轴 MF 与天轴 MPn 所在平面为天球经度（赤经）测量基准（基准子午面），过天轴的所有子午面称为天球子午面，天球子午面与基准子午面之间的夹角 α 称为赤经，导航卫星 S 与原点 M 的连线相对于天球赤道平面的夹角 δ 称为赤纬，原点 M 到天体 S 的径向长度 r 称为导航卫星 S 的距离，导航卫星 S 的位置在天球球面坐标系下的表述为 (α,δ,r)。

在天球坐标系中，导航卫星 S 的位置可以用天球空间直角坐标系描述，也可以用天球球面坐标系来描述。S 在地心天球空间直角坐标系和天球球面坐标系的描述是等价的，两种形式之间的转换关系可以表示为

$$\begin{bmatrix} X \\ Y \\ Z \end{bmatrix} = r\begin{bmatrix} \cos\delta \cdot \cos\alpha \\ \cos\delta \cdot \sin\alpha \\ \sin\delta \end{bmatrix} \tag{3-4}$$

$$r = \sqrt{X^2+Y^2+Z^2},\alpha = \arctan\frac{Y}{X},\delta = \arctan\frac{Z}{\sqrt{X^2+Y^2}} \tag{3-5}$$

由于地球运动的不规则性，地球是赤道略鼓、两极稍扁的不规则椭球体，同时太阳和月球的周期性空间运动轨迹相对于地球赤道面存在夹角且周期各异。因此，在太阳和月球对地球赤道凸起部分引力作用下，地球赤道面相对于宇宙空间存在缓慢变化。解决这个问题的办法是在特定的时间瞬间或历元上定义各轴的指向。

天球坐标系在宇宙空间保持稳定不变，这只是一种理想状态。太阳、月球及其他星体对地球自转产生摄动，使得地球自转轴在空间不断地摆动，分解成日月岁差和章动。因

此，天球坐标系的坐标轴指向也随时间不断变化。国际上约定，以 2000 年 1 月 1 日太阳系质心力学时（TDB）为标准历元，记为 J2000.0，即儒略日 JD2451545.0，此标准历元所对应的平天球坐标系是唯一的平天球坐标系，称之为协议天球坐标系或协议惯性系 CIS。J2000.0 地心惯性系定义为：原点在地球质心，x 轴指向历元 J2000.0 平春分点，z 轴垂直于 J2000.0 平赤道指向北极，y 轴与 z 轴、x 轴形成右手正交坐标系。

为了描述导航卫星的运动规律，定义原点位于地球的质心的空间固定坐标系，坐标轴指向相对于恒星而言是固定的，用 2000 年 1 月 1 日 UTC（USNO）1 200 h 的赤道面取向作为基础，X 轴的方向从地球质心指向春分点，Z 轴指向地球北方向，Y 轴垂直于 XZ 平面，并与 X 轴和 Z 轴构成右手坐标系，称为地心惯性坐标系（ECI）。由于各轴的取向保持固定，用这个方法定义的 ECI 坐标系对卫星导航系统来说可以认为是惯性的。在 ECI 坐标系中，导航卫星运动规律遵循牛顿运动定律和万有引力定律。

3.2.2　地心地固坐标系

地固坐标系即地球参考系（Terrestrial Reference System，TRS），是一个跟随地球一起旋转的空间参考系。在这个参考系中，与地球固体表面连接的测站的位置坐标几乎不随时间改变，仅有地球构造或潮汐变形等地球物理效应引起的很小变化。

与 ICRS 要由 ICRF 具体实现一样，地球参考系也要由地球参考框架（TRF）实现。地球参考框架是一组在指定的附着于 TRS 的坐标系中具有精密确定的坐标的地面物理点。最早的地球参考框架是国际纬度局（International Latitude Service）根据 1900—1905 年五年的观测提出的国际习用原点（Conventional International Origin，CIO）定义了第三轴的平均指向，即原来的地球平均地极指向。该原点的缩写名称 CIO 已被现在的天球中间零点 CIO 所占用，不再采用这个缩写的国际习用原点称谓。与地球中间赤道相联系的就是地球中间极（Terrestrial Intermediate Pole，TIP）和地球中间零点 TIO，现在的中间极 TIP 就替代了原先的国际习用原点 CIO。

在上述定义下，地固坐标系的原点 O 是地心，Z 轴方向是 TIP，XY 坐标面是过地心并与 TIP 方向垂直的地球赤道面，X 轴指向 TIO，即本初子午线方向，亦可称其为格林尼治子午线方向。各种地球引力场模型及其参考椭球体也都是在这种坐标系中确定的，它们是一个自洽系统。如不加说明，所涉及的地心地固坐标系一般采用世界大地坐标系（World Geodetic System，WGS）——WGS84 系统。对于该系统，有

$$
\begin{gathered}
GE = 398\ 600.441\ 8(\mathrm{km}^3/\mathrm{s}^2) \\
a_e = 6\ 378.137(\mathrm{km}), 1/f = 298.257\ 223\ 563
\end{gathered}
\tag{3-6}
$$

式中　GE ——地心引力常数；

a_e ——参考椭球体的赤道半径；

f ——该参考椭球体的几何扁率。

地球表面的用户接收机的空间位置随地球自转而运动，为了计算用户接收机的位置，采用随地球转动的地心地固坐标系（ECEF）更为方便。地心地固坐标系有地球直角坐标

系和地球大地坐标系两种形式。地球直角坐标系的原点为地球质心 O ，Z 轴与赤道平面垂直指向地理北极（north pole），X 轴指向地球赤道面与格林尼治子午圈的交点 E（0°经度方向），Y 轴垂直于 XOZ 平面（东经 90°方向），与 X 轴和 Z 轴构成右手坐标系。X 轴、Y 轴和 Z 轴随着地球一起旋转。

3.2.3　大地坐标系

大地坐标系是大地测量中以地球参考椭圆球面为基准面建立起来的坐标系，地面点的位置用大地经度、大地纬度和大地高度表示。大地坐标系的确立包括选择一个椭球，对椭球进行定位和确定大地起算数据。一个形状、大小和定位、定向都已确定的地球椭球称为参考椭球，参考椭球一旦确定，则标志着大地坐标系已经建立。

大地坐标系是大地测量的基本坐标系，大地经度 L 、大地纬度 B 和大地高 H 为大地坐标系的三个坐标分量，大地坐标系包括地心大地坐标系和参心大地坐标系。地心大地坐标系定义地球椭球中心与地球质心 O 重合，椭球的短轴与地球自转轴重合，地心大地坐标系的大地经度（longitude）为大地起始子午面（格林尼治子午面）与椭球子午面所构成的二面角 λ ，经度 L 由起始子午面起算，向东为正，称为东经（0～180°E），向西为负，称为西经（0～180°W）；大地纬度是椭球面的法线与赤道面的夹角 φ ，纬度 B 由赤道面起算，向北为正，称为北纬（0～90°N），向南为负，称为南纬（0～90°S）；大地高是该地面点沿椭球的法线至椭球面的距离。大地坐标系的大地经度、大地纬度的定义如图 3-6 所示。

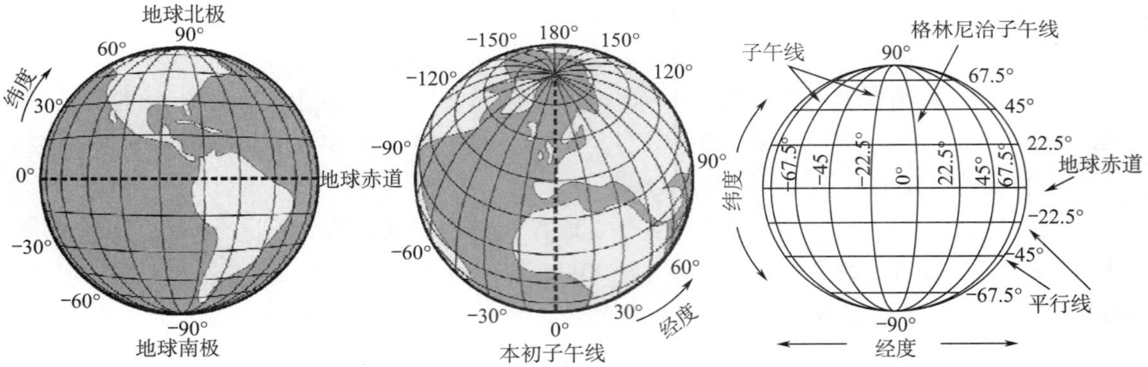

图 3-6　大地经度、纬度的定义

大地坐标系和子午面坐标系的关系式中，a 为地球椭球的长半轴，b 为地球椭球的短半轴，e 为地球椭球的第一偏心率，φ 为大地纬度，λ 为大地经度，如图 3-7 所示。

在地固坐标系中，某点的坐标矢量 $\boldsymbol{R}_e(H,\lambda,\varphi)$ 的三个直角坐标分量 X_e,Y_e,Z_e 与球坐标分量 (H,λ,φ) 之间的关系为

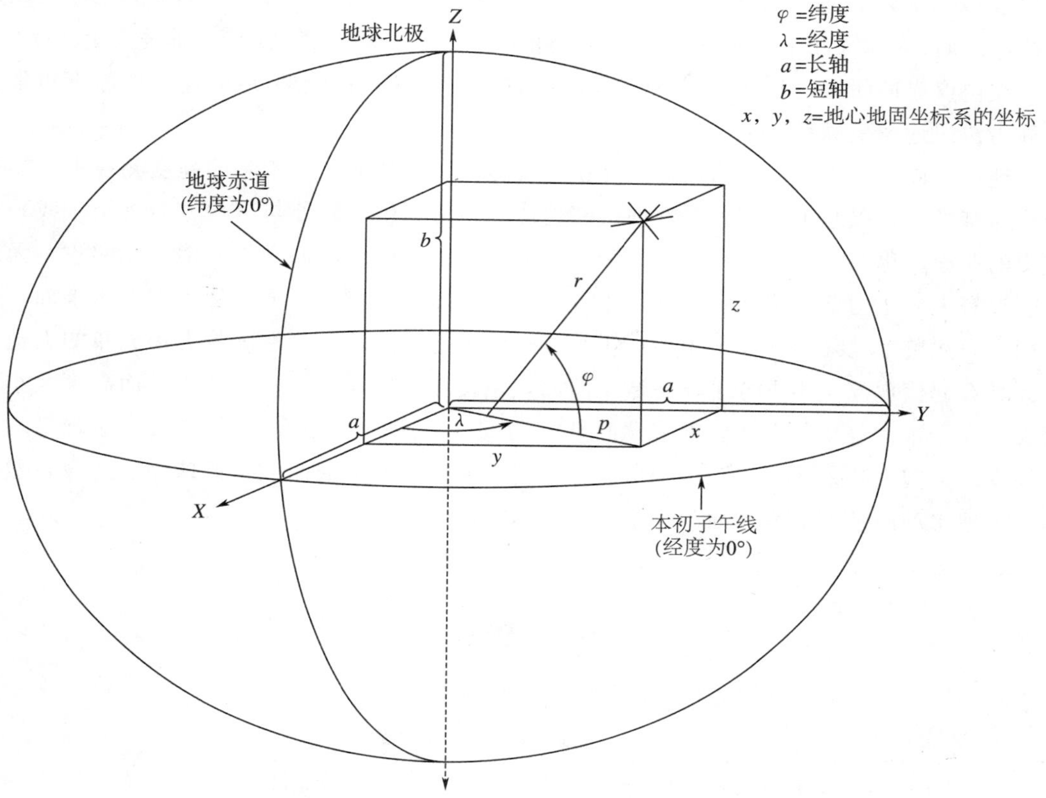

图 3－7　地球大地坐标系和子午面坐标系

$$\begin{cases} X_e = (N+H)\cos\varphi\cos\lambda \\ Y_e = (N+H)\cos\varphi\cos\lambda \\ Z_e = [N(1-f)^2 + H]\sin\varphi \\ N = a_e[\cos^2\varphi + (1-f)^2\sin^2\varphi]^{-1/2} \\ \quad = a_e[1-2f(1-f/2)\sin^2\varphi]^{-1/2} \end{cases} \tag{3-7}$$

式中　a_e——相应的参考椭球体的赤道半径；

　　f——该参考椭球体的几何扁率。

球坐标的三个分量（H,λ,φ）分别为测站的大地高、大地经度和大地纬度（亦称测地纬度），有

$$\tan\lambda = Y_e/X_e,\quad \sin^2\varphi = Z_e/[N(1-f)^2 + H] \tag{3-8}$$

由于地球内部存在复杂的物质运动，地球并非刚体，地球北极在地球表面随时间的变化而变化，称这种现象为地极移动，简称极移。与观测瞬时相对应的自转轴所处的位置称为瞬时地球极轴，相应的极点称为瞬时地极。国际天文学联合会和国际大地测量学协会规定了一个特殊的地极基准点，被称为国际协议原点 CIO，该地极基准点采用 5 个纬度服务站，以 1900—1905 年的平均纬度所确定的平均地极位置，称为传统地极 CTP。定义地心

为原点 O_{CTS}，Z_{CTS} 轴指向地球国际协议原点 CIO，与之相应的地球赤道面称为平赤道面或协议赤道面，X_{CTS} 轴指向地球协议赤道面与格林尼治子午圈的交点，Y_{CTS} 轴垂直于 XOZ 平面，在协议赤道面里，与 X_{CTS} 轴和 Z_{CTS} 轴构成右手坐标系，与地球固连的地球直角坐标系称为协议地球坐标系 CTS。

地球表面是一个复杂的曲面，不能作为实际测量的基准。在实际的高度测量中以铅垂线作为基准线，以水平面作为基准面。在地球的重力场中，处处与重力方向（铅垂线）成正交的曲面，称为水准面。一个与处于流体静平衡状态的海洋面（无海浪、无潮汐、无水流、没有大气压力变化引起的扰动）重合并延伸到陆地区域的水准面称为大地水准面，通常用来表述整个地球形状。由于地球质量分布的不均匀性，反映地球重力场分布的大地水准面具有起伏现象，不重合于任何数学曲面，包括参考地球椭球。大地水准面高度大小可以相差几十米，变化范围从印度南端低至约-105 m 到新几内亚高至约 85 m，全球平均高程为零。美国大陆地区平均高程为负值，也就是说，大地水准面低于椭球面。地球自然表面、大地水准面和地球椭球面的关系如图 3-8 所示。

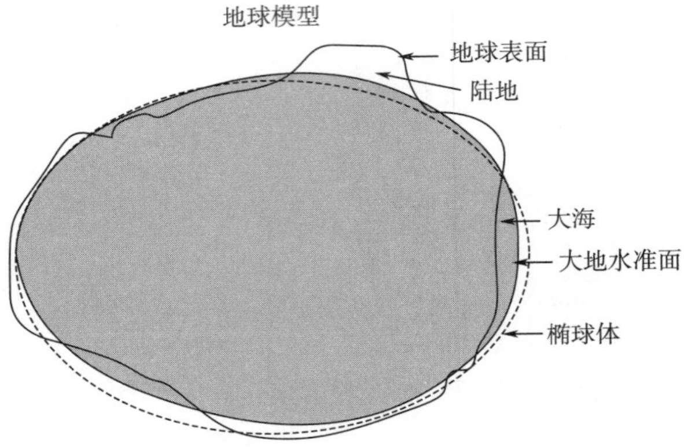

图 3-8　地球自然表面、大地水准面和地球椭球面的关系

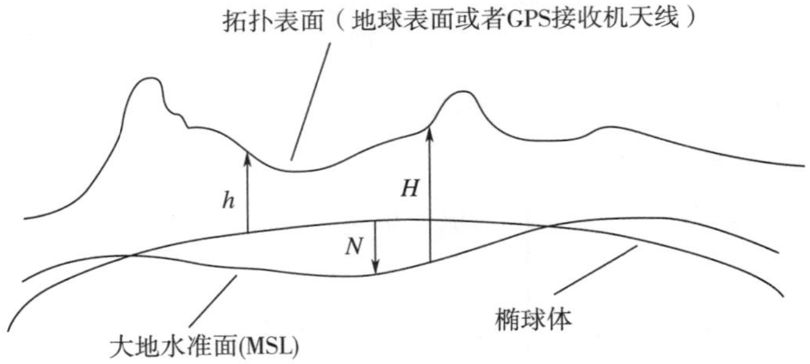

图 3-9　海拔高度 H、椭球高度 h 和高度差 N 之间的关系

大地水准面是高程的起算面，一个点沿铅垂线到大地水准面的距离，称为正高，通常也称为海拔高度 H。在地形图中所标识的高度就是海拔高度。相对于参考椭球的垂直距离称为大地高，也称为椭球高度 h。椭球高度与海拔高度之间的差距称为大地水准面差距，

简称高度差 N。海拔高度 H、椭球高度 h 和高度差 N 之间的关系如图 3-9 所示，因此，不能将海拔高度 H 当作椭球高度 h。

为了卫星导航系统的需要，根据大量实测数据，建立高度差 N 值数据库，例如，GPS 在 WGS84 系统中为一般用户提供 $10°\times10°$ 的表格，为授权用户提供 $1°\times1°$ 的表格，对任一点，先由直角坐标系算出椭球高度，再由数据库和差值算法求高度差 N，最后得到海拔高度。

四大卫星导航系统都有各自独立的大地坐标系，GPS 使用 WGS84 坐标系、GLONASS 使用 PZ90 坐标系、Galileo 系统使用 ITRF96 坐标系、BDS 使用 CGCS2000 坐标系。如果综合使用两种及以上卫星导航系统进行组合导航，则存在坐标系之间转换的问题，下面以 GPS 系统和 BDS 系统为例简要介绍地心地固坐标系。

3.2.3.1　世界大地坐标系

为统一大地坐标系统，实现全球测量标准的统一，美国国防部制图局（Defence Mapping Agency，DMA）在 20 世纪 60 年代建立了协议地球坐标系 WGS60。1984 年，在美国海军水面武器中心（NSWC）在子午卫星精密星历所用的 NSWC 9Z-2 大地坐标系基础上，通过遍布世界的观测站，DMA 对地球进行测量和定义，制定了世界大地坐标系 WGS84。1987 年 1 月 10 日，GPS 采用 WGS84 作为系统的空间基准，并成为 GPS 空间位置测量的基础。WGS84 是美国国防部所有大地测量仪器的“官方”大地基准系统。GPS 的广泛应用，使得 WGS84 由美国标准变成了世界标准。

WGS84 是随地球转动的地心地固（ECEF）直角坐标系，是协议地球坐标系。WGS84 的 3 个坐标轴指向与国际时间局于 1984 年定义的地球参考系（BTS84）一致，是目前最高精度水平的全球大地测量参考系统。WGS84 坐标系原点 O 是地球的质量中心，Z 轴指向 BIH1984.0 定义的协议地球极，协议地球极由国际时间局采用 BIH 站的坐标定义，X 轴指向 BIH1984.0 定义的零子午面与协议地球极所定义的地球赤道的交点，Y 轴垂直于 XOZ 平面，与 X 轴和 Z 轴构成右手坐标系，如图3-10所示。

WGS84 将地球定义为回转椭球模型，在 WGS84 模型中，地球平行于赤道面的横截面为圆，地球的赤道横截面半径为地球平均赤道半径 6 378.137 km，垂直于赤道面的地球横截面是椭圆，在包含有 Z 轴的椭圆横截面中，长轴与地球赤道的直径重合，半长轴 a 的值与地球平均赤道半径相同，半短轴 b 的值取为 6 356.752 km。地球的椭球模型如图 3-11 所示。WGS84 回转椭球常数为国际大地测量学与地球物理学联合会（IUGG）第 17 届大会的推荐值，4 个主要参数为：

1）半长轴 $a=6\ 378\ 137\pm2$ m；

2）地球（含大气）引力常数 $GM=(3\ 986\ 005\pm0.6)\times10^8\ \text{m}^3/\text{s}^2$；

3）正则化二阶带谐系数 $\bar{C}_{2,0}=-484.166\ 85\times10^{-6}\pm1.3\times10^{-9}$；

4）地球自转角速度 $\omega=7\ 292\ 115\times10^{-11}\pm0.150\ 0\times10^{-10}$ rad/s。

目前，一般采用地球重力场的正则化二阶带谐系数 $C_{2,0}$ 代替 J_2，两者的关系是 $\bar{C}_{2,0}=-J_2/\sqrt{5}$。根据上述 4 个参数，可计算出 WGS84 椭球的扁率为 $f=1/298.257\ 223\ 563$。

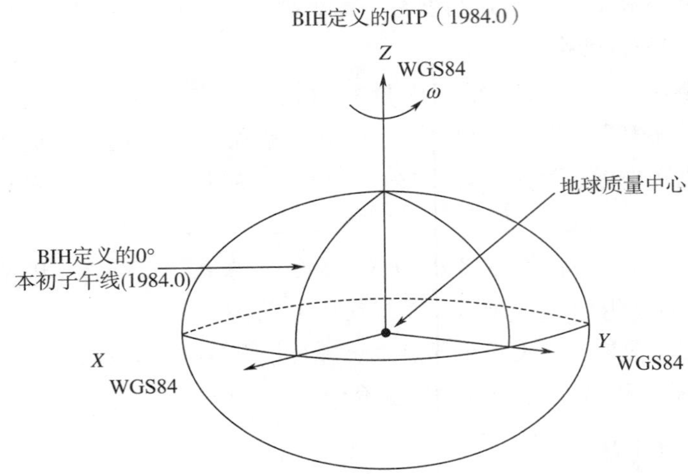

图 3－10　世界大地坐标系 WGS84

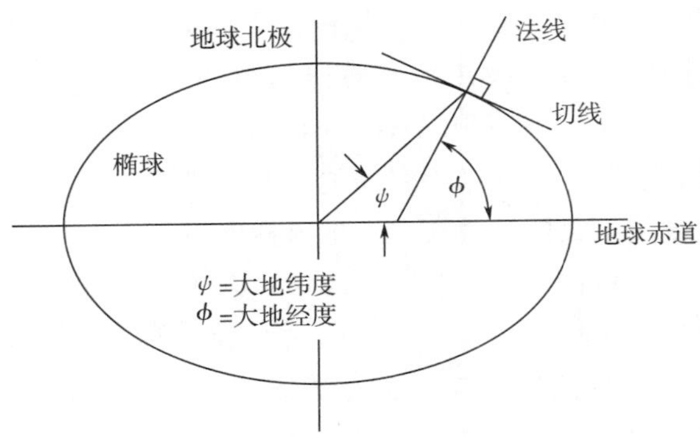

图 3－11　地球的椭球模型

1993 年，美国国家影像制图局（NIMA）对这些最初定义的参数进行了较大改进。DMA 推荐以下常用 GM 值。1994 年，推荐的 GM 值被用在美国国防部的所有高精度卫星轨道确定中，$GM=$（3 986 004.418×10^8 ±0.008×10^8） m^3/s^2，在重新定义改进的 WGS84 椭球时，决定保留最初的 WGS84 椭球的长半轴和扁率值，4 个定义常数选为长半轴 a 、地心（含大气）引力常数 GM、参考椭球扁率 f 、地球自转角速度 ω ，如表 3－1 所示。

表 3－1　WGS84 基本参数

基本参数	值
长半轴	$a=6\ 378\ 137\pm 2$m
地心(含大气)引力常数	$GM=(3\ 986\ 004.418\times 10^8\pm 0.008\times 10^8)\mathrm{m}^3/\mathrm{s}^2$
参考椭球扁率	$f=1/298.257\ 223\ 563$
地球自转角速度	$\omega=(7\ 292\ 115\times 10^{-11}\pm 0.150\ 0\times 10^{-10})\mathrm{rad/s}$

WGS84 投入使用时的精度为 1～2 m，1994 年 1 月 2 日，通过 10 个观测站在 GPS 测量方法上改正，得到了 WGS84（G730），G 表示由 GPS 测量得到，730 表示为 GPS 时间

第 730 个周。

3.2.3.2　CGCS2000 坐标系

CGCS2000 坐标系（中国大地坐标系 2000）的原点为包括海洋和大气的整个地球的质量中心，CGCS2000 坐标系的 Z 轴由原点指向历元 2000.0 的地球参考极的方向，该历元的指向由国际时间局给定的历元 1984.0 作为初始指向来推算，定向的时间演化保证相对于地壳不产生残余的全球旋转，X 轴由原点指向格林尼治参考子午面与地球赤道面（历元 2000.0）的交点，Y 轴与 Z 轴、X 轴构成右手正交坐标系。CGCS2000 坐标系的尺度为在引力相对论意义下的局部地球框架下的尺度。我国从 2008 年 7 月 1 日起正式启用 CGCS2000 坐标系。CGCS2000 坐标系也采用 4 个参数描述椭球参数，4 个参数为长半轴 a 、地心（含大气）引力常数 GM、参考椭球扁率 f 、地球自转角速度 ω ，如表 3－2 所示。

表 3－2　CGCS2000 基本参数

基本参数	值
长半轴	$a=6\ 378\ 137.0$ m
地心(含大气)引力常数	$GM=(3.986\ 004\ 418\times10^{14})\mathrm{m}^3/\mathrm{s}^2$
参考椭球扁率	$f=1/298.257\ 222\ 101$
地球自转角速度	$\omega=7.292\ 115\times10^{-5}$ rad/s

从以上可以看出，CGCS2000 坐标系的 4 个定义参数中，长半轴、地心引力常数、角速度与 WGS 椭球相应参数一致，扁率或地球引力场二阶带谐系数与之不同。椭球常数的差异，使得同一空间点在 CGCS2000 坐标系和 WGS84 坐标系下的大地坐标（或高斯平面坐标）有差异，其中大地纬度的差异范围为 0～0.105 mm，大地高的差异范围为 0～0.105 mm，但不存在大地经度差异。在当前的测量精度水平下，即坐标测量精度为 1 mm，由两个坐标系的参考椭球的扁率差异引起同一点在 CGCS2000 坐标系和 WGS84 坐标系内的坐标差异可忽略。

3.2.4　坐标系转换

卫星导航系统中，导航卫星主要被作为位置已知的空间观测目标，围绕地球质心运动，与地球自转无关，卫星的轨道位置是在惯性坐标系中表示的。一般卫星导航系统确定用户的空间位置是在国际地球参考框架或者地固坐标系中定义的，为了计算用户位置，使用与地球固连的地心地固坐标系更为方便，在这一坐标系中，更容易计算出接收机的纬度、经度和高程参数。因此，要将导航卫星与用户的空间位置规划到一个统一的基准中，才能求解表达星地距离的基本方程（3－1），导航卫星利用广播星历描述其自身在地心地固坐标系中的位置、速度等状态信息，编排在导航电文数据中向导航用户接收机广播发送。所以在卫星导航系统中，无论是导航卫星，还是导航用户接收机，两者都必须使用一套统一的坐标系统，需要开展天球参考系与地球参考系之间的转换。

3.2.4.1　地固坐标系与地心天球坐标系之间的转换

对于 IAU1980 规范下的地固坐标系 $O-XYZ$ 与地心天球坐标系 $o-xyz$ 之间的转换

关系，分别用 $\boldsymbol{r}$ 和 $\boldsymbol{R}$ 表示卫星在地心天球坐标系 $o-xyz$ 和地固坐标系 $O-XYZ$ 中的位置矢量。卫星的位置矢量在这两个坐标系之间的转换关系为

$$\boldsymbol{R}=(\boldsymbol{HG})\boldsymbol{r} \tag{3-9}$$

其中坐标转换矩阵（$\boldsymbol{HG}$）包含了四个旋转矩阵，有

$$(\boldsymbol{HG})=(\boldsymbol{EP})(\boldsymbol{ER})(\boldsymbol{NR})(\boldsymbol{PR}) \tag{3-10}$$

式中 （$\boldsymbol{PR}$）—— 岁差矩阵；

（$\boldsymbol{NR}$）—— 章动矩阵；

（$\boldsymbol{ER}$）—— 地球自转矩阵；

（$\boldsymbol{EP}$）——地球极移矩阵。

它们分别由下列各式表达

$$(\boldsymbol{EP})=R_y(-x_p)R_x(-y_p) \tag{3-11}$$

$$(\boldsymbol{ER})=R_z(S_G) \tag{3-12}$$

$$(\boldsymbol{NR})=R_x(-\Delta\varepsilon)R_y(\Delta\theta)R_z(-\Delta\mu)=R_x[-(\varepsilon+\Delta\varepsilon)]R_z[-\Delta\psi R_x(\varepsilon)] \tag{3-13}$$

$$(\boldsymbol{PR})=R_z(-z_A)R_y(\theta_A)R_z(-\zeta_A) \tag{3-14}$$

其中

$$S_G=\overline{S}_G+\Delta\mu \tag{3-15}$$

$$\overline{S}_G=18^{\mathrm{h}}.697\,374\,558+879\,000^{\mathrm{h}}.051\,336\,907T+0^{\mathrm{s}}.093\,104T^2 \tag{3-16}$$

$$T=\frac{1}{36\,525.0}[\mathrm{JD}(t)-\mathrm{JD}(J\,2000.0)] \tag{3-17}$$

$$\begin{cases}\zeta_A=2\,306''.218\,1T+0''.301\,88T^2\\ \theta_A=2\,004''.310\,9T-0''.426\,65T^2\\ z_A=2\,306''.218\,1T+1''.094\,68T^2\end{cases} \tag{3-18}$$

$$\mu=\zeta_A+z_A=4\,612''.436\,2T+1''.396\,56T^2 \tag{3-19}$$

式中 x_p，y_p ——极移分量；

ε——平黄赤交角；

μ ，$\Delta\mu$ ——赤经岁差和章动；

t ——UT1 时间，但计算其他天文量（岁差章动等）时，该 t 则为 TDT 时间；

ζ_A，z_A ，θ_A ——岁差常数。

IAU1980 章动序列给出的黄经章动 $\Delta\psi$ 和交角章动 $\Delta\varepsilon$ 的计算公式，包括振幅大于 $0''.000\,1$ 的 106 项。考虑到一般问题涉及的轨道精度要求，只要取振幅大于 $0''.005$ 的前 20 项（按大小排列）即可，由于是周期项（最快的是月球运动周期项），没有累积效应，故小于 $0''.005$ 的项引起的误差只相当于地面定位误差为米级，对于时间而言的差别小于 $0^{\mathrm{s}}.001$。取前 20 项的公式如下

$$\begin{cases}\Delta\psi=\sum\limits_{j=1}^{20}(A_{0j}+A_{1j}t)\sin\left(\sum\limits_{i=1}^{5}k_{ji}\alpha_i(t)\right)\\ \Delta\varepsilon=\sum\limits_{j=1}^{20}(B_{0j}+B_{1j}t)\cos\left(\sum\limits_{i=1}^{5}k_{ji}\alpha_i(t)\right)\end{cases} \tag{3-20}$$

相应的赤经和赤纬章动 $\Delta\mu$ 和 $\Delta\theta$ 为

$$\begin{cases}\Delta\mu=\Delta\psi\cos\varepsilon\\ \Delta\theta=\Delta\psi\sin\varepsilon\end{cases}\tag{3-21}$$

其中平黄赤交角的计算公式如下

$$\varepsilon=23^{\circ}26'21''.448-46''.8150t\tag{3-22}$$

式（3-20）中涉及的与太阳和月球位置有关中的 5 个基本幅角 $\alpha_i(i=1,\cdots,5)$ 的计算公式为

$$\begin{cases}\alpha_1=134^{\circ}57'46''.733+(1\,325^{r}+198^{\circ}52'02''.633)t+31''.310t^2\\ \alpha_2=357^{\circ}31'39''.804+(99^{r}+359^{\circ}03'01''.224)t-0''.577t^2\\ \alpha_3=93^{\circ}16'18''.877+(1\,342^{r}+82^{\circ}01'03''.137)t+13''.257t^2\\ \alpha_4=297^{\circ}51'01''.307+(1\,236^{r}+307^{\circ}06'41''.328)t-6''.891t^2\\ \alpha_5=125^{\circ}02'40''.280-(5^{r}+134^{\circ}08'10''.539)t+7''.455t^2\end{cases}\tag{3-23}$$

其中 $1^{r}=360^{\circ}$，章动序列前 20 项的有关系数见表 3-3。如果按前面所说的米级精度考虑，式（3-20）右端的 A_{1j} 和 B_{1j} 除表 3-3 中列出的 A_{11} 和 B_{11} 外亦可略去，但在具体工作中的取项多少，不仅需要符合精度要求，还应考虑到相应软件的功能和适应性，如功能的扩张等因素。式（3-20）～（3-23）中出现的 t，以及式（3-17）中所定义的世纪数 T，对应的是 TDT 时间。

表 3-3　IAU1980 章动序列的前 20 项

j	周期	k_{j1}	k_{j2}	k_{j3}	k_{j4}	k_{j5}	A_{0j}	A_{1j}	B_{0j}	B_{1j}
	（日）						(0″.000 1)		(0″.000 1)	
1	6 798.4	0	0	0	0	1	−171 996	−174.2	92 025	8.9
2	182.6	0	0	2	−2	2	−13 187	−1.6	5 736	−3.1
3	13.7	0	0	2	0	2	−2 274	−0.2	977	−0.5
4	3 399.2	0	0	0	0	2	2 062	0.2	−895	0.5
5	365.2	0	1	0	0	0	1 426	−3.4	54	−0.1
6	27.6	1	0	0	0	0	712	0.1	−7	0.0
7	121.7	0	1	2	−2	2	−517	1.2	224	−0.6
8	13.6	0	0	2	0	1	−386	−0.4	200	0.0
9	9.1	1	0	2	0	2	−301	0.0	129	−0.1
10	365.3	0	−1	2	−2	2	217	−0.5	−95	0.3
11	31.8	1	0	0	−2	0	−158	0.0	−1	0.0
12	177.8	0	0	2	−2	1	129	0.1	−70	0.0
13	27.1	−1	0	2	0	2	123	0.0	−53	0.0

续表

j	周期（日）	k_{j1}	k_{j2}	k_{j3}	k_{j4}	k_{j5}	A_{0j} (0″.000 1)	A_{1j} (0″.000 1)	B_{0j} (0″.000 1)	B_{1j} (0″.000 1)
14	27.7	1	0	0	0	1	63	0.1	−33	0.0
15	14.8	0	0	0	2	0	63	0.0	−2	0.0
16	9.6	−1	0	2	2	2	−59	0.0	26	0.0
17	27.4	−1	0	0	0	1	−58	−0.1	32	0.0
18	9.1	1	0	2	0	1	−51	0.0	27	0.0
19	205.9	2	0	0	−2	0	48	0.0	1	0.0
20	1 305.5	−2	0	2	0	1	46	0.0	−24	0.0

上述内容中涉及的各旋转矩阵 $\boldsymbol{R}_x(\theta),\boldsymbol{R}_y(\theta),\boldsymbol{R}_z(\theta)$ 的计算见式（3－24）～式（3－26），各旋转矩阵都是正交矩阵，如 $\boldsymbol{R}_x^{\mathrm{T}}(\theta)=\boldsymbol{R}_x^{-1}(\theta)=\boldsymbol{R}_x(-\theta)$。

$$\boldsymbol{R}_x(\theta)=\begin{pmatrix}1 & 0 & 0\\ 0 & \cos\theta & \sin\theta\\ 0 & -\sin\theta & \cos\theta\end{pmatrix} \tag{3-24}$$

$$\boldsymbol{R}_y(\theta)=\begin{pmatrix}\cos\theta & 0 & -\sin\theta\\ 0 & 1 & 0\\ \sin\theta & 0 & \cos\theta\end{pmatrix} \tag{3-25}$$

$$\boldsymbol{R}_z(\theta)=\begin{pmatrix}\cos\theta & \sin\theta & 0\\ -\sin\theta & \cos\theta & 0\\ 0 & 0 & 1\end{pmatrix} \tag{3-26}$$

3.2.4.2 地固坐标系与地心天球坐标系之间的转换

对于 IAU2000 规范下地固坐标系 $O-XYZ$ 与地心天球坐标系 $o-xyz$ 之间的转换关系，地心天球参考系（GCRS）到国际地球参考系（ITRS）的转换过程由下式表述

$$[\mathrm{ITRS}]=\boldsymbol{W}(t)\boldsymbol{R}(t)\boldsymbol{M}(t)[\mathrm{GCRS}] \tag{3-27}$$

其中，[GCRS] 和 [ITRS] 各对应前面 IAU1980 规范下的地心天球坐标系和地固坐标系。为了表达的连贯性，仍采用同一位置矢量在两个坐标系中的符号 $\boldsymbol{r}$ 和 $\boldsymbol{R}$ 来表达变换关系，即

$$\boldsymbol{R}=\boldsymbol{W}(t)\boldsymbol{R}(t)\boldsymbol{M}(t)\boldsymbol{r} \tag{3-28}$$

式中 $\boldsymbol{M}(t)$ ——岁差、章动矩阵；

$\boldsymbol{R}(t)$ ——地球自转矩阵；

$\boldsymbol{W}(t)$ ——极移矩阵。

关于岁差、章动矩阵 $\boldsymbol{M}(t)$，基于春分点的转换关系，岁差、章动矩阵可以写为

$$\boldsymbol{M}(t)=\boldsymbol{N}(t)\boldsymbol{P}(t)\boldsymbol{B} \tag{3-29}$$

式中 $\boldsymbol{N}(t),\boldsymbol{P}(t)$ 和 $\boldsymbol{B}$ ——章动、岁差和参考架偏差矩阵。

其中参考架偏差矩阵 $\boldsymbol{B}$ 在前文已说明，它是一个旋转量很小的常数矩阵，在直接引用 J2000.0 平赤道坐标系作为地心天球坐标系时，就作为单位阵略去，不再考虑，于是有

$$\boldsymbol{M}(t)=\boldsymbol{N}(t)\boldsymbol{P}(t) \tag{3-30}$$

有关岁差、章动量、岁差矩阵 $\boldsymbol{P}(t)$、章动矩阵 $\boldsymbol{N}(t)$、地球自转矩阵 $\boldsymbol{R}(t)$、极移矩阵 $\boldsymbol{W}(t)$ 的计算以及 IAU1980 规范与 IAU2000 规范之间的对应关系请读者查阅相关参考文献。

3.3 时间参考系统

在地球上研究各种运动问题，既需要一个反映物体运动过程的均匀时间尺度，也需要一个反映物体位置的时间计量系统。采用原子时作为计时基准前，地球自转曾长期作为时间系统的统一基准。由于地球自转的不均匀性和时间计量技术及测量精度的不断提高，问题也复杂化了，既要有一个均匀时间基准，又要与地球自转相协调（联系到对天体的测量）。因此，除均匀的原子时计时基准外，还需要一个与地球自转相连的时间系统，同时还需要有如何解决两种时间之间的协调机制。

导航信号传输的时延乘以信号传播速度（光速）就是接收机与卫星之间的距离。测量信号传输时延需要用两个不同的时钟，一个时钟安装在导航卫星上以记录无线电信号播发的时刻，另一个时钟则内置于接收机上，用以记录无线电信号接收的时刻。因此，通过比对两个时钟的时刻就能得到信号传播的时间，再与信号传播的速度相乘，就是接收机到卫星的距离。这只是理想的假设，卫星和接收机的时钟必须十分准确而且必须完全同步，否则失之毫厘，谬以千里。

导航卫星一般配置高稳定度、高准确度的铯原子钟和铷原子钟，铷原子钟频率稳定度达到 1×10^{-14}/天。目前欧洲正在部署的 Galileo 卫星导航系统采用氢原子钟作为卫星系统的时间和频率基准，氢原子钟的天稳定度指标达到 1×10^{-15} 量级。地面运控系统使用原子钟组建立整个系统的参考基准时间，通过星地时间同步技术，地面运行控制系统需要定期对在轨原子钟进行时间同步调整，使得卫星上的原子钟与系统的参考基准时间保持时间同步到纳秒量级。

3.3.1 时间尺度

时间是七大基本物理单位之一，时间包含“时刻”和“时间间隔”两个概念。频率是某周期事件在单位时间内发生的次数，显然频率是与时间密切相关的量。时刻指的是发生某一现象的瞬间，是在时间坐标系统中的一个绝对时间值。在天文学和卫星导航领域，与所获取数据对应的时刻也称为“历元”。时间间隔则是发生某一现象所经历的过程或者持续时间，是这一现象结束时刻相对于现象开始时刻的相对时间值或者说这一过程始末的时刻之差。

要测量时间，需要建立一个时间的测量基准，即时间原点（起始历元）和时间单位

(尺度)，其中时间尺度是关键，而原点可以根据实际应用加以选定。没有物理现象可以作为时间开始的某个时间点的唯一判据，所以人们不得不经协商达成统一的定义。一个时间点可以用年、月、日和一天中的小时、分钟和秒来表示。

一般说来，时间系统的物理实现必须是可观测的周期运动，这种周期运动应具备连续性、稳定性和复现性。比如地球的每日转动是比较稳定的周期运动，因此是天然的计时工具，地球的转动周期曾经很长一段时期是我们定义 1 秒钟时间长度的基础。

选择不同的周期运动作为计时手段，就产生了不同的时间系统。观察一个周期过程并记录周期数，周期过程如太阳每日在东方升起在西方落下、地球绕太阳的公转、地球绕自身的转动、月球绕地球的转动、挂钟的摆动、石英晶体的振动等。时钟在本质上是周期事件（频率源）的产生器和时间计数的装置。时钟的计时精度取决于初始频率设定误差（精度）和保持周期过程的能力（频率稳定性)，例如 GPS 导航卫星上的星载铷原子钟的长期频率稳定度（Allan 方差）是 1×10^{-14}/天。

时间系统是精确描述天体和人造卫星运动、运行位置及其相互关系的重要基准，因而，也是卫星导航系统实现 PNT 功能的基础。研究卫星导航系统有关问题时涉及三个时间概念：一是力学时，它是在牛顿力学定律下，卫星运动方程中的独立时间变量，在生成导航卫星星历过程中，实际上隐含使用了动力学时，它是一个秒长均匀的时间；二是原子时，它由原子钟生成稳定的频率信号，是地面上的均匀时间基准，秒长为国际协议确定的原子振荡频率倒数；三是恒星时，由地球自转确定。开展卫星导航系统设计时，需要协调原子时（TAI)、协调世界时（UTC）和卫星导航系统时间三个时间系统之间的关系。

3.3.2　时间基准

用作历表和动力学方程的时间变量基准是质心力学时（Barycentric Dynamical Time，TDB）和地球时（Terrestrial Time，TT)，地球时曾经叫做地球动力学时 TDT，1991 年后改称地球时 TT。两种动力学时的差别（TDB－TT）是由相对论效应引起的，它们之间的转换关系由引力理论确定。对实际应用而言，2000 年 IAU 决议给出了两者之间的转换公式

$$\mathrm{TDB}=\mathrm{TT}+0^{\mathrm{s}}.001\,657\sin(g)+0^{\mathrm{s}}.000\,022\sin(L-L_J) \tag{3-31}$$

其中，g 是地球绕日运行轨道的平近点角，$(L-L_J)$ 是太阳平黄经与木星平黄经之差，各由下式计算

$$\begin{cases} g=357^{\circ}.53+0^{\circ}.985\,600\,28t \\ L-L_J=246^{\circ}.00+0^{\circ}.902\,517\,92t \end{cases} \tag{3-32}$$

$$t=\mathrm{JD}(t)-2\,451\,545.0 \tag{3-33}$$

这里的 $\mathrm{JD}(t)$ 是时刻 t 对应的儒略日，其含义将在本节最后一段介绍。式（3－31）的适用时段为 1980—2050 年，误差不超过 30 μs。在地面附近，如果精确到毫秒量级，则近似地有

$$\mathrm{TDB}=\mathrm{TT} \tag{3-34}$$

在新的时空参考系下，已采用 IAU2009 天文常数系统，其中天文单位 au 采用了 IAU2012 年决议，它与长度单位“米”直接联系起来，不再沿用过去的相对定义方法，该值就是 IAU2009 天文常数系统中的值

$$1\ \mathrm{au} = 1.495\ 978\ 707\ 00 \times 10^{11}\ \mathrm{m} \tag{3-35}$$

关于时间基准，具体实现地球时的是原子时。用原子振荡周期作为计时标准的原子钟出现于 1949 年，1967 年第十三届国际度量衡会议规定铯 133 原子基态的两个超精细能级在零磁场下跃迁辐射振荡 9 192 631 770 周所持续的时间为一个国际制秒，作为计时的基本尺度。以国际制秒为单位，1958 年 1 月 1 日世界时 0 时为原点的连续计时系统称为原子时，简写为 TAI（法文 temps atomique international 的缩写）。从 1971 年起，原子时由设在法国巴黎的国际度量局（BIPM）根据遍布世界各地的 50 多个国家计时实验室的 200 多座原子钟的测量数据加权平均得到并发布。原子时和地球时只有原点之差，两者的换算关系为

$$\mathrm{TT} = \mathrm{TAI} + 32^{\mathrm{s}}.184 \tag{3-36}$$

原子时是当今最均匀的计时基准，其精度已接近 10^{-16} s，10 亿年内的误差不超过 1 s。

3.3.3　时间系统

3.3.3.1　恒星时（ST）

天球黄道与天球赤道的交点是春分点，理论上它在天球上是一个静止参考点。地球自转时，观测点所在的当地子午圈相对于春分点做周期运动。春分点连续两次过中天的时间间隔称为“恒星日”，恒星时就是春分点的时角，它的数值 S 等于上中天恒星的赤经 α，即

$$S = \alpha \tag{3-37}$$

这是经度为 λ（不要与黄经混淆）处的地方恒星时。与世界时密切相关的格林尼治（Greenwich）恒星时 S_G 的关系由下式给出

$$S_G = S - \lambda \tag{3-38}$$

格林尼治恒星时有真恒星时 GST 与平恒星时 GMST 之分。恒星时是由地球自转所确定，地球自转的不均匀性就可通过它与均匀时间尺度的差别来测定。

春分点连续两次经过本地子午圈的时间间隔称为一个恒星日，含有 24 个恒星时。恒星时的原点定义为春分点通过本地子午圈的瞬时，恒星时在数值上等于春分点相对于本地子午圈的时角。对于同一瞬时而言，地球上不同观测站所处的子午圈不同，故各测站的春分点时角不同，即各测站的恒星时也不同。所以，恒星时具有地方值的特点，有时候也称为地方恒星时。由于岁差、章动的影响，地球自转轴在空间的指向是变化的，因此，春分点在天球上的位置并不固定，恒星时也并非完全稳定。

3.3.2.2　平太阳时（MT）

人们观察到太阳每天东升西降，年复一年，日复一日，这种周期运动也可以定义一种

时间系统。根据相对运动原理，我们每天见到的太阳在天球上的周而复始的东升西降运动叫做“视运动”，它是由于地球的自转和绕太阳的公转的合成运动的结果，其中地球的公转轨道为大椭圆，不是严格的圆。地球的自转轴并不是与公转轨道面（黄道面）垂直（地球赤道面与黄道面之间夹角约为 23.5°），如图 3-12 所示。地球围绕太阳转动的一个完整的转动周期，即前后两次穿过同一个子午面的时间间隔，定义为一个“视太阳日”。因此，希腊人说没有两个视太阳日是严格一样长的。

图 3-12　太阳系八大行星绕太阳运动的轨道示意图

根据天体运动的开普勒定律，太阳的“视运动”的速度并不是均匀的，如果以太阳作为观察地球自转运动的参考点，将不符合建立时间系统的基本要求。鉴于这个事实，人们定义了平太阳时（mean solar time，MT），假设地球在假定的圆形公转轨道上以相同的周期自转，并且转轴垂直于黄道面，这种情况下一个完整的转动周期就是平太阳时。

平太阳时的原点定义为平太阳通过观察者所在子午圈的瞬时，平太阳连续两次经过本地子午圈的时间间隔为一个平太阳日，一个平太阳日含有 24 个平太阳时。1960 年以前，1 秒钟时间长度定义为 1/86 400 平太阳日。平太阳时具有地方性，称作地方平太阳时。一个平太阳日大约比一个恒星日长 4 min，同样一个视恒星日也不是恒定的，天文学家定义了平恒星日。平太阳时和平恒星时的关系为

$$1\text{ 平太阳日}=24\text{ h}=86\ 400\text{ 平太阳秒}\approx 1+1/365.25\approx 1.002\ 737\text{ 平恒星日} \tag{3-39}$$

$$1\text{ 平恒星日}=23\text{ h }56\text{ min }4.095\ 4\text{ s}=86\ 164.099\ 54\text{ 平太阳秒} \tag{3-40}$$

太阳时和恒星时都依赖于观测者所在的经度。在 1884 年的“国际子午线会议”中，地球分成 12 个标准时区，每 15°为一个时区，每个时区以 15°整数倍的子午线为中心，当然一些不规则的海岛有一些例外。英国格林尼治天文台测定的经线被确定为零度经线，也就是本初子午线，格林尼治天文台当地时间则相应成为各地时间的基准。在每个时区，时间都是相同的，都等于中心子午线处的平太阳时，并规定 180°经度线为国际换日线。

3.3.2.3　世界时（UT）

由于平太阳时具有地方性，地球上不同经度圈上的平太阳时各不相同。1928年国际天文联合会确定将零经度子午线（格林尼治子午线）所对应的平太阳时，且以平子夜为零时起算的时间系统称为世界时UT。

与恒星时相同，世界时也是根据地球自转测定的时间，它以平太阳日为单位，1/86 400平太阳日为秒长。根据天文观测直接测定的世界时，记为UT0，它对应于瞬时极的子午圈。加上引起测站子午圈位置变化的地极移动的修正，就得到对应平均极的子午圈的世界时，记为UT1，即

$$UT1 = UT0 + \Delta\lambda \tag{3-41}$$

式中　$\Delta\lambda$——极移改正量。

由于地球自转的不均匀性，UT1并不是均匀的时间尺度。而地球自转不均匀性呈现三种特性：长期慢变化（每百年使日长增加1.6 ms）、周期变化（主要是季节变化，一年里日长约有0.001 s的变化，除此之外还有一些影响较小的周期变化）和不规则变化。这三种变化不易修正，只有周年变化可用根据多年实测结果给出的经验公式进行改正，改正值记为ΔT_s，由此引进世界时UT2

$$UT2 = UT1 + \Delta T_s \tag{3-42}$$

相对而言，这是一个比较均匀的时间尺度，但它仍包含着地球自转的长期变化和不规则变化。

周期项ΔT_s的振幅并不大，而UT1又直接与地球瞬时位置相关联，因此，对于过去一般精度要求不太高的问题，就用UT1作为统一的时间系统。而对于高精度问题，即使UT2也不能满足要求，必须寻求更均匀的时间尺度，这正是引进原子时TAI作为计时基准的必要性。

国际原子时作为计时基准的起算点靠近1958年1月1日的UT2 0时，有

$$(TAI - UT2)_{1958.0} = -0^{s}.003\,9 \tag{3-43}$$

因上述原子时是在地心参考系中定义的，具有国际单位制秒长的坐标时间基准，从1984年起，它就取代历书时（ET）正式作为动力学中所要求的均匀时间尺度。由此引入地球动力学时（1991年后改称地球时TT），它与原子时的这一关系是根据1977年1月1日$00^h00^m00^s$（TAI）对应TDT为1977年1月$1^d.000\,372\,5$而来，此起始历元的差别就是该时刻历书时与原子时的差别，这样定义起始历元就便于用TT系统代替ET系统。

世界时UT是一种时间标准，是以地球自转速度为基础的时间尺度。世界时UT分区如图3-13所示（阴影区为夜晚）。世界上不同时区的时间规定与GMT相差为整小时，比如北京时间是格林尼治时间加上8 h，而美国东部时间是格林尼治时间减去5 h，世界时间一直遵循着这一标准。

世界时UT是“地球自转时间”，地球自转导致了太阳东升西落和昼夜交替。20世纪30年代中期，天文学家发现地球自转的速度实际并不稳定，由于地球自转速度不均匀导致的前后两天的时间长度会相差几个毫秒，长期的趋势是地球自转的速度越来越慢，长期

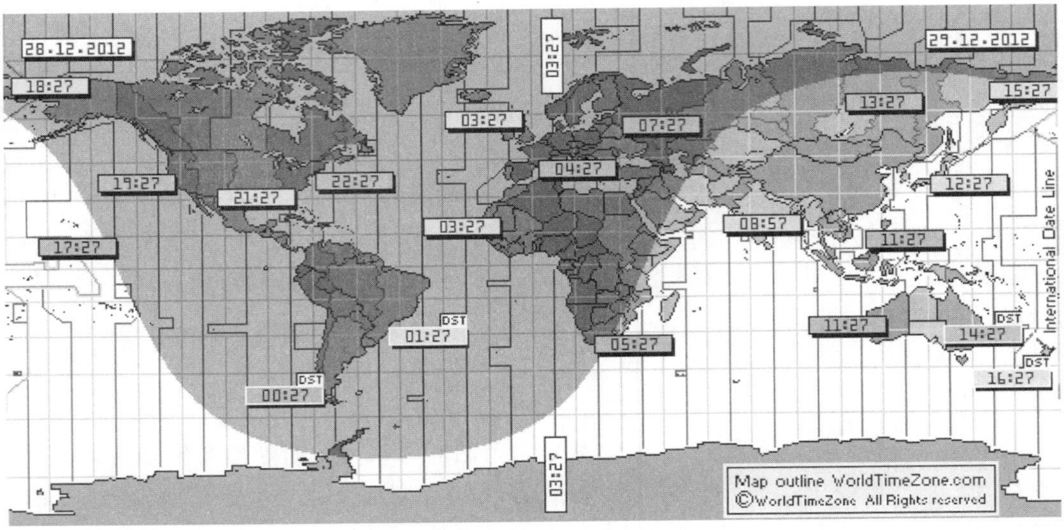

图 3－13　世界时 UT 分区图

变化主要归因于潮汐摩擦，地球自转一周的时间为 23 h56 min，约每隔 10 年，自转周期会增加或减少千分之三到千分之四秒。与这个长期变化共同作用的还有季节性变化和随机变化，季节性变化与地球内部的质量和转动惯量的重新分布等相对周期性的物理过程有关，随机变化可能与风和地表的相互作用有关。这些因素都会略微影响地球的自转速度，有时快有时慢。

在 1972 年 1 月 1 日引入协调世界时（UTC）之前，格林尼治平均时间（GMT）与世界时（UT）是完全相同的，是一个标准的天文学概念，并广泛用于许多技术领域。随后，天文学家逐渐不再使用格林尼治平均时间这一术语，而是广泛使用世界时（UT）。

尽管地球自转速度不均匀，但是地球自转速度一直是民用时间体系的基础。直到 1960 年，都是天文台修正机械钟以吻合平太阳时的基准。相比之下，利用原子的特性来确定时间更为可靠，于是时间测量系统逐渐转向了原子时。

3.3.2.4　国际原子时（TAI）

随着人们对时间准确度和稳定度要求的不断提高，以地球自转为基础的世界时系统已不能满足各种高精度应用的需求。1967 年之后，计时标准转向原子时，原子时以电子能级跃迁为基准，电子能级跃迁所辐射和吸收的电磁波频率具有极高的稳定性和复现性，具有比世界时更高的精度。

国际单位制（SI）的基本时间单位是国际标准秒。1967 年 10 月，第 13 届国际计量大会决议定义原子秒为“位于海平面上的铯 133 原子（Cs133）基态的两个超精细能级之间跃迁所对应辐射的电磁波振荡 9 192 631 770 个周期的持续时间”。1971 年“国际标准秒”被更名为“国际原子时”。

1955 年，英国皇家格林尼治天文台开始播发格林尼治原子时（GA）。1955 年 7 月，国际时间标准局（International Time Bureau，BIH）利用铯原子钟和远程时钟比对技术播发原子时 AM 或称为 T_m。1956 年 9 月 13 日，美国海军天文台使用商业原子钟播发原子时 A1。

国际原子时的英文缩写 TAI 来源于法语“temps atomique international”，TAI 作为时间标准，是一种加权时间尺度，由全世界 65 个时间实验室的 250 多台原子钟共同形成原子时，国际计量局（BIPM）负责统计处理上述不同实验室给出的原子钟的数据，采用 ALGOS 计算方法得到自由原子时 EAL。BIPM 时间部汇总这些原子钟的数据，并通过特定的算法得到高稳定度、高准确度的国际原子时。

因此，TAI 并不是由一台具体的原子钟保持，而且 BIPM 统计处理后得到的原子时比任何单独使用一台原子钟给出的时间还要稳定，由此又被称为“纸面时间标度”。

原子时是更为恒定、更为准确的时间基准，不需要进行长期的天文学观测，它的秒长更容易测定，且准确度和稳定性都十分高。国际原子时（TAI）是精确、均匀的时间尺度，不受地球自转和围绕太阳公转的影响；而世界时（UT）以地球自转速度为基础，地球自转速度不均匀。国际原子时和世界时在 1958 年 1 月 1 日 0 时设成一致，之后一定会发生偏离，即时间不同步，于是就出现了协调世界时（UTC）。

3.3.2.5　协调世界时（UTC）

原子时可以提供非常稳定的时间基准，对于那些要求时间间隔非常均匀的应用系统来说是非常必要的。然而，原子时的时刻却没有实际的物理意义，对于大地测量、天文、导航等与地球自转有关的学术领域来说，需要世界时确定地球的瞬时位置及其对应的时间。因为世界时的时刻反映着地球自转的位置，与人们的日常生活息息相关，所以世界时并不因原子时的建立而失去它特有的作用。

有了均匀的时间系统，只能解决对精度要求日益提高的历书时的要求，也就是时间间隔对尺度的均匀要求，但它无法代替与地球自转相连的不均匀的时间系统。必须建立两种时间系统的协调机制，这就引进了协调世界时（Coordinate Universal Time，UTC）。尽管这带来一些麻烦，是否取消世界时而采用原子时国际上一直有各种争论和建议，但至今仍无定论，结果仍是保留两种时间系统，它们各有各的用途。

由于地球自转的不均匀性，国际原子时的秒长比世界时的秒长略短，上述两种时间系统，在 1958 年 1 月 1 日世界时 0 时，TAI 与 UT1 之差约为零，$(UT1-TAI)_{1958.0}=+0.0039\ s$。如果不加处理，由于地球自转长期变慢，UT 比 TAI 一年大约要慢 1 s。随着时间的推移，两者之差逐年积累，这一差别将愈来愈大，4000 年的时间累积之后，TAI 和 UT 会差出 12 个小时，也就是半天时间。那时根据 TAI 计量的当地时间的午夜，太阳依然高高挂在人们的头顶上，这显然与人们长期形成的“日出而作，日落而息”的日常生活习惯不同。

针对这种现状，为了兼顾对世界时时刻和原子时秒长两种需要。1972 年 1 月 1 日，第 15 届国际计量大会确认采用一种协调原子时秒长与世界时时刻的时间计量系统，协调世界时是一个复合的时间标度，它由原子钟驱动的时间标度和以地球旋转速率为基准的时间标度组成，以原子时秒长为基础、在时刻上尽量接近于世界时的一种时间测量基准。这种时间系统是在原子时和世界时之间人为进行协调的结果，因此，称为协调世界时。协调世界时仍是一种均匀时间系统，其秒长与原子时秒长一致，而在时刻上则要求尽量与世界时接近。从 1972 年起规定两者的差值保持在±0.9 s 以内。为此，可能在每年的年中或年底对 UTC 时间作一整秒的调整，即采用跳秒（Leap Second）的办法加以调整，也称“闰秒”，来弥补因地球不均匀的自转而导致的误差，增加 1 s 叫做正跳秒，去掉 1 s 叫做负跳秒。位于巴黎天文台的国际地球旋转服务组织（IERS）根据天文观测资料制定“闰秒”（http：//www.iers.org）计划，跳秒一般规定在 6 月 30 日或 12 月 31 日最后一秒调整，具体调整由国际时间局在调整的两个月前通知各国授时台，可以在 EOP 的网站上得到相关的和最新的调整信息。例如，在 2016 年 12 月 31 日的最后 1 min，即子夜的最后 1 min 拥有 61 s，2016 年 12 月 31 日这一天我们比平时多拥有了 1s，即 86 401 s。

虽然普通民众并不关心 2016 年 12 月 31 日这一天是否比前一天多了 1 s，也没有感受到这多出 1 s 的影响，但是在科技领域影响非常重大。每当需要闰秒时，全球的计算机需要手动调整时间，不仅成本高昂，还增加了出现误差的风险。卫星导航系统和数据网络通信等领域对高精度时间保持具有特别高的要求，必须给出系统时间和 UTC 时间之间的偏差，例如，在 GPS 导航卫星播发的电文中给出了 GPST 和 UTC 之间的偏差信息。

位于巴黎的国际计量局（BIPM）负责制定 UTC 时间（http：//www.bipm.fr），UTC 在全球范围内已广泛用于民用及商业时间保持系统以及天文观测领域，中国的广播、电视和电信系统使用的标准时间就是 UTC 时间。目前，世界各国发播的时间信号均以 UTC 为基准，时间信号发播时刻的同步精度为±0.000 2 s。

由 UTC 到 UT1 的换算方法如下。首先从 EOP 网站下载最新的 EOP 数据（对于过去距离现在超过一个月的时间，采用 B 报数据，对于其他时间则采用 A 报数据），内插得到 ΔUT ，然后按下式计算 UT1

$$UT1 = UTC + \Delta UT \tag{3-44}$$

通常给出测量数据对应的时刻 t ，如不加说明，均为协调世界时，这是国际惯例。

协调世界时与国际原子时之间的关系为

$$TAI = UTC + 1(s) \times n \tag{3-45}$$

式中 n ——调整参数，由国际地球旋转服务组织（IERS）发布。

3.3.2.6 地球动力学时（TDT）

在天体力学中，如果要准确描述人造地球卫星相对于地球的运动规律，那么则需要建立人造地球卫星动力学和运动学方程。在地球卫星动力学和运动学方程中所要求的一种严格时间同步的时间尺度和独立变量，称为地球动力学时，地球动力学时是相对于地球质心的力学方程所采用的时间参数。

在卫星导航系统中，地球质心力学时作为一种严格且均匀的时间尺度和独立的变量被用于描述导航卫星的运动。地球动力学时与国际原子时尺度完全一致，也是国际制秒。国际天文协会规定，1977 年 1 月 1 日国际原子时的 0 时刻与地球动力学时之间的关系为

$$TDT = TAI + 32.184(s) \tag{3-46}$$

3.3.2.7　儒略日（JD）

除上述时间系统外，在计算中常常会遇到历元的取法以及年的长度定义问题。一种是贝塞尔（Bessel）年，或称假年，其长度为平回归年的长度，即 365.242 198 8 平太阳日。常用的贝塞尔历元是指太阳平黄经等于 280°的时刻，例如 1950.0，并不是 1950 年 1 月 1 日 0 时，而是 1949 年 12 月 31 日 22 h09 m42 s（世界时），相应的儒略（Julian）日为 2 433 282.423 4。另一种就是儒略年，其长度为 365.25 平太阳日。儒略历元是指真正的年初，例如 1950.0，即 1950 年 1 月 1 日 0 时。显然，引用儒略年较为方便。因此，从 1984 年起，贝塞尔年被儒略年代替，这两种历元之间的对应关系见表 3－4。

表 3－4　两种历元的儒略日

贝塞尔历元	儒略历元	儒略日
1900.0	1900.000858	2415020.3135
1950.0	1949.999790	2433282.4234
2000.0	1999.998722	2451544.5333
1989.999142	1900.0	2415020.0
1950.000210	1950.0	2433282.5
2000.001278	2000.0	2451545.0

儒略历是公元前罗马皇帝儒略·凯撒所实行的一种历法，儒略日是以公元前 4713 年 1 月 1 日的格林尼治平午（正中天）开始起算的累积平太阳日（天数），天的定义同世界时。一个儒略年的长度为 365.25 个平太阳日，一个儒略世纪含有 36 525 个儒略日。儒略历元是年初，如历元 1950.0 是指 1950 年 1 月 5 日 0 时，对应儒略日为 2433282.5，在天文学研究中，经常会用到儒略历元 1900.0、历元 1950.0、历元 2000.0，它们对应的儒略日如表 3－5 所示。

表 3－5　三个主要的儒略历元对应的儒略日

儒略历元	儒略日	贝塞尔历元
1900.0	2415020.0	1899.99142
1950.0	2433282.5	1950.000210
2000.0	2451545.0	2000.001278

贝塞尔历元 1950.0 对应的世界时时刻为 1949 年 12 月 31 日 22 h 9 min 42 s，目前贝塞尔年已被儒略年代替。若年（y）月（m）日（d）用整数表示，以小时为单位的世界时用实数表示，则儒略日为

$$JD = \mathrm{INT}(365.25y) + \mathrm{INT}[30.6001(m+1)] + d + \mathrm{UT}/24 + 1720981.5 \quad (3-47)$$

式中，INT(　) 表示取实数值的整数部分函数，年（Y）月（M）通过下式计算得到

$$y = Y - 1, m = M + 12, M \leqslant 12$$

$$y = Y, m = M, M > 12 \quad (3-48)$$

例如，GPS 的标准历元是 1980 年 1 月 6 日 0 时，根据式（3－47），可以计算得到对应儒略日 JD＝2444244.5。从儒略日到公历日期的变换可以按以下步骤计算，首先计算辅

助数，设

$$
\begin{aligned}
a &= \mathrm{INT}(\mathrm{JD}+0.5) \\
b &= a+1537 \\
c &= \mathrm{INT}[(b-122.1)/365.25] \\
d &= \mathrm{INT}(365.25c) \\
e &= \mathrm{INT}[(b-d)/30.6001]
\end{aligned} \tag{3-49}
$$

然后计算年（Y）月（M）日（D）

$$
\begin{aligned}
D &= b-d-\mathrm{INT}(30.6001e)+\mathrm{FRAC}(JD+0.5) \\
M &= e-1-12\mathrm{INT}(e/14) \\
Y &= c-4715-\mathrm{INT}[(7+M)/10]
\end{aligned} \tag{3-50}
$$

式（3-50）中，FRAC(　)表示取实数值的小数部分函数，在日期转换过程中还可以得到周日

$$N = \mathrm{modulo}\ [\mathrm{INT}(\mathrm{JD}+0.5), 7] \tag{3-51}$$

式中，$N=0$ 表示星期一，$N=1$ 表示星期二，依次类推。

起算时刻 $\mathrm{JD}_{起算时刻}$ 到观测时刻 $\mathrm{JD}_{观测时刻}$ 的星期数由下式计算

$$\mathrm{WEEK} = \mathrm{INT}[(\mathrm{JD}_{观测时刻} - \mathrm{JD}_{起算时刻})/7] \tag{3-52}$$

为了方便和缩短有效字长，采用简化儒略日记时，简化儒略日等于儒略日减去 2400000.5d，简化儒略日减少了数字位数，开始时间由中午改为子夜，定义为

$$\mathrm{MJD} = \mathrm{JD} - 2400000.5 \tag{3-53}$$

例如，JD（1950.0）对应 MJD=33282.0，与上述两种年的长度对应的回归世纪（即 100 年）和儒略世纪的长度分别为 36524.22 平太阳日和 36525 平太阳日。在卫星导航系统研究中，常用简化儒略日和日中的秒数来表示历元时刻。

3.3.4 时间系统的维持

如何保持时间精度和远距离时钟的同步是一个古老的问题。描述一个时间系统涉及采用的时间频率标准、守时系统、授时系统、覆盖范围四个方面的内容。对于不同的时间频率标准，其建立和维护的方法也不同。历书时是通过观测月球来维护；动力学时是通过观测行星来维护；原子时是由分布在不同地点的一组原子钟来建立，并通过时间比对的方法来维护。

守时系统用于建立和维持时间频率标准，并用于确定时刻。为保证守时的连续性，不论哪种类型的时间系统，都需要稳定的频标。守时系统通过时间频率测量、比对和共视技术，评价系统内不同框架点时钟的稳定度和精确度。

授时系统是向用户提供授时和时间服务，可以通过电话、广播、电视、电台、网络、卫星等设施和系统实施，它们具有不同的传递精度，可以满足不同用户的需要。卫星导航系统已成为当前高精度、长距离时间频率传递的最主要技术手段。目前通过与卫星导航信号的比对来校验本地时间频率标准或测量仪器的情况越来越普遍，原有计量传递系统的作

用相对减弱。

维持一个时间系统需要涉及时间频率的测量和比对、时间系统的守时、时间频率信号的传递三个方面的内容。在原子时测量领域中，构成时间的基本单位是频率。因此，实验室内部以及实验室之间需要定期进行频率比对，以求得均匀的时间单位。远距离时间比对又称为时间传递或时间同步，它是时间系统建立和维持的基本手段。

计时设备需要在非常恒定的环境下（钟房）连续、稳定、长期运行，以便能够随时得到时间尺度的时间。一般用准确度和稳定度极高的氢原子钟组和铯原子钟组作为“守时钟”协同工作。原子钟的性能不可能完全一致，需要对“钟差”进行统计处理，可以得到钟组组合生成的均匀、准确的时间尺度。历史上时间单位是由天体运动的稳定周期来定义的，要靠天文观察，所以守时以及相关的编订历书任务由天文台完成。现在时间单位改成由电子跃迁过程中所吸收或者辐射的电磁波频率信号来定义，但守时与确定时刻可以相对独立于频率基准来运作，“秒长”需要由基准来校正。

利用广播、电视、互联网、卫星等技术可以实现远距离时间频率传递，具体方法有单向法、共视法和双向法，目前传递精度最高的方法是双向卫星时间和频率传递方法（TWSTFT）。高精度的远距离时间频率传递技术，是形成世界各国共同参考的标准时间、保持世界各地各实验室的标准时间准确度的重要保证。

3.3.5　卫星导航系统时间

卫星导航系统建立了一个独立的时间系统作为整个系统提供 PNT 服务的基础，下面以 GPS 为例，简要阐述卫星导航系统时间的建立、保持和传递过程。GPS 建立了自身的系统时间，称为 GPS 时间系统（GPS Time，GPST）。GPST 是原子时系统，其秒长与原子时秒长相同，原点规定在 1980 年 1 月 6 日 0 时，与 UTC 时刻一致，此后按照原子秒长累积计时，但不进行跳秒调整。因此，GPST 与 UTC 之间的偏差会逐渐增大，并将一直是秒的整数倍。GPST 与 TAI 之间的关系相对简单，在任一瞬间都有 19 s 的固定差，使用 GPS 的用户在进行数据处理和应用最终结果时应当注意上述关系，特别是利用 GPS 作精密时间传递时更要注意不同时间系统之间的转换关系。

GPST 以美国海军天文台（USNO）维护的 UTC 作为基准，简记为 UTC（USNO），UTC（USNO）被保持在 UTC 的 50 ns 以内，国际计量局每个月公布 UTC 和 UTC（USNO）之间的时间偏差。GPST 一秒钟的时间长度采用 TAI 的秒长，即 GPST 是以 USNO 的原子钟组驱动的原子秒时间标度版本的协调世界时，GPST 的原点与 TAI 相差 19 s，计算公式为

$$\mathrm{TAI}-\mathrm{GPST}=19(\mathrm{s}) \tag{3-54}$$

由式（3－45）和式（3－54）得到 GPST 与 UTC 之间的关系为

$$\mathrm{GPST}=\mathrm{UTC}+1(\mathrm{s})\times n-19(\mathrm{s}) \tag{3-55}$$

规定 1980 年 1 月 6 日 0 时时刻调整参数为 $n=19$，即在 GPST 的标准历元 1980 年 1 月 6 日 0 时，GPST 时与 UTC 时一致。随后，随着时间的积累，两者之间的差别表现为

秒的整数倍。

同时，GPST 也是在一系列地面监控站的氢钟钟组和铯原子钟钟组以及导航卫星星载铯原子钟和铷原子钟的基础上定义的。美国国防部（DoD）下属的 GPS 地面运行控制系统（CS）负责调整星载原子钟时间，确保 GPST 与 UTC（USNO）保持同步，星载原子钟的精度可以保证 GPST 与 UTC 之间的误差在几纳秒之内。这样通过 GPS 的授时功能，我们与 UTC 建立了时间尺度的联系。因此，GPST 也是“纸面”保持的合成时间。

GPST 是一个连续的时间标度，不用“闰秒”来调整。GPS 导航信号播发 GPST，为用户提供授时服务。从 GPST 标准历元开始，GPST 的一个时间历元描述为“GPS 周”和“GPS 周内秒”，GPS 周的计算公式为

$$\mathrm{WEEK}=\mathrm{INT}[(\mathrm{JD}-2444244.5)/7] \tag{3-56}$$

式中 JD——儒略日；

INT——取整。

GPST 历元“GPS 周”依序编号，GPST“零时刻”（标准纪元、第 0 周起点）是 1980 年 1 月 5 日星期六午夜和 1 月 6 日星期日之间的 00：00 时刻，对应 UTC 时刻为“00：00 UTC 6 Jan 1980”。GPS 卫星播发的导航电文里的 GPST 时间信息是“GPS 周”与 1024 作“模”运算，即从每个 1024 周开始，GPS 导航电文中的周数变为 0，因为导航电文中只用 10 个比特位来表示 GPS 周。第一次星期“转滚”或者“至零”，发生在 1999 年 8 月 21 日至 22 日的午夜，显然，控制站处理“至零”运算没有任何困难，但会影响某些用户接收机的解算。“GPS 周内秒”是从星期六到星期日过渡的午夜（GPST）开始计数，一周共有 604 800 s。

导航卫星星载原子钟和地面运行控制系统主钟之间不可能做到完全同步，工程上需要定时对导航卫星的时间和地面运行控制系统的时间进行校准和同步处理，同时还要确保地面主钟以更高的精度和稳定度运行。例如，GPS 地面运行控制系统的主钟位于华盛顿特区的美国海军天文台实验室内，包括由美国 Sigma Tau 公司研制的主动型氢原子钟组（MHM 2010 hydrogen maser standards）和由美国惠普公司研制的铯原子钟组（HP 5071A），如图 3-14 所示，HP 5071A 铯原子钟如图 3-15 所示。主钟不仅是 GPS 导航卫星时间校准和同步处理的标准，而且也是美国国防部的军用时间标准。

GPS 导航卫星播发的导航电文数据携带有“时间标记”，用特殊的时间标志位来标记导航电文中的每一个子帧被导航卫星播发的具体时刻，每 6 s 发送一次本星期的当前秒数，这是用户接收机能够解算导航无线电信号在空间传递时间的充分必要条件。GPS 导航电文中各子帧数据格式如图 3-16 所示。

其中子帧 1 表征卫星时钟和健康状态，包含星载时钟信息（用于确定导航电文是何时从卫星发射的）、健康状态数据（说明数据是否可靠）、卫星钟改正参数及其数据龄期、星期的周数编号以及电离层改正参数和卫星工作状态等信息。

含有 10 个字的子帧总是以遥测字（TLM）和交接字（HOW）两个特殊的字开始，其中交接字（HOW—Hand Over Word）的主要作用是帮助用户从所获得的 C/A 码转换

图 3-14　GPS 地面运行控制系统的氢钟和铯钟钟组

图 3-15　HP 5071A 铯原子钟

到 P 码，它包括 19 bits 截短版本的 GPS 周内时间（TOW）、给用户用于防欺骗等目的的两个标志。紧接着的 3 bits 表示子帧 ID，表示该 HOW 位于当前 5 个子帧中的哪一个。

卫星时间从午夜零时起算，数出 1.5 s 周期的重复数，称为 Z 计数，Z 计数由 29 位组成，Z 计数的高 10 位是周数（模 1024），后 19 位是周内时间（TOW）。Z 计数是以 1.5 s为单位给出的距离上一个 GPS 周转换（转换发生在每星期六子夜与星期天凌晨交界处零时起算的时间）计数，它表示下一子帧开始瞬间的 GPS 时。

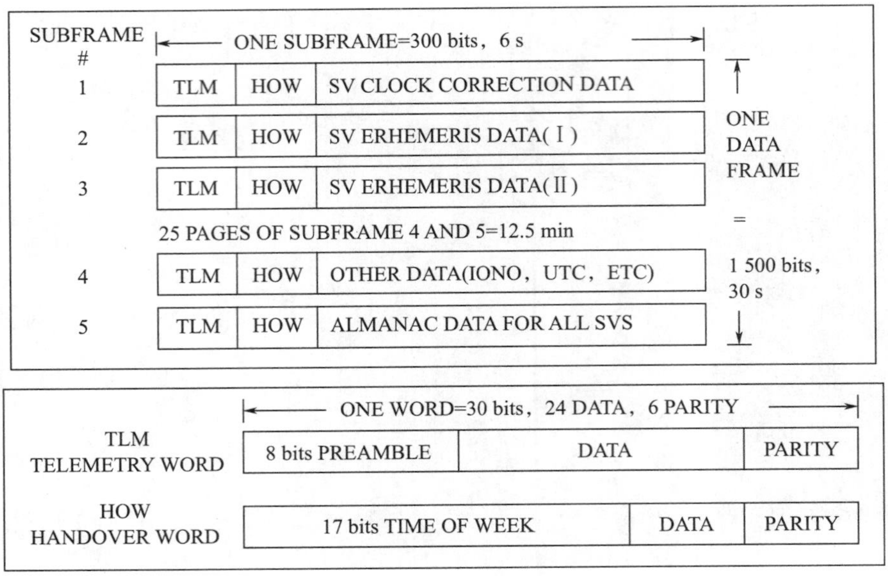

图 3-16　GPS 导航电文数据格式

HOW 中的精简 Z 计数值对应于下一个导航数据子帧播发的时间，每一子帧播送延续的时间为 6 s，以 6 s 的步长增加，两个连续子帧之间 Z 计数以 4 递增。GPS 时间、Z 计数和精简 Z 计数 3 种时间测量的关系如图 3-17 所示。为了方便使用，Z 计数一般表示为从每星期六/星期日子夜零时开始发播的子帧数。

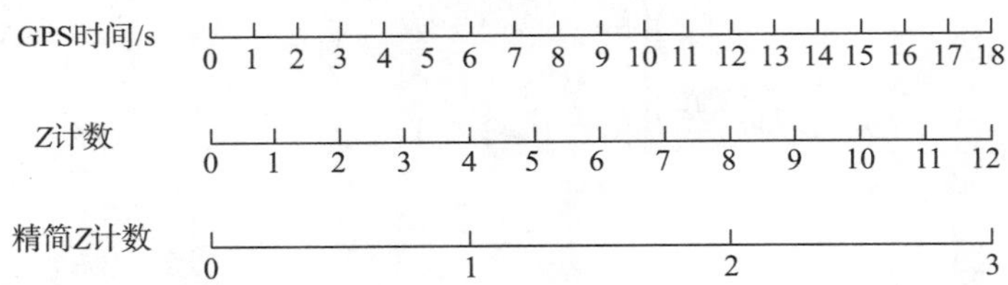

图 3-17　GPS 时间、Z 计数和精简 Z 计数之间的关系

要得到当前子帧的播发时间，精简 Z 计数值应乘以 6 再减去 6 s。通过交接字可以实时地了解观测瞬时在 P 码周期中所处的准确位置，以便迅速地捕获 P 码。一周有604 800 s 且 604 800/1.5=403 200，因此，Z 计数的最大值为 403 199。

GLONASS 卫星导航系统与 GPS 系统类似，也采用了独立的时间系统——GLONASST。GLONASST 也是原子时系统，其秒长与原子时秒长相同，并与莫斯科地区的 UTC（SU）保持一致，即

$$\mathrm{GLONASST} = \mathrm{UTC(SU)} + 03\ \mathrm{h}00\ \mathrm{min} \tag{3-57}$$

与 GPST 不同的是，GLONASST 与 UTC（SU）同步跳秒，因而 GLONASST 与协调世界时没有固定的整秒差值。GLONASS 中心站的时间系统由氢原子钟保持，日稳定度优于 5×10^{-14}。

3.3.6　导航卫星时间偏差

接收机通过解析导航卫星播发的导航电文，获取导航卫星本地时间与系统时间的偏差 δt_i ，$i=1,2,\cdots,4$，本节介绍导航卫星时间偏差的计算方法。钟差参数是导航电文中的一类参数，包括钟差参数参考时刻（ t_{oc} ）、星钟常值偏差（ a_0）、星钟一阶修正系数（ a_1）、星钟二阶修正系数（ a_2），用户可通过下式计算出信号发射时刻的系统时间

$$t_{tr}^{\mathrm{GNSS}}=t_{tr}-\delta t \tag{3-58}$$

$$\delta t=a_0+a_1(t-t_{oc})+a_2(t-t_{oc})^2+\Delta t_{rel} \tag{3-59}$$

式（3-59）中，t 可忽略精度，用 t_{tr} 代替。Δt_{rel} 是相对论修正项，单位为 s，其值为

$$\Delta t_{rel}=F\cdot e\cdot \sqrt{A}\cdot \sin E_k \tag{3-60}$$

式中　e ——卫星轨位偏心率，由本卫星广播星历参数得到；

$\sqrt{A}$ ——卫星轨道长半轴的平方根，由本卫星广播星历参数得到；

E_k ——卫星轨道偏近点角，由本卫星广播星历参数得到；

$F=-2\mu^{1/2}/c^2$；$\mu=3.986\ 004\ 418\times 10^{14}\ \mathrm{m^3/s^2}$；$c=2.997\ 924\ 58\times 10^8\ \mathrm{m/s}$ 。

参考文献

[1] Hofmann - Wellenhof. 全球卫星导航系统［M］．程鹏飞，译．北京：测绘出版社，2009.

[2] 党亚民．全球导航卫星系统原理与应用［M］．北京：测绘出版社，2007.

[3] 宁津生．现代大地测量理论与技术［M］．武汉：武汉大学出版社，2006.

[4] 王解先．GPS 精密定轨定位［M］．上海：同济大学出版社，1997.

[5] 紫金山天文台．中国天文年历［M］．北京：科学出版社．

[6] 夏一飞，黄天一．球面天文学［M］．南京：南京大学出版社，1995.

[7] 刘林．航天器轨道理论［M］．北京：国防工业出版社，2000.

[8] 刘林，侯锡云．深空探测器轨道力学［M］．北京：电子工业出版社，2012.

[9] 黄珹，刘林．参考坐标系及航天应用［M］．北京：电子工业出版社，2015.

[10] 刘佳成，朱紫．2000 年以来国际天文联合会（IAU）关于基本天文学的决议及其应用［C］．天文学进展，2014，30（4）：411 - 437.

[11] SPICE tutorial. the Navigation and Ancillary Information Facility team［C］．ASA/JPL.

[12] Gerard Petit，Brian Luzum. IERS Conventions 2010. IERS Conventions Center. 2010.

[13] Archinal B A. A'Hearn M F. Bowell，E. Conrad，A. Consolmagno，G. J. Courtin，R. Fukushima，T. Hestroffer，D. Hilton，J L. Krasinsky，G A. Neumann，G. Oberst，J. Seidelmann，P K. Stooke，P. Tholen，D J. Thomas，P C. Williams，I P. Report of the IAU working group on cartographic coordinates and rotational elements：2009［R］．Celest. Mech. Dyn. Astron. 2011，109：101 - 135.

[14] Seidelmann，P K. Archinal，B A. A'Hearn，M F. Conrad，A. Consolmagno，G．J. Hestroffer，D. Hilton，J L. Krasinsky，G A. Neumann，G. Oberst，J. Stooke，P. Tedesco，E. Tholen，D J. Thomas，P C. Williams，I P.：Report of the IAU/IAG working group on cartographic coordinates and rotational elements：2006［R］．Celest. Mech. Dyn. Astron. 2007，98：155 - 180．

第 2 部分　系统篇

第4章　系统组成

4.1　概述

航天是指进入、探索、开发和利用外层空间以及地球以外天体各种活动的总称。人类要实现航天活动，就要建立以航天器为核心的航天工程系统，简称航天系统。卫星导航系统能够为地球表面和近地空间的广大用户提供全天时、全天候、高精度的定位（P）、导航（N）和授时（T）服务，是拓展人类活动、促进社会发展的空间基础设施。卫星导航工程是现代典型的复杂工程大系统，具有规模庞大、系统复杂、技术密集、综合性强，以及投资大、周期长、风险大、应用广泛和政治、经济、军事效益十分可观等特点，是一个国家的重大航天工程。

航天系统一般由航天器系统、航天运输系统、航天发射场系统、航天测控网系统、应用系统组成，是完成特定航天任务的工程系统。对于卫星导航系统而言，还要有地面运行控制系统，与导航卫星系统协作完成对用户的PNT服务。卫星导航系统中的航天器系统就是在地球大气层以外环绕地球飞行的导航卫星，导航卫星向地面用户播发无线电导航信号，用户接收无线电导航信号，通过时间测距或者多普勒测速分别获得用户相对卫星的距离或者距离变化率等导航观测量，根据导航方程解算出用户的地理位置坐标。航天运输系统是指从地球把导航卫星送入宇宙空间运行轨道的运载火箭。航天发射场系统是指发射导航卫星的发射基地，包括测试区、发射区、发射指挥控制中心、综合测量设施、勤务保障设施等。航天测控网系统是指对运载火箭、导航卫星进行跟踪、测量、监视、指挥和控制的综合系统，包括发射指挥控制中心、测控中心、航天指挥控制中心、测控站、测量船和多种传输线路及设备。应用系统是指导航卫星的用户系统，一般是地面应用系统。地面运行控制系统是整个卫星导航系统的信息和决策中心，卫星导航系统的正常运行依靠地面运行控制系统和航天测控网的管理和控制，地面运行控制系统的体系结构和技术水平在一定程度上决定了卫星导航系统的服务水平，配合导航卫星共同实现对用户的PNT服务。

20世纪80年代初，中国开始积极探索适合国情的卫星导航系统。按照“先区域、后全球”的总体思路分步实施，采取“三步走”的发展战略建设北斗卫星导航系统。第一步，1994年启动北斗一号双星定位系统建设，系统基于无线电测定业务（RDSS），利用两颗定点于东经80°、140°赤道上空的地球静止轨道卫星，为中国及周边地区提供PNT和报文通信服务。2000年相继发射两颗北斗一号卫星，建成了北斗一号双星定位系统，成为世界上第三个拥有自主卫星导航系统的国家。第二步，2004年启动北斗二号卫星导航系统建设，系统基于无线电导航业务（RNSS）和RDSS业务，为中国及部分亚太地区提供 PNT 和短报文通信等服务，2012 年完成北斗二号系统建设。第三步，2020 年前后建成北斗三号全球卫星导航系统，为全球用户提供稳定、可靠、优质的 PNT 和短报文通信服务，并与世界其他卫星导航系统兼容互操作，共同促进人类文明和社会发展，服务全球、造福人类。

卫星导航系统一般连续播发两个或多个 L 频段导航信号，例如，GPS 卫星早期播发 Ll（1 575.42 MHz）和 L2（1 227.6 MHz）两个频点信号，载波信号调制有周期数字码（periodic digital code）和导航电文，周期数字码又称为伪随机噪声测距码。在四大卫星导航系统中，GPS、BDS 和 Galileo 系统采用码分多址（CDMA）信号体制，GLONASS 系统采用频分多址（FDMA）信号体制。导航信号生成技术也在不断地发展，从 GPS 最初的 BPSK 调制到 Galileo 系统的 BOC、MBOC 和 AltBOC 等调制，从 GPS 的模拟调制到 Galileo 系统采用的数字中频调制，从 GPS IQ 两路信号到 Galileo 系统、GPS 后期的在单个频点上播发多路恒包络复用信号，其系统容量和功能日益完善。随着信号体制的发展，信号生成方式也在发展。

在卫星导航系统中，用户实现定位的参考点是导航卫星，导航卫星连续播发导航信号，信号包含伪随机测距码（pseudo random noise code，PRN）信号以及卫星当前的空间轨道位置、时间校正、电离层修正等信息。地面控制系统跟踪每颗导航卫星，周期地向每颗导航卫星上行加载未来卫星的位置和星钟时间校正的预测值，这些预测信息再由导航卫星作为导航电文（navigation message）的一部分内容连续播发给地面用户。用户只要接收导航信号，基于信号单向到达时间（time of arrival，TOA）原理，接收机测量导航信号从卫星到接收机的传播时延，就能观测出星地之间的距离，根据三边测量原理，当接收机分别测量出与 4 颗以上导航卫星之间的距离时，就可以确定用户的位置（P）、速度（V）和时间（T），如图 4－1 所示。用户接收机的输出结果还可以用来确定用户的姿态（滚动角、俯仰角和偏航角），或者作为时间和频率基准。

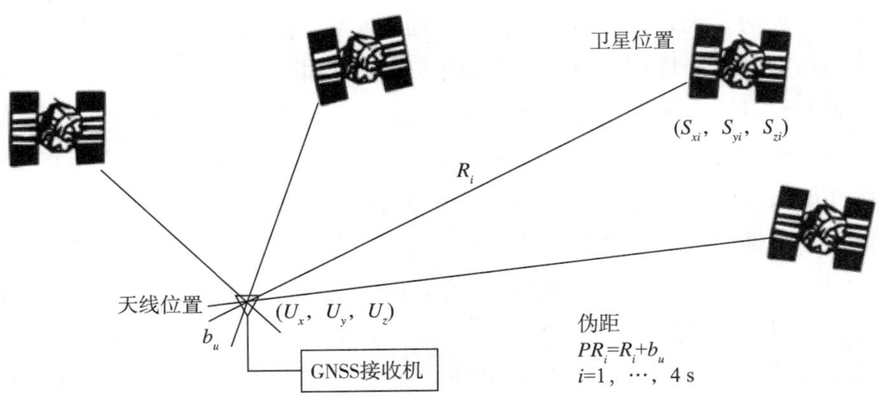

图 4－1　基于到达时间测距原理接收机实现对用户位置的解算

因此，导航信号是联系卫星的导航系统、地面控制系统以及用户的核心纽带，是卫星导航系统向用户广播测距信号和导航电文的唯一载体，对卫星导航系统整体功能的形成和性能的发挥，乃至对应用推广和产业发展都具有十分重要的作用。对卫星导航系统定位精度的要求可以表述和转化为对导航信号测量精度的要求，用户位置和速度的精度目标可以转化为对伪距和其他相关导航信号测量的要求，以及对用户可用的卫星信号发射时刻的位置和时钟时间的测量要求。卫星导航系统对导航信号的性能目标可以概述为：

1）为各种武器平台的军事用户提供高精度的实时位置、速度和时间信息，所谓高精度是指 10 m 或者更优的 3 维均方根位置精度、速度精度优于 0.1 m/s、授时精度优于 40 ns。

2）为民用用户免费提供一般精度的 PNT 服务，例如 GPS 对民用用户的定位精度是 10 m，同时还可以利用选择可用性（SA）技术进一步降低一般用户的定位精度。

3）系统具有全球范围（或者设定的区域范围）、全天候、全天时提供 PNT 服务的能力。

4）系统应选择多个频点播发导航信号：一是能够提供电离层延迟校正能力，能够提供载波整周模糊度快速解算的能力；二是提供冗余度，当某一个或两个频点受到意外干扰时，多频用户仍然可以正常工作，代价只是精度略为降低，因而系统的健壮性更强；三是为用户终端设备的设计提供更多选择，从而满足不同用户需求，对于占领市场起着重要作用。

5）对于有高精度定位需求的大地测量等高端用户，使用载波相位测距，可以实现厘米级定位精度。

6）系统具有一定的抗干扰能力，包括阻塞干扰和无意干扰；军事用户还要有增强的抗阻塞干扰能力，例如采用调零天线、接收机自主完好性监测、GNSS/INS 组合导航技术。

7）卫星导航接收机工作要可靠、成本要低廉。例如，为了提高定位精度，不能要求一般用户的接收机配置高精度原子钟或者必须指向导航卫星的复杂阵列定向天线，必须选择全向天线接收导航信号。

导航卫星被运载火箭送入转移轨道后，还要靠自身的推进系统完成变轨或者相位调整进入工作轨道，导航卫星的设计寿命一般是 8～12 年，星座组网运行期间，卫星导航系统主要靠导航卫星和地面运行控制系统协同为用户提供 PNT 服务。因此，通常将卫星导航系统的组成分为空间段（space segment，SS）、控制段（control segment，CS）以及用户段（user segment，US）三个部分。空间段由一定数量的导航卫星组成特定结构的星座，导航卫星连续播发导航信号，包括表示当前位置和时间校正的导航信息。控制段就是地面控制系统，负责跟踪、测量、控制每颗导航卫星，周期性地向导航卫星上行加载未来一段时间导航卫星的空间位置和星钟时间校正的预测值，这些预测信息再由导航卫星作为导航电文的一部分连续播发给用户。用户段就是接收机，接收机同时跟踪、捕获、解扩、解调 4 颗以上导航卫星的信号，并与这些导航信号保持同步，计算出用户的当前位置坐标和当地的时间。

导航卫星的正常运行及维护需要地面运行控制系统和地面测控系统的支持，包括将导航卫星维持在预定的轨道位置和监测导航卫星的运行状态。用户接收机知道导航卫星的位置后才能实现位置解算，因此，导航卫星在预定轨道位置的准确程度至关重要。卫星导航系统要求地面运行控制系统每天更新一次每颗导航卫星的时钟、星历和历书参数，当需要提高导航精度的时候，就需要及时地更新上述参数，准确的星载时钟和星历数据将有效减小由空间卫星和地面控制系统所产生的测距误差。星历参数是对导航卫星轨道的精密拟合，历书参数是星历参数的一个简化子集，精度也比星历低一些。例如，GPS 导航电文中星历包括 15 个轨道参数，而历书则是其中的 7 个轨道参数。导航卫星可以存储一定时间段的导航电文。历书参数用来预测近似的导航卫星的空间轨道位置，并辅助用户接收机对导航信号的捕获。

GPS、GlONASS、Galileo、BDS 以及 QZSS 和 IRNSS 区域卫星导航系统的工作原理一致、系统组成相同。下面以美国 GPS 为例，简要阐明空间段、控制段和用户段三个部分的组成及相互之间的关系。GPS 空间段的导航卫星不间断地播发频率分别为 L1（1 575.42 MHz）和 L2（1 227.60 MHz）的两种导航信号，信号包括调制在载波上的测距码和卫星轨道参数等导航电文信息。控制段由主控站（负责管理、协调整个地面控制系统的工作）、地面站天线（在主控站的控制下，向卫星注入导航信息）、监测站（数据自动收集中心）和通信辅助系统（数据传输）组成。用户段的接收机接收导航卫星播发的无线电信号，一般民用用户接收机只能接收 L1 频段信号（授权用户可以同时接收 L2 频段信号），接收导航电文后，经译码解码等数据处理，完成位置解算。GPS 的空间段、控制段和用户段三个部分的组成及相互之间的关系如图 4 - 2 所示。

4.2 空间段

4.2.1 导航卫星

导航卫星播发导航信号，是整个卫星导航工程的难点与关键。下面以 GPS 为例，简要说明导航卫星的作用。1978 年至 1985 年，美国 Rockwell International 公司研制了用于验证星地试验系统的 11 颗第一代 GPS 卫星（BLOCK - I）。1989 年至 2010 年，美国 Lockheed Martin 公司研制了 GPS 49 颗组网工作卫星（BLOCK - II/IIA/ IIR/IIR - M）。2010 年至 2017 年，美国波音公司研制 GPS 替代工作卫星（BLOCK - IIF）。

导航卫星的核心是卫星无线电导航业务（Radio Navigation Satellite Service，RNSS）有效载荷，以 GPS BLOCK - IIR 卫星有效载荷为例，有效载荷包括时间频率基准子系统［由三台铷原子钟（RAFS）以及基准频率合成器等仪器组成］、导航任务数据子系统［由导航电文生成单元（MDU）、导航信号生成单元、完好性监测单元组成］、上行信号接收子系统［由上行信号接收天线、测距接收机（CTDU）等仪器组成］、导航信号播发子系统（由输出多工器、功率放大器、L 频段发射天线等仪器组成），GPS BLOCK - IIR 卫星有效载荷功能模块组成如图 4 - 3 所示。

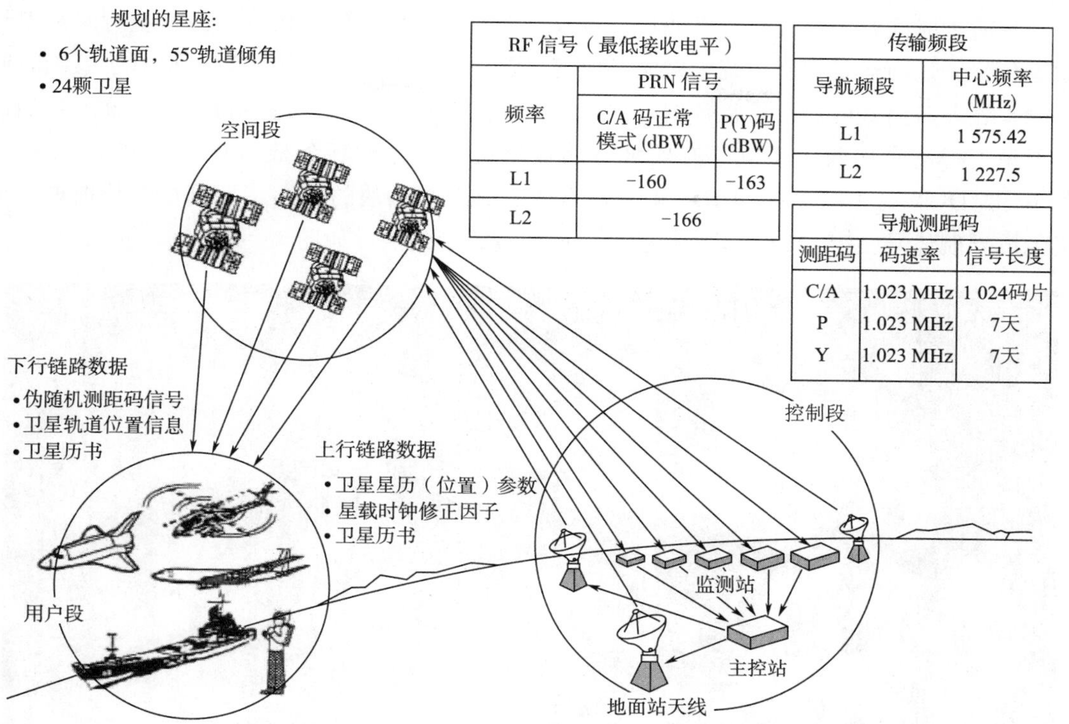

图 4-2　GPS 空间段、地面控制段以及用户段三部分组成及相互之间的关系

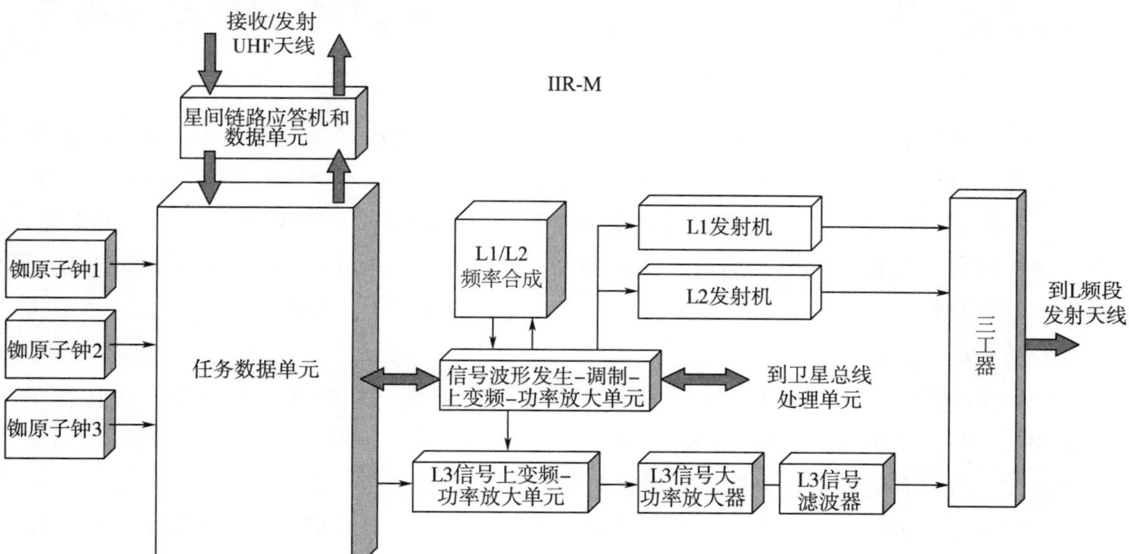

图 4-3　GPS 系统 BLOCK-IIR 系列导航卫星有效载荷功能模块组成

BLOCK-IIR 导航卫星播发 L1（1 575.42 MHz）和 L2（1 227.6 MHz）两个频点导航信号，导航信号包括载波、伪随机测距码以及导航电文 3 个信号分量，导航电文含有精

密卫星时钟时间和卫星位置，以使用户接收机能够确定导航信号播发时的卫星时间和卫星轨道位置。地面运行控制系统定时向导航卫星上行注入卫星的星历参数、相对于系统时间的偏差、导航信号电离层修正数据，这些数据通过 S 频段跟踪、遥测和遥控系统上行加载给卫星上行信号接收子系统。有效载荷功能模块中的导航任务数据单元（Mission Data Unit，MDU）是 BLOCK－IIR 导航卫星有效载荷功能模块的核心，导航任务数据单元负责生成导航信号。BLOCK－IIR 导航卫星研制过程中的照片如图 4－4 所示。

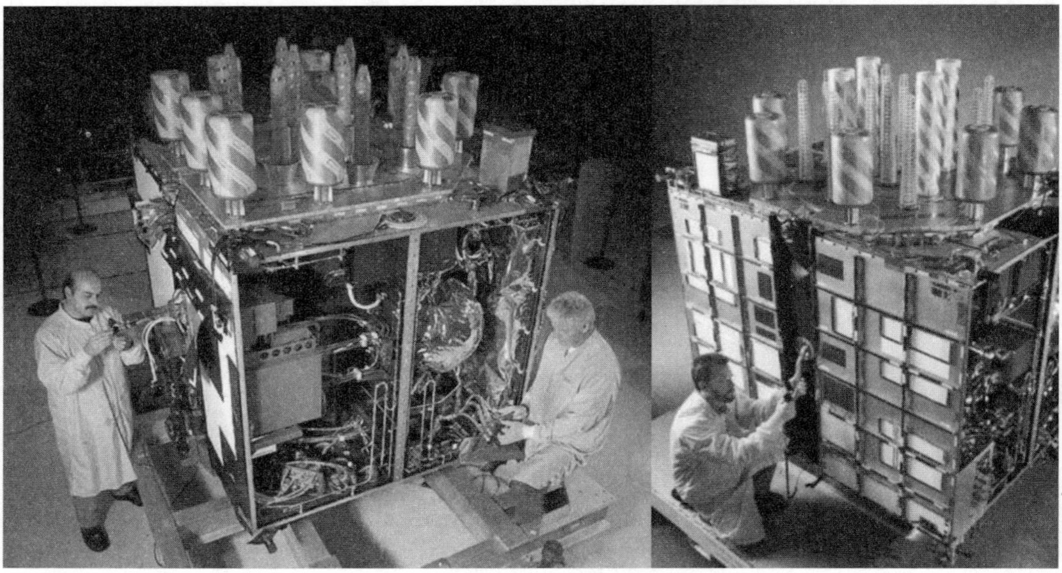

图 4－4　BLOCK－IIR 卫星研制过程中的照片

决定卫星导航系统性能的一个关键因素是导航卫星星载原子钟的稳定度，为了确保可靠性，每颗卫星均冗余配置多台原子钟。例如 BLOCK－IIR 系列导航卫星有效载荷配置了 3 台空间铷原子钟，这些原子钟和相应的频率合成器将同步导航有效载荷信号发生器，也控制着导航有效载荷 L 频段的射频信号的中心频率。将携带导航卫星位置和时间等信息的导航电文与伪随机测距码扩频处理后，再调制到载波信号中生成导航信号，进一步放大后播发给地面用户。

1996 年 4 月，Rockwell International 公司获得研制 12 颗新一代 GPS 导航卫星 BLOCK－IIF 的研制合同。BLOCK－IIF 卫星在设计思想上与 BLOCK－IIR 相同，卫星平台对新任务有更大的灵活性，在卫星舱板安装面积、质量和功率上都留有一定的余度，星上处理能力进一步加强，增强了反欺骗能力，增大了太阳能电池板，延长了服务寿命（设计寿命 15 年）。BLOCK－IIF 卫星与前期 BLOCK－II/IIA/IIR/IIR－M 卫星兼容，同时，BLOCK－IIF 还将与未来导航卫星（BLOCK－III）兼容。BLOCK－IIF 卫星在寿命、可靠性、功率等方面都超过了以往 GPS 卫星，研制过程中的照片如图 4－5 所示。

2010 年 5 月 28 日，第一颗 BLOCK－IIF 卫星在美国佛罗里达州 CAPE CANAVERAL 空军基地利用 Delta IV 中型运载火箭成功发射。2011 年 7 月 16 日，将第二颗 BLOCK－IIF 卫

图 4 - 5　BLOCK - IIF 卫星研制过程中的照片

星送入太空，发射过程如图4 -6 所示，轨道编号为SVN - 63，卫星在轨展开示意如图 4 - 7 所示。

BLOCK - IIF 卫星是美国导航和国家防御系统（NDS）的重要组成部分，增加了 L5（1 176 MHz）信号，即第三民用信号。随着第三个导航信号的播发，以及 GPS 广播星历的精度的不断提高，对于大地测量等高端用户而言，能够实现伪距和载波相位测量的无电离层效应影响的组合解算，进一步提高求解稳定性和可靠性。

BLOCK - IIF 卫星安装精度更高的新一代原子钟——数字化铯钟，时间精度为每天 80 亿分之一秒，美国海军实验室研制的数字化铯钟可以自主调整内部参数以补偿周围环境的影响，具有自主故障诊断功能，同时将原子钟的健康状态下传给地面控制部门。BLOCK - IIF 卫星播发加密军用 M 码信号，保证美军及其盟军的军事行动的安全性，增强自动控制和快速在轨调整能力。除了配置 PNT 导航载荷，每颗卫星上装有核爆检测系统（Nuclear Detonation Detection System，NDDS）。BLOCK - IIF 系列卫星肩负着 GPS 现代化的重要使命以及保持美国空间领先优势，它作为美国安全战略的重要手段，是美国在全球范围内军事行动的保证。

4.2.2　轨道和星座

卫星导航系统要求用户必须同时对 4 颗或者更多的导航卫星进行观测，才能获得用户的实时三维位置坐标。因此，全球卫星导航系统空间段导航卫星星座设计必须能够让用户在全世界任何地方、任何时间、任何气候下，都能同时接收到 4 颗或者更多的导航卫星播发的信号。

用户为了确定自己的位置，还需要知道导航卫星的位置信息，因此，我们需要描述导航卫星的运行轨道。从用户性能的角度来说，选择不同轨道高度将产生三方面影响：一是

图 4-6　Delta IV 运载火箭发射 BLOCK-IIF 卫星

图 4-7　BLOCK-IIF 卫星在轨展开示意图

轨道高度越高，单颗导航卫星播发导航信号的覆盖范围越大；二是轨道高度越低，用户对单颗导航卫星的可见时间越短，同时有较多的信号捕获次数和更频繁的卫星转换，并且接收机必须忍受更大的多普勒频移；三是在一定的轨道高度范围内，地球上的功率通量密度几乎与轨道高度无关，卫星天线的波束宽度可以设计成赋球波束，实现全球覆盖且落地电平几乎一致。

分析导航卫星在惯性空间的运行轨道规律时，首先假设是限制性二体问题，即系统中只有地球和卫星两个物体，假设地球是一个均匀的圆球体，质量中心在地心，相对于地球质量来说，卫星质量可以忽略不计。导航卫星服从牛顿运动定律和万有引力定律，按照二体问题可以得出卫星运动的解析解，围绕地球运行的卫星轨道是通过地心平面内的一个椭圆，地心处于椭圆的一个焦点，通过两个焦点的轴径为椭圆的长轴，长轴的一端是离地心最近的点，称为近地点（perigee），长轴的另一端为远地点（apogee）。

通常用开普勒经典轨道根数（要素）来描述卫星的轨道，即利用一组具有几何意义的 6 个参数来描述卫星在惯性空间的运行轨道，确定某一时刻卫星在地心惯性坐标系（ECI）中的位置，包括描述卫星轨道形状的半长轴 a 、偏心率 e 、过近地点时刻 θ /平近点角 M 以及描述卫星轨道取向的轨道倾角 i 、升交点赤经 Ω 、近地点幅角 ω ，如图 4-8 所示。

半长轴 a 就是椭圆轨道长轴的一半；偏心率 e 就是椭圆的焦点到中心的距离与半长轴的比值；卫星与近地点的角距称为真近点角 θ ，并由此确定过近地点时刻 τ ；卫星轨道平

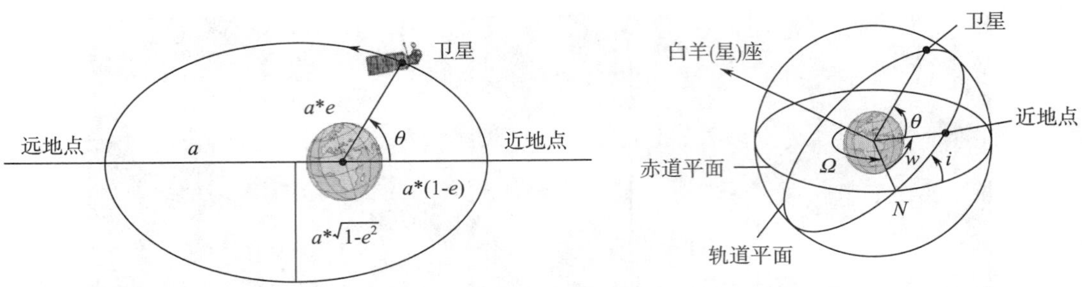

图 4-8　描述导航卫星轨道的开普勒经典轨道根数

面与地球赤道平面有 2 个交点，将卫星由南半球运动到北半球过程中穿过赤道平面的那个点称为升交点，将升交点与春分点之间的角距称为升交点赤经 Ω ；基于卫星的运动方向可以将轨道平面看成是有向平面，用右旋的规则定义轨道面的法线，将这条法线与地球旋转轴的夹角称为轨道倾角 i ；升交点赤经 Ω 和轨道倾角 i 两个参数确定了卫星轨道在空间的取向（定向）。

以 GPS 为例，简要说明导航卫星的轨道设计方案，卫星半长轴是圆形 MEO 轨道的半径，轨道半长轴 a 为 26 561.75 km，即 GPS 导航卫星的轨道高度在地球赤道半径 6 378.137 km以上大约 20 162.61 km，卫星相对于赤道的倾斜角为 55°，卫星的轨道周期约为 12 小时恒星时（11 h58 min)，可以使卫星的星下点轨迹（在地球表面的投影）不断重复，GPS 卫星轨道参数和物理常数见表 4-1。

表 4-1　GPS 卫星轨道参数和物理常数

	参数	数值
1	轨道半径 a	26 559.7±50 km/BLOCK-IIR,26 559.7±17 km/BLOCK-II/IIA,
2	轨道倾角 i	55°±3°
3	偏心率 e	标称值为 0,通常≤0.02
4	近地点幅角 ω	±180°
5	升交点经度 Ω	±2°,地面轨迹穿越赤道点±2°,卫星运行速度为 3.87 km/s
6	轨道周期	12 小时恒星时(11 h58 min)
7	轨道平面间隔	6 个等间隔的升交点,角距 60°

导航卫星轨道面相对于地球的位置由升交点赤经来确定，而导航卫星在轨道面内的位置由平近点角来规定。升交点赤经是每个轨道面与赤道面的交点，格林尼治子午线是基准点，在那里的升交点经度为 0°。平近点角是在轨道平面内的每颗导航卫星以地球赤道为基准的角位置，在赤道面上的平近点角为 0°。卫星处于其运动轨道上某个基准点时的时刻被称为“历元”，对应于开普勒的经典轨道 6 要素所确定的实际卫星位置的时刻点的历元被称为“星历参考时刻”，导航卫星播发的电文星历参数不仅包括 6 个开普勒的经典轨道根数，而且包括它们的使用时刻，以及它们如何随时间而变化的特性。用户接收机借助这些信息就可以在解算位置、速度和时间的同时计算出导航卫星的“经校正”的轨道根数，根

据这些经校正的轨道根数，就可以计算出导航卫星的位置矢量。

为了提高定位精度，需要降低几何精度因子，空间导航卫星之间应该保持合理的间隔，如果用户需要进行位置解算，就必须同时对 4 颗或者更多导航卫星进行观测，且无相互干扰，这种能力称之为多路接入。

因此，卫星导航系统星座的设计比较复杂，将导航卫星发射到哪个轨道面的哪个轨道位置，一般需要综合考虑如下 5 个因素：1）用户对于导航卫星的可见性，或者说导航卫星的几何分布；2）地面控制系统对导航卫星的可测性以维持对导航电文周期上注更新的要求；3）星座中卫星的健康状态，不同轨道位置卫星失效对星座性能的影响，卫星更新换代的影响；4）系统定位精度、授时精度、完好性、连续性、可用性等关键指标要求；5）地面控制系统上行注入站的数量和卫星发射费用等影响。工程系统开展系统设计时需要开展多目标优化求解。

以 GPS 为例，简要说明空间段的星座设计方案。GPS 从初期的星座设计方案到目前的设计方案已发生两次大的变化。1978 年到 1979 年，方案论证和初步设计阶段，初始星座方案是 Walker24/3/2，如图 4－9 所示，即 24 颗卫星分布在 3 个圆形轨道平面上，轨道平面沿赤道平面等间隔分布（120°），每个轨道平面 8 颗，轨道倾角 63°，轨道高度为 20 200 km。每个轨道平面配有 1 颗备份卫星，在 1 颗卫星偶然中断工作时或失效后系统仍然可以维持正常状态。这种设计方案可以保证用户视场内至少能观测到 6～11 颗卫星，能够提供全球连续的 4 重或 5 重覆盖，给用户提供冗余观测量，系统能够容许任何暂时的故障，确保系统的可靠性。GPS 星座变化过程及服务能力如图 4－10 所示。

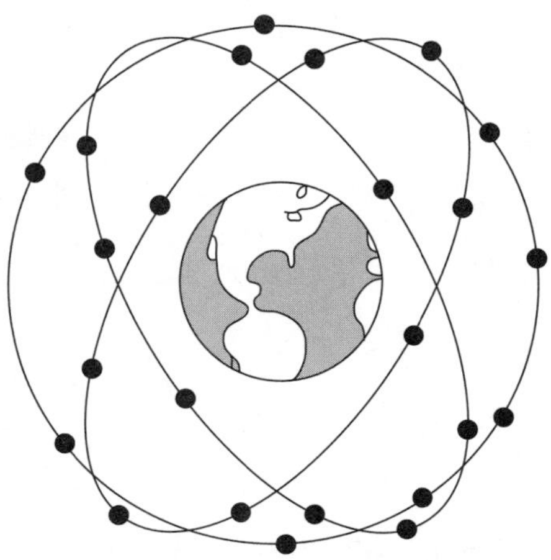

3维定位精度能力，24颗卫星（20世纪80年代中期）

图 4－9　GPS Walker24/3/2 星座

1978 年 2 月，美国发射第 1 颗 GPS 导航卫星 BLOCK－Ⅰ，由于 GPS 应用前景不明朗以及预算等问题，1979 年，卫星系统减少为 18 颗，为了保证在某一卫星发生故障时，系统仍满足用户有效覆盖要求，将 3 个轨道面改为 6 个轨道面，即改用 Walker18/6/2 星座构形，轨道倾角 55°，如图 4－11 所示，这种星座构形设计全球覆盖特性不均匀，系统服

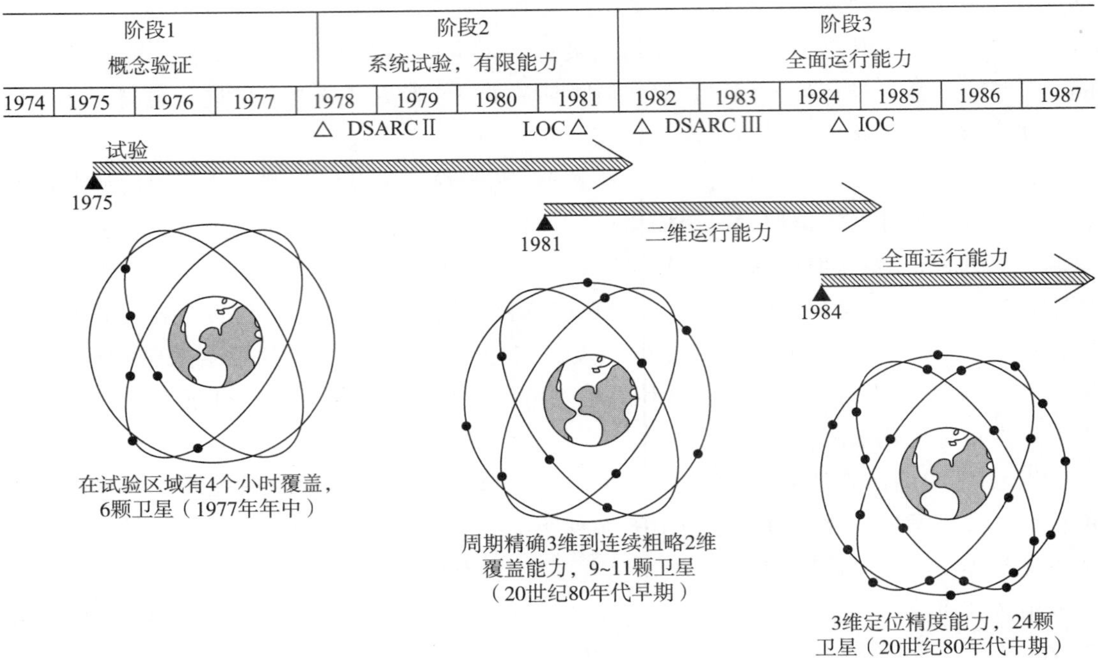

图 4－10　GPS 星座变化过程

务能力对卫星故障十分敏感，从而影响系统的可用性和完好性指标。

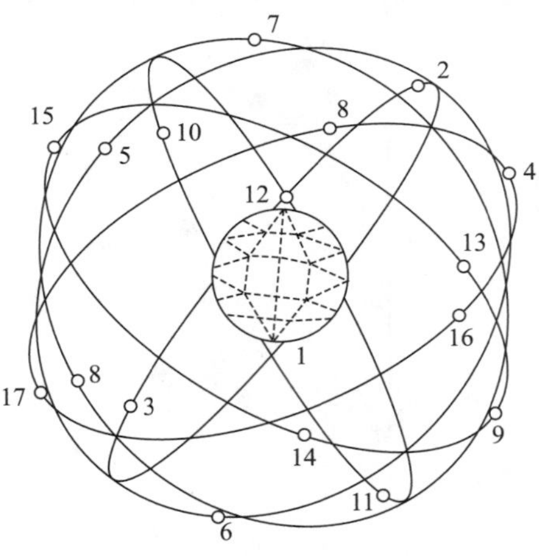

图 4－11　GPS Walker18/6/2 星座

为解决这一问题，美国国防部将 GPS 星座改为 Walker24/6/2 设计方案，如图 4－12 所示。1989 年 2 月 4 日，成功发射第一颗第二代 GPS 组网导航卫星 BLOCK－II，标志系统进入工程组网建设阶段。1994 年 3 月，第 24 颗 BLOCK－IIA 卫星成功发射并组网运行。1995 年 7 月 17 日，美国国防部宣布 GPS 提供全面运行服务（Full Operational Capability，FOC），美国空军承诺维护 24 颗卫星长期稳定运行，根据预计的故障而不是需要或固定周期来发射补充卫星。这样，新的替补卫星将在实际需要之前进入预定轨道，

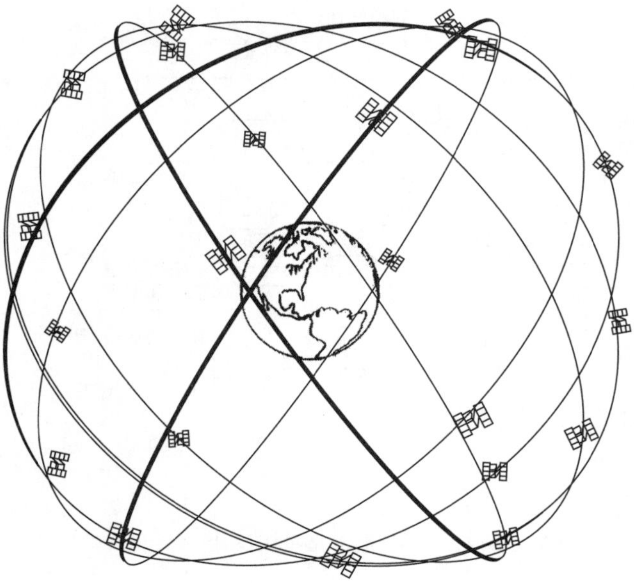

• 21颗卫星（加上3颗在轨备份卫星）
• 55°轨道倾角
• 重复的星下点轨迹
• 用户视野总是有4颗卫星

图 4 - 12　GPS Walker24/6/2 星座

以免因卫星故障而出现可见卫星数目的减少和覆盖漏洞，从而保证 GPS 的可用性和连续性。

1995 年建成的 GPS 空间段由 24 颗卫星组成，24 颗卫星分布在 6 个近圆形轨道面上，6 个轨道平面依次以 A、B、C、D、E、F 命名，各个轨道平面之间相距 60°，每个轨道面上有 4 颗卫星，备份星分布在 B、D、F 轨道面上，每一个轨道平面内各颗卫星之间的升交点角相差 90°，任一轨道平面上的卫星比西边相邻轨道平面上的相应卫星超前 30°，形成 Walker24/6/2 星座，如图 4 - 13 所示。

处于同一个轨道上的卫星，则以该轨道之名加上序号的方法，表示该颗卫星所在的轨道位置。只有偶数轨道面配置了备份星，这样的星座设计可以保证卫星信号的全球 4 重以上覆盖，能够保证系统定位精度，而且满足系统的连续性和可用性要求，有利于实现接收机自主完好性监测（RAIM），确保导航信息的安全可靠。GPS BLOCK - II - 12 号卫星的星下点轨迹如图 4 - 14 所示。

在 GPS 发展史上有两个重大国际事件，一定程度上加速了 GPS 的建设进度。第一个事件，1983 年 9 月 1 日，一架韩国民用航空客机（Flight 007）因迷路误入苏联领空而被战斗机击落，由此，美国前总统里根宣布 GPS 将开放给公众使用，从而开启 GPS 民用的大门。第二个事件，1991 年 1 月 17 日—2 月 28 日，以美国为首的多国联盟在联合国安理会授权下，为恢复科威特领土完整而对伊拉克发动了局部战争，简称第一次海湾战争，沙漠风暴行动开始时，GPS 仅完成了 16 颗星的在轨部署工作，尚未完全建成，但其在第一次海湾战争中一战成名。

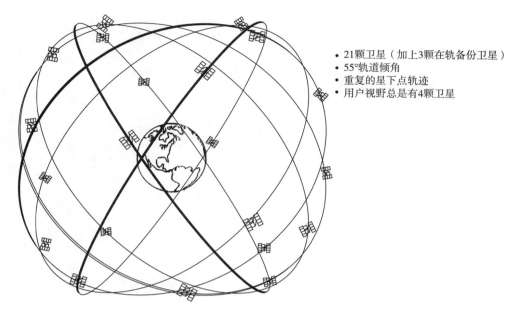

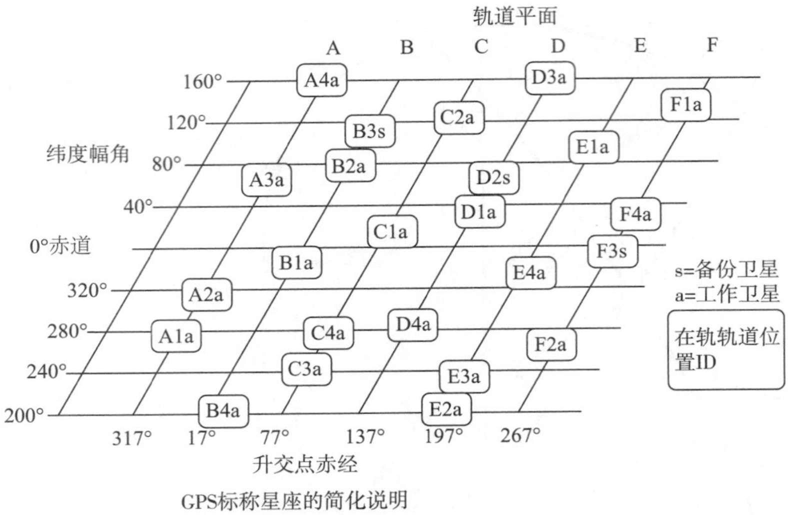

图 4-13 GPS 系统 Walker24/6/2 导航卫星星座设计

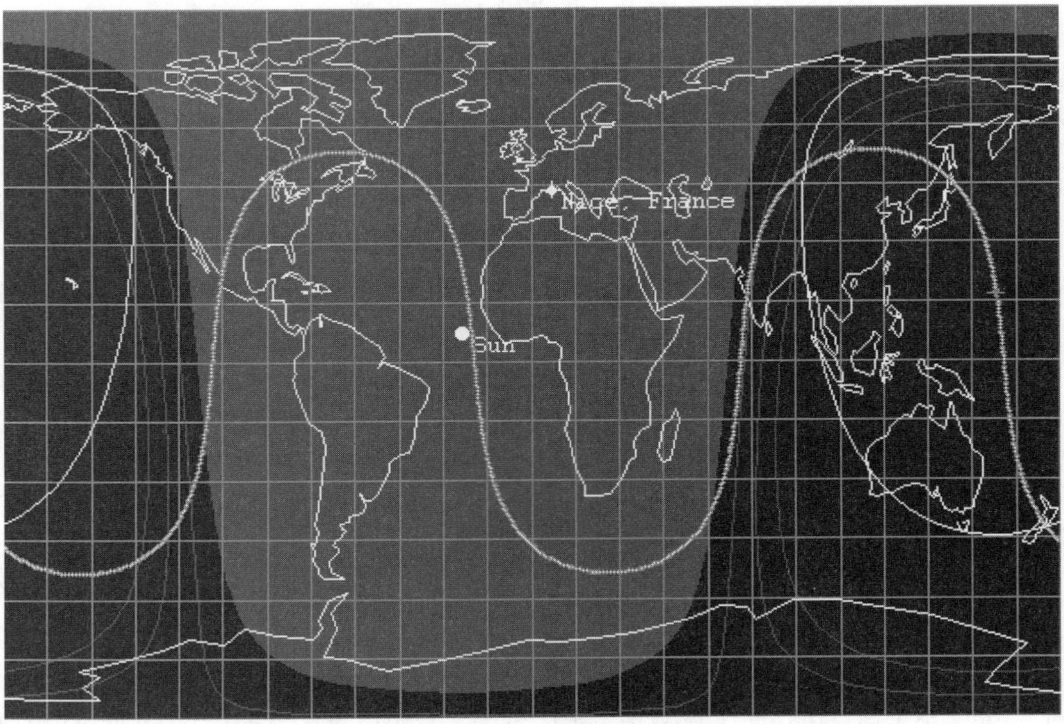

图 4-14 GPS BLOCK-II-12 号卫星的星下点轨迹

4.2.3 空间环境

空间环境是诱发卫星在轨发生故障的主要原因之一。空间环境特指日地空间环境，即太阳和地球之间的环境。空间环境有高层大气、地磁场、重力场、高能带电粒子、银河宇宙线、太阳宇宙线、空间等离子体、电离层等离子体、磁层等离子体、太阳风以及太阳电磁辐射、微流星、空间碎片和空间污染。

日冕物质抛射（CME）会促使爆发的粒子和电磁辐射进入地球大气层，如图 4－15 所示，日冕物质抛射的粒子还会穿透卫星电子仪器的机箱，损伤仪器内部的元器件，从而影响卫星的正常工作。太阳风暴会释放出巨大的电磁能量并产生粒子大爆发，太阳耀斑可以暂时改变高层大气成分，太阳风暴喷发出来的带电粒子经过 20～30 h 就会到达地球大气层。

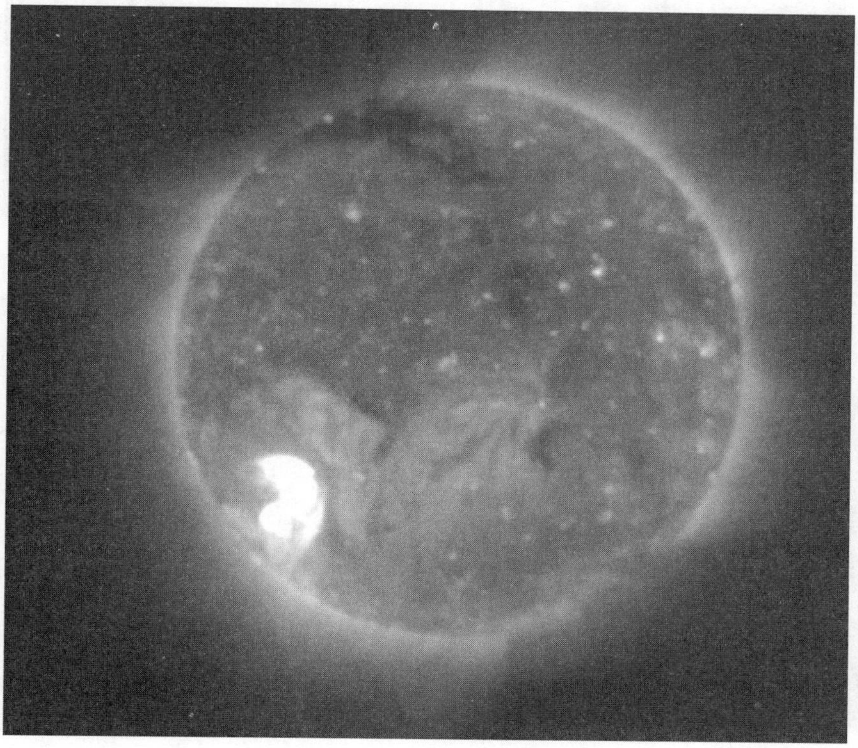

图 4－15　太阳日冕物质抛射图

太阳不断地向地球喷射大量的等离子体带电粒子流，称为太阳风，太阳风压缩并扭曲地球的磁场，在向日面地磁场被压缩，背离太阳的这一面被拉伸并形成磁尾，如图 4－16 所示。

太阳射电爆发通常发生在太阳耀斑期间，产生的高能粒子射向地球，地球磁场会捕获高能带电粒子，围绕地球赤道形成 2 个环形高能粒子带，即著名的 Van Allen 带，如图4－17 所示。内环形曲面带的高度范围是 500～5 500 km，在内环形曲面带的中部，约 3 000 km的位置处，内带粒子密度达到峰值。在赤道面及低纬度地区内带粒子密度相对较高，随着纬度增加而逐渐降低。在南北纬 50°或 60°附近，内带粒子密度最低。内环形曲面带内主要集聚大量高能质子，高能质子很容易穿透航天器，电子元器件长时间暴露在高能

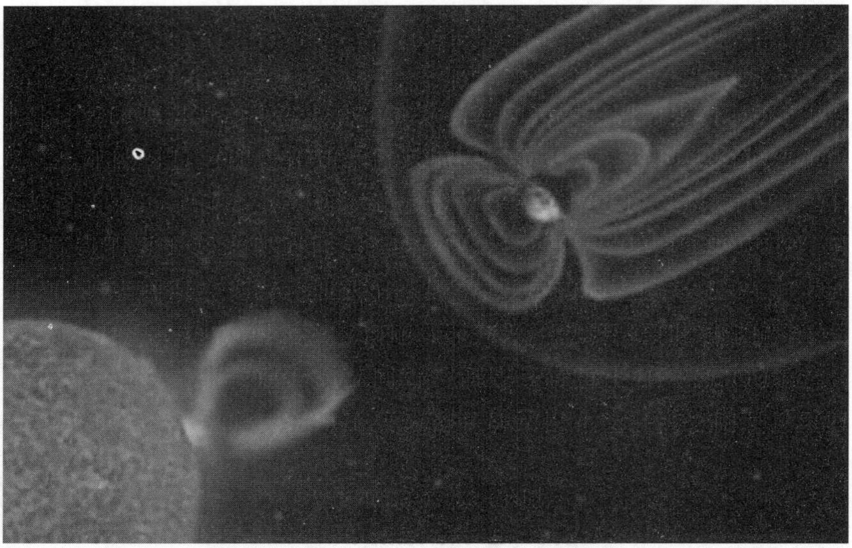

图 4-16　太阳风对地球磁场的影响

质子环境下时，会造成损伤，设计航天器轨道时，需要避开内环形曲面带。

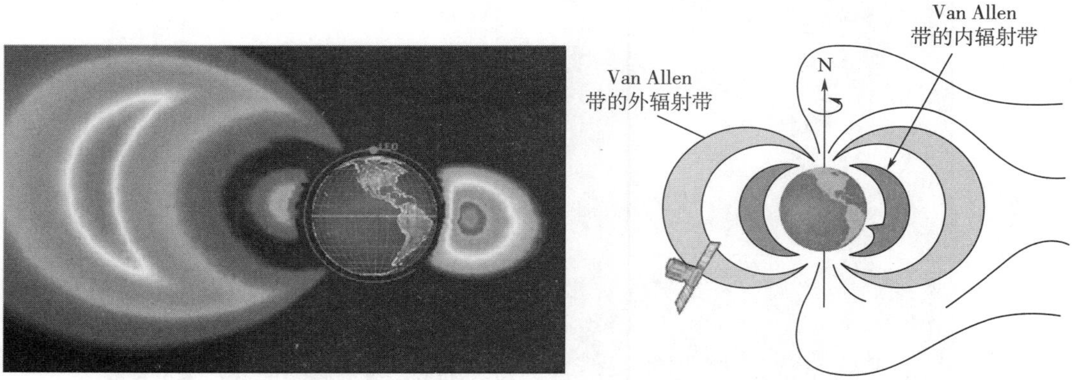

图 4-17　地球的电子带（左）和质子带（右）

Van Allen 带的外环形曲面带的高度范围是 12 000～22 000 km，在外环形曲面带的中部，约 15 000～20 000 km 的位置范围处，外带粒子密度达到峰值。外环形曲面带内主要集聚大量高能电子，高能电子分布特性比内带高能质子分布复杂，是空间和时间的函数。在赤道面及低纬度地区外带电子密度相对较高，随着纬度增加而逐渐降低，在南北纬 60°附近，外带电子密度可以忽略不计。

此外，高能量的太阳辐射会激活大气电离层，产生大量的离子，会干扰卫星信号，造成导航信号传播时间的延迟，空间等离子体会使航天器表面和深层介质充放电，导致航天器产生电磁干扰引发航天器故障。

空间环境对导航卫星的影响主要包括如下几个方面：1）大气层中的电离层和同温层

对无线电导航信号传播的影响；2）太阳风对地球磁场的影响；3）空间等离子体、辐射及高能粒子对星上电子元器件的损伤；4）太阳光压对卫星姿态的影响。

因此，在开展导航卫星总体设计时，需要研究大气层中电离层、对流层对导航信号的延迟影响，需要考虑高能带电粒子（正电荷的质子和负电荷的电子）、单粒子效应、总剂量效应、位移损伤、内带电、表面充放电对导航卫星元器件的影响。在设计导航卫星轨道和星座时，必须要避开 Van Allen 带的不利影响，由此可知美国设计 GPS 时，将轨道高度选为 20 200 km 的圆形轨道也就不足为奇了。

GPS 卫星轨道高度为 20 200 km，星座设计 Walker24/6/2，除了避开 Van Allen 辐射带的影响外，还有另外两个原因：

1）增大地面覆盖范围。轨道越高，从卫星上能够看到的地球表面面积就越大。例如，一个高度为 1 000 km 的卫星，能见到的地面面积为地球总面积的 6.7%。当卫星升高到 20 200 km 时，可见到的地面面积占 38%。但轨道过高，为了保证导航信号到达地面的落地电平，卫星需要采用大功率放大器，由此需要解决微波开关等大功率无源器件真空环境下的电子二次倍增效应导致的微放电问题。

2）提高覆盖均匀性。当用圆形轨道时，卫星运行到轨道的任何位置，它对地面的距离和波束覆盖面积基本上不变。在卫星波束覆盖区域内，用户所接收的卫星射电信号强度相似，收到卫星导航定位信号的时间也大致相等，这对差分测量是很有益处的。

4.3　控制段

卫星导航系统的正常运行依靠地面控制段的管理和控制，地面控制段是整个卫星导航系统的信息和决策中心，其体系结构和技术水平在一定程度上决定了卫星导航系统的服务水平。地面控制段负责监测和控制整个导航星座，地面控制段又被称为运行控制系统（Operational Control System，OCS）。地面控制段监测导航卫星播发的导航信号、更新导航电文、监测导航卫星的健康状态、解决卫星在轨异常问题；控制导航卫星在星座中的位置，包括卫星的轨道位置保持和机动、调整轨道平面内的相位，根据需要开展离开轨道位置的操作；控制有效载荷工作配置和工作状态，例如，根据美国国家安全考虑，GPS 地面控制段通过对卫星实施选择可用性（SA）操作，可有意降低特定区域的导航信号的测距精度。

导航卫星在轨工作状态正常与否，卫星是否一直沿着预定轨道和姿态运行，卫星钟的工作状态与系统时间的偏差和同步处理，都需要由地面控制段来进行监测和管控。地面运行控制系统的主要功能包括精密轨道测定与长期预报、系统时间同步与卫星钟差预报、电离层延迟监测与修正、系统完好性监测与广域差分处理、星地及站间数据传输。

4.3.1　任务分析

地面运行控制系统主要是接收、监测导航卫星的运行状态、生成导航信息、诊断系统状态、调度管理导航卫星配置。导航卫星是否正常工作，以及导航卫星是否沿着预定轨道运行，都要由地面运行控制系统进行监测和控制。地面运行控制系统的另一重要任务是监测导航卫星星载原子钟时间，求出与系统时间之间的偏差，然后由地面注入站发给卫星，再由卫星发给用户设备。地面控制段工作信息流如图 4－18 所示。

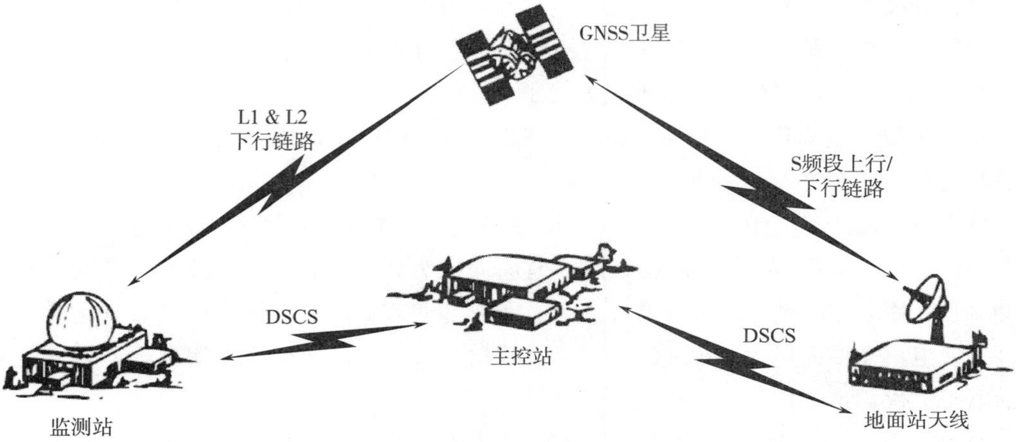

图 4－18　地面控制段工作信息流

地面运行控制系统的主要任务包括以下 7 个方面：

1）跟踪每颗导航卫星，监测卫星轨道，估计和外推卫星轨道，生成卫星的星历和历书参数；

2）跟踪每颗导航卫星，监测卫星原子钟时间，预测卫星原子钟时间较系统时间的偏差，在必要时调整卫星时钟和有效载荷配置；

3）维持卫星导航系统授时服务及其与协调世界时（UTC）之间的同步；

4）生成导航数据，将导航数据、卫星健康状态及运控指令注入到导航卫星；

5）监测导航卫星的健康状态，当导航卫星出现故障时，发出遥控指令实施故障隔离或者在轨重构操作，将故障所产生的影响降至最低；

6）控制导航卫星轨道位置和飞行姿态，使每颗导航卫星运行在预定的轨道位置上；

7）监测导航信号的完好性，循环校验并记录发送给用户的导航电文。

注：历书（almanac）是根据天体力学公式，数学推导出来的导航卫星运行轨道数据（轨道半长轴、轨道倾角、轨道偏心率、升交点赤经、近地点幅角、平近点角），由导航卫星以导航电文方式播发给地面用户，用于解算用户位置。导航卫星是以一种动态已知点描述卫星及其轨道参数，每颗卫星的星历由地面监控系统提供。星历（ephemeris）是根据监控到的导航卫星实际飞行轨迹，同时考虑轨道摄动力影响而计算最接近实际状态的卫星轨道数据。

4.3.2　系统组成

OCS 一般由主控站（Master Control Station，MCS）、监测站（Monitor Station，

MS）和注入站组成，注入站也称为地面天线站（Ground Antenna，GA）。OCS 的主要任务由 MCS 完成，作为卫星导航系统运行的任务控制中心，首要任务是产生导航电文数据。工作流程是收集和处理监测站的测量数据，产生卫星星历和时钟估计及其未来一段时间的预测值，生成导航数据，为整个系统每周 7 天、每天 24 小时连续的 PNT 服务提供支撑。

MCS 的另外一个核心任务是监测导航服务的完好性，要确保所有导航数据正确地上行注入给导航卫星，同时保存一份完整的导航数据存储映像文档，与从 MS 接收的导航卫星播发电文进行比较，若两者之间存在较大的差异，MCS 将会告警并进行修正。MCS 在监测导航数据正确与否的同时，还要监测导航卫星之间和监测站之间测距数据的一致性，当观测到不一致时，MCS 会在规定的时间内生成告警信号。

MS 接收导航信号，监测原始的伪距、载波相位和电离层测量值，通过地面网络或卫星网络将数据送往主控站进行平滑处理，产生精密的卫星星历和时钟估计。MS 将这些估计参数编制成导航数据，然后通过注入站注入给卫星，由卫星再将导航数据调制到导航信号并以导航电文的方式播发给地面用户。

注入站/地面天线站实现对卫星的控制指令和数据的上传功能，注入站可以单独控制每颗导航卫星，也可以同时控制多颗卫星，利用地面天线来发送上行遥控指令、加载导航数据、接收从 MCS 发给卫星的有效载荷控制数据（业务遥控指令），以及接收发给 MCS 的卫星的遥测数据。

卫星导航系统服务精度由一个相干的时标，即通常所说的系统时间导出，其中一个关键环节是星载原子钟，为导航卫星提供稳定的时间和频率基准，MCS 控制导航卫星的星载原子钟时间，监测星载原子钟的性能，估计星载原子钟的时钟偏移、漂移和漂移率，生成导航电文中的星钟改正数。整个卫星导航系统的时间由所有在轨导航卫星的星载原子钟和 MCS 的原子钟钟组共同定义，全体或者复合的原子钟提高了整个系统时间的稳定度，使得在定义这样一个相干时标时，任何一台单独的原子钟出现故障时对系统时间的影响最小化。为了保持与协调世界时的同步，MCS 需要获取一些外部的时间数据源、精密的监测站坐标以及地球指向参数的协调一致。

下面以 GPS 地面控制段为例，简要介绍地面运行控制系统组成，GPS OCS 有 1 个主控站，1 个备份主控站（位于美国 Maryland 州 Gaithersburg 市），6 个监测站（分别位于大西洋的 Ascension 岛、印度洋的 Diego Garcia 岛、Hawaii 岛、太平洋的 Kwajalein、科罗拉多州 Schriever 空军基地、Cape Canaveral），这些监测站均靠近赤道，可以对系统下行导航信号监测范围最大化，4 个注入站/地面天线站（分别位于大西洋的 Ascension 岛、印度洋的 Diego Garcia 岛、太平洋的 Kwajalein、Cape Canaveral），范登堡空军基地监控站同时具有信息上注功能。GPS 运控系统地面站分布如图 4－19 所示。

GPS 主控站位于美国 Colorado 州 Springs 城的范登堡空军基地，如图 4－20 所示，监测站如图 4－21 所示，每个监测站的位置在经度上具有一定的间隔，除了 Hawaii 监测站，每个监测站还配置一个地面天线，具备上行注入导航数据和遥控指令的功能。监测站配置多台高性能监测接收机和高稳定度原子钟，原子钟作为接收机的基准振荡器并为每次测量

图 4－19　GPS 运控系统地面站分布

打上时间标记，将伪码测距和载波相位观测量在一个数据流中多路传输给运行控制中心。GPS 注入站如图4－22 所示，注入站配置的上行注入天线的地球角大约为±72°，上行注入站均有能力通过 S 频段跟踪遥测和遥控（TT&C）链路将导航数据上行加载导航卫星，每天对每颗 GPS 卫星离开注入站可视范围之前完成导航数据上行。

图 4－20　GPS 主控站

为了提高系统的可靠性和战时生存能力，地面运行控制系统的主控站和信号发射、数据分析与处理设施都在异地建立了备份系统。目前 GPS 主控站可以支持所有 BLOCK－IIA、BLOCK－IIR、BLOCK－IIR－M、BLOCK－IIF 系列导航卫星的运行控制工作，为适应对未来 BLOCK－III 导航卫星的运控，除了需要对 L2C、L1C、L1M、L2M、L5 等新的导航信号的监测外，还需要监控爆炸探测信号、灾害预警系统信号、星间链路信号。由

图4-21　GPS监测站

图4-22　GPS注入站

此GPS地面运行控制系统开展了相应的升级改造工作，简称为新一代地面运行系统控制系统（OCX）。BLOCK-III卫星具有高速率星间互联互通链路、大功率点波束功率增强天线、高速率遥测跟踪和遥控链路、完好性监测以及灾害预警系统等新的载荷配置。

2010年2月18日，美国国防部将建设新一代地面运行系统控制系统的合同授予美国Raytheon和Northrop Grumman公司，分别开展空间使命系统和智能信息系统的研发。2010年5月，Raytheon公司完成了技术基线评审，2011年8月，完成了系统初步设计评审，OCX建成后可以全面支持BLOCK-III系列导航卫星的运行控制业务。新一代地面运行系统控制系统建设采取循序渐进的发展方式，最终完全取代传统的运行控制系统，满足未来2030年美国对GPS的军事和民用需求。新一代地面运行系统控制系统架构如图4-23所示。

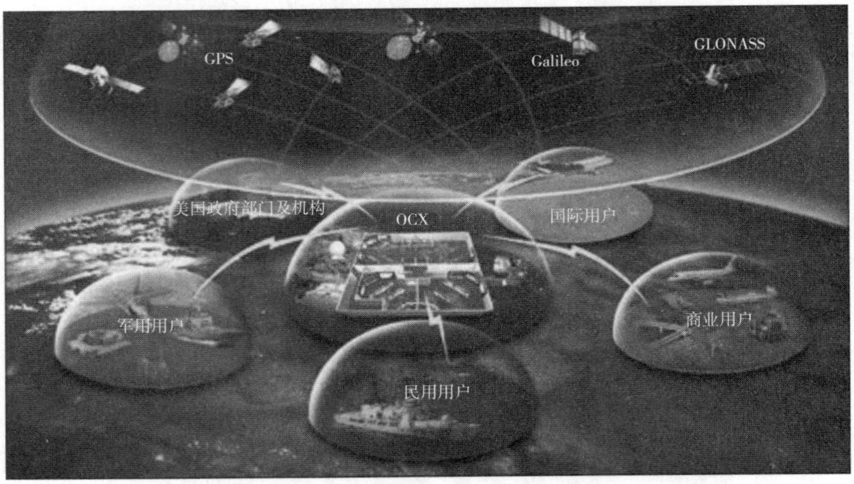

图4-23　GPS新一代地面运行系统控制系统架构

运控系统软件以升级完善为主，新增的任务借助星间链路实现对星座所有卫星的一站式跟踪、遥测和遥控、任务规划及自主导航，利用美国联邦航空管理局（FAA）认证的广域增强系统（WAAS），提供GPS完好性和连续性监控服务，满足民航对精密进近PNT服务需求。OCX在硬件上补充完善了以下几个部分：一是定位导航和授时体系结构发展计划（AEP）规定的运行控制段任务；二是早期轨道异常和处理功能；三是GPS模拟器；四是PNT体系结构发展计划中规定的交替主控站和一个综合任务实时支持中心。

Galileo卫星导航系统的地面运行控制段与GPS类似，也由地面控制中心、地面监测站、上行注入站组成，包括1～3个地理位置分开部署的地面控制中心；40个全球分布的地面监测站；5个全球分布的上行注入站，具有S频段和C频段上行注入能力；4个任务上行站，具有C频段上行注入能力；若干外部局域完好性系统，具有直接C频段上行注入能力。综合分析GPS与Galileo卫星导航系统地面运行控制系统的体系结构和功能设计可以得出以下结论：

1）为了缩短导航电文的预报周期，提高预报精度，必须建立足够数量且全球分布的导航数据上行注入站，目前，GPS有4个上行注入站，Galileo系统有9个上行注入站。

2）在没有星间测距能力的情况下，为了提高整个卫星导航系统的服务精度和监测能力，需在全球部署尽量多的地面监测站。目前，GPS有17个地面监测站，Galileo系统有40个地面监测站。

3）星间链路是进一步提高系统精度、降低系统运行成本的有效手段。星间链路对于定轨和钟差处理精度、星座运行管理及上行注入都将有很大贡献。

4.4　用户段

4.4.1　任务分析

卫星导航系统技术复杂、建设周期长、国家投入巨大。例如，在 1964 年建成的美国海军卫星导航系统（NAVSAT）的基础上，1973 年美国国防部提出 GPS 方案，1978 年 2 月 22 日，发射第一颗 GPS 试验卫星（BLOCK－1），标志着系统进入工程研制阶段，直到 1995 年建成系统并提供完全运行服务（FOC），前后历时二十余年。同样，俄罗斯 GLONASS 也历时二十余年才建成，1982 年 10 月 12 日，发射第一颗 GLONASS 试验卫星（GLONASS－1），标志着系统进入工程研制阶段，1990 年 5 月和 1991 年 4 月两次公布 GLONASS 的用户接口控制文件（ICD），促进了 GLONASS 的推广应用，引起了国际社会的广泛关注。

GLONASS 以军用需求为主导开展论证和建设，缺乏对民用的推广，造成了系统资源的浪费，增加了政府持续投入的压力。GPS 十分重视系统推广应用，支持商业公司开展高精度应用服务，通过总统令等形式适时地宣布其民用政策，以应用为纽带，GPS 将政府、军队、企业和社会公众连接起来，使技术升级和现代化改造目标非常明确，也使系统管理、建设和应用形成良性发展。因此，尽管美国 GPS 和俄罗斯 GLONASS 均在 20 世纪 90 年代建成，由于发展策略不同，GPS 得到了广泛应用，而 GLONASS 一直处于降效运行状态。因此，卫星导航系统的设计建设必须紧紧围绕应用展开，要以方便应用而不是方便管理为主导进行系统设计，才能保证系统的充分使用，牵引和推动产业链的快速发展。

欧洲 Galileo 系统在建设过程中吸取 GPS 和 GLONASS 的经验与教训，在系统论证阶段就十分重视系统的未来应用，针对不同用户需求，提供不同服务模式。针对不同用户需求，Galileo 提供开放服务（Open Service，OS）、商业服务（commercial service，CS）、生命安全服务（Safety of Life service，SOL）、公共管制服务（Public regulated Service，PRS）、搜索与救援服务（Search and Rescue service，SAR）。其中搜索与救援服务是 Galileo 的特色服务，Galileo 的每颗卫星上都安装有搜索与救援有效载荷，能够满足国际海事组织和国际民航组织在搜索与救援业务方面的要求。

Galileo 为用户提供空间基准、时间基准以及导航相关服务，欧洲全球卫星导航系统服务中心（GSC）与欧洲导航天基增强系统－地球静止轨道卫星导航重叠服务（EGNOS）、Galileo 商业服务（CS）、Galileo 地面控制中心、全球移动通信系统（Global System For Mobile Communication，GSMC）的业务关系如图 4－24 所示。

为了更好地统筹、推广卫星导航系统应用，欧盟委员会成立的欧洲全球卫星导航系统服务中心是欧洲卫星导航系统基础设施的有机组成部分，也是欧洲 Galileo 开放服务和商业服务用户之间的接口，位于西班牙马德里，日常业务由欧洲全球卫星导航系统事务局（European GNSS Agency，GSA）负责管理。办公室如图 4－25 所示。

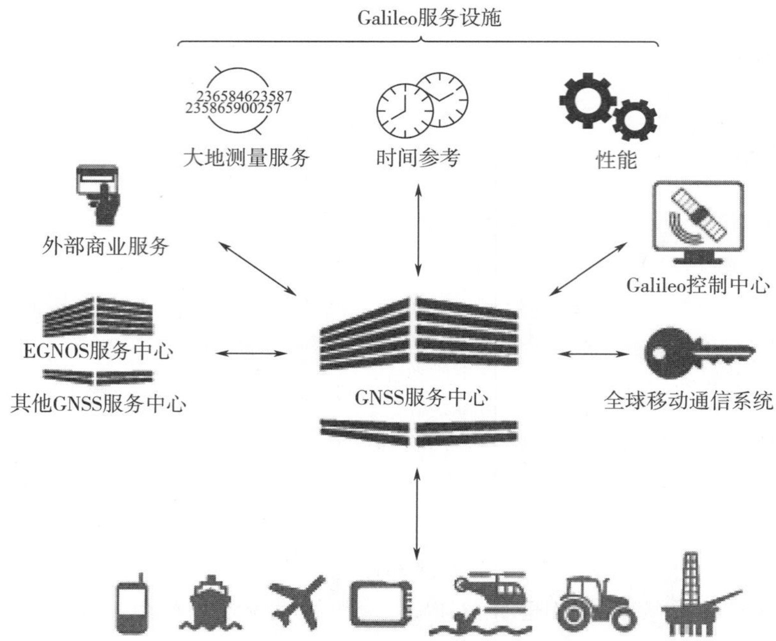

图 4-24　欧洲全球卫星导航系统服务中心业务接口

图 4-25　欧洲全球卫星导航系统服务中心办公室

GSC 的主要业务包括：

1）为用户和商业公司提供系统综合信息，借助网络为用户提供空间信号接口控制文件、开放服务性能标准、卫星导航标准体系（包括卫星导航系统基础标准、工程建设标准、运行维护标准、应用标准、军用标准），用户终端设计、研制、测试、检定和应用标准将直接影响系统的推广。建立卫星导航系统网站，通过网站实现与用户的互动，回答用户提出的各类问题；

2）通过网络及时对外发布系统通知，包括系统工作状态、系统通告等信息；

3）提供定位、导航和授时服务技术支持，共享卫星导航系统相关技术研究进展；

4）提供系统当前运行状态以及系统服务性能评估报告；

5）对卫星导航系统应用和相关产品研发提供支持，包括为卫星导航相关公司产品市场推广提供支持。

导航卫星连续播发无线电导航信号，导航信号是可供无限用户共享的信息资源。应用系统的核心是导航接收机，接收机解算出用户的位置、速度和时间信息。卫星导航系统的授时服务使用户几乎零成本地享受到原子钟高精度、高稳定度服务。一些关系国计民生的行业，特别是通信网络、电力网络、金融网络完全依赖精确时间以及系统间的时间同步才能有效地运行。因此，精确授时服务对这些行业来说至关重要。

4.4.2　接收机方案

用户接收机的任务是捕获、跟踪、解扩、解调导航信号，得到卫星星历、时间及其偏差、电离层延迟误差改正等导航电文数据，利用伪随机码或者载波相位观测出星地之间的伪距，代入定位方程后解算出用户的位置（P）、速度（V）和时间（T），简称 PVT 解，其中位置解算结果分别以导航卫星信号发射天线的相位中心和用户机的接收天线相位中心为参考点。用户接收机的基本组成包括接收天线、射频前端、模数转换、基带数字信号处理、导航数据处理和伪距校正、输入输出装置 6 个模块，典型用户接收机结构如图 4－26 所示。

导航信号接收天线是圆极化（HCP）方式，大多数普通用户接收机仅使用一副全向天线，典型的覆盖范围是 160°，其增益从天顶的约 2.5 dBc 变化到仰角 15°时的近于 1.0 dBc。用户接收机天线设计的另一重要因素是传输响应，为了使导航信号不失真，频率函数幅度响应应接近常值，相位响应在感兴趣的通带内应为频率的线性函数。接收机解算位置的时候，接收机天线相位中心会随着接收机接收信号到达方向的变化而变化，对于高精度应用来说需要给出这一变化的补偿数据。此外，可以使用多副天线接收导航信号，以适应用户平台的机动性；提高用户天线增益；使用多副窄波束天线或者自适应调零天线来鉴别干扰同时提高抗干扰能力；利用多副天线还可以实现用户平台的姿态测量。

接收机天线将接收到的导航信号馈送给射频前端的射频信号滤波器/低噪声放大器组合，对信号进行放大并滤除干扰信号，这种干扰信号可能使放大器饱和或者进入非线性工作区。天线和射频前端必须有足够的带宽，一般微带或者螺旋天线的带宽是中心频率的1%～2%，天线和射频前端带宽是同特定应用的接收机所需要的精度有关。滤波器必须选

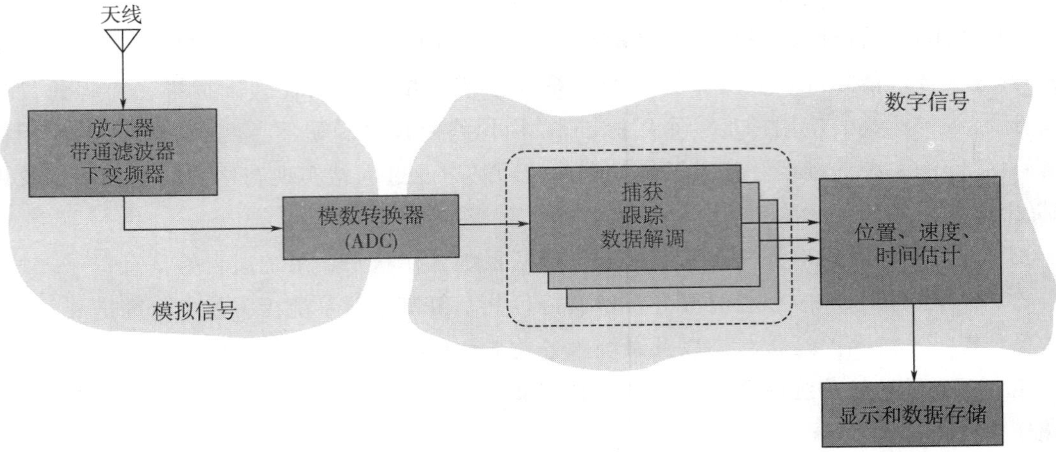

图 4-26　卫星导航系统接收机组成结构

择具有低损耗、宽带和相位线性的无源带通滤波器，一方面减小带外射频干扰，另一方面将伪随机测距码信号的畸变降到最低程度。

然后信号被射频放大、下变频和中频放大处理，再馈送给模数转换器，对中频模拟导航信号进行采样和量化的处理。采样和量化的中频信号被馈送到基带数字信号处理通道，每个基带数字信号处理通道跟踪一个卫星信号并恢复载波，每个基带数字信号处理通道中包含伪随机测距码和载波的跟踪环路，以完成伪随机测距码和载波相位的星地伪距观测以及导航电文数据的解调。在典型情况下，接收机数字基带可以并行跟踪数字锁定环路的数量为 2～16 通道，可以同时在多个导航信号频点上跟踪所有视界范围内的卫星。

对每颗导航卫星的伪距和载波相位并行观测，根据导航电文获得卫星在导航信号播发时刻的轨道位置和时钟信息，伪距观测量和导航数据送给导航数据处理器，同时还要对各类扰动，包括星钟偏差、地球旋转偏差、电离层延迟、对流层延迟、相对论效应和接收机延迟，对伪距与载波相位的观测量进行校正。校正后的伪距数据、载波相位数据或者累积相位测量值连同其他传感器数据由卡尔曼滤波器进行处理，由卡尔曼滤波器估计出用户的位置和速度状态矢量。用户位置坐标值是在地心地固笛卡儿坐标系下计算出来的，然后还需要通过适当的坐标转换将其转换为当地坐标系，以方便用户使用。

输入输出装置是接收机和用户之间的接口，一般有组合型和外置型两种基本类型，是用户输入数据、航路点、待航时间等参数，显示工作状态和导航解的装置。此外，在接收机与惯性导航系统组合使用时，要求接收机配置数字数据接口，以与传感器实现数据通信，一般常用的数字数据接口是 MIL-STD-1553B、RS-422、RS-232、ARING429。

4.4.3　接收机类型

用户接收机种类很多，根据不同的用途和评价标准，卫星导航接收机可以分成多种类型，按用途可以分为定位、导航型，授时型，大地测量型，差分型 4 类；按设计与实现方式可以分为模拟接收机、数字接收机和软件接收机 3 类；按动态性能可以分为高动态型、中动态型、低动态或静止型接收机；按所接收的导航信号的频点可分为单频接收机和多频接收机；按所接收的导航信号的类型分为伪码延迟观测量接收机和载波相位观测量接收机。用户接收机运行平台可以采取专用集成电路（ASICs）、现场可编程门阵列（FPGAs）、数字信号处理芯片（DSPs）或者微处理器，选择导航接收机运行平台时要权衡工作性能、制造和维护成本、扩展性、功耗以及自主性等因素。

用户接收机可以自主工作，也可以接收卫星导航增强系统（augmentation system）或者差分系统（difference system）提供的修正参数和完好性信息，有些用户接收机还可以接收来自其他各种传感器的输入参数，例如气压高度表、陀螺仪、航向陀螺仪和速度测量仪，这类接收机根据这些信源数据辅助导航信号捕获同时提高定位解算精度。

用户接收机可以安装在卫星、导弹、飞机、舰船、潜艇、坦克、火车、汽车、武器平台上，也可以设计为小型手持型接收机供单兵或者个人使用，接收机大小不一，形态各异，型号不同，如图 4-27 所示。一般常见的手持机接收单频导航信号，典型手持式接收机大小与手机大小差不多，目前具有导航功能的手机已成为智能手机的标配。

图 4-27　形态各异的卫星导航系统接收机

2020 年前后，世界有美国 GPS、俄罗斯 GLONASS、欧洲 Galileo 以及中国 BDS 四大全球卫星导航系统，此外还有日本的 QZSS 准天顶及印度的 IRNSS 两个区域卫星导航系统，多系统兼容互操作接收机已成为研发新一代接收机的发展趋势。这样用户可以从利用单个卫星导航系统到多个系统的定位过程中，实现不同的信号频谱和信号处理链路之间的无缝组合。增加了可视导航卫星的数量，特别是对于高楼林立的城市峡谷中的用户来说十分有利：一是提高了系统的解算可用性，二是降低了系统的精度因子（DOP），由此进一步提高了定位精度。

参考文献

[1] Bradford W. Parkinson. Global Positioning System: Theory and Applications. American Institute of Aeronautics and Astronautics [M], Inc. 370 L'Enfant Promenade, SW, Washington, DC 20024-2518.

[2] Elliott D. Kaplan. GPS 原理与应用（第二版）[M]. 寇艳红，译. 北京：电子工业出版社，2012.

[3] 谭述森. 卫星导航定位工程 [M]. 北京：国防工业出版社，2007.

[4] 徐福祥. 卫星工程 [M]. 北京：中国宇航出版社. 2002.

[5] Forsyth, Kevin S. (2002). Delta: The Ultimate Thor. In Roger Launius and Dennis Jenkins (Eds.), To Reach The High Frontier: A History of U. S. Launch Vehicles [M]. Lexington: University Press of Kentucky. ISBN 0-8131-2245-7.

[6] SPICE tutorial. the Navigation and Ancillary Information Facility team [C]. ASA/JPL.

[7] Gerard Petit, Brian Luzum. IERS Conventions 2010. IERS Conventions Center. 2010.

[8] Ground Systems Architecture Workshop (GSAW 2000), Air Force Satellite Control Network (AFSCN) Architecture Evolution, Colonel Randy Odle Deputy Program Director [C], Satellite and Launch Control Systems Program Office SMC/CW, 24 Feb 00.

[9] NAVSTAR GPS USER EQUIPMENT INTRODUCTION [R], SEPTEMBER 1996, PUBLIC RELEASE VERSION.

[10] Ground Network Tracking and Acquisition Data Handbook, Goddard Space Flight Center Greenbelt [R], Maryland, Publication Date: May 2007

[11] 陈勖，李尔园. 全球定位系统（GPS）现代化运行控制段（OCX）的进展与现状 [J]. 全球定位系统，2010，2：56-60.

[12] 刘天雄. GPS 全球定位系统有几部分组成？[J]. 卫星与网络，2012 (115)：56-62.

[13] 航天系统工程 [DB/OL]. 百度百科. https://baike.baidu.com/item/%E8%88%AA%E5%A4%A9%E7%B3%BB%E7%BB%9F%E5%B7%A5%E7%A8%8B/8089000.

[14] GPS USER Segment [DB/OL]. Navipedia. http://www.navipedia.net/index.php/GPS_User_Segment.

[15] What is GPS [DB/OL]. Garmin. https://www8.garmin.com/aboutGPS/index.html.

[16] Delta IV User's Guide (PDF). ULA. June 2013. Archived from the original (PDF) on July 2014. Retrieved July 2014.

[17] United Launch Alliance Successfully Launches 25th Delta IV Mission Carrying Global Positioning System Satellite for the U. S. Air Force [EB/OL]. United Launch Alliance. 21 Feb 2014. Retrieved 21 Feb 2014. https://www.ulalaunch.com/missions/2014/02/20/united-launch-alliance-successfully-launches-25th-delta-iv-mission-carrying-global-positioning-system-satellite-for-the-u.s.-air-force.

[18] Air Force Satellite Control Network (AFSCN) Scheduling and Deconfliction [EB/OL]. https://www.stottlerhenke.com/products/aurora/customer-applications/afscn/.

[19] The Air Force Satellite Control Network (AFSCN) is a global system of satellite ground stations that is capable of supporting [EB/OL]. https://www.stottlerhenke.com/products/aurora/customer-applications/afscn/.

[20] Cape Canaveral Air Force Station Space Launch Complex 37 [DB/OL]. Wikipedia. https://en.wikipedia.org/wiki/Cape_Canaveral_Air_Force_Station_Space_Launch_Complex_37.

第5章　轨道和星座

5.1　概述

卫星导航系统定位的先决条件是用户要知道导航卫星的空间位置。导航卫星的空间位置可用轨道参数表征，一般用星历描述，具体形式可以是导航卫星位置和速度的时间列表，也可以是一组以时间为函数的轨道参数。导航卫星的星历按照精度可以分为广播星历和精密星历两类。广播星历精度一般在米级左右；精密星历是后处理星历，一般是由IGS分析中心综合处理区域乃至全球跟踪数据得到，精度一般在厘米级。轨道参数可以通过导航卫星以广播电文方式播发给地面用户，也可以通过地面网络以精密星历的形式提供给用户。在单点定位时，轨道误差直接影响到定位结果；在相对定位时，基线的相对误差近似于卫星轨道的相对误差。

导航卫星轨道参数就是描述导航卫星空间位置的参数，由导航卫星的初始状态和所受到的各种作用力决定。导航卫星在空间运行时，受到的最主要的作用力是地球引力，同时还受到太阳、月球及其他天体引力，以及大气阻力、太阳光压、地球潮汐等作用力的影响。为了研究导航卫星的运动规律，一般将导航卫星受到的作用力分为两类：一类是地球引力，决定了导航卫星运动的基本规律和特征，由此所决定的卫星轨道是一条理想轨道，一般称之为无摄轨道；另一类称为摄动力，在摄动力作用下，导航卫星运动偏离理想轨道，偏离量是时间的函数，导航卫星在摄动力作用下的运动称为受摄运动，相应的卫星轨道称为受摄轨道。

5.2　人造地球卫星轨道

5.2.1　开普勒轨道

卫星轨道动力学研究卫星的轨道运动，也就是卫星在空间运行的规律，卫星星历表是记载卫星位置随时间变化的表。1543年，波兰天文学家尼古拉·哥白尼（Nikolaj Hopernik）提出了行星是以太阳为中心围绕太阳作圆轨道运动的日心系统学说。1609年，德国天文学家约翰·开普勒（Johannes Kepler）在《新天文学》发表了行星运动的两条定律，每个行星的运动轨道是以太阳为焦点的椭圆（第一定律），在相等的时间间隔内（第二定律），从太阳到任意恒星所引出的半径矢量扫过的面积相等，如图5-1所示。

1619年，开普勒发表了行星运动的第三定律，数学形式为

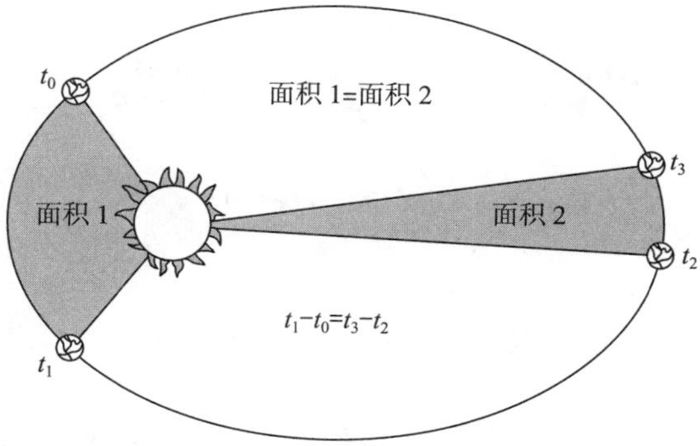

图 5－1　行星运动的椭圆轨道

$$\frac{T^2}{a^3}=\frac{4\pi^2}{GM} \tag{5-1}$$

式中　T ——行星运动的周期，即行星绕太阳运行一周所需的时间；

G ——引力常数，大小为 $G=6.669\times10^{-11}$ $m^3/(kg\cdot s^2)$；

M ——地球的质量。

开普勒三大定律又分别称为椭圆定律、面积定律和调和定律，同样适用于描述人造地球卫星围绕地球的运动，即人造地球卫星有如下运动规律：

1）人造地球卫星的运动轨道为椭圆，地心位于椭圆的一个焦点上，且卫星的轨道平面通过地心。

2）人造地球卫星的运动速度在近地点最大，在远地点最小，在单位时间内向径所扫过的面积相等。

3）人造地球卫星在椭圆轨道上绕地球运动，运行周期取决于轨道的半长轴，不管轨道形状如何，只要半长轴相同，它们就有相同的运行周期。运行周期只随轨道的半长轴而改变，轨道半长轴立方与轨道周期平方的比值等于常数。

5.2.1.1　卫星运动方程

1684 年，英国物理学家艾萨克·牛顿（Isaac Newton）在数学上严格地证明了开普勒定律的正确性，把牛顿第二定律用于定常质量系统，并利用万有引力定律，则可以得到卫星轨道的数学规律。万有引力定律可以描述为任何两个物体互相吸引，其引力正比于它们的质量的乘积，反比于它们之间距离的平方，引力可以表示为

$$\boldsymbol{F}=\frac{Gm_1m_2\boldsymbol{r}}{\boldsymbol{r}^3} \tag{5-2}$$

式中　$\boldsymbol{r}$ ——一个大小（幅值）为 r 、方向为沿两个质点 m_1 和 m_2 连线的矢量；

G ——引力常数，$G=6.669\times10^{-11}$ $m^3/(kg\cdot s)^2$。

二体问题是一种理想情况，在这种情况下，万有引力定律所描述的力场中仅存在作相对运动的两个物体，如图 5－2 所示。假设其他物体都距离地球和导航卫星足够远，因此，并没有可感知的第三个物体的作用力。

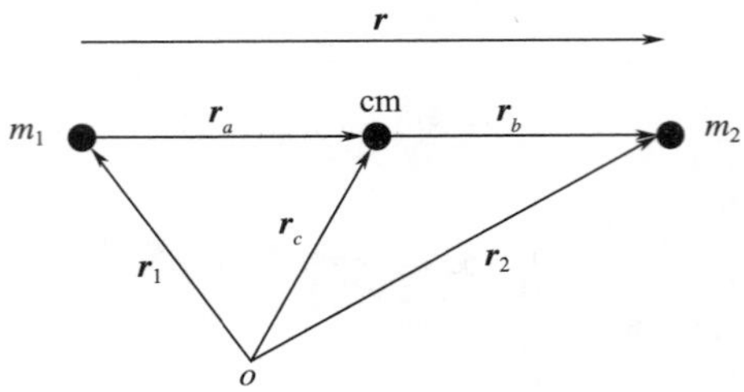

图 5-2　二体系统的位移矢量

在图 5-2 中，m_2 对 m_1 施加了一个引力 $\boldsymbol{F}_1=m_1\ddot{\boldsymbol{r}}_1$，$m_1$ 对 m_2 也施加了一个引力 $\boldsymbol{F}_2=m_2\ddot{\boldsymbol{r}}_2$，从而

$$\boldsymbol{F}_1=m_1\ddot{\boldsymbol{r}}_1=Gm_1m_2\frac{\boldsymbol{r}_2-\boldsymbol{r}_1}{|\boldsymbol{r}_2-\boldsymbol{r}_1|^3},\boldsymbol{F}_2=m_2\ddot{\boldsymbol{r}}_2=Gm_1m_2\frac{\boldsymbol{r}_1-\boldsymbol{r}_2}{|\boldsymbol{r}_1-\boldsymbol{r}_2|^3}=-\boldsymbol{F}_1 \tag{5-3}$$

可以发现

$$\ddot{\boldsymbol{r}}_2-\ddot{\boldsymbol{r}}_1=-G(m_1+m_2)\frac{\boldsymbol{r}_2-\boldsymbol{r}_1}{|\boldsymbol{r}_2-\boldsymbol{r}_1|^3} \tag{5-4}$$

并且因为 $\boldsymbol{r}=\boldsymbol{r}_2-\boldsymbol{r}_1$，所以可以写为

$$\ddot{\boldsymbol{r}}+G(m_1+m_2)\frac{\boldsymbol{r}}{r^3}=0 \tag{5-5}$$

式（5-5）是二体问题的基本运动方程，它也是描述导航卫星围绕地球运动时其位置矢量的相对运动方程。当导航卫星围绕地球运动时，设简化为质点的地球 M 和导航卫星 m 组成一个封闭系统，互相以万有引力吸引，构成二体系统，地球是对称的球体，研究导航卫星的无摄动力运动。一般导航卫星的质量约 1 000 kg，而地球的质量约 5.976×10^{24} kg，导航卫星的质量与地球质量相比为极小值，其对描述导航卫星轨道的影响可以忽略不计，式（5-5）中可以略去卫星的质量，因此，导航卫星的运动方程可以写成

$$\ddot{\boldsymbol{r}}+GM\frac{\boldsymbol{r}}{r^3}=\ddot{\boldsymbol{r}}+\mu\frac{\boldsymbol{r}}{r^3}=0 \tag{5-6}$$

矢量微分方程（5-6）的 3 个投影式是由 3 个二阶标量方程组成的非线性微分方程组，将导航卫星的运动速度 $\boldsymbol{v}$ 取作新的变量，则式（5-6）写成一阶方程组形式

$$\begin{cases}\dot{\boldsymbol{v}}+\mu\dfrac{\boldsymbol{r}}{r^3}=0\\ \dot{\boldsymbol{r}}=\boldsymbol{v}\end{cases} \tag{5-7}$$

矢量微分方程（5-6）和方程组（5-7）的解一般包含 6 个待定常数，由起始运动状态决定。方程（5-6）被称为二体运动方程，它是导航卫星围绕地球运动时，其位置矢量的相对运动方程。

人造卫星椭圆轨道和轨道参数定义如图 5-3 所示，图 5-3 中 $\boldsymbol{r}$ 是卫星相对于地心的位置矢量；$\boldsymbol{v}$ 是卫星相对于地心的速度矢量；φ 是卫星飞行角、速度矢量和垂直于位置矢量的直线之间的夹角；a 为卫星椭圆轨道的半长轴；b 为卫星椭圆轨道的半短轴；c 为椭圆轨

道的中心到一个焦点的距离；$\boldsymbol{r}_a$ 是卫星远地点矢径，地心到椭圆轨道上最远点的距离；$\boldsymbol{r}_p$ 是卫星近地点矢径，地心到椭圆轨道上最近点的距离；v 是椭圆轨道的极角，也称卫星的真近点角，即近地点矢量与卫星位置矢量之间的夹角，沿运动方向测量。

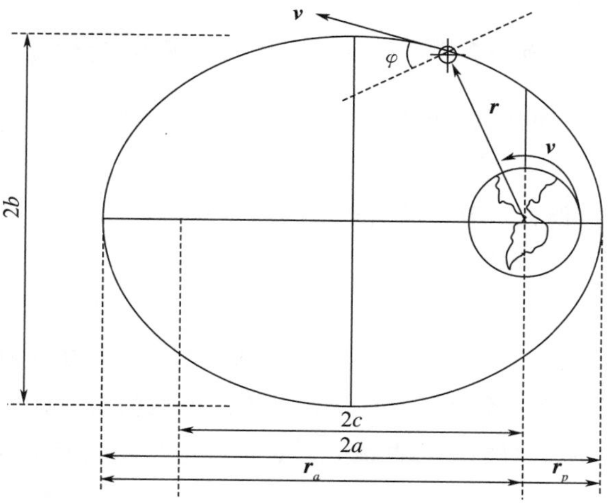

图 5-3　人造卫星椭圆几何轨道和轨道参数定义

人造卫星绕地球运动时的二体问题的解是圆锥截线的极方程（polar equation of a conic section），它给出人造卫星在轨道上的位置矢量幅值为

$$r = a(1-e^2)[1+e\cos(\theta-\theta_0)]^{-1} \tag{5-8}$$

式中　a ——人造卫星椭圆轨道的半长轴；

e ——人造卫星椭圆轨道的偏心率，卫星椭圆轨道的偏心率 $0<e<1$；

$\theta-\theta_0$——人造卫星椭圆轨道的真近点角或极角。

人造卫星椭圆轨道上 $\theta-\theta_0=0$ 的点称为近拱点，对应图 5-3 中卫星离地球距离最近的点，即从主焦点（地球）到近拱点的矢径是从该焦点到椭圆轨道上任意点的矢量中最小的，由方程（5-8）可以得到

$$r_p = a(1-e^2)(1+e)^{-1} \tag{5-9}$$

定义 $p=a(1-e^2)$，则方程（5-9）变为

$$r_p = p(1+e)^{-1} \tag{5-10}$$

如果 $\theta-\theta_0=180°$ 的点称为远拱点，对应图 5-3 中卫星离地球距离最远的点，即从主焦点（地球）到远拱点的矢径是从该焦点到椭圆轨道上任意点的矢量中最大的，由方程（5-8）可以得到

$$r_a = p(1-e)^{-1} \tag{5-11}$$

对于人造地球卫星绕地球运动的椭圆轨道来说，地球位于主焦点上，近拱点也被称为近地点，远拱点也被称为远地点。由式（5-10）和式（5-11）可以得到

$$\frac{r_a}{r_p} = \frac{(1+e)}{(1-e)}, e = \frac{(r_a - r_p)}{(r_a + r_p)} \tag{5-12}$$

在人造地球卫星椭圆轨道上，长轴等于 $2a = r_a + r_p = \dfrac{2p}{(1-e^2)}$ ，因此

$$p = a(1-e^2) = \frac{h^2}{\mu} \tag{5-13}$$

式中　$p = \dfrac{h^2}{\mu}$ ——椭圆轨道的一个几何常量，称为半正焦弦或参数。

对于椭圆轨道来说，椭圆轨道的中心到一个焦点的距离 $c = ae$ 。由图 5-3 可知

$$b = \sqrt{a^2 - c^2} = \sqrt{a^2 - a^2e^2} = a\sqrt{1-e^2} \tag{5-14}$$

由式（5-13）可以得到，卫星椭圆轨道的半短轴为

$$b = \frac{p\sqrt{1-e^2}}{(1-e^2)} = \frac{p}{\sqrt{1-e^2}} \tag{5-15}$$

可以通过方程（5-8）中的偏心率 e 来定义圆锥截线，圆锥截线的类型也与半长轴 a 和能量 ε 有关，圆锥截线是一个平面截一个正圆锥所形成的曲线，如图 5-4 所示。截平面相对圆锥的角度决定了所截得的圆锥截线是圆、椭圆、抛物线或是双曲线。

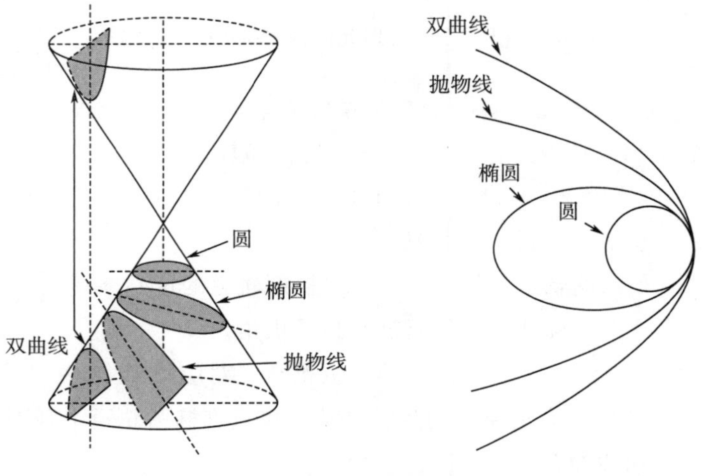

图 5-4　卫星轨道可以是四种圆锥截线之一

5.2.1.2　运动常数

将人造地球卫星的运动速度 $\boldsymbol{v} = \dot{\boldsymbol{r}}$ 与导航卫星的一阶方程组（5-7）的第一式各项作点积运算，得到

$$\boldsymbol{v} \cdot \dot{\boldsymbol{v}} + \mu \frac{\boldsymbol{r}}{r^3} \cdot \dot{\boldsymbol{r}} = 0 \tag{5-16}$$

对于任意矢量 $\boldsymbol{x}$ ，均存在以下关系式

$$\frac{\mathrm{d}}{\mathrm{d}t}\left(\frac{1}{2}\boldsymbol{x} \cdot \boldsymbol{x}\right) = \frac{\mathrm{d}}{\mathrm{d}t}\left(\frac{1}{2}x^2\right) = \boldsymbol{x} \cdot \dot{\boldsymbol{x}} = x\dot{x} \tag{5-17}$$

则式（5-16）可以化作标量形式

$$\boldsymbol{v}\cdot\dot{\boldsymbol{v}}+\mu\,\frac{1}{r^{2}}\cdot\dot{\boldsymbol{r}}=\frac{\mathrm{d}}{\mathrm{d}t}\left(\frac{v^{2}}{2}-\frac{\mu}{r}\right)=0 \tag{5-18}$$

式（5－18）积分后得到

$$\frac{v^{2}}{2}-\frac{\mu}{r}=E \tag{5-19}$$

式中　$\frac{v^{2}}{2}$ 和 $-\frac{\mu}{r}$ ——表示单位质量导航卫星的动能和势能。

因此，式（5－19）的物理意义是人造卫星 m 的机械能守恒，称为能量积分。能量积分 E 为单位质量导航卫星的总机械能，取决于人造卫星的初始运动状态。

将 $\boldsymbol{r}$ 与方程（5－7）的第一式各项作矢积运算

$$\boldsymbol{r}\times\dot{\boldsymbol{v}}+\mu\,\frac{\boldsymbol{r}}{r^{3}}\times\boldsymbol{r}=\frac{\mathrm{d}}{\mathrm{d}t}(\boldsymbol{r}\times\boldsymbol{v})=0 \tag{5-20}$$

积分后得到

$$\boldsymbol{r}\times\boldsymbol{v}=\boldsymbol{h} \tag{5-21}$$

式（5－21）的物理意义是人造卫星 m 相对质点的地球 M 的动量守恒，称为动量矩积分。矢量形式的积分常数 $\boldsymbol{h}$ 垂直于 $\boldsymbol{r}$ 和 $\boldsymbol{v}$，其方向和模取决于卫星的初始运动状态。积分常数 $\boldsymbol{h}$ 的方向守恒表明 $\boldsymbol{r}$ 和 $\boldsymbol{v}$ 在惯性空间中组成方位不变的平面，称作轨道平面。以地球 M 的质心为球心和原点建立地心惯性坐标系 ECI，Z 轴沿地球极轴，X 轴沿黄道面与赤道面的交线指向春分点，Y 轴与 Z 轴、X 轴形成右手正交坐标系。XY 平面与地球的赤道面重合，Z 轴与赤道面垂直而指向北极的方向，如图 5－5 所示，地心惯性坐标系也称为地心天球空间直角坐标系，一般简称为天球坐标系。

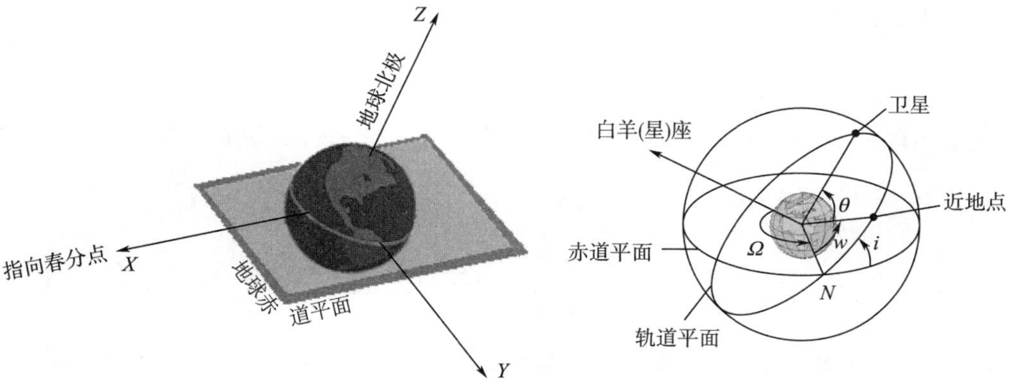

图 5－5　人造卫星在天球坐标系的描述

人造地球卫星 m 的轨道平面与赤道平面在天球上的两个交点中，与人造地球卫星上升相对应的交点称为升交点，轨道平面相对赤道平面的倾角称为轨道面倾角，如图 5－6 所示。设 B 为导航卫星 m 的速度 $\boldsymbol{v}$ 相对当地水平面即天球切平面的倾角，如图 5－7 所示，则人造地球卫星 m 的轨道矢径 $\boldsymbol{r}$ 在 $\mathrm{d}t$ 时间内扫过的面积 $\mathrm{d}A$ 为

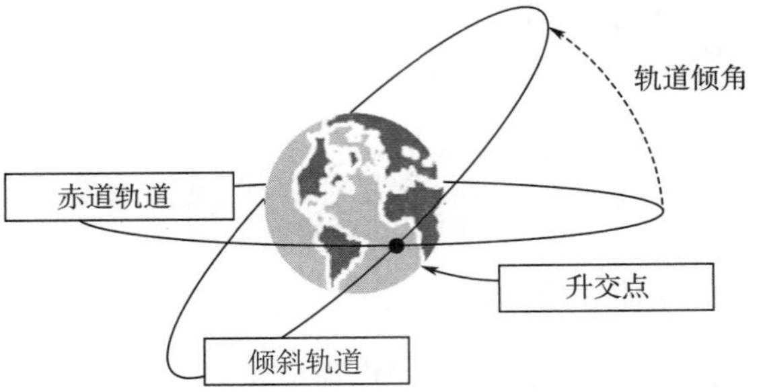

图 5-6　轨道面倾角定义

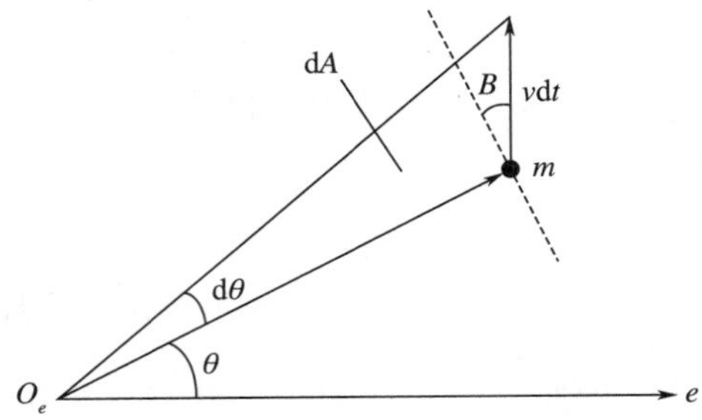

图 5-7　矢径扫过的面积

$$dA = \frac{1}{2} r (v dt) \cos B = \frac{1}{2} |\boldsymbol{r} \times \boldsymbol{v}| dt = \frac{1}{2} h dt$$

$$\frac{dA}{dt} = \frac{1}{2} h \tag{5-22}$$

式（5-22）表明人造地球卫星 m 的矢径在轨道上扫过的面积随着时间的变化率是固定的，也就是开普勒第二定律。换言之，人造地球卫星 m 的动量矩的模等于人造卫星 m 的矢径扫过的面积速度的 2 倍，即

$$h = 2 \frac{dA}{dt} \tag{5-23}$$

人造地球卫星 m 的动量矩的模守恒表明此面积速度为常值，因此，人造地球卫星 m 相对质点的地球 M 的动量矩积分也称为面积积分。轨道平面和面积积分的存在被开普勒观测结果所证实，即开普勒第一和第二定律。将式（5-22）积分，则人造地球卫星 m 的矢径在轨道上扫过的面积为

$$A = \frac{1}{2} h t \tag{5-24}$$

人造地球卫星 m 的椭圆轨道的面积为 $A = \pi ab$ ，如果轨道的周期为 $t = T$ ，根据式（5-13）有 $p = \frac{h^2}{\mu}$ ，则式（5-24）变为

$$T = \frac{2A}{h} = \frac{2\pi ab}{\sqrt{p\mu}} = \frac{2\pi ab}{\sqrt{a(1-e^2)\mu}} = \frac{2\pi a^2 \sqrt{1-e^2}}{\sqrt{a(1-e^2)\mu}} = 2\pi \sqrt{\frac{a^3}{\mu}} = \frac{2\pi}{n} \tag{5-25}$$

式（5-25）为开普勒第三定律，说明人造地球卫星轨道周期与 $a^{\frac{3}{2}}$ 成正比，用 n 表示平均运动。人造地球卫星轨道半长轴等于卫星与地心的平均距离，因此，卫星的周期随平均高度增加而延长。对于地球表面作圆轨道运动的卫星，将地球的平均半径 6 378 km 代入式（5-25），可以计算出轨道周期为 84.35 min，称为舒勒周期。地球同步卫星要求与地球自转同步转动，其周期应等于一个恒星日（23 h56 min4 s），代入式（5-25），可以计算出轨道半径为 42 164 km。

5.2.1.3　经典轨道参数

对于围绕地球运动的人造地球卫星，通常以地球的质心为原点建立地心天球坐标系来

描述卫星的运动轨道，它在空间中的方位相对于太阳系是固定的。空间测量已经证明这个坐标系作为描述人造地球卫星运动规律的惯性坐标系是合适的。在长时间内，地球围绕太阳运动的轨道是一个近圆轨道，所以它的实际运动是非加速的，这个参照系可以认为是惯性系或者伽利略系。

地球赤道面倾斜于黄道面（地球围绕太阳公转的轨道平面），两者的交角为 23.5°，这 2 个面交叉形成了一条空间中的相对于其他行星来说接近惯性的线。在地心天球坐标系中 X 轴与这条线一致，称为春分矢量，它与天球相交于一个点叫做白羊座 γ，或者称为春分点，因此 X 轴在赤道面内，且指向春分点。Z 轴沿地球的自旋轴，且指向北极，与天球交于天极。Y 轴在赤道面内，与 Z 轴、X 轴形成右手正交坐标系，所以这个坐标系的 $X-Y$ 平面在地球赤道面平面内，与地球的自转轴垂直。定义了地心天球坐标系后，就能定量给出确定人造卫星轨道在空间中的运动参数。

在分析导航卫星在惯性空间的运行轨道时，首先也是假设为二体问题，即系统中只有地球和导航卫星 2 个物体，而且假设地球是一个均匀的圆球体，质量中心在地心，导航卫星相对于地球的质量可以忽略不计。导航卫星服从万有引力定律，导航卫星围绕地球运行的轨道是通过地心平面内的一个椭圆，地心处于椭圆的一个焦点，通过 2 个焦点的轴径为椭圆的长轴，长轴的一端是离地心最近的点，称为近地点，长轴的另一端为远地点。按照二体问题求解卫星轨道运动方程（5-6）时，为确定解，需要 6 个积分常数（初始条件），在理论上任一时刻的位置矢量和速度矢量的 3 个分量可以根据另外任一时刻的位置和速度求得，或者说，可以用 5 个常数和 1 个随时间变化的量来完全描述卫星轨道。通常，利用一组具有几何意义的 6 个轨道参数（椭圆的半长轴 a 、椭圆的偏心率 e 、轨道倾角 i 、升交点经度 Ω 、近地点幅角 ω 、真近点角 v_0）描述卫星在惯性空间的运行轨道，确定某一时刻导航卫星在地心天球坐标系中的位置，这 6 个轨道参数称为开普勒的经典轨道根数（参数），其定义如图 5-8 所示。

5.2.1.4　真近点角的计算

开普勒的经典 6 个轨道根数中，椭圆的半长轴 a 、椭圆的偏心率 e 、轨道倾角 i 、升交点经度 Ω 、近地点幅角 ω 均为常数，其数值大小由人造卫星的发射条件决定，而真近点角是时间的函数，它确定了卫星在轨道上的瞬时位置。真近点角是卫星与近地点的角距，也可以采用通过近地点后的时间长度或者过近地点时刻来度量。换句话说，任意一个在椭圆轨道上运动的物体，其位置可以通过它与长轴的角度位移来描述，如图 5-9 所示的 θ ，一般用通过近地点的时间——过近地点时刻来描述。所以，计算真近点角是计算人造卫星瞬时位置的关键，并可进一步确定人造卫星的空间位置与时间的关系。为此，需要引入有关计算真近点角的 2 个辅助参数——偏近点角 E 和平近点角 M ，其定义如图 5-9 所示。

图 5-9 中，真近点角 θ 定义为指向近地点的长轴与从椭圆轨道主焦点（地心 S ）到人造卫星（ P ）之间矢径之间的角度；以椭圆轨道的长轴中心为圆心，半长轴长度为半径作辅助圆，过人造卫星（ P ）作垂直于长轴的垂线，垂足点为 d ，与圆弧交于点 x ，

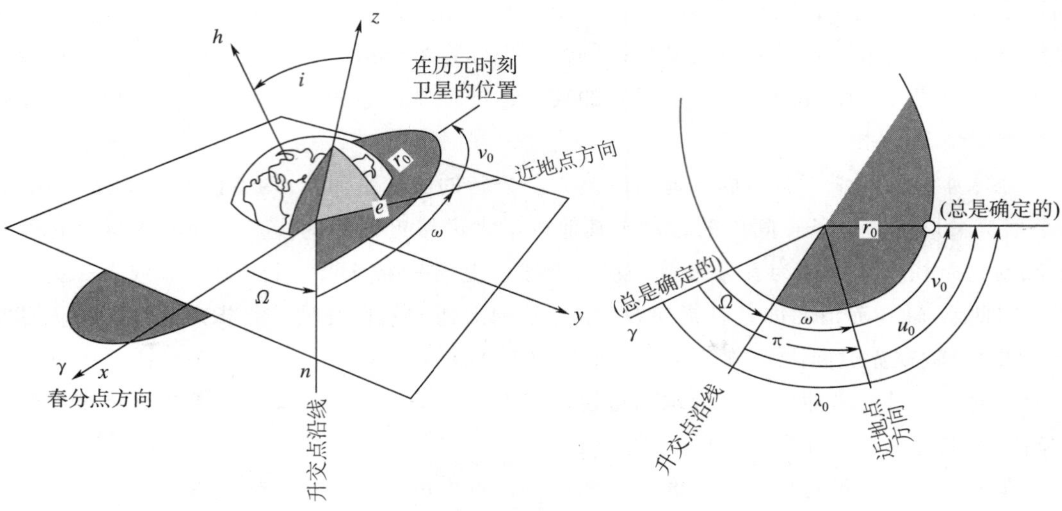

图 5-8　卫星开普勒轨道根数的定义

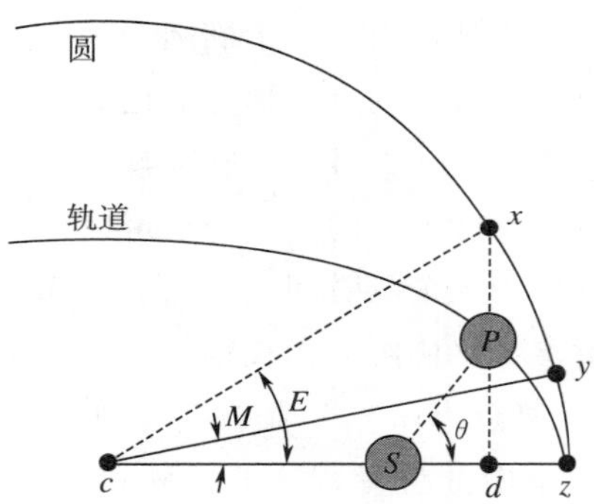

图 5-9　卫星开普勒轨道根数真近点角和偏近点角之间的几何关系

偏近点角 E 定义为 $\angle zcx$ ；在圆弧上选择 y 点，使得图 5-9 中两个扇形 zcy 与 zsx 的面积相等，平近点角 M 是从近地点开始，卫星以平均角速度运动转过的角度 $\angle zcy$ 。平近点角 M 与偏近点角 E 的关系式为 $M=E-e\sin E$ 。Deutsch 在 1963 年推导得到真近点角 θ 和偏近点角 E 的关系式为

$$\cos E=\frac{e+\cos\theta}{1+e\cos\theta},\sin E=\frac{\sin\theta\sqrt{1-e^2}}{1+e\cos\theta}$$

$$\cos\theta=\frac{\cos E-e}{1-e\cos E},\sin\theta=\frac{\sin E\sqrt{1-e^2}}{1-e\cos E}$$

$$\tan\frac{\theta}{2}=\sqrt{\frac{1+e}{1-e}}\tan\frac{E}{2} \tag{5-26}$$

将式（5-26）中的 $\cos\theta$ 代入开普勒轨道方程（5-8）有

$$r=a(1-e\cos E) \tag{5-27}$$

5.2.2　轨道摄动

人造卫星在轨道运行过程中，除了主要受到地心引力作用外，还受到其他摄动力的影响，摄动力的影响会使人造卫星偏离标称轨道。例如太阳和月球的保守摄动力对人造卫星的主要影响是改变了轨道的倾角，太阳光压可以改变轨道的偏心率，大气阻力能够减小轨道的长半轴长度。因此，二体问题的开普勒轨道方程（5-8）是理想化的，作用于人造卫星上的任何摄动力都需要考虑，作用于人造卫星轨道运动的摄动力主要包括地球的非球形引力、太阳和月球的万有引力、太阳光辐射压力、地球大气的阻力、电磁场作用力以及流星体的撞击等，如图 5-10 所示。

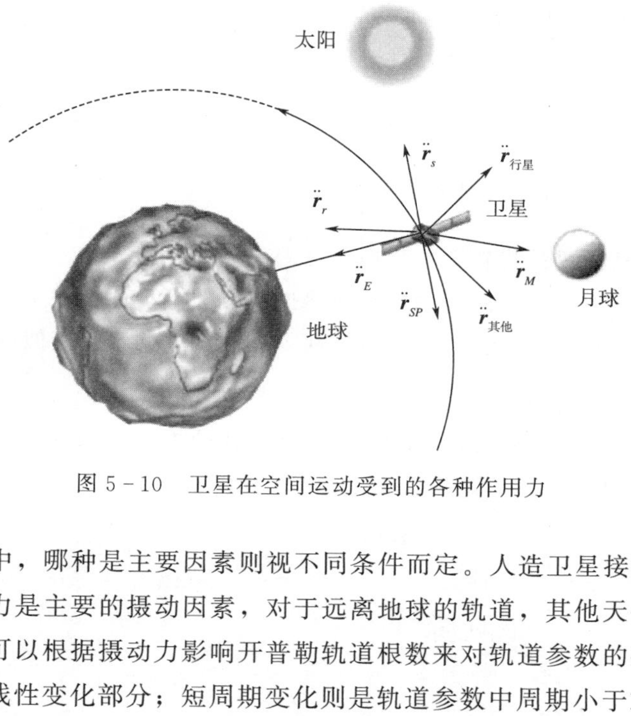

图 5-10　卫星在空间运动受到的各种作用力

各种摄动因素中，哪种是主要因素则视不同条件而定。人造卫星接近地球时，地球引力场偏差和大气阻力是主要的摄动因素，对于远离地球的轨道，其他天体引力和太阳光压的影响更为突出。可以根据摄动力影响开普勒轨道根数来对轨道参数的摄动进行分类。长期变化表示参数的线性变化部分；短周期变化则是轨道参数中周期小于或等于轨道周期的周期变化部分；长周期变化则是轨道参数中周期大于轨道周期的周期变化部分。某一轨道参数由于摄动力的影响而引起的变化如图 5-11 所示。

摄动因素使得人造卫星的轨道运动不再遵循开普勒运动规律。在天体力学中，考虑摄动因素的直接计算方法是将中心万有引力和所有摄动因素全都列入动力学方程，然后对方程作数值积分，例如 1910 年提出的考威尔方法，这种方法虽然简单，但是计算时间过长，且由于误差累积而影响结果的正确性。1857 年提出的恩克方法以开普勒轨道方程为基准，列出人造卫星偏离此基准的动力学方程，对偏差方程进行积分可以缩短计算时间，且使精度得到提高。除上述两者直接积分方法以外，轨道根数摄动方法是较为有效的天体力学方法，作为常数变异法的一种应用，其来源可追溯到 1748 年提出的欧拉法。轨道根数摄动方法的特点是鉴于所有摄动因素都远比理想化的地心中心万有引力微弱，因此可以保留开

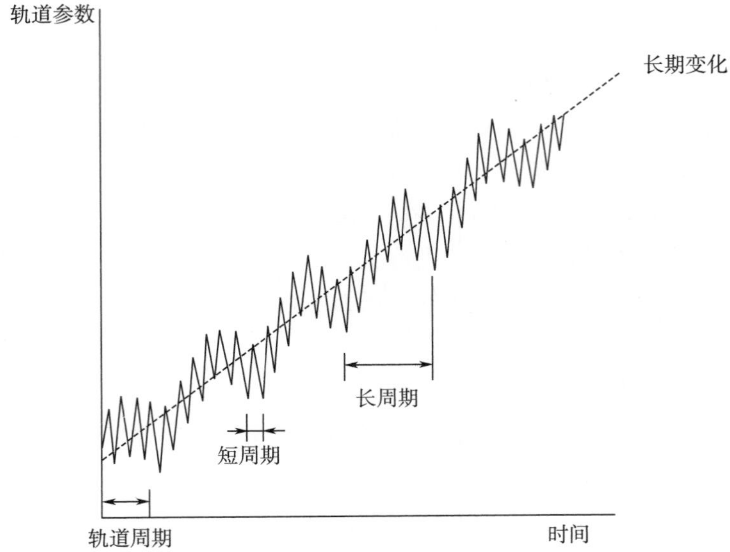

图 5-11　卫星开普勒轨道根数长期变化和周期变化

普勒运动的基本特征，只是将轨道根数视作缓慢变化的变量。

人造卫星在摄动力作用下的运动规律由轨道根数的摄动规律完全确定。对大多数摄动力而言，不可能获得直接的解析解，而只能获得级数形式的解和近似解。

5.2.2.1　地球非球形引力摄动

现代大地测量学证实，地球的实际形状大体上比较接近于椭球，在北极高出椭球面约 19 m，在南极却下凹约26 m，地球椭球体与大地水准面如图 5-12 所示。

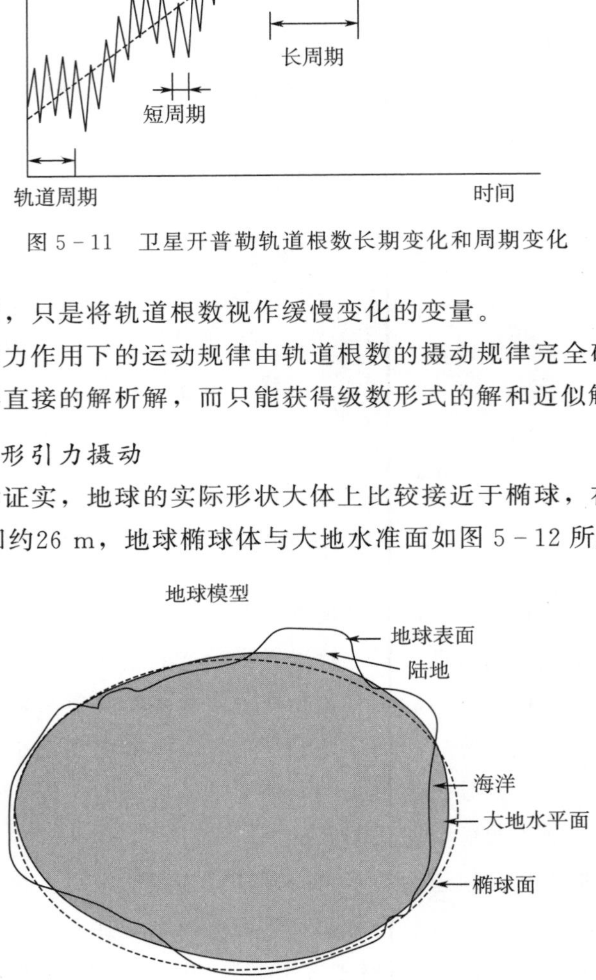

图 5-12　地球椭球体与大地水准面

地球引力位模型一般形式为

$$V = \frac{GM}{r} + \Delta V \tag{5-28}$$

其中

$$\Delta V = GM\sum_{n=2}^{n'}\frac{a^n}{r^{n+1}}\sum_{m=0}^{n}\mathrm{P}_{nm}(\sin\varphi)(C_{nm}\cos m\lambda + S_{nm}\sin m\lambda) \tag{5-29}$$

式中　GM ——引力常数和地球质量的乘积；

a ——地球赤道半径；

r ——卫星至地心的距离；

$\mathrm{P}_{nm}(\sin\varphi)$ —— n 阶 m 次勒让德函数；

C_{nm} 和 S_{nm} ——球谐系数；

n' ——预定的某一最高阶次；

φ 和 λ ——观测站的纬度和经度；

ΔV ——摄动位。

地球的非球形引力摄动的影响随着人造卫星轨道高度的增加而迅速减小，导航卫星轨道高度约20 000 km，只需将式（5－29）展开一定项数，就可以满足精度要求。

地球的非球形引力摄动的影响，主要由与地球极扁率有关的二阶球谐系数项所引起，它对人造卫星轨道的影响主要为轨道平面在空间的旋转，一是升交点赤经的周期性变化；二是近地点在轨道平面内的旋转；三是平近点角的变化。

5.2.2.2　第三体引力摄动

太阳和月球的引力导致所有轨道根数发生周期性变化，但只有升交点赤经、近地点幅角和平近点角才有长期变化，这是由于人造卫星轨道绕黄道极作陀螺进动引起的。平近点角的变化比平运动小得多，因此它对轨道的影响较小。升交点赤经、近地点幅角的长期变化对轨道有长期影响，对于导航卫星任务要求精确地确定并预报轨道，需要考虑其周期变化对轨道参数的影响。

太阳和月球的引力导致 MEO 轨道的导航卫星轨道参数长周期性变化，其摄动加速度约为 5×10^{-6} m/s^2，由此将使导航卫星轨道在 3 h 的弧段上产生约 50～150 m 的位置误差。

5.2.2.3　太阳光压摄动

人造卫星在运动过程中，由于受到太阳光辐射作用力，太阳光压对卫星开普勒轨道参数的周期性影响，太阳光压对卫星所产生的摄动加速度不仅与卫星、太阳和地球之间的相互位置有关，而且与卫星表面材料反射特性、截面积以及质量比有关。太阳光辐射压力对 MEO 轨道的导航卫星所产生的摄动加速度（以 m/s^2 为单位）约为

$$a_R \approx -4.5\times10^{-8}\frac{A}{m} \tag{5-30}$$

式中　A ——卫星迎太阳面的截面面积，单位为 m^2；

m ——卫星的质量，单位为 kg。

太阳光压对轨道高度约 20 000 km 的 MEO 轨道导航卫星所产生的摄动加速度约为 1×10^{-7} m/s^2，由此将使导航卫星轨道在 3 h 的弧段上产生约 5～10 m 的位置误差。

5.2.2.4　地球大气阻力摄动

作用在低地球轨道人造卫星的主要非引力摄动力是大气阻力，阻力的作用方向和轨道速度矢量方向相反，它使轨道能量衰减。能量的衰减使轨道缩小，这又导致阻力进一步增加，最后轨道高度逐渐变低，最终人造卫星将再入大气层。大气阻力对卫星所产生的摄动加速度（以 m/s^2 为单位）约为

$$a_D \approx -0.5\rho\left(C_D \frac{A}{m}\right)V^2 \tag{5-31}$$

式中　ρ ——大气密度；

A ——人造卫星迎风的截面面积，单位为 m^2；

m ——卫星的质量，单位为 kg；

V ——卫星相对于大气的速度。

5.3　导航卫星轨道设计

5.3.1　地球基准轨道的选择

开展轨道设计时首先需要清楚地理解轨道选择的依据，并且随着任务要求的改变或者任务定义的完善定期评审这些依据，同时需要敞开思路，不断设计可供选择的方案。卫星导航系统的工作原理要求用户必须要能够同时接收到 4 颗以上导航卫星播发的信号，也就是说导航卫星对地至少要四重覆盖，那么首先需要解决的第一个问题是确定导航卫星轨道的类型。

为了设计人造卫星轨道，我们首先将空间飞行任务分成转移轨道、等待轨道、空间基准轨道和地球基准轨道 4 个环节，并按飞行任务的总体功能来区分各个任务段，每个轨道段均有不同的选择标准。显然导航卫星应该工作在地球基准轨道，即为地球表面和近地空间用户提供所需覆盖的一种工作轨道。几种典型的地球基准轨道有地球同步静止轨道（在赤道上空的位置几乎保持不变，主要用于通信和气象卫星）、太阳同步轨道（轨道旋转，使得轨道面相对太阳方位近似不变，主要用于对地观测遥感成像卫星）、闪电轨道（远地点/近地点不变，主要用于高纬度通信卫星）、冻结轨道（轨道参数变化最小，主要用于要求稳定轨道条件的卫星）、地面轨迹重复轨道（星下点轨迹重复，主要用于要求视场角恒定的卫星）。在选择轨道参数时，还要权衡选用单颗卫星或卫星星座的优劣，评估上述典型地球基准轨道以及轨道高度和轨道倾角的不同选择方案。

综合权衡轨道价值与成本的关系，可以得出全球卫星导航系统应该选择地面轨迹重复轨道。以 GPS 为例，卫星轨道为圆形，轨道高度为 20 200 km，轨道倾角 55°，轨道周期是半个恒星日，准确时间是 11 h58 min。由于地球自转，地球 12 h 将自转 180°，所以半个恒星日后，卫星覆盖区将出现在地球的另一面，一个恒星日后，卫星回到初始位置。也就是说，当地球对恒星来说自转 1 周时，卫星绕地球运行 2 周，绕地球 1 周的时间为 12

恒星时，即这一轨道高度使每个恒星日有 2 个轨道周期，产生重复的星下点轨迹。GPS 卫星 24 h 星下点轨迹及导航信号覆盖范围如图 5－13 所示。

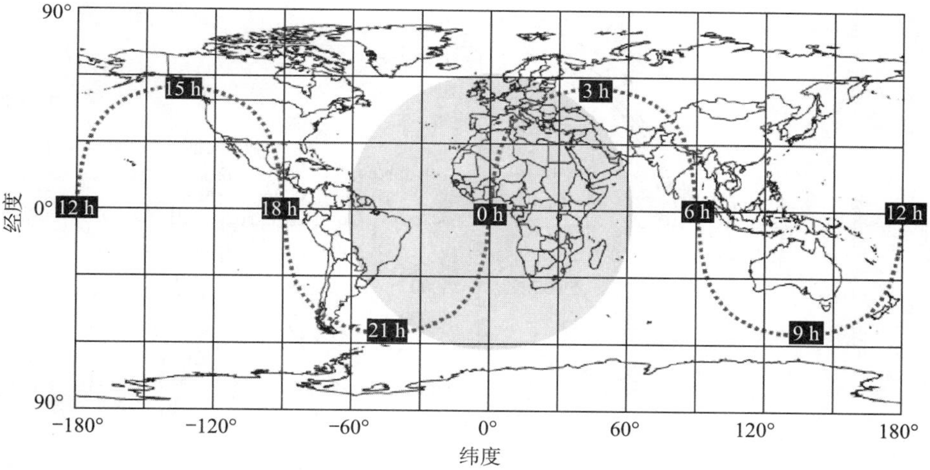

图 5－13　GPS 卫星 24 h 星下点轨迹及导航信号覆盖范围

然后是通过评价轨道参数对导航任务要求的影响来确定具体的轨道参数。任务要求包括覆盖要求（主要包括连续性、频率、持续时间、视场、地面轨迹、面积覆盖率和热点位置等）、性能（主要包括停留时间、分辨率等）、空间环境和生存能力（主要包括等离子环境、空间辐射、太阳粒子事件、银河宇宙线、高层大气等）、发射能力（主要包括发射成本、发射重量、发射地点限制等）、地面通信（主要包括地面测控网点的位置、遥测遥控数据的及时性、中继卫星的应用等）、轨道寿命以及法律或政治限制（主要包括轨位、信号频点）等 7 个方面，影响这 7 个方面任务要求的最主要的轨道参数是轨道高度。

轨道分类有多种方法。一种是按照偏心率对轨道进行分类：一是偏心率为零（或接近零）的圆轨道；二是偏心率较大（典型地，$e>0.6$）的大椭圆轨道。另一种是按照高度对轨道进行分类：地球同步静止轨道（GEO），其周期等于恒星日的持续时间；低地球轨道（LEO），高度一般低于 150 km；中圆地球轨道（MEO），高度介于 GEO 和 LEO 之间的轨道，其高度一般在 10 000～25 000 km；超同步轨道，高度大于 GEO 轨道（大于 35 786 km），人造卫星典型轨道的高度如图 5－14 所示。

若导航卫星采用 LEO 轨道，虽然发射成本比较低，但是若实现覆盖全球，则需要 200 多颗卫星，工程浩大、成本太高。若采用 GEO 轨道，理论上 3 颗卫星就能覆盖全球大部分区域，但除了高轨道卫星的发射难度大之外，更主要的是定位精度会很低，原因有三个：一是轨道太高会导致测量误差大；二是静止轨道与地面物体的相对速度很小，不利于使用多普勒频移解算；三是难以满足用户同时观测 4 颗以上导航卫星的要求。

MEO 轨道覆盖性能较好，可以用数量适当的卫星组网实现全球多重覆盖，美国 GPS、俄罗斯 GLONASS、中国 BDS 以及欧洲 Galileo 4 大全球卫星导航系统均选择工作在 MEO 轨道。卫星导航系统选择 MEO 轨道是比较折衷的方案，一般只需要 24 颗卫星就可以实

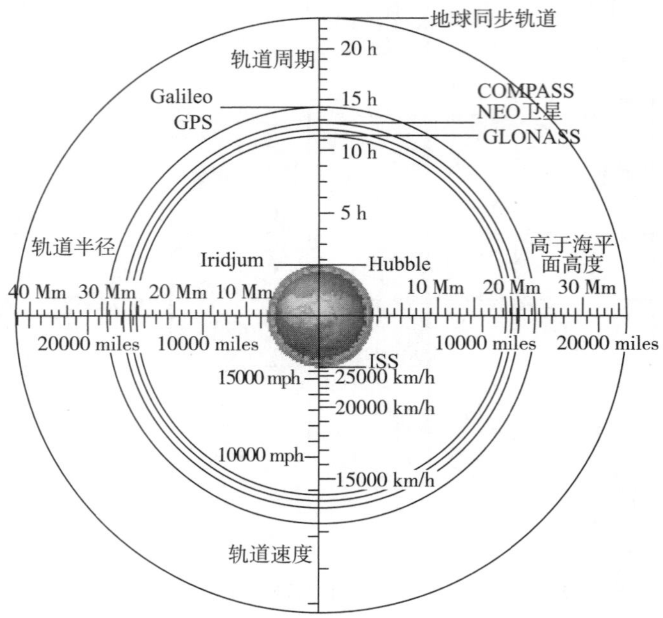

图 5－14　人造卫星典型轨道的高度

现对地球的连续四重覆盖。

5.3.2　日地空间环境的影响

选择任务轨道时还需要特别考虑轨道的空间环境，它是诱发航天器故障的主要原因之一。地球的空间环境是指地球和太阳之间的环境，太阳风和地磁场发生作用的界面叫做地球的磁层，地球是在太阳压缩的磁场里面，这个空间充满着大量的等离子体。太阳风暴释放的巨大电磁能量会压缩地球磁场，如果地球磁场被压缩到一定程度，太阳风很容易干扰卫星轨道。在地球的周围形成了两个辐射带，称为范·艾伦辐射带，辐射的强度很强，一个是内辐射带，靠地球比较近，从 200 多千米一直到两万千米左右，中心区域在两万千米左右；另一个是外辐射带，距离地球稍微远一些，中心达到三万多千米左右。范·艾伦辐射带内所俘获的高能质子和高能电子会严重影响星上电子器件的工作状态和工作寿命，范·艾伦辐射带电子密度和质子密度随轨道高度分布如图 5－15 所示。

虽然 MEO 轨道空间环境比 LEO 和 GEO 轨道恶劣，但是在确定 MEO 的具体高度时还是有讲究的。我们要避开范·艾伦辐射带的影响，例如，Galileo 的轨道高度选择为 23 222 km，GLONASS 的轨道高度选择为 19 140 km，GPS 的轨道高度选择为 20 200 km。

空间环境对卫星导航系统的影响主要包括大气层中的电离层和同温层对导航信号传播时延的影响，太阳风对地球磁场的影响，空间等离子体、辐射及高能粒子对星上电子产品功能、性能的影响以及太阳光压对卫星姿态的影响 4 个方面。需要特别研究大气层中电离层、对流层、电波干扰，以及它们的缓解技术和对策，这些因素都会影响系统工作状态，不仅影响定位精度、完好性、可用性、连续性和可靠性等一系列关键指标，也会干扰用户

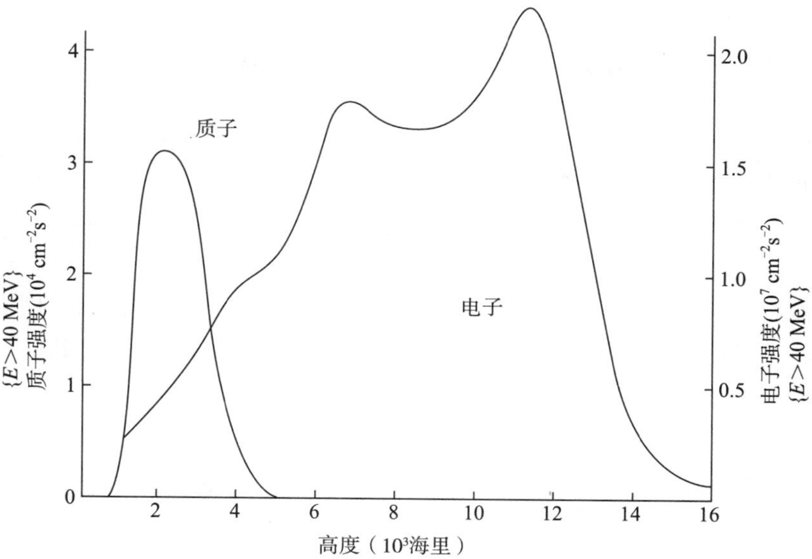

图 5－15　地球范·艾伦辐射带电子密度和质子密度随轨道高度分布

接收机的正常工作。

5.4　导航卫星星座设计

5.4.1　对地覆盖和星座结构

确定导航卫星的轨道高度后，如何做到用户可以同时观测到 4 颗以上导航卫星的基本要求呢？那么需要解决的第二个问题是确定导航卫星的数量和星座结构。

设计卫星星座可以利用设计单颗卫星轨道的全部设计准则。需要考虑的因素是星座中的每颗卫星是否都可以发射入轨，是否都能适当地位于地面站或者中继卫星的视场之中。此外，还有星座中卫星的数量、卫星之间的相对位置，以及在一圈轨道运行中或者星座的工作寿命期间这些轨道位置如何随时间变化、如何根据设计要求调整每颗卫星的轨道位置等因素。

对于卫星导航系统来说，地面四重及以上覆盖要求是选用多颗导航卫星联合工作的唯一理由。确定对地覆盖目标后，设计星座时通常要在覆盖率和卫星数量之间权衡，也就是在性能和成本之间进行权衡。覆盖率是系统的性能指标，而卫星的数量是系统成本的度量。

卫星星座的主要特征是卫星所在的轨道平面的数量。对称的星座结构要求在每个轨道平面内的卫星数量相同。在不同轨道平面之间，机动卫星所需要的推进剂远远多于在同一个轨道面内机动卫星所需要的推进剂，因此，设计星座时将数量较多的卫星送入少数几个轨道平面是最优设计。轨道平面的数量与对地覆盖性能有着密切的关系，设计星座时一般要求星座提供不同的性能台阶，并且个别卫星出现故障时，星座性能仍能降级可靠运行，轨道平面数量较少时的星座相对多轨道面星座有明显的优点。例如，只有 1 个轨道面的星座，每增加 1 颗卫星，系统性能就会提高 1 个台阶，而具有 2 个轨道面的星座，每次性能跃变则需要增加至少 2 颗卫星。对于更加复杂的星座，性能每提高一个台阶，要求增加更多的卫星。此外，对地覆盖范围和星座响应用户时间的能力也要求轨道面尽量少一些。最后，轨道平面数量较少的星座在个别卫星失效时，系统仍能够降效可靠运行。例如，GPS 星座配置 24 颗 MEO 轨道卫星，卫星位于 6 个地心轨道平面内，每个轨道面 4 颗卫星，每一个轨道平面内各颗卫星之间的升交点角相差 60°，相对于赤道面的倾斜角度为 55°，任一轨道平面上的卫星比西边相邻轨道平面上的相应卫星超前 30°，形成 Walker24/6/2 星座，如图 5 - 16 所示。

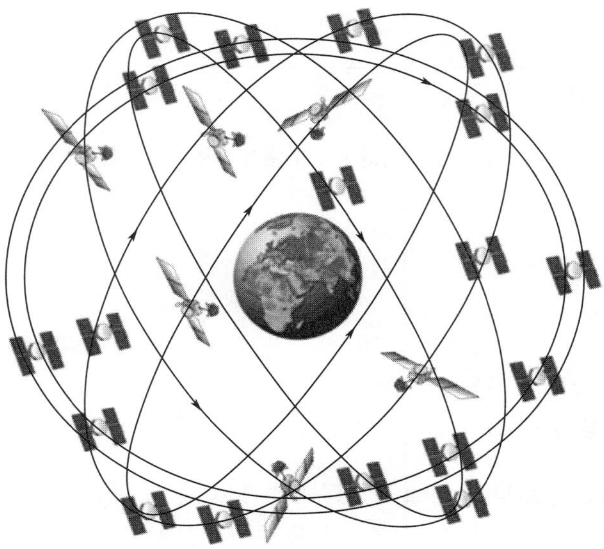

图 5 - 16　GPS Walker24/6/2 星座

正是这种特殊的卫星星座设计方案，GPS 导航卫星在 20 200 km 的轨道高度上运动时，使得地球表面用户任何地点、任何时间至少能同时接收到 4 颗以上 GPS 卫星播发的信号。例如，2001 年 4 月 14 日 12：00，GPS 星下点位置分布如图 5 - 17 所示。

在多个轨道平面的星座方案中，相对地球赤道平面的轨道倾角是星座设计的另外一个重要参数。原则上，可以设计一个各个轨道平面的倾角各不相同的星座，以获得最佳的地面覆盖性能。但是，这是不可实施的方案，因为轨道节点的进动速度是轨道高度和轨道倾角的函数。因此，如果星座中各颗卫星的轨道高度相同而高度倾角不同，则各个卫星轨道的进动速度也不相同，这样，一组最初彼此之间具有给定几何关系的轨道平面，其几何关系将随着时间而变化。反之，就必须消耗推进剂来调整和维持星座中各个卫星之间的相对位置，以保持好预先设计的对地覆盖能力，这种技术需要消耗大量推进剂，而且只能在特定条件下短时维持星座中各个卫星之间的相对位置。因此，设计卫星星座时，要使所有卫

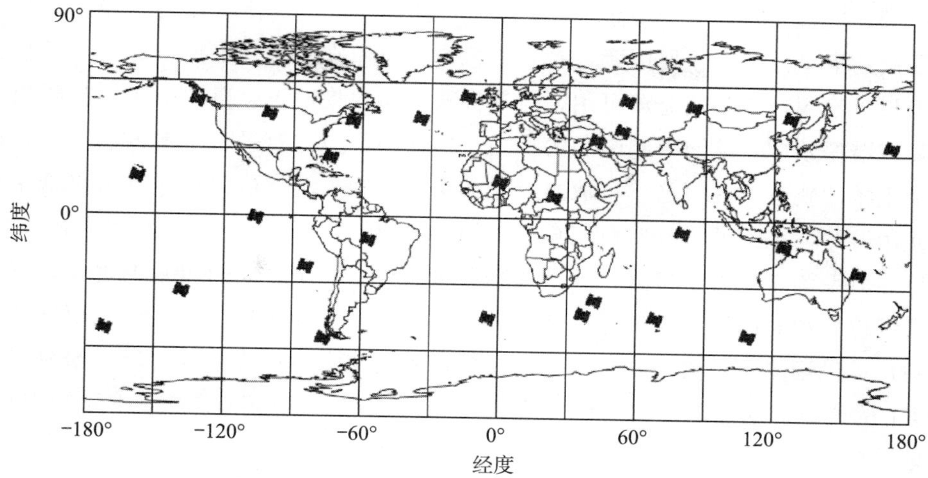

图 5－17　UTC 2001 年 4 月 14 日 12：00，GPS 星下点位置分布

星的轨道高度和轨道倾角均相同，否则不可能组成一个在长时间内协调工作的星座。

除了用户视界范围内必须要有 4 颗及以上导航卫星的基本约束外，还要考虑导航卫星能够周期通过地面导航数据上行注入站，以保证系统及时更新导航卫星的星历、修正星载原子钟误差，建设全球卫星导航系统的基本要求就是具备全球建立测控站和导航信号监测站的能力。

5.4.2　导航卫星星座

卫星星座由该星座中各卫星轨道参数的集合来表征。卫星星座的设计就是要选择那些使得星座的某些目标功能最优化（典型的情况是以最少的卫星数，获得最佳的性能）的轨道参数。卫星星座的设计已经成为一门广泛研究的学科。

卫星星座的理论研究一般集中在某些特定的轨道类型上。例如，Walker 广泛研究了倾斜圆轨道，Rider 进一步研究了包括全球覆盖和区域覆盖的倾斜圆轨道，Adams 和 Rider 研究了圆极轨道。这些研究全都集中在如何确定这些类型的轨道集合上，这一集合对于提供特定的覆盖而言，其所需要的卫星数最少。确定这些轨道类型的最佳倾角，进而确定卫星在平面中的配置（即对于给定的轨道高度，在何种轨道面集合中最少需要多少颗卫星来提供给定的覆盖水平）。覆盖水平通常由在某些区域以最小仰角之上观测到的卫星最少数目来表征。

Walker 星座能用更少的卫星提供相同的覆盖水平，使用等高度、等倾角的倾斜圆轨道，轨道面关于赤道面等间距分布，在轨道面内各卫星间也是等间距的。一般用 3 个参数来描述：T 代表星座中卫星的总数，P 代表轨道面数，F 确定了相邻轨道面间相位关系（即相位因子）。设每个平面内的卫星数为 S，显然有 $T=S\times P$。F 是一个整数，满足 $0\leqslant F\leqslant P-1$，每个相邻轨道面中第一颗卫星的平近点角偏差是 $360°\times F/P$。

在星座设计中，另一个重要的问题是要求将轨道参数维持在一个特定范围内，称为

“相位保持”，这就要求在一颗卫星工作寿命期间所需机动的频度和幅度最小。卫星上可用推进剂是制约卫星寿命的主要因素，对于卫星导航应用来说尤其如此，因为在相位保持机动之后卫星对于用户并不能立即可用，需等待轨道参数稳定下来且星历电文获得更新。一些轨道具有谐振效应，从而引起渐增的扰动，这样的轨道需要进行更多的相位保持机动以维持一个正常的轨道，因而是不可取的。总的来说，频繁的相位保持机动既降低了星座中卫星的使用寿命，也降低了星座对用户的可用性。

卫星导航系统需要多重覆盖，导航解算最少需要 4 颗用户同时可视的卫星，以提供用户确定三维位置和时间所必需的 4 个观测量。因此，卫星导航星座的一个主要限制是必须始终为用户提供至少 4 重覆盖。为可靠地保证这种覆盖水平，实际的卫星导航星座可提供 4 重及以上的覆盖，这样即使有一颗导航卫星出现故障，也能够维持至少 4 颗卫星可视。全球卫星导航星座设计问题主要考虑以下 7 方面因素。

1）覆盖应是全球的，轨道越高，卫星信号对地球表面的覆盖能力越强。例如，一个高度为 1 000 km 的卫星，能见到的地面面积为地球总面积的 6.7%。当卫星升高到 20 200 km时，可见到的地面面积占 38%。

2）地面覆盖区域的均匀性。当用圆形轨道时，卫星运行到轨道的任何位置，它对地面的距离和波束覆盖面积基本上不变。在卫星波束覆盖区域内，用户所接收的卫星信号落地电平强度相似，接收到导航信号的时延也大致相等，这对接收机定位和开展差分测量是很有益处的。

3）为了提供最好的导航精度，星座需要有很好的几何特性，这些特性限定了从用户来看卫星在方位角和仰角上的分布。

4）星座必须是可维护的，也就是说，在星座内调整卫星相位或者布置一颗新卫星的代价必须很低。

5）位置保持要求应是可以管理的。

6）对于所有时段任一用户位置上至少需要 4 颗卫星可视。

7）在任何一颗卫星失效时星座应是鲁棒的。

尽管在理论上由具有足够倾角的地球同步卫星构建的星座可以用来提供包括两极在内的全球覆盖，但是全球覆盖的需求和全世界范围内良好几何分布的要求排除了使用地球静止轨道卫星进行导航星座设计的选择。对于最少 4 重覆盖的限制条件，计算表明，要提供 6 重覆盖，所要求的 LEO 卫星数比 MEO 多出一个数量级，从星座规模最小化的要求以及建设和运行成本因素考虑，建议导航卫星不能选择 LEO 轨道。此外，从定位精度因子的角度来看，LEO 比 MEO 卫星星座的几何特性要差。基于上述考虑，LEO 和 GEO 高度不适合，MEO 高度更适合于卫星导航星座设计。最后，在覆盖性、精度因子特性和成本之间，GPS 等卫星导航系统均选择 MEO 轨道，MEO 轨道有一些良好的特性，包括重复的地面轨迹，相对高的高度（产生良好的精度因子特性），用相对少的卫星数提供导航所要求的冗余覆盖。

导航星座鲁棒性要求每个轨道面安排多颗卫星，而不是采用更一般化的 Walker 型星座，后者能用更少的卫星提供同样的覆盖水平，但这些卫星位于不同的轨道面上。例如，GPS 最终选择的是一种 6 个轨道面 Walker24/6/2 星座配置，卫星在轨道面内不是均匀间隔的，而且轨道面间有相位偏差，以改善星座的几何精度因子特性。因此，GPS 星座可以认为是一个定制的 Walker 星座。

GPS Walker24/6/2 星座中，6 个轨道平面依次以 A、B、C、D、E、F 命名，每一个轨道上分布着 4 颗工作卫星，处于同一个轨道上的卫星，如图 4－13 所示。以轨道之名加上序号的方法，表示该颗卫星所在的轨道位置。正是这种特殊、精密设计的星座方案，尽管位于地平线以上的卫星颗数随着时间和地点的不同而不同，但是可以确保地面用户视场内至少能观测到 6 颗卫星，最多能观测到 11 颗卫星，能够全球范围内实现 4 重或 5 重覆盖，从而有效提高用户接收导航信号的鲁棒性。

在中国境内，一般全天有 50％的时间，能够见到 7 颗 GPS 卫星；29％的时间，能够见到 6 颗 GPS 卫星；17％的时间，能够见到 8 颗 GPS 卫星；4％的时间，能够见到 5 颗 GPS 卫星。对于某地某时的 GPS 用户而言，也许只能见到 4 颗 GPS 卫星，而这 4 颗卫星构成的几何构形，只能提供较一般的定位精度，甚至难以测得精确的点位坐标，这个时间段称为“间隙段”，但这种时间间隙段是很短暂的，并不影响全球绝大多数地方的全天候、高精度、连续实时的导航定位。

卫星导航系统星座的设计以及在轨备份策略比较复杂，将备份卫星发射到哪个轨道面和哪个位置，需要综合考虑如下 5 个因素：

1）系统定位精度、授时精度、完好性、连续性、可用性等关键指标要求；

2）星座中卫星的健康状态，包括预计失效时间等，不同卫星失效对星座性能的影响；

3）用户对于导航卫星的可见性；

4）卫星更新换代的考虑；

5）上行注入站的数量和卫星发射费用等各种因素进行多目标优化求解的结果。

1995 年，GPS 建成并全面运行后，美国空军承诺维护 24 颗卫星的稳定运行，根据预计的故障而不是需要或固定周期来发射补充卫星。这样新的替补卫星将在实际需要之前进入轨道，以免因卫星故障而出现可见卫星数目的减少和覆盖漏洞。同时采取在轨备份的长期策略，这样不但实现了用户视界范围内必须要有 4 颗以上导航卫星的要求，而且大幅度提高了系统的连续性和可用性，系统能够容许任何暂时的卫星故障。在这个意义上讲，系统是稳健的。

卫星导航系统星座主要设计因素包括单颗导航卫星轨道设计的综合权衡（轨道高度、轨道倾角、轨道周期等）、性能台阶的目标及与纬度的关系、4 重以上覆盖、覆盖几何对幅宽的限制、星座覆盖的综合权衡（卫星数量、轨道平面数量、性能台阶、平均响应时间）等内容。基于以上因素综合考虑，全球四大卫星导航系统均采用 MEO 轨道卫星组成特定的 Walker 卫星星座，例如美国 GPS 选择了 Walker24/6/2 星座；俄罗斯 GLONASS 也是 Walker24/3/2 星座；欧洲 Galileo 为 Walker30/3/1 星座，其中 27 个工作卫星，3 个在轨备份星。各导航星座主要特征总结如表 5－1 所示。

表 5-1　GPS、GLONASS 以及欧洲 Galileo 卫星导航系统星座主要特征

	GLONASS	GPS	Galileo
名义卫星数量	24	24	30
轨道平面数量	3	6	3
轨道倾角	64°8′	55°	56°
轨道高度	19 140 km	20 200 km	23 616 km
轨道周期	11 h 15 min	11 h 58 min	14 h 22 min
发射地点	Baikonur/Plesetsk	Cape Canaveral	Kourou (French Guiana)
首次发射时间	02/10/82	22/02/78	N/A
空间参考坐标	PZ—90.11	WGS—84	GTRF

注：http://www.navipedia.net/index.php/glonass_space_sgement#cite_note-GLONASS.it-4

用同一台接收机同时接收不同卫星导航系统的信号，例如，同时接收 GPS 信号和 GLONASS 信号，是消除导航信号覆盖间隙段的有效方法，同时也能提高用户的定位精度，例如用户采用 GPS、GPS+EGNOS 增强系统以及 GPS+EGNOS+Galileo 求解位置定位精度比较如图 5-18 所示。

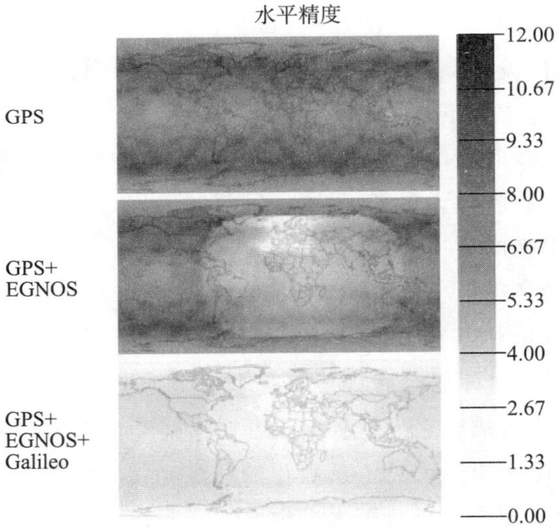

图 5-18　GPS、GPS+EGNOS 增强系统以及 GPS+EGNOS+Galileo 系统求解位置定位精度比较

为了提高定位精度，用户需要选择空间几何组合最优的 4 颗导航卫星，因此开展星座设计时，要考虑未来四大全球系统同时组网运行时的兼容互操作事宜。

5.5　卫星几何精度因子

用户同时要收到 4 颗以上导航卫星播发信号才能定位的要求是开展卫星导航星座设计的基本约束条件，这 4 颗以上导航卫星在空间的几何关系也是变化的，会影响定位方程的解算精度。用户关心的是位置的解算精度（定位精度），它反映用户接收机解算的结果与真实值之间的差异。当系统的测距精度一定时，位置解算过程中所选定的这 4 颗以上导航卫星在空间的几何关系（构形）就成为影响系统定位精度的主要因素，甚至会造成解算模糊问题。卫星的几何分布与定位精度的关系如图 5－19 所示。

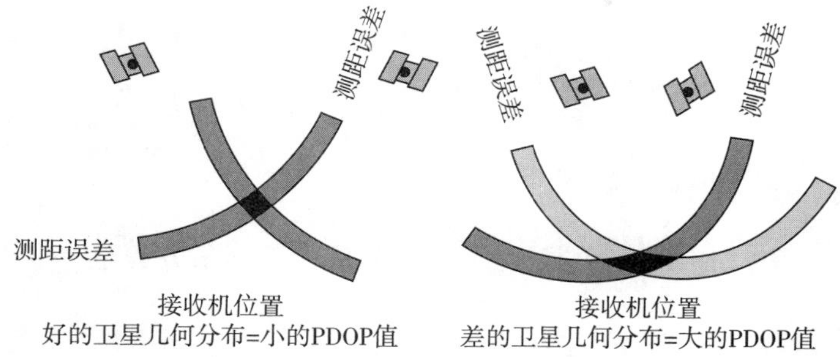

图 5－19　卫星空间几何分布与定位精度的关系

当系统的测距精度一定时，为了提高定位精度，显然定位方程中的 4 颗以上导航卫星的空间几何分布存在最佳组合，导航卫星的空间分布对定位精度的影响产生了卫星空间几何分布的概念，卫星空间几何分布的影响被称为几何精度因子（geometry dilution of precision，GDOP），这意味着包括卫星钟时钟误差在内等诸多因素造成的用户测距误差（URE）将会被导航卫星的空间几何分布关系放大。用户的定位精度（σ_A）由观测量的精度（σ_{UERE}）和所观测导航卫星的空间几何分布精度因子共同决定，用公式表示为

$$\sigma_A = \sigma_{UERE} \times \mathrm{GDOP} \tag{5-32}$$

5.5.1　几何精度因子定义

在确定用户三维位置过程中，假设用户坐标为 (X,Y,Z)，导航卫星的坐标为 (x_i, y_i, z_i)，$i=1,2,3,4\cdots m$，则观测方程（定位方程）为

$$\rho_i(t) = [(x_i(t) - X(t))^2 + (y_i(t) - Y(t))^2 + (z_i(t) - Z(t))^2]^{1/2} + c\delta t_R \tag{5-33}$$

式中　δt_R ——用户接收机时钟误差；

c ——导航信号在空间中的传播速度。

令伪距 $\rho_i(t) = h(\boldsymbol{x})$，四维矢量 $\boldsymbol{x}$ 代表用户的位置坐标和时钟误差，$\boldsymbol{x} = [X, Y, Z, c_b]^{\mathrm{T}}$，其中 X 代表用户接收机天线相位中心的朝东方向的分量，Y 代表用户接收机天线相位中心的朝北方向的分量，Z 代表用户接收机天线相位中心的天顶方向的分量，c_b 表示时钟误差，为式（5－33）中 $c\delta t_R$ 的简化。

利用 Taylor 级数将非线性函数 $h(\boldsymbol{x})$ 线性化处理，在初始值 $\boldsymbol{x}_{\mathrm{norm}}$ 处 Taylor 级数展开

$$h(\boldsymbol{x}) = h(\boldsymbol{x}_{\mathrm{norm}}) + \frac{\partial h(\boldsymbol{x})}{\partial \boldsymbol{x}}\bigg|_{\boldsymbol{x}=\boldsymbol{x}_{\mathrm{norm}}} \delta\boldsymbol{x} + \mathrm{H.O.T} \tag{5-34}$$

其中

$$\delta\boldsymbol{x} = \boldsymbol{x} - \boldsymbol{x}_{\mathrm{norm}}$$

式中　H. O. T——Taylor 级数展开的高阶项。

式（5-34）可进一步写为

$$\delta h(\boldsymbol{x})=h(\boldsymbol{x})-h(\boldsymbol{x}_{\text{norm}})=\frac{\partial h(\boldsymbol{x})}{\partial \boldsymbol{x}}\Big|_{\boldsymbol{x}=\boldsymbol{x}_{\text{norm}}}\delta\boldsymbol{x}=\boldsymbol{H}\delta\boldsymbol{x} \tag{5-35}$$

其中　$\delta x=x_i(t)-X_{\text{norm}}(t)$，$\delta y=y_i(t)-Y_{\text{norm}}(t)$，$\delta z=z_i(t)-Z_{\text{norm}}(t)$

因此，根据观测方程（5-33），有

$$\delta\rho=\rho_i(X,Y,Z)-\rho_i(X_{\text{norm}},Y_{\text{norm}},Z_{\text{norm}})\approx\frac{\partial\boldsymbol{\rho}(\boldsymbol{x})}{\partial\boldsymbol{x}}\Big|_{\boldsymbol{x}=\boldsymbol{x}_{\text{norm}}}\delta\boldsymbol{x}+v_\rho \tag{5-36}$$

式中　v_ρ——用户接收机测量噪声。

矢量方程（5-36）中 $\frac{\partial\boldsymbol{\rho}(\boldsymbol{x})}{\partial\boldsymbol{x}}\Big|_{\boldsymbol{x}=\boldsymbol{x}_{\text{norm}}}$ 可以写成如下标量方程组，$i=1,2,3,4$（4 颗导航卫星）

$$\begin{aligned}\frac{\partial\rho_i}{\partial X}&=\frac{-(x_i-X)}{\sqrt{(x_i-X)^2+(y_i-Y)^2+(z_i-Z)^2}}\Bigg|_{X_{\text{norm}},Y_{\text{norm}},Z_{\text{norm}}}\\&=\frac{-(x_i-X_{\text{norm}})}{\sqrt{(x_i-X_{\text{norm}})^2+(y_i-Y_{\text{norm}})^2+(z_i-Z_{\text{norm}})^2}}\end{aligned} \tag{5-37}$$

$$\frac{\partial\rho_i}{\partial Y}=\frac{-(y_i-Y_{\text{norm}})}{\sqrt{(x_i-X_{\text{norm}})^2+(y_i-Y_{\text{norm}})^2+(z_i-Z_{\text{norm}})^2}} \tag{5-38}$$

$$\frac{\partial\rho_i}{\partial Z}=\frac{-(z_i-Z_{\text{norm}})}{\sqrt{(x_i-X_{\text{norm}})^2+(y_i-Y_{\text{norm}})^2+(z_i-Z_{\text{norm}})^2}} \tag{5-39}$$

由方向余弦定义可知，式（5-37）、式（5-38）、式（5-39）分别表示用户接收机和可见导航卫星之间的方向余弦，代入方程（5-36），有

$$\begin{bmatrix}\delta\rho_1\\\delta\rho_2\\\delta\rho_3\\\delta\rho_3\end{bmatrix}=\begin{bmatrix}\frac{\partial\rho_1}{\partial x}&\frac{\partial\rho_1}{\partial y}&\frac{\partial\rho_1}{\partial z}&1\\\frac{\partial\rho_2}{\partial x}&\frac{\partial\rho_2}{\partial y}&\frac{\partial\rho_2}{\partial z}&1\\\frac{\partial\rho_3}{\partial x}&\frac{\partial\rho_3}{\partial y}&\frac{\partial\rho_3}{\partial z}&1\\\frac{\partial\rho_4}{\partial x}&\frac{\partial\rho_4}{\partial y}&\frac{\partial\rho_4}{\partial z}&1\end{bmatrix}\begin{bmatrix}\delta x\\\delta y\\\delta z\\c_b\end{bmatrix}+\begin{bmatrix}v_\rho^1\\v_\rho^2\\v_\rho^3\\v_\rho^4\end{bmatrix} \tag{5-40}$$

即

$$\delta\boldsymbol{\rho}=\boldsymbol{H}\delta\boldsymbol{x}+\boldsymbol{v}_k \tag{5-41}$$

式中　$\boldsymbol{H}$——用户的方向余弦矩阵。

为了确定矩阵 $\boldsymbol{H}$，需要知道导航卫星的位置坐标以及用户位置的初始值，为了近似计算导航卫星的几何精度因子，由方程（5-41）可知

$$\delta\boldsymbol{\rho}\approx\boldsymbol{H}\delta\boldsymbol{x} \tag{5-42}$$

通过伪距观测量、导航卫星的位置坐标以及用户位置的标称值，可以确定方程（5-42）中的 $\delta\boldsymbol{\rho}$ 和 $\boldsymbol{H}$，而用户位置误差矢量 $\delta\boldsymbol{x}$ 是未知量。方程（5-42）两边同时左乘 $\boldsymbol{H}$ 矩

阵的转置，得到

$$\boldsymbol{H}^{\mathrm{T}}\delta\boldsymbol{\rho}=\boldsymbol{H}^{\mathrm{T}}\boldsymbol{H}\delta\boldsymbol{x} \tag{5-43}$$

两边再同时左乘 $\boldsymbol{H}^{\mathrm{T}}\boldsymbol{H}$ 矩阵的逆矩阵，得到

$$\delta\boldsymbol{x}=(\boldsymbol{H}^{\mathrm{T}}\boldsymbol{H})^{-1}\boldsymbol{H}^{\mathrm{T}}\delta\boldsymbol{\rho} \tag{5-44}$$

如果 $\delta\boldsymbol{\rho}$ 和 $\delta\boldsymbol{x}$ 是随机变量、且均值为零，则用户位置误差矢量 $\delta\boldsymbol{x}$ 的协方差矩阵可以表示为

$$\begin{aligned}\mathrm{cov}(\delta\boldsymbol{x})&=E[(\delta\boldsymbol{x})(\delta\boldsymbol{x})^{\mathrm{T}}]=E\{[(\boldsymbol{H}^{\mathrm{T}}\boldsymbol{H})^{-1}\boldsymbol{H}^{\mathrm{T}}\delta\boldsymbol{\rho}][(\boldsymbol{H}^{\mathrm{T}}\boldsymbol{H})^{-1}\boldsymbol{H}^{\mathrm{T}}\delta\boldsymbol{\rho}]^{\mathrm{T}}\}\\&=[(\boldsymbol{H}^{\mathrm{T}}\boldsymbol{H})^{-1}\boldsymbol{H}^{\mathrm{T}}]E[\delta\boldsymbol{\rho}\delta\boldsymbol{\rho}^{\mathrm{T}}][\boldsymbol{H}(\boldsymbol{H}^{\mathrm{T}}\boldsymbol{H})^{-1}]\end{aligned} \tag{5-45}$$

假设用户机与各颗卫星的伪距观测过程独立，对应伪距观测量的方差均为 σ^2，则有

$$E[\delta\boldsymbol{\rho}\delta\boldsymbol{\rho}^{\mathrm{T}}]=\sigma^2 I_4 \tag{5-46}$$

将式（5-46）代入（5-45），有

$$\begin{aligned}\mathrm{cov}(\delta\boldsymbol{x})&=E[(\delta\boldsymbol{x})(\delta\boldsymbol{x})^{\mathrm{T}}]=\sigma^2[(\boldsymbol{H}^{\mathrm{T}}\boldsymbol{H})^{-1}\boldsymbol{H}^{\mathrm{T}}][\boldsymbol{H}(\boldsymbol{H}^{\mathrm{T}}\boldsymbol{H})^{-1}]\\&=\sigma^2(\boldsymbol{H}^{\mathrm{T}}\boldsymbol{H})^{-1}[(\boldsymbol{H}^{\mathrm{T}}\boldsymbol{H})(\boldsymbol{H}^{\mathrm{T}}\boldsymbol{H})^{-1}]=\sigma^2(\boldsymbol{H}^{\mathrm{T}}\boldsymbol{H})^{-1}\end{aligned} \tag{5-47}$$

矩阵 $(\boldsymbol{H}^{\mathrm{T}}\boldsymbol{H})^{-1}$ 的分量定量给出了用户伪距观测量误差 σ^2 与定位解算误差 $\delta\boldsymbol{x}$ 之间的函数关系，在 σ^2 一定的情况下，$\delta\boldsymbol{x}$ 与观测量无关，而仅与式（5-40）定义的用户的方向余弦矩阵 $\boldsymbol{H}$ 有关，$\delta\boldsymbol{x}$ 的协方差的矩阵表达式为

$$\mathrm{cov}(\delta\boldsymbol{x})=\sigma^2(\boldsymbol{H}^{\mathrm{T}}\boldsymbol{H})^{-1}=\sigma^2\begin{bmatrix}g_{11}&g_{12}&g_{13}&g_{14}\\g_{21}&g_{22}&g_{23}&g_{24}\\g_{31}&g_{32}&g_{33}&g_{34}\\g_{41}&g_{42}&g_{43}&g_{44}\end{bmatrix}=\begin{bmatrix}\sigma_x^2&\sigma_{xy}&\sigma_{xz}&\sigma_{xt}\\\sigma_{yx}&\sigma_y^2&\sigma_{yz}&\sigma_{yt}\\\sigma_{zx}&\sigma_{zy}&\sigma_z^2&\sigma_{zt}\\\sigma_{tx}&\sigma_{ty}&\sigma_{tz}&\sigma_t^2\end{bmatrix} \tag{5-48}$$

式中，矩阵 $(\boldsymbol{H}^{\mathrm{T}}\boldsymbol{H})^{-1}$ 的对角线元素能够反映用户位置坐标 X、Y、Z 及用户钟差的均方根误差被放大的程度，定义几何精度因子、位置精度因子、水平位置精度因子、垂直位置精度因子、时间精度因子的计算公式分别为

$$\begin{aligned}&\mathrm{GDOP}=(g_{11}+g_{22}+g_{33}+g_{44})^{1/2}=(\sigma_x^2+\sigma_y^2+\sigma_z^2+\sigma_t^2)^{1/2}/\sigma\\&\mathrm{PDOP}=(g_{11}+g_{22}+g_{33})^{1/2}=(\sigma_x^2+\sigma_y^2+\sigma_z^2)^{1/2}/\sigma\\&\mathrm{HDOP}=(g_{11}+g_{22})^{1/2}=(\sigma_x^2+\sigma_y^2)^{1/2}/\sigma\\&\mathrm{VDOP}=(g_{33})^{1/2}=(\sigma_z^2)^{1/2}/\sigma=\sigma_z/\sigma\\&\mathrm{TDOP}=(g_{44})^{1/2}=(\sigma_t^2)^{1/2}/\sigma=\sigma_t/\sigma\end{aligned} \tag{5-49}$$

式中　σ ——伪距观测量的均方根值；

σ_x、σ_y、σ_z—— 分别是估计的用户位置坐标 X、Y、Z 的均方根误差；

σ_t ——估计的用户钟差的均方根误差，均以距离单位表示。

几何精度因子、位置精度因子、水平位置精度因子、垂直位置精度因子、时间精度因子的层次关系如图 5-20 所示。

5.5.2　几何精度因子计算

求解用户三维位置坐标 (X,Y,Z) 加上接收机时钟误差 c_b 时，需要观测 4 颗导航卫星

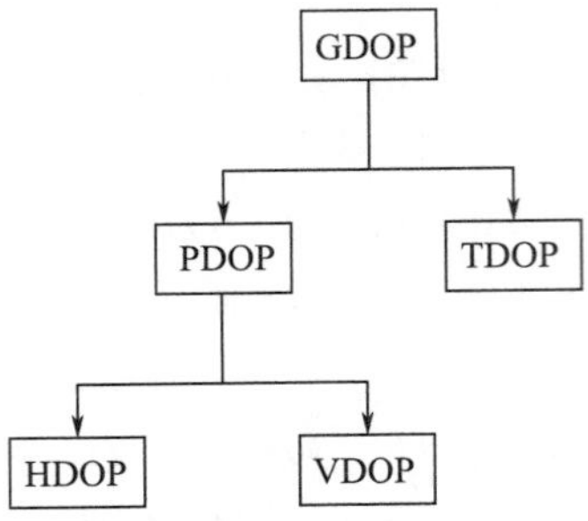

图 5-20　卫星空间几何分布精度因子的层次关系

的伪距。最理想的卫星空间几何分布是 1 颗卫星在用户天顶，其他 3 颗卫星等间隔地均匀分布在与用户和天顶卫星连线相互垂直的平面上，即用户指向每颗卫星的单位矢量描绘出 1 个具有顶点在用户天顶方向的四面体，该四面体的底面是 1 个等边三角形，这个四面体体积最大时的卫星可见几何分布是最优几何分布。此时如果其他 3 颗卫星以 120°等间隔地均匀分布在 1 个方位平面上，假设用户观测仰角为 5°，4 颗导航卫星的最佳几何分布如表 5-2 所示，即把卫星的方向定义成方位角，方位角从真北起顺时针测量，用户接收机对卫星的观测仰角则为从本地水平面上测量，假设用户位置在坐标系原点，卫星 1 在坐标系的 X 轴上，卫星 2 的方位角为 120°（起始轴为 X 轴），卫星 3 的方位角为 240°（起始轴为 X 轴），卫星 4 的方位角为 0°且位于用户天顶处。

表 5-2　4 颗导航卫星的最佳几何分布

	卫星 1	卫星 2	卫星 3	卫星 4
用户观测仰角 E	5°	5°	5°	90°
卫星方位角 α	0°	120°	240°	0°

根据方程（5-40）定义，用户的方向余弦矩阵 $\boldsymbol{H}$ 为

$$\boldsymbol{H}=\begin{bmatrix}\cos E_1\sin\alpha_1 & \cos E_1\cos\alpha_1 & \sin E_1 & 1\\ \cos E_2\sin\alpha_2 & \cos E_2\cos\alpha_2 & \sin E_2 & 1\\ \cos E_3\sin\alpha_3 & \cos E_3\cos\alpha_3 & \sin E_3 & 1\\ \cos E_4\sin\alpha_4 & \cos E_4\cos\alpha_4 & \sin E_4 & 1\end{bmatrix}\tag{5-50}$$

将表 5-2 定义的 4 颗导航卫星的方位角和用户观测仰角代入式（5-50），则有

$$\begin{aligned}\boldsymbol{H}&=\begin{bmatrix}\cos5^\circ\sin0^\circ & \cos5^\circ\cos0^\circ & \sin5^\circ & 1\\ \cos5^\circ\sin120^\circ & \cos5^\circ\cos120^\circ & \sin5^\circ & 1\\ \cos5^\circ\sin240^\circ & \cos5^\circ\cos240^\circ & \sin5^\circ & 1\\ \cos90^\circ\sin0^\circ & \cos90^\circ\cos0^\circ & \sin90^\circ & 1\end{bmatrix}\\ &=\begin{bmatrix}0.0000 & +0.9969 & 0.0872 & 1.0000\\ +0.8627 & -0.4981 & 0.0872 & 1.0000\\ -0.8627 & -0.4981 & 0.0872 & 1.0000\\ 0.0000 & 0.0000 & 1.0000 & 1.0000\end{bmatrix}\end{aligned}\tag{5-51}$$

$$
(\boldsymbol{H}^{\mathrm{T}}\boldsymbol{H})^{-1}=\left(\begin{bmatrix} 0.0000 & +0.9969 & 0.0872 & 1.0000 \\ +0.8627 & -0.4981 & 0.0872 & 1.0000 \\ -0.8627 & -0.4981 & 0.0872 & 1.0000 \\ 0.0000 & 0.0000 & 1.0000 & 1.0000 \end{bmatrix}^{\mathrm{T}}\begin{bmatrix} 0.0000 & +0.9969 & 0.0872 & 1.0000 \\ +0.8627 & -0.4981 & 0.0872 & 1.0000 \\ -0.8627 & -0.4981 & 0.0872 & 1.0000 \\ 0.0000 & 0.0000 & 1.0000 & 1.0000 \end{bmatrix}\right)^{-1}
$$

$$
=\begin{bmatrix} 0.672 & 0.000 & 0.000 & 0.000 \\ 0.000 & 0.672 & 0.000 & 0.000 \\ 0.000 & 0.000 & 1.600 & -0.505 \\ 0.000 & 0.000 & -0.505 & 0.409 \end{bmatrix} \tag{5-52}
$$

根据方程（5－49），定义几何精度因子、位置精度因子、水平位置精度因子、垂直位置精度因子、时间精度因子分别为

$$
\begin{aligned}
&\mathrm{GDOP}=(g_{11}+g_{22}+g_{33}+g_{44})^{1/2}=(0.672+0.672+1.600+0.409)^{1/2}=1.83 \\
&\mathrm{PDOP}=(g_{11}+g_{22}+g_{33})^{1/2}=(0.672+0.672+1.600)^{1/2}=1.72 \\
&\mathrm{HDOP}=(g_{11}+g_{22})^{1/2}=(0.672+0.672)^{1/2}=1.16 \\
&\mathrm{VDOP}=(g_{33})^{1/2}=(1-600)^{1/2}=1.26 \\
&\mathrm{TDOP}=(g_{44})^{1/2}=(0-409)^{1/2}=0.64
\end{aligned} \tag{5-53}
$$

用户接收机在某一时刻可以接收多颗导航卫星播发的信号，此时如何从中选出合适的卫星参与定位解算就成为至关重要的一步。从式（5－48）可以看出星座的 GDOP 值只与卫星和用户相对位置的俯仰角及方位角有关，是选星最重要的参考依据。

用户机若想接收到导航信号，卫星的仰角必须满足大于 0°。根据精度因子计算公式，DOP 值随用户观测仰角从 90°到 0°均匀地减小，DOP 值的最小值直接按可见卫星数的平方根成反比下降。最佳的星座是一颗卫星在用户的天顶，另外三颗卫星以较低的仰角分散排列，构成正四面体棱锥，如果用户视界范围内有 6 颗卫星可见，研究表明最小的 DOP 值出现在 2 颗卫星在用户天顶，4 颗卫星在水平面分散排列，如图 5－21 所示。

用户视界范围内有 6 颗卫星可见时，几何精度因子、位置精度因子、水平位置精度因子、垂直位置精度因子、时间精度因子与卫星仰角的关系，如图 5－22 所示。

卫星始终在轨道空间运动，DOP 值也是时间的函数。研究表明，对导航卫星星座而言，观测 4 颗导航卫星时，GDOP 值典型解为 2～3。因此，如果系统的定位精度要求为 10 m，则伪距观测精度必须低于 3.3 m，这是对导航信号设计提出要求的最原始依据。

但是，为了尽量降低定位误差，还要综合考虑对应的伪距观测误差，卫星的俯仰角不仅影响精度因子的大小，还会影响信号的传输误差。对地面或者近地空间的用户，用户机在低仰角工作时会导致三方面的影响：一是多路径和电离层延迟对伪距观测量的影响引起随机误差随仰角减小而增加，在卫星仰角低于 5°时甚至会导致性能变坏；其次是由于误差项的相关性，估计中的噪声误差方差也必然会随卫星数目的增加而发生平均，特别是当几颗卫星角度间隔比较小的时候；最后是在相同仰角上的一些卫星其伪距观测误差项的相关

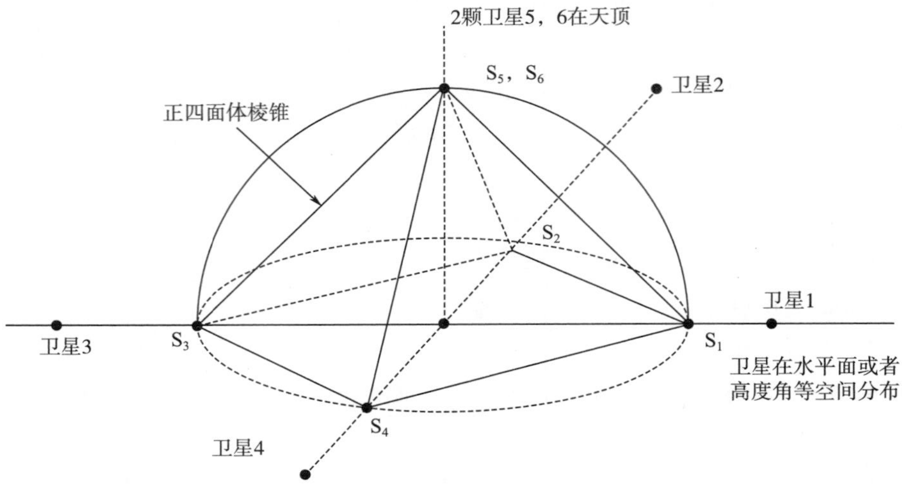

图 5-21　使 GDOP 值最小的 6 颗导航卫星最优空间配置——卫星在半球空间所确定的金字塔状四面棱锥体的各顶点方向上

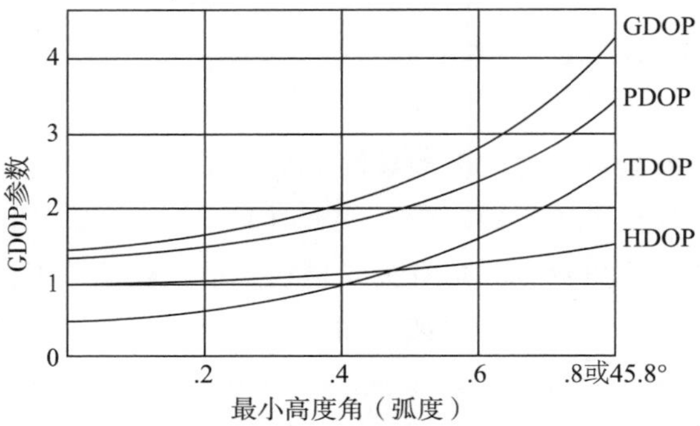

图 5-22　DOP 与卫星仰角的关系

性会消除某些有效的精度因子误差。

5.6　导航卫星的广播星历

广播星历参数是卫星导航电文的主要内容之一，是用户利用卫星导航系统实现 PNT 服务的基本数据信息，生成的主要过程包括导航精密卫星轨道确定、高精度轨道预报以及星历参数拟合。

由于导航卫星在轨运行的轨道不断地变化，要保证给导航卫星播发的轨道参数准确有效，必须对其进行跟踪与控制，这就涉及到卫星的定轨和预报问题。定轨，即轨道确定，一个最简单而直接的定义就是根据对运动天体（包括各类航天器）的一系列跟踪测量数据，用相应的数学方法确定其在某一 t_0 时刻的运行状态。所谓运行状态，就是在选定的空间坐标系中，t_0 时刻运动天体的位置和速度 $(\boldsymbol{r}_0, \dot{\boldsymbol{r}}_0)$ ，或该时刻的轨道根数，如果是环绕型之类的天体（如人造地球卫星），则是 6 个椭圆根数 $\boldsymbol{\sigma}_0=(a_0, e_0, i_0, \Omega_0, \omega_0, M_0)^{\mathrm{T}}$ 。

5.6.1　导航卫星轨道确定

定轨在天体力学或航天器轨道力学中通常有两个概念：短弧意义下的初轨确定和长弧（在特殊条件下也可以是短弧）意义下的轨道改进（现称精密定轨）。对于前者，传统意义下的定轨模型是对应一个无摄运动的二体问题。这无论在航天任务中，还是在太阳系各种小天体（小行星、自然卫星、彗星等）的发现过程中，都是不可缺少的工作。初轨本身可在某些问题中直接引用，或为精密定轨提供初始信息（即初值）。对于后者，定轨模型则对应一个“完整”力学系统的受摄二体问题或一般 $(N+1)$ 体问题（其中 1 就是待定轨的运动天体），它是根据大量观测资料所作的轨道确定工作，提供各种天体的精密轨道。关于精密定轨，传统的叫法为轨道改进，但由于可以在定轨的同时确定某些参数（与待定轨的天体轨道有关的一些几何和物理参数），扩展了传统意义下单纯的轨道改进，故现称其为精密定轨——轨道确定与参数估计。另外，就精密定轨的原理和定轨的内容来看，尽管有改进轨道之意，但在定轨过程中必须提供的初始轨道 $(\boldsymbol{r}^*, \dot{\boldsymbol{r}}^*)$ 或 $\boldsymbol{\sigma}^*$ ，仅仅起一个迭代初值的作用，它对应的时刻 t^* 与定轨历元时刻 t_0 并不需要一致。因此，称其为轨道改进不如精密轨道确定（简称精密定轨）更恰当。

用以定轨的测量数据，对应一种观测量，有测距量 ρ ，测速量 $\dot{\rho}$ ，测角量 α，δ（赤经赤纬）和 A，h（方位角和高度角），导航定位量 $\boldsymbol{r}(x, y, z)$ 等，无论哪一类数据，习惯用符号 Y 表示，它们与定轨历元 t_0 时刻的状态量 X_0（指轨道量和待确定的某些几何、物理参数）有如下函数关系

$$\begin{cases}Y=Y(X, t)\\X(t)=X(t; t_0, X_0)\end{cases}\tag{5-54}$$

状态量 X 是 n 维，而一列观测量 t_j，$Y_j(j=1, 2, \cdots, k)$ 是 $m\times k$ 维，$m\geqslant 1$，m 是观测量的维数（测角量一次采样是 2 维）。因此，当 $(m\times k)\geqslant n$ 时，只要 $X(t)=X(t; t_0, X_0)$ 有确切的动力学规律制约，那么，原则上方程组（5-54）可解，即由一列观测量 t_j，$Y_j(j=1, 2, \cdots, k)$ 给出历元 t_0 时刻的状态量 X_0。但实质上它归结为一个复杂方程 $\Phi(t, Y; t_0, X_0)=0$ 的求解问题，这将涉及解的确定性和如何求解问题，因此必须注意如下两点：

1）解的确定性问题（定轨条件），即是否能由上述一列观测量 t_j，$Y_j(j=1, 2, \cdots, k)$ 唯一确定相应历元 t_0 时刻的状态量 X_0，亦称可观测性问题。例如卫星单站测距和测速，如果是短弧，将难以定轨，其具体的数学问题将在后面有关内容中阐明。

2）如何求解问题，即在可定轨的前提下，上述方程是一个多变元的非线性方程，而且还包含了超越函数关系，无法直接求解，通常只能通过多变元迭代过程才能实现定轨。但对于短弧情况，只有测距和测速类型资料，必须采用一般的多变元迭代方法求解，测角资料则不然，即使考虑完整的力学系统，亦能通过一个特殊而简单的迭代过程实现定轨，

这正是短弧初轨确定方法与建立在多变元迭代基础上的精密定轨方法的重大差别。

如前所述，导航卫星的运动所涉及的数学模型是复杂非线性动力学系统，在所选取的地心直角坐标系中，相应的运动微分方程为

$$\begin{cases}\ddot{\boldsymbol{r}}=F(\boldsymbol{r},\dot{\boldsymbol{r}},t,\beta)\\ \boldsymbol{r}(t_0)=\boldsymbol{r}_0,\dot{\boldsymbol{r}}(t_0)=\dot{\boldsymbol{r}}_0\end{cases} \tag{5-55}$$

右函数 F 所包含的 β 是相应力模型涉及的物理参数和卫星本体的星体参数（如太阳光压参数等）。对于受摄二体问题，方程（5－55）又可写成

$$\ddot{\boldsymbol{r}}=F_0(\boldsymbol{r})+F_\varepsilon(\boldsymbol{r},\dot{\boldsymbol{r}},t,\beta) \tag{5-56}$$

其中，F_0 是中心天体（地球）作为质点（即等密度球体）的引力加速度，其具体表达式为

$$F_0=-\frac{GM}{r^2}\left(\frac{\boldsymbol{r}}{r}\right) \tag{5-57}$$

F_ε 为各种摄动加速度，有

$$\varepsilon=|F_\varepsilon|/|F_0|\leqslant 1 \tag{5-58}$$

由于 F_0 对应于一可积系统（二体问题），相应的解为不变椭圆，那么式（5－55）可转化为以椭圆轨道根数来描述的小参数方程，即

$$\begin{cases}\dfrac{\mathrm{d}\boldsymbol{\sigma}}{\mathrm{d}\boldsymbol{t}}=\boldsymbol{f}(\boldsymbol{\sigma},t,\beta;\varepsilon)\\ \boldsymbol{\sigma}(t_0)=\boldsymbol{\sigma}_0\end{cases} \tag{5-59}$$

这里 $\boldsymbol{\sigma}$ 是 6 维矢量，其元素是 6 个轨道根数，$\boldsymbol{f}$ 是相应的 6 维矢量函数，ε 是小参数。

如果式（5－55）或式（5－59）的数学模型（即右函数 F_ε 或 $\boldsymbol{f}$）以及相应的初始条件是准确的，那么，可以积分上述方程给出卫星运动状态的演变，即

$$\begin{cases}\boldsymbol{r}(t)=\boldsymbol{r}(\boldsymbol{r}_0,\dot{\boldsymbol{r}}_0,t)\\ \dot{\boldsymbol{r}}(t)=\dot{\boldsymbol{r}}(\boldsymbol{r}_0,\dot{\boldsymbol{r}}_0,t)\end{cases} \tag{5-60}$$

$$\boldsymbol{\sigma}(t)=\boldsymbol{\sigma}(\sigma_0,t) \tag{5-61}$$

事实上，数学模型和初值往往有各种误差，这就导致预报值 $\boldsymbol{r}(t)$，$\dot{\boldsymbol{r}}(t)$ 或 $\boldsymbol{\sigma}(t)$ 与卫星的真实状态（位置、速度或轨道根数）有相应的差别，因此需要通过一系列的观测值来校正上述有关参数和初值（即不准确的初始轨道 $\boldsymbol{\sigma}_0$）。

下面将对上述定轨问题，简要说明传统方法和一些改进算法，重点不在于它们各自的具体方法和定轨过程，而是要向读者着重说明它们之间的各自特点和区别，有助将来继续深入研究。

（1）初轨计算

短弧初轨计算和下一段要阐述的长弧精密定轨计算都是通过一个迭代过程完成的，但利用测角参数进行初轨计算却不必采用一般的多变元迭代方法。在天体力学发展的几百年历史中，就出现过测角型资料的多种定轨方法，就其实质而言可以归纳为 Laplace 型和 Gauss 型两类方法，在当今计算条件下，Laplace 型方法显得更加简洁有效，用它来说明短弧定初轨的特点显得更清楚。下面就结合该方法及其推广形式，阐明短弧定初轨的特殊

迭代过程，显示其与多变元迭代的根本差别。

通常所说的 Laplace 型初轨计算方法，就是指在二体问题意义下的轨道计算方法。事实上完全可以把这种类型的初轨计算方法推广到一般受摄二体问题，而且既可以计算椭圆轨道，亦可以计算双曲线轨道，不受轨道类型的限制。这种推广，对于卫星测量精度的提高（例如测角精度可达角秒量级）和深空探测的发展是有必要的，因为将会遇到各种目标天体轨道器的初轨计算问题，主星扁率摄动、第三体引力摄动等均可达到较大的程度，而且探测器飞往目标天体附近在未变轨前处于双曲线轨道运行状态。因此针对精度要求的提高和力模型的复杂化，有必要建立一个适用范围广的初轨计算方法。因此，用这种初轨计算方法来阐明它与长弧精密定轨的差别显得顺理成章。

(2) 卫星精密定轨

在卫星精密定轨中，状态量 $\boldsymbol{X}$ 通常包括卫星轨道量（$\boldsymbol{r}$，$\dot{\boldsymbol{r}}$ 或轨道根数 $\boldsymbol{\sigma}$）和待估参数 β（如卫星面质比参数等），即

$$\boldsymbol{X}=\begin{pmatrix}\boldsymbol{r}\\ \dot{\boldsymbol{r}}\\ \beta\end{pmatrix}\quad \text{or}\quad \boldsymbol{X}=\begin{pmatrix}\boldsymbol{\sigma}\\ \beta\end{pmatrix} \tag{5-62}$$

式中，$\boldsymbol{r}$，$\dot{\boldsymbol{r}}$ 是卫星在所采用坐标系中的位置矢量和速度矢量，而同一坐标系中的 6 个轨道根数 $\boldsymbol{\sigma}$ 常采用 Kepler 根数或无奇点根数，$\boldsymbol{r}$，$\dot{\boldsymbol{r}}$ 和 $\boldsymbol{\sigma}$ 是等价的，两者之间的选择视具体问题而定。待估参数包括影响卫星轨道的各力学因素中的有关物理参数、测站坐标的几何参数以及卫星的星体参数等有待改进的部分，较为可靠的各物理和几何参数将作为确定的常数不在其内。显然，状态量 $\boldsymbol{X}$ 是 n 维，$n\geqslant 6$。就目前的测量技术而言，观测量 $\boldsymbol{Y}$ 包括光学或射电测角数据（赤道坐标 α，β 或地平坐标 A，h）、雷达和激光测距数据 ρ 、多普勒测速数据 $\dot{\rho}$ 以及卫星测高数据 H 等。一系列观测量 $\boldsymbol{Y}$ 是 m 维。状态量 $\boldsymbol{X}$ 满足下列常微初值问题

$$\begin{cases}\dot{\boldsymbol{X}}=F(\boldsymbol{X},t)\\ \boldsymbol{X}(t_0)=\boldsymbol{X}_0\end{cases} \tag{5-63}$$

相应的解即状态方程

$$\boldsymbol{X}(t)=\boldsymbol{G}(t_0,\boldsymbol{X}_0,t) \tag{5-64}$$

这一解可以是分析形式，即由分析方法求解式（5-62），对应的是分析法定轨；亦可以是离散形式，即由数值方法求解式（5-57），对应的是数值法定轨，两者的表达形式都较为复杂，均为非线性函数，很难直接而简单地给出相应的状态转移矩阵 $\boldsymbol{\Phi}(t_0, t)$

$$\boldsymbol{\Phi}(t_0,t)=\left(\frac{\partial \boldsymbol{G}}{\partial \boldsymbol{X}_0}\right)=\left(\frac{\partial \boldsymbol{G}}{\partial \boldsymbol{X}}\right)\Bigg|_{\boldsymbol{X}=\boldsymbol{X}_0} \tag{5-65}$$

观测量 $\boldsymbol{Y}$ 与状态量 $\boldsymbol{X}$ 满足下列测量方程

$$\boldsymbol{Y}=\boldsymbol{H}(\boldsymbol{X},t)+\boldsymbol{V} \tag{5-66}$$

式中　$\boldsymbol{Y}$ ——观测量的测量值；

　　$\boldsymbol{H}$ ——相应观测量的理论值；

$\boldsymbol{V}$ ——测量误差，在精密定轨中，原则上要求 $\boldsymbol{V}$ 只含随机差。

就上述所提到的几种观测量形式，$\boldsymbol{H}(\boldsymbol{X},\ t)$ 是一非线性函数。

由于待估状态量 $\boldsymbol{X}_0$（对应历元 t_0）的真值无法得到（这正是待估的原因），因此相应的 $\boldsymbol{X}(t)$ 亦无法获得其真值。将待估状态量 $\boldsymbol{X}_0$ 的近似值定义为状态量的参考值，记作 $\boldsymbol{X}_0^*$，相应的 $\boldsymbol{X}(t)$ 即记为 $\boldsymbol{X}^*$，有

$$\boldsymbol{X}^*(t)=\boldsymbol{G}(t_0,\boldsymbol{X}_0^*,t) \tag{5-67}$$

可在 $\boldsymbol{X}_0^*$ 处进行展开并线性化处理，可以给出精密定轨的基本方程

$$\boldsymbol{y}=\boldsymbol{B}\boldsymbol{x}_0+\boldsymbol{V} \tag{5-68}$$

$$\boldsymbol{y}=\boldsymbol{Y}-\boldsymbol{H}(\boldsymbol{X}^*,t) \tag{5-69}$$

$$\boldsymbol{x}_0=\boldsymbol{X}_0-\boldsymbol{X}_0^* \tag{5-70}$$

$$\boldsymbol{B}=\left(\left(\frac{\partial \boldsymbol{H}}{\partial \boldsymbol{X}}\right)\left(\frac{\partial \boldsymbol{G}}{\partial \boldsymbol{X}_0}\right)\right)_{X^*} \tag{5-71}$$

$\boldsymbol{y}$ 亦称为残差，$\boldsymbol{x}_0$ 即待估状态量 $\boldsymbol{X}_0$ 的改正值，$\boldsymbol{B}$ 矩阵中的 $\dfrac{\partial \boldsymbol{H}}{\partial \boldsymbol{X}}$ 是测量矩阵，而 $\dfrac{\partial \boldsymbol{G}}{\partial \boldsymbol{X}_0}$ 即前面所说的状态转移矩阵 $\boldsymbol{\Phi}$。卫星精密定轨即在上述基础上进行，由大量观测采样数据 $Y_j\ (j=1,\ \cdots,\ k)$ 求解条件方程，可给出待估状态量 $\boldsymbol{X}_0$ 的改正值 $\hat{\boldsymbol{X}}_{0/k}$，从而给出达到精度要求的历元状态量 $\boldsymbol{X}_0=\hat{\boldsymbol{X}}_{0/k}$

$$\hat{\boldsymbol{X}}_{0/k}=\boldsymbol{X}_0^*+\hat{\boldsymbol{x}}_{0/k} \tag{5-72}$$

$\hat{\boldsymbol{x}}_{0/k}$ 和 $\hat{\boldsymbol{X}}_{0/k}$ 表示采用某种最优估计方法求解条件方程获得的在某种意义下的最优解，下标 k 表示引用了 k 次采样数据。

事实上，上述定轨过程是一个迭代过程，即第一次给出 $\hat{\boldsymbol{X}}_{0/k}$ 后基本上是不能达到精度要求的，可由它作为 $\boldsymbol{X}_0$ 的近似值再重复前面的过程，直到满足精度要求为止。这种迭代过程亦是减小测量方程线性化引起截断误差的常用手段。根据这一迭代过程可知，最后的改正量 $\boldsymbol{x}_0$ 是较小的，因此，条件方程中对 $\boldsymbol{B}$ 矩阵的要求并不像对观测量的理论计算值 $\boldsymbol{H}(\boldsymbol{X}^*,\ t)$ 那么高，后者要求达到观测量采样数据 $\boldsymbol{Y}$ 的精度，而 $\boldsymbol{B}$ 矩阵可适当简化。

5.6.2 系统时间同步

优化高效的精密定轨与时间同步技术是保证导航卫星精密定轨与时间同步精度的前提，也是用户获得高精度定位、导航和授时服务的基础。当前国际上的卫星导航系统，都十分重视导航卫星精密轨道与时间同步的确定问题。

GPS 采用基于伪距、相位观测数据的处理模式，实现卫星轨道与钟差的一体化解算。GPS 卫星安装星载原子钟，各监测站和主控站也都配置高稳定性原子钟，主控站上的原子钟用 USNO 的主钟进行实时校准。为了使各个卫星的星载钟与 GPS 主钟之间保持精密同步，采用一种自校准的闭环系统，使 GPS 的星地时间同步和校准采用单程测距法与轨道测定同步进行。

分布在全球的各个轨道测定和时间同步监测站以本站的原子钟为参考基准，与系统时

钟精确同步后，接收卫星发射给用户的双频伪码测距和记录的多普勒信号；主控站以 GPS 主钟为参考，对来自各监测站测量的伪距值和轨道定位得到的卫星与同步站之间的距离值，利用 Kalman 滤波进行计算分析和处理，推算出新的合理数据，即可以得到卫星时钟与地面时钟的偏差，通过上行注入站注入卫星，再广播给用户使用，并在适当的时候对星上的原子钟进行改正处理。这种方法既可以满足系统的精度要求，同时也使星上的设备比较简单。

早期的 GPS 地面观测站只有 5 个，2005 年年末，美国国家地理空间情报局（NGA）的 6 个监测站纳入 GPS 的卫星地面监测网络，显著改善了 Kalman 滤波器的性能，估计的卫星轨道和钟差更加精确和稳健；2006 年又增加了 5 个 NGA 监测站，这样 GPS 的地面监测站数量达到了 16 个。保证了任意 1 颗 GPS 卫星在任何时刻都至少有 3 个监测站跟踪，使得观测数据量增加了约 3 倍，同时用户伪距误差（URE）从 1990 年的 4.6 m 提高到现在的 1.1 m，极大增强了 GPS 卫星的连续观测能力，有效提高了 GPS 的定轨精度、完好性监测能力及实效性。

目前部分 GPS 卫星开始安装激光角反射器，可以通过卫星激光测距（SLR）技术测定卫星轨道，但仅仅作为一种高精度的轨道检核手段，并未作为导航系统实时在线的测轨手段。GPS 虽然目前已经具备星间观测的能力，但其星间链路仍作为通信传输，并未参与轨道与钟差计算，其轨道与钟差精度的提高与跟踪网的全球扩展、注入频度的提高、滤波算法的改进三方面改进因素有关。

GLONASS 地面段由 1 个系统控制中心、5 个遥测遥控站（含激光跟踪站）和 9 个监测站组成。系统控制中心位于莫斯科，遥测遥控站分别位于圣彼得堡、叶尼塞斯克、共青城、萨雷沙甘（哈萨克斯坦）和捷尔诺波尔（乌克兰）。苏联解体后，乌克兰和哈萨克斯坦境内的控制站不再参与 GLOANSS 的保障工作，所有任务由俄罗斯境内的控制站承担。2010 年以来，俄罗斯已在澳大利亚、委内瑞拉、古巴和巴西等国设立了 GLONASS 卫星监测站，显著提高实施导航定位测量精度。GLONASS 地面跟踪控制网负责搜集、处理 GLONASS 卫星的轨道和信号信息，并向每颗卫星发射控制指令和导航信息。

虽然 GLONASS 的地面跟踪站没有全球分布，但俄罗斯国土面积东西跨度很大，跟踪站的分布也相当广阔，而且卫星上装有 SLR 反射器，可以利用高精度的 SLR 对其进行跟踪。目前，GLONASS 新发射的卫星已经具备了星间观测的能力。因此，GLONASS 导航卫星可以实现较高精度的轨道和钟差确定，GLONASS 广播星历精度为 10～25 m。GLONASS 地面控制系统通过数据综合解算方法和相位控制方法两种方法保证星上时间和系统时间之间的同步。

数据综合解算方法是指在卫星精密轨道已知的前提下，利用监测站的站一星距离观测资料，计算出星上时间相对于系统时间的偏差。然后将其上行注入给卫星，通过卫星导航电文转发给用户，用户在导航定位过程中进行卫星钟差的修正。卫星钟差改正数的计算采用星上时间相对于系统时间偏差的线性拟合算法，使用每一圈 30～60 min 时间段内的观测资料，每天 2 次向卫星上行注入，具体方法包括激光伪距法和雷达测距法。对于区域观测网的导航系统来说，独立冗余的观测数据具有一定的意义，星间链路是卫星导航系统发展方向，多类型观测数据联合处理也很有必要。

Galileo 预期包括 40 个监测站、2 个控制中心、9 个上行注入站、2 套轨道与同步处理设备。Galileo 系统的精密定轨与时间同步和 GPS 一样，采用单程测距，每站配置铯原子钟，并与系统的主钟进行精确同步。卫星钟与地面钟之间的偏差通过测量的伪距值和由精密定轨得到的站星距求差得到。地面控制中心接收来自监测站的观测数据和通过共视法获得的 UTC（K）/TA（K）数据，经过预处理、定轨与时间同步处理模块处理、滤波产生钟差改正数和平均频率，钟差改正数通过上行注入站上传至卫星，平均频率作用于 Galileo 系统主钟产生系统时间基准。Galileo 系统每 30 min 对星载钟更新一次校准数据，以满足时钟与轨道误差的综合误差不超过 0.65 m。Galileo 系统校准时间间隔较小的主要原因是要减小卫星钟周跳的影响。

2005 年 12 月，Galileo 发射了第一颗试验卫星 GIOVE－A，2008 年 4 月发射了第二颗在轨验证试验卫星 GIOVE－B，开展的轨道确定与时间同步（ODTS）试验结果表明，所有测量类型的残差都比较理想，且 GIOVE－A 和 GPS 的平滑伪距及相位残差水平一致。卫星激光测距的残差为几个厘米，解算的 GPS 轨道与 IGS 精密轨道之差为分米级。GIOVE－A 重叠弧段轨道径向差异 rms 小于 10 cm，沿迹方向差异 rms 为 50 cm，钟差差异 rms 为 0.15 ns。

Galileo 作为新发展的全球卫星导航系统，一开始就有着先进的设计理念，并进行了长期大量的论证分析和测试，全球布站、使用星地观测数据和星间观测数据共同计算得到卫星轨道与钟差结果，采用更高性能的原子钟，同时提高导航电文更新频度等措施，在技术上可以保证性能优于 GPS。

5.6.3 广播星历参数

广播星历是在地心地固坐标系中描述导航卫星的轨道位置、速度等状态信息，这种信息作为导航电文数据的一部分经过编排后向用户广播。

卫星导航系统的广播星历本质上是地心地固坐标系（ECEF）中导航卫星质心位置预测值的一组拟合参数，目前在轨运行的 GPS 卫星采用的广播星历参数是 16 个，包括 1 个星历参考时刻 Toe、6 个开普勒轨道根数（$\sqrt{a}$，e，ω，M_0，i_0，Ω_0）、3 个长期项修正系数（Δn，$\dot{\Omega}$，$\dot{i}$）和 6 个短周期项修正系数（C_{rs}，C_{rc}，C_{us}，C_{uc}，C_{is}，C_{ic}）。6 个开普勒轨道根数的物理意义近似为星历参考时刻的平根数。Δn 作为平运动角速度的修正值，主要吸收了沿迹方向 M 和 ω 的长期项（含长周期项，对于短弧拟合无需严格区分长期项和长周期项）轨道变化；$\dot{\Omega}$ 和 $\dot{i}$ 作为轨道面整体摆动的修正值，主要吸收了轨道面法向方向的长期项轨道变化。6 个短周期项修正系数，分别吸收了径向、沿迹方向和轨道面法向 3 个方向周期为 $T/2$（T 是轨道周期）的短周期轨道变化。GPS 卫星采用的经典 16 参数 GPS 广播星历参数，如表 5－3 所示。

表 5－3　经典 16 参数 GPS 广播星历参数

1	Toe	星历参考时刻
2	$\sqrt{a}$	卫星轨道长半轴平方根
3	e	偏心率
4	i_0	参考时间的轨道倾角
5	Ω_0	(在每个 GPS 星期起始历元的)升交点地理经度
6	ω	近地点幅角
7	M_0	参考时间的平近点角
8	Δn	卫星平均运动速率与计算值之差
9	$\dot{i}$	轨道倾角变化率
10	$\dot{\Omega}$	升交点经度变化率
11	C_{uc}	纬度幅角的余弦调和改正项的振幅
12	C_{us}	纬度幅角的正弦调和改正项的振幅
13	C_{rc}	轨道半径的余弦调和改正项的振幅
14	C_{rs}	轨道半径的正弦调和改正项的振幅
15	C_{ic}	轨道倾角的余弦调和改正项的振幅
16	C_{is}	轨道倾角的正弦调和改正项的振幅

文献［Elliott D. Kaplan. GPS 原理与应用（第二版）［M］，寇艳红，译．北京：电子工业出版社，2012］指出，GPS 广播星历参数通常用 4 h 的星历数据通过曲线拟合得到，其精度为用户距离误差（URE）不超过 0.35 m（1σ），但有时也会用 6 h 星历数据拟合，此时相应的精度为 URE 小于 1.5 m（1σ）。国内外的研究表明，对于 4 h 的拟合弧段，经典 GPS 星座卫星的广播星历拟合误差 RMS URE 优于 0.1 m。

根据 GPS 新公布的接口控制文件，GPS 将在 BLOCK II－F 卫星及后续卫星上播发另一种可选的导航数据电文，称之为 GPS 现代化广播星历，星历参数是 18 个，包括 1 个星历参考时刻、6 个开普勒轨道根数、11 个修正系数。仿真分析表明，同样采用 4 h 的拟合弧段，现代化 GPS 星座卫星的广播星历拟合误差显著降低，RMS URE 优于 0.05 m。GPS 现代化广播星历参数如表 5－4 所示。

表 5－4　现代化 18 参数 GPS 广播星历参数

1	Toe	星历参考时间
2	ΔA	参考时刻半长轴与标称值之差
3	$\dot{A}$	半长轴变化率
4	e	偏心率
5	i_0	参考时间的轨道倾角
6	Ω_0	(在每个 GPS 星期起始历元的)升交点地理经度
7	ω	近地点幅角

续表

8	M_0	参考时间的平近点角
9	Δn_0	平均角速度与计算值之差
10	$\Delta \dot{n}_0$	平均角速度与计算值之差的变化率
11	$\dot{i}$	轨道倾角变化率
12	$\Delta\dot{\Omega}$	升交点经度变化率与标称值之差
13	C_{uc}	纬度幅角的余弦调和改正项的振幅
14	C_{us}	纬度幅角的正弦调和改正项的振幅
15	C_{rc}	轨道半径的余弦调和改正项的振幅
16	C_{rs}	轨道半径的正弦调和改正项的振幅
17	C_{ic}	轨道倾角的余弦调和改正项的振幅
18	C_{is}	轨道倾角的正弦调和改正项的振幅

5.7 广播星历参数的用户算法

广播星历参数的用户算法是导航用户使用导航卫星进行动态实时定位的关键，主要目的是用户利用接收到的某颗导航卫星的广播星历参数，计算得到导航卫星在地心地固坐标系中的位置及其速度，进而转换为经度、纬度和高程等信息，其精度和高效性是影响卫星导航系统可靠性和地面控制复杂程度的重要因素。以经典 16 参数 GPS 广播星历参数为例介绍用户算法。

（1）计算 t_k 时刻平近点角 M_k

输入：t_k ，t_{oe} ，μ ，$\sqrt{a}$

输出：M_k ，Δt

模型：

$$n_0 = \sqrt{\mu / a^3} \tag{5-73}$$

$$\Delta t = t_k - t_{oe} \tag{5-74}$$

$$n = n_0 + \Delta n \tag{5-75}$$

$$M_k = M_0 + n\Delta t \tag{5-76}$$

其中 $\mu = 3.986\ 004\ 418 \times 10^{14}\ \mathrm{m^3/s^2}$，是 WGS84 地球引力场常数。

（2）计算纬度角 u

输入：M_k ，e ，ω

输出：u_k ，E_k

平近点角 M 与偏近点角 E 满足下列方程，称为开普勒方程

$$E_k = M_k + e\sin E_k \tag{5-77}$$

开普勒方程可采用迭代法求解。

偏近点角 E 与真近点角 f 满足下列方程

$$f_k = \tan^{-1}\left[\frac{\sqrt{1-e^2}\sin E_k/(1-e\cos E_k)}{(\cos E_k - e)/(1-e\cos E_k)}\right] \tag{5-78}$$

$$u_k = f_k + \omega \tag{5-79}$$

（3）计算轨道坐标系位置

输入：Δt，u_k，C_{us}，C_{uc}，C_{rs}，C_{rc}，C_{is}，C_{ic}，$\sqrt{a}$，e，E_k，i_0，$\dot{i}$，E_k

输出：x'，y'，i_k，u'，r_k

模型：

$$\delta u_k = C_{us}\sin 2u_k + C_{uc}\cos 2u_k \tag{5-80}$$

$$\delta r_k = C_{rs}\sin 2u_k + C_{rc}\cos 2u_k \tag{5-81}$$

$$\delta i_k = C_{is}\sin 2u_k + C_{ic}\cos 2u_k \tag{5-82}$$

$$u' = u_k + \delta u_k \tag{5-83}$$

$$r_k = a(1-e\cos E_k) + \delta r_k \tag{5-84}$$

$$i_k = i_0 + \delta i_k + \dot{i}\Delta t \tag{5-85}$$

$$x' = r_k \cos u' \tag{5-86}$$

$$y' = r_k \sin u' \tag{5-87}$$

（4）计算 GPS 卫星在 WGS84 坐标系中的位置

输入：Δt，Ω_0，$\dot{\Omega}$，ω_e，t_{oe}，x'，y'，i_k

输出：X_k，Y_k，Z_k，Ω_k

模型：

$$\Omega_k = \Omega_0 + (\dot{\Omega} - \omega_e)\Delta t - \omega_e t_{oe} \tag{5-88}$$

$$X_k = x'\cos\Omega_k - y'\cos i_k \sin\Omega_k \tag{5-89}$$

$$Y_k = x'\sin\Omega_k + y'\cos i_k \cos\Omega_k \tag{5-90}$$

$$Z_k = y'\sin i_k \tag{5-91}$$

其中，$\omega_e = 7.292\,115 \times 10^{-5}$ rad/s，是地球自转角速度。

（5）计算 GPS 卫星在 WGS84 坐标系中的速度

输入：n_0，Δn，e，E_k，f_k，$a^{1/2}$，C_{rs}，C_{rc}，u_k，C_{us}，C_{uc}，C_{is}，C_{ic}，$\dot{\Omega}$，ω_e，u'，r_k，Ω_k，i_k

输出：$\dot{X}_k$，$\dot{Y}_k$，$\dot{Z}_k$

模型：

$$\dot{E}_k = \frac{n_0 + \Delta n}{1 - e\cos E_k} \tag{5-92}$$

$$\dot{\varphi} = \sqrt{\frac{1+e}{1-e}}\,\frac{\cos^2(f_k/2)}{\cos^2(E_k/2)}\dot{E}_k \tag{5-93}$$

$$\dot{r}_k = ae\dot{E}_k\sin E_k + 2(C_{rs}\cos 2u_k - C_{rc}\sin 2u_k)\dot{\phi} \tag{5-94}$$

$$\dot{u}' = (1 + 2C_{us}\cos 2u_k - C_{uc}\sin 2u_k)\dot{\phi} \tag{5-95}$$

$$\mathrm{d}i_k/\mathrm{d}t = 2(C_{is}\cos 2u_k - C_{ic}\sin 2u_k)\dot{\phi} + \dot{i} \tag{5-96}$$

$$\dot{\Omega}_k = \dot{\Omega} - \omega_e \tag{5-97}$$

卫星轨道系速度

$$\dot{x}'_k = \dot{r}_k\cos u' - r_k\dot{u}'\sin u' \tag{5-98}$$

$$\dot{y}'_k = \dot{r}_k\sin u' + r_k\dot{u}'\cos u' \tag{5-99}$$

$$\dot{z}'_k = 0 \tag{5-100}$$

卫星地心地固坐标系速度

$$\begin{aligned}\dot{X}_k = {} & \dot{x}'_k\cos\Omega_k - \dot{y}'_k\sin\Omega_k\cos i_k + y'\sin\Omega_k\sin i_k(\mathrm{d}i_k/\mathrm{d}t) - \\ & (x'\sin\Omega_k + y'\cos\Omega_k\cos i_k)\dot{\Omega}_k\end{aligned} \tag{5-101}$$

$$\begin{aligned}\dot{Y}_k = {} & \dot{x}'_k\sin\Omega_k + \dot{y}'_k\cos\Omega_k\cos i_k - y'\cos\Omega_k\sin i_k(\mathrm{d}i_k/\mathrm{d}t) + \\ & (x'\cos\Omega_k - y'\sin\Omega_k\cos i_k)\dot{\Omega}_k\end{aligned} \tag{5-102}$$

$$\dot{Z}_k = \dot{y}'_k\sin i_k + y'\cos i_k(\mathrm{d}i_k/\mathrm{d}t) \tag{5-103}$$

至此，由 GPS 广播星历参数计算得到指定时刻 t_k 、该 GPS 卫星在 WGS84 坐标系中的位置和速度。

（6）计算 GPS 卫星在 WGS84 坐标系中经度、纬度和高程

输入：X_k，Y_k，Z_k

输出：B，L，H

模型：

$$B = \arctan\left(\frac{Z_k(N+H)}{\sqrt{(X_k^2+Y_k^2)[N(1-f^2)+H]}}\right) \tag{5-104}$$

$$L = \arctan\left(\frac{Y_k}{X_k}\right) \tag{5-105}$$

$$H = \frac{Z_k}{\sin B} - N(1-f^2) \tag{5-106}$$

式中，$N = a/\sqrt{1-f^2\sin^2 B}$ ，$a = 6\ 378\ 137$ m，$f = 1/298.257\ 223\ 563$。计算大地纬度 B 时需要大地高 H ，而计算大地高 H 时需要大地纬度 B ，因此需要采用迭代计算的方法。具体计算时可先采用公式（5－104），求出 B 的初值，然后利用 $N = a/\sqrt{1-f^2\sin^2 B}$ 和式（5－106）来求出 H 、N 的初值，再利用 H 、N 的初值使用式（5－104）再次迭代计算 B ，如此反复，直到求得的 N ，B ，H 收敛为止。

至此，由 GPS 广播星历参数计算得到指定时刻 t_k 、GPS 卫星在 WGS84 坐标系中的大地经度、大地纬度和大地高程。

参考文献

［1］ James R. Wertz. 航天任务的分析与设计［M］. 王长龙，张照炎等译. 北京：航空工业出版社，1992.

［2］ Marcel J. Sidi. 航天器动力学与控制［M］. 杨保华译. 北京：航空工业出版社，2011.

［3］ 刘延柱. 航天器姿态动力学［M］. 北京：国防工业出版社，1995.

［4］ 党亚民. 全球导航卫星系统原理与应用［M］. 北京：测绘出版社，2007.

［5］ Hofmann - Wellenhof. 全球卫星导航系统［M］. 程鹏飞译. 北京：测绘出版社，2009.

［6］ 胡其正. 宇航概论［M］. 北京：中国科学技术出版社，2010.

［7］ 褚桂柏. 宇航技术概论［M］. 北京：航空工业出版社，2002.

［8］ 刘林. 航天动力学引论［M］. 南京：南京大学出版社，2006.

［9］ 刘林. 人造地球卫星轨道力学（第三章）［M］. 北京：高等教育出版社，1992.

［10］ 刘林. 航天器轨道理论（第二章）［M］. 北京：国防工业出版社，2000.

［11］ Elliott D. Kaplan，Christopher J. Hegarty. GPS 原理与应用［M］. 寇艳红译. 北京：电子工业出版社，2012.

［12］ 袁建平. 卫星导航原理与应用［M］. 北京：中国宇航出版社，2004.

［13］ Parkinson B W，Spilker J J. Global Positioning System：Theory and Applications［M］. AIAA，Washington DC，1995.

［14］ Mobinder S. Grewal，Lawrence R. Weill，and Angus P. Andrews，Global Positioning Systems，inertial Navigation，and Integration，Second Edition［M］. John Wiley &Sons，Inc. 2007.

［15］ 数学手册编写组. 数学手册（误差理论与实验数据处理）［M］. 北京：高等教育出版社，2012.

［16］ 刘林，王建峰. 关于初轨计算［J］. 飞行器测控学报，2004，23（3）：41 - 50.

［17］ 魏二虎，畅柳，杨洪洲. 基于 SOFA 的 ITRS 与 ICRS 相互转换方法研究［J］. 测绘信息与工程，2012，37（4）：31 - 33.

［18］ 范龙，柴洪洲. 北斗二代卫星导航系统定位精度分析方法研究［J］. 海洋测绘，2009，29（1）：25 - 27.

［19］ 陈岩，董淑福，陈晖. BD - 2 几何精度因子仿真分析［J］. 通信技术，2010，43（3）：112 - 114.

［20］ 杨效果，党亚民，薛树强. 几何精度因子的算法研究及矩阵病态性探讨［J］. 全球定位系统，2010，20（6）：23 - 26.

［21］ 徐自励. 三站定位模糊、GDOP 与站点布局关系分析［J］. 通信技术，2012，45（3）：99 - 101.

［22］ 胡松杰. GPS 和 GLONASS 广播星历参数分析及算法［J］. 飞行器测控学报，2005，24（3）：37 - 42.

［23］ 高书亮，杨东凯，洪晟. Galileo 系统导航电文介绍［J］. 全球定位系统，2007，4：21 - 25.

［24］ 黄勇，胡小工，王小亚等. 中高轨卫星广播星历精度分析［J］. 天文学进展，2006，24（1）：81 - 88.

［25］ 崔先强，焦文海，贾小林等. 两种 GPS 广播星历参数算法的比较［J］. 空间科学学报，2006，26（5）：382 - 384.

［26］ Russia Launches CDMA Payload on GLONASS - M［J/OL］. Inside GNSS，［2014 - 06 - 16］.

http：//www. navipedia. net/index. php/GLONASS _ Space _ Segment.

[27] Bradford w Parkinson. Three Key Attributes and Nine Druthers [EB/OL] . [2012 - 10 - 01] http：//www. gpsworld. com/ expert - advice - pnt - for - the - nation/.

[28] Kepler's laws of planetary motion [DB/OL] . Wikipedia. https：//en. wikipedia. org/wiki/Kepler%27s _ laws _ of _ planetary _ motion.

[29] Orbital _ mechanics [DB/OL] . wikipedia. https：//en. wikipedia. org/wiki/Orbital _ mechanics.

[30] GLONASS Space Segment [DB/OL] . Navipedia. http：//www. navipedia. net/index. php/GLONASS _ Space _ Segment.

第6章　导航电文

6.1　概述

导航信号传播过程中受到的各种干扰，对用户接收机的测距精度造成较大的影响，例如大气电离层对导航信号的延迟误差，需要系统层面来修正。假设已经知道卫星钟的精确时间和卫星的精确轨道位置，不存在任何大气对流层和电离层延迟误差以及相对论效应，那么在地心惯性坐标系（ECI）下，可以获取卫星 i 在接收机接收到导航信号的时刻 t 与卫星之间的伪距 $\rho_{iT}(t)$ 为

$$\rho_{iT}(t)=c(t_u-t_{si})+cb_u=|\bar{x}_{si}-\bar{x}_u|+cb_u=|\bar{r}_{si}-\bar{r}_u|+cb_u=D_i+cb_u \quad (6-1)$$

其中

$$b_u=t_u(t)-t_{\mathrm{GNSS}}(t)$$

式中　c ——光速；

$t_u(t)$ ——用户接收机接收到导航信号时，接收机时钟的时刻；

$t_{si}(t)$ ——卫星播发该导航信号时，卫星时钟的时刻；

$b_u(t)$ ——用户接收机时钟偏差；

$D_i(t)$ ——导航信号的几何传播时间，单位为 m

$t-\dfrac{D_i(t)}{c}$ ——导航信号播发时刻的真值；

$x_{si}\left(t-\dfrac{D_i(t)}{c}\right)$ ——卫星位置的真值；

$x_u(t)$ ——用户位置。

在地心惯性坐标系下描述卫星轨道位置参数，尽管可以将这些参数变换到地心地固坐标系（ECEF）中，但需要考虑在导航信号传播过程中地球的自转。式（6－1）表示的 $\rho_{iT}(t)$ 观测量必然包含各种干扰因素，包括卫星原子钟偏误差、卫星轨道位置偏差、接收机测量噪声误差、电离层延迟、对流层延迟以及相对论效应，伪距 $\rho_i(t)$ 应该为

$$\rho_i(t)=\rho_{iT}(t)+\Delta D_i-c\Delta b_i+c(\Delta T_i+\Delta I_i+v_i+\Delta v_i) \quad (6-2)$$

式中　ΔD_i ——卫星位置误差对测距的影响，单位是 m；

Δb_i ——卫星原子钟偏误差，单位是 s；

v_i ——接收机测量噪声误差，单位是 s；

ΔI_i ——电离层延迟误差，单位是 s；

ΔT_i ——对流层延迟误差，单位是 s；

Δv_i ——相对论时间修正，单位是 s。

用户接收机解算位置时，一般需要星历、历书、时钟修正参数、导航服务参数4类参

数来修正上述导航信号传递过程引入的误差，其中星历是卫星精确轨道参数，历书是卫星粗略轨道参数，时钟修正参数给出星载原子钟时间与系统时间之间的偏差并予以修正，导航服务参数是指卫星标识符、数据龄期、导航电文有效性、信号健康状态等参数。导航数据就是由地面运行控制系统计算的，由导航卫星再以导航电文的方式播发给用户。这 4 类参数，是卫星导航系统实现用户位置解算的基础。导航电文一般包括系统时间、星历、历书、时钟修正参数、电离层改正数、卫星轨道摄动改正参数、大气折射改正、卫星工作状态以及短码引导捕获长码等信息。

6.2 导航电文要求

为了精确估计星地之间的伪距，在计算导航信号发射时刻卫星的位置时，必须考虑大气对流层和电离层延迟的时间间隔内，导航卫星运动所造成的小的二阶效应。伪距测量方程（6-2）中，每一项干扰都需要利用卫星导航电文来估计，才能获得星地之间伪距的精确估计。

下面以 GPS 为例，简要说明卫星导航电文的要求、内容、格式及数据结构相关内容。参考 GPS IS-GPS-200F 接口控制文件，卫星导航电文的要求和信息的内容如表 6-1 所示。

表 6-1 卫星导航电文的要求和内容

要求	GPS 导航电文所提供的信息
信号播发时刻导航卫星的精确位置	在 ECI 地心惯性坐标系下，利用修正的 Kepler 模型给出卫星星历参数，然后将这些参数变换到 ECEF 地心地固坐标系中
信号播发时刻导航卫星的精确时间	星载原子钟误差模型和相对论效应修正
民用 C/A 码引导捕获军用 P(Y)码	播发交接字(HOW)，在一周时间内保持对 P(Y)码序列 X1 序列(1.5 s周期信号)的跟踪，这些数据用来辅助捕获 P(Y)码
在低仰角情况下，选择一组几何构形最好的卫星，以获取最小的 GDOP 值(需要知道卫星的大概位置)	利用一般精度的历书给出星座中所有卫星大概的位置、时间以及健康状态，接收机据此挑选 GDOP 最优的一组导航卫星，用于求解用户的位置
时间传递信息	GPS 系统时间向 UTC 协调世界时转换的数据
单频用户的电离层修正参数	与时间和用户位置相关的地球大气近似的电离层模型
卫星信号质量	播发用户测距精度(URA)指数 N，为民用用户给出信号可用精度

导航数据由系统的地面运行控制段上行加载到导航卫星，导航卫星以二进制数据的方式播发给地面用户，其内容只有注入新的导航数据后才更新，为了使用户测距误差（User Range Error，URE）保持在规定的范围内，地面运行控制段需要每天或者以更高的频率上行加载更新导航数据。

6.3 导航电文格式

GPS 导航电文类型有子帧、帧和超帧 3 种固定格式，导航电文的基本单位是帧

(frame)，每帧电文含有 5 个子帧（subframe），每个子帧电文含有 10 个字（Word），每个字含有 30 位（bit），因此，每个子帧电文含有 300 bits 数据，每帧电文含有 1 500 bits 数据。子帧 1、2、3 和子帧 4、5 的每一页均构成一个帧，子帧 4 和子帧 5 有 25 页数据。

导航电文的每个子帧总是以遥测字（Telemetry Word，TLM）和交接字（Hand Over Word，HOW）顺序开始，用作帧同步及消除 C/A 码的时间多值性。导航电文的帧和子帧格式如图 6－1 所示。许多数据每帧重复一次，一些数据如 8 bits 的帧头（preamble）10001011，则每个子帧均重复出现，导航电文由地面运行控制系统周期性地更新。

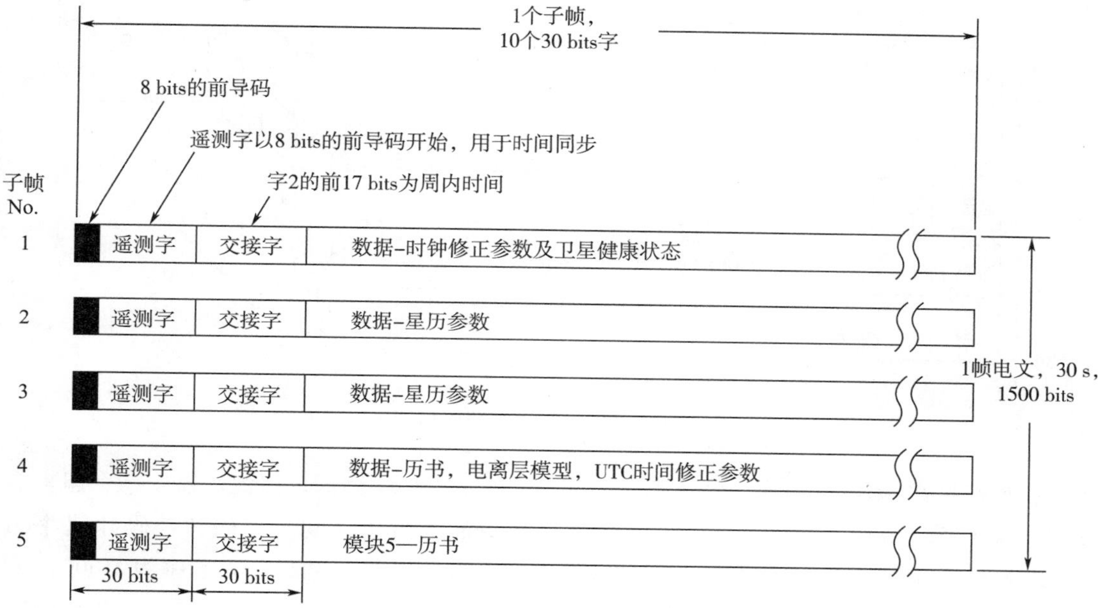

图 6－1　导航电文的子帧和帧格式

导航电文的子帧 1 给出卫星原子钟校正信息、卫星健康状态以及用户测距精度 URA 的指数 N，为用户给出信号可用精度；子帧 2 和子帧 3 含有星历数据，用这些数据可以估计出卫星发射导航信号时刻的轨道位置；子帧 4 含有历书数据、电离层修正数据以及 GPS 系统时间向 UTC 协调世界时转换的数据；子帧 5 含有历书数据。完整的导航电文总共占有 25 帧，构成一个超帧，导航电文子帧、帧和超帧的组成关系如图 6－2 所示。

在各个帧中，子帧 1、2、3 的格式均相同，但子帧 4 和子帧 5 有 25 页不同的数据组，每个数据组也称为一个页面，含有能够给出星座中所有卫星的概略位置的历书数据、卫星钟的概略改正数以及卫星健康状态，用户根据捕获到的卫星历书，可以选择合适的观测卫星，以获取最小的 GDOP 值。子帧 1、2、3 和子帧 4、5 的每一页均构成一个帧。子帧 1、2、3 每帧重复一次，子帧 4 和子帧 5 的全部信息则需 25 帧才能传完，即一个超帧构成一段完整的导航电文数据。

导航电文的传输速率是 50 bps，导航电文每个子帧电文含有 300 bits 数据，因此，每个子帧电文播发时间为 6 s；每帧电文含有 1 500 bits，因此，每帧电文持续播发时间为

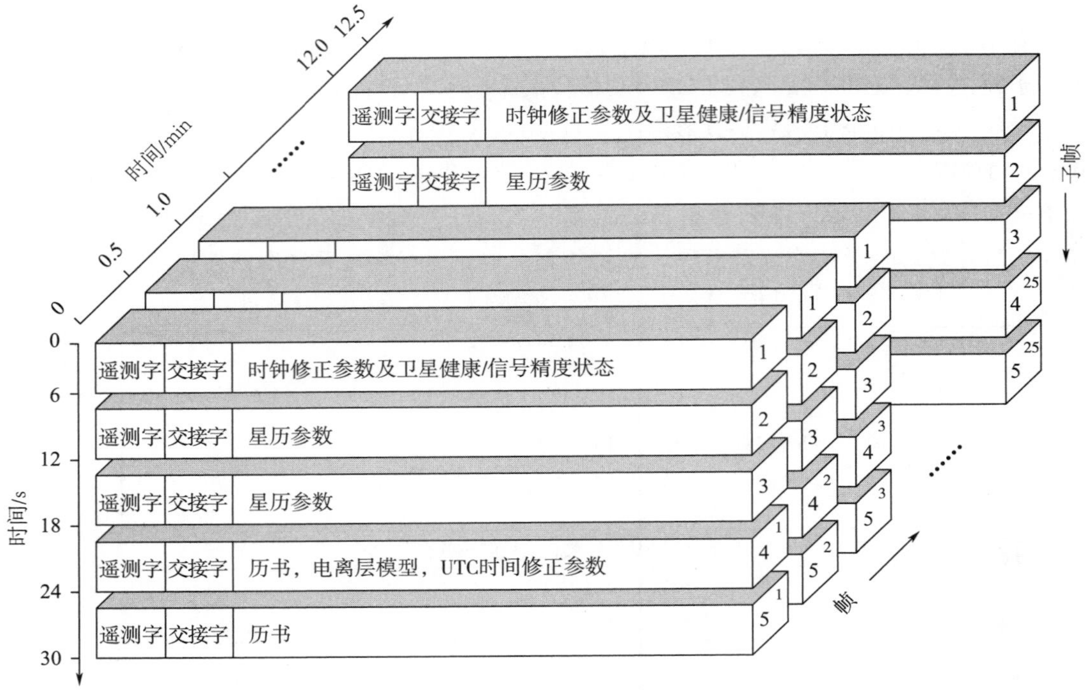

图 6-2　导航电文的子帧、帧和超帧的组成关系

30 s；超帧由 25 帧电文组成，共有 25×1500＝37 500 bits 数据，因此，播发一个超帧需要 750 s（12.5 min）。C/A 测距码序列（信号）的长度为 1 023 个码片，码片速率为 1.023 Mcps，因此，C/A 测距码序列的持续时间（重复周期）为 1 ms，频率为 1 000 Hz。传输速率为 50 bps 的导航电文比特流（data bit stream）与频率为 1 000 Hz 的 C/A 测距码时间历元（epoch）保持同步。

6.3.1　子帧同步

遥测字是每个子帧的第一个字，包括 8 bits 的帧头（preamble）10001011、16 bits 预留数据位（data）和 6 bits 奇偶校验位（parity）。交接字是每个子帧的第二个字，包括 17 bits的截断型周内时（time of week，TOW）时间计数，它给出了下一个子帧开始瞬间的 GPS 时。每个子帧电文持续播发时间为 6 s，帧头每 6 s 重复一次。

遥测字的起始是 8 bits 的帧头（10001011），也称为 8 bits 的修改巴克码字，或者这 8 bits的修改巴克码字再加上交接字中的第 29 和 30 位的两个 0，两种方案均可以为 GPS 接收机导航电文译码后的子帧同步提供同步模式，如图 6-3 所示。每个正确的帧头都标记了导航电文子帧的起始位置，指明卫星注入导航电文的状态，作为捕获导航电文的前导，其中所含的同步信号为各子帧提供了一个同步的起点，使用户便于解析电文数据。

在解调任何双相调制二进制数据信号时，都存在±1 符号模糊问题，8 bits 帧头或者再加上两位数据后的同步模式仍然存在一定的虚警概率，分别为 $\frac{1}{128}$ 或者 $\frac{1}{512}$。因此，经

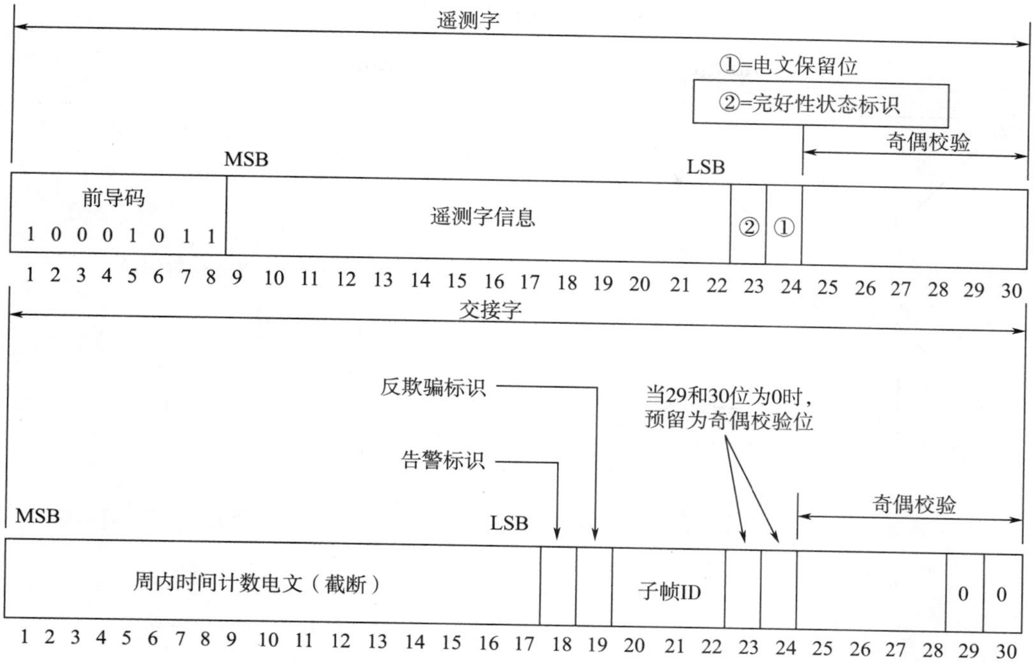

图 6－3　导航电文子帧的遥测字 TLM 和交接字 HOW 数据格式

修改的巴克码字自身会产生较大的虚警概率，工程上很难被应用。然而，设计上还可以在交接字的起始位置检查 17 bits 的截断型周内时 TOW 计数信息，如图 6－3 所示，检查从一个子帧到下一个子帧时，周内时 TOW 计数的增量是否为 1 且仅仅为 1，作为确认子帧同步的一种方法。

子帧、帧以及超帧都是与 1.5 s 的 P 码的 X1 时元保持同步，P 码的周期是一个星期，超帧从每个星期的初始时刻起算。子帧也是从每个星期的初始时刻起算，并从星期起始时刻不断计数，以辅助 C/A 码引导捕获 P 码。

6.3.2　时间计数

自 GPS 系统时的零时刻起，P 码的 X1 时元（长度 1.5 s）的计数与 1 024 星期的取模运算，运算结果称为 Z 计数，电文中用 29 bits 二进制数据来表示 Z 计数，Z 计数的高 10 bits表示自 GPS 系统时的零时起的星期数，或者称为周数（与 1 024 取模），低 19 bits 被称为周内时（time of week，TOW）计数。周内时计数定义为自前一星期转入本星期时刻起的 P 码 X1 时元的计数，或者说周内时计数是以 1.5 s 为单位给出的距离上一个 GPS 周转换（转换发生在星期六子夜 24 时与星期日零时起算的时间）计数，它表示下一子帧开始瞬间的 GPS 时。交接字 HOW、周内时计数、C/A 码、P 码的 X1 时元及导航电文之间的定时关系如图 6－4 所示。

定时从每个星期起始时刻开始计数，对于 GPS 系统时，起始时刻定义为星期六子夜与星期日凌晨过渡时刻，该时刻以美国海军天文台保持的 UTC 协调世界时为基准。GPS

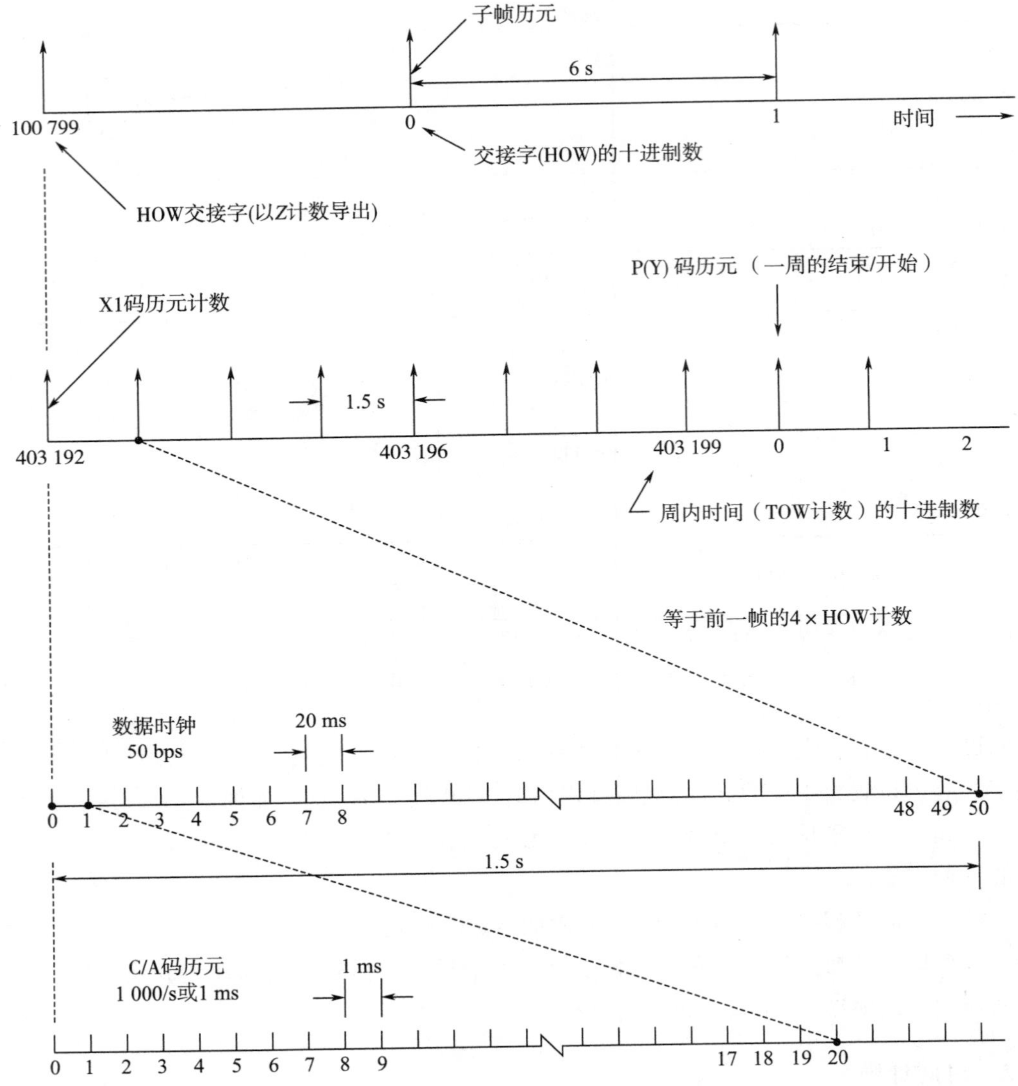

图 6－4　交接字、C/A 码时元、P 码时元及导航电文之间的定时关系

系统时的起点（零时）定义为 1980 年 1 月 5 日子夜与 1 月 6 日凌晨的过渡时刻。此后，每经过 19 年 Z 计数要复位一次（与 1 024 星期取模）。P 码的时元、C/A 码时元、导航电文数据位、导航电文数据字、P 码的 X1 时元、电文数据子帧、电文数据帧和 Z 计数之间的定时关系如图 6－5 所示，

裁剪周内时间计数的位数，构成由 17 bits 二进制数据组成的截断型周内时间计数，并被定义为交接字，也称为精简 Z 计数，其范围是 0～100 799。交接字是每个子帧的第二个字，它给出了下一个子帧播发的 GPS 系统时间。如前述，每一子帧播送延续的时间为 6 s，以 6 s 的步长增加，那么两个连续子帧之间 Z 计数以 4 为步长递增。GPS 系统时间、Z 计数和精简 Z 计数 3 种时间测量的关系如图6－6 所示。为了方便使用，Z 计数一般表示

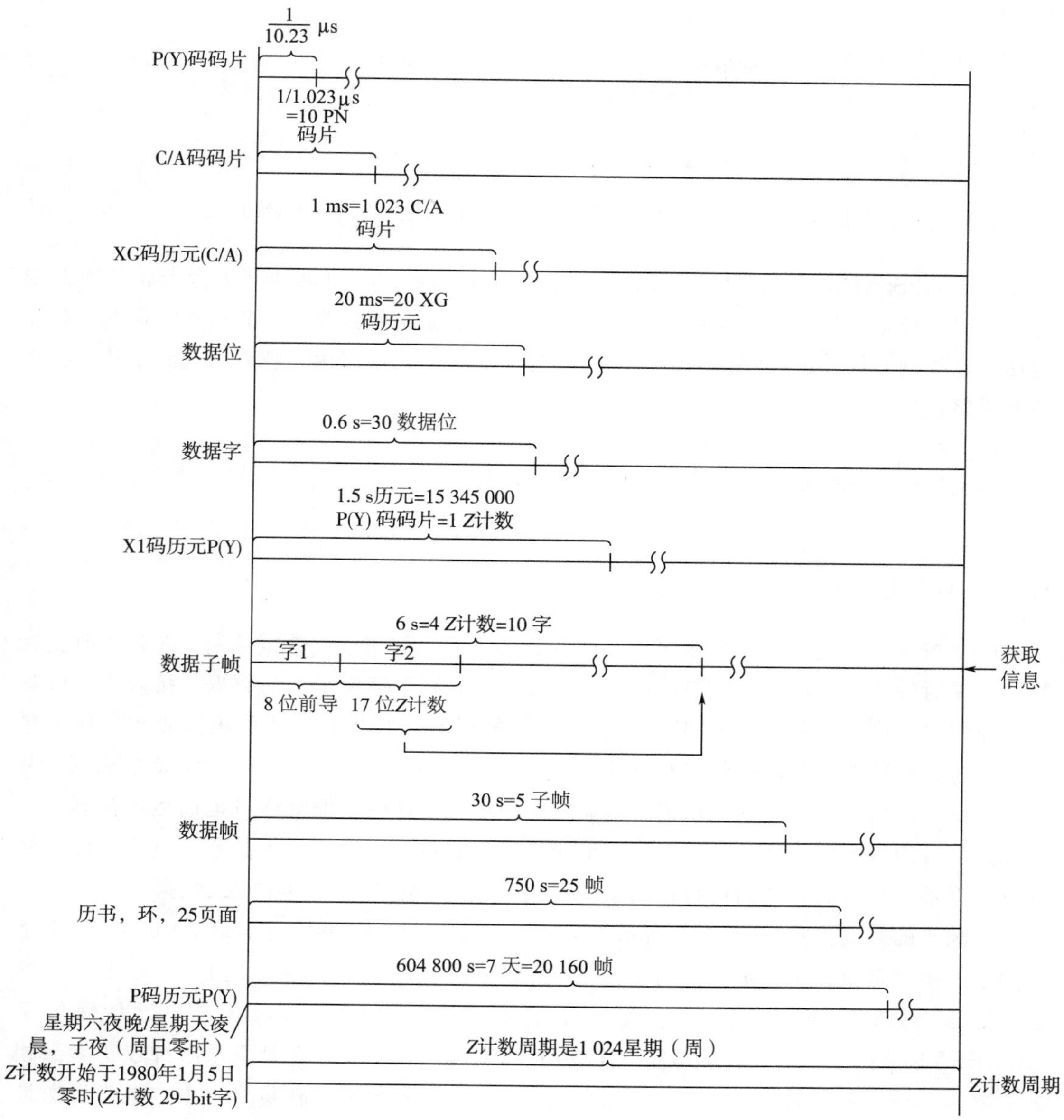

图 6-5　C/A 码时元、P 码时元、导航电文与 Z 计数之间的定时关系

为从每星期六/星期日子夜零时开始发播的子帧数。

要得到当前子帧的播发时间，精简 Z 计数值应乘以 6 再减去 6 s。通过交接字可以实时地了解观测瞬时在 P 码周期中所处的准确位置，以便迅速地捕获 P 码。一周有 604 800 s，且 604 800/1.5＝403 200，因此，Z 计数的最大值为 403 199。交接字消除了周期为 1 ms 的 C/A 码造成的时间定时的多值性（模糊），通过 Z 计数，用户可以知道军用 P（Y）码在电文中的准确位置，从而快速捕获 P（Y）码。

协调世界时（UTC）以格林尼治子午线的时间为参考点。GPS 系统时与 UTC 的不同

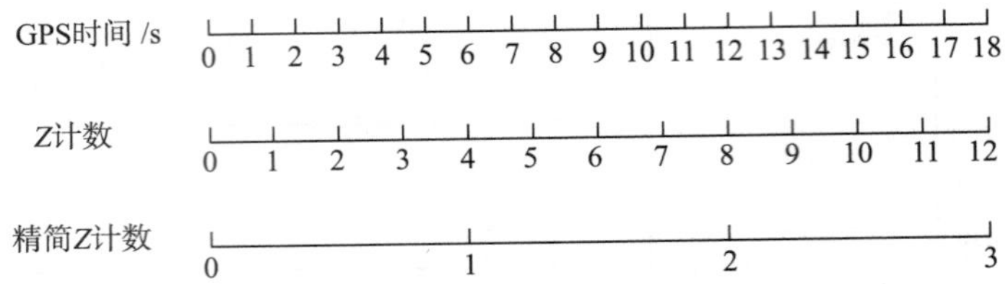

图 6-6　GPS 系统时间、Z 计数和精简 Z 计数之间的时间测量的关系

之处在于 GPS 系统时是连续时间系统，不需要闰秒，而 UTC 则根据需要及与世界时的偏差，由国际计量局在每年的年中或者年底对 UTC 增加或者减少 1 s 的调整。但是，GPS 地面运行控制系统要将 GPS 系统时与 UTC 偏差保持在 1 μs 以内，随着时间的推移，将相差若干整数秒。

6.4　导航电文内容

6.4.1　时钟校正和精度测定参数

GPS 导航电文的子帧 1 给出系统周时间计数、卫星健康字、数据龄期、时延差改正参数、卫星时钟改正参数以及用于估计卫星信号质量对测距精度影响的数据。接收机在解算用户位置过程中，需要对 GPS 卫星星载原子钟的误差进行校正。接收机接收到导航卫星的信号时，必须要有精确的代表 GPS 信号发射时刻的系统时间 GPST。对卫星星载原子钟误差校正算法所需要的数据利用卫星来播发给用户，而这些数据则通过地面运行控制系统事先计算并通过上行链路加载给卫星。地面运行控制系统给卫星注入的数据只在一段时间内（数据龄期）有效，地面运行控制系统需以一定的频度定时给卫星注入数据。

子帧 1 的数据格式如图 6-7 所示，子帧 1 含有 10 个字，每个字含有 30 bits，字 1 是遥测字，字 2 是交接字，字 3 是周计数（week number，WN），字 4 是 L2 频点 P 码信号数据标志（DATA FLAG），字 5 是设计保留字（RESERVED），字 6 是设计保留字（RESERVED），字 7 是设计保留字（RESERVED），字 8、9、10 是卫星时钟校正参数相关的数据。导航电文播发过程中，首先发送位（bit）1 的数据，在每个字中，首先发送最高有效位（most significant bits，MSB）的数据。在图 6-7 中，P ＝ 6 位奇偶校验位数据（二进制数据）；t=2 位没有信息的数据（二进制数据），用于奇偶计算；C ＝ 遥测字的第 23 和 24 位数据（二进制数据），其中第 23 位数据是完好性状态标志位，第 24 位数据是系统保留位。

解算用户位置所需要的系统时间 GPST，也即导航卫星的时钟时间为

$$t = t_{SV} + \Delta t_{SV} \tag{6-3}$$

其中

$$\Delta t_{SV} = a_{f0} + a_{f1}(t - t_{OC}) + a_{f2}(t - t_{OC})^2 + \Delta t_R \tag{6-4}$$

式中　t_{SV}——信号在发射时刻导航卫星伪随机噪声码的相位时间，用户接收机接收到导航电文数据后就可以确定随机噪声码的相位时间；

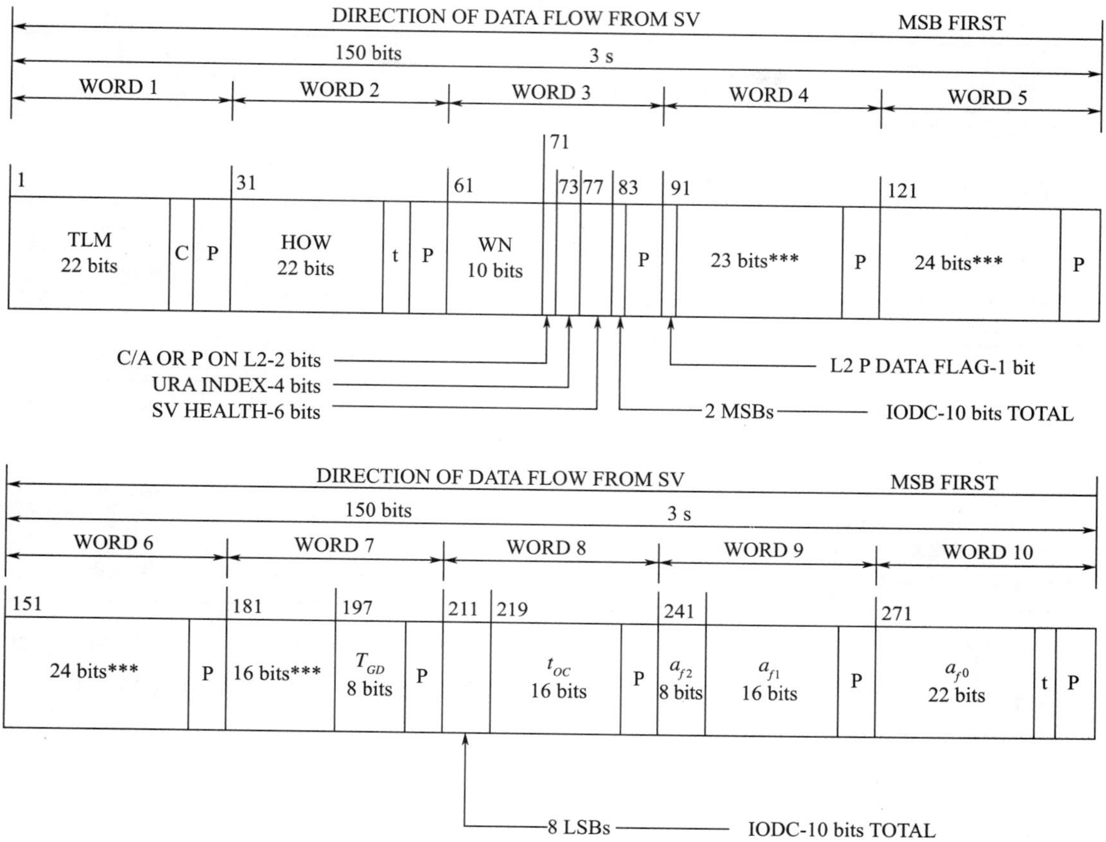

图 6－7 IS－GPS－200F 接口控制文件给出的子帧 1 的数据格式

Δt_{SV} ——时钟校正参数；

t_{OC} ——导航卫星的时钟校正的基准时刻（单位是 s）；

a_{f0} ——相位误差；

a_{f1} ——频率误差；

a_{f2} ——频率误差变化率；

Δt_R ——相对论校正参数。

子帧 1 的字 8 的 9～24 位，字 9 的 1～24 位，字 10 的 1～22 位，分别给出了时钟校正二阶多项式的 4 个参数 t_{OC}，a_{f2}，a_{f1}，a_{f0}，将电文中的时钟校正二阶多项式 4 个参数代入式（6－4）和（6－3），就可以确定导航卫星的时钟时间。子帧 1 用于时钟校正参数的位数、接收到的最后一位二进制数据（last bit received，LSB）的比例因子、有效范围和单位如表 6－2 所示。

表 6－2 子帧 1 用于时钟校正参数相关数据的参数

参数	位数	比例因子(LSB)	有效范围＊＊	单位
L2 信号的测距码	2	1		discretes

续表

参数	位数	比例因子(LSB)	有效范围 * *	单位
周计数	10	1		week
L2 信号 P 码数据标识	1	1		discrete
卫星信号精度	4			(see text)
卫星健康状态	6	1		discretes
T_{GD}	8 *	2^{-31}		seconds
IODC	10			(see text)
t_{OC}	16	2^4	604 784	seconds
a_{f2}	8 *	2^{-55}		see/sec^2
a_{f1}	16 *	2^{-43}		sec/sec
a_{f0}	22 *	2^{-31}		seconds

* 标有 * 的数据是 2 的补码,最高位为符号位(+或-);

* * 除非在“有效范围”栏中另有说明,否则参数的有效范围是所给定的位数与比例因子共同确定的最大范围

相对论校正参数由用户接收机根据电文参数来计算。在地心地固坐标系用户和卫星轨道具有偏心率 e 时,IS - GPS - 200F 接口控制文件给出相对论一阶效应校正参数,相对论一阶效应校正参数随卫星偏近点角变化关系如下式

$$\Delta t_R = Fe\sqrt{A}\sin E_k = 2\boldsymbol{R}\cdot\boldsymbol{V}/c^2 \tag{6-5}$$

其中

$$F = -2\frac{\sqrt{\mu}}{c^2} = -4.442\ 807\ 663\times10^{-10}\,\mathrm{s/m^{\frac{1}{2}}}$$

式中 μ ——地球万有引力参数,值为 $3.986\ 005\times10^{14}\,\mathrm{m^3/s^2}$;

c ——导航信号传播的速度,值为 $2.997\ 924\ 58\times10^8\,\mathrm{m/s}$;

e ——导航卫星轨道的偏心率;

E_k ——导航卫星轨道的偏近点角;

A ——导航卫星轨道的半长轴;

$\boldsymbol{R}$ ——导航卫星的瞬时位置矢量;

$\boldsymbol{V}$ ——导航卫星的瞬时速度矢量。

对于地球大地水准面以上的用户,所接收到的轨道高度约为 20 000 km 的导航卫星播发的信号时,由于重力场的变化,导致星载原子钟的钟频会增加一个比值 $\Delta f/f = 4.4647\times10^{-10}$。由此,可以把星载原子钟的频率或者卫星钟的频率 10.23 MHz 减小 4.5674×10^{-3} Hz,就可以补偿这一效应。因此,卫星研制方在导航卫星发射前,把星载原子钟的频率或者卫星钟的频率由 10.23 MHz 调整到 10.229 999 995 432 6 MHz,就可以保证在大地水准面上,用户接收到的导航信号的标称频率仍是 1 575.42 MHz(L1)和 1 227.6 MHz(L2)。

根据导航卫星在工厂电测的数据,可以得到 L1 和 L2 频点两个射频通道的时延,GPS

地面运行控制系统据此给出 L1－L2 通道时延修正数据，用以补偿在轨信号播发时的群时延。GPS 地面运行控制系统根据双频伪距测量结果，获得电离层延迟校正参数以及卫星星载原子钟校正参数。因此，可以接收 L1 和 L2 两个频点导航信号的用户，接收机内置软件（算法）可以修正电离层延迟，而对于接收 L1 频点导航信号的一般用户，需要考虑修正卫星星载原子钟时间偏差，星载原子钟时间修正数据为

$$(\Delta t_{SV})_{L1} = \Delta t_{SV} - T_{GD} \tag{6-6}$$

式中，T_{GD} 是群时延估计，电文中子帧 1 的字 7 的第 17～24 位的 8 位二进制数据给出了群时延数据，如图 6－7 所示。对于仅使用 L2 频点导航信号的用户，星载原子钟时间误差修正数据为

$$(\Delta t_{SV})_{L2} = \Delta t_{SV} - \Gamma T_{GD} \tag{6-7}$$

其中

$$\Gamma = \left(\frac{f_{L1}}{f_{L2}}\right)^2 = \left(\frac{1\ 575.42}{1\ 227.6}\right)^2 = \left(\frac{77}{60}\right)^2$$

式中，Γ ——L1 和 L2 载波频率比值的平方。

群时延估计校正参数 T_{GD} 不是卫星信号群时延的差分，还需要乘以因子 $\frac{1}{(1-\Gamma)}$，即 $T_{GD} = \frac{(t_{L1} - t_{L2})}{(1-\Gamma)}$。

子帧 1 中字 3 的第 13～16 位的二进制数据，给出了卫星播发信号的用户测距精度（user range accuracy，URA）指数，这是为用户标识导航信号不满足 GPS 设计精度要求而设置的。URA 的单位是米（m），导航电文中 URA 指数是 1～15 范围内的一个整数，两者的关系如表 6－3 所示。

表 6－3　用户测距精度指数 N 与用户测距精度的关系

用户测距精度 URA 指数 N	用户测距精度 URA/(m)
0	0.00 ＜ URA≤2.40
1	2.40 ＜ URA≤3.40
2	3.40 ＜ URA≤4.85
3	4.85 ＜ URA≤6.85
4	6.85 ＜ URA≤9.65
5	9.65 ＜ URA≤13.65
6	13.65 ＜ URA≤24.00
7	24.00 ＜ URA≤48.00
8	48.00 ＜ URA≤96.00
9	96.00 ＜ URA≤192.00
10	192.00 ＜ URA≤384.00
11	384.00 ＜ URA≤768.00
12	768.00 ＜ URA≤1 536.00
13	1 536.00 ＜ URA≤3 072.00

续表

用户测距精度 URA 指数 N	用户测距精度 URA/(m)
14	3 072.00 < URA≤6 144.00
15	6 144.00 < URA

对于每一个 URA 指数 N，用户可以根据下式计算标称 URA 的值 X 为

$$X=2\times\left(1+\frac{N}{2}\right),\quad \text{if}\quad N\leqslant 6$$

$$X=2\times(N-2),\quad \text{if}\quad N\geqslant 6 \tag{6-8}$$

URA 指数 $N=15$ 时，表示系统不能给出当前精度预测数据，此时标准定位服务的用户使用该导航信号时有风险，且风险自负。例如，当 $N=1$，3，5 时，$X\approx 2.8$，5.7，11.3 m。当 BLOCK IIR/IIR－M 系列卫星处于自主导航模式时，URA 将被定义为“不优于米”。标称用户测距精度的值 X 适合需要连续预测导航信号测距均方根误差的用户使用。

星钟数据龄期（Issue of Data Clock，IODC）给出了卫星时钟改正参数数据集合的数据龄期，便于标识卫星时钟改正参数的任何变化。子帧 1 中字 3 的第 23、24 位的二进制数据以及字 8 的第 1～8 位的二进制数据，给出了卫星播发信号的星钟数据龄期。

6.4.2　星历参数

利用导航卫星进行定位，先决条件是用户要知道卫星的空间位置。导航卫星在空间围绕地球运动时，受到地球质心引力及太阳、月球及其他天体引力的影响，同时还受到太阳光压、地球潮汐等摄动力影响。在摄动力作用下，导航卫星运动偏离理想轨道，偏离量是时间的函数，导航卫星在摄动力作用下的运动称为受摄运动，相应的卫星轨道称为受摄轨道。导航卫星的运行轨道不再是纯粹的开普勒椭圆轨道，而是修改的椭圆轨道，其校正项需要考虑以下扰动因素：

1）对椭圆轨道近地点幅角、轨道半径以及轨道倾角的正弦和余弦扰动；

2）升交点赤经和轨道倾角的变化率。

描述导航卫星轨道的模型参数需要随着时间周期性地变化，以便与卫星真实的在轨运动状态一致，在正常情况下，地面运行控制系统拟合轨道模型参数的间隔为 4 h，轨道模型校正参数通过导航卫星以星历方式播发给地面用户。子帧 2 和子帧 3 为修改的椭圆轨道开普勒模型提供 375 位的二进制数据。星历模型参数如表 6－4 所示。

表 6－4　导航卫星星历模型参数

符号	星历数据定义
M_0	参考时间的平近点角
Δn	平均角速度与计算值之差
e	偏心率

续表

符号	星历数据定义
$\sqrt{A}$	半长轴平方根
Ω_0	在每个 GPS 星期起始历元的升交点地理经度
i_0	参考时间的轨道倾角
w	近地点幅角
$\dot{\Omega}$	升交点经度变化率
IDOT	轨道倾角变化率
C_{uc}	纬度幅角的余弦调和改正项的振幅
C_{us}	纬度幅角的正弦调和改正项的振幅
C_{rc}	轨道半径的余弦调和改正项的振幅
C_{rs}	轨道半径的正弦调和改正项的振幅
C_{ic}	轨道倾角的余弦调和改正项的振幅
C_{is}	轨道倾角的正弦调和改正项的振幅
t_{oe}	星历参考时间
IODE	星历数据龄期

由表 6－4 可知，星历模型参数包括星历的基准时间、开普勒轨道根数以及开普勒轨道根数随时间变化率，这些参数的比例因子如表 6－5 所示。

表 6－5　导航卫星星历参数比例因子

符号	位数 **	比例因子（LSB）	有效范围 ***	单位
IODE	8			
C_{rs}	16 *	2^{-5}		meters
Δn	16 *	2^{-43}		semi－circles/sec
M_0	32 *	2^{-31}		semi－circles
C_{uc}	16 *	2^{-29}		radians
e	32	2^{-33}	0.03	dimensionless
C_{us}	16 *	2^{-29}		radians
$\sqrt{A}$	32	2^{-19}		$\sqrt{\text{meter}}$
t_{oe}	16	2^{-24}	604 784	seconds
C_{ic}	16 *	2^{-29}		radians
Ω_0	32 *	2^{-31}		semi－circles
C_{is}	16 *	2^{-29}		radians
i_0	32 *	2^{-31}		semi－circles
C_{rc}	16 *	2^{-5}		meters
w	32 *	2^{-31}		semi－circles

续表

符号	位数 * *	比例因子（LSB）	有效范围 * * *	单位
$\dot{\Omega}$	24 *	2^{-43}		semi－circles/sec
IDOT	14 *	2^{-43}		semi－circles/sec

注：* 标有 * 的数据是 2 的补码，占有 MSB 的符号位（＋或－）；

* * 详见子帧 2 和子帧 3 对整个数据位的分配；

* * * 在这一列中的数据除非特别指出，有效范围为分配的位数和尺度因子所确定的最大可达范围。

子帧 2 的数据格式如图 6－8 所示，子帧 2 含有 10 个字，每个字含有 30 bits，字 1 是遥测字（TLM），字 2 是交接字（HOW），字 3 是星历数据龄期（Issue of Data Ephemeris，IODE），字 4 是卫星运动平均角速度差 Δn，字 5 是平近点角 M_0，字 6 是纬度幅角余弦校正值 C_{uc}，字 7 是轨道偏心率 e，字 8 是纬度幅角正弦校正值 C_{us}，字 9 是轨道半长轴平方根 $\sqrt{A}$，字 10 是星历基准时间 t_{oe}。

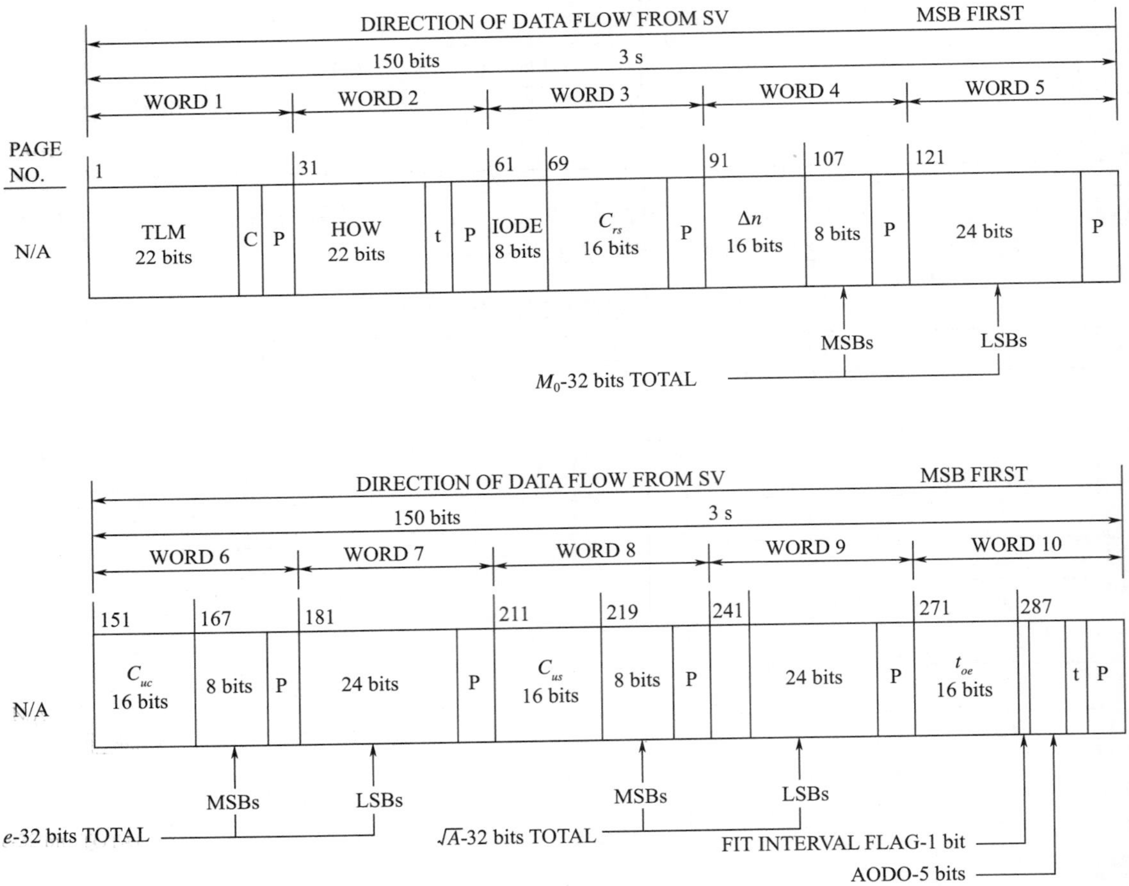

图 6－8　IS－GPS－200F 接口控制文件给出的子帧 2 的数据格式

在图 6－8 中，P＝6 位奇偶校验位数据（二进制数据）；t＝2 位没有信息的数据（二进制数据），用于奇偶计算；C＝遥测字的第 23 和 24 位数据（二进制数据），其中第 23 位数据是完好性状态标志位，第 24 位数据是系统保留位。

子帧 3 的数据格式如图 6-9 所示，子帧 3 含有 10 个字，每个字含有 30 bits，字 1 是遥测字（TLM），字 2 是交接字（HOW），字 3 是星轨道倾角的余弦调和改正项振幅 C_{ic}，字 4 是参考时刻的升交点赤经 Ω_0，字 5 是轨道倾角的正弦调和改正项振幅 C_{is}，字 6 是参考时刻的轨道倾角 i_0，字 7 是卫星地心距的余弦调和改正项振幅 C_{rc}，字 8 是近地点幅角 w，字 9 是升交点赤经变化率 $\dot{\Omega}$，字 10 是轨道倾角的变化率（IDOT）和星历数据龄期（IODE）。

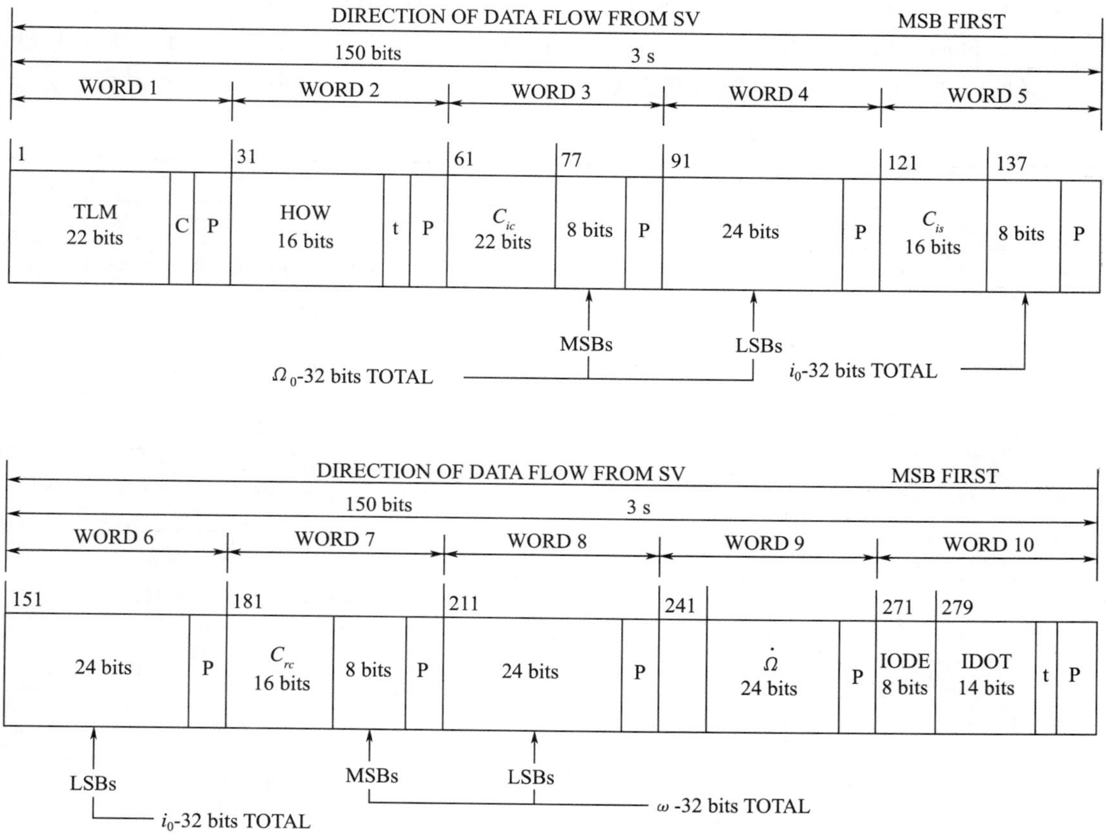

图 6-9　IS-GPS-200F 接口控制文件给出的子帧 3 的数据格式

在图 6-9 中，P=6 位奇偶校验位数据（二进制数据）；t=2 位没有信息的数据（二进制数据），用于奇偶计算；C=遥测字的第 23 和 24 位数据（二进制数据），其中第 23 位数据是完好性状态标志位，第 24 位数据是系统保留位。

通过解调和提取导航电文子帧 2 和子帧 3 的数据，用户接收机就可以计算出导航卫星随时间而变化的位置，子帧 2 字 3 和子帧 3 字 10 都给出了 IODE，为冗余数据，用以比较数据传输过程中是否有差错，同时也可以与子帧 1 字 8 给出的 IODC 相比较。三个数据龄期对应的数据必须一致，否则必须接入新的数据集合。

子帧 2 字 10 的第 17 位是数据拟合区间标志（FIT INTERVAL FLAG），用以标识

GPS 地面运行控制系统利用最小二乘法拟合的数据的时间跨度是 4 h 还是 6 h，若该标志的数据是“0”，则表示拟合的数据的时间跨度是 4 h。对于利用 4 h 时间跨度拟合的星历数据，外推的星历数据对用户测距误差的影响小于 0.35 m（1σ）。时间越长，外推星历数据的精度越低，对于利用 6 h 时间跨度拟合的星历数据，外推的星历数据对 URE 的影响小于 1.5 m（1σ）。系统一般不采用 6 h 时间跨度拟合的星历数据。

在 WGS84 地心地固坐标系下，导航卫星有效载荷导航信号播发天线相位中心空间位置计算公式见表 6-6，计算公式考虑了地球自转的校正，WGS84 坐标系原点 O 是地球的质量中心，Z 轴指向 BIH1984.0 定义的协议地球极（conventional terrestrial pole，CTP），CTP 由国际时间局采用 BIH 站的坐标定义，X 轴指向 BIH1984.0 定义的零子午面与 CTP 所定义的地球赤道的交点，Y 轴垂直于 XOZ 平面，与 X 轴和 Z 轴构成右手坐标系。

表 6-6　导航卫星星历模型方程参数

参数	说明
$\mu=3.986\ 005\ \text{x}\ 10^{14}\ \text{m}^3/\text{s}^2$	WGS84 地球万有引力参数
$\dot{\Omega}=7.292\ 115\ 146\ 7\times10^{-5}$	WGS84 坐标地球自转速率，rad/s
$A=(\sqrt{A})^2$	半长轴，m
$n_0=\sqrt{\dfrac{\mu}{A^3}}$	计算的平均角速度，rad/s
$t_k=t-t_{oe}$ *	距离星历参考（基准）历元的时间
$n=n_0+\Delta n$	修正的平均角速度
$M_k=M_0+nt_k$	平近点角
$\pi=3.141\ 592\ 653\ 589\ 8$	标准圆周率取值
$M_k=E_k-e\cdot\sin\cdot E_k$	偏近点角的 Kepler 方程，rad
$v_k=\tan^{-1}\left\{\dfrac{\sin v_k}{\cos v_k}\right\}=\tan^{-1}\left\{\dfrac{\sqrt{1-e^2}\sin E_k/(1-e\cos E_k)}{(\cos E_k-e)/(1-e\cos E_k)}\right\}$	真近点角
$E_k=\cos^{-1}\left\{\dfrac{e+\cos v_k}{1+e\cos v_k}\right\}$	偏近点角
$\delta u_k=C_{us}\sin2\Phi_k+C_{uc}\cos2\Phi_k$ $\delta r_k=C_{rs}\sin2\Phi_k+C_{rc}\cos2\Phi_k$ $\delta i_k=C_{is}\sin2\Phi_k+C_{ic}\cos2\Phi_k$	近地点幅角 轨道半径 轨道倾角的校正——二次谐波干扰
$u_k=\Phi_k+\delta u_k$	修正的近地点幅角
$r_k=A(1-e\cos E_k)+\delta r_k$	修正的轨道半径
$i_k=i_0+\delta i_k+(\text{IDOT})t_k$	修正的轨道倾角
$x_k{}'=r_k\cos u_k\quad y_k{}'=r_k\sin u_k$	轨道平面中卫星的位置
$\Omega_k=\Omega_0+(\dot{\Omega}-\dot{\Omega}_e)t_k-\dot{\Omega}_e t_{oe}$	修正的升交点经度
$x_k=x_k{}'\cos\Omega_k-y_k{}'\cos i_k\sin\Omega_k$ $y_k=x_k{}'\sin\Omega_k+y_k{}'\cos i_k\cos\Omega_k$ $z_k=y_k{}'\sin i_k$	地心地固坐标系下卫星的位置

表 6-6 中，平近点角 $M_k=M_0+nt_k$ 随着时间间隔 t_k 线性地变化，求解卫星位置时需

要知道偏近点角 E_k，偏近点角 E_k 不随时间线性变化，偏近点角可以迭代求解。对导航卫星星历模型方程中的近地点幅角、轨道半径、轨道倾角的校正完成二次谐波干扰修正后，就可以获得经校正的卫星轨道平面上的位置以及校正了的轨道半径、升交点经度以及轨道倾角，最后把地心惯性坐标系下的导航卫星位置坐标再变换到地心地固坐标系下，以用于用户位置的最后解算。

6.4.3　历书、卫星状态和电离层模型参数

历书数据用于辅助接收机捕获导航信号、定位方程解算用户位置的过程中选择空间几何最优的 4 颗卫星以及给出载波多普勒偏移和伪码延迟信息，并用于军用接收机直接捕获 P（Y）码信号。历书数据是一组截断的、降低精度的星历参数，包含星座中所有导航卫星的简版星历数据，同时还给出在轨每颗卫星的健康状态。

GPS 导航电文的完整的子帧 4 和子帧 5 由分别由 25 页数据组成，每帧重复时换新的一页，每页的数据格式与帧格式一致，将这由 25 页组成的星历数据称为一个超帧（25 帧数据组成一个超帧）。因此，用户接收机为了接收到全部 25 页的子帧 4 和子帧 5 的历书数据，必须在整个 25×30 s=750 s，即 12.5 min 的时间内解调出 25 帧数据。子帧 4 和子帧 5 的关键参数如表 6－7 所示。

表 6－7　子帧 4 和子帧 5 的关键参数

子帧	页数	数据
4	1、6、11、16、21	保留
	2、3、4、5、7、8、9、10	卫星 25～32 的历书数据
	12、19、20、22、23、24	保留
	13	导航电文修正表 NMCT
	14、15	保留
	17	特殊电文
	18	电离层和 UTC 数据
	25	卫星 25～32 的健康状态 32 颗卫星的反欺骗标志
5	1～24	卫星 1～24 的历书数据
	25	卫星 1～24 的健康状态 历书参考时间和参考星期数

导航电文中的历书数据几乎占据了子帧 5（1～24 页）和子帧 4（2～5 页、7～10 页）各页第 3～10 字的所有位，子帧 5 的 1～24 页的数据格式如图 6－10 所示，字 1 是遥测字（TLM），字 2 是交接字（HOW），字 3 是卫星轨道偏心率 e，字 4 是历书参考时间 t_{oa} 和轨道倾角校正参数 δ_i，字 5 升交点经度变化率 $\dot{\Omega}$，字 6 是轨道半长轴平方根 $\sqrt{A}$，字 7 是每个 GPS 星期起始历元的升交点地理经度 Ω_0，字 8 是近地点幅角 w，字 9 是参考时间的平近点角 M_0，字 10 是星载原子钟相位误差 a_{f0} 和频率误差 a_{f1}。子帧 5 的第 25 页的数

据格式如图 6－11 所示，字 1 是遥测字（TLM），字 2 是交接字（HOW），字 3 是历书参考时间 t_{oa} 周数（number of the week，WN），字 4～字 9 是导航卫星健康状态数据，字 10 是系统保留字。

卫星健康状态数据包括 8 种状态：[000] 表示所有数据正常（ALL DATA OK）、[001] 表示所有奇偶校验数据失效（PARITY FAILURE）、[010] 表示遥测字 TLM /交接字（HOW）格式问题（TLM/HOW FORMAT PROBLEM）、[011] 表示 Z 计数交接字（HOW）错误（Z－COUNT IN HOW BAD）、[100] 表示子帧 1、2、3 的数据错误（SUBFRAMES 1，2，3）、[101] 表示子帧 4、5 的数据错误（SUBFRAMES 4，5）、[110] 表示上注加载数据错误（ALL UPLOADED DATA BAD）、[111] 表示所有数据错误（ALL DATA BAD）。

在图 6－10 和图 6－11 中，P＝6 位奇偶校验位数据（二进制数据）；t＝2 位没有信息的数据（二进制数据），用于奇偶计算；C＝遥测字的第 23 和 24 位数据（二进制数据），其中第 23 位数据是完好性状态标志位，第 24 位数据是系统保留位；子帧 4 的 2、3、4、5、7、8、9、10 页与子帧 5 的 1～24 页的数据格式一致。

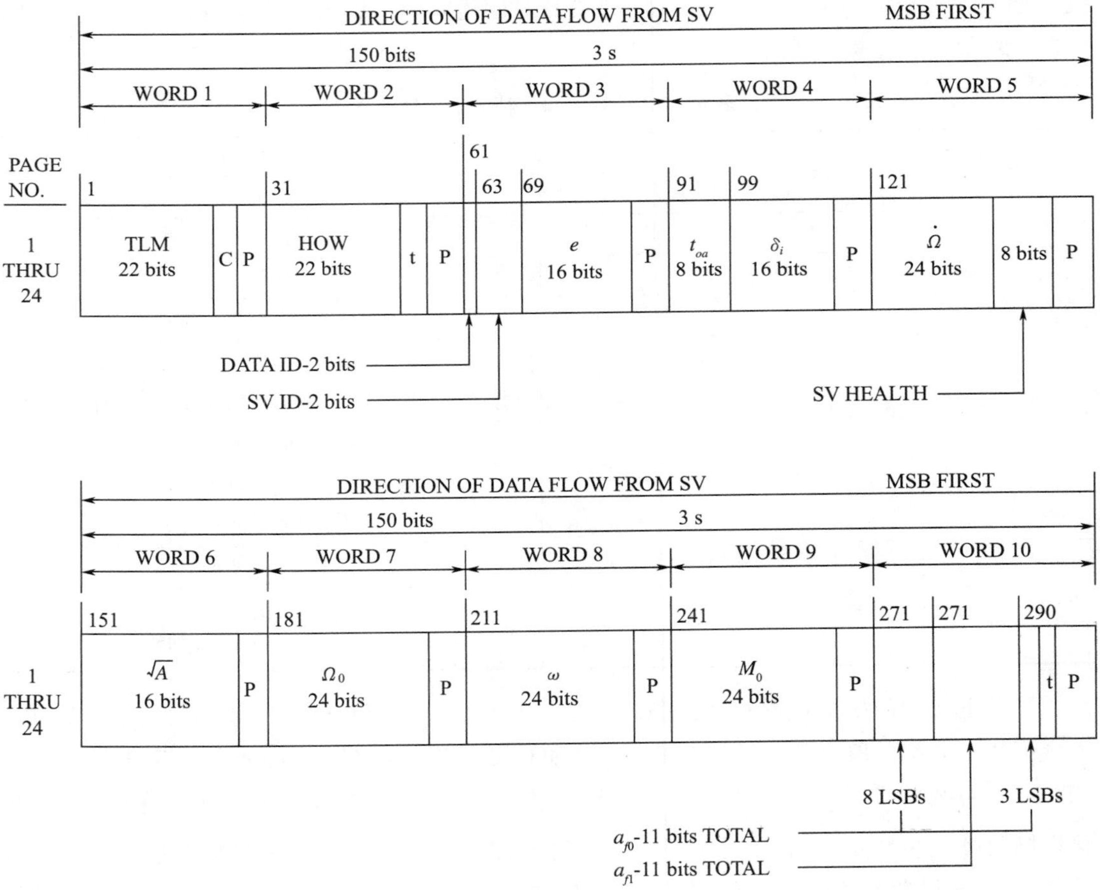

图 6－10　IS－GPS－200F 接口控制文件给出的子帧 5（1～24 页）的数据格式

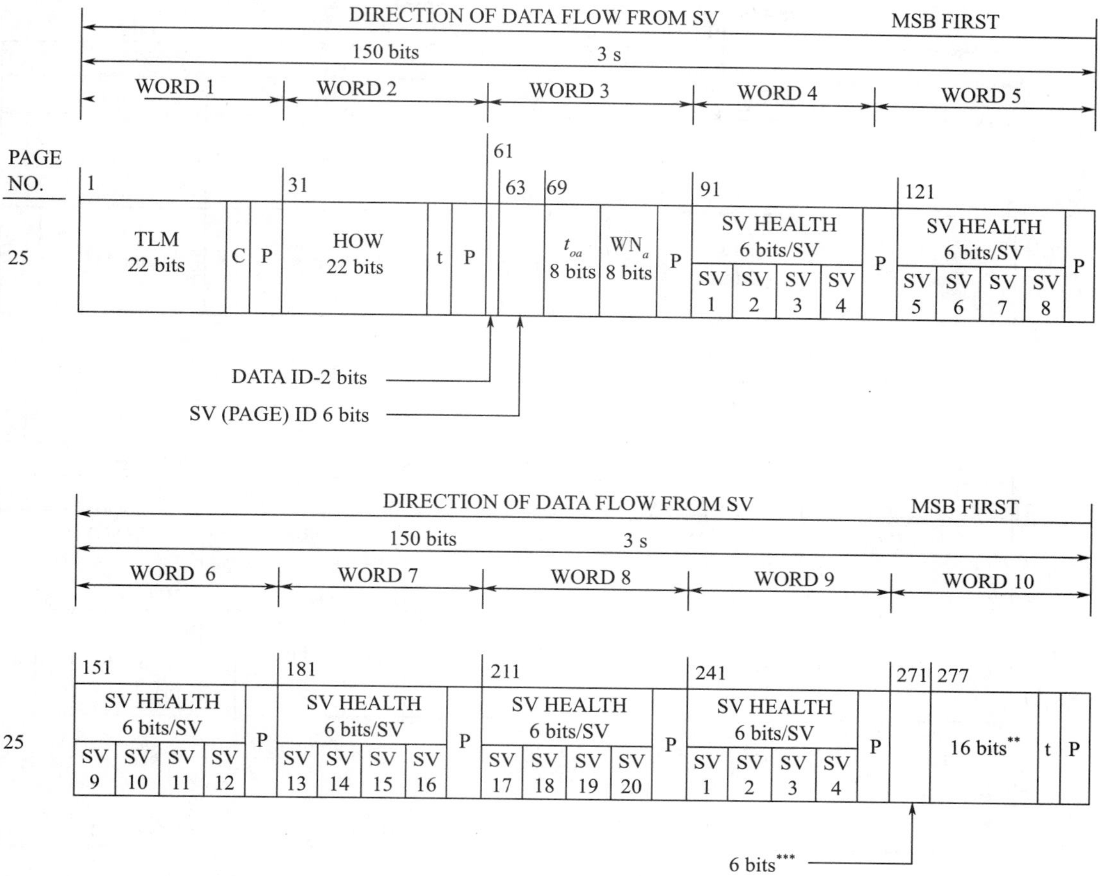

图 6-11　IS-GPS-200F 接口控制文件给出的子帧 5（25 页）的数据格式

子帧 4 的 1、6、11、16、21 页，12、19、20、22、23、24 页，14、15 页均为系统保留页面，17 页为一些特殊电文，这些保留页面的数据格式如图 6-12～图 6-14 所示；子帧 4 的 2、3、4、5、7、8、9、10 页是卫星 25～32 的历书数据，与子帧 5 的 1～24 页数据格式一致；子帧 4 的 18 页和 25 页为电离层和 UTC 数据，分别如图 6-15、6-16 所示，子帧 4 的 13 页为导航电文修正表（Navigation Message Correction Table，NMCT）。

在图 6-12 和图 6-14 中，P=6 位奇偶校验位数据（二进制数据）；t=2 位没有信息的数据（二进制数据），用于奇偶计算；C=遥测字的第 23 和 24 位数据（二进制数据），其中第 23 位数据是完好性状态标志位，第 24 位数据是系统保留位。＊＊＊为保留位，＊＊为系统应用保留位（17 页为一些特殊电文）。

与子帧 2 和子帧 3 的星历数据相比，子帧 4 和子帧 5 的历书数据精度低，但是有效期长，不需要频繁更新。自导航信号播发时刻起，历书精度与时间的关系如表 6-8 所示。

历书参数的算法与星历参数的算法一致，历书参数主要包括偏心率 e 、历书参考时间 t_{oa} 、轨道倾角校正参数 δ_i 、升交点经度变化率 $\dot{\Omega}$ 、半长轴平方根 $\sqrt{A}$ 、每个 GPS 星期起始历元的升交点地理经度 Ω_0 、近地点幅角 w 、参考时间的平近点角 M_0 、星载原子钟

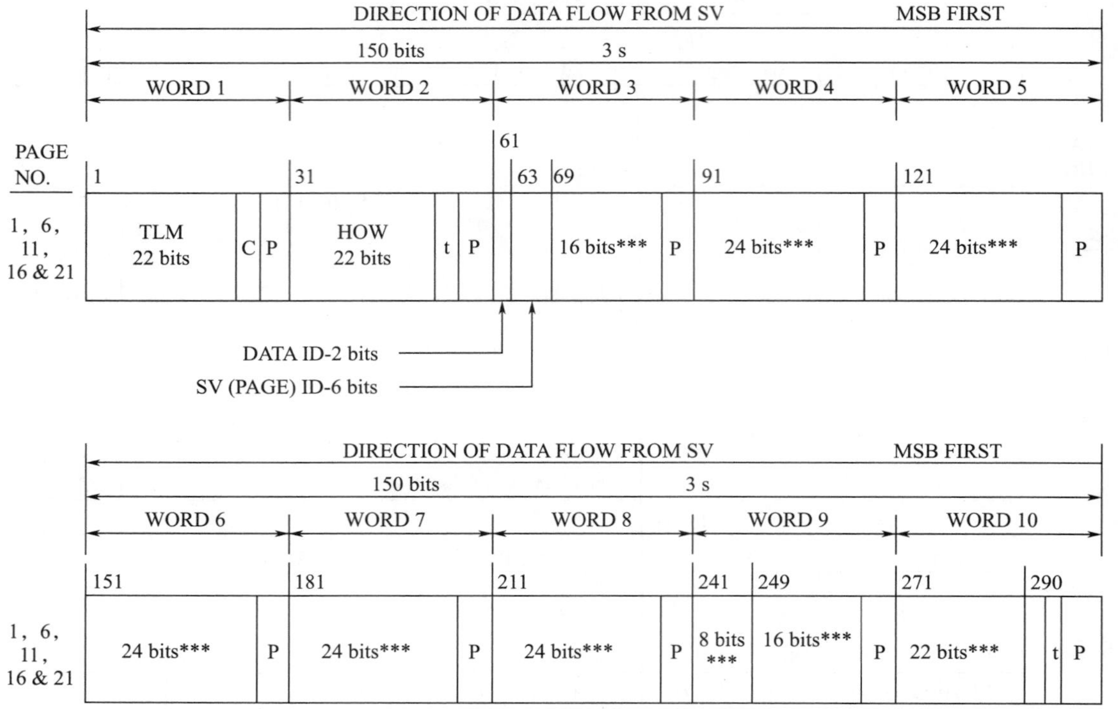

图 6-12　IS-GPS-200F 接口控制文件给出的子帧 4（1、6、11、16、21 页）的数据格式

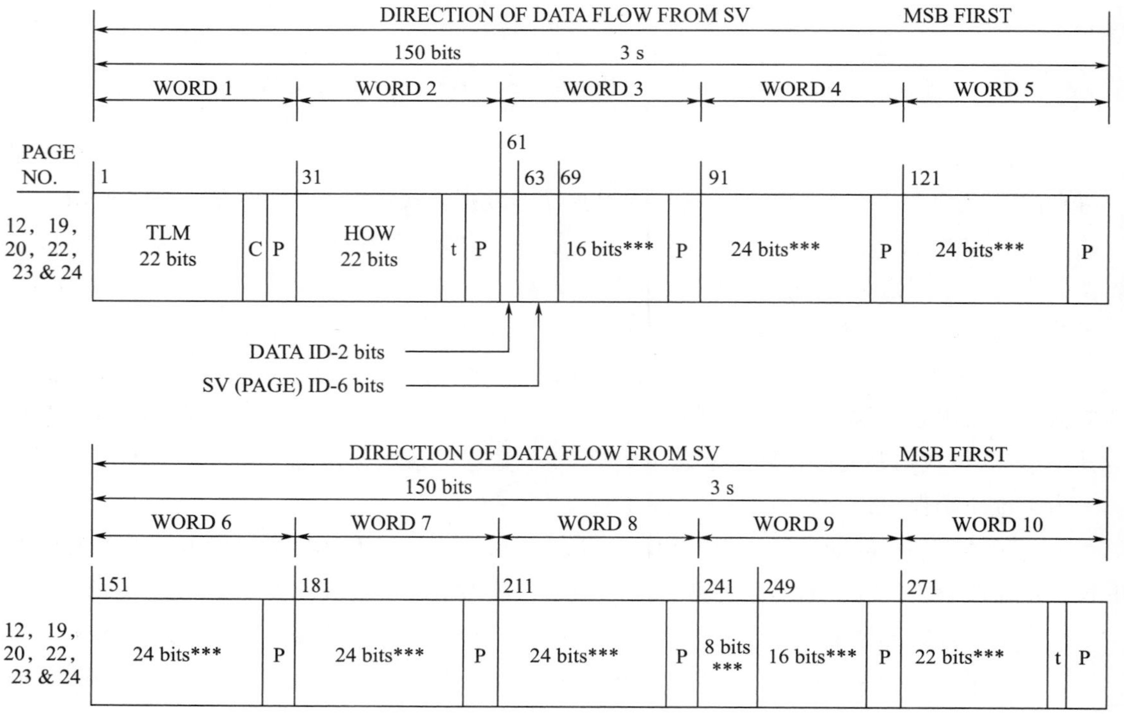

图 6-13　IS-GPS-200F 接口控制文件给出的子帧 4（12、19、20、22、23、24 页）的数据格式

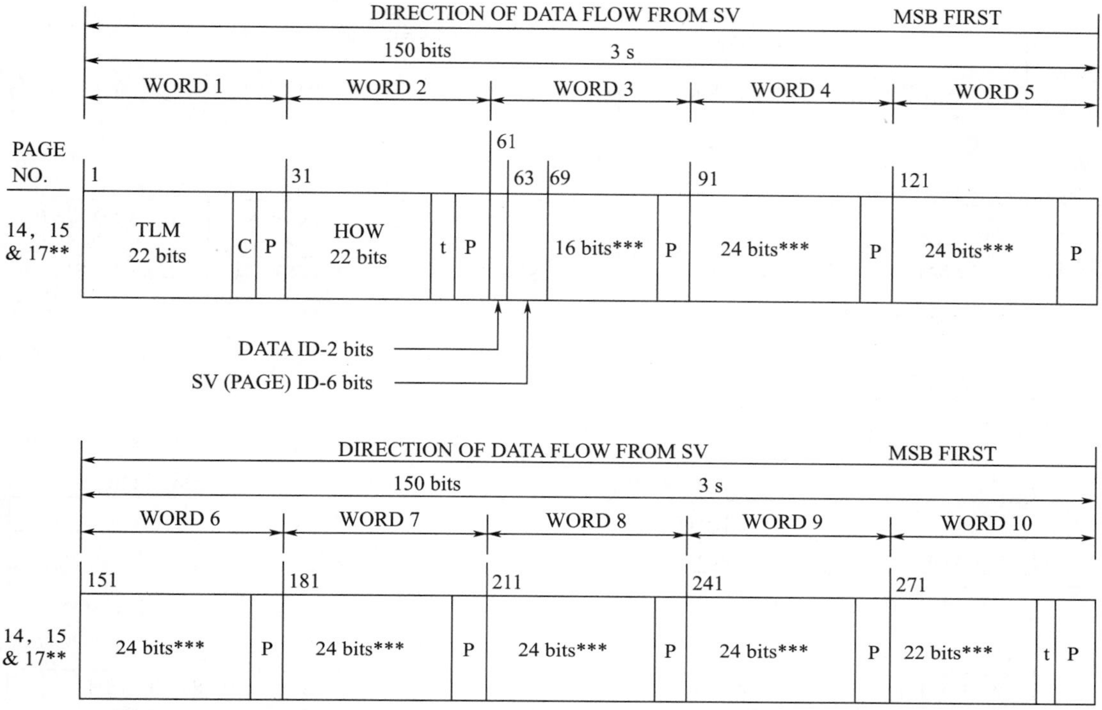

图 6-14　IS-GPS-200F 接口控制文件给出的子帧 4（14、15、17 页）的数据格式

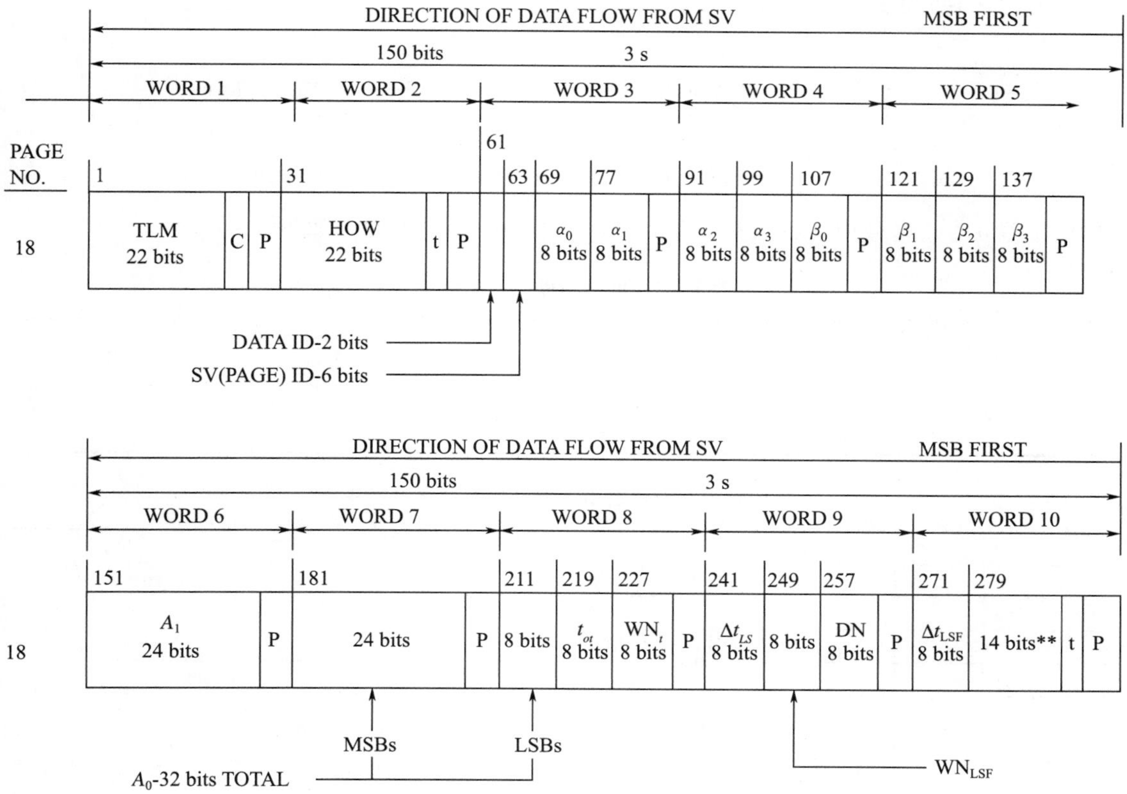

图 6-15　IS-GPS-200F 接口控制文件给出的子帧 4（18 页）的数据格式

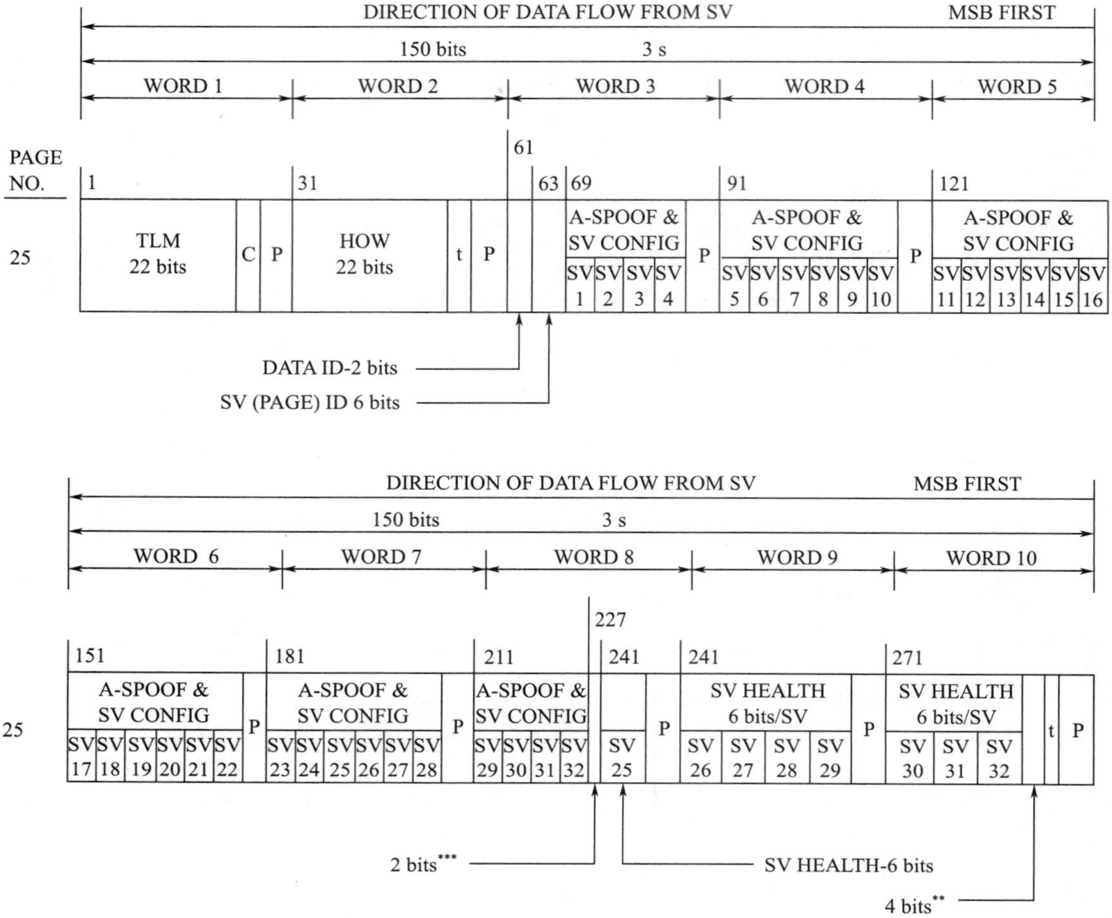

图 6-16　IS-GPS-200F 接口控制文件给出的子帧 4（25 页）的数据格式

相位误差 a_{f0}、星载原子钟频率误差 a_{f1}，历书参数及尺度因子如表 6-9 所示。

表 6-8　历书精度与时间的关系

自导航信号播发时刻起的数据龄期	历书精度
1 天	900 m
1 星期	1 200 m
2 星期	3 600 m

表 6-9　导航卫星历书参数及其尺度因子

符号	位数 **	比例因子（LSB）	有效范围 ***	单位
e	16	2^{-21}		dimensionless
t_{oa}	8	2^{-12}	602 112	seconds
δ_i ****	16 *	2^{-19}		semi-circles
$\dot{\Omega}$	16 *	2^{-38}		semi-circles/sec
$\sqrt{A}$	24	2^{-19}		$M^{1/2}$
Ω_0	24 *	2^{-11}		semi-circles
w	24 *	2^{-23}		semi-circles

续表

符号	位数 * *	比例因子（LSB）	有效范围 * * *	单位
M_0	24 *	2^{-23}		semi-circles/sec
a_{f0}	11 *	2^{-20}		seconds
a_{f1}	11 *	2^{-38}		sec/sec

注：* 标有 * 的数据是 2 的补码，占有 MSB 的符号位（+或−）；

* * 详见子帧 2 和子帧 3 对整个数据位的分配；

* * * 在这一列中的数据除非特别指出，有效范围为分配的位数和比例因子所确定的最大可达范围；

* * * * 相对 $i_0=0.30\pi$ 弧度。

历书参数给出了简版星载原子钟校正参数——星载原子钟相位误差 a_{f0} 和频率误差 a_{f1} ，利用一阶多项式可以校正星载原子钟时间，一阶多项式为

$$t=t_{SV}-\Delta t_{SV}=t_{SV}-(a_{f0}+a_{f1}t_k) \tag{6-9}$$

式中　t ——GPS 系统时间 GPST；

t_{SV} ——星载原子钟时间（导航电文播发时刻的伪随机测距码的相位）。

利用式（6-9）可以校正星载原子钟时间与 GPST 的偏差在 2 μs 以内，t_k 是具有时间历元的时间。

6.5　系统时间转换

卫星导航系统的时间是连续的原子时，从导航卫星电文播发的导航系统时间（与一星期取模）也是连续的，没有采用 UTC 的闰秒处理，在时间系统引入闰秒瞬间会导致接收机失锁。为了与 UTC 保持时间上的协调，GPS 的地面控制段使 GPST 与 UTC（USNO）之间的偏差保持在 1 μs 以内（与一秒取模），并在导航电文中播发修正参数，因此，GPS 也直接提供了一个重要的服务——时间传递。

子帧 4 第 18 页的字 6～9 的高（MSB）24 位以及字 10 的高（MSB）8 位，包含有把 GPST 转换到 UTC（USNO）的参数，并通告用户由于 UTC 的闰秒 Δt_{LS} 而造成的最近和稍后一段时间内 GPST 与 UTC 之间的偏差 δ ，以及 UTC 闰秒生效时刻的 GPST 的星期号 WN_{LSF}。子帧 4 电文参数定义的 GPST 与 UTC 转换的算法为

$$t_{UTC}=t_E-\Delta t_{UTC}\ [\text{modulo}-86\ 400\ \text{s}]$$

$$\Delta t_{UTC}=\Delta t_{LS}+A_0+A_1\ [t_E-t_{ot}+604\ 800(WN-WN_t)\ ] \tag{6-10}$$

式中　t_E ——用户估计的 GPST，用户根据导航电文子帧 1 给出的时钟校正因子以及电离层和选择可用性 SA 影响来校正；

Δt_{LS} ——由于 UTC 闰秒产生的与 GPST 之间的偏差 δ ；

A_0 和 A_1——多项式的常数项和一阶项；

t_{ot} ——UTC 数据的参考时间；

WN——由导航电文子帧 1 给出的当前的星期数。

用户估计的 GPS 系统时间 t_E 是相对于上周结束/本周开始的秒计数。根据导航电文子帧 4 第 18 页字 8 标识的 UTC 的参考星期数 WN_t ，并作为本星期时间的起点，给出 UTC

数据的参考时间 t_{ot} 。UTC 参考星期数 WN_t 用 8 位二进制数据表示，该数据需要与二进制数据表示的 GPS 星期数取模运算后，才能得到 WN_t 的数值。

6.6 实测导航电文说明

6.6.1 原始电文数据

遥测字（TLM）位于各子帧开头，作为捕获导航电文的前导。其中所含的同步信号，为各子帧提供一个同步的起点，使用户便于解译电文数据。交接字（HOW）紧接开头的遥测字，主要是向用户提供捕获 P 码的 Z 计数。Z 计数，是从每星期六/星期日子夜零时起算的时间计数，它表示下一子帧开始瞬间的 GPS 时。通过交接字，可以实时地了解观测瞬时在 P 码周期中所处的准确位置，以便迅速地捕获 P 码。

子帧 1 用于时钟校正参数相关数据的参数如表 6－2 所示，导航卫星星历模型参数如表 6－4 所示，导航卫星星历参数比例因子如表 6－5 所示，导航卫星星历模型方程参数如表 6－6 所示。用户接收机从接收到的 GPS 信号，经解扩、解调、BCH 译码后得到原始导航信息，以 ECT 电文格式输出接收到的原始导航信息，在收到第一个 RNSS 业务完整子帧后通过 ECT 立刻输出原始导航信息。ECT 语句格式说明如表 6－10 所示，ECT 语句格式为：MYM－ECT，xx，c－c，xx，a，aa……a * hh＜CR＞＜LF＞。

表 6－10 ECT 语句格式说明

编号	含义	取值范围	单位	备注
1	卫星号	—	—	
2	频点		—	
3	通道号	—	—	
4	支路	I/Q	—	I－I 支路，Q－Q 支路
5	原始导航信息	—	—	共含 300 bits，由 75 个 16 进制的数组成

下面以 2017 年 2 月 7 日（星期二）GPS SVN13 号卫星 L1 信号播发的导航电文信息为例，简要说明，子帧 1、2、3 的原始电文信息如下（8 进制）：

$GPECT，13，L1，015，I，8B0E0C4D 60AA94CE 0D000E54 B150512D BFD787CF 1F966151 2E8CC5D0 B33600FF EE8FE31A BF8 * 56

$GPECT，13，L1，015，I，8B0E0C4D 60ACADC1 704F998A DEEBF897 79754011 D008610F 1171C661 A84B0D91 E3810B31 DA0 * 56

$GPECT，13，L1，014，I，8B0E0C4D 6086B800 00A82849 9EA89200 4327FE3F 167BC12E 04DBDB56 A97BFFAC 70EC5FBA 2CC * 2C

“ * ” 及其后面的两位 16 进制数是校验位；由此，可以按子帧 1、2、3 数据格式，从原始 8 进制电文中直接提取二进制的电文参数，分别如表 6－11～表 6－13 所示。

表 6－11　子帧 1 原始电文数据（二进制）

编号	原始电文数据(二进制)																														原始电文8进制
	1	2	3	4	5	6	7	8	9	10	11	12	13	14	15	16	17	18	19	20	21	22	23	24	25	26	27	28	29	30	
字 1	1	0	0	0	1	0	1	1	0	0	0	0	1	1	1	0	0	0	0	0	1	1	0	0	0	1	0	0	1	1	8B0E 0C4D
字 2	0	1	0	1	1	0	0	0	0	0	1	0	1	0	1	0	1	0	1	0	0	1	0	1	0	0	1	1	0	0	60AA 94CE
字 3	1	1	1	0	0	0	0	0	1	1	0	1	0	0	0	0	0	0	0	0	0	0	0	0	1	1	1	0	0	1	0D00 0E54
字 4	0	1	0	1	0	0	1	0	1	1	0	0	0	1	0	1	0	1	0	0	0	0	0	1	0	1	0	0	0	1	B150 512D
字 5	0	0	1	0	1	1	0	1	1	0	1	1	1	1	1	1	1	1	0	1	0	1	1	1	1	0	0	0	0	1	BFD7 87CF
字 6	1	1	1	1	0	0	1	1	1	1	0	0	0	1	1	1	1	1	1	0	0	1	0	1	1	0	0	1	1	0	1F96 6151
字 7	0	0	0	1	0	1	0	1	0	0	0	1	0	0	1	0	1	1	1	0	1	0	0	0	1	1	0	0	1	1	2E8C C5D0
字 8	0	0	0	1	0	1	1	1	0	1	0	0	0	0	1	0	1	1	0	0	1	1	0	0	1	1	0	1	1	0	B336 00FF
字 9	0	0	0	0	0	0	0	0	1	1	1	1	1	1	1	1	1	1	1	0	1	1	1	0	1	0	0	0	1	1	EE8F E31A
字 10	1	1	1	1	1	0	0	0	1	1	0	0	0	1	1	0	1	0	1	0	1	1	1	1	1	1	1	0	0	0	BF8

表 6－12　子帧 2 原始电文数据（二进制）

编号	原始电文数据(二进制)																														原始电文8进制
	1	2	3	4	5	6	7	8	9	10	11	12	13	14	15	16	17	18	19	20	21	22	23	24	25	26	27	28	29	30	
字 1	1	0	0	0	1	0	1	1	0	0	0	0	1	1	1	0	0	0	0	0	1	1	0	0	0	1	0	0	1	1	8B0E 0C4D
字 2	0	1	0	1	1	0	0	0	0	0	1	0	1	0	1	1	0	0	1	0	1	0	1	1	0	1	1	1	0	0	60AC ADC1
字 3	0	0	0	1	0	1	1	1	0	0	0	0	0	1	0	0	1	1	1	1	1	0	0	1	1	0	0	1	1	0	704F 998A
字 4	0	0	1	0	1	0	1	1	0	1	1	1	1	0	1	1	1	0	1	0	1	1	1	1	1	1	1	0	0	0	DEEB F897

续表

编号	原始电文数据(二进制)																														原始电文8进制
	1	2	3	4	5	6	7	8	9	10	11	12	13	14	15	16	17	18	19	20	21	22	23	24	25	26	27	28	29	30	
字 5	1	0	0	1	0	1	1	1	0	1	1	1	1	0	0	1	0	1	1	1	0	1	0	1	0	1	0	0	0	0	7975 4011
字 6	0	0	0	0	0	1	0	0	0	1	1	1	0	1	0	0	0	0	0	0	0	0	1	0	0	0	0	1	1	0	D008 610F
字 7	0	0	0	1	0	0	0	0	1	1	1	1	0	0	0	1	0	0	0	1	0	1	1	1	0	0	0	1	1	1	1171 C661
字 8	0	0	0	1	1	0	0	1	1	0	0	0	0	1	1	0	1	0	1	0	0	0	0	1	0	0	1	0	1	1	A84B 0D91
字 9	0	0	0	0	1	1	0	1	1	0	0	1	0	0	0	1	1	1	1	0	0	0	1	1	1	0	0	0	0	0	E381 0B31
字 10	0	1	0	0	0	0	1	0	1	1	0	0	1	1	0	0	0	1	1	1	0	1	1	0	1	0	0	0	0	0	DA0

表 6-13　子帧 3 原始电文数据（二进制）

编号	原始电文数据(二进制)																														原始电文8进制
	1	2	3	4	5	6	7	8	9	10	11	12	13	14	15	16	17	18	19	20	21	22	23	24	25	26	27	28	29	30	
字 1	1	0	0	0	1	0	1	1	0	0	0	0	1	1	1	0	0	0	0	0	1	1	0	0	0	1	0	0	1	1	8B0E 0C4D
字 2	0	1	0	1	1	0	0	0	0	0	1	0	0	0	0	1	1	0	1	0	1	1	1	0	0	0	0	0	0	0	6086 B800
字 3	0	0	0	0	0	0	0	0	0	0	0	0	1	0	1	0	1	0	0	0	0	0	1	0	1	0	0	0	0	1	00A8 2849
字 4	0	0	1	0	0	1	1	0	0	1	1	1	1	0	1	0	1	0	1	0	0	0	1	0	0	1	0	0	1	0	9EA8 9200
字 5	0	0	0	0	0	0	0	0	0	1	0	0	0	0	0	1	0	0	1	0	0	1	1	1	1	1	1	1	1	1	4327 FE3F
字 6	1	0	0	0	1	1	1	1	1	1	0	0	0	1	0	1	1	0	0	1	1	1	1	0	1	1	1	1	0	0	167B C12E
字 7	0	0	0	1	0	0	1	0	1	1	1	0	0	0	0	0	0	1	0	0	1	1	0	1	1	0	1	1	1	1	04DB DB56
字 8	0	1	1	0	1	1	0	1	0	1	0	1	1	0	1	0	1	0	1	0	0	1	0	1	1	1	1	0	1	1	A97B FFAC

续表

编号	原始电文数据(二进制)																													原始电文8进制
	1	2	3	4	5	6	7	8	9	10	11	12	13	14	15	16	17	18	19	20	21	22	23	24	25	26	27	28	29	30	
字 9	1	1	1	1	1	1	1	1	1	0	1	0	1	1	0	0	0	1	1	1	0	0	0	0	1	1	1	0	1	1	70EC 5FBA
字 10	0	0	0	1	0	1	1	1	1	1	1	0	1	1	1	0	1	0	0	0	1	0	1	1	0	0	1	1	0	0	2CC

6.6.2　解析电文参数

根据 IS-GPS-200F 接口控制文件给出的子帧 1～3 的数据格式及子帧定义，如图 6-7～图 6-9 所示，解析后的电文，分别如表 6-14～表 6-15 所示，其中 P=6 位奇偶校验位数据（二进制数据）；t=2 位没有信息的数据（二进制数据），用于奇偶计算；C=遥测字的第 23 和 24 位数据（二进制数据），其中第 23 位数据是完好性状态标志位，第 24 位数据是系统保留位。

表 6-14　子帧 1 电文参数

子帧 1	bit 位置	电文意义	原始电文→数值	量纲	物理意义
字 1	1～8	Preamble(帧头)	10001011	/	/
	9～22	TLM(遥测字)	00001110000011 →899(十进制)	1	899 周
	23～24	C(保留)	00	/	/
	25～30	P(校验字)	010011	/	/
字 2	31～47	TOW(周内时间)	01011000001010101 →45141(十进制)	6	270 846 s
	48	Alert Flag(报警字)	0	/	无报警
	49	Anti-Spoof Flag(反欺骗字)	1	/	开启
	50～52	Subframe ID(子帧号)	001	/	子帧 1
	53～54	t(Bearing bits)	/	/	/
	55～60	P(校验字)	001100	/	/
字 3	61～70	WN(周计数)	1110000011 →899(十进制)	1	899 周
	71～72	C/A OR P ON L2	01	/	P 码开
	73～76	URA INDEX	0000	/	0.00<URA<2.40
	77～82	SV HEALTH	0	/	导航电文可用
	83～84	IODC 2MSBs	00	/	/
	85～90	P(校验字)	111001	/	/
字 4	91	L2 P DATA FLAG	0	/	L2 P 码导航电文开启

续表

子帧 1	bit 位置	电文意义	原始电文→数值	量纲	物理意义
	92～114	RESERVED(保留)	1010010110001	/	/
	115～120	P(校验字)	010001	/	/
字 5	121～144	RESERVED(保留)	001011011011111111010111	/	/
	145～150	P(校验字)	100001	/	/
字 6	151～174	RESERVED(保留)	111100111100011111100101	/	/
	175～180	P(校验字)	10110	/	/
字 7	181～196	RESERVED(保留)	0001010100010010	/	/
	197～204	T_{GD} 群时延估计校正☆	11101000 →−24(十进制)	2^{-31}	−1.117 587 089 538 57×10^{-8} s
	205～210	P(校验字)	11011	/	/
字 8	211～218	IODC 8LSBs	00010111 →23(十进制)	/	/
	219～234	t_{OC}(参考时刻)	0100001011001100 →17100(十进制)	16	273 600 s
	235～240	P(校验字)	110110	/	/
字 9	241～248	a_{f2}(钟漂)☆	0000000 →0(十进制)	2^{-55}	0 s/s^2
	249～264	a_{f1}(钟速)☆	1111111111101110 →−18(十进制)	2^{-43}	−2.046 363 078 989 09× 10^{-12} s/s
	265～270	P(校验字)	100011	/	/
字 10	271～292	a_{f0}(钟差)☆	1111100011000110101011 →−118357(十进制)	2^{-31}	−5.511 427 298 188 21 s
	293～294	t(Bearing bits)	11	/	/
	295～300	P(校验字)	111000	/	/

注:标有☆的参数是 2 的补码。

表 6-15　子帧 2 电文参数

子帧 2	bit 位置	电文意义	数值	量纲	物理意义
字 1	1～8	Preamble((帧头)	10001011	/	/
	9～22	TLM(遥测字)	00001110000011 →899(十进制)	1	899 周
	23～24	C(保留)	00	/	/
	25～30	P(校验字)	010011	/	/
字 2	31～47	TOW(周内时间)	01011000001010110 →45142(十进制)	6	270 852 s
	48	Alert Flag(报警字)	0	/	无报警
	49	Anti-Spoof Flag(反欺骗字)	1	/	开启
	50～52	Subframe ID(子帧号)	010	/	子帧 2

续表

子帧 2	bit 位置	电文意义	数值	量纲	物理意义
	53～54	t(Bearing bits)	11	/	/
	55～60	P(校验字)	011100	/	/
字 3	61～68	IODE	00010111 →23(十进制)	/	/
	69～84	C_{rs}(轨道半径正弦校正值)☆	0000010011111001 →1273(十进制)	2^{-5}	39.781 25 m
	85～90	P(校验字)	100110	/	/
字 4	91～106	Δn(平均移动角速度差)☆	0010101101111011 →11131(十进制)	2^{-43}	$3.975\ 522\ 739\ 336\ 61\times10^{-9}$ rad/s
	107～114	M_0(平近点角) 8MSBs ☆	10101111	/	见 M_0 24LSBs
	115～120	P(校验字)	111000	/	/
字 5	121～144	M_0(平近点角) 24LSBs ☆	1010111110010111101 11100101110101 →−1349027467(十进制)	2^{-31}	−1.973 516 670 902 rad
	145～150	P(校验字)	010000	/	/
字 6	151～166	C_{uc}(纬度幅角余弦校正值)☆	0000010000111010 0 →1140	2^{-29}	−0.000 003 159 046 rad
	167～174	e(轨道偏心率) 8MSBs	00000010	/	见 e 24LSBs
	175～180	P(校验字)	000110		
字 7	181～204	e(轨道偏心率) 24LSBs	00000010and0001000011 11000100010111 →34664727(十进制)	2^{-33}	0.004 035 505 35
	205～210	P(校验字)	000111	/	/
字 8	211～226	C_{us}(纬度幅角正弦校正值)☆	0001100110000110 →6534(十进制)	2^{-29}	$3.823\ 482\ 691\ 972\ 65\times10^{-5}$ rad
	227～234	$\sqrt{A}$(轨道半长轴平方根) 8MSBs	10100001	/	与 $\sqrt{A}$ 24LSBs
	235～240	P(校验字)	001011	/	/
字 9	241～264	$\sqrt{A}$(轨道半长轴平方根) 24LSBs	10100001and00001101 1001000111100011 →2702021091(十进制)	2^{-19}	5 153.696 233 749 $m^{1/2}$
	265～270	P(校验字)	100000	/	/
字 10	271～286	t_{oe}(星历基准时间)	0100001011001100 →17100(十进制)	2^4	273 600 s
	287	FIT INTERVAL FLAG(拟合间隔字)	0	/	拟合间隔为 4 h
	288～292	AODO(数据龄期)	11101→29(十进制)	900	26 100 s
	293～294	t(Bearing bits)	10	/	/
	295～300	P(校验字)	100000	/	/

注:标有☆的参数是 2 的补码。

表 6-16　子帧 3 电文参数

子帧 3	bit 位置	电文意义	数值	量纲	物理意义
字 1	1～8	Preamble((帧头)	10001011	/	/
	9～22	TLM(遥测字)	00001110000011 →899(十进制)	1	899 周
	23～24	C(保留)	00	/	/
	25～30	P(校验字)	010011	/	/
字 2	31～47	TOW(周内时间)	01011000001000011 →45123(十进制)	6	270 738 s
	48	Alert Flag(报警字)	0	/	无报警
	49	Anti-Spoof Flag(反欺骗字)	1	/	开启
	50～52	Subframe ID(子帧号)	011	/	子帧 3
	53～54	t(Bearing bits)	10	/	/
	55～60	P(校验字)	000000	/	/
字 3	61～76	C_{ic}(轨道倾角的余弦调和改正项的振幅)☆	0000000000001010 →10(十进制)	2^{-29}	$1.862\ 645\ 149\ 230\ 96\times10^{-8}$ rad
	77～84	Ω_0(每个 GPS 星期起始历元的升交点地理经度)8MSBs☆	10000010	/	见 Ω_0 24LSBs
	85～90	P(校验字)	100001	/	/
字 4	91～114	Ω_0　24LSBs ☆	10000010and00100110 0111101010100010 →-2111407454(十进制)	2^{-31}	-0.983 200 713 061 semi-circles -3.088 816 137 156 rad
	115～120	P(校验字)	010010	/	/
字 5	121～136	C_{is}(轨道倾角的正弦调和改正项的振幅) ☆	0000000001000011 →67(十进制)	2^{-29}	$1.247\ 972\ 249\ 984\ 74\times10^{-7}$ rad
	137～144	i_0(参考时间的轨道倾角) 8MSBs ☆	00100111	/	/
	145～150	P(校验字)	111111	/	/
字 6	151～174	i_0(参考时间的轨道倾角) 24MSBs ☆	00100111and1000111 11100010110011110 →663733662	2^{-31}	0.309 075 071 467 semi-circles 0.970 987 973 958 rad
	175～180	P(校验字)	111100	/	/
字 7	181～196	C_{rc}(轨道半径的余弦调和改正项的振幅)	0001001011100000 →4832(十进制)	2^{-5}	151 m
	197～204	ω(近地点幅角) 8MSBs ☆	01001101	/	/
	205～210	P(校验字)	101111	/	/
字 8	211～234	ω(近地点幅角) 24MSBs ☆	01001101and011011010 101101010100101 →1299012261(十进制)	2^{-31}	0.604 899 721 686 semi-circles 1.900 348 521 807 rad
	235～240	P(校验字)	111011	/	/

续表

子帧 3	bit 位置	电文意义	数值	量纲	物理意义
字 9	241～264	$\dot{\Omega}$(升交点经度变化率) ☆	111111111010110001110000 →－21392(十进制)	2^{-43}	－2.431 988 832 540 81× 10^{-9} semi－circles/s 7.640 318 249 922 62×10^{-9} rad/s
	265～270	P(校验字)	111011	/	/
字 10	271～278	IODE(星历数据龄期)	00010111→23(十进制)	/	/
	279～292	IDOT(轨道倾角变化率) ☆	11101110100010 →－1118(十进制)	2^{-43}	－1.271 018 845 727 67× 10^{-10} semi－circles/s 3.993 023 468 312 22× 10^{-10} rad/s
	293～294	t(Bearing bits)	11	/	/
	295～300	P(校验字)	001100	/	/

注:标有☆的参数是 2 的补码。

参 考 文 献

[1] Bradford W. Parkinson. Global Positioning System：Theory and Applications. American Institute of Aeronautics and Astronautics [M]，Inc. 370 L'Enfant Promenade，SW，Washington，DC 20024 - 2518.

[2] GLOBAL POSITIONING SYSTEM DIRECTORATE SYSTEMS ENGINEERING & INTEGRATION INTERFACE SPECIFICATION IS - GPS 200，Navstar GPS Space Segment/Navigation User Interfaces [C]，INTERFACE SPECIFICATION IS - GPS - 200F，21 SEP 2011.

[3] Navstar GPS Space Segment/Navigation User Interfaces [C]，INTERFACE SPECIFICATION IS -GPS - 200，Revision D IRN - 200D - 001 7 March 2006.

第 7 章　导航信号

7.1　概述

卫星导航系统的定位方法可以分为主动式定位和被动式定位，也可以分为单向测距系统（上行测距——地面到卫星，下行测距——卫星到地面）和双向测距系统。主动定位系统需要用户发射信号，被动式定位系统只需要用户接收信号。目前美国 GPS、俄罗斯 GlONASS、欧洲 Galileo 卫星导航系统均是被动式单向下行测距系统，中国 BDS 具有被动和主动式定位两种模式。被动式定位服务模式中，导航卫星连续播发无线电导航信号，如图 7－1 所示，其载波信号中调制有伪随机噪声码（pseudo－random noise code，PRN code）和导航电文（navigation message）。伪随机噪声码是一种二进制周期数字码(periodic digital code)，用来推算导航信号的传输时间，进而实现星地之间的距离观测；导航电文是包含有导航卫星的星历、时间、轨道摄动改正、大气电离层延迟改正、卫星原子钟工作状态、卫星工作状态以及短码引导捕获长码等导航信息的二进制数据码，用于用户接收机获取卫星轨道位置和星载原子钟与系统时钟的偏差以及电离层延迟修正等信息，导航信号这种特殊的结构使得用户接收机可以解算出用户位置。

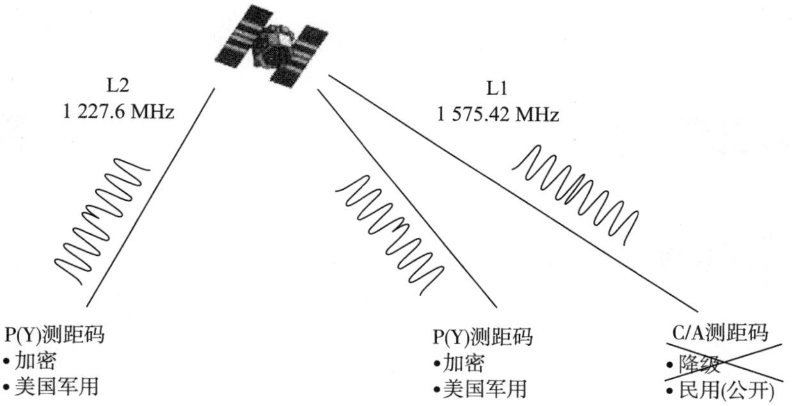

图 7－1　导航卫星播发调制有测距码和导航电文的导航信号（以 GPS 为例）

导航信号一般是 L 频段的无线电信号，也称为空间信号（Signals in Space，SIS），不能干扰其他通信系统的服务。导航信号的主要特征包括载波频率、调制方式、导航电文格式以及伪随机噪声码的自相关特性和互相关特性、信号功率，要具备实时距离测量和数据传输的能力，需要将伪随机噪声测距码和导航电文数据码等低频信号上变频到高频信号，然后将信号功率放大后的高频导航信号发射到地面。伪随机噪声测距码的设计需要考虑用户接收机的捕获和跟踪特点、相关性属性、实现的复杂性以及与其他系统的兼容互操作。导航电文数据码的设计需要避免对用户接收机的跟踪性能造成不利影响，同时确保较低的误比特率。

导航信号生成技术在不断发展，从最初的 BPSK、QPSK 调制到今天的 BOC、MBOC 和 AltBOC 调制，从以往两路复用到当前多路信号复用。随着信号体制的发展，信号生成方式也在发展。

7.2 导航信号频率选择

电磁波主要类型如图 7-2 所示，不同的系统和不同的服务采用不同频段的电磁波，国际电信联盟（International Telecommunication Union，ITU）对频段的使用有着严格的规定，并为不同的服务分配不同的频段，为服务提供者和用户指定特殊的频率范围，并为各个国家分配频率。ITU 是联合国（United Nations）下属负责协调全球无线电频谱的办事机构，该机构涉及电视、广播、蜂窝电话、雷达、卫星广播，甚至微波炉的频谱规划等领域。

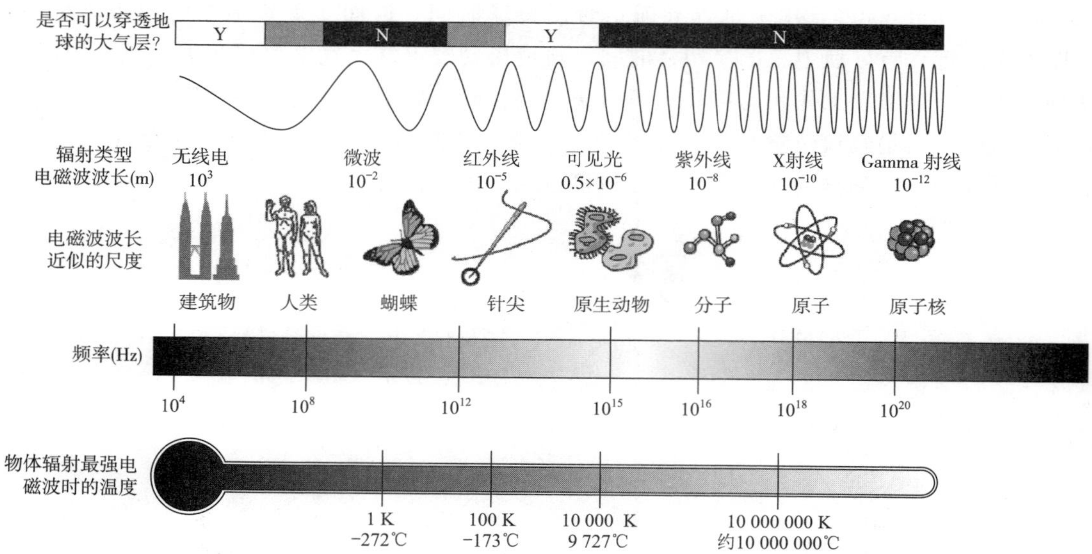

图 7-2 电磁波频谱特性

频率的分配采用先来先用的原则，一级服务不允许干扰相邻的频段，二级服务既不能干扰同频段内的其他服务，也不能对一级服务的干扰进行保护屏蔽。ITU 非常明确地确定了不同服务之间频率干扰的最大水平，因此，服务信号在频段内只能具有特定的能量。例如，美国联邦通信委员会（Federal Communications Commission，FCC）发现一些无线通信干扰信号正在日益干扰 GPS 的信号，为了给全球数十亿用户提供优质 PNT 服务，GPS 卫星下行导航信号的 L 频段内必须保证留有一定空白频段，确保 GPS 的 L 频段信号带内相对“安静”。

卫星导航领域最典型的频率干扰事件是 2010 年美国光平方公司（LIGHT SQUARED）通信网络对 GPS 导航信号的频率干扰。光平方公司网络又称为高速无线宽带网络，是经美国 FCC 批准，由光平方公司建设的天地融合新一代移动通信网络。该网络计划由 2 颗地球静止轨道通信卫星和地面基站网络构成，以卫星移动通信为主，4G 地面移动通信网络作为补充，传输容量高达千兆比特每秒，能覆盖目前地面网络设施无法到达的偏远地区，可在北美地区提供全面覆盖、高速可靠的话音和数据服务。光平方公司网络于 2003 年规划建设，2003 年 11 月，FCC 批准光平方公司使用 L 频段 1 525～1 559 MHz作为地面网络下行通信频段，该频段与 GPS 卫星播发的下行 L 频段 1 559～1 610 MHz导航信号频谱相邻，考虑到光平方公司网络的地面部分只作为卫星链路的备份，且其基站数量和发射功率受到严格限制，该频段最终获得批准。

为了提高地面网络性能和吸引更多用户，2010 年 11 月 18 日，光平方公司向 FCC 递交修改授权许可申请，要求放宽基站发射功率的限制，以便光平方公司网络能够使用仅支持地面 4G 网络的单模移动终端，这样单模终端不需要安装卫星天线，2010 年 11 月 26 日，FCC 初步批准了光平方公司的申请。光平方公司提高基站发射功率，给相邻频段的 GPS 导航信号造成严重干扰，引发了 GPS 业界的高度警觉和不满。大量测试结果表明，光平方公司新一代移动通信网络对 GPS 用户接收机造成严重干扰，光平方公司提出 GPS 接收机可以采用“锐截止滤波器”和“设置保护带宽”的抗干扰方案，但也不能减弱这种频率干扰。美国航空无线电技术委员会测试结果表明，工作在 1 550.2～1 555.2 MHz的光平方公司地面网络，可导致 600 m 高空的航空 GPS 接收机失锁。美国国家天基 PNT 执行委员会组织的测试评估结果表明，高精度 GPS 接收机在距离光平方公司地面网络基站 6～7 km 时就无法正常工作。此后美国军方介入，美国空军航天司令部在国会上认为光平方公司地面网络会导致美军大量武器装备降低或者丧失作战能力。最终美国国会要求光平方公司暂停地面网络建设。2012 年 2 月 14 日，FCC 表示无限期暂停光平方公司 ATC（辅助地面设施）服务授权。

美国斯坦福大学的 Parkinson 教授在 www.gpsworld.com 撰文（Three Key Attributes and Nine Druthers）指出，FCC 试验性地批准了光平方公司在 GPS 卫星下行导航信号 L 频段附近开展大功率的地基通信转发器通信业务，而该频段信号资源曾被保留为通信卫星使用，包括用于 GPS 差分修正业务。不同技术领域开展的实验结果表明，上述大功率地基通信转发器对 GPS 军用接收机、航空接收机以及商业接收机，也包括那些用于诸如精准农业等精密定位用途的接收机，产生直接而且是毁灭性的打击。由此，Parkinson 教授建议美国联邦政府，特别是美国联邦通信委员会，要维持 GPS 导航信号频段附近的频谱相对空白，以避免对 GPS 信号产生干扰。

在卫星导航系统的最初设计阶段，就要确定导航信号的频率范围，考虑因素包括 5 个方面：1）电磁波传播特性；2）地球大气层影响；3）ITU 频率规划；4）伪随机测距码和导航电文数据码要调制到载波信号上，载波信号频率必须高于数据码的频宽；5）载波信号频率直接影响用户机接收天线的增益和尺寸。

7.2.1　电磁波传播特性

不同的物理现象都会影响电磁波的传播，绝大多数影响是和频率相关的，电磁波在空间的传播会发生反射、折射、散射、衍射等现象。根据 Fermat 原理，电磁波在各项同性的介质中沿着最短时间路径传播。根据 Snell 定律，电磁波传播的几何关系是频率的函数，可以将电磁波分为地波、天波和视线直达波三类。

地波的频率小于 1.6 MHz，沿着地球表面曲率传播，地波能沿着地表传播很长的距离，但它很容易受到干扰，不适合数字通信。天波的频率在 1.6～30 MHz 之间，通过地球大气中的电离层的反射传播，即天波被电离层挡住反射回来后又继续向地面传播，因而天波也能传播很长的距离，但是电离层对天波反射的情况很难预测。电离层对电磁波的反射取决于电离层电离的程度、电磁波的频率和入射的角度。电磁波能够被电离层反射的最大高度是一个特殊角度，该角度定义了临界距离或电磁波的跳距。临界距离是电离层被电离程度的函数，在一天中会不断发生变化。尽管电磁波传播路径会受到电离层的影响，频率大于 30 MHz 的视线直达波能够穿透电离层向前传播。视线直达波受噪声干扰影响小，适合卫星通信，也满足导航信号直线传播、测距和三角定位原理要求，但它的缺点体现在系统损耗会随着工作频率的升高而增大。

电磁波在传播过程中的能量也会发生变化，电磁波的吸收定义为电磁波的能量被转化为热量，一般来说电磁波的频率越高，在大气中吸收就越多。衰减描述了信号功率降低与用户接收机到卫星之间距离增加的关系。与衰减相对的就是增益，反映信号在接收时和发射时功率增加的比例。功率是单位时间内传输的能量。假设 P^s 为卫星信号的发射功率，P_r 为用户接收机测量的功率，那么 $P_r/P^s<1$ 功率比反映了传输损失，$P_r/P^s>1$ 则反映了增益。功率比的度量采用如下定义，即

$$10\lg\frac{P_r}{P^s}=n\ \text{dB} \tag{7-1}$$

相应地，$n<0$ 反映信号能量传输损失，$n>0$ 反映信号能量传输增益，例如，$n=-3$ dB 表示接收的信号功率为发射信号功率的一半。

在自由空间中，传输功率在 $4\pi\rho^2$ 的球形表面上几何均匀传播，其中 ρ 为用户接收机和卫星之间的距离。卫星天线可以将辐射功率集中到某个特定方向。卫星天线指向性通过天线增益 G 的变化来描述。天线增益和天线有效范围 A（天线孔径）的关系为

$$G=4\pi A\frac{f^2}{c^2} \tag{7-2}$$

式中　f ——发射、接收的电磁波频率；

　　　c ——电磁波的传播速度。

若用 G^s 表示发射天线的增益，G_r 表示接收天线的增益，则接收的电磁波功率 P_r 为

$$P_r=P^sG^sG_rL_0 \tag{7-3}$$

式中　L_0——自由空间中电磁波的传播损失。

因此，增加发射天线的有效范围将增加用户接收机接收功率，P^sG_r 因子就是所谓的等效全向辐射功率（EIRP），根据 Friis 电磁波传播公式，自由空间中电磁波的传播损失 L_0 为

$$L_0=\left(\frac{c}{4\pi\rho f}\right)^2 \tag{7-4}$$

其中将原始公式倒过来，定义 L_0 为传播损失，例如，假设星地距离 $\rho=20\ 000$ km，卫星播发信号的频率 $f=1.5$ GHz，则根据式（7－4）可以算出该信号在自由空间中电磁波的传播损失为－182 dB。考虑所有衰减，特别是电磁波通过大气层、潮湿环境下的树林及建筑物等环境，需要引进一个系数 k，电磁波在自由空间中实际的传播损失为 $L=kL_0$。当 $k=0$ 时，表示所有信号被阻止；当 $k=1$ 时，表示除了 L_0 外，没有其他的信号损失。采用实际的传播损失，则式（7－3）中的 P_r 可表示为

$$P_r=P^sG^sG_rL \tag{7-5}$$

因为电磁波在自由空间中的传播损失是用户接收机到卫星距离即卫星高度的函数，所以 L_0 将随着时间的变化而改变。根据发射功率、自由空间传播损失和天线增益，地球表面接收到的卫星导航信号的最小落地水平大约在－160 dBW 量级。

7.2.2　地球大气层影响

运行在空间的卫星与地面控制站以及与地面用户之间的通信，或者说卫星播发信号的传播，首先应考虑到所选择频率段的电磁波能够穿透地球大气层或者受大气层的能量吸收比较小。地球大气层对不同波长电磁波的透射系数（不透明度）是不同的，如图 7－3 所示，根据不同的物理性质及其对电磁波的影响，可以将地球大气层分为不同的层。考虑到电磁波的结构，大气层可以分为中性大气层和电离层。中性大气层主要由对流层和平流层组成，对流层范围是从地面向上至距地面 50 km 范围内的大气底层，占整个大气质量的 99%。电离层的高度范围在 50～1 000 km 之间，是地球大气层上端被电离化的气体区域。

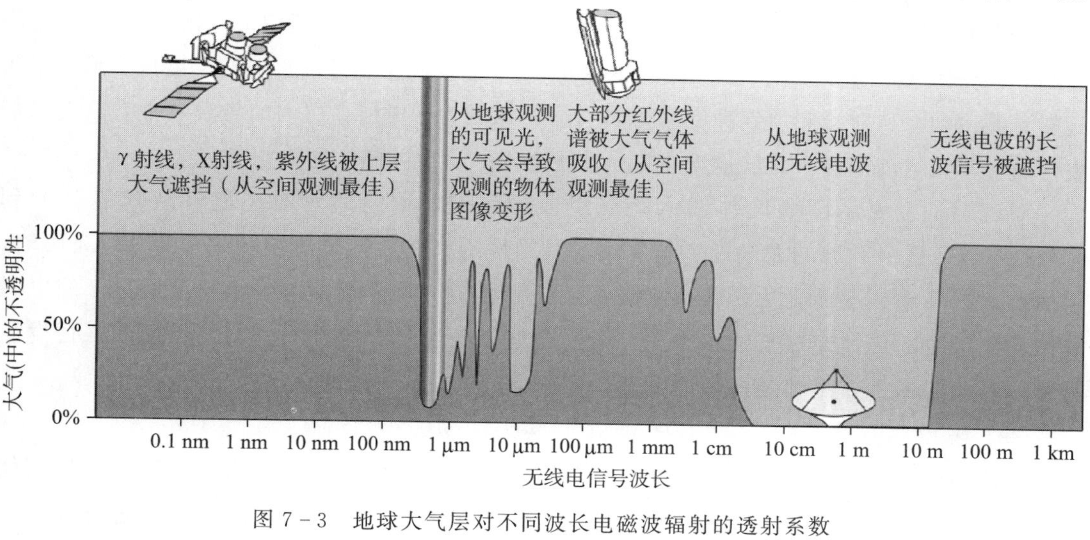

图 7－3　地球大气层对不同波长电磁波辐射的透射系数

按照地球大气层热状态特征，地球大气层的垂直分布可分为对流层、平流层、中间层、热层和逃逸层 5 个层，地球大气层的分层及平均温度的垂直分布如图 7-4 所示，这 5 个层中对卫星导航信号传播影响比较大的是对流层和平流层，能够对来自卫星的无线电波产生大气层衰减、电离层闪烁以及对流层折射等各种传播效应，其中对流层折射导航信号而产生附加时延，卫星导航领域将对流层和平流层的影响统称为对流层延迟。

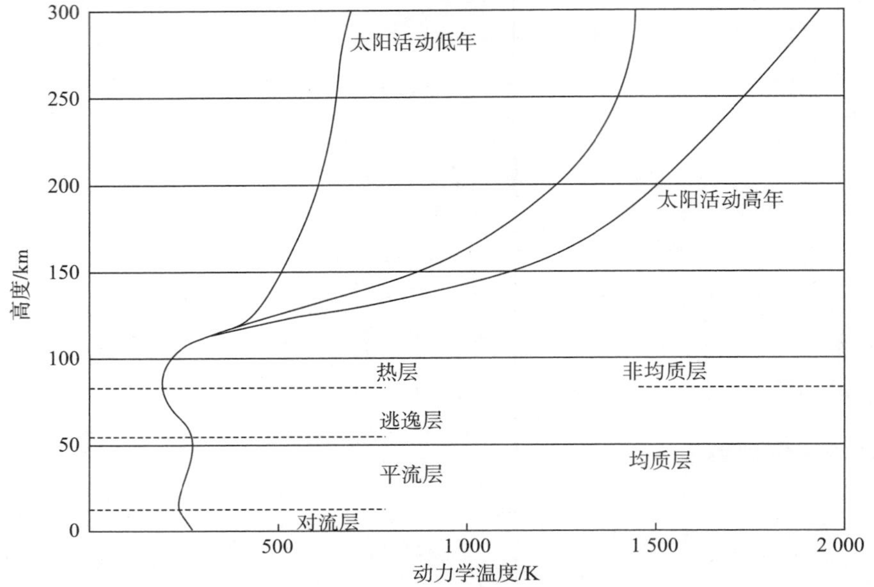

图 7-4　地球大气层分层及平均温度的垂直分布

地球对流层大气也称为低层大气，它是从地面到对流层顶以下的大气，对流层顶的高度在 8～18 km 之间，大气压力在地面为 1 个大气压，随着高度增加呈指数下降，到层顶大气压力降到约 0.2 个大气压。对流层中大气分子自由程远小于卫星的尺度，完全处于分子粘滞流动状态，与航天器之间存在热交换。层内大气温度随高度增加而下降，到层顶大气温度降到约−50～55 ℃，平均每升高 1 km 约下降 6～6.5 ℃。底层温度高，上层温度低，形成了大气的对流运动。从对流层顶到高度约为 50 km 的区域为平流层，层内的气温随垂直高度增加而升高，对流运动很弱，大气运动主要是水平运动，层顶的温度约为 0 ℃。

对流层是主要由干燥气体和水蒸气组成的区域，如前述对流层能够从地表延伸到 50 km高空，这个区域的大气没有被电离，是中性的大气，在电磁波频率低于 15 GHz 时，附加群延迟不随频率而变化，即对流层不是频率色散介质。虽然频率低于 15 GHz 的电磁波在对流层中的传播速度与频率无关，但当导航信号通过对流层时，会使传播的路径发生折射，对流层的折射系数随高度而变化，定义为

$$n(h)=1+N(h)\times10^{-6} \tag{7-6}$$

对流层的折射系数略大于 1，与自由空间相比会引起信号波形的附加群延迟，从而使测量距离产生误差，称为对流层延迟，由此将影响测距精度。此时，附加群延迟约等于

$$\Delta\tau = \int_{\text{path}} N(h) \times 10^{-6} \mathrm{d}h \tag{7-7}$$

当卫星位于天顶时，附加群延迟一般大约为 2.6 m，但在仰角低于 10°时可以超过 20 m。因此，需要获得高精度的定位和时间传递服务，必须建立模型来消除这种延迟效应。对流层对电磁波的折射也是温度、压力及局部水汽气压力的函数，局部水汽气压力包括干分量和湿分量，大约有 90%的对流层延迟是由干分量或者流体静力引起的，干分量主要是压力的函数。湿分量主要是受大气层中水汽的影响，由于水汽的变化性较大，湿分量很难用模型表示。

中性大气层中，干分量或者说干燥大气在吸收带附近对电磁波的吸收并不严重，潮湿大气对电磁波的吸收随着频率增高而急剧增大。频率范围从 1～3.5 GHz 的不同频率的电磁波在穿过地球大气层时，在天顶方向的单程衰减（吸收）特性曲线如图 7－5 所示，由图可知，卫星通信所能选用的电磁波的频率有很大的物理限制。实际应用中，地球站和地面用户在发射和接收无线电信号时，电磁波一般都不是从天顶方向通过的，而是有一定仰角。用户对卫星的仰角越小，电磁波穿过大气层的路径越长，因此大气衰减也越大。

研究表明，在电磁波频率为 10 GHz 以下时，电磁波传播过程中受大气吸收（衰减）比较小，受大气的气候影响也比较小，在 22.2 GHz 附近有水分子的谐振带，衰减急剧增大，对电磁波的传播很不利。随后大约在 25～45 GHz 附近还有一个窗口，然后就是 60 GHz附近的氧分子的吸收带。再往上，虽然还有一些窗口，但水汽的影响是越来越大了。另一方面，电磁波的短波受电离层反射，中波应用较为拥挤，而且频率越低，卫星有效载荷设计越困难，不适合航天通信服务。再加上工业噪声干扰等方面的考虑，实际上 100 MHz 以下的电磁波不适合航天应用。

降雨是影响航天器通信系统设计的一个重要因素。降雨引起的无线电波衰减简称雨衰，因不同的降雨强度、电波穿过雨区的路径长度而变化，过雨区的路径长度又与雨区高度、通信仰角有关。而降雨强度是随机的，所以在系统设计时，要根据当地的降雨强度统计资料、通信允许中断的概率，对通信链路留出补偿雨衰所需要的余量。雨衰计算主要靠世界各地的降雨概率统计资料和降雨引起的电波损耗模型进行估计。ITU 给出的平均每年降雨强度（单位 mm/h）超过 0.01%的雨区分布图如图 7－6 所示。

雨滴一方面造成电磁波散射，另一方面又吸收电磁波辐射的能量，当雨滴大小与电磁波波长在一个尺度时，雨衰效应达到最大。因此，在微波通信领域，电磁波的波长要大于雨滴的大小，同时还要注意雨衰随着电磁波频率提高而增加。ITU 给出了半经验的雨衰系数计算方法，即计算雨衰系数的图解法，通过关联标尺上的降雨强度和工作频率，就能找到雨衰系数。雨衰是降雨概率、降雨强度、电磁波频率、地面站/用户的位置以及卫星轨道高度的函数。当无法获得当地雨量统计数据时，可以参考图 7－6，各个不同的雨区对应不同的降雨概率，所以雨衰也是一个随机变量。在系统设计通信链路时，需要考虑补偿雨衰损耗，甚至给出雨衰造成的所允许的通信信号中断时间。对于温带气候区域，在 11 GHz 处的雨衰雨量应该设计为 2 dB 左右，在14.5 GHz 处的雨衰雨量应该设计为 3.5 dB 左右。在我国东部大部分地区，C 频段（3.95～5.85 GHz）大约需 6 dB，Ku 频段（12.4～18.0 GHz）大约需 10 dB，

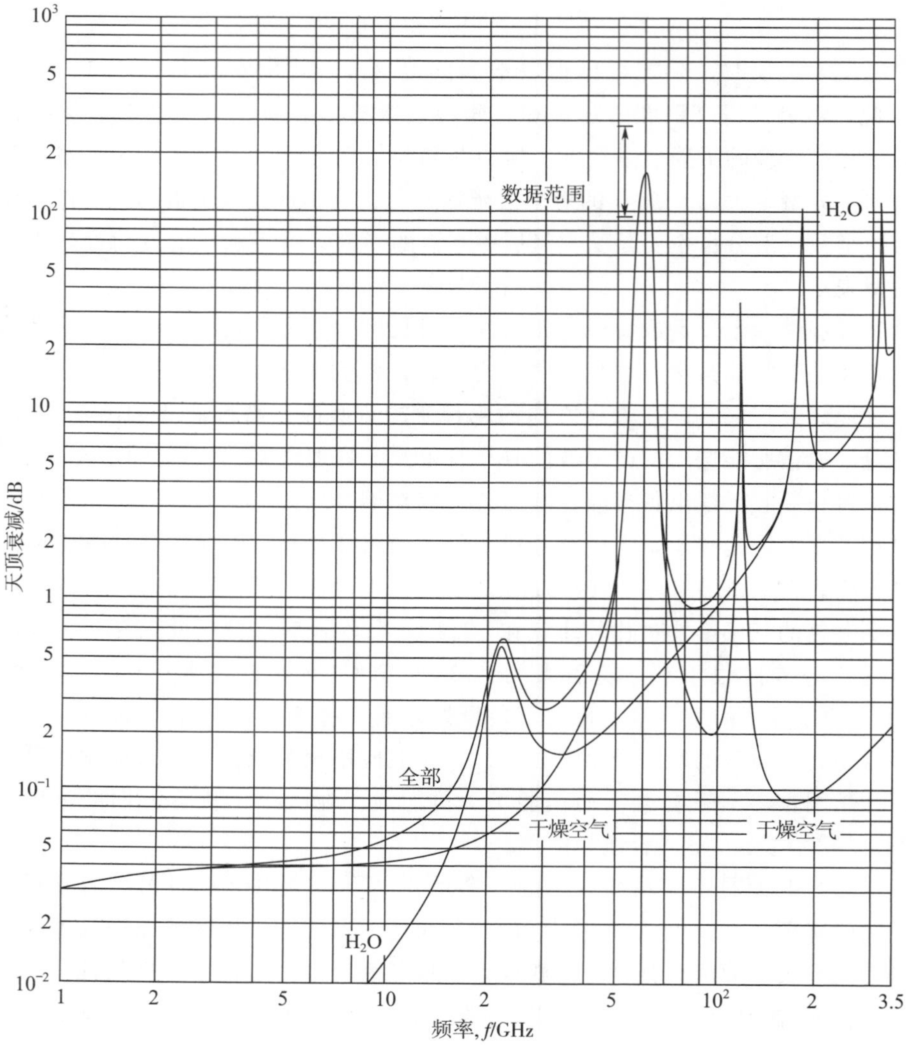

图 7－5　不同频率的电磁波在穿过地球大气层时所受到的吸收

而 Ka 频段则更大，这时的链路可靠性可以达到 99.9％。

由此可见，受地球中性大气层对电磁波的影响，技术上能用于通信和导航的无线电频段非常有限，而且在这些技术上可用的频段中，还有大量的其他应用，如地面的微波中继通信、移动通信、调频广播、电视广播、雷达探测等。由于卫星导航服务的全球性，完全超越了国界，就更有必要进行全世界的统一协调。卫星导航信号要求在任何天气条件下都应该能够正常传播，即要求系统全天时、全天候工作，在电磁波传播过程中受大气吸收（衰减）比较小的 10 GHz 以下频段中，试验研究表明 L 波段对雨量的大小、雾和云等造成的衰减相对于对流层延迟可以忽略不计，然而对于 C 波段的传输，影响则相对较大，雨、雾和云对 L 波段的衰减程度介于 L 波段和 C 波段中间。

下面再说说大气层中电离层对电磁波的影响。

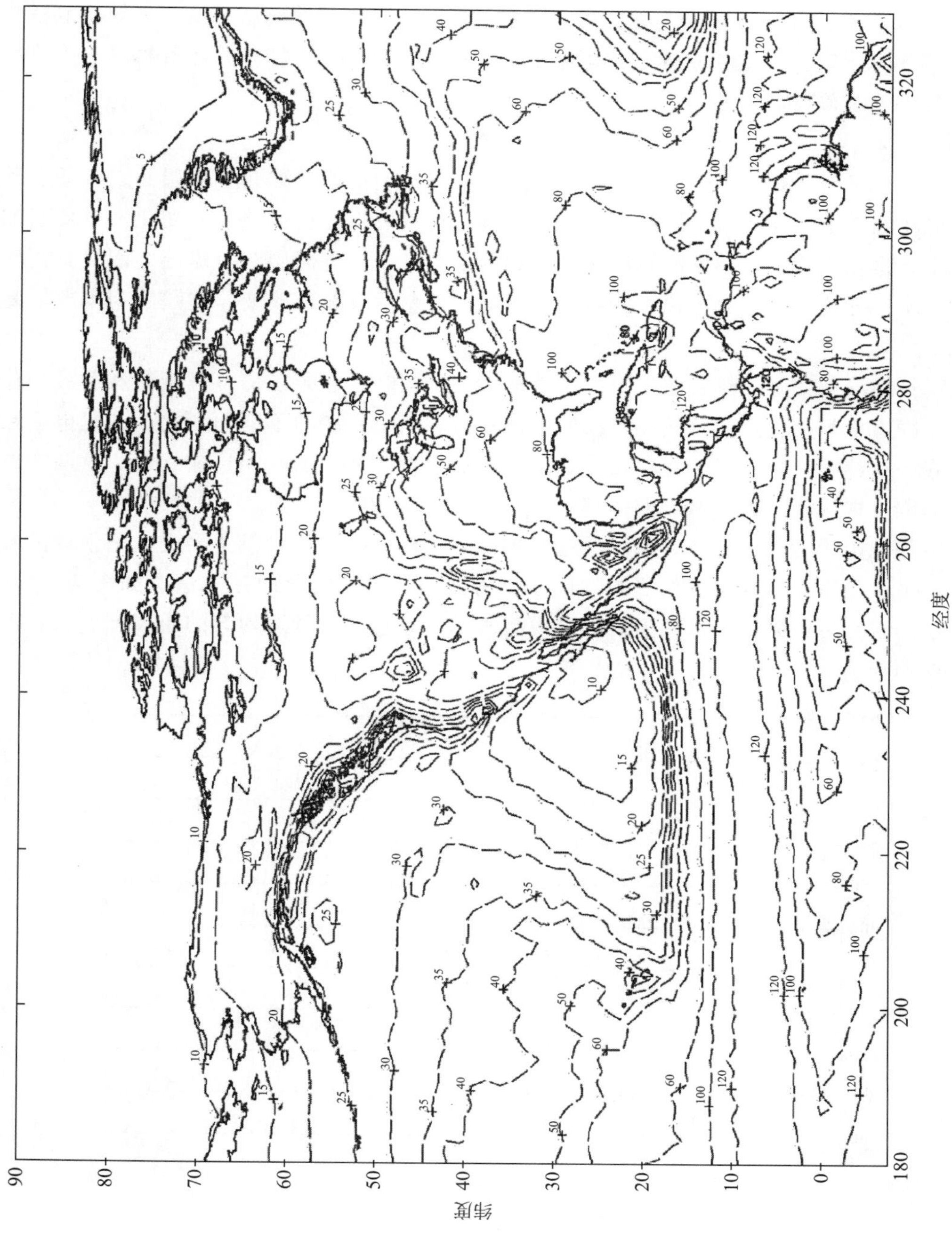

图7－6　ITU给出的平均每年降雨强度超过0.01％的雨区分布

电离层是地球大气层上端被电离化的气体区域，同时包含自由粒子、中性粒子以及带电粒子，在一天的时间内，粒子的密度随着时间变化，同时随着太阳状态而变化。电离层的高度范围是 50～1 000 km，电离层底部的高度一般为 75～100 km，而电离层峰值电子含量则在 200～400 km 附近。电离层对电磁波的折射可以用函数模型表示，当导航卫星播发的无线电信号穿过电离层时，无线电信号被电离层折射，电离层按折射系数改变传播速度，电离层折射系数定义为

$$n = c/v \tag{7-8}$$

由此导致星地伪距观测值产生误差，称为电离层折射误差或称为电离层延迟误差。其累积效应还在于信号穿越电离层的角度，电离层折射系数也随传播路径而变化。电离层的峰值电子含量在白天和夜间的变化范围可大到两个数量级。电离层和对流层之间，其折射系数的根本差异是电离层对电磁波的折射系数随着频率的改变而改变，这是因为电离层是电离化的气体。

电离层对导航信号的影响主要有两个方面：一是同时引起导航信号群延时和载波相位超前，它随着信号从卫星传播给用户所经历的路径和电子密度的不同而变化；二是电离层闪烁，在一些纬度上，它能使用户接收到的信号的幅度和相位随时间迅速扰动。这两个方面影响的程度取决于导航信号载波频率，并影响导航信号的设计。

一般用总电子含量（TEC）来描述电离层电子密度，总电子含量主要受太阳活动、日变化、季节变化以及地球磁场的影响。电子密度随海拔高度变化的基本情况如图 7 - 7 所示，总电子含量可以采用全球模型和区域模型表示，总电子含量非均匀的小尺度变化目前还不能够预报。

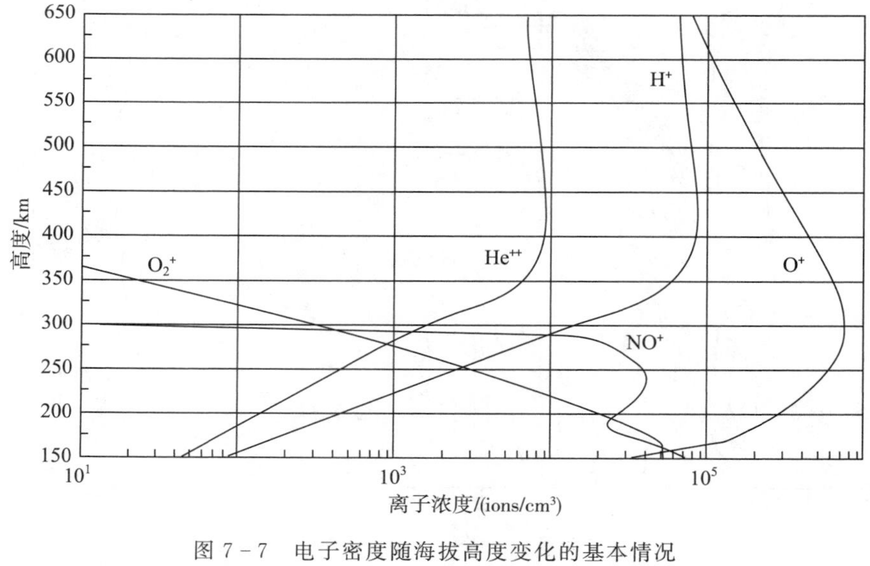

图 7 - 7　电子密度随海拔高度变化的基本情况

电离层大气对电磁波的传播属弥散性介质，即电磁波的传播速度与频率有关。电离层的折射率与大气电子密度成正比，而与穿过的电磁波频率平方成反比，即电离层附加群延

迟约等于

$$\Delta\tau \cong \frac{A}{f^2} \tag{7-9}$$

对于确定的电磁波频率来说，大气电子密度是唯一的独立变量。当用户仰角较低时，穿越电离层的信号路径就会更长，在任何仰角上的延迟均可以描述为实际延迟和仰角为90°时的垂向延迟之间的比，这个比率被定义为倾斜因子。由于电离层的分布范围在中高度上，相当于 0.1～0.3 个地球半径，所以卫星信号路径不是以非常低的仰角穿越电离层。如果电磁波信号天顶的电离层延迟为 50 ns，那么在倾斜因子为 3 时，1.6 GHz 处低仰角电离层延迟就会大到 150 ns，或者说大约 45 m 测距误差。显然，这么大的测距误差与卫星导航系统高精度（10 m）的定位精度是不匹配的，必须以一定的方式修正。

根据式（7－9），我们利用双频测量伪距，可以估计出电离层延迟。例如，GPS 卫星播发 Ll、L2 两路导航信号，中心频点分别为 1 575.42 MHz 和 1 227.6 MHz，Ll 和 L2 两个频点之间的间隔为 347.82 MHz，这个频率间隔足够估计电离层延迟（Ll 与 L2 中心频点之比为 Ll/L2＝77/60＝1.283 3）。由式（7－9）可知，从 L2 电离层延迟减去 L1 电离层延迟以抵消实际的伪距延迟，就可以得到电离层群延迟的校正值，其差可用下式表述（忽略当时的随机噪声）

$$\Delta\tau = \tau_{GDL2} - \tau_{GDL1} = \frac{A}{f_{L2}^2} - \frac{A}{f_{L1}^2} = \frac{A}{f_{L1}^2}\frac{1}{1.545\ 73} = \frac{\tau_{\text{iono}}}{1.545\ 73}, \tau_{\text{iono}} = 1.545\ 73\Delta\tau \tag{7-10}$$

或者说，用户通过在 Ll 和 L2 两个频点测量电离层延迟并作差，就可以测出电离层延迟。因此，卫星导航系统都是播发多个频点的导航信号：一是能够提供更强的电离层延迟校正能力；二是能够提供载波整周模糊度快速解算的能力；三是当某一个或两个频点受到意外干扰时，多频用户仍然可以正常工作，因而系统的健壮性更强；四是为终端设备的设计提供更多选择，从而满足不同用户需求，这对于占领市场起着重要作用。

7.2.3　ITU 频率规划

作为电磁波频谱的一部分，无线电波的频带是有限的宝贵资源。为了有效地利用频谱资源并减少无线电波之间的相互干扰，ITU 和 FCC 制定了相关的规则来管理、分配和利用这些频谱资源。习惯上把 0.3～300 GHz 的微波频段用于航天通信业务，如图 7－8 所示，其中固定卫星业务（Fixed Satellite Service，FSS）主要采用 C 波段（3.95～5.85 GHz）和 Ku 波段（12.4～18.0 GHz），目前已经发展得比较成熟；广播卫星业务（Brodcast Satellite Service，BSS）也采用 Ku 波段，在国际上也早已得到广泛应用。C 波段和 Ku 波段已经非常拥挤，2000 年后，Ka 波段（26.5～40.0 GHz）已经开始进入使用阶段，X 波段（8.2～12.4 GHz）一般用于军用通信和遥感卫星数据下传；S 波段（2.6～3.95 GHz）被广泛用于跟踪、遥控和遥测（TT&C）业务；L 波段（1.1～1.7 GHz）以及一些更低的频段主要分给卫星移动通信业务和卫星导航业务。

卫星导航信号设计最主要的依据是 ITU 分配的可用的载波频段，ITU 将卫星导航系

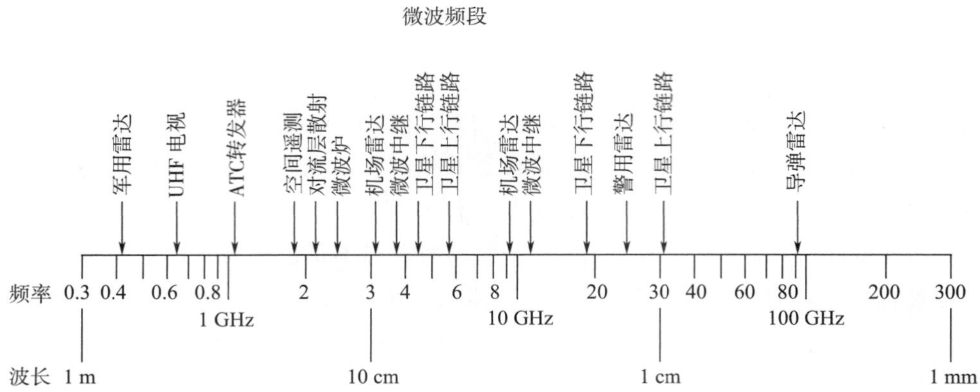

图 7-8　用于航天通信服务的微波频段

统服务归类到卫星无线电导航业务（Radio Navigation Satellite Service，RNSS）和航空无线电导航业务（Aeronautical Radio Navigation Service，ARNS），分配给全球卫星导航系统的频段是微波频段中的 L 波段、S 波段和 C 波段。分配给航空无线电导航服务的频段有严格规定，这对安全性运行要求苛刻的航空服务特别有用。在 RNSS/ARNS 导航服务的 L 波段（频率范围 1 559～1 610 MHz），全球卫星导航系统享受一级服务。

卫星导航系统载波频率的选择必须遵守 ITU 分配的可用的载波频段。2000—2003 年召开的世界无线电会议（World Radio Conferences）确定了全球卫星导航系统的频率范围，在 RNSS 的频带范围内，有 2 个频段划分给了 ARNS，由于这 2 个频段没有分配给其他用户使用，因此不会对航空无线电导航信号产生干扰，由此特别适合于开展生命安全（Safety-of-Life）相关业务。这两个频段分别是 L 频段的上边带（1 559～1 610 MHz）和下边带（1 151～1 214 MHz），目前上边带有 GPS 的 L1 频点信号。Galileo 的 E1 频点信号以及 GLONASS 的 G1 频点信号；下边带有 GPS 的 L5 频点信号，Galileo 的 E5 频点信号，其中 E5a 和 L5 信号频点及频带完全一致。在 L 频段剩下的1 215.6～1 350 MHz 频率范围被分配给基于地基雷达（ground radars）的无线电定位服务（Radio-location Services）和 RNSS，目前有 GPS 的 L2 频点信号，Galileo 的 E6 频点信号以及 GLONASS 的 G2 频点信号。因此，该频段内卫星导航信号很容易受到雷达信号的干扰。GPS、GLONASS 和 Galileo 卫星导航的导航信号频率范围如图 7-9 所示。

在 ITU 框架内规划卫星导航信号频点时，还同时需要考虑另外三方面因素。首先是考虑与已存在的同频带业务（甚至邻近频带业务）的兼容性，由于 L 频带已经分配给卫星导航业务且电磁环境相对纯净，它成为了卫星导航系统的首选频带。ITU 分配给航空 ARNS 频段上，也可用于 RNSS，例如 GPS 的 L5 和 Galileo 的 E5 频带位于 1 164～1 189 MHz，虽然会受到一定干扰，但同时也极大方便了航空用户的使用。

其次是考虑与其他卫星导航系统的兼容性和互操作性。如果不同系统的导航信号具有相同的中心频点，用户设备就可以用一个射频前端实现多系统导航信号的接收，改善 GDOP 值和可用性；另一方面，采用同一频率会带来系统间的干扰，系统兼容性问题更加

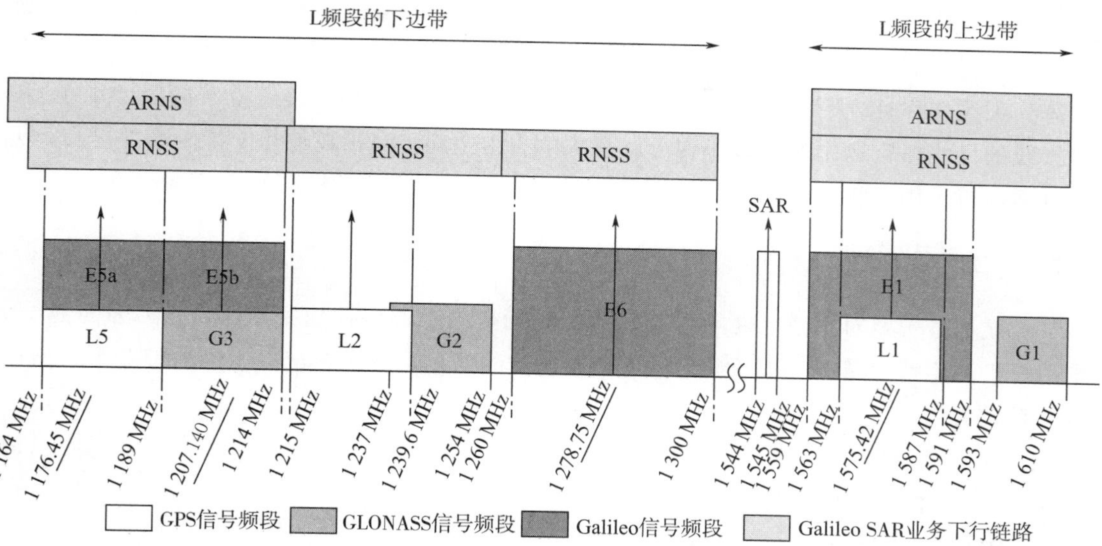

图 7-9　GPS、GLONASS 和 Galileo 卫星导航系统导航信号频率范围

严峻。如果采用不同的中心频率，双模或多模接收机需要配置额外的射频前端，增加设备复杂度和成本；增加新的载频会引起导航解算中的频率偏差，每个增加的频率都会造成一项不确定性。尽管当可见卫星数目足够多时可以解决这种不确定性，但是它需要更多的观测量，因此接收机自主完好性监测（RAIM）算法的可用性会受到影响。Galileo 和 GPS 的所有导航信号的载波频率都是 10.23 MHz 的整数倍，并且 Galileo E2-L1-E1、E5a 频带分别与 GPS L1、L5 相重合，为它们之间的互操作性打下了很好的基础，而兼容性方面的问题则是通过信号波形及扩频码的谨慎设计来加以解决的。

最后是考虑性能与技术条件的约束。世界无线电通信会议 WRC2000 授权 Galileo 卫星导航系统可以使用 C 频段（5 010～5 030 MHz）作为下行导航信号播发服务。选择 C 频段播发导航信号的优点有：电离层延时小；C 频段的发射天线尺寸可以更小，仅为 L 频段的 1/3；没有其他信号的交叠干扰；与 L 频段的伪距组合能够更好地消除电离层时延；载波相位多径误差小（波长小）；利用载波进行伪距平滑的效果更好；由热噪声引起的相位跟踪误差更小。但是利用 C 频段作为卫星导航信号也有以下缺点：更高的自由空间损耗（10 dB）和大气损耗（3～7 dB），要达到相同的地面接收功率必须大幅增加信号发射功率，给星上载荷设计与实现带来挑战；对卫星和接收机时钟有了更加严格的相位噪声要求；载波跟踪健壮性较差，周跳发生概率更大，对环路设计要求更严格；潜在更高的线缆损耗；接收机前端成本更高；更高的多普勒频移不确定性要求更宽的跟踪环带宽，从而增加了动态跟踪误差。因此，在当前技术条件下研制 C 波段的商用接收机技术难度也比较大。Galileo 频率规划初期将 C 频段考虑在内，但是在综合考虑技术条件后，最后决定放弃在 Galileo 导航卫星上播发 C 频段导航信号的设想。

尽管当前的卫星导航系统没有选择 C 频段作为导航信号，但是随着技术的发展，C 频段将可能用于卫星导航系统。特别是如果将 C 频段用来播发军用导航信号，L 频段用来播发民用导航信号，以实现军民信号频谱分离。由于C频段载波频率高达5 GHz，产生点波束的信号需要的星上天线尺寸更小；信号接收功率小在一定程度上可以通过采用定向性好的阵列天线来弥补，同时还能提供更强的抗干扰能力；由于其波长仅为L频段的1/3，阵列天线的尺寸相应地比L频段小得多；更大的自由空间传播损耗使得干扰的难度更高。另一方面，与民用接收机相比，军用接收机成本的提高比较容易被接受。

7.2.4 工程实现性

导航信号带宽对于系统性能影响较大，伪随机测距码码片速率越高，信号带宽越宽，则用户机测距精度越高。扩频通信的理论是香农的信息论，香农给出了信号带宽与信噪比的关系式为

$$C=\log_2(1+S/N) \tag{7-11}$$

式中 C——信道容量，单位是bit/s；

W——信号频率带宽，单位是Hz；

S——信号平均功率，单位是W；

N——信号噪声平均功率，单位是W。

要增加系统的信息传输速率，则要求增加信道容量，由香农公式可知，增加信道容量的方法可以通过增加传输信号带宽，或者提高信噪比来实现；信道容量为常数时，带宽和信噪比可以互换，可以通过增加带宽来降低系统对信噪比的要求，也可以通过增加信号功率，来降低信号的带宽；卫星导航信号采用直接序列进行扩频，用伪随机测距码信号调制导航电文数据码，通过扩展信号频谱来增强信号的抗干扰性能。

例如，在Galileo系统频率规划准则中就明确指出要最大化每个信号的可用带宽，Galileo系统在GPS L1频带两端额外获得两个带宽为4 MHz的频带，分别为E2和E1；E5频段上，除了E5a频带和GPS L5重合以外，Galileo系统还利用了与之相毗邻并且具有同等带宽的E5b频带；Galileo系统E6频带占用的带宽达到40 MHz，比GPS L2的带宽大了接近一倍。尽管GPS L2带宽只分配了22 MHz，但是它的军码采用了BOC（10，5）的调制方式，其最大谱瓣外侧零点之间的带宽达到30 MHz，实际占用的带宽会大于预分配带宽，并和Galileo E5b以及GLONASS的频谱重叠。

由于Galileo系统分配的带宽明显大于GPS，因此，性能会更优越。当然，并非信号带宽越大就越好，这也存在设备成本和精度权衡的问题。带宽越宽，潜在的码跟踪精度可以更高，但同时给接收机前端（宽带低噪声放大器、滤波器）设计增加了困难，后端数字处理速度要求也更高。尽管现代集成电路技术飞速发展，处理速度在不久的将来不会成为主要问题，但是高的速率伴随着高功耗和高发热，不利于终端的小型化。另一方面，利用载波辅助的码跟踪精度已经可以达到分米级，更高码跟踪精度的实际意义并不太大，而快速载波模糊度解算技术的发展将削弱进一步提高码跟踪精度的需求。Galileo将E5a和E5b频带的信号用AltBOC调制方式相干产生，使得用户既可以单独接收一个边带也可以联合接收，能够满足更广的应用需求，是一种比较明智的做法。

在合理的卫星发射功率电平和卫星天线方向图覆盖地球的情况下，对于全向接收天线、固定的发射天线波束宽度和距离来说，路径损耗与距离平方成正比，卫星导航信号选择 L 频段能够得到可以接受的接收信号功率，C 频段导航信号的路径损耗要高出 L 频段大约10 dB。UHF 频段导航信号的电离层延迟及延迟的波动范围均比较大。另外，要在 UHF 频段内划定 2 个频带较宽（约 20 MHz）的频率用于电离层校正，存在较大困难，此外在 400 MHz 附近星系射电噪声约 150 K，因此不能选择 UHF 频段。而 C 频段信号受降雨/大气衰减的影响明显，3 个频段优缺点比较如表 7－1 所示。

表 7－1　导航信号频段的比较

性能参数	UHF(≈400 MHz)	L(1～2 GHz)	C(4～6 GHz)
全向接收天线的路径损耗 *	三个频段中最低	可接受	比 L 频段高 10 dB
电离层群时延 *	20～1 500 ns 之间	2～150 ns/1.5 GHz	0～15 ns

注：* 全向接收天线的路径损耗与 f^2 成正比，电离层群时延与 f^2 成反比。

设计卫星导航信号结构时还需要考虑数字信号处理能力，因为利用伪随机测距码信号和导航电文模二相加处理生成扩频信号，再来调制载波信号，所以要求载波频率必须远远高于数据码的频宽。传输速率为 50 bps 二进制导航电文数据序列需要的频率带宽为10～250 Hz，而导航电文的传输则需要将信号频谱扩展到 20～50 MHz 的频率带宽。随着扩频码速率的增加（例如当码速率大于 10 Mcps，带宽则需要大于 20 MHz），必然导致载波频率的增大。即高码速率需要大带宽，而大带宽又需要大带宽的射频电路、高采样率和高负荷的运算，这就需要考虑卫星有效载荷射频和数字基带环节的实现难易程度。扩频编码的码片率与信号载波频点的关系如图 7－10 所示，图中扩频带宽相对于载频的百分比，即带宽/中心频率，是一种归一化的表示，就是满足一定指标要求的频率范围与中心频率的比值。扩频码速率提高意味着更宽的信号带宽，即使导航卫星信号发射带宽能够满足要求，

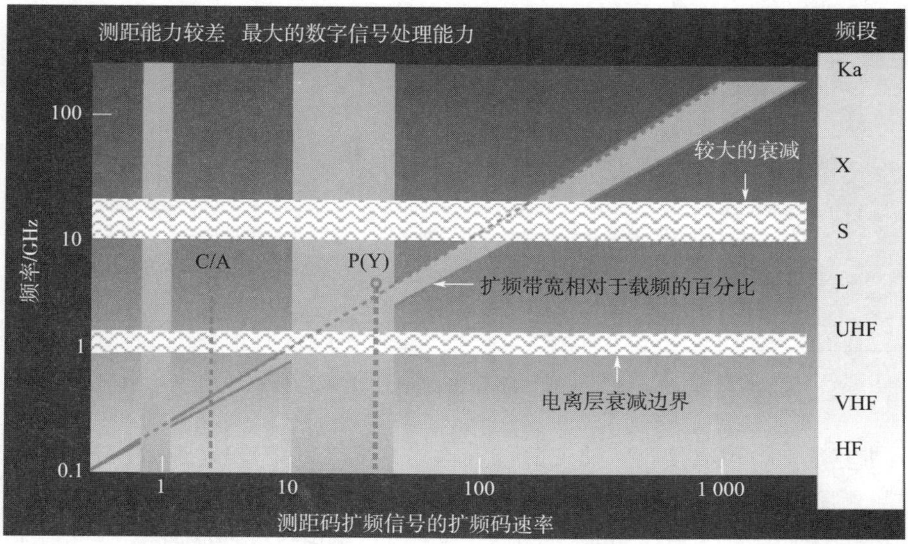

图 7－10　扩频编码的码片率与信号载波频点的关系

用户接收机从成本和功耗的角度也难以承受。此外，L 相对 C、S 频段来说，用户接收机全向天线的口径适中。

综合统筹上述的约束条件后，现代卫星导航系统一般选择 L 频段无线电信号作为载波信号，由表 7-1 可以看出，L 频段信号频率相对适中，用户接收机使用小型全向天线（不要求定向），也不会造成太大的路径损耗；电离层延迟效应相对较小，利用 L 频段双频信号可以开展电离层修正。全球卫星导航系统频率范围如图 7-11 所示。

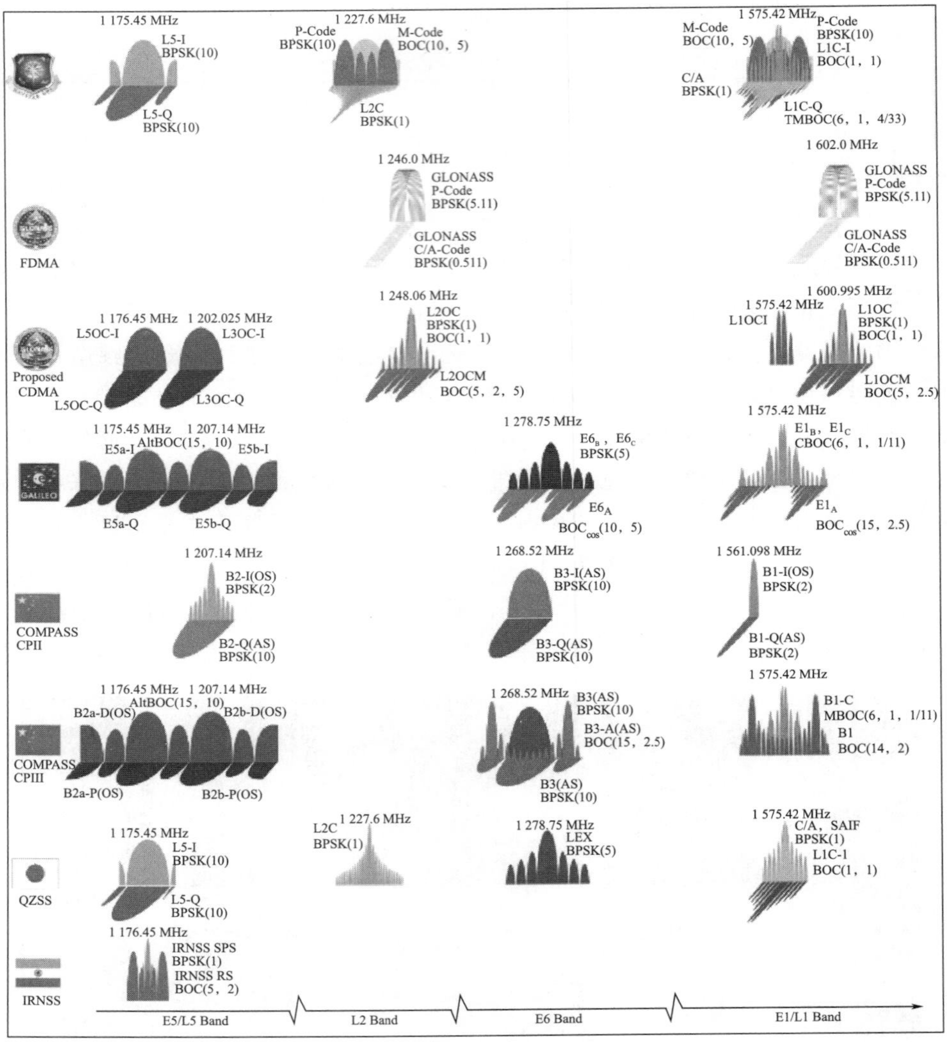

图 7-11 卫星导航信号频率范围

信号带宽越宽，可以接收并处理的信息越多，接收机定位精度也将越高。举例来说，GPS L1 频点民用信号和 Galileo 系统 E1 频点民用信号两者中心频点均是 1 575.42 MHz，但是信号带宽不同，GPS 和 Galileo 系统 L1/E1 频点民用信号特征如表 7-2 所示。

表 7-2　GPS 和 Galileo 系统 L1/E1 频点民用信号特征

	GPS L1 C/A（BPSK）	Galileo E1 B/C（BOC）	Galileo E1 B/C（CBOC）
码速率/Mcps	1.023	1.023	1.023/6.138
主码长度/chips	1 023	4 092	4 092
主码长度/ms	1	4	4
码元符号率/sps	50	250	250
中心频率/MHz	1 575.42		
接收机参考带宽/MHz	4.092	8.184	24.552

对于 GPS，如果接收机仅仅跟踪 L1 频点的 C/A 码信号，接收机天线需要满足 4.092 MHz带宽信号接收需求，对于 Galileo 系统，由于其信号设计和信号扩频特性，跟踪 E1 频点的 B/C 码信号时，接收机天线需要满足 2 倍的 4.092 MHz 带宽信号接收需求。因此，如果用满足接收带宽要求的一副天线，同时接收 GPS L1 频点和 Galileo 系统 E1 频点信号的双星座接收机，将使用户从 GPS 和 Galileo 2 个卫星导航系统中同时获取最大效益。

7.3　导航信号特性要求

对卫星导航系统定位精度的要求可以表述和转化为对导航信号测量精度的要求，用户位置和速度的精度目标可以转化为对伪距和其他相关导航信号测量的要求，以及对用户可用的卫星信号发射时刻的位置和时钟时间的测量要求，寻求的导航信息和用户接收机对导航信号的处理内容如图 7-12 所示。

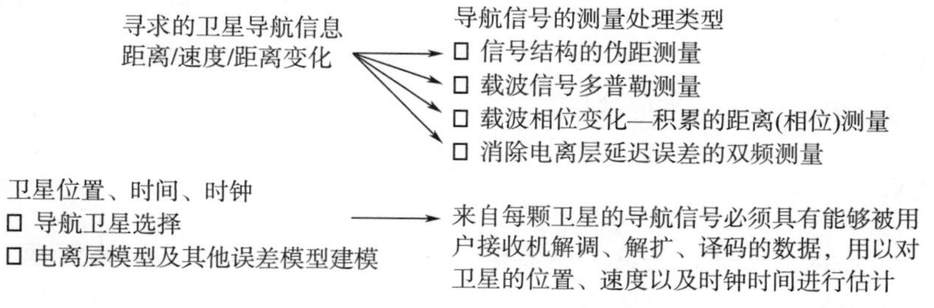

图 7-12　寻求的导航信息和用户接收机对观测信号的处理内容

卫星导航系统伪距测量精度可以通过各种精度因子（DOP），包括位置精度因子（PDOP）、水平精度因子（HDOP）、垂直精度因子（VDOP）、几何精度因子（GDOP）、时间精度因子（TDOP），TDOP 与 PDOP 相关联。例如，假定 PDOP≈3，如果系统为用户提供 10 m 或者更优的均方根定位误差，那么转换成要求的伪距测量精度为10 m/3＝3.3 m，或者表述为 11 ns 左右。同样，给一般民用用户提供 100 m 的定位精度可以转化为 110 ns 的伪距测量精度。

7.3.1　信号相关损失

多路信号接入能力是卫星导航系统的关键技术之一，因为用户接收机需要同时接收多颗导航卫星播发的信号，此时多路信号占据着同一个信号通道，而且还是连续占用(不是分时工作)。因此，我们期望有某种方法使多个信号能够同时接入完全相同的频率通道，而这些信号之间的干扰又要非常小。例如，GPS 接口控制文件 INTERFACE SPECIFICATION IS－GPS－200 规定，对于理想信号和理想接收机来说的最大相关损失为 1.0 dB，这是由于卫星信号的产生和滤波的不完美以及波形失真造成的。系统将损失分配为 2 个环节：一是卫星导航信号调制不理想 0.6 dB；二是用户接收机由于20.46 MHz 滤波器造成的接收波形失真 0.4 dB。因为 L1 频点 C/A 码信号码速率只要 1.023 Mbps，该滤波器不会对 C/A 码信号（至第 10 个边带）产生明显的滤波，P（Y）信号仅有主瓣被卫星发射出去。

选择具有良好自相关特性和互相关特性的伪随机噪声测距码使多路接入成为可能，允许与系统内其他导航卫星播发的信号共享同一频率段。伪随机噪声测距码的自相关函数所具有的相关峰值特性，使得精密测距和信号捕捉得以实现，而不同卫星信号的弱互相关性属性，使得信道共享成为可能，即系统内其他导航卫星可以使用相同的传输频率，可同时发送信号。

此外，卫星导航系统导航信号还要具有以下特性要求：

1）允许一定程度的无意或者有意干扰、堵塞干扰以及欺骗干扰；

2）允许一定程度的多径干扰，系统工作环境中必然存在多径反射源，特别是在水域和高楼附近，导航信号的反射较为严重；

3）能够进行电离层延迟测量，两个频点的电离层延迟双频测量必须能够对慢变化的电离层作出精确估计；

4）导航信号电磁波通量密度的限制。

7.3.2　信号频率协调

如前述，可用的航天频谱资源非常有限，ITU 制定了相关的规则来管理、分配和利用频谱资源，导航卫星播发的信号在满足系统使用的前提下，也不能干扰同频段附近的其他服务，例如陆地微波视距通信业务，因此，要求卫星导航信号带外落地电平（功率谱密度）应足够低。例如，陆地微波视距通信终端有许多 4 kHz 的话音通道，由于微波接收天线的方向图可能会观测到导航信号，所以有可能受到导航信号的干扰。因此，应将 4 kHz 频段范围的导航信号的功率通量密度限制在低于某一电平上，从而消除对一个或者多个话音通道造成干扰的可能。

卫星导航系统空间段的导航卫星组网运行，很多微波地面站均会收到仰角很低的导航卫星播发的信号。所以，ITU 就卫星－地面站星地链路的功率通量密度作出规定，在 1.525～2.500 GHz 频段，对任一 4 kHz 的频段而言，导航信号功率通量密度的限定值为

$-154\ \mathrm{dB/W^2}$。由于是对导航信号功率谱通量密度的限制，而不是对总辐射发射功率的限制，因此，如果导航信号能量在很宽的频谱范围内做适当均匀的扩展，则可以提高卫星总的辐射发射功率，而通量密度却仍然保持在 ITU 规定的范围内。卫星导航系统正是采用扩频信号来实现这一信号设计要求的。

卫星导航系统将信号频谱扩频到比其调制的导航信息宽得多的频段上，以便有更大的功率电平，以满足系统对信号测距精度的要求。例如，对于增益为 1（0dB）的天线而言，其口径为 $A=\frac{\lambda^2}{4\pi}$，如果卫星导航系统 L 频段信号为 1.575 42 GHz（GPS 的 L1 信号），其波长为 0.190 4 m，因此，天线口径为 $2.886\times10^{-3}\ \mathrm{m}^2$，或者说相对 1 m^2 为 -25.4 dB，于是，这种通量密度限定值转换为在任何 4 kHz 频段上，对 GPS 系统的 L1 信号单位增益天线，功率电平为 $-154-25.4=-179.4$ dBW 。

设计卫星导航信号时，除了考虑对陆地微波视距通信业务的影响，还要考虑不能影响射电天文信号系统的正常运行，射电天文系统利用中性氢原子 1 420.4 MHz 的谱线（1 400～1 427 MHz 频段划归射电天文业务使用）以及 OH 基分子的谱线（1 612.232 MHz、1 665.402 MHz、1 667.359 MHz、1 720.530 MHz)，与卫星导航信号部分重叠，需要对卫星导航信号滤波处理以免对这些频率造成干扰。

7.3.3　其他相关规范

相关规范主要包括载波相位噪声、相位正交精度和信号相干性、群时延不确定性、杂散以及信号的极化等内容。

载波相位噪声：未调制的卫星载波的相位噪声谱密度要求要足够小，以使具有 10.0 MHz单边闭环噪声带宽的用户接收机锁相环能够以 0.1 弧度（rms）的精度跟踪含有相位噪声的载波。

相位正交精度和信号相干性：以 GPS 的要求为例，L1 频点 C/A 码信号和 P（Y）信号分量分别以同相和正交进行调制，相差 90°，信号分量间相位偏差±100 mrad，在 L1 通道上，C/A 码信号和 P（Y）信号两种调制信号之间伪码与载波相位一致性要小于 1°。

群时延不确定性：导航卫星发射信号的群时延有效不确定性不超过 3.0 ns（2σ）。

杂散：以 GPS 的要求为例，卫星在频段内的杂散至少要低于 L1、L2 载波 40 dB。

信号的极化：以 GPS 的要求为例，导航信号是右旋极化，在偏离视轴 14.3°的角度范围内，L1 的轴比应不大于 1.2 dB，L2 的轴比应不大于 3.2 dB。理想圆极化的轴比为 0 dB。

7.4　导航信号扩频处理

扩频信号的最基本形式为：先取带宽为 B_d 的数据信号 $D(t)$ ，$D(t)$ 调制到载波上而构成$d(t)$，然后把其带宽扩展至 B_s，满足 $B_s>>B_d$ 。带宽的扩展可以用频带较宽的扩频波形 $s(t)$ 乘上被数据调制的载波来实现。信号扩频处理如图 7－13 所示，图中最左端的发射机是常规双向发射机，其中数据信号为二进制实数，然后是扩频操作，加上有噪声和干扰的传输通道，最后是解扩处理接收机。将数据信号 $D=\pm1$ 和数据位速率为 f_d 的二进制数据位序列 $D(t)$ 首先调制到功率为 P_d 的载波上，构成一个窄带信号

$$d(t)=D(t)\sqrt{2P_d}\cos\omega_0 t \tag{7-12}$$

这种窄带信号的带宽为 B_d，然后通过一个伪随机信号 $s(t)$ 使其带宽扩展，其中 $s(t)=\pm1$，其时钟速率 f_c 远远大于数据位速率 f_d，即 $f_c>>f_d$。

数据信号 $D(t)$ 和扩频码信号 $s(t)$ 的功率谱密度如图 7-13 所示，分别表述为

$$G_d(f)=\frac{1}{f_d}\left[\frac{\sin\left(\frac{\pi f}{f_d}\right)}{\pi f_d}\right]^2$$

$$G_s(f)=\frac{1}{f_c}\left[\frac{\sin\left(\frac{\pi f}{f_c}\right)}{\pi f_c}\right]^2 \tag{7-13}$$

由于数据信号 $D(t)$ 和扩频码信号 $s(t)$ 是时间同步的（由一个时钟生成），所以，扩频乘积 $D(t)s(t)$ 的频谱与扩频码信号 $s(t)$ 具有相同的频谱，因此，扩频信号具有如下的形式

$$s_0(t)=s(t)d(t)=s(t)D(t)\sqrt{2P_d}\cos\omega_0 t \tag{7-14}$$

其中

$$s(t)=\sum_{n=-\infty}^{\infty}S_n p(t-nT_c) \tag{7-15}$$

式中　$p(t)$ ——在 $\left\{0,\ T_c=\frac{1}{f_c}\right\}$ 范围内的矩形单位脉冲；

S_n ——取值为±1 的伪随机序列。

一般来说，$p(t)$ 可代表一个经过滤波的脉冲，而且不同的扩频波形 $s(t)$ 可以调制同相和正交的载波分量，此处讨论的例子只限于矩形脉冲的双相调制。

伪随机测距码的码速率远远高于导航电文的速率，而且伪随机测距码的生成方式是确定和已知的，具有周期性，产生一个周期的有限比特序列称为一个伪随机测距码序列或者伪随机测距码。在伪随机测距码序列信号波形之间转换的最小时间间隔称为码片周期，码片周期的倒数称为码片速率，伪随机测距码信号波形的独立时间参数常常以码片为单位来表示，称为码相位。

以 GPS 为例简要说明测距码对导航数据的扩频过程，导航电文是由幅值为±1 的矩形脉冲序列组成的二进制方波信号，伪随机测距码也是由幅值为±1 的矩形脉冲序列组成的方波信号，对这两个二进制码信号进行“异或处理”，也称为“模二相加”，就生成了 DSSS 信号，或者说二进制测距码信号对二进制导航电文信号进行了扩频调制，然后采用二进制相移键控（BPSK）技术，将直接序列扩频信号调制到载波信号上，如图 7-14 所示。

伪随机测距码信号对导航电文信号扩频调制的结果是形成一个组合码，致使导航电文

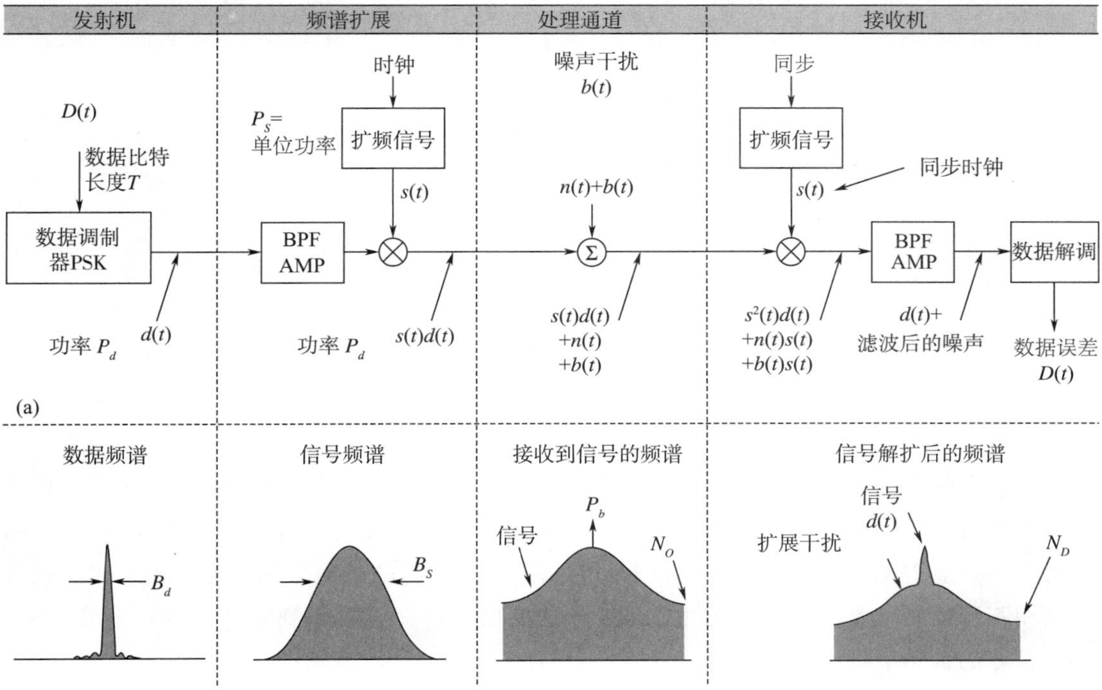

图 7 - 13　简化的信号扩频过程

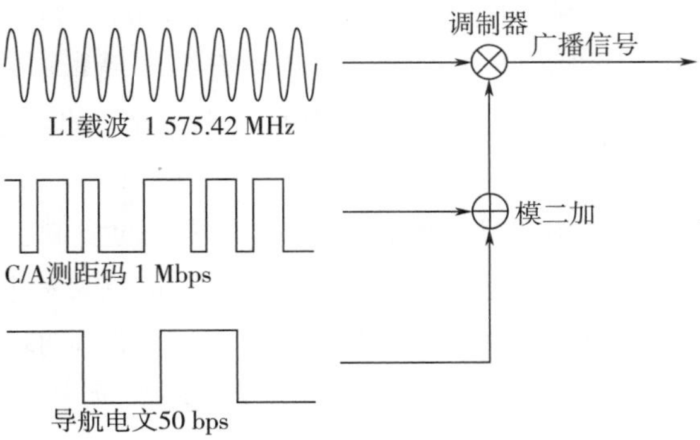

图 7 - 14　导航电文与测距码“异或处理”生成扩频信号

信号的频带带宽从 50 Hz 扩展到了 1.023 MHz，也就是说，GPS 卫星原拟发送 50 bps 的导航电文数据 D 码，转变成为发送 1.023 Mbps 的组合码，信号扩频调制相当于把窄带信号扩展到一个很宽的频带上，如图 7 - 15 所示。一般而言，带宽与码片速率成正比。这种形式的扩频被称为直接序列扩频频谱（direct sequence spread spectrum，DSSS），直接序列扩频频谱不仅能够恢复精确的时间信息，而且还可以恢复纯净的射频载波信号。恢复纯净射频载波信号的能力是精密差分延迟技术和多普勒测量技术的关键环节，并可以使多普勒测量精度达到载波波长的 1%量级。

卫星导航系统选择 DSSS 的原因有三个方面：一是伪随机测距码信号对导航电文信号

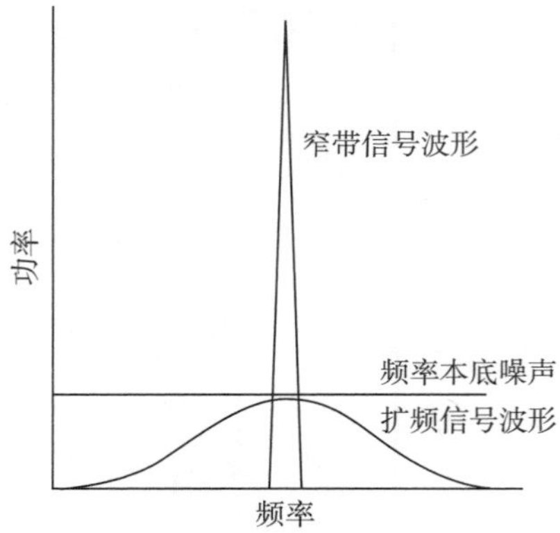

图 7-15　导航信号扩频处理

扩频调制所带来的信号中频繁的相位反转，使得用户接收机可以用来测距；二是可以设计一个伪随机测距码序列码族，不同伪随机测距码序列具有良好的自相关性和互相关特性，使得多颗导航卫星可以在同一个载频上同时播发不同的伪随机测距码信号，用户接收机可以利用不同的码（测距码的正交性）来区分这些信号，即可以实现多址接入；三是 DSSS 具有良好的抑制窄带干扰的能力。

7.4.1　直接序列扩频频谱信号

扩频系统简图 7-13 中，直接序列扩频频谱信号经过射频通道，为讨论简单起见，假设通道延迟为 0，且不考虑一般情况下的损耗，通道有功率谱密度为 N_0 的白噪声 $n(t)$ 以及功率谱密度为 P_b 的纯单音干扰 $b(t)$ ，因而接收信号 $r(t)$ 的表达式为

$$r(t)=s(t)d(t)+n(t)+b(t) \tag{7-16}$$

在接收机中，要产生完全相同且在时间上被精确同步的复制扩频信号 $s(t)$ ，并与接收到的含有噪声的信号 $r(t)$ 相关处理（相乘并滤波）。正是接收机生成的复制扩频信号 $s(t)$ 具有完全相同且在时间上精确同步的特性，才使得系统能够提取精确的时间和测距信息。也就是说，信号有一个窄的自相关包络，其宽度与时钟速率 f_c 成反比。

由于我们所设计的导航信号具有良好的自相关特性，即有 $s^2(t)=1$，那么接收机做相关处理的乘法运算时，将式（7-16）中右端第一项，即把所需要的信号 $s(t)d(t)$ 变为 $d(t)s^2(t)=d(t)$ ，也就是说接收机利用相关处理算法就能将扩频信号解扩为原先的窄带信号。而白噪声 $n(t)$ 的功率谱密度仍为 N_0，这是因为热白噪声与连续恒包络的扩频信号卷积处理后仍然还是高斯白噪声，纯单音的窄带干扰 $b(t)$ 现已被扩频，并看起来与 $s(t)$ 信号类似，其带宽为 B_s ，这与在发射机中将窄带信号 $d(t)$ 扩频的情形类似。利用带通滤波器对乘法器的输出进行滤波处理，使窄带信号 $d(t)$ 以较小的失真通过，同时尽量滤除噪声和干扰信号，它们的功率分别为 N_0B_d 和 $P_b\left(\dfrac{B_d}{B_s}\right)$ 。

对滤波处理后的输出信号的解调会产生数据位差错（bit error），数据位差错的多少由

噪声和干扰电平确定，如果只有热噪声而没有干扰信号，那么根据信号功率和噪声谱密度表示接收机输出时，解扩信号与信号扩频处理前是一致的，好像信号并没有经过扩频处理过。也就是说，在发射机和接收机中利用二进制伪随机码信号 $s(t)$ 开展的扩频和解扩信号处理，两种处理结果相互抵消了，因此，利用正确同步的扩频信号既不会提高也不会降低信号相对热噪声背景的性能。

但是，正确同步的扩频信号对于功率恒定的纯单音干扰 $b(t)$ 的性能却得到了极大的改善，这是由于干扰电平以时钟速率比 f_c/f_d 降低的缘故。伪随机噪声测距码的时钟速率 f_c 与数据位速率 f_d 之比 f_c/f_d 被称为扩频系统的处理增益，它决定了干扰功率中有多大部分（$\frac{f_d}{f_c}$）通过和输出。虽然热噪声功率与射频带宽成比例地增加，但干扰功率基本固定不变，与带宽无关。事实上，扩频信号在抑制种类广泛的干扰方面均有一定效果，而不仅仅是单音干扰信号。

看起来像噪声的伪随机二进制的扩频序列信号 $s(t)$ 与随机序列十分类似，时钟速率为 f_c 的这种序列能够产生式（7－14）所示的扩频信号（$f_c=\frac{1}{T_c}$），波形如图 7－16 所示，它具有三角形的自相关函数和 Sine 形状的功率谱密度。利用适当的反馈移位寄存器，可以生成与伪随机序列十分近似的伪随机序列。因此，我们能够在用户接收机中生成复制的信号，并将其适当地同步到所接收的信号上。

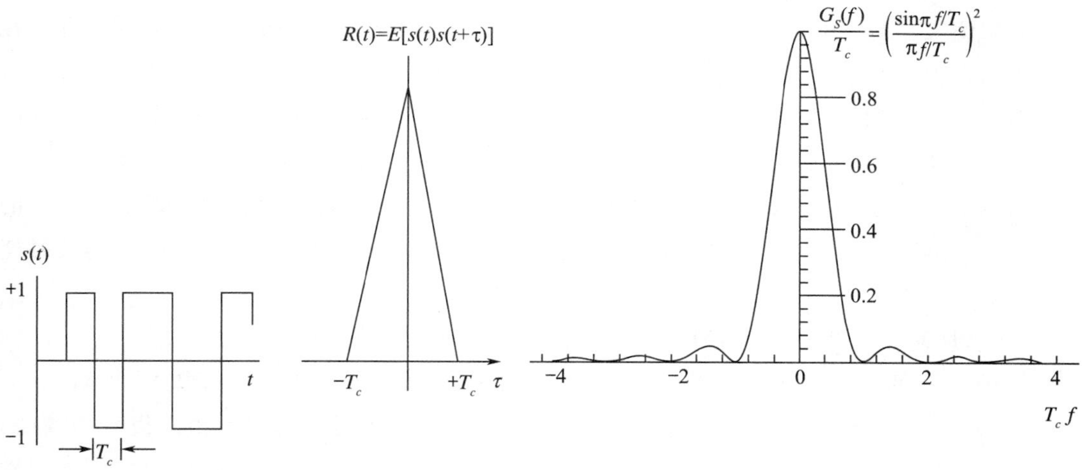

图 7－16　二进制随机序列、自相关函数和功率谱密度

DSSS 具有如下特征：

1）DSSS 用于信号体制采用码分多址（CDMA）的信号系统；

2）在同一个载波频率上播发所有用户的信号；

3）信号的频谱被扩展成类似噪声码信号的频谱；

4）扩频码对每一个用户是唯一的，具有较低的互相关性；

5）信号带宽远高于信息带宽，不同用户可以分享同一带宽；

6）信号具有一定抗干扰能力；

7）信号具有带宽大、功率低的特点，由此信号间干扰比较低。

美国的 GPS、欧洲的 Galileo 以及中国的 BDS 均采用码分多址（CDMA）导航信号技术，给空间段不同的导航卫星分配不同的且是唯一的伪随机噪声（PRN）码，即导航卫星与伪随机噪声码一一对应，用户接收机利用信号相关处理来识别不同的卫星并观测卫星至接收机的距离，所以伪随机噪声码又称为伪随机测距码，简称伪码。俄罗斯的 GLONASS 系统采用频分多址（FDMA）技术来区分不同的卫星，通过不同的中心频点来区分导航卫星及其播发的信号，或者说使用不同的载波频率传输多个导航信号，导致用户接收机设计相对复杂。

伪随机噪声码是一个脉冲序列，扩频处理后播发给用户，各大卫星导航系统以空间信号接口控制文件（SIS ICDs）形式公开发布给用户使用。有多种脉冲序列可用于测距，例如：

1）GPS L1 频点民用 C/A 测距码信号采用 Gold 码，Gold 码是一种由两个最大长度码（maximum length code）组合而成的码。

2）GLONASS 使用一种最大长度码，由于 FDMA 信号体制，系统对测距码之间具有较低的互相关（cross - correlation）特性的要求不敏感。

3）Galileo 系统采用分层码（tiered code)，用一个中等长度的一级编码和一个短一点的二级编码组成。二级编码是一种存储码（memory codes)，即存储码不是通过传统的线性反馈移位寄存器（linear feedback shift registers，LFSR）一个一个生成，存储码存储在接收机内存中，使用存储码的优点是非授权用户很难破解。

卫星导航信号测距码的选择需要折衷考虑码长（code length)、码片速率（code chipping rate）以及编码特性（code characteristics)，简要说明如下：

1）码长：测距码位数越长，码之间的相关特性越好，接收机捕获测距码信号所需的时间越长。测距码的长度受限于导航符号边界（navigation symbol boundaries)，与信号速率有关。

2）码片速率：测距码码片速率越高，信号带宽越宽，测距精度越高。

3）编码特性：选择那些具有高自相关（auto - correlation）和低互相关特性（cross - correlation）的码分多址测距码，能够确保多颗卫星同时使用（播发）相同信号频谱时，可以有效地分离不同卫星信号（卫星与测距码一一对应)，地面用户机可以很方便地识别导航卫星。

PRN 测距码具有如下特征：

1）PRN 码是一种可以预先确定其序列并可重复产生和复制的二进制码序列，具有与白噪声类似的随机统计特性，自相关性强，互相关性弱；具有良好的识别特性，具有较高的测量精度和较低的信息传输误码率，可以用来测定距离和传输数据。

2）当由线性移位寄存器产生 m 序列，PRN 码由长度为 n 位的移位寄存器生成，PRN 码长为 2^n-1。

3）不同伪随机噪声序列（码）之间几乎是正交的，信号具有高度自相关性，零延迟时，自相关取得最大值。

卫星导航系统扩频信号生成及对载波信号相位调制过程如图 7 - 17 所示，PRN 码与导航卫星一一对应，与导航电文进行“模二相加”运算，扩频处理后再将二进制信息通过相位变化调制到载波信号中。

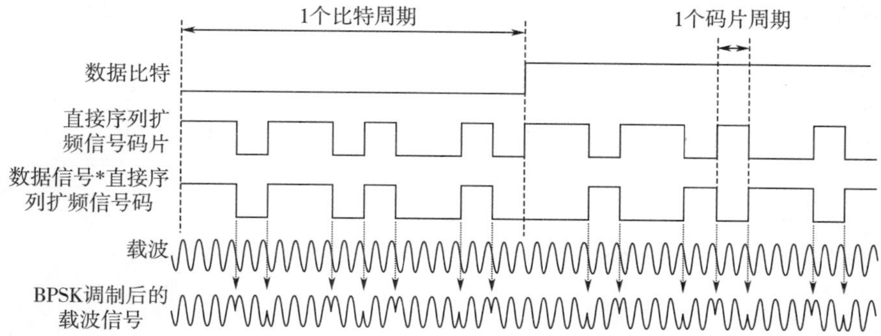

图 7 - 17　卫星导航系统扩频信号生成及对载波信号相位调制过程

导航接收机利用伪随机噪声测距码的相关性进行信号捕获，导航信号的频谱特性与信号的相关性具有时频对应关系。例如，GPS 空间段和用户段的接口控制文件 ICD - GPS - 200（Navstar GPS Space Segment/Navigation User Interface）对 GPS 民用 C/A 码与军用 P（Y）测距码信号细节进行了详细的说明。如前述，民用 C/A 测距码的码长 1 023 个码片、码速率为 1.023 Mcps、码周期为 1 ms，选取短码主要是为了能够快速捕获信号，因此只需要搜索 1 023 个码片。C/A 码的选取要兼顾自相关性和互相关性，要求优选的二进制伪随机噪声测距码序列具有最小的互相关值，同时在码相位偏移时具有最小的自相关值。因此，选取了 Gold 序列作为 C/A 码，Gold 码由相同长度的 m 序列优选对相乘得到，可以表示为

$$c(k)=G_1(k)G_2(k-i),i=0,\cdots,2^r-1 \tag{7-17}$$

式中　$G_1(k)$，$G_2(k-i)$——优选的 m 序列对；

n——移位寄存器的长度，则序列的长度为 $N=2^n-1$。

对于 GPS 民用 C/A 测距码信号，$n=10$，则序列的长度为 $N=2^{10}-1=1\ 023$。

以 GPS C/A 测距码为例，设 C/A 测距码为 C，n 为偏移量，C/A 测距码信号相关运算公式为

$$R(i)=\sum_{k=0}^{N-1}C(k)C(k-i),i=0,1,\cdots,N-1 \tag{7-18}$$

当时间移位被限制为一个码片宽度的整数倍时，则任何一个 Gold 序列的 C/A 测距码的自相关值函数等于以下 4 个值中的一个

$$R^{(k,k)}(\tau=iT_c)\in\{N,-1,-(\beta(n)-2),\beta(n)\} \tag{7-19}$$

C/A 测距码的互相关函数等于以下 3 个值中的一个

$$R^{(k,l)}(\tau=iT_c)\in\{-1,-(\beta(n)-2),\beta(n)\},k\neq l \tag{7-20}$$

式（7－19）和式（7－20）中，$N=2^{r}-1$ 表示码长，T_c 为码片宽度，$\beta(n)=1+2^{\left\lfloor\frac{(n+2)}{2}\right\rfloor}$，自相关峰值仅出现在移位为 0 时，其他值是自相关旁瓣值。对于 GPS 民用 C/A测距码信号，$n=10$，则 $\beta(10)=1+2^{\left\lfloor\frac{(10+2)}{2}\right\rfloor}=1+2^{6}=65$。

对于民用 C/A 测距码信号，$n=10$，C/A 测距码在相位对齐的情况下有最大的自相关值 1 023，如果时间移位被限制为一个码片宽度的整数倍时，那么互相关函数与自相关函数在时间移位非 0 时取的 3 个值相同，旁瓣值分别为 {－1，－63，65}，如图 7－18 所示。

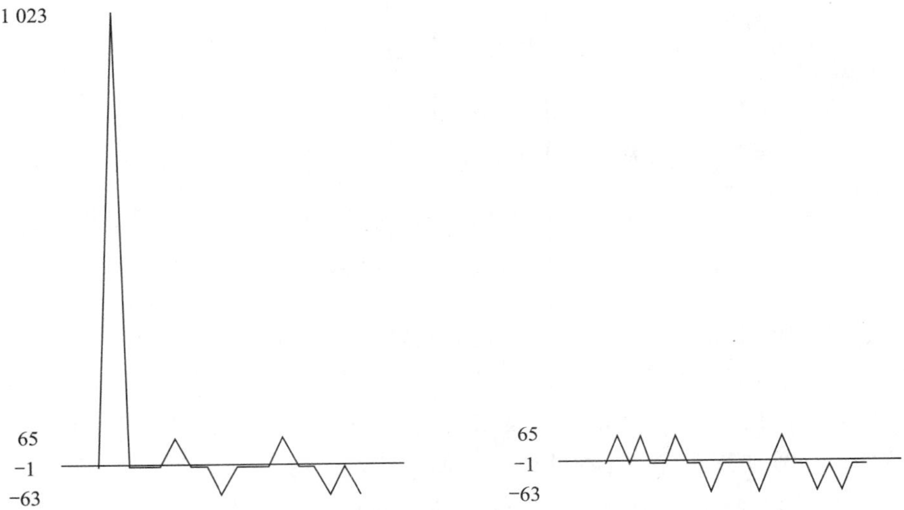

图 7－18　伪随机噪声码的自相关函数和互相关函数

由互相关函数和自相关函数计算公式以及图 7－18 可知，对于 2 个不同的导航卫星，有不同的 C/A 测距码信号，它们的互相关函数没有相关峰，相关输出在 0 附近振荡，互相关函数最大输出是 65。接收机根据每颗卫星对应一个唯一的 C/A 测距码的先验信息［作为空间在轨卫星的唯一识别号 SVN（Space Vehicle Number）］，很容易确定并复制出接收到的导航信号的 C/A 测距码，然后进行接收到的导航信号的测距码与接收机本地生成的复制测距码的相关处理，当 2 个 C/A 测距码存在相位差时，自相关函数也没有相关峰，相关输出在 0 附近振荡，自相关函数最大输出是 65；如果两个测距码相位“对齐”时，那么相关结果取得峰值 1 023，远远大于有相位差时的自相关值和互相关值。

例如，在没有噪声干扰情况下，GPS PRN1 测距码信号自相关函数以及 PRN1 测距码信号和 PRN17 测距码信号的互相关曲线如图 7－19 所示，无论延迟多少，PRN1 测距码信号和 PRN17 测距码信号的互相关数值均比较低，而当 PRN1 测距码信号与 PRN1 复制测距码信号相位“对齐”时，将会出现自相关峰值。

伪随机噪声测距码可重复复制产生码值预先确定的二进制码序列，具有周期性，卫星导航接收机在搜索和跟踪导航信号时，就是利用伪随机噪声测距码的强自相关性和弱互相关性特征来区分来自不同卫星的信号和实现信号的测距。

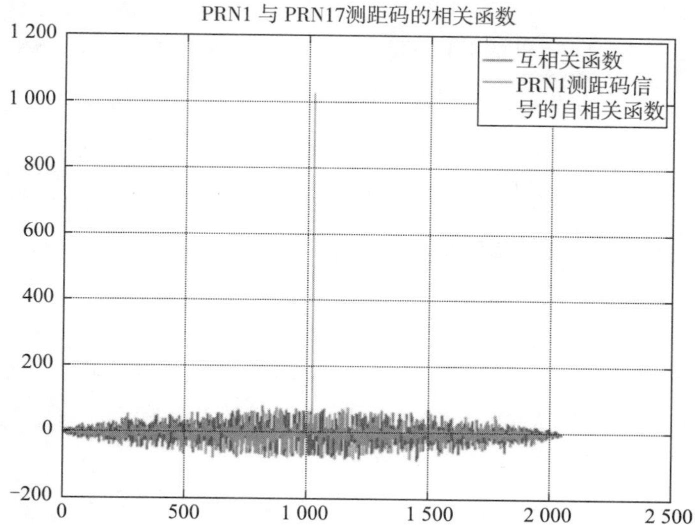

图 7-19　GPS 系统 PRN1 测距码信号自相关函数以及 PRN1 测距码信号与 PRN17 测距码信号的互相关函数曲线

7.4.2　扩频信号的多路接入

多路信号接入能力是卫星导航系统的关键技术之一，因为用户接收机需要同时接收多颗导航卫星播发的信号，此时多路信号占据着同一个信号通道，而且还是连续占用（不是分时工作）。因此，我们期望有某种方法使多个信号能够同时接入完全相同的频率通道，而这些信号之间的干扰又要非常小，扩频信号正好有这样的性能，这种多路接入信号的方法被称为码分多址（code division multiple access，CDMA）。

假设有 M 个导航信号，从接收机的天线接收到的功率又都是相同的，如果接收到的 M 个信号的码时钟延迟又恰恰都相等，那么在 $M \leqslant f_c T_d$ 时，有可能选取完全正交的某个数目的信号，完全不产生多路接入干扰，这里 $f_d = \dfrac{1}{T_d}$ 为数据的位速率。虽然在许多通信、测距应用中，多个信号完全正交是不太可能的，但是对于卫星导航系统而言，用户与多颗导航卫星之间的距离不可能保持相等的距离，利用选择不同的扩频伪随机码序列信号，它们在所有可能的时间偏移中都几乎是不相关的，所以，利用扩频信号仍然可以获得良好的多路接入性能。

例如，有 2 个多路接入信号 $s_i(t)$ 和 $s_j(t)$ ，它们具有不相关的伪随机噪声测距码、相同的谱函数 $G_s(f)$ ，且都在同一个频率通道发射，但在独立的且随机的时间被用户接收机接收。如果接收机收到的是第一个导航信号 $s_i(t)$ ，接收机将所接收到的所有信号与期望的复制信号 $s_i(t)$ 进行互相关处理，如果暂时忽略数据调制、载波以及噪声，则相关器的输出为

$$s_i(t-\tau_1)\,[s_i(t-\tau_1)+s_j(t-\tau_2)]=1+s_i(t-\tau_1)s_j(t-\tau_2) \tag{7-21}$$

式中等号右边的“1”表示所需要的分量，故 $s_i(t-\tau_1)s_j(t-\tau_2)$ 就是扩频多路接入干扰项。对于两个信号之间随机的时间偏移和功率电平 P_s 来说，多路接入干扰频谱被定义为 $G_{ma}(f)$，可以通过对单个频谱求卷积得到

$$G_{ma}(f)=P_s\int G_s(v)G_s(v-f)\,\mathrm{d}v,G_{ma}(0)=P_s\int G_s^2(v)\,\mathrm{d}v \tag{7-22}$$

图 7-20 中，原频谱 $(\sin\pi/\tau f)^2$ 用虚线表示，相关器输出的多路接入干扰频谱 $G_{ma}(f)$ 用实线表示。对于滤波伪随机信号，归一化的时钟速率 $f_c=1$，从图中可以看出，在 $f=0$ 处，多路接入功率减少了 $\frac{1}{3}$。

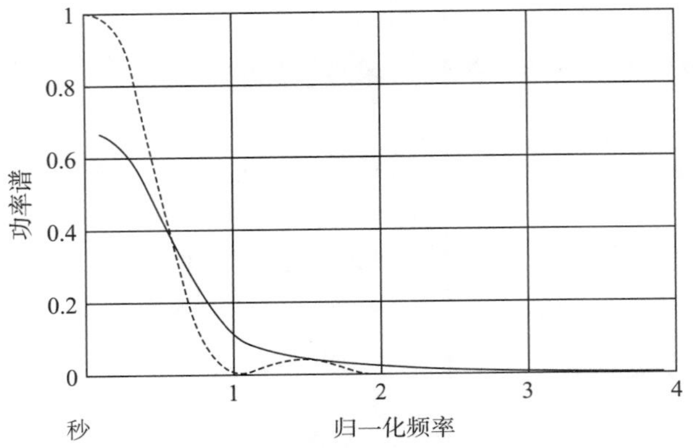

图 7-20 原频谱与多路接入干扰频谱

假设扩频系统的处理增益比较大，即 $\frac{f_c}{f_d}>>1$，由于相关处理滤波器的带宽在 f_d 量级。所以，多路接入干扰频谱仅在接近于 $f=0$ 时才有意义，此时的卷积谱为

$$G_{ma}(0)=P_s\int G_s^2(v)\,\mathrm{d}v=P_s\int_0^{\infty}\left(\frac{\sin\pi f/f_c}{\pi f/f_c}\right)^4\mathrm{d}f,G_{ma}(0)=\left(\frac{2}{3}\right)\left(\frac{P_s}{f_c}\right) \tag{7-23}$$

如果多路接入信号与基准参考信号保持时间同步，也就是说，多路接入信号与基准参考信号之间不存在随机的时间偏差，则多路接入干扰信号就不会被扩频，即不存在式（7-23）中系数 2/3。还要注意的是图 7-20 中，假定 $\left[\frac{(\sin\pi f/f_c)}{(\pi f/f_c)}\right]^2$ 的频谱包括所有的旁瓣，信号没有被滤波。如果信号被滤波而使其仅含主瓣，则系数 2/3 会增大到 0.815 1。如果信号频谱为矩形，系数就等于 1。

对于卫星导航系统来说，用户接收机每个基带信号处理通道一次只能处理一路导航信号，如果有 $M-1$ 个多路接入干扰信号，那么净效应是增加在期望的数据调制附近的有效噪声谱，使有效噪声谱从没有多路接入干扰时的值 N_0 增加到如下的等效噪声密度

$$N_{0eq}=N_0+\left(\frac{2}{3}\right)(M-1)\left(\frac{P_s}{f_c}\right)=N_0\left[1+\frac{\left(\frac{2}{3}\right)(M-1)\left(\frac{P_s}{f_c}\right)}{N_0}\right] \tag{7-24}$$

这样，如果所有的旁瓣都包括在内，有效噪声密度将增加 $1+\left(\frac{2}{3}\right)(M-1)\left(\frac{P_s}{f_c}\right)$ 倍，且每位的有效能量与等效噪声密度之间的比为

$$\frac{E_b}{N_{0eq}}=\frac{P_sT_d}{N_0\left[1+\frac{\left(\frac{2}{3}\right)(M-1)\left(\frac{P_s}{f_c}\right)}{N_0}\right]}=\frac{P_s}{N_0f_d}\frac{1}{\left[1+\frac{\left(\frac{2}{3}\right)(M-1)\left(\frac{P_s}{f_c}\right)}{N_0}\right]} \tag{7-25}$$

式中　E_b ——每个位的能量，$E_b=\frac{P_s}{f_d}$ 。

$\frac{E_b}{N_{0eq}}$ 决定了输出差错率，如果不采用纠错码机制，对于双相调制信号，$\frac{E_b}{N_{0eq}}$ 需要在 10 左右。相对于热噪声性能而言，如果系统的性能要求劣化小于 3 dB，那么根据式（7 - 25），就应该将相同功率的多路接入导航信号数量限制为

$$M<\left(\frac{3}{2}\right)\frac{N_0f_c}{P_s}+1=\left(\frac{3}{2}\right)\frac{N_0f_c}{E_sf_d}+1=\left(\frac{3}{20}\right)\frac{f_c}{f_d}+1,\frac{E_b}{N_{0eq}}=10 \tag{7-26}$$

式（7 - 26）表明，对多路接入导航信号数量的限制随着扩频时钟速率 f_c 的增加而增加。

7.4.3　利用线性反馈移位寄存器生成扩频信号

码是用二进制数（0 或者 1）及其组合表达某种约定的信息，是一组二进制数的码序列，如 11，10，01，00 等均可被称作一个码，这个序列可以表达成以 0 和 1 为幅度的时间序列函数 u（t）。一个二进制数称作一个比特（bit），是码的单位，一个“bit”等于“一个码元”。在数字通信中常用时间间隔相同的符号来表示一位二进制数字，这样的时间间隔内的信号称为二进制码元或者比特，而这个间隔被称为码元长度。码元宽度就是一个脉冲（bit）持续的时间。

码元既是码的度量单位，也是信息量的度量单位。二进制编码是指用 n bits 二进制码来表示已经量化了的样值，每个二进制数对应一个量化值，然后把它们排列而得到数字信息流。数字信号处理通道每秒钟内所传送的二进制符号个数（即比特数）称为信息速率，称为码速率，即每秒传输的比特数，单位是 bit/s 或记为 bps，bps 又称码率或比特率（数）。

如果对于一组二进制数的码序列 $u(t)$ ，码元出现 0 或 1 在某一时刻完全是随机的，但其出现的概率均为 50%，则称这种完全无规律的码序列为随机噪声码序列。随机噪声码序列是一种非周期性的序列，无法复制，但它具有良好的自相关特性。假设将随机序列 $u(t)$ 平移 k 个码元，生成一个新的随机序列 $u'(t)$ ，并设 $u(t)$ 和 $u'(t)$ 所对应的码元中，相同的码元数为 A ，相异的码元数为 B ，则自相关性系数 $R(t)$ 定义为

$$R(t)=\frac{A-B}{A+B} \tag{7-27}$$

$R(t)=1$ 时，说明相应的码元均相互对齐，2 个随机码序列结构完全相同，也就是说随机序列 $u(t)$ 平移的码元个数 $k=0$；当序列中的码元数充分大时，有可能存在 $B=A$ 情

形，从而 $R(t)=0$，也就是说 2 个序列不相关。根据码元自相关系数值，可以判断 2 个随机序列的相应码元是否对齐。

在卫星导航系统中，假设导航卫星播发一组二进制数的码序列 $u(t)$，而用户接收机同时复制出结构与 $u(t)$ 相同的一组二进制数的码序列 $u'(t)$，由于导航信号空间传播时间延迟的影响，$u(t)$ 与 $u'(t)$ 之间必然产生了平移，则 2 个码序列的自相关性系数 $R(t)$ 不等于 1。此时，通过时间延迟器调整 $u'(t)$，使得 2 个码序列的自相关性系数 $R(t)=1$，这样就意味着可从时间延迟器中得到导航信号传播到达用户接收机的精确时间，进而得到星地之间的距离。

在卫星导航系统中，利用伪随机噪声码生成扩频信号。伪随机噪声码具有类似于随机序列的基本特性，是一种貌似随机但实际上是有规律的周期性的一组二进制数的码序列，特点是具有特定的编码规则，可以复制，具有周期性、良好的自相关性、较低的互相关性。

二进制数的码序列一般利用线性反馈移位寄存器生成，线性反馈移位寄存器由一组连接在一起的存储单元组成，每个存储单元只有 0 或者 1 两种状态，并受到时钟脉冲和“置 1”脉冲的控制。例如，一个简单的 4 级线性反馈移位寄存器由 4 个寄存器（存储单元）组成，在第 1 级和第 4 级后有抽头，将寄存器 1 和寄存器 4 的输出进行“模二相加（异或）”运算作为输入反馈给寄存器 1，如图 7－21 所示。假设寄存器初始状态矢量为 [0　1　0　0]，在时钟脉冲的控制下，每个寄存器的内容都依次由上一寄存器转移到下一个寄存器，即所有寄存器单元状态向右移动一位，最右边的第 4 级寄存器的内容作为输出，由此生成一个短周期最大长度的伪随机噪声序列，该移位寄存器状态矢量序列如图7－22 所示。

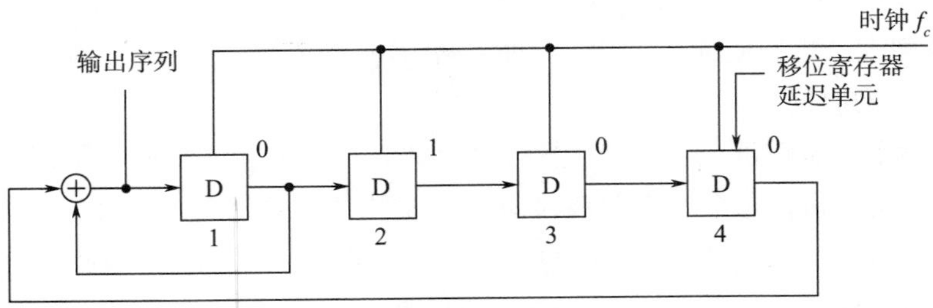

图 7－21　4 级线性反馈移位寄存器

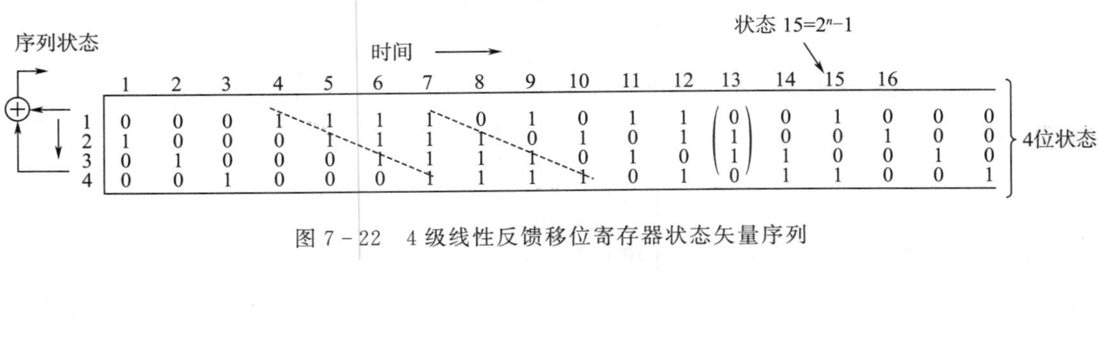

图 7－22　4 级线性反馈移位寄存器状态矢量序列

状态矢量的元素由该 4 级线性反馈二进制移位寄存器的每个延迟单元的状态来定义。只要移位寄存器不设置为全 0 状态，线性反馈移位寄存器就可以以周期的方式循环经过全部的 $2^4-1=15$ 个状态矢量。只有一些特定的抽头组合才能产生长度为 $2^4-1=15$ 的序列。一般来说，只要抽头适当，一个 n 级线性反馈移位寄存器一共可以生成 2^n 个 n 位状态（全 0 状态应排除在外）。因此，循环地经过每一个可能的状态矢量。使用“线性”一词是因为它仅限于“模二相加”运算逻辑。因此，其序列周期中有 2^n-1 个状态，或者说序列周期为 2^n-1。

图 7 - 23（a）是所选 4 级线性反馈移位寄存器输出的 PRN 码序列，扩频信号 $s(t)=\pm 1$ 情况下，PRN 码序列的自相关函数为

$$R(i)=\frac{1}{15}\int_0^{15} s(t)\,s(t+i)\,\mathrm{d}t \tag{7-28}$$

对于矩形脉冲，自相关函数表示成连续的时间函数，具有图 7 - 23（c）所示的形状。

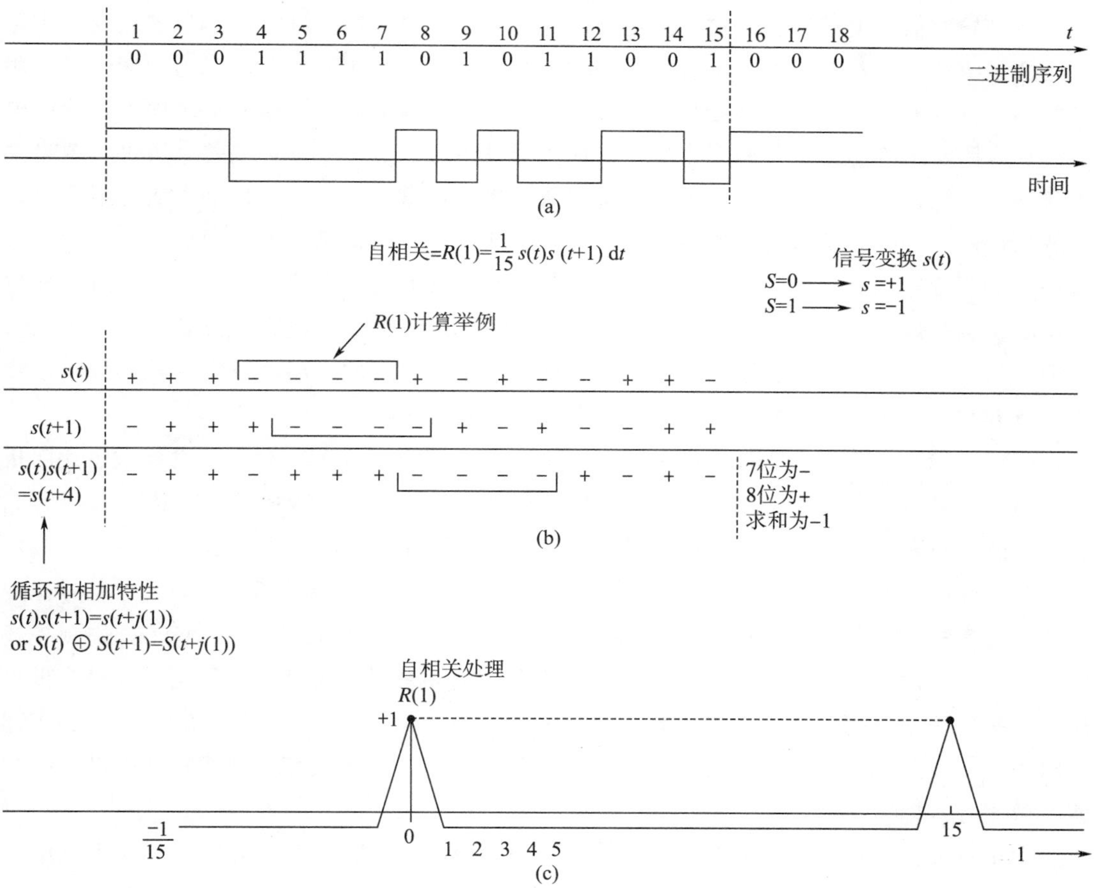

（c）

图 7 - 23　PRN 码序列的自相关函数（$P=2^4-1=15$ 个状态）

推而广之，通过增加级数，可以将 4 级线性反馈二进制移位寄存器扩大到 n 级线性反

馈二进制移位寄存器，这时移位寄存器可能经历的状态有 $N_u=2^n-1$，N_u 也称为码长（最大周期长度序列），可以把最大长度序列设计成为有任意长度的周期 $T_u=(2^n-1)t_u=N_ut_u$ 。在一个 m 序列周期中，由于不允许出现全“0”状态，所以状态为“1”的个数总比状态为“0”的个数多 1。当 2 个周期相同的 m 序列相应的码元完全对齐时，自相关系数 $R(t)=1$，而在其他情况下则为 $-1/(2^n-1)$ ，随着 n 的增大，自相关系数 $R(t)\approx 0$。

随着 m 序列码元数 n 的增大，序列看起来更加随机或伪随机，而且，它的频谱近似于 $(\sin x/x)^2$ 函数的频谱，由于高时钟速率信号的自相关函数是尖峰函数，所以该波形可以用来对时间、距离或伪距进行极其精确的测量。显然，这对于卫星导航系统来说是十分重要的特性。

7.5　导航信号结构

卫星导航信号由载波、伪随机测距码及导航电文 3 种信号分量组成，其中载波是给定频点的正弦波无线电信号；测距码是由“0”和“1”组成的伪随机噪声序列，接收机利用测距码计算导航信号从卫星到接收机的传播时间，测距码又称为伪随机噪声序列；导航电文是具有固定结构的二进制序列，为用户提供卫星星历、卫星原子钟偏差、历书、卫星健康状态等信息，其中星历是每颗卫星的精确的开普勒轨道参数，历书是星座所有卫星轨道参数估计值。测距码信号与导航电文信号“异或处理”生成直接序列扩频信号，然后将直接序列扩频信号调制到载波信号上，卫星将载波信号放大后播发给地面用户。导航信号包含伪随机测距码和导航电文，接收机可在任何时刻/历元计算导航信号从卫星到接收机的传播时间，传播时间乘以无线电信号传播速度得到星地之间的距离，根据导航方程，接收机观测到与 4 颗卫星之间的距离后，即可解算出接收机的位置坐标。

例如，GPS 早期的卫星同时播发 L1、L2 两个频率的导航信号，信号包含载波、伪随机测距码（民用 C/A 码、军用 P 码）以及导航数据码（D 码）信号 3 种分量，如图7 -24 所示。在三种信号分量中，首先将二进制导航数据码和测距码通过“模二相加”运算，得到扩频信号，然后再将扩频处理后的导航信号利用二进制相移键控技术调制到载波上，载波信号经卫星的行波管放大器放大后向地面用户广播。载波信号 L1 的频率为 1 575.42 MHz，调制一般精度 C/A（Course Acquisition）测距码信号，使接收机能够快速捕获导航信号，供全世界用户免费使用，并提供坐标准定位服务（SPS）；载波信号 L2 的频率为 1 227.6 MHz，调制精密的 P（Precision Code）测距码信号，仅供美国军方及授权用户使用，并提供坐标精密定位服务（PPS）。

由于一般民用用户使用的单频接收机无法用双频技术消除空间电离层对导航无线电信号的延迟影响，美国军方技术人员曾预测民用 C/A 测距码接收机的定位精度会在百米量级，但是测试结果表明 C/A 码定位精度远高于预测值，能达到 10 m 左右。1984 年，为了保护美国国家安全，美国军方对 GPS 卫星信号采取了 2 项措施以降低 C/A 测距码接收机的定位精度：一是对军用 P 码进行反欺骗（Anti - Spoofing，AS）技术；二是降低民用

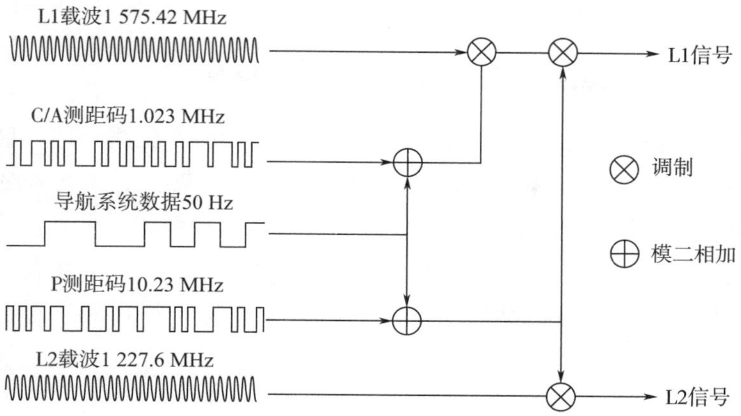

图 7－24　GPS 卫星信号的组成及调制过程

C/A 码定位精度的选择可用性（Selective Availability，SA）技术。

卫星导航系统的定位精度要求可以转化成伪随机码信号的测距精度，如果系统为用户提供 10 m 或者更优的均方根定位误差，假定位置精度因子 PDOP≈3，那么转换成要求的伪距测量精度为 3.3 m，即 11 ns。此外，卫星导航系统在设计上要求能为不同的用户群体提供不同的服务水平，同时还应做到军民信号频谱分离，以便于战时对 PNT 服务的管控。例如，GPS 导航卫星播发精密测距码（P 码）和粗捕获码（C/A 码）两种不同精度的测距码信号，分别对应标准定位服务和精密定位服务。在系统正常工作状态下，PPS 服务的全球平均用户测距误差为 6.3 m（95%）；SPS 服务的全球平均用户测距误差为 30 m（99.94%）。

Galileo 系统的自主服务又细分为开放服务（open service，OS）、商业服务（commercial service，CS）、生命安全服务（safety of life service，SOL）、公共安全管制服务（public regulated service，PRS）、搜索救援服务（search and rescue service，SAR）5 种模式，每种服务模式的目标和性能指标不同，例如对于开放服务而言，系统不要求完好性服务，在系统服务可用性指标为 99%情况下，双频接收机的水平定位精度为 4 m（95%）、垂直定位精度为 8 m（95%）；而对于公共安全管制服务而言，系统服务可用性指标则要求为 99.5%。

7.5.1　同一载频多路传输和多个信号多路接入

为不同的用户群体提供不同的服务水平，并实现军民用户信号分离，就需要解决 2 个问题：一是卫星如何在一个载波信号中多路传输不同精度的测距码；二是用户接收机如何在可用的频段内多路接入来自不同卫星播发的导航信号。

例如，GPS L1 频点载波信号调制有军用精密测距码（P 码）和民用粗捕获码（C/A 码）两种扩频信号，也就是在同一个射频载波上多路传输 C/A 码和 P 码扩频信号。此外，来自多颗卫星的导航信号也必须共享一个频点，GPS 采用相位正交的方式在 1 个载波上多路传输军用 P 码和民用 C/A 码信号，然后采用码分多址技术，使得不同的卫星信号能够共享同一个频段。每颗卫星的军用P码扩频信号占据了整个可用的带宽，以获得最高的时间测量精度。

两种扩频信号在同一个载波信号中播发，技术上有多种实现方案。一种是比较简单的时分多路，但考虑军民信号频谱分离以及对载波进行连续的相位测量，卫星导航系统不能选择时分多路方案；另一种是采用相位正交的方式在一个载波上调制多路扩频信号。例如，GPS将民用C/A码扩频信号调制在L1频点载波信号的同相分量上，军用P码扩频信号调制在L1频点载波信号的与同相分量相位相差90°的正交分量上，于是得到1个恒定包络的调制载波，即使2个信号的功率电平不相同也是如此。如果不考虑导航电文数据调制，GPS信号此时可以用下式表达

$$XP_i(t)\cos\omega_0 t + XG_i(t)\sin\omega_0 t \tag{7-29}$$

式中，XP_i 表示军用P码扩频信号，XG_i 表示民用C/A码扩频信号。数据以相同的方式对同相分量和正交分量进行双相调制。

7.5.2 载波信号及其调制

载波是能够携带调制信号的高频振荡波，其振幅、频率和相位都能随调制信号的变化而变化。载波信号通常是常见的正弦波信号，但是信号的频点却有严格的规定。下面以GPS为例，简要说明导航信号的载波信号及其结构，GPS早期在L1（1 575.42 MHz）和L2（1 227.6 MHz）频点播发导航信号，在L3（1 381.05 MHz）播发核爆探测信号，现在增加了L5（1 176.45 MHz）频点播发导航信号，用于航空用户的导航服务。

GPS导航卫星有效载荷的生成频率为10.23 MHz的基准频率信号，是导航卫星的时间和频率基准，星载原子钟是产生准确度和稳定度极高的10.23 MHz卫星基准频率信号的基础。载波信号的中心频率、扩频测距码信号和导航电文数据序列的信号频率都是卫星基准频率信号频率的整数倍。GPS L1、L2、L3、L5载波信号中心频率分别为卫星基准频率信号频率10.23 MHz的154、120、135以及115倍，即

$$\begin{gathered} L_1 = 1\,575.42\ \text{MHz} = 154 \times 10.23\ \text{MHz} \quad L_2 = 1\,227.6\ \text{MHz} = 120 \times 10.23\ \text{MHz} \\ L_3 = 1\,381.05\ \text{MHz} = 135 \times 10.23\ \text{MHz} \quad L_5 = 1\,176.45\ \text{MHz} = 115 \times 10.23\ \text{MHz} \end{gathered} \tag{7-30}$$

GPS卫星播发的导航信号是将速率为50 bps的二进制导航电文数据序列两级调制后的信号，首先将导航电文数据序列分别调制（模二相加运算）军用P码信号和民用C/A码信号而生成扩频信号，即实现对导航电文数据序列的扩频处理。L1频点信号的同相分量被“P码扩频信号⊕导航电文数据序列”调制，L1频点信号的正交分量被“C/A码扩频信号⊕导航电文数据序列”调制；然后将利用二进制相移键控信号调制技术将扩频信号调制到载波上，改变载波波形的极性，也就是说，脉冲可将载波的相位改变180°，如图7-25所示。测距码将导航数据功率扩展到一个更宽的带宽上，因此，测距码也称扩频码，码片也称为扩频码片。

L1载波的信号与L2载波的信号的载波和测距码之间是同步的，L2载波的信号还可

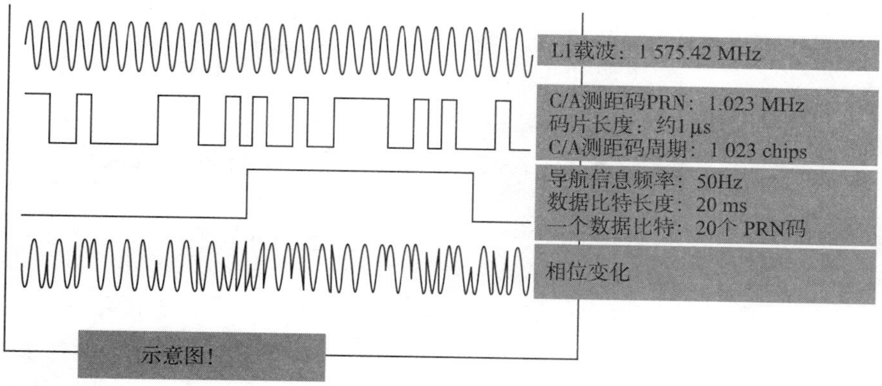

图 7-25 GPS 系统 L1 频点导航电文与 C/A 码信号扩频处理对载波信号的 BPSK 调制过程

以调制 P 码但不带数据，这一特点使得精密接收机跟踪环可进一步减小中频带宽，因而，能够提高抗干扰性能。星载原子钟是产生准确度和稳定度极高的 10.23 MHz 卫星基准频率信号的基础，军用 P 码扩频信号的频率为 10.23 MHz，民用 C/A 码扩频信号的频率为 1.023 MHz，GPS 卫星信号分量及组成如图 7-26 所示。

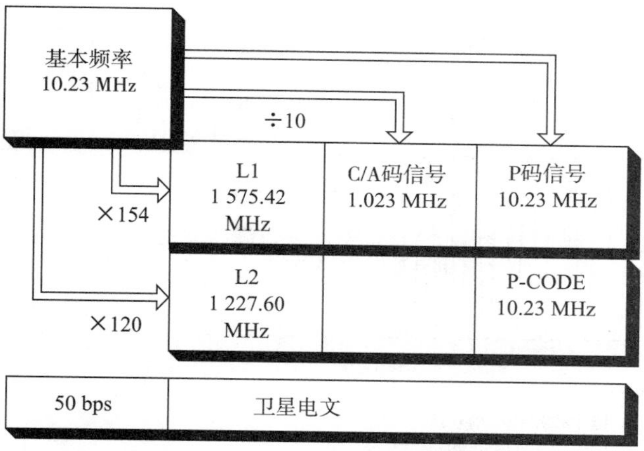

图 7-26 GPS 卫星信号分量及组成

GPS 民用 C/A 码信号带宽 2.046 MHz，军用 P 码信号带宽 20.46 MHz。生成扩频码的时钟与生成载波信号的时钟同源——都是 10.23 MHz 卫星基准频率信号，设计要求 C/A码信号、P 码信号之间的时间同步偏差需小于 5 ns。C/A 码信号、P 码信号都是一种乘积码，换言之，C/A 码信号、P 码信号均为码速率相同的 2 个不同码生成器的乘积，而这 2 个码生成器之间的延迟确定了卫星扩频码。

C/A 码信号的功率谱密度峰值高于 P 码信号约 13 dB，但信号带宽和时钟频率却仅是后者的 1/10。L1、L2 频点信号中心频率、带宽及频谱如图 7-27 所示，L1 信号的同相波形和正交波形及相位图如图 7-28 所示。

GPS 卫星广播的导航信号如式（7-31）所示，含有 3 个信号分量，其中 L2 载波的信

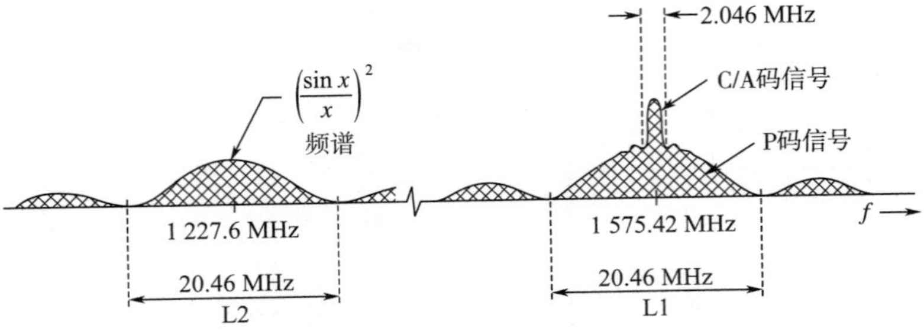

图 7-27　GPS 卫星 L1、L2 频点信号中心频率、带宽及功率谱

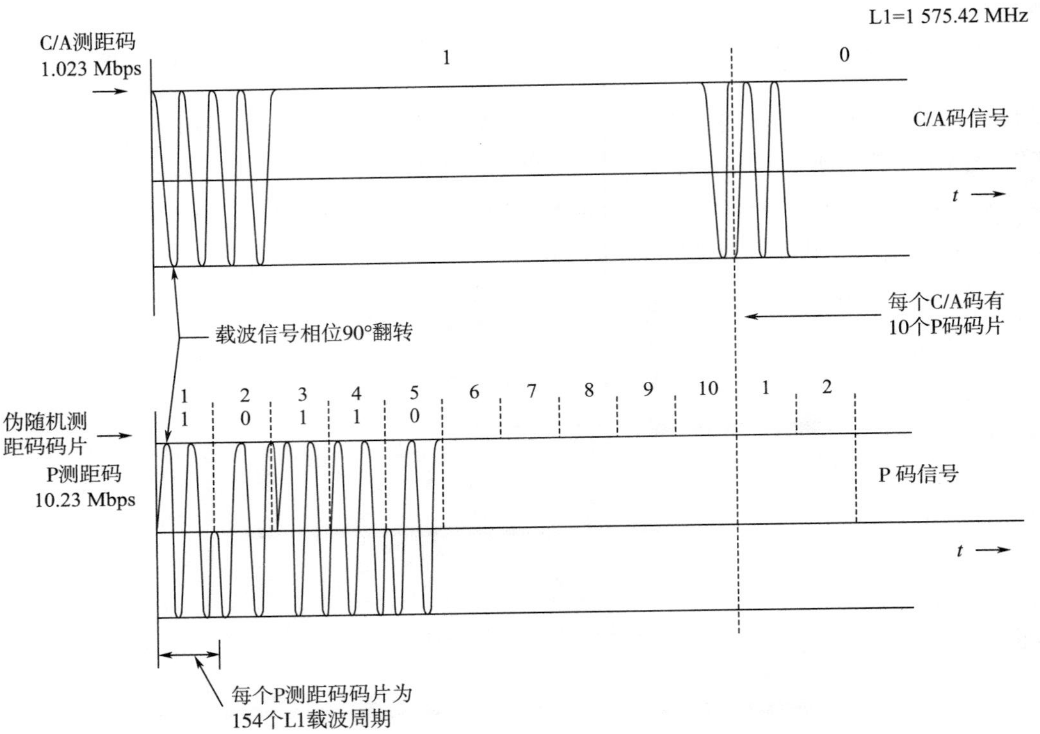

图 7-28　GPS 卫星 L1 频点信号的波形和相位图

号可以根据地面指令由 P 码或者 C/A 码进行双相调制

$$S_{L1}^{i}=\sqrt{2P_{I}}D_{i}(t)C_{i}(t)\cos(2\pi f_{1}t+\varphi_{1i})+\sqrt{2P_{Q1}}D_{i}(t)P_{i}(t)\sin(2\pi f_{1}t+\varphi_{1i})$$

$$S_{L2}^{i}=\sqrt{2P_{Q2}}D_{i}(t)P_{i}(t)\sin(2\pi f_{2}t+\varphi_{2i}) \tag{7-31}$$

式中　$\sqrt{2P_I}$ ——C/A 测距码信号在 L1 载波的信号功率；

C_i ——1.023 Mcps 的C/A测距码；

D_i ——传输速率是 50 bps 的导航数据（电文）；

f_1——L1 载波频率1 575.42 MHz；

φ_{1i} ——L1 载波相位；

$\sqrt{2P_{Q1}}$ —— P 测距码在 L1 载波的信号功率；

P_i ——10.23 Mcps的 P 测距码；

$\sqrt{2P_{Q2}}$ —— P 测距码在 L2 载波的信号功率；

f_2——L2 载波频率1 227.60 MHz；

φ_{2i} ——L2 载波相位。

每颗 GPS 卫星广播 3 个非常相似的信号分量，式（7－31）表示的任何一种信号都是振幅（功率）、导航数据、伪随机测距码、射频载波 $\cos(2\pi ft+\varphi)$ 或 $\sin(2\pi ft+\varphi)$ 4 部分的乘积，信号结构如图 7－29 所示。

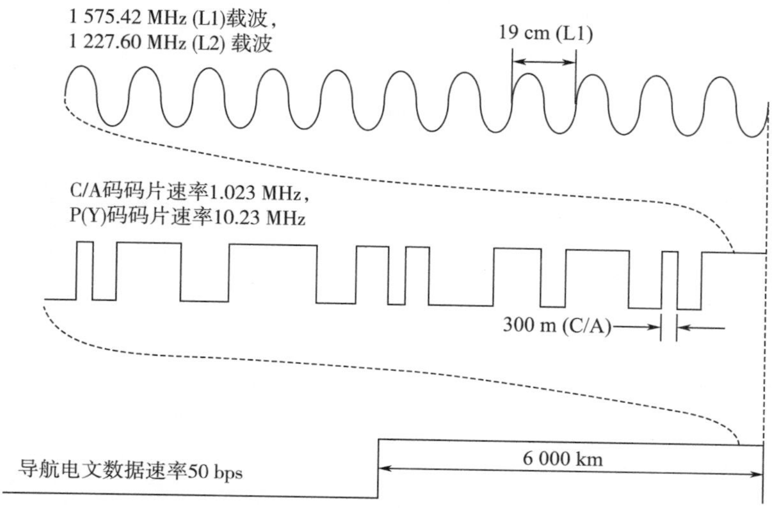

图 7－29　包含载波、测距码和导航数据的 GPS 卫星信号

军用 P 码信号是频率为 10.23 MHz 的±1 伪随机序列，其周期为一周。民用C/A码信号也是±1 伪随机序列，但频率为 1.023 MHz，是周期为 1 023 位的 Gold 码。因此，C/A 码扩频信号的周期为 1 ms。每颗导航卫星都播发与其他导航卫星不同的民用 C/A 码扩频信号和军用 P 码扩频信号。二进制导航电文的幅值还是±1 的二进制码，其信息速率为 50 bps，有 6 s 的子帧和 30 s 帧周期，每 12.5 min 重复一次。

7.5.3　伪随机噪声测距码信号

下面以 GPS 为例简要说明卫星导航系统伪随机噪声测距码及其生成原理。GPS 为每颗卫星设计一对唯一的伪随机噪声码，作为空间在轨卫星识别号（Space Vehicle Number，SVN），一个是民用的粗捕获码（Coarse/Acquisition Code），另一个是军用的加密精确码（Precise Code），分别简称为民用 C/A 码和军用 P 码。系统通过码分多址技术来区分不同的卫星，即给不同的卫星分配不同的且是唯一的 PRN，民用 C/A 测距码的分配如表 7－3 所示。

表 7-3　GPS 卫星民用 C/A 码分配

卫星伪随机测距码 ID	G2 相位抽头	前 10 个码片	卫星伪随机测距码 ID	G2 相位抽头	前 10 个码片
1	2&6	1100100000	17	1&4	1001101110
2	3&7	1110010000	18	2&5	1100110111
3	4&8	1111001000	19	3&6	1110011011
4	5&9	1111100100	20	4&7	1111001101
5	1&9	1001011011	21	5&8	1111100110
6	2&10	1100101101	22	6&9	1111110011
7	1&8	1001011001	23	1&3	1000110011
8	2&9	1100101100	24	4&6	1111000110
9	3&10	1110010110	25	5&7	1111100011
10	2&3	1101000100	26	6&8	1111110001
11	3&4	1110100010	27	7&9	1111111000
12	5&6	1111101000	28	8&10	1111111100
13	6&7	1111110100	29	1&6	1001010111
14	7&8	1111111010	30	2&7	1100101011
15	8&9	1111111101	31	3&8	1110010101
16	9&10	1111111110	32	4&9	1111001010

GPS L1 频点导航信号中心频率分别为 1 575.42 MHz，民用 C/A 测距码为由 M 序列优选对组合码形成的 Gold 码（G 码），C/A 测距码信号长度为 1 023 个码片（chips），换言之，一个 C/A 测距码信号周期内包含 1 023 个码片，码片速率（chipping rate）为1.023 Mcps，这样C/A 测距码信号周期或者说信号长度正好为 $1\ 023\ \text{chips}\times\dfrac{1\text{s}}{1.023\ \text{Mcps}}=1\ \text{ms}$，这样 C/A 测距码信号每 1 ms（millisecond）重复一次。因此，接收机可以在一秒钟搜索一千次 C/A 测距码，便于搜索和捕获空间导航卫星。目前 GPS 有 32 种不同的 C/A 码序列并分配给不同的 GPS 卫星（C/A 码与卫星一一对应）。

GPS 军用 P（Y）测距码信号长度为 2.35×10^{14} 个码片，码片速率为 10.23 Mcps，一个 P 码的周期为 38 个星期。如此长的军用 P（Y）测距码被平均分为 38 份，序列在一个星期时截断，截断的军用 P（Y）测距码信号每星期重复一次，并分配给不同的 GPS 卫星使用，每颗卫星唯一使用其中的一份（每份的周期为一个星期），并作为空间在轨卫星的唯一识别号（SVN）。

因此，每个独特的军用 P（Y）测距码序列的长度为 $6.187\ 1\times10^{12}$ 个码片，若对每个码元逐个依次地去搜索，当搜索速度为每秒 50 码元时，则需要 14×10^{5} 天。因此，军用 GPS 接收机一般都是利用 C/A 码提供的信息引导捕获 P 码。

7.5.3.1　C/A 码产生原理

GPS 卫星的 C/A 测距码是从一族被称为 Gold 码的码族中选取的，Gold 码是由 2 个周期相同（1 023 位）的伪随机噪声码（序列）$G_1(t)$ 和 $G_2(t)$ 相乘得到，因此，所得到的乘积码也是 1 023 位，表述如下

$$XG(t)=G_1(t)G_2[t+N_i(10T_c)] \tag{7-32}$$

式中，N_i 确定了 $G_1(t)$ 和 $G_2(t)$ 之间以码位表示的相位偏移，C/A 码的码位持续时间是 $10T_c$ 秒，T_c 是 P 码的码位间隔（周期），$f_c=1/T_c=10.23$ MHz，单位是秒。因为共有 1 023种不同的偏移 N_i 量，所以，可能有 1 023 种这类形式的码。长度为 N 的 m 序列对可用来产生 $N+2$ 个 Gold 码序列，所有 Gold 码序列都有很好的自相关性，从这 $N+2$ 个成员组成的序列族里取出任意一对序列，它们的互相关性都会比较低。这样的互相关特性可以使得卫星导航接收机区分出从不同的导航卫星获取的导航信号。

伪随机噪声码（序列）$G_1(t)$ 和 $G_2(t)$ 都是由 2 个 10 级线性反馈移位寄存器相组合而产生的。两种码的产生器多项式规定了它们的抽头位置，其特征多项式分别为

$$\begin{cases}G_1(t)=1+x^3+x^{10}\\G_2(t)=1+x^2+x^3+x^6+x^8+x^9+x^{10}\end{cases} \tag{7-33}$$

因为每个 Gold 码的周期是 1 ms，二进制导航电文数据的速率为 50 bps，因此，每个数据位对应 20 个 C/A 码序列（扩频码个数为 1 023×20）。卫星的时间频率基准单元产生 10.23 MHz 信号，由此派生 1.023 MHz 信号，50 bps 的电文数据时钟与生成 C/A 码和 P 码的时钟严格同步。C/A 码生成器的简化框图如图 7 - 30 所示，由 2 个钟频为 1.023 MHz 的 10 位反馈移位寄存器构成，如式（7 - 33）特征多项式定义，$G_1(t)$ 的反馈抽头在第 3 和 10 级，$G_2(t)$ 的反馈抽头在第 2、3、6、8、9、10 级。

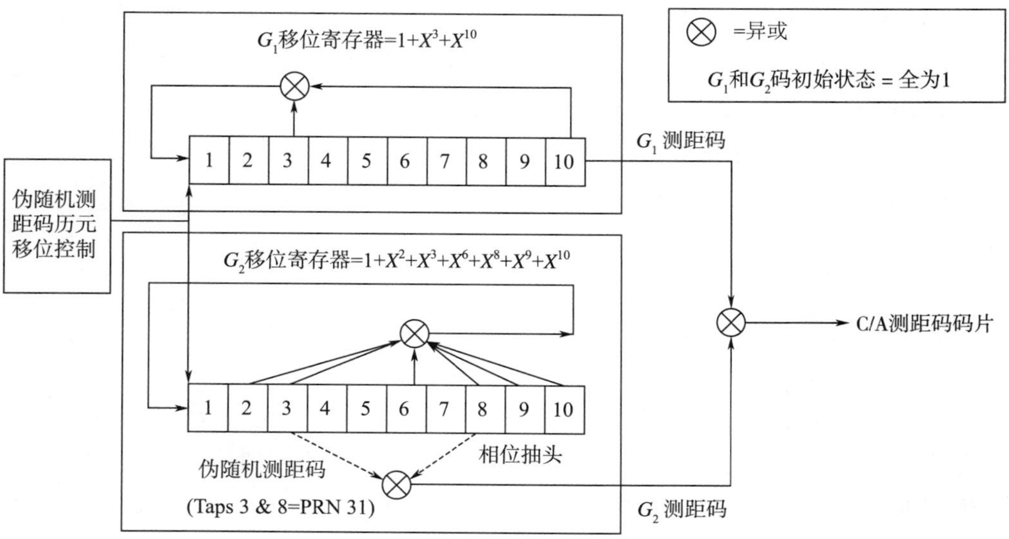

图 7 - 30　C/A 码生成器的简化框图

在 1.023 MHz 时钟脉冲的作用下，2 个移位寄存器产生码长为 $2^{10}-1=1\,023$、周期为 1 ms 的 m 序列 $G_1(t)$、$G_2(t)$，2 个移位寄存器在每周六过渡到周日的子夜零时，在置 1 脉冲作用下处于全 1 状态。为了产生各不相同的延迟偏移，在 $G_2(t)$ 寄存器适当的点上

抽头，且把由抽头得到的两个序列进行“模二相加”运算，利用线性最大长度移位寄存器（inear maximal length shift register，LMLSR）的“循环相加”性质，即 2 个时间偏移（循环）的相同码相加，得到的是移位了的相同码，由此得到所需要的 $G_2(t)$ 序列的延迟形式。在 GPS－ICD－200 中定义了 37 种 C/A 码，G 码的时元以 1 Kbps 产生，除以 20 就得到 50 bps 的导航数据时钟，所有的时钟在相位上均与军码的时钟的相位保持同步。

综述，民用 C/A 测距码信号长度为 1 023 个码片，是一个短序列，码片速率为 1.023 Mcps，C/A 码的码元宽度为 $t_0 = 1/1.023 \times 10^6 \approx 0.977\ 52\ \mu s$ ，相应的观测距离为 $ct_0 \approx 293.1$ m 。若两个码元对齐后的误差为码元宽度的 1/100～1/10，则利用 C/A 码的测距误差为 2.93～29.3 m。可见，利用 C/A 码定位的精度较低，因此又称为粗码。C/A 测距码的持续时间（周期）为 1 ms，接收机可以在一秒钟搜索一千次 C/A 测距码，便于搜索和捕获卫星信号，所以 C/A 码除了用于捕获卫星信号和提供伪距观测量外，同时利用 C/A 码提供的信息，可方便地引导捕获 P 码，因此 C/A 码又称为快速捕获码。

7.5.3.2 P 码产生原理

军用 P 码产生的基本原理与 C/A 码相似，由 2 个周期不相同的伪随机噪声码（序列）$X_1(t)$ 和 $X_2(t)$ 相乘得到，其中 X_1 序列的周期为 1.5 s 或 1 534 500（1.5×1 000×1 023）个码位，X_2 序列的周期为 1 534 537 个码位，这两个码序列在每周开始的同一时刻（每周六过渡到周日的子夜零时）复位。X_1 序列和 X_2 序列的码位速率均为10.23 MHz，而且两个序列的时钟保持同相位，军用 P 码的表述如下

$$XP(t) = X_1(t) X_2[t + n_i T],0 \leqslant n_i \leqslant 36 \tag{7-34}$$

式中，$X_1(t)$ 和 $X_2(t)$ 均是取值为±1 的二进制码，$XP(t)$ 于每星期的起始时刻复位，每颗导航卫星的 $X_1(t)$ 和 $X_2(t)$ 之间的延迟为 n_i 个时钟周期，每个时钟周期是 T_c（$f_c = 1/T_c = 10.23$ MHz），单位是 s。伪随机噪声码（序列）$X_1(t)$ 和 $X_2(t)$ 都是由两个不同的 12 级线性反馈移位寄存器对的乘积产生的，这 2 个寄存器分别记作 X_1A 与 X_1B 和 X_2A 与 X_2B，其特征多项式分别为

$$\begin{cases} X_1A = 1 + x^6 + x^8 + x^{11} + x^{12} \\ X_1B = 1 + x + x^2 + x^5 + x^8 + x^9 + x^{10} + x^{11} + x^{12} \end{cases}$$

$$\begin{cases} X_2A = 1 + x + x^3 + x^4 + x^5 + x^7 + x^8 + x^9 + x^{10} + x^{11} + x^{12} \\ X_2B = 1 + x + x^3 + x^4 + x^8 + x^9 + x^{12} \end{cases} \tag{7-35}$$

P 码生成原理图如图 7－31 所示，式（7－35）决定了 X_1A 与 X_1B 和 X_2A 与 X_2B 移位寄存器的反馈抽头的位置。12 级线性反馈移位寄存器所产生码的周期为 $2^{12} - 1 = 4\ 095$，则乘积码的周期为 16 769 025，将其分别截短为 4 092 位的 x_{1a} 和 4 093 位的 x_{1b} ，再将 2 个截短码进行模 2 和运算，得到周期为 4 092×4 093 位的长周期码。对这个结果再进行截短，截出周期为 1.5 s、长度为 $N_1 = 15.345 \times 10^6$ 的 X_1 序列；用类似的方法产生长度为 $N_2 = 15.345 \times 10^6 + 37$ 的 X_2 序列。X_2 序列的周期比 X_1 序列的周期长 37 个，为了使式（7－34）中 n_i 值的范围允许为 0～36，此时，各导航卫星的 P 码不会有任何明显的部分与其他卫星的码相同，因此，可以生成 37 个不同的伪随机军用 P 码。

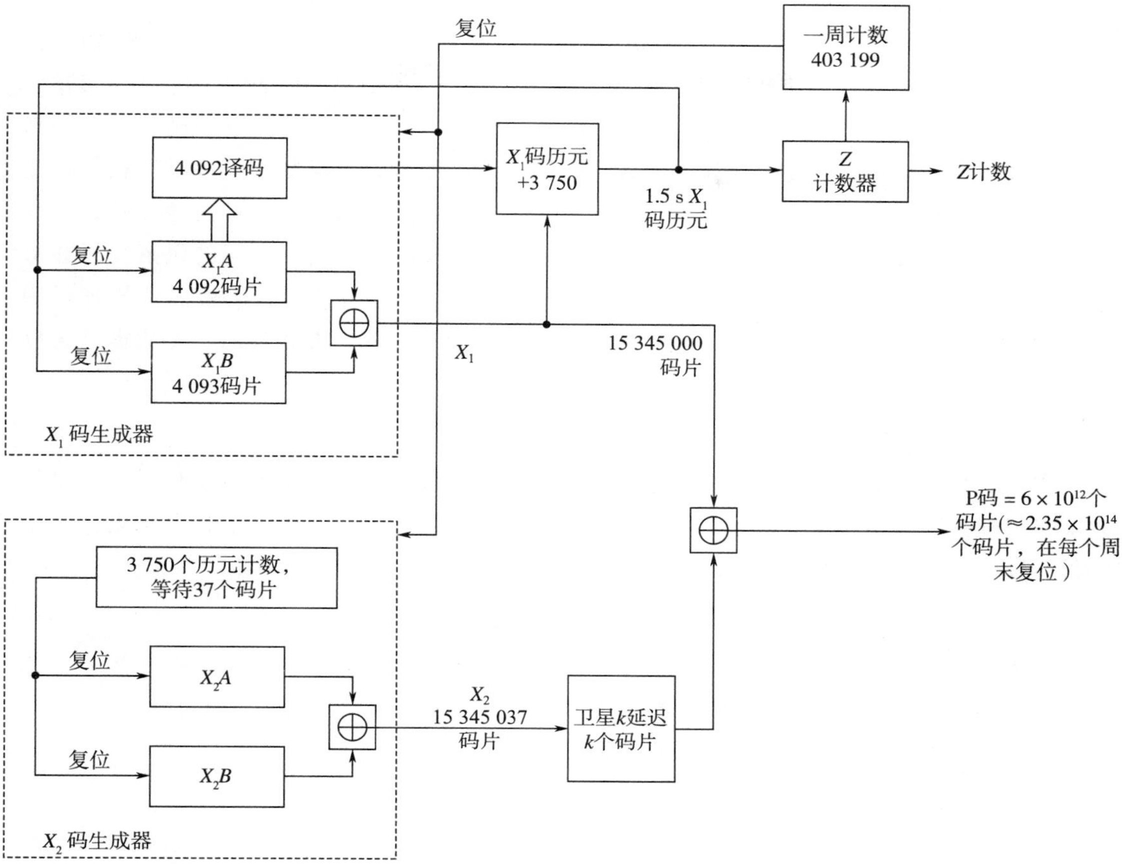

图 7－31　P 码生成器的简化框图

伪随机噪声码（序列）$X_1(t)$ 的周期为 1 534 500 个码位，$X_2(t)$ 的周期为 1 534 537 个码位，X_1 序列与 X_2 序列相乘得到军用 P 码，它们两个之间乘积的周期应等于这两个周期的乘积，即军用 P 码的码长为 $N = N_1 \times N_2 = 1\ 534\ 500 \times 1\ 534\ 537 = 235\ 469\ 592\ 765\ 000$。因此，如果让军用 P 码连续演绎不复位的话，则每个军用 P 码的长度（周期）为

$$T = \frac{235\ 469\ 592\ 765\ 000}{10.23 \times 10^6 \times 86\ 400} = 266.4\ 天 = 38.058\ 周 \approx 38\ 周 \tag{7-36}$$

实际上，这个整周期被分割开了，以使可能的 37 颗导航卫星或地面发射机各得到以一个星期为周期的军用精密测距码，GPS 对军用 P 码的分配方案为 1 种闲置，5 种给地面监控站使用，32 种分配给不同的卫星。每颗卫星使用不同的 P 码，或者说每颗卫星所使用的截短后的 P 码是不同的，每颗卫星都具有相同的码长和周期，但结构不同，各颗卫星之间的这种长码不互相交叠，有效地实现了对卫星的码分多址。

由于 P 码周期太长（一个星期），对每个码元逐对依次搜索，若当搜索速度为每秒 50 码元时，则需要搜索 14×10^5 天，所以 GPS 接收机都是先捕捉 C/A 码信号，然后利用 C/A码提供的信息，引导捕获军用 P 码。用户接收机接收军用 P 码时，为了实现完全相关，其定时误差必须在约一个码片（chip）或 0.1 μs 内，并且在时钟上保持同步。

P 码的码元宽度为 $t_0 = 1/(10.23 \times 10^6) \approx 0.097\,752$ μs，相应的距离为 $c \times t_0 \approx 29.31$ m。若 2 个码元对齐后的误差为码元宽度的 1/100～1/10，则利用 P 码的测距误差为 0.293～2.93 m。可见利用 P 码定位的精度比 C/A 码高，因此，P 码又称为精码。显然，伪码测距的精度与伪码码片的宽度是成比例的，提高码速率，缩短码片宽度，则可以使相关峰变窄，相比一个底边较宽的相关峰而言，一个更加尖锐的相关峰的到达时间更容易测量。

P 码是 GPS 曾经使用的军用测距码，现在 Y 码已取代了 P 码，Y 码的保密性能够防止对 GPS 授权用户的恶意欺骗。欺骗不同于干扰，干扰只是通过强大的带内信号来阻碍 GPS 信号的传输，这会带来麻烦，但是接收机可以检测到干扰，并告知用户无法提供定位服务。

7.5.3.3　*伪随机码测距原理*

卫星导航系统通过给不同的卫星分配不同的伪随机噪声测距码来区分卫星。用户接收机就可以通过计算卫星 PRN 码信号和接收机复制的测距码信号的相关系数来实现星地之间的距离测量，自相关函数计算公式为

$$R = \frac{1}{T}\int_T u(t - \Delta t)\, u(t - \tau)\, \mathrm{d}t \tag{7-37}$$

式中　Δt ——信号传播时间；

τ ——延迟时间；

$u(t - \Delta t)$ ——测距码信号；

$u(t - \tau)$ ——复制码信号；

T ——信号周期。

根据卫星信号的传播时间 Δt，乘以光速后即可以获得用户与卫星之间的距离。

伪随机码测距过程可以简要描述为，假设卫星在 T_s 时刻产生一个特定的测距码并于 T 时刻到达接收机，信号传播时间为（$T - T_s$）。当接收机收到某颗卫星的信号时，接收机根据存储的先验数据，在内部时钟控制下产生一组与该卫星播发 PRN 码结构完全相同的本地复制测距码。利用时延器对导航测距码信号和本地复制测距码信号进行相关处理，复制码在时间轴上移动，直到与测距码完全自相关为止，就可以确定测距码传播时间（$T - T_s$），也称为信号延迟时间，如图 7-32 所示。若接收机时钟与卫星时钟同步，则根据相关过程可以求出信号传播时间，这个时间乘以光速即可确定卫星至用户接收机的几何距离。

上述时间均是相对导航系统时间的，实际上，无论是卫星还是接收机，其时钟均含有误差。因此，由接收机根据相关过程所确定的距离称为伪距，它包括从卫星到用户的几何距离，由系统时与用户时钟之间的差异造成的偏差，由系统时与卫星时钟之间的差异造成的偏差。

7.5.4　导航电文

卫星导航电文包含卫星星历（每颗卫星精确的轨道位置参数）、星载原子钟修正数据、

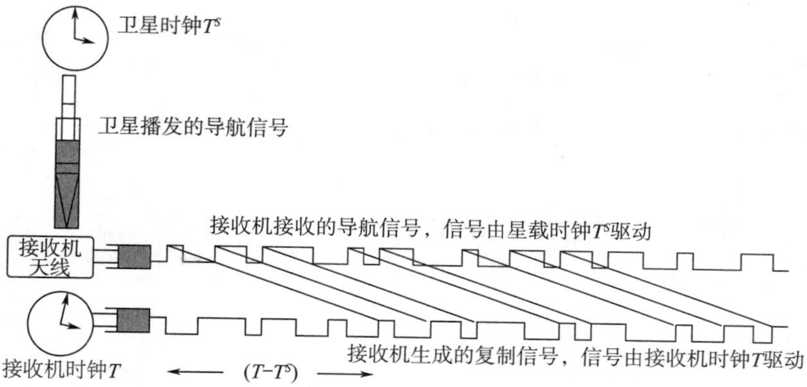

图 7－32　接收机利用复制码与接收到的测距码相关处理确定测距码传播时间

卫星历书（所有导航卫星近似的轨道参数）、电离层时延改正、卫星健康状态等信息。导航电文以二进制码的形式编码，数据采用不归零（NRZ）的二进制的方波信号，所以一般又将导航电文称为导航数据码（Data 码）。导航电文中含有特殊的时间标志位，用来标记导航电文中每一个子帧播发的具体时刻，这是接收机能够解算导航无线电信号在空间传递时间的充分必要条件，因此，导航电文参数是系统实现定位的基础。

下面以 GPS 为例，简要说明导航电文的结构和内容，导航电文的基本单位是长 1 500 bits的一个主帧（frame），传输速率是 50 bps，30 s 传送完毕一个主帧。一个主帧包括 5 个子帧（subframe），传输一个子帧需要持续 6 s，每个子帧包含 10 个字（Word），每个字有 30 比特位（bit），即每个子帧有 300 bits。其中子帧 1、2 和 3 在每帧中重复，而后面的子帧 4 和 5 有 25 种形式（同样的结构，不同的数据），即 1～25 页。主帧与子帧、字、比特位之间的关系如图 7－33 所示。

导航电文每个子帧总是以 TLM 和 HOW 两个特殊的字开始。GPS 导航电文子帧数据格式如图 7－34 所示。TLM 是每个子帧的第一个字，包括 8 bits 的帧头（preamble）10001011、16 bits 预留数据位（data）和 6 bits 奇偶校验位（parity）。帧头每 6 s 重复一次，用于帧同步，每个正确的帧头都标记了导航数据子帧的起始位置，主要作用是指明卫星注入数据的状态，作为捕获导航电文的前导，其中所含的同步信号为各子帧提供了一个同步的起点，使用户便于解析电文数据。

如前述，军用 P 码中的 X_1 序列的周期为 1.5 s 或 1 534 500（1.5×1 000×1 023）个码位，GPS 定义了“定时 Z 计数”，如图 7－35 所示，规定为自一个星期起始时刻算起的 1.5 s X_1 时元数。

HOW 是每个子帧的第二个字，包括 17 bits 截短版本的 GPS 周信息（TOW）、用于防欺骗的标志位、表示子帧 ID 的 3 bits 数据（表示该 HOW 位于当前 5 个子帧中的哪一个）。HOW 的作用是帮助用户从所捕获的 C/A 码转换到 P 码的 Z 计数（Z－count），Z 计数实际是一个时间计数，它以每星期六/星期日子夜零时起算的时间计数，给出下一帧开始瞬间的 GPS 时。由于传输一个子帧需要持续 6 s，所以下一个子帧开始的时间为

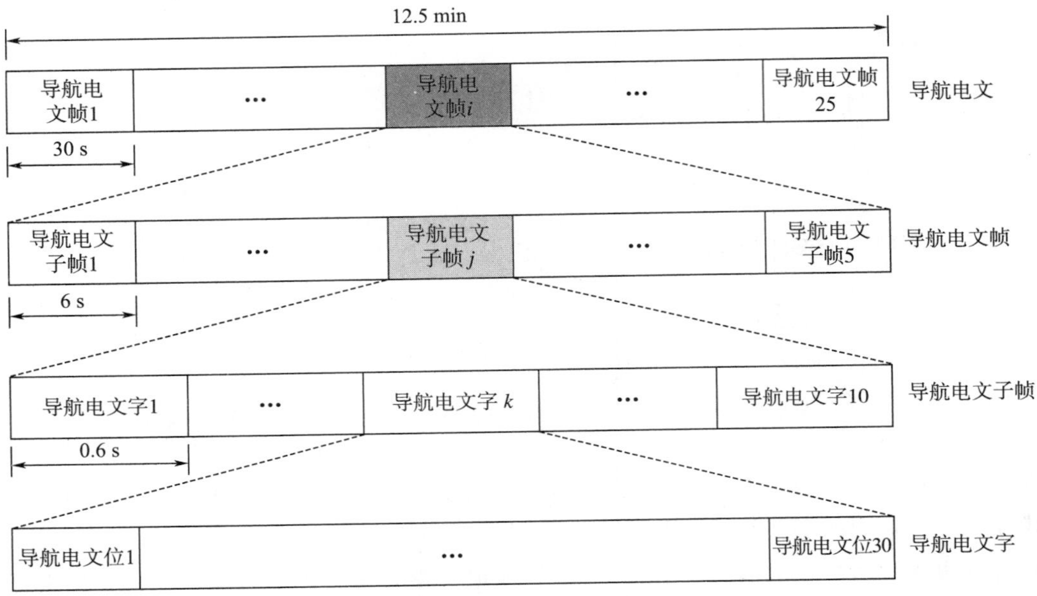

图 7－33　GPS 导航电文主帧与子帧、字、比特位之间的关系

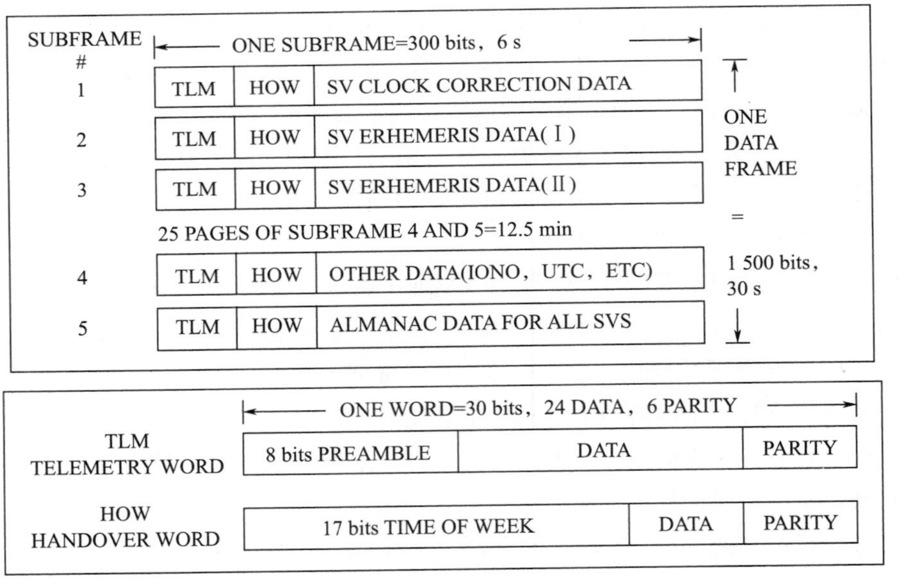

图 7－34　GPS 导航电文子帧数据格式

6Z s，用户接收机可以通过交接字将本地时间精确同步到 GPS 系统时间，便能快速引导捕获 P 码。

传输一个导航电文子帧需要持续 6 s，每个 6 s 中的导航电文数据子帧中有 4 个 X_1 时元。为了辅助接收机截获长周期的军用 P 码，在每个 6 s 的子帧的 50 bps 的数据串中包含有一个更新的 HOW，将 HOW 乘以 4，就等于下一个 6 s 的子帧的起始时刻的“定时 Z

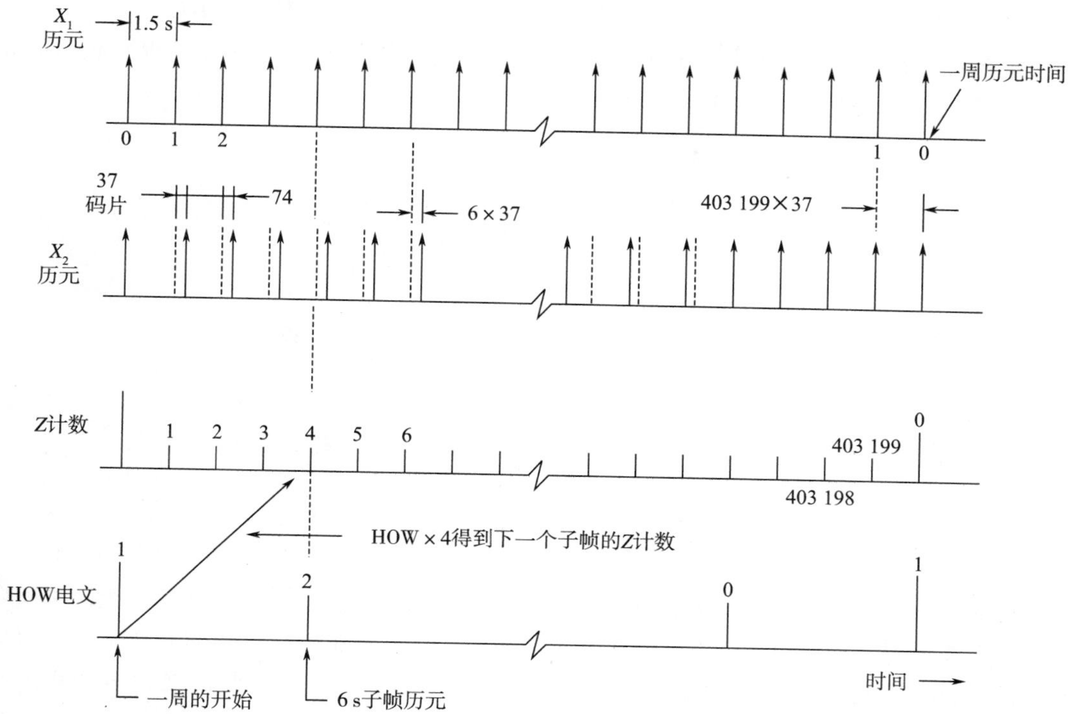

图 7-35　GPS 军用 P 码的 X_1 与 X_2 序列、定时 Z 计数、HOW 之间的时间关系

计数”。因此，如果我们从周期较短的民用 C/A 码中识别了“定时 Z 计数”，且得知子帧的时元时间和 HOW，就能够立即在下一个子帧时元截获军用 P 码。用户接收机接收到的 GPS 信号时间、定时 Z 计数及 HOW 之间的时间关系如图 7-36 所示。

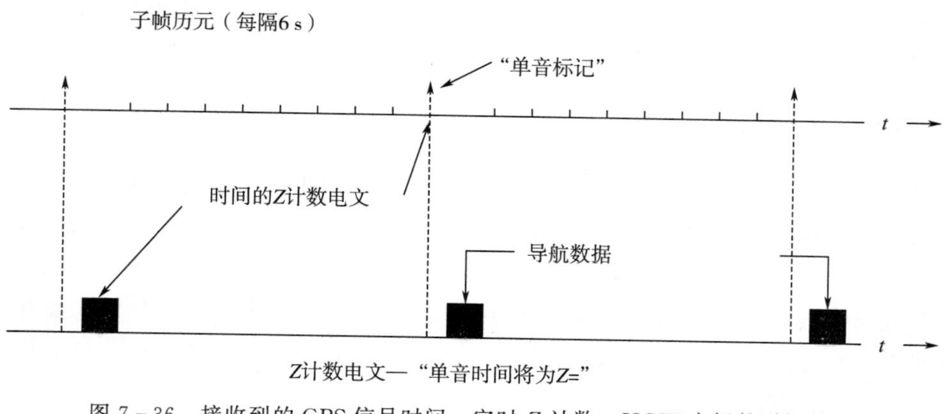

图 7-36　接收到的 GPS 信号时间、定时 Z 计数、HOW 之间的时间关系

7.6　导航信号调制

利用载波携带二进制伪随机测距码和导航电文的过程就是卫星导航系统中的信号调

制。调制意味着二进制伪码序列叠加在载波信号中，二进制伪码序列是由幅值为±1的矩形脉冲序列组成的方波信号，那么利用矩形脉冲序列幅值的变化，就可以改变载波的相位，即所谓的矩形脉冲的双相调制，如图7－37所示。

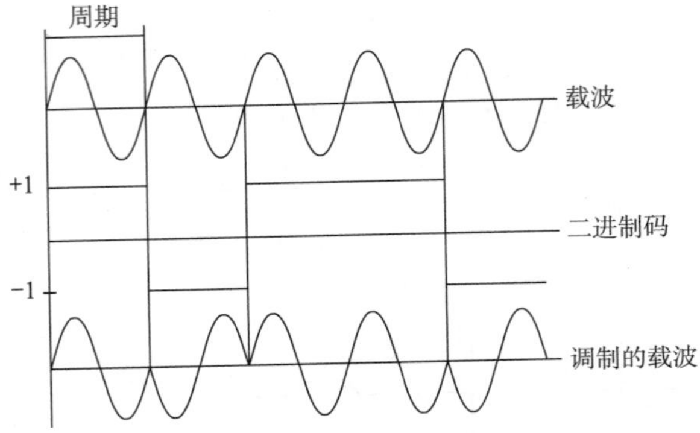

图7－37　矩形脉冲的双相调制

目前L频段十分拥挤，导航信号之间的频率兼容问题十分突出。另外，出于国家安全考虑，需要军用和民用导航信号之间能够实现频谱分离，导航信号扩频调制技术是同时实现频谱兼容和性能提高的主要途径。扩频调制设计最直接的作用就是改变信号频谱的形状，以便将导航信号的能量分配到特定的频率位置上。按照导航信号扩频调制方式的里程碑，可以将导航信号调制方式分为二进制相移键控调制、二进制偏移载波调制以及复用BOC调制技术。

与BPSK调制技术相比，BOC调制技术虽然具有更高的测距性能，但是提高了信号处理复杂度，同时降低了信号跟踪可靠性。BOC调制技术具有更强的设计灵活性，在信号波形上提供了更多的可以调制的参数，使得导航信号设计工作在测距性能、频谱占用、处理复杂度等方面的调整可以更加灵活。

7.6.1　BPSK－R调制

20世纪70年代GPS导航信号首先使用BPSK调制技术，这是一种简单的数字信号调制方案，其中在相邻的时间间隔上，取决于所传数字信号是0还是1，射频载波分别以原来的相位或者是180°相位反转的方式传播，如图7－38所示。BPSK信号可以视为未调制的正弦载波和二进制数据波两种时序波形的乘积。数据波可以视为基带信号，意味着其频率成分集中于0 Hz附近，而非射频载波附近。射频载波调制将信号频率分量的中心搬移到载频处，产生所谓的带通信号。

BPSK调制提供调整码速率来改变PRN码的测距精度、干扰及多径抑制能力，以及信号的频谱占用，是卫星导航系统最基本的信号扩频调制方式。BPSK－R调制采用矩形脉冲的扩频码片波形

$$p_{\mathrm{BPSK-R}}(t)=\frac{1}{\sqrt{T_c}}\mathrm{rect}_{T_c}(t) \tag{7-38}$$

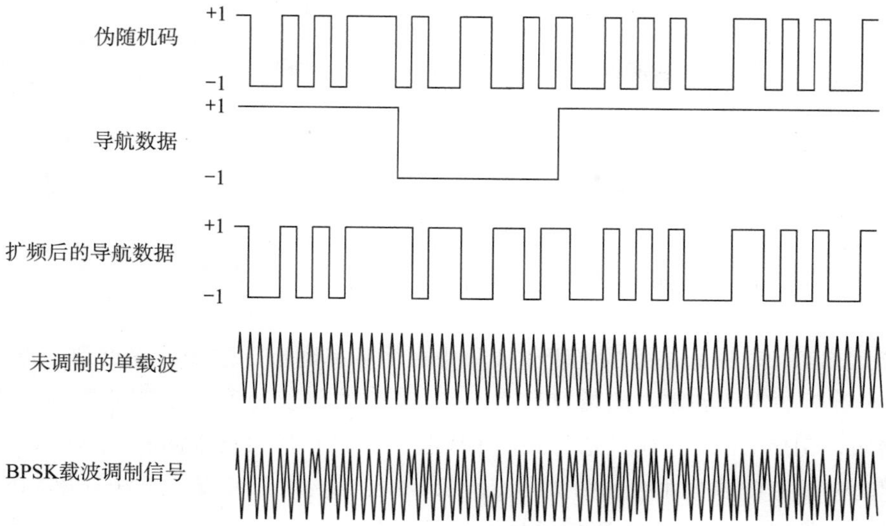

图 7－38　BPSK 导航信号调制

式中，限定矩形脉冲的幅度为 $\frac{1}{\sqrt{T_c}}$，在数学上使得扩频码片波形能量归一化。BPSK－R 调制的扩频码片波形在整个码片周期 T_c 内的取值都是恒定的，因此，这种调制方式只有码片周期 T_c 或者它的倒数——扩频码速率 f_c 这一个参数可以调整。

卫星导航采用 BPSK－R（n）来表示扩频码速率 $f_c=\frac{1}{T_c}=n\times 1.023$ MHz 的 BPSK－R 扩频信号。例如，将扩频码速率 1.023 MHz 的 GPS L1 C/A 码信号所使用的调制方式记为 BPSK－R（1），而将 BDS B1I 码扩频码速率 2.046 MHz 的信号所使用的调制方式记为 BPSK－R（2）。

BPSK－R（n）信号的时域波形如图 7－39 所示，利用阶状码调制波形的定义，BPSK－R（n）信号可以被看作码片波形矢量为 $\boldsymbol{k}=[1, 1, \cdots, 1]$ 的阶状码调制信号。在码片波形矢量中，“1”的个数可以是任意多的，当伪随机噪声测距码具有无限长的周期和理想的自相关和互相关特性时，BPSK－R（n）信号的自相关函数可以表示为

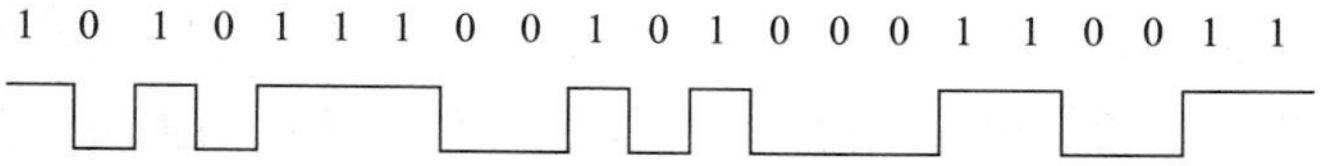

图 7－39　BPSK－R（n）信号的时域波形

$$R_{\mathrm{BPSK-R}}(\tau)=\begin{cases}1-\frac{|\tau|}{T_c}, |\tau|\leqslant T_c\\ 0,\text{其他}\end{cases} \tag{7-39}$$

BPSK－R（n）信号的自相关函数的形状为一个等腰三角形，如图 7－40 所示，其归一化功率谱密度为

$$G_{\text{BPSK-R}}(f) = T_c \operatorname{sinc}^2(\pi f T_c) \tag{7-40}$$

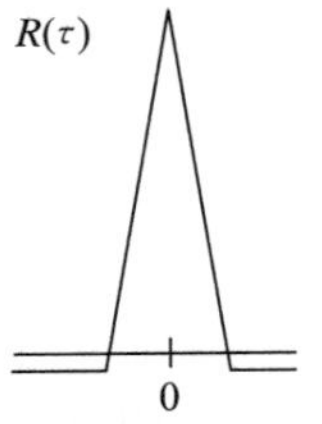

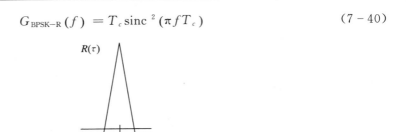

图 7－40　BPSK－R（n）信号自相关函数

基带 BPSK－R（n）信号的能量主要集中在零频率附近，主瓣的零点到零点的带宽为 $2f_c$，各个旁瓣的零点到零点的带宽均为 f_c，旁瓣的高度随着与主瓣的距离增大而逐渐下降。例如，GPS L1 C/A 码的信号采用 BPSK－R（1）扩频技术调制，单边 C/A 码的信号归一化功率谱密度函数曲线如图 7－41 所示，一直到 10 个旁瓣，正好与 20.46 MHz 射频带宽对应，频率坐标以 C/A 码信号的扩频码速率 f_c＝1.023 MHz 归一化处理。

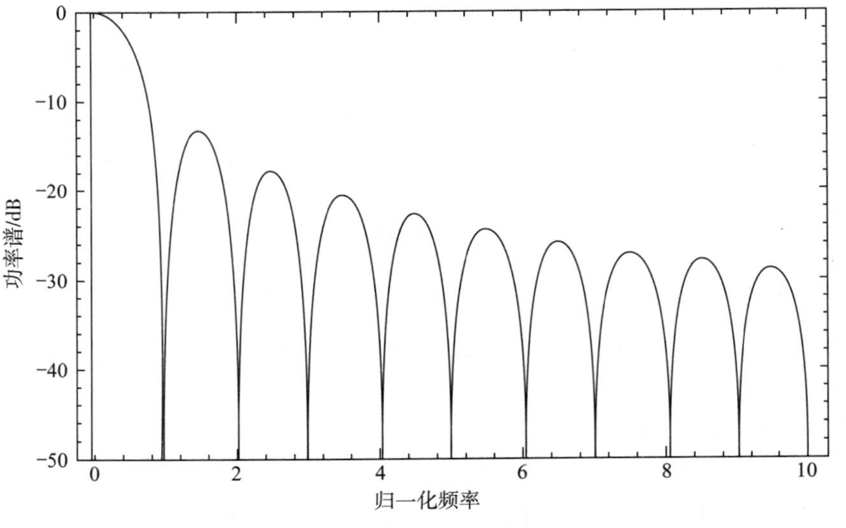

图 7－41　GPS L1 C/A 码信号单边归一化功率谱密度函数曲线

一个理想的 BPSK－R 信号的频谱是无限带宽的，因而在实际卫星发射和接收机接收时都需要对其进行限带滤波，限带滤波一方面会造成信号功率的损失，另一方面也会使接收机实际得到的信号相关函数的形状不再是图 7－40 给出的等腰三角形。BPSK－R 信号的主瓣包含了信号大约 90％的功率，再接收进第一对旁瓣信号，可以多接收 5％的信号功率。

在用户接收机中，导航信号的捕获和跟踪都是基于输入信号与本地复现信号之间的互相关函数进行的。输入信号与本地复制信号使用完全相同的调制方式和扩频序列，区别在于输入信号经过低通滤波器处理，而本地复制信号未被滤波，是一个无限带宽 BPSK－R 信号，则两者的互相关函数可以写成

$$R(\tau)=\int_{-\beta/2}^{\beta/2} G_{\mathrm{BPSK-R}}(f)\,\mathrm{e}^{\mathrm{j}2\pi f\tau}\,\mathrm{d}f \tag{7-41}$$

改变滤波器带宽，积分式（7-41），可以得到当滤波器带宽较窄时，相关函数在 $\tau=0$ 附近变得圆滑，而且高度下降。

7.6.2　BOC 调制

BOC 调制是一种使用副载波的扩频调制技术，这种技术通过将一个方波形式的副载波与 BPSK-R 信号相乘，将原来的 BPSK-R 信号的频谱二次调制搬移到中心频点的两侧。

BOC 调制技术具有比 BPSK-R 技术更好的伪距测量精度，更高的多径抑制和抗干扰能力，以及与同频点其他信号之间更灵活的频谱共享能力。2002 年，余弦相位的 BOC 调制技术首次引入工程应用。BOC 信号定义为一个 BPSK-R 信号与一个方波副载波的乘积，其表达式为

$$g_{\mathrm{BOC}}(t)=g_{\mathrm{BPSK-R}}(t)\,\mathrm{sgn}[\sin(2\pi f_s t+\psi)] \tag{7-42}$$

式中　sgn[·] ——符号函数；

f_s ——方波副载波频率；

ψ ——方波副载波相位。

ψ 的两个常用值是 0 和 $\pi/2$，对应正弦相位和余弦相位，相应的 BOC 信号分别称为正弦相位 BOC 信号和余弦相位 BOC 信号。

BOC 信号也可以看作是使用了方波形式扩频码片波形的扩频信号，其表达式还可以写为

$$g_{\mathrm{BOC}}(t)=\sum_{n=-\infty}^{+\infty}(-1)^{c_n}p_{\mathrm{BOC}}(t-nT_c) \tag{7-43}$$

其中

$$p_{\mathrm{BOC}}(t)=\frac{1}{\sqrt{T_c}}\mathrm{sgn}[\sin(2\pi f_s t+\psi)]\,rect_{T_c}(t) \tag{7-44}$$

式中　$p_{\mathrm{BOC}}(t)$ ——持续时间为 T_c 的方波。

对于 BOC 调制技术，由于增加了一个副载波，则一个 BOC 信号的具体形式需要用 3 个关联参数来描述，包括扩频码速率 f_c 、副载波频率 f_s 、副载波相位 ψ 。在卫星导航领域，一个具体的 BOC 调制信号，可以简记为 $\mathrm{BOC}_j(m,n)$ ，其中下标 j 可以取 s 或者 c，分别表示副载波是正弦相位或是余弦相位，括号中的 m 表示以 1.023 MHz 为基数归一化后的副载波频率，n 表示以 1.023 MHz 为基数归一化后的扩频码速率，即 $f_s=m\times1.023$ MHz ，$f_c=n\times1.023$ MHz ，$m\geqslant n$ 。

比值 $M=2m/n$ 为 BOC 信号调制的阶数，一般限定为整数，标识着一个扩频码片长度中的副载波半周期个数，也即 $M=\frac{T_c}{T_s}$ ，其中 $T_s=\frac{1}{2f_s}$ 是副载波的码片宽度。在相同阶数的 BOC 信号中，每个扩频码片中的副载波半周期数量是相同的，它们彼此间的区别只

在于码速率。

BOC 信号调制的阶数既可以是奇数，也可以是偶数，当调制的阶数是偶数时，在一个扩频码长度内恰好包含了整数个周期的副载波，因此每个扩频码的码片波形都是形同的，如图 7－42 所示。这时，BOC 信号所谓两种定义方式，式（7－41）与式（7－42）的定义是等价的。但是，当调制的阶数是奇数时，两种定义不等价，两种定义生成的时域波形在伪随机噪声码过渡的位置上存在差异，需要将式（7－43）修正为

$$g_{BOC}(t)=\sum_{n=-\infty}^{+\infty}(-1)^{c_n}(-1)^{n}p_{BOC}(t-nT_c) \tag{7-45}$$

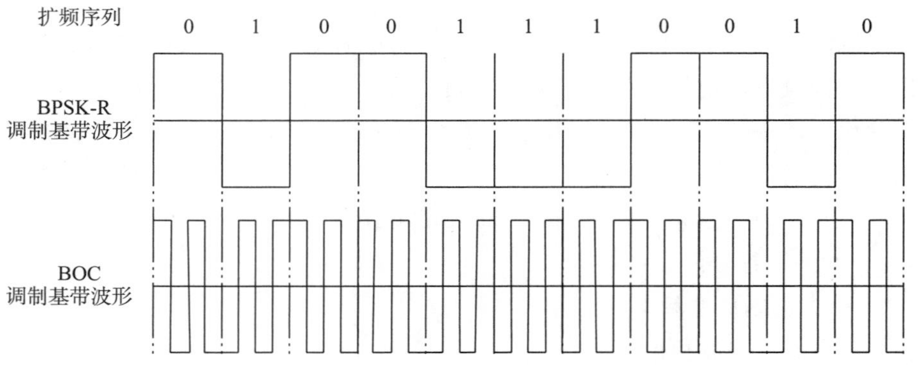

图 7－42　偶数阶 BOC 调制信号的时域波形

与 BPSK－R 信号调制技术一样，对于 BOC 调制的信号特性，最重要的同样是信号的功率谱密度和自相关函数。假设伪随机噪声测距码周期无限且具有完全理想的相关特性，则对于正弦相位的 BOC 信号，调制的阶数为偶数时，无限带宽下归一化的功率谱密度可以表示为

$$G_{BOCs(f_s,f_c)}(f)=\frac{\sin^2(\pi fT_c)\sin^2(\pi fT_s)}{T_c[\pi f\cos(\pi fT_s)]^2} \tag{7-46}$$

当调制的阶数为奇数时，无限带宽下归一化的功率谱密度可以表示为

$$G_{BOCs(f_s,f_c)}(f)=\frac{\cos^2(\pi fT_c)\sin^2(\pi fT_s)}{T_c[\pi f\cos(\pi fT_s)]^2} \tag{7-47}$$

对于余弦相位的 BOC 信号，调制的阶数分别为奇数和偶数时，无限带宽下归一化的功率谱密度分别可以表示为

$$G_{BOCs(f_s,f_c)}(f)=\frac{\sin^2(\pi fT_c)\ [1-\cos^2(\pi fT_s)]^2}{T_c[\pi f\cos(\pi fT_s)]^2} \tag{7-48}$$

$$G_{BOCs(f_s,f_c)}(f)=\frac{\cos^2(\pi fT_c)\ [1-\cos^2(\pi fT_s)]^2}{T_c[\pi f\cos(\pi fT_s)]^2} \tag{7-49}$$

BOC 调制信号的复数包络有恒定模式，BOC 信号的功率谱密度最大值所处的频率位置已经不在载波中心上了，而在频率 $\pm f_s$ 处，其原因是频率为 f_s 的方波副载波在频率 $\pm f_s$ 处有较强的谐波成分。如果把 BOC 信号看作是一个 BPSK－R 信号与一个方波副载波的乘积，那么在频域上，该信号的频谱对应着将原来的 BPSK－R 信号的频谱二次调制，

搬移到中心频点的两侧 $\pm f_s$ 处。对于这种信号频谱向载波中心两侧分裂的信号，信号的主瓣和旁瓣的概念与传统意义上的定义不同，BOC 信号的主瓣宽度是两倍的扩频码速率 $2f_c$，主瓣内侧的旁瓣的宽度为 f_c。对于低阶数为 M 的 BOC 信号，两个主瓣内侧所包含的旁瓣数目为 $M-2$。

BOC 信号调制技术可以很方便实现军用测距码和民用测距码信号的频谱分离，例如，GPS 的 L1 频点的中心频段调制 C/A 码信号，同时保留 P（Y）码信号，新的军用 M 码信号位于 L1 频点的边缘，C/A 测距码、P（Y）测距码、M 测距码信号功率谱如图 7－43 所示。

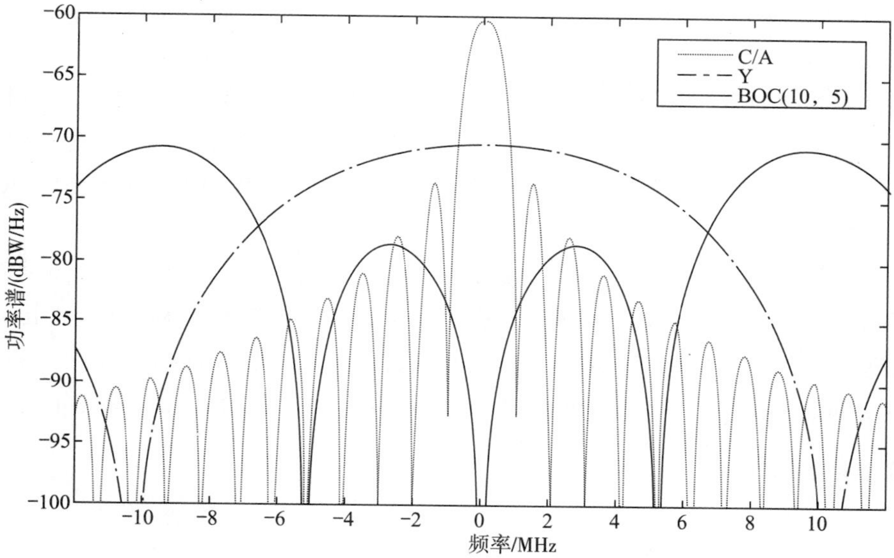

图 7－43　GPS 的 L1 频点 C/A 码、P（Y）码及 M 码信号功率谱

BOC 信号调制技术使现有 GPS 频率的军用信号得以延续，保证了与现有军用与民用 GPS 用户接收机的兼容性。美军可以拒止对方使用民用测距码信号的情况下利用军用 M 测距码信号实现位置解算，新的军用 M 测距码信号可以进一步提高发射功率，为 GPS 开展导航战提供了技术保障。但是，BOC 信号的自相关函数不再是 BPSK－R（n）信号的自相关函数那样的等腰三角形，而是由一系列折线组成，而且具有多个过零点和多个峰值，给用户接收机信号捕获带来新的技术问题。

7.6.3　MBOC 调制

2006 年，Galileo 卫星导航系统提出使用复合二进制偏移载波（Composite Binary Offset Carrier，CBOC）调制技术，作为 E1 频点公开服务信号的调制方式，GPS 提出使用时分复用二进制偏移载波（Time－Multiplexed Binary Offset Carrier，TMBOC）调制技术，作为 L1C 信号的调制方式。CBOC 和 TMBOC 扩频信号调制技术的提出和应用标志导航信号调制技术的发展进入到多载波复用——导航信号复用 BOC（Multiplexed BOC，

MBOC）调制技术的阶段。

严格来说，MBOC调制并不是一种具体的调制方式，而是一个对扩频信号频谱形状的约束条件，或者是一类具有某一种规定的功率谱密度的调制方式的总称。MBOC信号调制频谱是由2个或多个BOC信号频谱叠加产生，对MBOC调制的定义仅限制了信号的功率谱形状，一般的MBOC信号可以记作MBOC(m，n，γ)，其中m表示第一个BOC调制的副载波的频率为$m\times1.023$ MHz，n表示第二个BOC信号的副载波频率为$n\times1.023$ MHz，码速率都为1.023 MHz，γ表示BOC信号所占的功率相对于总功率的比。MBOC(m，n，γ)信号是宽带信号分量BOC(m，n)与窄带信号分量BOC(n，n)以功率比γ：($1-\gamma$)合成而得到的，其归一化的功率谱密度可以标识为

$$G_{\mathrm{MBOC}(m,n,\gamma)}(f)=(1-\gamma)G_{\mathrm{BOC}(n,n)}(f)+\gamma G_{\mathrm{BOC}(m,n)}(f) \tag{7-50}$$

根据式（7－50）可知，MBOC既可以看作是一种扩频调制技术，也可以看作是一种2个信号分量的复用技术。因此，宽带信号分量BOC(m，n)与窄带信号分量BOC(n，n)可以采取任何复用方式组合，只要保证最终合成信号的功率谱密度满足式（7－50）的限制即可。

MBOC的概念最初是GPS L1C信号与Galileo系统E1 OS信号联合设计过程中提出来的，兼容互操作要求两个系统在该频点首先要做到频率兼容，而频率兼容性协调的主要输入条件是信号的功率谱密度。因此，美国和欧盟对1.575 42 GHz频点的L1和E1民用导航信号功率谱密度进行了约定，规定L1C信号和E1 OS信号在无限带宽下的归一化功率谱密度都是MBOC$\left(6,1,\frac{1}{11}\right)$，也即

$$G_{\mathrm{MBOC}\left(6,1,\frac{1}{11}\right)}(f)=\frac{10}{11}G_{\mathrm{BOC}(1,1)}(f)+\frac{1}{11}G_{\mathrm{BOC}(6,1)}(f) \tag{7-51}$$

之后欧美双方可以在此约束下分别优化调制码片波形，但从互操作的角度上，为了能够使用相同的接收机接收2个系统的信号，美欧双方约定L1和E1民用导航信号以BOC(1，1)为共同的基准信号，保证优化后的导航信号具备当作BOC(1，1)信号处理的能力。

由于MBOC调制的定义对这种调制的具体实现方式没有任何限制，因此信号的分量数量、各分量产生的方式以及各分量的组合方式非常灵活，只要保证最终合成信号的功率谱密度满足式（7－49）即可。不仅信号分量在不同信道中的配比可以有多种选择，已有的MBOC调制的时域实现方式也不唯一。GPS L1C选择了时分复用二进制偏移载波调制（TMBOC），Galileo系统E1 OS选择了CBOC。

7.6.3.1　TMBOC调制

TMBOC调制的宽带信号分量BOC(m，n)与窄带信号分量BOC(n，n)以时分复用方式组合，某一时刻卫星播发其中一个分量，两个分量使用同种扩频码序列。以GPS系统L1C信号为例，信号是由导频信号（没有导航信息只调制了扩频码的信号）和数据信号（调制了导航信息的信号）合成的，导频信号部分和数据信号部分的功率分配不同，导

频信道采用 TMBOC（6，1，4/33）调制，每 33 个扩频符号中的第 1、5、7、30 位置使用 BOC(6，1) 副载波，其余使用 BOC(1，1) 副载波。数据信号部分只调制了 BOC（1，1）副载波，码片波形如图 7 - 44 所示。

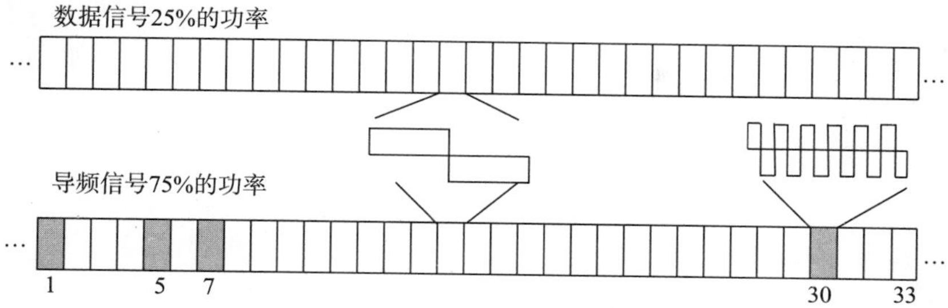

图 7 - 44　TMBOC 方式生成 MBOC 信号

TMBOC 的时分复用方式通常具有固定的规律，GPS L1C 信号导频信道采用的 TMBOC（6，1，4/33）的扩频码片波形可以表示为

$$G_{\text{pilot}}(f)=\frac{29}{33}G_{\text{BOC}(1,1)}(f)+\frac{4}{33}G_{\text{BOC}(6,1)}(f) \tag{7-52}$$

数据信道及 L1C 信号 MBOC 调制表示为

$$G_{\text{data}}(f)=G_{\text{BOC}(1,1)}(f) \tag{7-53}$$

$$G_{\text{MBOC}(6,1,1/11)}(f)=\frac{3}{4}G_{\text{pilot}}(f)+\frac{1}{4}G_{\text{data}}(f)=\frac{10}{11}G_{\text{BOC}(1,1)}(f)+\frac{1}{11}G_{\text{BOC}(6,1)}(f) \tag{7-54}$$

导频信号占用 75％功率，数据信号占用 25％功率，随着导频信号和数据信号分配的功率不同，TMBOC 调制时生成的系数也不同，从而调制过程中的符号分组也不相同。

7.6.3.2　CBOC 调制

CBOC 调制的 BOC(m，n) 与 BOC(n，n) 在所有时刻都同时出现，在赋以不同权重后直接通过幅度相加或者相减叠加在一起，二者权重的取值决定了最终的频谱中两个分量的功率比。一个 CBOC 调制的扩频码片波形可以表示为

$$p_{\text{CBOC}}(t)=\sqrt{1-\gamma}\,p_{\text{BOC}(n,n)}(t)\pm\sqrt{\gamma}\,p_{\text{BOC}(m,n)}(t) \tag{7-55}$$

式中，根据在叠加时 BOC（m，c）与 BOC（n，n）之间是相加还是相减，CBOC 调制又可以分为同相 CBOC 调制和反相 CBOC 调制。

Galileo 系统 E1 OS 信号的导频信号部分和数据信号部分的功率分配比是 50％和 50％，采用 CBOC 调制技术，由 BOC（1，1）和 BOC（6，1）两种调制信号通过对功率的加权和实现，如图 7 - 45 所示。通过这种加权和之后，时域上就不再是二电平信号，而是一个四电平的信号。

Galileo 系统的 E1 - L1 - E2 频段采用 CBOC（6，1，1/11）调制方式实现与 GPS 的互操作，实现的流程图如图 7 - 46 所示。

为了确保总的功率谱密度满足 MBOC 定义，在总的发射信号中，只有两种 CBOC 的

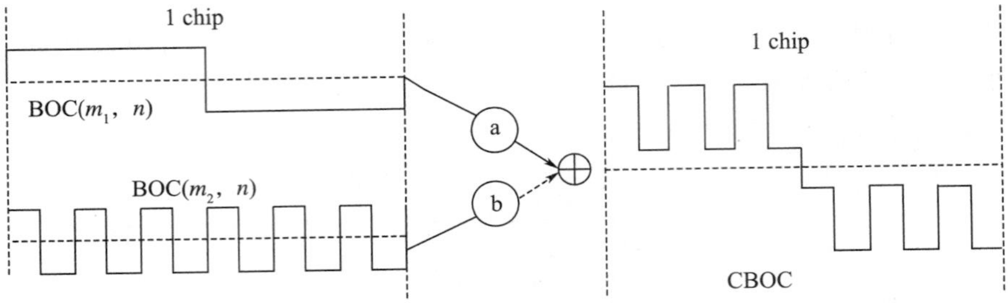

图 7-45　CBOC 方式生成 MBOC 信号

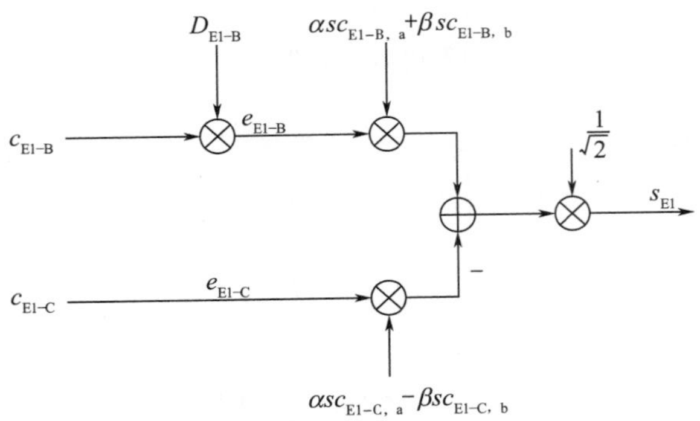

图 7-46　CBOC 调制的流程图

调制信号等功率成对出现，总的合成信号中，互相关项才能取消。在导航信号的时域实现设计中，为了在卫星上多种信号复用后使用同一个载波以恒包络形式播发，还要求信号能够与同频点其他信号以恒包络形式复用。

卫星导航系统中，导航信号测距精度和跟踪的稳健性是系统设计的关键。因此，应当尽量为导频通道分配更多的功率，但无论是频谱的约束还是复用的限制，CBOC 调制技术无法实现这个要求。此外，与 BPSK-R、BOC、TMBOC 调制不同，CBOC 调制的信号的时域波形不是二值的，存在多个幅度，使得卫星实现和接收机接收的复杂度增加。

7.6.3.3　QMBOC 调制

QMBOC 调制中，将 BOC(m，n) 与 BOC(n，n) 分别调制在载波的两个正交的相位上，QMBOC 调制的扩频码片波形可以表示为

$$p_{\mathrm{QMBOC}}(t)=\sqrt{1-\gamma}\,p_{\mathrm{BOC}(n,n)}(t)\pm \mathrm{j}\sqrt{\gamma}\,p_{\mathrm{BOC}(m,n)}(t) \tag{7-56}$$

式（7-56）中，根据所取正负号的不同，所对应的 QMBOC 信号分别称为正相 QMBOC 调制和反相 QMBOC 调制。QMBOC 信号的自相关函数为

$$R_{\mathrm{QMBOC}}(\tau)=(1-\gamma)R_{\mathrm{BOC}(n,n)}(\tau)\pm\gamma R_{\mathrm{BOC}(m,n)}(\tau) \tag{7-57}$$

由于 BOC(m，n) 与 BOC(n，n) 分别调制在载波的两个正交的相位上，如图 7-47 所示，因此 QMBOC 信号的自相关函数中并未出现 CBOC 信号自相关函数中类似的互相关项。在使用 QMBOC 调制的信号中，当导航信号同时存在数据和导频通道时，这两个信

道可以根据需要分配不同的功率，而且各信道的QMBOC调制中的正相分量和反相分量的功率比值也可以不同，只要总功率满足式（7-50）的约定即可。

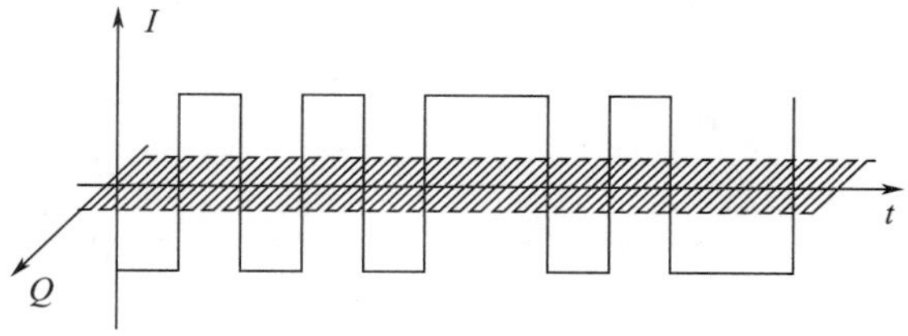

图7-47　QMBOC方式生成MBOC信号

QMBOC信号的功率谱密度和自相关函数均与TMBOC信号相同，QMBOC信号在匹配接收条件下具有与TMBOC信号相同的性能，但接收机本地省去了时分复用的切换电路。与CBOC信号的匹配接收相比，QMBOC信号所需要的I&D滤波器数量是前者的一半。

7.6.4　AltBOC调制

交替二进制偏移载波调制（Alternative BOC，AltBOC）与BPSK-R调制、BOC调制、MBOC调制概念不同，尽管习惯上将其称为一种扩频调制，严格意义上是一种多信号分量的复用技术。AltBOC信号调制的方法和过程类似于BOC信号调制，也是通过使用副载波对扩频后的基带信号的频谱位置和形状进行调整，但AltBOC调制信号频谱的上边带和下边带对应着不同的信号成分。两分量AltBOC信号上下边带分别搭载一个信号成分，四分量AltBOC信号则可以在每个边带搭载两个信号成分，从而实现4个不同的基带信号分量在两个频点的联合复用。

类似BOC信号调制的表示方法，一个副载波 $f_s = m \times 1.023$ MHz，扩频码速率 $f_c = n \times 1.023$ MHz的AltBOC信号可以表示成AltBOC(m，n)。AltBOC使用的副载波取值是复数，从而允许它的某一分量的功率谱密度并不像BOC信号那样分裂到中心频率两侧，而是移到了其中的一边。即边带选择BOC调制，采用复数的方波副载波对基带信号进行调制，时域表达式为

$$s_s(t) = s(t) * \text{sign}[\cos(2\pi f_{sc} t)] + \text{j}s(t) * \text{sign}[\sin(2\pi f_{sc} t)] \tag{7-58}$$

采用变换的方法得到AltBOC的功率谱密度，是将BPSK调制信号的频谱搬移到了离中心频率为副载波的上边带，频域表达式为（用符号函数作用的二值副载波，包含其他频率分量，纯余弦信号副载波才等价于PSD搬移）

$$S_s(f) = aS(f) \otimes \delta(f - f_{sc}) \tag{7-59}$$

在目前的应用中，并不直接将AltBOC调制作为单路信号的调制方式，而是将其作为多路信号复用的调制方式，例如在Galileo系统E5频段采用的AltBOC（15，10）调制方式将4路BPSK（10）信号的频谱搬移到远离中心频带的地方，信号格式如表7-4所示，生成框图如图7-48所示。

表 7-4　Galileo E5 段信号格式

信号	调制方式	数据	中心频率
E5aI	BPSK(10)	有数据	1 176.45 MHz
E5aQ	BPSK(10)	无数据	
E5bI	BPSK(10)	有数据	1 207.14 MHz
E5bQ	BPSK(10)	无数据	

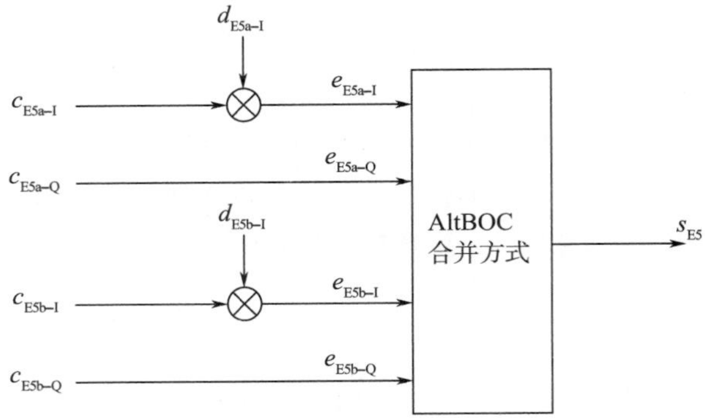

图 7-48　Galileo 系统的 E5 段信号生成

其中，$c_{\mathrm{E5a-I}}$ 表示 E5a 频段 I 路的扩频码，$d_{\mathrm{E5a-I}}$ 表示 E5a 频段 I 路的导航信息，$c_{\mathrm{E5a-Q}}$ 表示 E5a 频段 Q 路的扩频码，$c_{\mathrm{E5b-I}}$ 表示 E5b 频段上的 I 路的扩频码，$c_{\mathrm{E5b-Q}}$ 表示 E5b 频段上的 Q 路的扩频码，$d_{\mathrm{E5b-I}}$ 表示 E5b 频段 I 路的导航信息。

$$e_{\mathrm{E5a-I}}(t)=\sum_{i=-\infty}^{\infty}\left[c_{\mathrm{E5a-I},|i|_{L_{\mathrm{E5a-I}}}}d_{\mathrm{E5a-I},|i|_{D_{c_{\mathrm{E5a-I}}}}}rect_{T_{c,\mathrm{E5a-I}}}(t-iT_{c,\mathrm{E5a-I}})\right]$$

$$e_{\mathrm{E5a-Q}}(t)=\sum_{i=-\infty}^{\infty}\left[c_{\mathrm{E5a-Q},|i|_{L_{\mathrm{E5a-Q}}}}rect_{T_{c,\mathrm{E5a-Q}}}(t-iT_{c,\mathrm{E5a-Q}})\right]$$

$$e_{\mathrm{E5b-I}}(t)=\sum_{i=-\infty}^{\infty}\left[c_{\mathrm{E5b-I},|i|_{L_{\mathrm{E5b-I}}}}d_{\mathrm{E5b-I},|i|_{D_{c_{\mathrm{E5b-I}}}}}rect_{T_{c,\mathrm{E5b-I}}}(t-iT_{c,\mathrm{E5b-I}})\right]$$

$$e_{\mathrm{E5b-Q}}(t)=\sum_{i=-\infty}^{\infty}\left[c_{\mathrm{E5b-Q},|i|_{L_{\mathrm{E5b-Q}}}}rect_{T_{c,\mathrm{E5b-Q}}}(t-iT_{c,\mathrm{E5b-Q}})\right]\tag{7-60}$$

为了保证信号的恒包络特性，在信号的调制中还加入了四项互调分量，生成式（7-61）所表示的时域信号

$$\begin{aligned}s_{\mathrm{E5}}(t)=&\frac{1}{2\sqrt{2}}(e_{\mathrm{E5a-I}}(t)+\mathrm{j}e_{\mathrm{E5a-Q}}(t))[sc_{\mathrm{E5-S}}(t)-\mathrm{j}sc_{\mathrm{E5-S}}(t-T_{s,\mathrm{E5}}/4)]+\\&\frac{1}{2\sqrt{2}}(e_{\mathrm{E5b-I}}(t)+\mathrm{j}e_{\mathrm{E5b-Q}}(t))[sc_{\mathrm{E5-S}}(t)+\mathrm{j}sc_{\mathrm{E5-S}}(t-T_{s,\mathrm{E5}}/4)]+\\&\frac{1}{2\sqrt{2}}(\bar{e}_{\mathrm{E5a-I}}(t)+\mathrm{j}\bar{e}_{\mathrm{E5a-Q}}(t))[sc_{\mathrm{E5-P}}(t)-\mathrm{j}sc_{\mathrm{E5-P}}(t-T_{s,\mathrm{E5}}/4)]+\\&\frac{1}{2\sqrt{2}}(\bar{e}_{\mathrm{E5b-I}}(t)+\mathrm{j}\bar{e}_{\mathrm{E5b-Q}}(t))[sc_{\mathrm{E5-P}}(t)+\mathrm{j}sc_{\mathrm{E5-P}}(t-T_{s,\mathrm{E5}}/4)]\end{aligned}\tag{7-61}$$

其中

$$\bar{e}_{E5a-I}=e_{E5b-I}e_{E5b-Q}e_{E5a-Q},\quad \bar{e}_{E5b-I}=e_{E5a-I}e_{E5b-Q}e_{E5a-Q}$$

$$\bar{e}_{E5a-Q}=e_{E5a-I}e_{E5b-Q}e_{E5b-I},\quad \bar{e}_{E5b-Q}=e_{E5a-I}e_{E5a-Q}e_{E5b-I}$$

为互调分量，以保证调制信号的恒包络特性。在调制中采用了 4 电平的复数副载波进行调制，调制的副载波为 $sc_{E5-S}(t)$ 和 $sc_{E5-P}(t)$，其中 $sc_{E5-S}(t)$ 是基带信号的复数副载波，$sc_{E5-P}(t)$ 是互调分量的复数副载波，两种副载波的表达式为

$$sc_{E5-S}(t)=\sum_{i=-\infty}^{\infty}AS_{|i|_8}\text{rect}_{T_{s,E5}/8}(t-iT_{s,E5}/8)$$

$$sc_{E5-P}(t)=\sum_{i=-\infty}^{\infty}AP_{|i|_8}\text{rect}_{T_{s,E5}/8}(t-iT_{s,E5}/8) \tag{7-62}$$

其中，AS_i 和 AP_i 可由表 7 - 5 查出，一个周期内的副载波如图 7 - 49 所示。

表 7 - 5　副载波相位和值对照表

i	0	1	2	3	4	5	6	7
$2AS_i$	$\sqrt{2}+1$	1	-1	$-\sqrt{2}-1$	$-\sqrt{2}-1$	-1	1	$\sqrt{2}+1$
$2AP_i$	$-\sqrt{2}+1$	1	-1	$\sqrt{2}-1$	$\sqrt{2}-1$	-1	1	$-\sqrt{2}+1$

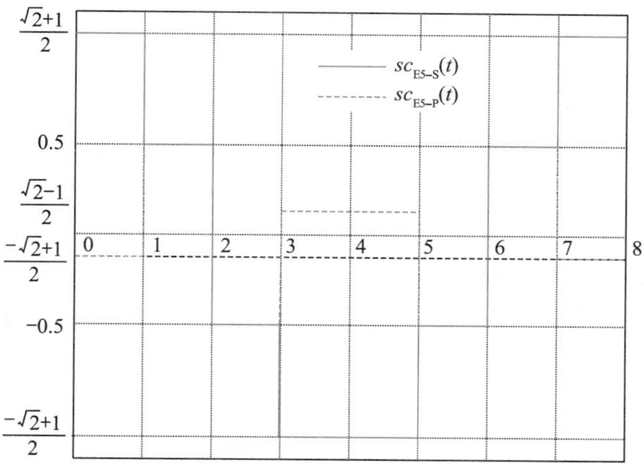

图 7 - 49　AltBOC 调制单周期内的副载波

7.6.5　调制技术发展

GPS 现代化计划提出 BOC 调制技术高效利用 L 频段有限带宽。目前的导航信号新型调制方式主要是 BOC 及其衍生信号，包括 MBOC 调制和 AltBOC 调制等。相对于传统的 BPSK/QPSK 信号，BOC 及其衍生信号优势明显。BOC 信号可以在使用同一载波频点的条件下灵活地分布信号频谱，减少系统之间的相互干扰，实现导航系统间的互操作性和兼容性；同时 BOC 信号具有更高的跟踪精度和抗多径能力，使得定位精度大幅提高。BPSK

调制、BOC 调制、MBOC 调制和 AltBOC 调制方式各有不同，其生成方式、功率谱密度和自相关函数各有特点，比较如表 7-6 所示。

表 7-6　各种调制方式比较

<table>
<tr><th colspan="2">调制方式</th><th>调制特点</th><th>功率谱密度</th><th>自相关函数</th><th>性能</th></tr>
<tr><td colspan="2">BPSK 调制</td><td>与扩频码的速率有关</td><td>功率谱主瓣在中心频点，主要能量集中在中心主瓣上</td><td>只有一个相关峰值</td><td>捕获跟踪比较容易，但是不利于系统频段的重复利用</td></tr>
<tr><td colspan="2">BOC 调制</td><td>与副载波频率、码速率以及副载波的相位有关</td><td>将频谱分开，主要能量分散到两个边带上</td><td>有多个相关峰值，峰值的个数和高低取决于调制系数</td><td>捕获跟踪较复杂，可以使频段兼容使用，好的跟踪精度，抗多径能力强</td></tr>
<tr><td rowspan="2">MBOC 调制</td><td>TMBOC 生成方式</td><td>BOC（n，1）和 BOC(1,1)的时分混合调制</td><td rowspan="2">主要能量在 BOC(1,1)信号上，离中心频点 n × 1.023 MHz 处有能量的叠加，高频分量丰富</td><td rowspan="2">自相关函数类似于 BOC(1,1)调制信号的自相关函数，主峰窄</td><td rowspan="2">码跟踪精度和抗多径干扰性能优于 BOC(1,1)调制信号，可以实现几个系统的互操作</td></tr>
<tr><td>CBOC 生成方式</td><td>采用幅度加权系数将两种调制方式混合</td></tr>
<tr><td colspan="2">AltBOC 调制</td><td>将多个不在同一频段的 BPSK 调制信号合并，可以采用相应相位的 8PSK 调制等效</td><td>将频谱分开，主要能量分散到两个边带上</td><td>有多个相关峰值，峰值的个数和高低取决于调制系数</td><td>接收端可采用宽带接收机接收多个频段的信号，也可以选择接收某一频段的信号，不影响信号的性能</td></tr>
</table>

因此，新一代的卫星导航信号都采用了 BOC 调制方案，如 GPS L1C 频段采用 BOC（1，1）+TMBOC（6，1，4/33）的调制方式，Galileo 系统 E1 频段采用 CBOC（6，1，1/11）+BOCc（15，2.5）的调制方式，E5 频段采用 AltBOC（15，10）的调制方式。目前，导航系统的信号体制从传统的 BPSK/QPSK 调制方式逐渐向 BOC 及其衍生调制方式转变，成为未来的一种发展趋势。为了更好地说明调制方式设计的原则，下面从理论上分析它对码跟踪精度和兼容性的影响。

（1）码跟踪精度

根据码跟踪理论，码跟踪误差下界与信号自相关函数在 0 点处的二阶导数直接关联。在这种理论的基础上，在高斯白噪声信道下最佳接收机的闭环码噪声方差可以表示为

$$\sigma_R^2 = \frac{B_L}{C/N_0}\frac{1}{|R''(0)|} \tag{7-63}$$

其中

$$|R''(0)| = (2\pi)^2 \int_{-BW/2}^{BW/2} f^2 |G(f)| \mathrm{d}f = \Delta\bar{\omega}^2 \tag{7-64}$$

式中　σ_R ——伪距测量的均方根误差；

C/N_0——载噪比；

B_L ——环路单边带宽；

BW——信号的发射带宽；

$G(f)$ ——信号的归一化功率谱密度；

$\Delta\bar{\omega}^2$——所谓的 Gabor 带宽。

可见，要获得更高的跟踪精度，必须提高 Gabor 带宽，而 Gabor 带宽实际是功率谱的加权平均，其权值与频率平方成正比（注意，这里的频率是对基带信号而言，对于射频信号为相对载波频率的偏移量）。因此，提高码跟踪精度的方法就是占据高频端（远离载波中心频率的方向）。BOC 调制及后续的信号波形均在不同程度上增加了频谱的高频成分，从而产生更高的跟踪精度。

（2）兼容性

兼容性评估的两个重要参数——谱分离系数 SSC 和码跟踪谱灵敏度系数 CT - SSC，其中谱分离系数 SSC 反映了干扰信号对目标信号即时相关器输出的 SNIR 的影响，直接对应着对目标信号接收机信号捕获、载波跟踪和数据解调的性能影响。码跟踪谱灵敏度系数 CT - SSC 则可以用来评价在特定码跟踪环鉴别器下干扰信号对目标信号码跟踪性能的影响。谱分离系数的计算方式为

$$\kappa_{s,i} = \frac{\int_{-\beta_r/2}^{\beta_r/2} G_s(f) \cdot G_i(f) \mathrm{d}f}{\int_{-\beta_r/2}^{\beta_r/2} G_s(f) \mathrm{d}f} \tag{7-65}$$

式中　β_r ——接收机前端带宽；

$G_s(f)$ ——期望信号的归一化功率谱密度；

$G_i(f)$ ——干扰信号的归一化功率谱密度。

注意，$G_s(f)$ 和 $G_i(f)$ 均在各自发射带宽内归一化。

码跟踪谱灵敏度系数计算式为

$$\eta_{s,i} = \frac{\int_{-\beta_r/2}^{\beta_r/2} G_s(f) \cdot G_i(f) \cdot \sin(\Delta\pi f)^2 \mathrm{d}f}{\int_{-\beta_r/2}^{\beta_r/2} G_s(f) \cdot \sin(\Delta\pi f)^2 \mathrm{d}f} \tag{7-66}$$

式中　Δ ——超前—滞后相关器间隔，单位为 s。

分析极限情况 $\Delta \to 0$ 下的性能，可得

$$\eta_{s,i} = \frac{\int_{-\beta_r/2}^{\beta_r/2} G_s(f) \cdot G_i(f) \cdot f^2 \mathrm{d}f}{\int_{-\beta_r/2}^{\beta_r/2} G_s(f) \cdot f^2 \mathrm{d}f} \tag{7-67}$$

对于特定的期望信号及带宽，式中分母部分为常数，分子部分也被称为码跟踪谱分离系数，它与谱分离系数的形式类似，但是多了一个频率平方的加权项，可见高频端的干扰对于码跟踪的影响效果更加明显。

从定性的角度看，如果两个导航信号之间的谱峰相互重叠，那么它们之间的谱分离系数和码跟踪谱灵敏度系数就越大，相互之间的干扰就越强。采用合适的脉冲赋形，使得不同导航信号之间的谱峰相互分离，特别是一个信号的谱峰在其他信号的零点处时，可以达到改善兼容性的目的。这一设计思想在 L1 频段得到了最佳体现，在 GPS L1 频点的 C/A、P（Y）、L1M 信号提供服务的同时，设计 GPS L1C、Galileo E1 OS 和 Galileo E1 PRS 信号就不得不考虑兼容性问题。Galileo L1 PRS 的 BOCs（15，2.5）的谱峰在 15 MHz 左右，刚好处于 GPS L1M 功率谱的外侧第一个过零点。Galileo L1 PRS 的最初设计为 BOCs（14，2），其功率谱主峰位于 14 MHz 附近，与 GPS L1M 的重叠相对较严重一些，正弦相位的 BOCs（15，2.5）则解决了该问题，如图 7－50 所示。Galileo E1 PRS 最终采用的余弦相位 BOCc（15，2.5）的谱峰位置更偏向于外侧，谱峰内侧的能量相对更小一些，与 GPS L1M 的频谱分离度更好。

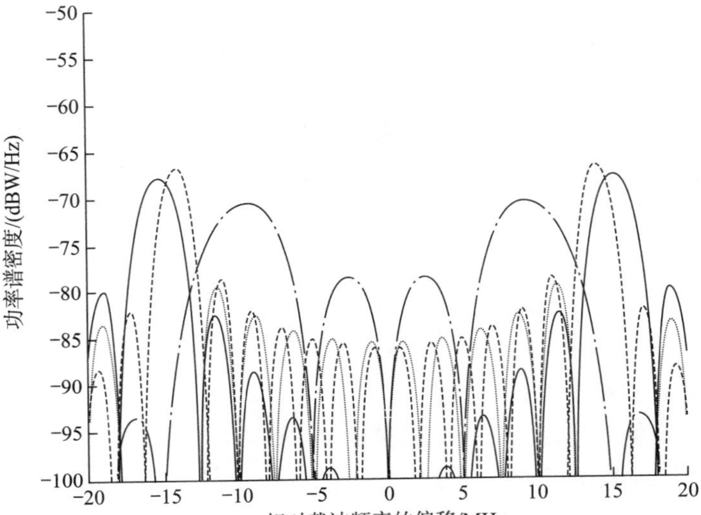

图 7－50　GPS 系统 L1M 与 Galieo 系统 E1 PRS 信号的功率谱

再看 GPS L1C 和 Galileo E1 OS 的信号设计方案，出于两个相同互操作性的要求，GPS L1C 和 Galileo E1 OS 采用了功率谱相同的信号波形。在确定为 MBOC（6，1，1/11）信号扩频调制方案之前，曾经出现的选项包括 MBOC（4，1，1/11）和 MBOC（5，1，1/11），这两个选项的功率谱密度如图 7－51 所示。从图中可以看到，由于这些选项都具有 10/11 的 BOC（1，1）分量，其功率谱的主要谱峰位于 1 MHz 附近，不同的附加成分使得 MBOC（4，1，1/11）、MBOC（5，1，1/11）和 MBOC（6，1，1/11）分别在 4 MHz、5 MHz 和 6 MHz 附近增加了新的高频分量。由 Gabor 带宽可知，这些高频分量的引入必然会提高跟踪精度。如果仅从兼容性方面考虑，选择 MBOC（5，1，1/11）是最佳的，因为 BOC（1，1）分量的谱峰位于 GPS L1C/A 的零点处，而附加的 BOC（5，

1）分量的谱峰位于 GPS LlM 的零点处。然而，三者之间，MBOC（6，1，1/11）的跟踪精度最好，综合两方面的权衡，GPS 和 Galileo 最终将 MBOC（6，1，1/11）定为 L1C 和 E1 OS 的信号调制方案。

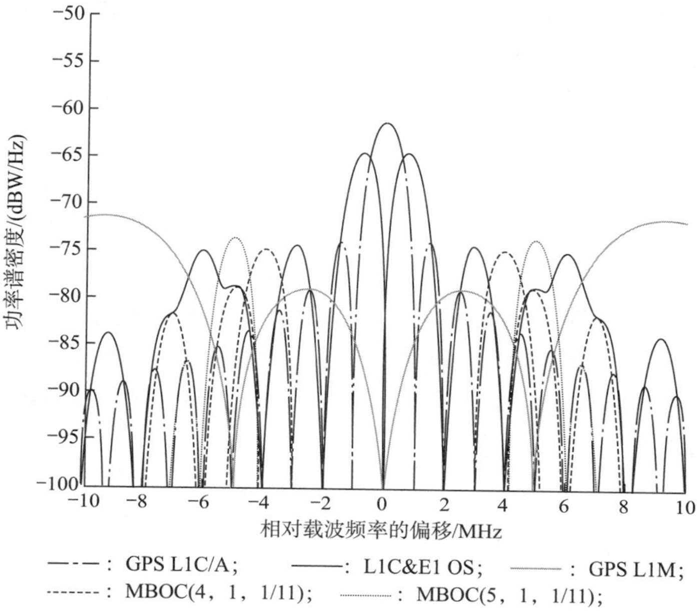

图 7-51　GPS 系统 L1C 与 Galileo 系统 L1OS 选项的功率谱

或许难以理解的是 Galileo E1 PRS 的优先级比民用信号更高，但是为什么 GPS L1M 可以接受来自 GPS L1C 和 Galileo E1 OS 的干扰，而强烈要求 Galileo L1 PRS 改变最初的设计方案？分析下来可能有三方面的原因：第一，尽管 MBOC（6，1，1/11）在 6 MHz 附近会存在附加的谱峰，但其幅度比主峰小 10 dB，对 GPS L1M 影响很小；第二，该附加谱峰的位置处于 GPS L1M 功率谱主峰的内侧，由码跟踪谱灵敏度的分析可知，低频端的干扰信号远不如高频端的干扰信号对码跟踪精度的影响大，这也是导致 E1 OS 比 Galileo E1 PRS 更容易接受的重要原因；第三，出于安全方面的考虑，两个系统的军用信号对隔离度的要求更高。越靠近 GPS L1M 的谱峰，受到的干扰越强，并且 GPS L1M 谱峰相对于 L1 OS 信号来说处于外侧，对 L1 OS 码跟踪精度的影响很大，它会削弱甚至抵消 Gabor 带宽增加带来的有利影响。

除了跟踪精度和兼容性以外，BOC、MBOC 调制在多径误差方面的性能也是它在 GPS 和 Galileo 信号中普遍采用的原因。与热噪声引起的跟踪误差不同，多径误差属于系统误差，不能通过滤波来消除，即使在最佳情况下，多径误差也只能部分滤除（取决于衰落带宽）。它严重依赖于接收机天线周围的环境，在空间上的相关性很小，因此也无法进行差分校正。

AltBOC 最大特点在于它的灵活性。它的上下两个边带可以承载不同的业务，并且它们既可以独立接收获得相当于 BPSK 的性能，也可以联合接收两个边带组成的大带宽信号，从而达到最佳的跟踪精度和抗多径能力。因此，它能够同时满足低端用户和高端用户的需求。

从 BOC 进化而来的另一个分支 BCS、CBCS 为信号设计带来更大的灵活性，设计者可以利用这些信号波形更灵活地控制发射信号的功率谱，从而优化信号的性能。但是，对这类信号的跟踪存在固定偏差，尽管这一问题已被 Anthony RPratt 等人解决，出于复杂度方面的考虑，GPS L1C 和 Gaileo L1 OS 最终放弃了 CBCS 而采用 MBOC。即便如此，它们的设计思想将会对今后的信号设计产生重要影响。

MBOC 只是在频域上进行定义，在时域上的表示方式并不唯一，根据实现方式的不同又分为 CBOC 和 TMBOC。CBOC 由不同的 BOC 波形直接组合（相加或相减）产生，而 TMBOC 则通过在不同位置的码片采用不同的 BOC 波形来实现。尽管这两种方式产生的 MBOC 的功率谱在通常情况下用不同 BOC 成分的功率谱叠加来表示，事实上相加方式产生的 CBOC、相减方式产生的 CBOC 以及不同位置分布的 TMBOC 之间的功率谱都有细微的差别。现阶段的结果是 GPS L1C 采用的是 TMBOC 实现方式，而 Galileo LI OS 采用的是 CBOC 调制实现方式。

7.7　导航信号复用

卫星导航系统常常需要从一个载波频率上广播多个导航信号，这就需要共享一个发射通道而不会使广播的信号相互干扰。

当一个发射机用来在一个载波上广播多个信号时，将这些信号组合成一个恒包络的复合信号是比较理想的。最简单的恒包络复用就是将两个 DSSS 通过正交相移键控（Quadrature Phase Shift Keying，QPSK）信号调制技术组合到一起，使用相互正交的 RF 载波（其相位差为 90°）产生两个信号并简单加在一起，QPSK 信号的两个分量分别称为同相分量和正交分量。一个典型的例子是 GPS L1 频点采用 QPSK 技术合成播发，C/A 码信号与 P（Y）码信号相位正交。

如果希望使用同一载波传输两路以上的 DSSS，则需要使用更为复杂的复用技术。复用多于两个的二进制信号同时又保持恒包络的其他复用技术包括互复用类方法、多数表决类方法、相位优化类方法，以及几种恒包络复用技术的级联。一种恒包络复用方案对应着一张相位映射表，需要在给定各信号分量的功率和相位约束的条件下构造这张相位映射表。

另一方面，导航信号从轨道空间播发到地面过程中路径损耗十分严重，在卫星信号放大功率能力有限的情况下，为了保证地面用户能够接收有效的信号电平，导航卫星也必须将多个信号在一个载波信号上复用合成，并公用一条射频链路将导航信号播发给地面用户。导航卫星有效载荷的信号放大器一般使用行波管放大器（Travelling Wave Tube Amplifier，TWTA）和固态功率放大器（Solid State Power Amplifier，SSPA），将导航信号放大后由赋球天线播发给地面用户，上述功率放大器对信号的放大过程会在发射信号中引入非线性转换，TWTA 等功率放大器的输入输出过程一般是一个非线性无记忆模型，可以用幅度/幅度（Amplitude to Amplitude，AM/AM）和幅度/相位（Amplitude to Phase，AM/PM）两个非线性无记忆函数表征，两者都是输入信号幅度信息的函数。对于恒包络调制信号而言，导航信号经过非线性放大器放大过程，可以等效为通过一个固定幅度增益和固定相位偏移的系统，此时信号接收的性能几乎不受非线性放大器的影响。因此，在使用 TWTA 等功率放大器时，输入信号应尽可能地为包络恒定的导航信号。

ITU 将 L 波段（频率范围 1 559～1 610 MHz）分配给 RNSS/ARNS 导航服务，全球卫星导航系统享受一级服务。目前卫星导航系统频谱十分拥挤，例如，中心频点在 1 575.42 MHz的导航信号有 GPS L1C/A、L1C、L1P（Y）、L1M 信号，还有 Galileo 系统 E1 OS 和 E1 PRS 信号，L1 频段 GPS 和 Galileo 信号功率谱如图 7－52 所示。

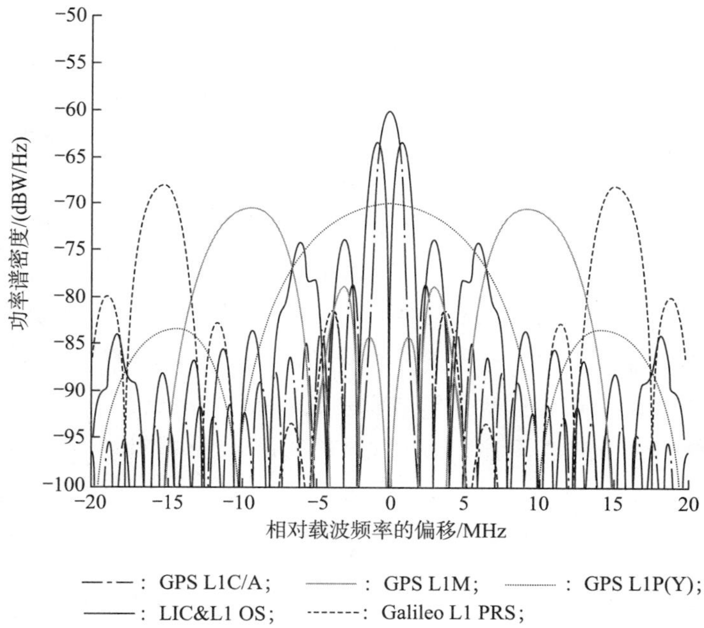

图 7－52　L1 频段 GPS 和 Galileo 信号功率谱

为了实现各系统之间频率兼容性和互操作性要求，减轻系统内不同信号之间的干扰，各大卫星导航系统在导航信号设计时采用了较为灵活的 BOC 调制方式，也要求输入信号应尽可能地为包络恒定的导航信号。随着同一系统在同一频段内播发的导航信号数量的增加，在保证信号质量的前提下，导航卫星有效载荷实现的复杂性问题也随之而来。

7.7.1　基本概念

导航卫星有效载荷播发的导航信号可以表示为

$$
\begin{aligned}
s_{RF}(t) &= \mathrm{Re}\{\sqrt{2P}\,s(t)\exp[\mathrm{j}(\omega_c t+\varphi)]\} \\
&= I(t)\cos(\omega_c t+\varphi) - Q(t)\sin(\omega_c t+\varphi)
\end{aligned}
\tag{7-68}
$$

其中

$$s(t)=I(t)+\mathrm{j}Q(t)$$

式中 $s(t)$ ——复基带信号；

$I(t)$ ——复基带信号的实部，被调制在发射信号的同相分量上；

$Q(t)$ ——复基带信号的虚部，被调制在发射信号的正交分量上；

P ——信号发射功率；

ω_c ——载波的角频率；

φ ——载波的初始相位。

对于复基带信号 $s(t)$ ，除了将其写成式（7－68）所示的实部与虚部形式外，还可以写成模与角的形式

$$s(t)=A(t)\mathrm{e}^{\mathrm{j}\varphi(t)}$$

$$A(t)=|s(t)|=\sqrt{I^2(t)+Q^2(t)},\varphi(t)=\arg\{s(t)\}=\mathrm{atan}\,2(Q(t),I(t)) \tag{7-69}$$

式中 $A(t)$ ，$\varphi(t)$ ——分别称为复基带信号 $s(t)$ 的幅度包络和瞬时相位。

当基带信号的实部和虚部分别取不同值的时候，信号可以映射到复平面的不同点，这个复平面上映射的结果称为星座图。如果信号的包络是一个不随时间变化的恒定量，即

$$|s(t)|=\sqrt{I^2(t)+Q^2(t)}\equiv A \tag{7-70}$$

则称该复基带信号为恒包络信号。卫星导航系统在同一频点通过信号复用技术可以将多路信号复用至一条射频链路播发，以提供多样性服务。出于对不同信号服务性能指标以及信号之间彼此干扰程度的考虑，这些基带信号相互之间的功率比、相对相位关系可能并不相同，可以在保持一个预设的功率比和相位关系的前提下将这些基带信号合并到一起。N 路直接叠加的复合基带信号可以表示为

$$s(t)=\sum_{i=1}^{N}\sqrt{P_i}\,\mathrm{e}^{\mathrm{j}\varphi_i}s_i(t) \tag{7-71}$$

其中

$$s_i(t)=\sum_{k=0}^{+\infty}\tilde{c}_i[k]p_i(t-kT_c^i) \tag{7-72}$$

式中 P_i ，φ_i ——分别表示第 i 路基带信号 $s_i(t)$ 的发射功率和发射相位。

式（7－72）中，如果 $s_i(t)$ 代表的是一路导频信道的信号，则 $\tilde{c}_i[k]=(-1)^{c_k}$ 表示第 i 路基带信号的扩频码，$c_i\in\{-1,+1\}$ ，T_c^i 表示第 i 路基带信号的扩频码码片的宽度。如果 $s_i(t)$ 代表的是一路数据信道的信号，则 $\tilde{c}_i[k]=(-1)^{c_k}d_i$ ，d_i 表示调制于扩频码之上的数据信息。因为 c_i 和 d_i 的幅度都只取±1，所以无论 $s_i(t)$ 是导频信道的信号还是数据信道的信号，都有 $\tilde{c}_i\in\{-1,+1\}$ 。$p_i(t)$ 表示第 i 路基带信号 $s_i(t)$ 的扩频码片波形，其形式限定为

$$p_i(t)=\sum_{q=-\infty}^{M_i-1}m_i[q]\psi_i(t-qT_s^i) \tag{7-73}$$

其中

$$T_s^i=\frac{T_c^i}{M_i}$$

式中　T_s^i ——子码片宽度；

m_i ——第 i 路基带信号的扩频码码片符号取值，这里沿用阶状码（step shape code system，SCS）信号波形的描述方式，用形状矢量 $\boldsymbol{m}_i=(m_i[0], m_i[1], \cdots, m_i[M_i-1])$ 来表征波形形状；

ψ_i ——子码片的形状。

对于 SCS 调制

$$\psi_i(t)=\begin{cases}\dfrac{1}{\sqrt{T_c}},0\leqslant t\leqslant T\\0,\text{其他}\end{cases} \tag{7-74}$$

因此，第 i 路基带信号 $s_i(t)$ 可以写成

$$s_i(t)=\sum_{k=-\infty}^{+\infty}\sum_{q=0}^{M_i-1}\tilde{c}_i[k]m_i[q]\psi_i(t-kT_c^i-qT_s^i) \tag{7-75}$$

对于多路复用信号，各路信号子码片宽度 T_s^i 可能并不相同，可以选取所有信号的子码片速率的最小公倍数的倒数 T_s 作为所有信号公用的子码片长度，各 SCS 波形的形状矢量做相应的延拓即可。这样，在每一个时间间隔 $[kT_s, (k+1)T_s]$ 内，各个信号分量的取值均可以保持不变。定义一个新的变量 $m'_i=\tilde{c}_i\cdot m_i$，则式（7－75）可以改写为

$$s_i(t)=\sum_{k=-\infty}^{+\infty}m'_i[k]\psi_i(t-kT_s) \tag{7-76}$$

将式（7－76）代入式（7－71），相应的多路信号直接合成信号可以表示为

$$s(t)=\sum_{k=-\infty}^{+\infty}\left[\sum_{i=1}^{N}\sqrt{P_i}\,\mathrm{e}^{\mathrm{j}\varphi_i}m'_i[k]\right]\psi_i(t-kT_s) \tag{7-77}$$

在每一个时间间隔 $t_k\in[kT_s, (k+1)T_s]$ 内，合成信号的取值保持恒定，为

$$s(t_k)=\sum_{i=1}^{N}\sqrt{P_i}\,\mathrm{e}^{\mathrm{j}\varphi_i}m'_i[k] \tag{7-78}$$

对于恒包络的复用信号，信号的星座图分布在复平面的一个圆上，这个圆的半径就是发射信号的幅度，即恒包络复用后的基带信号可以写为

$$\tilde{s}(t)=\sum_{k=-\infty}^{+\infty}A\mathrm{e}^{\mathrm{j}\theta[k]}\psi_i(t-kT_s) \tag{7-79}$$

式中　$\theta[k]$ ——时间间隔 $t_k\in[kT_s, (k+1)T_s]$ 内恒定包络信号的相位角。

对 N 路独立的随机信号进行线性叠加并得到的复合基带信号，在 $N>2$ 时，并不是恒包络。为了实现复用信号的恒包络设计，需要在直接线性信号叠加的基础上引入额外的交调信号 $I_{IM}(t)$，$I_{IM}(t)$ 在每一最小码片间隔内的取值要由原有的 N 个信号所确定，其本身并不携带额外的信息。如果所有原来的信号都是 SCS 信号，则交调信号 $I_{IM}(t)$ 也是 SCS 信号，在时间间隔 $t_k\in[kT_s, (k+1)T_s]$ 内取值为

$$I_{IM}(t_k)=A\mathrm{e}^{\mathrm{j}\theta[k]}-\sum_{i=1}^{N}\sqrt{P_i}\,\mathrm{e}^{\mathrm{j}\varphi_i}m'_i[k] \tag{7-80}$$

我们可以设计恒包络复用的交调信号取值映射表来描述每种组合下对应的交调信号 $I_{IM}(t)$，对于用户接收机端，希望交调信号对原信号的影响尽可能小，且交调信号在总信号

中的比重尽可能小。交调信号不同的设计方案对有用信号的性能和功率效率的影响不同。

对于 N 路导航信号的恒包络复用方案，有基于相位映射表的生成方法、基于相位合成的生成方法、基于交调构造法的生成方法 3 种实现方案。不同的恒包络方案对应着不同的相位映射表，确定相位映射表的过程中需要考虑各路信号的功率配比和相对相位关系等约束条件。功率配比表征系统设计中每路服务信号的链路预算，相对相位关系表征不同信号之间相互隔离的程度。

复用效率是恒包络技术的重要考核指标，表征用户接收机所能获得的有用信号功率占复合信号总功率的比例。为了实现复用信号的恒包络设计，需要在直接线性信号叠加的基础上引入额外的交调信号，交调信号功率占复合信号总功率的百分比称为复用损失。卫星导航系统将信号恒包络设计复用效率定义为用户接收机 N 路有用信号的相关值平方和与合成信号的总功率之比。

7.7.2 QPSK 复用

两个双极性的 DSSS 信号可以通过正交相移键控复用在一起，形成一个恒包络的复用信号。将两个双极性基带 DSSS 信号分别记为

$$s_I(t)=\sqrt{P_I}g_I(t),\ s_Q(t)=\sqrt{P_Q}g_Q(t) \tag{7-81}$$

式中　P_I，P_Q ——分别是这两个信号的标称功率；

$g_I(t)$，$g_Q(t)$ ——分别是两个信号的扩频码。

则整个发射信号可以表示为

$$s_{RF}(t)=s_I(t)\cos(\omega_c t)-s_Q(t)\sin(\omega_c t)=\sqrt{P_I}g_I(t)\cos(\omega_c t)-\sqrt{P_Q}g_Q(t)\sin(\omega_c t) \tag{7-82}$$

由于 $g_I(t)$ 和 $g_Q(t)$ 均只有 $+1$ 和 -1 两种取值，很容易得到 QPSK 复用的相位映射表，如表 7-7 所示。无论两个信号分量的功率配比如何设置，合成后信号本身都具有恒包络属性，QPSK 复用的效率为 100%。

表 7-7　QPSK 复用的相位映射表

g_I	g_Q	Θ
-1	-1	$\pi+\arctan\sqrt{\dfrac{P_Q}{P_I}}$
-1	1	$\pi-\arctan\sqrt{\dfrac{P_Q}{P_I}}$
1	-1	$2\pi-\arctan\sqrt{\dfrac{P_Q}{P_I}}$
1	1	$\arctan\sqrt{\dfrac{P_Q}{P_I}}$

一个典型的例子是 GPS L1 频点上 C/A 码信号和 P（Y）码信号两路信号采用 QPSK 复用技术合成播发，C/A 码信号与 P（Y）码信号是相位正交的，且两者的幅度相差3 dB，

复合基带复包络信号可以表示为

$$s_{L1}(t)=As_{P(Y)}(t)+j\sqrt{2}As_{C/A}(t) \tag{7-83}$$

其幅度为 A ，是一个恒定值。在任意时刻，根据 C/A 码信号和 P（Y）码信号两者取值不同，复合基带复包络信号一共有 4 个可能的相角，复合基带复包络信号的星座点分布在一个圆上，如图 7－53 所示，这个圆的半径就是发射信号的幅度。

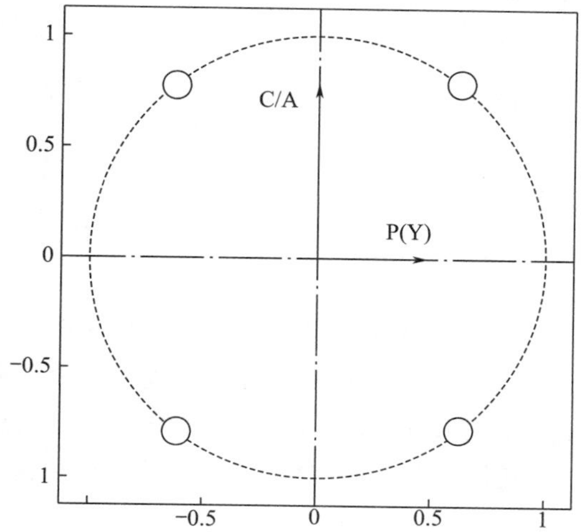

图 7－53　GPS L1 频点两路信号合成的星座图

如果希望使用同一载波传输两路以上的 DSSS 信号，则需要使用更为复杂的复用技术。如果直接在原有的 QPSK 信号上叠加无疑是一种最简单的办法，假设想要线性叠加的新基带双极性信号为 $s_N(t)=\sqrt{P_N}g_N(t)$ ，加载到已有的 QPSK 信号的同相支路的载波上，则叠加之后，复合信号的同相支路和正交支路为

$$s'_I(t)=\sqrt{P_I}g_I(t)+\sqrt{P_N}g_N(t)$$
$$s'_Q(t)=\sqrt{P_Q}g_Q(t) \tag{7-84}$$

此时，信号的包络为

$$A'(t)=\sqrt{P_T+2\sqrt{P_IP_N}g_I(t)g_N(t)} \tag{7-85}$$

其中

$$P_T=P_I+P_Q+P_N$$

可以看到，式（7－85）中除了一个恒定值 P_T 外，还存在一个时变分量 $2\sqrt{P_IP_N}g_I(t)g_N(t)$ ，它使得信号的包络不再是恒定值，此时信号的包络有两种幅度，也即星座点在星座上的两个不同的圆周上分布。这种非恒包络的信号会使发射机不能工作在全饱和模式下，会产生 AM/PM 和 AM/AM 畸变。

7.7.3　时分复用

时分（Time Division，TD）复用的方式，可以将多个双极性基带 DSSS 信号合并播发，但需要将原来的 DSSS 信号码片波形进行一定的调整。

以两个信号的情况为例，假设这两个信号都是 BPSK－R（n）信号，根据 DSSS 信号的定义，可以将这两个信号写为

$$s_1(t)=\sum_{n=-\infty}^{+\infty}(-1)^{c_n}p_{\text{BPSK-R}}(t-nT_c),\ s_2(t)=\sum_{n=-\infty}^{+\infty}(-1)^{e_n}p_{\text{BPSK-R}}(t-nT_c) \tag{7-86}$$

式中 $p_{\text{BPSK-R}}$ ——矩形脉冲码片；

$\{c_n\}$，$\{e_n\}$ ——分别是 $s_1(t)$ 和 $s_2(t)$ 的伪随机噪声序列，它们的周期不同。

TD 时分复用后的合成信号将原来的两个信号的码片长度缩短，并逐码片交叉在一起，形成一个新的双极性信号

$$s_{\text{TD}}(t)=s'_1(t)+s'_2(t)=\sum_{n=-\infty}^{+\infty}(-1)^{c_n}p_1(t-nT_c)+\sum_{n=-\infty}^{+\infty}(-1)^{e_n}p_2(t-nT_c) \tag{7-87}$$

式（7－87）中，$p_1(t)$ 和 $p_2(t)$ 是两个二阶 SCS 扩频波形，形状矢量分别为 $\boldsymbol{k}_1=[0,1]$、$\boldsymbol{k}_2=[1,0]$，即 TD 时分复用后的信号变成了一个码片长度只有原来一半的 BPSK－R（2n）信号，这个信号中的奇数码片时隙播发原 $s_1(t)$ 伪随机噪声序列信号，偶数码片时隙播发原 $s_2(t)$ 伪随机噪声序列信号，TD 时分复用过程如图 7－54 所示。

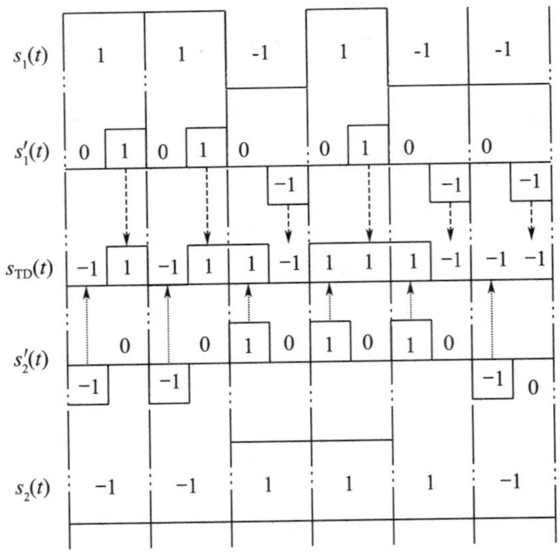

图 7－54　两路 BPSK 信号的时分复用

GPS L2C 以及 M 码信号采用 TD 时分复用技术对数据信道和导频信道信号进行合并，同其他恒包络复用技术相比，TD 时分恒包络复用技术从卫星发射机实现角度来说较为简单，但对于用户接收端来说存在三方面缺点：1）相关性能下降，在扩频信号时间周期长度相同条件下，TD 时分复用技术明显缩短了一个周期内所使用的伪随机噪声序列码的长度，在相同的相干积分长度下，更短的伪随机噪声序列码长度无疑会使码族内和码族间的互相关性显著恶化；2）前向和后向兼容能力差，用户接收机希望多路信号恒包络复用后，

合成信号对接收机来说是“透明的”，即接收机在处理合成信号时，完全可以认为待复用的信号分量是以原有形式独立播发的。例如，使用 QPSK 复用来合成（7 - 86）给出的两路信号，在接收端每个通道只需要生成相应的 BPSK 信号即可实现信号解扩。如果使用了 TD 时分恒包络复用技术，那么接收机的通道结构需要进行修改，相关器需要增加闸门开关切换装置，在奇数码片时隙积分处理第一路信号，在偶数码片时隙积分处理第二路信号。3）受扩频码互相关非理想性影响，参与复用的几个信号分量之间的扩频码互相关性不理想也会对 TD 时分恒包络复用信号的接收产生较大影响，降低导航信号测距精度。

7.7.4 ACE - BOC 调制/复用

非对称恒包络二进制偏移载波（Asymmetric Constant Envelope Binary Offset Carrier，ACE - BOC）调制/复用技术是一种双频恒包络联合复用（Dual - frequency Constant Envelop Multiplexing，DCEM）技术，其中两分量 AltBOC 技术将两个频点上的一对 BPSK - R 信号合并为一个 QPSK 复用信号，这两个 BPSK - R 信号要求幅度相等。四分量 AltBOC 技术将两个频点上的 4 路 BPSK - R 信号进行恒包络复用，其中每一频点上搭载两路信号，最终合成的信号具有一个 8 - PSK 的星座图。AltBOC 技术解决了 Galileo 系统 E5 频段上的两个子频段恒包络复用 E5a 和 E5b 信号的问题。但 AltBOC 复用信号的数量只能是 2 个或者 4 个，而且功率必须相等。

与 AltBOC 复用技术相比，ACE - BOC 复用技术同样可以实现两个频点上的信号分量复用，但灵活性要高得多，在每一个频点上的信号分量可以是 0 到 2 的任意整数，而且对各路信号分量的功率比没有要求。考虑双频四分量的恒包络复用，两个频带的中心频点分别为 f_L 和 f_U，$s_L(t)$ 和 $s_U(t)$ 都是 QPSK 信号，ACE - BOC 信号的基带复包络可以写为

$$s_{\mathrm{ACE}}(t)=\frac{\sqrt{2}}{2}\alpha_I(t)\gamma_I(t)+\mathrm{j}\frac{\sqrt{2}}{2}\alpha_Q(t)\gamma_Q(t) \tag{7-88}$$

式中，$\gamma_I(t)=\mathrm{sgn}[\sin(2\pi f_s t+\varphi_I)]$ 和 $\gamma_Q(t)=\mathrm{sgn}[\sin(2\pi f_s t+\varphi_Q)]$ 是它的实部和虚部的波形，在一个周期内均呈现方波的形式，而方波的幅度和相位分别为

$$\begin{cases}\alpha_I=-\sqrt{(s_{UI}+s_{LI})^2+(s_{UQ}-s_{LQ})^2}\\ \alpha_Q=\sqrt{(s_{UI}-s_{LI})^2+(s_{UQ}-s_{LQ})^2}\end{cases}\quad\begin{cases}\varphi_I=-\mathrm{atan}\,2(s_{UI}+s_{LI},s_{UQ}-s_{LQ})\\ \varphi_Q=\mathrm{atan}\,2(s_{UQ}+s_{LQ},s_{UI}-s_{LI})\end{cases} \tag{7-89}$$

都是参与复用的四个分量取值的函数，其中 atan 2(· ，·)是四象限反正切函数。ACE - BOC 信号的幅度为

$$A_{\mathrm{ACE}}=|s_{\mathrm{ACE}}(t)|=\sqrt{\sum\nolimits_i P_i} \tag{7-90}$$

是一个只与各分量标称功率之和有关的常数，在 ACE - BOC 信号中，功率配比不受限制，因此具有灵活的优化空间。

当两个频点的导频分量功率均为数据分量的功率的三倍时，ACE - BOC 的复基带信号可以用一个 12 - PSK 信号描述

$$s_{B2}(t)=\exp\left(\mathrm{j}\,\frac{\pi}{6}k(t)\right) \tag{7-91}$$

其中，$k(t)$ 属于 {1，2，3，4，5，6，7，8，9，10，11，12}，星座图及对应的状态点位置如图 7－55 所示。

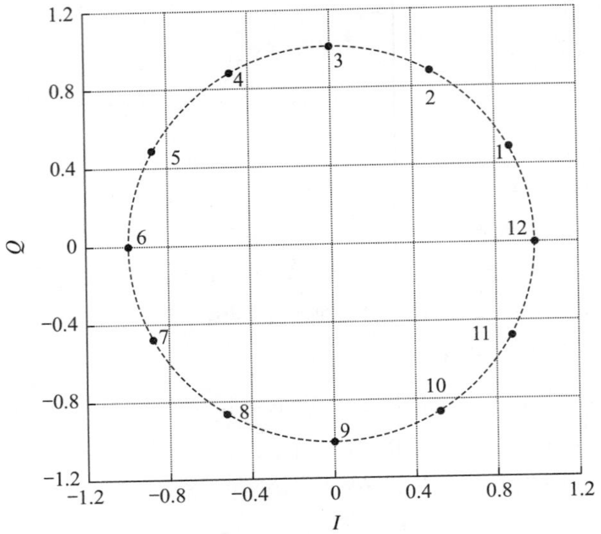

图 7－55　ACE－BOC 信号的 12－PSK 相位状态图

每一时刻 ACE－BOC 信号对应的相位点 k 是当时 eB2a－I、eB2a－Q、eB2b－I、eB2b－Q 的取值组合以及时间的函数。每一个子载波周期 $T_{s,\,B2}$ 被等间隔分为 12 个时隙。当前时刻 t 落到这 12 个时隙中的时隙号为

$$i_{T_s}=\left[\frac{12}{T_{s,B2}}(t\bmod T_{s,B2})\right] \tag{7-92}$$

根据此时 eB2a－I、eB2a－Q、eB2b－I、eB2b－Q 的取值组合以及时隙号，可以通过查表 7－8 得到当前基带信号 $s_{B2}(t)$ 应该输出的相位状态。

表 7－8　基带信号 $s_{B2}(t)$ 输出的相位状态表

e_{B2b-I}	1	1	1	1	1	1	1	1	−1	−1	−1	−1	−1	−1	−1	−1
e_{B2a-I}	1	1	1	1	−1	−1	−1	−1	1	1	1	1	−1	−1	−1	−1
e_{B2b-Q}	1	1	−1	−1	1	1	−1	−1	1	1	−1	−1	1	1	−1	−1
e_{B2a-Q}	1	−1	1	−1	1	−1	1	−1	1	−1	1	−1	1	−1	1	−1
i_{T_s}	k 值，对应输出信号 $s(t)=\exp\left(\mathrm{j}\,\frac{\pi}{6}k(t)\right)$ 的相位点															
0	2	12	12	10	3	5	1	9	3	7	11	9	4	6	6	8
1	2	6	12	10	3	5	1	9	3	7	11	9	4	6	12	8
2	2	6	12	10	3	5	1	3	9	7	11	9	4	6	12	8
3	8	6	12	4	3	5	1	3	9	7	11	9	10	6	12	2

续表

e_{B2b-I}	1	1	1	1	1	1	1	1	−1	−1	−1	−1	−1	−1	−1	−1
4	8	6	12	4	9	5	1	3	9	7	11	3	10	6	12	2
5	8	6	6	4	9	5	1	3	9	7	11	3	10	12	12	2
6	8	6	6	4	9	11	7	3	9	1	5	3	10	12	12	2
7	8	12	6	4	9	11	7	3	9	1	5	3	10	12	6	2
8	8	12	6	4	9	11	7	9	3	1	5	3	10	12	6	2
9	2	12	6	10	9	11	7	9	3	1	5	3	4	12	6	8
10	2	12	6	10	3	11	7	9	3	1	5	9	4	12	6	8
11	2	12	12	10	3	11	7	9	3	1	5	9	4	6	6	8

ACE－BOC 信号复用技术具有高度的灵活性，四分量 AltBOC 和二分量 AltBOC 复用是 ACE－BOC 信号复用技术的特例，每一种功率配比下的 ACE－BOC 信号都可以使用相位查找表形式实现，这一特性给星上信号在轨重构创造了条件。可以通过修改查找表的内容，在轨调整 ACE－BOC 各个信号分量的功率配比，从而实现某一个分量的增强播发，以及根据需要临时关闭某一个分量的功能，而不会影响整个信号的恒包络特性。

7.8　导航信号方向图及功率电平

7.8.1　导航天线方向图

导航卫星的有效载荷天线安装在卫星上，GPS、GLONASS 及 BDS 均采用螺旋阵列天线，GPS BLOCK－IIR 卫星载荷天线如图 7－56 所示，地球边缘离导航天线视轴的角度约为 13.8°（卫星高度约为 20 000 km），也就是说对于工作在 MEO 轨道高度的导航卫星，地球的张角大约为 27.6°，如图 7－57 所示，一般导航卫星近地空间服务区定义为地表到海拔高度 3 000 km 处的空间范围。

为了部分补偿地球边缘低仰角用户接收导航信号时的路径损耗，导航卫星有效载荷采用赋形天线来播发射频导航信号，天线的方向图范围一定程度上超过了地球张角，地球另一面的近地空间用户也能够收到来自地球对面导航卫星播发的信号，并实现位置解算。事实上，只要卫星信号不受地球阴影遮挡且偏离导航卫星天线方向图主瓣不太远就行，如图 7－58 所示。GPS SVN41 卫星天线方向图如图 7－59 所示。

以 GPS 卫星为例，卫星播发的信号是右旋极化，在自视轴±13.4°范围内，极化的椭圆度（即偏离于完美圆极化的程度）不大于 1.2 dB（L1 频点）和 3.2 dB（L2 频点）。由于用户接收机相对导航天线的方向是随机的，所以，在下列条件下约定卫星信号接收功率，一是在 3 dBi 线性极化接收天线的输出端测量导航信号；二是用户仰角为 5°；三是在指定的 20 MHz 频率带宽内观测接收信号的电平；四是卫星的姿态误差为 0.5°。

图 7－56　BLOCK－IIR 卫星天线

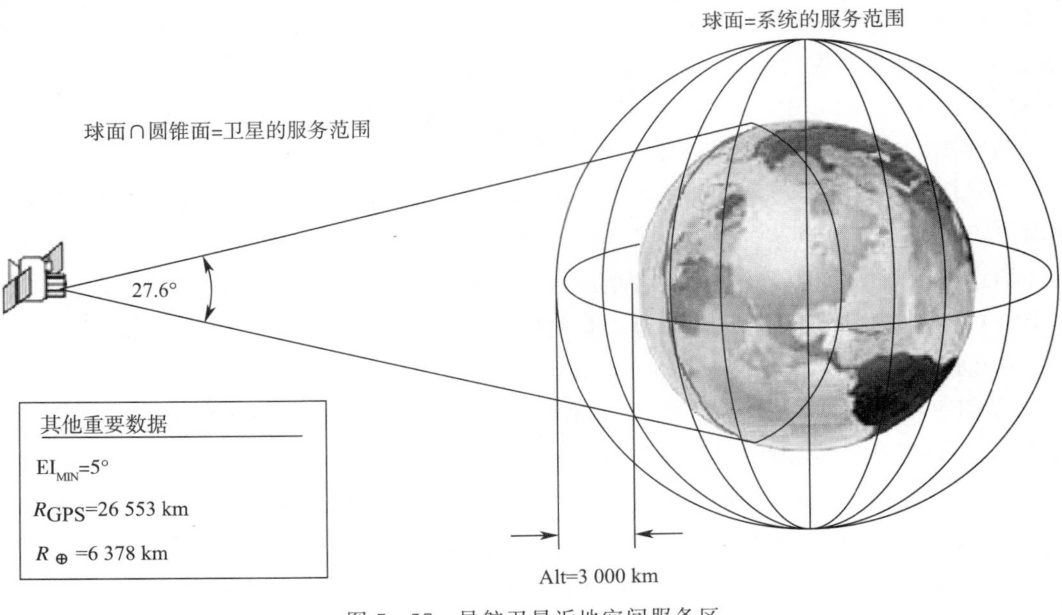

图 7－57　导航卫星近地空间服务区

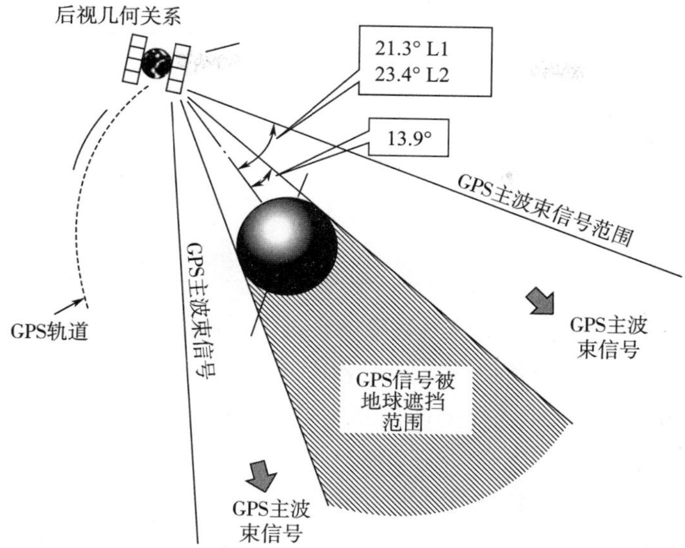

图 7-58　导航卫星相对于地球的主波束

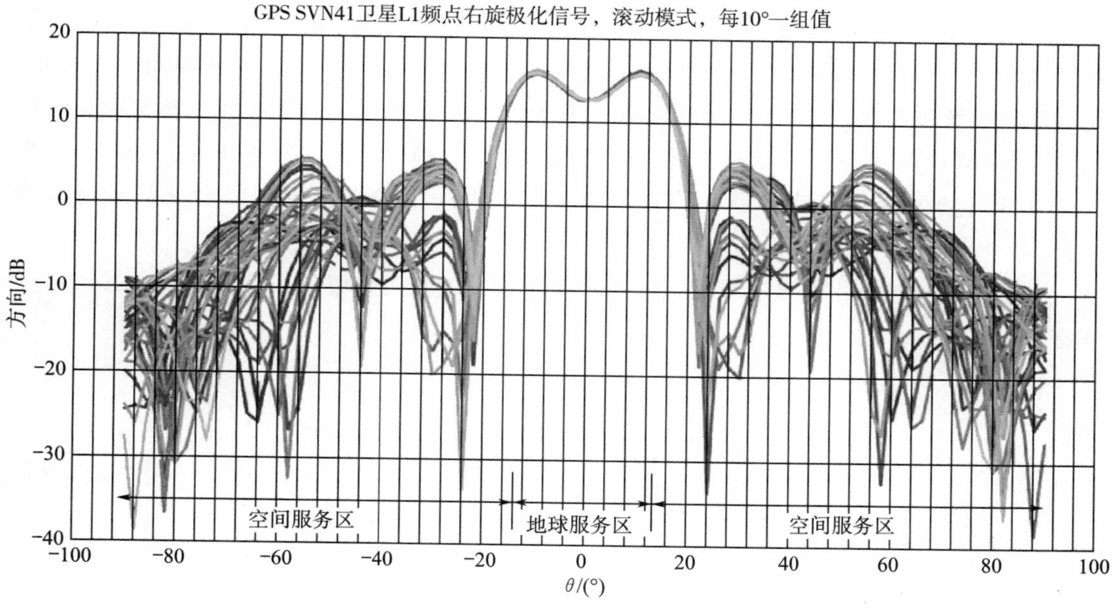

图 7-59　GPS 系统 BLOCK-IIR SVN41 卫星天线方向图

7.8.2　导航信号落地电平

以 GPS 为例，受载荷天线增益和空间行波管放大器能力限制，导航卫星播发的 L1 和 L2 导航信号功率是有限的，BLOCK-IIR/IIR-M 卫星信号 EIRP 分别如表 7-9 所示。

表 7－9 BLOCK－IIR/IIR－M 卫星信号 EIRP

	BLOCK－IIR	BLOCK－IIR－M
L1 C/A dBW	−158.5	−158.5
L1 P(Y) dBW	−161.5	−161.5
L2 P(Y) dBW	−164.5	−161.5
L2 C dBW	−164.5	−160.0
地面用户服务要求	地球边缘用户的观测仰角为 5°	

用户在不同仰角时，最低接收信号功率电平是不同的，如图 7－60 所示，图中给出了当卫星位于两个典型仰角时都可以满足最低接收功率，一个是从用户水平面算起 5°仰角，一个是卫星在用户的天顶。在这两个仰角之间，最低接收信号功率电平逐步增加，对于 L1 用户来说最大可能增加 2 dB，对于 L2 用户来说最大可能增加 1 dB，然后逐渐降回到规定的最小值。产生这种特性的原因是导航卫星导航信号发射天线阵的赋形波束场形只能在与地球中心相对应的角度上和在接近地球边沿的角度上与所要求的信号增益相匹配，从而导致发射天线阵增益在这些天底角之间略有增加。

评估导航信号载波相位抖动和伪码延迟抖动对用户接收机处理导航信号来说是十分关键的，而这步工作的基础是估计接收到的导航信号的电平及载噪比。用户接收机的基本结构包括接收天线、射频前端、模数转换、基带数字信号处理、导航数据处理和伪距校正、输入输出装置 6 个模块，用户接收机结构简图如图 7－61 所示。接收天线的输出先馈入传输线及射频前端的低噪声放大器，所以，一般尽量把低噪声放大器靠近天线。同样，也要尽量降低射频前端带通滤波器的损耗，而且还要有适当的选择性，以衰减临近通道的干扰。

L1 和 L2 导航信号有效噪声温度和单边噪声谱密度均与接收信号功率有关。接收的噪声密度（1σ）为

$$N_0 = kT_{eq}$$

其中

$$T_{eq} = \frac{T_A}{L} + (L-1)\frac{T_0}{L} + T_R \tag{7-93}$$

$$T_R = T_0(F-1)$$

式中 T_{eq} ——等效噪声温度；

L ——损耗；

T_R ——接收噪声温度；

F ——接收机噪声系数；

T_0 ——天线的环境温度；

T_A ——天线的噪声温度（取决于在天际噪声、天线旁瓣和后瓣）。

例如，如果用户接收机传输线和滤波器损耗较小时，损耗 L 约为 1.1，接收机噪声系数 F 为 1.259，天线的环境温度 $T_0 = 290$ K，天线的噪声温度 T_A 约为 130 K，此时等效

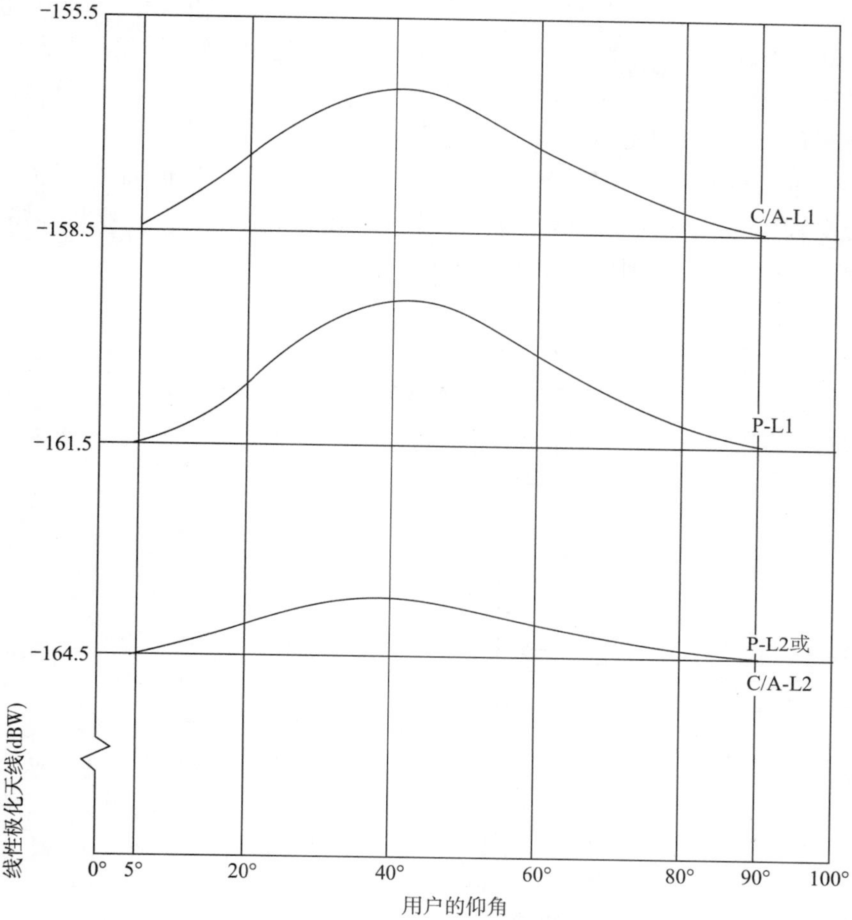

图 7 - 60　用户在不同仰角时的最低接收信号功率电平

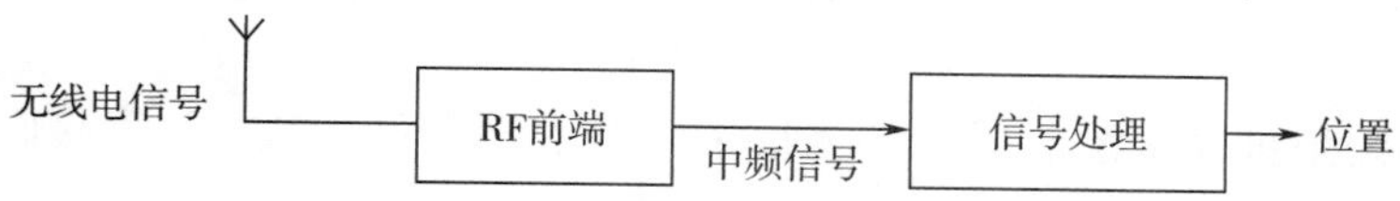

图 7 - 61　卫星导航系统用户接收机结构简图

噪声温度和噪声密度为

$$
\begin{aligned}
T_{eq} &= \frac{T_A}{L} + (L-1)\frac{T_0}{L} + T_R \\
&= \frac{130}{1.1} + (1.1-1) \times \frac{290}{1.1} + 290 \times (1.259-1) = 219.6\ \mathrm{K} = 23.42\ \mathrm{dBK} \\
N_0 &= kT_{eq} = -228.6 + 23.42 = -205.2\ \mathrm{dBW/Hz}
\end{aligned} \tag{7-94}
$$

峰值信号功率谱密度是 P_c/f_c，在低噪声系数的接收机中，天线的噪声温度 T_A 对等效噪声温度 T_{eq} 的影响较大。例如，对于 L1 P(Y)信号来说，其 EIRP 为 -161.5 dBW，

$f_c = 1.023$ MHz，则 L1 P(Y)信号的功率谱密度为 $-161.5-60.1=-221.6$ dBW/Hz，数值与上述低噪声放大器接收机噪声密度 -205.2 dBW/Hz 相当，因此，即使 L1 P(Y)信号频谱在其峰值上，也要低于噪声功率谱密度 $221.6-205.2=16.4$ dBW/Hz，因此，GPS 卫星信号用一般的频谱分析仪是测量不到的。

例如，GPS 卫星 L1 频点 C/A 码信号和P(Y)信号的功率谱密度如图 7－62 所示，窄带高功率密度的 C/A 码信号位于信号频谱的中央，在正常情况下，接收机的热白噪声远远超过导航信号的谱密度，因此用频谱仪无法找到信号。

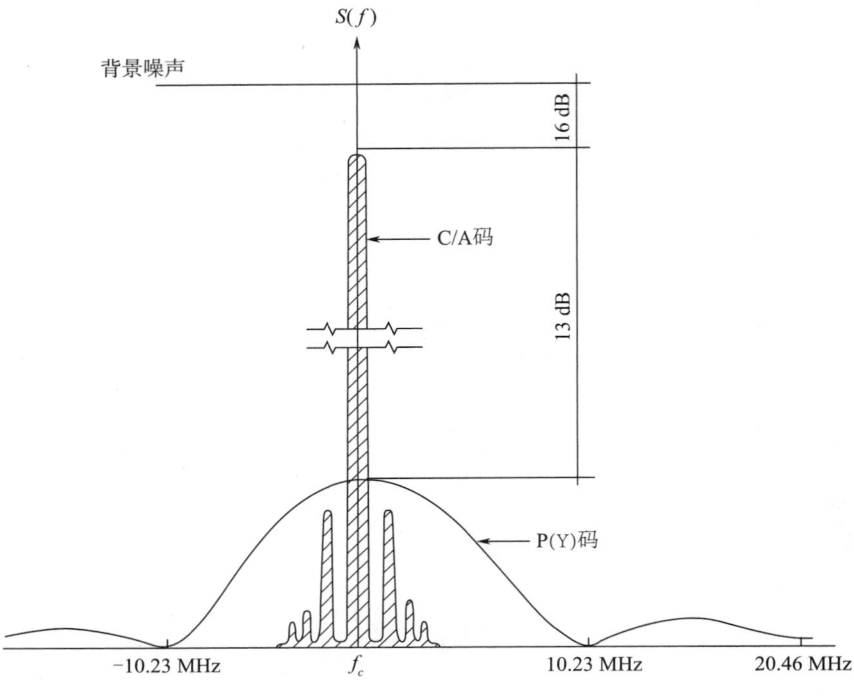

图 7－62 用户接收到的 L1 频点 C/A 码信号和 P（Y）信号的功率谱密度曲线（QPSK 调制）

当 GPS 导航卫星仰角大于 5°，用户采用 0 dBi 线性极化接收天线的接收机时，所能接收到的最低导航信号强度如表 7－10 所示，由于赋形天线方向图的设计（马鞍形），如图 7－59所示，实际的最低值会随卫星的仰角变化。

表 7－10 BLOCK－IIR/IIR－M 卫星信号 EIRP

链路	GPS 信号分量(规定的最低信号强度)		预期最大值	
	P(Y)	C/A	P(Y)	C/A
L1	－163 dBW	－160 dBW	－155 dBW	－153 dBW
L2	－166 dBW	－166 dBW	－158 dBW	－158 dBW

如前述，具有 $[\sin(\pi f/f_c)/\pi f/f_c]^2$ 形状连续谱的伪噪声信号的最大功率谱密度等于 P_s/f_c。因此，如果 L1 频点 C/A 码信号的最低信号强度 $P_s=-160$ dBW，那么，最大功率谱密度为

$$-160-10\log 1.023\times 10^{6}=-220.1\ \text{dBW/Hz} \tag{7-95}$$

天线指向性通过天线增益的变化来描述，天线增益和天线有效范围（口径）的关系为 $G=4\pi A/\lambda^{2}$，单位增益天线的有效口径面积为 $A=\lambda^{2}/4\pi$，当信号频率为 1.57542 GHz 时，单位增益天线的有效口径面积为

$$A=\lambda^{2}/4\pi=(c/f)^{2}/4\pi=2.8856\times 10^{-3}\,\text{m}^{2}=-25.4\ \text{dBm}^{2} \tag{7-96}$$

则每 Hz 的功率通量密度为 $P_s/f_cA=-220.1+24.5=-194.7$ dBW/(Hz·m²)，于是在 4 kHz 频段内的总通量密度为 $4\times 10^{3}\times P_s/f_cA=-158.7$ dBW/m²，它在国际无线电咨询委员会（International Radio Consultative Committee，CCIR）建议的电平（-154 dBW/m²）之内。

参 考 文 献

[1] Bradford W. Parkinson. Global Positioning System: Theory and Applications. American Institute of Aeronautics and Astronautics [M], Inc. 370 L'Enfant Promenade, SW, Washington, DC 20024 - 2518.

[2] 党亚民. 全球导航卫星系统原理与应用 [M]. 北京: 测绘出版社, 2007.

[3] Hofmann - Wellenhof. 全球卫星导航系统 [M]. 程鹏飞译. 北京: 测绘出版社, 2009.

[4] Dan Doberstein. GPS 接收机硬件实现方法 [M]. 王新龙译. 北京: 国防工业出版社, 2013.

[5] Pratap Misra. 全球定位系统——信号、测量与性能 (第二版) [M]. 罗鸣译. 北京, 电子工业出版社, 2008.

[6] Elliott D. Kaplan. GPS 原理与应用 (第二版) [M]. 寇艳红译. 北京: 电子工业出版社, 2007.

[7] 谭维炽, 胡金刚. 航天器系统工程 [M]. 北京: 中国科学技术出版社, 2009.

[8] 姚铮, 陆明泉. 新一代卫星导航系统信号设计原理与实现 [M]. 北京: 电子工业出版社, 2016.

[9] SPICE tutorial. the Navigation and Ancillary Information Facility team [C]. ASA/JPL.

[10] Gerard Petit, Brian Luzum. IERS Conventions 2010. IERS Conventions Center. 2010.

[11] 姚铮, 陆明泉, 冯振明. 正交复用BOC调制及其多路复合技术 [C]. 第一届中国卫星导航学术年会论文集, 2010 年 05 月 19 日: 382 - 388.

[12] Willard Marquis, The GPS BLOCK IIR/IIR - M Antenna Panel Pattern [R], Lockheed Martin Space Systems Company, Approved for public release under LMCO PIRA ＃SSA201309016, PIRA ＃ SSA201312005, and PIRA ＃SSA201401020.

[13] 姚铮, 陆明泉, 等. 正交复用二进制偏移载波调制及其恒包络复合技术 [P]. 专利.

[14] Keith D. McDonald, The Modernization of GPS: Plans, New Capabilities and the Future Relationship to Galileo [J], Journal of Global Positioning Systems (2002), Vol. 1, No. 1: 1 - 17.

[15] 刘天雄. GPS 导航卫星播发的信号是什么样的? (上) [J]. 卫星与网络, 2012 (116): 56 - 62.

[16] 刘天雄. GPS 导航卫星播发的信号是什么样的? (下) [J]. 卫星与网络, 2012 (117): 52 - 56.

[17] Bradford w Parkinson. Three Key Attributes and Nine Druthers [EB/OL]. [2012 - 10 - 01] http: //www. gpsworld. com/ expert - advice - pnt - for - the - nation/.

第 3 部分　工程篇

第8章 导航卫星和导航信号播发

8.1 概述

导航卫星是用于定位、导航和授时服务的人造卫星。导航卫星系统和地面运行控制系统协作共同实现对用户的定位、导航和授时服务，是整个卫星导航系统的关键。导航卫星接收地面运控系统上行注入导航数据，在轨生成多路含有导航电文和测距码的无线电导航信号，功率放大后由卫星播发给地面用户。地面用户利用导航接收机，同时接收视界范围内四颗以上导航卫星的信号，就能实现位置解算。

导航卫星由卫星平台和有效载荷两部分组成，平台是导航卫星的服务系统，由电源、姿态和轨道控制、跟踪遥测和遥控、在轨数据管理、结构和机构以及热控等分系统组成，为有效载荷正常工作提供支持和保障。

卫星平台的电源分系统产生、调节、存储、分流太阳电池产生的直流电能，为星上所有电子仪器提供能源。姿态和轨道控制分系统一般采用三轴姿态稳定控制技术，使卫星在运动过程中，导航天线始终指向地心，并使太阳电池板始终指向太阳。跟踪遥测和遥控分系统一方面实现地面对卫星工作状态的监视和接收地面测控系统的遥控指令，另一方面也可接收地面运行控制系统上注的导航数据。热控分系统则实现卫星舱内和舱外的温度控制，为所有电子仪器提供适宜的工作温度。结构和机构分系统保持卫星结构完整性，用于支撑、固定、安装仪器设备，传递和承受载荷，以及完成各种预定的分离、展开、锁定及转动动作。

有效载荷的任务是播发含有导航电文和测距码的导航信号，是整个卫星导航系统提供定位、导航和授时服务的核心。导航卫星有效载荷一般由时间频率基准、上行导航数据接收、导航信号生成、导航信号播发以及导航天线等5个功能模块（子系统）组成。时间频率基准子系统的核心是高稳定度的星载原子钟，为有效载荷提供时间和频率基准的正弦波信号，是生成伪随机测距码和载波频率信号的基础。上行导航数据接收子系统负责接收地面运行控制系统上注的星历和星钟校正参数等导航数据，同时接收地面上注的业务遥控指令。导航信号生成子系统包括测距码发生器、导航电文存储器、扩频信号发生器、扩频信号调制器，同时控制、产生和维持时间频率基准数字方波信号。导航信号播发子系统主要完成多个频点导航信号的滤波、合成和放大。导航信号播发天线根据特定的方向图，将导航信号以赋球波束的方式播发给地面用户。

下面，以GPS为例简要说明导航卫星的组成及其功能，BLOCK－IIR导航卫星舱外仪器配置如图8－1所示，在轨展开工作状态如图8－2所示，卫星表面对地方向有播发导航信号的螺旋阵列天线、接收地面运行控制系统上行注入导航数据的 S 频段天线、地球敏感器组件、太阳敏感器、太阳电池阵列，还有实现自主导航功能的 UHF 频段星间链路天线等仪器装置。

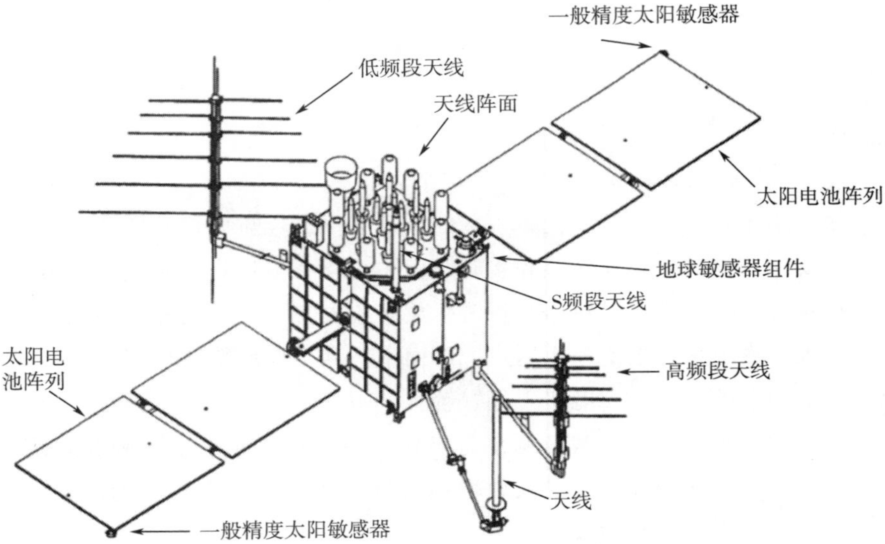

图 8-1　GPS BLOCK-IIR 卫星舱外仪器配置

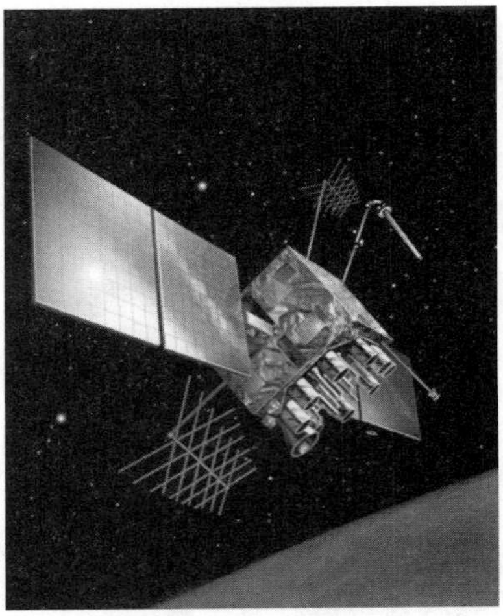

图 8-2　BLOCK-IIR 卫星在轨展开工作状态

BLOCK-IIR 卫星是 BLOCK-II 系列卫星的改进版本，最大的变化是在没有地面运控系统支持情况下，卫星具有 180 天自主导航模式（autonomous navigation mode，AUTONAV）能力。BLOCK-IIR 卫星利用 UHF 频段星间链路天线，实现星间测距和通信，自主更新星钟和星历数据，在自主导航模式下，系统定位服务的球概率误差（spherical error probable，SEP）为 16m。BLOCK-IIR 卫星主要特征如表 8-1 所示。

表 8-1　BLOCK-IIR 卫星的主要特征

有效载荷频点	
频点	1 572.42 MHz、1 227.6 MHz（L 频段，播发导航信号） 2 227.5 MHz（S 频段，上行加载导航数据）
卫星平台主要技术要求	
主承包商	Lockheed Martin
卫星平台	AS-4 000 平台
发射质量	1 075 kg
设计寿命	10 年
结构特征	
本体尺寸	L193×H190×W150 cm^3
结构形式	铝蜂窝结构板
功率	
有效载荷功率	1 136 kW
太阳翼	硅太阳电池片
蓄电池	2 组 NiH_2 电池
姿态控制系统	
稳定方案	三轴稳定

其次是提高了导航信号的功率，将 L1 信号地面的接收功率由 −155.5 dBW 提高到 −154.5 dBW，将 L2 信号功率由 −161.5 dBW 提高到 −159.5 dBW；同时增加三路导航信号，在 L1 和 L2 频点增加军用 M 码信号，在 L2 频点增加 L2C 第二民用信号，实现导航信号军民分离，提高系统安全性。此外，卫星载荷软件具备在轨重构能力，以适应用户新的需求。卫星寿命由 BLOCK-IIA 的 7.5 年延长到 BLOCK-IIR 的 10 年。

8.2　导航卫星平台

导航卫星平台是指为有效载荷正常工作提供支持和管理保障任务的各分系统的总称，按各自服务功能不同，分别为卫星提供与地面站间无线传输链路、姿态与轨道控制、温度环境控制、结构支承与能源。由于导航卫星需要维持高精度轨道和稳定的时间及信号传输时延，要求卫星姿态控制中需要有精确的矢量控制，对轨道的影响最小化。热控分系统为有效载荷和星载原子钟提供所需稳定、准确的工作温度环境。

8.2.1 综合电子分系统

对于不同任务需求、不同应用背景的卫星，星载综合电子系统的体系结构、组成单元、连接方式、软件配置各不相同，但都具有结构开放、功能综合、信息综合、硬件综合、软件综合等特点。星载综合电子系统是以信息理论及电子技术为基础，采用系统工程的方法，在卫星设计中将供配电、遥测遥控、数管、控制、推进、热控、有效载荷等功能及相应的电子设备、通过网络和软件等技术组合成为一个有机的整体，以达到系统资源高度共享和整体性能最优的目的。把所有星载电子部件作为一个整体进行系统集成，使各种系统资源有机地结合起来，协同工作，共同完成任务，是综合电子系统的主要目标。综合电子系统的核心是资源的综合管理、统筹利用。

卫星综合电子系统在统一的模块化环境中开发，协调控制卫星平台和有效载荷的各种传感器、执行部件和其他资源有序工作，为卫星提供信息处理和服务，是统一管理任务运行和安全事物的一体化系统。卫星综合电子系统的业务范围包括：任务运行业务（遥测遥控、姿轨控、测控通信、供配电管理、热控管理等）、载荷管理业务（载荷管理、自主任务规划等）、信息管理业务（信息服务、星载时间服务、信息安全、人机界面管理等）、资源管理业务（能源管理、存储管理、计算资源管理等）、安全管理业务（状态监视、故障诊断、安全模式、故障重组、任务降级等）。

例如，Galileo 导航卫星由德国 OHB - System 股份有限公司和英国 SURREY 大学的 SURREY 卫星技术有限公司联合研制，其卫星综合电子系统的主要功能包括：遥测遥控管理、姿态和轨道控制、推进管理、热控管理、电源管理、总线网络管理、FDIR 以及导航有效载荷管理等功能，系统设备间采用 CAN 总线进行通信，主要电子设备组成包括：

1）星载计算机：对 CAN 总线网络进行管理，包含数管与姿轨控功能；

2）AOCS 控制器：包含一个 AOCS 安全模块和一个双冗余设计的 AOCS 接口模块，在星载计算机失效时接管姿轨控任务，将卫星转入安全模式；

3）推进控制器：完成推进控制功能；

4）热控控制器：完成热控功能；

5）电源控制器：完成电源控制功能。

2005 年 12 月 28 日，ESA 发射了第一颗伽利略试验卫星 GIOVE - A，用于在轨验证 Galileo 系统技术体制，是 SURREY 大学研制的第一颗地球中轨道高度运行的卫星，质量为 600 kg，功耗 700 W，搭载了 2 个有效载荷计算机单元——OBC695A，中央控制计算机采用基于 Intel 微处理器的 OBC386 计算机，在轨数据处理系统（Onboard Data Handling，OBDH）采用 OBC695 系列计算机，集成 Atmel TSC695F Sparc V7 32 位 RISC 处理器，运算能力达到 11 MIPS，配有4 MB的 SRAM 单元用于代码和数据的存储，并可扩展到 8 MB，配有 512 KB 的 EEPROM 用于存储程序或操作系统，此外还有 4 个 LVDS 全双工数据通道，8 个 LVDS 分离的 I/O 通道，1 个外围实时时钟和 1 个同步通道，并附带 CAN 总线接口、RS422 UART 端口和 MIL - STD - 1553B 接口。

8.2.2 姿态与轨道控制分系统

为了在导航星座中预定的轨道位置上播发导航信号，首先需要通过运载火箭将导航卫星送入转移轨道，星箭分离后，姿态与轨道控制分系统的任务就是在转移轨道阶段和随后的工作轨道阶段给卫星提供姿态控制和轨道速度、方向的控制。导航卫星在转移轨道阶段一般采取自旋稳定模式，而进入工作轨道后卫星采取三轴稳定的控制方式。

在转移轨道阶段，姿态与轨道控制分系统的主要任务是完成卫星从星箭分离点到长期工作轨道的轨道机动。在分系统设计中，需要重点考虑的限制条件包括保证卫星的遥测遥控跟踪弧段、保证卫星能源供应以及卫星舱体内的温度控制。还需要考虑卫星的太阳敏感器、地球敏感器以及星敏感器的视场要求，在卫星自旋稳定姿态下，太阳翼处于未展开状态时，还需要通过姿态调整使阳光与太阳翼保持适当夹角以使卫星获得必要的能源供应。在自旋稳定控制过程中，卫星的自旋轴为 Z 轴，卫星在进行姿态控制时，Z 轴一般保持对日或对地姿态，除非通过指令控制进行姿态机动。

在工作轨道阶段，卫星开启有效载荷设备，此后卫星仅仅需要比较小的姿态调整和轨道机动，包括相位调整、位置保持等操作。在工作轨道，卫星需要保证导航信号发射天线能够有效覆盖设计的服务区域。卫星在进行三轴姿态稳定控制时一般是 $+Z$ 轴指地，而太阳电池阵绕卫星 Y 轴旋转，保持太阳电池阵绕法线指向太阳，保证能源供应。

导航卫星姿态与轨道控制分系统一般由地球敏感器、太阳敏感器、恒星敏感器、速率陀螺装置、反作用轮组件、反作用轮线路盒、推进剂储箱、推力器、远地点轨控发动机以及控制计算机等仪器组成。导航卫星在工作轨道一般采用三轴稳定方式控制卫星姿态，由地球敏感器、太阳敏感器以及陀螺等测量部件来测量卫星姿态，星上控制计算机采集并处理来自敏感器测量得到的卫星姿态指向数据，获得与目标姿态的指向误差，从而完成卫星姿态确定。基于这些姿态测量数据，计算机按既定规律控制反作用飞轮、推力器、磁力矩器以及轨控发动机等执行部件实现卫星姿态调整与轨道机动，并保持卫星姿态稳定。

控制计算机可以根据地面飞行控制中心指令进行卫星姿态调整与轨道机动，完成卫星太阳电池阵对日定向、L 波段有效载荷天线指向地球等任务。控制计算机也可以根据地面指令选择工作在轨道转移或姿态控制模式，在卫星处于自旋稳定或三轴稳定模式下时可以选用不同的敏感器组合。

8.2.3 测控分系统

卫星测控分系统的功能包括跟踪、遥测和遥控三部分，简称 TT&C，一般由 S 波段天线、S 波段发射机、S 波段接收机、遥控指令译码单元、加密装置和解密装置、遥测接口单元、星务处理单元等仪器组成。用于遥控卫星，并可改变卫星配置，监测卫星各个分系统的工作状态。GPS 导航卫星 TT&C 分系统的 3 个功能分别是接收、译码和处理指令，接收地面上注的导航数据，接收和转发跟踪（测距）信号，发射表示卫星健康和状态的遥测数据。

采集星上各种仪器设备的工作参数（工作指标、工作温度、电流、电压等），实时或者延时发送给地面测控系统，实现地面对卫星工作状态的监视。接收地面测控系统遥控指令，直接或者经数据管理分系统传送给卫星有关仪器设备并加以执行，实现地面对卫星工作状态的控制。跟踪测轨用于协同地面测控系统测定轨道任务，测定卫星运行的轨道参数，以保持地面对卫星的联系与控制。

8.2.4 供配电分系统

供配电分系统的任务是产生、存储和控制电能，并将直流母线功率分配到卫星各分系统设备。供配电分系统的主要部件是太阳电池阵、太阳电池阵驱动和功率传输机构、蓄电池组、功率调节设备和负载控制单元（PCU）。太阳电池阵驱动和功率传输机构驱动每个太阳电池阵转动并使得基板法线指向太阳，太阳电池阵产生的电能通过太阳翼驱动机构内滑环传输到星内，光照区产生的能源一方面给卫星各分系统供电，一方面给蓄电池组充电。当卫星在地影区飞行时，靠蓄电池组为卫星供电。

太阳电池阵将太阳能转换为电能，包括 2 个独立的太阳翼，分别安装在卫星本体的 2 个侧面，每个太阳翼含有若干个太阳翼基板，在太阳翼基板表面粘贴太阳电池片，每个太阳翼包含多个太阳电池电路，排布在太阳翼基板上。所有太阳电池电路是并联的，任何一串失效都不会阻止其他电路向卫星提供能量。每个太阳电池电路包含若干个太阳电池片，在光照区，太阳电池阵为卫星提供能源。太阳电池阵的输出功率会在地球阴影期受到影响。在部分遮挡时，可用于供给卫星负载的太阳电池阵功率取决于可获得的太阳光强；在完全遮挡时，太阳电池阵则完全没有输出功率。在阴影季，蓄电池组为卫星供电。

太阳电池阵驱动机构包括 1 个驱动组件和功率传输组件，基本功能是在卫星运动过程中，使太阳电池阵指向并跟踪太阳，并且将太阳电池阵产生的功率通过滑环组件传输到星内。功率传输组件包含 1 个与太阳电池阵转轴相连的滑环轴和安装在驱动器结构上的静止电刷，当驱动轴和滑环旋转时，静止的电刷与滑环保持接触，将太阳电池阵功率和太阳电池阵与卫星间的遥测信号传输到星内。

当卫星功率需求超过太阳电池阵输出时，蓄电池组也可以提供补充功率。在光照区，如果蓄电池不处于满荷电状态，太阳电池阵提供能量用于对蓄电池组充电。蓄电池组能够为卫星提供的电力的多少称为容量，用安时计量。例如，GPS 卫星每个蓄电池组额定容量为 35 A·h（这意味着蓄电池组能够以 35 A 电流强度放电 1 h），有 3 组蓄电池组。如果需要蓄电池组向卫星提供一段时间供电，每组蓄电池组的容量都会减小。所减小的容量除以初始容量，就是放电深度。比如，50％放电深度意味着每组蓄电池组在一段时间内放掉了 17.5 A·h 电能。

功率调节设备和负载控制单元（PCD）调节太阳电池阵、蓄电池组和卫星负载以控制母线电压满足卫星对直流母线的要求。PCU 具有功率调节单元以及太阳电池阵分流调节单元，实现集中功率/分流控制、蓄电池组充电、放电调节、系统故障检测（负载隔离）

等功能，控制蓄电池组的充电速率并在非阴影区保持蓄电池组处于满荷电状态。当太阳电池阵输出超过卫星的功率需求时，超出的功率由分流器的电路消耗掉以调节母线电压。在阴影区运行时，功率调节单元利用蓄电池组和升压变换器来维持卫星负载和母线电压。

集中功率/分流控制：管理可用电源功率的分配，使用分流器调节多余的太阳阵功率，在蓄电池组作为主电源时则采用一个升压变换器工作。分流调节和升压变换两种方式保证了主母线的电压稳定。当太阳阵有足够功率时，一方面可以供给卫星各分系统，另一方面可以为蓄电池组充电。当可用的太阳电池阵功率减小时，分流电流被减小。当太阳电池阵功率进一步减小，蓄电池充电器被关断。当太阳电池阵功率不足以满足整星需求时，蓄电池组将提供补充功率以维持母线电压稳定。当没有太阳电池阵功率可用时，PCU 通过升压变换器提供蓄电池组供电以满足卫星需求。在所有情况下，母线电压被稳定在设计指标要求范围内。PCU 产生一个被称为分流驱动信号（SDV）的误差信号来控制所说的工作区间。例如，GPS 卫星如果正处于分流调节区间，SDV 将大于 3.2 V；如果正在为蓄电池组充电，SDV 将在 0.3 V 至 3.2 V 之间；如果蓄电池组在放电，SDV 将小于 0.3 V。

蓄电池组充放电：PCU 中包括了蓄电池充电电路，以一种受控的方式为每组蓄电池充电。当充电电路被使能后，如果太阳电池阵输出功率超出负载需求并且蓄电池不处于充满状态时，会自动给蓄电池充电。对每组蓄电池的充电模式可以由以下指令控制：充电器关断指令（执行禁止充电功能）、充电器开通指令（使能充电功能）、正常充电指令（执行正常充电功能）。在限制充电和正常充电模式下，蓄电池充电器自动使用 $V-T$ 曲线控制法将每组蓄电池充电到预设的电压。充电电路中包含多条 $V-T$ 曲线。正常情况下，使用某条 $V-T$ 曲线，其他曲线只用于蓄电池组电压或温度不正常的情况下。充电电路不论何时被指令使能，都自动设置为限制充电模式，在这种模式中，充电电流大约是正常充电的 40%。在充电器被充电器开通指令使能后，每组蓄电池独立地进入正常充电速率。在这种模式下，蓄电池充电电流通常小于 4 A，并且随着电池组电压上升，充电电流会减小到 0.4 A。

放电（升压）调节：当卫星在地影中以及太阳电池阵功率不满足整星需求时，可以以一种受控的方式将蓄电池组电压升高以维持母线电压。3 个升压变换器同时工作，将蓄电池组电压升至设计要求的主母线水平。PCU 在设计上允许一个变换器失效后仍能满足所有任务需求。

系统故障检测（负载隔离）：负载隔离电路是一个供配电分系统保护措施，可以检测到非正常的蓄电池组放电，并停止或减少其放电，以避免不可恢复的故障发生。PCU 接收太阳阵信号并监视蓄电池组的工作状态，判断是否满足发出负载隔离信号的条件。例如，GPS 中有 2 个负载隔离定时器：1 个 20 min 定时器和 1 个 60 min 定时器。当太阳阵在输出电流而蓄电池组也在放电时，20 min 定时器启动，以避免星上出现短路故障时 PCU 仍然持续放电的风险。当蓄电池组放电时，60 min 定时器将启动，以避免蓄电池组出现过放的风险。负载隔离定时电路在设计上能够使得整个正常地影季中不会发出负载隔离信号。20 min 定时器用于半影，60 min 定时器用于半影和本影。然而，如果一个定时器到达上限（20 或 60 min），将有不同分系统的负载被关闭以减少整星功率需求。

供配电分系统的总体电路子系统一般由电缆网、火工品管理装置、电源适配器等仪器组成。总体电路系统的任务是为整星供电、配电、信号转接、火工装置管理和星上仪器设备间建立电气连接。

8.2.5　结构和机构分系统

结构和机构分系统具有用于支撑、固定导航卫星上各种仪器设备，传递和承受载荷，保持卫星完整性及完成各种规定动作的功能，由卫星主承力结构、次级结构、总装直属件、卫星机构组成，为卫星各分系统所有单机提供安装位置及安装精度，承受卫星地面操作以及运载火箭发射时产生的力学环境，另外作为热导体来扩散卫星内部产生的热量。

例如，GPS BLOCK－IIF 卫星的内部结构展开图如图 8－3 所示，图中部的正负 X 向的 2 块舱板、正负 Y 向的 1 块舱板和 $-Z$ 方向的 1 块面板构成卫星的主承力结构，承受整个卫星的主要载荷，是整个卫星结构组装的核心，决定了卫星构形，是卫星设计和工艺基准，为推进剂贮箱及轨控发动机提供安装空间和接口，同时也是卫星与运载火箭连接与分离的机械接口。

在主承力结构的四周，由桁架结构形成六面体结构的各条边框，为六面体 4 块侧面板和 1 块对地（$+Z$ 方向）提供连接点，将卫星星本体围成 1 个封闭的六面体结构，并保持结构的整体性。4 块面板用于安装各分系统的单机设备，1 块对地用于安装有效载荷收发天线以及跟踪、遥测、遥控分系统收发天线等有对地指向要求的仪器。

8.2.6　热控分系统

热控分系统用于控制卫星舱内外热交换过程，使卫星工作温度环境处于规定的范围内。在卫星整个飞行任务期间利用主动加热和被动散热措施，保证卫星的整个任务阶段所有分系统产品维持在可接受的温度范围内。根据各分系统仪器设备的具体温度需求，可采取加热或散热措施。有些仪器设备在工作过程中产生热量需要散热，有些仪器设备在工作过程中由于舱板漏热导致仪器自身温度过低而需要采取加热措施以提高工作温度，还有些仪器设备对温度变化非常敏感，需要保证其工作在一个非常稳定的温度范围内。

卫星热控分系统一般采取光学太阳反射器散热、利用隔热多层减少太阳辐射热流的影响、利用热管网络传导卫星舱板上的热量、利用恒温控制加热器实现主动加热以及热控百叶窗等方式控制卫星的在轨工作温度。卫星的星表隔热多层材料一般由多层镀铝聚酯膜和尼龙网相互间隔重叠而成，边缘用聚四氟乙烯带包覆的镀铝玻璃带来封边，星表隔热多层可以阻隔卫星和深冷空间的热交换。舱内电子设备和内面板喷涂黑漆以便在舱内最大限度地辐射热量，散热器和安装在舱外的仪器设备表面采用镀银聚四氟乙烯或白漆包覆以反射太阳热量。

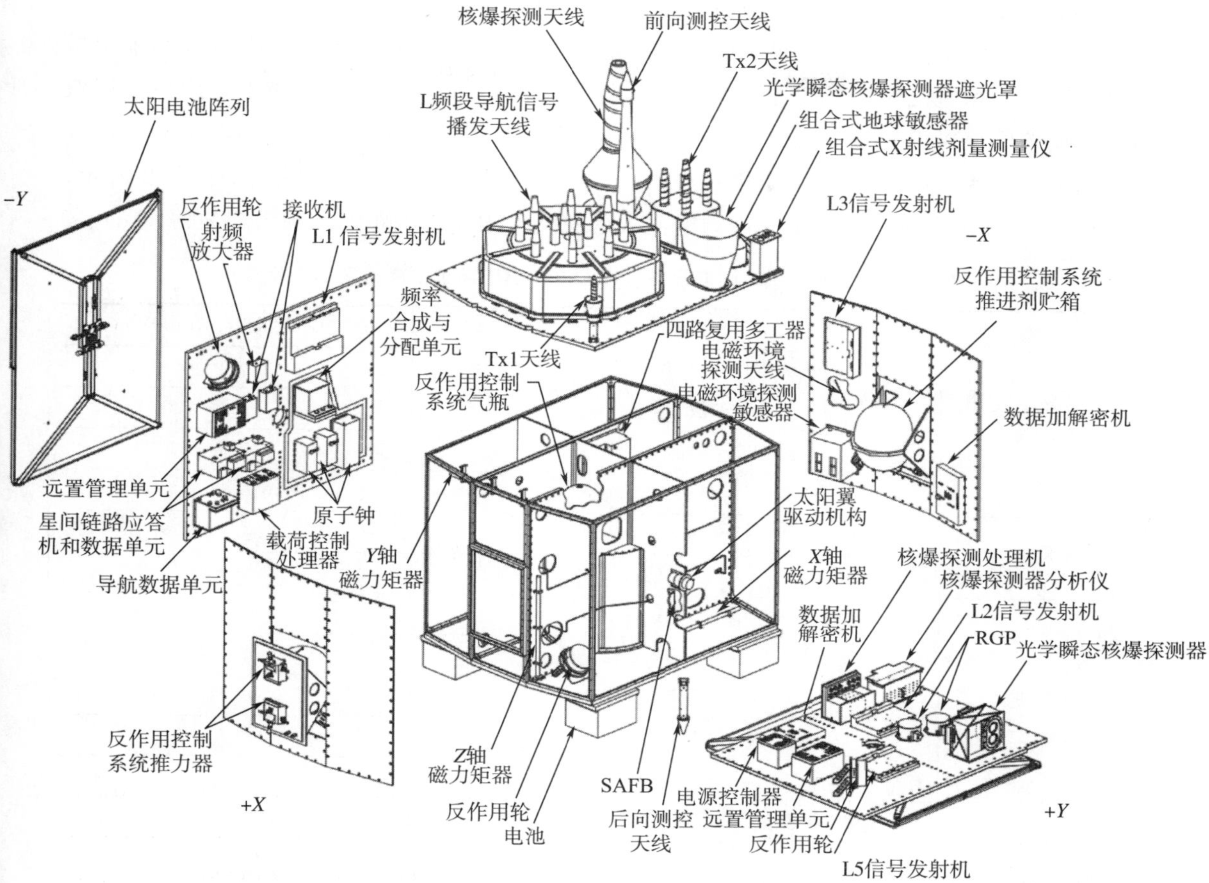

图 8－3　GPS BLOCK－IIF 卫星的内部结构展开图

GPS 卫星还利用热控百叶窗调整卫星舱体的温度，百叶窗有 16 或 20 个薄片，薄片由合金弹簧固定。当弹簧的温度升高时，弹簧卷曲同时打开百叶窗，允许热量散失到空间去；当温度降低时，弹簧展开，同时闭合百叶窗，百叶窗全闭和全开的温度设置点可以由地面站调控。热量从仪器设备到百叶窗的传递主要靠传导和辐射，前者占主要地位，主要的传导路径是铝材扩热板。对于导航卫星来说，原子钟的温度系数比较高，热控分系统需要保证原子钟的工作温度环境始终处于稳定的温度环境下，一般采取主动热控措施，可以保证原子钟的环境温度在每个轨道周期变化在±0.1℃之内。

8.3　导航卫星有效载荷

8.3.1　导航有效载荷要求

卫星导航系统为用户提供高精度、无源的、全天候、全天时、全球或区域范围 PNT 服务，提供 PNT 服务的前提条件是导航卫星必须能够播发连续的、精确的、完好性的无线电导航信号。导航卫星的有效载荷实现导航信号的生成与播发。

用户关心的主要指标是卫星导航系统的定位精度，例如，GPS BLOCK－IIR 导航卫星组网运行时，系统定位服务的球概率误差设计指标为 16 m，在动态环境下，用户使用双频、军码接收机可以获得该定位精度指标。当系统定位服务的球概率误差为 16 m 时，误差源可以分解为空间段、控制段和用户段的三部分误差，用户测距误差如表 8－2 所示，导出的用户测距误差为 6.6 m（1σ），空间段的总均方根用户测距误差约为 3.5 m（1σ）。

表 8－2　GPS 用户测距误差预算（BLOCK－IIR 导航卫星组网运行状态）

组成	误差源	用户测距误差 URE(1σ)，m
空间段	星载原子钟和导航有效载荷的稳定性	3.0
	L 频段导航信号相位不确定性	1.5
	卫星参数的可预测性	1.0
	其他因素	0.5
控制段	星历预测和模型实现	4.2
	其他因素	0.9
用户段	电离层延迟补偿	2.3
	对流层延迟补偿	2.0
	接收机噪声和分辨率	1.5
	多路径	1.2
	其他因素	0.5
总均方根用户测距误差		6.6

用户测距误差是卫星播发的导航信号和地面运行控制段共同造成的伪距误差。正常情况下，地面运行控制系统每 24 h 更新 1 次导航数据，只有在地面运行控制系统工作正常且每天上行加载导航数据时，系统才能达到设计精度。

导航信号链路预算涉及系统的 3 个组成部分，链路预算余量满足通信系统设计要求的前提是导航载荷必须提供满足向用户保证的功率密度电平信号。链路预算中需要优化设计导航天线的增益和导航载荷发射功率，折衷考虑天线尺寸、载荷功率、质量和成本等因素。导航信号到达地面的功率电平较低，一般在－160 dBW 左右，为了保证导航信号的可用性，对导航载荷的其他基本要求为：

1）发射导航信号的相位噪声要降至最低，一般要求小于－30 dBc/Hz@1 Hz，0 dBc/Hz@10 kHz，杂散小于－60 dBc，相位噪声反映导航信号相位的随机波动，影响伪随机噪声测距码的生成精度、误码率与用户机测距精度；

2）射频通道在工作带宽内的增益平坦度控制在 1 dB 以内，以使用户接收机的伪码相关处理函数具有较好的对称性，否则影响接收机对导航信号的捕获、跟踪性能；

3）L 频段信号射频通道群时延变化要降至最低，一般要求小于 0.5 ns，否则影响空间段的 URE 总均方根误差，最终影响系统定位服务的球概率误差指标；

4）射频通道不同 L 频段信号之间的差分群时延变化要降至最低，一般要求小于 1 ns，否则影响双频电离层校正精度；

5）此外导航载荷还要满足发射信号相关域特性、时域特性、调制特性、重构能力等要求。

8.3.2 导航卫星有效载荷架构

按导航信号生成的逻辑顺序，导航卫星有效载荷按功能一般分为时间频率基准、上行数据接收、导航信号生成、导航信号播发 4 个模块。例如，Galileo 系统试验卫星 GIOVE - A 的导航有效载荷划分为参考时钟模块——生成时间频率基准信号，C 频段接收模块——接收运控系统注入的上行导航数据、导航信号生成模块——生成测距码、调制导航数据生成扩频码、调制载波生成导航信号，导航信号输出模块——导航信号滤波、合成、放大与播发，将 E5、E6、L1 三个不同频点的导航信号合成后播发给地面用户。其中有效载荷解密模块执行上行业务遥控命令和导航数据的解密任务，遥控遥测模块执行上行工程遥控命令和下传有效载荷各仪器设备的状态遥测信息，GLOVE - A 有效载荷功能模块组成如图 8 - 4 所示。

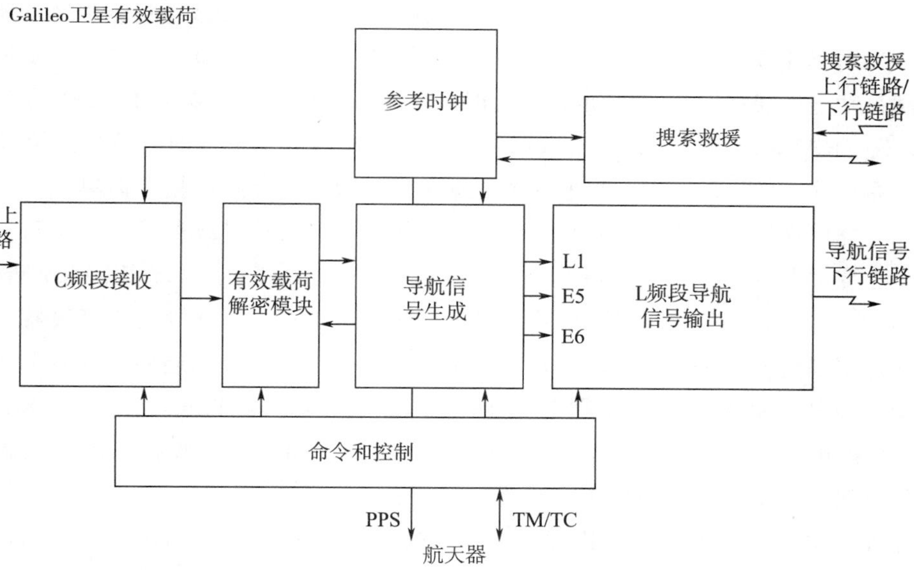

图 8 - 4　Galileo 试验卫星 GIOVE - A 的有效载荷功能模块

有效载荷各个功能模块对应着相关硬件和软件产品，下面以 Galileo 系统导航卫星有效载荷为例简要说明各个功能模块配置，参考时钟模块由两台被动氢钟（Passive Hydrogen Maser，PHM）、两台铷原子钟（Rubidium Atomic Frequency Standard，RAFS）、原子钟监控单元（Clock Monitoring and Control Unit，CMCU）组成，星载原子钟是导航有效载荷的核心，原子钟监控单元对原子钟生成的正弦波信号进行管理与监控，并生成导航载荷的 10.23 MHz 时间和频率基准信号，同时实现系统的时间保持功能。

C 频段接收模块由 C 频段任务接收天线（Mission Antenna，MISANT）、C 频段任务接收机（C - band Mission Receiver，MISREC）组成，C 频段导航数据接收天线接收运控系统注入的上行导航数据，C 频段任务接收机与参考时钟模块生成的时间和频率基准信号保持时间同步。

导航信号生成模块由导航信号生成单元（Navigation Signal Generator Unit，PLSU）、频率生成和上变频单元（Frequency Generator and Upconverter Unit，FGUU）组成，PLSU 是导航有效载荷的核心处理器，将星历计算与外推、原子钟时间校正与外推、监测导航载荷工作状态、存储来自 C 频段任务接收机的导航数据、生成伪随机测距码、生成扩频信号、调制载波信号等所有导航载荷任务集成到一起，相当于我们的大脑。

导航信号输出模块由导航信号输出滤波器和多工器（Output Filter/Multiplexer，OPF/OMUX)、导航功率放大器（Navigation High Power Amplifiers，NAVHPA)、导航信号播发天线（Navigation Antenna，NAVANT）组成，将 E5、E6、L1 三个不同频点的导航信号合成、滤波、放大，然后播发给地面用户。

此外，Galileo 系统还有二级载荷——搜索救援（Search & Rescue，SAR）载荷，由搜索救援转发器（Search & Rescue Transponder，SART)、搜索救援天线（Search & Rescue Antenna，SARANT）等仪器组成，具有大范围实现无线电搜索救援的能力。

GPS 导航卫星有效载荷架构与 Galileo 系统基本一致，例如，BLOCK - IIR - M 卫星有效载荷功能模块如图 8 - 5 所示，分为时间频率基准模块，主要由 3 台铷原子钟 1RAFS、2RAFS、3RAFS 组成；上行导航数据接收模块，通过卫星平台的测控分系统接收地面运行控制系统注入的导航数据；导航任务数据单元模块，由导航数据存储单元、导航信号生成单元、完好性监测单元组成；导航信号播发模块由导航信号波形发生－调制－中间功率放大－上变频单元（wave generation modulation intermediate - amplifier converter Unit，WGMIC)、L1 信号发射机、L2 信号发射机、输出三工器、L 频段天线等仪器组成。所有仪器通过卫星总线处理单元（SPU）与卫星平台综合电子系统相连接，并实现数据的通信与管理。另外，星间链路转发器数据中继单元（Crosslink Transponder DataLink Unit，CTDU）模块，由星间信号接收/发射天线、星间测距和通信接收机、信号调制和模式控制等仪器组成，实现系统的自主导航功能。

此外，BLOCK - IIR - M 卫星还有二级载荷——核爆探测（Nuclear Detection Unit，NDU）载荷，由一个核爆探测放射剂量仪/X 射线探测仪、一个核爆探测光学敏感仪、一台低波段电磁脉冲冲击波探测器以及一台高波段电磁脉冲冲击波探测器组成。核爆探测通过 L3 频点信号播发给用户，因此，还配置了 L3 大功率放大器和滤波器。

综上所述，以 GPS 和 Galileo 系统为代表的导航卫星有效载荷主要由时间频率基准、上行导航数据接收、下行导航信号生成、导航信号播发 4 个模块（分系统）组成，主要完成以下功能：

1）接收地面控制指令，产生并保持卫星时间频率基准号，作为卫星工作的时间和频率基准；

2）接收地面上行注入的导航数据；

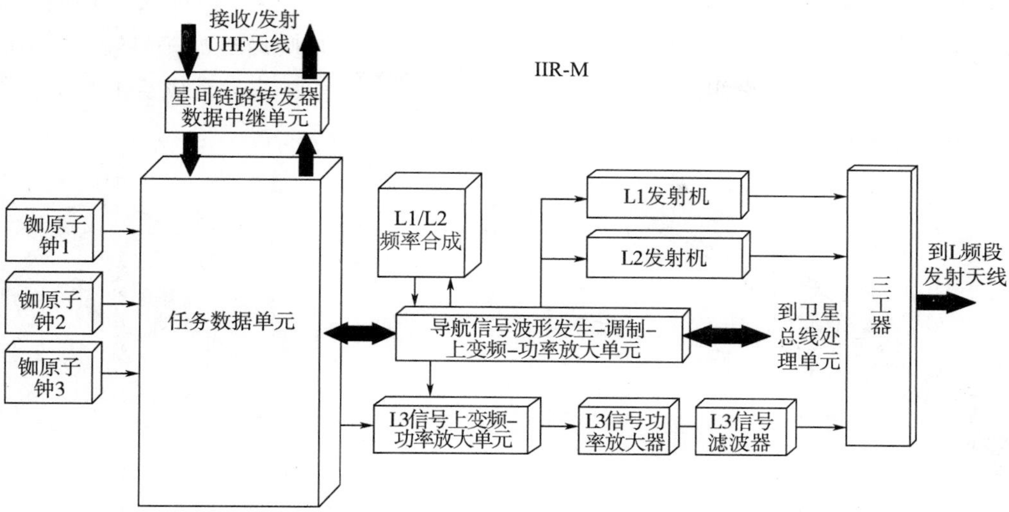

图 8－5 GPS BLOCK－IIR－M 导航卫星有效载荷功能模块

3）根据上注的导航数据以及本星的时间信息，按照规定的格式生成导航电文；

4）生成伪随机噪声测距码，对导航电文进行扩频处理生成扩频信号，调制载波生成下行导航信号；

5）对导航信号进行放大，并用覆球波束天线播发到地面，确保满足地面接收机的接收电平要求。

时间频率基准分系统以星载原子钟为参考，产生频率可微调的卫星基准频率信号，同时用该基准频率信号产生卫星时间，通过频标分配单元将卫星基准频率信号播发给有效载荷的其他分系统。上行导航数据接收分系统接收地面注入的上行无线信号，恢复出上行注入信息，将注入信息送给导航任务处理分系统。下行导航信号生成分系统主要是根据上行注入信息和卫星时频信息等编排产生各个下行频段的导航电文，并对导航电文进行数字调制，生成多路数字中频信号。导航信号播发分系统主要完成多个频段中频信号的上变频、滤波、合路、放大，并由导航天线发射给地面用户。

8.4 导航信号生成

卫星导航系统实现定位的基础是测距，测距的通用方法是测量信号的传播时延，而时延测量的基础是统一的时间基准。统一的时间基准是通过时频生成与保持技术来实现的。授时这一功能更是直接通过这一技术来实现的。

下面以 GPS 卫星导航载荷为例说明导航信号的生成与播发流程，如图 8－6 所示。频率合成与分配单元（Frequency Synthesizer and Distribution Unit，FSDU）对原子钟输出的高稳定度 10.00 MHz 模拟信号进行管理，生成 10.23 MHz 数字频率基准信号。导航数据单元（NAVIGATION DATA UNIT，NDU）接收地面运行控制系统上行注入的导航数据，根据协议存储、编排、生成导航电文。导航数字基带（NAVIGATION BASEBAND）生成伪随机测距码信号，调制导航电文并生成扩频信号。L 频段载波子系统（L - band sub - system）将扩频信号调制到载波信号中，经功率放大器、信号合成后由螺旋阵列天线将形成赋球波束的导航信号播发给地面用户。

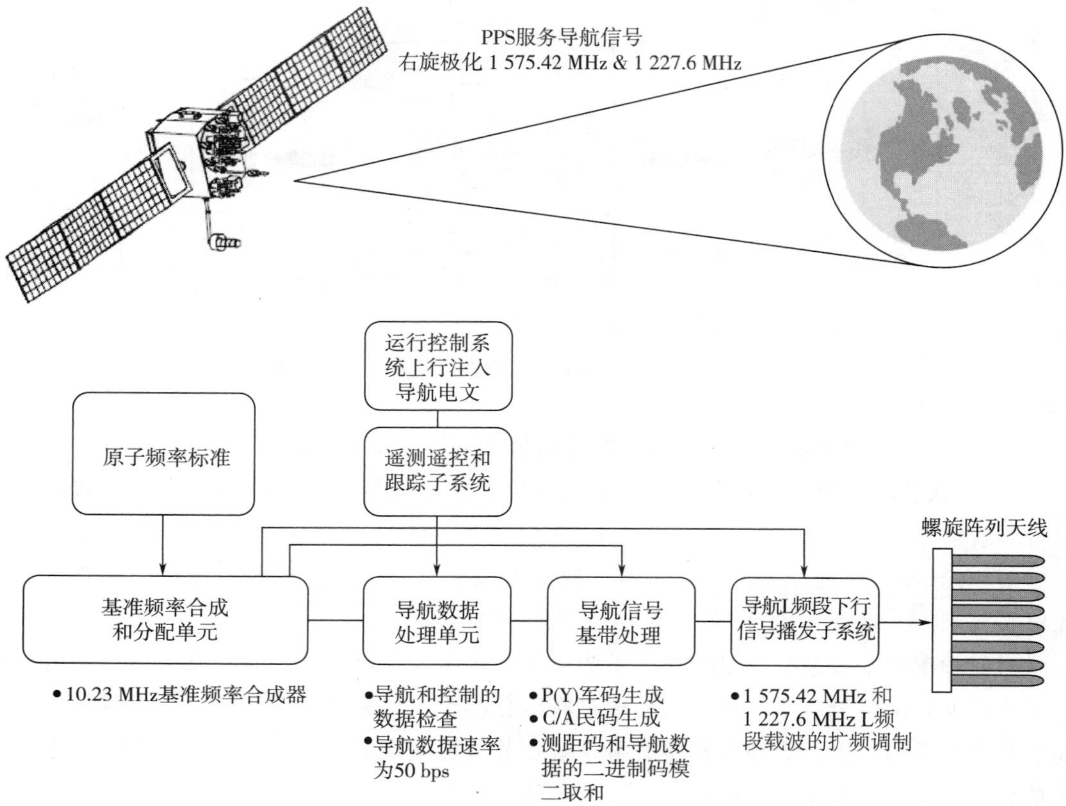

图 8 - 6　GPS 卫星导航信号的生成与播发流程

星载原子钟是导航载荷的核心，为导航信号生成提供精确的、稳定的、可靠的时间基准信号。导航数据单元完成星历计算和数据加密、完成原子钟误差校正，导航数字基带生成扩频码信号。L 频段子系统完成导航信号波形发生（恒包络多路信号复用）、上变频、功率放大、导航信号播发，L 频段天线除了生成赋球波束信号外，还要保证信号相位中心随方位角变化的稳定性，否则影响用户测距误差。

8.4.1　时间频率基准分系统

卫星导航系统时间由地面主控站原子钟和星载原子钟共同构成，前者主要负责时间的准确性，后者主要负责时间的连续性，两者的精度共同决定系统可能达到的系统时间精度。地面主控站原子钟实际上是一个高精度的原子钟守时系统，一般由基准原子钟和守时原子钟构成。基准钟保证系统时间信号的准确性，守时钟保证时间信号的连续性、稳定性和分辨率，两者的关系类似于地面钟和星载钟的关系。因此，守时钟要求高稳定度连续运行，基准钟则要求准确度高，运行可以不连续，但间断不能过长，以至于影响对守时钟同步操作的精度。按原子钟所起的作用，卫星导航系统原子钟可分为地面基准原子钟、地面守时原子钟、星载原子钟和导航终端原子钟 4 类。

导航卫星有效载荷时频信号的生成与保持是导航卫星工作的前提，也是导航卫星正常提供服务和连续运行的基础。时间频率基准分系统由星载原子频率标准和频率合成与分配单元组成，核心是星载原子频率标准，又称为星载原子钟，频率合成与分配单元选定星载原子钟的主份与热备状态，监测原子钟工作状态并将原子钟输出的 10.00 MHz 信号转换成 10.23 MHz 时间和频率基准信号，是导航载荷生成导航信号的关键。

为了确保时间频率基准分系统的可靠性，导航卫星有效载荷一般配置多台原子钟。例如，Galileo 系统导航卫星的星载原子钟包括 2 台氢钟（PHM）和 2 台铷原子钟（RAFS），其中 1 台氢钟作为工作钟，另 1 台氢钟作为热备份钟，另外 2 台铷原子钟作为冷备份钟。GPS BLOCK - IIR - M 系列导航卫星则配置 3 台铷原子钟（RAFS），其中 1 台铷原子钟作为主工作钟，1 台铷原子钟作为热备份钟，另外 1 台铷原子钟作为冷备份钟。

8.4.1.1　有效载荷对原子钟的要求

如果要求系统的定位精度优于 10 m，那么系统时间测量精度应优于 10 m/（3×10^{8} m/s）$=3\times10^{-8}$ s，如果地面运行控制系统可以每天（约 10^{5} s）校正一次星载原子钟的误差，那么信号源的天稳定度就应该优于 3×10^{-13}/天，要保持如此之高的稳定度，将导航信号相位不确定性维持在这个指标要求的唯一手段就是星载原子钟，它是卫星无线电导航业务的基础。

卫星导航系统的位置解算精度表示为精度因子（DOP）和用户测距误差（UERE）之积

$$\text{位置精度}=\text{DOP}\times\text{UERE} \tag{8-1}$$

目前卫星导航星座在保证卫星全部可用的条件下，可以确保 DOP 值在 1～3 之间，因此，对每颗卫星提供的 UERE 确定了星座所能提供的定位精度。UERE 按产生来源主要包括与卫星有关的误差、与信号传播有关的误差和与接收机有关的误差，其中与卫星有关的误差主要包括卫星时钟误差和卫星星历误差，它们是由于地面监控部分不能对卫星的运行轨道和卫星时钟的频率漂移做出准确的测量、预测而引起的。

相对于卫星导航系统时间，卫星原子钟必然存在着时间偏差和频率漂移。为了确保各颗卫星的时钟与卫星导航系统时间保持同步，卫星导航系统地面监控中心通过对卫星信号的监测，将卫星时钟在卫星导航系统时间为 t 时的卫星钟差描述成以下的一个二项式

$$\Delta t^{(s)}=a_{f0}+a_{f1}(t-t_{oc})+a_{f2}(t-t_{oc})^{2} \tag{8-2}$$

式中，3 个二项式系数 a_{f0}，a_{f1} 和 a_{f2} 以及参考时间 t_{oc} 均由卫星导航电文播发给用户。尽管从频率信号的产生到导航信号的发射这一段卫星设备延时已经包含在上式所示的卫星钟差模型中，但是由于该模型不可能与卫星时钟的真实运行情况完全吻合，因而根据该式校正后的卫星时钟值与系统时间之间仍存在着一定的差异，而卫星时钟误差指的就是这个钟

差残存差异。卫星时钟误差换算成距离时一般不超过 3 m，均方差约为 2 m，但当对卫星时间信号实施干扰时，卫星时钟误差可达 80 ns，约 25 m。

卫星时钟总的校正量还应该包括相对论效应的校正量，计算公式为

$$\Delta t_r = F e_s \sqrt{a_s} \sin E_k \tag{8-3}$$

其中

$$F = \frac{-2\sqrt{\mu}}{c^2} = -4.442\,807\,663 \times 10^{-10}(\mathrm{s/m^{1/2}})$$

式中 e_s ——卫星轨道偏心率；

a_s ——轨道长半径；

E_k ——偏近点角；

μ——引力常数，值为 $3.98\,600\,5\times10^{14}\ \mathrm{m^3/s^2}$；

c——真空中光速 $2.997\,924\,58\times10^{8}$ m/s。

单频接收机还应考虑群延时校正值（TGD），它也由卫星导航电文播发给用户。这样，对于 L1 单频接收机，卫星时钟总的钟差值 $\delta t^{(s)}$ 为

$$\delta t^{(s)} = \Delta t^{(s)} + \Delta t_r - T_{GD} \tag{8-4}$$

为了保证系统时间的精度，定期以地面原子钟作为标准对星载原子钟实施校准或同步操作，以消除星载原子钟的频率准确度、频率漂移等引入的时差，保证时间的统一性和准确性。影响时间同步精度的主要因素是星载原子钟的频率稳定度。由于同步操作一般是每万秒或每天进行一次，因此，万秒或天的频率稳定度是星载原子钟的核心指标。在卫星脱离地面控制的自主运行情况下，星载原子钟的频率准确度、漂移率和稳定度对卫星导航系统定位精度构成影响，其中影响较大的是前两者。

用户测量星地伪距过程中 1 ns 的信号相位不确定性相当于 1/3 m 的位置不确定性。GPS 用户测距误差预算中，给导航卫星星载时钟和导航载荷稳定性分配的用户测距误差指标是 URE＝3.0 m（1σ）/24 h，见表 8－2，星载时钟的频率稳定度相当于 9 ns（1σ）/24 h。

8.4.1.2　星载原子钟工作原理

星载原子钟将输出频率信号耦合锁定到一个周期稳定不变的自然现象中。这里的自然现象就是某些特殊元素或化合物原子的外层电子发生能级跃迁（能量变化）时，原子就会以精确的、确定的频率释放或者吸收能量，因此，称为原子频率标准（atomic frequency standard，AFS）。原子频率标准工作分为三个阶段：一是使外层电子数量进入已知状态；二是注入电磁信号，使原子的外层电子发生能级跃迁；三是对外层电子发生能级跃迁而导致能量状态发生变化的原子数量进行查询和分类。第三个阶段产生一个误差信号，利用这个误差信号调整压控晶体振荡器（voltage control crystal oscillator，VCXO）的输出信号频率，使其输出频率锁定在外层电子发生能级跃迁时所释放能量的频率上，由压控晶体振荡器输出符合稳定度和准确度等指标要求的时钟信号。

根据外层电子能级跃迁时所采用的元素或化合物的类别以及电子能级跃迁时与外部装置耦合信息的方式，可以将原子频率标准分为氢脉泽、氨频率标准、铯频率标准、铷频率标准、铍频率标准、汞电磁离子囚禁频率标准。目前卫星导航系统导航卫星主要应用铷原

子频率标准、铯原子频率标准和氢脉泽 3 类空间原子钟，星载原子钟的精度和稳定性一定程度上决定了导航卫星系统的定位精度。星载氢原子钟的频率稳定度最高，秒稳定度为 1×10^{-12}/s、天稳定度为 5×10^{-15}/天、天漂移率优于 1×10^{-14}/天。星载铷原子钟是二级频标，秒稳定度为 5×10^{-12}/s、天稳定度为 5×10^{-14}/天、天漂移率优于 1×10^{-13}/天。星载铯原子钟有磁选态铯钟和光抽运铯钟 2 种工作模式，目前卫星上所用的铯钟均为磁选态铯钟，其稳定度指标介于铷原子钟和氢原子钟之间，体积和功耗也介于铷原子钟和氢原子钟之间。

星载铷钟、氢钟、铯钟各有其特点，铯钟具有较好的频率准确度，氢钟具有较好的频率稳定度，铷钟的短期稳定度与铯钟指标基本相当，长期稳定度和漂移率不如氢钟，星载铷钟、氢钟、铯钟的稳定性指标比较如图 8－7 所示。星载铷钟的体积小、质量轻、功耗低、寿命长、结构简单、可靠性较高、便于批量生产和小型化，是导航卫星有效载荷的首选原子钟。

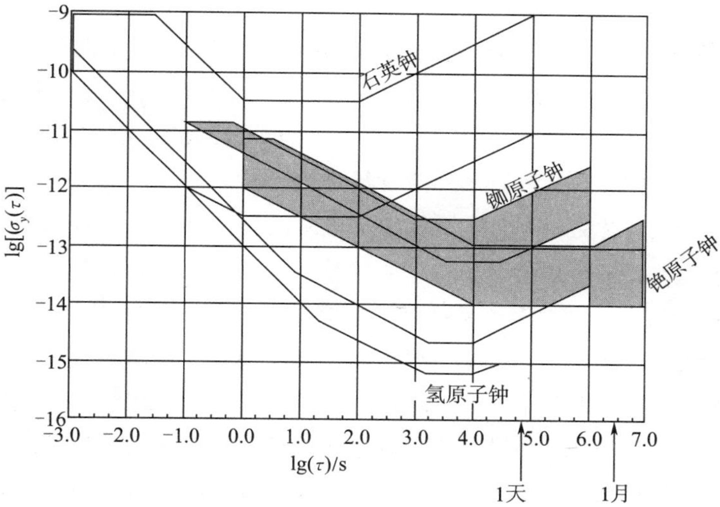

图 8－7　星载铷钟、氢钟、铯钟的稳定性指标比较

铷原子钟由铷原子谐振器和配套电路 2 个环节组成，铷原子谐振器又称为铷钟的物理部分，星载铷钟的铷原子谐振器结构如图 8－8 所示，核心部件是铷光谱灯（Rb Lamp）、滤光泡（filter cell）、吸收泡（absorption cell）、光电池（photo cell）。吸收泡置于微波谐振腔内（microwave cavity），微波谐振腔外绕有产生均匀稳定磁场（C－field）的线圈，简称 C 场，C 场外有用于屏蔽外界杂散磁场干扰的磁屏蔽筒。铷钟物理部分的所有部件都置于加热槽内，以保持物理部分的恒温工作环境。

铷光谱灯内含有少量金属 ^{87}Rb 和惰性缓冲气体 XENON，在 LC 振荡电路高频电场作用下，惰性气体 XENON 分子被电离并被激发到激发态。随着铷光谱灯温度身高，^{87}Rb 原子气态密度增加，被激发态的 XENON 激发而发光，并产生 a 光谱线和 b 光谱线。滤光泡内含有少量金属 ^{85}Rb 和惰性气体 AR，滤光泡的作用是滤除铷光谱灯中的 a 光谱线，留下 b 光谱线作为对吸收泡内 ^{87}Rb 原子的抽运光。吸收泡含有少量金属 ^{87}Rb 和惰性缓冲气体

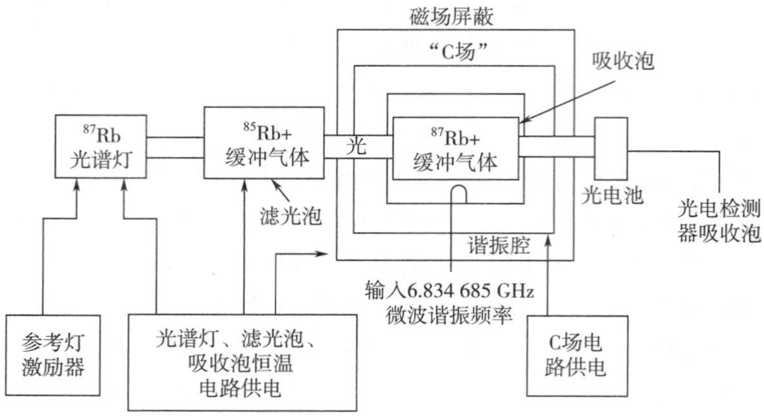

图 8-8　星载铷钟的铷原子谐振器结构

N_2，b 光谱线照射到吸收泡上，吸收泡内金属^{87}Rb 原子基态 $F=1$ 能级上的原子吸收 b 光能量发生能量跃迁。在 b 光谱线持续照射作用下，吸收泡内 $F=1$ 能级上的原子出多进少，$F=2$ 能级上的原子只进不出。在吸收泡内 $F=1$ 能级上的原子都被抽运到 $F=2$ 能级后，原子系统达到平衡，通过吸收泡的 b 光谱能量是恒定值。

星载铷钟的工作过程要经历上文所说的三个阶段，一开始，吸收泡内铷原子的电子处于基本能量状态（ground energy state），大约有 0.1%的铷原子的外层电子自然处于基本能量状态。然后，利用电磁信号（均匀的稳定磁场）将外层电子激发到超精细能量状态，如果激励信号正好在频率 6 834 682 608 Hz 处振荡，总原子数量中许多基本能量状态的电子就会转变为超精细能量状态——微波共振，而能量状态的这种跃迁将会改变原子的光吸收特性。只要发生微波共振，必然伴随 b 光谱光子被吸收，通过检测透过吸收泡的 b 光光强就可以来检测超精细能量共振跃迁——光检测。吸收泡后部的光电池所产生的电流与到达它的光的数量成正比，光电池所产生的电流（光检测信号）将用于对压控晶振输出频率的纠偏，实现铷原子钟频率的闭环锁定。简而言之，物理部分的主要任务就是提供稳定的跃迁谱线。

铷原子钟的配套电路是一个锁频环路，其作用就是产生一个非常接近量子系统跃迁谱线中心频率的微波激励信号，并将物理系统输出的携带铷原子微波跃迁信息的光检测信号进行处理，得到压控晶振的直流纠偏信号并对晶振输出频率进行纠偏，得到具有高准确度和高稳定度的 10 MHz 正弦波信号。过程简述如下，铷原子钟压控晶振是被控元件，晶振输出的 10 MHz 信号经过倍频、综合后变为接近原子 0—0 能级跃迁的调频信号输给物理部分，与^{87}Rb 原子基态 0—0 跃迁中心频率相比较（鉴频）后，物理部分输出误差信号，经伺服系统后变为直流纠偏电压信号，纠偏电压加到晶振的压控端，从而控制晶振的输出信号使其输出稳定在标称值 10 MHz 上。

显然这是一个负反馈系统，将电压控制振荡器输出频率调谐在原子跃迁的频率上。当晶振的频率高于 10 MHz 的标称值时，那么综合、倍频后的微波信号的中心频率也会高于原子跃迁频率，这时物理部分输出的误差信号经伺服系统后将输出负的直流纠偏电压加到晶振压控端使其输出频率降低，反之则输出正电压使其频率升高。被这样一个锁频环路控制的晶振，输出信号提供给用户，技术指标大大提高，因为这个输出信号是被原子的稳定能级跃迁频率控制的。

8.4.1.3 星载原子钟性能指标

对卫星导航系统来说，星载原子钟的重要性能指标是频率稳定度、频率漂移率、频率准确度、对空间环境的适应性、可靠性以及质量、体积和功耗。其中对系统服务影响比较大的，也是比较难实现的技术指标是频率稳定度，频率稳定度直接决定了系统的定位精度，频率稳定度根据阿伦方差（allan variance）表征，阿伦方差是阿伦偏差（allan deviation）的平方，定义为

$$\sigma_y^2(\tau)=\frac{1}{2N-1}\sum_{i=0}^{N-1}(Y_{i+1}-Y_i)^2 \tag{8-5}$$

式中 Y_i ——在时间间隔 i 上原子钟的输出信号的实际频率与标称期望频率的比值；

N ——频率采样次数。

阿伦方差是对造成原子钟输出频率不稳定性的噪声贡献的一种统计估计，研究发现对原子钟具有明显影响的噪声过程是白相位调制噪声、白频率调制噪声、闪烁相位调制噪声、闪烁频率调制噪声以及相位噪声的随机游走。

目前 GPS BLOCK－IIR－M 系列导航卫星配置 3 台铷原子钟，该铷原子钟由美国 PerkinElmer 公司生产，Galileo 系统导航卫星的星载原子钟包括 2 台氢原子钟（PHM）和 2 台铷原子钟（RAFS），均由瑞士 SPT 公司生产。PerkinElmer 公司铷钟和 SPT 公司铷钟的产品特性不同，美国 PE 公司在质量和功耗两方面要弱于 SPT 公司，但在频率稳定度和工作温度范围两方面要明显优于 SPT 公司铷钟。这意味着在其他条件保持一致的情况下，GPS 的定位精度要欧洲 Galileo 系统。美国 PE 公司和欧洲 SPT 公司星载铷钟性能比较如表 8－3 所示。

表 8－3 美国 PE 公司和欧洲 SPT 公司星载铷钟性能指标对比

		美国 PE 公司铷钟	欧洲 SPT 公司铷钟
输出频率		13.401 343 93 MHz	10 MHz
频率准确度		$\pm1\times10^{-9}$	$\pm5\times10^{-10}$
频率稳定度	1 s	$\leqslant3\times10^{-12}$	$\leqslant5\times10^{-12}$
	10 s	$\leqslant1\times10^{-12}$	$\leqslant1.5\times10^{-12}$
	100 s	$\leqslant3\times10^{-13}$	$\leqslant5\times10^{-13}$
	1 000 s	$\leqslant1\times10^{-13}$	$\leqslant1.5\times10^{-13}$
	10 000 s	$\leqslant3\times10^{-14}$	$\leqslant5\times10^{-14}$
	1 天	$\leqslant5\times10^{-14}$	$\leqslant1\times10^{-13}$
漂移率(工作三个月后)		$\leqslant\pm5\times10^{-14}$/天	$\leqslant\pm3\times10^{-13}$/天

续表

		美国 PE 公司铷钟	欧洲 SPT 公司铷钟
相位噪声	1 Hz	≤−85	≤−90
	10 Hz	≤−95	≤−120
	100 Hz	≤−105	≤−130
	1 kHz	≤−115	≤−140
	10 kHz	≤−125	≤−145
	100 kHz	≤−135	≤−145
频率−温度系数		小系数 10^{-14}/℃量级	≤±5×10^{-14}/℃
磁敏感度		≤1×10^{-12}/Gauss	≤1×10^{-12}/Gauss
输出功率		18±1.5 dBm	13±1 dBm
工作温度		−10 ℃～+25 ℃	−5 ℃～+10 ℃
质量		5.5 kg(含电源)	3.2 kg(含电源)
功耗	开机	≤65 W	≤55 W
	稳态	≤39 W	≤35 W

GPS 每天对星座中的原子钟统计评估并预报原子钟的性能，Lockheed Martin 公司每一季度对 BLOCK－IIR 系列卫星原子钟在轨运行状况发布一个性能报告。GPS 星座中 BLOCK－II 系列卫星星载原子钟频率稳定度用 Hadamard（哈达玛）方差图（TAU＝1 天）描述，2002 年第三季度测试结果如图 8－9 所示，包含每颗在轨卫星主工作原子钟的频率稳定度测量值，测量结果按频率稳定度的 Hadamard 方差排序，方差值越小表示原子钟性能越好。由图 8－9 可知，BLOCK－IIR 卫星配置的铷原子钟的性能要优于 BLOCK－II/IIA 配置的铷原子钟，铷原子钟的性能要优于铯原子钟的性能，这也是 BLOCK－IIF 系列新一代 GPS 导航卫星配置 3 台铷原子钟的主要原因。

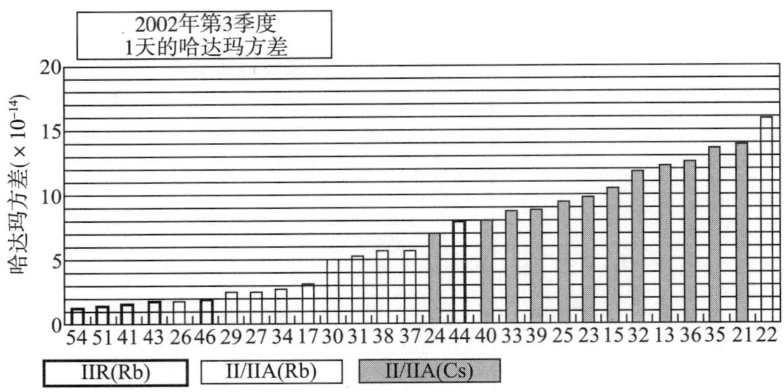

图 8－9　GPS 星座中 BLOCK－II 系列卫星星载原子钟哈达玛方差排列

星载铷原子钟的漂移特征是铷钟的另一个固有特性，一般通过测量钟的相位或频率，然后用差分法或者求导法来计算漂移。图 8－10 给出了 GPS SVN44、46、51 三颗

BLOCK -IIR 卫星配置的铷原子钟的频率漂移特性曲线。三条漂移曲线随时间漂移，这三台钟每台的平均漂移率是 10×10^{-14}/天，横轴为时间轴，3 条漂移曲线都从一个较大幅度的负漂移开始，这些曲线一般都是正斜率，随时间趋近于零，但永远都不会达到平均为零的漂移率。最初漂移会迅速减小，随着时间会逐渐变缓。

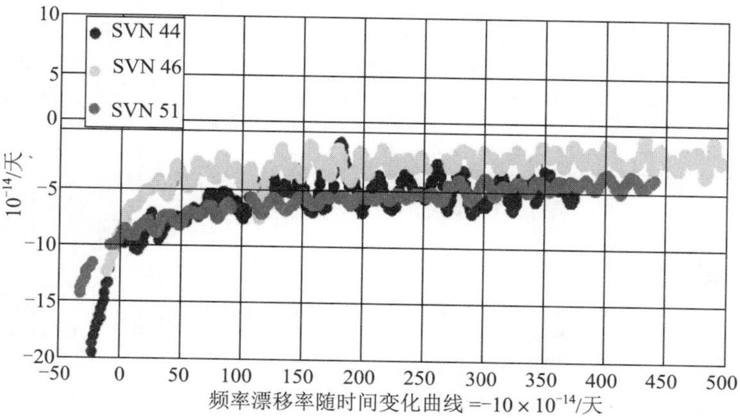

图 8-10 不同 RAFS 的漂移特性

由图 8-10 可以看出，BLOCK-IIR 卫星配置的铷原子钟的频率漂移特性在工作初期会快速降低，然后变成一个较慢的时间常数。一般认为时间常数和铷钟内部的老化过程相关，在开始的时候，较快的时间常数过程决定了最初的漂移特性，过渡时间之后，较慢的时间常数过程又起了决定性的作用。图 8-10 中 3 台铷原子钟中，SVN46 卫星配置的铷原子钟有着较小的漂移和较快的时间常数，SVN51 卫星配置的铷原子钟有着较大的漂移和较慢的时间常数。

为了进一步改善星载铷钟的稳定度，美国 PerkinElmer 公司研制了增强型铷原子钟，频率稳定性曲线如图 8-11 所示，纵坐标是阿伦偏差，横坐标是平均时间（单位为 s），图中最上面折线表示产品使用门限，相当于 BLOCK-IIF 卫星导航有效载荷对产品提出的稳定性指标要求；中间的折线表示 PerkinElmer 公司铷原子钟的设计目标；下面的圆点曲线表示 PerkinElmer 铷原子钟实测的频率稳定度曲线（阿伦偏差）；三角曲线表示主动型氢原子钟实测的频率稳定度曲线（阿伦偏差）；右下角一段曲线表示如果铷原子钟的频率稳定度曲线按照圆点曲线的趋势继续走下去，则其长期稳定度和主动型氢原子钟的频率稳定度指标相当。

美国 PerkinElmer 公司为 GPS BLOCK-IIF 卫星研制的增强型铷原子钟能够代表世界同类产品的最高水平，其频率稳定性技术指标和测试结果与用于 BLOCK-IIR 卫星的铷钟稳定度指标比较如图 8-12 和表 8-4 所示。

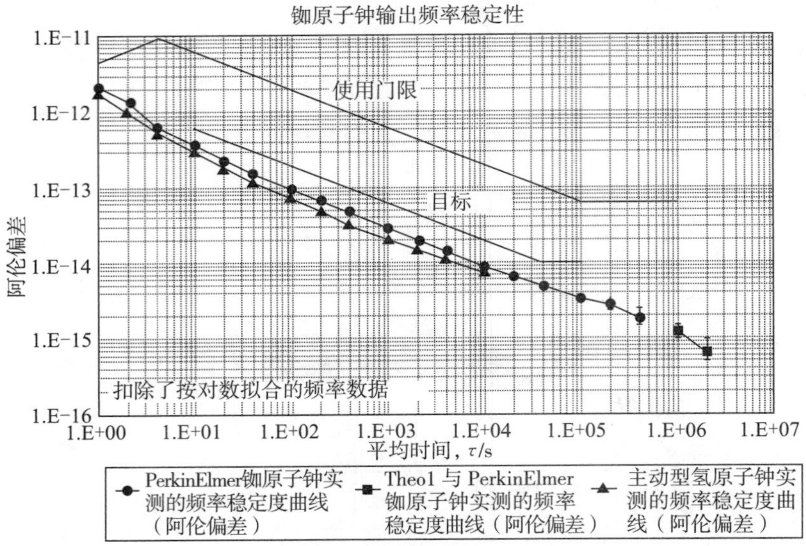

图 8－11　美国 PerkinElmer 公司研制的铷钟、氢钟的频率稳定性以及设计目标和使用门限指标

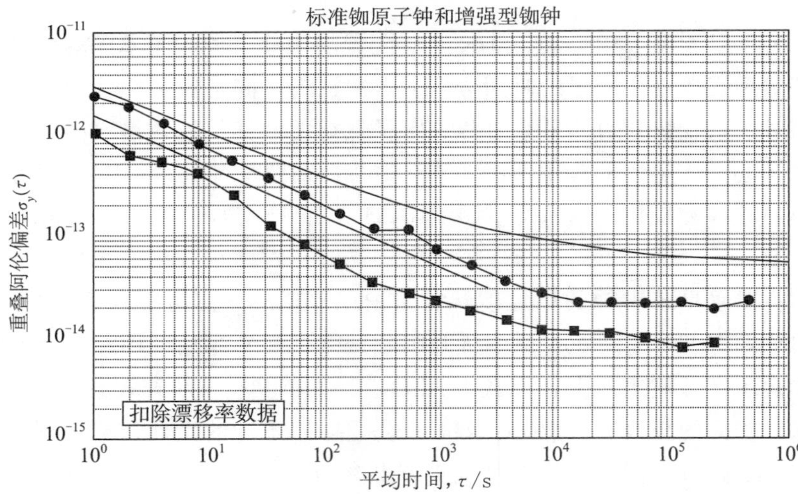

图 8－12　美国 PerkinElmer 公司研制的标准铷钟及增强型铷钟频率稳定性指标比较

表 8－4　标准铷钟及增强型铷钟对比

	美国 PerkinElmer 公司星载铷原子钟			
	增强型		标准型	
	指标要求	测试结果	指标要求	测试结果
1 s	$\leqslant 1.5\times10^{-12}$	1.0×10^{-12}	$\leqslant 3\times10^{-12}$	$2.\times\times10^{-12}$
10 s	$\leqslant 5\times10^{-13}$	$3.\times\times10^{-13}$	$\leqslant 1\times10^{-12}$	8.0×10^{-13}
100 s	$\leqslant 1.5\times10^{-13}$	6×10^{-14}	$\leqslant 3.5\times10^{-13}$	$2.\times\times10^{-13}$
1 000 s	$\leqslant 5\times10^{-14}$	$2.\times\times10^{-14}$	$\leqslant 1.5\times10^{-13}$	$7.\times\times10^{-14}$

续表

	美国 PerkinElmer 公司星载铷原子钟			
	增强型		标准型	
	指标要求	测试结果	指标要求	测试结果
10 000 s	$\leqslant 3\times10^{-14}$	$1.\times\times10^{-14}$	$\leqslant 8\times10^{-14}$	$2.\times\times10^{-14}$
1天	$\leqslant 3\times10^{-14}$	$8.\times\times10^{-15}$	$\leqslant 6\times10^{-14}$	$1.\times\times10^{-14}$

8.4.1.4　时间频率信号生成与保持技术

为了确保上行接收处理和下行发射信号之间的时间频率相干性或者对应关系，包括星上时间信号、频率信号、数字基带信号，导航载荷利用频率综合与管理技术传递星载原子钟的频率精度、控制其频率分辨率、调整其频率范围、监测主备原子钟相位一致性等任务，生成并保持 10.23 MHz 卫星钟时间频率基准信号，最终实现多个频率信号之间的相干性。

例如，Galileo 导航卫星有效载荷的时间频率信号生成与保持系统由原子钟模块和时钟监控单元（Clock Monitoring and Control Unit，CMCU）组成，如图 8－13 所示，CMCU 对原子钟生成的正弦波信号进行管理与监控，并生成 10.23 MHz 导航载荷的时间频率基准信号，同时实现系统的时间保持功能。

原子钟模块由 2 台被动氢钟（Passive Hydrogen Maser，PHM）、2 台铷原子钟（Rubidium Atomic Frequency Standard，RAFS）组成，PHM 和 RAFS 及 CMCU 在卫星载荷舱舱板的布局如图 8－14 所示，图中底端 2 台的六面体仪器是铷原子钟，图中左上部 2 台的圆筒状的仪器是氢原子钟，2 台铷原子钟和 2 台氢原子钟之间的仪器是 CMCU。

铷原子钟和氢原子钟的输出频率为 10.0 MHz，作为 CMCU 的参考频率，CMCU 利用开关矩阵选择其中 2 台原子钟作为工作钟（一工作一热备），另外 2 台原子钟作为系统的冷备份。原子钟输出的主备两路10.0 MHz参考频率信号送入 2 台直接数字频率综合器（direct digital synthesiser，DDS），DDS 的核心是 2 个频率合成器，将星载原子钟产生 10.00 MHz 正弦波信号合成为 10.23 MHz 正弦波卫星钟信号。数字频率信号综合单元将一路信号送入相位比较器（相位计），用于确定 2 个 10.23 MHz 信号之间的相位漂移，根据相位漂移数据调整并控制数字频率综合单元的输出。

数字频率信号综合单元将另一路信号送入频率分配单元，分别输送给上变频单元（FGUU）、导航任务单元（NMU）、搜索救援载荷（SAR）、跟踪遥测和遥控（TT&C）。为了驾驭这些原子钟的频率偏差和频率漂移，满足系统对相噪、长期频率稳定度方面的性能要求，以及可以调整输出频率，Galileo 卫星导航载荷的直接数字频率综合器快速响应来自于导航任务数据单元的频率驾驭指令，控制 10.23 MHz 基准频率信号的稳定度和偏移量。10.23 MHz 的频率可以直接与源输出的频率进行比较、检测、跟踪和校正反馈环路系统的相位差。直接数字频率综合器可以在不恶化原子钟性能的情况下调整输出频率，调整频率步长为 1×10^{-15} Hz。CMCU 输出的 10.23 MHz 信号的相位噪声和稳定度指标如表 8－5 和表 8－6 所示。

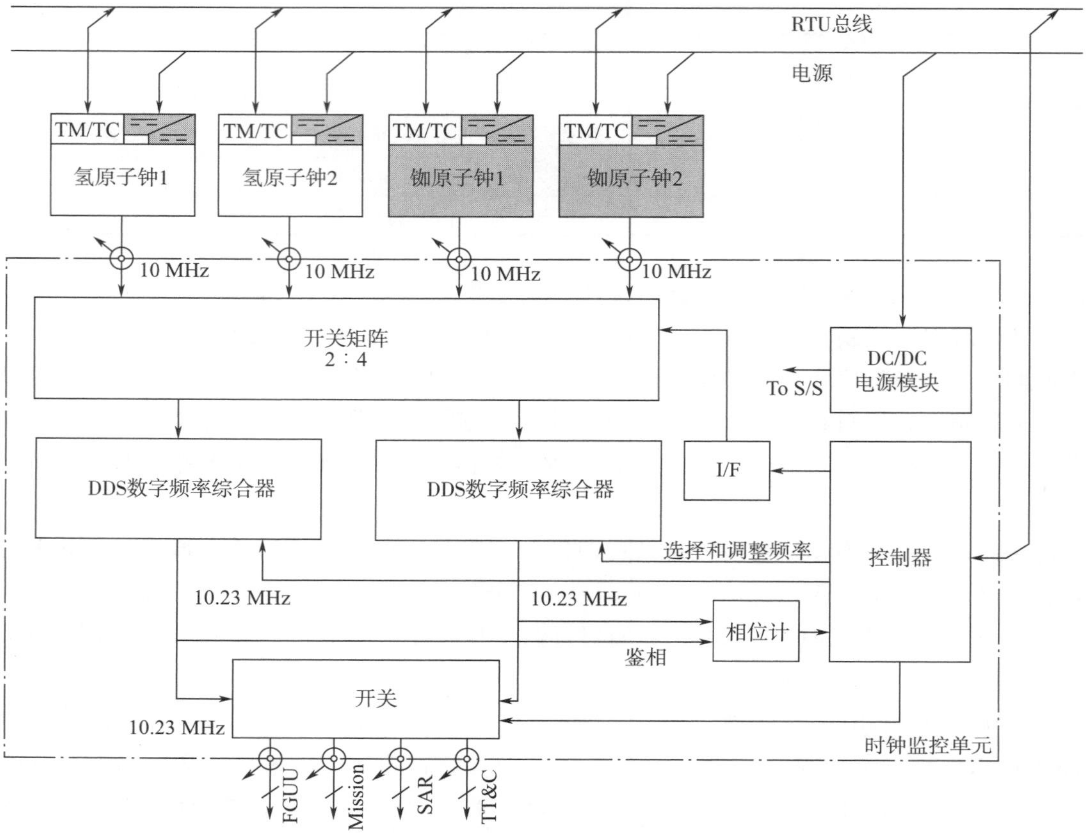

图 8-13　Galileo 导航卫星有效载荷的时间频率信号生成与保持系统组成

图 8-14　氢钟和铷原子钟及原子钟监控单元在卫星载荷舱舱板的布局

表 8－5　卫星钟输出的 10.23 MHz 相位噪声指标

载波频偏/Hz	相位噪声/(dBc/Hz)
1	≤－95
10	≤－125
100	≤－139
1 000	≤－145
10 000	≤－154
100 000	≤－157

表 8－6　卫星钟输出的 10.23 MHz 稳定度指标

频率稳定度 τ(s)	PHM 参考 $\sigma_y(\tau)$	RAFS 参考 $\sigma_y(\tau)$
1	1×10^{-12}	5×10^{-12}
10	3.2×10^{-13}	1.5×10^{-12}
100	1×10^{-13}	5×10^{-13}
1 000	3.2×10^{-14}	1.5×10^{-13}
10 000	1×10^{-14}	5×10^{-14}
底噪	1×10^{-14}	3×10^{-14}

GPS 导航卫星的时间保持系统（time keeping system，TKS）的原理与 Galileo 系统类似，功能组成模块如图 8－15 所示，铷原子钟和铯原子钟的输出频率为 13.4 MHz，作为 TKS 的参考频率，并产生 1.5 s 的参考历元；频率合成与分配单元内置的 VCXO 产生 10.23 MHz 系统时间频率基准信号，VCXO 产生的 10.23 MHz 基准信号馈送到系统参考历元生成器，并产生一个 1.5 s 的系统历元，这两个 1.5 s 的历元同时输入到相位检测器(Phase Meter，PM)，PM 利用一个异步的 600 MHz 时钟周期数计算两个历元之间的时间误差。根据时间误差值，环路调整 VCXO 输出历元的相位，以便使 VCXO 相位锁定到参考的 AFS 上。如果 GPS 使用选择可用性（SA）技术，则会在 TKS 的输出端加入抖动频率干扰信号。

8.4.2　上行导航数据接收分系统

为了保持系统的定位精度，需要及时更新卫星星历、星载原子钟误差，卫星导航系统均是通过上注导航数据来定期更新导航电文。根据对导航信号的监控数据，卫星导航系统的地面运行控制段生成每颗导航卫星的星历预测、时钟校正、电离层修正等导航数据，然后利用上行链路将导航数据注入给导航卫星，导航卫星有效载荷的上行数据接收分系统负责接收这些导航数据。四大卫星导航系统上行导航数据注入系统的设计理念一致，但选择的频点不同，如表 8－7 所示，都要求具有一定的抗干扰能力。

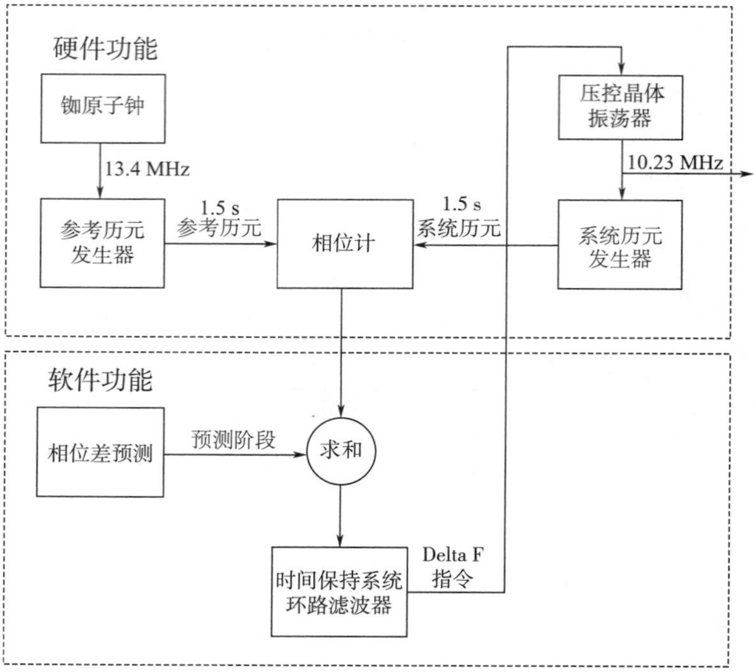

图 8-15　GPS 导航卫星有效载荷时间保持系统原理框图

表 8-7　四大卫星导航系统上行链路指标对比

导航卫星系统	上行链路频段	主要功能及性能
GPS	S 频段、C 频段	上行注入导航数据、遥控指令
GLONASS	S 频段	上行注入导航数据、遥控指令
GALILEO	C 频段	上行注入导航数据，支持 6 通道同时注入
	S 频段	遥控指令
BDS	L 频段	上行注入导航数据、上行测距时间比对

高密度、高强度电磁信号干扰是卫星导航系统必须面对的一个突出问题，该问题直接影响卫星信号与地面站、各类终端间的通信能力。导航卫星对上行注入数据的接收能力直接关系到整个卫星导航系统的服务精度，因此，要求星上接收设备具有较强的抗干扰能力。一般采用自适应带陷滤波算法或者 FFT 的频域带陷算法，解决上行注入信号的抗干扰接收（可抑制对抗雷达脉冲干扰、慢扫频干扰、单频干扰、宽带干扰以及多址信号等多种干扰信号）问题，实现测距精度不低于 1 ns 的技术要求。

下面以 GPS 和 Galileo 为例，简要介绍卫星导航载荷上行数据接收分系统的组成及功能。Galileo 卫星有效载荷利用 C 频段接收机（C-Band Receiver）接收地面运控系统注入的上行导航数据，上行数据接收分系统由 C 频段任务接收天线（Mission Antenna，MISANT）、C 频段任务接收机（C-band Mission Receiver，MISREC）组成，C 频段任务接收机与时间频率基准分系统生成的时间和频率基准信号保持时间同步，同时将接收到的导航数据通过数据总线送给导航信号生成单元。GPS 卫星有效载荷则是利用测控链路（TT&C）来接收地面运控系统注入的上行导航数据，由 S 频段测控收发共用天线、S 频段测控应答机组成，与 Galileo 卫星有效载荷设计理念一致，S 频段测控应答机与时间频率基准分系统生成的时间和频率基准信号保持时间同步，同时将接收到的导航数据通过数据总线送给导航任务数据单元。

在上行信号体制上，国外导航卫星上行注入普遍采用了短码直接序列扩频、长码直接序列扩频、高速跳频、空时抗干扰处理等技术，以充分增强抗有意、无意辐射源干扰能力。GPS 导航任务数据上行注入与工程测控系统采用统一信道设计，GPS I/II 系统采用 S 频段地面链路系统（S - band Ground Link System，SGLS）进行导航数据上行注入，SGLS 频段为 1.76～1.84 GHz，遥控指令上行注入，没有上行测距功能。

GPS II/IIA、IIR/IIR - M 和 IIF 卫星均采用 1.761～1.842 GHz 的 S 频段作为上行注入链路。为了提高上行注入链路的安全性和 TT&C 的速率，GPS BLOCK - III 采用 C 频段（NTIA 指南明确 5.0～5.01 GHz 为地对空无线电导航卫星服务频段，5.01～5.03 GHz为空对地无线电导航卫星服务频段）作为 TT&C 上下行链路频点，设计参数如表 8 - 8 所示。

表 8 - 8　C 波段 TT&C 网络设计参数

上行/下行链路	数据速率	分配频段	中心频率
上行链路	200 Kbps	5.0～5.01 GHz	5.000 5 GHz
下行链路	6 Mbps	5.02～5.03 GHz	5.025 GHz

GPS III 系列导航卫星与现有 GPS II 系列卫星兼容，为了提高收发隔离和数据通信能力，针对上行/下行运控链路，GPS 计划采用 C 频段作为上行链路，X 频段作为下行链路。GPS III 系列卫星星地高速链路方案如图 8 - 16 所示。

导航卫星有效载荷对上行链路的需求是满足上行导航数据上注频度和信息容量，上行数据接收的关键要素是抗干扰能力，确保在受到外界干扰时，能够可靠接收上行数据信号，同时要保证地面与卫星之间的通信链路余量满足总体设计要求，典型上行链路预算如表 8 - 9 所示。

表 8 - 9　导航卫星有效载荷上行链路预算

因素	参数
星上最小接收功率/dBW(经验数据)	≥−143
卫星接收天线增益/dBic(经验数据)	≥7
空间损失/dB(典型值) *	−190
大气损耗/dB(经验数据)	−0.5～−2
极化损失/dB(经验数据)	−1.0
地面发射 EIRP/dBW	37～64

* 空间损失为 $20\lg[\lambda/(4\pi d)]$，其中 λ 为波长(m)，d 为传输距离(m)。GPS 卫星 MEO 轨道高度 26 612 km，上行频点为 S 频段/2.6 GHz，在用户仰角为 10°时，空间损失为 −190 dB，如果上行频点采用 L 频段/1.3 GHz，则空间损失为 −184 dB。

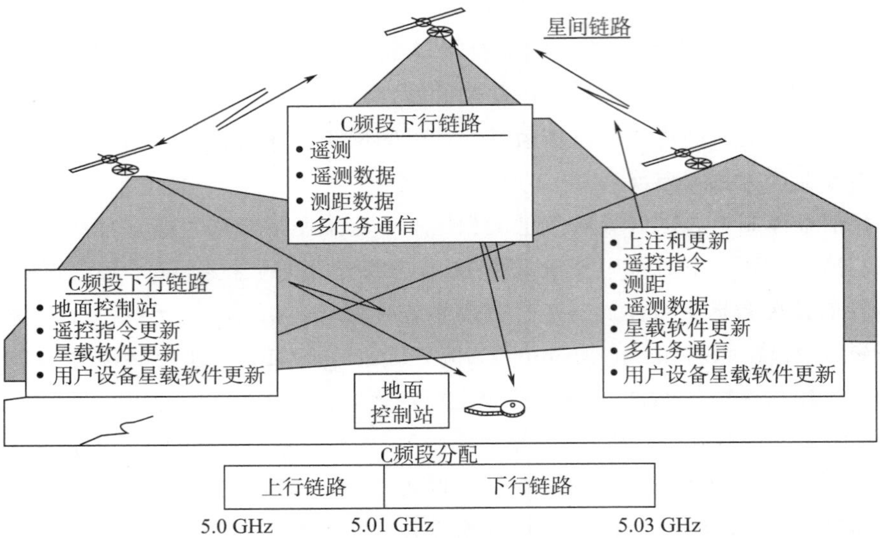

图 8-16　GPS III 星地高速链路方案示意图

此外，有的卫星导航上行链路还具有星地双向时间比对功能。星地无线电双向时间同步法的基本原理是地面站 A 在地面时间系统 t_g 时刻向卫星发射测距信号，该信号被卫星接收设备在 t_{sr} 时刻接收；而卫星在星载时统 $t_g + \Delta T_{gs}$ 时刻向地面站发射测距时标信号，该信号时标被地面时间同步站 A 在 t_{gr} 时刻接收，并将测量数据下传到地面中心（或时间同步站），将 2 个观测数据求差获得星地钟差；当星地粗同步钟差 ΔT_{gs} 引起的星地传输路径之不同可以忽略不计时，星地双方所测伪距之差，即为星地钟差 Δt_{gs} ，其过程如下。

卫星钟面时为 t_s ，地面钟面时为 t_g ，则星地钟差为

$$\Delta t_{gs} = t_s - t_g \tag{8-6}$$

星地两站均在本地钟控制下发射测距信号，对方接收相应时刻的时标信号进行伪距测量，伪距表达式为

$$\rho_s = t_s - t_{sr} \tag{8-7}$$

$$\rho_g = t_g - t_{gr} \tag{8-8}$$

式中　ρ_s ——卫星所测伪距；

ρ_g ——地面站所测伪距；

t_{sr} ——卫星接收地面信号伪距时刻；

t_{gr} ——地面接收卫星信号伪距时刻。

根据伪距定义及上述假设条件，有

$$t_{sr} = R_0/c - \Delta t_{gs} \tag{8-9}$$

$$t_{gr} = R_0/c + \Delta t_{gs} \tag{8-10}$$

式中　R_0——星地间空间距离；

c ——光速。

将式（8-9）、式（8-10）分别代入式（8-7）、式（8-8）后再相减，得

$$\rho_s - \rho_g = 2c(t_s - t_g) = 2c\Delta t_{gs} \tag{8-11}$$

式中　Δ_{gs} ——地面钟超前卫星钟时间。

星地无线电双向时间同步法时间同步误差包括了伪距测量误差、伪距测量的时刻误差、电离层及对流层修正误差和多路径干扰。如果伪距测量的时刻同步越精确，那么上、下行测距信号所走过的路径相同，这将大大消除传播路径误差和卫星运动的影响。当伪距测量的时刻同步误差为 100 μs 时，上述因素对于中圆轨道卫星所产生的星地时间同步误差可以忽略不计。由此，影响同步精度的因素仅与以下因素有关：

1）伪距测量精度：包括地面伪距测量的精度和星上伪距测量的精度。对导航信号的伪距测量精度根据使用的测距码而异，可以优于 0.5～1.0 ns。

2）设备时延误差：是指星地设备在 2 次时间测量之间（对 MEO 卫星为 12～16 h）的变化，可按 0.5 ns/天计算。

3）电离层延迟误差：只与上、下行无线电信号频率有关。当 2 个频率靠近时，上、下行路径一致，大部分传播误差被抵消，但太靠近将受电磁兼容的影响。当在 L 频段上相差约 40 MHz 的上、下行频率上其路径误差可达 4.0 ns，还应当采用更多的手段予以削弱。一般采用电离层校正方法，利用多站、双频等监测，接收机观测值可以进一步缩小为 0.5 ns。

4）多路径干扰：是指非直达观测信号对测距误差的恶化影响，与观测站环境有关，可以控制在 0.3 ns 以内。

因此，星地双向伪距法的时间同步精度为

$$m_{\Delta T} = 1/2(m_{rs}^2 + m_{gr})^{1/2} + m_e + m_{ion} + m_w \tag{8-12}$$

式中　$m_{\Delta T}$ ——星地时间同步误差；

m_{rs} ——卫星接收及伪距测量误差；

m_{gr} ——地面同步站接收及测量误差；

m_e ——设备时延误差；

m_{ion} ——电离层传播误差之残差；

m_w ——多路径误差。

根据上面的假设，有

$$m_{\Delta T} = 1/2(1^2 + 1)^{1/2} + 0.5 + 0.5 + 0.3 = 2.0 \text{ ns} \tag{8-13}$$

为了实时验证时间同步精度的正确性，往往还有一个地面时间同步站 B 与 A 同时对同一颗卫星进行双向时间比对。根据 A、B 两站的已知的时间同步精度，评定 A、B 两站各自的星地时间同步精度。

8.4.3　导航信号生成分系统

8.4.3.1　功能与组成

以 GPS 为例，导航信号的生成由有效载荷的导航任务数据单元（MISSION DATA UNIT，MDU）完成。MDU 接收地面控制段通过 TT&C 发送给卫星的导航数据，并对导航数据进行存储。测距码对导航数据扩频处理后，利用 QPSK 等信号调制和复用技术生成导航信号，再通过 L 波段射频播发系统向地面发射导航信号。MDU 具备自主工作功能，无须接收来自地面主控站的导航数据。通过处理卫星之间的测距信息来计算卫星星历和时钟校正数据，然后 MDU 更新发送给用户的导航电文。

除了为 GPS 用户提供导航数据以外，MDU 还接收来自核爆探测系统的数据，这些数据在经过 MDU 编码后，通过 L 波段射频播发系统与导航数据一起传送至地面。MDU 的主要功能概述如下：

1）存储控制区段上行加载的信息；

2）处理、格式化和产生导航数据；

3）为其他载荷部件提供精确时间和频率信息；

4）产生下行信号的伪随机码，以用于地面测距；

5）提供反电子欺骗功能，即根据地面控制的指令改变导航下行信号的部分特性，允许特许用户在敌对环境下接收 GPS 信号；

6）在出现核爆炸事件时能够继续正常工作，不会对导航功能产生永久性影响；

7）在没有来自地面控制系统的导航数据更新时，能够实现自主导航服务，即通过处理来自星间测距数据和与其他卫星交换的导航数据，自主确定星历和时钟校正，以周期性地修改导航电文；

8）将当前选择可用性数据和星历数据嵌入到核爆探测系统数据消息中，以便发送给其他 GPS 卫星和核爆探测用户地面接收站；

9）根据地面指令或者已知的可接收条件完成打开或关断下行导航信号功能；

10）提供遥测、诊断和自检能力。

MDU 由平方放大器、数字基带、微处理器、存储器、可擦除只读存储器、IGS/ITS 编码器以及电源 7 部分组成。平方放大器接收来自频率合成与分配单元 FSDU 输出的 10.23 MHz 正弦波信号和 $10.23+\varepsilon$ MHz 正弦波信号，同时输出 1 个10.23 MHz方波和 $10.23+\varepsilon$ MHz 方波数字信号给数字处理基带。正弦波信号必须被整形为方波以使操作数字设备时的时间差异最小化。相对于正弦波信号，采用方波信号可以在更短时间内触发数字设备，因此系统将更稳定。GPS 卫星导航信号生成原理框图如图 8－17 所示。

伪随机测距码是用户接收机测量星地之间伪距的关键，伪随机码由平方放大器的 $10.23+\varepsilon$ MHz 方波生成。军用 P（Y）测距码的码片速率为 $10.23+\varepsilon$ MHz，比特间的时间长度约为 97.75×10^{-9} s，这一间隔称为 1 个码片，是导航载荷记时的单位——时间历元（epoch）。对民用 C/A 码，码片速率是 $1.023+10\varepsilon$ MHz，C/A 码长度为 977.5×10^{-9} s。码片有时以距离形式给出，一个码片的距离约为 30 m（97.75 ns×光速）。

与上一代 BLOCK 系列导航卫星相比，BLOCK－IIR 导航载荷中 MDU 使用的计算机程序是大而复杂的，这些软件被称为任务处理（MP）软件。自主工作 180 天的要求决定了卫星必须完成许多正常状态下，由地面控制段所执行的功能。其中除了星历和时钟参数估计以外，还包括完好性监测，导航参数的曲线拟合，用户测距精度估计，导航电文格式

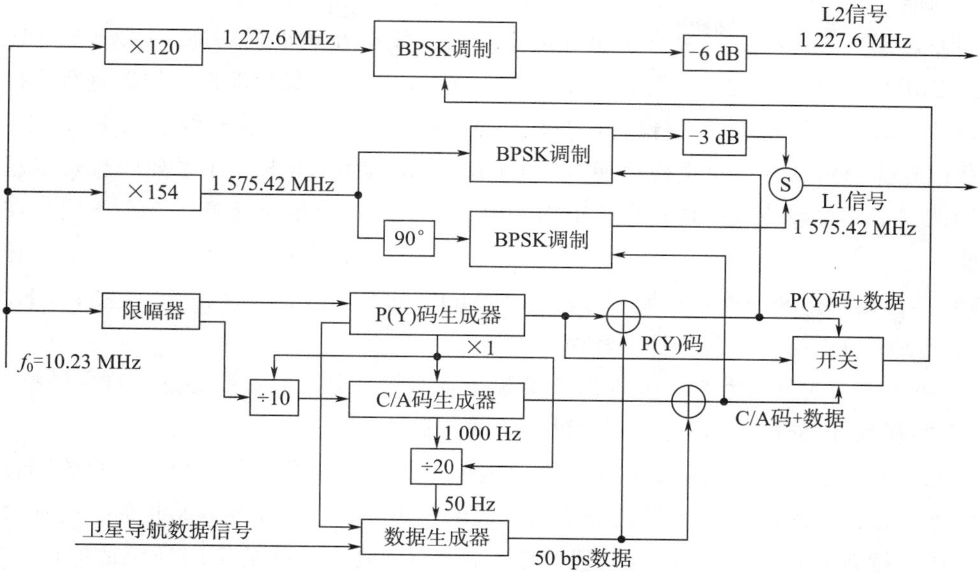

图 8－17　GPS 卫星导航信号生成原理框图

化，选择可用性，协调世界时控制以及无辅助的异常功能恢复。造成软件复杂性的另一个因素是 MDU 必须同时具备大量的硬件和软件接口，这些接口将 MDU 与星上其他分系统有机地联系起来。

整个 MP 程序均使用 Ada 语言编写，软件可根据地面指令实现在轨重构。在冷启动后，处理器就会执行存贮在 PROM（可编程只读存储器）内的程序，PROM 程序具有自主诊断能力，验证上行加载和执行飞行程序所需要的处理器、存储器和数据接口的运行是否符合设计要求。除了上行加载整个工作程序的能力外，也能作为部分程序的上行加载。

Galileo 卫星导航有效载荷的信号生成子系统由导航信号生成单元（Navigation Signal Generator Unit，PLSU)、频率生成和上变频单元（Frequency Generator and Upconverter Unit，FGUU）组成，导航信号生成单元是导航有效载荷的核心，计算并外推星历参数、校正并外推原子钟时间、监测导航载荷工作状态、存储来自 C 频段任务接收机的导航数据、生成伪随机测距码、生成扩频信号、调制载波信号等所有导航载荷任务集成到一起。

Galileo 卫星的 PLSU 由数字信号处理器、伪随机噪声码产生模块（包括时钟产生器)、数据加密模块、卫星遥测遥控数据接口（TM/TC & data interface to the satellite)、有效载荷与校准接收机接口（P/L internal to calibration receiver)、时间子系统与频率产生能量转换模块（timing S/S and FGU power converter module）组成。DSP 主要功能包括以一种定义的格式、速率（50 Hz）产生一个或几个导航数据；以定义的速率产生一种或几种伪随机噪声码；利用产生的伪随机噪声码对导航数据信息进行扩频调制；对导航信号加密以及滤波处理。

8.4.3.2　有效载荷在轨重构

导航载荷在轨出现软故障后，要求具有修复和在轨重构能力，提高有效载荷适应变化和容错的能力，由此降低卫星在轨工作的风险，提高系统的灵活性。

例如，GPS BLOCK－I 系列卫星导航载荷软件没有在轨重构功能，BLOCK－II 系列卫星在 BLOCK－I 的基础上进行了几项重大的改进，对导航载荷随机存储器进行了抗辐射加固设计，通过数据库增加飞行软件的灵活性，但 BLOCK－II 及升级后的 BLOCK－IIA 导航载荷软件仍然没有在轨重构功能。BLOCK－IIR 为 BLOCK－II 系列的替代卫星，其显著特征在于导航载荷软件具有在轨重构能力，导航任务数据单元具备 3 个不同的在轨重构功能：

1）具备在轨诊断功能，诊断程序增加到 MDU 的 SRAM 中，该程序不大于 4 KB，程序可用于在轨纠正错误的紧急补丁程序；

2）可修改自主导航参数，允许用户设置导航参数，但在设置前要禁止自主导航功能；

3）实现软件部分更新，可实现软件补丁式的修改。

在卫星发射之后，导航载荷软件的在轨重构功能可以根据需求增加新的功能和修改原代码设计中存在的问题。GPS 导航载荷软件采用模块化设计，功能容易扩展，能通过重新编写程序支持新的需求。MDU 的处理器是 1 750 A，具有较强的空间环境适应性，MDU 支持 40 K 字的 PROM 和 384 K 字的 SRAM。PROM 软件包含了最小量的维护软件，MDU 在上天之后从地面被加载到 SRAM 中运行。

MDU 的软件结构如图 8－18 所示，MDU 软件任务处理计算机软件配置体系（CSCI）包括运行软件和计算机软件组件（CSCs）。上行组件接收从控制段上行 S 波段链路上注的数据，一般分为程序加载和数据加载两类加载。一旦收到上行数据，CSC 采取奇偶校验和数据纠错措施检测上行链路中可能发生的错误，上行数据确认无误后被存储在有效载荷存储器里，信息在预定的时间里被控制段执行。

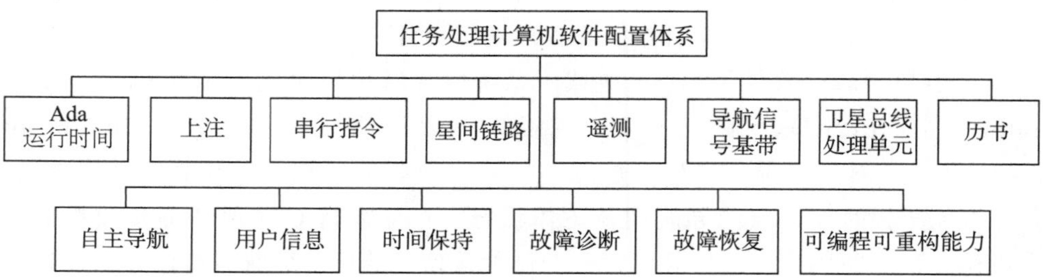

图 8－18　GPS IIR 有效载荷软件结构

BLOCK－IIF 卫星扩展了星上存储器容量，MDU 软件在轨重构能力得到了进一步的加强。新一代 GPS BLOCK－III 系列卫星将具备星间链路指令控制架构，能够使星座所有卫星实现互联互通和一键式测控。BLOCK－III 系列卫星将利用 ASIC 和 FPGA 共同实现导航载荷功能，系统的灵活性和可重构能力更强，对 FPGA 实现全部可编程，对 ASIC 进行参数化控制，支持导航电文格式在轨修改、预置导航信号的选择、新导航信号的生成，导航信号包括对调制方式、扩频码、子载波、数据速率、信号功率分配等参数的修改。

Galileo 导航卫星可在轨对导航信号的某些预置特征进行选择或控制，导航载荷采用

TSC695CPU＋ASIC 架构，可实现在轨软件更新、参数更改。对导航信号进行参数化控制选择，包括调制方式、扩频码、子载波、信号功率等的参数改变。

8.5　导航信号播发

导航载荷的导航信号生成分系统生成导航信号后，由导航载荷导航信号播发分系统将导航信号调制到载波信号上，经信号功率放大，再由导航天线将导航信号播发给地面用户。导航信号播发分系统的主要部件包括频率合成器、射频调制器、高功率放大器、天文学带阻滤波器、输出多工器（双工器或者三工器）以及输出滤波器。频率合成器的主要组成环节包括相位锁定环、倍频器、数字控制晶体振荡器，目的是将载波频点锁定在导航载荷的 10.23 MHz 时间频率基准信号上，可以采用不同的方法设计，具体方案取决于所要求的杂散电平、相位噪声、功耗、体积和质量。输出多工器对每个经过调制的载波信号进行滤波处理，并将多个载波信号合成为单一的合路信号输出。对输出多工器的特殊要求是对环境温度变化不敏感，并应该将群时延降至最低，因为群时延变化将会使用户测距误差恶化。导航信号功率放大器可以选用固态功率放大器（SSPA）和行波管放大器（TWTA）2 种放大器，其中 SSPA 具有质量轻、体积小、高稳定度和高效率的优点，可以把频率合成器、调制器和高功放集成为一个“RF 发射机”，由此可以减小安装体积和产品质量。

导航卫星一般播发 L 频段导航信号，导航信号播发分系统主要完成卫星到用户的多个频点导航信号的放大、滤波、合成和最终的播发。一般导航卫星播发多个频点的导航信号，例如，GPS 的导航卫星播发 L1（1 575.42 MHz）、L2（1 227.60 MHz）、L3（1 381.05 MHz）3 个 L 频点信号，其中 L3 频点信号用于核爆探测。由于 L2 频段附近是地面雷达射频信号频带，对民用航空使用 GPS 信号导航造成干扰，其安全性难于保证。因此，BLOCK－IIF 卫星还增加了民用频率 L5（1 176.45 MHz）信号，主要用于航空导航，但也可以为其他用户提供改善电离层延迟误差修正、实时计算载波相位模糊度、削弱多径效应的影响等。这 4 个频点都包含在 L 频段（1 000～2 000 MHz）的无线电频谱范围，因此，GPS 导航卫星播发导航信号的系统又称为 L 频段分系统。

GPS 卫星 L 波段分系统的调制器利用 QPSK 正交相位信号复用技术，将民用 C/A 码信号和军用 P（Y）码信号复用在 L1 频点载波上，L1 频点载波输入分成两路：一路载波信号延迟 90°并在平衡混频器中由民用 C/A 码信号进行 BPSK 双相调制，另一路载波信号在平衡混频器中由军用 P（Y）码信号进行 BPSK 双相调制，这两路调制后的载波信号再经重新合并后生成 QPSK 正交相位调制载波，然后利用空间 TWTA 或高效 SSPA 放大到标称的 50 W 功率电平。L2 频点载波信号调制设计方案与 L1 频点类似，射频功率为 10 W。

L1 和 L2 射频放大器的输出在双工器中合路，BLOCK－IIF 卫星增加 L5 信号后，则 L1、L2 和 L5 射频放大器的输出在三工器中合路，将两路或三路射频信号在低损耗的腔体内合路，并生成用于导航天线发射的所需要的频谱形状。三工器分别对 3 个 L 波段信号滤波处理，用来消除导航信号射电天文频段和上行遥控 S 频段（1 783.74 MHz）的干扰。三工器没有冗余备份，可以认为是导航有效载荷射频链路上的一个失效单点。

Galileo 卫星导航信号播发分系统由频率合成器、射频调制器、高功率放大器以及输出多工器和输出滤波器组成。射频部分放大器 AM/AM 的线性、相位的线性，群延迟的稳定性指标对于终端接收机是非常重要的。Galileo GLOVE－A 卫星有效载荷结构及导航信号播发框图如图 8－19 所示。Galileo 系统采用了多种调制方式，分别在 L1、E5 和 E6 频段播发多路信号，信号占用的带宽较宽。

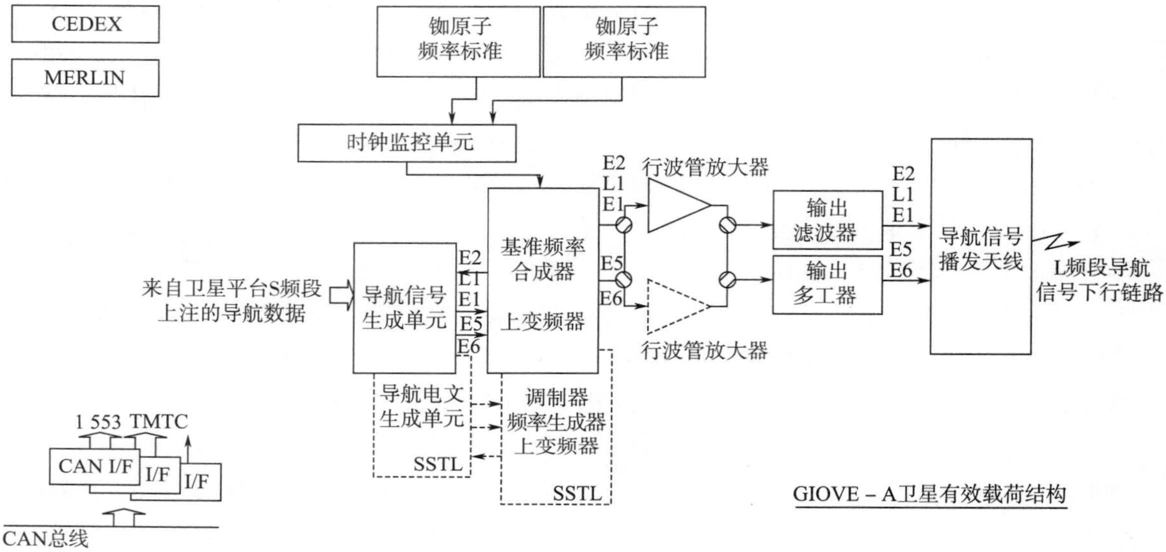

图 8－19　Galileo 系统 GLOVE－A 卫星有效载荷结构及导航信号播发框图

导航卫星播发导航信号时，要求卫星发射的导航信号必须满足用户使用的最低接收功率，即卫星到地面用户之间的下行链路必须满足功率预算要求，简称为下行链路功率预算。下行链路是指卫星到地面用户之间的链路，下行链路的要求是卫星发射的导航信号必须满足用户使用的最低接收功率，保证用户的定位精度。下行链路的需求主要与链路空间衰减、设备插损、功放功率、天线增益等因素有关。随着地面用户定位精度、连续性服务等需求的提升，要求载荷提供的发射功率也随之提高，按照通用接收机的设计及 GPS 和 Galileo 系统的相关要求，到达地面的信号功率至少在－158.5 dBW 以上，载荷提供的发射 EIRP 在 27.9 dBW 以上，以保证地面用户能正常接收卫星导航信号。GPS 卫星 L1 C/A 信号下行链路预算如表 8－10 所示。

表 8－10　GPS 卫星 L1 C/A 信号下行链路预算

因素	参数
L1 C/A 地面最小接收功率/dBW	－158.5
地面用户机天线增益/dBic	0
空间损失/dB *	－184.45

续表

因素	参数
大气损耗/dB	−0.5
极化损失/dB	−1.0
卫星发射 EIRP/dBW	27.9

注：* 空间损失为 $20\lg[\lambda/(4\pi d)]$，其中 λ 为波长(m)，d 为传输距离(m)。GPS 系统 MEO 轨道高度 20 200 km，地面 5°仰角时，星地距离为 25 245 Km，下行频点 L1 为 1 575.42 MHz，则空间损失为−184.45 dB。

GPS 卫星发射的信号功率很低，在 L1 载波上的 C/A 码的功率大概只有 27 W，如果以 dB 为单位，则为 $10\lg 27=14.3$ dBW。当卫星向空间所有方向均匀地发射信号时，信号在空间传播过程中的衰减速度和 $1/d^2$ 成正比，这里 d 是接收者距离卫星的直线距离。在实际工程中，人们更习惯用 dB 表示，所以接收机接收功率为

$$P_R=P_T+G_T+G_R+20\lg[\lambda/(4\pi d)]-L_A \tag{8-14}$$

式中　P_T ——卫星发射功率，GPS 卫星为 14.3 dBW；

G_T、G_R ——分别为卫星天线发射增益（12.1 dB）和接收天线接收增益（0 dB）；

$20\lg[\lambda/(4\pi d)]$ ——距离引起的空间损耗（以 GPS 的 L1 为例，$d=25\ 245.21$ km，$\lambda=0.19$ m）；

L_A ——空气损耗，约 0.5～2 dB。

因此可得出地面接收机接收到的 GPS L1 信号功率为

$$P_R=14.3+12.1+0-184.45-(0.5\sim 2.0)=-160.05\sim -158.55\ \text{dBW} \tag{8-15}$$

8.6　导航载荷天线

双工器或三工器将合路的导航射频大功率信号传送给导航天线分系统，导航载荷天线是一种宽带固定波束天线，将导航信号以赋球波束的方式播发给地面用户，即用圆极化方式为整个地球覆盖范围内的用户接收机提供近似为恒定的信号电平。

导航卫星采用三轴稳定方式的姿态控制方案，导航载荷的天线要求指向地心，以 GPS 卫星为例，卫星轨道高度约为 20 200 km，从卫星的高度来看，地球两个边缘之间的视角大约为 27.7°，要求导航卫星的姿态控制指向误差不得超过±0.015°（99%）。因此，当地球两个边缘之间的视角在 28°以内时，导航卫星应该具有足够增益的宽带固定波束天线以覆盖地球，导航天线的理想方向图如图 8－20 所示，围绕卫星到地心的轴对称分布，在视角大于 28°时，导航天线的射频能量近似为零，实际天线具有平滑的天线方向图，一般设计成使 28°视角内信号强度变化最小，且在 28°视角内信号总的辐射能量最大。

导航卫星的载荷天线具有圆形的峰值天线增益（在垂直于中心轴的平面上），在天线视轴上的增益则有所降低，峰值位于离视轴大约 10°的地方，这种天线为一种相控阵列设计，一般是由螺旋阵列天线单元组合成的相控阵天线及其对应的馈电网络，产生一个覆盖整个地球的赋形波束。GPS BLOCK－IIR 导航卫星的螺旋阵列相控阵天线如图 8－21 所

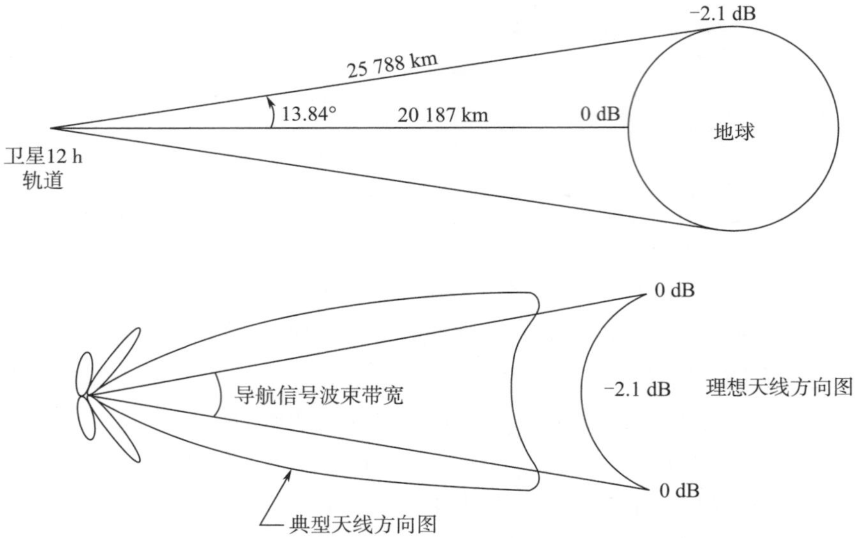

图 8-20　导航天线波束宽度和路径损失

示，GLONASS-K 导航卫星的螺旋阵列相控阵天线如图 8-22 所示。GPS 卫星和 GLONASS-K 卫星的导航天线都是由 12 个螺旋单元组成螺旋阵列相控阵天线，采用 2 个同心圆形式的配置，内圆有 4 个等间隔的螺旋单元，外圆有 8 个等间隔的螺旋单元，每个螺旋单元采用单线轴向模式螺旋，具有较大的带宽和圆极化方式，且单元之间的相互作用最小。

图 8-21　BLOCK-IIR 卫星的螺旋阵列相控阵天线

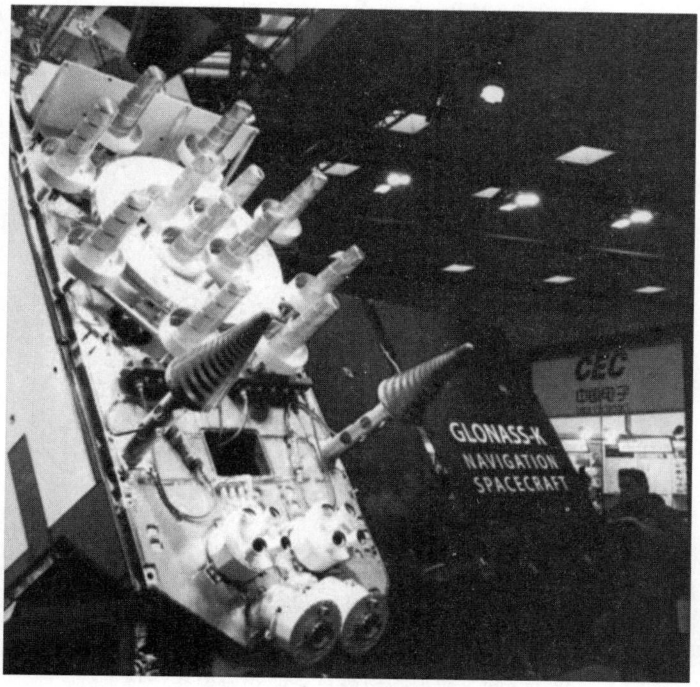

图 8－22　GLONASS－K 卫星的螺旋阵列相控阵天线

GPS 卫星的 12 个螺旋单元安装在卫星面向地球的舱板上，内外圈螺旋单元的相对安装位置如图 8－23 所示，内圆与外圆的相对半径控制着接近圆形的峰值天线增益的角位置，内圆的单位是同相馈电的，约占总功率的 90％，而外圆上的螺旋单元则是 180°反相馈电，约占总功率的 10％。导航天线的馈电网络是一种无源设备，为各个螺旋单元提供合适的相位和幅度分布，形成具有大约 28°波束宽度的方向图，但在视轴上的增益有所下降，如图 8－24 所示。

由图 8－24 可知，导航天线的方向图为“马鞍形”形状，可以保持导航信号对地面的均匀辐射，保证仰角大于等于 5°的所有用户几乎能够收到相同功率的导航信号，且落入地球以外的导航信号的功率迅速下降到噪声水平。这种设计方案给卫星带来的好处是降低了导航天线的尺寸、质量和功耗，简化了卫星系统设计的难度。

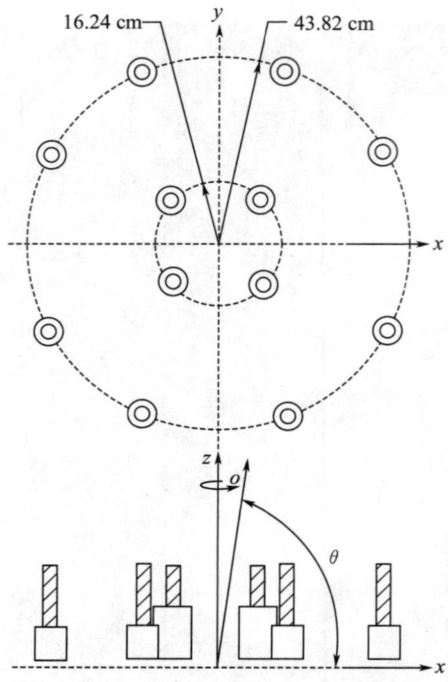

图 8 - 23　内外圈螺旋单元的相对安装位置

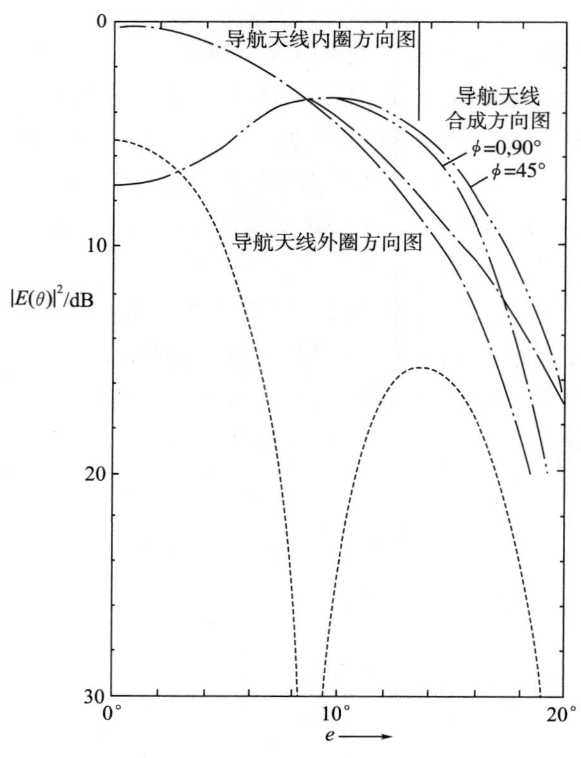

图 8 - 24　导航天线内圆、外圆和合成方向图

参 考 文 献

[1] Elliott D. Kaplan. GPS原理与应用（第二版）[M]. 寇艳红译. 北京：电子工业出版社，2007.

[2] Parkinson, B., et al., Global Positioning System: Theory and Applications, Vol. I [M], Washington, D.C.: American Institute of Aeronautics and Astronautics, 1996.

[3] GLOBAL POSITIONING SYSTEM, STANDARD POSITIONING SERVICE PERFORMANCE STANDARD, 4th Edition [M]. September 2008.

[4] Alex da Silva Curiel, RAPID DEVELOPMENT OF NAVIGATION PAYLOADS FOR GALILEO FULL OPERATIONAL CAPABILITY [M], Dubai, January 2011.

[5] 谢钢. GPS原理与接收机设计 [M]. 北京：电子工业出版社，2017.

[6] 鲁郁. GPS全球定位接收机——原理与软件实现 [M]. 北京：电子工业出版社，2009.

[7] S. Blair, EJR - Quartz. Galileo In - Orbit Validation, Brochure, Birth of the European satellite navigation constellation [M]. European Space Agency. 2011.

[8] GLOBAL POSITIONING SYSTEM DIRECTORATE SYSTEMS ENGINEERING & INTEGRATION INTERFACE SPECIFICATION IS - GPS 200, Navstar GPS Space Segment/Navigation User Interfaces [C], INTERFACE SPECIFICATION IS - GPS - 200F, 21 SEP 2011.

[9] Navstar GPS Space Segment/Navigation User Interfaces [C], INTERFACE SPECIFICATION IS - GPS - 200, Revision D IRN - 200D - 001 7 March 2006.

[10] ITT Space Systems Division, Stanford Center for Position, Navigation & Time (SCPNT), Evolution of the GPS Navigation Payload - A Historical Journey [R].

[11] Ollie Luba, Larry Boyd, Art Gower, GPS I11 System Operations Concepts [R].

[12] Czopek, F., and Shollenberger, Lt. S., Description and Performance of the GPS BLOCK I and II L - band Antenna and Link Budget [R], 6th International Technical Meting, The Institute of Navugation, Sept, 1993.

[13] Dr. Keoki Jackson. GPS Modernization: GPS III On the Road to the Future [J], Stanford PNT Symposium. November 13 - 14, 2012.

[14] 谢军，刘天雄. 北斗导航卫星的发展研究及建议 [J]. 数字通信世界，2013 (8)：32 - 36.

第9章　运控系统和导航电文生成

9.1　概述

接收机求解用户位置是以获取调制在导航信号中的电文参数的卫星轨道数据和播发导航信号的时间标记信息为前提的，也就是说导航卫星在每个时刻的空间位置对用户来说是动态的已知点，而这些导航电文是由地面运行控制系统确定并按规定的格式生成后，由地面运行控制系统的注入站周期地向每颗导航卫星上行注入导航电文，最后由导航卫星将导航信号中的导航电文连续地播发给用户。以 Galileo 卫星导航系统为例，地面运行控制系统、导航卫星和用户之间的信息流如图 9-1 所示。

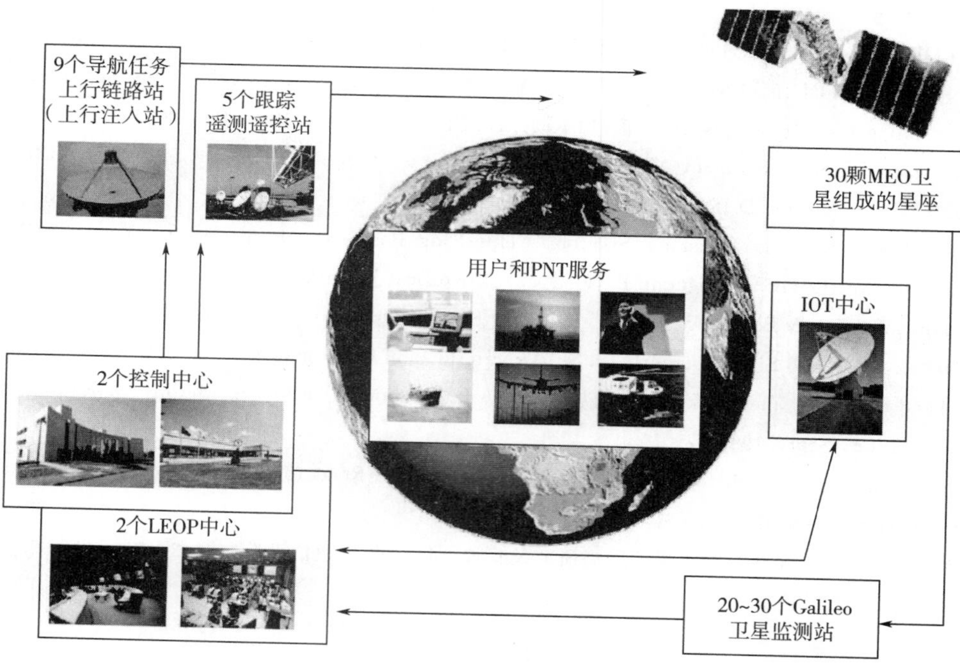

图 9-1　运控系统监测站、主控站和注入站之间的信息流

卫星导航系统的正常运行依靠运控系统的管理和控制，运控系统是整个卫星导航系统的信息中心和决策中心。运控系统生成的导航电文是接收机求解用户位置的基础信息，也是导航精度得以保证的关键。导航卫星播发的导航电文主要包括卫星轨道参数（星历）、卫星时钟改正参数、电离层时延改正参数、卫星的健康状态等信息。导航电文是地面运行控制系统通过对导航卫星及其信号的观测和处理得到的，其精度直接影响整个卫星导航系统的定位

精度。

地面运行控制系统提供的系统完好性信息是确保用户定位导航安全性的前提，是系统应用的一项重要指标。系统级的完好性保证体现在两个方面：一是系统向用户播发完好性信息，以限定系统定位服务的误差范围，标识定位结果的可靠性；二是系统对自身各个组成部分可能发生异常的环节进行监测，当发现异常后，根据相应的算法将其消除，若不能消除则需要给出告警信息。地面运行控制系统提供的系统完好性信息可以大幅扩大卫星导航系统的应用范围，为系统 PNT 服务以及系统的稳定运行提供可靠性保证。

地面运行控制系统的运行控制管理是卫星导航系统稳定运行的核心，包括对卫星的管理和监测、对导航信号的接收和导航电文的计算与编排、对各种数据的处理、各种控制命令的生成以及导航电文的上行注入。导航卫星在轨工作状态是否正常，卫星是否沿着预定轨道和姿态运行，卫星钟的工作状态及与系统时间的同步处理，导航星座的构型保持状态与维持策略，都需要由地面运行控制系统来进行监测和管控。

地面运行控制系统监测、管理和控制整个卫星导航系统，主要任务包括建立并维持系统时间以及空间坐标基准、开展运控系统时间同步比对、导航信号监测、测定卫星精密轨道与长期预报、测定卫星星载原子钟时间与钟差预报、监测电离层延迟与改正、监测系统完好性、完成星地及站间数据传输、生成导航电文并上行注入给导航卫星。地面运行控制系统的功能包括五个方面：

1）控制和维护导航星座的工作状态，监测卫星健康状况；

2）计算并预测星历和卫星钟差，生成导航电文并上行注入给卫星；

3）监视卫星播发导航信号的质量，评估服务的质量；

4）提供与外部服务机构的接口；

5）对运控系统相关组成部分进行管理。

9.2　系统组成

地面运行控制系统主要由主控站、注入站、监测站 3 部分组成，组成及主要功能分配如图 9－2 所示，主控站是地面运行控制系统的核心，主控站由时间频率系统、测量与通信系统、信息处理系统、管控系统、遥控遥测系统、数据管理与信息服务系统组成；注入站主要包括时间频率系统、数据处理与监控系统、数据传输系统、上行注入天线等仪器设备；监测站配置高性能监测接收机、高精度原子钟、数据处理系统、数据通信终端、气象仪等仪器设备。

主控站的主要任务是实时接收监测站的观测数据，开展时间同步以及卫星钟差预报、卫星精密定轨以及广播星历预报、电离层延迟改正、系统完好性监测、广域差分改正等信息处理任务，同时开展任务规划与调度和系统运行管理与控制等工作，此外主控站还要与导航卫星之间进行星地时间同步比对观测、与注入站之间进行站间时间同步比对观测等工作，生成导航电文并周期向每颗导航卫星上行注入导航电文。监测站的主要任务是利用高

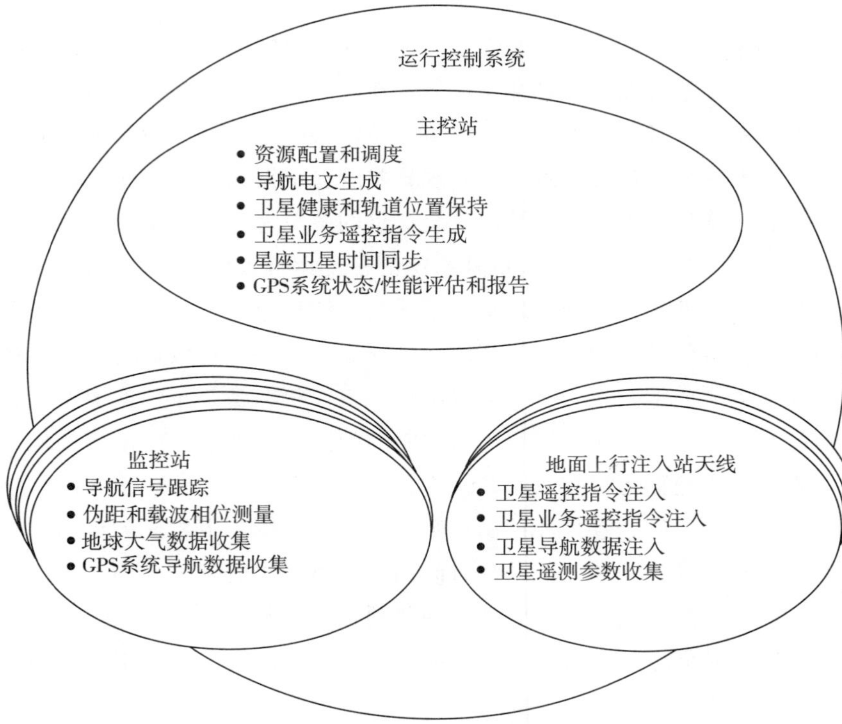

图 9－2　地面运控系统组成及主要功能分配

性能监测接收机对导航卫星播发的多频点导航信号进行连续监测，为系统精密轨道测定、电离层校正、广域差分改正以及系统完好性信息确定提供实时观测数据。注入站的主要任务是跨区域配合主控站完成星地时间同步比对观测、与主控站之间进行站间时间同步比对观测、向卫星上行注入导航电文等工作。

9.2.1　主控站

主控站是地面运行控制系统的运行控制和处理中心，实施对整个导航星座的管理和控制，主要任务是监测和维持导航卫星的正常工作状态、控制卫星姿态调整与轨道机动、实施星地时间同步处理及卫星钟差预报、维持系统授时服务并与协调世界时保持同步、确定卫星精密轨道并开展广播星历预报、观测电离层延迟并生成改正预报、计算系统完好性、计算广域差分改正数、生成导航电文、循环校验并记录传递给用户的导航电文。

主控站的工作过程包括收集和处理监测站测量值、生成卫星星历和时钟估计及预测数据、编排和上传导航电文。监测站提供原始的伪距、载波相位和气象观测数据，主控站对这些原始的观测数据进行平滑处理，利用 kalman 滤波器对这些平滑处理后的观测数据生成精确的卫星星历和时钟估计。主控站的 kalman 滤波器是一个线性化的 kalman 滤波器，星历沿着一条标称轨道的基准轨迹被线性化，基准轨迹是由描述卫星运动的精确模型计算出来的。这些星历估计和基准轨迹共同构成了精密的星历预测数据，是形成导航电文中星历参数的基础。例如，GPS 根据接口控制文件 IS-GPS-200 的规定，通过一个最小二乘拟合程序将预测的位置转换成为卫星的轨道根数。导航地面运控系统主控站的工作流程如图 9-3 所示。

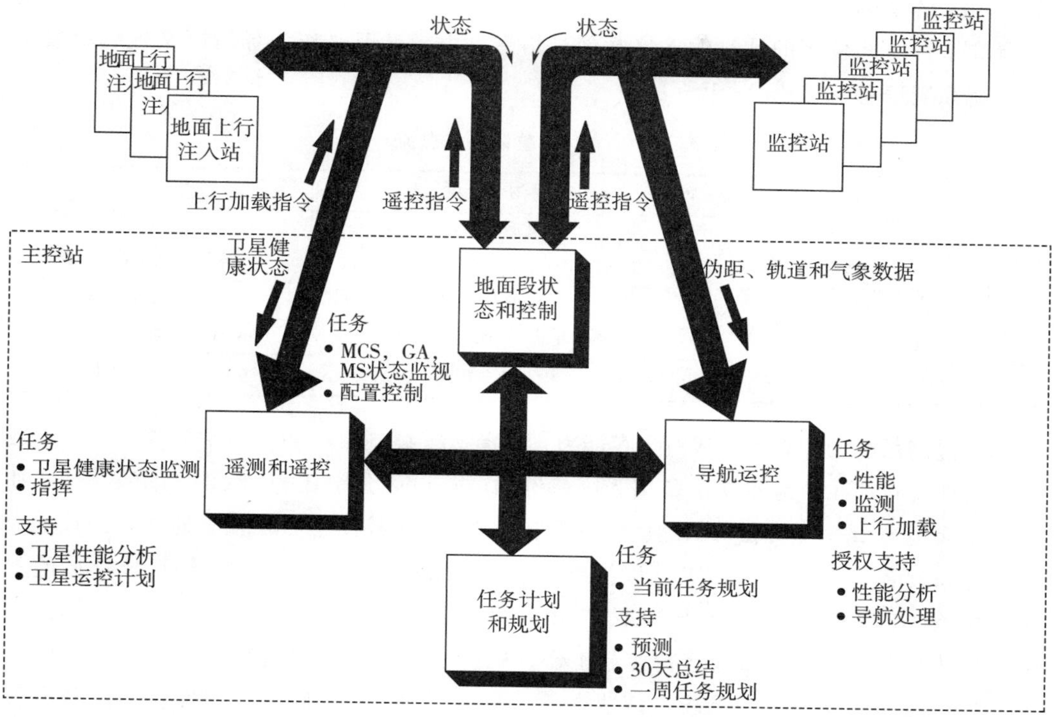

图 9-3　导航地面运控系统主控站的工作流程

主控站的另一项重要任务是监测系统服务的完好性，对于如图 9-1 所示的在监测站和导航卫星之间的数据流中，主控站要确保所有导航电文被注入站正确地上行加载和被卫星正确地播发给用户。主控站把发给注入站的上行导航电文自动生成一份存储映像数据文件，把每个从监测站接收的导航电文数据同预期的存储映像数据文件进行比对，如果两者之间存在较大差异，则主控站将会发出告警信息并予以修正。主控站在监测导航电文比特错误的同时，还要监测卫星和监测站之间伪距观测数据的一致性，当数据出现不一致情况时，主控站需要给出告警信息，GPS 对告警时间的规定是 60 s。

卫星导航系统的定位精度由一个相干的时标决定，即导航系统自身的参考时间系统。其中一个关键环节是星载原子钟的稳定度，它为生成导航信号提供稳定的时间和频率基准。主控站需要控制导航卫星的星载原子钟与卫星导航系统自身参考时间系统之间的偏差，同时监测星载原子钟的性能，估计星载原子钟的时钟偏移、漂移和漂移率，以生成导航电文中的星钟时间改正数。整个卫星导航系统的时间是由所有在轨导航卫星的星载原子钟、注入站的原子钟和主控站（MCS）的原子钟钟组所加权定义的，全体或者复合的原子钟提高了整个系统时间的稳定度，使得在定义这样一个相干时标时，对于任何一台单独的原子钟出现故障时对整个系统的影响最小化。为了保持与协调世界时的同步，MCS 也将依赖一些外部的数据源、精密的监测站坐标以及地球定向参数的协调一致。

主控站的核心业务是生成预测的时钟时间标记和卫星星历，时间标记和卫星星历是生成导航电文的基础，然后由注入站周期地向导航卫星上行加载未来一段时间导航卫星的空间位置和星钟时间校正的预测值，这些预测信息再由导航卫星作为导航电文连续播发给用户，导航系统信息流如表 9－1 所示。

表 9－1　导航系统信息流

	输入	功能	输出
空间段	导航电文 指令	提供原子时标 产生伪距信号、存储和发送导航电文	伪随机射频信号 导航电文、遥测数据
控制段	伪随机射频信号 遥测数据、UTC 时间	校准时间标记 预测星历、管理空间星座	导航电文 指令
用户段	伪随机射频信号、导航电文	求解定位方程	位置、速度和时间

为了提高系统的可靠性和战时生存能力，地面运行控制系统的主控站和信号发射、数据分析与处理设施都在异地建立了备用系统。例如，Galileo 分别在德国 Oberpfaffenhofen 和意大利 Fucino 建立 2 个互为备份的地面运行控制中心，2 个控制中心是整个地面段的核心，将在地理上和政治上都足够“独立”，以抵抗自然突发事件和政治动荡对系统可能造成的不良影响。目前 GPS 主控站可以支持所有 BLOCK－ⅡA、BLOCK－ⅡR、BLOCK－ⅡR－M、BLOCK－ⅡF 系列导航卫星的运行控制工作。BLOCK－Ⅲ卫星具有高速率星间互联互通链路、大功率点波束功率增强天线、高速率的遥测跟踪和遥控链路、完好性监测以及灾害预警系统信号监控等显著特点。为了适应对未来 BLOCK－Ⅲ卫星星座的运控，除了需要对 L2C、L1C、L1M 、L2M、L5 等新的导航信号运行控制外，还需要监控核爆炸探测（NDS）信号、灾害预警系统（DASS）信号、星间链路载荷信号。由此，GPS 地面运控系统开展了升级改造工作，简称为新一代地面运控系统，用以代替现有的地面运行控制系统。

实时通信和远程处理是主控站实施远程初始化、同步控制和系统诊断等整个系统运行管理的基础，主控站的操作人员控制整个卫星导航系统所有设施，主控站的地面控制工程师负责地面设备和通信，卫星工程师负责导航卫星的状态并完成相关问题的处理，导航业务工程师负责导航任务性能和对上注导航电文的管理，有关卫星加载业务、跟踪遥测和遥控以及其他与卫星平台相关业务由过境管理工程师处理。

9.2.2　注入站

注入站的任务是利用地面天线来发送上行指令、上注导航电文、接收从主控站发给卫星的有效载荷控制数据（业务遥控指令），以及接收发给主控站的卫星的遥测数据。实现对卫星的控制和导航电文上传，注入站可以单独控制每颗导航卫星，也可以同时控制多颗卫星。

注入站的主要设备是大口径反射面天线，从系统冗余和完好性角度考虑，注入站的发射天线均是双备份的。不同系统采用的上行链路频点不同，例如，Galileo 系统为 C 频段，GPS 为 S 频段，BDS 则为 L 频段，上行链路的主要任务是将主控站生成的导航电文上传给导航卫星，导航电文包括星历、星钟改正数、电离层修正、完好性信息、搜索救援信息等内容。

卫星导航系统注入站的位置选择原则是以最少的数量实现与空间星座最大的通信能力。为了缩短导航电文的预报周期，提高预报精度，必须建立数量足够多的注入站，对于全球卫星导航系统，则需要建立全球分布的注入站。例如，Galileo 系统的 5 个任务上行注入站均匀分布在全球范围内，分别位于 Papeete、Kourou、Svalbard、Reunion、Noumea。GPS 的 4 个注入站分别位于大西洋的 Ascension 岛、印度洋的 Diego Garcia 岛、太平洋的 Kwajalein，以及 Cape Canaveral 航天发射基地，由于 GPS 采用跟踪遥测遥控系统的 S 频段上行测控链路上注导航电文，故此 4 个注入站与美国空军的跟踪遥测遥控网并址建设，如图 9－4 所示。

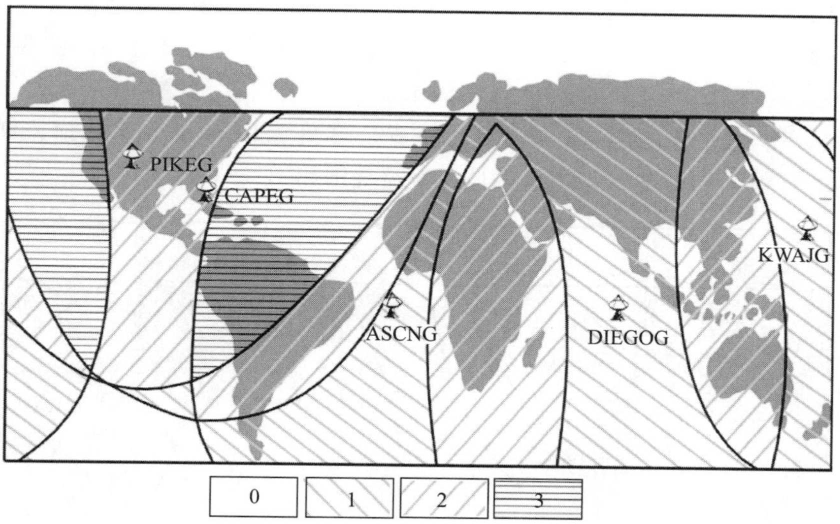

图 9－4　GPS 全球分布的注入站覆盖范围

注入站利用上行链路注入导航、完好性、搜索救援和其他与导航相关的数据，以固定时间间隔注入更新导航电文，同时向过境卫星注入完好性信息，每个注入站配备多副注入天线，以实现完好性数据的可靠分发。因此，要求上行注入站与目标卫星能够实现实时跟踪和连接。例如，Galileo 系统的任务上行注入站每 100 min 注入更新的导航电文；向 1 个子卫星群注入实时分发的完好性数据，因此要求注入站与目标卫星能够实现实时连接。每个站最多备有 4 个 C 波段的碟形天线，以实现完好性数据的实时分发。GPS 注入站通过 S 频段跟踪遥测遥控链路为导航卫星上行加载导航电文数据，每天对每颗 GPS 卫星离开注入站可视范围之前完成信息注入。

9.2.3 监测站

监测站有三大功能：一是为卫星的轨道计算提供精确的测量值，二是作为基准站提供广域差分改正数据，三是监测并评估导航信号质量。一些监测站仅有轨道测量和监测导航信号质量的功能。监测站实时接收视场内导航卫星播发的信号，解算出各导航卫星到监测站的伪距、载波相位、多普勒频移等测量数据，同时解调出导航电文并实时监测导航信号质量。其次是实时采集本地气象数据（温度、湿度和气压），并将采集到的导航信号原始数据和本地气象数据传输给主控站。

监测站一般配置多通道高性能导航监测接收机、原子钟、气象传感器、工作站以及天线终端。监测站多采用扼流圈接收天线以提高对多径信号的抑制。根据星座的设计和运行状态，每个监测站可以准确地规划出 15°以上仰角卫星的过境时间并予以连续跟踪，以保持系统的最大共视跟踪和最大信号监视和评估。

一个卫星导航系统连续、稳定地提供 PNT 服务，要求系统自身连续监测星座中每颗导航卫星的信号质量和测距精度以及电文的内容和信号的健康状态，需要合理地选择监测站的地理位置，对于全球卫星导航系统，就需要在全球范围内选择合理的监测站以保证对星座的全面监测，例如 GPS 的 6 个监测站分别位于大西洋的 Ascension 岛、印度洋的 Diego Garcia 岛、太平洋的 Kwajalein 岛、科罗拉多州 Schriever 空军基地、Hawaii 以及 Cape Canaveral 航天发射基地，GPS 的监测覆盖范围如图 9－5 所示。

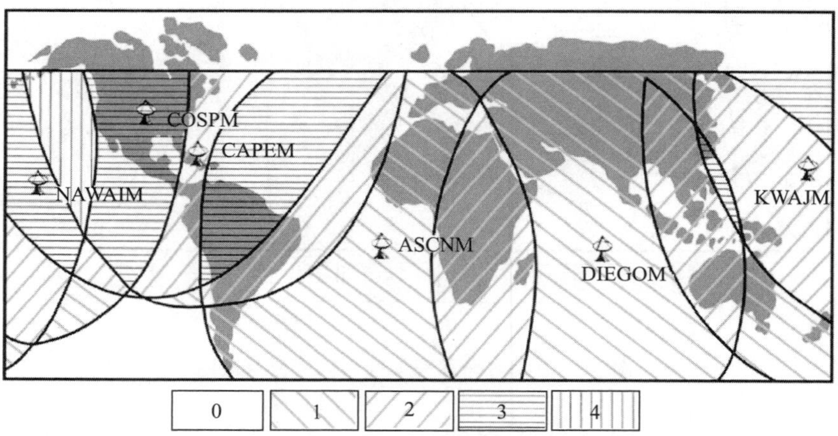

图 9－5　GPS 全球分布的监测站覆盖范围

GPS 的监测站尽量靠近赤道，可以满足监测系统对下行导航信号监测范围最大化的要求，监测站接收机天线的相位中心在系统所采用的空间参考系——WGS84 坐标系内的精确坐标已通过专门的测绘和专用的离线跟踪数据进行了精密测定。

监测站的跟踪覆盖重叠区域（2 个监测站可以同时接收同一导航卫星信号的区域）对主控站建立可靠的系统星历和钟差估计是非常重要的。主控站利用 kalman 滤波器将监测站观测的伪距残差分配给系统时间和轨道位置的概率误差中。当存在临界的测量几何关系而又需要区分出误差源时，由于伪距观测系统中的线性关系以及模型的不确定性等原因，对分离出来单个卫星和监测站的解算结果是十分脆弱的。而监测站的跟踪覆盖存在重叠区域时，即监测站对卫星的共视能够实现监测站之间直接的时间传递，从而使监测站的时间和伪距观测误差的卫星状态分量间有效地解耦，进而极大地增强了系统位置解算的可靠性。

此外，不同监测站在跟踪覆盖重叠区域接收同一颗卫星的导航信号时，还应采用同样的信号接收处理技术，这样监测站在观测伪距的过程中可以有效地解耦卫星的速度状态。监测站要消除测量通道之间的测量偏差，以减少观测中的时间状态数量。各个监测站要配置同样的硬件设备来实现伪距观测等功能，例如同样型号的时间参考原子钟、同样的下变频器。

监测站配置的原子钟可以作为接收机的基准频率并为每次测量打上时间标记，对观测到的导航信号的伪随机测距码时钟延迟和载波相位观测量采样并打上时标，然后传输给运行控制中心。监测站配备高精度原子钟的另一个目的是增强系统时间和协调世界时时间基准之间的解耦。监测站的原子钟之间的连续相位测量值也提供给主控站，以对监测站的主工作钟进行独立监测，并支持监测站原子钟的切换。监测站配置的气象传感器包括气压计、温度计和湿度计，并将这些观测数据远程上传给控制中心，用于建立对流层延迟修正模型。

监测站配置的工作站接收主控站的遥控指令，同时将监测数据传递给主控站。监测站都是在主控站的控制下运行，高性能导航监测接收机接收的信号与一般用户接收到的信号完全相同，监测站计算与所跟踪到的导航卫星之间的伪距、载波相位和电离层测量值以及本地气象数据，同时解调导航电文，通过地面网络或卫星网络将观测数据送往主控站，用于地面运行控制系统获取每颗导航卫星的星历和星上时钟的时间修正数据，同时评估系统服务性能。

监测站在接收导航信号过程中有两类不同的跟踪性能要求：一类是用于估计星载原子钟偏差和确定卫星轨道位置的精密测距数据，这类精密测距数据不能含有大的系统误差。系统误差不能通过数据平均而消除，对系统 PNT 服务具有较大的破坏性。运控系统需要消除多径干扰等系统误差，限定可以用于生成导航电文的伪距观测数据，为减小多路径干扰误差，监测站一般利用 15°仰角以上的导航信号生成精密测距数据，并去除相对较大的，可能来自对流层延迟误差的不可校正的测量误差。另一类是用于支持 PNT 服务监测和用于验证 PNT 服务的测距数据，这类数据与一般用户用于位置解算的数据精度相当，且不用于生成导航电文，因此，监测站要跟踪 5°仰角以上的导航卫星播发的信号，才能保证系统性能监测对监测站数量和位置的要求。

监测站不仅要监测接收到的导航信号，而且还要预测导航卫星的轨道位置和星载原子钟偏差，对信号观测质量的要求远远高于一般用户位置解算的要求，监测站的测量误差，包括测量噪声、偏差和系统误差，都会在传播过程中被放大，在主控站生成导航电文过程中成为系统误差。监测站需要保持对可视导航信号清晰、详细的监测和评估，以应对导航信号出现异常情况时迅速定位并支持整个系统对故障的诊断和处理。

9.3 工作流程

监测站测量可视范围内导航卫星与地面监测站之间的所有频点的伪距和载波相位以及气象参数，将数据通过地面网络或卫星网络送往主控站进行综合处理得到卫星的精密轨道、卫星钟差、电离层时延、卫星健康状态、系统完好性等信息。这些信息在主控站被编排成导航电文后通过注入站注入到卫星上，导航卫星按规定的协议将导航电文调制到导航信号上并播发给地面用户。注入站利用地面天线来发送上行业务遥控指令、上注导航电文。地面运控系统监测站、主控站和注入站之间的基本工作流程如图 9－6 所示，包括如下 7 个方面：

1）地面监测站之间开展时间比对测量，将内部时间测量和外部时间比对数据发送给主控站，主控站对观测数据进行比对处理，确定各站钟差，使之与地面运行控制系统（主控站、监测站、注入站）的工作主钟之间保持精确时间同步；

2）注入站和主控站之间开展时间比对测量，主控站对星地时间同步数据进行处理，确定导航卫星星载原子钟钟差并进行预报；

3）地面运行控制系统精确测定各地面站空间坐标，确定监测站运动学模型，建立系统空间坐标标准；

4）监测站对可见导航卫星进行伪距跟踪观测，并将观测数据传输给主控站，主控站利用观测站数据对导航卫星轨道进行精密确定和预报；

5）主控站对所有监测站的观测数据进行综合处理，确定格网电离层时延改正参数、完好性信息、广域差分数据，根据卫星轨道、卫星钟差、电离层时延、完好性信息、广域差分数据等信息生成导航电文；

6）注入站接收主控站生成的导航电文并上注给导航卫星，导航卫星在有效载荷时频系统的控制下先利用伪随机测距码扩频处理导航电文，再将扩频处理后的导航电文调制到载波信号上，一般还要采取恒包络技术在一个频点多路复用多个导航信号，最后播发给地面用户；

7）主控站实时监控地面运行控制系统的工作状态，确保系统稳定运行。

地面运行控制系统的时频系统采用主钟工作方式的方法定义卫星导航系统自身的时间系统。例如，GPS 时间（GPS Time，GPST）作为整个系统提供定位和授时服务的依据，是原子时系统，其秒长与原子时秒长相同，原点规定在 1980 年 1 月 6 日 0 时，由地面运行控制系统主控站配置的高精度原子钟组（系统主钟）与卫星原子钟共同加权组成，每个卫星星钟作为物理钟为用户提供时间源，同时给出该时间源与 GPST 的时间差，即钟差。美国海军天文台时频实验室配置美国 Sigma Tau 公司研制的主动型氢原子钟（MHM 2010 hydrogen maser standards）组和由美国惠普公司研制的铯原子钟（HP 5071A）组，完成与 GPS 地面运行控制系统主控站主钟之间的时间比对，即 GPST 与 UTC（USNO）之间

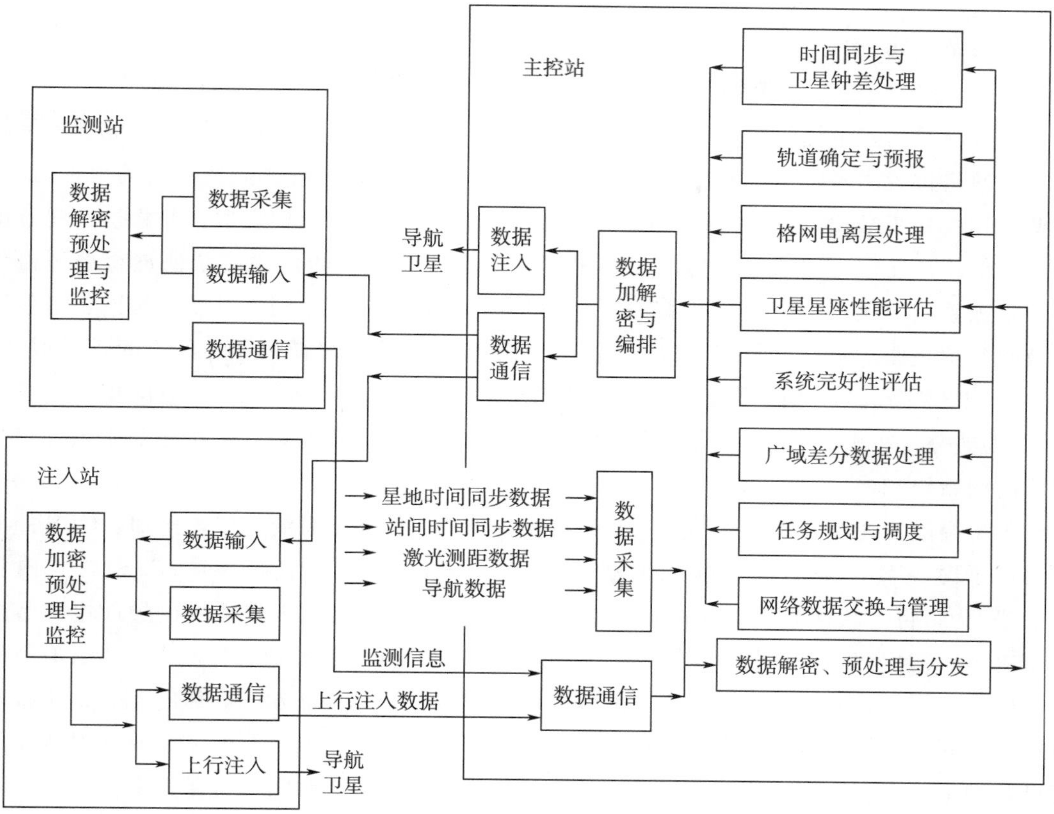

图 9－6　地面运控系统监测站、主控站和注入站之间的基本工作流程

的时间差，GPST 跟随 UTC（USNO）调整，每天调整 1 次，2 个时间系统之间的钟差小于 10 ns，GPST 可以溯源到 UTC 时间。

导航卫星星载原子钟和地面运行控制系统主钟之间不可能做到完全同步，工程上需要定时对导航卫星的时间和地面运行控制系统的时间进行校准和同步处理，同时还要确保地面主钟以更高的精度和稳定度运行。地面运行控制系统的重要任务之一是保持各颗卫星处于同一时间标准，即卫星导航系统时，这就需要地面站监测各颗卫星的星载原子钟时间信息，主控站求出钟差后由地面注入站发给卫星，卫星再通过导航电文广播给用户。运控系统与其他导航系统之间以及其他相关系统之间有运行接口，与其他导航系统之间的运行接口是保证多个导航系统之间的兼容和互操作，与其他相关系统之间的运行接口主要是外部时间参考系统和地理参考框架。例如，GPS 要与美国海军天文台的时间系统 UTC（USNO）以及美国国防测绘局（DMA）之间有运行接口，确保 GPS 自身的时间与空间基准与外部参考标准保持协调，即 GPS 时间（GPST）要与协调世界时的绝对时标之间相协调、GPS 的世界大地坐标系 WGS84 要与国际地球自转服务（International Earth Rotation and Reference System Service，IERS）的地球定向数据保持协调。

9.4 导航电文处理

卫星导航运控系统的基本产品是格式化的导航电文信息，使用户可以精确地确定导航卫星的轨道位置、每颗卫星原子时标上的时间校正值以及导航信号播发时刻的星上时间。因此，运控系统必须为星座中的每颗卫星估计时间校正值和位置校正值，并将这些状态即时反馈给用户使用。这种估计是主控站根据监测站观测得到的伪距测量值进行处理得到的。根据系统的误差分配，运控系统需要生成并维持这些估计得到的导航卫星的轨道位置以及每颗卫星原子时标上的时间校正值的数据质量，以使用户得到预计的空间信号服务。例如，GPS 在 2001 年用户端测距服务的 RMS 误差分量小于 6 m，UTC 时间传递服务的 RMS 误差分量小于 97 ns。因此，在地面运行控制系统开展数据处理工作之前必须规定自身的时间系统和坐标系统。

卫星导航系统时间由地面运行控制系统主控站的时间频率系统生成，例如，GPS 的时间是原子时系统，采用国际原子时秒长为基本单位，以“周（week）”和“周内秒（t_{oa}）”为单位连续计数，通过导航电文播发给用户，GPS 导航卫星播发的导航电文数据携带有“时间标记”，根据卫星钟每 6 s 发送 1 次本星期的当前秒数，导航电文中含有特殊的时间标志位，用来标记导航电文中的每一个子帧被导航卫星播发的具体时刻，这是接收机能够解算导航无线电信号在空间传递时间的充分必要条件。卫星导航系统时间对频率准确度和频率稳定度都有极高的要求。导航卫星星载原子钟实时时间信号与卫星导航系统时间之间的偏差保持在 1 ms 之内，地面运行控制系统监测站与卫星导航系统时间之间的偏差保持在 1 μs 之内。

用户接收机解算位置过程中需要与监测站及导航卫星在一个坐标系统内来描述，关于坐标系统由以下 3 个层次的关系具体体现，首先是地面运行控制系统监测站的空间位置坐标，监测站的空间位置坐标由专业测绘部门测量，与国家大地控制网联系。例如 GPS 的监测站获得 WGS84 系统下的坐标，并由专业测绘部门定期复测，确保监测站坐标与 WGS84 坐标的一致性。其次是卫星星历，地面运行控制系统以监测站坐标为基准，进行精密轨道确定。例如 GPS 在精密定轨过程中需要的国际天球参考系及相应的天文常数系统、地球引力位模型、零潮汐值系统等符合 WGS84 的坐标定义。因此，由精密轨道确定结果外推得到的卫星星历为 WGS84 坐标数据。最后是用户的位置坐标，用户接收机以导航电文中卫星星历作为其位置解算的基准，获取 WGS84 坐标下的空间位置坐标。

运控系统生成的导航电文信息按照接口控制文件规定的标准数学模型的参数借助卫星播发给用户，例如，GPS 在其官方网站 GPS. gov 对外发布导航电文信息的接口控制文件按照 ICD - GPS - 200，主控站按照特定算法将导航电文信息分包成为特定时间间隔有效的数据集合，导航电文信息处理流程如图 9 - 7 所示。导航电文信息处理流程包括观测数据预处理、支持功能准备、系统状态估计、导航电文生成四种不同类别的功能。

观测数据预处理包括对监测站接收机测量异常数据的剔除、数据编辑、电离层延迟校

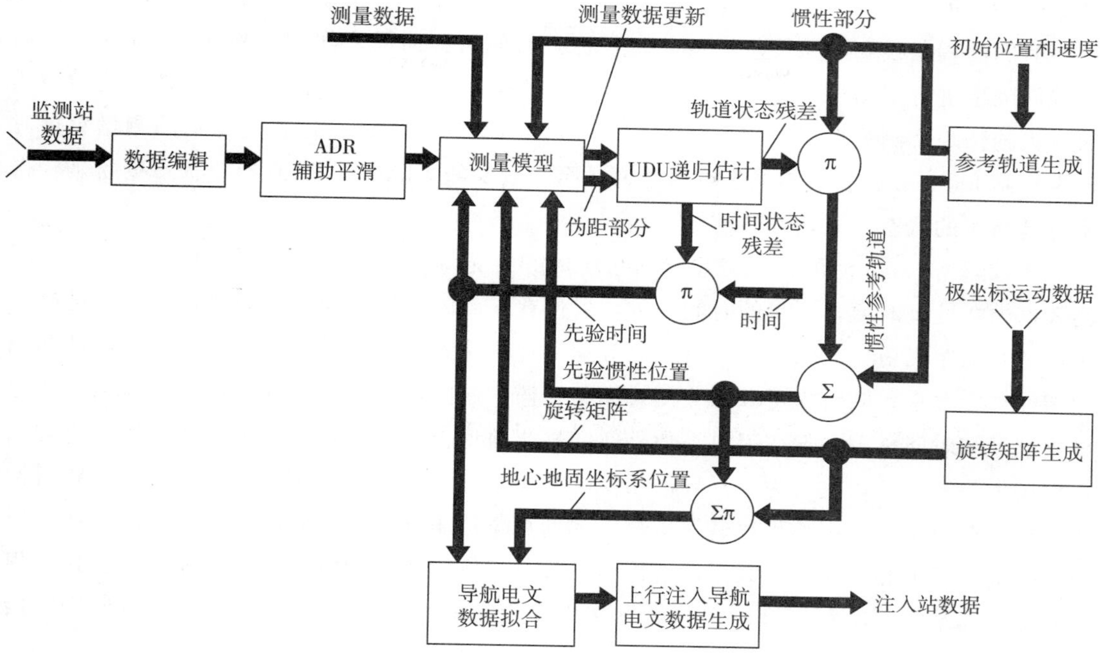

图 9－7　运控系统主控站导航电文信息处理流程

正、对流层延迟校正、高采样率数据平滑处理、从卫星时间标记到系统时间标记的采样数据重新校正。导航信号每个频点的伪距和载波相位观测量的原始数据采样时间间隔要保证数据的伪随机测距码和载波之间的相干性。这些带有以卫星时间为基准的测量时间标记的伪距观测时间历程序列与监测接收机的跟踪故障监测器进行检测和相关处理，以验证伪距观测采样测量值的有效性和数据的连续性，剔除偶然的临界测量点以不对 kalman 滤波器的状态估计造成数据污染。

在对主控站提出要求的性能等级上，传播过程中的电离层效应造成了主要的伪距观测误差，由电离层引起的测距码延迟和载波相位超前量是由导航信号传播路径上遇到的电子的数量（密度）决定的，它随传播路径、当地时间、维度、太阳活动所激发的大气电离能级的不同而变化。导航信号在电离层的作用下，在垂直方向产生约 15 m 的测距偏差，该偏差与载波信号频率的平方成反比关系，在水平方向产生约 45 m 的测距偏差。虽然电离层延迟的影响难以精确地预测，但利用其对频率的依赖性却几乎能将其影响校正掉。一般利用双频观测获得伪距和载波随时间变化历程就能消除电离层效应。经电离层校正的伪距时间变化历程大约有 1 m 的测量噪声电平，这种误差源可以在一个 kalman 滤波器周期内通过平滑多个独立的采样点而有效地被衰减。如果遇到的数据曲率与用于数据平滑的多项式模型不匹配，就会形成有害的偏差。

多路径信号是唯一的在测距码与载波之间不相干的异常信号，而观测仰角在 15°以上时，对流层对导航信号延迟的影响较小，且监测站利用扼流圈天线等技术还可以有效地抑制多径干扰信号。因此，在伪距测量观测时间间隔内，多径信号和对流层延迟信号残差的期望值是一种简单的无动态效应的偏差，而要解出无偏差低噪声测量值仅需要对校正过的伪距时间历程曲线和累积德尔塔距离（ADR）时间历程曲线之间的差异在 kalman 滤波器估计间隔上进行平均处理即可。由此，可以用低噪声的累积德尔塔距离数据来替代噪声相对较大的伪距观测数据以支持系统的 kalman 滤波器状态估计。这种超精细的测量数据对与主控站 kalman 滤波器的状态更新来说是至关重要的，kalman 滤波器的状态更新是获得系统高质量的状态变量估计的前提。

主控站 kalman 滤波器以卫星导航系统时间标记周期性地开展数据处理，所以在对观测数据内插处理时要与卫星的时间一致，以便在正确的采样时间上生成测量数据。选择卫星伪随机测距码历元时间作为所有观测数据采样测量时间，可以保证测量数据对内插间隔的精细程度要求，同时也可以简化测量模型。监测站的伪距观测数据中包含有偏离理想卫星导航系统时间标记和偏离卫星在惯性空间理想轨道位置的分量，由于导航卫星在非均匀重力场中匀速运动，这就为卫星导航系统的高精度测量带来了显著的相对论效应。相对论效应对星载原子钟的影响可以通过卫星发射前调整原子钟的输出频率来解决，由传播介质引起的信号延迟和对接收天线运动等因素的校正，则由相关测量模型计算完成。主控站根据监测站的精密定轨数据可以在导航电文中将卫星的位置以精密星历形式及时地播发给用户。

虽然用户可以选择接收机对导航信号的接收、跟踪、捕获与数据处理算法，但是，卫星导航系统的基本概念是不变的，即接收机在伪距观测过程中，根据接收到的导航信号的伪码相位以及测距码的定义，接收机就可以获取这个信号点被卫星发射时的时刻，然后根据对该颗导航卫星的（逆向）时间校准信息，接收机就可以计算出对应的系统时间和该时刻卫星的轨道位置，并用以开展接收机的位置解算。

为了提高电文精度，主控站 kalman 滤波器每小时要开展多次状态更新计算。以 GPS 为例，主控站 kalman 滤波器的状态估计每小时更新 4 次数据，为加载时间安排计划提供了充分的灵活性，状态估计器一般采用载波辅助伪距平滑技术，可以预先消除测量动态效应，且局部数据模型可以简化为一个常数，因此，选择长的 kalman 周期不会引入由测量数据平滑处理造成的偏差。

测量模型中的主要各项因子与原子时标的校准和接收天线的物理集合关系有关，两者都是由运控系统主控站评估得到的系统信息分量。地球相对于惯性空间的定向数据由系统外部机构提供支持，例如，GPS 根据美国国防测绘局（DMA）提供的地球相对于惯性空间的定向数据，确保 GPS 自身的空间基准与外部参考标准保持协调。主控站使用的测量模型一般包括仪表误差模型、位置几何关系模型、数据翻转模型、数据差分模型、电离层校正模型、累积德尔塔距离模型、数据平滑模型、数据内插模型、数据接收时刻计算模型、数据残差模型等，这些模型用以获取导航解的系统状态，包括历元的卫星位置、历元的卫星速度、卫星时钟相位、卫星时钟频率、卫星时钟龄期、监测站时钟相位、监测站时钟频率、监测站对流层高度、太阳光通量等。这里需要进一步说明的是卫星的位置和速度状态是在某一历元下给出的，与主控站预先计算每颗导航卫星的标称轨道所采用的时间参考基准的条件相对应。时钟相位和频率等其他系统状态则是按照卫星导航系统时间尺度按主控站预先设置的时间间隔给出的。星载原子钟相对卫星导航系统时间的偏差一般用二次型时间函数来描述，乘以光速后形成主控站测量模型的伪距观测项。

系统伪距测量的基础是精密的时间差，因此，通过系统伪距测量不能观测出系统的绝对时间。主控站通过对系统主钟引入一个小量的时间龄期项（因子）来实现对协调世界时（UTC）的同步，该值限于在整个卫星导航系统内传播且在预测系统主钟时间偏差过程中不引入明显的误差。目前，各大卫星导航系统的主控站均是使用氢原子钟钟组来共同确定系统时间，每个监测站的原子钟独立统计与主钟的偏差。因此，系统所有原子钟均用同一种模型来评估，卫星导航系统时间尺度由系统所有原子钟共同驾驭。对原子钟时间模型的改进必须遵从一些约束条件，以维持所有原子钟之间的校准，确保系统时间和外部 UTC 时间的同步。

尽管受到各种摄动力的影响，但是导航卫星的轨道基本保持在预先计算的标称轨道附近，相对于系统参考历元开始的标称轨道来说，可以用模型来定义一个约几千米的线性轨道区域，当主控站 kalman 滤波器对轨道位置的状态估计残差表明接近可接受的线性轨道区域的边缘，或者异常摄动力造成卫星轨道偏离预先计算的标称轨道时，都需要周期性地生成导航卫星的轨道数据。

9.5　系统状态估计

卫星导航运控系统的状态估计误差必须保持在亚米级，才能保证系统的测距误差分配。基于先验测量方差的观测数据正常值范围判据，主控站 kalman 状态估计器可以过滤那些来自监测站的存在明显问题的观测数据，那些异常的观测数据将会破坏 kalman 状态估计器的知识库。正如系统协方差矩阵所示，基于测量模型的分布特性、已知的测量噪声、当前状态的不确定性，kalman 状态估计器可以将小的状态参数调整分配到系统的各状态残差中。

卫星导航运控系统主控站的 kalman 滤波器基于 U－D－U 因子分解开展状态估计，为了保证 kalman 状态估计器必须连续可靠地工作，在存在舍入误差的情况下，需要考虑数值计算稳定性要求，因此，选择平方根方差作为状态估计的判据。kalman 滤波器顺序处理每个有效的观测数据，以获得当前观测数据集合包含的信息。

如果想要获取卫星导航系统的设计指标，那么 kalman 状态估计器中相关统计参数的选择和数值调整就需要与实际情况保持一致。根据每种类型原子钟的输出频率稳定性指标，就可以得到对于原子钟状态估计的处理噪声。轨道状态估计的处理噪声则作为时间更新的部分内容加在坐标系统中，其噪声值可以归因为实际的轨道模型精度衰变程度。遵循这种噪声处理数据根据系统实际运行中获取的经验统计数据的做法，并将经验统计数据用于 kalman 状态估计器参数的调整，实践表明这种经验做法对于利用 kalman 状态估计器获取多达数周的轨道和钟差预测数据来说是非常重要的。

对导航卫星的轨道和钟差等参数的预测是运控系统主控站开展导航电文处理的本质，它需要 kalman 状态估计器有较强的状态估计能力。这种状态估计对精密的地球物理模型、以及所有监测站在开展伪距和载波相位观测过程中的经验数据有较强的依赖性。为了清楚地区分系统的所有状态量，kalman 状态估计器需要多天的观测数据。为了满足系统服务精度，运控系统需要定期更新导航电文信息，例如 GPS 为了保证空间段承诺的 6 m 测距性能，主控站需要每天更新 3 次导航电文并上行注入给导航卫星。

导航电文的生成依赖于能够支持系统误差解算的数学模型，这种要求比区分导航卫星的轨道位置和时钟偏差的要求来说更为紧迫。主控站的 kalman 状态估计器预测历元的卫星位置、历元的卫星速度、卫星时钟相位、卫星时钟频率、卫星时钟龄期、监测站时钟相位、监测站时钟频率、监测站对流层高度、太阳光通量等状态参数。与预先计算的卫星标称轨道相关联的状态量均是轨道历元的数据，其他状态量则是当前值。

原子钟时钟校准，或者说原子钟实际相位和理想相位之间的差是一个包含确定性趋势和随机分量的统计过程。确定性趋势可用一个多项式（模型）来描述，多项式的系数包括一个偏差项、一个线性项（频率项），以及一个铷原子钟特有的二次项（老化项）。在观测间隔内，原子钟时钟校准模型为预测时钟偏差提供了先验数据，可以支持 kalman 状态估计器的测量数据更新，也为从新的观测数据中分离时钟状态提供依据。随机分量则用原子钟输出频率稳定性指标 Allen 方差来表征，一般有 2 种方式来干扰 Allen 方差的计算结果：一是根据有限观测时间得到的模型估计参数往往包含一些误差，而这些误差的影响在后期会被放大；二是随机分量将继续作为状态预测值和系统真值之间的偏差。根据实际的观测过程稳定性和所考虑的观测时间间隔，可以合理地确定出原子钟时钟校准中的确定性趋势项。对原子钟输出频率稳定性指标 Allen 方差的研究表明，有效的观测时间间隔不能短于期望的预测时间间隔。

对于卫星导航系统性能来说，另一个关键的模型是导航天线相位中心的轨迹。根据牛顿力学基本原理可以确定导航卫星的质心位置，天线相位中心相对质心的位置是固定的。尽管摄动力随时间和空间几何位置的变化而变化，由于卫星导航系统的轨道高度在 20 000 km 左右，地球的引力以及其他摄动力对导航卫星的轨道和姿态影响较小。因此，可以建立极其精确的卫星轨道模型。给定作用在卫星星体上的外力，卫星在空间运动过程中加速度正好等于外力和卫星的质量之比，给定导航卫星的初始位置和速度，对加速度积分就可得到卫星的瞬时速度，对加速度积分两次就可得到卫星的瞬时位置，如图 9－8 所示。

对导航卫星的轨道和姿态影响比较大的摄动力主要是地球的引力，地球的引力随时间和空间几何位置的变化而变化，地球的非球体性以及其质量分布不均匀而导致的地球万有引力场偏离中心引力场，需要用重力势场模型来描述地球的非球形引力。例如，GPS 采用 WGS84 重力势场模型来描述地球的非球形引力，该模型是一个高阶球谐波展开式，其中一阶项描述地球球体的动态塑性变形对非球形引力的影响，动态塑性变形主要是由太阳和月球引力造成的地球重力梯度变化（潮汐效应）。太阳和月球的引力对导航卫星的轨道和

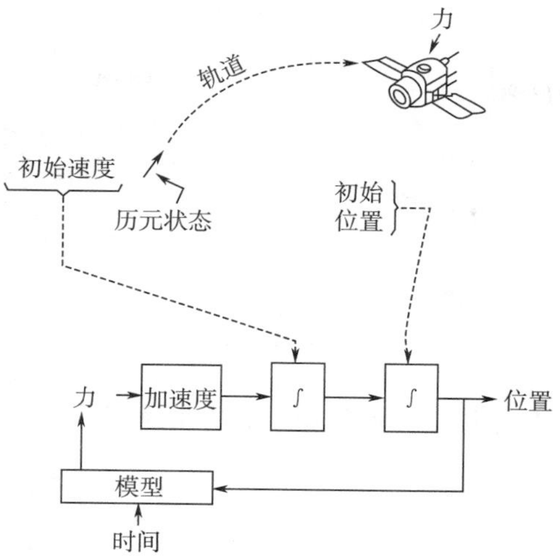

图 9－8 导航卫星轨道位置预测

姿态影响仅次于地球引力的影响，需要借助专业研究机构的研究成果来支持运控系统对导航卫星轨道的精密确定。例如，GPS 采用 NASA 的喷气推进实验室（JPL）提供的太阳系内主要天体引力的长期预测结果，其精度远远超过了 GPS 对定轨精度的需求。

导航卫星在运动过程中，由于受到太阳光辐射作用，从而产生太阳光压对卫星开普勒轨道参数的周期性影响，太阳光压对卫星所产生的摄动加速度不仅与卫星、太阳和地球之间的相互位置有关，而且与卫星表面材料反射特性、截面积以及质量比有关。根据卫星三维几何模型和卫星表面材料反射特性，可以开展太阳光压对卫星标称轨道和姿态产生的干扰力矩计算，计算干扰力矩过程中还要考虑卫星在地影和光照期间以及春分点/秋分点和冬至点/夏至点等不同条件下卫星反射面对太阳光通量调制的影响。

在惯性坐标系下，根据牛顿第二定律就可以获得卫星的运动加速度，卫星发射前可以精确测量得到其质量、质心、惯量等特征参数，卫星在变轨过程中需要消耗推进剂，根据姿态和轨道控制发动机的设计参数和在轨点火时间，就可以估计出推进剂的消耗数量，在计算卫星加速度时需要修正卫星的质量特性。对卫星加速度积分两次后，就可以得到在参考历元以卫星质心为基准的标称轨道，卫星质心和导航天线相位中心之间存在确定的几何位置关系，由此，根据质心处的标称轨道参数就可利用数学变换确定导航天线相位中心的“运动”轨迹。导航卫星进入预定工作轨道后，卫星的初始位置和速度并不十分准确，地球的非球形引力、太阳和月球的引力、太阳光辐射压力等各种摄动力模型也不是完美无缺的。所以，主控站对卫星加速度积分两次后得到的标称轨道还需要根据监测站观测的数据不断进行修正。尽管存在摄动力，但是导航卫星的轨道始终保持在预先估算的标称轨道附近，并且可以利用轨道模型定义一个围绕标称轨道的约几千米范围的线性区域，如图 9－9 所示。

监测站通过接收导航信号可以获取伪距和导航电文信息，这与一般用户机完成位置解算的工作过程是一样的。由此，主控站根据位置解算结果可以监测卫星导航系统的性能指

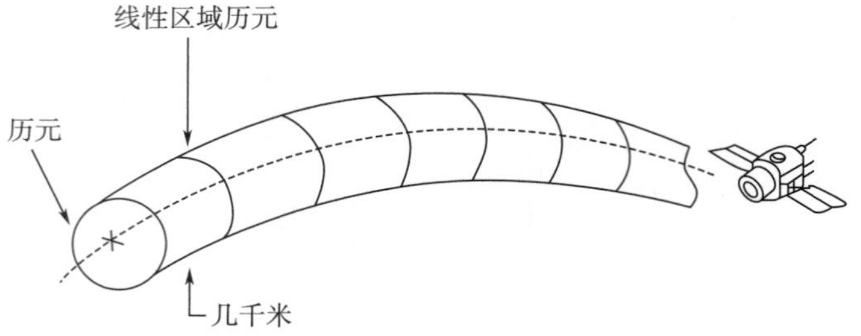

图 9-9　导航卫星标称轨道位置扩展

标，导航解算的准确程度是评估系统运行健康状态的绝对指标。

9.6　导航电文生成

主控站利用具有规定的测量更新周期的 kalman 滤波器对卫星的轨道位置和星载原子钟偏差等状态进行连续观测和估计，并用来预测导航卫星在未来时刻的位置和时钟状态，以生成导航电文数据。主控站对星历和时钟处理分解为两个部分：一是用于生成标称轨道、惯性坐标系到大地坐标系的转换、太阳和月球轨道的离线处理；二是维持主控站的 kalman 滤波器状态估计量相关联的实时处理。主控站离线处理依赖高精度的标称轨道摄动力模型，包括地球重力谐波模型、卫星太阳光压辐射模型、太阳和月球的引力模型、太阳和月球固体潮效应模型。

描述导航卫星轨道的运动方程是非线性的，主控站将星历状态沿其标称轨道进行线性化，为了支持星历预测，这些星历估计是相对于标称轨道的历元状态以及用以传递到当前和未来时间的轨迹偏微分来进行的。主控站 kalman 滤波器跟踪在地心惯性坐标系下的卫星星历，并利用数学转换矩阵将卫星的位置转换到地心地固坐标系下，坐标转换矩阵需要考虑太阳和月球的运动和章动以及地球的旋转和极移的影响，同时还要考虑 UT1 - UTC 的影响。

主控站 kalman 滤波器的状态估计包括每颗卫星在地心惯性坐标系下的三维位置和速度、太阳光压、星载原子钟偏差、每个监测站的地面原子钟偏差及其上空对流层湿度高度。由于监测站的伪距观测量仅仅是卫星和监测站之间的导航信号传递时间，主控站的 kalman 滤波器可以估计出导航卫星的星历和时钟偏差，然而所有时钟所共有的误差仍然是不可预测的。目前的处理办法是 Brown. K 提出的复合时钟理论，根据卫星导航系统内所有原子钟的运行状态建立系统基准时间，在每次测量值更新时，复合时钟减小了时钟估计的不确定性。根据复合时钟，卫星导航自身的系统基准时间可以调整到协调世界时的时标上（时间同步），以和其他系统的授时服务保持物理概念一致。对于估计过程来说，多个监测站对卫星的共视是至关重要的，这种时间传递函数的闭环处理是系统实现分米级估计性能所必需的全球时间同步。

主控站经过上述一系列的数据处理生成预测的导航电文数据，首先生成地心地固坐标系下导航信号播发天线的位置，使用最近时刻的 kalman 滤波器估计状态，然后使用导航电文数据的星历参数对这些预测的位置进行最小二乘拟合。以 GPS 为例，主控站预测的数据信息类型分为两种，分别是第 1 天的 4 h 数据段和第 2～14 天的 6 h 数据段，如图 9-10 所示。

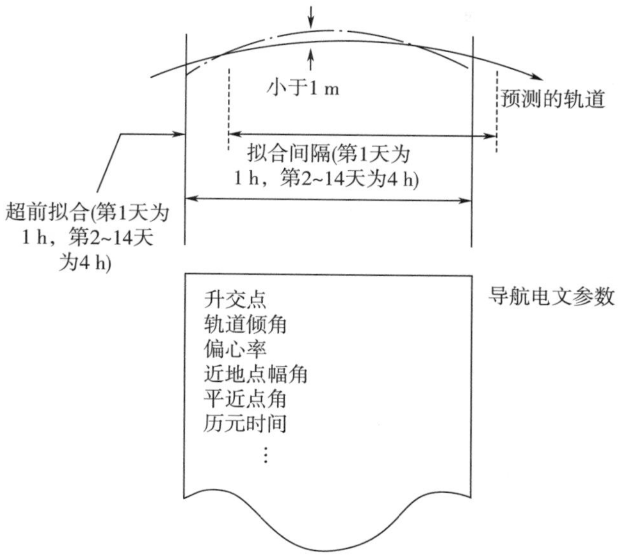

图 9-10　导航电文拟合

9.6.1　轨道测定及广播星历

卫星初始轨道是为轨道改进提供的初始状态矢量，导航卫星发射入轨后利用监测站短时间的伪距观测数据通过几何法定轨计算可以得到卫星初始轨道，进而可以利用测控系统所确定的卫星入轨后的空间坐标数据。采用成批处理的动力学定轨算法，动力学模型中需要考虑摄动量级超过 10^{-11} 以上的摄动项，包括地球非球形引力 10×10 阶，固体潮摄动，日、月引力摄动，光压摄动，相对论效应，力学模型的精度应满足弧段内定轨精度的需要。

精密定轨采用的观测数据中包含卫星钟和监测站的钟差，在定轨计算中要予以消除，一般采用直接钟差修正法和钟差建模法两种处理策略，分别验证处理。直接钟差修正法是在系统完成时间同步的基础上进行的，利用时间同步算法所给出的卫星钟和监测站的钟差，对观测值进行修正。钟差建模法基于卫星钟和监测站钟的稳定性和漂移率物理特性，可以在一定时间内（1～3 h）对监测站的钟差建立模型，在所确定的定轨弧段上，将钟差参数作为待定量，在轨道改进中连同卫星状态参数一并求解，也可以采取组差方式分离钟差对定轨的影响。

当轨道改进完成后，就可以利用改进后的轨道在准确摄动力模型的基础上，提供数值积分预报得到任意时刻导航卫星的位置、速度和加速度矢量数据。预报弧段可以按需要确定，卫星位置矢量要转换到地固坐标系中，并以等时间间隔给出星历表。根据星历表，可借助插值公式内插出任意时刻（观测历元）的卫星位置和速度。

主控站在完成卫星精密轨道改进与预报后，需要将得到的地心地固坐标系下的一段时间的精密预报星历通过非线性迭代的最小二乘曲线拟合，计算出广播星历，或者利用加权最小二乘法评估导航电文中的轨道模型计算的数值，广播星历一般包括 15 个轨道参数，以矢量形式表述为

$$\boldsymbol{X}(t_{oe}) = [\sqrt{a}, e, M_0, \omega, \Omega_0, i_0, \dot{\Omega}, \dot{i}, \Delta n, C_{uc}, C_{us}, C_{ic}, C_{is}, C_{rc}, C_{rs}]^{\mathrm{T}} \tag{9-1}$$

式中　$\sqrt{a}$ ——轨道长半轴的平方根；

e ——轨道的偏心率；

M_0——参考时刻的平近点角；

ω ——轨道的近地点幅角；

Ω_0——参考时刻的升交点赤经；

i_0——参考时刻的轨道倾角；

$\dot{\Omega}$ ——升交点赤经在赤道平面中的长期变化；

$\dot{i}$ ——轨道倾角变化率；

Δn ——平近点角的长期变化；

C_{uc} ——轨道沿迹方向周期改正余弦项的振幅；

C_{us} ——轨道沿迹方向周期改正正弦项的振幅；

C_{ic} ——轨道倾角周期改正余弦项的振幅；

C_{is} ——轨道倾角周期改正正弦项的振幅；

C_{rc} ——轨道径向方向周期改正余弦项的振幅；

C_{rs} ——轨道径向方向周期改正正弦项的振幅。

9.6.2　时间同步及钟差预报

监测站与主控站在时间粗同步的基础上，采用卫星双向时间频率传递法、单星共视法和双星共视法等方法实现站间时间同步，监测站与主控站时间同步结果一般每小时计算一次钟差，参加卫星钟差计算的时间同步站钟差采用线性预报数据。监测站工作钟与主控站工作钟的钟差不确定度为纳秒量级，钟差不大于 1 μs，如果钟差接近 1 μs，则由主控站发令对相应监测站工作钟进行调整。

导航卫星根据注入站上行注入信号的时标、时间信息和由卫星星历、注入站坐标计算得到上注信号时延，建立星上时间，包括年月日时分秒，实现卫星与系统时间的粗同步。在此基础上，卫星连续测量接收条件最好的 2 个注入站发射的上行信号伪距，并将伪距观测量通过下行信号发送给时间同步站。时间同步站连续测量所有可视卫星导航信号的伪距，将观测数据发给主控站，主控站完成卫星钟与系统时间的同步计算。

导航卫星时间频率系统与注入站/时间同步站工作钟的时间同步可以采用无线电双向法、伪码与激光测距法、倒定位法和激光双向法，卫星钟在初次同步或者运行过程中偏差

接近 1 ms 时，运行控制系统主控站向卫星发出指令，控制导航卫星时间频率系统对卫星钟自动调整，通过调相和调频的方法调整卫星钟面时间。

钟差参数包括钟差、钟速（频差）和日频率漂移，钟差参数注入刷新频度一般每小时一次，每次注入 24 组（24 h），钟差参数的时间参考点为整点。卫星钟差预报采用二次钟差模型，星载原子钟读数 H_i 与系统时间（如 GPST）之间的关系一般用二次多项式表示，即

$$H_i - \mathrm{GPST} = a_{i0} + a_{i1}(t - t_0) + a_{i2}(t - t_0)^2 \tag{9-2}$$

式中　a_{i0}，a_{i1}，a_{i2}——分别是 t_0 时刻第 i 台星载原子钟相对于系统时间（主控站主钟）的钟差、钟速和日频率漂移。

基于卫星钟的频率稳定性和频率漂移率物理特性，参数 a_{i0} 和 a_{i1} 用同一观测弧段的钟差比对数据进行解算，参数 a_{i2} 用多个观测弧段的钟差比对数据进行解算。一般在导航卫星可视弧段内进行连续观测，在进入可视弧段内 15 min 后进行第 1 次注入，然后每小时注入一次。

9.6.3　电离层延迟模型及改正

监测站电离层延迟量由参与系统电离层校正模型参数计算的监测站和卫星精密轨道确定的监测站共同计算得到，每个监测站的观测数据包括导航信号多个频点的载波相位及伪码测距数据，采样间隔一般为 1 s，利用载波相位对伪距观测量进行平滑处理，再利用经平滑处理的伪距值采用双频或者三频电离层延迟处理技术计算该监测站对应的电离层延迟量。在开展多频组合进行电离层延迟量处理时需要顾及卫星及接收机的频率间偏差的影响，进行相应的改正处理。对用于平滑处理的载波相位数据，需要进行实时的周跳和修复处理。

电离层改正模型处理首先采用多频伪距相位观测数据，通过双频或者多频组合以及相位平滑伪距处理计算得出电离层延迟量，在多频组合处理电离层延迟量时要扣除卫星及接收机的频间差。利用国际参考电离层 IRI 模型计算预报服务区格网电离层垂直总电子含量（TEC)，根据电离层的观测结果与 IRI 模型计算结果之间的差异，对服务区总电子含量数据进行调整，得到对应区域上空分辨率为 3°×3°区格网电离层垂直总电子含量数据。电离层时间序列分析拟合出预报 Klobuchar 模型参数，作为模型参数解算中方程迭代的初值使用。最后利用当天积累的实测电离层 VTEC 观测量、IRI 模型计算的 VTEC 以及电离层时间序列分析预报的 Klobuchar 模型参数解算出电离层改正模型参数，参数形式采用改进后的 Klobuchar 模型

$$I'_z(t) = \begin{cases} 5 + A_1 + Bt, & 0 < t < 21\,600 \\ DC_0 + A_2 \cos\left[\dfrac{2\pi(t - A_3)}{A_4}\right], & 21\,600 < t < 72\,000 \\ 5 + A_1 + B(t - 86\,400), & 72\,000 < t < 86\,400 \end{cases} \tag{9-3}$$

$$DC_0 = 5 + A_1 + B(t - 72\,000)$$

其中

$$A_2=\begin{cases}\sum_{n=0}^{3}\alpha_n\varphi_M^n, & A_2\geqslant 0\\ 0, & A_2\leqslant 0\end{cases} \tag{9-4}$$

$$A_3=\begin{cases}50\ 400+\sum_{i=0}^{3}\gamma_i\varphi_M^i, & 43\ 200\leqslant A_3\leqslant 55\ 800\\ 43\ 200, & A_3<43\ 200\\ 55\ 800, & A_3>55\ 800\end{cases} \tag{9-5}$$

$$A_4=\begin{cases}\sum_{n=0}^{3}\beta_n\varphi_M^n, & A_3\geqslant 72\ 000\\ 72\ 000, & A_4<72\ 000\end{cases} \tag{9-6}$$

式中　t ——接收机到导航卫星连线与电离层交点（M=375 km）处的地方时（单位为 s）；

A_2——白天电离层延迟余弦曲线的幅度，用 α_n 系数计算得到；

Φ_M ——电离层穿刺点的地磁维度，单位是 π；

A_3——余弦函数的初始相位，对应于曲线极点的地方时；

A_4——余弦函数的周期。

对改进后的 Klobuchar 模型进行泰勒级数线性化展开，利用双频观测平滑后的伪距差构建线性观测方程，求解 Klobuchar 模型参数。数据处理时将依据不同的加权策略，引入随机过程的方法来调整方差、协方差矩阵，并通过最小二乘平差并迭代，可以实现连续解算，不断地更新电离层延迟参数，模型系数更新的周期一般为 2 h。用户接收到导航电文中的 Klobuchar 模型系数后，带到相应的计算模型中即可计算出用户所在位置的电离层延迟改正数。

9.6.4　导航电文精度评估

导航电文是主控站 kalman 滤波器估计的状态值（预测数据），随着数据龄期的增加精度会降低，主控站需要实时检测系统服务精度，在精度超过设定的界限时需要应急上行注入导航电文。显然导航电文更新的频度越快，系统提供的服务精度越高，但是也对主控站的数据处理能力带来较大压力，且导航电文更新的频度达到一定程度后，系统服务精度将会收敛。1997 年美国导航年会上，Brown. K 在其大会报告“Dynamic Uploading for GPS Accuracy”中研究了维持可接收的导航服务质量和最低的导航电文更新的频度要求之间的关系，评估了各种不同的导航电文更新策略，GPS 主控站导航电文上行注入频度与系统服务精度之间的关系如图 9－11 所示，正常情况下，每颗导航卫星的导航电文每天都需要按接口控制文件规定的格式更新一次。

由图 9－11 可知，增加数据更新的频度，可以减小导航电文预测的龄期，因此，改善了导航信号的精度，每天更新一次时，用户测距误差（URE）约为1.5 m，可以满足系统

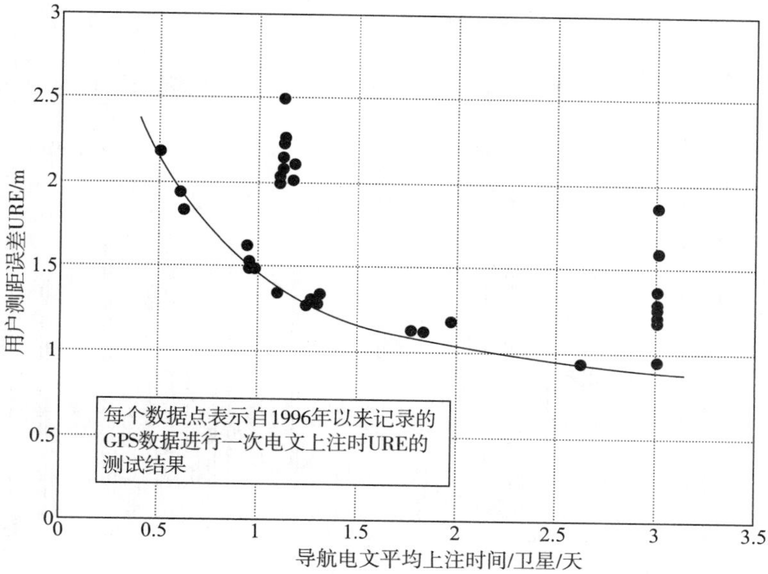

图 9-11　GPS 主控站导航电文上行注入频度与系统服务精度之间的关系

设计指标要求，每天更新两次时，URE 约为 1.0 m，投入产出比不高。卫星导航系统的服务精度依赖于许多因素，主要包括星载原子钟的性能、监测站的分布和数量、测量误差、星历建模精度以及主控站 kalman 滤波器的设计（kalman 滤波器是一个最优化自回归数据处理算法）。

导航电文数据中卫星轨道数据的拟合精度一般利用用户测距误差轨道分量来评估，包括均方根 URE（RMS-URE）、最大 URE（Max-URE）、位置误差平方和之根（Max-RSS errors）三种形式。例如，Elliott D. Kaplan 在其《GPS 原理与应用（第二版）》书中给出了 2000 年 6—7 月间 GPS 导航星座轨道拟合误差数据，如图 9-12 所示，均方根 URE（RMS-URE）、最大 URE（Max-URE）、位置误差平方和之根分别为8.72 cm、14.7 cm 和 52.9 cm。

2016 年第七届中国导航年会上，美国国务院空间和先进技术办公室副主任 David A. Turner 在其大会报告“GPS Civil Service Update &U.S. International GNSS Activities”中给出了 GPS 的标准定位服务导航信号精度，如图 9-13 所示，用户测距误差持续降低，由 2001 年的 1.6 m 降低到 0.6 m，意味着用户的定位精度提高约 3 倍。

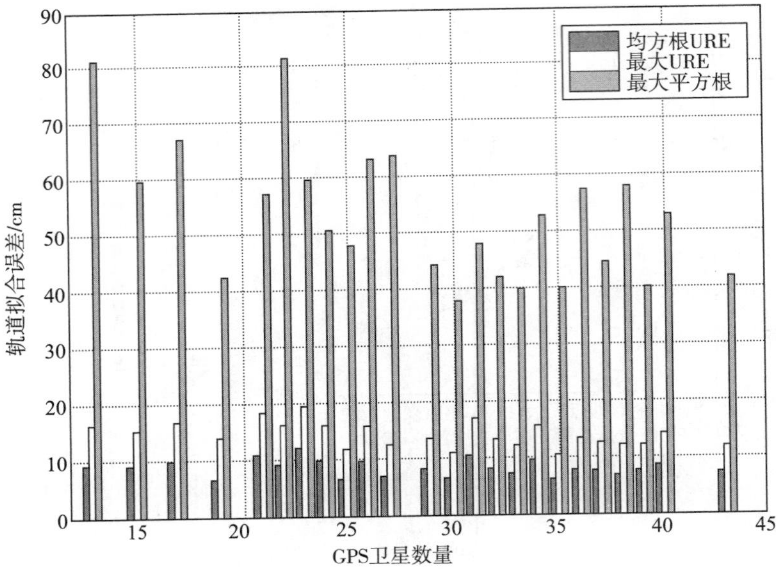

图 9-12　GPS 导航电文数据的拟合精度（2000 年 6—7 月间）

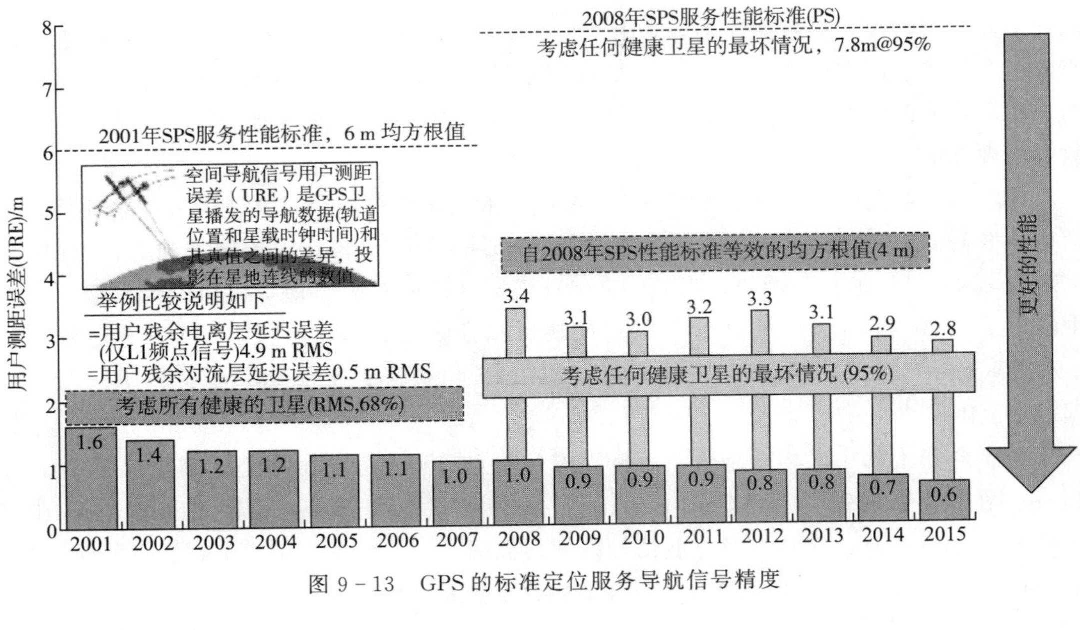

图 9-13　GPS 的标准定位服务导航信号精度

参 考 文 献

[1] Bradford W. Parkinson. Global Positioning System: Theory and Applications. American Institute of Aeronautics and Astronautics [M], Inc. 370 L'Enfant Promenade, SW, Washington, DC 20024-2518.

[2] Elliott D. Kaplan. GPS原理与应用(第二版)[M]. 寇艳红译. 北京:电子工业出版社, 2007.

[3] 谭述森. 卫星导航定位工程 [M]. 北京:国防工业出版社, 2007.

[4] Bradford W. Parkinson, Spikilker JJ. GPS理论与应用 [M]. 吴晓进,谢洪华,刘乾富,胡寿增,粟恒义译. 西安:西安导航技术研究所, 1999.

[5] 李菊芳,龙运军,陈英武,姚锋. 北斗二代卫星导航系统星地一体化运行管控系统架构研究 [C]. CSNC2010第一届中国卫星导航学术年会论文集. 北京, 2010: 31-38.

[6] Brown, K., "The Theory of the GPS Composite Clock," Proc. of ION GPS-91 [C], Institute of Navigation, Washington, D. C., 1991.

[7] David A. Turner, Deputy Director Office of Space and Advanced Technology U. S. Department of State, GPS Civil Service Update & U. S. International GNSS Activities [R], China Satellite Navigation Conference 2016, Changsha, May 17-20.

[8] Brown, K., et al., "Dynamic Uploading for GPS Accuracy," [R]. Proc. of ION GPS-97, Institute of Navigation, Washington, D. C., 1997.

[9] David A. Turner, GPS Civil Service Update & U. S. International GNSS Activities [R], 第七届中国导航年会,长沙, 2016年5月18日.

[10] 陈勖,李尔园. 全球定位系统(GPS)现代化运行控制段(OCX)的进展与现状 [J]. 全球定位系统, 2010(2): 56-60.

[11] 杨龙,陈金平,刘佳. GNSS地面运行控制系统的发展与启示 [J]. 现代导航, 2012(8): 235-242.

[12] 程鹏飞,景宾,赵静. 伽利略系统及其地面段的设计 [J]. 海洋测绘, 2003, 23(4): 49-53.

[13] Ollie Luba, Larry Boyd, Art Gower. GPS III System Operations Concepts [J]. IEEB A&E SYSTEMS MAGAZINE. JANUARY 2005.

[14] 冯少栋,张卫峰,张建章,张晓静. 美军下一代转型卫星运控系统设计 [J]. 数字通信世界, 2009(5): 59-63.

第 10 章　接收机和 PVT 解算

10.1　概述

10.1.1　功能性能

卫星导航接收机通过测量导航信号从卫星到接收机的传播时间，利用到达时间测距原理来确定用户的位置（P）、速度（V）和时间（T），简称 PVT 解算，其中位置解算结果以用户机接收天线的相位中心为参考点。导航仪则根据位置坐标和数字地图的映射关系，可以把定位结果实时关联到数字地图上，在显示屏上给出导航信息。

卫星导航接收机的核心任务是捕获、跟踪和解调导航信号，得到包含卫星的星历、时钟偏差校正、电离层误差改正数据。为了跟踪导航信号并提取相关的信息，首先要捕获（截获）到导航信号，信号捕获是数字信号处理模块的第一个环节，捕获的目的是寻找对接收机可见的卫星，粗略估计测距码相位值和载波频率，然后将测距码相位和载波频率传递给跟踪环路。卫星导航接收机的主要功能包括：

1）将导航信号（含噪声）分路到多个信号处理通道，以同时对多颗卫星的导航信号进行处理；

2）为每个信号处理通道产生本地测距码；

3）捕获导航信号（每个信号处理通道捕获一颗卫星的导航信号）；

4）跟踪导航信号的测距码和载波信号；

5）从导航信号中解调出星历、钟差、电离层校正参数等系统数据；

6）从测距码信号中提取伪码相位测量值，获得星地之间的伪距观测量；

7）从载波信号中提取载波频率和载波相位测量值，以分别获得伪距变化率和更精确的伪距；

8）从导航信号中提取信号的信噪比，估算星地时间与系统时间的偏差。

卫星导航系统接收机的性能指标要求与其应用场景紧密相关，不同的应用场景有不同的性能要求，接收机的应用场景决定了接收机的系统设计方案，因而接收机的性能指标也有很大的差别，卫星导航接收机主要性能指标包括：

1）通道数量：接收机可以同时并行接收导航信号的基带信号处理通道的数量。例如 NovAtel 的 OEM7700™ 接收机有 555 个通道，支持当前 GPS、GLONASS、Galileo、BeiDou、QZSS 和 IRNSS 卫星导航系统多个频点导航信号的接收和位置解算；和芯星通公司基于新一代 Nebulas－Ⅱ 高性能 SoC 芯片开发的卫星导航系统 UB4B0 高精度板卡具有

432 个超级通道和专用快捕引擎，支持 BDS、GPS、GLONASS、Galileo 和 QZSS 等多个卫星导航系统和三频 RTK 技术，支持与惯性导航的组合定位，主要面向高精度定位、导航和测绘等应用。

2）信号接收能力：接收卫星导航系统信号的类型和数量。例如 NovAtel 的 OEM7700™接收机能够接收的导航信号包括 GPS L1 C/A、L1C、L2C、L2P、L5，GLONASS L1 C/A、L2C、L2P、L3、L5，BeiDou 系统 B1、B2、B3，Galileo 系统 E1、E5a、E5b、E6，QZSS L1 C/A、L1C、L2C、L5、L6，IRNSS L5，SBAS L1、L5；和芯星通公司 UB4B0 高精度板卡能够接收的导航信号包括 BeiDou 系统 B1、B2、B3，GPS L1 C/A、L2C、L5，GLONASS L1 C/A、L2，Galileo 系统 E1、E5a、E5b，QZSS L1 C/A、L5 信号。

3）定位精度：接收机解算位置的精度。例如 NovAtel 的 OEM7700™接收机单点 L1 单频水平定位精度为 1.5 m，单点 L1/L2 双频水平定位精度为 1.2 m，SBAS 差分定位精度为 60 cm，TerraStar－C 精密单点定位精度为 4 cm，RTK 定位精度为 1 cm＋1 ppm；和芯星通公司 UB4B0 高精度板卡单点定位精度（RMS）平面 1.5 m，高程 3.0 m，DGPS 定位精度平面 0.4 m，高程 0.8 m，RTK 定位精度为平面 10 mm＋1 ppm，高程 15 mm＋1 ppm；目前接收机设计和研制厂商可以采用卫星导航系统差分技术、精密单点技术以及实时动态定位技术进一步提高定位精度。

4）初始化时间和初始化可靠性：接收机内置软件初始化处理的时间。例如 NovAtel 的 OEM7700™接收机初始化时间不到10 s，初始化可靠性大于 99.9%；和芯星通公司 UB4B0 高精度板卡初始化时间不到 10 s（典型值），初始化可靠性大于 99.9%。

5）最大数据率：包括数据更新率和定位更新率两个指标。例如 NovAtel 的 OEM7700™接收机的数据更新率和定位更新率均为 100 Hz，和芯星通公司 UB4B0 高精度板卡的数据更新率和定位更新率均为 20 Hz。

6）首次定位时间：接收机从打开电源到首次得到满足精度要求的定位结果所需要的时间，包括冷启动、热启动两种情况。例如 NovAtel 的 OEM7700™接收机的冷启动和热启动典型时间分别是小于 40 s 和小于19 s，和芯星通公司 UB4B0 高精度板卡的冷启动和热启动典型时间分别是小于 45 s 和小于 10 s。

7）信号重捕时间：卫星和接收机之间存在相对运动，为了获得连续的定位解算结果，导航接收机必须连续地搜索、捕获、跟踪可见范围内的导航卫星播发的无线电导航信号，并与导航信号保持同步，信号失锁后则需要再次捕获。例如 NovAtel 的 OEM7700™接收机对 L1 和 L2 信号重捕时间的典型值分别是小于 0.5 s 和小于 1.0 s，和芯星通公司 UB4B0 高精度板卡的信号重捕时间的典型值小于 1 s。

8）时间精度：接收机时间同步和授时的精度。例如 NovAtel 的 OEM7700™接收机的时间同步精度 20 ns（RMS），和芯星通公司 UB4B0 高精度板卡的时间同步精度 20 ns（RMS）。

9）速度精度：接收机解算速度的精度。例如 NovAtel 的 OEM7700™接收机解算速度的精度为 0.03 m/s（RMS），和芯星通公司 UB4B0 高精度板卡解算速度的精度也是 0.03 m/s（RMS）。

10）速度上限：接收机解算速度的能力。例如 NovAtel 的 OEM7700™接收机解算速度的上限为 515 m/s。

设计和选择卫星导航接收机时还要考虑质量、体积、功耗、供电电压、天线输出电压、外部时钟接口、1 pps 接口、电连接器接口、通信协议等物理和电气指标，以及温度、湿度、振动、冲击、加速度等环境条件要求。此外，还有里程计、接收灵敏度、自主完好性、与惯导融合、兼容互操作等特殊要求。

此外，利用不同卫星导航系统之间的兼容互操作技术，增加用户可见导航卫星的数量，是提升导航接收机的可用性最便捷的方法。利用惯性传感器（INS）也可以提高导航接收机的可用性，其原因是在卫星导航信号暂时不可用时，INS 可以为接收机提供多普勒频移、速度、加速度等动态测量信息，由此导航接收机仍能够给出用户位置解算结果。在卫星导航信号不可用时，需要采用特殊的位置解算算法，利用历史观测数据、INS 测量信息等办法外推位置解算结果。航空用户对完好性指标比较敏感，对于涉及生命安全的导航应用，导航接收机可以采用自主完好性算法来满足完好性指标要求。

10.1.2 使用环境

一般来说，温度、湿度、冲击及振动等环境条件要求取决于接收机的应用场景，是设计和选择接收机时必须要考虑的因素。例如，空间用导航接收机在使用过程中必须耐受运载环境发射过程中产生的高量级振动力学环境，而在轨道工作的过程中又必须耐受高量级空间粒子辐射环境影响。例如，NovAtel 的 OEM7700™接收机能够适应的环境条件如下：

1）温度：接收机工作温度范围－40～＋85℃，存储温度范围－55～＋95℃；

2）湿度：95％，不冷凝；

3）振动：随机振动环境条件 20 g RMS，满足 MIL－STD－810G Method 514.7 要求；正弦振动满足 IEC 60068－2－6 要求；

4）碰撞：25 g，满足 ISO 9022－31－06 标准要求；

5）冲击：40 g（工作环境），满足 MIL－STD－810G 规定的要求；75 g（非工作环境），满足 MIL－STD－810G Method 516 规定的生存级冲击环境要求；

6）加速度：16 g，满足 MIL－STD－810G Method 513.7 规定的加速度环境要求。

环境条件对接收机性能有比较大的影响，设计接收机时需要确认这类约束，开展环境耐受的设计、仿真和试验验证工作。此外，还要考虑多路径干扰、电磁干扰、大气干扰和动态接收等接收机工作环境的影响，简要分析如下。

1）多路径干扰：水面、建筑物墙面等环境表面会反射导航信号，并使导航信号失真，甚至产生非视线导航信号（non－line－of－sight，NLOS），导航接收机能够接收到直达的导航信号，也可能接收这些反射的多路径信号，反射信号因延时会导致观测伪距出现偏差，从而造成位置解算误差，这个现象被称为多路径干扰，接收机一般采用扼流圈天线来抑制或减少多路径干扰。

2）电磁干扰：战时环境中可能存在有意和无意的电磁干扰，那么军用接收机必须具备防电子欺骗和抗电磁干扰能力。一般情况下，用户可以预测出在某些应用场景可能会存在哪些干扰信号。例如，对于航空领域的卫星导航用户，可以预见到 TACAN/DME 和地基导航台信标信号将可能会对目前卫星导航系统的 1.5 GHz 频点信号产生脉冲干扰。这种情况下，可以考虑采用脉冲干扰减缓技术设计航空用卫星导航接收机的射频前端处理模块。目前，军用接收机已大量采用电磁干扰减缓技术以提高接收机的效能，例如采用阵列天线以及波束成形技术，在干扰信号方向动态调整导航接收天线的方向图增益，即利用所谓的“天线调零”技术提高接收机抗干扰能力。

3）大气干扰：地球大气对导航信号在传播过程中的延迟效应影响了接收机对伪距的测量精度，因此，导航接收机修正此类误差的能力也就决定了接收机的定位精度。大气中的电离层和对流层对导航信号的延迟效应比较显著。

4）动态接收：高动态环境增加了导航信号的多普勒频移，影响接收机对信号的接收跟踪能力，对于此类使用场景，设计和选用接收机时，要考虑卫星和用户之间相对运动产生的多普勒频移。例如，静态接收机处理多普勒频移的范围是±4 kHz，但对于卫星导航制导的弹道导弹，导航信号的多普勒频移将高达±100 kHz。这种工作情况下，接收机射频前端和导航信号跟踪环路设计均要考虑导航信号的动态范围，跟踪算法也不同于一般的静态接收机，由此增加了接收机设计的复杂程度。

10.2　基本原理

10.2.1　结构组成

根据不同的应用需求，卫星导航接收机可以设计成多种形态，从单频到多频、从专业测绘型到一般车载导航型，从单星座到多星座接收机。设计接收机时需要考虑信号带宽、调制方式、伪码速率等技术指标，权衡性能、成本、功耗以及自主性等要求。虽然导航接收机有多种形态，但接收机的基本组成是一致的，主要包括接收天线、射频前端、基带数字信号处理、应用处理 4 个模块，典型卫星导航接收机组成结构如图 10－1 所示，除了上述 4 个主要模块，一般还有输入输出接口和供电模块等辅助模块。

接收天线可以由一个或者多个单元及相关联的电子线路组成，可以是有源的也可以是无源的，取决于应用场景，它的功能是接收导航卫星播发的信号，同时拒止多路径干扰信号。天线将接收到的导航信号传输给射频前端。

射频前端完成射频信号下变频、滤波以及模数转换处理，射频前端的主要功能是设定接收机的噪声系数并抑制带外干扰，又称为前置放大器。射频前端模块中的基准振荡器为接收机提供时间和频率基准，因为卫星导航接收机的测量是建立在测距码相位的到达时间和所接收到的导航信号的载波相位和频率信息基础上的，基准振荡器是接收机的关键功能

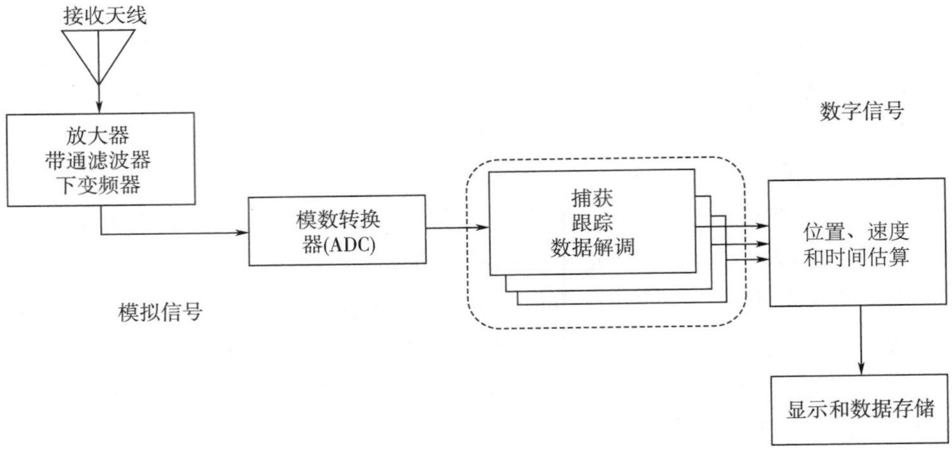

图 10-1　卫星导航系统接收机组成

部件。一般民用导航接收机均采用低成本的晶体振荡器作为接收机的基准振荡器，一些高端的测量型接收机会采用高稳定度的原子钟作为接收机的基准振荡器。基准振荡器的输出信号传输给频率综合器，频率综合器产生接收机的本振信号和时钟信号。射频前端模块中的下变频器使用一个或者多个本振信号将射频信号下变频为中频信号，经模数采样和正交下变频处理后，生成包括实部和虚部两部分组成的数字基带中频信号。为了提高接收机抗干扰能力，需要自动增益控制器（AGC），以增加信号动态范围、控制量化电平、优化最大量化门限和信号噪声标准偏差之间的比率。

基带数字信号处理模块将数字中频信号分别与由本振信号产生的两路正交映射载波相乘，进行载波信号剥离，载波剥离后的两支路信号分别再与超前、即时和滞后三路本地复制测距码进行相关处理，实现测距码信号剥离，当通过调整载波频率和伪码相位使得两个跟踪环路稳定跟踪后，即可测得伪距观测量，同时译码出导航电文数据，解算出卫星与用户机之间的测距值。

应用处理模块提取信号处理通道的观测量（伪码测距值和载波相位测距值）以及导航电文（卫星轨道星历、卫星原子钟钟差、电离层延迟等信息），根据三角测量原理，解算出用户位置、速度和时间。一些导航接收机还需要处理一些辅助参数，例如时间和频率信号传递、静态和动态测量、电离层参数监测、卫星导航系统差分参考、卫星导航系统信号完好性监测，以满足特殊的科研用途。

10.2.2　工作原理

导航信号经接收天线的预放大、滤波处理后，送入射频前端下变频处理后得到模拟中频信号，进一步对导航信号放大、滤波处理后，由射频前端模数转换处理模块对模拟中频信号采样处理并得到离散数字中频导航信号，然后将离散数字中频导航信号送入基带数字信号处理模块。

接收机射频前端将预处理后的导航信号输入给基带数字信号处理通道，每个信号处理通道同时只能处理一颗导航卫星的信号。为了生成星地之间伪码测距观测量，需要开展对导航信号的测距码与接收机本地生成的复制测距码的相关处理，以及去除多普勒频移并生成载波相位观测量，每个处理通道都需要跟踪导航信号的测距码延迟量和载波相位。由此，每个处理通道至少有两个信号跟踪锁定环路：一个是跟踪伪码的延迟锁定环（Delay-Lock-Loop，DLL），另一个是跟踪载波相位的相位锁定环（Phase-Lock-Loop，PLL）或者频率锁定环（Frequency-Lock-Loop，FLL）。

根据多普勒频移预估值，接收机多普勒频移去除模块清除采样信号后的多普勒频移，然后根据伪码相位延迟预估值，将采样信号与接收机本地生成的复制测距码（伪码）信号进行相关处理，根据相关处理结果，得到新的多普勒频移和伪码相位延迟数据，然后重复进行采样信号与本地复制伪码信号相关处理，不断反馈计算，直到获得精确的多普勒频移和伪码相位延迟数据，分别实现导航信号伪码相位和载波频率的精确同步，跟踪环路不断地调整本地载波和伪码相位，始终跟随着输入信号的变化而变化。

伪距的测量是在接收机的跟踪状态下，经过数据解调后，读取本地参考时钟 t_1 和卫星时钟 t_2 的差，即为卫星信号从卫星到用户的传播时间 Δt，伪距 $d=\Delta t \cdot c$ 。伪距变化率的测量利用相邻时刻间的多普勒频率的变化以及载波的波长即可估计。对基带信号要经过比特位同步处理，以得到电文数据。电文数据还要经过帧同步和子帧同步处理，再经过信道解码纠正传输中出现的错误并去掉冗余数据，对军用电文数据还要进行解密处理，才能得到导航电文中的有效数据。

卫星导航系统接收机通过测量本地时钟与恢复的卫星时钟之间的时延来测量从接收天线到卫星的距离，但是由于用户接收机时钟、卫星时钟和系统时钟三者不可能严格时间同步，必然会存在钟差。此外，导航信号在空间传播过程中还会产生电离层延迟和对流层延迟，以及由电文参数得到的卫星轨道位置、信号多路径干扰及接收机热噪声等误差源。由此，导航信号传播时间乘以传播速度得到的卫星与用户机之间的距离存在较大的误差，一般称为“伪距”，在代入导航方程求解用户位置前，需要修正处理。

在地心地固坐标系中卫星的坐标位置用 (x_s, y_s, z_s) 表示，用户接收机的位置用 (x_u, y_u, z_u) 表示，矢量 $\boldsymbol{s}$ 代表卫星相对于坐标系坐标原点的位置，由卫星广播的星历数据计算，矢量 $\boldsymbol{u}$ 代表用户接收机相对于坐标系坐标原点的位置，则用户接收机到卫星的偏移矢量 $\boldsymbol{r}$ 为

$$\boldsymbol{r}=\boldsymbol{s}-\boldsymbol{u} \tag{10-1}$$

令 r 为偏移矢量 $\boldsymbol{r}$ 的幅值，有 $r=\|\boldsymbol{s}-\boldsymbol{u}\|$ 。

距离 r 通过测量由卫星产生的测距码从卫星传送到用户接收机所需要的传播时间来计算。卫星导航系统接收机接收到导航信号时，接收机和导航卫星处于不同时间标内，导航卫星之间处于相同时间标，卫星与接收机间存在钟差，卫星导航接收机距离测量的定时关系如图 10-2 所示。

图 10-2 中，T_s 表示导航信号离开卫星时的系统时刻，对应信号相位为 ϕ_s；T_u 表示导

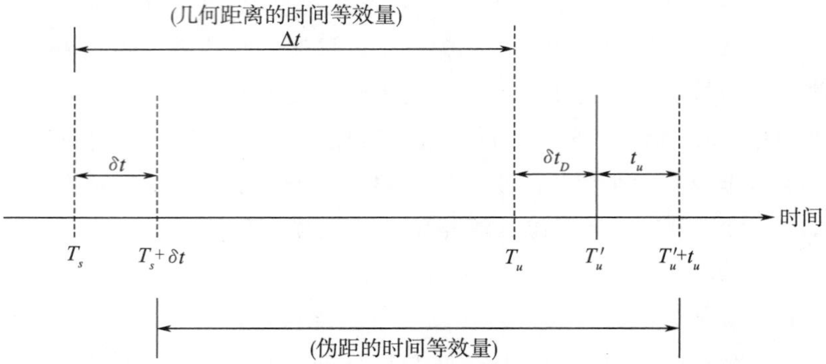

图 10-2 卫星导航接收机距离测量的定时关系

航信号到达用户接收机时的系统时刻，即接收机接收到相位为 ϕ_s 信号的系统时刻；δt 表示卫星时钟与系统时钟之间的偏移，超前为正，延迟为负；t_u 表示导航接收机时钟与系统时钟之间的偏移，超前为正，延迟为负；$T_s+\delta t$ 表示导航信号离开卫星时的星载时钟的读数；δt_D 表示卫星导航信号电离层和大气层传播中的延时；T'_u+t_u 表示导航信号到达用户接收机时的用户接收机时钟的读数。

导航信号经空间传播到达接收机，接收机根据信号相位 ϕ_s 恢复出信号发射时刻 T_s，根据导航信号发射时刻减接收时刻，就可以计算得到信号传播时间，接收机和卫星之间的几何距离为

$$r=c(T_u-T_s)=c\Delta t \tag{10-2}$$

因为卫星导航信号以光速传播，为已知量，所以接收机和卫星之间的几何距离有时也用 Δt 表示。

接收机和卫星之间的伪距 ρ 为

$$\begin{aligned}\rho&=c[(T'_u+t_u)-(T_s+\delta t)]\\&=c(T'_u-T_s)+c(t_u-\delta t)\\&=c(T_u+\delta t_D-T_s)+c(t_u-\delta t)\\&=r+c(t_u-\delta t+\delta t_D)\end{aligned} \tag{10-3}$$

因此，卫星距用户的矢量 $\boldsymbol{r}$ 是

$$r=\rho-c(t_u-\delta t+\delta t_D)=\|\boldsymbol{s}-\boldsymbol{u}\| \tag{10-4}$$

卫星时钟与系统时钟之间的偏移 δt 由偏差和漂移两部分组成，地面运行控制系统监测网络确定对这些偏移分量的校正量，并将这些校正量上传给卫星，再由卫星通过导航电文广播给地面用户。用户接收机利用这些校正量使每次测距信号的发射时间与系统时间同步。

为了确定用户在 ECEF 中的坐标位置 (x_s, y_s, z_s)，对 4 颗导航卫星进行伪距观测，由式（10-4）产生方程组

$$\rho_j=r+c(t_u-\delta t+\delta t_D)=\|\boldsymbol{s}_j-\boldsymbol{u}\|+c(t_u-\delta t+\delta t_D) \tag{10-5}$$

式中，j 的范围是 1～4，指不同的导航卫星，该非线性方程组可用卡尔曼滤波、基于线性

化迭代法以及闭合形式解法等三种方法求解用户在 ECEF 坐标系中的位置（x_s，y_s，z_s）以及导航接收机时钟与系统时钟之间的偏移 t_u 。

卫星导航系统的基本原理是测量出已知位置的卫星和用户接收机之间的距离，接收机可以根据星历数据算出卫星发射电文时所处位置。然而，由于用户接收机时钟与卫星星载时钟不可能完全同步，所以除了求解用户的三维坐标 x、y、z 外，还要引进卫星与接收机之间的时间差 Δt 作为未知数，当接收机分别测量出与 4 颗以上卫星之间的距离时，就能建立含有 4 个伪距方程组，并由此解算出用户所在的位置坐标和系统时间。

10.2.3　工作流程

卫星导航接收机的信号处理流程分为信号捕获、信号跟踪和位置计算三个步骤，天线接收导航信号，天线内置低噪声放大器对信号进行预处理（滤波和放大），射频模块对导航信号进行下变频、放大、滤波后生成模拟中频信号，模数转换器（ADC）对模拟中频信号进行采样处理生成数字中频信号，数字信号处理模块实现导航信号的码跟踪、载波跟踪、电文解调、伪距观测量生成，应用处理模块根据导航电文获取卫星坐标位置等信息，利用多颗卫星的伪距等导航信息结果进行用户坐标定位解算，最终输出用户位置（P）、速度（V）和时间（T），用户接口实现用户与接收机的交互以及控制，导航系统接收机工作流程如图 10－3 所示。

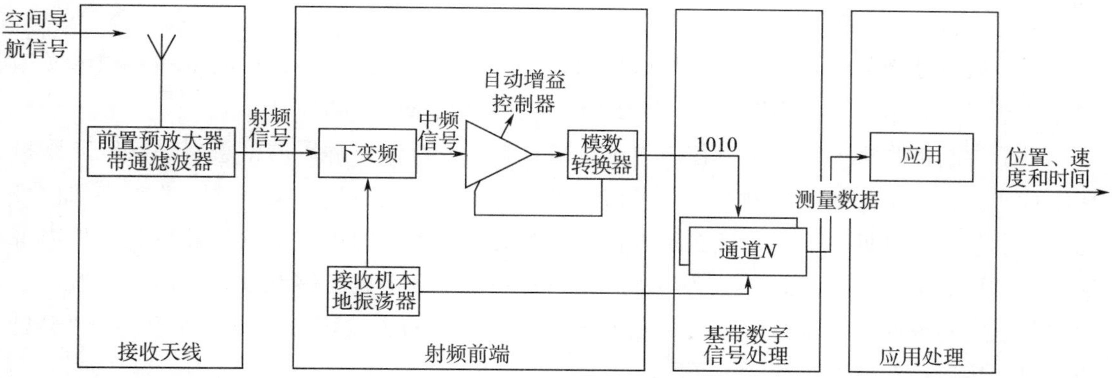

图 10－3　卫星导航系统接收机工作流程

数字信号处理模块对观测导航卫星数量的需求取决于不同的应用场景，对于水面舰艇等二维平面定位需求，导航接收机需要观测到与 3 颗导航卫星之间的距离；对于空中飞机等三维立体定位需求，接收机需要观测到与 4 颗导航卫星之间的距离。下面以 GPS 卫星导航接收机接收民用 C/A 码信号为例，给出解算用户位置的导航信号处理流程，如图10－4 所示。

第一步：信号捕获

捕获载波频率、码相位，信号捕获又称相位搜索。

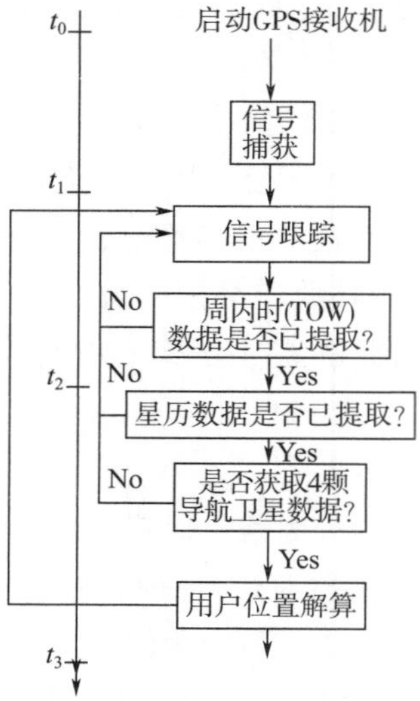

图 10-4 导航信号处理流程

第二步：信号跟踪

利用伪码延迟锁定环、载波相位锁定环、两个耦合环路调整本地复制信号；电文数据解码。

第三步：位置计算

基带信号处理通道正常完成导航信号的捕获、跟踪后，给出伪距观测量和导航电文等信息，基于“三角定位原理”，解算出用户的位置坐标、速度和时间。

卫星导航接收机能够利用以往历史定位解算数据或者最近解码的信息帮助跟踪环路提高信号捕获、跟踪的效率。例如，为了估计视场范围内哪些卫星可见，并由此将基带信号处理通道分配给可见的卫星，导航接收机可以利用存储电文的历书信息估计特定时段内可视导航卫星的编号，卫星编号与伪随机测距码一一对应，由此能够有效地提高对导航信号的捕获速度。因此，基带信号处理通道对导航信号的捕获方式可以分成“冷启动”“温启动”和“热启动”三类，简述如下。

1）**冷启动**：接收机没有关于自身位置和可视范围内导航卫星的先验信息。接收机的每个通道不得不对所有可能的卫星（信号）以及所有可能的伪码——多普勒频移进行大量的搜索工作。只有当某个基带信号处理通道完全解码一个完整的导航电文帧后，接收机通过历书信息才能推算出可视范围的导航卫星，其他基带信号处理通道据此历书信息搜索可视范围内的其他导航卫星。

2）**温启动**：接收机读取自身的初始位置和卫星历书信息，例如上次关机前导航卫星的位置和卫星历书信息。利用这些信息，接收机可以预测当前位置的可视范围内可能有哪些卫星，同时估计这些卫星信号的伪码延迟和多普勒频移，因此，可以减小信号捕获的搜索空间。

3）**热启动**：接收机有当前自身位置和可视范围内导航卫星的先验信息，可以大幅度减小信号捕获的搜索空间，由此，很快解算出用户位置。

卫星导航接收机的核心是数字信号处理模块，有多路基带信号处理通道，每个基带信号处理通道独立工作，每个通道被接收机分配处理某一颗卫星的某一路信号。数字基带信号处理通道有捕获和跟踪两种工作模式。在捕获工作模式下，为了评估导航卫星（信号）是否在视界范围内，每个通道开展伪码延迟和多普勒频移二维搜索。直到接收机检测到导航信号、同时估算出接收到的导航信号的伪码延迟和多普勒频移为止，基带信号处理通道始终保持在捕获工作模式。

导航信号捕获后，基带信号处理通道进入跟踪工作模式，根据载波频率和伪码相位的粗略估计值，跟踪电路利用延迟锁定环和锁相环不断分别进一步对伪码和载波进行更精确的同步，直到接收机本地生成的复制测距码信号与接收到的导航测距码信号完全同步，由此可以解调出导航电文。在信号跟踪模式下，为了评估导航信号的跟踪状态，基带信号处理通道需要监控信号跟踪结果的质量。如果跟踪环路锁定检测指标低于设定的门限，则接收机认定信号处于失锁状态，基带信号处理通道重新回到捕获模式，再次启动上述工作流程。导致信号失锁的原因有多种，例如卫星信号被遮挡、发生信号周跳或者仅仅是初始捕获过程中信号噪声过大。数字基带信号处理通道的捕获、跟踪及位置解算流程如图 10－5 所示。

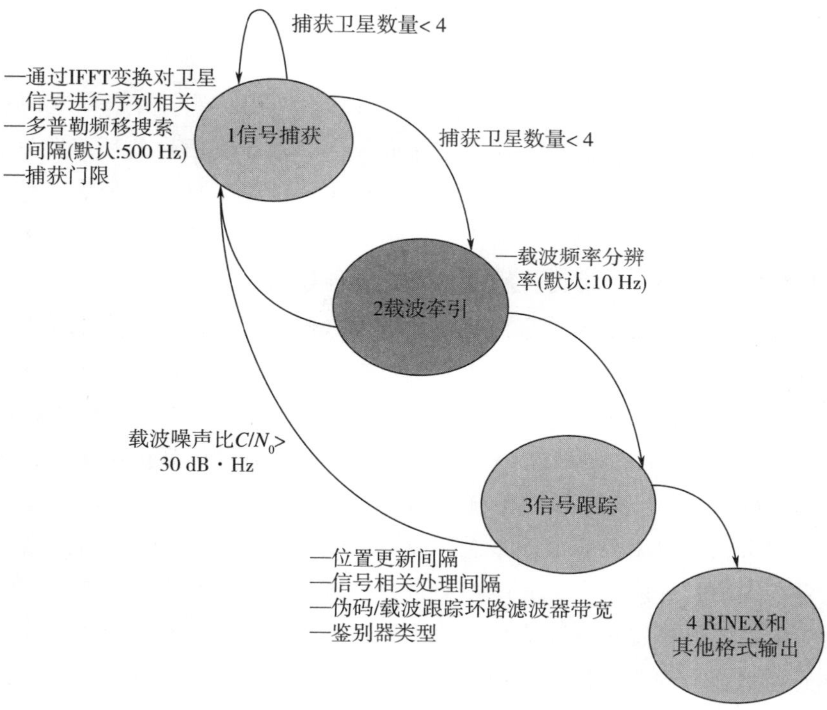

图 10－5　卫星导航信号的捕获、跟踪及位置解算流程

导航卫星同时播发公开服务的民用导航信号和授权服务的军用导航信号，两类导航信号的主要区别是伪随机测距码的周期完全不同。以 GPS 为例，民用 C/A 码信号能为用户提供

标准定位服务，军用 P（Y）码信号能为用户提供精密定位服务，军用 P（Y）码能够提供更为精确的定位精度和授时精度，只有经过美国国防部授权的用户才能接收军用 P（Y）码信号。由于军用 P（Y）码是一种周期长（37 周）、速率高（10.23 Mcps）的伪随机码信号，这就使得它不可能像 C/A 码那样在整个周期内搜索，更不可能将整个码信号存储在存储器中随时读取，在捕获方法上与 C/A 捕获存在本质区别。

美军最初的设计思路是利用 C/A 码引导捕获 P（Y）码，接收机首先捕获 C/A 码信号，再通过 C/A 码信号捕获 P（Y）码信号，这种引导捕获方法是时域处理中的一种简便方法。接收机导航信号通过搜索和检测，当接收机本地复制伪随机测距码和接收到的卫星伪随机测距码相关值最大时，表明接收机成功捕获 C/A 码信号。电文译码后，通过子帧遥测字找到子帧的码相位，通过子帧交接字找到字符计数的起始时间。如果没有出现误码，那么 C/A 码和 P 码是完全同步的，然后将 C/A 码产生的脉冲输入到 P 码生成器，这时本地产生的 P 码与接收到的 P 码是同步的。然后和 C/A 码捕获过程一样，对 P 码进行捕获、跟踪和解调，得到 P 码伪距后解算得到用户 PVT。为防止导航信号漏捕，启动 P 码生成器时常常提前几个码片时间，再向后搜索，由此可以大幅度减少 P（Y）码信号的捕获时间。在提高接收机抗干扰能力和反电子欺骗能力的诉求下，特别是对军用 M 码的直接捕获的要求下，对 P（Y）码直接捕获成为 GPS 军用接收机的研究热点。

10.2.4 实现方案

卫星导航接收机的任务是尽可能精确地估计出接收到的导航信号在空间中的传播时延。卫星导航接收机基带数字信号处理通道完成数字中频导航信号的环路鉴别、滤波、信号解扩、数据解调、信噪比测量、锁相指示、载噪比测量等任务，基带数字信号处理通道的结构框图如图 10-6 所示，图中只描述了与伪码和载波跟踪相关的模块及其功能，并假定接收机基带数字信号处理通道已经稳定地跟踪到导航信号。

基带数字信号处理通道接收数字化的中频信号（视界范围内所有导航信号均掩埋在该数字中频信号的热噪声中）后，首先将数字基带中频信号分别与本地生成的两路正交载波信号（含载波多普勒频移）相乘（混频处理），实现载波剥离（含载波多普勒频移），产生同相（in-phase，I）和正交相（quadraphase，Q）两路信号。其中本地复制的载波信号（含载波多普勒频移）是由载波数控振荡器（numerically controlled oscillator，NCO）以及离散的正弦和余弦映射函数合成而来。注意，接收机本地复制的载波信号是在数字中频上与所有视界范围内的导航信号（含噪声）进行混频处理的。在载波混频器输出端的同相 I 和正交 Q 两路采样数据信号与被检测到的载波信号之间具有期望的相位关系。在尚未开展伪码剥离处理之前，同相 I 和正交 Q 两路采样数据信号还不是基带信号，此时所期望的导航信号仍然掩蔽在热噪声信号中。

在闭环工作时，载波数控振荡器由接收机处理器中的载波跟踪环路来控制，当载波跟踪环路采用锁相环（phase lock loop，PLL）时，目标是要保持本地复制载波与接收到的导航信号的载波之间的相位误差为零。本地复制载波相位相对于接收到的导航信号的载波

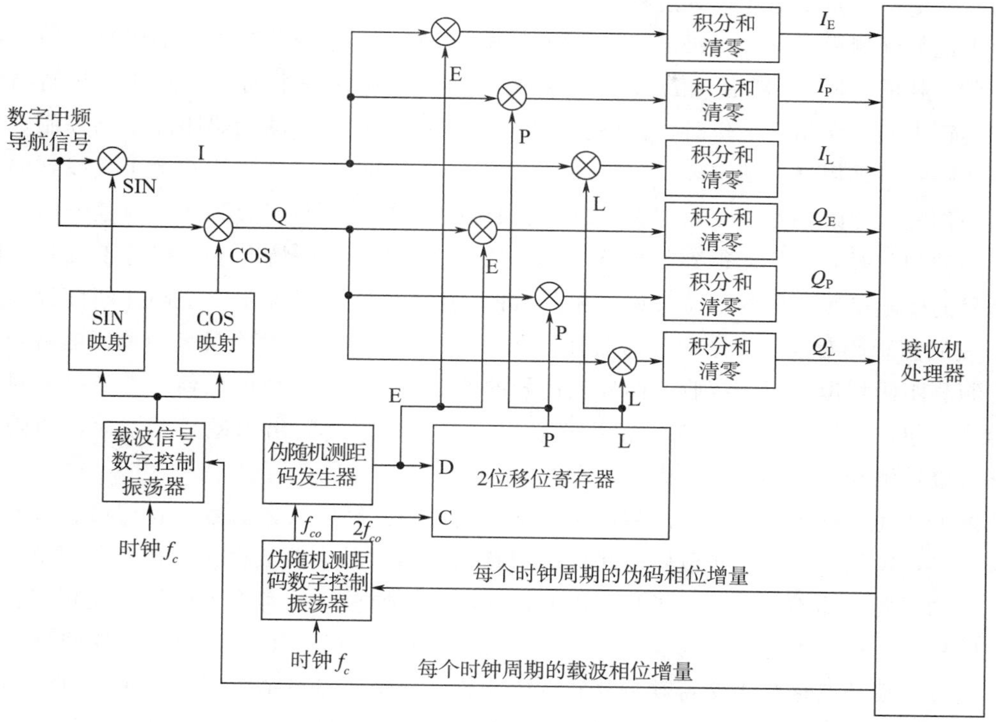

图 10－6　基带数字信号处理通道结构框图

相位之间的任何不一致都将会产生即时同相 I 和正交 Q 两路采样数据信号矢量幅度的非零相位角，使载波跟踪环路可以检测和校正这个相位变化的大小和方向。当锁相路 PLL 相位锁定时，同相信号 I（信号加噪声）最大，正交信号 Q（只包含噪声）最小。

然后，将载波剥离后的两支路同相 I 和正交 Q 信号分别与超前（E）、即时（P）和滞后（L）三路本地复制测距码（含伪码多普勒）进行相关处理，实现扩频码剥离，即积分和清零模块对本地复制伪码信号与接收的伪码信号进行相关处理并得到相关峰，捕获检测器确定相关峰是否大于设定的门限。积分和清零模块同时具有低通滤波器功能，滤除信号中的高频分量。接收机需要消去合成器输出的高频分量，同时处理输出的低频分量，并确定导航信号是否被正确捕获。捕获检测器用于检测接收到的信号中是否存在导航卫星信号。噪声计算是导航信号捕获过程中的重要环节，检测门限是最低的噪声水平，本地复制信号与接收导航信号的相关峰应该大于检测门限，检测结果取决于相关噪声功率和检测的误警概率。本质上相关噪声具有 Gaussian 分布统计特性，所有相关噪声的 3σ 值被认为是噪声功率。为了避免错误锁定虚假信号，同时又可以捕获弱信号，接收机应当设置最优的检测误警概率。只有当“伪码延迟和多普勒频移单元”通过了正常的检测流程、本地复制信号与接收导航信号的相关峰应该大于检测门限时，接收机才判定导航信号被正确捕获。如果接收机没有检测到导航信号，捕获管理模块搜索下一个“伪码延迟和多普勒频移单元”，直到所有的伪码延迟和多普勒频移单元”被搜索完毕，接收机才开始搜索另一颗卫星的导航信号，重复上述搜索过程。

本地复制测距码（含伪码多普勒）由伪码发生器、移位寄存器以及伪码数控振荡器组合生成。超前（E）和滞后（L）复制测距码之间通常相差一个码片，而即时复制测距码位于其正中间。在闭环工作时，伪码发生器由接收机处理器中的伪码跟踪环路控制，伪码跟踪环路一般采用延迟锁定环（Delay-Lock-Loop，DLL）。如果跟踪上了接收到的导航信号的伪随机测距码的相位，那么即时复制测距码的相位便与接收到的导航信号的伪随机测距码的相位对齐，从而得到相关峰值（最大相关）。在这种情况下，相对于接收到的导航信号的伪随机测距码的相位来说，超前（E）复制测距码对准 1/2 个码片超前处，滞后（L）复制测距码对准 1/2 个码片滞后处，两个相关器的输出大约为最大相关峰的一半。本地复制测距码相位相对于接收到的导航信号的伪随机测距码相位的任何不一致（未对齐），均会导致超前（E）和滞后（L）相关器输出的矢量幅度之间出现差异。据此，伪码跟踪环路可以检测和校正相位变化的大小和方向。

综上所述，进入跟踪状态的初始条件是导航信号已经捕获，信号捕获后接收机即可获得载波多普勒频移和伪随机测距码相位的粗略估计值，其中载波误差一般不超过 500 Hz，伪随机测距码偏移不超过半个码片，因此，导航信号捕获只是实现了信号载波频率和伪码相位的粗略估计，也称“粗同步”。然后进入信号跟踪环节，PLL 和 DLL 从粗略估计值开始，通过反馈环路逐步将多普勒频移和伪码相位 2 个信号参量牵引到误差允许的范围内。

此外，由于导航卫星和用户之间存在相对运动，导致导航信号存在动态变化，一是由于多普勒效应引起的载波频率的动态偏移；二是测距码的相位会随着卫星和接收机间的距离的变化而变化。因此，信号的跟踪环路必须要克服这些影响，跟踪环路在信号捕获的基础上进一步利用 DLL 和 PLL 分别对码相位和载波频率进行更精确的同步，不断地调整本地载波和伪码相位的值，使它始终跟随着输入信号相位的变化，实现信号载波频率和伪码相位的精确估计，也称“精同步”。

10.3　天线和射频前端

10.3.1　天线

从用户角度来说天线是地面接收机和空间导航卫星星座之间的接口。天线负责接收导航信号，导航信号是射频信号。天线将射频信号转换为中频模拟电信号，天线的性能一定程度上决定了接收机获取导航信号的能力。接收机天线一般包括放大器、辐射单元和天线罩三部分，辐射单元决定了天线的带宽和辐射特性。设计卫星导航接收机接收天线时需要考虑信号带宽、中心频点、响应特性、传递函数、多路径衰减以及机电因子等要求。天线的应用场景同其特性参数之间的关系如表 10-1 所示。

表 10－1　天线的应用场景同其特性参数之间的关系

	大地测量天线	移动天线	手持接收机天线
频带	单频或者多频	单频或者多频	单频
带宽	宽带	窄带～宽带	窄带
辐射模式	可控	可控	不可控
多径抑制	高	中	——
敏感度	高	中～高	低
干扰处理	高	中	低
相位中心	非常重要	重要	不重要
体积	大	便携	非常小
质量	重	便携	轻
成本	高	中	低

陆地勘查、建筑测量、森林普查等领域需要便携的、可移动的卫星导航信号接收天线，需要折衷考虑精度和可携带性之间的矛盾。限于质量体积和功耗约束，目前智能手机和便携式导航终端一般采用手持接收机天线。手持接收机天线通常是贴片或螺旋天线，有主动型和被动型两类。接收天线配有半球状保护罩时，称为戴罩天线，尽管半球形保护罩对接收天线的相位中心稳定性和对称性几乎没有影响，安装天线保护罩后，还应进一步标定天线相位中心。

天线的装配位置也是十分重要的，早期便携式导航接收机多采用外翻式天线，此时天线与整机内部基本隔离，电磁干扰（EMI）几乎不对其造成影响，随着接收机小型化要求，目前导航接收机多采用内置式天线，此时天线必须在所有金属器件上方，壳内须电镀并良好接地，远离 EMI 干扰源，比如 CPU、SDRAM、SD 卡、晶振和 DC/DC 模块等环节。

接收机天线设计参数包括中心频点及信号带宽、不同方位角和仰角下的辐射方向图及增益、极化方式、相位中心、相位中心的稳定性和重复性、多径信号抑制、干扰信号抑制、外形、体积、功耗、便携性和环境条件。

（1）中心频点及信号带宽

根据导航卫星播发的信号特征，接收天线需要适应导航信号的频谱和带宽要求，而且要满足用户的使用场景和具体用途。接收天线能够接收的信号的带宽一般为信号中心频率的 1%～2%。例如，GPS 民用单频（L1 频点）接收机接收天线接收的信号的带宽为 20 MHz。

（2）辐射方向图及增益

辐射方向图及增益是天线设计的一个重要参数，它决定了天线在各个方向的接收能力，利用天线的方向性可以提高其抗干扰和抗多径干扰能力。一般民用接收机采用全向天线，至少能接收天线地平线以上 5°仰角内所有可见卫星信号。

增益要求是导航卫星可视性要求的函数，并且与多径信号抑制要求紧密相关，在一定程度上也与干扰信号抑制有关。接收机天线设计的目标是对所有高于某一特定仰角的导航卫星有近似均匀的增益，同时抑制出现在低仰角上的多径和其他干扰信号。鉴于卫星导航信号落地电平极其微弱（约为−160 dBW）且比较容易受到相邻频段的信号干扰，如超高频电视发射信号、移动电话信号等，一般采用阵列天线修改天线的辐射方向图，以抑制干扰信号方向的接收。此外，天线波束形成技术可以天线最大增益来接收给定卫星的导航信号。

典型贴片天线辐射方向图覆盖范围约为160°，由此导致天线接收低仰角信号的增益也比较低，如图10-7所示，这种设计意味着天线在天顶方向具有最大的增益，当仰角由90°变化到10°～15°时，天线增益将下降到0 dBi，当仰角在仰角门限（高度遮蔽角）以下时，天线增益变成负增益。

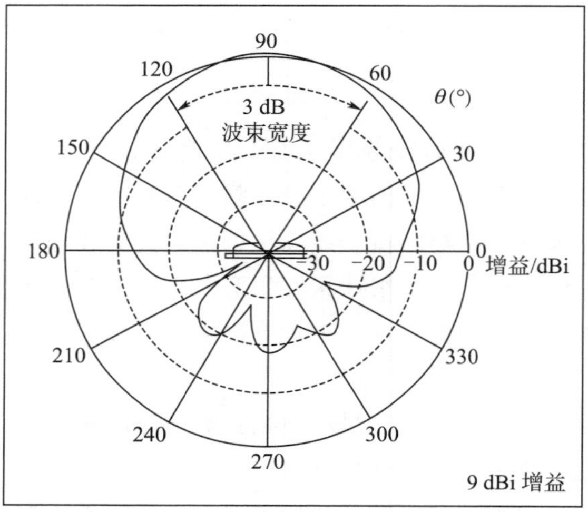

图10-7　典型贴片天线辐射方向图

当天线仰角由90°变化到0°时，GNSS接收机天线的增益一般会下降10～20 dB，10°仰角时，高性能导航接收机天线的增益一般会下降3～6 dB。

（3）极化方向

导航信号一般是右旋极化（RHCP）信号。因此，接收机天线也采用右旋极化设计，但是加工制造误差会造成右旋极化天线同时接收到左旋极化（LHCP）噪声信号。因此，RHCP是指主极化分量，LHCP是指交叉极化分量。

（4）轴比

轴比定义为椭圆极化电场主轴和次轴幅度的比率。轴比衡量天线对不同方向的信号增益差异性，反映极化损耗，轴比受到天线性能、外部结构、整机内部电路及电磁干扰等影响。虽然天线增益的滚降特性有助于抑制低仰角的多径干扰信号，但是必须控制天线的轴比以抑制多径干扰信号。

（5）相位中心

相位中心是一个点，当从该点向四周辐射电磁信号时，在辐射球面上任意点的信号相位相等。在卫星导航接收机解算用户位置过程中，用户和卫星之间的距离是指接收机天线相位中心和卫星导航天线相位中心之间的距离，即接收机捕获导航信号的位置是其天线的电相位中心处，而不是接收机天线的物理相位中心。

天线相位中心的稳定性在精确定位应用中是个很重要的指标，测绘和大地测量等特殊 GNSS 用户需要毫米级定位分辨率，在差分 GNSS 系统中，接收机天线要求能接收双频导航信号，天线相位中心的稳定性也要达到毫米级。因此，必须在设计上保证控制天线电相位中心的稳定性。

（6）噪声系数

噪声系数用于度量导航信号接收天线对射频信号链路信噪比恶化的影响，噪声系数越低，意味着天线的性能越好。

（7）多路径抑制

当发生镜面反射时，在某些特定的材料属性和入射角度情况下，导航信号的极化方向会发生变化，例如 RHCP 信号会变成 LHCP 信号。基于天线的辐射方向图特性，天线多路径干扰敏感度可用多路径比率量化说明。在一定射角情况下，RHCP 导航信号增益与 RHCP 增益和多径干扰信号 LHCP 增益之和的比率，称为多路径比率。

（8）干扰处理

导航接收机带外干扰信号会造成低噪声放大器进入非线性工作区，LNA 变成乘法器。射频前端的滤波器一般能够滤掉 10 dB 左右的带外干扰信号，因此，可以满足大部分用户的需求。当然，与此同时射频前端的滤波器也会引入差损、信号幅值和相位波动等问题，由此降低接收机性能。如果干扰信号功率相对较低，那么接收机自身能够解决干扰问题。如果干扰信号功率达到一定量级，那么一般的商用接收机就无能为力了。

另外，利用相控阵天线波束成形技术可以调整天线辐射方向图增益，使得干扰信号的方向图增益下降到 0 dBi 附近，又称接收机天线调零技术，接收机天线调零技术已广泛应用到军用接收机中。

（9）噪声和带外抑制

卫星导航接收机天线接收到的导航信号极其微弱，导航信号落地电平一般为 −160 dBW，通常连接在天线之后的第一个环节是低噪声放大器（LNA），放大接收到的导航信号功率。为了避免接收机 LNA 饱和后进入非线性工作区，在信号进入 LNA 之前需要进行带通滤波处理，以抑制或者衰减 GNSS 带外干扰信号。但是，带通滤波也会引入噪声，因此，设计 GNSS 接收机的 LNA 时，需要权衡噪声系数和带外抑制指标的取值。一般典型的折衷设计方案是在 LNA 的前后两端引入带通滤波器。

（10）天线功耗

卫星导航接收机天线一般不需要电源驱动，称为无源天线。如果无源天线直接连接到导航接收机的前端，此时要求无源天线损耗指标（驻波比、噪声系数）比较小，那么在天线端也就不需要信号接收功率放大装置。

如果天线和接收终端是分离的，例如安装在室外屋顶的导航天线，一般需要在天线端安装低噪声放大器，直接放大接收信号功率以弥补同轴电缆损耗，同时降低信号的噪声系数，因此这类天线被称为有源天线。

（11）射频前端连接

导航信号功率微弱，天线接收到导航信号后，首先要对信号进行放大、滤波处理，然后是下变频和采样处理。如果天线远离接收机本体，那么必须仔细挑选两者之间的连接电缆。同轴电缆种类繁多，涉及不同制造方法、不同材料、屏蔽处理与否等因素，电缆传输损耗与传输的信号功率和电缆长度及频率带宽有关，一般用“X dB/100 m @ Y MHz”表示。电缆长度、阻抗、天线增益以及功耗等要求需要考虑信号损失最小化原则。表 10－2 给出了几种典型同轴电缆的信号损失范围，从信号损失角度来说，在传输 1.2～1.6 GHz 频段 GNSS 信号时，“1 5/8" LDF”电缆的损耗最小，应该作为天线和前端连接电缆的最佳选择。

表 10－2 同轴电缆类型及其损耗（dB/100 m）

	915 MHz	1.2 GHz	2.4 GHz
RG－58	54.1	69.2	105.6
RG－8X	42.0	52.8	75.8
LMR－400	12.8	15.7	22.3
LMR－600	8.2	10.2	14.4
1 5/8" LDF	2.5	3.1	4.6

典型导航接收机外置式有源螺旋全向天线参数如表 10－3 所示，典型授时导航接收机天线的参数如表 10－4 所示，其放大器增益要大于外置式有源螺旋全向天线的增益。

表 10－3 典型外置式有源螺旋全向天线参数

中心频率	1 575.42 MHz	带宽	5 MHz
驻波比	2.0	放大增益	24 dBi
噪声	1.5 dBi Max	工作电压	3 V
工作电流	12 mA max	阻抗	50 Ohm
极化	右旋圆极化	轴比	2.0 dBi(0～90°)

表 10－4 典型授时导航接收机天线参数

频率范围	1 575±5 MHz	安装方式	螺纹(M24×1.5)连接
极化方式	右旋圆极化	体积	ϕ96×126 mm;
天线增益	≥3.5 dB	工作温度	－45℃～85℃
放大器增益	≥37 dB	贮存温度	－50℃～90℃
噪声系数	≤1.5 dB	湿度	100%
干扰抑制	25 dB(f_0±100 MHz)	连接电缆	BNC、SYV－50－3 电缆 30 m
功耗	3 V×20 mA	连接方式	*N* 连接器

不同的应用场景需要不同类型的天线，包括设计方案、技术途径和安装位置，为了减少周边环境对导航信号的遮挡，有的导航接收机天线需要安装在屋顶上；而手持移动接收

机则将天线嵌入到接收机电路板上。根据天线辐射单元及其“地平面”的设计和实现方式，典型卫星中导航接收机天线分为贴片天线（Patch Antenna）、绕杆式天线（Turnstile Antennas）、立体螺旋天线（Helical Antennas）、平面螺旋天线（Spiral Antennas）、扼流圈天线（Choke Ring Antennas）、相控阵天线（Phased - Array Antennas）、抛物面天线（Parabolic Antennas）、电阻式平面天线（Resistive Plane Antennas）等类型。

导航天线接收直达信号和多径信号示意如图 10 - 8 所示。扼流圈天线由一副中心天线和几个同轴心的频率调谐传导环带组成，天线本体上部安装有半球形保护罩，环带高度约为导航信号波长的四分之一，扼流圈天线减缓多路径干扰原理图如图 10 - 9 所示，能够有效消除来自水平方向以下的反射信号，可以消除低仰角反射信号并阻止天线附近平面波信号的传导，同时将平面波传导信号引入扼流通道，因此扼流圈天线具有抗多路径干扰能力的特点。

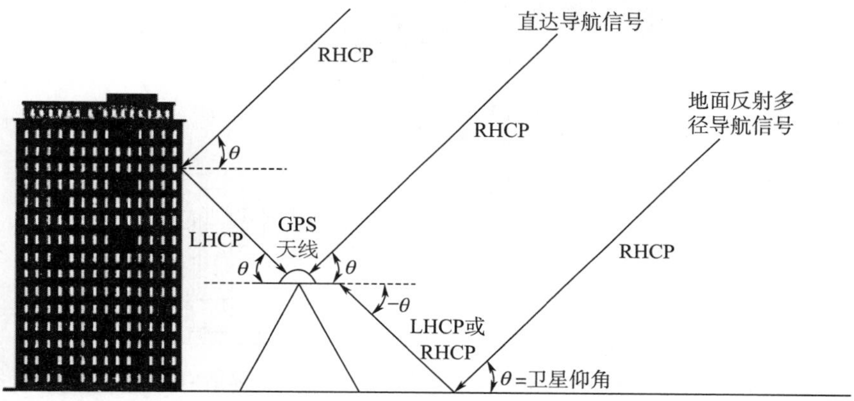

图 10 - 8　导航天线接收直达信号和多径信号示意

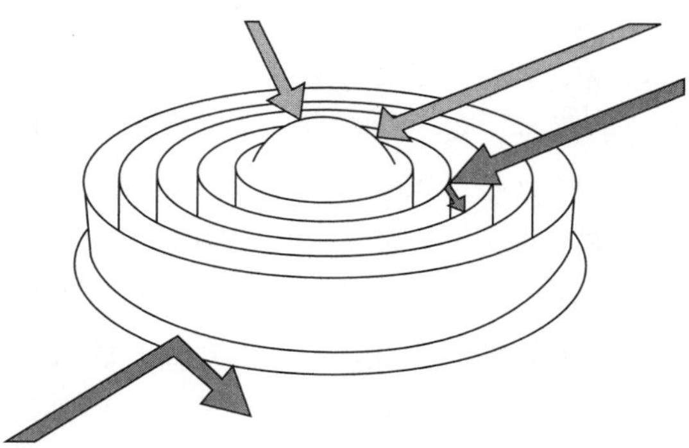

图 10 - 9　扼流圈天线减缓多路径干扰原理图

德国 Leica 公司研制的 AR25 型卫星导航接收天线能够接收到四大卫星导航系统的导航信号，如图 10 - 10 所示。能够接收的信号包括 GPS 的 L1，L2，L2c，L5，GLONASS 的 L1，L2，L3，Galileo 的 E2 - L1 - E1，E5a，E5b，E6 以及北斗系统的 B1，B2，B3 信号；天线尺寸为 380 mm×200 mm；质量 7.6 kg；阻抗 50 Ω；增益 40 dBi；噪声系数 0.5～

1.2 dBi，AR25 型卫星导航接收天线能够大幅度改善传统扼流圈天线对低仰角导航卫星信号的接收能力。在天顶（90° El）处的增益分别为＋4.9 dBic（L1，C1，C2，G1，E1，E2）、＋7.0 dBic（L2，G2，E6，C6）以及＋5.3 dBic（L5，E5a，E5b），天线的辐射方向图如图 10－11 所示。利用卫星导航系统开展地理测绘和大地测量时，为了获得最佳接收性能，一般采用位置固定的高增益多模 GNSS 接收机和多频扼流圈天线。

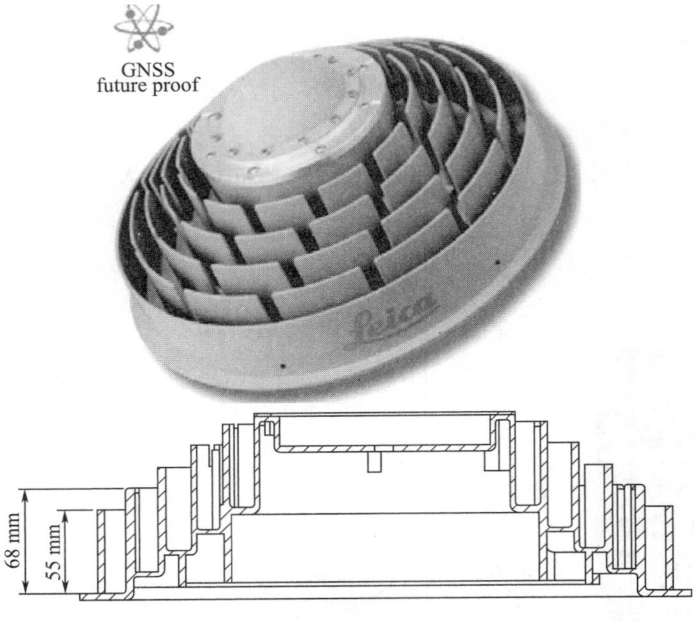

图 10－10　AR25 导航扼流圈接收天线内部结构

10.3.2　射频前端

接收天线到数字中频信号处理模块之间的所有部件称为接收机射频前端，射频前端由带通滤波器、放大器、本地振荡器、频率综合器、下变频模块、自动增益控制器及模数转换器等器件组成，模数转换器件有时也被集成在基带处理模块中，如图 10－12 所示。射频处理前端首先利用带通滤波器滤除信号带宽外的噪声干扰，利用放大器放大信号，滤波放大后的射频信号与本地振荡器信号相乘，即混频处理；然后再次利用带通滤波器滤除噪声信号，滤除高频分量后获得中频模拟信号，中频信号保留载波信号上所调制的全部数据和信息；最后利用模数转换器将模拟中频信号数字化处理，获得数字中频导航信号。射频前端可以同时支持接收卫星导航多路信号，射频前端又称为前置放大器。

由于卫星导航信号功率较低，通常在接收机天线后端配置一套滤波和低噪声放大电路，其作用是滤除接收到的射频信号中的噪声并去除带外干扰信号，同时补偿导航信号的空间传播损耗。本地振荡器的性能指标是短期稳定性、长期稳定性以及相位噪声，虽然大部分商业导航接收机采用一般的低成本晶体振荡器就能够完成 PVT 解算，但是一些高端的导航应用，有时也会采用高稳定度的原子钟。

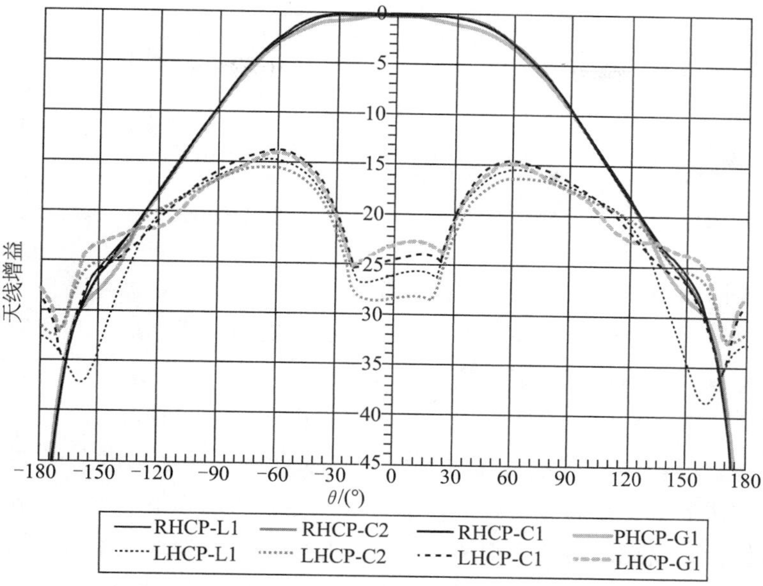

图 10-11　AR25 扼流圈天线辐射方向图（dB）

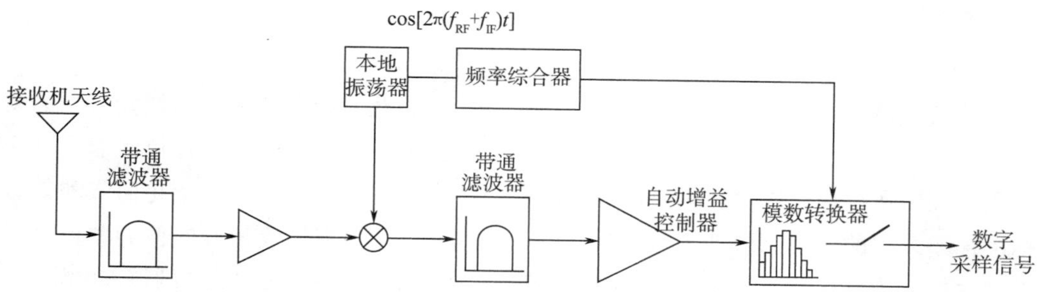

图 10-12　导航接收机射频前端结构

频率综合器为接收机提供时间和频率参考信号并作为基准时钟，设计导航接收机频率综合器时，要考虑所要接收的导航信号的频点及其特征、信号采样频率、中频信号频率以及所期望获得的最大的综合性能等因素，例如考虑剔除带外干扰、减少相位噪声影响以及剔除射频信号下变频谐波。

10.3.2.1　下变频

射频前端的下变频模块的功能是将接收到的无线电导航射频信号转换为中频信号或者基带信号，可以采用直接转换方法，也可以采用零差法和外差法等混频操作技术。零差法和外差法通过对两个不同频率的信号进行混频，目的是将相同的信息调制到两个不同的频点，其中一个频点是两者的和频，另一个是两者的差频。混频操作技术的基础是接收机的本地振荡器，为了抑制谐音和镜像频率靠近中频信号，需要选择设计本地振荡器的频率。零差和外差混频处理流程如图 10-13 所示。

目前接收机一般采用两步法外差混频操作下变频技术获取中频信号，信号下变频处理

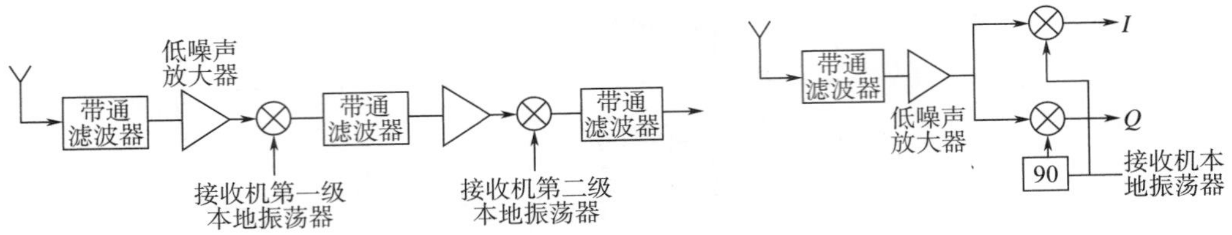

图 10－13　导航接收机射频前端外差（左）和零差（右）下变频模块

后将产生 2 个不同的中频信号，代价是导致镜像频率信号分离，优点是可以使用低品质因数滤波器和低等级的模数转换器件，下变频设计手段更加灵活，进一步滤除带外噪声和干扰信号，同时可以剔除不想要的镜像频率信号。

对于零差法，一般采用一步法下变频技术获得中频信号，导航接收机本地振荡器调谐到导航射频信号频率，由于零差法混频下变频技术直接将导航射频信号转换成为基带信号，所以这种方法通常也称为直接转换技术。虽然零差法混频下变频技术比较简单，不需要使用中频滤波器，由此不需要处理镜像频率信号，但在处理导航射频信号时需要使用高品质因数的滤波器，品质因数是 3 dB 带宽与中心频率的比值，其值越高则滤波器越尖锐，高品质因数滤波器意味着将提高接收机的成本。另一个问题是，如果直接将射频信号下变频到基带中频信号，则谐波接近零频，导致很难将其滤除。

10.3.2.2　自动增益控制

自动增益控制（AGC）与导航信号下变频和采样量化紧密关联，用来调整信号的动态范围，输出是具有一定增益的易于被数字采样的模拟中频信号。自动增益控制器是一个自适应闭环控制系统，可以增加信号动态范围、控制量化电平、优化最大量化门限和信号噪声标准偏差之间的比率。自动增益控制有多种实现方式，根据接收信号幅值调整信号增益是最常用的方法，这种方法完全在模拟域实现增益控制。另一个方法是根据自动增益控制器输出的 Gaussian 分布概率密度，匹配信号输入输出功率的大小，调整自动增益控制的增益。

然而，在存在连续波干扰的情况下，传统的自动增益控制器性能受到较大影响，如果干噪比 J/N 为 20 dB，则信噪比下降约 10 dB。为了降低连续波干扰影响，可以采用动态调整量化间隔技术，或者采用过量化技术，以增加自动增益控制的动态范围。如果存在脉冲干扰，可以采用附加量化位等干扰抵消技术，量化数值与动态门限相比较，如果采样值超过门限，则该采样值被置零。

10.3.2.3　中频信号量化和采样

模数转换器将连续的物理量（通常是电压量）转换为能够代表该物理量幅值的离散数字量，简称为 ADC 或者 A/D。通过对输入信号的采样处理，将时间连续和幅值连续的模拟信号转换成为离散时间和离散幅值的数字信号。

模数转换器由带宽（可以测量的频率范围）以及信噪比（测量信号相对于引入噪声的准确程度）来定义。模数转换器的实际带宽主要由采样率以及信号混叠误差的程度来表征。影响模数转换器的动态范围的因素包括分辨率（输出量化输入信号的位数）、线性度、精确度（离散信号对模拟信号的匹配程度）以及信号抖动。模数转换器的动态范围一般常用有效位数（effective number of bits，ENOB）来表征，理想的模数转换器其有效位数和分辨率是一致的。选择模数转换器时，带宽和信噪比必须与待量化的信号相匹配。为避免产生信号混叠问题，对模拟中频信号进行采样处理前，需要对模拟中频信号进行滤波处理。

模数转换包括采样、保持、量化和编码 4 个过程。采样就是将一个连续变化的信号转换成时间上离散的采样信号，通常采样脉冲的宽度是很短的，故采样输出是断续的窄脉冲。对采样输出信号数字化需要将采样输出所得的瞬时模拟信号保持一段时间，这就是保持过程。量化是将连续幅度的采样信号转换成离散时间、离散幅度的数字信号，量化的主要问题就是量化误差。编码是将量化后的信号编码成二进制代码输出。一般采样和保持利用一个电路连续完成，量化和编码也是在转换过程中同时实现的，且所用时间又是保持时间的一部分。模数转换过程涉及对输入信号的量化处理，由此会引入量化误差。

量化就是通过模数转换器对接收到的导航信号进行数字化处理，确保量化误差和动态范围符合原始信号特征。模数转换将接收到的模拟信号转化成为离散数字信号，量化方法可以采用均匀量化、非均匀量化、中心量化、非中心量化等多种方式，具体取决于信号噪声特征，如图 10 - 14 所示。

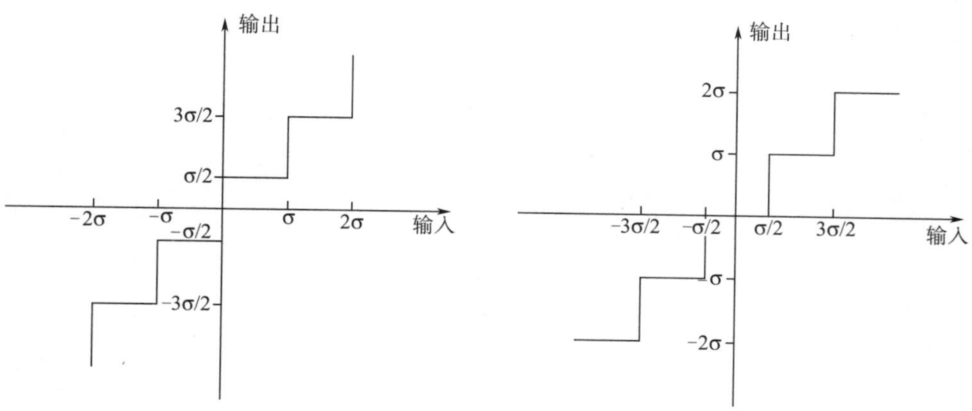

图 10 - 14　非中心、非均匀量化（左），中心、均匀量化（右）

大部分导航接收机都采用均匀量化技术，有时也采用非均匀量化技术，诸如 Amoroso 和 DataFusion 技术，具有一定的抗连续波干扰能力。自适应量化方法能根据信号输出幅值自动调整量化电平。量化方法和量化范围的选择也取决于信号的噪声特征，导航信号的落地电平非常低（约为−160 dBW），因此，导航接收机模数转换器信号量化结果看起来与接收到的噪声信号类似。在最大量化门限 L 和信号噪声标准偏差 σ 之间存在一个最优的比率，保证在相关输出时信噪比劣化最小，即

$$k_{opt}=\frac{L}{\sigma} \tag{10-6}$$

考虑量化位数的影响，一般采用 2 - bit 量化时，信号量化损失 0.5 dB，1 - bit 量化

时，信号量化损失 2.0 dB。对于导航信号和其接收机而言，上述信号量化损失是可以接受的。虽然采用 1 - bit 量化器时可以不用自动增益控制系统，并由此简化硬件设计，但是为了提高接收机抗干扰能力，信号增益控制仍然需要自动增益控制系统。

利用模数转换器对输入的下变频处理后的基带中频导航信号完成采样时，需要选择合理的采样频率。根据 Nyquist - Shannon 采样定理，如果信号单边基带带宽为 B，则采样频率需要大于两倍的带宽，即

$$f_s > 2B \tag{10-7}$$

采样后，信号的中心频率和频谱被移动，同时进行全部频谱的叠加（$N = +\infty$）。由此，为了避免信号混叠效应，生成的复制信号在 $\pm N \times f_s$ 处，不能交叠，如图 10 - 15 所示，图中上图为原始信号，中图为采样频率满足采样定理要求，下图为采样频率不满足 Nyquist 采样定理要求，发生了频率混叠现象。

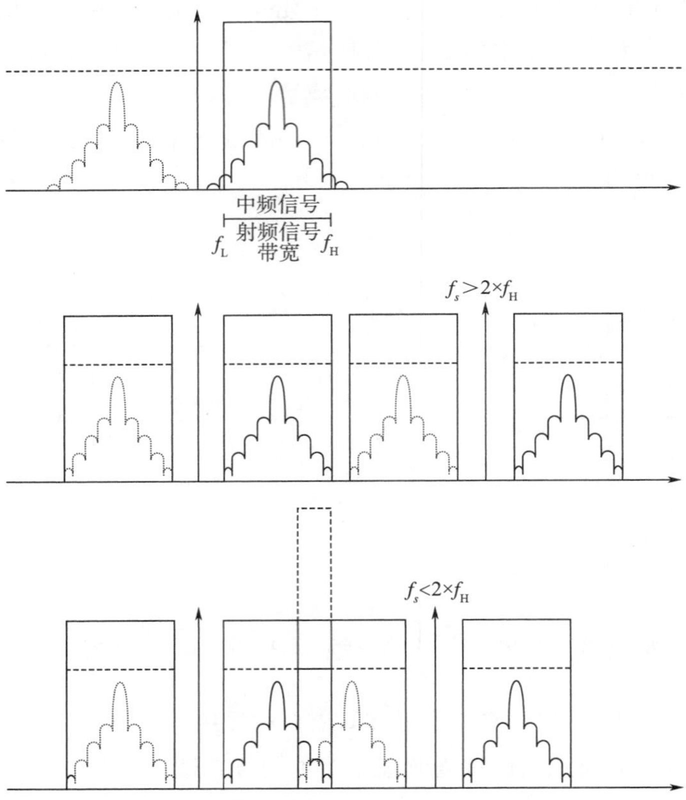

图 10 - 15　Nyquist - Shannon 采样定理示意图

由于模拟器件的一致性和稳定性影响因素，两路正交通道之间幅度一致性和相位正交性难以精确保证，此外，基带采样还易受零漂、噪声的影响，这些都会导致系统性能的大幅度下降。目前导航接收机已采用全数字式正交检波器设计方案，输入信号首先被变频到一个合适的中频，然后进行中频采样，采样之后的本振、混频、低通滤波均采用数字技术实现，其中本振采用的是数控振荡器。数字技术的应用保证了 I、Q 通道在幅度一致性和

相位正交性上的精度远高于传统方法，直接对中频带通信号采样能有效地避免零漂、噪声的影响。采用直接中频采样技术时，采样频率 f_s 的选择至关重要，带通信号采样定理是选择采样频率的理论基础。对中心频率为 f_0、带宽为 B 的带通信号，记其上下截止频率分别为

$$f_H = f_0 + B/2,\ f_L = f_0 - f_L/2 \tag{10-8}$$

根据采样值不失真地重建信号的充要条件是采样率 f_s 满足

$$2f_H/m \leqslant f_s \leqslant 2f_L/(m-1) \tag{10-9}$$

式中，$m=1$，…，$m_{\max}$，$m_{\max}=\lfloor f_H/B \rfloor$，$\lfloor x \rfloor$ 为不大于 x 的最大整数。带通信号采样定理表明带通信号采样频率的取值范围由 $m_{\max}$ 个互不重合的区间 $S_m=\lfloor 2f_H/m,\ 2f_L/(m-1)\rfloor$ 组成，最低不失真采样率为 $f_{s\min}=2f_H/m_{\max}$，S_2，…，$S_{m_{\max}}$ 对应不失真欠采样频率范围。不失真欠采样存在的充要条件是 $m_{\max}>1$，即 $f_L \geqslant B$。

这里需要简要说明导航射频信号直接采样技术，即导航射频信号无须下变频为中频信号，对导航射频信号直接采样，直接采样技术在设计上不需要混频器和本地振荡器，但仍需要放大器、滤波器和模数转换器。直接采样技术具有可以规避导航信号与本地振荡器不匹配造成的无用信号和误差等的显著优势，此外，直接采样技术降低了对时钟抖动和噪声混叠的敏感度。目前射频信号的直接采样技术对信号处理硬件要求较高，从设计和成本两个因素考虑均不能在市场中大量推广使用。

信号采样频率的选择需要考虑以下因素，首先是满足 Shannon 采样定理以及 Nyquist 准则，采样频率必须大于两倍的待采样的信号频率，这个采样频率被称为 Nyquist 频率或者 Nyquist 率。如果采样频率小于 Nyquist 率，那么信号重构时将发生信号混叠问题。信号混叠是不需要的信号分量出现在重构信号中，原始模拟信号中也不存在这些不需要的信号分量；信号混叠也会导致原始模拟信号中的一些频率分量在重构信号中丢失。模拟信号以规则的时间间隔被采样，该时间间隔又称为采样周期。对于频率为 B Hz 的模拟正弦信号，在不同的采样频率 F_s 下，得到不同的离散信号，如图 10-16 所示。因此，采样频率必须满足采样定理要求。其次是采样频率要能够用于后续的频率变换，例如信号混频处理。实际上，由于模数转换器器件的非线性失真，量化噪声及接收机噪声等因素的影响，采样速率一般取 2.5 倍的中频频率。

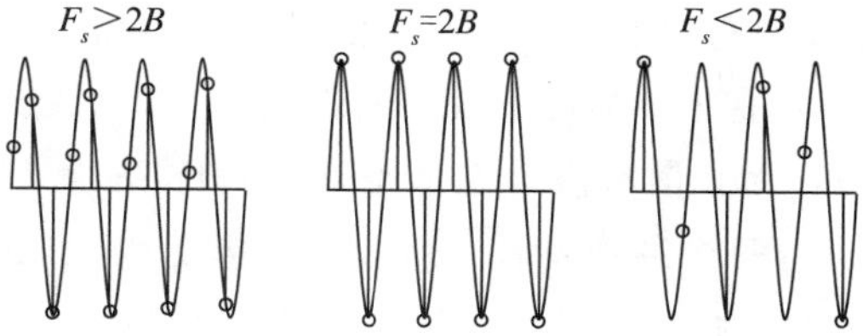

图 10-16　同一模拟信号不同采样频率得到不同的离散信号

量化误差限制了模数转换器的动态范围，为了弱化或消除量化误差，模数转换器的动态范围必须大于输入信号的动态范围。例如，假定输入信号为 $x(t)=A\cos(t)$，$A=5$ V，

如果信号采样编码方案采用图 10-17 所示的方案，测量范围为－5～5 V，分辨率为 8 位 (bits)，即输出量化输入信号的位数为 $2^8=256$，那么模数转换器分辨率为 $Q=(10\ \text{V}-0\ \text{V})/256=10\ \text{V}/256\approx 0.039\ \text{V}\approx 39\ \text{mV}$。

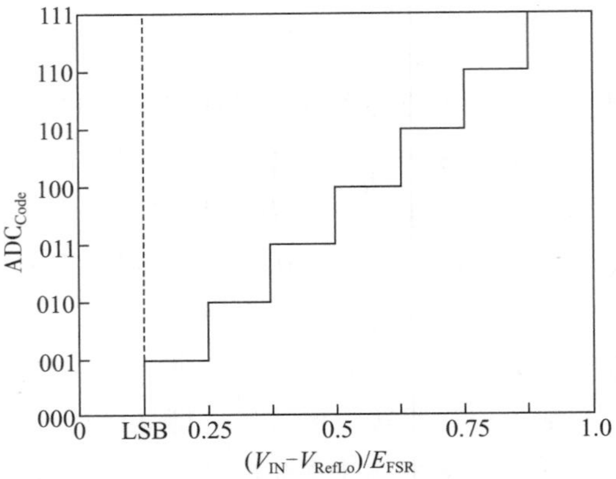

图 10-17　8 位信号采样编码方案

设计卫星导航接收机射频前端时，一般选用商业公司研发的通用模数转换器。例如，ADS5409 是美国 Texas 仪器公司的高线性双通道模数转换器，模拟输入缓冲器使片载跟踪保持的内部切换不会干扰信号源并提供一个高阻抗输入，在宽输入频率范围内具有低噪声性能以及出色的无杂散动态范围，数据输出接口为 DDR 低压差分信令（LVDS），196 球状引脚栅格阵列（BGA）封装（12 mm×12 mm）、工作温度－40～85 ℃，可选择对输出数据进行 2 倍抽取。ADS5409 主要技术指标是 12 位分辨率、最大时钟速率 900 Msps、低摆幅满刻度输入 1.0 V、输入带宽（3 dB）：>1.2 GHz、功率耗散每通道 1.1 W、信噪比为 61.0 dBFS (fin＝230 MHz IF) / 59.4 dBFS (fin＝700 MHz IF)、无杂散噪声动态范围为 76 dBc (fin＝230 MHz IF) / 70 dBc (fin＝700 MHz IF)，ADS5409 模数转换器实现方案如图 10-18 所示。

AD15252 是美国模拟装置公司（Analog Devices，Inc）研发的一款双通道模数转换器，能以 65 Msps 的采样速率将模拟信号转换为精确的 12 位（bits）数字信号，在差分前端放大电路之后还配置采样和保持放大电路，是一种多级流水线模数转换器，主要用于抗干扰卫星导航接收机、无线和有线宽带通信以及通信试验设备。其主要技术指标是：满标度模拟输入摆幅 296 mV，具有 170 MHz/3 dB 的输入带宽，信噪比（－9 dBFS)：64 dBFS (70 MHz/140 MHz AIN)，无杂散噪声动态范围（－9 dBFS)：77 dBFS (70 MHz AIN)，73 dBFS (140 MHz AIN)，每个通道功耗 435 MW，差分输入阻抗100 Ω，采用 3.3 V 单电源供电，双通道并行输出，独立时钟，范围溢出指示。

10.3.2.4　射频前端设计

开展卫星导航接收机的系统设计时，首先要考虑射频前端的设计方案。需要考虑频率分配、增益和增益的分配、噪声系数（灵敏度)、输入回波损耗、输出回波损耗、反向隔离度、稳定性、干扰抑制以及供电电压和电流等因素。典型手持型卫星导航接收机射频前

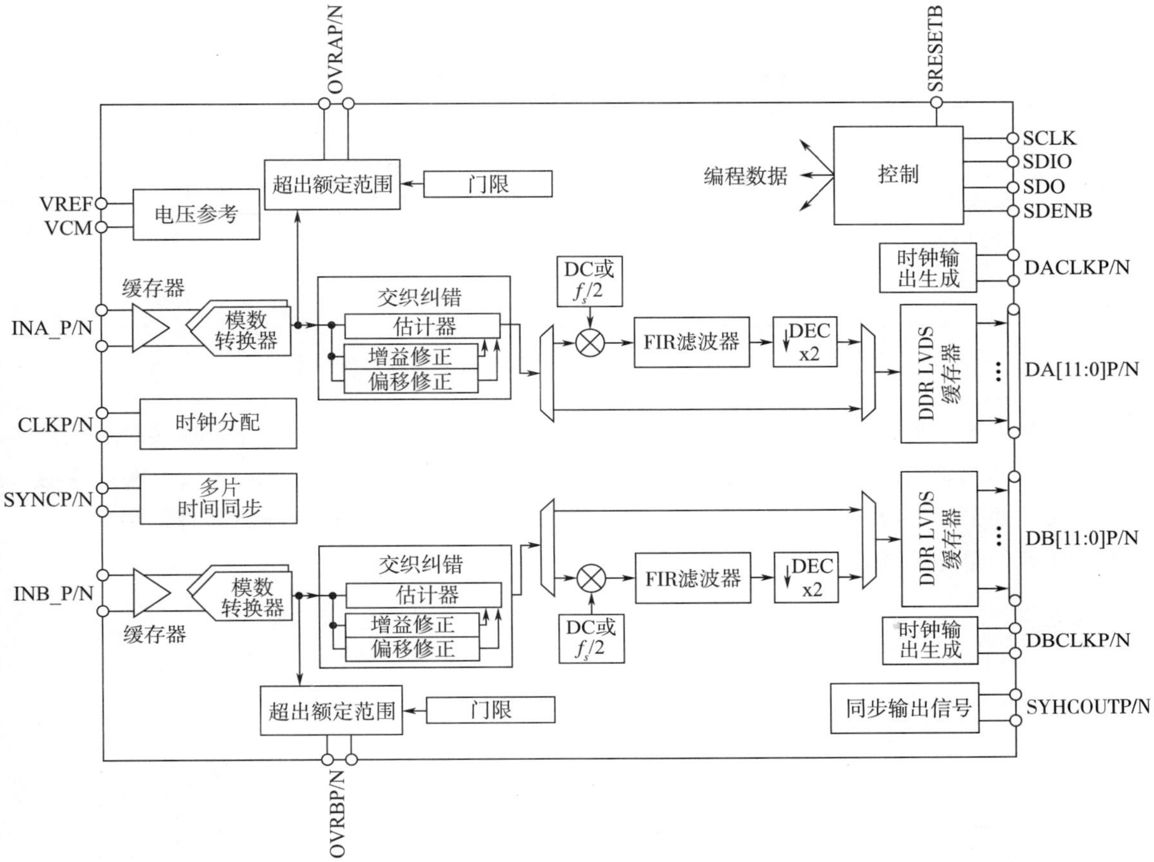

图 10－18　ADS5409 双通道模数转换器实现方案

端的简要原理如图 10－19 所示，接收到的导航信号电平一般在－160 dBW 左右，对导航接收机的灵敏度设计提出了较高的指标要求。卫星导航接收机一直受到大功率移动通信信号的威胁，由于移动通信与卫星导航业务共存，到达卫星导航接收机的信号和移动通信信号有很强的耦合问题，由此要求卫星导航接收机射频前端模块具有噪声系数小、衰减干扰信号、充分放大有用信号等能力，造成接收机前端设计比较困难。

因此，要尽量选择增益相对较高的设计方案，中频信号数字模块要尽量采用相对简单的方案，对外部资源依赖越少越好。确定射频前端各级模块的增益时需要权衡很多因素，例如，选择增益较高的低噪声放大器，通过减小混频器的影响，能够降低信号噪声系数，但代价是模块有较高的功耗；而选择低增益的低噪声放大器，可以降低模块功耗同时改善信号线性度，但是需要低噪声的混频器，低噪声混频器将消耗更多的功率。要尽量缩短天线输出端到低噪声放大器之间的连线来降低线路损耗，选用具有低噪声指数、低功耗、高增益和高线性等优点的射频前端模块，使得中频信号具有较高的载噪比，进而对信号检测更加准确、稳定。

下面以典型的 GPS L1 C/A 码信号接收机为例，简要说明射频前端相关器件的增益和

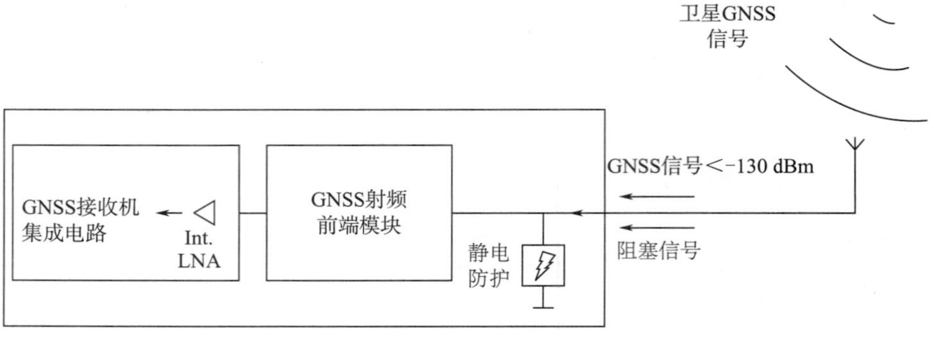

图 10-19　典型手持型卫星导航接收机射频前端的简要原理

增益分配方案，如图 10-20 所示，接收天线增益 30 dB/噪声系数 2.5 dB，连接接收天线与射频前端同轴电缆的损耗约为 8.0 dB，射频前端一级和二级放大器 50 dB/噪声系数 4.0 dB，并采用三级带通滤波器对射频信号和混频处理后的信号进行滤波处理，最后利用模数转换器量化采样。

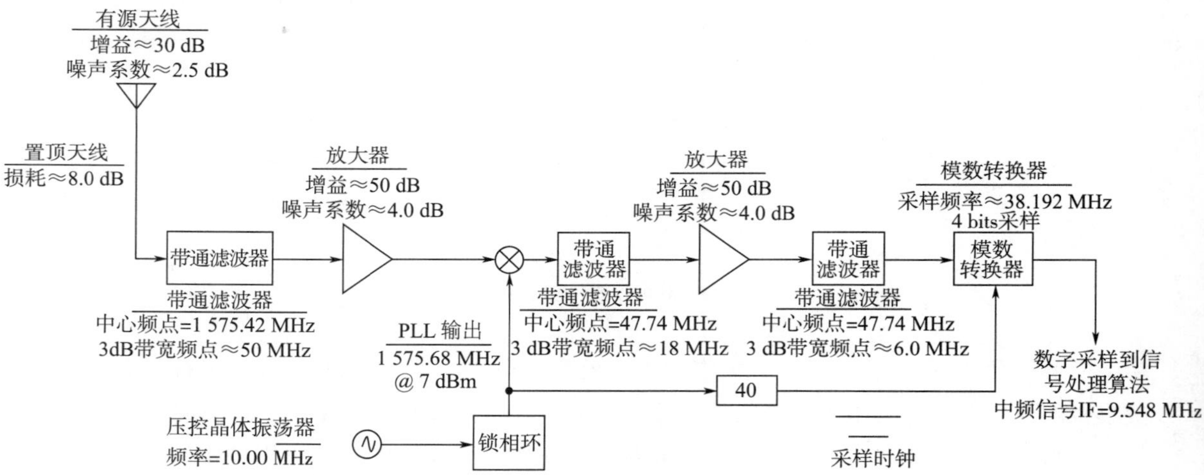

图 10-20　GPS L1 C/A 码信号接收机射频前端设计方案

导航射频信号频率高且带宽窄，很难对这类信号直接采样，一般将滤波放大后的射频信号与本地基准产生的本振信号相乘（混频处理），将接收到的 L1 频点（1 575.42 MHz）信号下变频到 47.74 MHz 的中频模拟信号，然后对该中频模拟信号进行带通滤波和放大处理，滤除高频分量，中频模拟信号依然保留载波信号上所调制的全部数据和信息，最后利用模数转换器对模拟中频信号进行采样和量化处理，采样频率为 38.192 MHz，得到频率为 9.548 MHz 的离散数字中频信号。

典型的 GPS L1 C/A 码信号接收机射频前端电路设计如图 10-21 所示，图中的粗虚线框部分，下变频射频处理前端模块的典型技术指标为：输入信号频点是 1 575.42 MHz（L1），带宽为 2.046 MHz，噪声系数 1.7 dB，输入压缩点−77 dBm，增益 106 dB，增益范围0～

35 dB（用户可选择），下变频中频信号频率 4.3 MHz，集成 LNA 低噪放增益26 dB，天线供电电压 12 V DC，采样频率 4 ～10 MHz，输出数据位数 1 bit。

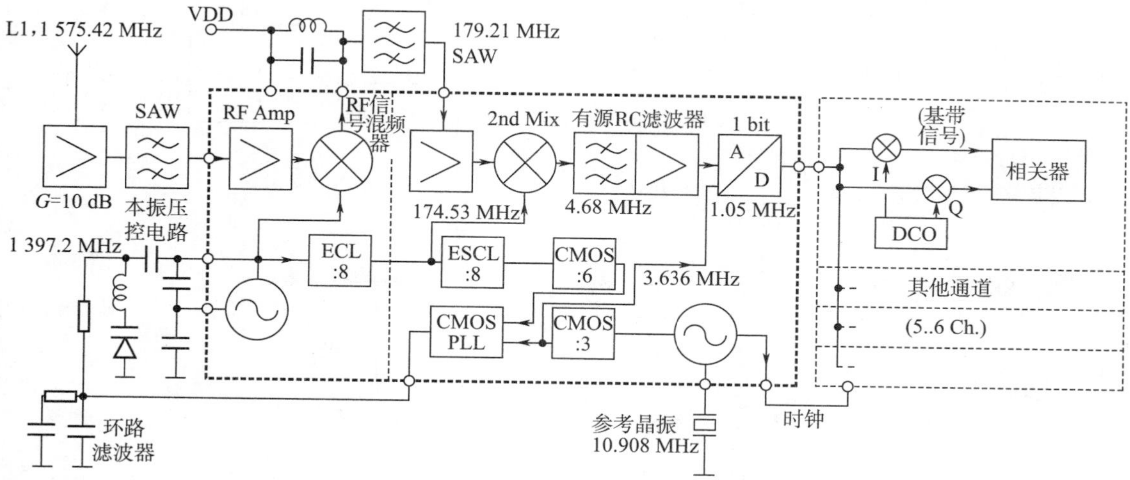

图 10－21　典型的 GPS L1 C/A 码信号接收机射频前端电路设计

射频前端的设计可以由分立器件组成，也可以集成在一块芯片上。目前一些厂家不仅把模拟前端集成在一块芯片上，也可以和后面的模数转换器以及数字处理器件一起集成在一块芯片上。例如，英飞凌科技股份公司研发的 BGM1043N7 射频前端模块可实现 15.1 dB的增益、1.5 dB 的噪声系数，BGM1043N7 还具备极高的带外衰减以及较高的输入压缩点，电流消耗低至 4.0 mA，蜂窝频段带外抑制 ＞ 43 dBc，蜂窝频段输入压缩点 30 dBm，电源电压范围为 1.5～3.6 V。此外，BGM1043N7 的射频输入端可以承受 IEC61000－4－2 规定的高达 6 kV 的接触式静电放电。

BGM1043N7 输出端内部匹配为 50 Ω。LNA 偏置电路也被集成在芯片上。因此，应用中只需 3 个外置组件。射频前端模块 BGM1043N7 接口电路如图 10－22 所示，引脚 1 为供电接口（VCC），引脚 2 为电源开/关接口（PON），引脚 3 为射频信号输入接口（RFIN），引脚 4 为预制滤波器输出接口（SO），引脚 5 为低噪放大器输入接口（AI），引脚 6 为射频信号输出接口（RFOUT），引脚 7 为直流和射频信号接地接口（GND）。采用 TSNP－7－10 无引线封装（$2.3\times1.7\times0.73\ mm^3$），符合 RoHS 规范的封装（无铅）。

开展射频前端设计时，确定相关器件的增益和增益的分配后，低噪声放大器、下变频器、模数转换器等器件都可以选用成熟的商业器件来搭建射频前端模块，如日本 NEC 公司的 UPB1008K、德国 infineon 公司的 BGM1043N7 以及西安航天华迅公司的 HX9311。图 10－23 为典型商业射频前端增益和增益分配设计方案，其中接收天线采用内置低噪声放大器和声表滤波器的商业化贴片天线，接收天线增益 28 dB；射频前端一级放大器采用 Agilent 公司的 MGA－86563 低噪声砷化镓 MMIC 放大器，增益 20 dB；射频信号下变频后，采用 PHILIPS 公司的 BFS17 信号放大器组件对中频信号进行三级放大并滤除高频信号，每级放大增益均为 20 dB；最后利用 TEXAS INSTRUMENTS 的 LMH7220 模数转化

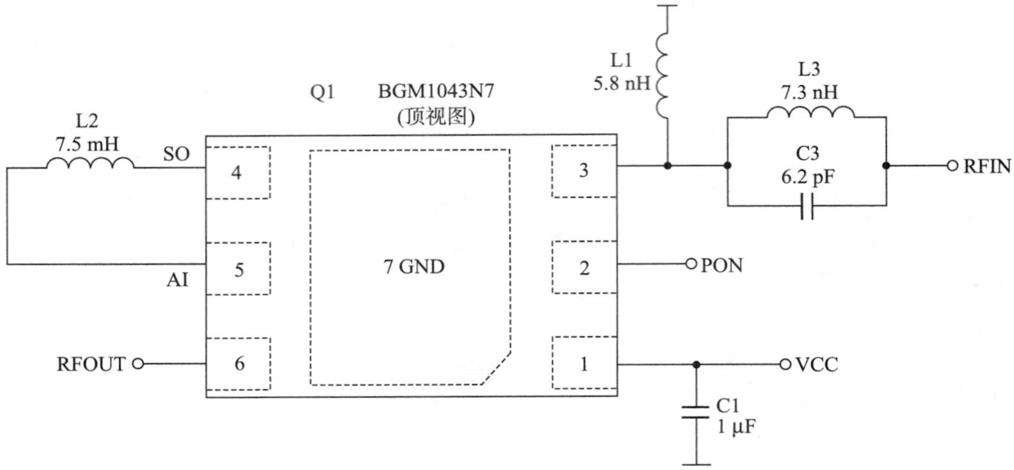

图 10－22　BGM1043N7 应用电路的示意图

器对中频模拟信号进行量化和采样，LMH7220 是 1－bit 模数转化器，具有硬限位 LVDS 输出的高速比较器，并提供 59 dB 的放大增益。

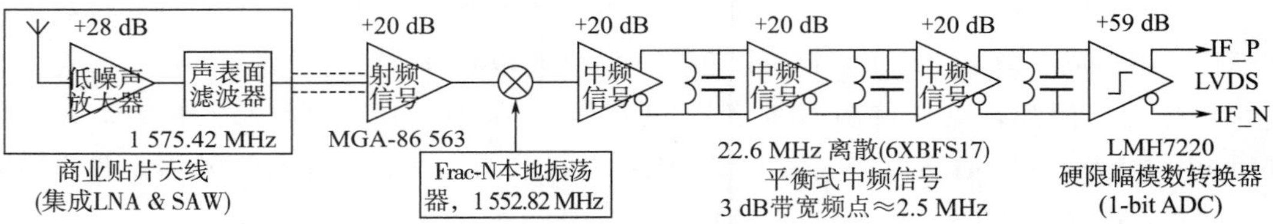

图 10－23　典型商业射频前端相关器件的增益和增益的分配

由于含有射频信号，卫星导航接收机的 PCB 设计相对中低频信号的 PCB 来说要困难得多，需要注意以下事项：

1）射频信号走线尽量短、直，在同一层走线，不能走直角；尽可能地用铺地铜皮将射频信号隔离，防止其他信号与其之间产生串扰；平衡差分信号的路径要保持平行，并且长度相仿，这样可以加强二者之间的耦合而减弱与其他走线之间的耦合。

2）参考时钟信号的稳定性直接决定了接收机的性能。布线时该信号要远离时钟信号、数字信号、射频信号；用铺地铜皮将其包围可以起到很好的隔离效果，允许的话可以在地层走线；PLL 的匹配网络应尽量靠近与其相连的引脚放置。

3）滤波电容应该尽量靠近相应的电源引脚；为了保证电源层的稳定，应尽量增大电源的铺铜面积，减小铺铜间距是一种有效的方法；使用尽可能多的接地过孔将顶层与底层的接地铜皮与电源分割层地层铜皮相连，可以保证地层铜皮足够平稳，起到更好的隔离效果；模拟电源与数字电源要隔离，在两者搭接处加入磁珠，防止互相干扰，连接电源和地的导线应尽量粗一些。

10.4 基带信号处理

基带数字信号处理通道是卫星导航接收机中的核心部分，主要完成导航信号搜索、捕获、牵引并跟踪伪码信号，去除多普勒频移，精确估算导航信号伪码相位、载噪比以及给出信号锁定指示等参数，利用捕获环路和跟踪环路实现导航信号同步，得到解扩和解调的基带信号，并据此估算出伪码测距、载波相位观测量以及导航电文数据，组成结构如图10-24所示，包括多普勒频移去除模块、本地复制伪码生成模块、相关器、积分和清零模块、延迟锁定环、相位锁相环、频率锁定环、数据解调模块、信号锁定检测控制模块。

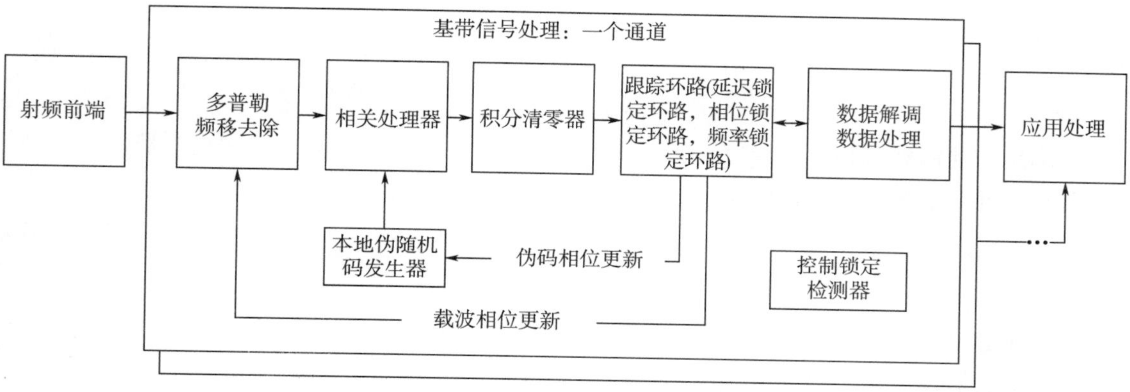

图 10-24　卫星导航接收机基带数字信号处理通道结构

导航接收机基带信号处理模块中有多个基带信号处理通道，每个处理通道的结构完全一样，均是独立工作，能够独立跟踪、处理某一颗导航卫星播发的某一路信号，也可以接收辅助信息以提高跟踪环路处理精度，例如，利用惯性导航系统提供的多普勒频移、速度、加速度等动态测量信息，可以帮助跟踪环路调整伪码相位和载波相位估计值，进一步提高跟踪速度和跟踪精度。另外，根据不同的应用场景，基带数字信号处理模块需要配置一些专用的软件（算法），例如多路径效应减缓、抗突发窄带干扰等。接收机还可以根据需求动态调整环路配置参数，例如，当接收机处于高动态工作环境状态时，为了避免跟踪环路失锁，可以增加相位锁相环（PLL）的带宽。

10.4.1 信号处理数学模型

本节以 GPS 卫星播发的 L1 频点信号为例简述导航信号处理数学模型，导航信号的数学模型为

$$S_{L1}^{i}=\sqrt{2P_I}D_i(t)C_i(t)\cos(2\pi f_1 t+\varphi_{1i})+\sqrt{2P_Q}D_i(t)P_i(t)\sin(2\pi f_1 t+\varphi_{1i}) \tag{10-10}$$

为便于推导导航信号数字信号处理过程，忽略噪声，接收机基带数字信号处理通道接收到的数字信号可以写为

$$S_{BB}(t_k)=R\{[A_I m_I(t_k)d(t_k)-\mathrm{j}A_Q m_Q(t_k)d(t_k)]\exp[\mathrm{j}\phi(t_k)]\} \tag{10-11}$$

式中　A ——信号幅值，A_I 和 A_Q 代表式（10－10）中的信号功率 $\sqrt{2P_I}$ 和 $\sqrt{2P_Q}$；

$m_I(t_k)$，$m_Q(t_k)$ ——分别是民用 C/A 测距码和军用 P 测距码信号，$m(t_k)=\pm1$，分别代表式（10－10）中的 C/A 测距码 C_i 和 P 测距码 P_i；

$d(t_k)$ ——导航电文，代表式（10－10）中的 D_i，如果卫星没有播发导航数据，例如导频通道，该项所有数据为“1”；

I，Q ——分别代表导航信号的同相和正交分量；

$\phi(t_k)$ ——导航信号的相位信息，包括多普勒频移、接收机时钟不稳定性以及初始相位。

式（10－11）可简记为

$$S_{BB}(t_k)=R\{s(t_k)=\exp[\mathrm{j}\phi(t_k)]\} \tag{10-12}$$

其中

$$s(t_k)=A_I m_I(t_k)d(t_k)-\mathrm{j}A_Q m_Q(t_k)d(t_k)$$

利用当前的载波相位估计值，通过基带数字信号处理通道中的载波剥离对载波相位进行估计，并根据当前的估计值对复数基带信号进行相位旋转处理，得到如下信号

$$S_{\text{out}}(t_k)=s(t_k)\exp[\mathrm{j}\phi_e(t_k)] \tag{10-13}$$

其中

$$\phi_e(t_k)=\hat{\phi}(t_k)-\phi(t_k)$$

式中　$\phi_e(t_k)$ ——相位误差；

$\hat{\phi}(t_k)$ ——接收机相位估计值；

$\phi(t_k)$ ——接收到的导航信号相位。

接收到的导航信号与接收机本地生成的复制伪码信号进行相关处理，相关处理结果为

$$\mathrm{Corr}_{\text{out}}(\hat{\tau})=\sum_T S^*_{\text{out}}(t_k)m(t_k-\hat{\tau}) \tag{10-14}$$

式中　T ——积分时间，即时间间隔的累加；

$\hat{\tau}$ ——接收机伪码延迟估计值。

当接收机跟踪 GPS L1 频点 C/A 码信号时，相关处理结果为

$$\mathrm{Corr}_{\text{out}}(\hat{\tau})=\sum_T[A_I\mathrm{d}(t_k)c_I(t_k)+\mathrm{j}A_Q\mathrm{d}(t_k)c_Q(t_k)]\exp[-\mathrm{j}\phi_e(t_k)]c_I(t_k-\hat{\tau}) \tag{10-15}$$

式中　c_I ——民用 C/A 码信号；

c_Q ——军用 P 码信号；

$c_I(t_k-\hat{\tau})$ ——接收机本地生成的复制伪码信号。

考虑到测距码与同一码族的其他测距码做相关处理时，测距码具有较低的互相关特性，则相关结果相对比较小，即民用 C/A 码信号和军用 P 码信号互相关结果可以忽略，这样 GPS L1 频点 C/A 码信号相关处理结果可以简化为

$$\mathrm{Corr}_{\text{out}}(\hat{\tau})=\sum_T[A_I\mathrm{d}(t_k)c_I(t_k)]\exp[-\mathrm{j}\phi_e(t_k)]c_I(t_k-\hat{\tau}) \tag{10-16}$$

因此，导航信号的同相和正交分量的相关公式可分别写为

$$I_P = A_I d_I R_{CI}(\tau_e)\cos(\phi_e) \tag{10-17}$$

$$Q_P = -A_I d_I R_{CI}(\tau_e)\sin(\phi_e) \tag{10-18}$$

式中　R_{CI} —— c_I 码信号的自相关函数；

P ——接收机本地生成的复制伪码信号；

τ_e ——接收机预估的伪码延迟误差；

ϕ_e ——接收机预估的载波相位误差。

10.4.2　信号处理基本要素

数字信号处理过程从接收来自接收机射频前端输出的下变频数字化导航信号开始，到用户接收机解算出用户位置坐标为止，中间过程包括捕获、跟踪、解调、定位解算等一系列数字信号处理过程。导航接收机数字基带信号处理的基本要素是信号相关处理，导航信号能够进行相关处理的基本前提是导航信号具有特殊的伪随机噪声测距码，其特性如下：

1）当接收到的导航信号的测距码与接收机本地生成的复制测距码做相关处理时，如果两个测距码相位“一致”时，那么相关结果是最大的，即测距码具有高度自相关特性；

2）当接收到的导航信号的测距码与接收机本地复制的测距码做相关处理时，如果两个测距码相位“没有对齐”时，那么相关结果相对比较小；

3）测距码与同一码族的其他测距码做相关处理时，相关结果相对比较小，即测距码具有较低的互相关特性。

接收机首先给每个基带数字信号处理通道分配伪随机测距码，对于码分多址（CDMA）导航信号体制，每颗卫星播发唯一的伪随机测距码信号，对于频分多址（FDMA）导航信号，所有卫星播发同样的伪随机测距码。

数字信号处理通道完成导航信号与本地复制伪码信号的相关处理，用户接收机改变本地复制的伪码信号相位特性（延迟或者超前），因此，接收机从伪码延迟和多普勒频移两个维度来搜索卫星导航信号，当本地复制的伪码信号与接收到的导航信号的伪码和频率匹配时，相关处理出现峰值，接收机算法判定两个信号的相关处理过程结束，导航信号相关处理的基本过程如图 10-25 所示，并将相关处理得到的“伪码和频率”作为当前的参数估计值。

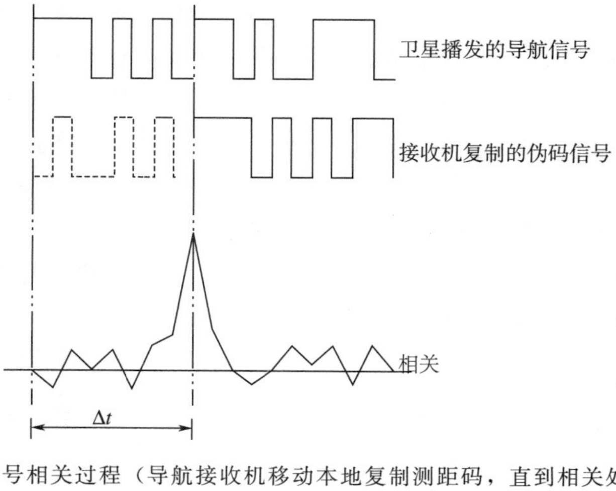

图 10-25　信号相关过程（导航接收机移动本地复制测距码，直到相关处理出现峰值）

由于实际系统存在大量噪声且有可能在动态环境下解算位置，导航信号与本地复制伪码信号的自相关峰值也是波动的，因此，需要使用相位锁相环和延迟锁定环持续跟踪接收到的导航信号的相位和伪码延迟。

10.4.3 信号捕获

10.4.3.1 概述

GPS、Galileo 和 BDS 卫星导航系统均采用 CDMA 信号技术，每颗卫星对应一个唯一伪随机噪声码，接收机根据接收到的信号载波频率、PRN 码、PRN 码延迟以及信号多普勒频移就可以生成本地复制 PRN 码信号。由于卫星和用户机之间存在相对运动，造成接收机接收到的导航信号必然存在多普勒频移和伪随机测距码延迟 2 个未知量。卫星导航接收机需要在伪码相位域和载波多普勒频率域 2 个维度捕获、跟踪导航信号。

为了接收、解调某一颗卫星的导航数据，接收机首先必须复现（复制）捕获到的导航信号的 PRN 码，将接收到的导航信号与接收机本地生成的（复制）伪码信号进行相关处理，即通过移动接收机本地复制码的相位，直到与导航信号的伪随机测距码出现相关峰为止。当接收机复制的伪随机测距码的相位与接收到的导航信号的伪随机测距码的相位匹配时，就有最大的相关；当接收机复制的伪随机测距码的相位与接收到的导航信号的伪随机测距码的相位在任何一边的偏移超过一个码片时，则有最小的相关。伪随机测距码的相关过程是通过将移相的本地复制测距码与接收到的导航信号测距码实时相乘，然后进行积分和清零处理，这也正是将接收机的伪码相关处理过程又称为积分清零过程，将相关器称为积分清零器的原因。导航接收机的目标是使本地复制测距码的瞬时相位与所希望卫星的测距码保持最大的相关。典型情况下，为了进行跟踪信号，需要三个相关器，其中一个位于即时或准时的相关位置上，称为即时相关器并用于载波跟踪；其他两个相关器对称位于即时相位两侧，分别称为超前和滞后相关器并用于伪码跟踪。现代导航接收机往往使用多个相关器来加速导航信号搜索过程和实现稳健的伪码跟踪。

通过跟踪环路使接收到的导航信号与接收机本地生成的复制伪码信号同步，从而完成对导航数据的解扩，这个过程称为伪码捕获。为了完成对导航数据的解调，接收机就必须搜索到相应卫星信号所产生的多普勒频移，这个过程称为载波捕获。如果导航接收机在调整测距码相位的同时没有调整本地复制载波信号的频率，以使其与所希望的卫星的载波频率相匹配，那么在伪码相位域（距离域）的伪码相关过程将因由导航接收机频率响应的滚降特性而严重衰减，其后果是接收机将无法捕获到导航信号。因此，在载波多普勒频率域，导航接收机首先搜索所希望卫星信号的载波多普勒频移，然后跟踪这颗卫星信号的载波多普勒状态，以在载波多普勒频移域内完成载波匹配（剥离）过程。完成载波剥离的方法是调整本地复制载波信号发生器的标称频率，以补偿因在接收机与卫星之间视线方向的相对运动而在卫星载波信号上引起的多普勒效应。

10.4.3.2 捕获流程

通过与已知伪随机测距码的相关处理，接收机基带信号处理模块能够识别并跟踪可见范围内的导航信号，信号相关处理结果同时也用于辅助跟踪环路（相位锁相环和延迟锁定环），以提高信号跟踪质量。利用信号跟踪环路，信号相关处理被用于进一步生成更为精确的本地复制 PRN 码信号，以尽可能地匹配接收到的导航 PRN 码信号。以 GPS 接收机基带数字信号处理通道为例，信号捕获模块由捕获管理器、本地载波信号生成器、本地 C/A 码信号生成器、伪码移相器、采样模块、积分和清零模块、捕获检测器组成，除了捕获检测器和捕获管理器模块之外，图中其他模块与信号跟踪流程是共有的，如图 10－26 所示，捕获和跟踪模块是导航接收机导航信号相关处理的核心模块。

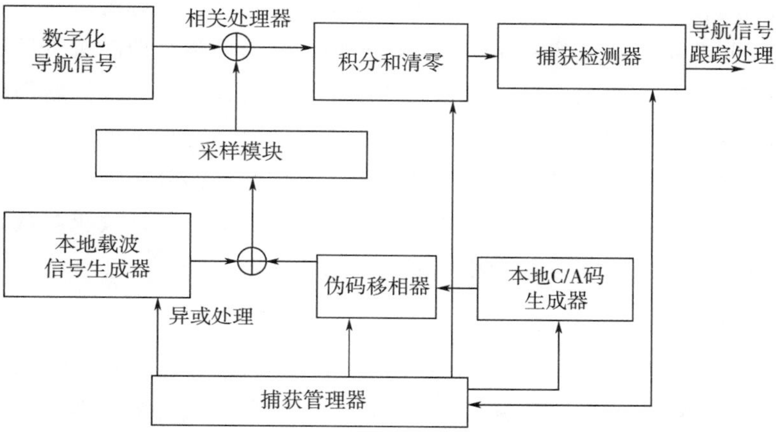

图 10－26　导航接收机信号捕获模块

捕获管理器确定导航信号捕获流程中每个模块的工作参数、管理不同模块的工作进程、确定将要搜索的伪随机测距码、规定“伪码延迟和多普勒频移搜索单元”的预检积分时间、明确载波多普勒频移以及伪随机测距码相位的搜索范围。

本地载波信号生成器用于生成与接收到的中频信号频率相匹配的载波信号，涵盖待搜索载波信号的多普勒频移和所有中频信号的频率总和。本地载波信号生成器同时生成载波信号的同相分量和正交分量。本地 C/A 码信号生成器模块生成与期望 PRN 号一致的 C/A 伪随机测距码，该 PRN 号与 GPS 接口控制文件规定的 C/A 伪随机测距码完全一致。C/A 码信号生成器能够生成所有 GPS 导航卫星的伪随机测距码。

伪码移相器用于移动本地 C/A 测距码信号的相位，以使本地生成的 C/A 伪随机测距码信号与接收到的测距码信号的相位匹配。合成器模块用于组合输入端的信号，即本地载波信号与不同相位的本地 C/A 测距码信号组合，以生成接收到的信号的本地复制信号。为避免出现信号混叠效应以及降低数字信号处理功耗，需要选择合适的采样频率对接收到的中频信号进行采样处理。采样模块确保本地生成的复制信号采样后在相位上与接收到的采样信号匹配。如果相位不匹配，那么本地生成的复制信号不能代表接收到的导航信号，由此导致后续不正确的相关处理结果。

一般来说，接收机的一个基带信号处理通道只能同时处理一路导航卫星的信号，基带信号处理通道完成导航信号的捕获、跟踪后，通过测量本地时钟与恢复的卫星时钟之间的时延来测量从接收天线到卫星的伪距和相位观测量，解调出导航数据，同时给出载噪比（C/N）等信号信息，为了提高计算效率，接收机一般采用多通道并行处理模式。

对于多频接收机，每个频点的导航信号也是分别独立处理的，处理过程与单频接收机类似。同样，为了获得两个频点连续的定位解算结果，用户导航接收机就不得不连续估计、修正两类参数。

1）伪随机码延迟：接收到的导航伪码信号与接收机本地生成的复制伪码信号之间的相位差；

2）载波相位/多普勒频移：反映接收机和导航卫星之间的相对运动。

为了确定上述参数，接收机利用伪随机码和载波跟踪环路对伪随机码延迟和载波相位延迟进行闭环连续估计，生成新的伪随机码和载波相位估计值，并根据新的估计值生成新的本地的复制伪码信号，然后再与接收到的导航伪码信号进行相关处理。接收机利用跟踪环路不断计算、评估伪随机码和载波相位延迟量，直到本地的复制伪码信号与接收到的导航伪码信号完全同步，由此接收机可以解调出卫星星历、卫星时钟校正参数以及电离层改正数等导航电文，并计算出接收机和相应卫星之间的伪距。

10.4.3.3　搜索空间

信号捕获（截获）的实质是一个在伪码域（不同的卫星）、伪码相位域（与信号传播时延有关）和载波频移域（与多普勒频移有关）上的一个三维空间搜索过程。GPS、Galileo 和北斗卫星导航系统均采用码分多址技术，星座中所有导航卫星信号多路复用在同一个载波频率上，而每颗卫星对应一个唯一的伪随机噪声码（先验信息），即伪随机噪声码与导航卫星一一对应，并作为卫星的唯一识别号。伪码确定后，则退化为一个在伪码相位和载波频移域上的二维空间搜索过程。

由于导航卫星在空间围绕地球作高速圆周运动，卫星与接收机之间存在相当大的相对运动而导致卫星播发的导航信号产生多普勒频移，为覆盖卫星高速运动所产生的预期中的所有多普勒频移，接收机一般需要在±10 kHz 范围内搜索导航信号。捕获需要一定的时间，整个频率搜索带内可以分成若干个频率间隔，通常选定频率间隔为 500 Hz，这样在 20 kHz 频段内就有 41 个不同的测试频率段。一般接收到的导航信号与本地复制伪码信号的相位也是不同的，如果接收机中的伪码相位步进是半个码片，对于 GPS L1 C/A 码信号，整个短码相位的搜索需要 2 046 次相关运算。例如，GPS 接收机一般是同时进行伪码捕获与载波捕获的二维搜索，既要保证频率在搜索的误差范围（1 kHz）之内，同时还要保证 C/A 码相位相差不到半个码片（$T_c/2$），这样才能保证搜索到卫星信号。导航信号的搜索过程如图 10 - 27 所示。

接收机基于不同的“伪码延迟和多普勒频移对”，生成不同的本地复制 PRN 码（伪码），然后分别与接收到的导航信号 PRN 码进行相关处理，当接收机本地复制 PRN 码与接收到的 PRN 码“对齐”，即 2 个 PRN 码相位一致时，信号相关处理得到相关峰，导航信号捕获结果如图 10 - 28 所示（出现相关峰），与相关峰对应的伪随机码延迟量为 650 个码片、多普勒频移为－1 750 Hz，“伪码延迟和多普勒频移对”被认为是对信号初始跟踪

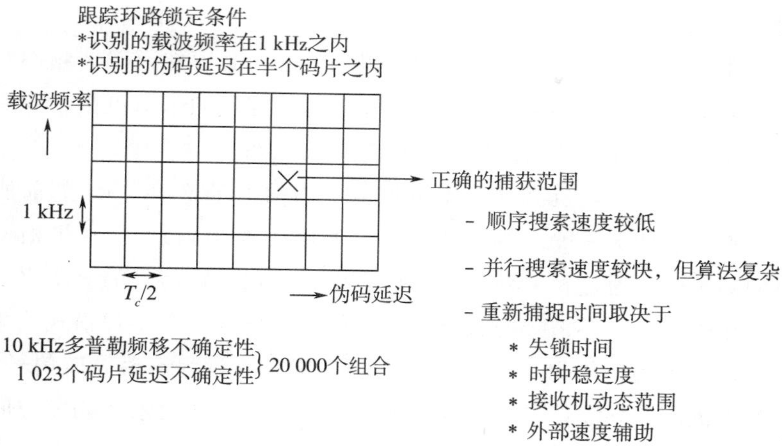

图 10 - 27　导航信号的搜索过程

过程的最优估计。

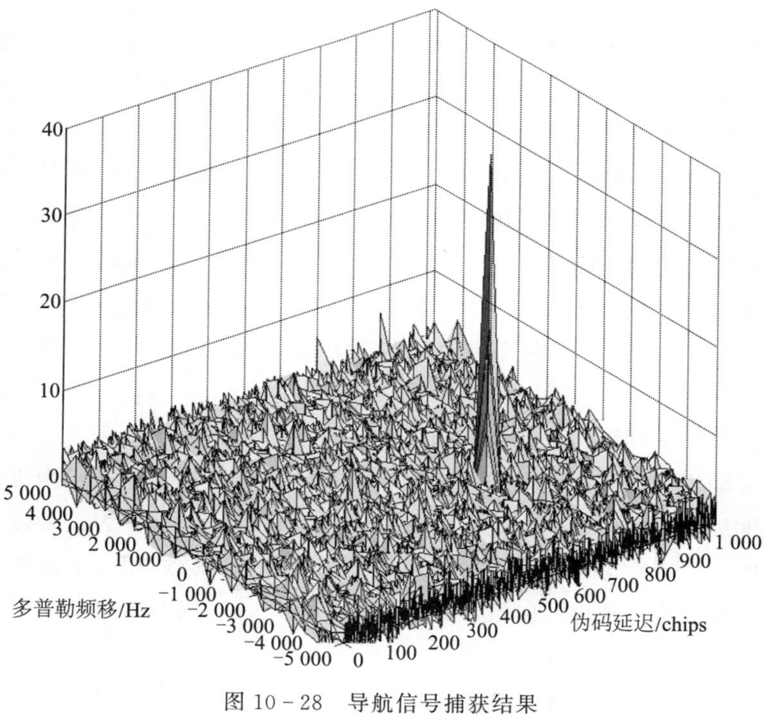

图 10 - 28　导航信号捕获结果

接收机一般同时接收到多颗导航卫星播发的信号，每个导航信号具有不同的 C/A 测距码起始点和不同的载波频率（因多普勒频移而变化）。接收机的每路基带信号处理通道同时只能处理一颗卫星播发的一路导航信号，捕获过程就是要找到信号中 C/A 测距码起始点和载波频率，为信号跟踪提供初始化条件。

10.4.3.4　捕获算法

导航接收机在跟踪导航信号载波频率和伪码相位之前必须知道载波频率和伪码相位的粗略估计值，并且估计值误差必须小于锁相环和延迟锁定环的牵引范围，然后导航接收机才能对接收信号进行牵引和锁定，最后进入稳态跟踪状态。

为了跟踪导航信号，接收机必须搜索可见范围内的卫星（信号）。如前所述，每颗导航卫星对应一个唯一的伪随机噪声测距码（简称测距码或伪码），接收机根据预先存储的所有导航卫星的测距码，通过相关处理，很容易找到这颗卫星信号的测距码，设置可见卫星的测距码后，接收机对导航信号的载波频率和伪码相位进行二维扫描式搜索，即导航卫星信号的捕获是一个伪码相位和载波频移域上的二维捕获过程。对导航信号的捕获过程，既要保证搜索频率范围在导航信号频谱范围内，同时还要保证搜索伪码相位间隔不到半个码片，这样才能保证搜索到卫星信号。

为了捕获导航信号，接收机需要同时复现（制）卫星的码和载波。距离维与本地复制伪随机码是相关联的，而多普勒维则是与本地复制载波相关联的。初始搜索过程中，接收机不能确定卫星信号的码相位和多普勒频移。因此，需要在二维空间中进行搜索，使得搜索范围较大、时间很长。典型情况下搜索码相位时用 1/2 码片的增量，每个码搜索增量是图中一个码的分格，而每次多普勒分格则与滞留时间、信噪比大小有关。通常信噪比越小要求滞留时间越长，而多普勒分格也越小。

由于导航信号中存在噪声，信号所在单元（伪码延迟和多普勒频移对）的功率值有可能受到削弱，出现相关峰值的单元也不一定是最优估计，因而在一个搜索单元上获得一次相关值超过门限值时不能立即结束信号捕获过程，否则虚警率会偏高。从捕获到信号相关峰值到进入信号跟踪状态之间需要一个确认峰值的过程，这个过程就体现在捕获算法中，捕获算法有很多种，其中滑动相关法使用最为广泛，滑动相关法又有时域和频域 2 种算法。

（1）时域信号捕获算法

时域线性滑动相关捕获算法是常用的导航信号时域捕获算法，基于伪码相位和载波多普勒频移的二维线性搜索，以一个码相位和多普勒频移步长单元作为信号搜索单元格，在一次搜索过程中，需要考虑每一个可能的频率和码片延迟，通过相关处理得到相关功率峰值来不断地调整接收机本地生成的载波频率和伪码相位，实现本地复制信号和接收信号的匹配。

时域串行搜索（时域滑动相关捕获算法）流程简单，硬件实现容易，目前大部分导航接收机都采用这种捕获算法，时域串行搜索流程如图 10－29 所示，当伪码延迟较大或者在高动态环境下，导航信号搜索时间会比较长，捕获速度较慢。

时域串行搜索的过程如下：

1）首先选择一个估计的多普勒值（根据可见卫星预测估算出多普勒频移搜索范围），选择搜索频域范围内的中间点，在此频点下数字中频信号和本地载波产生的相互正交的两路分量相乘，以剥离载波。

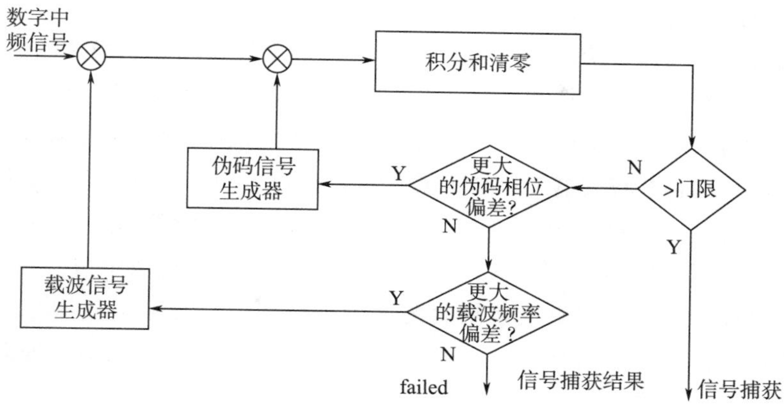

图 10－29 导航信号时域串行搜索流程

2）采集一个码周期长的数据，在本地复现某颗卫星的测距码，并且检测与输入数据的所有码相位的相关性（载波剥离后的两路信号再与本地复制的伪码相关处理，以剥离伪码，输出两路相互正交信号的功率值）。

3）在把所有码相位搜索一遍后，如果没有发现超过门限的信号，则调整多普勒频率，对另一个多普勒分格的信号进行一遍同样的搜索过程。

4）在搜索完全部的多普勒分格和码分格后，如果仍然没发现有超过门限的信号，则需要更换本地的复制码，在二维空间对另一颗卫星的导航信号进行搜索。

5）将一个伪随机测距码周期的两路信号积分累加得到非相干积分值，将 I 和 Q 两路非相干积分值平方求和即得到相干积分功率值，最后通过相干积分功率值与预先设定的捕获门限值来比较判断信号成功捕获与否。直到搜索过程中发现超过门限的信号，超过门限则为捕获到该颗卫星信号，否则移动到下一个搜索单元重复上述过程，直到搜索到功率峰值或结束对这颗卫星信号的搜索。门限是判定卫星是否可见的重要衡量标准，其门限值的确定对捕获来说是至关重要的。

6）对搜索到的信号进行多次判决，最终得到粗跟踪的结果。将粗跟踪的码相位和多普勒频率估计值传递给相关处理通道，对该卫星信号进行精密跟踪，最终完成码同步和载波同步，并提取导航电文。

（2）频域信号捕获算法

频域捕获算法中，常用的是基于快速傅里叶变换（FFT）的频域圆周相关快速捕获算法，频域捕获算法的本质是在频域进行连续不断卷积，在某一个多普勒频率搜索单元开展所有伪码相位搜索，对接收到的导航信号中的测距码序列和接收机本地生成的测距码序列做循环卷积。根据信号在处理中的离散傅里叶变换圆周相关定理，如果将时域的循环卷积转换到频域完成，则只需对接收到的导航信号中的测距码序列和接收机本地生成的测距码序列分别作 FFT，然后对其中的一组 FFT 序列做共轭处理，再将两者相乘，通过快速傅里叶反变换（IFFT），即可得到 2 个序列在所有相位上的相关峰值。

频域捕获算法是一种并行捕获算法，相对传统的串行捕获方法和匹配滤波方法具有更短的平均捕获时间，适合在对捕获时间要求比较严格的高动态环境下使用。根据快速傅里叶变换的位置可以分为基于伪码相位域的 FFT 并行捕获算法和基于载波频率域的 FFT 并行捕获算法。频域并行伪码相位搜索流程如图 10 - 30 所示，捕获过程为：根据可见卫星预测估算出多普勒频移搜索范围，选择搜索频域范围内的中间点，在此频点下数字中频信号和本地载波产生的相互正交的 I 和 Q 两路分量相乘，以剥离载波，之后会得到 I 和 Q 两路信号，再与本地复制的伪码分别做相关处理，将 I 路作为实数部分，Q 路作为虚数部分，将这个新的数据（$I+jQ$）作 FFT 变换，变换结果反映了时域中信号相关结果 $I+jQ$ 在各个频率成分处的强度，如果本地复制的测距码的相位与导航信号测距码的相位不一致，则低相关性会抑制信号幅值，由此判定接收信号不在此码相位对应的搜索频带。

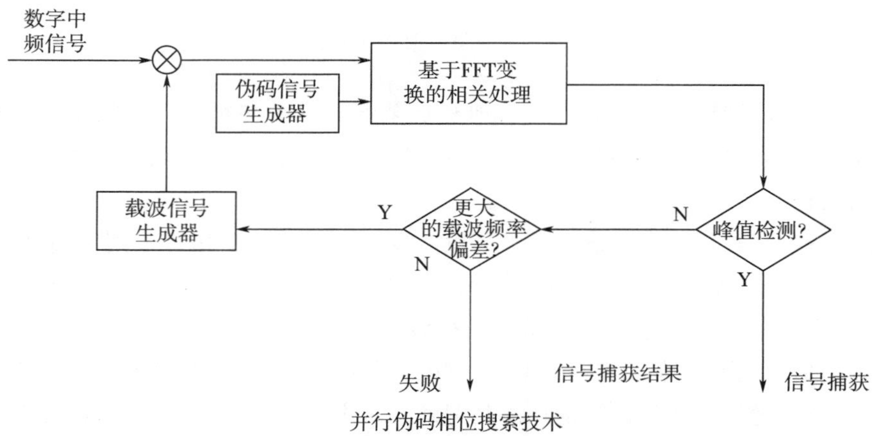

图 10 - 30　导航信号频域并行伪码—相位搜索流程

频域并行载波频率搜索流程如图 10 - 31 所示，捕获过程为：数字中频信号和本地载波产生的相互正交的 I 和 Q 两路分量相乘，以剥离载波，得到 I 和 Q 两路信号，与本地复制的伪码分别做相关处理，将 I 路作为实数部分，Q 路作为虚数部分，将这个新的数据（$I+jQ$）作 FFT 变换，接下来将数据取模求平方和，将所得的值与门限进行比较，大于门限的即可认为捕获到该卫星（信号）。

导航信号频域并行捕获算法可以在一个较大的捕获范围内检测到一个或者多个可能由信号引起的相关峰值后，转而采用线性搜索算法对峰值附近的较小范围重新进行搜索和确认。频域并行伪码相位搜索流程和频域并行载波频率搜索流程两种算法可以开展并行搜索，大幅度提高捕获速度。

并行捕获方法采用多个捕获通道，各个通道分别并行完成接收信号与不同码相位和不同多普勒频率的本地复制信号的相关计算，相对于串行捕获方法，捕获速度大幅度提高，但硬件实现占用的资源也相应增加。利用串行和并行捕获的各自优点，又衍生出串-并组合捕获方法。串-并组合捕获方法就是根据目标相对运动速度计算出最大可能多普勒频率，然后将多普勒频率范围分成几个频段，分别采用几个并行通道同时对给定频段进行搜索，每个通道采用串行的捕获方法，共同完成载波多普勒频率和伪码相位的捕获任务。

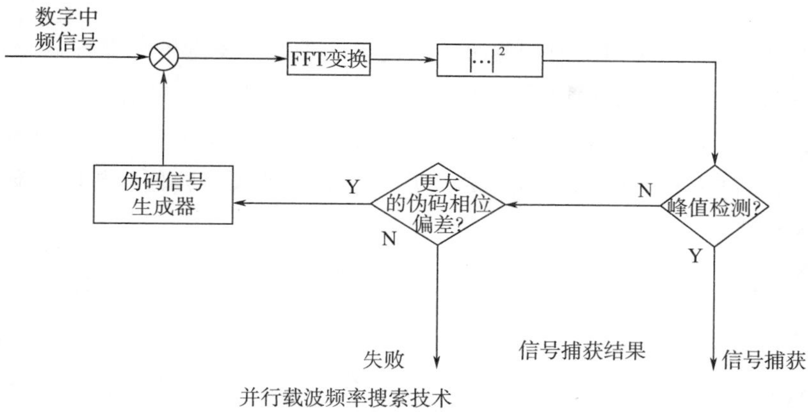

图 10-31 导航信号频域并行载波频率搜索流程

(3) 信号判决方法

在信号检测中，为了改进检测性能，经常对包络的平方进行独立取样后再进行非相干积累，通常称为非相干积累技术。伪码扩频信号捕获是假设检验过程，即检波器的输出与门限比较，根据比较结果来判断信号的有无。在无线通信中，接收机的输入包含背景噪声、接收机的内部热噪声和杂波干扰。接收机的任务就是要从这些干扰背景中检测出有用的信号。

自动判定必然会产生漏检、虚警两种情况，门限的设置需要寻找一种最佳的准则。一般的最佳准则有贝叶斯准则（最小风险准则）、最小错误概率准则、最小错误加权概率准则、极大极小准则和纽曼-皮尔逊准则等。对于自动检测系统而言，虚警的危害最大，所以一般采用纽曼-皮尔逊准则，即在保持虚警概率一定的条件下，使正确检测概率最大。为了保持虚警概率的恒定，需要采用某种自动的、瞬时的检测方法，这就是恒虚警检测方法。

关于信号判决，在一般应用中，有两种类型的判决器。一种为可变滞留时间判决器，如果出现“也许”的状态时，它在可变的时间内做出“是”或“否”的判决。另一种是固定滞留时间判决器，它用固定的时间做出“是”或“否”判决。判断方法包括单次判决、M/N 判决、$1+M/N$ 判决、唐判决。

①单次判决

单次判决属于固定滞留时间判决，它的判决时间最短，在提高单次判决捕获方法的检测概率、降低虚警概率方面受以下 2 个因素限制：

1）多普勒频率误差和伪码相位误差的存在，使检测概率降低，平均捕获时间变长；

2）在载噪比较低的情况下，为了降低捕获的虚警概率，只能增大判决门限，而判决门限的增大导致检测概率的降低。

由于单次判决算法易受噪声的影响和上面两个因素的限制，因而会导致虚警率较高，检测概率较低，不宜在低信噪比下工作。

②M/N 判决

M/N 判决也属于固定滞留时间判决，判决规则是每一搜索单元进行 N 次判决，若信号幅度有 M 次或更多次大于门限值，则宣布信号存在，否则宣布信号不存在，继续下一单元的搜索。M/N 判决是将各单次检测作为伯努力试验来处理的，超过门限的包络数目具有二项分布。所用的门限设定技术与用于单次试验虚警概率的公式相同，则该算法的虚警、检测概率如下

$$P_{FA}=\sum_{n=M}^{N}\binom{N}{n}P_{fa}^{n}(1-P_{fa})^{N-n}=1-\sum_{n=0}^{M-1}\binom{N}{n}P_{fa}^{n}(1-P_{fa})^{N-n}=1-B(M-1;N,P_{fa}) \tag{10-19}$$

$$P_{FA}=\sum_{n=M}^{N}\binom{N}{n}P_{fa}^{n}(1-P_{fa})^{N-n}=1-\sum_{n=0}^{M-1}\binom{N}{n}P_{d}^{n}(1-P_{d})^{N-n}=1-B(M-1;N,P_{d}) \tag{10-20}$$

式中　$B(M-1;\ N,\ P_d)$ ——二项式分布。

在实际应用中，会给定虚警概率 P_{FA} ，如果再给定 M 和 N，就可以确定单次虚警概率 P_{fa} ，即

$$P_{fa}=B(M-1;N,P_{FA}) \tag{10-21}$$

③$1+M/N$ 判决

$1+M/N$ 判决属于可变滞留时间判决，$1+M/N$ 判决算法是单次判决和 M/N 判决算法的折衷，既利用了单次判决算法的快速性，也利用了 M/N 判决算法的可靠性，其规则是首先对搜索单元进行一次判决，若 $S(k)<V_t$ ，则信号捕获被否决，搜索下一个单元；若 $S(k)>V_t$,则 M/N 判决信号已存在，搜索终止。此时，虚警概率、漏测概率为

$$\begin{aligned}P_{FA}&=P_{fa}\times[1-B(M-1;N,P_{fa})]\\P_{D}&=P_{d}\times[1-B(M-1;N,P_{d})]\end{aligned} \tag{10-22}$$

④唐判决

唐判决也属于可变滞留时间判决，它的规则是积分累加器对每个搜索单元时间内的信号进行积分累加，将累加后的包络与门限值比较，当包络大于门限时，计数器加 1，若包络小于门限，则计数器减 1。当计数器的值达到最大值 A 时，则宣布信号存在而中止搜索。当信号开始检测时，计数器被初始化为 $K=B=1$，如果希望以降低检测速度换取更高的检测概率和更低的虚警概率，则可以增加初值 B 。

由于在无信号时，$\sqrt{I^2+Q^2}$ 的概率密度函数服从瑞利分布，即 $p_n(x)=\frac{x}{\sigma_n^2}\exp(-\frac{x^2}{2\sigma_n^2})$ ，单次检测的门限由设定的虚警概率决定，即

$$\begin{aligned}P_{fa}&=\int_{Vt}^{\infty}p_n(x)\mathrm{d}x=\int_{Vt}^{\infty}\frac{x}{\sigma_n^2}\exp(-\frac{x^2}{2\sigma_n^2})\mathrm{d}x=\exp(-\frac{Vt^2}{2\sigma_n^2})\\Vt&=\sigma_n\sqrt{-2\ln P_{fa}}=X\sigma_n\end{aligned} \tag{10-23}$$

在有信号时，$\sqrt{I^2+Q^2}$ 的概率密度函数服从莱斯（Ricean）分布，也叫广义瑞利分

布，即

$$P_s(x)=\frac{x}{\sigma_n^2}\exp(-\frac{x^2}{2\sigma_n^2}-\frac{s}{n})I_0(\frac{x\sqrt{2s/n}}{\sigma_n}) \tag{10-24}$$

这样可得到单次检测的检测概率为

$$P_d=\int_{Vt}^{\infty}p_s(x)\mathrm{d}x=\int_{Vt}^{\infty}\frac{x}{\sigma_n^2}\exp(-\frac{x^2}{2\sigma_n^2}-\frac{s}{n})I_0(\frac{x\sqrt{2s/n}}{\sigma_n})\mathrm{d}x=\int_{\beta}^{\infty}y\exp(-\frac{y^2+\alpha^2}{2})I_0(\alpha y)\mathrm{d}y \tag{10-25}$$

其中

$$\alpha=\sqrt{2s/n}\,,\ \beta=\frac{Vt}{\sigma_n}=X=\sqrt{-2\ln P_{fa}}$$

门限的计算公式中，X 由虚警概率决定，而 σ_n 则是 I 支路或者 Q 支路累加和的标准差，由于在无信号时，包络 $\sqrt{I^2+Q^2}$ 的概率密度函数服从瑞利分布，而瑞利分布的均值为 $\sqrt{\frac{\pi}{2}}\sigma_n$，方差为 $\frac{(4-\pi)\sigma_n^2}{2}$，所以可以通过对瑞利分布求均值，然后进行修正得到 σ_n。

唐判决检测器的总虚警概率和总检测概率为

$$P_{FA}=\frac{\left(\frac{1-P_{fa}}{P_{fa}}\right)^B-1}{\left(\frac{1-P_{fa}}{P_{fa}}\right)^{A+B-1}-1},P_D=\frac{\frac{(1-P_d)^B}{P_d}}{\frac{(1-P_d)^{A+B-1}}{P_d}-1} \tag{10-26}$$

10.4.3.5　信号检测

假设接收机已经获取当前导航信号伪码延迟和多普勒频移参数对的预估值，因此，接收机可以利用当前估计的伪码延迟和多普勒频移参数对产生本地复制码。但是，接收机基带数字信号处理通道首次建立初始状态时，接收机并不能预估出导航信号的参数对（伪码延迟和多普勒频移），数字信号处理通道需要搜索可见范围内的所有的卫星（信号），即所谓的“冷启动”。

接收机利用信号处理通道中的捕获模块搜索导航信号，每个信号处理通道搜索所有可能的参数对（伪码延迟和多普勒频移），接收机根据导航信号的参数对生成本地复制的伪码信号（GPS 等卫星导航系统采用码分多址信号体制，每颗卫星播发唯一的伪随机测距码信号，对于接收机而言，伪码信号簇是已知的，只需根据伪码延迟和多普勒频移参数对，就可以判断并生成与接收到的导航信号相对应的本地复制信号），然后将接收到的导航信号与接收机本地生成的复制伪码信号进行相关处理，相关结果的大小可以判断复制信号的伪码延迟和载波相位与导航信号的接近程度。一旦搜索到导航信号，信号处理通道中的跟踪模块就能够持续跟踪导航信号。

然而，实际系统存在大量噪声且有可能在动态环境下解算 PVT 解，仅靠导航信号与本地复制伪码信号的自相关处理还不行，一般还需要根据下列统计决策公式评估导航信号的检测与否

$$z=\sum_{k=1}^{M}|Y(k)|^{2} \tag{10-27}$$

式中 M ——非相关积分总数；

Y ——接收到的导航信号与本地复制伪码信号的自相关处理结果，其中相关积分时间为 T ；

k ——第 k 个相关积分间隔。

统计决策结果 z 计算出来后，在与检测门限比较，评估底噪中是否含有导航信号。根据目标导航信号检测的虚警概率来确定检测门限值。在此过程中，跟踪环路通道中的“积分清零（I&D）”模块完成导航信号与本地复制伪码信号的自相关处理，一般有如下两种积分类型。

1）相干累积：在输出导航信号与本地复制伪码信号的自相关结果之前，相干累积技术需要使用更长的积分时间（需要伪码长度的数倍数据）。虽然相干累积技术减小了背景噪声的不利影响，但相干累积的时间长度受到导航电文比特位翻转时间的限制，因此降低了相干累积性能；事实上，跨数据位（bit）积分会影响积分后的能量，最恶劣情况下会使积分能量为零。

2）非相干累积：在进入统计决策评估前，非相关积分技术引入信号单次相关结果辅助检测门限比较。

导航信号与本地复制伪码信号的自相关过程中，虽然相干累积技术受限于导航电文比特位翻转时间的限制，但是非相干累积技术存在信号平方损失，由此相干累积技术处理效率比非相干累积技术处理效率更高。例如，在某个特定多普勒频移下，不同伪码延迟下的导航信号与本地复制伪码信号的自相关结果如图 10－32 所示。

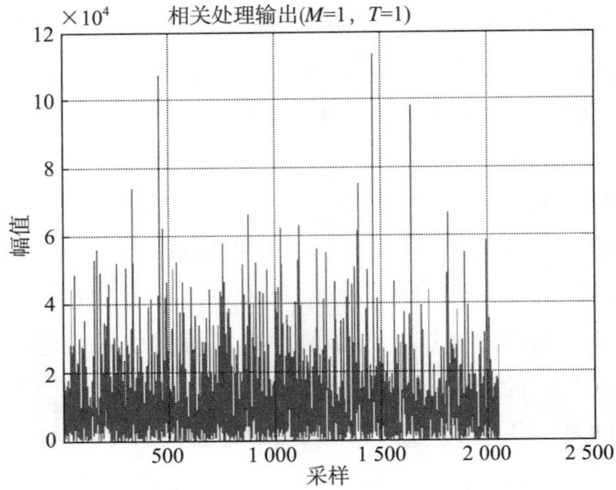

图 10－32 不同伪码延迟下的导航信号与本地复制伪码信号的自相关结果

由于导航信号中存在大量噪声，显然不能根据自相关结果直接看到导航信号与本地复制伪码信号的自相关峰值。下面进一步说明自相关过程，同一导航信号在不同的相干累积

（相干累积时间为 T ）和非相干累积（非相干累积总数为 M ）情况下，导航信号伪码与本地复制伪码的自相关结果如图 10－33 所示，显然随着相关积分时间为 T 和非相关积分总数位的增加，相关结果代表的信号能量也在增加，因此出现了较为明显的相关峰值，由此得到了第一个伪码延迟（相位）估计值。

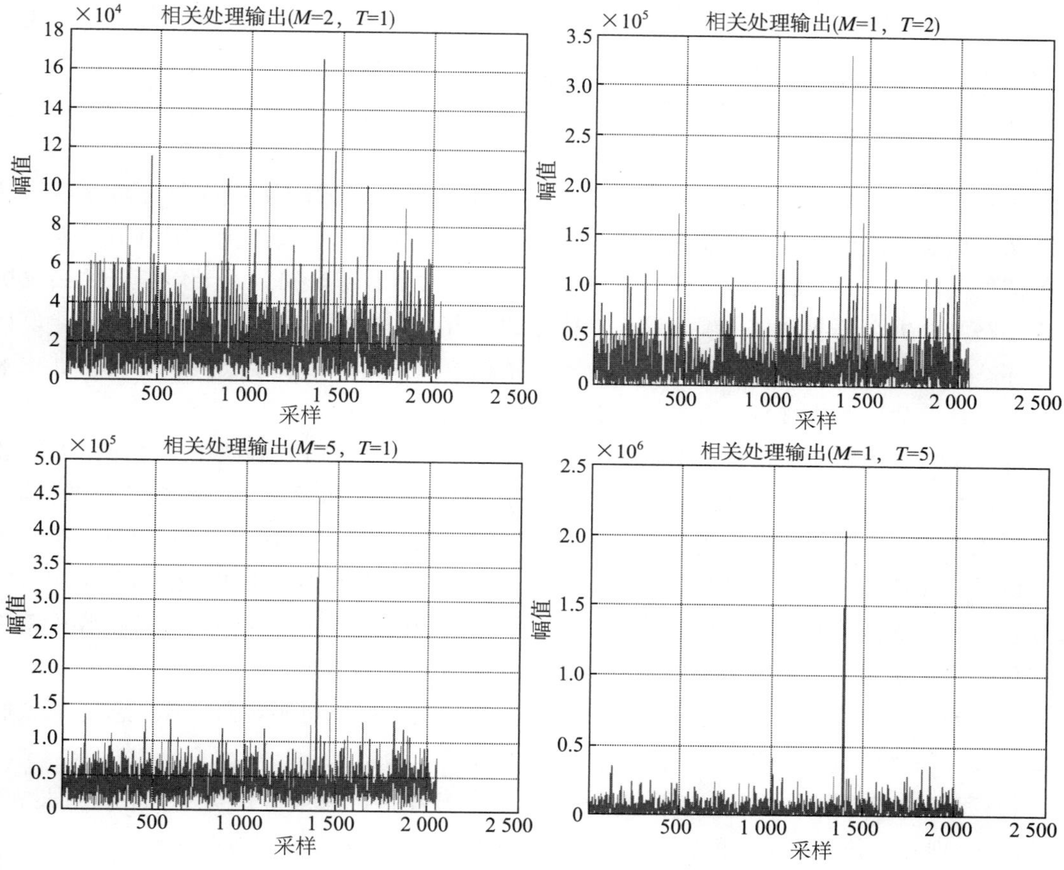

图 10－33　不同相干累积和非相干累积情况下的导航信号与本地复制伪码信号的相关结果

图 10－33 的计算表明：一方面，虽然相干累积技术受限于导航电文比特位翻转时间的限制，但由于非相干累积技术存在信号平方损失，相干累积技术能够获得更大的相关信号能量以及较低的底噪；另一方面，在位同步前，由于非相干累积技术不需要考虑导航电文跨数据位积分影响。因此，信号在处理过程中更加安全。

此外，相干累积技术和非相干累积技术还需要考虑背景信号噪声、虚警概率、检测概率以及平均捕获时间。事实上，在给定的导航信号的参数对（伪码延迟和多普勒频移）条件下，累积时间越长，检测概率越高，虚警概率越低，捕获速度越慢。

在导航接收机的信号跟踪模块中，为了降低噪声幅值同时提高捕获精度，同样也用到了信号相干累积技术和非相干累积技术。其好处是，在伪码位同步后，接收机可以增加积分时间直到一个位的持续时间，例如 GPS L1 频点 C/A 信号中的导航电文的持续时间是 20 ms。目前 Galileo 等现代化的卫星导航系统，在导航信号体制设计中已设计了导频通道，导频通道不调制导航电文数据，由此能够进一步延长相干累积时间。延长相干累积时间的方法也可以用于跟踪室内等环境中的微弱信号，但性能受限于数据位长度和多普勒频移估计精度。

10.4.4 伪码和载波跟踪

10.4.4.1 跟踪方案

接收机跟踪环路用于连续跟踪并计算接收到的导航信号的载波相位和伪码延迟估计值，在累加器一个积分时间间隔内，跟踪环路对上述参数更新一次，使得接收信号与本地复制信号保持同步。导航接收机同时使用伪码和载波两个跟踪环路跟踪导航信号，接收机跟踪环路参数决定了接收机正确跟踪导航信号的能力，并影响信号处理精度。因此，设计跟踪环路是规划接收机系统性能的重要工作。跟踪技术是整个导航接收机设计的关键技术之一，其性能的好坏直接影响着导航接收机性能的优劣。

为了从接收到的导航信号中解调出导航电文信息，接收机通过载波跟踪环路不断调整本地复制载波相位，保持本地复制载波与接收到的导航信号的载波之间的相位误差为零。通过伪码跟踪环路不断调整本地复制测距码的相位，保持本地复制测距码的相位与接收到的导航信号的伪随机测距码的相位对齐。导航接收机使用伪码和载波两个跟踪环路实时跟踪导航信号，确保接收到的导航信号与接收机本地复制的信号保持同步，导航接收机基带数字信号通道伪码和载波跟踪环路基本结构框图如图 10－34 所示。

载波和伪码跟踪功能、载波和伪码剥离功能、预检测积分功能共同形成卫星导航接收机基带数字信号通道伪码和载波跟踪环路，跟踪环路包括：

1）积分和清零模块：累积相关器的输出，给出 I 支路同相分量和 Q 支路正交分量；

2）鉴别器：处理相关器的输出，给出载波相位信息等参数的量化观测量；

3）环路滤波器：对鉴别器的输出进行滤波处理，以降低输出噪声；

4）数控晶体振荡器：将滤波器输出转换成为多普勒频移和伪码延迟相关可用的修正因子，修正因子分别反馈给多普勒频移去除模块和本地伪码生成模块。

当伪码跟踪环路利用延迟锁定环跟踪接收到的导航信号的伪码延迟时，载波跟踪环路要么利用相位锁相环跟踪接收到的导航信号的载波相位，要么利用频率锁相环跟踪接收到的导航信号的多普勒频移。尽管如此，接收机需要配置 FLL 和 PLL 以跟踪载波相位和多普勒频移，开展接收机设计时需要权衡跟踪环路的规模。例如，积分和清零模块中积分的时间需要在精度和接收机动态稳健性之间作出权衡，积分的时间越长，导航信号与本地复制信号的信号相关输出噪声越小；积分的时间越短，对动态应力误差越不敏感。

（1）环路滤波器

环路滤波器的用处是滤除或者降低环路鉴别器的输出信号的噪声，以便在其输出端对原始信号产生精确的估计，并将处理结果反馈给数控晶体振荡器（NCO），NCO 将滤波器

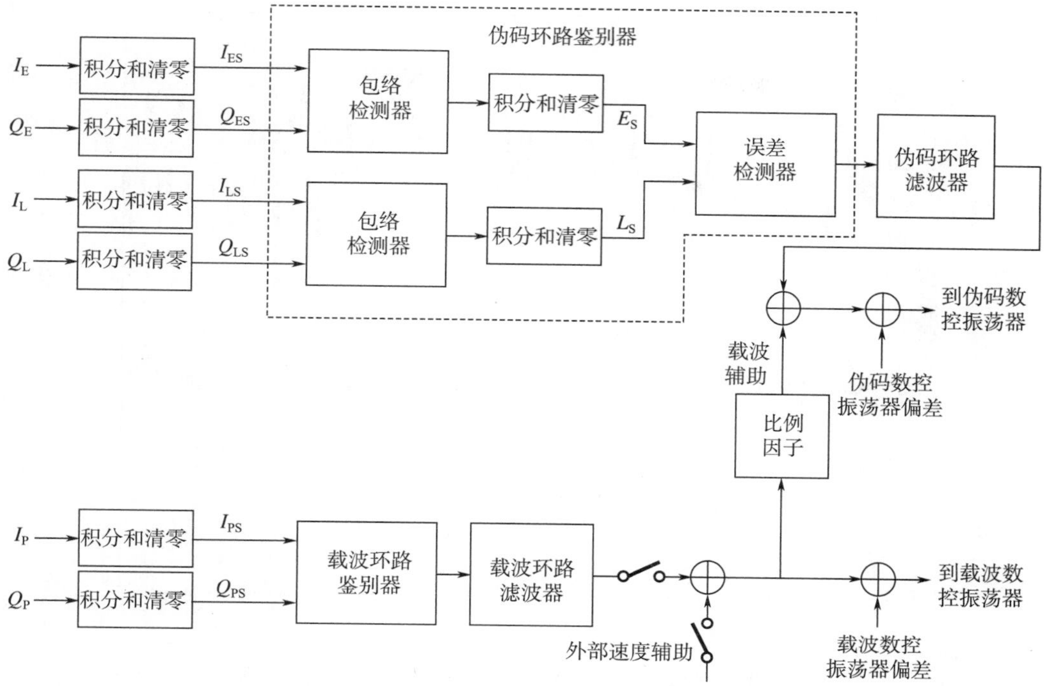

图 10－34　导航接收机基带数字信号通道伪码和载波跟踪环路基本结构框图

输出结果与原始接收导航信号相减，生成多普勒频移和伪码延迟修正因子，修正因子被反馈到接收机基带信号处理通道的起始点，即多普勒频移去除模块和本地伪码生成模块，由此进一步更新当前的估计值。为了确定对接收信号的响应特性，设计环路滤波器时需要考虑滤波器的阶数和带宽，一般来说，滤波器噪声带宽和积分时间有如下关系

$$B_n T \ll 1 \tag{10-28}$$

如果滤波器噪声带宽和积分时间不满足上述关系式，那么噪声带宽将大于期望值，并导致滤波器工作状态不稳定。环路滤波器的阶数和噪声带宽也决定了环路滤波器对接收信号的响应特性，例如，当噪声带宽分别为 2 Hz 和 10 Hz 时，如果在 $t=2$ s 时接收信号发生相位跳变，那么环路的响应特性如图 10－35 所示，滤波器噪声带宽越窄，清零模块中积分的时间越长，由此相关输出噪声越小。

导航接收机基带数字信号通道伪码和载波跟踪环路的环路滤波器的输出信号实际上要与原始信号相减以产生误差信号，误差信号再反馈给环路滤波器的输入端形成闭环回路。滤波器阶数越高，滤除跟踪环路的视线（LOS）动态应力误差的能力越强，一般有如下规律：

1）一阶滤波器对速度应力误差敏感；

2）二阶滤波器对加速度应力误差敏感；

3）三阶滤波器对加加速度应力误差敏感。

高阶滤波器的主要缺点是增加了滤波器的计算负担，此外滤波器阶数也影响滤波器带

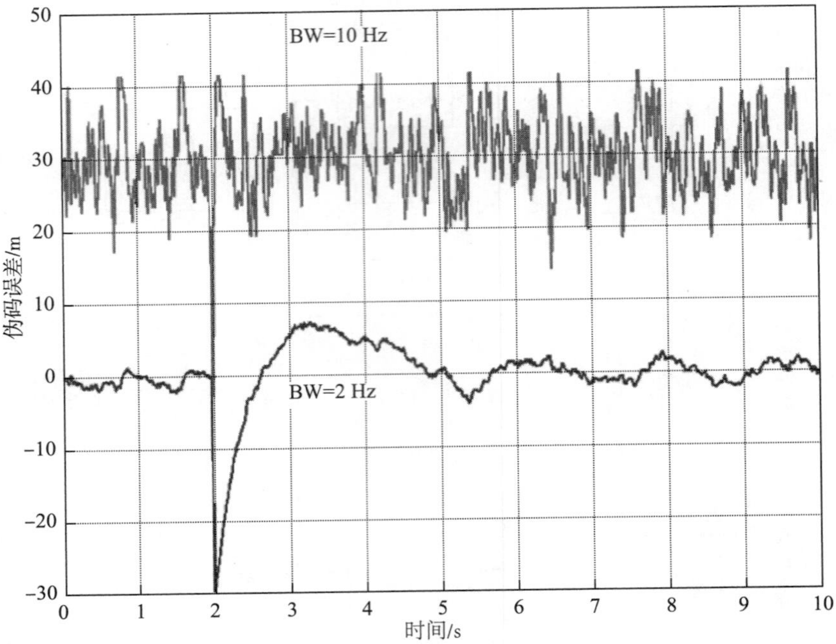

图 10－35　滤波器噪声带宽对接收信号相位跳变的响应特性

宽设计，例如，为了确保滤波器工作状态的稳定性，三阶滤波器设计方案要求滤波器噪声带宽在 18 Hz 以下。

(2) 数字频率合成

载波和伪码跟踪环路均使用 NCO 来精确复现接收机本地复制载波和测距码信号的生成，在每次 NCO 溢出时，便完成了一个本地复制载波周期或一个本地复制测距码信号周期。载波环路 NCO 及其正弦和余弦映射函数结构框图如图 10－36 所示，载波和伪码的 NCO 偏差分别加载到各自的 NCO 上，这些偏差将 NCO 频率分别调整到标称的扩频码码片速率和数字中频信号载波频率上。

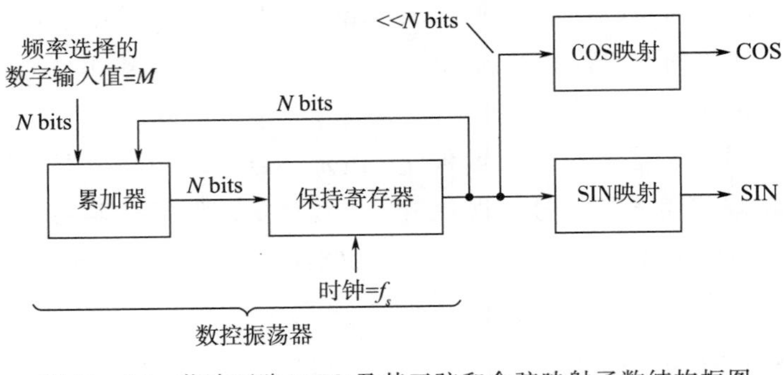

图 10－36　载波环路 NCO 及其正弦和余弦映射函数结构框图

图 10－36 中，N 为保持寄存器的长度，计数长度为 2^N，输出频率为 $f_sM/2^N$，频率分

辨率为 $f_s/2^N$ 。例如，假定测距码的标称扩频码码片速率为 10.23 MHz，32 bits NCO 的时钟频率 $f_s=200$ MHz，那么伪码 NCO 偏差为 $M=10.23\times2^{32}/200=2.1969\times10^8$，该偏差将数控振荡器输出频率调整到 10.23 MHz，其频率分辨率为 $200\times2^6/2^{32}=0.046566$ Hz。

对于载波 NCO，映射函数将数控振荡器阶梯状的输出幅度变换为相应的三角函数，如图 10－37 所示，数字频率合成器方案如图 10－38 所示。图 10－38 所示的数字频率合成器方案中，位数 J 是为 SIN 和 COS 的输出确定的，360°的相位平面现在被分为 $2^J=K$ 个相位点；K 值是为每个波形计算的，每个相位点一个值，每个值代表了在该相位点上所产生波形的幅值，保持寄存器的高 J 位用于确定波形幅度的地址；相位平面移动的速率决定着输出波形的频率；幅度误差的上界为 $2\pi K$ ；近似的幅度误差为 $2\pi K\cos\phi(t)$ ，$\phi(t)$ 为相位角。

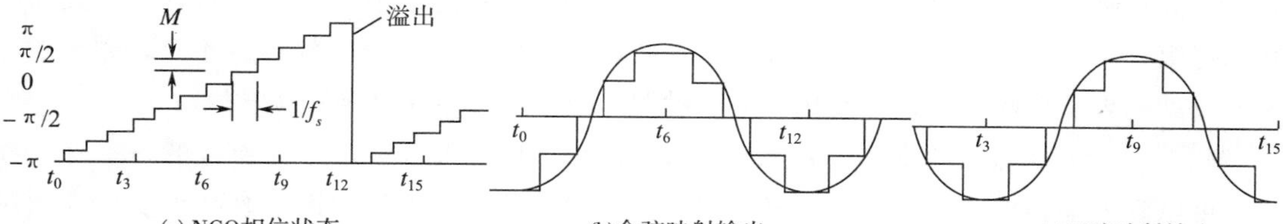

图 10－37　数字频率合成器输出波形

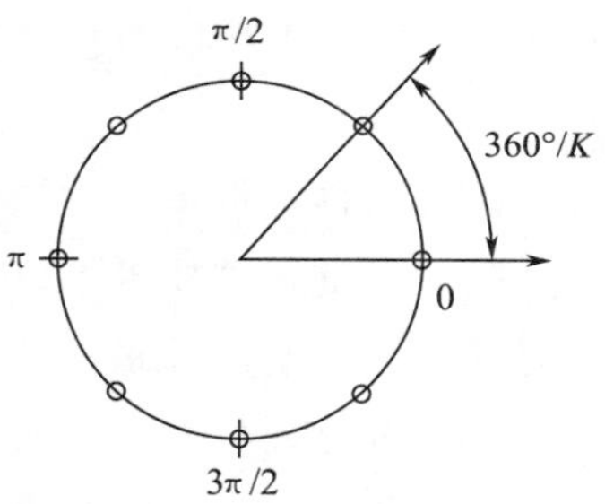

$J=3$，$K=2^J=8$ 时的映射

度数	保持寄存器(二进制)	SIN 映射(符号与幅值)	COS 映射(符号与幅值)
0	1 0 0…	0 0 0	0 1 1
45	1 0 1…	0 1 0	0 1 0
90	1 1 0…	0 1 1	0 0 0
135	1 1 1…	0 1 0	1 1 0
180	0 0 0…	0 0 0	1 1 1
225	0 0 1…	1 1 0	1 1 0
270	0 1 0…	1 1 1	0 0 0
315	0 1 1…	0 0 0	0 1 0

图 10－38　数字频率合成器方案

（3）载波辅助跟踪码环

由于伪码跟踪环路是对扩频码进行跟踪，其码元鉴相器输出有一个天然的噪声（即使跟踪没有热噪声的扩频码，该噪声也存在，且比热噪声大几个数量级），因此，造成伪码跟踪环路锁定后，伪码跟踪环路抖动要远远大于载波跟踪环路抖动。载波跟踪环路抖动小，意味着跟踪精度或者说测量精度高，因此，可以利用载波跟踪环辅助伪码跟踪环。

根据载波跟踪环路的测量结果，一般可以去除伪码跟踪环路的视线动态应力误差，并降低环路滤波器阶数，提高滤波器噪声带宽。由此，可以将三阶 PLL 环路滤波器的输出信息反馈给二阶 DLL 环路滤波器，与单独采用三阶 DLL 环路滤波器实现的性能相当，这种技术被称为载波辅助跟踪技术。

载波跟踪环路滤波器的输出按比例因子调整滞后，可以作为辅助量加到码环滤波器的输出端，因为信号多普勒频移与信号波长成反比，所以锁相环滤波器的输出信息反馈给延迟锁定滤波器之前，还要乘以比例因子（即使载波已被下变频到数字中频，且 NCO 载波偏差设在数字中频上，多普勒频移仍以射频载波为基准）

$$SF = \frac{R_c}{f_L} \tag{10-29}$$

式中 R_c ——导航信号扩频码码片速率（含多普勒效应），单位 Hz；

f_L ——导航信号载波频率，单位 Hz。

载波环的输出应一直对伪码环提供多普勒辅助。这是因为载波环颤动比码环颤动的噪声要小几个数量级，因而要准确得多。载波环辅助实际上去掉了码环的所有视线方向上的动态应力。码环滤波器的阶数可以做得较低，更新的速率也可以做得较慢，而码环带宽比未受载波环路辅助的情况可以做得更窄，因此降低了码环测量中的噪声。伪码和载波都必须保持跟踪，因此，即便载波跟踪环路是接收机基带信号处理中最薄弱的环节，对于未经外界辅助的导航接收机来说，利用载波辅助跟踪码环不会带来任何损失。

此外，利用外部惯性测量单元是去除跟踪环路高阶滤波器动态应力误差的一个有效办法，可以降低环路滤波器的阶数。来自惯性测量单元的外部速度辅助信息必须变换成相对于导航卫星的视线方向上的速度辅助信息，必须计算出相对于卫星信号播发天线相位中心的杠杆效应，这就需要知道载体的姿态和天线相位中心相对于外界辅助源的导航中心的位置。利用惯性测量单元辅助载波辅助跟踪只是一种短期的、弱信号捕获的策略。在开环弱信号捕获的情况下，载波环路滤波器的输出不需要与外部速度辅助组合来控制数控晶体振荡器，但是滤波器的开环输出仍然可以用于信噪比的计算。

信号矢量处理技术可以用于导航接收机估计不同卫星的多普勒频移，将多普勒频移反馈到相位锁相环后，可以降低相位锁相环环路滤波器的带宽。信号矢量处理技术可以降低所有基带数字信号处理通道的噪声，确保接收机根据滤波器动态应力误差设计跟踪环路带宽。只要导航接收机视场范围内导航卫星数量足够多，那么信号矢量处理技术可以应对某一颗卫星信号的阻断问题，其效果相当于仅仅是增加了其他基带数字信号处理通道的噪声。然而，信号矢量处理技术也有不足之处，例如在城市峡谷等信号多路径干扰比较严重的场景，信号矢量处理结果容易被多径信号“污染”。

10.4.4.2 相关器、积分器和本地伪码生成

导航接收机中的数字信号处理模块中的相关器、积分清零器和本地伪码生成模块负责完成对接收到的导航信号的测距码与接收机本地的复制测距码的相关处理，其中利用当前的导航信号伪码延迟和多普勒频移估计来生成接收机本地的复制测距码信号，为了获得接收到的导航信号的测距码与接收机本地生成的复制测距码的同步特性，需要完成两者的相关处理。

对接收到的导航信号与本地复制伪码信号之间的相关处理是实现接收机与导航卫星之间时间同步、卫星与用户机之间的伪距计算、导航电文解调的关键，由此才能根据定位方程解算出用户的位置坐标。其原因在于导航卫星播发信号中的测距码调制在载波上，测距

码扩频处理后播发给用户。

(1) 相关处理数学模型

两个信号 x 和 y，在时域的连续相关函数定义为

$$R_{xy}(\tau)=\int_{-\infty}^{\infty} x(t)\, y^{*}(t-\tau)\,\mathrm{d}t \tag{10-30}$$

式中，* ——复共轭；当 $x=y$ 时，相关函数也称为自相关函数。考虑一个低通滤波处理且具有稳定功率的信号，例如导航信号，相关函数可写为

$$R_{xy}(\tau)=\lim_{T\to\infty}\frac{1}{2T}\int_{-\infty}^{\infty} x(t)\, y^{*}(t-\tau)\,\mathrm{d}t \tag{10-31}$$

信号自相关函数的傅里叶变换定义为信号的功率谱密度函数，即有

$$G(f)=\int_{-\infty}^{\infty} R_{xy}(\tau)\exp[-\mathrm{j}2\pi f t]\,\mathrm{d}t \tag{10-32}$$

由于接收机处理的是数字离散信号，离散数字信号的自相关函数定义为

$$R_{xx}(k)=\sum_{n=-\infty}^{\infty} x[n]\, x^{*}[n-k] \tag{10-33}$$

(2) 相关处理流程

信号相关处理流程如图 10－39 所示，为简化说明信号相关过程，图中略去多普勒频移去除模块，而且只考虑接收信号的测距码与接收机本地生成的复制信号测距码相位“对齐”时，即最大相关峰值的情况。

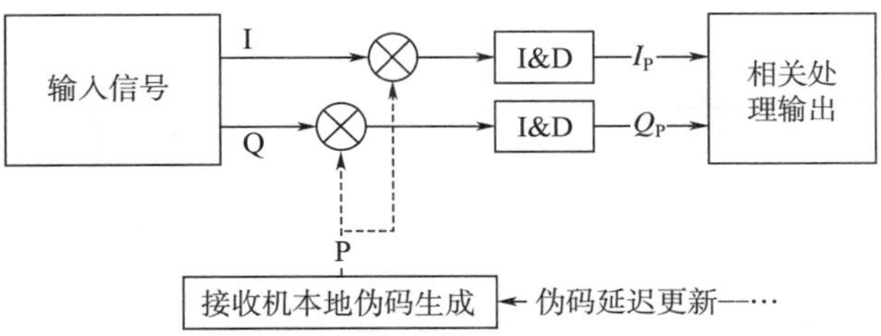

图 10－39　接收信号与复制信号的相关处理流程

在接收机开展接收信号与复制信号的相关处理前，接收信号测距码的相位延迟可以预估复制信号相位移动的位置，当接收信号的测距码与本地复制信号的测距码相位一致时，相关处理得到最大值。

事实上，由于接收机接收到的卫星导航信号不可避免地受到外部干扰并存在大量噪声，一般很少只用接收信号与复制信号的相关处理峰一维信息来评估两者相关输出结果。接收机一般采用“积分与清零”模块不断累积相关输出结果，一般有相干累积和非相干累积两种处理方法，主要目的是通过连续合成接收信号与复制信号的相关处理结果，增加任何潜在相关峰值功率，同时降低接收信号噪声。

(3) 调制对自相关函数的影响

接收信号与复制信号的自相关函数曲线形状不仅受接收信号伪随机测距码特征影响，而且也受信号调制方式自身的影响。例如，GPS L1 频点(1 575.42 MHz)民用 C/A 测距

码信号的调制方式是 BPSK（1），Galileo 系统1 575.42 MHz频点 E1－B 开放服务测距码信号的调制方式是 BOC（1，1），GPS L1 频点军用 M 测距码信号的调制方式是 CBOC（6，1，1/11），接收信号与复制信号的自相关函数归一化曲线如图 10－40 所示，L1 频点导航信号功率谱密度函数如图 10－41 所示。

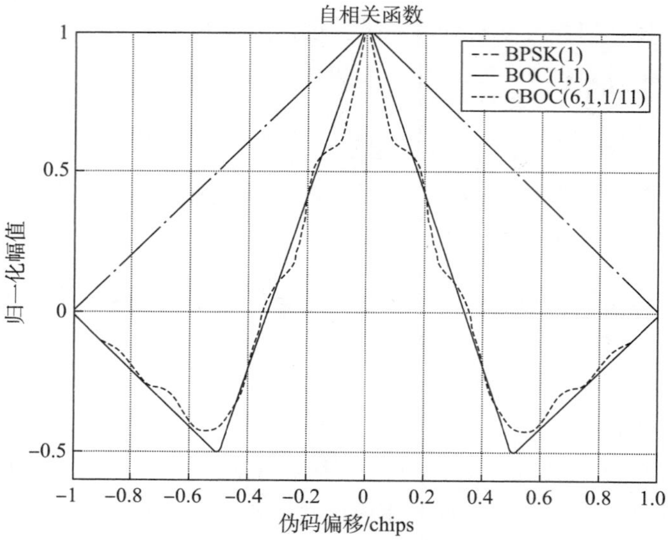

图 10－40　接收信号与复制信号的自相关函数曲线

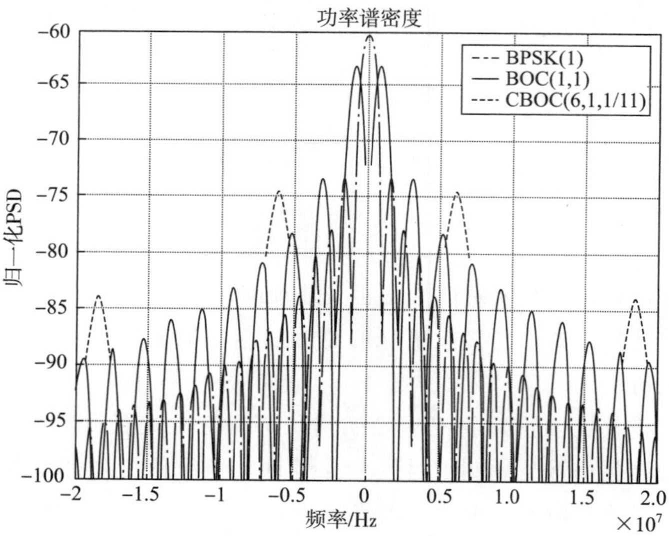

图 10－41　L1 频点导航信号功率谱密度函数

接收机通过调整本地复制测距码信号相位，跟踪接收信号与复制信号的相关峰值，并保持较高的自相关处理结果，可以认为相关峰值范围越窄，解算精度越高。根据接收信号与复制信号的自相关函数曲线，可推断在 GPS 和欧洲 Galileo 系统的 L1 频点

(1 575.42 MHz)信号中，军用 M 测距码信号的 CBOC 信号调制方式能够获得最高的解算精度，开放服务的 BOC 信号调制体制次之。由 L1 频点导航信号功率谱密度函数也可进一步解释上述原因，BOC 信号调制方式带宽比 BPSK 信号调制方式带宽要宽很多，其缺点是接收机射频前端需要处理频带更宽的信号。其次，在接收信号与复制信号的相关处理过程中，BOC 信号调制方式产生多个边峰，跟踪环路要识别边锋，确保跟踪到相关主峰。卫星导航系统采用 BOC 信号调制方式的主要诉求为：

1）在支持卫星导航系统互操作过程中，还要确保系统间导航信号的兼容性；

2）使信号在噪声、多径以及干扰等恶劣环境下工作，导航信号应具有较强的稳健性；

3）降低信号间的干扰。

10.4.5　载波跟踪环路

卫星导航接收机载波跟踪环路用来跟踪导航信号载波的相位，实现本地复制载波与中频导航信号的同频同相。载波环路鉴别器决定了载波跟踪环路的类型，一般有 Costas 锁相环（PLL）和锁频环（FLL）两种类型载波跟踪环路，锁相环环路鉴别器在其输出端产生相位估计误差，锁频环环路鉴别器在其输出端产生频率估计误差，两种类型的载波跟踪环路的结构也有所不同。

载波 Costas 锁相环跟踪环路简图如图 10－42 所示，其载波预检测积分器、载波环鉴别器和载波环滤波器的方案确定了载波跟踪环路的特性，即载波环的热噪声误差和最大视线方向的动态应力门限。由于载波跟踪环路是接收机基带信号处理中最薄弱的环节，因而它的门限确定了未受辅助跟踪环路接收机的特性。

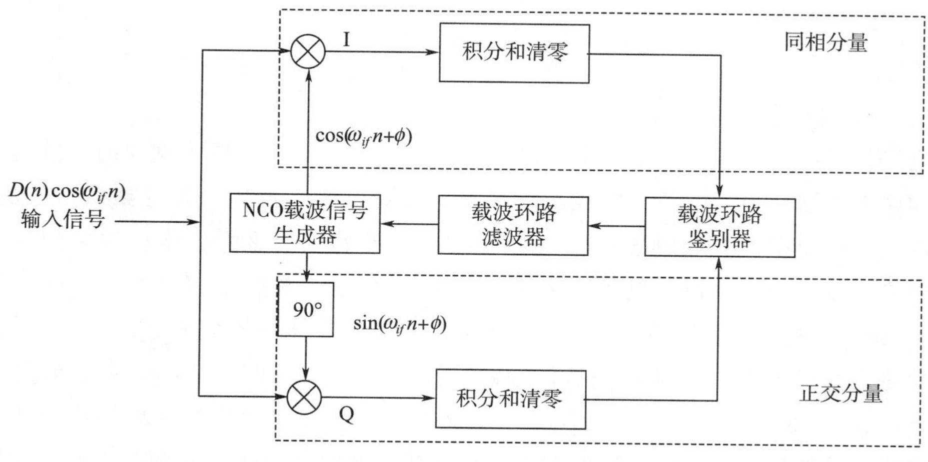

图 10－42　卫星导航接收机载波 Costas 锁相环跟踪环路简图

锁相环比较精确，但对动态应力比锁频环敏感。为了克服动态应力影响，预检测积分时间要短，载波跟踪环路滤波器的带宽应该要宽，鉴别器应该选择锁频环。然而，为了精确测量载波，预检测积分时间应该长一些，载波跟踪环路滤波器的带宽应该窄一点，鉴别器应该选择锁相环。因此，在设计载波跟踪环路时，需要解决预检测积分时间、鉴别器和载波跟踪环路滤波器之间的矛盾。目前，导航接收机一般采用短的预检测积分时间，用锁频环和宽带环路滤波器把载波跟踪闭环起来。假定载波上调制有数据，锁频环正常跟踪载波后再逐渐过渡到锁相环，逐渐调整其预检测积分时间的长度直至与数据比特跳变周期相等，同时也要在预计的动态允许的条件下逐渐减小其载波跟踪环路带宽。即，接收机将载波频率跟踪环路作为测距码捕获和相位跟踪之间的过渡，这是因为大的频率不确定性使得直接获取载波相位是十分困难的，而采用频率跟踪作为过渡是获取载波相位的有效措施。载波跟踪过程为：

1）解扩解调的同相信号分量 I

$$D(n)\cos(w_{IF}n)\cos(w_{IF}n+\phi)=\frac{1}{2}D(n)\cos(\phi)+\frac{1}{2}D(n)\cos(2w_{IF}n+\phi) \tag{10-34}$$

2）解扩解调的正交信号分量 Q

$$D(n)\cos(w_{IF}n)\sin(w_{IF}n+\phi)=\frac{1}{2}D(n)\sin(\phi)+\frac{1}{2}D(n)\sin(2w_{IF}n+\phi) \tag{10-35}$$

3）经低通滤波器滤波后，得到

$$I\text{ 分量为}:I=\frac{1}{2}D(n)\cos(\phi);Q\text{ 分量为}:Q=\frac{1}{2}D(n)\sin(\phi) \tag{10-36}$$

4）求相差 ϕ

$$\frac{Q}{I}=\frac{\frac{1}{2}D(n)\sin(\phi)}{\frac{1}{2}D(n)\cos(\phi)}=\tan\phi,\phi=\tan^{-1}\frac{Q}{I} \tag{10-37}$$

10.4.5.1 相位锁相环路

接收机相位锁相环用相位跟踪鉴别器测量载波相位，通过复现接收到的导航信号的载波相位和频率（已变换为中频）完成载波剥离。相位锁相环的鉴别器受到数据位的影响，计算必须在一个数据位周期内进行。一般 Costas 环路鉴别器采用非线性误差消除和误差鉴别（检测）技术，典型相位锁相环路如图 10 - 43 所示，是一个带有线性化相位误差功能的一阶 Costas 相位锁相环路，这种锁相环允许基带信号调制有数据。

通常将对有数据调制不敏感的载波跟踪环路称为 Costas 环，Costas 相位锁相环详细的实现方案如图 10 - 44 所示，由数控晶体振荡器、余弦和正弦信号映射输出模块、积分和清零模块、载波环路鉴别器、环路滤波器和外部速度辅助模块等 6 部分组成。相位鉴别器简称鉴相器，用来鉴别输入信号与输出信号之间相位差异，环路滤波器是一个低通滤波器，用于降低环路噪声，使结果既能真实反映信号相位差异，又能防止噪声的缘故而过激地调节数控振荡器。

Costas 环对 180°相位变化不敏感，余弦信号和正弦信号映射输出模块产生两路互为正交的本地复制载波信号（同相 I 支路和正交相 Q 支路），分别与接收到的导航信号相乘，

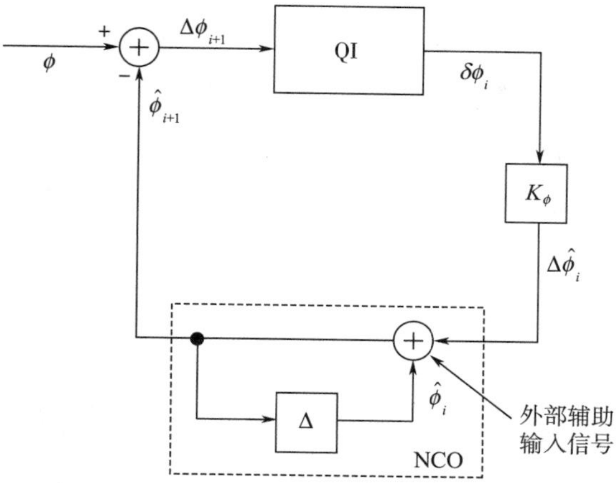

图 10－43　一般的相位锁相环路

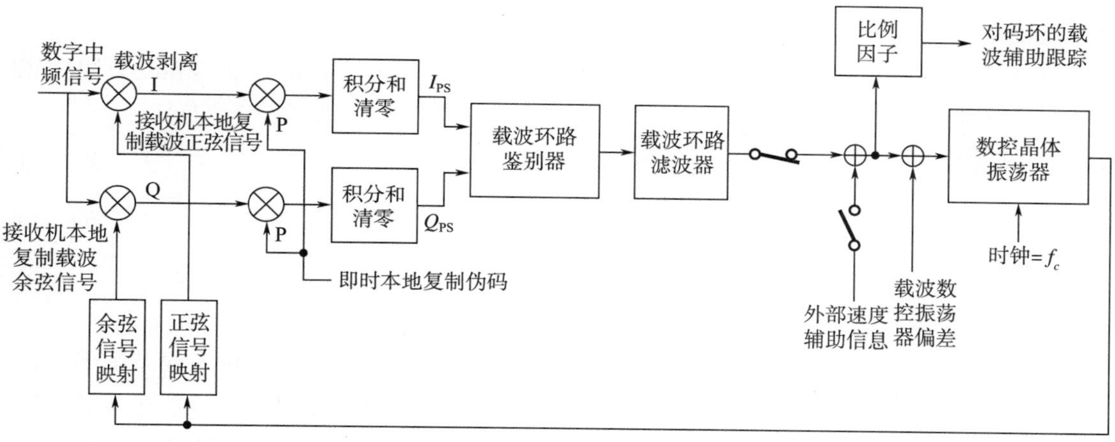

图 10－44　卫星导航接收机载波跟踪 Costas 相位锁相环实现方案

将乘积结果送入积分和清零模块，然后将累积相关器的输出结果送给相位鉴别器，处理相关器的输出，给出载波相位信息等参数的量化观测量，经环路滤波器送给数控载波生成器，通过环路滤波器得到仅与相位误差有关的电压控制量，从而调节压控振荡器的输出。导航信号捕获后，Costas 相位锁相环根据载波信号多普勒频移粗略估计值，通过反馈环路逐步将多普勒频移牵引到误差允许的范围内，实现信号载波频率的精确同步。

导航信号载波剥离（相位解旋）处理只需要两个乘法运算，假定载波环处于相位锁定状态，本地复制的正弦函数与输入的卫星载波信号（已下变频至中频）是同相的。由此，在同相 I 支路产生一个正弦平方的乘积，在伪码剥离及积分和清零（相关处理）之后，便产生一个最大的 L_{PS} 幅度（信号加噪声）。本地复现的余弦函数与输入的卫星载波信号相位差 90°。由此，在正交 Q 支路产生一个 COS×SIN 乘积，在伪码剥离及积分和清零（相关处理）之后，便产生一个最小的 Q_{PS} 幅度（只有噪声）。因此，L_{PS} 将接近其最大值，而 Q_{PS} 将接近其最小值，当每次数据比特改变符号时也翻转 180°。

因为接收到的数据位的符号是未知的，典型的相位锁相环的鉴别器（矢量积鉴别器）为

$$\sin 2\phi_i = Q_i \times I_i \tag{10-38}$$

将式（10－38）定义的相位锁相环鉴别器称为一般 Costas 环鉴别器，该乘积消除了对数据位符号的依赖，原因是它们对接收机本地复制载波信号（I 支路和 Q 支路）的影响是一样的，当噪声分量功率比信号分量功率大时，环路将失去锁定状态。式（10－38）的期望值为

$$E(\sin 2\phi_i) \approx 2\frac{S}{N_0}T\Delta\phi_i \tag{10-39}$$

式（10－39）是在小的频率误差和比较小的伪码及相位跟踪误差情况下得出的线性形式，其中 T 为前置检测器带宽，S/N_0 为信噪比，$\Delta\phi$ 为输出相位。如果相位锁相环正常工作在锁定状态，那么频率误差必然是很小的。如果伪码跟踪误差比较大，那么式（10－39）定义的一般 Costas 环鉴别器的幅值就会明显变小，这就正好说明伪码和载波同时跟踪的必要性。

此外，相位锁相环鉴别器还有直接判断 Costas 环鉴别器、正切鉴别器和二象限反正切鉴别器三种形式，分别定义为

$$\sin\phi_i = Q_i \times \mathrm{sign}(I_i) \tag{10-40}$$

$$\tan\phi_i = \tan\left(\frac{Q_i}{I_i}\right) \tag{10-41}$$

$$\phi_i = \tan^{-1}\left(\frac{Q_i}{I_i}\right) \tag{10-42}$$

4 种形式的鉴别器中，二象限 ATAN Costas 鉴别器是唯一一种在输入误差范围内的一半（±90°）区间上保持线性的 Costas 锁相环鉴别器，但计算量最大，性能最优。而有噪声时，所有鉴别器输出都只是在 0°附近才呈线性。接收机 Costas 锁相环路鉴别器的相位误差输出比较如表 10－5 所示。

表 10－5　不同类型鉴别器算法的输出相位误差及特性

鉴别器算法	输出相位误差	特性
矢量积鉴别器 $I_{PS} \times Q_{PS}$	$\sin 2\phi$	在低信噪比时接近最佳。斜率与信号幅度的平方成正比，运算量要求适中
直接判断矢量积鉴别器 $Q_{PS} \times \mathrm{sign}(I_{PS})$	$\sin\phi$	在高信噪比时接近最佳。斜率与信号幅度成正比，运算量要求最低
正切鉴别器 Q_{PS}/I_{PS}	$\tan\phi$	次最佳，在高信噪比和低信噪比时都良好，斜率与信号幅度无关，运算量要求最高，在±90°处有除以零的误差
二象限反正切鉴别器 $\mathrm{ATAN}(Q_{PS}/I_{PS})$	ϕ	在高信噪比和低信噪比时都最佳（最大似然估计器），斜率与信号幅度无关，运算量要求最高，通常用查表法实现

只要利用即时相关器输出的数据位信息，就可以抵消锁频环输入信号中的数据比特翻转，这样频率锁定环就可以对数据传输中的翻转不敏感。数据位信息是指数据的正负。在

同相 I 支路和正交 Q 支路信号中假设没有噪声，不同 Costas 锁相环鉴别器响应特性比较如图 10－45 所示。

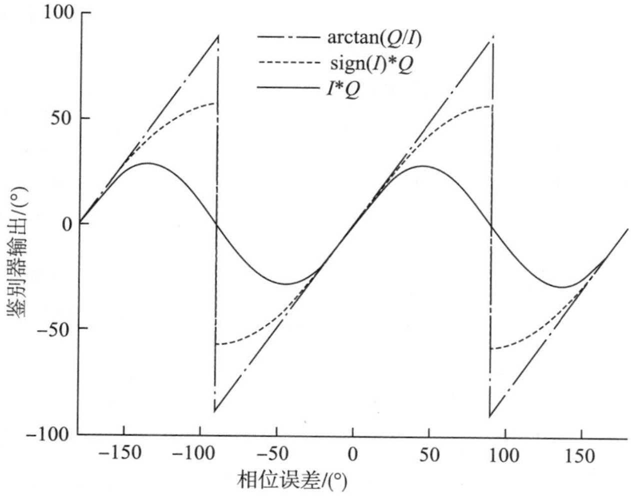

图 10－45　不同 Costas 锁相环鉴别器响应特性比较

Costas 相位锁定环路对动态应力敏感，然而它们能产生最精确的速度测量值，对于给定的信号功率电平，Costas 相位锁定环路与锁频环路方案相比，数据解调差错最少。因此，这是导航接收机载波跟踪环路所希望的稳态跟踪模式。如果环路闭合时存在额外的频率误差，那么锁相环有可能锁定在错误相位的模式上。因此，导航接收机载波跟踪环路首先通过工作在宽频带的对动态更为牢固的锁频环将环路闭合起来，然后再逐渐减少载波跟踪环路的带宽，并过渡到宽带锁相环路以系统地减少频率误差。最后，再把锁相环的带宽变窄到稳定工作模式。如果动态应力造成锁相环失锁，接收机将用灵敏的相位锁定检测器检测出这种情况，并返回到锁频环，重复锁相环闭合过程。

10.4.5.2　频率锁定环路

频率锁定环跟踪导航信号的多普勒频移（中频信号），不再对导航信号（中频信号）相位进行跟踪校正。锁频环通过复制接收到的中频导航信号的载波频率，完成载波剥离，允许输入载波信号的相位出现翻转，因此，频率锁定环也被称为自动频率控制环。

接收机载波跟踪频率锁定环实现方案如图 10－46 所示，频率锁定环由积分清零模块、环路滤波器、数控晶体振荡器、载波跟踪环路鉴别器等环节组成，载波跟踪环路鉴别器评估当前接收机估计的频率误差，环路鉴别器在其输出端产生频率估计误差，给出频率修正量。

频率锁定环的工作原理要求环路对同相 I 支路和正交 Q 支路信号中的 180°翻转不敏感，同相 I 支路和正交 Q 支路信号的采样时间也不应跨越数据比特的跳变。在初始信号捕获期间，接收机并不知道数据跳变的边界，在完成比特同步的同时，与相位锁定环路相比，频率锁定环更容易与卫星信号保持频率锁定。

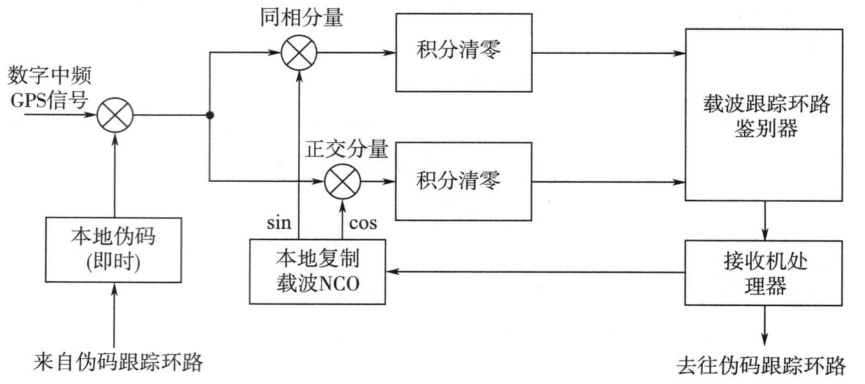

图 10-46　卫星导航接收机载波跟踪频率锁定环实现方案

实际上，用于载波跟踪的频率锁定环通过对本地复制载波采样信号和接收导航载波采样信号两个连续数据集合求导，来恢复载波频率信息，因此，频率锁定环实际上是相位差分跟踪环。如果相干积分累积时间 T 比较短，则频率锁定环能获得最佳处理性能，那么需要积分累积时间 T 满足如下公式以避免信号混叠问题

$$\frac{-1}{2T} < \hat{f} < \frac{1}{2T} \tag{10-43}$$

频率锁定环的鉴别器有矢量积鉴别器、面向判决鉴别器和四象限反正切鉴别器三种形式，根据同相 I 支路和正交 Q 支路信号分量，矢量积（cross product）和点积（dot product）分别定义如下

$$\text{cross} = I_{\text{P1}} \times Q_{\text{P2}} - I_{\text{P2}} \times Q_{\text{P1}} \tag{10-44}$$

$$\text{dot} = I_{\text{P1}} \times I_{\text{P2}} + Q_{\text{P1}} \times Q_{\text{P2}} \tag{10-45}$$

式中　下标 1 和 2——分别表示在连续时间 t_1 和 t_2 点的采样。

由此矢量积鉴别器、面向判决鉴别器和四象限反正切鉴别器可定义如下

$$\delta f_i = \frac{\text{cross}}{(t_2 - t_1)} \tag{10-46}$$

$$\delta f_i = \frac{[\text{cross} \times \text{sign}(\text{dot})]}{(t_2 - t_1)} \tag{10-47}$$

$$\delta f_i = \frac{[\text{ATAN2}(\text{cross}, \text{dot})]}{(t_2 - t_1)} \tag{10-48}$$

矢量积鉴别器、面向判决鉴别器和四象限反正切鉴别器都要受到数据位的影响。例如，矢量积鉴别器必须在一个数据位周期内进行计算，即前面的第 $i-1$ 个采样必须与现在的第 i 个采样在相同的位周期内，否则，如果位的符号发生变化，鉴别器也会产生错误的符号。面向判决鉴别器用标量积的符号调制矢量积的方法来解决这个问题，标量积随数据位改变符号。由于同样的原因，四象限反正切鉴别器要判定采样的象限。四象限反正切鉴别器是最优的频率锁定环环路鉴别器，但运算量最大。只要相关器输出参考同一个数据位，频率锁定环就对数据跨越不敏感。频率锁定环路鉴别器的特性比较如表 10-6 所示。

表 10-6　不同类型频率锁定环路鉴别器算法的输出频率误差及特性

鉴别器算法	输出频率误差	特性
矢量积鉴别器	$[\sin(\phi_2-\phi_1)]/(t_2-t_1)$	在低信噪比时接近最佳。斜率与信号幅度的平方成正比，运算量要求最低
面向判决鉴别器	$[\sin 2(\phi_2-\phi_1)]/(t_2-t_1)$	在高信噪比时接近最佳。斜率与信号幅度成正比，运算量要求适中
四象限反正切鉴别器	$(\phi_2-\phi_1)/(t_2-t_1)$	在高信噪比和低信噪比时都最佳（最大似然估计器），斜率与信号幅度无关，运算量要求最高，通常用查表法实现

注：频率锁定环路中积分和清零模块的即时采样 I_{PS1} 和 Q_{PS1} 是在时刻 t_1 点的采样，正好在稍后时刻 t_2 点的采样 I_{PS2} 和 Q_{PS2} 之前，这两种相邻的采样应该在同一个数据比特时间区间之内。下一对采样在时刻 t_2 点之后 (t_2-t_1) 秒处，任何 I 支路和正交 Q 支路采样信号都不会在下一次鉴别器运算中重复使用。

矢量积鉴别器、面向判决鉴别器和四象限反正切鉴别器锁频环响应特性比较如图 10-47 所示，图中各锁频环路的预检测积分时间为 10 ms（100 Hz 带宽），其中矢量积鉴别器和四象限反正切鉴别器锁频环的单边频率牵引范围均为预检测带宽的一半，面向判决鉴别器锁频环的单边频率牵引范围均为预检测带宽的四分之一。随着热噪声电平的增加，所有鉴别器输出的幅度均会下降，而且在其牵引范围边沿附近开始变得圆滑。

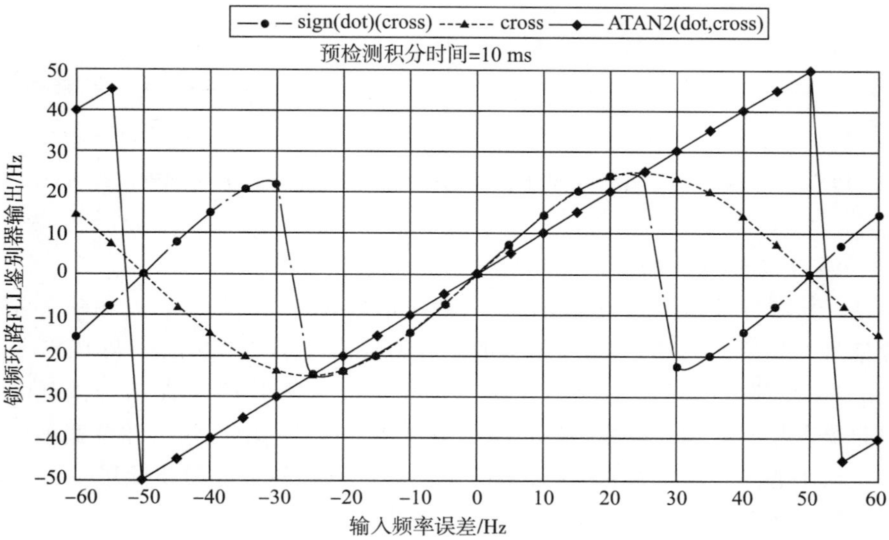

图 10-47　不同锁频环鉴别器响应特性比较

频率锁定环的主要误差源也是热噪声码抖动和动态应力误差，以热噪声码抖动误差为主。频率锁定环鉴别器的热噪声码抖动可写为

$$\sigma_{th}=\frac{\lambda}{2\pi T}\sqrt{\frac{4FB_n}{C/N_0}\left(1+\frac{1}{TC/N_0}\right)} \tag{10-49}$$

式中　λ ——载波信号波长，单位是米（m）；

B_n ——接收机频率锁定环的环路带宽，单位是赫兹（Hz）；

C/N_0——环路载噪比，单位是分贝·赫兹（dB·Hz）；

T——积分时间，单位是秒（s）；

F——环路载噪比较高时，$F=1$，否则 $F=2$。

频率锁定环的性能主要取决于在完成相关输出计算过程中的环路带宽和积分累积时间，其影响如图 10－48 所示，显然环路载噪比的高低影响了频率锁定环的性能。由图 10－48 可知，接收机频率锁定环环路带宽越窄，意味着相关积分累加时间越长，因此降低了接收机噪声，提高了接收机性能；此外，频率锁定环环路带宽越窄，越有利于提高接收机在高动态使用环境下的性能。

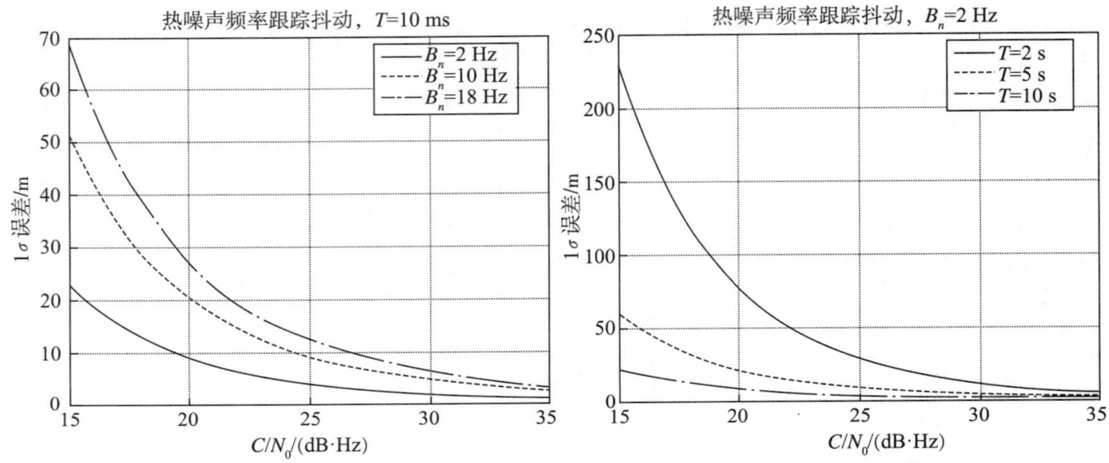

图 10－48　环路带宽（左）及积分累积时间（右）对频率锁定环的热噪声抖动的影响

10.4.5.3　多普勒频移去除

通过估计接收导航信号的载波相位，接收机信号处理通道的多普勒频移去除模块可以调整接收信号的相位，去除 CDMA 信号的多普勒频移（GPS、Galileo 和 BDS 等卫星导航系统采用 CDMA 信号体制）。GLONASS 卫星导航系统采用 FDMA 信号体制，空间所有的导航卫星播发相同的伪随机测距码，每颗卫星播发信号的中心频点和带宽不同（精密分配每颗卫星的中心频点和带宽），这种情况下，多普勒频移去除模块除了估计导航信号多普勒频移，同时还要估计每颗卫星的中心频点偏移。

高动态环境下，不仅导航卫星运动会带来多普勒频移，载体的高速运动将使多普勒频移范围更大，多普勒频移范围过大将使频域带宽增加，使得卫星导航接收机的快速捕获和稳态跟踪变得十分困难。以 GPS 卫星为例，卫星运行轨道平均约为 26 560 km，距离地面最短距离约为 20 192 km，最远距离约为 25 785 km，导航信号最短传播时延为 67 ms，最长传播时延为 86 ms，卫星轨道运行的平均角速度为 1.458×10^{-4} rad/s，平均线速度为 3 874 m/s，星视方向速度分量在位于地平线处最大为 929 m/s。对于 GPS L1 频点（1 575.42 MHz）民用 C/A 测距码信号而言，根据多普勒频移计算公式

$$f_d=\frac{f_{L1}v_r}{c} \tag{10-50}$$

由卫星运动引起的多普勒频移最大值约为 4.9 kHz。因此，由于卫星轨道运动所产生的最大多普勒频移大约为 5 kHz，同样，高动态环境下，如果载体的运动速度在 1 000 m/s 左右时，载体的运动导致的多普勒频移也约为 5 kHz，结合载体和卫星的运动，接收机所接收到的导航信号综合最大多普勒频移为±10 kHz。对于战略导弹的运动速度按 7 900 m/s 估计时，接收机所接收到的导航信号最大多普勒频移会达到±100 kHz。

常规的跟踪环路都是假定载波的中心频率是不变的，多普勒频移也是比较稳定的，接收机一旦捕获到导航信号，跟踪过程中不会有太大的变化，实际载波频率在中心频点附近小幅度地跳动，跟踪环路在额定带宽下可以保持跟踪校正。若载波信号附带有超出常规的多普勒频移，常规载波锁相环要想保持载波频率的稳态跟踪，就必须增加环路滤波器的带宽，增加环路滤波器的带宽将引入更多环境噪声，并大幅增加整个系统的误差。如果不增加环路滤波器的带宽，那么载波多普勒频移将超出 PLL 的牵引范围，导致信号失锁，影响码环跟踪和电文解调，因此，高动态环境下导航信号跟踪需要采用特殊的方法。

10.4.6　伪码跟踪环路

接收机捕获导航信号后，诸如接收机热噪声、信道传输时延的变化以及伪码时钟频率的漂移等一些不利因素，都可能使伪随机测距码的相位状态发生一些变化。为了尽可能地使接收机本地生成的复制测距码与接收到的导航信号的测距码的相位相“匹配”，接收机采用伪码跟踪环路实现自动跟踪、估计和调节当前接收机本地生成的复制测距码与接收到的导航信号的测距码之间的相位偏差（相位延迟量）。伪码跟踪环路首先计算当前测距码相位延迟偏差，然后利用鉴别器检测出这个偏差的特征（大小和方向）并作为控制信号调整本地复制测距码生成器的相位输出。一般采用延迟锁定环（DLL）来实现对导航信号测距码的码延迟跟踪，延迟锁定环又称伪码跟踪环。

接收扩频信号主要有相干接收和非相干接收两种方式，一般通信系统中，没有相位偏差，就称为“相干”，有相位偏差，就称为“非相干”。对于卫星导航系统而言，采用相干接收时，需要在本地生成一个相干载波，当载波环锁定后，它与卫星信号载波的稳态相位差为零，用相干载波和接收信号相乘实现载波分离。相干接收信噪比较低，要得到相干载波比较困难，其次环路工作不稳定。因此，目前卫星导航接收机一般采用非相干方式接收伪码扩频信号，不需要产生本地相干载波，而是用一个超前-滞后延迟锁定环直接从导航信号中提取伪码延迟误差，完成对伪码的捕获和跟踪，伪码跟踪环路结构如图 10 - 49 所示，伪码跟踪环路由积分累加器、码环鉴别器、码环滤波器、数控晶体振荡器、本地测距码生成器和 2 - bit 移位寄存器等环节组成。

数字中频信号首先与本地产生的载波信号相乘，完成载波剥离，本地测距码生成器产生 3 个相差 1/2 个码片的超前（Early）、即时（Prompt）和滞后（Late）本地复制测距码，其中超前和滞后测距码的相位分别超前和滞后即时测距码 1/2 个码片，然后这三路信号分别与载波剥离后的导航信号做相关处理，形成超前相关、滞后相关和即时相关码元跟踪环路，又称为即时相关器（Prompt correlator）、超前相关器（Early correlator）和滞后

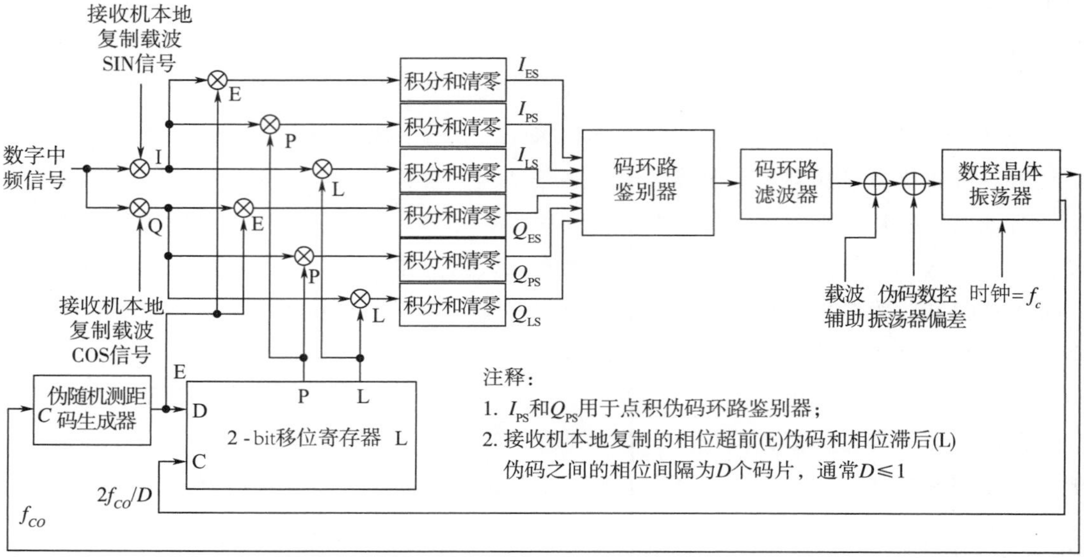

图 10－49　接收机伪码跟踪环路结构

相关器（Late correlator），I 支路和正交 Q 支路分别得到 I_E、I_P、I_L 和 Q_E、Q_P、Q_L 两组相关计算结果，再被各自累加器累加存储，相关计算结果表明了本地复制伪码信号与接收到的卫星伪码信号的相关度。

本地复制伪码信号与接收到的导航伪码信号相关处理的结果是导航信号自相关函数的一个点，以 GPS L1 频点的民用 C/A 测距码信号为例，采用 BPSK 技术将扩频码调制到载波信号中，本地复制伪码信号与接收到的卫星伪随机码信号的相关函数是三角形函数。图10－50给出了同时用 3 个不同相位的复制码与同一导航信号伪码相关处理计算过程，为了便于说明问题，图中导航信号的同相分量是没有噪声的，3 个复制码的相位彼此相距 1/2 个码片，分别代表图 10－50 中的码环所合成的超前、即时和滞后接收机本地复制码。伪码跟踪环通过比较超前相关、滞后相关和即时相关的输出，就可以找出与输入信号相关性最好的输出结果，即实现对导航信号的精确跟踪，从而找到导航信号测距码的初始相位。

当本地复制伪码信号的相位与接收到的伪码信号的相位在不同位置时，伪码跟踪环路中的超前、即时和滞后相关器的输出包络的变化过程如图 10－51 所示，其中（a）图表示复制码超前 1/2 码片，（b）图表示复制码超前 1/4 码片，（c）图表示复制码对齐，（d）图表示复制码滞后 1/4 码片。由图 10－51 可知，当复制码与导航信号伪码的相位对齐时［（c）图］，那么超前和滞后相关处理结果幅度相等，鉴别器不产生误差信号。如果复制码与导航信号伪码的相位没对齐时［图（a）、(b)、(d)］，那么超前和滞后相关处理结果幅度则不相等，在相关处理时间段的范围内这种不相等的大小与偏差的大小成正比。伪码跟踪环路中的码鉴别器可以根据超前和滞后相关器的处理结果（幅度差）判断本地复制伪码信号的相位与接收到的伪码信号的相位之间偏差的大小和方向（超前或者滞后）。这个偏差经过滤波处理（去掉误差信号中的变化部分），然后再加载到伪码跟踪环路中的伪码数

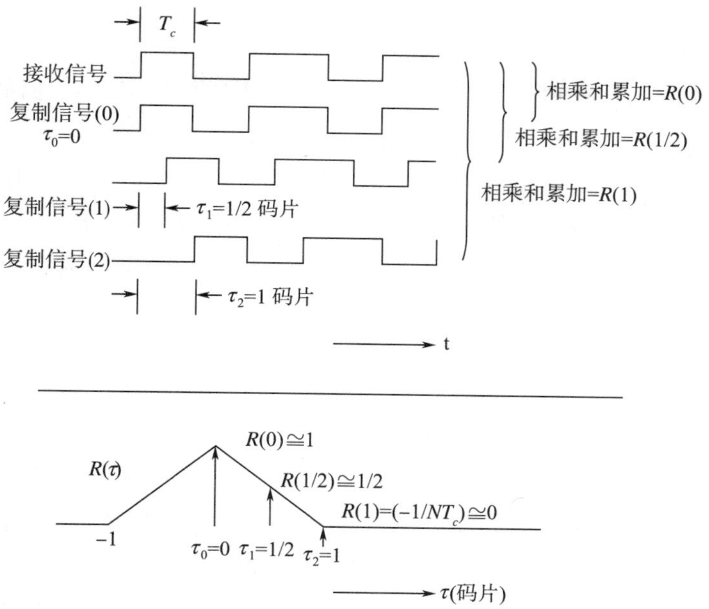

图 10－50 3 个不同相位的复制码与同一导航信号伪码相关处理计算过程

控晶体振荡器中，利用偏差调整（增加或者减小）压控振荡器的输出频率，以根据接收到的导航信号的伪码相位纠正接收机本地复制伪码信号的相位。

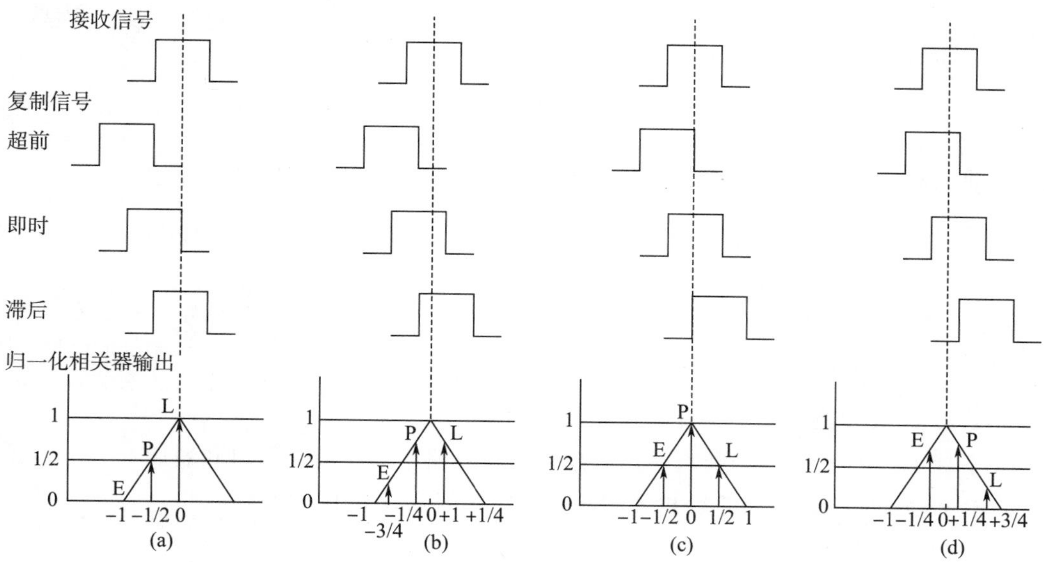

图 10－51 超前、即时和滞后相关器的输出包络的变化过程

由图 10－51 所示的超前相关、即时相关和滞后相关输出结果，可进一步得到如下结论：

1）当导航信号被接收机正确跟踪时，即时相关的能量（功率）高于超前相关和滞后相关的能量；超前相关和滞后相关的能量相当。

2）当导航信号没有被接收机正确跟踪时，通过分析超前、即时和滞后相关器的相关输出功率，可以判断复制伪码信号与卫星信号相位关系（延迟多少）。例如，图 10－51 中的（a）图提示应该修正接收机生成的本地复制伪码信号的相位移动量，此时信号尚未完全同步，应进一步调整复制伪码信号的相位，使得接收机生成的 3 个本地复制的伪码信号恰好达到图 10－51 中的（c）图的效果，这正是跟踪环路的工作目标。

3）超前相关器和滞后相关器之间的码片间隔，简称为 E－L 间隔，是开展接收机设计的重要参数。E－L 间隔应该低于一个码片，否则落入自相关函数之外；E－L 间隔也不能太小（例如在 0 附近），否则很难区分相关器，特别是在噪声环境中；相对较小的 E－L 间隔使得相关过程更加稳健。

伪码延迟锁定环路中的超前和滞后两个相关器计算结果对伪码相位十分敏感，将超前和滞后两个相关器计算结果相减得到的相位误差曲线，称为 S 曲线。延迟锁定环实际跟踪 S 曲线的过零点（zero－crossing）偏差，来估计当前本地复制伪码信号的相位与接收到的伪码信号的相位之间的偏差，然后将偏差反馈给接收机本地测距码生成器，用以修正对当前接收到的导航信号伪码的延迟，工作过程如图 10－52 所示，图中给出了超前和滞后相关计算结果以及由两者的差得到的 S 曲线。

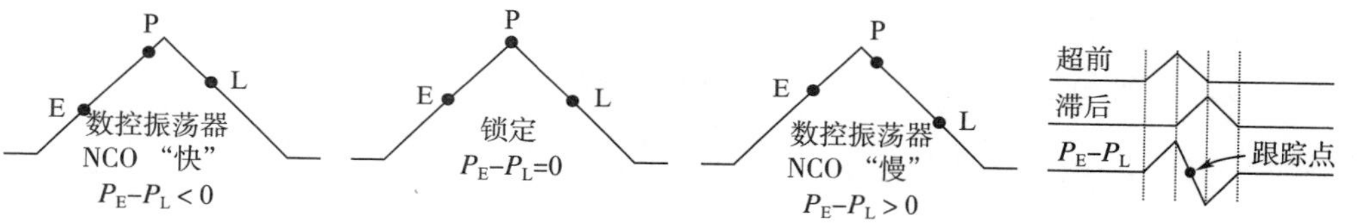

图 10－52　超前相关、即时相关和滞后相关函数以及 S 曲线

超前和滞后相关器的输出分别表示为 I_E 、Q_E 、I_L 、Q_L ，计算公式为

$$I_E = AdR_x\left(\tau_e - \frac{\delta}{2}\right)\cos\phi_e \text{ , } Q_E = -AdR_x\left(\tau_e - \frac{\delta}{2}\right)\sin\phi_e \tag{10-51}$$

$$I_L = AdR_x\left(\tau_e + \frac{\delta}{2}\right)\cos\phi_e \text{ , } Q_L = -AdR_x\left(\tau_e + \frac{\delta}{2}\right)\sin\phi_e \tag{10-52}$$

式中　τ_e ——伪码延迟锁定环路估计的伪码相位偏差；

ϕ_e ——载波跟踪环路估计的载波相位偏差；

下标 E、P、L——分别表示伪码延迟锁定环路中的超前、即时和滞后；

δ ——超前相关器和滞后相关器之间的码片间隔，即 E－L 间隔；

A ——幅值；

d ——导航电文数据；

R_x ——测距码的自相关函数。

接收机估计的载波相位的误差还可以表示为

$$\phi_e = 2\pi f_e t + \phi_0 \tag{10-53}$$

式中　f_e ——接收机估计的多普勒频移误差（接收机时钟也是不稳定的）；

ϕ_0——所接收导航信号的初始相位。

两个常用的鉴别器是非相干超前减滞后功率（Non - coherent Early minus Late Power，NELP）鉴别器和点积（dot product）鉴别器，分别定义如下

$$\frac{(I_E^2+Q_E^2)-(I_L^2+Q_L^2)}{2} \tag{10-54}$$

$$\frac{[(I_E-I_L)I_P]+[(Q_E-Q_L)Q_P]}{2} \tag{10-55}$$

只要载波跟踪环路中的锁相环正常锁定，就可以采用下式计算相干点积，以降低计算量

$$\frac{[(I_E-I_L)I_P]}{2} \tag{10-56}$$

归一化的超前减滞后功率鉴别器包络定义如下

$$\frac{1}{2}\frac{E-L}{E+L} \tag{10-57}$$

其中

$$E=\sqrt{I_E^2+Q_E^2}$$

$$L=\sqrt{I_L^2+Q_L^2}$$

式中　E——超前相关功率；

L——滞后相关功率。

为了去除对信号幅值的敏感度，特别是在导航信号载噪比变化剧烈的环境中，一般采用归一化超前减滞后功率鉴别器包络给出伪码相位延迟量。

在理想情况下，伪码延迟锁定环路中的主要误差源是热噪声码抖动和动态应力误差。利用载波辅助等技术，可以去除大部分动态应力误差。对于非相干延迟锁定环鉴别器的码片热噪声码抖动可近似为

$$\sigma_{th}=\frac{1}{T_c}\sqrt{\frac{B_n\int_{-B_{fe}/2}^{B_{fe}/2}S_s(f)\sin^2(\pi f\delta T_c)\,\mathrm{d}f}{(2\pi)^2C/N_0\left[\int_{-B_{fe}/2}^{B_{fe}/2}fS_s(f)\sin(\pi f\delta T_c)\,\mathrm{d}f\right]^2}}\times$$
$$\sqrt{1+\frac{\int_{-B_{fe}/2}^{B_{fe}/2}S_s(f)\cos^2(\pi f\delta T_c)\,\mathrm{d}f}{TC/N_0\left[\int_{-B_{fe}/2}^{B_{fe}/2}S_s(f)\cos(\pi f\delta T_c)\,\mathrm{d}f\right]^2}} \tag{10-58}$$

式中　B_{fe}——接收机前端带宽，单位为赫兹（Hz）；

B_n——环路噪声带宽，单位为赫兹（Hz）；

$S_s(f)$——导航信号功率谱密度，无限带宽内作归一化处理；

δ——超前支路和滞后支路间隔。

在不同环路噪声带宽、不同调制方式，热噪声码抖动造成的伪码跟踪误差如图 10 - 53 所示。由图 10 - 53 可知，环路噪声带宽越窄，意味着相关积分累加时间越长，因此减少了接收机噪声，提高了接收机性能；信号调制方式对延迟锁定环热噪声码抖动的影响用功

率谱密度（Power Spectral Density，PSD）表示，扩频信号越宽，意味着相关峰越窄，因此可以获得更好的接收机性能。

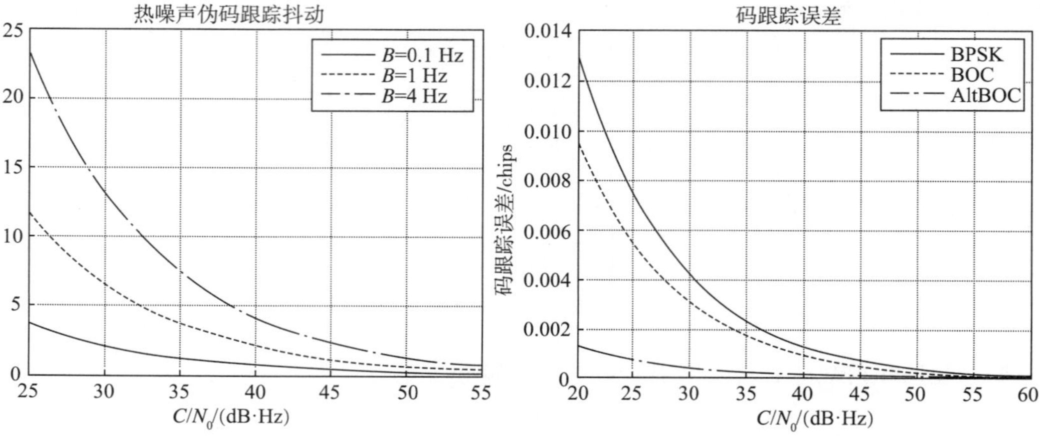

图 10-53　不同环路噪声带宽（左）及不同调制方式（右）对延迟锁定环的热噪声码抖动造成的影响

10.4.7　锁定检测器

在正常情况下，导航接收机利用信号跟踪环路的计算结果，能够连续解算用户位置。因此，有必要确认跟踪环路的工作状态下，即跟踪环路能够正确地捕获并跟踪到导航信号，解算的位置并没有偏离实际位置。环路锁定检测器的任务是用于确认跟踪环路的工作状态，环路锁定检测器根据一些量化指标来评估跟踪环路对导航信号的跟踪状态。

环路锁定检测器的目的是评估接收到的导航信号在基带信号处理通道是否已经被正确地跟踪，跟踪环路可以不断地调整本地载波和伪码相位，始终随着输入信号的变化而变化，确保对接收到的导航信号的伪码相位和载波频率精确同步。由此，卫星导航接收机需要评估预先定义的一些参数，以进一步评估跟踪环路的工作状态，包括：

1）评估延迟锁定环（Delay-Lock-Loop，DLL）的伪随机码锁定指示；

2）评估相位锁相环（Phase-Lock-Loop，PLL）的相位锁定指示；

3）评估频率锁定环（Frequency-Lock-Loop，FLL）的频率锁定指示。

一般来说，可以从相关器输出结果中或者从跟踪环路内部信息的交叉检查结果中两个环节获得上述量化参数。量化参数计算完成后，接收机将其与预先定义的参数门限进行检查比较。检查比较过程取决于具体的应用场景，例如，导航接收机的目标是获得高精度定位结果，那么上述门限比较将十分严格；如果用户侧重于定位结果的可用性，那么可以放松对门限比较结果。

一旦环路锁定检测器发现信号失锁，接收机将以不同的方式解决失锁问题。如果仅仅一路跟踪环路失锁，那么接收机首先确认其他跟踪环路工作是否正常，然后重新启动该失锁环路；如果失锁环路不可恢复，那么接收机将该失锁环路所在的基带信号处理通道切回到捕获状态。接收机系统设计决定了环路锁定检测器的工作策略，常常是性能和应用需求之间的权衡。

10.4.7.1　码环锁定检测器

延迟锁定环正常工作是伪随机码锁定检测的前提条件，信号锁定时，通常接收到的导航信号功率也比较高。但是，接收机接收到的导航信号中不可避免地含有噪声，因此，一般通过比较环路载噪比与预先定义的载噪比门限，来评估伪随机码锁定状态。

载噪比是在导航信号不同带宽下，导航信号功率和噪声信号功率的比率，简记为 C/N_0，窄带信号功率和宽带信号功率为

$$\mathrm{NBP}_k=\Big[\sum_M I_P\Big]_k^2+\Big[\sum_M Q_P\Big]_k^2\text{，}\mathrm{WBP}_k=\Big[\sum_M (I_P^2+Q_P^2)\Big]_k \tag{10-59}$$

式中　I_P，Q_P ——分别是信号相关器的同相分量和正交分量；

M ——用于锁定检测的信号相干积分的次数。

窄带信号功率均值可以估算为

$$\hat{\mu}_{NP}=\frac{1}{K}\sum_{k=1}^{K}\frac{\mathrm{NBP}_k}{\mathrm{WBP}_k} \tag{10-60}$$

式中　K ——用于锁定检测的信号非相干积分的次数。

信号相关器估算的载噪比 C/N_0 为

$$C/N_0=10\lg\left(\frac{1}{T}\,\frac{\hat{\mu}_{NP}-1}{M-\hat{\mu}_{NP}}\right) \tag{10-61}$$

式中　T ——信号积分时间。

10.4.7.2　锁相环锁定检测器

相位锁定检测器的工作原理是如果接收到的导航信号被正确跟踪，那么信号相关器的同相分量将取得最大值，而正交分量将是最小值，相位锁定检测器量化估计为两倍的信号相关相位的余弦值，即有

$$\cos(2\phi)=\frac{\Big[\sum_M I_P\Big]_k^2-\Big[\sum_M Q_P\Big]_k^2}{\Big[\sum_M I_P\Big]_k^2+\Big[\sum_M Q_P\Big]_k^2} \tag{10-62}$$

注意，当相位处于正常锁定时，上式计算结果约等于 1。

10.4.7.3　频率锁定环锁定检测器

一般的导航接收机并不配置频率锁定环锁定检测器，因为接收机锁定指示主要依靠相位锁定检测器和伪随机码锁定检测器。锁频环鉴频的方法是将载波多普勒与其一致成比例变动的、码元跟踪环测得的码元多普勒频移相互比对校验（载波多普勒与码元多普勒一致成比例变动，比例因子就是载波频率与码元速率的比值）。

10.4.7.4　控制和监测

控制和监测模块动态给接收机每个信号处理通道分配一个待跟踪的导航信号，并监测其跟踪状态。例如，如果某颗卫星因正常运动落入信号遮蔽角，则接收机将无法锁定该导航信号，这时控制和监测模块会给该通道分配另一颗卫星播发的信号；如果控制和监测模

块根据星历判断该卫星应该还在接收机视场范围内，信号只是被意外遮挡，则控制和监测模块会让通道继续搜索该卫星信号。

接收机解算用户位置过程中可利用控制和监测模块判断卫星的可见性。例如，在用户接收机热启动情况中，接收机可以利用预先加载的星历数据，结合初步的位置估计值，就可以判断那些卫星是可见的。此外，控制和监测模块可以确保接收机所有通道都是基于同一个时刻原点开展信号处理过程，由此确保导航解的可靠性。

10.4.8 数据解调和数据处理

为了解调导航电文，获取星历和卫星原子钟钟差等信息，接收机使用伪码和载波两个跟踪环路实时跟踪导航信号，确保接收到的导航信号与接收机本地复制的信号保持同步，包括导航数据位同步和帧同步两个环节，然后才能从接收到的导航信号中提取码元符号。根据导航信号内嵌的时间标志，同步处理导航电文，将伪码延迟估计成为对星地之间的伪距估计。

在数据通信中最基本的同步方式就是“比特同步”，又称位同步。比特是数据传输的最小单位。比特同步是指接收端时钟已经调整到和发送端时钟完全一样。一般的数字通信系统需要在接收端采用锁相环等方法进行比特同步。卫星导航系统利用扩频技术，并且伪随机测距码时钟与数据比特时钟有固定的相位关系，当伪码精确同步时就可以得出比特同步的准确时钟。例如，在 GPS 导航电文传输速率为 50 bps，民用 C/A 测距码的码速率为 1.023 Mcps，那么 1 比特电文所占的时间里拥有 20 460 个测距码的码片，一旦伪码同步就开始用伪码的时钟计时，从 0 计到 20 459 输出一个脉冲，再从 0 开始计数周而复始就产生了比特同步的时钟。

10.4.8.1 基本概念

当数字信号处理模块中的跟踪环路提取导航信号的测距码和载波信息，以同步接收机本地生成的复制伪码信号与接收到的导航信号后，数字信号处理模块中的数据解调和处理模块将获取伪距观测量、多普勒频移和导航电文，由此根据定位方程解算出接收机的位置、速度和时间。

数字信号处理模块中输入给跟踪环路的信息是导航信号的测距码、载波信息以及复制伪码信号与导航信号的相关处理结果，相关术语解释如下：

1）伪随机码元符号：在一次积分累积时间间隔内，从码元符号中提取相关的二进制信息，即在一个伪随机噪声码周期内积分，从相关器输出结果中提取码元符号位。

2）码元符号：匹配于导航电文编码后的二进制信息，例如，对于 GPS L1 频点 C/A 码信号而言，符号与数据比特是一致的；但对于 Galileo 卫星导航系统的导航信号而言，每个数据比特都是利用带有前向信道码的二进制符号编码的。

3）数据比特：匹配于导航电文的二进制信息。

提取测距码、载波以及复制伪码信号与导航信号的相关结果等信息对于求解导航解的必要性在于：

1）同步：包括数据比特/码元符号同步以及信号帧同步。

2）数据解调：提取导航电文的数据比特。

3）生成卫星导航系统观测量：利用伪码和载波相位观测星地之间的伪距。

4）应用处理：利用伪距观测量，开展位置、速度和时间参数计算。

以 Galileo 为例，导航电文数据编码到电文结构中的流程如图 10－54 所示，每一帧数据由一系列相关的子帧数据组成。

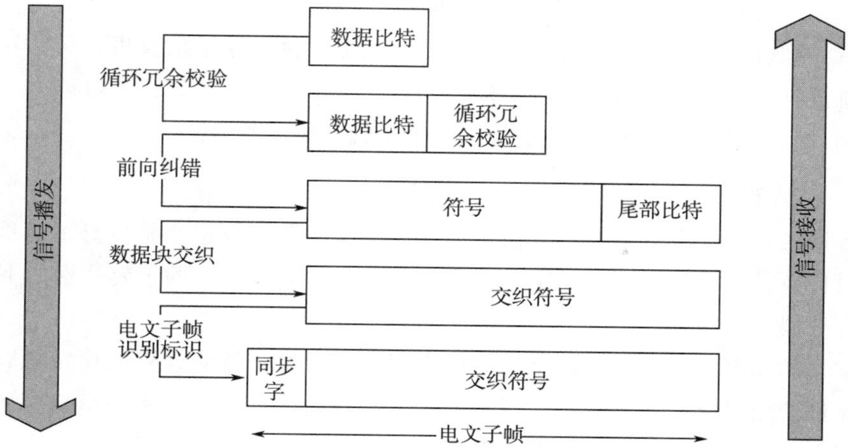

图 10－54　Galileo 卫星导航系统信号数据调制和解调流程

10.4.8.2　同步

导航接收机在计算伪距观测量过程中需要完成两类数据同步：一类是码元符号同步（对于没有利用带有前向信道码的二进制符号编码的信号，也称为比特位同步），一类是信号帧同步。

（1）码元符号同步

以 GPS L1 频点民用测距码（C/A 码）信号为例简要说明码元符号同步的概念，C/A 码由 1 023 个码片（chip）组成，C/A 码的周期是 1 毫秒（ms）；一个数据比特（data bit）持续 20 ms，即在每个码元符号（symbol）或数据比特中有 20 个伪随机码元符号（Pseudo－symbol）。也就是说，如果接收机正常跟踪到导航信号，相关器在一个 C/A 码的周期（1 ms）完成积分累积计算，输出结果是 20 个相同的伪随机码元符号的集合，每个集合对应一个码元符号。

一般通过直方图和计数器获得码元符号同步。码元符号同步后，接收机延长相关器的积分累积时间，直到一个码元符号的持续时间（例如，对于 GPS L1 频点 C/A 码信号而言，持续时间是 20 ms）结束为止，然后开始输出码元符号，与此同时检查直方图分布。

（2）数据帧同步

接收机解调出来的导航电文为二进制格式数据，如果解扩解调之后得到的数据未经帧同步检测，所包含的信息仍然无法正确解读。因此，需要通过帧同步检测出每一帧的起始位置和结束位置，然后对每一帧中帧头之外的数据进行译码，才能得到播发的导航电文信息。

帧同步目的在于从码元符号序列中识别导航电文子帧中的数据信息。例如，对于GPS L1频点民用测距码（C/A码）信号而言，其导航电文子帧中的帧头（preamble）“10001011”是导航电文每个子帧的起始标志，也是识别电文的标志，通过寻找帧头“10001011”就可以实现信号帧同步，因此，帧头“10001011”也称为同步字（Synchronization Words，SW）。此外，还需要注意两点：

1）根据导航信号接口控制文件（SIS ICD）规定，设计导航接收机基带数字信号处理软件，导航接收机能够解调出导航电文信息；

2）导航接收机能够解调出导航电文每一个子帧的码元符号。

10.4.8.3　数据解调

数据解调的目的在于以最大的置信度从导航电文中提取数据比特信息，这取决于接收信号的质量以及导航信号接口控制文件的符合程度，解调过程中的主要技术如下：

（1）校验码

预先定义的比特集合（例如，字符）的奇偶性必须要与传输计算的比特集合的奇偶性匹配，且保证使用的字符在导航电文规定的符号集合内，否则符号集合里找不到对应的符号，任何偏差意味着在导航电文里至少有一处存在误差，也就无法正常发送导航电文。

（2）循环冗余校验

循环冗余校验（Cyclic Redundancy Checks，CRC)，用预先定义的多项式去比较和检查接收机对导航电文的解调结果。

（3）前向误差修正

导航电文是含有多个数据比特的数组，前向误差修正（Forward Error Correction，FEC）编码技术用多个码元符号表示数据比特，这样卫星播发的导航信号中包含冗余的信息，用户接收机就能够检测并修正一些潜在的误差，由此可以提高接收机信号接收通道性能。例如，Galileo卫星导航系统开放服务信号采用前向误差卷积码对导航电文进行编码，其中码长7，编码速率1/2，即用2个码元符号表示1个数据比特，用户接收机采用Viterbi解码技术解调出导航信号中的导航电文。

（4）块交织信道编码

块交织信道编码技术以不同的次序播发码元符号。例如，Galileo卫星导航系统开放服务信号以M列N行矩阵组合码元符号，然后转置码元符号矩阵并播发给用户。用户接收机接收到导航信号后，对矩阵进行逆变换以恢复原始码元符号顺序。块交织信道编码技术的优点是使得编排的导航电文具有更强的抗突发误差能力，其原因是块交织信道编码技术将突发误差造成的影响分散到导航电文的大部分区域，而且能够恢复初始状态。例如，可以利用前向误差修正编码技术具备的误差修正能力，修正突发误差造成的错误数据比特。

10.4.8.4　导航电文解码

要成功解调出导航电文，接收机必须在信号跟踪过程中实现位同步和帧同步。接收机利用延迟锁定环和频率锁定环实现信号伪码相位和载波频率的精确估计，并动态地跟踪导航信号多普勒频移和测距码相位的变化。成功实现比特同步之后，接收机就可以解调同步位信息和导航电文。

为了译码导航电文，接收机还需要对导航电文进行帧同步和子帧同步处理，帧同步就是识别一个帧的起始和结束，同理子帧同步就是识别一个子帧的起始和结束。在比特同步之后只要识别出每帧的帧头就可以很容易获取导航电文中各个子帧在导航电文中的相对位置，当帧同步和子帧同步之后，对导航电文进行奇偶校验，最后再按照电文结构解读每一项的内容。

以 GPS 导航电文为例，导航电文的基本单位是长 1 500 bits 的 1 个主帧（frame），1 个主帧包括 5 个子帧（subframe），每一子帧都包含 10 个字（Word），每个字长为30 bits，即每个子帧长 300 bits。子帧 1、2 和 3 在每帧中重复，子帧 4 和 5 有 25 种形式（同样的结构，不同的数据），即 1 页～25 页。导航电文的传输速率是 50 bits/s，传输 1 个子帧需要 6 s，传送完毕 1 个主帧需要 30 s，所以，传输 1 个完整的导航电文（25 个主帧）需要 750 s（12.5 min）。

GPS 导航电文每个子帧以遥测字（TLM）和交接字（HOW）2 个特殊的字开始。遥测字是每个子帧的第一个字（Word 1），每6 s重复一次，包括 8 bits 的帧头（10001011），16 bits 预留数据位（data）和 6 bits 奇偶校验位（parity），其中帧头用于帧同步，每个正确的帧头都标记了导航数据子帧的起始位置，主要作用是指明卫星注入数据的状态，作为捕获导航电文的前导，是各子帧同步的起点。

因此，在进行电文子帧同步的时候，首先要搜索电文中帧头的位置，所搜索到的帧头还有可能是调制数据，为防止由此引起的误搜索，对遥测字（TLM）的 30 bits 的数据进行奇偶校验检查，然后再对交接字（HOW）的 30 bits 的数据进行奇偶校验检查，交接字奇偶校验检查通过后则可以提取出交接字的子帧 ID 号，正常子帧 ID 号是从 1～5，上述所有检查通过后则可以正确识别子帧帧头的起始位置。

经过子帧同步和奇偶校验检查后，就识别出了每一帧的起始和结束位，然后将未解码数据送入译码器就可以读取导航电文参数了，导航电文就是指包含卫星星历、卫星历书、系统时间、星载原子钟改正参数、轨道摄动改正参数、电离层和对流层延迟改正参数、卫星工作状态、遥测码以及由 C/A 码确定的 P 码交换码等二进制编码导航信息，导航电文是接收机定位解算的数据基础。

GPS 导航电文子帧 2 和子帧 3 定义了上述星历参数数据。BLOCK－Ⅱ和ⅡA 卫星有效载荷的导航任务数据单元至少存储 60 天的导航电文，当卫星无法在星上计算机内存中找到必需的有效控制或数据元素时，字 3 到字 10 中将交替传输 1 和 0 来代替正常的导航数据，这种默认操作简述如下：

1）受影响的字的奇偶校验将无效；

2）字 10 的 2 个尾比特将为 0（使后面子帧的奇偶校验有效）；

3）如果问题是缺一个数据比特，那么只有有直接关系的子帧将被这样处理；

4）如果一个控制比特无法被找到，默认操作将应用于所有的子帧，并且所有的子帧将在 HOW 中显示正确的子帧 ID。一旦在内存中或上传期间发生的控制比特失效，将导致卫星发送非标准码（NSC 和 NSY），表明导航信号不可用。

10.4.8.5　基本观测量生成

跟踪环路在信号捕获的基础上利用频率锁定环可以直接获得多普勒频率偏差，利用锁相环获得信号瞬时相位估计值，并利用延迟环估计的伪码延迟数据计算卫星和用户接收机之间的伪距。根据伪距观测量以及导航电文等信息，接收机应用处理模块可以解算出接收机所在的位置、速度和时间，实现系统的时间传递，即授时功能。

卫星有星载时钟，如果卫星在时刻 t_0 播发了调制有测距码的导航信号，用户接收机有本地时钟，用户接收机在本地时刻 t_1 接收到卫星信号，假设卫星时钟和接收机本地时钟时间完全同步，那么通过计算这个时间差“$t_1 - t_0$”就能知道导航信号的传播时间 Δt，导航信号的传播时间乘以无线电信号的传播速度就可以得到卫星与用户机之间的距离，星地之间的距离观测过程如图 10－55 所示。

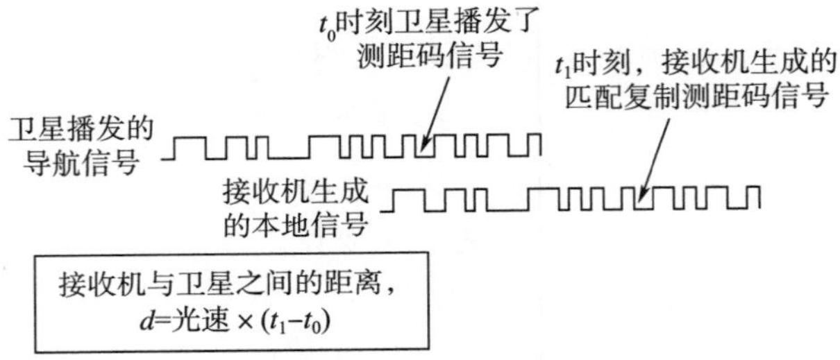

图 10－55　星地之间的距离观测过程

卫星 m 和用户接收机之间的伪距计算公式可以表示为

$$\rho^m = c\,(T_U^m - T_S^m) \tag{10-63}$$

式中　T_S ——以卫星钟为基准的导航信号的播发时刻，播发时刻含有相对于绝对时间基准（例如 GPS 系统时）的误差；

T_U ——以用户接收机时钟为基准的导航信号的接收时刻，接收时刻含有相对于绝对时间基准（例如 GPS 系统时）的误差、导航信号传播时延、接收设备时延以及热噪声；

c ——无线电导航信号的传播速度，即光速。

因此，星地之间距离的测量实质是测距码信号从卫星到接收机传播时间（时延）的测量。

卫星导航系统定位过程中存在 3 个时间系统，用户接收机的时间、导航卫星的时间以及卫星导航系统的参考时间。例如 Galileo 系统的时间参考系统为 GST（Galileo System Time），GPS 的时间参考系统为 GPST（GPS Time）。3 个时间系统之间必然存在偏差，因此根据导航信号的传播时间得到的卫星与用户机之间的距离存在较大偏差，这也正是将测得的距离称之为伪距的缘由，在代入导航方程求解前必须予以修正。

现实中用户接收机时钟不可能与卫星星载原子钟保持同步，卫星采用高精度高稳定度的原子钟，而用户接收机则采用一般精度的石英钟，但这并不重要，只需要知道用户接收机时钟与卫星星载原子钟之间的偏差即可，可以把用户接收机时钟与卫星星载原子钟之间的偏差作为未知量来求解，最简单的方法就是通过增加观测卫星数量在定位方程中统一解算。

地面运行控制系统采取星地双向时间比对技术，通过定时修正每颗卫星的时钟参数，可以实现轨道上所有导航卫星的时间与卫星导航系统的时间保持一致，或者说做到完全同步。

具体测量星地之间距离时，用户接收机的时间可以预知，也可以假定一个具体的时刻，也就是说，只要知道导航信号发射的时刻就可以计算出伪距，即，关键环节是接收机在接收到导航信号的 t_1 时刻必须知道卫星是什么时刻！

卫星导航信号电文的编排使得信号播发流程中的任意点都有自己的准确时间。一般情况下，卫星导航用户接收机利用接收到的每颗卫星的时间历元，外推以卫星钟为基准的导航信号的播发时刻（实现星地时间同步），进而得到导航信号的传播时间，注意每颗卫星都有 1 个独立的 PRN 码。基本概念如图 10－56 所示。周内时计数是卫星导航系统导航卫星播发导航信号的时间标记，时间标记简称时标，时标记录在导航电文每个子帧的起始位置处。

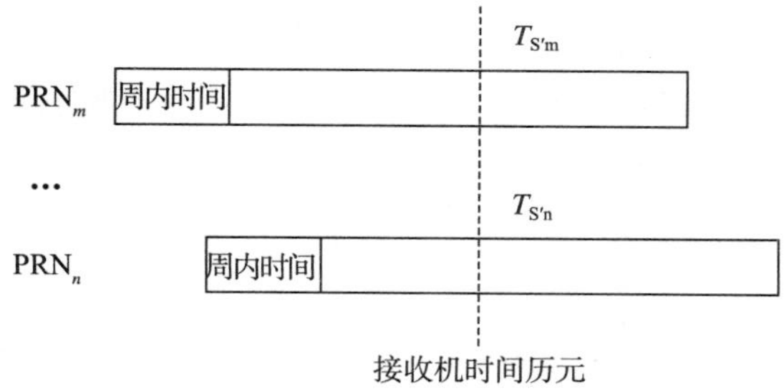

图 10－56　接收机外推导航信号传播时间原理

以 GPS L1 频点 C/A 码信号为例，GPS 导航电文的基本单位是长 1 500 bits 的 1 个主帧，1 个主帧包括 5 个子帧，每个子帧有 300 个数据比特，每一个数据比特 20 ms，比特内有 20 个 C/A 测距码，每个 C/A 测距码长度为 1 023 个码片，码片速率为 1.023 Mcps，C/A 测距码信号周期是 $\frac{1}{1.023}$ ms（约为1 ms），每个码片对应时间为 1/1 023 ms，在导航信号跟踪过程中数控振荡器将每个码片又进一步分为若干部分，这部分分辨率的大小与数控振荡器的字长有关。接收机的任意一个采样时刻所采集到的卫星信号都会有上述几个不同部分，通过拼接后就能得到完整的卫星信号在空间中的传播时间了。由于不同接收机的设计会有差异，同时在电路处理过程中通常不是由一个环节来完成所有测量过程，这就出现了从某些单元或寄存器读取数据再拼接的情形。信号比特位同步以及帧同步后，接收机外推导航信号的传播时间过程如图 10－57 所示。

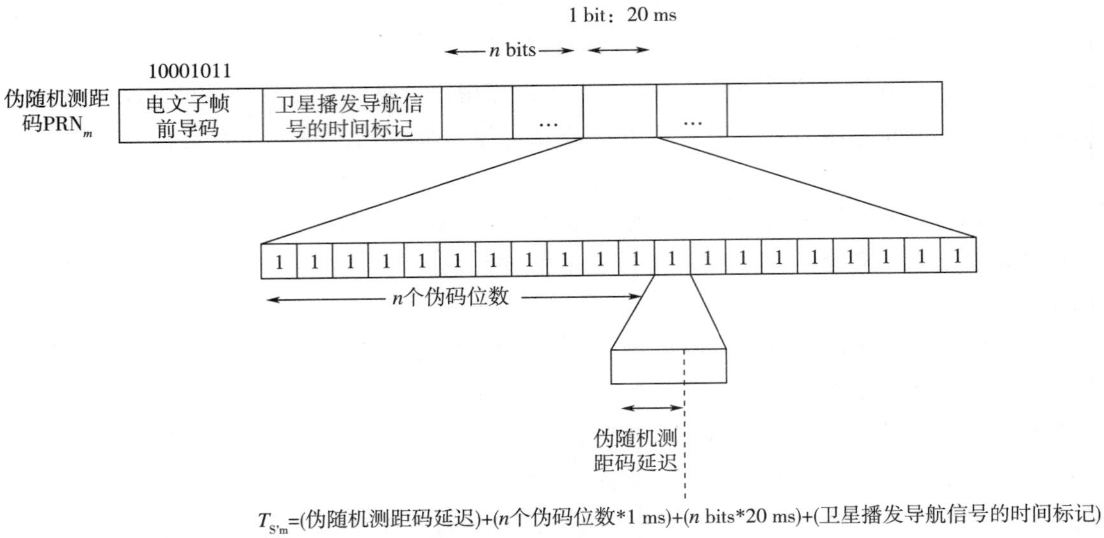

图 10－57　接收机实现星地时间同步后，外推导航信号的传播时间示例

首先，根据导航电文的 Z 记数可以知道导航电文每一帧数据开始时对应的 GPST，Z 计数实际是一个时间计数，它以每星期六/星期日子夜零时起算的时间计数，给出下一帧开始瞬间的 GPS 时。由于传输一个子帧需要持续 6 s，所以下一个子帧开始的时间为 $6\times Z$ s，用户接收机可以通过交接字将本地时间精确同步到 GPS 系统时间中。

其次，帧同步后，对数据位、码周期数、半个码片滑动整数及小数部分分别进行计数，就可以精确地推算出接收到导航信号的 t_1 时刻对应的导航信号的发射时刻，计算公式如下

$$\begin{aligned}t^s(t-\tau) &= Z-\text{count}\times 1.5\\&+\text{number of navigation data bits transmitted}\times 20\times 10^{-3}\\&+\text{number of C/A}-\text{code repeats}\times 10^{-3}\\&+\text{number of whole C/A}-\text{code chips}/(1.023\times 10^6)\\&+\text{fraction of a C/A}-\text{code chips}/(1.023\times 10^6)\text{seconds}\end{aligned}\tag{10-64a}$$

$$T_S = \text{TOW} + (30w+b)\times 0.020 + \left(c+\frac{CP}{1023}\right)\times 0.001\tag{10-64b}$$

式中　TOW——当前子帧所对应的周内时计数；

w ——当前子帧中接收到的字数；

b ——当前字中接收到的比特数；

c ——当前比特中接收到的 C/A 码周期数；

CP ——当前周期内码相位测量值；

T_S ——以卫星钟为基准的导航信号的播发时刻（单位为 s）。

10.5　位置解算

10.5.1　伪距方程

接收机的位置解算是在 ECEF 坐标系下完成的，位置解矢量是 $\boldsymbol{x}_u=(x_u,\ y_u,\ z_u,\ \Delta t)^{\mathrm{T}}$，即接收机的位置解包含 ECEF 坐标 3 个方向的独立分量和时钟偏移量。由每一个伪距测量值都可以建立一个方程

$$\rho_i=\sqrt{(x_u-x_i)^2+(y_u-y_i)^2+(z_u-z_i)^2}+c\Delta t \tag{10-65}$$

式中　$(x_i,\ y_i,\ z_i)$ ——卫星 i 在 ECEF 坐标系下的坐标。

当有 n 颗卫星时，定位解算可以通过解下列方程组得到

$$\begin{cases}\rho_1=\sqrt{(x_u-x_1)^2+(y_u-y_1)^2+(z_u-z_1)^2}+c\Delta t\\ \quad\vdots\\ \rho_i=\sqrt{(x_u-x_i)^2+(y_u-y_i)^2+(z_u-z_i)^2}+c\Delta t\\ \quad\vdots\\ \rho_n=\sqrt{(x_u-x_n)^2+(y_u-y_n)^2+(z_u-z_n)^2}+c\Delta t\end{cases} \tag{10-66}$$

式中　$(x_u,\ y_u,\ z_u)$ ——用户位置；

$(x_i,\ y_i,\ z_i)$ ——卫星位置；

Δt ——接收机时间与 GPS 卫星时钟的偏差；

c ——导航信号传播速度，值为 $2.997\,924\,58\times10^8$ m/s；

ρ_i ——对卫星 i 的伪距。

10.5.2　迭代最小二乘法

当 $n\geqslant4$ 时，伪距方程是适定问题或超定问题，可用牛顿迭代法得到最小二乘解(ILS)。

1）首先确定接收机的位置初始值 $\boldsymbol{x}_0=(x_0,\ y_0,\ z_0)$ 和接收机时钟初始偏移值 t_0，此初始值可以设置为上次定位的值或设为地心。初始值与实际值的关系为

$$\begin{cases}\boldsymbol{x}=\boldsymbol{x}_0+\delta\boldsymbol{x}\\ t=t_0+\delta t\end{cases} \tag{10-67}$$

$\delta\boldsymbol{x}$ 和 δt 是初始值与实际值之间的误差，每一步迭代的目的就是用最小二乘法估算 $\delta\boldsymbol{x}$ 和 δt 。

2）根据每颗卫星的位置 $\boldsymbol{x}_i=(x_i,\ y_i,\ z_i)$ ，计算接收机与卫星的初始距离

$$\begin{aligned}\rho_0^i&=\|\boldsymbol{x}_i-\boldsymbol{x}_0\|+b_0\\&=\sqrt{(x_i-x_0)^2+(y_i-y_0)^2+(z_i-z_0)^2}+ct_0\end{aligned} \tag{10-68}$$

3）根据接收机收到的伪距观测值 ρ_c^k 计算伪距误差 $\delta\rho^k$

$$\delta\rho^i = \rho_c^i - \rho_0^i \tag{10-69}$$

4）泰勒级数展开，可得

$$\Delta\rho^i = \frac{x - x^i}{\| x - x^i \|}\Delta x + \frac{y - y^i}{\| x - x^i \|}\Delta y + \frac{z - z^i}{\| x - x^i \|}\Delta z + \Delta b \tag{10-70}$$

因此，伪距误差与初始值误差的关系方程组为

$$\delta\boldsymbol{\rho} = \begin{bmatrix} \delta\rho^1 \\ \vdots \\ \delta\rho^i \\ \vdots \\ \delta\rho^n \end{bmatrix} = \begin{bmatrix} \frac{x - x^1}{\| \boldsymbol{x} - \boldsymbol{x}^1 \|} & \frac{y - y^1}{\| \boldsymbol{x} - \boldsymbol{x}^1 \|} & \frac{z - z^1}{\| \boldsymbol{x} - \boldsymbol{x}^1 \|} & 1 \\ \vdots & \vdots & \vdots & \vdots \\ \frac{x - x^i}{\| \boldsymbol{x} - \boldsymbol{x}^i \|} & \frac{y - y^i}{\| \boldsymbol{x} - \boldsymbol{x}^i \|} & \frac{z - z^i}{\| \boldsymbol{x} - \boldsymbol{x}^i \|} & 1 \\ \vdots & \vdots & \vdots & \vdots \\ \frac{x - x^n}{\| \boldsymbol{x} - \boldsymbol{x}^n \|} & \frac{y - y^n}{\| \boldsymbol{x} - \boldsymbol{x}^n \|} & \frac{z - z^n}{\| \boldsymbol{x} - \boldsymbol{x}^n \|} & 1 \end{bmatrix} \begin{bmatrix} \delta\boldsymbol{x} \\ \delta t \end{bmatrix} = \boldsymbol{G}\begin{bmatrix} \delta\boldsymbol{x} \\ \delta t \end{bmatrix} \tag{10-71}$$

5）对 $\begin{bmatrix} \delta\boldsymbol{x} \\ \delta t \end{bmatrix}$ 用最小二乘法进行估计可得

$$\begin{bmatrix} \delta\hat{\boldsymbol{x}} \\ \delta\hat{t} \end{bmatrix} = (\boldsymbol{G}^{\mathrm{T}}\boldsymbol{G})^{-1}\boldsymbol{G}^{\mathrm{T}}\delta\boldsymbol{\rho} \tag{10-72}$$

6）新的接收机的位置值 $\hat{\boldsymbol{x}}$ 和接收机时钟偏移值 $\hat{t}$ 为

$$\begin{bmatrix} \hat{\boldsymbol{x}} \\ \hat{t} \end{bmatrix} = \begin{bmatrix} \boldsymbol{x}_0 \\ b_0 \end{bmatrix} + \begin{bmatrix} \delta\hat{\boldsymbol{x}} \\ \delta\hat{t} \end{bmatrix} \tag{10-73}$$

以上 6 步反复迭代，并且设定可接受的 $\begin{bmatrix} \delta\boldsymbol{x} \\ \delta t \end{bmatrix}$ 的最大值作为迭代结束的条件，可以得到定位值并使误差在期望的范围以内。

10.5.3　伪距修正

伪距测量中包含有卫星和接收机的钟差、电离层传播延迟、对流层传播延迟等误差，在定位计算时还要受到卫星广播星历误差的影响，因此必须对伪距观测量进行修正。

（1）接收机的钟差补偿

星载原子钟是生成星上所有时间和频率信号的基础。虽然这些时钟非常稳定，但是导航电文中的时钟校正参数被限定为卫星时和系统时之间的偏差最大可能达到 1 ms（相当于 300 km 的伪距误差）。主控站确定时钟校正参数，发给卫星并由卫星播发给用户。这些校正参数由接收机用二阶多项式来实现

$$\Delta t = a_{f0} + a_{f1} \times (T_{tr} - T_{oc}) + a_{f2} \times (T_{tr} - T_{oc})^2 + F \times e \times \sqrt{A} \times \sin E - T_{gd} \tag{10-74}$$

式中　T_{tr} ——信号发射时间，通过接收时间 T_{rc} 减掉传播时间 T_{au} 获得，其中 T_{au} 在迭代初始阶段为 75 ms。a_{f0} 为原子钟零阶多项式系数（s）；

a_{f1} ——一阶多项式系数（s/s）；

a_{f2} ——二阶多项式系数（s/s^2）。

（2）电离层传播延迟补偿

电离层是一种色散介质，它位于地球表面以上 70～1 000 km 之间的大气层区域。在这个区域内，太阳紫外线使部分气体分子电离化，并释放出自由电子。这些自由电子会影响电磁波的传播，其中包括 GPS 卫星信号的广播。电离层延迟的多少与卫星的仰角有关，视界内的卫星在低仰角时引起的延迟几乎等于在天顶时的 3 倍。对垂直入射的信号来说，延迟的范围从夜间的 10 ns（3 m）左右大到白天时的 50 ns（15 m）。在低卫星视角（0～10°）时，延迟的范围可从夜间的 30 ns（9 m）大到白天的 150 ns（45 m）。要消除该误差，既可以采取相对定位或差分定位的方法，也可以采用模型改正的方法。

1986 年，美国学者 Klobuchar 对 GPS 信号在电离层的影响开展了全面的论述，1987 年，Klobuchar 建立了电离层模型，该模型是在经验数据的基础上形成的，模型参数由导航电文提供。模型受到参数使用个数（最多 8 个）和更新频率的限制，广播模型可以将电离层造成的测量误差减少 50%，在中纬度地区，天顶方向上的剩余误差白天可以达到 10 m，如果在太阳活动频繁期这种误差会更大。

（3）对流层误差补偿

对流层是大气层较低的部分，对于高达 15 GHz 的频率来说，它是非色散的。在这种介质中，与 L1 和 L2 上 GPS 载波的信号信息（PRN 码和导航数据）相关联的相速和群速，都相对自由空间传播被同等地延迟了。这种延迟随对流层折射率而变，而其折射率取决于当地的温度、压力和相对湿度。如果不补偿，这种延迟的等效距离能从卫星在天顶和用户在海平面上的 2.4 m 左右变到卫星在约 5°仰角上的 25 m 左右。对流层延迟误差的常用模型为 Hopfield 模型，建模补偿如下。

标准大气状况条件下：

1）标准海平面的热力学温度 $T_0=15$ Cel；

2）标准大气压 $P_{air}=101.325$ kPa；

3）海平面水蒸气分压 $P_{vap}=0.85$ kPa（相对空气湿度 50%）。

Hopfield 模型将对流层误差分为两个分量：分别为干燥空气造成的和湿空气造成的误差。按照上述参数计算可分别获得干燥空气和湿空气造成的误差，进而获得对流层误差。

综上所述，需要修正的参数包括群延迟 T_{gd}（s）、卫星参考时间 T_{oc}（s）、原子钟零阶多项式系数 a_{f0}（s）、一阶多项式系数 a_{f1}（s/s）和二阶多项式系数 a_{f2}（s/s^2）。

10.5.4　注意事项

（1）时空参考系统

卫星导航系统需要运行在一个特定的时空参考系统中，每个卫星导航系统的地面运行控制系统定义并建立自己的时间参考系统。例如，Galileo 系统的时间参考系统为 GST（Galileo System Time），GPS 的时间参考系统为 GPST（GPS Time）。每个卫星导航系统都需要建立自己的空间参考系统，例如，GPS 接收机用美国国防部军用制图署（Defence Mapping Agency，DMA）制定的世界大地坐标系WGS84。

（2）导航电文

每个卫星导航系统均播发自己的导航电文，并在各自的空间信号接口控制文件（Signal In Space Interface Control Documents，SIS ICD）中对外公开发布，这样用户接收机研制厂商可以根据空间信号接口控制文件设计基带信号处理芯片。接收机根据导航卫星播发的星历等导航电文参数解算接收机位置。

电离层延迟误差影响单频接收机定位精度，Galileo 采用 NeQuick 电离层延迟修正模型修正电离层延迟误差，并通过导航电文播发给地面接收机。而 GPS 则采用 Klobuchar 电离层延迟修正模型修正电离层延迟误差，也是通过导航电文播发给地面接收机。对于 Galileo 系统，地面运行控制系统每隔 3 h 上注更新一次卫星的轨道参数；而 GPS 每隔 2 h 上注更新一次卫星的轨道参数。

（3）导航信号影响

四大全球卫星导航系统播发的导航信号的调制方式、信号结构、导航电文内容、导航电文、信号帧格式常常是不同的，一般来说只需要修改接收机软件就能够适应上述大部分内容。例如修改软件可适应不同的伪随机噪声码、不同的电文帧结构。对接收机影响比较大的是射频前端部分，特别是采用哪种信号多址接入技术对射频前端部分影响较大。

（4）权衡与限制

设计和选择卫星导航系统的接收机与用户的使用目标有关，例如多系统兼容接收机一定会提高解算的可用性，特别是在高楼林立的城市峡谷地区，导航信号很容易被遮挡，有时还会产生多径效应，由此导致信号不可用。

如果用户关注提高定位精度，那么可以选择载波测量型接收机，或者采用差分和增强型接收机。选择用户机同样要权衡使用目标、定位精度、工作性能、功率消耗以及成本等因素。考虑卫星导航系统也是无线电导航信号系统，电磁波的传播特性、接收机的架构、不同类型的接收机会有不同的特性，目前如何量化分析与评定接收机测量误差、定位精度以及两者之间的关系，学术界仍然存在比较大的争议。

参 考 文 献

[1] Parkinson, B., et al., Global Positioning System: Theory and Applications, Vol. I [M], Washington, D.C.: American Institute of Aeronautics and Astronautics, 1996.

[2] 谢钢.GPS原理与接收机设计 [M].北京：电子工业出版社，2017.

[3] 鲁郁.GPS全球定位接收机——原理与软件实现 [M].北京：电子工业出版社，2009.

[4] Kaplan E.D., Hegarty C.J. Understanding GPS: Principles and Applications, second edition [M]. Artech House, 2005.

[5] GLOBAL POSITIONING SYSTEM DIRECTORATE SYSTEMS ENGINEERING & INTEGRATION INTERFACE SPECIFICATION IS-GPS 200, Navstar GPS Space Segment/Navigation User Interfaces [C], INTERFACE SPECIFICATION IS-GPS-200F, 21 SEP 2011.

[6] Kai Borre, Dennis M. Akos, Nicolaj Bertelsen, Peter Rinder, Søren Holdt Jensen, A Software-Defined GPS and Galileo Receiver, A Single-Frequency Approach [P], Library of Congress Control Number: 2006932239, 2007 Birkhauser Boston.

[7] J. C. Juang and Y. H. Chen, Phase/frequency tracking in a GNSS software receiver, Selected Topics in Signal Processing [J], IEEE Journal of, vol. 3, no. 4, pp. 651-660, August 2009.

[8] 刘瀛洲，唐小妹，王飞雪.卫星导航接收机中积分清零器的性能分析 [J].国防科技大学学报，2013，35（2）：104-108.

[9] 王飞雪，王新春，雍少为，郭桂蓉.带通信号采样定理和全数字式正交检波器的设计 [J].电子科学学刊，1999，21（3）：307-310.

[10] 刘天雄.卫星导航系统接收机原理与设计（I）[J].卫星与网络，2015（151）：58-61.

[11] 刘天雄.卫星导航系统接收机原理与设计（II）[J].卫星与网络，2015（152）：54-58.

[12] 刘天雄.卫星导航系统接收机原理与设计（III）[J].卫星与网络，2015（153）：54-59.

[13] 刘天雄.卫星导航系统接收机原理与设计（IV）[J].卫星与网络，2015（154）：58-62.

[14] 刘天雄.卫星导航系统接收机原理与设计（V）[J].卫星与网络，2015（155）：57-61.

[15] 刘天雄.卫星导航系统接收机原理与设计（VI）[J].卫星与网络，2015（156）：59-63.

[16] 刘天雄.卫星导航系统接收机原理与设计（VII）[J].卫星与网络，2016（157）：62-65.

[17] 刘天雄.卫星导航系统接收机原理与设计（Ⅷ）[J].卫星与网络，2016（158）：66-69.

[18] 刘天雄.卫星导航系统接收机原理与设计（Ⅸ）[J].卫星与网络，2016（159）：52-56.

[19] 刘天雄.卫星导航系统接收机原理与设计（Ⅹ）[J].卫星与网络，2016（160）：56-62.

[20] 刘天雄.卫星导航系统接收机原理与设计（Ⅺ）[J].卫星与网络，2016（161）：56-65.

[21] 刘天雄.卫星导航系统接收机原理与设计（Ⅻ）[J].卫星与网络，2016（162）：56-59.

[22] 刘天雄.卫星导航系统接收机原理与设计（XIII）[J].卫星与网络，2016（163）：54-58.

[23] 刘天雄.卫星导航系统接收机原理与设计（XIV）[J].卫星与网络，2016（164）：58-61.

[24] 刘天雄.卫星导航系统接收机原理与设计（XV）[J].卫星与网络，2016（165）：54-59.

[25] 刘天雄.卫星导航系统接收机原理与设计（XVI）[J].卫星与网络，2016（166）：74-77.

[26] 刘天雄．卫星导航系统接收机原理与设计（XVII）[J]．卫星与网络，2016（167）：68－73.

[27] MULTI- FREQUENCY GNSS RECEIVER DELIVERS ROBUST POSITIONING AND SIMPLIFIES INTEGRATION [EB/OL]. https://www.novatel.com/assets/Documents/Papers/OEM7700 - Product - Sheet.pdf.

[28] UB4B0 全系统 GNSS 高精度板卡 [EB/OL]. http://www.unicorecomm.com/upload/contents/2016/05/o _ 1ajvom9vouq2com15tjtbhi3tb.pdf.

[29] Antennas [DB/OL]. Navipedia. http://www.navipedia.net/index.php/Antennas.

[30] Baseband _ Processing [DB/OL]. Navipedia. http://www.navipedia.net/index.php/Baseband _ Processing.

[31] Correlators [DB/OL]. Navipedia. http://www.navipedia.net/index.php/Correlators.

[32] Data _ Demodulation _ and _ Processing [DB/OL]. Navipedia. http://www.navipedia.net/index.php/Data _ Demodulation _ and _ Processing.

[33] Delay Lock Loop (DLL) [DB/OL]. Navipedia. http://www.navipedia.net/index.php/Delay _ Lock _ Loop _ (DLL).

[34] Digital _ Signal _ Processing [DB/OL]. Navipedia. http://www.navipedia.net/index.php/Digital _ Signal _ Processing.

[35] Frequency Lock Loop (FLL) [DB/OL]. Navipedia. http://www.navipedia.net/index.php/Frequency _ Lock _ Loop _ (FLL).

[36] Front _ End [DB/OL]. Navipedia. http://www.navipedia.net/index.php/Front _ End.

[37] Generic _ Receiver _ Description [DB/OL]. Navipedia. http://www.navipedia.net/index.php/Generic _ Receiver _ Description.

[38] Lock _ Detectors [DB/OL]. Navipedia. http://www.navipedia.net/index.php/Lock _ Detectors.

[39] Multicorrelator [DB/OL]. Navipedia. http://www.navipedia.net/index.php/Multicorrelator.

[40] Phase _ Lock _ Loop _ (PLL) [DB/OL]. Navipedia. http://www.navipedia.net/index.php/Phase _ Lock _ Loop _ (PLL).

[41] Receiver _ Characteristics [DB/OL]. Navipedia. http://www.navipedia.net/index.php/Receiver _ Characteristics.

[42] Receiver _ noise [DB/OL]. Navipedia. http://www.navipedia.net/index.php/Receiver _ noise.

[43] Receiver _ Operations [DB/OL]. Navipedia. http://www.navipedia.net/index.php/Receiver _ Operations.

[44] Receiver _ Types [DB/OL]. Navipedia. http://www.navipedia.net/index.php/Receiver _ Types.

[45] System _ Design _ Details [DB/OL]. Navipedia. http://www.navipedia.net/index.php/System _ Design _ Details.

[46] Tracking _ Loops [DB/OL]. Navipedia. http://www.navipedia.net/index.php/Tracking _ Loops.

第 4 部分　性能篇

第 11 章　系统关键性能

11.1　概述

卫星导航系统已成为武器系统效能的倍增器，定位（P）、导航（N）和授时（T）服务是实现军事意图的基础设施。导航卫星运行过程中存在卫星钟误差、卫星轨道误差，导航信号在传播过程中存在电离层延迟、对流层延迟误差，接收机在接收导航信号过程中存在热噪声、多径效应等多种误差干扰，以及系统自身抗干扰能力不足等缺点，造成目前我们依靠卫星导航系统的同时又不能完全信任它。

由于卫星导航系统自身问题造成定位结果出现比较大的偏差时，限制或降低系统出现异常的风险就是完好性要求和连续性要求。可用性是系统的精度、完好性和连续性的综合考量，四者的关系如图 11－1 所示。系统的定位精度降低后，系统可用性也随之降低。系统告警门限变小后，可用性也同样随之降低。对于飞机垂直引导进近导航服务而言，由于导航卫星星座的空间几何特性，导致系统高程解算误差比水平解算误差相对较大，卫星导航系统的垂直定位精度是较为重要的指标之一。对于飞机着陆进场的高端要求，卫星导航系统的连续性、完好性、可用性及精度指标不能 100％满足要求，因此美国研发了广域增强系统（WAAS）和局域增强系统（LAAS）。

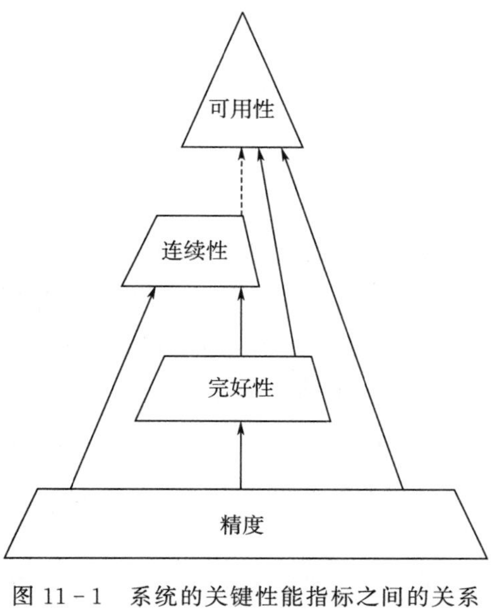

图 11－1　系统的关键性能指标之间的关系

在卫星导航系统自身失效或者发生异常自然现象（比如地磁暴、太阳风暴等）导致卫星导航系统出现服务中断的情况下，完好性和连续性强调的是系统整体性能。完好性表征系统保护用户及时通知用户系统不可用的能力，连续性表征在系统没有发出“不可用”警报的情况下，系统提供正常 PNT 服务的能力。完好性指标不达标时，在小的告警门限下，系统不能给出导致“发生危险的错误指向信息（Hazardously Misleading Information，HMI）”；连续性指标不达标时，在大的告警门限条件下，卫星导航系统不能给出“虚假警报（False Alarms，FA）”。完好性和连续性是系统中相互制约的指标，最后的折衷是系统的可用性，强调卫星导航系统的运行控制的经济性，在给定精度、完好性和连续性指标要求下，计算系统可以提供服务的时间百分比。

有识之士一直在思考如何进一步提高卫星导航系统的可用性、可负担性等相关问题，2012 年 10 月 1 日，《GPS WORLD》发表了 GPS 之父、美国工程院院士 Bradford w. Parkinson 教授撰写的关于如何提高 PNT 性能建议的文章“Three Key Attributes and Nine Druthers”，Parkinson 教授提出了 GPS 需要进一步提升的 3 种关键特性：可用性（Availability）、可负担性（Affordability）和精度（Accuracy），简称为 3A 特性。针对 3 种系统关键特性，Parkinson 教授给美国政府提出了九项建议，在业界引起了强烈反响。

2013 年 10 月 28 日，美国《防务新闻》周刊网站发表了《美国寻求全球定位系统的替代方案》的文章。文章指出，目前人们生活中离不开全球定位系统，但又不能信赖它，在全球定位系统的弱点变得越来越明显之际，美国军方在试图提高用户接收机和导航卫星可靠性时所面临的问题。文章引用美国国防部防务研究和工程办公室主管谢弗的评论“利用现代电子技术做事变得越来越容易，例如干扰全球定位系统信号。军方依赖全球定位系统来精确导航和计时，我们的绝大多数武器系统需要非常精确的计时。”

结合 Parkinson 教授的文章，本章详细分析卫星导航系统关键特性的定义及其内涵，这些关键特性主要包括精度、完好性、连续性、可用性、覆盖范围以及可负担性，这些性能是时间和空间的函数。

11.2 覆盖范围

卫星导航系统的性能必须在一定的覆盖范围内讨论。卫星导航系统的覆盖范围是指导航卫星播发导航信号的覆盖范围，也就是所谓的系统服务区域。例如，GPS 空间段 Walker 24/6/2 星座由分布在 6 个近圆形轨道面上 24 颗卫星组成，如图 11－2 所示，能够实现全球覆盖，GPS 卫星星下点轨迹如图 11－3 所示。

GLONASS 系统空间段 Walker 24/8/2 星座由位于 3 个轨道面的 24 颗卫星组成，3 个轨道面的升交点相隔 120°，相对于赤道面的倾角为 64.8°，每个轨道面上 8 颗卫星均匀分布（即平面内的卫星之间相隔 45°），2 个轨道平面之间的卫星的纬度相差 15°，其中 21 颗工作星和 3 颗备份星，每颗卫星分配 1 个唯一的轨位号，定义卫星所在的轨道平面号和所在轨道平面的具体位置。GLONASS 系统的导航卫星轨道高度为19 140 km，轨道倾角 64.8°，轨道周期 11 h15 min 44 s。GLONASS 系统星座如图 11－4 所示，星座可以提供地

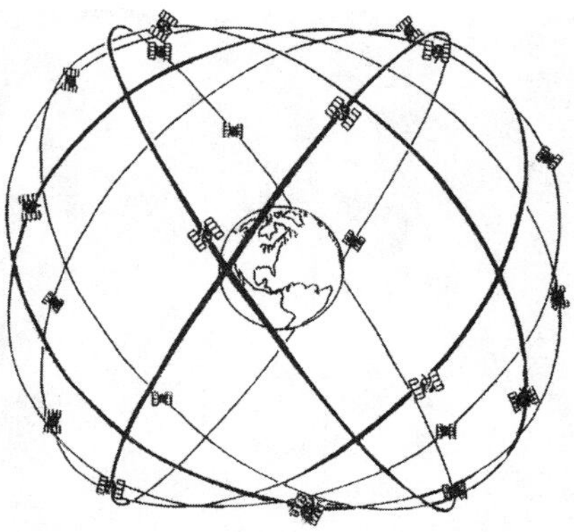

图 11－2　GPS Walker 24/6/2 星座

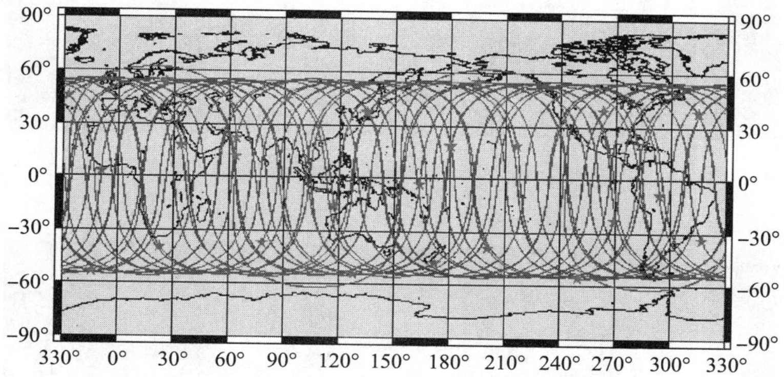

图 11－3　GPS 卫星 24 h 运行的星下点轨迹图

球表面 97%的区域同时连续跟踪 5 颗导航卫星。2010 年 GLONASS 系统空间星座 21 颗现代化导航卫星组网运行，实现俄罗斯国土 100%及全球大部分地区的覆盖。

Galileo 系统空间段 30 颗卫星（27 个工作卫星，3 个在轨备份星），分别位于 3 个轨道平面，每个轨道面的升交点相隔 120°，每个轨道面上的 9 颗工作卫星均匀分布，即每个轨道平面内的工作卫星之间相隔 40°，形成 Walker 30/3/1 星座。卫星轨道高度 23 616 km，轨道倾角 56°，轨道周期 14 h4 min 45 s，地面轨迹重复周期 10 天，Galileo 卫星导航系统星座如图 11－5 所示。Galileo 系统以标称方式运行时，不包括备用卫星和异常卫星，Galileo 卫星星座可以保证在地球任何地点至少观测到 6 颗导航卫星（高度截止角为 10°），最大 PDOP 小于 3.3，最大 HDOP 小于 1.6。某颗工作星失效后，备份星将进入工作轨位，而失效星将被转移到高于正常轨道 300 km 的轨道上。

2000 年 12 月 21 日，我国建成北斗一号双星定位系统，标志着中国成为继美、俄之后世界上第三个拥有自主卫星导航系统的国家。2012 年 12 月 27 日，我国建成北斗二号卫星导航系统并正式向亚太地区提供公开服务，导航系统空间段由 5 颗 GEO 卫星、5 颗 IGSO 卫星和 4 颗 MEO 卫星组成，GEO 卫星轨道高度为 35 786 km，分别定点于东经 58.75°、80°、110.5°、140°和 160°；IGSO 卫星轨道高度为 35 786 km，轨道倾角为 55°，分布在 3

图 11－4　GLONASS 系统 Walker 24/8/2 星座

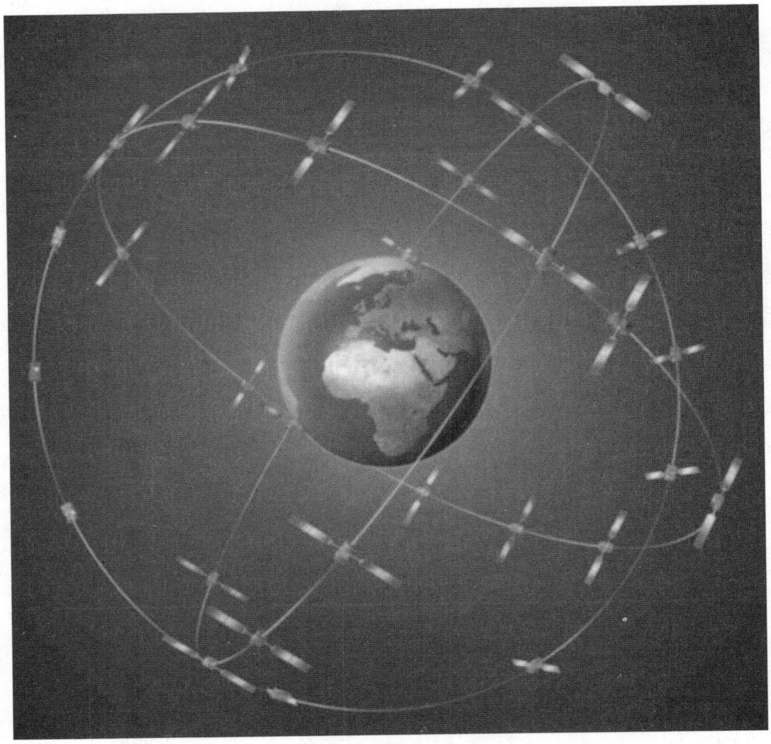

图 11－5　Galileo 系统 Walker 30/3/1 星座

个轨道面内，升交点赤经分别相差 120°，其中 3 颗卫星的星下点轨迹重合，交叉点经度为东经 118°，其余 2 颗卫星星下点轨迹重合，交叉点经度为东经 95°。MEO 卫星轨道高度为 21 528 km，轨道倾角为 55°，回归周期为 7 天 13 圈，相位从 Walker 24/3/1 星座中选择，第一轨道面升交点赤经为 0°。4 颗 MEO 卫星位于第一轨道面 7、8 相位，第二轨道面 3、4 相位。服务范围包括 55°S～55°N，70°E～150°E 的大部分区域，北斗二号卫星导航系统覆盖区域如图 11－6 所示。目前我国正在开展北斗三号全球卫星导航系统建设，北斗三号卫星导航系统空间段混合星座由 3 颗 GEO 卫星、3 颗 IGSO 卫星和 24 颗 MEO 卫星组成，系统星座如图 11－7 所示，其中 24 颗 MEO 卫星组成 Walker24/3/1 星座，卫星轨道高度 21 500 km，轨道倾角 55°，均匀分布在 3 个轨道面上；IGSO 卫星轨道高度 36 000 km，均匀分布在 3 个倾斜同步轨道面上，轨道倾角 55°，3 颗 IGSO 卫星星下点轨迹重合，交叉点经度为东经 118°，相位差 120°。GEO 卫星分别定点于东经 80°、110.5°和 140°。

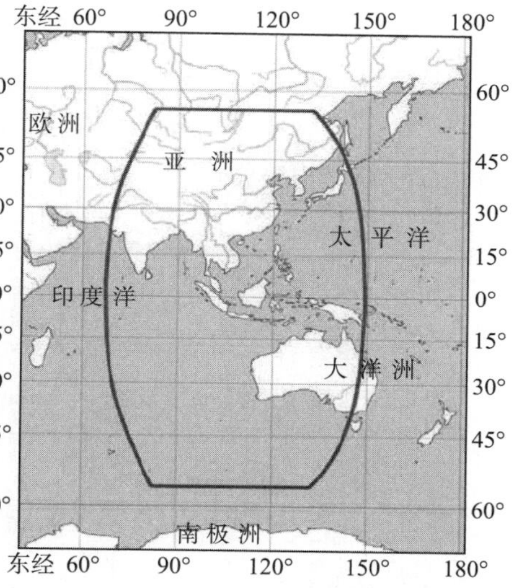

图 11－6　北斗二号系统服务范围

日本 QZSS 系统空间段由 4 颗卫星组成特殊的星座，其中 3 颗卫星采用大倾角椭圆轨道设计方案，1 颗采用地球同步静止轨道设计方案。QZSS 系统覆盖区是一个不对称的“8”字，如图 11－8 所示，3 颗卫星的星下点轨迹相同，升交点赤经相差 120°，轨道倾角 43°，轨道周期 23 h 56 min。由于地球本身自西向东自转，而卫星运行轨道是倾斜的，卫星会逐渐改变它的角度（相对用户）。因此，仅仅 1 颗卫星并不能保证日本上空总有卫星在运行，实际上这种大倾角椭圆轨道卫星，用户仰角为 70°时，每天有 12 个多小时运行在日本上空。由此，星座的 3 颗导航卫星可以确保每天始终有 1 颗卫星运行在日本上空。

印度 IRNSS 系统空间段由 7 颗同步轨道卫星组成，其中 3 颗为 GEO 卫星，分别定点在东经 32.5°E、83°E 和 131.5°E，4 颗为倾斜地球同步轨道卫星，简称 IGSO 卫星，卫星轨道倾角 29°，其中 2 颗 IGSO 卫星的升交点赤经为东经55°E，另 2 颗 IGSO 卫星的升交点赤经为东经 111.75°E，4 颗 IGSO 卫星星下点轨迹是一个对称的“8”字，印度区域导航

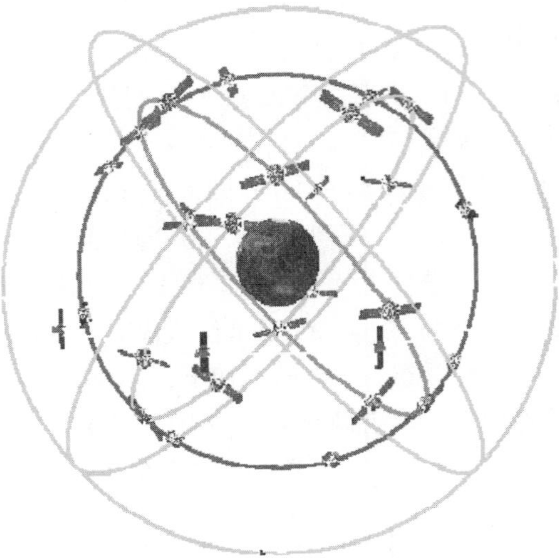

图 11 - 7　北斗三号系统 Walker 24/3/1 星座

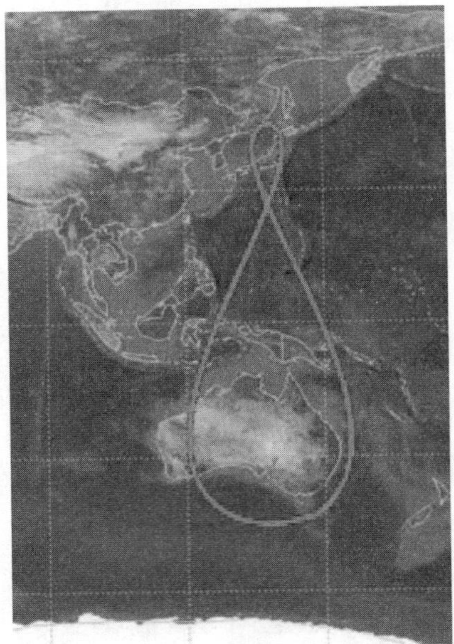

图 11 - 8　QZSS 系统覆盖区

卫星系统 IRNSS 空间段卫星星座组成及卫星星下点轨迹如图 11 - 9 所示。

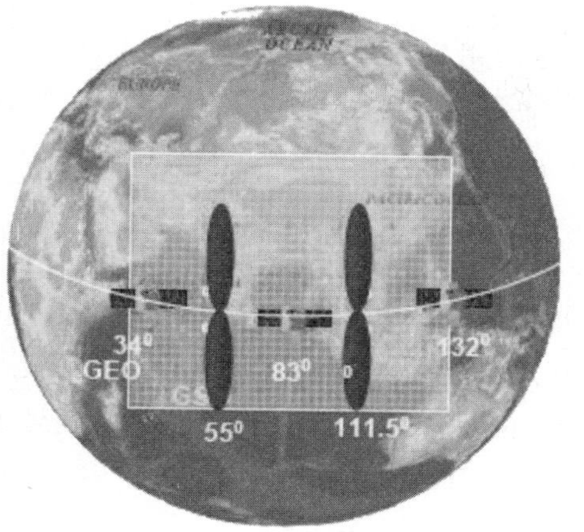

图 11-9　IRNSS 系统覆盖区

11.3　定位精度

定位精度是指对于任何地点、在规定时间范围内、在给定服务区域内，位置测量值和真值之间的统计差。精度是一种性能指标的统计测量值，在讨论卫星导航系统的定位精度时，也必须同时说明应用场景位置的不确定性。卫星导航系统给出的位置精度是指用户测量结果与真值的符合程度，也包括速度和时间的估算值或者测量值。

Parkinson 教授认为定位精度还应该包括有界误差（bounded inaccuracy），即巡航武器偏离航道和不精确定位的概率。武器打击精度受到目标定位误差（target location error，TLE）、武器定位误差（weapon location error，WLE）以及武器制导误差（weapon guidance error，WGE）3 个因素影响，这 3 个因素都受到卫星导航系统定位精度的影响。

武器弹药的目标定位误差受限于投弹手（或侦查员）对目标方位角的测算精度，为了确保武器打击精度优于 5 m，Parkinson 教授建议美国国防部应为前线侦查员研发精度优于 1 mrad 的测向仪器。系统精度和有界误差由卫星几何精度因子值和用户测距误差共同决定，为所有用户提供较好的几何精度因子就需要增加在轨卫星的数量。由此，Parkinson 教授以建议的形式强调“30＋3”星座的重要性，对大多数用户来说，系统定位精度和可用性都将得到大幅度改善。

另外，通过卫星导航系统的地面控制段提高星载原子钟的准确度、持续提高卫星导航系统的原子时参考系统的稳定性以及提高导航卫星轨道位置的测量精度等措施，可以进一步降低卫星导航系统固有的测距误差，由此，Parkinson 教授建议 GPS 联合办公室应当持续大力推进星载原子钟的研发，进一步提高星载原子钟的稳定性和精度等指标，同时导航卫星应当安装激光反射器，用激光测距数据修正伪码和载波测距值，这样可以极大改善星载原子钟的预报准确度、长期星历的精度，由此会改善所有系统的 PNT 服务水平。

下面以 GPS 为例阐述定位精度的描述方法，系统的标准定位服务（SPS）空间信号

(SIS) 精度用 2 种统计方法描述：一种是在规定数据龄期内（零数据龄期或者最大数据龄期），标准定位服务空间信号的用户测距误差（95%置信度）；另一种是跨越所有数据龄期，标准定位服务空间信号的用户测距误差（95%置信度）。标准定位服务空间信号精度又可以称为伪距精度。

11.3.1　精度标准

根据 2008 年 9 月《GPS 标准定位服务性能标准（第四版）》(*GLOBAL POSITIONING SYSTEM, STANDARD POSITIONING SERVICE PERFORMANCE STANDARD*, *4th Edition September* 2008）相关说明，GPS 标准定位服务空间信号用户测距误差精度标准如表 11 - 1 所示。

表 11 - 1　GPS 标准定位服务空间信号用户测距误差精度标准

空间信号精度标准	条件和约束
单频 C/A 测距码： · 正常运控模式、跨越所有数据龄期、全球平均 URE≤ 7.8 m(95%置信度)； · 正常运控模式、零数据龄期、全球平均 URE≤ 6.0 m (95%置信度)； · 正常运控模式、任何数据龄期、全球平均 URE≤ 12.8 m(95%置信度)	· 任何健康的标准定位服务空间信号(SIS)； · 忽略电离层延迟模型误差； · 包含 L1 频点信号群时延修正(T_{GD})； · 包含 L1 频点信号 C/A 测距码与 P(Y)测距码之间相位差的误差
单频 C/A 测距码： · 正常运控模式、全球平均 URE≤ 30 m(99.7%置信度)； · 正常运控模式、最坏情况、单点平均 URE≤30 m (99.7%置信度)	· 任何健康的标准定位服务空间信号(SIS)； · 忽略电离层延迟模型误差； · 包含 L1 频点信号群时延修正(T_{GD})； · 包含 L1 频点信号 C/A 测距码与 P(Y)测距码之间相位差的误差； · 测量时间为 1 年，数据为服务区域内的每天测量值的平均值； · 允许每年出现三次、持续时间不多于 6 h 的服务中断
单频 C/A 测距码： 拓展运控模式、14 天没有上注导航电文、全球平均 URE≤ 388 m(95%置信度)	任何健康的标准定位服务空间信号

注：①用户测距误差(User Range Error，URE)意思是卫星播发的空间信号造成的伪距误差；

②虽然单频信号电离层延迟模型参数是 GPS 标准定位服务播发的空间信号导航电文的部分内容，但制定本标准时，不考虑单频信号电离层延迟模型误差，即忽略了单频信号电离层延迟模型误差；

③跨越所有数据龄期(AODs)可以使得 GPS 标准定位服务用户接收机能够经历到最典型的用户测距误差；例如由于电文更新不及时，造成卫星实际轨道位置数据与用户接收到的导航电文星历数据出现偏差，由此使用户测距误差较大；

④正常运控模式、跨越所有数据龄期、全球平均用户测距误差(URE)≤ 7.8 m(95%置信度)的性能标准，相当于标准定位服务播发的空间信号的用户测距误差的均方根值(RMS)≤ 4.0 m。

根据 2007 年 2 月发布的《GPS 精密定位服务性能标准》(*GLOBAL POSITIONING SYSTEM PRECISE POSITIONING SERVICE PERFORMANCE STANDARD*）相关说明，精密定位服务用户测距误差精度指标如表 11 - 2 所示。

表 11－2　精密定位服务用户测距误差精度指标

状态 \ 方式	单频 P(Y)精密测距码	双频 P(Y)精密测距码
全球平均用户测距误差(正常工作状态、全数据龄期)	6.3 m　95%	≤5.9 m　95%
全球平均用户测距误差(正常工作状态、零数据龄期)	5.4 m　95%	2.6 m　95%
全球平均用户测距误差(正常工作状态、任何数据龄期)	12.6 m　95%	11.8 m　95%
全球平均授时精度(正常工作状态、任何数据龄期)	40 ns　95%	

注:①卫星工作状态是健康的;②忽略单频电离层时延模型误差;③L1 信号考虑了群时延修正(TGD)误差。

根据 2008 年 9 月《GPS 标准定位服务性能标准(第四版)》相关说明,GPS 标准定位服务空间信号用户测距率误差(User Range Rate Error,URRE)精度标准如表 11－3 所示;GPS 标准定位服务空间信号用户测距加速度误差(User Range Acceleration Error,URAE)标准如表 11－4 所示;GPS 标准定位服务空间信号的协调世界时 UTC(USNO)偏置误差(UTCOE)精度标准如表 11－5 所示;在 GPS 空间段 Walker 24/6/2 星座及相关服务范围约束下,在满足 GPS 位置精度因子(PDOP)可用性标准以及 GPS 标准定位服务空间信号用户测距误差(URE)的条件下,GPS 标准定位服务的定位和授时精度标准如表 11－6 所示。

表 11－3　GPS 标准定位服务空间信号用户测距率误差精度标准

空间信号精度标准	条件和约束
单频 C/A 测距码: 正常运控模式、任何数据龄期、3 s 时间间隔、全球平均 URRE≤0.006 m/s(95%置信度)	· 任何健康的标准定位服务空间信号; · 忽略单频电离层延迟模型误差; · 忽略由于导航电文数据转换造成伪距阶跃变化进而引起的伪距速度误差

注:①GPS BLOCK－ⅡA 卫星的星载铷原子钟和铯原子钟的 3 s 稳定度为 1×10^{-11},BLOCK－ⅡR 和 BLOCK－ⅡF 等后续 GPS 卫星的星载原子钟稳定度已大幅度提高,因此表中给出的用户测距率误差结果比较保守;

②考虑用户接收机造成的伪距率误差和的平方根 RSS(Root－sum－squaring)后,同时忽略修正分量,则称为用户等效测距率误差。

表 11－4　GPS 标准定位服务空间信号用户测距加速度误差精度标准

空间信号精度标准	条件和约束
单频 C/A 测距码: 正常运控模式、任何数据龄期、3 s 时间间隔、全球平均 URAE≤0.002 m/s/s(95%置信度)	· 任何健康的标准定位服务空间信号(SIS); · 忽略由于导航电文数据转换造成伪距阶跃变化进而引起的伪距速度误差; · 忽略单频电离层延迟模型误差

注:①GPS BLOCK－ⅡA 卫星的星载铷原子钟和铯原子钟的 3 s 稳定度为 1×10^{-11};

②考虑用户接收机造成的伪距率误差和的平方根(RSS)后,同时忽略修正分量,则称为用户等效测距加速度误差 UERAE。

表 11-5　GPS 标准定位服务空间信号协调世界时（USNO）的偏置误差（UTCOE）精度标准

空间信号精度标准	条件和约束
单频 C/A 测距码： 正常运控模式、任何数据龄期、全球平均 UTCOE ≤ 40 ns(95%置信度)	任何健康的标准定位服务空间信号(SIS)

注：①UTCOE 是 GPS 标准定位服务卫星播发的空间信号中导航电文的部分参数，反映 GPS 系统卫星时间与协调世界时 UTC(USNO)的偏差；

②考虑用户接收机求解 GPS 时精度的和的平方根(RSS)后，可以给出用户接收机总的协调世界时 UTC 精度。

表 11-6　GPS 标准定位服务的定位和授时精度标准

定位和授时精度标准	条件和约束
全球平均定位精度： · 水平误差 ≤ 9 m(95%置信度) · 垂直误差 ≤ 15 m(95%置信度)	· 解算出的定位和授时结果满足典型用户要求； · 在任何 24 h 测量范围内，对服务区域内所有的观测点测量结果取平均值
最坏定位精度： · 水平误差 ≤ 17 m(95%置信度) · 垂直误差 ≤ 37 m(95%置信度)	· 解算出的定位和授时结果满足典型用户要求； · 在任何 24 h 测量范围内，对服务区域内任意点测量结果
时间传递精度(仅依靠空间信号) 时间传递误差 ≤ 40 ns(95%置信度)	· 解算出的时间传递结果满足典型用户要求； · 在任何 24 h 测量范围内，对服务区域内所有的观测点测量结果取平均值

11.3.2　定位精度及其决定因素

以 GPS 为例，阐述卫星导航系统应该如何描述定位精度。1993 年 12 月，美国国防部宣布 GPS 具备初始运行服务能力（IOC），同年宣布 GPS 对全世界开放；1995 年 4 月，宣布 GPS 具备全面运行服务能力。GPS 官方公布的标准定位服务（SPS）和精密定位服务（PPS）的定位精度如表 11-7 和表 11-8 所示。

表 11-7　GPS 标准定位服务精度（单频 C/A 码）

GPS 性能标准		SPS 用户性能	SPS 信号在空间的性能
全球精度	水平 95%	<100 m	< 9 m
	垂直 95%	<156 m	< 15 m
最坏地点精度	水平 95%	<100 m	< 17 m
	垂直 95%	<156 m	< 37 m
用户测距误差		N/A	<7.8 m（95%的时间内）
时间传递精度		N/A	<40 ns（95%的时间内）
精度因子（PDOP ≤ 6）		> 95.86%（全球）	> 98%（全球）
		> 83.9%（最坏地点）	> 88%（最坏地点）
星座可用性		N/A	>98%（21 颗卫星健康工作的概率）

表 11－8　GPS 精密定位服务精度［双频 P/（Y）码］

GPS 性能标准		PPS 用户性能	PPS 信号在空间的性能
全球精度	水平 95%	<36 m	<13 m
	垂直 95%	< 77 m	< 22 m
用户测距误差		N/A	<5.9 m（95%的时间内）
时间传递精度		N/A	<40 ns（95%的时间内）
完好性		N/A	< 1×10^{-5}（任意 1 h 的概率）
精度因子（PDOP ≤ 6）		>95.7%（全球）	>98%（全球）
星座可用性		N/A	>98%（21 颗卫星健康工作的概率）

事实上，1995 年 GPS 全面运行后，军码 P/（Y）码定位精度优于 5 m，远远高于设计指标。2012 年 2 月 17 日，美国政府 GPS 官方网站给出了近年来 GPS 用户测距误差值的变化趋势，如图 11－10 所示；2008 年以后，GPS 标准定位服务用户测距误差最大值为 4 m（RMS）。

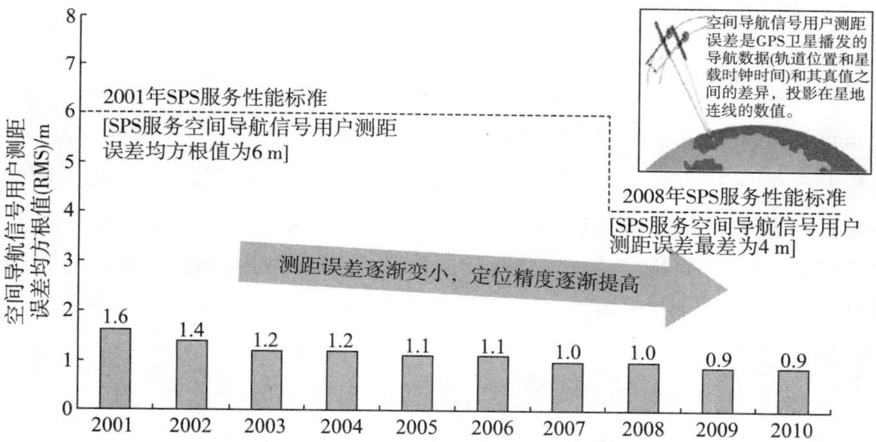

图 11－10　GPS 系统标准定位服务用户测距误差值的变化趋势

其实，在 1995 年 GPS 全面运行服务之前，GPS 早已广泛用于军用和民用领域了，实际应用统计结果表明，使用粗测距 C/A 码，大部分时候可以获得误差在平面内 7～15 m 的水平定位精度，高程精度要差一些，但也能在 12～35 m 的误差范围内。根据第 48 届 GPS CGSIC 年会（GPS Program Update to 48th CGSIC Meeting，2008 年 9 月 15 日）美国 Aerospace 公司 GPS 工程部的 Tom Powell 提交的报告，2008 年 GPS 全球范围平面定位误差（2008－09－10 16：55：00 测量数据）统计结果表明，全球范围平面定位误差最大为 4.92 m，平均为 2.34 m，95%的情况下定位精度为 3.16 m，其中用户设备误差为 2.6 m（UEE＝2.6 m）。

GPS 的定位精度取决于伪距或载波相位测量值以及广播导航电文的质量。分析各种误差对精度的影响时，通常假设可以将这些误差源归属到各颗卫星的伪距中，并可以看成是伪距值中的等效误差。对于某一颗给定的卫星来说，用户等效距离误差被视为与该卫星相关联的每个误差源所产生的影响的统计和。在每颗卫星之间，通常假定用户等效距离误差是独立的，并且分布是相同的。

UERE 也可以理解为从地面用户接收机到空间导航卫星之间的距离误差。UERE 的计算值在统计上是无偏的，即零均值误差，以“±×”形式给出。UERE 分量如表 11－9 所示。

表 11－9 用户等效距离误差（UERE）分量

误差源	影响（m）
C/A 码信号	±3
P(Y)码信号	±0.3
电离层延迟	±5
星历误差	±2.5
卫星原子钟误差	±2
多路径效应	±1
对流层延迟	±0.5
C/A 码标准偏差 σ_R	±6.7
P(Y)码标准偏差 σ_R	±6.0

表 11－9 中还应包括数值计算误差，其标准偏差 σ_{num} 为±1 m，其中 C/A 码及 P（Y）的标准偏差由各个分量的平方和的平方根计算得到。为了得到用户接收机解算位置的标准偏差，UERE 还要乘以相应的精度因子，即位置的误差同时是伪距误差和卫星几何布局两者的函数。例如，C/A 码标准偏差 σ_R 乘以位置精度因子（用户接收机和空间导航卫星之间几何构形的函数）可以得到用户接收机解算位置误差的标准偏差 σ_{rc}，其中根据表 11－9 可以计算得到 C/A 码标准偏差 σ_R 为

$$\sigma_R = \sqrt{3^2 + 5^2 + 2.5^2 + 2^2 + 1^2 + 0.5^2}\ \text{m} = 6.7\ \text{m} \tag{11-1}$$

由此，可以得到用户接收机解算位置误差的标准偏差 σ_{rc} 为

$$\sigma_{rc} = \sqrt{\text{PDOP}^2 \times \sigma_R^2 + \sigma_{\text{num}}^2} = \sqrt{\text{PDOP}^2 \times 6.7^2 + 1^2}\ \text{m} \tag{11-2}$$

GPS 系统用户位置的测量值、4 个球面交汇确定的位置与真实值之间的关系如图 11－11 所示。

11.3.3 测量精度

精度的定义很好理解，确定的误差干扰以及位置（速度、时间）的测量不准性是导航误差的来源，导航误差需要用误差不超过给定范围的概率来表示。根据所关心的空间维度，定位精度可以分成三种：一维精度，用于表述垂直定位精度；二维精度，用于表述平面定位精度；三维精度，融合了垂直定位精度和平面定位精度。

在一些技术文献和产品设计说明书中，常见的定位精度测量值为：圆概率误差、均方根误差、百分比（$x\%$）、标准差（1σ、2σ）。这些定位精度测量值中有的是平均值，有的是统计分布值，解释如下。

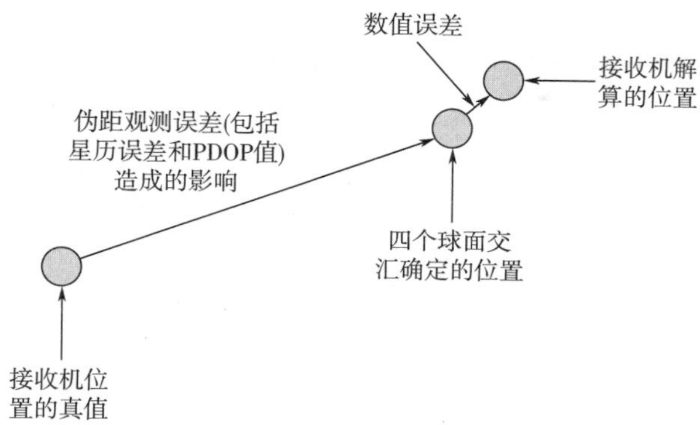

图 11－11　GPS 用户位置的测量值与真实值之间的关系

1）百分比（$x\%$）：计算的位置值中，有 $x\%$的值的误差低于或等于准确值。典型的百分比有 50%，67%，75% 以及 95%。例如，5m（95%）的精度的含义是在 95%的测量值中，位置误差等于或者小于 5 m。

2）圆概率误差：以准确（无误差）位置坐标为圆心时包含 50%的误差分布（测量位置）。例如，CEP 50%的含义是在计算的位置值中，有 50%计算值的误差低于或等于准确值。

3）均方根误差：误差平方的平均值的平方根，均方根误差是平均值，但假设定位误差遵循正态分布，通常用 68%表述垂直定位的一维精度，63%表述二维平面定位精度。对于二维平面定位误差，均方根误差测量值可以表述为“距离均方根差”，有“2 RMS”和“2 DRMS”2 种计算方法，“2 DRMS”的意思是“2 倍 RMS”。

4）$x\sigma$：1σ 指一倍标准偏差，$x\sigma$ 指 x 倍的一倍标准偏差，假设误差遵循正态分布，一倍标准偏差的概率值是 68.3%，二倍标准偏差（2σ）的概率值是 95.5%，三倍标准偏差（3σ）的概率值是 99.7%。如果一维分布精度为 68%，那么二维分布精度为 39%。

5）均值误差：平均误差，对于一维分布而言，对应的精度指标是 68%；对于二维分布而言，对应的精度指标是 54%。

6）标准偏差：误差的标准偏差，与一倍标准偏差（1σ）相同。对于一维分布而言，对应的百分比指标是 58%；对于二维分布而言，对应的百分比指标是 39%。

一般定位精度多指一倍标准偏差（1σ）的位置误差，且用距离均方根差表示二维水平定位精度

$$\mathrm{DRMS}=\sqrt{\sigma_{\lambda}^{2}+\sigma_{\phi}^{2}}=\mathrm{HDOP}\cdot\sigma_{\mathrm{UERE}} \tag{11-3}$$

垂向定位精度常用的度量就是误差幅度，95%的测量值都落在这个范围内，即大约等于高斯随机变量的 2σ 值

$$95\%\ \text{垂向定位精度}=2\cdot\mathrm{VDOP}\cdot\sigma_{\mathrm{UERE}} \tag{11-4}$$

假设伪距误差也是零均值，且在每颗卫星之间是相互独立的，对于标称的 24 颗卫星的 GPS 星座而言，VDOP 取全球平均值 1.6，然后利用 GPS 精密定位服务（PPS）和标准定位服务（SPS）的典型 UERE 预算值，就可以算出精密定位服务和标准定位服务的

95%垂向定位精度分别为 4.5 m 和 22.7 m。

二维高斯随机变量当假定为零均值时，圆概率误差可以近似地表示为

$$CEP = 0.59 \cdot \sqrt{\sigma_\lambda + \sigma_\phi} \tag{11-5}$$

也能用距离均方根差（DRMS）来估算为

$$CEP_{50} = 0.75 \cdot HDOP \cdot \sigma_{UERE} \tag{11-6}$$

对于全球平均的HDOP=1.0 的导航卫星空间几何布局 $\sigma_{UERE}=1.4$ m 来说，水平误差度量是圆概率误差，50%的水平误差大小估算值为

$$CEP_{50} = 0.75 \cdot HDOP \cdot \sigma_{UERE} = 0.75 \times 1.0 \times 1.4 = 1.1 \text{ m} \tag{11-7}$$

对于三维误差分布的应用来说，用球概率误差度量，定义为一个球的半径，此球以正确（即无误差）位置为球心时包含 50%的误差分布（测量位置）。

在误差遵循正态分布的假设下，上述精度测量值可以相互转换，在“百分比”和“标准差 σ”之间存在对应关系，如表 11 - 10 所示。例如，1 m（1σ）的精度与 2 m（2σ）、3 m（3σ）以及 x m(xσ）的精度是一致的。

表 11 - 10　“百分比”和“标准差 σ”之间的对应关系

标准差 σ	百分比(一维分布)	标准差 σ	百分比(二维分布)
0.67	0.5(CEP)	1	0.394(std deviation)
0.80	0.58(mean error)	1.18	0.5(CEP)
1	0.682 7(rms and st deviation)	1.25	0.544(mean error)
1.15	0.7	1.414	0.632(rms)
1.96	0.95	1.67	0.5
2	0.954 5	2	0.865
2.33	0.98	2.45	0.5
2.57	0.99	2.818	0.982(2rms)
3	0.997 3	3	0.989
4	0.999 936	3.03	0.99
5	0.999 994 2	4	0.999 7
6	0.999 999 998	5	0.999 997
		6	0.999 999 98

11.3.4　伪距观测误差预算

下面以 GPS 为例说明卫星导航系统伪距观测误差预算，系统总的用户等效距离误差由来自 GPS 的空间段、地面运控段以及用户段的分量组成，这种误差预算是在用单频测量值或者双频测量值测定电离层延迟条件下估计的，对这些误差分量取平方和的平方根（RSS）以形成系统总 UERE，并假定总 UERE 呈高斯分布。各误差可以视为独立的随机变量，其方差可以求和，或者说，等效的 1σ 总误差就是单个 1σ 值的 RSS。Kaplan，E. D 主编的《GPS 原理与应用》给出了典型的 UERE 预算所做的估计值，如表 11 - 11 所示。其中精密定位服务的 UERE 预算采用双频 P（Y）码接收机测量得到，标准定位服务的

UERE 预算采用单频 C/A 码接收机测量得到，对单频用户来说，主要的伪距误差源是使用了广播电离层延迟校正值后的残留电离层延迟。

表 11－11　GPS 精密定位服务和标准定位服务的典型 UERE 预算

区段源	误差源	PPS 的 1σ 误差(m)	SPS 的 1σ 误差(m)
空间/控制	广播时钟	1.1	1.1
	广播星历	0.8	0.8
用户	L1 P(Y)－L1 C/A 群时延	——	0.3
	残留电离层延迟	0.1	7.0
	残留对流层延迟	0.2	0.2
	接收机噪声	0.1	0.1
	多径	0.2	0.2
系统 UERE	总计	1.4	7.1

11.3.5　精度因子 DOP

卫星导航系统利用 4 颗卫星确定用户的位置，测量误差不可避免，用户与卫星之间的伪距测量值也必然有误差，测量误差越大，导航卫星和接收机之间的距离也就越不准确，导致根据 4 个球面位置解算精度越低，导航卫星在天空中的几何分布与定位结果的不确定性关系如图 11－12 所示，不仅产生解算结果的不确定性，甚至会造成模糊性问题。

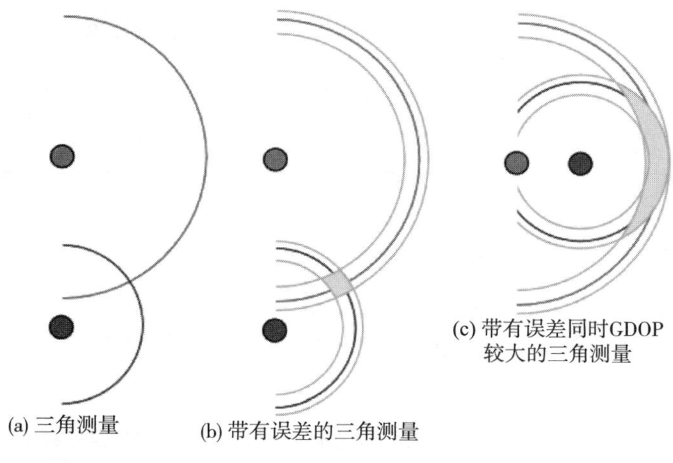

图 11－12　卫星的几何分布与定位结果的不确定性关系

精度因子的概念是由位置误差引起的测量误差，取决于用户和卫星之间的相对几何布局，图 11－12 给出了 2 种几何布局，虽然在 2 种情况下，距离测量是等精度的，但是显然位置估算的精度却不相同，用阴影来表示不确定区域，显然图中（b）图比（c）图的不确定区域要小很多。位置估算的质量取决于距离测量的质量和 2 个已知点（卫星）S1 和 S2 之间的几何角度。

导航卫星的空间几何分布优劣程度用 GDOP 衡量，表示所观测卫星的几何关系对计算用户位置和用户机钟差的综合精度影响，GDOP 仅与所观测卫星的空间分布有关，几何精度因子也称为观测卫星星座的图形强度因子。利用 GPS 进行单点定位（绝对定位）时，定位精度主要取决于伪距观测量的误差和所观测卫星的几何分布情况。用户距离误差的变化量和 DOP 值越小，位置计算的精度就越高。

11.4　完好性

卫星系统完好性是对利用卫星导航信号实现定位、导航和授时服务正确性的信任程度的一种度量，当导航信号不能用于定位、导航和授时服务时，系统应及时向用户告警。以 GPS 为例，及时告警是指当瞬时误差超过用户测距误差的导航容差（not to exceed tolerance，NTE）时，8 s 内系统告警信息应该到达 GPS 用户接收机天线端，附加的 2 s 为 GPS 用户接收机的响应时间，即接收、锁定、读取并解算导航信号告警信息的时间。

当标准定位服务的空间信号导致“错误引导信号信息（misleading signal - in - space information，MSI）”事件发生时，卫星播发的信号应不可用。“错误引导”的门限值不超过标准定位服务空间信号用户测距误差的容差，例如，民航飞机盲降（CAT Ⅲ）对卫星导航系统的完好性要求为，当水平（垂直）定位误差超过 15 m（10 m）时，GPS 未能在 2 s 内告警的概率低于 10^{-9}/每次进近（详见国际民航组织国际公约附件 10 卷 1），如表 11 - 12 所示。

表 11 - 12　盲降（CAT Ⅲ）对 GPS 的完好性要求

飞行阶段	告警限		告警时间	完好性风险
	水平	垂直		
CAT Ⅲ	15 m	10 m	2 s	10^{-9}/每次进近

11.4.1　系统完好性标准

下面以 GPS 为例，给出卫星导航系统应该如何描述系统完好性。根据《GPS 标准定位服务性能标准（第四版）》相关说明，GPS 标准定位服务空间信号瞬时用户测距误差的完好性要求如表 11 - 13 所示。

表 11 - 13　GPS 标准定位服务空间信号瞬时用户测距误差标准

空间信号完好性标准	条件和约束
单频 C/A 测距码： 正常运控模式下，任意一小时内，当标准定位服务空间信号的瞬时用户测距误差超过 NTE 容差时，系统没有及时向用户告警的概率≤1×10^{-5}	• 任何健康的标准定位服务空间信号； • 空间信号用户测距误差的 NTE 容差定义为用户测距精度 URA(User Range Accuracy)值上限的±4.42 倍； • 假定任意一小时的开始阶段，瞬时用户测距误差不超过 NTE 容差范围； • 延迟告警的最坏情况为 6 h； • 忽略单频电离层延迟模型误差

对于广播星历中最多可能有 32 颗导航卫星信息，相应 GPS 标准定位服务空间信号的瞬时用户测距误差失去完好性的次数为平均每年 3 次。假定这三次失去完好性事件每次持续的时间不超过 6 h，则等效发生“错误的空间导航信号信息 MSI”事件的最坏情况概率为 0.002（18/8 760）。

目前，尚未制定 GPS 标准定位服务空间信号的瞬时用户测距率（卫星播发的空间信号造成的伪距速度误差）完好性要求，也没有制定瞬时用户测距加速度（卫星播发的空间信号造成的伪距加速度误差）完好性要求。

GPS 标准定位服务空间信号瞬时协调世界时偏置误差（UTCOE）的完好性要求如表 11－14 所示。

表 11－14　GPS 标准定位服务空间信号协调世界时的偏置误差完好性标准

空间信号精度标准	条件和约束
单频 C/A 测距码： 正常运控模式、任意一小时内，当标准定位服务空间信号的瞬时协调世界时的偏置误差超过 NTE 容差时，系统没有及时向用户告警的概率$\leqslant 1\times10^{-5}$	· 任何健康的标准定位服务空间信号； · 标准定位服务空间信号信号协调世界时的偏置误差的 NTE 容差为±120 ns； · 延迟告警的最坏情况为 6 h

11.4.2　系统完好性参数

下面以 GPS 为例阐述卫星导航系统描述系统完好性的参数。表征 GPS 完好性的参数有 4 个分量，主服务失效概率、告警时间（Time to Alert，TTA）、标准定位服务空间信号用户测距误差的 NTE 容差（the SIS URE NTE tolerance）、告警。

（1）主服务失效概率

主服务失效概率指当标准定位服务空间信号的瞬时用户测距误差超过 NTE 容差时，即发生了“错误引导信号信息 MSI”事件，系统没有及时发出告警的概率。告警一般包括警报和警告两种类型。

（2）告警时间

标准定位服务空间信号的告警时间定义为从发生“错误引导信号信息 MSI”事件开始直到告警（警报或警告）指示（标识）到达用户接收机天线为止的时间。实时告警信息作为导航电文数据的一部分播发给用户。

（3）空间信号用户测距误差的 NTE 容差

标准定位服务空间信号用户测距误差的 NTE 容差定义为用户测距精度值上限的±4.42 倍（卫星播发健康信号情况下），用户测距精度值与当前导航电文中的 URA 指标“N”相对应，用户测距精度是导航电文重要参数之一。

（4）告警

当 GPS 给出标准定位服务空间信号的警报标识后，则标准定位服务的空间信号由“健康”状态转变为“不健康状态”。如果出现下列 6 种警报标识信息，则说明标准定位服务空间信号提供的信息不准确。

1）无法跟踪标准定位服务的空间信号，例如卫星播发信号功率下降多于 20 dB，信号相关损失增加 20 dB。无法跟踪信号一般又分为卫星停止播发标准定位服务的空间信号、信号中没有调制标准 C/A 测距码数据、信号中非标准的 C/A 码代替了标准 C/A 码、第 37 号伪随机码（PRN C/A - code number 37）代替了标准 C/A 码的 4 种情况。

2）导航电文数据的 5 个连续奇偶校验字失效（3 s）。

3）播发的星历数据标志（IODE）与时钟数据标志（IODC）不匹配，正常数据集合切换除外，详见 IS - GPS - 200；一个 IODE 值对应一套星历校正参数，如果卫星信号播发了一个新的 IODE 值，则表明该卫星更新了星历校正参数。

4）播发的导航电文子帧 1、2 或 3 的数据均被设置为“0”或“1”。

5）播发的导航电文子帧 1、2 或 3 的数据为默认的导航数据（详见 IS - GPS - 200）。

6）播发的导航电文子帧中遥测字的 8 位“帧头”不等于 10001011（二进制）或 139（十进制）或 8 B（十六进制）；（帧头用于帧同步，每个正确的同步帧头都标记了导航数据子帧的起始位置，主要作用是指明卫星注入数据的状态，作为捕获导航电文的前导，其中所含的同步信号为各子帧提供了一个同步的起点，使用户便于解释电文数据）。

当标准定位服务空间信号的导航电文中给出“警告标识”时，表明导航卫星播发的空间信号由“健康”状态变化为“不健康”状态或者“临界”状态。一般在可能发生“错误的空间导航信号信息 MSI”事件之前，系统给出标准定位服务空间信号的“警告标识”（导航电文子帧 1 中有“6 位健康状态字”表征空间信号 SIS 的健康状态）。通常在实施卫星计划内维护之前，预先设置表征空间信号 SIS 的健康状态“6 位健康状态字”。“警告标识”一般出现在“警报标识”之后，或者在卫星寿命末期出现。

11.4.3 民航对卫星导航系统完好性要求

国际民航组织（ICAO）对卫星导航系统完好性要求用告警门限、告警时间、完好性风险、保护门限以及完好性失效参数表征，详见国际民航组织国际公约附件 10 卷 1 的相关说明。

（1）告警门限

给定导航系统服务参数（P、N、T）测量值的告警门限是特定的误差容限（容许量），在该误差容限内可保证用户使用安全。水平告警门限或垂直告警门限是最大允许的水平或垂直定位误差容限，超过该容限时，系统应当向用户发布“不可用”信息。

（2）告警时间

当发生完好性事件，在规定的时间范围内，系统应当发布告警信息或者说具备及时发布告警的能力，规定的时间范围内即为告警时间。

严格来说，既然发生完好性事件，要么在告警时间内被检测出来，同时系统发布告警信息；要么完好性事件持续时间很短，短到远小于告警时间，由此不能认为发生了统计意义上的完好性事件。除非发生完好性事件时，超过告警时间规定的时间后，系统没有发布告警信息，否则讨论告警时间时不应该考虑完好性事件。因此，告警时间可以理解为从导航系统 PNT 服务开始超出误差容限到系统用户发出告警信号为止所经过的最长允许的时间。

（3）完好性风险

尽管在民用航空标准中没有明确给出完好性风险定义，但完好性风险可以理解为系统完好性指标不满足要求时，系统能够向用户及时发布告警信息的概率。也可以理解为系统估算的载体的位置值超过水平告警门限或者垂直告警门限时，卫星导航系统在规定的告警时间内没有告警的概率。另一方面，连续性风险定义为在系统工作过程中，系统告警能够省略的概率。

因此，完好性风险定义为在任何时刻，位置误差超过告警门限的概率。完好性风险通常与系统告警时间相关，即在发生完好性事件后，系统检测出失效前，留给系统的时间。在这种情况下，超出告警限的定位误差应该保持的时间要长于规定的告警时间，以便系统统计计数并用于完好性风险计算。

（4）保护门限

保护门限是一种计算得到的统计边界误差，以保证绝对定位误差小于或等于导致发生完好性风险的误差概率满足要求。因为我们不知道飞机在正常工作过程中的位置误差，为了能够度量位置误差超过告警门限的风险，所以需要计算一个位置误差的统计边界，又称为保护门限（protection levels，PL）。国际民航组织国际公约附件 10 卷 1 定义的系统保护门限为：水平保护门限是基于系统完好性指标要求导出的水平位置误差的边界范围；同样，垂直保护门限是基于系统完好性指标要求（完好性风险）导出的垂直位置误差的边界范围。

对基于全球无线电导航系统的星基增强系统，美国航空无线电技术委员会对保护门限给出了类似的定义：水平保护门限是一个在水平面上的圆的半径，该水平面与 WGS84 椭球相切，假定圆的圆心是飞机的真实位置，水平保护门限确保了测量得到的水平位置在该半径范围内，详见 Minimum Operational Performance Standards for Global Positioning System/Wide Area Augmentation System Airborne Equipment. RTCA DO - 229, Dec 2006。

国际民航组织和美国航空无线电技术委员会给出的保护门限定义均未明确如何与系统完好性风险关联。由此也可以采用下面的定义，保护门限是一个计算得到的位置误差的统计范围，可以保证绝对位置误差小于等于造成目标发生完好性风险事件时的位置误差。任何精密的定位系统都需要给用户详细说明虚假警报的概率要求，由此设定如何放宽保护门限范围的限定条件。民航利用卫星导航系统导航过程中，水平和垂直保护门限示意图如图 11 - 13 所示。

与保护门限相关完好性事件定义为如果水平或垂直位置误差超出了水平或垂直保护门限，那么就说发生了水平或垂直完好性事件。

（5）完好性失效

如果发生完好性事件后，持续的时间超过了告警时间，而在告警时间内系统没有发布

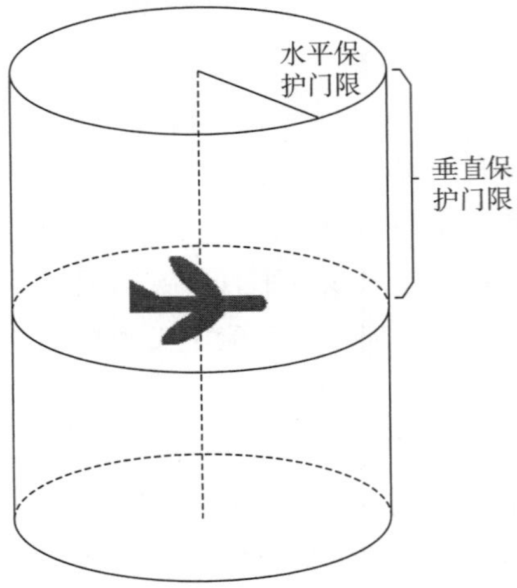

图 11-13　民航水平和垂直保护门限示意

告警信息时，则称为完好性失效。

一般用 Stanford 图来解释和说明完好性事件，虽不能说明完好性失效，但是可以用来区分两种类型的完好性事件：一种是“错误引导信息事件 MI”，另一种是“危险的错误引导信息事件 HMI”。Stanford 图的布局如图 11-14 所示，横坐标是定位误差，纵坐标是保护门限，图中每一点的横坐标位置代表其绝对位置误差，图中每一点的纵坐标位置代表其所处的保护门限范围。

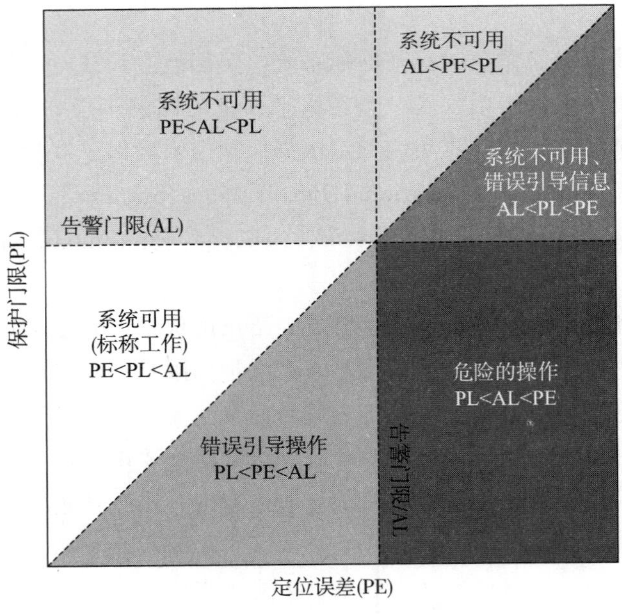

图 11-14　表征完好性失效的 Stanford 图

通常可以分别绘出水平位置 Stanford 图和垂直位置 Stanford 图。Stanford 图的对角线轴将采样点分成 2 个大的区域，对角线之上，位置误差在保护门限范围内；而对角线之下，位置误差在保护门限范围外。图中 PE 表示“位置误差”，PL 表示“保护门限”，AL 表示“告警门限”。

当发生了“错误引导信息事件 MI”时，系统仍宣布是可用的，说明此时位置误差超出保护门限，但在告警门限范围内。当发生了“危险的错误引导信息事件 HMI”时，说明此时位置误差超出了告警门限，系统不可用。

Stanford 图可用来快速检查系统完好性状态，只要简单确认采样点是否在 Stanford 图的对角线轴上方即可，同时也可借助 Stanford 图判断系统定位结果的安全等级。例如，如果采样点在对角线上方，但是很接近对角线，说明系统在发生完好性事件的边缘。

水平定位误差和垂直定位误差均能造成“错误引导信息事件 MI”以及“危险的错误引导信息事件 HMI”。Stanford 图中那些在对角线轴以下且在虚的垂直线（横坐标位于告警限处）左方的三角形区域的采样点会导致“错误引导操作”；那些在对角线轴以下、在虚的垂直线（横坐标位于告警限处）右方且在虚的横直线（纵坐标位于告警限处）以下的矩形区域的采样点会导致“危险的错误引导信息事件 HMI”。

最后，Stanford 图还可以用来评估系统的可用性是否满足要求，图中纵坐标在告警限以上的区域表征系统“不可用”。因此，只有当所有的采样点位于 Stanford 图中“PE＜PL＜AL”的三角形区域时，系统可用性和完好性指标才满足要求，即系统性能正常。同样利用 Stanford 图提供的信息也可以评估系统定位精度信息，图中中间垂直于横轴的垂线相当于定位误差上限，只有采样点位于垂线左面的区域时说明系统定位精度指标满足要求。

Galileo 全球卫星导航系统与上述民航对 GNSS 系统要求的完好性定义略有不同，上文讨论完好性时，首先固定完好性风险，然后计算与之相关的保护门限；对于 Galileo 全球卫星导航系统的用户而言，首先应固定保护门限，然后根据 Galileo 系统的导航卫星播发的完好性信息计算与该保护门限相关联的完好性风险。

11.5　连续性

卫星导航系统的连续性是指系统在特定的覆盖区域、指定的运行过程中，能够不中断地提供 PNT 服务功能的能力。连续性也可以理解为，假设卫星导航系统在指定过程初期是完好的，在规定时间范围内，系统能够提供 PNT 服务的概率。例如，飞机 CAT Ⅲ（盲降）连续性风险指标定义为 $2\times10^{-6}/15\ \mathrm{s}$，意思是假设系统在盲降过程开始时是可用的，在盲降过程中系统不能保持其规定性能的概率低于 $2\times10^{-6}/15\ \mathrm{s}$。下面以 GPS 为例，给出卫星导航系统对系统连续性的相关定义。

导航信号的连续性将影响用户接收机位置解算过程，因此，位置计算的连续性可以理解为在指定的一段时间内，PNT 服务性能保持或者满足运行控制要求的概率。位置计算的连续性一般有两种表示方式：一是%/h，在一小时期间，PNT 服务性能保持或者满足运行控制要求的概率；二是%/15 s，在 15 s 期间，PNT 服务性能保持或者满足运行控制要求的概率。

GPS 标准定位服务空间信号的连续性定义为在指定时间范围内，空间信号连续、健康、不发生计划外中断的概率。标准定位服务的计划内中断，例如对在轨卫星的计划内维护，地面运行控制段至少提前 48 h 通告美国海岸警卫队导航信息中心（CGNIC）和美国联邦航空管理局的飞行员通知系统（NOTAM）。

空间信号中断定义为卫星播发的导航信号与标准定位服务规定的性能标准不一致期间所经历的时间。计划内中断定义为至少提前 48 h 通告用户卫星播发的导航信号与标准定位服务规定的性能标准不一致的时间。计划外中断是由系统功能失效或者对系统开展计划外的维护导致的中断，发生计划外中断后，CGNIC 和美国联邦航空管理局 NOTAM 需要尽快通知用户。提前 48 h 通告用户的计划内中断不会影响系统连续性。

11.5.1　空间信号连续性标准

对于所有计划外的服务中断，包括长期的硬性失效、短期的硬性失效以及短期的软性失效，标准定位服务空间信号的计划外失效中断连续性标准如表 11－15 所示。

表 11－15　GPS 标准定位服务空间信号的计划外失效中断连续性标准

空间信号完好性标准	条件和约束
计划外失效中断： 任意一小时内，卫星计划外服务中断后，系统不丧失标准定位服务空间信号可用性的概率≥0.9998	· 24 颗卫星导航星座中所有轨道位置的平均计算结果，每年计算一次； · 假定任意一小时开始阶段，导航星座中所有轨道位置的卫星播发的导航信号是可用的

标准定位服务空间信号的计划外维护中断，包括卫星寿命末期故障和运行维护导致的服务中断，对连续性影响的相关标准目前尚未制定。

11.5.2　失效类型

GPS Standard Positioning Service（SPS）Performance Standard，4th Edition，September 2008（www.pnt.gov/public/docs/2008/spsps2008.pdf）定义了 GPS 失效的类型以及对卫星导航系统连续性的影响。GPS 失效分为硬性失效、软性失效、损耗失效以及导航卫星正常运行控制和维护 4 类。

（1）硬性失效

硬性失效（Hard Failures）定义为导航卫星自身中断导致卫星不能播发导航信号，导航信号的中断可能是突发的（例如，卫星电源系统失效而不能给卫星供电），也可能是逐渐的（例如，行波管放大器问题导致信号功率逐渐下降直至消失；上行导航信号接收机失效而不能接收新的导航电文，信号中的电文数据误差逐渐增大，最终导致信号不可用）。硬性失效又分为长期失效（LT）和短期失效（ST）2 大类：

1）长期失效：长期失效是指那些造成导航信号中断后不可恢复的硬性失效。唯一的补救措施是在该卫星原有轨道位置上发射替代卫星。

2）短期失效：短期失效是指那些造成导航信号暂时中断的硬性失效。补救措施是切换星上备份单机以取代失效环节。因此，要求卫星的关键分系统都要求有冗余备份环节，例如导航卫星一般配置 4 台星载原子钟：1 台工作，1 台热备，2 台冷备。

如果地面控制段预先发布卫星硬性失效而导致导航信号中断的警告，那么用户可以选择不接收该颗卫星的信号，因此也就不会发生系统丧失连续性问题。如果卫星硬性失效后迅速导致导航信号突然中断或者很快中断，地面控制段不能预先发布导航信号中断警告，那么系统也就丧失了导航 PNT 服务的连续性。补救措施是在轨备份卫星迅速机动到失效卫星轨位，及时播发导航信号。

（2）软性失效

完好性的失效就是典型的软性失效，尽管发生了完好性失效问题，但是卫星导航系统导航信号仍然连续、可用，因此，也就不会影响导航系统 PNT 服务的连续性。虽然软性失效没有直接引起系统丧失服务连续性，但是会触发系统丧失连续性。

一些软性失效能够被卫星在轨检测到，例如原子钟频率跳变、发射信号功率降低，可以及时给用户和地面控制系统告警，那么用户可以选择不接收该颗卫星的信号，因此，也就不会发生系统丧失连续性问题。软性失效不能被预测，地面控制段也就不能预先发布导航信号中断警告。同硬性失效处理措施，地面控制段监测到卫星发生软性失效问题后需要及时告警，否则也造成系统丧失连续性。这个处理原则与卫星导航系统用户接收机的完好性算法（RAIM）中的中断检测告警发布机制类似，系统发生丧失服务连续性问题后，如果中断不能被排除，那么必须告诉用户此刻某颗卫星信号“不可用”。在软性失效造成系统丧失服务连续性问题的情况下，地面控制段应当尽快发布告警信息。

（3）损耗失效

与导航卫星硬性失效不同，一般情况下，损耗失效（Wear－Out Failures）是可以预测的，或者说可预期的，例如卫星推进剂消耗量，硬性失效则不能预测。损耗失效是卫星寿命末期（EOL）运行阶段的特点，损耗失效最终结果都是长期失效。特别是地面控制系统没有事先预测卫星发生损耗失效问题情况下，卫星寿命末期的损耗失效造成系统丧失服务连续性问题是非常可能的。

（4）卫星正常运行控制和维护

对导航卫星在轨运行和维护会造成用户测距误差比较大的变化，例如卫星位置保持机动、星载原子钟同步处理以及星载软件升级，由此导致该卫星暂时不可用（计划内中断）。从系统完好性角度说，对卫星开展运行控制操作和维护操作必然会造成“错误的空间导航信号信息（MSI）”。因此，可以将运行控制和维护操作分类成为一种特殊失效模式，同其他类型的失效模式相比，这些特殊的失效模式的唯一特点是都由 GPS 地面控制段预先计划的工作所造成。由于卫星的运行控制和维护是计划中的工作，卫星导航系统地面控制段可以预先采取必要的措施告知用户，以减小甚至避免对信号的完好性造成影响，但是不可避免地中断了导航信号，必然会影响信号的连续性。

虽然对卫星开展运行控制和维护操作会影响信号的连续性，但是地面控制段也可以预先采取必要的措施告知用户，例如对计划性服务中断预先发布告警信息，告诉用户哪颗卫星暂时不可用，这种连续性损失可以认为是合理的。目前，美国国防部将提前 48 h 通过美国海岸警卫队导航信息中心以及美国联邦航空管理局公告系统通知 GPS 用户系统因运行控制和维护操作导致信号不可用。

11.6 可用性

卫星导航系统的可用性的含义是在指定的时间范围内、在服务区域内的任何位置、预计的定位精度小于规定值的时间百分比。可用性是环境物理特性和设备技术能力的函数。可用性表征了系统在指定覆盖区域内可以提供 PNT 服务的能力。如果不能保证 PNT 的可用性，战时就不可能信赖武器系统的有效性，飞机也就不可能依靠卫星导航系统实现进场、着陆导航，特别是精密进近。表征系统可用性的定义还有位置精度因子 PDOP 可用性、标准定位服务空间信号可用性、轨道位置可用性、星座可用性以及服务可用性，相关定义如下：

1）位置精度因子可用性是指在规定的时间范围内，位置精度因子 PDOP 小于或者等于规定值的时间百分比。

2）标准定位服务空间信号可用性是指在星座中指定轨道位置上的导航卫星，能够播发可跟踪的、健康的标准定位服务空间信号的概率。导航信号可用性与导航卫星的健康状态相关，导航信号可用性仅仅是保证了某颗卫星和用户机之间的伪距是可准确测量的，PNT 导航服务的可用性则要求用户接收机至少能够接收并锁定空间 3 颗导航卫星播发的信号（用于二维平面定位和授时）。

3）单个轨道位置可用性是指能够播发可跟踪的、健康的标准定位服务空间信号的一颗导航卫星在星座中规定的一个轨道位置上的时间百分比。轨道位置可用性主要取决于卫星设计和地面运行控制段进行卫星在轨维护和卫星故障响应的策略。

4）星座可用性是指能够播发可跟踪的、健康的标准定位服务空间信号的导航卫星在星座中规定一定数量的轨道位置上的时间百分比。星座可用性主要取决于轨道位置可用性、卫星发射策略以及卫星离轨处理准则。

5）系统服务可用性是指空间星座几何构形位置精度因子小于等于 6 的时间百分比。服务可用性是系统一种固有的、可预测的、量化的特性，可以建立数学模型计算预期可用性指标，而不是瞬态特征。系统服务可用性不仅包括星座几何构形，而且包括预计的用户测距误差对用户的性能影响。综合考虑星座几何构形和用户测距误差的影响后，在规定的容差范围内，服务可用性必须至少保证一个最低的时间百分比，其预报的误差容限的置信度为 95%。服务可用性又可以细分为水平服务可用性和高程服务可行性两类，同样也要综合考虑水平精度因子和垂直精度因子以及用户测距误差的影响。

系统可用性可以等效为定位、导航和授时的误差当且仅当小于某一门限值时，系统才是可用的，因此，需要有参考系统来独立测量上述误差。对某些应用来说，系统必须满足附加的准则（例如完好性要求）才能被视为可用的。影响卫星导航系统可用性的因素是多方面的，其中影响最大的 3 个因素是星座结构、用户上空导航卫星的可视性以及用户周边的物理环境，例如用户附近的山峰、高楼、大树等物体会遮挡用户上空的部分甚至全部导航卫星，进而影响用户上空导航卫星的可视性。

11.6.1　可用性标准

下面以 GPS 为例，阐述系统的可用性。根据 2008 年 9 月《GPS 标准定位服务性能标准（第四版）》相关说明，单个轨道位置包括标称 24 颗卫星轨道位置的星座，也包括扩展轨道位置的导航星座，GPS 标准定位服务空间信号单个轨道位置可用性标准如表 11－16 所示，星座可用性标准如表 11－17 所示，标称 24 颗卫星的导航星座中，在轨工作的卫星总数标准如表 11－18 所示。

表 11－16　GPS 标准定位服务空间信号单个轨道位置可用性标准

空间信号可用性标准	条件和约束
· 在标称 24 颗卫星轨道位置的星座构形，每个轨位有一颗卫星播发标准定位服务的健康空间信号情况下，单个轨道位置可用性概率≥0.957； · 在扩展 24 颗卫星轨道位置的星座构形，部分轨位有二颗卫星播发标准定位服务的健康空间信号情况下，单个轨道位置可用性概率≥0.957	· 标称 24 颗卫星轨道位置的星座中，计算所有单个轨道位置可用性并计算平均值，一般每年计算一次； · 卫星播发健康的标准定位服务空间信号，同时也满足标准定位服务性能标准的其他要求

表 11－17　GPS 标准定位服务空间信号星座可用性标准

空间信号可用性标准	条件和约束
· 在标称 24 颗卫星轨道位置的星座中，至少有 21 个轨位的导航卫星能够播发健康的标准定位服务空间信号情况下，或者在扩展 24 颗卫星的星座中，部分轨位有二颗卫星能够播发健康的标准定位服务空间信号的情况下，星座可用性概率≥0.98； · 在标称 24 颗卫星轨道位置的星座中，至少有 20 个轨位的导航卫星能够播发健康的标准定位服务空间信号情况下，或者在扩展 24 颗卫星的星座中，部分轨位有二颗卫星能够播发健康的标准定位服务空间信号的情况下，星座可用性概率≥0.99999	· 标称 24 颗卫星轨道位置的星座中，计算所有单个轨道位置可用性并计算平均值，一般每年计算一次； · 卫星播发健康的标准定位服务空间信号，同时也满足标准定位服务性能标准的其他要求

注：①只要在标称 24 颗卫星轨道位置的星座中，至少有 21 个轨位的导航卫星能够播发健康的标准定位服务空间信号，或者在扩展 24 颗卫星的星座中，部分轨位有二颗卫星能够播发健康的标准定位服务空间信号，在 5°高度遮蔽角情况下，用户视场的位置精度因子 PDOP 值将小于等于 6，在任意恒星日内全球平均置信度为 98%，在任意恒星日内全球最坏地点的置信度为 88%。

②在扩展 24 颗卫星星座中，部分轨位有二颗卫星能够播发健康的标准定位服务空间信号，这样可以大幅提高星座可用性的“鲁棒性”，又称为“健壮性”，由此改善标准定位服务空间信号的性能，但目前没有定量评估。

③标准定位服务空间信号的可用性测量时间范围必须长于星座服务中断和可用性恢复之间的平均时间。

表 11－18 在轨工作卫星的总数标准

空间信号可用性标准	条件和约束
无论在轨导航卫星是否在标称星座的轨道位置上，星座中至少有 24 颗卫星在轨工作的概率≥0.95	数据是任何一天的平均值，并适用于星座中所有在轨工作的卫星。在轨工作卫星定义为能够播发导航电文星历数据的卫星，无论该卫星播发的标准定位服务空间信号健康与否，无论该卫星播发的标准定位服务空间信号是否满足空间信号的性能标准

在 GPS 空间段 Walker 24/6/2 星座及相关服务范围约束下，GPS PDOP 可用性标准如表 11－19 所示。

表 11－19 位置精度因子可用性标准

PDOP 可用性标准	条件和约束
· 全球 PDOP≤6 的概率≥98％； · 最坏情况下 PDOP≤6 的概率≥88％	在任何 24 h 范围内，在服务区域内（地表到海拔 3 000 km 范围内），解算出的定位和授时结果满足典型用户要求

在满足 GPS PDOP 可用性标准以及卫星播发标准定位服务空间信号用户测距精度前提下，GPS 定位服务可用性标准如表 11－20 所示。

表 11－20 标准定位服务可用性标准

定位服务可用性标准	条件和约束
· 平均位置、水平定位服务可用性≥99％； · 平均位置、高程定位服务可用性≥99％	· 仅依靠空间导航信号，水平定位精度门限为 17 m（置信度 95％）； · 仅依靠空间导航信号，高程定位精度门限为 37 m（置信度 95％）； · 在任何 24 h 范围内，在服务区域内（地表到海拔 3 000 km 范围内），解算出的定位和授时结果满足典型用户要求
· 最坏情况、水平定位服务可用性≥90％； · 最坏情况、高程定位服务可用性≥90％	

11.6.2 系统星座可用性

下面以 GPS 为例，阐明卫星导航系统星座可用性的内涵。GPS 星座卫星的可用性是两方面变量的函数：一方面是每颗 GPS 卫星在整个寿命期间的可靠性（Reliability）、可维护性（Maintainability）及可用性（Availability）特性，简称 RMA 特性；另一方面是每颗卫星在寿命末期轨道相位的可替换性。

GPS 卫星在设计上具备在整个寿命期间能够连续工作的能力，然而由于卫星电子器件的随机失效以及卫星位置保持机动等计划内事件，都将导致 GPS 卫星每年发生短暂中断。2001 年 10 月发布的《GPS 标准定位服务性能标准》给出了 BLOCK－Ⅱ/ⅡA 卫星 1994 年 1 月—2000 年 7 月的 RMA 特性理论和实际的统计比较，如表 11－21 所示。

表 11－21　GPS 卫星 RMA 特性比较（1994 年 1 月—2000 年 7 月）

GPS 卫星 RMA 特性参数	实际值	理论/设计值
每颗卫星每年全部预计的短暂中断时间（小时数）	35.6	无
每颗卫星每年全部计划内的短暂中断时间（小时数）	18.7	24
每颗卫星每年全部计划外的短暂中断时间（小时数）	39.3	64
每颗卫星每年实际全部短暂中断时间（小时数）	58.0	88
卫星两次中断之间正常工作平均时间（小时数）/MTBF	10 749.4	2 346.4
卫星平均中断修复时间（小时数）/MTTR	48.2	17.1
卫星发生两次中断之间的平均时间（小时数）/MTBDE	3 255.9	1 528.8
卫星中断平均时间（小时数）/MDT	21.5	15.4
每颗卫星每年计划外发生短暂中断事件	0.9	3.7
每颗卫星每年计划内发生短暂中断事件	1.9	2.0
每颗卫星每年平均发生短暂中断事件	2.7	5.7
卫星每年平均可用性（计划内中断）	99.79%	99.73%
卫星每年平均可用性（所有中断）	99.34%	99.00%

注：①MTBF（Mean Time Between Failures）是卫星两次中断之间正常工作平均时间；
②MTTR（Mean Time to Repair）是卫星平均中断修复时间；
③MTBDE（Mean Time Between Downing Events）是卫星发生两次中断之间的平均时间；
④MDT（Mean Down Time）是卫星中断平均时间。

虽然每颗卫星每年实际全部短暂中断时间的实际值小于理论设计值，达到了卫星系统的设计要求，但是卫星中断平均时间的实际值还是大于理论设计值。卫星工作时间到达设计寿命末期后，一般卫星的功能会退化、性能指标会劣化，但是地面运行控制系统会竭尽全力采取必要的措施延长卫星在轨服务时间，同时维持其功能和性能。对失效卫星的替换时间点取决于在相应轨道平面是否有在轨备份卫星。目前美军对失效导航卫星的替换原则有两点：一是如果相应轨道平面有在轨备份卫星，则 30 天内备份卫星应机动到失效导航卫星所在相位；二是如果要求发射新的备份卫星，则 120 天内备份卫星应到达失效导航卫星所在轨道位置。

美国政府的目的是把导航卫星在轨失效概率对 GPS 可用性的影响降低到最低程度。如果地面运行控制系统认为需要在某个轨道平面的相位位置处补充备份导航卫星时，工程将启动发射新的导航备份卫星计划节点要求，备份卫星将按时间节点要求布置到所需要的轨道平面的特定相位位置处。美国政府管理导航卫星星座的目标是确保标称的 MEO 24 颗卫星中有 22 颗在名义轨道相位处是可以正常工作的（健康的）。例如，1995 年 1 月 1 日—1999 年 4 月 30 日，为了满足在轨正常工作（健康）的导航卫星数量要求，备份卫星将按时间节点要求布置到所需要的轨道平面的可用性—累积百分比如图 11－15 所示。

为了减轻导航卫星超期服役时对 GPS 星座几何构形和服务可用性产生的潜在冲击，美国政府要求地面运行控制系统每月评估全球范围内精度因子值分布图。美国空军 GPS 运行控制中心（gps.afspc.af.mil/gpcoc）每天发布过去 24 h 全球范围内位置精度因子（最大值）的变化信息，如图 11－16 所示。

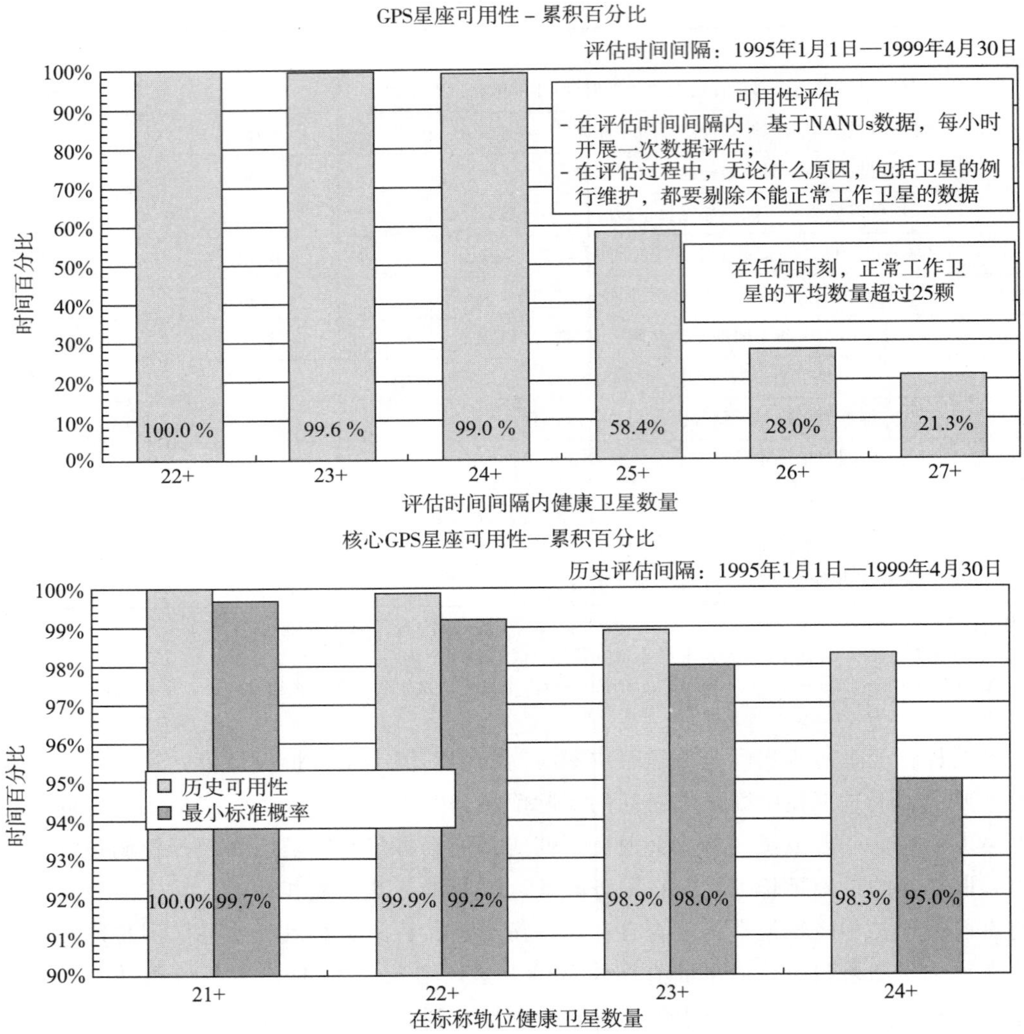

图 11－15　GPS 导航卫星星座规模分布统计

如果 PDOP 值接近或者大于 6，说明目前导航卫星在空间的几何分布很差，接收机解算结果的误差会比较大；如果 PDOP 值是 2，那么接收机给出的定位结果的精度是 PDOP 值为 1 时的一半。最大可接受 PDOP 值的门限取决于用户需要的精度水平，因此，可用性将取决于精度要求的严格程度，通常 GPS 可用性的选择规定为 PDOP≤6，这个值一般在 GPS 性能指标中作为服务可用性门限来使用。

在评估全球范围内 DOP 值时，地面运行控制系统从星座中剔除 2 颗正常工作的导航卫星，以识别哪些轨道平面上的哪个相位位置对系统服务可用性影响比较大，并由此制定针对性的维护措施。在实施维护措施前，地面运行控制系统还要采取相关安全保证措施，避免对用户造成不必要的影响。如果识别到未来对系统产生影响的问题时，地面运行控制系统需要尽可能采用必要的应对措施。如果没有办法采取措施，那么美国政府应当在预期

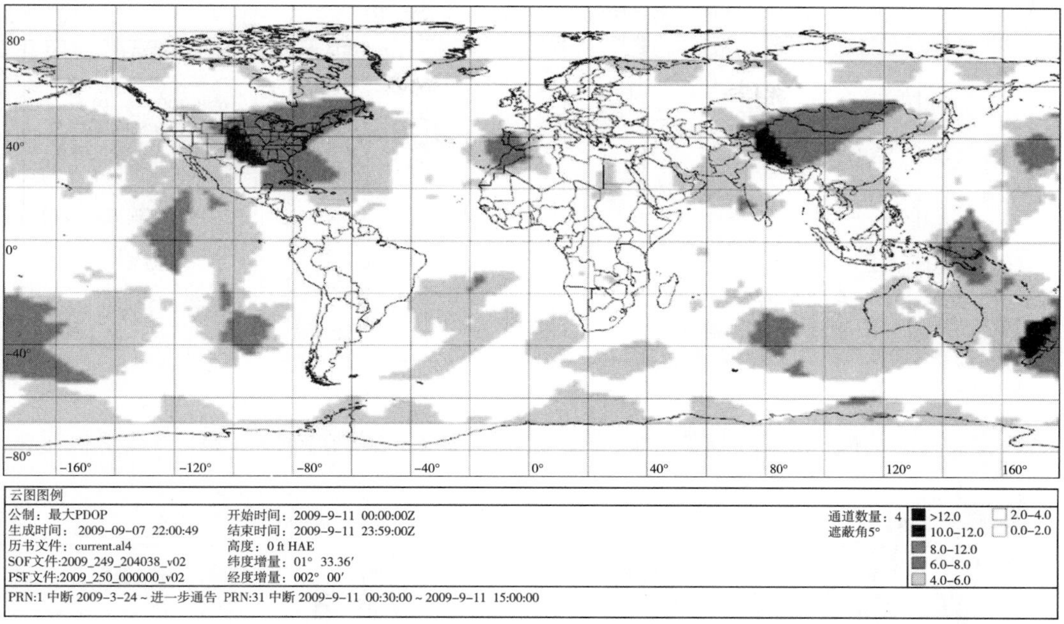

图 11-16　一天中全球范围内位置精度因子 PDOP 的分布

系统服务降级或不能提供服务前的 48 h 通知 GPS 用户。

11.6.3　系统服务可用性

由于例行的对导航卫星维护需求、导航卫星星座漂移以及用户测距误差特性变化等原因，服务可用性每天都会有小的变化。导致上述变化的原因有以下 5 个方面：

1）高度遮蔽角，高于此数值才认为卫星对地面可见；

2）导航解的类型，4 颗导航卫星与视场所有可见卫星两种类型；

3）从标称星座中剔除 1～2 颗正常工作的导航卫星后的对系统服务性的影响；

4）卫星轨道位置相对名义轨道面规定的相位的变化；

5）标准定位服务空间信号的用户测距误差的均方根值。

（1）不同高度遮蔽角对服务可用性的影响

系统的可用性与用户接收机高度遮蔽角有关，遮蔽角的含义是用户接收机能够看见卫星的水平面以上的仰角。降低高度遮蔽角，就能看到更多的卫星，因此可获得更高的可用性，但是遮蔽角较低时，一方面大气延迟误差和多径问题会比较突出，另一方面山脉和城市摩天楼对导航信号产生遮挡。不同的应用场景，接收机对高度遮蔽角的要求也不同。不同遮蔽角对 GPS 服务可用性的影响如图 11-17 和图 11-18 所示，图中分别给出了利用 4 颗 GPS 卫星和所有视场可见卫星优化求解后的结果比对。

由图 11-17 和图 11-18 可知，在空间段导航卫星星座健康的前提条件下，遮蔽角的变化对全球服务可用性没有明显影响。遮蔽角大于 5°之后，最坏情况地点的服务可用性将明显劣化。在标称导航星座的设计与分析中，即使高度遮蔽角大于 10°，用户上空视场中

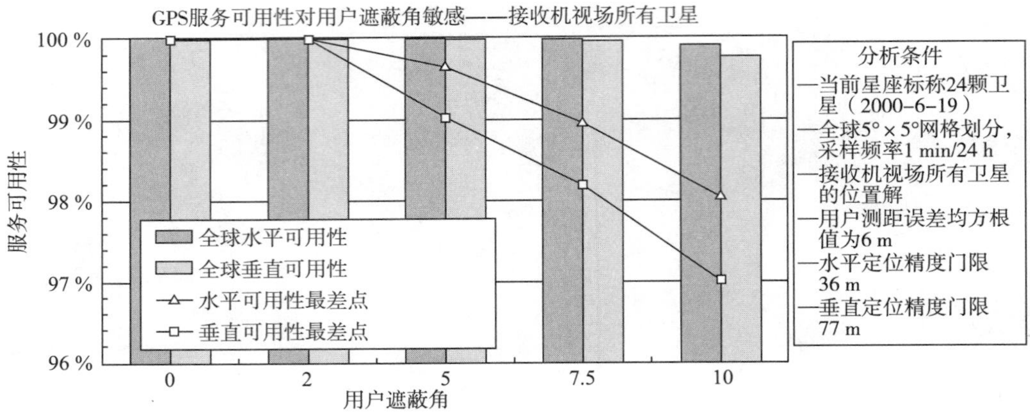

图 11-17　不同遮蔽角对服务可用性的影响（视场所有可见卫星）

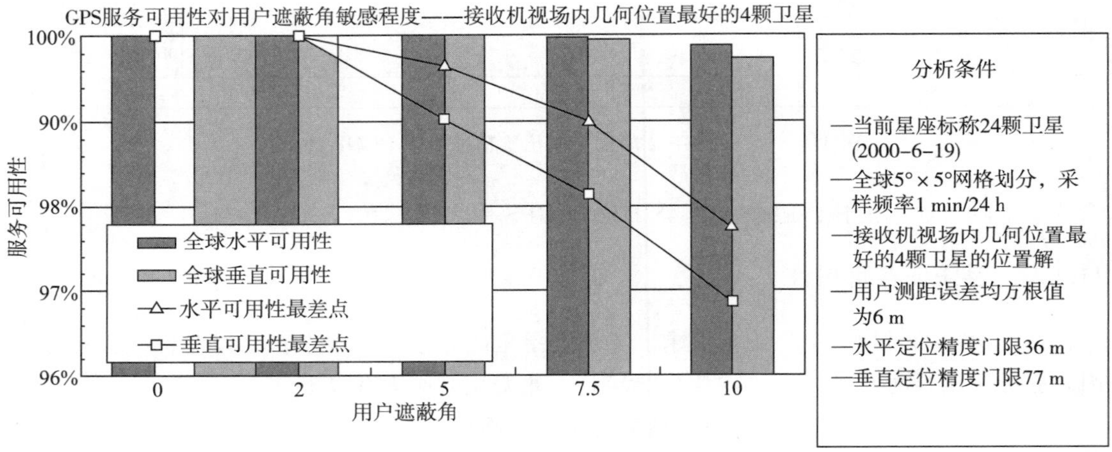

图 11-18　不同遮蔽角对服务可用性的影响（位置最佳的四颗卫星）

少于 4 颗导航卫星的概率为零，即星座设计可以保证所有用户正常接收导航信号并由此解算其所在位置。

当从标称星座中剔除 2 颗正常工作的卫星后，用户上空视场中少于 4 颗导航卫星的地点的数量将随高度遮蔽角的增加而迅速攀升。但是，星座的几何裕度使得高度遮蔽角的变化没有对导航解算的结果造成显著的影响，4 颗 GPS 卫星与视场所有可见卫星两种类型下的服务可用性基本一致。

（2）卫星轨道变化对服务可用性的影响

在 GPS 卫星的标称轨道入轨点和轨道长期保持设计中，规定每颗导航卫星的过赤道点地理精度及升交点地理精度的容差范围均为±2°。如果卫星升交点地理精度的变化在规定的容差范围内，那么在卫星升交点地理精度容差范围内的卫星轨道变化对全球服务可用性几乎没有影响。

（3）卫星失效对服务可用性的影响

服务中断定义为空间段的导航卫星不能正常播发空间导航信号的时间范围。在轨导航卫星不可能一直完全稳定（健康）地工作，一方面，导航卫星需要退出服务以进行必要的维护，称为计划内服务中断，例如卫星的定期正常维护会造成服务中断，美国国防部将提前 48 h 通过美国海岸警卫队导航信息中心（CGNIC）以及美国联邦航空管理局公告系统（NOTAM）通知 GPS 用户“系统服务不可用”。

另一方面，导航卫星自身的异常还会导致系统不能正常提供服务以及系统临时维护造成的服务中断，例如卫星的元器件或部组件失效造成导航卫星不能正常工作，称为计划外服务中断。GPS 发生计划外服务中断时，美国海岸警卫队和美国联邦航空管理局发现计划外服务中断后也将及时告知 GPS 用户。

由此可知上述无论哪种服务中断必然都会对系统服务可用性造成影响，仿真结果表明，1 颗卫星的失效几乎不会影响整个系统的服务可用性。其主要原因是系统星座设计的目标之一就是当 1 颗卫星退出星座服务时，对系统性能影响最小，因此仿真结果是合理的。

1 颗卫星开展例行的正常维护，如果同时另一颗卫星发生了随机的失效，由此导致星座中 2 颗卫星不能提供服务（不能正常播发导航信号），在某些组合（两颗卫星同期失效）下，位置服务几何特性将会显著劣化，例如 GPS 导航卫星 PRN11 和卫星 PRN25 同时退出服务后，PDOP 值将增加到 12.4（PDOP 可用性标准为：PDOP≤6）。如图 11－19 所示，图中横坐标为 20 个两颗卫星失效组合对，纵坐标为 DOP 值（95%），需要指出的是 2 颗卫星同期失效对系统的影响不是静态的，随着星座漂移会发生变化。

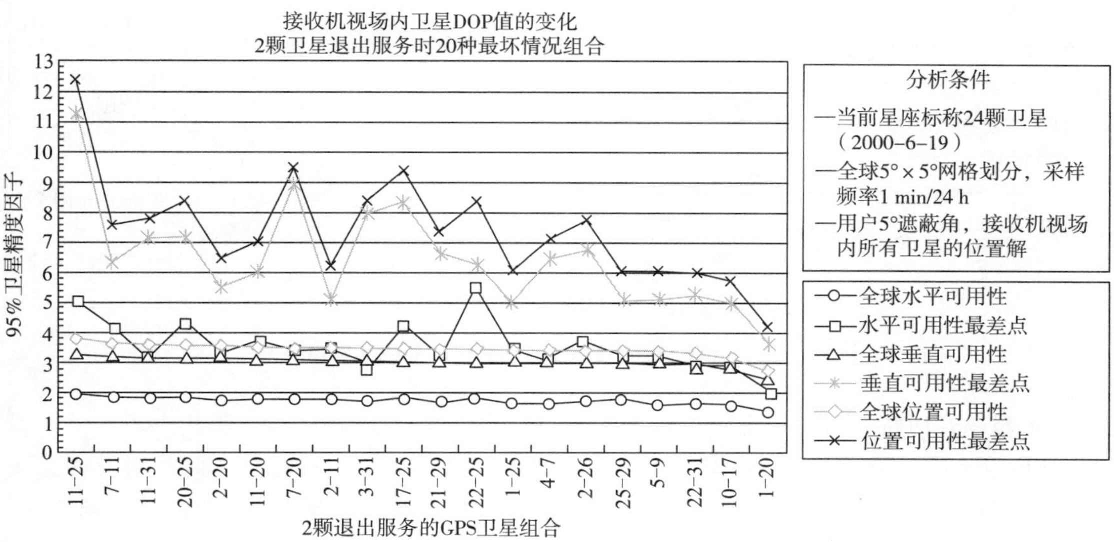

图 11－19　最坏情况 DOP 值（两颗卫星退出服务）

2 颗卫星同期失效的 276 种组合中，对水平和垂直服务可用性的最坏情况影响如图 11－20 和图 11－21 所示，结果从几乎没有影响到最坏地点垂直服务可用性降低 9%，图中的横坐标为 20 个两颗卫星失效组合对，纵坐标为水平/垂直服务可用性。

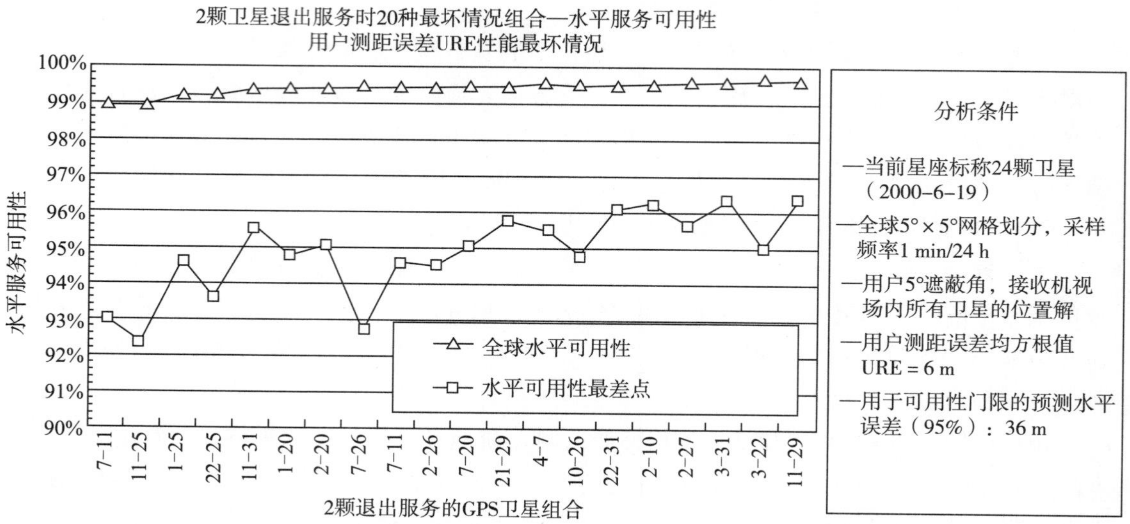

图 11－20　GPS 系统水平服务可用性（两颗卫星退出服务）

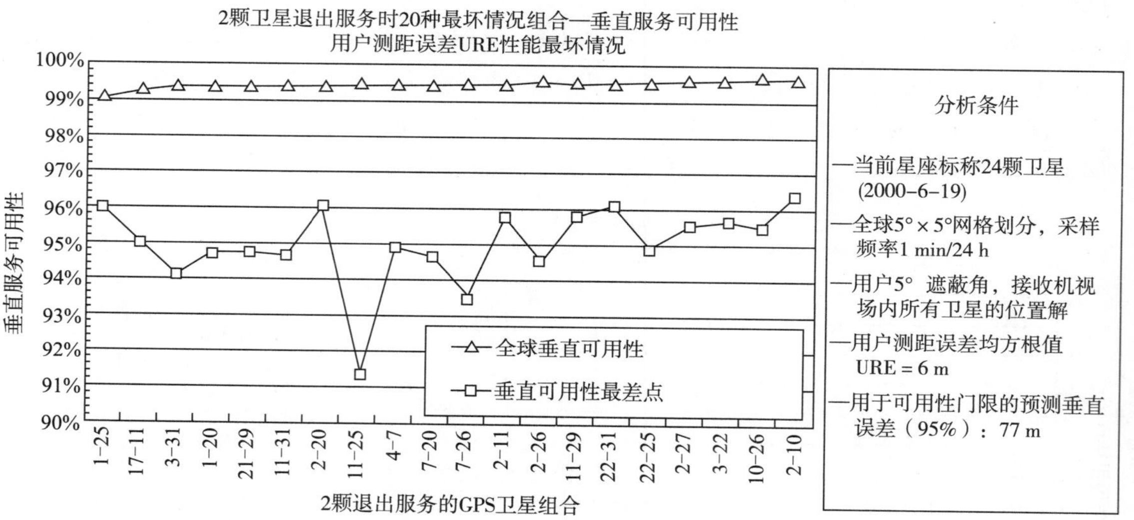

图 11－21　GPS 系统垂直服务可用性（两颗卫星退出服务）

比星座几何特性劣化对系统可用性影响更严重的是“DOP 空穴（DOP holes）”，即 DOP 值过大或者用户视场中没有足够的卫星的时间段，以至于接收机在此时间段内无法给出位置解算结果。在最坏情况下（包括 2 颗卫星退出服务），世界范围内有 13%的地点，其用户视场中少于 4 颗卫星的时间将达到 39 min，上述分析结果是在 5°遮蔽角条件下计算得到的，如果增大遮蔽角，将会进一步延长“DOP 空穴”时间段。

事实上，Walker 24/6/2 星座中卫星的可用时间仅为 72%，而 21 颗或者以上卫星的工作时间预计至少为 98%。从星座中去掉几颗卫星时，GPS 可用性在很大程度上取决于哪几颗卫星（或者卫星组合）退出了服务。毋庸置疑的结论是随着从星座中去掉的卫星数量的增多，系统可用性一定将大幅度下降。

(4) 卫星空间信号用户测距误差对服务可用性的影响

对于给定的 Walker 24/6/2 星座，随星座用户测距误差性能变化，系统服务可用性将会发生显著的变化，特别是当星座几何特性劣化后，在最坏情况下将进一步影响系统服务可用性，如图 11-22 和图 11-23 所示，图中横坐标为星座用户测距误差均方根值，纵坐标为水平/垂直服务可用性。

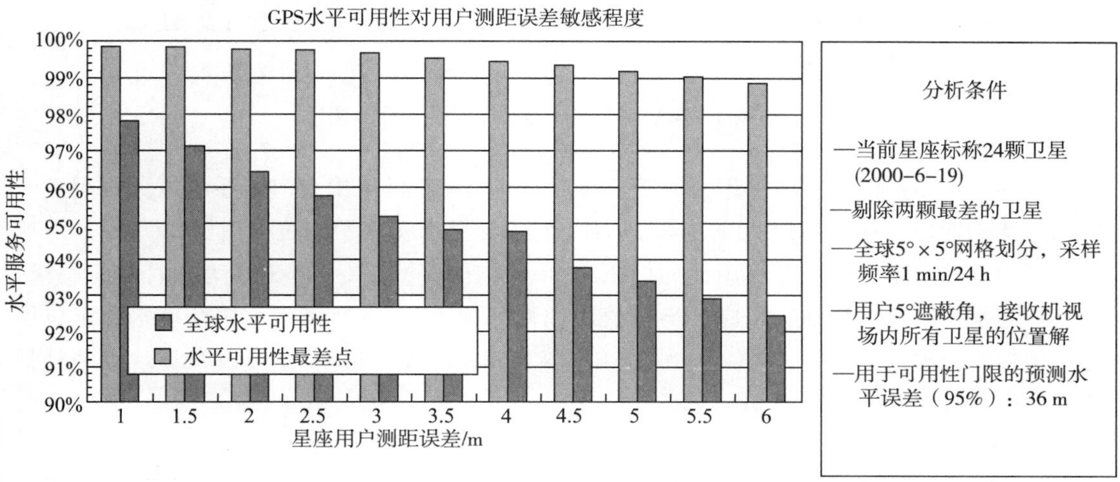

图 11-22　GPS 系统水平服务可用性对用户测距误差 URE 的灵敏度（星座几何特性最坏情况）

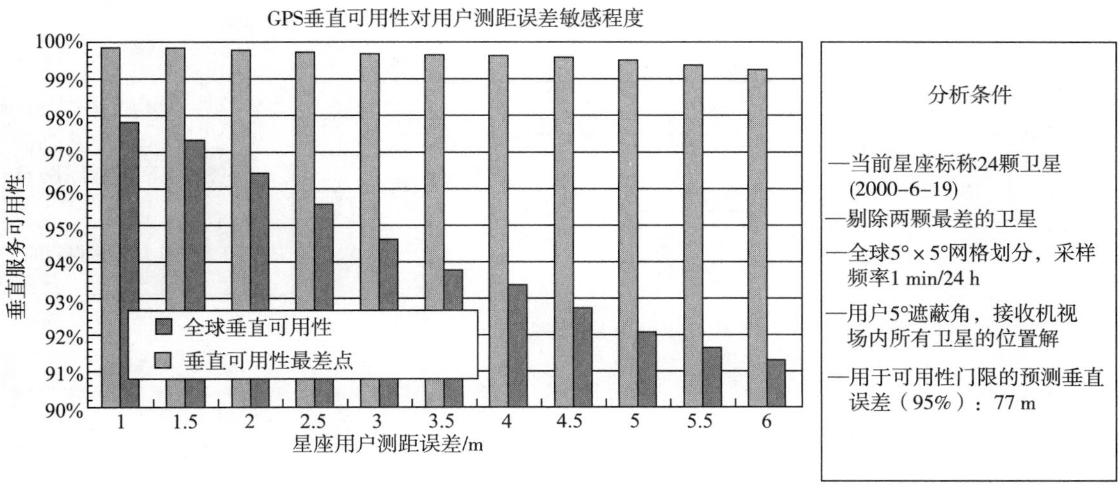

图 11-23　GPS 垂直服务可用性对用户测距误差的灵敏度（星座几何特性最坏情况）

(5) 典型服务可用性特点

对于给定的 Walker 24/6/2 星座，用户平均可以接收到 8 颗以上 GPS 导航卫星的信号；24 h 内，用户视场内少于 6 颗 GPS 导航卫星的平均时间少于 0.1%，如图 12-24 所示，图中横坐标为可视卫星的数量，纵坐标为 24 h 可视卫星的时间百分比，图 11 - 24 中左图为标称 24 颗卫星星座，右图为 24 颗卫星星座中有 2 颗失效后的最坏情况统计。

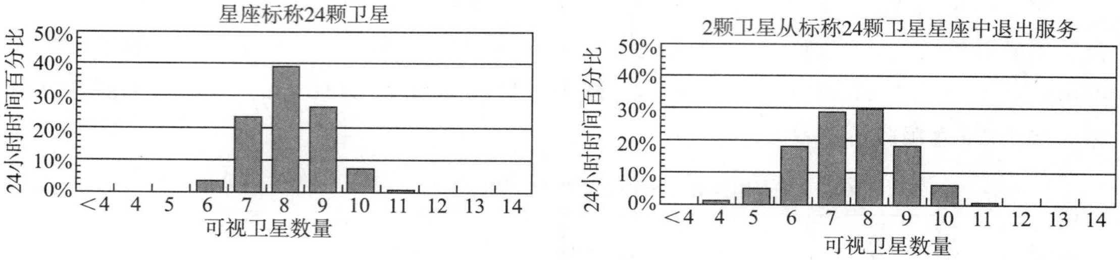

图 11 - 24　GPS 卫星星座可视卫星数量分布统计

当整个星座范围内卫星可用性和用户测距误差均在正常范围内时，系统服务可用性一般远远优于性能标准，例如 2000 年 6 月 GPS 标准定位服务水平定位可用性如图 11 - 25 所示，其中全球水平定位服务可用性的门限为 36 m（95%），图中横坐标为 6 月的每一天，纵坐标为水平定位可用性；相应 SPS 垂直可用性如图 11 - 26 所示，其中全球水平定位服务可用性的门限为 77 m（95%）。由图 11 - 25 和图 11 - 26 可知，全球及最坏地点两种情况下的服务可用性几乎接近 100%。

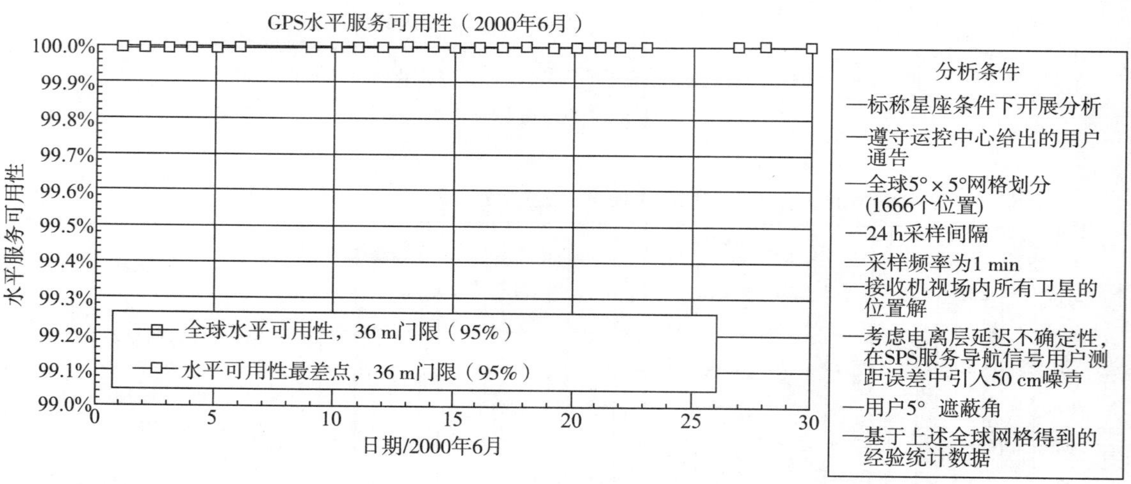

图 11 - 25　GPS 标准定位服务水平定位服务可用性（2000 年 6 月）

11.6.4　可用性相关讨论

（1）空间星座设计

近年来美军在阿富汗山区反恐作战和利比亚城市巷战的经验表明，士兵上空附近陡峭的山岭和城市大楼对导航卫星的遮挡，造成 GPS 每天有 10 多个小时完好性指标不满足使用要求。要实现 GPS 的可用性，最重要的要求是空间轨道上的导航卫星要有足够的数量。为了确定某一特定位置和规定时间的 GPS 可用性，首先必须确定可见卫星的数量以及这

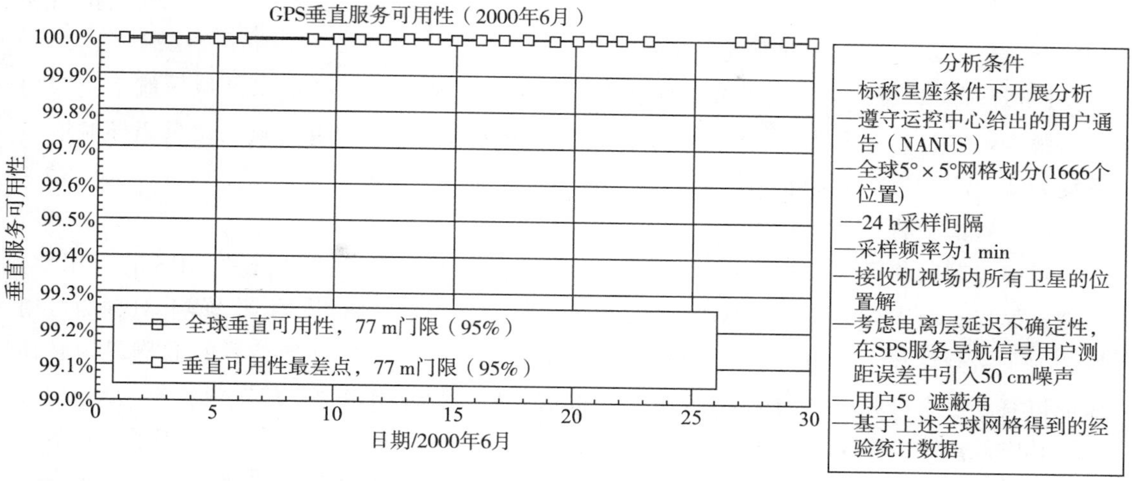

图 11－26　GPS 标准定位服务垂直定位服务可用性（2000 年 6 月）

些卫星的空间几何布局，即合适的卫星数量及其与用户之间构成的几何精度因子值，如果用户视场内卫星低于 4 颗，那么意味着接收机没有办法解算出用户的位置（经度、纬度、高程）。其次接收机必须能够接收到导航信号，这是无线电导航系统基于距离测量的位置估算的数学原理。

关于在轨导航卫星数量，Parkinson 教授认为目前 GPS 24 颗 MEO 轨道卫星组成的空间星座不能解决山区和城市大楼遮挡造成的完好性问题，需要增加在轨卫星数量，并给出如下建议：未来卫星导航系统空间星座的结构应该为“由 30 颗卫星和 3 颗备份星构成的星座，简称 30＋3 星座”，仿真计算结果表明，“30＋3 星座”是卫星导航系统可用性曲线的拐点，能够极大提高 GPS 精度和系统的可用性，可以大幅度改善卫星空间几何构形，同时有效降低山脉和城市摩天楼对导航信号的遮挡效应，进而提高 GPS PNT 服务的可用性。关于接收信号能力，Parkinson 教授建议用户接收机应能承受干扰源功率在 1 kW 范围内任何干扰信号的影响。

（2）接收机抗干扰能力

关于提高接收机抗干扰能力，研发抗干扰接收机是主要措施，Parkinson 教授指出 20 世纪 70 年代，GPS 联合办公室在美国 Wright Patterson 空军基地就已开展了接收机抗干扰能力相关实验，实验表明，地面用户接收机具有 100 dB 的干信比（J/S）或者抗干扰（AJ）能力时，接收机足以耐受有效功率低于 1 kW 的任何干扰，其中的关键技术之一是采用接收响应可控天线设计，为了解决瞬时干扰问题，接收响应可控天线应该是波束可控的，例如采用调零天线技术，而非传统的定向天线。由此，Parkinson 教授建议商业和军用 GPS 用户应该装备干信比（J/S）或者抗干扰（AJ）能力大于 100 dB 的接收机。

为了确保 GPS 的可用性，阻止敌方使用干扰机带来的不利影响，Parkinson 教授认为美国政府应该部署增强系统，或者备份系统。对于近年来一些公司利用伪卫星技术（地基 GPS 信号转发器技术）来增强 PNT 服务，特别是在战场高动态环境下，Parkinson 教授对伪卫星技术的增强能力表示怀疑，同时认为在系统可负担性（运行控制和地面支持系统的复杂性）以及定位精度方面也存在问题。

Parkinson 教授认为地基无线电导航系统“距离测量系统”、“战术区域导航系统”的增强版本，以及具有大功率、低频点信号能力而成为最近业界研究亮点的“远程导航增强系统 eLoran”，应该值得业界作为 GPS 的增强系统而深入研究。

（3）频谱威胁

目前美国联邦通信委员会特许的一些无线通信干扰仪正在日益威胁 GPS 的可用性，特别是那些在尚未充分使用的 GPS 卫星下行 L 频段导航信号附近的，将影响 GPS 的可用性。为了给全球数十亿用户提供优质 PNT 服务，GPS 卫星下行导航信号的 L 频段内必须保证留有一定空白频段，确保 GPS 的 L 频段信号相邻频段相对“安静”。

其中最典型的事例是美国光平方公司（LIGHT SQUARED）对 GPS 的干扰，光平方公司网络称为高速无线宽带网络，是经美国 FCC 批准、由光平方公司建设的天地融合新一代移动通信网络。该网络计划由 2 颗地球静止轨道通信卫星和数万个地面基站构成，以卫星移动通信为主，4G 地面移动通信网络作为补充，传输容量高达千兆比特每秒，能覆盖目前地面网络设施无法到达的偏远地区，可在北美地区提供全面覆盖、高速可靠的话音和数据服务。光平方公司网络于 2003 年规划建设，2003 年 11 月 FCC 批准光平方公司使用 L 频段 1 525～1 559 MHz 作为下行通信频段，2010 年 11 月发射了第一颗通信卫星。该频段与 GPS 播发的下行 L 频段 1 559～1 610 MHz 导航信号频谱相邻，考虑到光平方公司网络的地面部分只作为卫星链路的备份，且其基站数量和发射功率受到严格限制，该频段最终获得批准。

为了提高地面网络性能和吸引更多用户，2010 年 11 月 18 日，光平方公司向 FCC 递交修改授权许可申请，要求放宽基站发射功率的限制，以便光平方公司网络能够使用仅支持地面 4G 网络的单模移动终端，这样单模终端不需要安装卫星天线，由此吸引更多的用户；2010 年 11 月 26 日，FCC 初步考虑批准光平方公司的申请。光平方公司提高基站发射功率，给相邻频段的 GPS 导航信号造成严重干扰，引发了 GPS 业界的高度警觉和不满。大量测试结果表明，光平方公司新一代移动通信网络对 GPS 接收机造成严重干扰，包括后期光平方公司提出的 GPS 接收机采用“锐截止滤波器”和“设置保护带宽”的抗干扰方案。特别是美国航空无线电技术委员会测试结果表明，工作在 1 550.2～1 555.2 MHz 的光平方公司地面网络，可导致 600 m 高空的航空 GPS 接收机丧失功能。美国国家天基 PNT 执行委员会组织的测试评估结果表明，高精度 GPS 接收机在距离光平方公司地面网络基站 6～7 km 时就无法正常工作。此后美国军方介入，美国空军航天司令部在国会上指责光平方公司地面网络会导致美军大量武器装备降低或者丧失作战能力。最终美国国会要求光平方公司暂停地面网络建设。2012 年 2 月 14 日，FCC 表示无限期暂停光平方公司 ATC（辅助地面设施）服务授权。

Parkinson 教授在文章中撰文指出，FCC 试验性地批准了光平方公司在 GPS 卫星下行导航信号 L 频段附近构建大功率、地基通信转发器开展通信业务，该频段信号资源曾被保留为通信卫星使用，包括用于 GPS 差分修正业务。不同技术领域开展的实验结果表明，上述大功率、地基通信转发器对 GPS 军用接收机、航空接收机以及商业接收机，也包括那些用于诸如精准农业等精密定位用途的接收机，产生直接而且是毁灭性的打击。幸运的是，上述威胁至少暂时被推迟了。很多人都在询问为什么 GPS 如此脆弱以至于在其卫星播发的信号频谱附近都不能有大功率通信转发器信号？不幸的是，那些提出使用 15 kW 通信转发器或干扰机申请的公司并不是我们的敌人，我们不能将其轰炸掉！如果是敌方开展如此大功率的干扰，那么就不会是这么幸运了！

由此，Parkinson 教授建议美国联邦政府，特别是 FCC，要维持 GPS 卫星信号频段附近的频谱相对空白，以避免对 GPS 信号产生干扰。

GPS 信号功率极其微弱，淹没在背景噪声之下，这是军事保密的要求，也是降低卫星有效载荷设计难度的要求，这使得 GPS 接收机很容易受到有意或者无意的电磁干扰，从而导致 GPS 接收机接收、捕获及跟踪 GPS 导航定位信号十分困难！

举例说明 GPS 信号极其微弱的程度。GPS 民用用户接收到 L1 频段的信号功率为－128 dBmW，而日常使用联通手机信号功率则为－104 dBmW，也就是说 GPS 用户接受到的信号强度大约只有手机信号的 1/251。同日常生活常用的 100 W 白炽灯功率相比，100 W白炽灯功率是 GPS 信号功率的 10^{18} 倍。战时对于敌方 GPS 信号干扰机的管制，美国政府的唯一措施是发现并摧毁。

11.7　可负担性

可负担性的含义是指面对政府对卫星导航系统巨大的财政预算压力，政府很容易削减国防预算并殃及卫星导航系统庞大的建设及维护开支。Parkinson 教授建议从以下方面降低 GPS 成本：利用一箭双星发射技术降低运载火箭成本，相对传统一箭一星发射，发射一颗卫星的成本大约可以降低一半。如果采用一箭三星发射技术，或者进一步减小导航卫星的体积以适应那些发射成本更低的运载火箭，都将有助于降低系统成本。由此，Parkinson 教授建议单颗 GPS 卫星的总成本不应超过 175 百万美元。

此外，系统应该改善导航信号 RF 链路，以大幅度提高 RF 链路效率，卫星上的信号放大器可以采用高效氮化镓固态功率放大器（SSPA）。在“30＋3”卫星星座下，军用接收机可以很容易地接收并锁定 15°地球掩角的导航卫星下行信号，而不是标准的 5°地球掩角，也就是说用户很容易锁定 4 颗以上仰角大于 15°的导航卫星，这样用户对导航卫星信号 EIRP 的要求也将大幅度降低。如此一来，地面用户对导航卫星信号 EIRP 的指标要求将减少 75％，这意味着可以大幅度降低目前卫星的质量和成本，由此也就更容易实现一箭多星发射技术。

关于军用 GPS 用户接收机的研发，Parkinson 教授提出应该开发类似目前市场上的 Apple，Magellan，Trimble，Garmin 以及 TomTom 商用 GPS 接收机那样的简单、直观的图形界面接口。建议采用目前商业数码电子产品的成熟技术、研发低成本的接收响应可控天线（CRPA）产品以及利用现代微机电系统（MEMS）的最新成果等措施研发军用 GPS 用户接收机。另外，为了在不大幅增加使用成本的前提下提高接收机的抗干扰能力，必须采用数字电子技术以及市场商业模式研发 CRPA 产品。

参考文献

[1] Elliott D. Kaplan. GPS原理与应用（第二版）[M]．寇艳红译．北京：电子工业出版社，2007.

[2] Bradford W. Parkinson. Global Positioning System：Theory and Applications. American Institute of Aeronautics and Astronautics [M]，Inc. 370 L'Enfant Promenade，SW，Washington，DC 20024－2518.

[3] 党亚民．全球导航卫星系统原理与应用 [M]．北京：测绘出版社，2007.

[4] Hofmann－Wellenhof. 全球卫星导航系统 [M]．程鹏飞译．北京：测绘出版社，2009.

[5] 谭述森．卫星导航定位工程 [M]．北京：国防工业出版社，2007.

[6] 刘基余．GPS卫星导航定位原理与方法 [M]．北京：科学出版社，2003.

[7] Dan Doberstein. GPS接收机硬件实现方法 [M]．王新龙译．北京：国防工业出版社，2013.

[8] Annex 10（Aeronautical Telecommunications）To The Convention On International Civil Aviation，Volume I－Radio Navigation Aids，International Standards And Recommended Practices（SARPs）[C]．ICAO Doc. AN10－1，6th Edition，Jul 2006 国际民航组织国际公约附件10卷1.

[9] Review of tropospheric，ionospheric and multipath data and models for Global Navigation Satellite Systems [C]，presented in the 3rd European Conference on Antennas and Propagation（EuCAP）in 2009，Berlin（Germany），Martellucci and Prieto Cerdeira）

[10] GPS Program Update to 48th CGSIC Meeting，2008. 9. 15.

[11] Galileo Mission High Level Definition [C]．September 23rd 2002.

[12] David A. Turner，Deputy Director Office of Space and Advanced Technology U. S. Department of State，GPS Civil Service Update &U. S. International GNSS Activities [R]，China Satellite Navigation Conference 2016，Changsha，May 17－20.

[13] 中国卫星导航系统管理办公室．北斗卫星导航系统公开服务性能规范（1.0版）[S]．2013.

[14] 中国卫星导航系统管理办公室．北斗卫星导航系统发展报告（1.0版）[S]．2012.

[15] 中国卫星导航系统管理办公室．北斗卫星导航系统空间信号接口控制文件公开服务信号（2.0版）[S]．2013.

[16] GLOBAL POSITIONING SYSTEM，STANDARD POSITIONING SERVICE PERFORMANCE STANDARD. 4th Edition [S]．September，2008.

[17] NAVSTAR GLOBAL POSITIONING SYSTEM INTERFACE SPECIFICATION，IS－GPS－200，GPS全球定位系统接口规范 [S]．

[18] GLOBAL POSITIONING SYSTEM PRECISE POSITIONING SERVICE PERFORMANCE STANDARD [S]，2007.

[19] 谭述森．北斗卫星导航系统的发展与思考 [J]．宇航学报，2008（2）：392－396.

[20] 刘天雄，GPS系统的关键性能分析（I）[J]．卫星与网络，2013（134）：52－59.

[21] 刘天雄．GPS系统的关键性能分析（II）[J]．卫星与网络，2014（135）：50－59.

[22] 刘天雄．GPS系统的关键性能分析（III）[J]．卫星与网络，2014（137）：56－67.

[23] 刘天雄．GPS系统的关键性能分析（IV）[J]．卫星与网络，2014（138）：54－69.

[24] 刘天雄 . GPS 系统的关键性能分析（V）[J] . 卫星与网络，2014（139）：54 - 62.

[25] Russia Launches CDMA Payload on GLONASS - M [J/OL] . Inside GNSS，[2014 - 06 - 16] . http：//www. navipedia. net/index. php/GLONASS _ Space _ Segment.

[26] Bradford w Parkinson. Three Key Attributes and Nine Druthers [EB/OL] . [2012 - 10 - 01] http：//www. gpsworld. com/ expert - advice - pnt - for - the - nation/.

[27] Error Analysis for Global Positioning System [DB/OL] . Wikipedia. https：//en. wikipedia. org/ wiki/Error _ analysis _ for _ the _ Global _ Positioning _ System # Selective _ availability.

[28] Global Positioning System Standard Positioning Service Performance Standard [EB/OL]. 2008. http：//pnt. gov/public/docs/2008/spsps2008. pdf.

[29] Frank van Diggelen. GNSS Accuracy，Lies，Damn Lies，and Statistics [J/OL] . GPS World. [2017 - 01] . http：//gpsworld. com/gps - accuracy - lies - damn - lies - and - statistics/.

[30] Integrity protection level [DB/OL] . Navipedia. http：//www. navipedia. net/index. php/file： integrity - protection - level. jpg.

[31] GPS Standard Positioning Service (SPS) Performance Standard，4th Edition [EB/OL] . September 2008. http：//www. pnt. gov/public/docs/2008/spsps2008. pdf.

[32] An intuitive approach to the GNSS positioning [DB/OL] . Navipedia. 2011， https：// www. baidu. com/link? url=oJq4uiRT6ce0cioCUGgMbi4awSIxh7M0uKjui7FqHx - 1NnADA5mlZ - ryWIB2py0OLQGgO5kTkD6QD8M5oYuU2pEmFNNuEaQQgH2BMCxrXIDM8d5EIarPpefhrHp _ oUS2&wd=&eqid=8ecdfab900045794000000045ae5608e.

第12章　误差分析

12.1　概述

卫星导航系统一般采用卫星无线电导航业务（Radio Navigation Satellite Service，RNSS），卫星播发导航信号，接收机测量导航信号的传播时间，从而获得接收机与卫星之间的距离，利用三球交汇原理解算出用户的位置坐标。由此可见，卫星导航系统定位误差主要来自空间导航信号的自身误差、导航信号的传播误差以及用户接收机的测量误差3个部分。

对于卫星导航系统，精度定义为接收机解算的位置（P）、速度（V）或者时间（T）的结果与真值之间的符合程度，通常用系统误差的统计量度表示。导航接收机在解算PVT的过程中，不仅存在测量误差，而且存在偏差。例如，导航卫星的星载原子钟不仅存在时钟偏差（相对于导航系统参考基准时间的差值），而且存在时钟误差（星载原子钟虽然具有极其高的精度，但并不完美，总会存在一些误差）。原子钟的一项重要指标是输出频率稳定度，目前原子钟的"天稳定度"一般为10^{-13}量级，这意味着原子钟一天的误差为8.64 ns，对应的测距误差为2.59 m。再如，地球大气中的电离层和对流层会改变导航信号的传播时延和方向，其影响也存在偏差和误差。偏差为电离层和对流层效应导致的附加时延，一般为几米到百余米，误差是附加时延改正的非真实性等因素引起的。

卫星和接收机的时钟偏差将直接转变成伪距和载波相位观测误差，大气层中的电离层和对流层导致信号传播时延发生变化，多径干扰可能使信号中的测距码相位发生变化，选择可用性是GPS人为引入的误差。各种偏差和误差最终都要反映在用户机的伪距观测中。因此，为了便于统计分析，一般把各种偏差投影到距离上进行分析，所有这些投影偏差的和称为距离偏差。在没有消除这些偏差之前，所测量到的距离称为有偏距离，也就是常说的伪距。卫星导航系统的精度性能取决于伪距和载波相位测量值以及广播导航电文的质量。伪距值的实际精度称为用户等效距离误差（UERE），对于某一颗给定的卫星来说，UERE被视为与该卫星相关联的每个误差源所产生的影响的统计和。

卫星导航常用距离均方根值（DRMS）表示二维定位精度，用水平和垂直定位结果标准差的平方求和再开二次方定量表示。双倍距离均方根值（2 DRMS）是两倍的距离均方根值，可以理解为，以2 DRMS为半径作一个圆，在任何一个地方用一种系统所获得的所有可能定位结果落在这个圆中的概率。

12.2 定位精度的影响

定位精度是指对于任何地点、在规定时间范围内、在给定服务区域内，该地点的位置测量结果和实际真值之间的统计误差。定位精度究竟意味着什么呢？先说说水平误差。举个例子，学校主楼前广场有个旗杆，从周一到周五每天用导航接收机在旗杆处测量一组坐标，虽然测量的位置是完全相同的一点，但是测量得到的坐标每次都会不同，这个不同一般在 0～15 m 之间，但也可能达到 30 m。即便是测量的间隔仅仅是几秒钟，测量得到的坐标也会有些不同。30 m 的误差意味着如果你实际站在旗杆下面，接收机却告诉你你在主楼的办公室里!

下面再聊聊垂直误差。大部分的时候，卫星导航接收机解算位置的高度误差在30 m左右，高度误差看起来貌似"后果很严重"。对一般用户来说，他们利用接收机实现目的地导航，这时候接收机又被称为导航仪，更多的时候是利用导航仪实现语音导航，而根本不关心高度误差。也就是说，不同用户对定位精度要求是完全不同的!

假设我们骑马驰骋在广袤的大草原上，我们会在乎这平面 30 m 的定位精度（误差）吗？只要大方向正确，这个精度足够用了！但是，如果民航客机在机场利用卫星导航系统引导飞机起飞和降落过程中，专业术语称为精密进近，30 m 的误差将可能造成非常严重的事故。航空用户在精密进近和航路飞行时对定位精度的要求也是不同的，国际民航组织在其 ICAO GNSS SARPs 草案第七版规定，在航路飞行时要求水平定位精度为 3.7 km 以内，利用 GPS 定位数据实现初始进近（非精密进近）时，卫星导航水平定位精度应不大于 220 m，对垂直定位精度没有要求；而在一类精密进近时，要求水平定位精度为 16 m 以内，垂直定位精度应不大于 7.7 m；民航客机盲降（CAT Ⅲ）时，要求 GPS 水平定位精度不大于 6 m，垂直定位精度应不大于 2 m。此外，对导航服务的完好性也有严格的指标要求，以确保导航的安全。船舶在港口、近港、沿海水域时，要求水平定位精度为10 m 以内，在远洋水域则要求水平定位精度为 100 m 以内。测绘用户则要求厘米级的定位精度。不同用户在对定位精度要求的同时，对系统完好性也有不同的要求，例如，用户对卫星导航系统定位精度和可用性要求如图 12－1 所示。

12.3 授时精度的影响

卫星导航系统建立了自身的时间参考系统，例如，GPS 根据主控站的高精度原子钟组以及监测站和星载原子钟，定义了 GPST（GPS Time），为全世界的用户提供授时服务。授时就是指在全世界任何地方和用户定义的时间参量条件下从一个标准（例如 GPST、UTC）得到并保持精密和准确时间的能力，包括时间传递。

GPST 是原子时系统，它的秒长即为原子时秒长。GPST 与 UTC（USNO）在 1980 年 1 月 6 日 0 时是重合的，UTC（USNO）是美国海军天文台的 50 个铯原子钟组驱动的

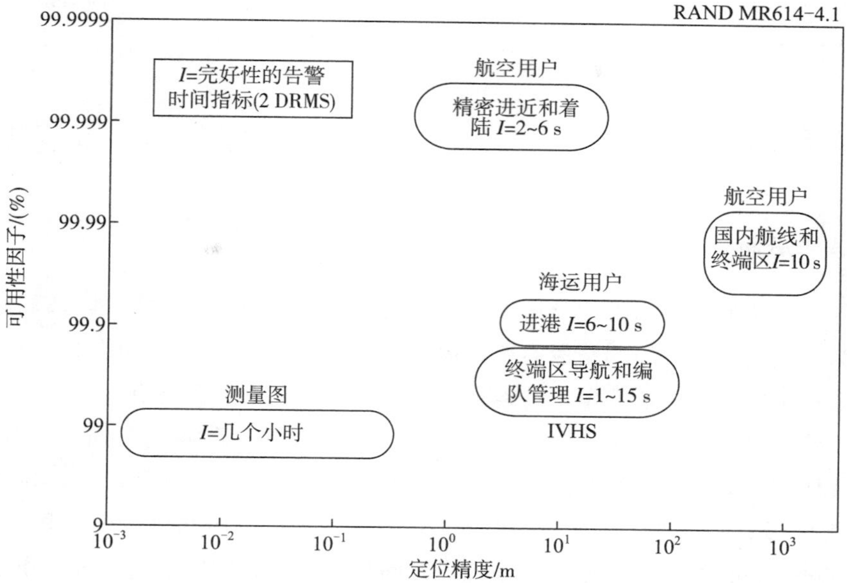

图 12－1　用户对卫星导航系统定位精度和可用性要求

原子秒时间标度版本的协调世界时。由于地球绕自旋轴旋转时会出现抖动，而且自转还会受到太阳、月球和海洋潮汐的影响，这些因素会略微影响地球的自转，进而造成太阳时与 GPST 为代表的原子时之间出现偏差，协调世界时系统会不时地进行调整，通过增加或减少某天“一秒”来弥补因地球不均匀的自转而导致的误差，行话称为“闰秒”或“跳秒”。这种调整从 1972 年就开始了，2012 年 6 月 30 日的最后一分钟拥有 61 s，是协调世界时系统增加的第 25 个闫秒。

在地面监测站的监控下，利用导航卫星传送精确时间和频率信息是卫星导航系统的一个重要功能，在全球任何位置均能接收到系统每秒播发一次的秒脉冲信号，秒脉冲信号是理想的时间同步时钟源。该功能可进行精确时间或频率的控制。例如，GPS 标准定位服务 SPS 提供的 UTC 时间传递精度在 40 ns（95%）以内。

卫星导航系统的授时功能可以给各行各业免费分享原子钟的精确时间，通信系统、电力系统、金融系统利用卫星导航系统精确的授时服务可以实现系统内部各个环节之间的时间同步，在金融系统使追踪金融交易和票据的准确时间称为可能。

例如，电力系统要求发电厂、变电站的设备同步运转，首先必须要确保设备内部时钟的一致性，电力系统的安全运行需要在很大范围内实现高精度的时间同步。动力系统整个电网的同步相位测量、运行稳定性判断、继电保护、电机励磁和调速、功角测量、电流纵差保护、故障定位以及故障录波等技术均需要时间同步技术。安全可靠的高精度时间同步是当代电网乃至未来智能电网正常运行的一项基本要求。

据《卫星应用》2010 年第 2 期“北斗电力全网时间同步管理系统的应用”介绍，我国电力系统因授时系统问题而导致的电网事故时有发生，电网二次系统的保护、监控和调节功能也因为时间不同步出现电网安全运行的问题。2005 年 9 月 1 日，蒙西电网低频振荡事故、2006 年 7 月 1 日河南电网保护误动事故，均是由于各地上报的数据时标不一致和故障录波信息错位给事故分析造成困难。

12.4　误差分析与分类

12.4.1　误差分析

卫星导航系统的工作原理十分简单，就是基于信号到达时间，实现距离测量的位置估计，也称为三边测量法。原理虽然简单，但是工程实现起来却是相当困难！首先，卫星在天上飞，谁也不能保证它能一丝不差地运行在预定的轨道上，总会有偏差。卫星在各种摄动力作用下将沿着另一条略微不同的轨道运动；其次，导航无线电信号在空间中的传播也会受到很多因素的影响，特别是太阳电磁辐射引起高空大气分子光致电离，在距地球 50～1 000 km 范围形成电子密度很高的等离子体电离层，无线电导航信号在其中传播会影响传播的速率和方向，最终导致信号在空间传播时间发生变化，所以需要在导航电文中载入电离层修正参数，或者利用双频技术消除电离层折射的影响。

导航卫星的空间位置几何分布也是影响定位精度一个非常重要的因素。如前述，最理想的卫星空间几何分布是一颗卫星在用户天顶，其他 3 颗卫星等间隔地均匀分布在与用户和天顶卫星连线相互垂直的平面上。即用户指向每颗卫星的单位矢量描绘出一个具有顶点在用户天顶方向的四面体，该四面体的底面是一个等边三角形，这个四面体体积最大时的卫星可见几何分布是最优几何。这是由卫星导航系统的数学原理决定的。这在实际应用中是很难做到的，由此，接收机在解算位置过程中一定是有偏差的。

太多的不利因素影响到了卫星导航系统的定位精度，即使用户静止不动，每次计算出来的坐标位置也都会不同，此外，系统还可以采取选择可用性技术等人为措施有意降低定位精度。在 GPS 实施选择可用性技术前后，一周连续测量结果如图 12－2 所示，纵坐标和横坐标分别代表水平两个方向定位结果，坐标单位为“0.1 km”，图中间的小圆圈表示用户实际的位置，左图为正常信号的位置解算结果，右图为信号受到干扰后的位置解算结果，由图可知定位结果存在数据漂移现象，选择可用性技术使得定位结果不但劣化而且离散。

测量误差一般分为噪声和偏差两个部分。噪声一般是指在很短的时间间隔内，变化非常快的误差，这里的短时间是相对于接收机的积分误差和滤波时间而言。偏差往往要持续一段时间，通常与某些变量，如时间、位置和温度等有关系，因此，偏差的影响可以通过对偏差源建模的方法消除或抑制。误差则反映了测量本身和对偏差源建模后所产生残差的影响。噪声、偏差对位置估计的不利影响如图 12－3 所示。

12.4.2　误差分类

用户接收机的基本测量参数是导航信号从卫星到接收机的传播时间，卫星导航系统在

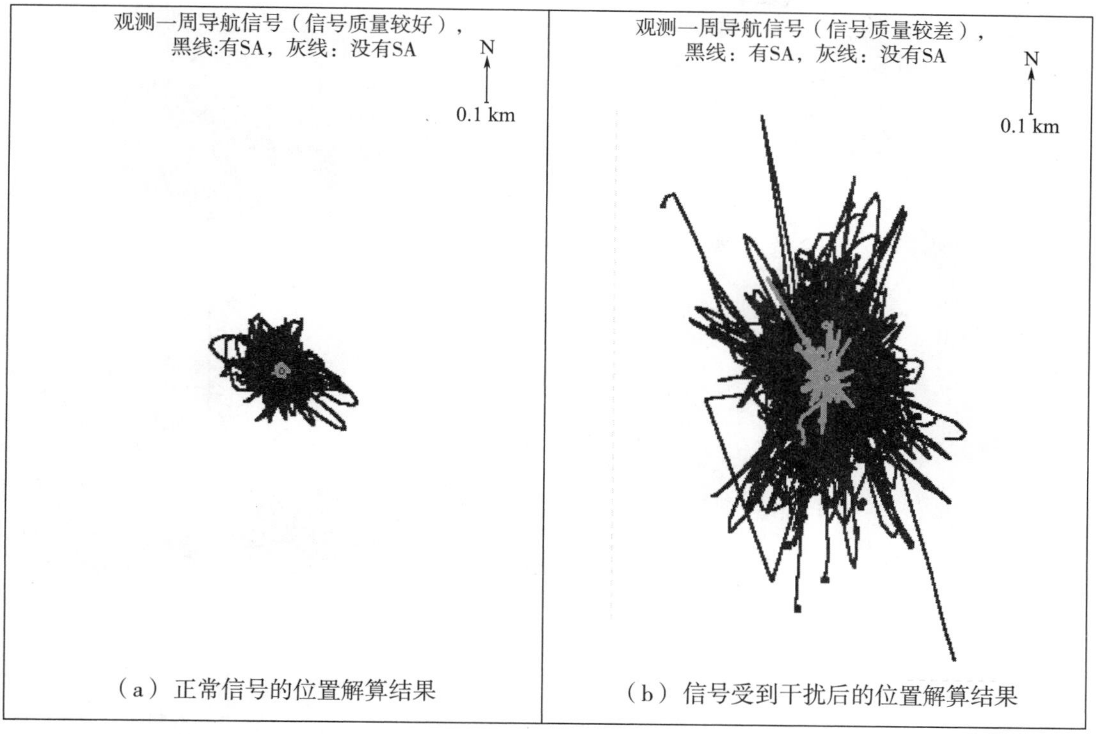

图 12－2　定位结果的数据漂移及选择 GPS 的可用性技术对定位结果的影响

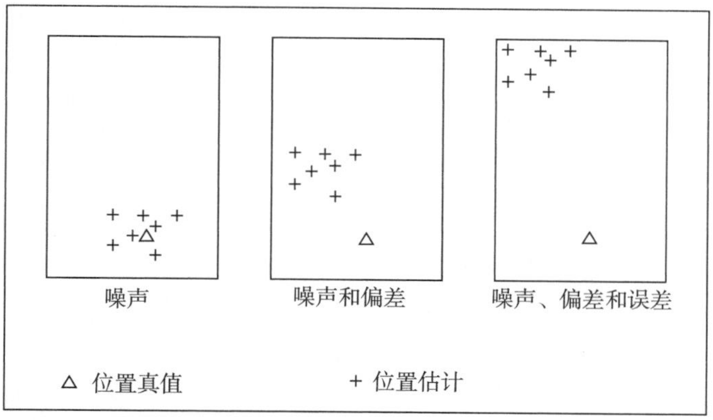

图 12－3　噪声、偏差对位置估计的不利影响

定位中的各种误差从来源上可以分为与卫星有关的误差（在卫星播发的导航电文中的参数误差）、与卫星信号传播有关的误差（影响信号从卫星到接收机的传播时间）以及与接收机有关的误差（影响精确测量的接收机噪声和接收机天线附近的多径信号干扰）三类，如图 12－4 所示，误差对定位精度的影响如图 12－5 所示，

在研究误差对卫星导航系统定位的影响时，一般将误差影响换算为卫星到接收机之间的距离，通常将各种误差的影响投影到地面用户接收机到卫星的距离上，以相应的距离误

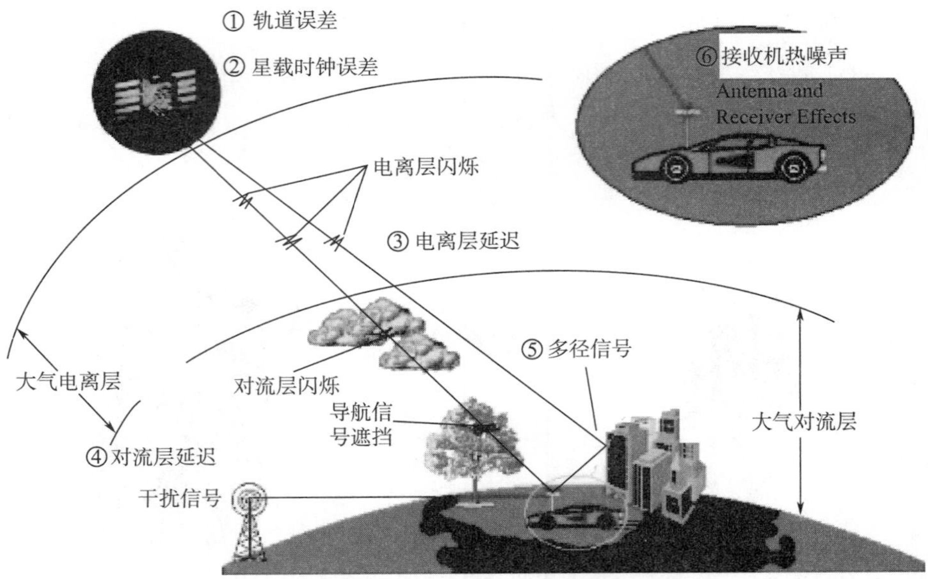

图 12-4　卫星导航系统在定位中的误差

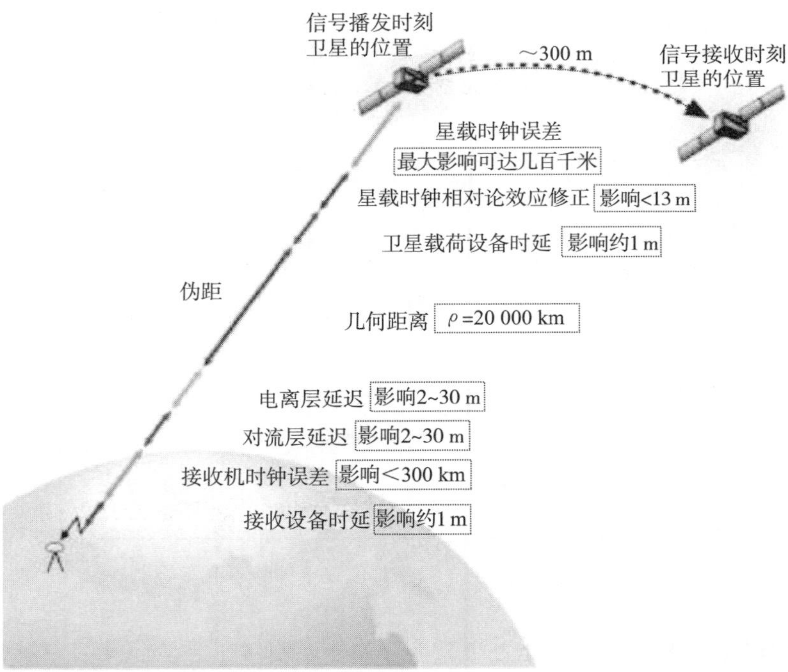

图 12-5　误差对定位精度的影响

差表示，称为用户距离误差。下文以 GPS 为例，简要分析导航误差分类及其影响。根据国内外许多实测数据及其理论研究成果，主要误差分量的量级如表 12-1 所示（详见刘基余．GPS 卫星导航定位原理与方法．北京：科学出版社，2003）。

表 12－1　GPS 卫星导航定位误差的量级

误差源		P 码伪距		C/A 码伪距	
		无 SA	有 SA	无 SA	有 SA
卫星误差	卫星星历误差	5 m	10～40 m	5 m	10～40 m
	卫星时钟误差	1 m	10～50 m	1 m	10～50 m
传播误差	电离层时延改正误差	cm～dm	cm～dm	cm～dm	cm～dm
	电离层时延改正模型误差	—	—	2～100 m	2～100 m
	对流层时延改正模型误差	dm	dm	dm	dm
	多路径误差	1 m	1 m	5 m	5 m
接收误差	观测噪声误差	0.1～1 m	0.1～1 m	1～10 m	1～10 m
	内时延误差	dm～m	dm～m	m	m
	天线相位中心误差	mm～cm	mm～cm	mm～cm	mm～cm

这些误差又可以分为有意误差和无意误差。有意误差是指美国政府有意降低 GPS 定位精度所采取的措施，其中选择可用性技术就是典型的有意误差，也是系统最大的误差源。无意误差是指 GPS 在定位中出现的各种系统误差，包括星载原子钟误差（卫星钟差）、卫星轨道误差（星历误差）、卫星几何构形误差、电离层误差、对流层误差、多径效应以及接收机噪声产生的误差。

根据误差的性质来分，上述误差又可以分为系统误差与偶然误差两大类，系统误差主要包括卫星的轨道误差（星历误差）、卫星星钟误差、接收机时钟误差、电离层误差以及对流层误差。偶然误差主要包括信号的观测误差和多径效应误差。其中系统误差远远大于偶然误差，是 GPS 测量的主要误差。同时，系统误差具有一定的规律性，根据其产生的原因可以采取不同的措施加以消除，主要包括建立系统误差模型对观测量进行修正；引入相应的未知数，在数据处理中与其他未知参数一起求解；将不同观测站对相同卫星的同步观测值进行求差。

卫星钟差、星历误差、电离层误差、对流层误差等误差对每一个用户接收机是所共有的，通过利用差分技术可以完全消除。多径效应、接收机内部噪声、通道延迟等误差无法消除，只能靠提高导航接收机本身的技术能力来降低不利影响。

差分技术又是何物？其实也并不复杂。如果我们知道车子往右偏了，那么谁都知道稍稍地向左调整一些。差分技术也是同样的道理。电离层、对流层的影响不是会产生误差吗？首先确定一些已知点的信息，如果已知点和被测点距离足够近，那么可以认为它们受到的那些影响基本是相似的。这样，计算过程中将它作为参照，来确定应该将接收机计算的结果“左调”还是“右调”一些，从而得出更精确的定位。

12.5　与卫星有关的误差

12.5.1　卫星钟差

卫星导航系统是一个测时－测距定位系统，在卫星导航系统定位过程中，无论是伪随机码观测还是载波相位观测，均要求卫星时钟与系统参考时间保持严格同步，所以卫星导航系统的定位精度与时钟误差密切相关。例如，导航卫星上配置了高精度的铯原子钟和铷原子钟，用来生成卫星的时间基准和频率基准信号，虽然这些原子钟非常稳定，但与系统参考时间之间不可避免地总会有一些偏差和漂移，并且随着时间的推移，这些频偏和频漂还会发生变化，导致卫星时钟与系统参考时间之间的不同步。

运控系统通过预报模型产生卫星时钟偏差参数，并由卫星通过导航电文广播给用户。在估算当前的参数值和预报未来的参数值时会存在误差。预测误差与数据龄期（AOD）成正比，数据龄是从最近一次数据上传时间开始计算的。显然，上传给卫星的数据越频繁，模型估算、预报星历和时钟的参数越精确，控制段产生的误差越小。对于 GPS，数据龄期为零（Zero AOD）时，卫星的时钟误差在 0.8 m 左右。上载 24 h 后，时钟误差在 1～4 m 的范围内。2000 年 5 月前，GPS 时钟误差取决于选择可用性措施，SA 颤抖分量影响了很多 GPS 接收机和增强的设计。

星钟钟差总量可达 1 ms，由此引起的等效距离误差约为 300 km，用失之毫厘，谬以千里形容钟差再恰当不过！因此，必须予以精确修正。卫星钟差一般可以通过地面监控站对卫星钟运行状态的连续监测而精确地确定，测得星钟对于系统参考时的偏差，一般可用二阶多项式表示为

$$\delta t(t)=a_0+a_1(t-t_{oc})+a_2(t-t_{oc})^2 \tag{12-1}$$

式中　t_{oc}——星钟修正参考历元（时刻）；

a_0——星钟在 t_{oc} 时刻对于系统参考时的偏差项，称为钟差；

a_1——卫星钟的线性项（频率项）；

a_2——卫星钟的二次项（老化项）。

式（12－1）中的系数由卫星地面监控系统根据前一段时间的卫星跟踪数据和系统参考时推算而得，并通过卫星的导航电文提供给用户。卫星钟差经过修正后，各个卫星星钟与系统参考时之间的同步差可以保持在 20 ns 之内，由此引起的等效距离误差将不会超过 6 m。对于卫星钟的残余误差，则需要采用在接收机间求一次差等的差分技术来进一步消除。

12.5.2　星历误差

卫星导航系统地面监测站所在的位置（经度、纬度和高程）已知，因此，可以用分布在不同地区的几个监测站跟踪监测同一颗导航卫星，进行距离测定，根据观测方程，确定

卫星所在空间的位置（又称反向测距定位或定轨)。由主控站将监测站长期测量的轨道数据经过最佳滤波处理，形成星历（所有卫星星历的最佳估计值都是计算出来的)，并上行加载给卫星，再由卫星以导航电文形式重新广播给用户。卫星导航电文中的广播星历是一种外推的预报星历，由于卫星在实际运动中受到多种摄动力的复杂影响，故预报星历必然有误差，一般估计由星历计算的卫星位置的误差为 20～40 m。卫星导航系统测量定位是以卫星位置作为已知的基准值，来确定待定点的位置，因此，广播星历的误差会严重地影响定位精度。

卫星星历误差定义为卫星在轨道上的实际位置和导航电文中预报的位置之间的差异。卫星轨道误差主要是由各种摄动力的综合作用而产生的，这些摄动力大小及其规律又很难精确地确定，而且摄动力对描述卫星轨道六个参数（半长轴、偏心率、轨道倾角、升交点赤经、近地点幅角、平近点角）的影响也各不相同。

卫星在轨道上运行，除假想的二体问题外，还有一些摄动力的作用，包括地球非理想球形的引力、太阳和月球的引力、太阳光压力和地球反射太阳光压力、地球磁场的作用力、地球海洋潮汐作用力以及卫星自身产生的控制力等作用力，这些作用力会使卫星实际运行轨道偏离理论轨道（即前文所说的星历)，这种偏离称为轨道摄动。地面监测站很难精确地测定这些摄动力的影响，因此，测定的卫星轨道必然会有误差。监测系统计算轨道时所用的轨道模型及其定轨软件的完善程度，也会导致星历误差。此外，用户接收到的星历并非是实时的轨道数据，是由接收到的导航电文中对应于某一时刻的星历参数推算出来的，由此也会导致计算卫星位置时产生误差。

综述，导航卫星播发的导航电文中的星历参数存在着一定的误差，运控系统每小时更新一次。目前 GPS 广播电文中的轨道数据用 17 个星历参数描述，这 17 个星历参数确定的卫星位置精度为 20～40 m，有时可达 80 m，卫星的星历误差是当前 GPS 定位的主要误差源之一。星历误差是一种系统性误差，不可能通过多次重复观测来消除。在相对定位中，差分法可以消除或大大减少轨道偏差的影响。随着启用全球均匀分布的跟踪网进行测轨和预报，采用同步观测求差法或轨道改进法处理观测轨道数据，由星历参数计算的卫星位置精度可提高到 5～10 m 之间。

在卫星导航系统定位过程中，卫星被作为空间的已知点，卫星星历被作为已知的起算数据，这样，星历误差必将以某种方式传递给用户，从而产生定位误差。伪距定位的观测方程为

$$[(x_s^j - x)^2 + (y_s^j - y)^2 + (z_s^j - z)^2]^{\frac{1}{2}} - c\delta t_k = \rho'^j + \delta\rho_1^j + \delta\rho_2^j - c\delta t^j \quad (12-2)$$

式中　j ——卫星号；

ρ'^j ——伪距观测值；

$\delta\rho_1^j$，$\delta\rho_2^j$——分别为电离层和对流层修正项；

δt_k，δt^j ——分别为地面接收机钟差和卫星钟钟差。

用现代数值分析方法中常用的级数展开法，可以获得式（12－2）的线性化方程，假设观测站（地面接收机）位置坐标为（x_0，y_0，z_0)，进一步推导可知星历预测误差而带

来的有效伪距或载波相位误差在 0.8 m（1σ）。

12.5.3 相对论误差

爱因斯坦相对论是伪距和载波相位测量中的影响因素，根据狭义相对论，一个频率为 f_0 的时钟安装在卫星上以后，由于卫星的高速运动，对于地面的观测者来说时钟频率将发生频移，其频移量为

$$\Delta f_s = -\frac{v_s^2}{2c^2} f_0 \tag{12-3}$$

导航卫星的轨道高度一般在 20 000 km 左右，卫星平均运行速度 $v_s = 3\ 874$ m/s，导航信号的传播速度 $c = 299\ 792\ 458$ m/s，由此，可得频移量 $\Delta f_s = -0.835 \times 10^{-10} f_0$，也就是说，卫星上时钟比静止在地球上的同类钟慢了。

根据广义相对论，由于卫星和地面的重力不同，同样一台原子钟在两处的频率将发生变化，称为引力偏移，引力偏移量为

$$\Delta f_{ss} = \frac{\mu f_0}{c^2}\left(\frac{1}{R_E} - \frac{1}{R_S}\right) \tag{12-4}$$

式中，$\mu = 3.986\ 005 \times 10^{14}\ \mathrm{m^3/s^2}$ 定义为地球引力参数，地球的平均曲率半径 $R_E = 6\ 378$ km，卫星至地心的距离（卫星向径）$R_S = 26\ 560$ km，由此，可得引力偏移量为 $\Delta f_{ss} = 5.284 \times 10^{-10} f_0$。

由此，在爱因斯坦狭义相对论与广义相对论的综合作用下，导航卫星星载原子钟频率的变化量为

$$\Delta f = \Delta f_s + \Delta f_{ss} = 4.449 \times 10^{-10} f_0 \tag{12-5}$$

为补偿相对论效应影响，一般将导航卫星时钟的频率预先设置一个补偿量，即 $f_0 = 10.23 \times (1 - 4.449 \times 10^{-10})$ MHz，以确保导航卫星时间和频率基准能够达到标称值（$f_0 = 10.23$ MHz）。但由于地球运动、卫星轨道高度变化以及地球重力场变化，相对论效应频率补偿就不是一个常数，经过修正后，仍有 70 ns 残差，对卫星星钟钟速的影响可以达到 0.01 ns/s，显然，对于高精度定位来说，这种影响是不能忽略的。

12.5.4 数据龄期与定位精度

数据龄期（age of data，AOD）影响用户定位精度，包括星钟数据龄期（AODC）和星历数据龄期（AODE）两部分。根据数据外推时间，数据龄期分为零数据龄期、任何数据龄期和全数据龄期三类。零数据龄期是指实时注入、播发并被用户使用的导航电文数据；任何数据龄期是指两次注入之间的导航电文数据；全数据龄期是指一直有效的导航电文数据。

在解释数据龄期的含意之前，先说说卫星时钟参考历元和卫星星历参考历元的意思，卫星时钟参考历元是指导航电文中第一数据块的参考时刻（基准时间），是卫星钟差参考时刻；卫星星历参考历元是卫星星历参数的参考时间，从每周六/每周日子夜零时起算，取值范围为 0～604 800。

星钟数据龄期表示卫星原子钟时钟改正数的外推时间间隔，即基准时间和最近一次更新星历数据的时间之差。随着时间的推移，所给出的卫星钟改正参数的精度将随之下降，所以星钟数据龄期主要是用于评价时钟改正参数的可信程度。时钟改正数的意思是每一颗导航卫星的时钟相对于系统时间的差值。星钟数据龄期表示为

$$\mathrm{AODC} = t_{OC} - t_L \tag{12-6}$$

式中　t_{OC} ——导航电文中第一数据块的参考时刻；

t_L ——计算时钟参数所作测量的最后观测时间。

星历数据龄期表示从最后一次注入导航电文的时间到参考历元 t_{OE} 之间的时间差，或者说从最后一次注入导航电文起外推星历的外推时间间隔，它反映了外推星历的可靠程度，便于用户确认导航电文改正参数的时效。取值范围 0～31，每个刻度等于 900 s，因此，星历数据龄期的实际值变化范围是 0～27 900 s，广播星历表示为

$$\mathrm{AODE} = t_{OE} - t_L \tag{12-7}$$

式中　t_{OE} ——卫星星历参数的参考时间；

t_L ——作预报星历测量的最后观测时间。

卫星的星历是描述导航卫星的轨道信息，精确的轨道信息是精密定位的基础。卫星导航系统提供的星历有两种：一种是预报星历，又称广播星历；另一种是后处理星历，又称精密星历。预报星历就是卫星将含有轨道信息的导航电文发送给用户接收机，然后经过解码获得的卫星星历。预报星历通常包括相对某一参考历元的开普勒轨道参数以及必要的轨道参数摄动改正项参数。

据 2007 年 2 月发布的《GPS 精密定位服务性能标准》（*GLOBAL POSITIONING SYSTEM PRECISE POSITIONING SERVICE PERFORMANCE STANDARD*）规定，在正常运行模式下，GPS 星座中的每颗卫星至少每天更新一次导航电文，有时根据需要，对一些卫星每天可以跟新数次导航电文。用户等效测距误差随卫星更新导航电文时间延长而劣化的关系如图 12－6 所示。

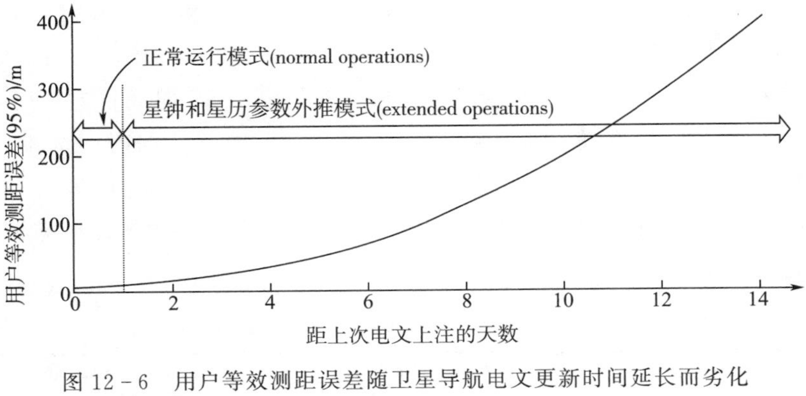

图 12－6　用户等效测距误差随卫星导航电文更新时间延长而劣化

图 12－6 中，“normal operations”是指 GPS 星座中的每颗卫星每天更新一次导航电文的正常运行模式，“extended operations”是指导航电文中的星钟数据和星历数据使用外推数据

的工作模式，由图可知，14 天没有更新导航电文后，用户等效测距误差将劣化到 400 m。

对应于某一参考历元的开普勒轨道参数又称为参考星历，它根据卫星导航监测站约一周的观测资料推算得到。参考星历只代表卫星在参考历元的瞬时轨道参数，在摄动力的影响下，卫星的实际轨道将偏离其参考轨道，偏离的程度主要决定于观测历元与所选参考历元之间的时间差。为了保持卫星预报星历的必要精度，一般采用限制预报星历外推时间间隔的方法。一般导航卫星播发的广播星历每小时更新一次。

更新导航电文，对用户来说能够使用最新更新的星钟数据和星历数据，也就是说星钟数据和星历数据偏离其真实值的偏差比较小，因而意味着用户能够获得较高的定位精度。图 12-7 给出对一颗卫星一天内 4 次注入更新导航电文数据后，实时用户测距误差随注入时间变化的情况，4 次注入更新导航电文数据的时间分别是 00：42，08：28，16：29 和 23：57。在这 4 个时刻，由于卫星开始广播最新的注入的导航电文数据，精密定位服务的用户测距误差几乎接近为零。

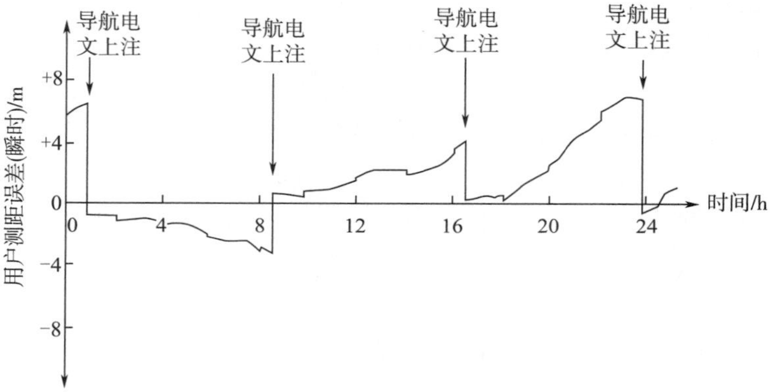

图 12-7　实时用户测距误差随注入时间变化的情况

根据 GPS 精密定位服务提供的预测精度为水平面内至少 22 m（2 DRMS，95%），垂直平面内 27.7 m（2 DRMS，95%）。GPS 标准定位服务对全世界所有用户免费使用，标准定位服务提供的预测精度为：在水平面内，优于 100 m（2 DRMS，95%），在垂直平面内，156 m（2 DRMS，95%）。GPS 精密定位服务提供的 UTC 时间传递精度在 200 ns 以内（95%），协调世界时以在美国海军天文台（USNO）中保持的时间为准，记为 UTC（USNO）。相对 UTC（USNO）时间，标准定位服务时间广播精度在 340 ns 以内（95%）。《GPS 原理与应用》给出了当前 GPS 工作条件下各种接收机之间典型性能范围的比较，如表 12-2 所示。

表 12-2　各种接收机之间典型性能范围的比较*

各种接收机 95%三维位置时间误差的比较	标准定位服务(SPS)			精密定位服务(PPS)		
	最佳定位	一般定位	最差定位	最佳定位	一般定位	最差定位
手持接收机(最优四星解)	16 m	32 m	72 m	10 m	30 m	71 m

续表

各种接收机 95%三维位置时间误差的比较	标准定位服务(SPS)			精密定位服务(PPS)		
	最佳定位	一般定位	最差定位	最佳定位	一般定位	最差定位
手持接收机	11 m	25 m	54 m	8 m	23 m	53 m
移动接收机(陆地/海上载体)	7 m	23 m	53 m	N/A	N/A	N/A
航空接收机(AIV、RAIM、INS)	7 m	24 m	55 m	4 m	5 m	6 m
测量型接收机(双频、实时性能)	3 m	4 m	5 m	3 m	4 m	5 m
航空接收机动态时间传递性能	14 ns	45 ns	105 ns	12 ns	13 ns	14 ns
时间传递接收机静态时间传递性能	10 ns	19 ns	35 ns	10 ns	10 ns	11 ns

注：* 基于 24 h 的时间范围评估，2004 年 7 月的全运行 GPS 星座。

12.6　与导航信号传播路径有关的误差

信号在介质中的传播速度可用介质的折射率来表示。折射率定义为无线电信号在自由空间中的传播速度与在介质中的传播速度之比。如果无线电信号传播速度（或等效地说折射率）是无线电信号的频率的函数，该介质就是色散的。导航信号受到卫星和接收机之间介质的影响。特别是当信号进入距地球表面大约 1 000 km 高度时，大气中充满大量的电离子，称为电离层。稍后，在大约 50 km 高度时，信号进入对流层。大气层改变了信号传播速度（速率和方向），这种现象称为折射，如图 12－8 所示。传播速度的变化改变了信号的传播时间，而传播时间测量是卫星导航系统的根本。

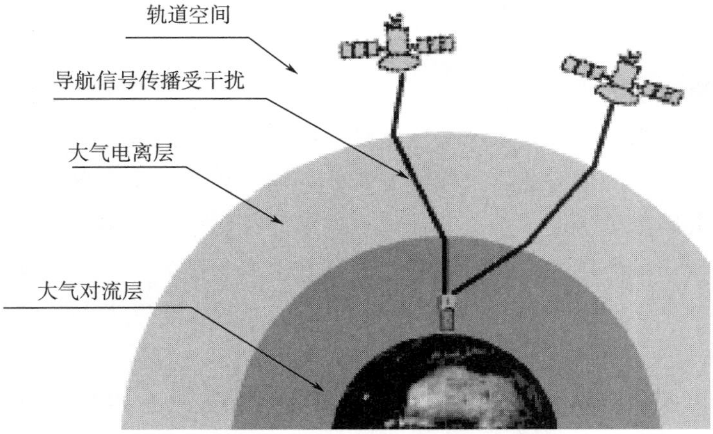

图 12－8　大气层改变了信号传播的速率和方向

12.6.1　电离层延迟误差

电离层是指地球上空距地面高度在 50～1 000 km 之间的大气层。由于受到太阳的强烈辐射，电离层中的气体分子被电离形成大量的自由电子和正离子，从而具有密度较高的带电粒子。当导航卫星播发的无线电信号穿过电离层时，无线电信号被电离层折射，同时传播的速度也会发生变化，如图 12-9 所示，称为电离层折射误差和电离层延迟误差。

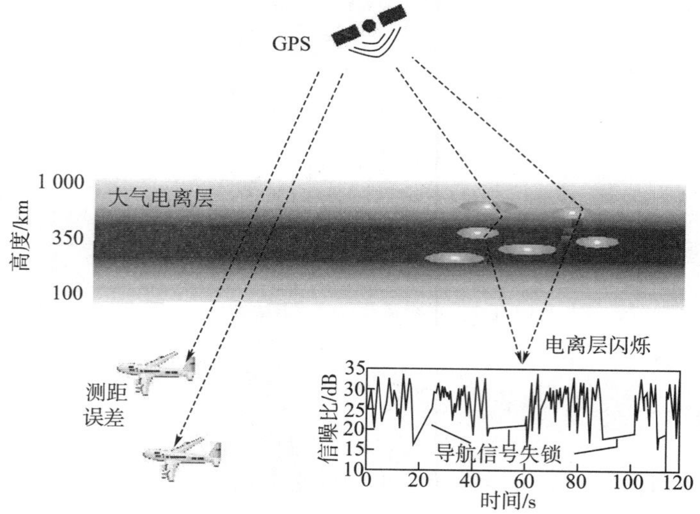

图 12-9　电离层折射和电离层延迟误差

所以，信号的传播时间与传播速度的乘积并不等于卫星至接收机的几何距离，该偏差称为电离层延迟误差。在离子化的大气中，大气物理学给出了电离层的折射率公式为

$$n=1-40.28\frac{N_e}{f^2} \tag{12-8}$$

式中　N_e——电子密度；

f——电磁波频率。

由此可见，电离层的折射率与大气电子密度成正比，而与穿过的电磁波频率平方成反比。对于确定的频率来说，大气电子密度是唯一的独立变量。该层大气对电磁波的传播属弥散性介质，即电磁波的传播速度与频率有关。影响电离层电子密度的因素包括时间、高度、太阳辐射、太阳黑子活动、季节及地区等，因此难以可靠地确定观测时刻沿电磁波传播路线的电子总量。电离层的物理特性从白天到晚上变化很大。一天中电离层对无线电信号的传播延迟影响是不同的，白天造成 40～60 m（95%）延迟误差，夜晚造成 6～12 m（95%）延迟误差。对于单频接收机（调制 C/A 测距码的 L1 载波信号）而言，电离层延迟误差是一个特有的问题，而双频接收机则可以修正电离层延迟误差（残差为 4.5 m/95%）。

在电离层中，无线电信号的传播速度与信号传播过程中自由电子的数量有关，自由电子的数量即总电子含量（TEC），它是底面积为 1 m^2 而贯穿整个电离层的柱体中的自由电子数。在天顶方向，通过电离层的信号路径最短，因此，垂直方向上的总电子含量（TECV）最少。我们以 10^{16} e/m^2 为总电子含量的一个单位（TECU）来衡量总电子含量。垂直方向上的总电子含量一般在 1～150 TECU 之间变化。在一个给定的位置和时间，垂直方向上总电子含量可以比当前月份的平均值变化 20%～25%。例如，根据全球电离层模型 SAMI3，美国海军研究室（NRL）给出了全球垂直方向上总电子含量等高线，如图12－10 所示。JPL 实时给出全球总电子含量分布图，2012 年 09 月 07 日的全球电离层垂直方向上的总电子含量分布图如图 12－11 所示（详见 http：//iono. jpl. nasa. gov/latest _ rti _ global. html）。

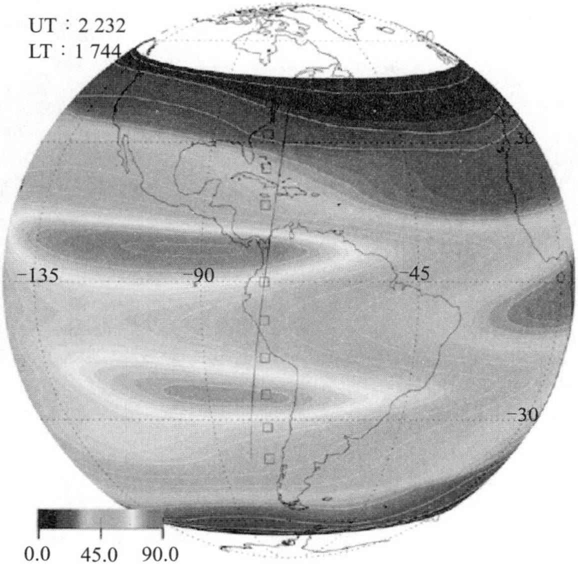

图 12－10　全球总电子含量等高线

1986 年，美国学者 Klobuchar 对 GPS 信号在电离层的影响开展了全面的研究。目前，采用电离层修正模型消除电离层误差，双频观测技术消除电离层影响的有效性将不低于95%。GPS 单频（L1）接收机一般采用 1987 年 Klobuchar 提出的电离层模型，模型参数由导航电文提供。Klobuchar 电离层模型是在经验数据的基础上形成的，受到参数的使用个数（最多 8 个）和更新频率（GPS 导航电文最多一天更新一次）的限制。广播模型可以将电离层造成的测量误差减少 50%，在中纬度地区，天顶方向上的剩余误差白天可以达到10 m，如果在太阳活动频繁期这种误差会更大。

12. 6. 2　对流层折射误差

对流层是指从地面向上至距地面 50 km 范围内的大气底层，占整个大气质量的 99%。其大气疏密程度比电离层更大，大气状态也更复杂。对流层从地面获得辐射热能，温度随高度的上升而降低。对流层的大气是中性的，对于电磁波的传播不是弥散性介质，即，电磁波在对流层中的传播速度与频率无关。但 GNSS 卫星信号通过对流层时，会使传播的路径发生弯曲，从而使测量距离产生误差，称为对流层折射误差。

通常将对流层大气折射分为干分量和湿分量两部分，其中干分量与干气体总量有关，主要取决于大气的温度及压力；湿分量与大气中水蒸气含量有关，主要取决于信号传播路

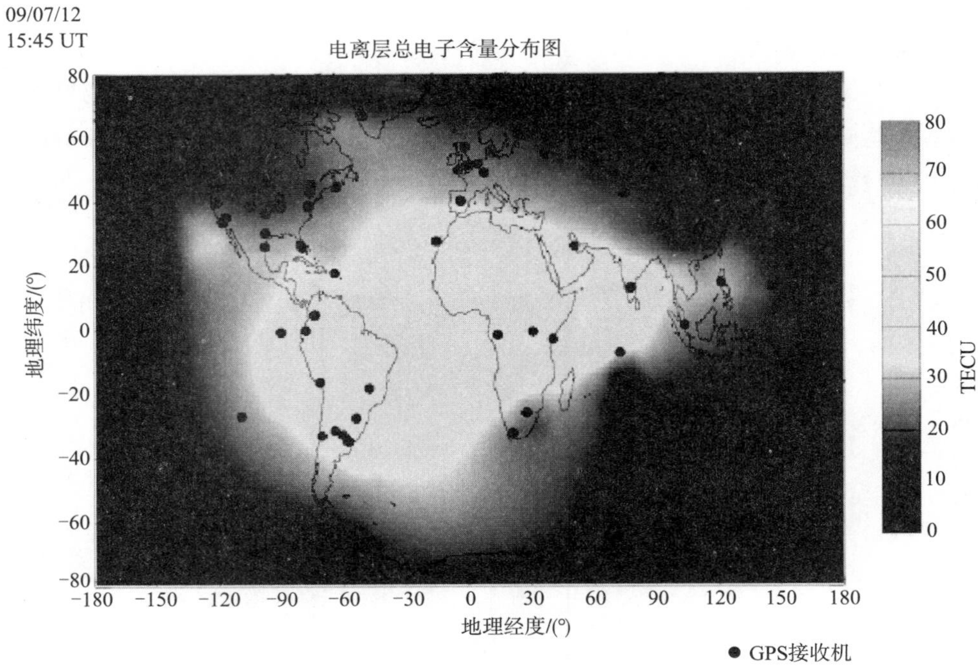

图 12-11　全球电离层垂直方向上的总电子含量分布图

径上的大气湿度和密度。对流层对导航信号的影响主要由可以预测的干分量影响决定（约占对流层影响的 90%）。

地球大气层的对流层不像电离层那样对导航信号有色散作用（即折射率与信号的频率无关）。导航信号在对流层中的传播速度比真空要小，因此，到卫星的观测距离比实际要长，误差范围在 2.5～25 m，随卫星仰角而变化。相速和群速相同，即不同频点导航信号的伪码和载波信号分量被同等地延迟了，这种延迟不能通过双频观测计算出来。而且这种延迟随对流层折射率而变，而折射率取决于当地的温度、压力和相对湿度。

欧洲 Galileo 卫星导航系统利用中期天气预报系统欧洲中心（European Centre for Medium - Range Weather Forecasts，ECMWF）提供的全球对流层数据，分析了 1979—1993 年间全球对流层数据，根据相应的干延迟和湿延迟计算信号天顶延迟，建立了 ERA15 对流层模型，并利用倾斜因子（该倾斜因子是卫星仰角的函数）来度量天顶延迟。2002 年 3 月—10 月间 ECMWF 数据进一步验证了 ERA15 对流层模型的合理性，全球对流层 ERA15 模型均方根值（RMS）误差分布如图 12 - 12 所示，对流层天顶方向延迟 ZTD 总均方根值为 4.5m，偏差为 9m（详见"Review of tropospheric，ionospheric and multipath data and models for Global Navigation Satellite Systems" presented in the 3rd European Conference on Antennas and Propagation（EuCAP）in 2009，Berlin（Germany）. Martellucci and Prieto Cerdeira）。

目前常用 SAASTAMOINEN 1973 对流层模型修正大气对流层对 GPS 信号的延迟，对流层对无线电信号的传播延迟影响可以达到 6m（95%），同样利用导航接收机内置软件

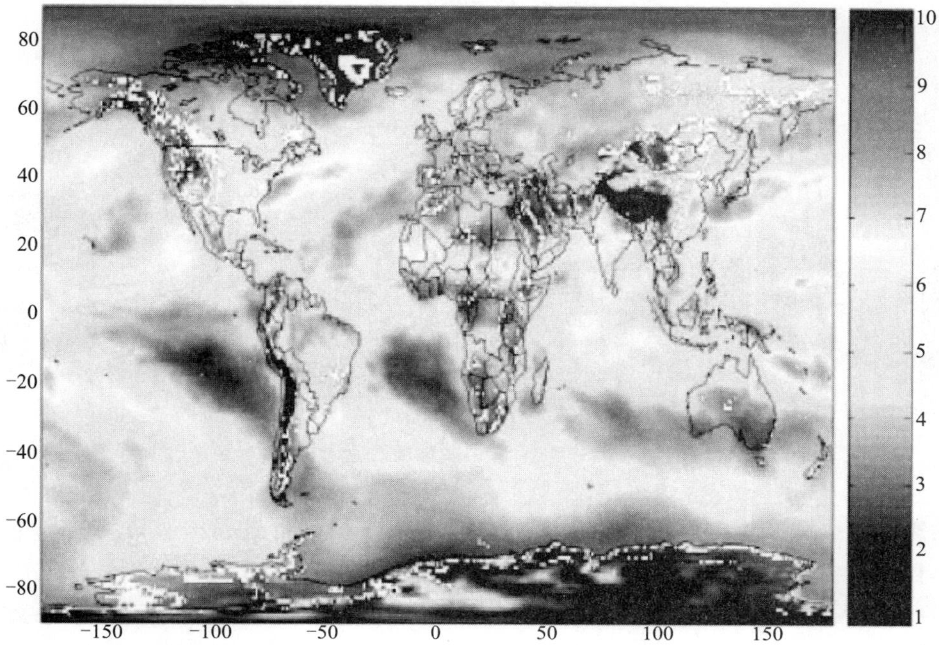

图 12-12　Galileo 卫星导航系统全球对流层 ERA15 模型均方根值（RMS）误差分布图

算法可以修正对流层误差，对流层误差改进有效性为 95%。利用在观测站附近实测的地区气象资料，完善对流层大气改正模型，可以减少对流层对电磁波延迟影响的 92%。

12.6.3　多路径效应

导航卫星从 20 000 km 左右的轨道高度向地面播发信号，若接收机天线周围有高大建筑物或水面，可以反射电磁波信号。多路径效应是指接收机除直接接收到卫星发射的信号外，还同时接收到经天线周围建筑物或水面一次或多次反射的导航信号，如图 12-13 所示。

这些反射的多径信号与直接信号叠加，会引起接收到的合成信号与接收机本地产生的参考信号之间的相关函数产生畸变，同时也会引起接收信号合成相位畸变，导航信号跟踪、接收过程中，对多径干扰的考虑强调其对码信号和载波跟踪精度的影响，是因为这些接收机性能比信号捕获或数据解调对多径失真更灵敏。在多数情况下，造成捕获或者数据解调性能明显下降的多径条件也会引起伪距精度的大幅降低，从而造成位置、速度和时间解算的误差。多路径效应误差随接收机周围反射面的性质而变化，多径误差的幅度变化与接收机所处的环境、卫星仰角、接收机信号处理、天线增益场形和信号特性都有很大关系。多路径效应的影响，一般包括常数部分和周期性部分，其中常数部分在同一地点将重复出现。多路径效应误差取决于反射物离观测站的距离和反射系数，以及卫星信号的方向等条件因素，很难建立描述多径效应及其误差改正的模型。

多路径干扰信号除了存在相位延迟外，信号强度一般也会减小。多路径效应对于伪码

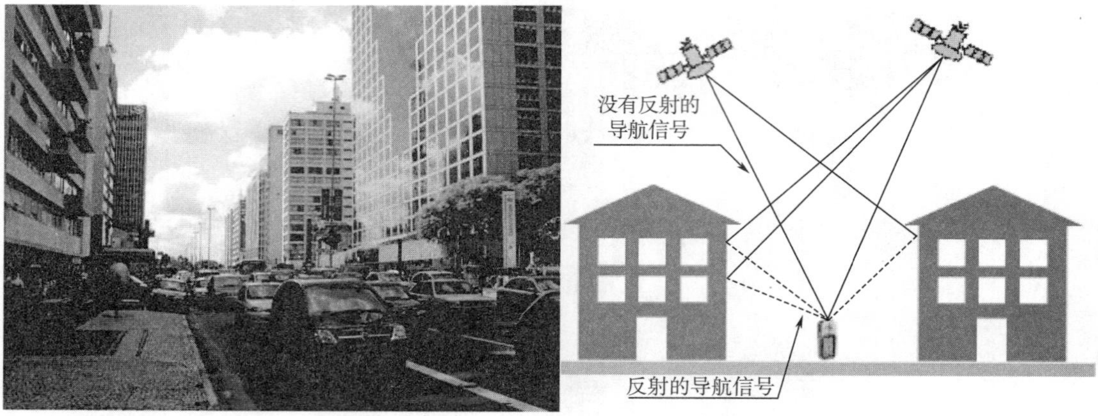

图 12-13　多路径效应

测距的影响要比载波相位测量严重得多。多径是接收机测量过程中所遇到的最主要的误差，不仅严重损害导航信号伪距测量的精度，而且严重时还将引起导航信号的失锁。

一般从 4 个方面减少多路径效应的不利影响，首先是接收机最好避开反射系数大的水面、平坦光滑的硬地面以及平整的建筑物表面；其次是接收机采用扼流圈天线等抗干扰性能好的天线；再次是适当延长观测时间，消弱多路径效应的周期性影响；最后是改善接收机的电路设计，减弱多路径效应的影响。

12.7　与接收机有关的误差

12.7.1　观测误差

接收机观测误差与接收机对导航信号的观测分辨率有关，而且与天线的安装精度也有关。接收机观测误差一般约为信号波长的 1%，例如，GPS L1 频点载波信号上调制了 C/A 码和 P 码信号，C/A 码信号的频率为 1.023 MHz，对应波长为293 m，则观测误差为 2.93 m。而 P 码信号频率为 10.23 MHz，对应波长为 29.3 m，则观测误差为 0.293 m。L1 频点载波信号频率为 1 575.42 MHz，信号波长为 19.05 cm，则观测误差为 1.905 mm；L2 频点载波信号频率为 1 227.60 MHz，信号波长为 24.45 cm，则观测误差为 2.445 mm。

接收机观测误差是偶然误差，适当增加观测量可以显著减弱偶然误差。在卫星导航系统定位中，观测值都是以接收机天线的相位中心位置为基准的，对不同频率的载波信号来说，观测的相位中心位置不完全相同。

12.7.2　接收机钟差

导航接收机一般内置高精度的石英晶体振荡器，其天频率稳定度约为 1×10^{-10}，如果接收机时钟与卫星钟之间的同步误差为 1 μs，则由此引起的等效测距误差约为 300 m。由此可见，接收机钟差对测量精度影响极大。如果对定位精度有特殊要求，可以采用接收机外接时钟（频标）的办法，如铷原子钟，这种方法常用于固定观测法。解决接收机钟差的办法一般有两种：其一是在单点定位时，在观测方程中，将钟差作为未知数，在方程中与接收机的位置参数一并求解；其二是在载波相位相对定位中，采用观测值求差（星间单差、卫星与接收机间双差）的办法，可以有效地消除接收机时钟误差。

12.7.3　接收机噪声

影响伪码和载波相位测量的随机测量噪声称为接收机噪声，包括接收机天线接收到的与导航信号无关的射频信号，天线、放大器、电缆和接收机产生的噪声，多路存取噪声和信号量化噪声。导航接收机不能完美地跟踪导航信号的变化，总是存在一定的延迟和失真。如果没有干扰信号，接收机接收到的信号就是导航信号和随机涨落的噪声之和，导航信号的某些精细结构可能被噪声掩盖，特别是在信噪比很低的情况下。接收机噪声引起的测量误差随信号强度变化，也就是随着卫星的仰角变化。

12.7.4　天线相位中心位置偏差

卫星导航测量是以接收机天线的相位中心位置为准的，接收机接收导航信号过程中，观测时相位中心的瞬时位置与理论上的相位中心不一致，这种偏差称为天线相位中心位置偏差。天线相位中心位置偏差的影响可达数厘米，在实际应用中，若在相距不远的多个测站采用同一类型的天线进行同步观测，则可以通过观测值的求差消弱天线相位中心位置偏移的影响。

12.8　选择可用性误差

GPS 定位精度远远优于预期指标，为了避免战时被对方利用的风险，以及美国自身的经济、政治和国家安全考虑，美国国防部于 1991 年 7 月 1 日在 BLOCK－Ⅱ导航卫星上实施选择可用性技术（SA），将特定的误差引入 GPS 卫星基准频率信号和卫星星历数据中，人为有意降低用户定位精度，不能完成高精度的动态定位，防止未经授权的用户将 GPS 用于军事任务中。

12.8.1　基本概念

SA 技术利用 δ 颤抖技术和 ε 扰动技术两方面降低 GPS 导航信号精度。首先将一个加密的随时间变化的频率偏移引入到卫星的 10.23 MHz 基准频率信号中，偏移具有高频抖动、短周期、快变化、随机性特征，称为 δ 颤抖技术。基准频率信号是卫星所有信号（载波、伪噪声码、数据码）的信号源，信号源受到人为污染，故所有派生信号都受到干扰，从而人为降低了 C/A 码信号精度。其次将一个加密的星历和历书偏差引入到导航卫星的轨道参数数据中，称为 ε 扰动技术，使下传给用户接收机的卫星轨道参数精度人为降低

200 m 左右，轨道参数偏差具有长周期、慢变化、随机性特征，从而人为降低了利用 C/A 码信号进行实时单点定位的精度。

美国政府于 1991 年 7 月 1 日对 GPS 实施 SA 技术，使普通用户水平定位精度由 7～15 m 之间下降到 100 m，高程定位精度由 12～35 m 之间下降到 157m。而且这种影响是可以改变的，在美国政府认为必要的情况下，可以进一步降低利用 C/A 码进行定位的精度。SA 技术是针对非授权用户的，对于能够利用精密定位服务的用户，则可以利用密钥自动消除 SA 技术的影响。2000 年 5 月 1 日 SA 技术关闭前和 2000 年 5 月 3 日 SA 技术关闭后，对 Erlanger KY 分别进行 24 h 连续定位，结果如图 12－14 所示，纵坐标为纬度，横坐标为经度，坐标单位为“m”，SA 技术使得定位，数据不但劣化而且离散，详见 http：//www. gps. gov/systems/gps/modernization/sa/data/。

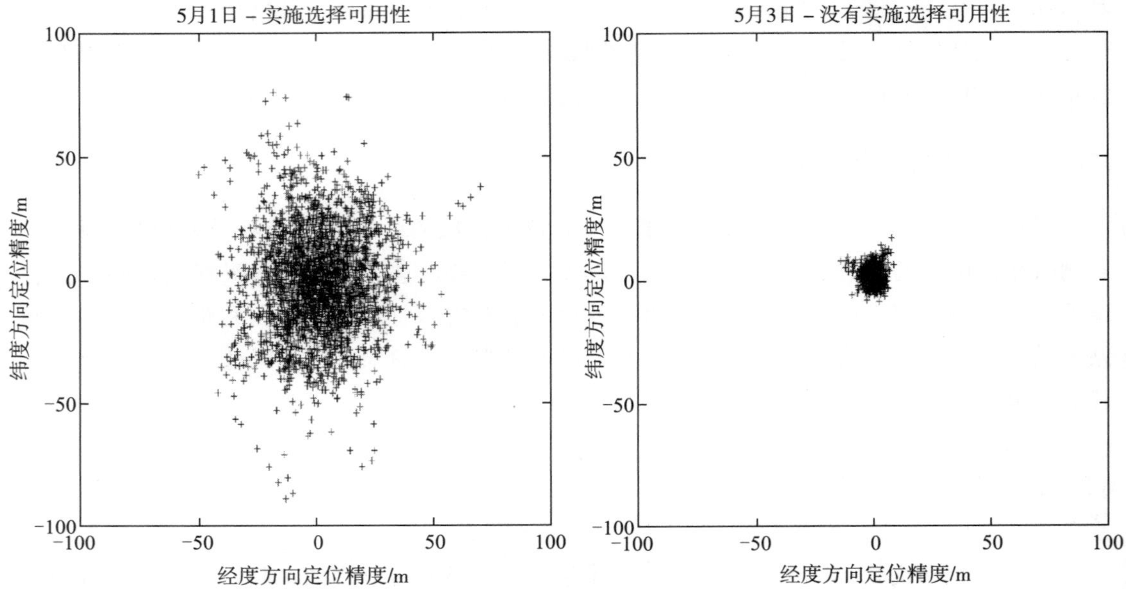

图 12－14　选择可用性技术对定位精度的影响

SA 技术使得民用接收机的误差人为增大，引起全球民用用户强烈不满，为了摆脱或者减弱 SA 技术的影响，世界各国研究人员进行了积极的研究与试验，特别是差分 GPS 技术可以大幅度消除 SA 技术中 δ 技术引入的误差，显著地提高定位精度，差分 GPS 技术是将一台 GPS 接收机安置在基准站上进行观测，根据基准站已知精密坐标，计算出基准站到卫星的距离改正数，并由基准站实时将这一数据发送出去，用户接收机在进行 GPS 观测的同时，也接收到基准站发出的改正数，并对其定位结果进行改正，从而提高定位精度并达到米级。因此，1996 年初美国政府曾宣布将在十年内终止 SA 技术。

与此同时，俄罗斯 GLONASS 系统在民用领域与 GPS 展开竞争。GLONASS 系统比 GPS 起步晚 9 年，全系统正常运行比 GPS 晚近 3 年，GLONASS 在定位、测速及定时精度上则优于施加 SA 之后的 GPS，俄罗斯向国际民航和海事组织承诺将向全球用户提供民用导航服务，并于 1990 年 5 月和 1991 年 4 月两次公布 GLONASS 的民用 ICD 接口控制文件，为 GLONASS 的广泛应用提供了方便。GLONASS 打破了美国对卫星导航独家唯大的局面，既可为民间用户提供独立的导航服务，又可与 GPS 结合，提供更好的几何精度因子；同时也降低了美国政府利用 GPS 施以主权威慑给用户带来的后顾之忧，因此，引起了国际社会的广泛关注。另外，美国国防部和运输部于 1997 年启动了“GPS 现代”计划，确定了 GPS 规划，2007 年实现了 GPS 的星基增强系统（SBAS）、地基增强系统（GBSA）服务。2000 年 1 月，美国国防部关于“局部屏蔽 GPS 信号”试验获得成功，坚定美国政府推进 GPS 现代化，提高民用 GPS 定位精度和可用性的决心。在上述各方面因素的综合作用下，美国政府宣布在 2000 年 5 月 2 日美国东部时间午夜停止使用 SA 技术，非授权 GPS 用户伪距测量精度从100 m提高到 10 m 以内，关闭 SA 技术后标准定位服务定位精度变化如图 12 - 15 所示，一夜之间接收机定位精度提高了 10 倍。

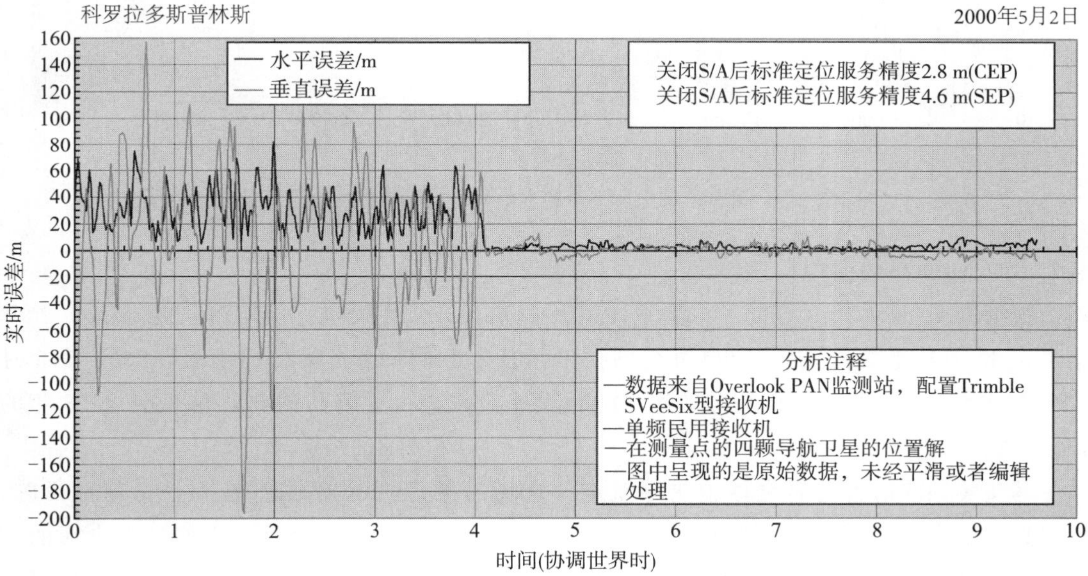

图 12 - 15　美国 GPS 关闭 SA 技术后标准定位服务定位精度变化

关闭 SA 技术前后，GPS 1 pps 秒脉冲的标准偏差由 100.3 ns 减少到 51.8 ns，如图 12 - 16 所示，特别是关闭选择可用性 SA 技术后，1 pps 秒的峰峰漂移被显著减小，这对于基于高精度原子钟实现时间同步、满足精密定位需要的 GPS 来说至关重要，因为 1 μs 的卫星时钟误差将导致 300 m 的伪距测量误差及相应的位置误差。

虽然美国政府终止了 GPS SA 技术，但为保证美国国家安全每年评估一次是否继续实施 SA 政策，目前美国军方致力于开发和使用区域关闭能力。终止 GPS SA 技术后，L1 信号广播星历的精度仍然在 10～30 m 之间，美军知道 GPS 差分定位技术无法消除 SA 技术中 ε 技术带来的轨道参数偏差。读到这里就不难理解美国政府为什么早早终止了 GPS SA 技术，美国政府不是迫于一般用户的压力，而是 GPS 差分定位技术、俄罗斯 GLONASS 卫星导航系统等带来的竞争压力，以及 GPS 有了更高明的“区域性失效”技术手段来限

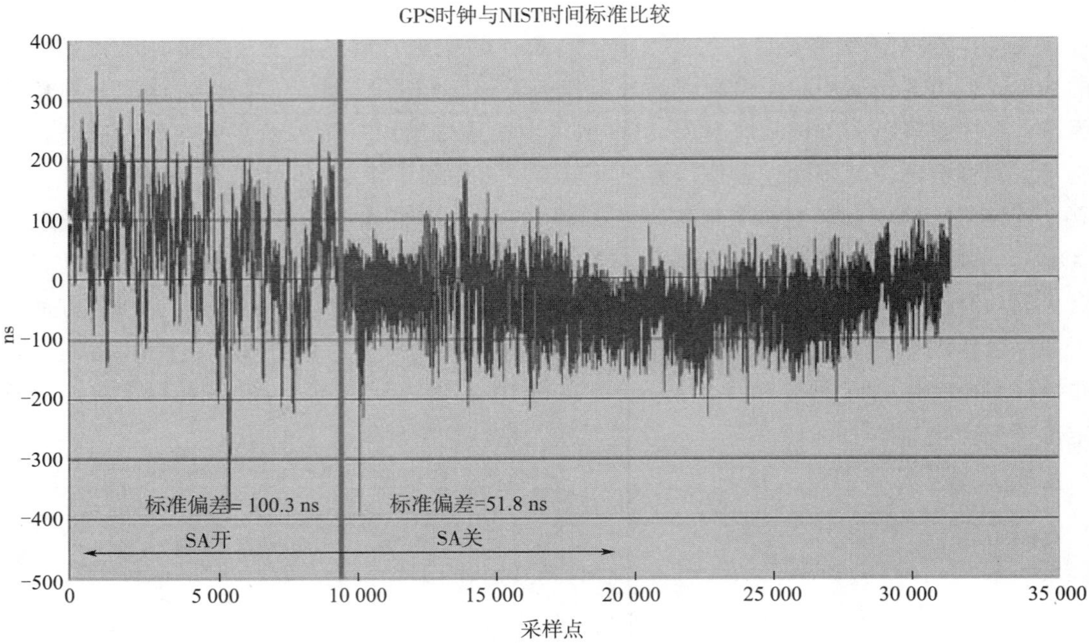

图 12-16　GPS 系统关闭 SA 技术前后 1 pps 秒脉冲的精度变化

制对 C/A 测距码的使用！

根据第 49 届 GPS CGSIC 年会（GPS Program Update to 48th CGSIC Meeting，2009 年 9 月 21 日）上美国 GPS 用户协会的技术主任 John Langer 提交的报告，2000 年 5 月 GPS 关闭 SA 后，标准定位服务的用户测距误差锐减，由关闭前的 6 m 降低到 2008 年的 1 m，如图 12-17 所示。

其实美国政府也有对全球卫星导航定位市场的考虑，由于 GPS 是一个全球性设施，已得到广泛应用，美国从事 GPS 产业的人员达数十万，渗透到全世界人们日常生活的方方面面，终止 GPS SA 技术所带来的经济上的好处是巨大的。取消 SA 后，GPS 民用接收机定位精度在全球范围内得到改善，这将进一步推动 GPS 的应用，提高生产力、作业效率、安全性、科学技术水平以及人们的生活质量。

12.8.2　大事记

1989 年 11 月，在轨的 GPS 卫星有两个星期停止对用户服务，美国国防部利用这两个星期的时间进行高频抖动 δ 技术在轨试验。1990 年 3 月 25 日到 8 月 10 日，不仅进行了 δ 技术试验，还做了降低 L1 信号广播星历精度的 ε 技术在轨试验。1991 年 7 月 1 日—2000 年 5 月 2 日，漫漫十年间，GPS 的一般用户不得不承受这样一个现实，GPS 的水平定位精度只有 100 m 左右，高程定位精度就更差了，误差在 150 m 左右是很正常的。目前，一般民用 GPS 接收机只能收到 C/A 码广播星历，实施 ε 技术干扰后，就使得所有一般民用接收机的定位精度大幅度降低。这里有必要提醒用户，有的厂家为了推销产品，在定位精度

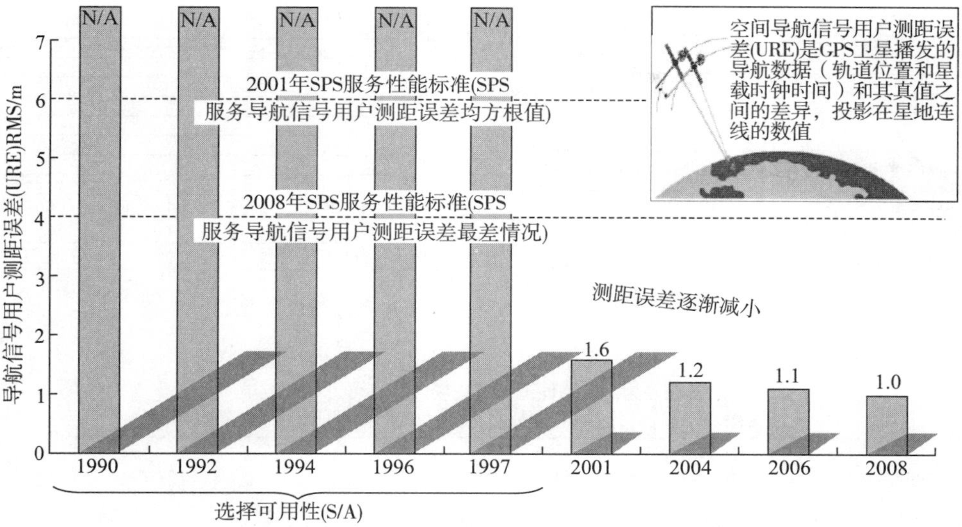

图 12－17　GPS 系统关闭 SA 技术后标准定位服务用户测距误差 URE 变化

栏内标明 15 m*，并在“*”号注脚内写明 SA off，它的含义是，在不实施技术情况下，定位精度达到 15 m。

SA 技术可以让美国随意加大或者减弱对卫星基准频率信号和卫星轨道参数的偏差，在美国认为国家陷入危机的时候，美国可以让 SA 技术加大到很高的程度，直至 GPS 接收机定位结果不可用，这样敌对方手里的民用接收机就成为一堆电子垃圾。1991 年 7 月 1 日—2000 年 5 月 2 日，至少有两次，SA 技术被美国国防部临时终止，一次是海湾战争，另一次是海地警察行动。

12.9　定位精度的变化趋势

1995 年 4 月，美国宣布 GPS 具备全面运行能力（Full Operational Capability，FOC）。1978 年—2007 年间，GPS 卫星在轨卫星数量和定位精度变化趋势如图 12－18 所示，图中带块曲线表示在轨组网 GPS 卫星部署情况，不带块曲线表示军码定位精度变化曲线，由图 12－18 可知，1995 年 GPS 全面运行服务后，军码定位精度迅速提高并优于 5 m，远远高于设计指标。

GPS 的定位精度超过了已公布的定位指标已是不争的事实，统计结果表明民用 C/A 测距码的水平定位精度为 7～15 m，高程在 12～35 m。根据第 48 届 GPS CGSIC 年会（GPS Program Update to 48th CGSIC Meeting，2008 年 9 月 15 日）美国 Aerospace 公司 GPS 工程部的 Tom Powell 提交的报告，2008 年 GPS 全球范围平面定位误差（2008－09－10 16：55：00 测量数据）统计结果如图 12－19 所示，其中用户设备误差为 2.6 m，全球范围平面定位误差最大为 4.92 m，平均为2.34 m，95%的情况下定位精度为 3.16 m。

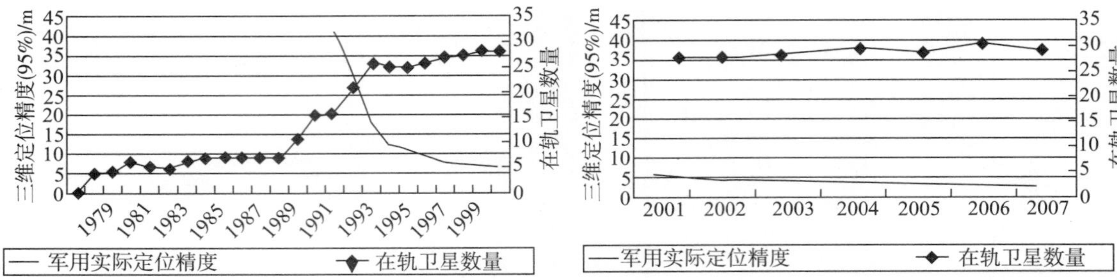

图 12－18　GPS卫星在轨卫星数量和定位精度变化趋势

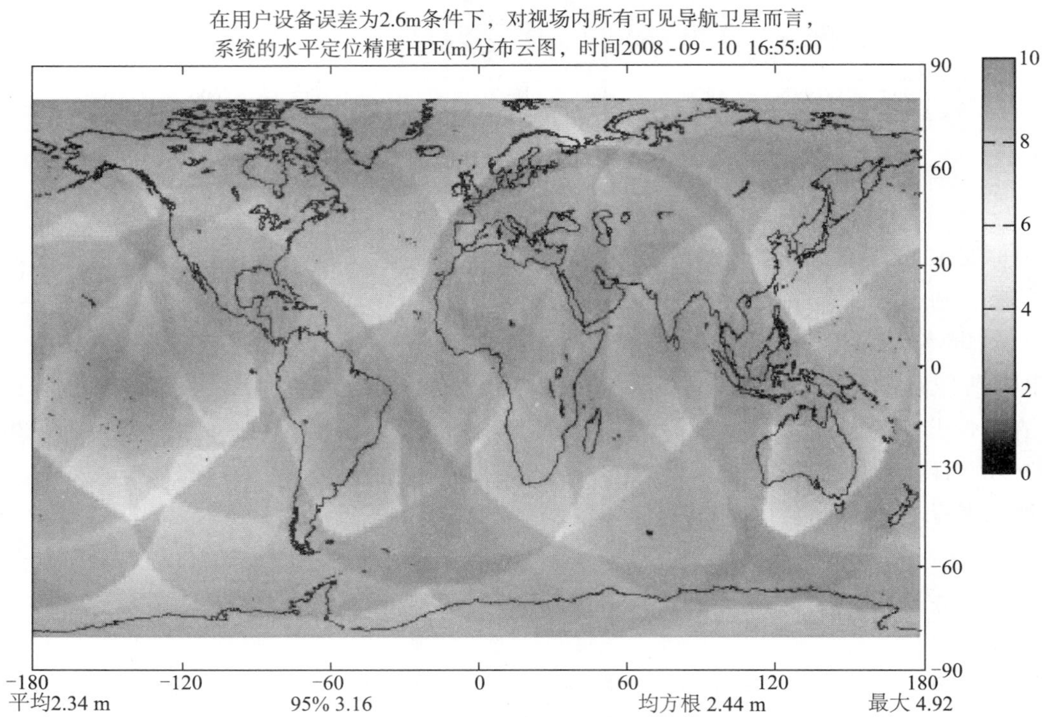

图 12－19　GPS全球范围内平面定位误差统计结果

参 考 文 献

［1］ Elliott D. Kaplan. GPS原理与应用（第二版）［M］．寇艳红译．北京：电子工业出版社，2007.

［2］ 刘基余．GPS卫星导航定位原理与方法［M］．北京：科学出版社，2003.

［3］ GLOBAL POSITIONING SYSTEM，STANDARD POSITIONING SERVICE PERFORMANCE STANDARD，4th Edition［M］．September 2008.

［4］ 杨俊，武奇生．GPS基本原理及其Matlab仿真［M］．西安：西安电子科技大学出版社，2006.

［5］ Annex 10（Aeronautical Telecommunications）To The Convention On International Civil Aviation，Volume I－Radio Navigation Aids，International Standards And Recommended Practices（SARPs）［C］．ICAO Doc. AN10－1，6th Edition，Jul 2006 国际民航组织国际公约附件10卷1.

［6］ Review of tropospheric，ionospheric and multipath data and models for Global Navigation Satellite Systems［C］，presented in the 3rd European Conference on Antennas and Propagation（EuCAP）in 2009，Berlin（Germany），Martellucci and Prieto Cerdeira）．

［7］ Tom Powell，GPS Program Update to 48th CGSIC Meeting［C］，2008.

［8］ NAVSTAR GLOBAL POSITIONING SYSTEM INTERFACE SPECIFICATION，IS－GPS－200，GPS全球定位系统接口规范［S］．

［9］ GLOBAL POSITIONING SYSTEM PRECISE POSITIONING SERVICE PERFORMANCE STANDARD［S］，2007年2月．

［10］ Minimum Operational Performance Standards for Global Positioning System/Wide Area Augmentation System Airborne Equipment［S］．RTCA DO－229，Dec 2006.

［11］ 刘天雄．GPS系统定位、授时精度有多准确？［J］．卫星与网络，2012（118）：56－60.

［12］ 刘天雄．美国对GPS用户的限制有哪些？［J］．卫星与网络，2012（119）：56－62.

［13］ 刘天雄．GPS主要误差源有哪些？（上）［J］．卫星与网络，2012（120）：58－63.

［14］ 刘天雄．GPS主要误差源有哪些？（下）［J］．卫星与网络，2012（121）：68－73.

［15］ 自主创新——助力国产导航卫星对准电网时钟［J］．卫星导航与智能交通，2010（1）．

［16］ 北斗电力全网时间同步管理系统的应用［J］．卫星应用，2010（2）．

［17］ 北斗时间系统首次被顺利引入我国电网数字化变电站，开辟了智能电网建设的新纪元［N］．北京晚报，2010年03月22日．

［18］ Error Analysis for Global Positioning System［DB/OL］．Wikipedia. https：//en. wikipedia. org/wiki/Error_analysis_for_the_Global_Positioning_System#Selective_availability.

［19］ Selective Availability［EB/OL］．http：//www. gps. gov/systems/gps/modernization/sa/data/.

第 5 部分　应用篇

第 13 章　定位服务

13.1　概述

在卫星导航系统的发展史上，GPS 是后续其他卫星导航系统建设的标杆，它源于军事，用于军事。1973 年 12 月，美国国防部批准陆海空三军联合研制 GPS，美国国防系统采购和评估委员会（DSARC）批准发展 GPS 的任务是：

1）可将 5 枚炸弹打击同一目标上；

2）建造用于导航的廉价接收机（小于 10 000 美元）。

在 40 多年前，美国建设 GPS 的主要目的就是定位——将 5 枚炸弹打击同一目标上，用于武器精确投放，核武器威慑、洲际弹道导弹威慑、战略轰炸机也均需要卫星导航系统提供精确制导。GPS 已成为武器系统的“力量倍增器”。

1991 年 1 月 17 日，以美国为首的多国部队在联合国安理会授权下，为恢复科威特领土完整而对伊拉克发动了“海湾战争”，是当时人类战争史上现代化程度最高、使用新式武器最多的一场战争。海湾战争中的“沙漠风暴”空袭被看作是第一场“星球大战”，这主要是因为 GPS 在这次战争中扮演了一个非常重要的角色。通过 GPS 定位服务，一座伊拉克空军混凝土机库被一颗 GPS 制导反掩体炸弹命中，顶盖被完全穿透，第二颗炸弹从第一颗导弹炸开的洞口穿入建筑物内部，实施定点精确打击，如图 13 - 1 所示。

图 13 - 1　利用制导反掩体炸弹连续打击同一个目标

1990 年 8 月，就在 GPS 第 8 颗 BLOCK - Ⅱ 卫星发射入轨那天，伊拉克入侵了科威特；在 1991 年“沙漠风暴”空袭行动开始前，美军又紧急发射了 2 颗 BLOCK - Ⅱ 卫星，加上轨道上超期服役的 BLOCK - Ⅰ 导航卫星，可为海湾战区提供每天 24 h 的二维（经度、纬度）定位服务和每天 19 h 的三维（经度、纬度、高程）定位服务。

精确制导弹药的出现，极大地提高了对地武器的精确打击能力，并促使世界各国军队的作战方式、指挥决策模式发生了质的变化。为适应美军对武器精确打击需求，1995 年 10 月，波音公司研发了联合直接攻击弹药（JDAM）（3.84 m×ϕ0.46 m），该弹药是用美军现存的普通常规 MK80 系列炸弹尾部加装 GPS/INS 制导组件，由弹体、弹体稳定翼片、GPS/INS 制导控制部件、尾舵组成，结构组成如图 13－2 所示，简而言之就是使用了 GPS/INS 制导组件结合常规航弹的战斗部，赋予常规弹药修正落点的能力，而成为全天候、全天时、自动寻的精确打击武器。JDAM 由常规 MK－80－250 磅、MK－81－500 磅、MK－83－1000 磅和 MK－84－2000 磅炸弹改进而来，对应的编号分别为 GBU－29、GBU－30、GBU－31 和 GBU－32。

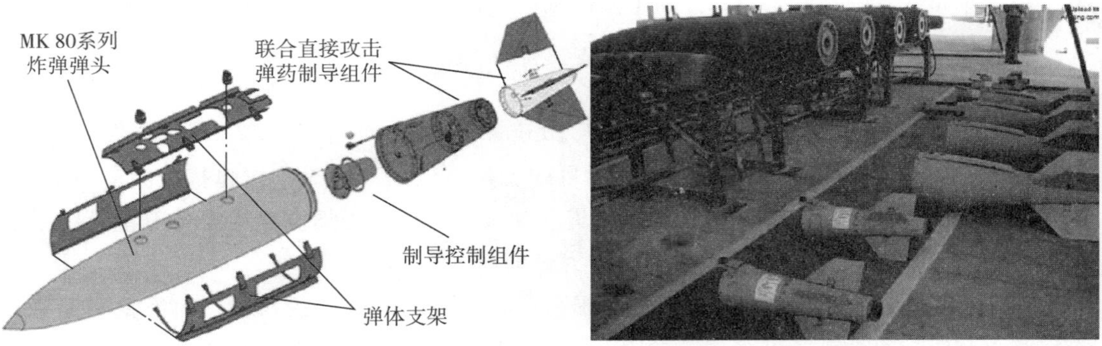

图 13－2　GBU－31/MK84 型 JDAM 联合直接攻击弹药结构组成

1998 年 6 月，美军装备 JDAM，作为美军主要的空中打击力量，JDAM 已经作为主要的空袭武器大量应用于战争中，GPS 精确制导的 GBU－31 型 JDAM 如图 13－2 所示。据国内媒体《参考消息》2015 年 1 月 8 日报道，美国战略之页网站 2014 年 12 月 22 日发表题为“以色列和秘密武器库”的报道，以色列从美国订购了 3000 枚 JDAM GPS 制导组件，每个组件花费约为 2.76 万美元，每枚 JDAM 导弹价格约为 6.4 万美元。而与之作战效果类似的战斧巡航导弹的价格约为 100 万美元。JDAM 以其廉价的价格和稳定的性能而受到好评，正在逐渐取代易受天气影响的激光制导及图像制导武器，而确立其“全天候武器”的地位。

2001 年 10 月 7 日，为报复 9·11 恐怖袭击，以美国为首的联军对阿富汗基地组织和塔利班政权开展了代号为“持久自由行动”的空袭，打响了 21 世纪第一场战争，史称“阿富汗战争”。在战争的前 3 天，共 6 架 B－2 从本土起飞，经太平洋、东南亚和印度洋，对阿富汗实施空袭后再到迪岛降落，创造了连续作战飞行 44 h 新纪录，并投掷了 96 枚 JDAM，对阿富汗首都塔布尔的塔利班国防部大楼、机场等重要目标实施了精确打击，SHINDAND 机场飞机跑道被 GBU－31 型 JDAM 轰炸前后的卫星图片分别如图 13－3 所示，有效地阻止了阿富汗基地组织飞机的起飞和降落。

为了提高 JDAM 的射程，美军为 JDAM 加装了捆绑式滑翔翼，研发了联合直接攻击弹药的新一代产品 JDAM－ER。如图13－4 中圆柱形弹体下部的白色部分结构，称为“钻

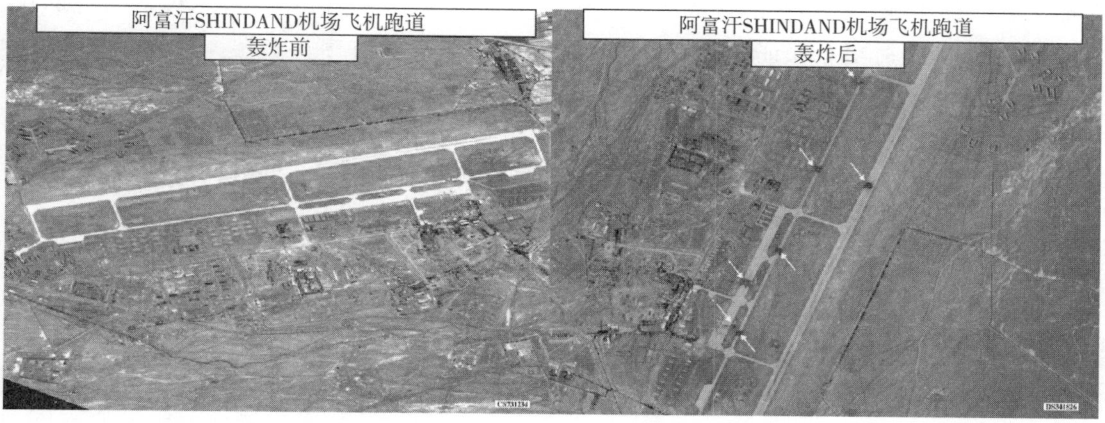

图 13－3　阿富汗 SHINDAND 机场飞机跑道被炸前后的卫星图片

石后背”，JDAM 捆绑式滑翔翼是一种低成本、高性能的滑翔翼，滑翔翼平时收拢到滑翔翼盒体内，当滑翔翼完全展开时，外形如同菱形钻石。JDAM 捆绑式滑翔翼使 JDAM 的射程扩展到 24 海里，不仅扩大了武器的射程，而且提高了载机的生存性。美军 B－1，B－2，B－52，F/A－18 及 F－16 飞机都可携载 JDAM－ER 联合直接攻击弹药，而且 B－2 可同时用 2 枚 JDAM 对两个目标同时进行攻击！

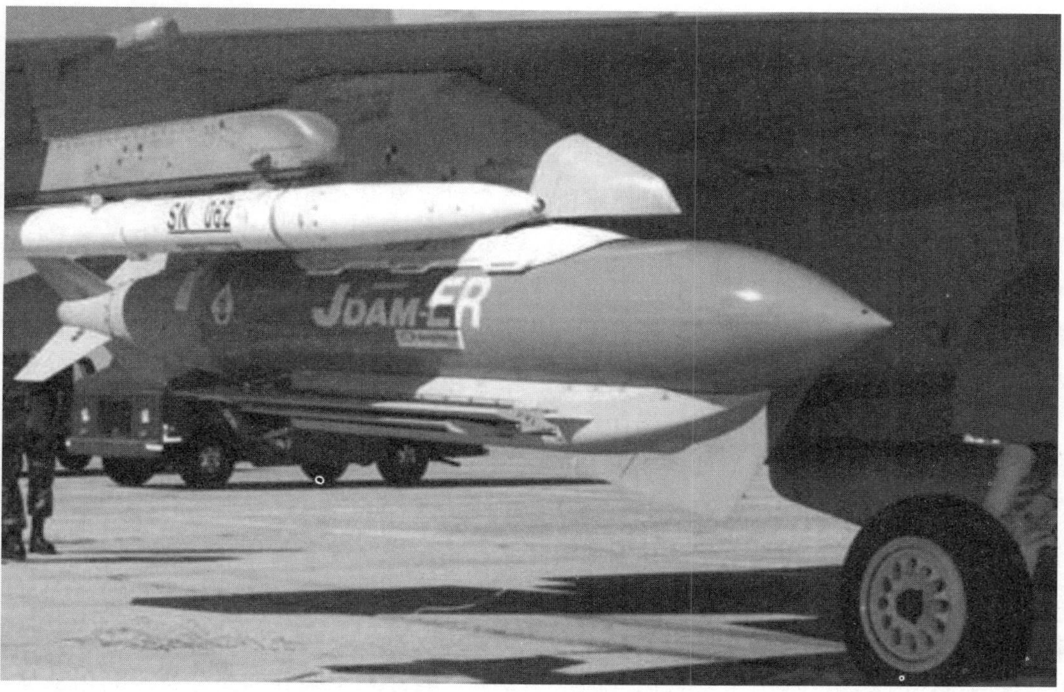

图 13－4　安装滑翔翼的联合直接攻击弹药 JDAM－ER

从海湾战争到科索沃战争，再到阿富汗战争和伊拉克战争，GPS 的作用被发挥得淋漓尽致。在北约实施对南联盟的作战中，GPS 在精确打击目标过程中发挥了无法替代的作用，同时 GPS 授时功能保证了对目标打击的协调一致性和有序性。在美国海军资助下，波音公司开发了杀伤辅助恶劣气候瞄准系统（KAATS），该系统的核心组件是高性能 SAR 雷达，可快速发现目标，并生成两张 0.1 m 高分辨率的目标图像，图像实质上是一种带高精度三维坐标的地图，这些坐标传给加装数据链的 GPS 制导弹药，GPS 制导导弹根据相对位置偏差实施精确攻击。

美军已在第三代机载瞄准吊舱上实现了 GPS 卫星制导武器的直接瞄准攻击，可以打击动目标，亦可攻击临时位置的地理目标。先进前视红外吊舱（ATFLIR）、瞄准吊舱（SNIPER - XR）与 GPS 机载接收机相连，向 GPS 制导武器提供目标的位置参数数据，待打击目标位置坐标在发射前存入弹体，战斗机投下 JDAM 后，导弹能够根据 GPS 定位数据和待打击目标位置坐标，在下落过程中不断纠正方向，用于 JDAM 对地打击，命中误差在13 m之内，并达到 95％的系统可靠性。

卫星导航系统能够为用户在全球范围内提供全天候、全天时的定位、导航和授时服务，其中定位服务在大地测量、港口航道建设、道路桥梁建设、形变监测、精准农业、航空遥感、地理信息系统和国防军事科研等领域中得到广泛的应用。

13.2　定位方式

根据定位所采用的观测量，卫星导航定位方法分为伪距定位和载波相位定位；根据定位的模式，分为绝对定位/单点定位（Point Positioning）以及差分定位/相对定位（Relative Positioning）；根据获取定位时间，分为实时定位和非实时定位；根据定位时接收机的运动状态，分为动态定位和静态定位。用户可以根据不同的用途采用不同的卫星导航系统定位方法。

单点定位方式用 1 台卫星导航接收机接收 3 颗或 4 颗卫星的信号，来确定接收点的位置。单点定位方式测定的位置误差较大，相对定位方式是用 2 台及以上的卫星导航接收机设站同步观测求解相对点位坐标差的作业模式，即相对定位方式就是在两个地点同时进行定位测量，并且求出两点间的相对位置关系，相对定位方式测定的位置误差较小。在求解相对定位（基线向量）的数据处理中常用到各种差分技术，将共同的卫星钟差、星历误差、大气时延等予以消减，从而大大地提高了定位精度。

差分定位系统由基准站、移动站和通信链路组成，基准站将差分修正数据发送至移动站，移动站结合修正数据及自身观测数据解算得出校正后的位置。根据差分数据内容可以将差分技术分为位置差分和观测量差分。卫星导航接收机的观测量包括伪距观测量和载波相位观测量，因此观测量差分又可以分为伪距差分、载波相位差分。差分技术利用基准参考站提供的差分修正数据或者辅助信息来间接改善用户接收机定位精度。差分技术可以有效地消除或者降低那些基准参考站和用户之间共同的或强相关的误差源，主要包括卫星钟差、星历误差、电离层延迟和对流层延迟误差以及选择可用性技术人为引入的星历误差。

卫星导航差分系统利用位置已知点作为参考站来差分求解用户位置，一般在以参考站为中心的几十千米半径范围内的服务区域，差分系统的定位精度可以达到米级（1 σ）。卫星导航差分系统的基础是广播星历、卫星星载原子钟漂移率残差、大气电离层和对流层延迟随时间和用户位置误差缓慢变化。参考基准站要么计算并播发卫星导航系统的位置修正参数，要么计算并播发参考站和用户之间的伪距观测量，用户接收机为了有效地使用参考站播发的这些参数，那么必须确保用户机和参考站观测的导航卫星是完全一致的，即用户机需要在参考站附近。多径干扰和不相关的误差则不能靠差分技术来修正，必须采用扼流圈天线等抗干扰技术予以抑制。

差分系统的定位精度随距参考站的距离增加而降低，美国联邦无线电导航计划和国际灯塔导航机构协会（International Association of Lighthouse Authorities，IALA）监测了全球卫星导航差分系统利用283.5～325 kHz频段播发的误差估计结果，一般来说，距参考站的距离每增加 150 km，定位误差将增加 1 m。1993 年，美国交通部引用并发布了误差估计结果——距参考站的距离每增加 100 km，定位误差将增加 0.67 m。

（1）精密单点定位（Precise Point Positioning，PPP）

精密单点定位需要参考站网络为用户提供精密的卫星星历参数和星载原子钟偏差改正数，结合双频导航接收机以去除电离层对导航信号的延迟误差，精密单点定位技术能够实现静态厘米级定位精度。精密单点定位算法需要伪码测距观测量、载波相位观测量、精密的卫星星历以及星载原子钟偏差，同时利用双频信号去除电离层延迟误差，精密单点定位算法简述如下，在任何给定历元、对于任何给定导航卫星，以 GPS 为例，有如下观测方程

$$l_P = \rho + c(b_{Rx} - b_{Sat}) + T_r + \varepsilon_P \tag{13-1}$$

$$l_\phi = \rho + c(b_{Rx} - b_{Sat}) + T_r + N\lambda + \varepsilon_\phi \tag{13-2}$$

式中　l_P ——利用 L1 和 L2 双频信号获得的没有电离层延迟误差的伪码测距观测量；

l_ϕ ——利用 L1 和 L2 双频信号获得的没有电离层延迟误差的载波相位测距观测量；

b_{Rx} ——用户接收机时钟与系统参考时间（例如 GPS 时）的偏差；

b_{Sat} ——卫星原子钟与系统参考时间的偏差；

c ——导航信号的传播速度（光速）；

T_r ——对流层对导航信号的路径延迟；

λ ——载波信号的波长；

N ——没有电离层延迟误差的载波信号相位模糊度；

ε_P，ε_ϕ ——测量噪声，包括多路径、接收机热噪声以及其他误差；

ρ ——用户接收机和导航卫星之间的几何距离。

用户接收机和导航卫星之间的几何距离是卫星坐标（x_{Sat}，y_{Sat}，z_{Sat}）和用户接收机坐标（x_{Rx}，y_{Rx}，z_{Rx}）的函数

$$\rho = \sqrt{(x_{Sat} - x_{Rx})^2 + (y_{Sat} - y_{Rx})^2 + (z_{Sat} - z_{Rx})^2} \tag{13-3}$$

将接收机对多颗导航卫星的伪距观测量代入定位方程，即可以求解用户坐标、接收机

时间、天顶对流层延迟以及载波相位模糊度。

精密单点定位算法在滤除测量噪声过程中需要使用序贯滤波器，根据接收机的动态特性、星载原子钟漂移率以及对流层的延迟实时特性，可以调整序贯滤波器参数。对于星载原子钟与系统参考时间的偏差，需要估计每个时间历元的偏差；载波相位模糊度也需要在算法迭代求解过程中每次都进行预估；对流层的延迟是天顶延迟的映射函数，需要在一定的时间间隔内预估对流层偏差。另外，需要对地球动力学特性精确建模，否则将造成静态接收机定位的坐标与大地参考坐标之间出现偏差，目前一般采用国际地球旋转和参考服务系统推荐的模型，模型包括地球固体潮汐、海洋负载、地球旋转等参数。此外，在利用精密单点定位算法建立伪距观测量模型的过程中，还要考虑导航卫星的质心和其天线相位中心之间的偏差，即所谓的相位缠绕问题（精密单点定位利用轨道动力学模型确定卫星轨道参数，精密定轨过程中以卫星质心为观测量，而伪码测距和载波相位测距过程中观测的是卫星载荷天线相位中心和接收机接收天线相位中心之间的距离，卫星载荷天线相位中心随卫星姿态变化而变化，由此造成相位缠绕问题）。

星载原子钟和卫星轨道参数的精度是影响精密单点定位解算精度的主要因素之一，国际全球卫星导航服务组织（International GNSS Service，IGS）会提供高精度的定位和授时服务。影响精密单点定位解算精度的另一个因素是某一历元用户接收机可见导航卫星的数量以及导航信号的质量（噪声、多径等干扰）。可见导航卫星数量越多，也就越能提高天顶对流层延迟的可观测性。因此，联合处理 GPS 和 GLONASS 等卫星导航系统的观测数据，是提高位置解算精度的有效措施，如图 13 - 5 所示。

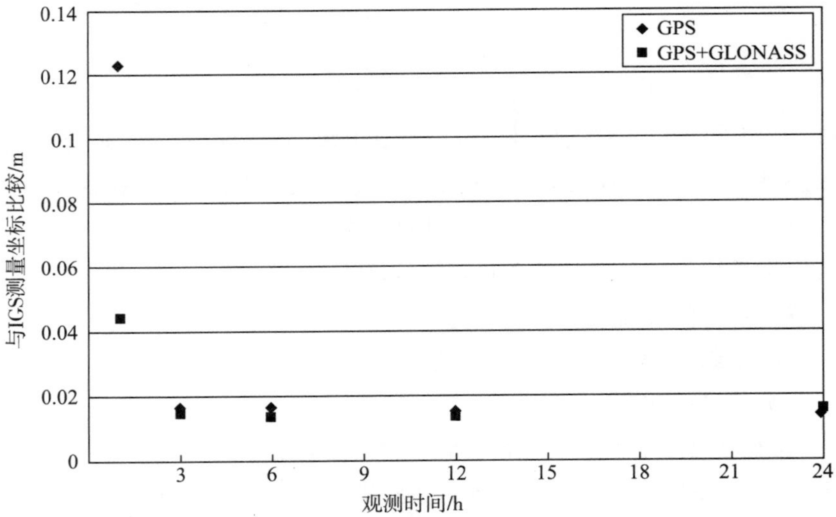

图 13 - 5　静态精密单点定位性能/GSLV IGS station

国际全球卫星导航服务组织不能提供实时的精密单点定位服务，精密单点定位的离线解算精度与 IGS 组织发布的结果一般相差 1 cm 左右。提供实时定位服务的主要困难是生成精密的卫星轨道参数和星载原子钟偏差估计，目前 IGS 实时导航项目正在推进实时在线定位服务。

(2) 地面基准站载波相位差分（RTK）

载波相位差分通常称为实时动态差分技术，建立在实时处理两个观测站的载波相位基础上，通过差分数据链路将基准站载波观测量的测量值、真实值一同发送至移动站，由移动站进行组差求解，定位速度快，几乎完全消除多径效应带来的影响，能实时提供观测点的三维坐标，并获得厘米级的定位结果。美国 Trimble 公司的 5700 双频 GPS 接收机的 RTK 动态实时定位精度为平面 10 mm（RMS），高程20 mm（RMS），因此，实时动态差分 RTK 技术是唯一可以满足精准农业中特高精度要求的差分定位技术。

以上几种差分定位技术均属于局域差分技术，差分数据有效范围通常在 10～30 km 范围内。利用连续运行参考站（CORS）技术，通过组建基准网并统一处理各区域的差分数据，使用可靠的传输通道，实现大范围的高精度差分定位。CORS 网络对区域内的卫星观测数据进行采集并发送至数据中心，控制中心统一处理、管理数据，注册用户通过移动网络访问控制中心获取实时定位数据。CORS 的定位精度同样可以达到厘米级，并且可靠性更高，可用于精确的大地测量、地形测量、沉降测量等，还可以提供导航、气象等服务，其建设、维护成本较高。

RTK 是一种在参考站附近基于实时处理载波相位观测数据的高精度移动差分定位技术。RTK 技术通过在一个空间位置坐标精确已知的地点安装卫星导航接收机，并将该导航接收机作为基准参考站，另外有待测位置坐标的移动站接收机，两地接收机同步观测所有可见卫星，基准参考站将预先测绘的位置坐标、可见范围内所有导航卫星的双频载波和伪码测距值等差分改正数据通过通信链路实时发送给移动站接收机，移动站利用两部双频接收机开展差分测量解决载波相位模糊问题后，可以高精度地确定相对于参考站的位置坐标，通过基线解算的方法就可以解算出待测位置的地理坐标。RTK 技术的基本原则是：

1）如果用户机附近没有信号遮挡，那么接收机在处理导航信号过程中存在的误差基本上是一个常数项，如果采用差分技术，那么就可以去掉这个常数项，该常数误差项包括星载原子钟误差、卫星轨道参数误差、导航信号电离层和对流层延迟；

2）载波相位观测噪声远远小于伪码测距噪声，但载波相位测距过程存在载波相位模糊问题；

3）利用两部接收机开展双频差分测量，可以解决载波相位模糊问题。

RTK 技术的主要缺点是：

1）服务范围较小（距离参考站的范围有限）；

2）需要通信链路提供实时通信服务能力；

3）定位过程中，需要花几秒到几分钟的时间解决相位模糊问题，时间长短取决于具体算法和接收机到参考站之间的距离；

4）为了避免导航信号处理过程中的再次初始化问题，用户接收机需要连续跟踪导航信号。

RTK 参考站和用户之间需要建立通信链路。RTK 的位置解算精度通常为几厘米，广泛应用在测绘领域。近年来，业内提出了改善RTK技术局限性的方法，典型的方法有网络RTK（Network RTK）和广域实时动态定位（Wide Area Real Time Kinematics，WARTK）技术。网络RTK利用网络参考站提供差分修正参数，最大亮点是在载波相位测距过程中载波模糊度保持不变，这样移动用户在从一个参考站的切换到另一个参考站过程中，不需要再次初始化以解决载波相位模糊问题。

（3）星链差分（RTG）

星链差分GPS（StarFire）是美国JOHN DEERE公司下属的NavCom公司建立的全球双频GPS差分定位系统，系统由地面参考站网络、数据处理中心、注入站、国际海事卫星（INMARSAT）、用户站5部分组成。参考站网络由遍布全球的、装备广域双频GPS接收机的55个参考站组成，24 h连续采集GPS卫星信号，并实时向数据中心发送。2个数据处理中心分别位于美国California的Redondo Beach和位于Illinois的Moline，接收并处理参考站数据，得到GPS卫星轨道改正数和钟差改正数，将改正数发送给注入站。注入站将从数据处理中心接收到的改正数等信息实时发送给3颗国际海事卫星。3颗国际海事卫星接收来自注入站的差分改正数据，并通过L频段向全球用户播发。国际海事卫星运行在地球同步静止轨道，L频段波束覆盖范围是地球南北纬76°，在波束覆盖范围内的所有用户均可以接收到稳定的、同等质量的GPS差分改正信号，从而达到世界范围内同等精度。用户站由两部分组成：一部分是StarFire双频GPS接收机，另一部分是L频段通信接收机，双频GPS接收机捕获、跟踪所有可见GPS信号，L频段通信接收机则接收国际海事卫星播发的GPS差分改正数据，当改正数据对用户接收机测量的伪距、相位进行修正后，用户可以实时确定高精度定位结果。

RTG技术与实时动态差分RTK技术相比，RTG技术具有更强的灵活性和易用性，用户使用系统时不需要考虑建设基准站问题，同时也不需要考虑作业的活动范围。应用StarFire差分网络服务系统和StarFire双频GPS接收机，在南纬76°和北纬76°之间可以全天候、全天时、无基站提供单机实时分米级定位精度，又称为RTG（Real Time GIPSY）差分技术。

RTG服务半径比较大，可以满足大面积农垦区域对定位服务的需求，但StarFire服务是有偿的，每台StarFireDGPS定位系统每年要向美国JOHN DEERE公司交纳800美元差分信号服务费用。用户也根据自己预先计划好的工作时间来向JOHN DEERE公司购买，用户可以每季度、每半年，或者每年一次向当地的代理商购买或者直接通过因特网向NavCom公司购买。NavCom对于一些需要StarFire服务的特殊用户提供预先支付、使用时计费等方式。

13.3 典型应用——大坝形变监测

卫星导航精密定位技术在大地测量、地壳形变监测、精密工程测量等诸多领域得到广泛的应用，与观测边角相对几何关系的传统测量方法相比，卫星导航监测形变具有突出的优点，利用卫星导航系统进行大坝、大桥等工程外观变形监测，具有精度高、速度快、全自动、全天候，能同时测定三维位移，监测点间能同步观测且无需通视等优点，可以在无人值守的情况下自动、连续开展形变监测。

我国已建设了一批特大型斜拉桥和悬索桥，这些大跨度桥梁作为交通网络的重要连接，属于重大工程结构，在经济建设中发挥着重要的作用。重大工程结构的使用期一般都长达几十年，因此，要求结构在使用中能够保证自身的安全性、完整性、耐久性和适用性。由于正常的以及非正常的荷载作用导致了桥梁出现了不同程度的损坏，为保证桥梁的安全运营，桥梁的健康监测已经成为桥梁运营及管理阶段的主要任务之一。桥梁在考虑变形的情况下可视为一个动态系统，是由相互联系的部分或要素组成的有机整体，系统的整体性要求在分析监测对象时应有整体的观念，从整体把握各个部分、各个点的变形。因此，空间多点同时的整体变形分析与变形预报应运而生，是目前研究的重点方法之一。

在大坝变形监测中，我们关心的是变形监测点的三维坐标的变化量，故可直接在大地高系统中来监测点的垂直位移而无须进行高程系统的转换，由 IGS 所提供的精密星历完全可以满足高精度短距离变形监测的要求。对部分大坝存在的缺陷或隐患，如不及时发现和处理，将直接影响大坝的安全，甚至演变为溃坝的灾难性事故。大坝在短时间内不会出现很大的位移，要通过观测整体的微小形变量，构造形变分析模型，预测变形体长期的变化趋势，为后期的分析决策提供依据。为了监测形变，需要监测点高精度位置坐标数据，通常要求监测点的精度达到毫米级，因此，形变监测中，进一步提高卫星导航的观测精度是卫星导航定位技术应用于形变测量的关键。

按照《混凝土大坝安全监测技术规范（SDJ336—89）》的规定，重力坝和支墩坝的平面位移和垂直位移的监测精度均需达到±1 mm，为检验利用 GPS 定位技术进行大坝变形监测的可行性，武汉大学测绘科学技术学院的李征航在原武汉测绘科技大学的 GPS 卫星跟踪站和 4 号教学楼楼顶观测墩进行了大量的模拟试验，试验结果表明只要选择适当的 GPS 接收机并采用高精度的数据处理软件和卫星星历，利用 GPS 定位技术进行大坝变形监测是可行的。例如，在青江隔河岩大坝建立的 GPS 自动化变形监测系统，其水平分量和垂直分量的精度达到 1.0 mm 和 1.5 mm。（详见李征航 . GPS 定位技术在变形监测中的应用 . 全球定位系统 . 2001，26（2））

13.3.1　系统组成

大坝变形自动化监测系统由数据采集、数据传输、数据处理与分析三大部分构成，三部分采用局域网络联成一个自动化系统，网络结构如图 13-6 所示。数据采集由多台卫星导航接收机完成，一般需要在大坝下游两岸基岩上的两处基准点，整个系统多台卫星导航接收机在一年 365 天中连续进行观测，并实时将观测资料通过数据传输模块传输至总控中心进行处理、分析、存储，数据自动处理软件可以根据安全的需要每隔一定时间自动地实时处理观测的卫星导航大坝外观变形数据，自动地提供基准点和监测点之间的基线成果及其坐标，从而提供形变信息，为大坝安全监测服务。卫星导航系统提供的基线解分别为 1

h 解、2 h 解和 6 h 解。观测资料除了可根据需要实时报告大坝的形变情况外，对于分析大坝的形变规律提供了前所未有的便利条件。

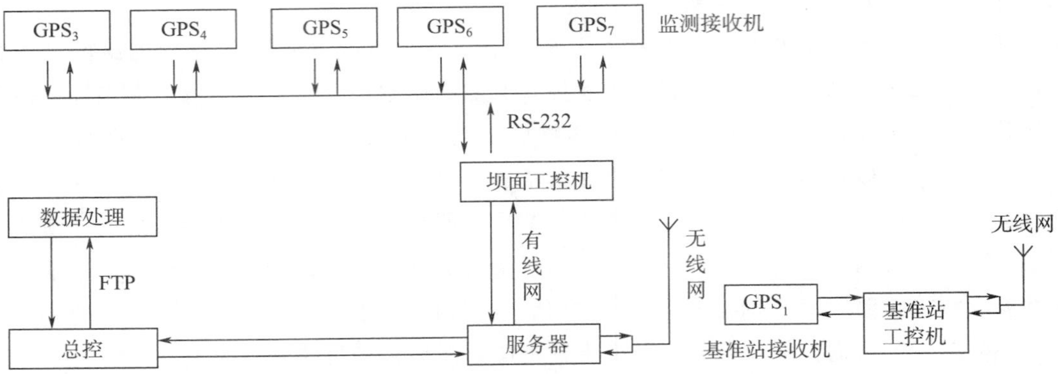

图 13-6　大坝变形自动化监测系统网络结构图

数据采集部分的基准点是整个大坝变形监测中的参照基准，必须位于地质条件良好、点位稳定、能够提供电源且适合开展卫星导航系统观测的地点，其他监测点的卫星导航接收机位于大坝面上、具有代表性的诸如坝肩和拱冠等重要部位上。

数据传输部分的作用是及时准确地传递卫星导航接收机定位结果、卫星星历等相关信息，是实现大坝变形卫星导航系统自动化监测的关键环节。一般用 1 台工控机采集大坝面上重要部位监测点的卫星导航接收机观测数据，由于坝上各卫星导航监测点距离监测中心较远，因此工控机采用多路开关、智能多串口卡、光隔离器等技术，通过 RS-232 多串口远距离通信方式接收和采集大坝监测点的卫星导航观测数据，再通过光纤传输至控制中心。系统基准点一般距离大坝变形监测控制中心较远，有时受地形地貌条件的限制，铺设光纤难度较大，往往采用无线通信方式。例如，在隔河岩大坝 GPS 自动化监测系统中，为了提高无线通信抗干扰能力，与基准点 GPS 接收机的通信采用 DS 扩频通信技术，频率为 2.4 GHz，数据传输速率为 2 Mbps，在控制中心 HUB 上采用高增益全向天线，接收基准点的数据。通过数据传输系统可以把监测系统中的各种仪器设备连接成为一个整体。控制中心可以实时监测各台卫星导航接收机的工作状况，并可通过遥控指令控制各台卫星导航接收机的运行状态，包括采样间隔、截止角高度、时段长度。

数据处理与分析部分是大坝外观变形卫星导航自动化监测系统的核心，主要包括总控、数据处理、变形分析、数据管理 4 个软件模块。其中总控软件功能包括：1）实时监测和控制各台卫星导航接收机的工作状态；2）从服务器中获取各接收机的观测数据并输出到数据处理软件，由数据处理软件自动处理后，从数据处理软件中获取计算结果；3）将计算结果送给变形分析软件，获取大坝外观变形数据；4）将观测数基线处理和网平差结果以变形分析结果装入数据库。数据处理软件实现卫星导航系统接收机观测数据格式转换、基线解算、平差计算、坐标转换、输出精度评定等功能；变形分析软件实现坐标转换、基准点稳定性分析、各监测点的变形分析、变形参数精度分析、灵敏度分析、变形量时序和频谱分析、变形过程位移显示和打印等功能；数据管理软件实现数据压缩、进库、转贮、库文件管理、打印各种报表等功能。

13.3.2　监测方案

GPS 用于大坝变形监测或滑坡监测时，往往是对一定范围内具有代表性的区域建立变形观测点，在变形区域影响范围之外（如稳固的基岩上）建立基准点。在基准点架设卫星导航接收机，根据其高精度的已知的三维坐标，经过几期观测从而得到变形点坐标（或者基线）的变化量。根据观测点的变形量，建立安全监测模型，分析滑坡、大坝等的变形规律并实现及时的反馈。事实上，为了建立一个更接近实际情况的安全监测模型，需要设置合理的密集分布监测点。本节以清江隔河岩大坝外观变形 GPS 自动化监测系统为例，简介大坝形变监测方案。

清江位于湖北省西南部，是长江的重要支流之一，清江流域面积约为 1 万 7 千平方千米。清江的年平均流量为 403 立方米/秒，但山洪暴发时最大流量可达 1.89 万立方米/秒，约为平均流量的 47 倍，是一条典型的山区河流。按此计算 12 个小时后库中的水量即将增加 8.2 亿立方米，为水库总容量的 24%。

隔河岩水电站是清江三个梯级水电站之一，位于长阳县内，水库设计最高蓄水位为 200 m，总库容量为 34 亿立方米，该水电站的总装机容量为 120 万千瓦，年发电 30.4 亿千瓦每小时，是华中电网重要的调峰调频电站。大坝全长为 653 m，坝顶高程为 206 m，150 m 以下采用拱坝结构，150 m 以上则为重力坝，结构较为特殊。

原大坝形变监测仍采用传统的正锤线、倒锤线、三角网点、弦矢导线、定边测距、精密水准、静力水准测量、钢丝位移计等方法和设备进行，数据采集主要采用人工观测方式来完成。由于工作量大，观测速度慢，因而复测周期一般为 10 天至一个月，容易漏过危险信号；而且各监测点的形变量在时间上是不同步的，难以反映大坝的实际变形。此外形变监测还受外界条件的制约，如坝面监测受气候限制，在雨、雾、大风等气候条件下均无法观测，泄洪时大坝会产生剧烈抖动，此时上述多数监测方法都无法获得精确的形变信息。此外，平面位移与垂直位移是分别进行的，即只能获得某些点在某些时刻的平面位移以及另外一些点在另外一些时刻的垂直位移，增加了形变监测的工作量以及形变分析的难度。

实时了解和掌握大坝运行状态对于工程安全至关重要，为此，湖北清江水电开发有限责任公司联合武汉测绘科技大学建立了清江隔河岩大坝外观变形 GPS 自动化监测系统。监测系统应用 GPS 精密定位技术，研制了一整套精密数据处理、分析和管理软件。综合有线、无线、光纤通信的数据传输网络，构成全天候、亚毫米级精度、三维实时、全自动、常年观测的大坝外观变形 GPS 安全监测系统。

清江隔河岩大坝变形 GPS 自动监测系统包括总控、数据采集、数据处理、数据分析及数据库管理 5 个模块。总控模块是各模块的数据传输中心，也是系统的主要用户接口，其主要功能是数据传输及进库，系统监控及用户接口。作为用户接口，总控模块主要完成监测时段设置、卫星导航接收机参数设置以及查看历史记录。作为系统监控，总控模块主要完成 GPS 接收机状态监控（负责接收机状态信息显示，记录接收机问题，以备后查）、网络状态监控（监视网络工作状态，记录网络运行出现问题，以备后查）、硬盘空间管理（监视硬盘空间状况，及时启动数据库管理模块转储数据）。作为数据传输与入库，与系统各个模块都有联系，关系整个系统稳定和响应时间。（详见贡建兵，陈孔哲．隔河岩大坝 GPS 自动化监测系统总控软件设计．湖北水力发电，2003（3））在 1998 年抗御长江特大洪水期间，监测系统运行安全可靠，能快速反映隔河岩大坝在超高蓄水位下的三维变形，及时为防汛办领导决策提供有力依据，为长江防洪发挥重要作用，取得了巨大的经济效益和社会效益。1999 年，清江隔河岩大坝外观变形 GPS 自动化监测系统获得湖北省人民政府科学技术进步一等奖。

数据采集模块由 7 台 Astech Z－12 双频 GPS 接收机组成，其中 2 台安置在基准点上（GPS_1、GPS_2 为基准站），5 台安置在大坝外观变形监测点上（GPS_3～GPS_7 为坝面外观监测站，GPS_3 位于坝肩，GPS_6 位于拱冠），监测点布置示意图如图 13－7 所示。2 个基准点分别位于大坝下游两岸的基岩上，通过与隔河岩水库形变监测网联测及与武汉、上海、北京 GPS 跟踪站联测，以监测基准点的稳定性。基准点和监测点上都建造了强制对中装置和玻璃钢安全保护装置，以保证常年全天候工作。

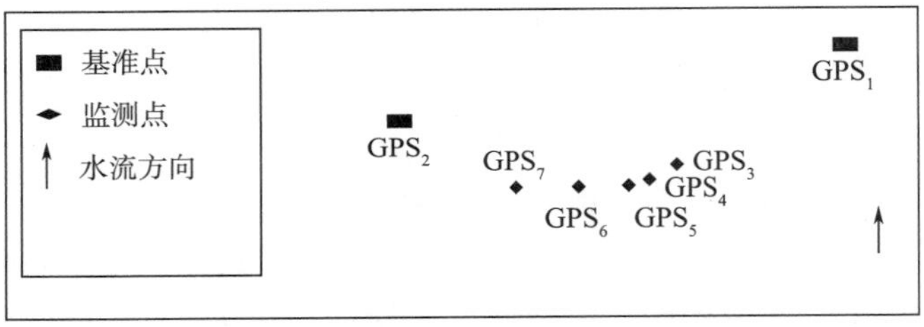

图 13－7　隔河岩大坝 GPS 自动化监测系统基准点及形变监测点的点位分布图

及时准确地传输观测资料及有关信息是建立 GPS 自动化监测系统中的一个重要环节，数据传输环节的主要功能是按照总控室所设置的时间间隔定时将上述各台接收机所采集到的数据（观测值、卫星星历等）传回总控室；将各接收机的面板信息实时传送到总控室中，以便工作人员在总控室中即可对各接收机的工作状况进行实时监控。此外工作人员也能在总控室中对各接收机进行遥控（开机、关机，改时段长度，设置采样率、截止高度角等参数）。大坝上的数据及信息通过串口卡和光隔离器，利用光纤传输将数据传到坝面分控室工业控制计算机，基准站的数据采用微波扩频无线通信技术，将数据传至控制中心服务器。

相对于常规形变监测手段取得的数据资料，隔河岩大坝 GPS 自动化监测系统提供的形变资料有数据量大、可简化原始数据异常值的处理等特点，数据处理模块负责 GPS 观测数据格式转换、数据自动清理、基线向量解算、网平差计算、坐标转换、结果输出及精度评定等工作。数据分析模块利用整体平差的方法进行数据处理，负责变形参数精度和灵敏度分析、基准稳定性分析、变形量时序及频谱变形曲线显示等工作。数据管理模块负责数据压缩、存储、管理、打印报表等工作。

李征航在论文“GPS 定位技术在变形监测中的应用”中，指出利用 GPS 定位技术进行变形监测一般可采用长期连续监测模式及定期复测两种模式，并以隔河岩大坝外观变形 GPS 自动监测系统和龙羊峡水电站近坝库岸滑坡监测试验为例，介绍了这两种变形监测模式的特点、精度及应用范围。

此外，还可以采用卫星导航多天线阵列变形监测系统监测大坝形变，其工作原理是利用卫星导航系统共享器可以分时连接和控制接收不同的天线，将多接收机阵列转变为多天线阵列，极大地减少了接收机的数量，从而大幅度降低了变形监测的成本。系统具有数据采集、实时监测、在线解算、分析处理和预报等功能，适用于各种工程规模，特别是大型、特大型工程的自动化变形监测。它的优点是既能连续自动地监测大坝变形，又能够大幅度降低和节约成本。

多天线阵列变形监测系统的工作流程是在变形监测点安置的多个卫星导航天线共用 1 台卫星导航接收机，天线和接收机之间由卫星导航信号放大器和卫星导航共享器进行连接。为了减少信号传输过程中的衰减，每个观测点上的天线将接收到的导航信号经过放大器放大后传送至卫星导航共享器，共享器根据不同的观测时段选择天线，然后按顺序将每个天线接收到的信号传送给卫星导航接收机。每台接收机将信号通过无线通信设备传送到局域网中，利用 WLAN 技术对观测数据进行实时传输。数据处理中心可以由局域网获得各接收机发来的信号，然后利用数据处理软件进行数据编辑、整理、存储、处理等操作，最后获得各监测点的坐标及变形量，并根据已有的观测数据进行预报。

多天线阵列变形监测系统是针对以往卫星导航自动监测系统成本太高这一问题而研制的一种网络式的、高度集成化、自动化的卫星导航变形监测系统。系统总体来讲包括硬件和软件两个部分，其中，硬件部分通过网络将多个监测区域和基准站有机连接起来，构成一个完整的监测系统：软件部分对各个接收机的数据进行统一的管理，保证系统能够正常地进行数据采集、实时监测、在线解算、分析处理和预报等工作。系统结构复杂，功能强大，能够对大坝及其他水工建筑物、滑坡、桥梁、崩塌、泥石流、涵洞、楼宇、交通工程等进行远程自动化变形监测。系统作为大坝安全的耳目，为管理人员提供即时的、有效的、可靠的变形监测数据资料。系统之所以具有这样强大的功能，是因为采用了一系列的先进技术，这些技术主要包括卫星导航技术、自动化控制技术、网络数据库和扩频通信技术等。

13.3.3　数据处理

卫星导航系统定位中存在的主要误差源为轨道误差、电离层误差、对流层误差、接收机钟差、卫星钟差、多路径效应，通过引入双差观测方程，可消除或削弱上述部分误差源的影响。在大坝变形监测中，卫星导航静态相对定位技术应用较为广泛，在几十千米以下的基线平差后的点位精度能达到毫米级，接收机厂商提供的随机软件可满足大部分的应用需要。运用卫星导航静态相对定位测量短基线，平差后的点位精度能达到毫米级，相对精度也已经达到 10×10^{-9}。

大坝形变监测系统中，不但要求数据解算精度高，而且对监测的实时性要求也很高，同时还要进行可靠的变形分析和预报，因此需要有准确及时的变形量数据采集作为保障。在卫星导航系统定位中，观测值主要包括伪距观测值和载波相位观测值，伪距观测值精度较低，不能满足变形监测的需要。载波相位观测值精度较高，可以满足高精度变形监测要求。但是，载波相位测量整周跳变和整周模糊确定是载波相位中特有的难题，给载波相位测量的数据处理造成了一定的困难。因此，双频单历元数据处理方法成为解算过程中的焦点。一些测量接收机配套软件具有自动修复和剔除周跳的功能，例如中海达 HD5800N 双频接收机的随机处理软件 HDS2003 具有自动修复和剔除周跳的功能，结合人工修复周跳，保证观测数据的质量和数量，提高点位精度。数据处理过程包括：数据预处理、基线解算、GPS 网无约束平差、约束平差、基准点稳定性检验。

变形监测的作业模式归结为三类：周期性重复测量模式、固定连续卫星定位测站阵列模式和实时动态监测模式。前两者的数据处理方法相似，均可采用静态相对定位的方式来进行处理。而第三者对监测的实时性要求很高，必须有较高的采样密度。因此，在分析了通常采用的方法在观测中经常中断而造成数据处理困难的弊端后，提出了双频单历元数据处理方法，基于双频单历元观测，充分利用到变形监测时目标点在一定范围内变化的特点，使数据处理不受连续跟踪中断的影响，同时引入多路径影响指数、整周模糊度解算有效性检验等措施。其原理是根据变形监测的特点，利用监测点位置已知的条件，将整周模糊度的选择限定在一定的范围，从而快速确定整周模糊度。优点是搜索整周模糊度的时间短，能求出一定范围内的变形值。

对于大坝变形等连续、缓慢的变形测量，其数据处理采用静态处理方式，用多个历元的观测资料进行解算。这类变形值的特点是变形值不大，要求定位精度高。用商品化软件来处理这类问题，通常是在观测开始时，先用几分钟的观测值计算整周模糊度，然后再连续跟踪，实时给出监测点的坐标，一旦导航信号中断，必须重新初始化。针对这一问题，根据变形监测的特点，利用监测点位置已知的约束条件，将整周模糊度的选择限定在一定的范围，从而快速确定整周模糊度。这类方法的特点是搜索整周模糊度的时间短，能求出一定范围内的变形值。

随着卫星导航定位技术的不断发展，试验结果表明，采用适当措施后在边长为数百米至 1～2 km 的短基线上进行卫星定位可获得亚毫米级定位精度，然而在隔河岩数据处理和分析过程中，有时部分成果的精度却不那么理想，主要原因是监测网的规模不大，误差具有很好的空间相关性；基准点相互间具有较强的误差相关性。李征航等提出采用滤波方法，合理利用连续观测具有多个观测数据的优势，剔除粗差，消除噪声；对基准站赋予较强的权，对监测点赋予较弱的权，采用整体平差方法，可以使大坝形变监测精度得到很大的改善。由于基准点和其他监测点在水平方向和垂直方向误差的相关性，因此，通过增设其基准站所提供的改正数可消除大部分误差，从而大幅度提高形变监测的精度（详见李征航，吴云孙，李振洪，李英冰．隔河岩大坝外观变形数据的处理和分析．武汉测绘科技大学学报，2000（6））。

13.3.4　结果分析

与普通的工程测量不同，大坝变形监测需要实时传送数据，并不断更新，达到监控的目的。普通的全站仪由于其内部的电气、光学特性使得它不能工作在雨雪天气，夜里也无法完成测量作业。卫星导航定位技术由于其全天候作业的特点，不但可以取代传统的测量作业方式，而且可以将卫星导航信号传输到控制中心，实现数据自动化传输、管理和分析处理。

大坝在短时间内不会出现很大的位移，要通过观测整体的微小变形量，构造统计分析模型，预测变形体长期的变化趋势，为以后的分析决策提供依据。为了进行变形分析，需要获得监测点高精度位置坐标数据，通常要求监测点的观测数据达到毫米级的精度，这也是卫星导航定位技术能否应用于变形观测的一个关键性问题。采用性能优良的卫星导航双频接收机，好的数据处理软件（如 GAMIT），卫星导航接收机能在短时间（数小时甚至更短）内以足够的灵敏度探测出变形体平面位移毫米级水平的变形，可用于大坝、桥梁、高层建筑等的变形观测（详见张小红，李征航，李振洪．隔河岩大坝外观变形 GPS 自动化监测系统灵敏度分析．测绘通报，2000（11））。

隔河岩大坝变形 GPS 自动化监测系统是我国首次利用 GPS 定位技术进行大坝变形监测，采用精密数据处理技术，在使用 GPS 广播星历的情况下，监测系统 6 h 解的平面位移和垂直位移的精度均达到亚毫米级，监测精度均达到了《混凝土大坝安全监测技术规范（SDJ336—89）》的相应规定（亚毫米级），根据平差计算的精度计算公式来评定系统输出变量的精度，其结果如表 13-1 所示。从表中可看出，6 h 解的精度优于±0.8 mm。2 h 解的平面位移和垂直位移的精度优于 1.5 mm。系统实现了从数据采集、传输、处理、分析、显示、入库的全自动化，从数据采集到结果输出在 10 min 内完成（详见徐绍铨．隔河岩大坝 GPS 自动化监测系统．铁路航测，2001（4））。

表 13-1　系统输出的变形量精度（6 h 解）　（单位：mm）

点号	$M_{\Delta x}$	$M_{\Delta y}$	$M_{平面位移}$	M_H
GPS_5	0.38	0.31	0.49	0.73
GPS_6	0.38	0.31	0.49	0.74
GPS_7	0.39	0.32	0.50	0.75

利用 GPS 定位技术进行大坝外部变形监测具有精度高、速度快、全自动、全天候等优点，能同时测定三维位移、长期连续监测、系统稳定可靠，即使在汛期、泄洪等恶劣条件下，系统提供合格解的比例仍高达 96%。清江隔河岩大坝外观变形 GPS 自动化监测系统研究成果可拓展应用于大桥、大型建筑、高边坡、滑坡、地壳形变等领域的变形监测，为大坝及其他大型建筑物的变形监测提供了一种全新的自动化手段。

参 考 文 献

［1］ 宁津生．现代大地测量理论与技术［M］．武汉：武汉大学出版社，2006.

［2］ 王勇．杭州湾跨海大桥工程总结（下卷）［M］．北京：人民交通出版社，2008.

［3］ Dodson A H，Meng X. Roberts G W. Adaptive method for multipath mitigation and its applications for structural defteetion monitoring［C］// International Symposium on Kinematic Systems in Geodesy. Geomatics and Navigation. Alberta：The University of calgary，2001：101－110.

［4］ 姚平．GPS 在桥梁监测中的应用研究［D］．上海：同济大学，土木工程学院硕士学位论文，2008.

［5］ 王永弟．GPS 多天线阵列变形监测系统研究［D］．武汉：武汉大学，2005.

［6］ 刘天雄．谁是 GPS 的主人？［J］．卫星与网络，2011（112）：46－48.

［7］ 刘天雄．GPS 全球定位系统军事用途是什么？［J］．卫星与网络，2012（113）：52－57.

［8］ 刘天雄．差分 GPS 系统有什么作用？（上）［J］．卫星与网络，2012（122）：50－56.

［9］ 刘天雄．差分 GPS 系统有什么作用？（下）［J］．卫星与网络，2012（123）：68－73.

［10］ 刘天雄．GPS 是什么意思？［J］．卫星与网络，2011（108）：58－60.

［11］ 刘天雄．GPS 时是什么回事？［J］．卫星与网络，2013（126）：65－71.

［12］ 张令军，秦大国，袁玉卿．基于精确打击体系的卫星系统及其发展探析［J］．装备学院学报，2015，26（3）：58－62.

［13］ 姬少丽．美国精确打击历史回溯［J］．国防科技，2014，35（3）：97－102.

［14］ 窦超．从精确打击到精确保障［J］．军事评论，2014（2）：40－51.

［15］ 钱曙光，翟佳星．国外精确打击系统的发展分析［J］．飞航导弹，2012（11）：59－66.

［16］ 卞鸿巍，金志华．联合直接攻击弹药精确制导技术分析［J］．中国惯性技术学报，2004，12（3）：76－80.

［17］ 王满玉，张坤，刘剑，王惠林，张卫国．机载卫星制导武器直接瞄准攻击研究［J］．应用光学，V2011，32（4）：598－601.

［18］ 田璐，杨建军，呼玮．GPS 在高动态精确打击武器制导中的应用研究［J］．飞航导弹，2010（1）：70－74.

［19］ 陈凯，鲁浩，阎杰．JDAM 导航技术综述［J］．航空兵器，2007（3）：25－33.

［20］ 孙明玮．21 世纪对精确打击弹药制导技术的需求［J］．飞航导弹，2006（2）：49－59.

［21］ 蒲阳，黄长强，王勇．联合直接攻击弹药（JDAM）设计原理分析［J］．空军工程大学学报（自然科学版），2002，3（6）：18－20.

［22］ 卞鸿巍．联合直接攻击弹药 JDAM 传递对准技术分析［J］．弹箭与制导学报，2003，23（4）：68－71.

［23］ 过静珺．卫星定位技术用于大桥变形和安全性监测探讨［J］．建设科技，2016（6）：18－20.

［24］ 过静珺，徐良，江见鲸，等．利用 GPS 实现大跨桥梁的实时安全监测［J］．全球定位系统，2001，26（4）：2－8.

［25］ 过静珺，戴连君，卢云川．虎门大桥 GPS（RTK）实时位移监测方法研究［J］．测绘通报，2000

(12)：4－5.
[26] 程朋根，熊助国，韩丽华，等．基于 GPS 技术的大型结构建筑物动态监测［J］．华东地质学院学报，2002，25（4）：324－332.
[27] 程朋根，李大军，史文中，等．基于 GPS/GIS 技术的桥梁结构健康监测与管理信息系统［J］．公路交通科技，2004（2）：48－52.
[28] 姚连璧，等，南浦大桥形变 GPS 动态监测试验及结果分析［J］．同济大学学报（自然科学版），2008，36（12）：1634－1664.
[29] 杨光，何秀风，华锡生．采用 GPS 伪卫星技术提高定位精度的研究［J］．河海大学学报：自然科学版，2004，32（3）：276.
[30] MengX，RobertsGW，DodsonAH，etal. Impact of GPS satellite and pseudolite geometry on structural deformation monitoring：analytical and empirical studiea［J］. Journal of Geodesy，2004，77（12）：809.
[31] 陈永奇，Lutes J. 单历元 GPS 变形监测数据处理方法的研究［J］．武汉测绘科技大学学报，1998，23（4）：324－328.
[32] 周毅．青岛海湾大桥 GPS 测量控制系统建设与应用［J］．测绘学报，2011.
[33] 黄声亨，吴文坛，李沛鸿．大跨度斜拉桥 GPS 动态监测试验及结果分析［J］．武汉大学学报（信息科学版），2005，30（11）：999－1002.
[34] 黄声享，刘星，杨永波，等．利用 GPS 测定大型桥梁动态特性的试验及结果［J］．武汉大学学报（自然科学版），2004，29（3）：198－200.
[35] 胡利平，韩大建，禹智涛．基于环境激励的大跨度桥梁模态试验［J］．广东工业大学学报，2005，22（1）：100－104.
[36] 余成江，龙勇．GPS 在桥梁变形监测中的应用探讨［J］．城市建设理论研究，2011（21）.
[37] 王泽根，杨艳梅．基于 RTK－GPS 的大型桥梁整体变形监测研究［J］．路基工程，2009（3）：50－52.
[38] 刘静，李传君，高成发．GPS 定位技术在大型构件变形监测中的应用——以润扬大桥动静载实验为例［J］．舰船电子工程，26（6）：62－63.
[39] 李传君，王庆，刘元清．GPS 在润扬大桥悬索桥挠度变形观测中的应用［J］．工程勘察，2010（3）：65－68.
[40] 朱彦，承宇，张宇峰．基于 GPS 技术的大跨桥梁实时动态监测系统［J］．现代交通技术，2010，7（3）：48－51.
[41] 韦汉金，李红祥．GPS 技术在工程变形监测中的应用研究［J］．广西水利水电，2004（4）：82－85.
[42] 曹诗荣．桥梁变形观测中 GPS 数据处理方法的研究［J］．测绘通报，2011（5）：65－66.
[43] 韩晓冬，黄鹏，王新文，张志刚．青岛海湾大桥变形监测方案及应用分析．测绘科学，2010，35（3）：176－177.
[44] 肖海威，秦亮军，刘洋．广州新光大桥变形监测控制网试验［J］．测绘工程，2010，19（5）：71－74.
[45] 王新洲，邱卫宁，廖远琴，邹进贵，花向红．东海大桥 GPS 天线阵列变形监测方案设计［J］．测绘工程，2006，15（4）：45－50.
[46] 李宏男，伊廷华，伊晓东，王国新．采用 GPS 与全站仪对大跨斜拉桥进行变形监测［J］．防灾减灾工程学报，2005，25（1）：8－12.
[47] 李征航，徐绍铨．全球定位系统（GPS）技术的最新进展——第三讲 GPS 在变形监测中的应用［J］．测绘信息与工程，2002，27（3）：32－35.

[48] 李征航 . GPS 定位技术在变形监测中的应用 [J] . 全球定位系统，2001，26 (2)：18 - 25.

[49] 李征航，吴云孙，李振洪，李英冰 . 隔河岩大坝外观变形数据的处理和分析 [J] . 武汉测绘科技大学学报，2000 (6)：482 - 484.

[50] 张小红，李征航，李振洪 . 隔河岩大坝外观变形 GPS 自动化监测系统的灵敏度分析 [J] . 测绘通报，2000 (11)：10 - 12.

[51] 李征航，张小红，徐晓华 . 隔河岩大坝外观变形 GPS 自动监测系统的精度评定 [J] . 哈尔滨工程高等专科学校学报，2000，119 (3)：1 - 6.

[52] 徐晓华，李征航，罗佳 . 隔河岩大坝 GPS 形变监测数据分析 [J] . 测绘信息与工程，2001 (3)：30 - 33.

[53] 徐绍铨 . 隔河岩大坝 GPS 自动化监测系统 [J] . 铁路航测，2001 (4)：42 - 44.

[54] 贡建兵，陈孔哲 . 隔河岩大坝 GPS 自动化监测系统总控软件设计 [J] . 湖北水力发电，2003 (3)：24 - 26.

[55] 樊繁，许双安，罗君，刘代芹 . GPS 技术在大坝倾倒体水平位移监测中的应用 [J] . 测绘信息与工程，2010，35 (6)：15 - 17.

[56] 张明侠，王洪亮，李广宇，陈百金 . GPS 技术在水库坝区变形监测中的应用 [J] . 东北水利水电，2007，25 (276)：43 - 44.

[57] 许斌，何秀凤，岳建平，周祖权 . GPS 形变监测技术在天荒坪电站水库坝区的监测网试验 [J] . 水利水电科技进展，2004，24 (5)：24 - 26.

[58] 孙勇 . GPS 在长江二坝滑坡安全监测中应用的研究和推广 [J] . 决策与信息，2016 (5)：139.

[59] 何成龙 . 北斗导航系统在我国精准农业中的应用 [J] . 卫星应用，2014 (12)：24 - 27.

[60] James F. McLellan，Les Friesen. Who Needs a 20cm Precision Farming System [J] . Position Location and Navigation Symposium，1996：426 - 432.

[61] 宋亚芳 . 差分 GPS 技术在精准农业中的应用 [J] . 河南农业，2014 (5)：54.

[62] 田珂，周卫军，龙晓辉 . GPS 在精准农业中的应用 [J] . 农业科技通讯，2008 (8)：26 - 29.

[63] 王素珍，吴崇友 . 3S 技术在精准农业中的应用研究 [J] . 中国农机化，2010 (6)：79 - 82.

[64] 李强，李永奎 . 我国农业机械 GPS 导航技术的发展 [J] . 农机化研究，2009 (9)：242 - 244.

[65] 张小超，王一鸣，汪友祥，赵化平 . GPS 技术在大型喷灌机变量控制中的应用 [J] . 农业机械学报，2004，36 (6)：102 - 105.

[66] 刘学，曹卫彬，刘姣娣，李华 . RTK GPS 系统在智能农业机械装备中的应用 [J] . 农机化研究，2007 (9)：182 - 186.

[67] 卢喜平，何荣智，伊滨，王程远 . StarFireTM 差分 GPS 技术引进及水利行业应用 [J] . 测绘，2009，32 (4)：175 - 179.

[68] 李亚芹，夏峰 . 我国发展精准农业的必要性 [J] . 农机化研究，2006 (6)：4 - 6.

[69] 康建鹏 . 海湾战争中 SLAM 首发命中目标 [J] . 固体火箭技术，1991 (2) .

[70] 深度美国精准农业，中国农民看了沉默 [EB/OL] . 石河子市烽火台电子科技有限公司 . [2017 - 9 - 11] . http：//www. shzfht. com.

第 14 章　导航服务

14.1　概述

导航是确定运动载体或者人员从一个地点到另一个地点的位置、速度和时间的科学。卫星导航系统（GNSS）、地理信息系统（GIS）、全球移动通信系统（GSM）等新技术在车载导航和目标监控领域的应用使得研究智能交通系统（Intelligent Transportation Systems，ITS）不断获得突破。车载导航是卫星导航最典型、最广泛的应用，车载导航系统的基本功能是为驾驶员提供车辆实时、连续的位置信息，将位置实时显示在电子地图上。车载卫星导航设备是实现车载定位与导航服务的核心，目前，国内外大型汽车制造商都已将基于卫星导航系统的车载导航设备作为出厂汽车的标准配置或选配产品。

随着机动车辆规模的快速增长和高速客运、物流配置等行业的蓬勃发展，道路堵塞、交通事故、环境污染、能源浪费等现象变得越来越严重，需要采取措施解决交通拥堵、车辆防盗报警等热点问题，对于高速客运和物流配送等行业，监控中心需实时监控车辆的位置信息和行驶状态。根据车辆的实时位置、速度、方向、状态等信息和道路的交通流量、路况状态等交通信息，车辆监控管理中心可对公安消防、紧急救助、运钞、邮政等各类运营车辆等进行跟踪和调度，对货物进行跟踪、路线查询、监督和提醒司机，并帮助司机避开交通堵塞，选择最优路径，以最大程度地提高客/货运公司的运输效率、降低运输成本、改善运输环境，并在一定程度上缓解城市交通拥挤和交通堵塞问题，避免和减少交通事故。车辆监控的工作原理为车载终端计算车辆的位置信息，并通过移动通信系统模块与监控中心进行信息交互，监控中心可将车辆的位置信息显示在电子地图上。此外，监控中心还可以通过移动通信系统发送控制命令和服务信息，因此，除了车辆定位之外，系统还可以提供诸如指挥调度、防盗防抢、医疗求助、物资管控等服务。

如何在夜间、雾天和雷雨天等能见度不良的环境下实现船舶引航一直是困扰世界引航领域的难题。船舶引航是港口生产的首要程序，随着集装箱运输干线的开通与增加，港口进出港船舶数与集装箱吞吐量逐渐增大，同时大型化船舶的比重日益加大，大吨位、深吃水船舶对港口航道、码头的软硬件设施提出了越来越高的要求，也日益加大了船舶引航作业的风险。如何为引航人员提供高精度、全天候、辅助功能强的导航定位系统，确保大吨位、深吃水船舶进出港的安全，是当前亟待解决的重要问题。随着卫星导航系统的广泛应用以及电子海图显示与信息系统（ECDIS）的出现，可以实时获知船位信息，并显示在标准化的电子海图系统中：一方面直观地为引航员显示船舶是否行驶在安全航道上，为船舶的安全航行提供有力保障；另一方面可将船位信息、船舶状态借助通信网络给后台船舶动态监控系统。

在某些特殊情况下，会发生接收机视界范围内导航卫星数量短时间内不满足定位方程的要求，例如车辆在穿越隧道过程中，所有卫星信号均被遮挡，这时接收机可以利用外部参考数据或者历史数据外推用户位置坐标。例如，导航接收机可以利用惯性测量单元给出的导航信号的多普勒频移、速度、加速度等动态测量信息，外推用户位置坐标，GNSS/IMU 组合导航能够有效提高卫星导航系统的可靠性。

14.2 典型应用——车载导航

车载卫星导航系统通过接收天线接收导航卫星播发的无线电导航信号，车载卫星导航设备中内置导航模块可处理 GPS、BDS 等卫星导航系统的导航信号，一般以标准商业通用格式实时输出所解算的车辆位置数据信息，内置导航模块结构组成如图 14－1 所示。用户确定好始发地和目的地后，导航软件会查询底层的地图数据，识别出各个道路和路口的信息，如果与后台联网，导航软件也可读取相关道路的实时路况信息，判断是否有拥堵，然后计算路径后综合评判，选择一条或者两条行驶路线；确定路径后，就进入引导显示部分了。在导航前期以及导航过程中，导航软件每隔 1 s 读取一次 GNSS 信号的数据，选择经纬度信息，并实时与地图匹配，将位置显示在地图上，这样就实现了整个导航的全过程。

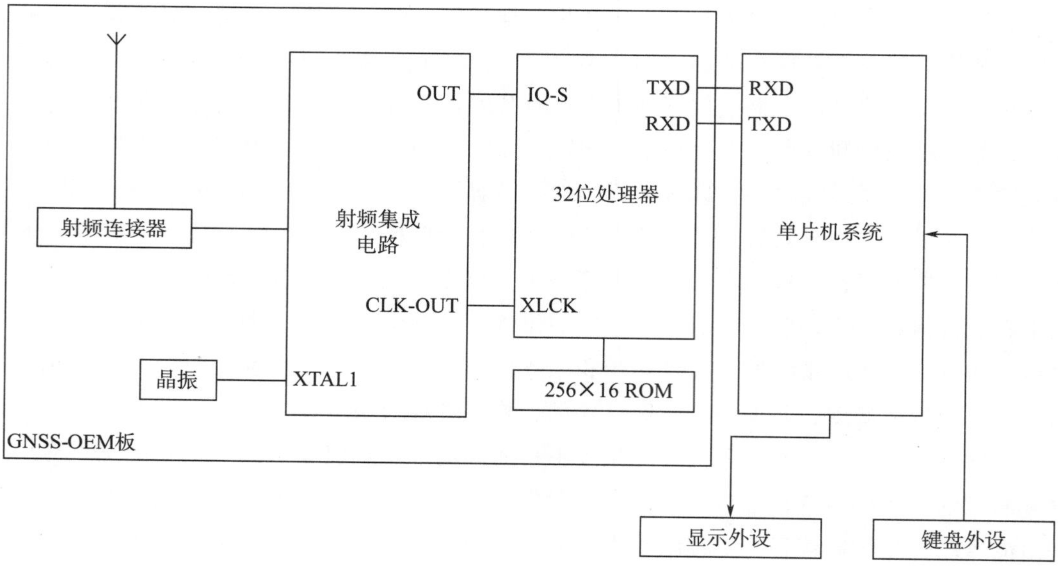

图 14－1　车载卫星导航设备组成

以 Trimble 公司的 LassenTM SQ GPS－OEM 板为例，GPS－OEM 板主要由射频连接器、射频集成电路、IQ－S 信号处理器和 32 位处理器等组成。导航信号经天线进入射频前端集成电路，经过下变频、放大、滤波、相关、混频等一系列处理，可以实现对天线视界内卫星的跟踪、锁定和测量。再将该信号传入到 IQ－S 数码信号处理器中解译出 GPS

卫星所发送的导航电文，解算出天线的三维坐标、时间等信息，将处理完的信息存储到 32 位的处理器中，并通过串口输出串行数据。该 OEM 板为 8 通道的 GPS 接收机，可连续追踪 GPS 卫星，实现快速定位。

GPS－OEM 板的输入输出采用串行通信协议，一般输出数据协议遵循 NMEA－0183 标准格式。NMEA－0183 是美国国家海洋电子协会（National Marine Electronics Association）为海用电子设备制定的标准格式，目前已成为 GPS 导航设备统一的标准协议。NMEA－0183 格式的数据包自动通过串口或 USB 口发送，采用 ASCII 码，波特率为 4 800 bps。NMEA－0133 输出数据为 ASCII 码，其内容主要有经度、纬度、高度、速度、时间、日期等，它是一组包含有各种地理位置信息的字符串，字符串帧格式如表 14－1 所示，常用的信息类型命令如表 14－2 所示。

表 14－1　NMEA－0183　GPS 等卫星导航设备标准协议帧格式

1	2	3	4	5
$	地址域	数据域	* hh	<CR><LF>

注：1）$：NMEA－0183 格式的数据均以“$”开头，为帧的起始位；

2）地址域（信息类型）：前两位为识别符，后三位为语句名；

3）数据域：数据域包含各种 GPS 信息；

4）* hh：“*”代表校验和前缀；“hh”为地址域和数据域校验和，用 ASCII 字符表示，即地址域和数字域各字节异或运算后，再转换成 16 进制格式的 ASCII 字符；

5）<CR><LF>：CR（Carriage Return）＋LF（Line Feed）帧结束，回车和换行。

表 14－2　常用的信息类型命令

序号	命令	说明
1	$GPGGA	全球定位数据
2	$GPGSA	卫星 PRN 数据
3	$GPGSV	卫星状态信息
4	$GPRMC	推荐最小定位信息
5	$GPVTG	地面速度信息
6	$GPGLL	大地坐标信息
7	$GPZDA	UTC 时间和日期

由于 GPS－OEM 板与单片机系统之间采用异步串行总线通信，所以在执行程序前要对串口进行初始化设置，设置数据存储区来存储初始化配置信息以及 OEM 板的输出数据等。当 OEM 板开始向单片机系统发送数据时，单片机执行接收子程序以及显示程序。车载导航设备定位软件计算流程如图 14－2 所示。

卫星车载导航设备中的导航模块板卡以 GPS－OEM 板为主，也可以是 BDS－OEM 板或 GLONASS－OEM 板。目前，多家公司还推出了支持 GPS、BDS、GLONASS 双卫星系统或多卫星系统的用户接收机导航模块板卡。这类卫星车载导航设备工作时的可视卫星数量明显增加，能改善定位解算的几何因子以及地形对用户接收机接收卫星信号的影响，提高用户设备工作的稳定性、可靠性和连续性。

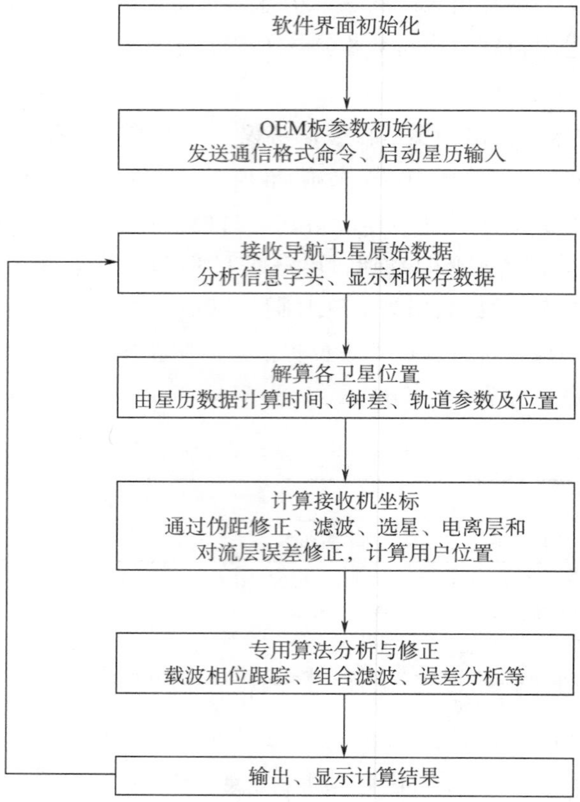

图 14-2　车载导航软件流程

14.2.1　路径规划

路径规划是车载导航系统的重要功能，路径规划是在车辆行驶前或行驶过程中为司机提供从起始点到目标点的一条或若干条路线，来对司机的行车进行导航。路径规划基于具有拓扑结构的路网，在车辆行驶前或行驶过程中寻找车辆从起始点到达目标点的最优行车路线，它是在拓扑图的基础上利用图论理论来解决实际路网中的路线选择问题，通常是先将路网数据构造成拓扑图，然后再运用图论中的算法和理论进行路线的选择。路网拓扑结构描述是路径规划算法设计的基础，描述实际路网的拓扑图通常有邻接矩阵、邻接表、十字链表、邻接多重表等几种方法。

路径规划算法是根据城市路网的拓扑图寻求起始点到目标点的最小交通阻抗。交通阻抗是一个广义的概念，可以采用不同的标准，如最短行车距离、最少时间、最低通行收费等，而距离、时间、收费等信息都可以存储在路网拓扑结构的路段属性中。路径规划的流程如图 14-3 所示，规划后产生的路径在系统上显示时，采用的办法是重新生成了一个路径层，专门用来显示路径，生成的路径层与已有的电子地图层相叠加，并在电子地图上输出规划后的路径。

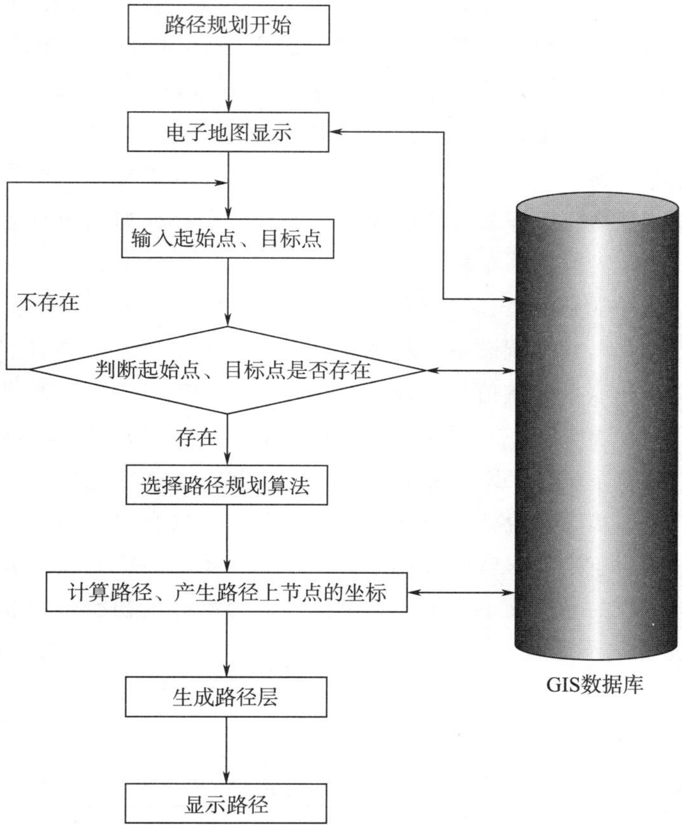

图 14－3　路径规划流程

14.2.2　航位推测

航位推测（Dead Reckoning，DR）技术是从物体上一时刻所处的已知位置出发，根据当前的运行航向和航速推算物体在当前时刻的位置，然后再从当前时刻的位置出发推算出物体在下一时刻的位置。航位推测技术基于相对位置修正，它以航向和航速这两个传感测量值作为输入推算当前位置，其中航速乘以时间就等于航向上的运行距离。

典型的航位推测系统包括位移传感器和航向传感器，可选传感器有多种，一般采用惯性传感器。例如采用陀螺和加速度计，其中陀螺测得的角速度通过积分可得角度，加速度计得到的加速度测量值通过二次积分可得位移。惯性传感器完全依靠自身完成导航定位任务，与外界不发生任何光电联系，不受气候和环境条件限制，这些特点使得航位推测技术在车载导航系统中扮演着重要的角色。t_n 时刻的位置可以表示为

$$x_n = x_0 + \sum_{i=0}^{n-1} d_i \cos\theta_i, y_n = y_0 + \sum_{i=0}^{n-1} d_i \sin\theta_i, \theta = \theta_0 + \sum_{i=0}^{n-1} \omega_i \qquad (14-1)$$

航位推测系统在每一个历元时间内需要有航偏角变化量 w 和运动距离作为测量值输入。在航位推测系统中，这两个测量值通常由罗盘和里程表作为传感器提供。随着车载导

航系统应用的日益普及和 ABS 逐渐成为多种车辆的标准配置，以 ABS 车轮转速传感器作为航位推测系统输入成为车载组合导航的一种新的方案，利用 ABS 车轮转速传感值可获得车辆行驶的方位角变化量和距离，从而实现航位推测定位。该方案可以充分利用资源，降低车载导航系统的生产成本，具有广阔的前景。

航位推测系统不受地形、地势、城市高层建筑、外界电磁环境干扰等因素的影响，则卫星导航系统具有精度高、服务覆盖广等优点。两者结合互补构成带有航位推测系统的卫星车载导航设备，可极大地提高车载导航系统的定位性能。在带有航位推测系统的卫星车载导航设备中，有两种常见的组合定位方案，即切换式组合方案和数据融合滤波方案。

切换式组合方案对车载导航设备的两种模式进行选择，当卫星导航信号有效性较高时选用卫星导航模式，当卫星导航信号有效性不高时采用 DR 模式。切换式组合方案简单易行，计算量小，可以解决车辆在卫星导航信号短时下降或失效时的定位问题，但是切换式组合方案未将卫星导航系统和 DR 系统信息融合在一起，不能完全发挥两者的优点。带有航位推测系统的卫星车载导航设备原理如图 14-4 所示，它利用数据滤波方法将两种系统数据信息融合，同时用于定位求解的计算中，并使 DR 系统的状态在滤波过程中不断得到修正。同时，组合定位的输出又可为 DR 系统提供较为准确的初始位置和方向信息，从而实现在卫星导航定位信号质量下降或失效时，单独使用 DR 定位也能保持较高的定位精度。

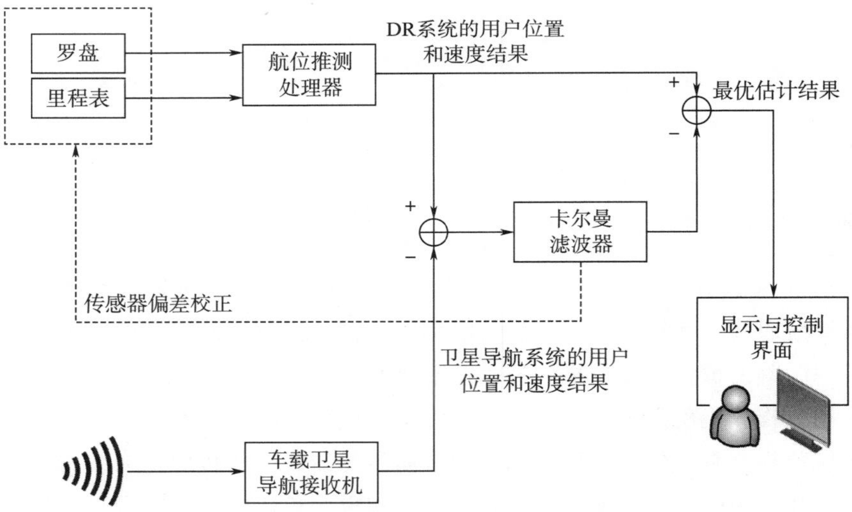

图 14-4　带有航位推测系统的车载卫星导航数据融合滤波方案

14.2.3　地图匹配

带有地图匹配功能的车载导航设备将地理信息系统和地图匹配技术融入车载定位与导航系统中，以获得更高的车载导航定位性能和更好的用户体验。一般情况下，车载卫星导航接收机给出的定位结果存在 20 m 左右的误差，而在人口稠密、高楼林立的城市峡谷中，这一定位误差可达百米以上；同时，电子地图道路数据库也存在测量和离散误差。如果直接将卫星导航系统的定位结果显示在电子地图上，其定位点不能准确反映车载用户所处的实际地理位置。在交通道路上行驶的车辆，其定位点有可能未落在电子地图所显示的道路上。

带有地图匹配功能的车载导航设备原理如图 14－5 所示，地图匹配综合处理模块的输入包括卫星导航系统和 DR 系统的组合定位结果以及电子地图道路数据库两部分。地图匹配综合处理模块获得定位结果和道路信息资源后，假定车辆行驶在交通道路网上，再将卫星导航系统的定位结果准确地匹配到电子地图道路网中的某一条道路上的某一个点。

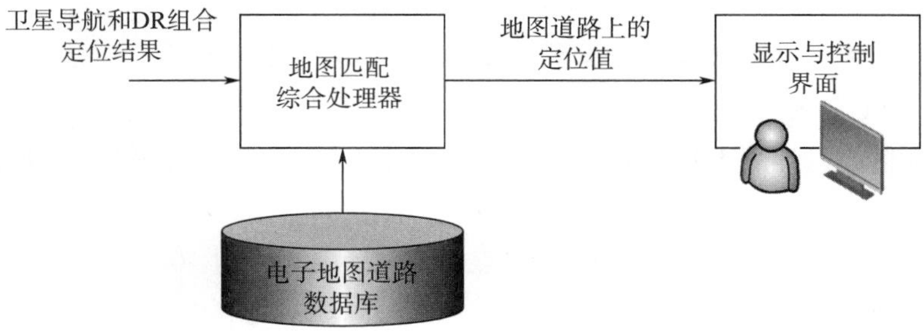

图 14－5　带有地图匹配功能的车载导航设备原理

地图以及地图匹配在车载导航系统中意义重大：1）以图像形式表达的导航信息友好性强，容易为用户理解和使用；2）利用电子地图，可以实现最佳路径搜索等一系列复杂功能，并清晰地呈现给用户；3）地图匹配技术有助于提高车载导航系统的定位性能，使定位结果更加准确、平滑。

14.2.4　车辆监控

车辆监控系统基本功能分为基于卫星导航系统的车辆位置功能和基于地理信息系统（GIS）的地图查询服务。基于卫星导航系统的车辆位置功能就是定位信息查询、跟踪设置、重点监控，通俗地说，就是车辆开出去后，在家里、办公室或其他地方都能通过互联网查询车辆在哪里、车辆的运行状态。

（1）定位信息查询

查询车辆实时位置，即车辆管理者或车主通过定位查询操作，经由移动通信服务站向车载卫星导航系统终端发送实时位置请求。卫星导航系统车载终端在接收到卫星发送的精确位置、速度、运行方向、卫星导航系统时间等信号后，将信息传递给监控中心并显示在电子地图上。

（2）跟踪设置

为了方便，车辆管理者或车主可以一劳永逸，让卫星导航系统车载终端源源不断地告诉你车辆的位置、行驶速度等信息。当然了，你需要在软件上给卫星导航系统车载终端下发命令，告诉它上传位置信息的时间间隔（比如 30 s、1 min 等）。

（3）重点监控

重点监控就是对车辆进行实时的独立监控跟踪功能，设置“跟踪”的车辆，在由监控用户下发监控指令后，定时更新最新车辆在电子地图上的位置。根据设置的间隔时间实时对该车辆进行跟踪，并显示行驶路线。根据监控需要，可以对某一车辆对象实施单独监控，系统将实时显示车辆对象的轨迹以及地理位置描述，实现对其重点监控。

除了对车辆的监控、管理，地图方面也具有强大的功能——基于 GIS 的地图查询功能主要包括如下几个环节：

1）放大：地图可以无级放大。操作方式可以采用点击地图放大一倍、在地图上选取一定区域放大至整个窗口显示、放大至特定比例尺等。

2）缩小：地图可以无级缩小。操作方式可以采用点击地图缩小一倍、选取一矩形区域后将当前窗口显示区域缩小显示在矩形范围、缩小至特定比例尺等。

3）长度量算：在地图上通过鼠标左键点击选择一折线，双击鼠标将出现对话框显示折线的长度。

4）面积量算：在地图上通过鼠标左键点击选择一多边形，双击鼠标将出现对话框显示多边形周长和面积。

5）地物查询：在地图上可以查询到一个地物的名称或者一定区域范围内所含地物的名称。操作方式可以采用鼠标点击地物，用鼠标选定一圆形、矩形或者多边形。

6）地名查询：输入预查询地物的名称或者名称的一部分，查询出该地物在地图上的位置。

7）图层控制：通过图层管理器，可以控制地图上某一图层是否显示，是否能够查询。

8）打印地图：打印当前窗口显示的地图区域范围。

9）地图比例尺：在监控窗口的右下角显示当前监控窗口地图的比例尺。

10）显示影像图：矢量地图可以挂接其他影像图，如卫星照片、航拍照片等，提高显示的效果。

11）标注地图：用户可随意标注地图而不会损坏地图，当系统重新登录时将自动刷新。

另外，卫星导航定位系统在车辆管理应用中，还有一些好的功能，主要包括历史轨迹回放、图像监控、车辆运行状态监控、超速超时报警、驶入驶出区域报警。

（4）历史轨迹回放

车辆在行驶过程中回传到服务器的位置数据都保存在了“云端”的服务器中。你只需选择车辆及开始、结束时间，监控终端可对车辆在某一时段的行驶轨迹进行回放，显示在电子地图上。

（5）图像监控

通过安装的摄像头将实时图片采集并传输至平台，可以通过平台看到现场的即时状况了。

（6）车辆运行状态监控

可以实时地监控车辆的运行状态，包括车辆的位置、时间、速度、方向等信息，并且能够对车辆进行速度、时间、行驶区域、行驶线路等限制，这样可以提供超速、超时、违章操作报警等功能。

（7）超速超时报警

车辆监控服务可对超过速度限制与时间限制的车辆进行报警、管理。超速报警可以对车辆设置最大行车速度，当车辆超过最大行驶速度后监控中心可自动产生超速报警。超时报警，即可以对车辆进行连续驾驶时间进行限制，当车辆连续驾驶超过限制时间后，监控中心自动产生驾驶超时报警，并在终端上进行超时驾驶提示。

（8）驶入驶出区域报警

利用卫星导航车辆管理系统，还可以给车辆画个“圈”，即划定一个特殊区域（“电子围栏”），让车辆不出这个区域，一出这个区域就报警；也可以让车辆不进入这个区域（比如娱乐场所），车辆一进入这个区域，也报警！

（9）遇险报警

遇险报警根据报警方式不同分为碰撞报警、盗窃报警和求助报警。碰撞报警是当车辆出现外来撞击或碰撞时，终端自动上传碰撞报警。盗窃报警是司机停车后布防（需车载设备支持），当出现非法开门、点火、震动、系统被破坏等情况下，自动拨打车主预设电话，并发送声光提示、锁断电路/油路，司机取消布防后取消报警提示。求助报警是你正在开车时，突然遇到有人抢劫，可以触动报警按钮，车载终端立即向中心回传报警信息。

（10）里程统计和油耗报表

里程统计是独立于车辆自带的里程表、通过卫星导航系统位置信息统计出来的，所以这个里程数据更准确、更客观。

14.2.4.1　基本服务

车辆监控系统由车载终端、导航系统、无线通信网络、监控中心四部分组成。车载终端通过卫星导航系统定位模块接收卫星导航信号，计算出车辆当前的位置（经度、纬度、高度、速度、方向）和时间信息，通过车载终端通信模块和无线通信网络与监控中心建立双向数据通道，并将车辆当前的位置和时间信息传到车辆监控与调度管理中心，车辆监控与调度管理中心通过客户端软件将数据进行解析，得到车辆的位置、速度、时间信息，再把这些信息通过 Internet 传给位于家中或办公室的远程监控及调度终端上，监控终端通过软件和电子地图，或者通过 IE 浏览器，就可以看到车辆当前的位置和行驶的状态信息。基于 GNSS、GIS、GSM 的监控与调度系统的简单组成和工作流程如图 14－6 所示。

在实际应用中，除了车载终端（包括卫星导航模块、通信模块、控制模块、传感器模块等）外，还要有服务器系统（专线接口、互联网接口、数据库单元、业务处理单元、认证鉴权单元、电子地图单元、统计分析单元、接收远程参数设置、超速/越界等信号检测、本地数据处理）等复杂的应用模块，以实现对各类交通车辆的监控与调度管理。

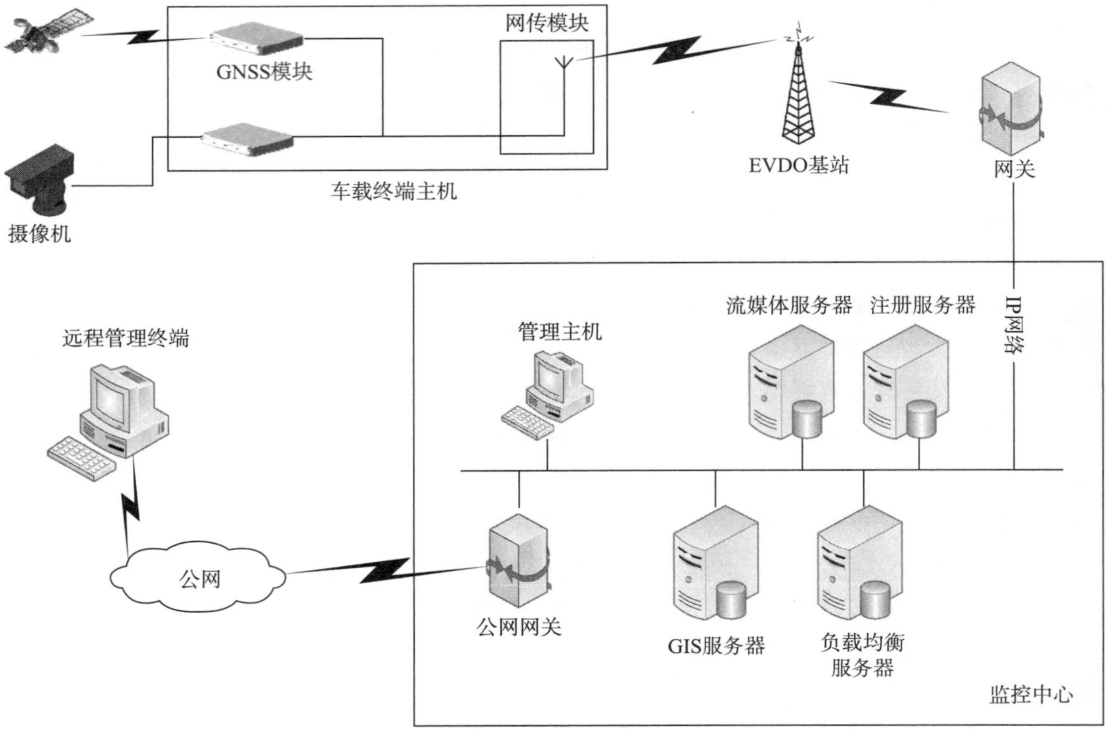

图 14-6　监控与调度系统的简单组成和工作流程

（1）车载终端

车载终端包括主机（由卫星导航模块、通信网络收发模块、数字视频服务器构成）、显示设备、摄像头等其他数据采集设备。车载终端是客运车辆监控调度的重要部件，目前车载终端卫星导航模块一般采用 GPS，通信网络收发模块一般采用 GPRS。卫星导航模块完成车辆位置的实时解算，位置信息一般采用 NMEA-0183 协议封装，通过 RS-232 标准通信接口，异步方式发送给车载终端数据处理器，数据处理器对接收的位置信息进行处理，过滤一些无效信息，按照通信协议生成新的信息，通过 RS-232 标准通信接口，以异步方式发送给 GPRS 通信网络收发模块，然后通过 GPRS 通信网络将车辆位置和运行状态信息发送给监控中心。GPS-GPRS 车载终端组成如图 14-7 所示。

车载终端 GPRS 通信网络收发模块还能接收、解析来自监控中心的遥控指令和调度信息，提取有用信息，通过 RS-232 标准通信接口，异步方式发送给车载终端数据处理器，处理器对数据进行判断处理从而实现远程无线 I/O 口操作，即远程控制，监控中心通过通信网络发送遥控指令对车辆进行电子围栏、断油路、断电路等功能设置。显示设备可收发消息、实现调度功能、发出提示信息，摄像头可拍照并由主机将数据上报到中心。

（2）服务器系统

中心服务器主要是一个大型的数据库管理系统，其需要的功能包括数据存储功能（存储大量的车辆位置信息以及调度控制等信息，可以存储数周到数月的时间）、数据处理功

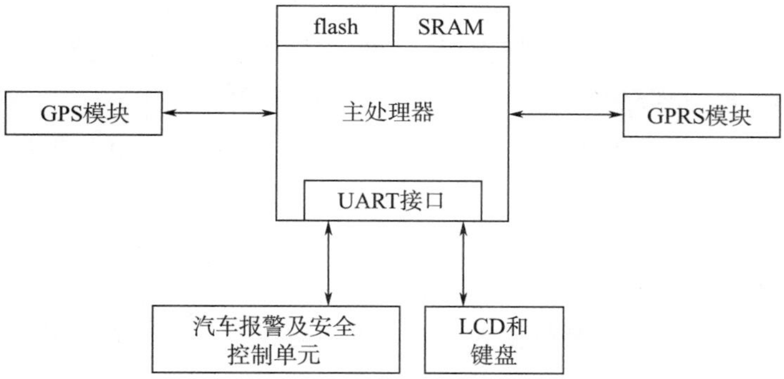

图 14－7　GPS－GPRS 车载设备工作原理

能（对接收到的数据进行处理，例如对 GPS 数据进行解析，对一些无用信息的过滤等）、数据接收和转发功能（对监控中心和车载终端之间信息进行接收和转发）、执行数据的查询、插入、删除/更新功能（包括车辆信息管理，用户与权限管理，日志管理功能）。

客户端软件装载在车辆监控与调度管理中心的调度终端和监控终端，它通过中间件和服务器进行通信；车载终端同样通过中间件和服务器进行通信；服务器负责完成数据交互和处理，并将车辆信息、导航信息、客户信息结果送至数据库服务器。车辆监控调度管理中心软件数据流图如图 14－8 所示。

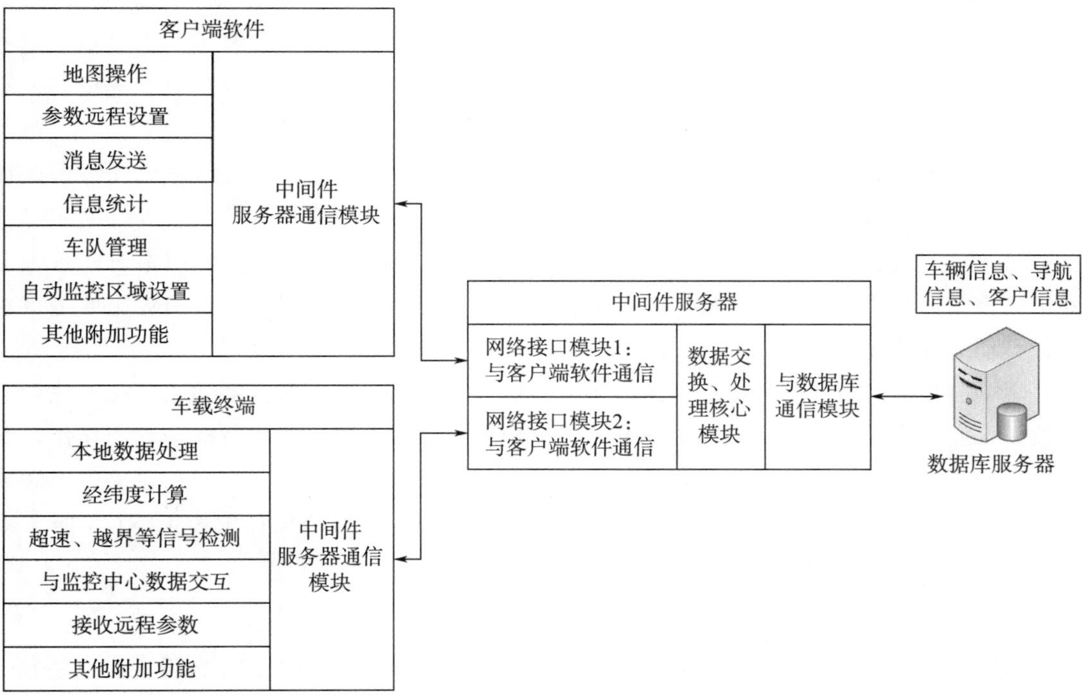

图 14－8　车辆监控调度管理中心软件数据流图

客户端软件与车载终端进行通信，同时兼顾地图监控、控制信息发送以及实现社会用户的远程访问。软件将移动车辆的 GNSS 定位数据进行图形化显示、查询、设置、统计，让加入平台中的社会用户可以通过网页形式远程连接监控平台，监控相关信息状况，从而得以进行有效的管理。客户端软件主要完成如下任务：

1）电子地图综合显示及操作：监控人员可以对地图显示进行各种操作，包括放大或缩小局部区域地图，平移地图。

2）对车辆进行屏幕搜索追踪：当监控人员输入特定的车牌号时，系统将自动查找并且定位该车，并在屏幕上用屏幕居中形式显示该车在地图上的位置。

3）对车载终端进行休眠/唤醒设置：监控人员可以直接通过软件的操作界面设置车辆的各类参数，包括使车载终端进入休眠状态或者唤醒车载终端。

4）车辆行驶轨迹记录以及历史轨迹调阅：监控中心人员可以选择任何地图上的车辆，显示其当天或者某月某日的历史行驶轨迹。

5）超速范围设定：监控人员可以在地图上设定车辆限速的地理范围，设定后凡车辆在该范围内行驶时超速，软件将进行自动记录。

6）监控中心与司机进行通话：监控人员在地图上点击车辆时会显示该车辆车载终端的呼叫号码，监控人员可以根据该号码通过电话呼叫司机，司机听到车载终端发出的来电提示声后，按下接听按钮便可以与监控中心通话。另外，当司机需要呼叫监控中心时，只需进入电话本菜单选择相应号码，便可以和对方进行通话。

7）文字信息的发布：监控人员进入消息发送界面，屏幕左侧会弹出消息发布窗口，管理人员在窗口中输入信息后该信息会立刻被发送到指定车辆的液晶显示器上显示，司机可以通过按键操作对该信息进行确认或者答案选择，监控中心会立刻收到司机的按键或答案确认信息。

8）里程数测定：监控人员在地图上任意点击某条路线上的关键点后，软件将自动计算该路程的公里数。

9）点击车辆图标进行信息查询和设置：监控人员在地图上点击车辆图标时，系统会弹出与该车辆有关的信息和功能选项，监控者可以查阅相关信息或者对该类设施的运行参数进行动态修改。

车辆监控调度智能管理中心数据库服务器通过局域网与监控服务器建立连接，执行系统数据存储工作。本地客户端通过局域网与监控服务器建立连接，执行电子地图操作，参数远程设置，与卫星导航车载终端进行文字、图片等信息交互，车辆管理，自动监控区域设置，信息统计等功能。远程监控终端通过 INTERNET 网络与监控中心 LINUX 服务器建立连接，实现对车辆的远程监控。

14.2.4.2　应用模式

可以从通信方式和使用方式两个维度划分应用模式。按照通信方式车载设备的卫星导航系统定位模块接收到卫星导航信号，计算出车辆当前所处的位置信息（经度、纬度、高度、速度）和时间后，必须借助一定的通信手段，传到监控系统服务器。目前可能的通信手段主要包括地面无线通信网和卫星通信两种方式。地面无线通信又包括 SMS 短信、GPRS、

CDMA、数字集群、无线专网等；卫星通信主要包括北斗通信、铱星通信等通信系统。每种通信都有优缺点，都有其存在的空间。目前应用最广泛的是 GPRS 通信方式。GPRS 因具有覆盖相对完善、通信模块成本低、使用成本低等特点，在陆地上得到了最为广泛的应用。

短信通信在早期的车辆监控服务中使用非常广泛，但后来随着 GPRS 和 CDMA 的兴起，短信通信因其数据通信局限性和使用成本较高等因素，已逐步退出了主流市场，只在少量的领域尚有应用。数字集群、无线专网两种通信模式覆盖的范围极为有限，其产品也未形成规模化生产，所以基于这两种通信方式的卫星导航系统车辆监控服务非常少。卫星通信作为地面通信的补充，应用空间一直不大，而且通信成本非常高。在卫星导航系统车辆监控领域也一样，只有在偏远地区（沙漠、山区）、海上等地方，才有应用空间。

按照使用方式，基于卫星导航系统的服务无外乎有基于 B/S 的服务和基于 C/S 的服务两种。B/S（Browser - Server）服务，即浏览器—服务器服务模式，无须安装任何额外的软件，只要有台能上网的电脑，随时随地都能享受 GNSS 车辆监控服务，非常便于用户使用。这种方式的缺点是把大量的工作都交给了服务器处理，增加了服务器的计算压力，而且这种方式不够灵活，难以按照具体用户的需要做出个性化的修改，适用于大众化的需求。

C/S（Client - Server）服务，即客户端—服务器端服务模式，需要在使用者的电脑上安装一个客户端软件（有的还需要把电子地图放在使用者的电脑上，即放在本地），客户端软件启动后，通过互联网连接到服务器，服务器就把这个用户的车辆信息源源不断地传过来，经过经纬度和电子地图的匹配，用户就可以在自己的电脑上看到自己车辆所处的位置了。

相对于 B/S 而言，C/S 模式减轻了服务器端的压力。因为，在 C/S 模式中，服务器只起到一个桥梁的作用，主要完成数据的存储和转发。但是非常有利于用户功能的定制，比如用户需要自动生成派车单并自动计算出大概里程和大概耗油量时，就可以比较轻松地在客户端上进行开发，而不会影响到其他客户的使用。但是，这种模式的缺点是用户只能在固定的电脑上使用，而不能像 B/S 那样可以随心所欲地在任何地方使用。同时，电子地图放在本地，也增加了地图流失的隐患。

综述，B/S 模式和 C/S 模式各有优缺点，不同的客户宜于使用不同的模式，比如，私家车和中小型的用户可能适于采用 B/S 模式，而大型用户适于采用 C/S 应用模式。

参 考 文 献

［1］ 党亚民．全球导航卫星系统原理与应用［M］．北京：测绘出版社，2007.

［2］ 谢钢．GPS原理与接收机设计［M］．北京：电子工业出版社，2017.

［3］ 富立，范耀祖．车辆定位导航系统［M］．北京：中国铁道出版社，2004.

［4］ 李鲜枫．中国沿海无线电指向标（RBN）——差分全球定位系统（DGPS）［C］．中国全球定位系统技术应用协会第六次年会，2001：166－173.

［5］ 卞鸿巍，金志华．联合直接攻击弹药精确制导技术分析［J］．中国惯性技术学报，2004，12（3）：76－80.

［6］ 王超，肖亚苏，王化祥．基于GPS和GSM的车辆监控调度系统［J］．仪器仪表学报，2006，27（6），2006年6月：550－551.

［7］ 李玲，王婷．基于GPS定位及3G通信客运车辆监控系统设计［J］．现代电子技术，2011，34（18）：18－20.

［8］ 胡刚，金振伟，司小平，郭海涛．车载导航技术现状及其发展趋势［J］．系统工程，2006，24（1）：41－47.

［9］ 史国友，贾传荧，贾银山，张波，王玉梅．基于GPRS和电子海图的船舶导航与监控系统［J］．中国航海，2003（4）：62－65.

［10］ 康建鹏．海湾战争中SLAM首发命中目标［J］．固体火箭技术，1991（2）．

［11］ 王满玉，张坤，刘剑，王惠林，张卫国．机载卫星制导武器直接瞄准攻击研究［J］．应用光学，2011，32（4）：598－601.

［12］ 田璐，杨建军，呼玮．GPS在高动态精确打击武器制导中的应用研究［J］．飞航导弹，2010（1）：70－74.

［13］ 陈凯，鲁浩，阎杰．JDAM导航技术综述［J］．航空兵器，2007（3）：25－29.

［14］ 孙明玮．21世纪对精确打击弹药制导技术的需求［J］．飞航导弹，2006（2）：49－59.

［15］ 蒲阳，黄长强，王勇．联合直接攻击弹药（JDAM）设计原理分析［J］．空军工程大学学报（自然科学版），2002，3（6）：18－20.

［16］ 卞鸿巍．联合直接攻击弹药JDAM传递对准技术分析［J］．弹箭与制导学报，2003，23（4）：68－71.

［17］ 曲博．铁路时间同步网概述［J］．铁路通信信号工程技术，2010，07（4）：43－45.

［18］ 周铭，罗清勇．卫星在核爆炸探测中的应用［J］．卫星与网络，2007（05）：58－60.

［19］ 曾晖，林墨，李瑞，李集林．全球卫星搜索与救援系统的现状与未来［J］．航天器工程，2007（5）：80－84.

［20］ 邱洪云，龙新光．低极轨卫星搜救系统［J］．空间电子技术，2006（2）：13－15.

［21］ 柳邦声．全球卫星搜救系统（COSPAS－SARSAT）的发展与应用［J］．世界海运，2006（5）：4－6.

［22］ 余燕翔，张海峰，曹唯伟．基于SAR的远程精确打击应用［J］．火力与指挥控制，2014（9）：5－10.

［23］ 陈洪卿，陈向东．北斗卫星导航系统授时应用［J］．数字通信世界，2011（6）：54－58.

［24］ 兰培真，韩斌，陈伯雄，张天丛．厦门港船舶引航系统的设计与应用［J］．集美大学学报（自然

科学版），2007，12（2）：130－134.

［25］ 柯冉绚，彭国均，张杏谷．郑和一号船舶引航系统的设计与实现［J］．集美大学学报（自然科学版），2009，14（4）：372－378.

［26］ 张伟．“郑和一号”船舶引航系统在厦门港引航工作中的应用［J］．中国水运，2016，16（5）：22－24.

第 15 章　授时服务

15.1　概述

授时就是指在全世界任何地方和用户定义的时间参量条件下从一个标准得到并保持精密和准确时间的能力，包括时间传递。为了实现精确 PNT 服务，卫星导航系统建立了自己专用的时间系统。卫星导航系统时间是原子时，其秒长与原子时相同。卫星导航系统的时间系统由地面主控原子钟和星载原子钟构成，并由卫星导航系统主控站的原子钟控制，前者主要负责时间的准确性，后者主要负责时间的连续性，两者的精度共同决定系统可能达到的定位和授时精度。

导航卫星配置多台高精度、高稳定度原子钟，在地面运行控制系统的监控下，星上时间被同步到地面的系统时间上。在地面运行控制系统的监控下，导航卫星播发精确的时间和频率信息，是理想的时间同步时钟源，可以实现精确的时间或频率的控制。利用导航卫星传送精确时间和频率信息是卫星导航系统的重要应用，首先是广泛地免费分享原子钟的精确时间而不要一般用户自己装备昂贵的原子钟；其次在通信系统数据通信网络精确定时、电力系统电力网的同步切换、金融系统股市的时间同步等方面具有特别突出的作用，在金融系统使追踪金融交易和票据的时间成为可能，在无线通信系统可以更加有效地利用无线频率资源，通过“共视”技术使不同国家实验室之间交流高精度的时间。

例如，GPS 精密定位服务提供的 GPS 版的协调世界时的时间传递精度在 200 ns（95%）以内，未来 GPS-Ⅲ的授时精度将达到 5.7ns。美国国防部下属的 GPS 地面运行控制系统负责调整星载原子钟精度，确保 GPS 时与美国海军天文台运控的协调世界时 UTC（USNO）保持一致，星载原子钟的精度可以保证 GPS 时与协调世界时之间的误差在几纳秒之内，这样通过 GPS 的授时服务，与协调世界时建立了时间尺度的联系。

下面通过两个例子来说明时间精度、授时以及时间传递的重要性。在无线通信和宽带网络技术中，时间基准和时间同步是非常重要的参数，通信和网络所涉及的安全、认证和计费都是以一个共同的标志——时间为基础的，股票交易大厅电子显示牌的涨跌信息如果要和股票交易计算机终端显示出的信息完全同步，需要精确的时间同步。所谓“时间同步”就是指用户机的本地时钟与系统标准时钟时间保持一致。中国移动 TD-SCDMA 系统是全网同步系统，要求所有基站之间严格保持时间同步。由于缺乏先进的网络同步技术，TD-SCDMA 基站曾经普遍采用 GPS 实现站间同步，时间同步完全依赖于美国 GPS，存在一定的安全隐患。我国联通 CDMA 网络，曾经因为美国 GPS 授时问题，出现过瘫痪事件。目前，中国移动一方面通过有线传输网络传送精确时间同步信号，另一方面利用我国自主发射的北斗卫星作为时间信号源，基于北斗卫星的授时方案也已在研究院实验室完成测试，并显示具有和 GPS 相同等级的授时精度，可满足 TD-SCDMA 同步要求，使用北斗与 GPS 双模授时，并互为备份。最终从时间信号的来源和传输两个方面相结合，彻底摆脱对 GPS 的依赖。

与我们日常生活密切关联的电力系统中，电机励磁和调速、功角测量、电网的综合自动化系统、继电保护装置以及故障定位、故障录波、状态确定等技术均需要精确的时间同步技术，安全可靠、高精度时钟的时间同步是当代电网乃至未来智能电网运行的一项基本要求。长期以来，我国电力企业从电力传输网到电力计算机网络的时间同步系统，主要是以美国的 GPS 作为授时手段，向电力系统的电力自动化设备、微机监控系统、安全自动保护设备、故障及事件记录等智能设备提供授时信号，以实现电力系统的"同步"运行。显然，将国家电力安全依托美国 GPS 存在安全隐患，一旦发生战争等紧急事态，美国如果关闭或者调整 GPS 信号，将引发我国电网系统重大安全事故。据《卫星导航与智能交通》2010 年第 1 期"自主创新——助力国产导航卫星对准电网时钟"介绍，我国电网每年因 GPS 授时不准而发生的安全事故，给国家带来了巨大的经济损失。

针对电力授时存在的安全隐患，北京国智恒电力管理科技有限公司研发出"北斗电力全网时间同步管理系统"，结束了我国电力运行安全命系他国的历史，解决了电力系统时间同步应用中的三个难题，即提供可靠的时钟源、全网时间同步管理和远程实时监测维护。2008 年 12 月 19 日，北斗电力全网时间同步管理系统在华东电网挂网运行。2009 年 9 月，国家正式确立"天地互备，以北斗为主"的电力授时体系，国家电网公司和南方电网公司也都做出积极响应。"北斗电力全网时间同步管理系统"的精准授时系统，以我国自行研制和建立的"北斗一号卫星导航定位系统"为基础，结束了我国电力运行时间完全依赖美国 GPS 的历史，使得以往缺乏安全保障的"美国授时"变为"中国授时"。

15.2　授时原理

卫星导航系统时间同步涉及卫星导航系统空间段、主控站、监测站以及时间同步用户 4 个部分，其结构如图 15-1 所示。卫星导航系统星地时间同步工作原理是卫星导航系统空间段的星载时频子系统产生卫星的本地时间，并向地面播发；地面多个监测站接收导航卫星信号，并对卫星的轨道和钟差进行标定；监测站的数据送主控站处理后，主控站根据地面原子钟组时间信息和卫星的钟差观测信息，产生具有钟差修正值的上行电文，并通过站内上注天线或其他注入站实现电文注入。时间用户完成导航电文的接收和处理，并计算出时间信息。

根据卫星导航系统的工作原理，卫星导航系统授时可分为 RNSS 授时和 RDSS 授时两种方式。RNSS 授时的原理是地面段用户可接收卫星导航信号并解算其电文校正本地时钟，使本地时钟与卫星导航系统的系统时间同步，具体方法如下。

1）当用户位置未知时，需要对 4 颗或 4 颗以上卫星进行观测，并接收其信号，解算

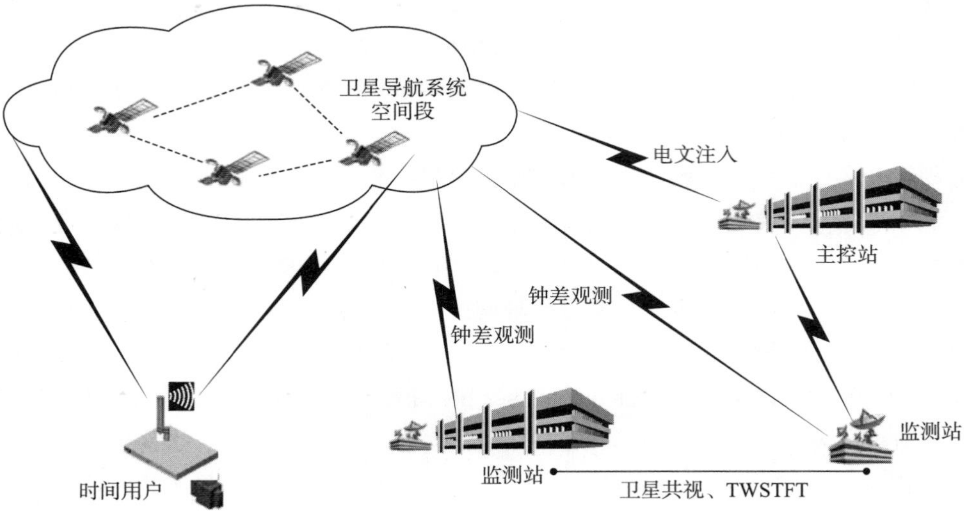

图 15-1　卫星导航系统时间同步原理

得到用户位置坐标与时间偏差，即可实现定位、定时。假设由导航电文计算得到的 4 颗卫星的坐标分别为 (x_i, y_i, z_i)，$i=1, 2, 3, 4$。用户位置坐标为 (x_0, y_0, z_0)，用户时钟相对于卫星导航系统时间的时差为 Δt，则有

$$\begin{aligned}
\rho_1 &= \sqrt{(x_1-x_0)^2+(y_1-y_0)^2+(z_1-z_0)^2}+c\Delta t \\
\rho_2 &= \sqrt{(x_2-x_0)^2+(y_2-y_0)^2+(z_2-z_0)^2}+c\Delta t \\
\rho_3 &= \sqrt{(x_3-x_0)^2+(y_3-y_0)^2+(z_3-z_0)^2}+c\Delta t \\
\rho_4 &= \sqrt{(x_4-x_0)^2+(y_4-y_0)^2+(z_4-z_0)^2}+c\Delta t
\end{aligned} \tag{15-1}$$

式中　$\rho_i (i=1, 2, 3, 4)$——用户到卫星的伪距测量实测值；

c——光在真空中的传播速度。

求解上述方程组可以得到用户位置坐标 (x_0, y_0, z_0) 和用户相对于标准时间的时间差 Δt，利用 Δt 修正用户时钟就可以实现与标准时间的同步。

2）在用户接收机设备天线中心位置已知且精度可靠的情况下，仅需观测到 1 颗卫星就可以解算钟差，再根据导航电文可获得卫星星历、电离层延迟修正，根据气象参数得到对流层延迟修正，进而实现精密时间测量或同步。

假设用户接收机接收导航信号的时间为 T_u，对应的卫星导航系统时间为 $t_u(t)$，此时接收机相对于系统时间差为 Δt，则有 $t_u(t)=T_u+\Delta t$，代入式（15-1），可得卫星导航系统时间，再转换为 UTC 即可。

RDSS 授时为北斗卫星导航系统独具特色的服务，RDSS 授时可分为 RDSS 单向授时和 RDSS 双向授时两种类型。在 RDSS 单向授时模式下，用户机不需要与地面中心站进行交互，但需已知接收机所在位置精密坐标，从而可计算出卫星信号传输时延，经修正得出本地精确的时间，北斗单向授时原理如图 15-2 所示。中心控制站精确保持标准北斗时

间，并定时播发授时信息，为定时用户提供时延修正值。标准时间信息经过中心站到卫星的上行传输延迟、卫星到用户机的下行延迟以及其他各种延迟（对流层、电离层等）传送到用户机，用户机通过接收导航电文及相关信息自主计算出钟差并修正本地时间，使本地时间和北斗时间同步，北斗单向授时精度小于 100 ns。

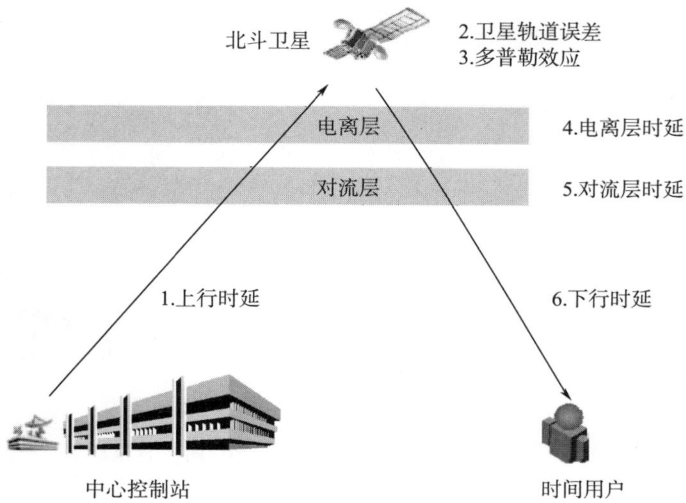

图 15-2　北斗卫星导航系统 RDSS 单向授时原理

在 RDSS 双向授时模式下，需要 RDSS 地面站发送信号，经过卫星转发给用户接收机后，用户接收机再通过接收机向卫星发送信息，并转发给 RDSS 地面站。地面站计算时延、钟差信息后，再通过卫星转发给接收机。双向定时的所有信息处理都在中心控制站进行，用户机只需把接收的时标信号返回即可。为了说明方便，这里给出了双向定时的简化模型，如图 15-3 所示。

中心站系统在 T_0 时刻发送时标信号 ST_0，该时标信号经过延迟 t_1 后到达卫星，经卫星转发器转发后经 t_2 到达授时用户机，用户机对接收到的信号进行处理转发，经 t_3 的传播时延到达卫星，卫星把接收的信号转发，经 t_4 的传播时延传送回中心站系统。也即表示时间 T_0 的时标信号 ST_0，最终在 $T_0+t_1+t_2+t_3+t_4$ 时刻重新回到中心站系统。中心站系统把接收时标信号的时刻与发射时刻相减，得到双向传播时延 $t_1+t_2+t_3+t_4$，除以 2 得到从中心站到用户机的单向传播时延。中心站把这个单向传播时延发送给用户机，定时用户机接收到的时标信号及单向传播时延计算出本地钟与中心控制系统时间的差值 $\Delta\varepsilon$，修正本地钟，使之与中心控制系统的时间同步。

15.2.1　地面监测站时间同步

为实现卫星导航系统的授时，各个地面监测站之间需要高精度的时间同步。地面监测站常用的时间同步方法有两种，即双向卫星时间频率传递方法（Two Way Satellite Time

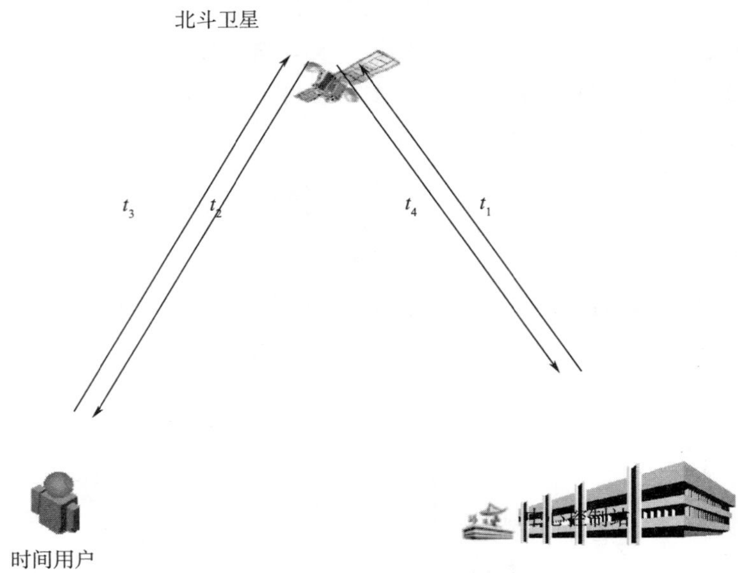

图 15－3　北斗卫星导航系统 RDSS 双向授时原理

and Frequency Transfer，TWSTFT）和卫星共视法（Common View，CV）。

（1）双向卫星时间频率传递方法

TWSTFT 是待同步 2 个地面监测站分别测量对方测距信号到达本地的时刻与本地整秒时刻的时间差，由于 2 个信号转发的路径对称，对流层、电离层的影响可不予考虑，将测量得到的 2 个时间差相减除 2，即为两站的时间差。TWSTFT 系统时间同步原理如图 15－4 所示，地面站 A 与地面站 B 约定在整秒时刻向对方发送测时信号。地面站 A 的整秒时刻为 T_{At}，地面站 B 的整秒时刻为 T_{Bt}，A 站接收到 B 站信号时刻为 t_{Ar}，B 站接收到 A 站信号时刻为 t_{Br}。

TWSTFT 系统时间同步几何计算方法如图 15－5 所示。其中 Δt_{A-B} 为地面站 A 发射信号到达地面站 B 的延时，Δt_{B-A} 为地面站 B 发射信号到达地面站 A 的延时，假设 A 站和 B 站采用同样的设施，设备延时都相等，由于传输路径相同，因此，可认为信号从 A 站到 B 站时间 Δt_{A-B} 和 B 站到 A 站时间 Δt_{B-A} 相等。

A 站、B 站的钟差 $\Delta t_1 = \Delta t_2$，因此 A 站、B 站钟差的计算公式为 $\Delta t_1 = \Delta t_2 = 1/2(\Delta t_{BB} - \Delta t_{AA})$。

（2）卫星共视法

卫星共视法基本原理为两地面站根据导航卫星播发的星历，选择两站均可共视的导航卫星，在选择的时间段内，同时观测同一卫星信号，从而测得本地钟与导航卫星钟的钟差，两站交换测量数据并经过相应的计算处理，即可得到两站钟差，实现两地面站同步，卫星共视法时间同步原理如图 15－6 所示。共视法能将两站共同的误差消除或减弱，从而提高同步精度，其同步精度可达 5～10 ns。

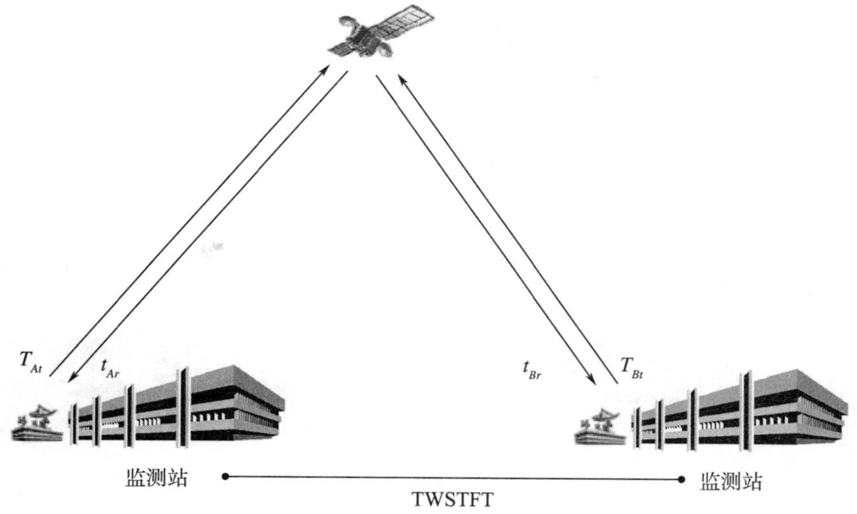

图 15－4　TWSTFT 系统时间同步原理

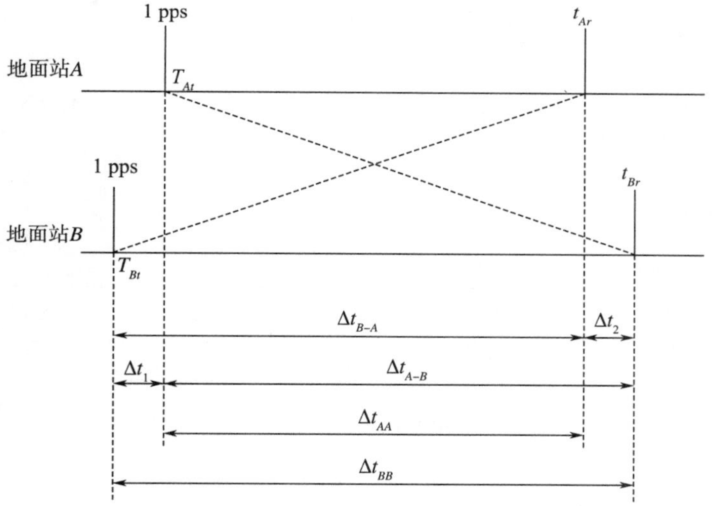

图 15－5　TWSTFT 系统时间同步几何计算方法

卫星共视法时间同步几何计算方法如图 15－7 所示。其中 Δ1 为地面站 A 测量的卫星 S 到地面站 B 的伪距，Δ2 为地面站 B 测量的卫星 S 到地面站 A 的伪距，Δt_{AA} 为地面站 A 测量的卫星 S 发射信号与地面站 A 本地秒信号的时间差，Δt_{BB} 为地面站 B 测量的卫星 S 发射信号与地面站 B 本地秒信号的时间差 。

A 站、B 站钟差计算公式为 $\Delta t_{AB}=\Delta t_{BB}+(\Delta 1-\Delta 2)-\Delta t_{AA}=(\Delta t_{BB}-\Delta t_{AA})+(\Delta 1-\Delta 2)$ 。

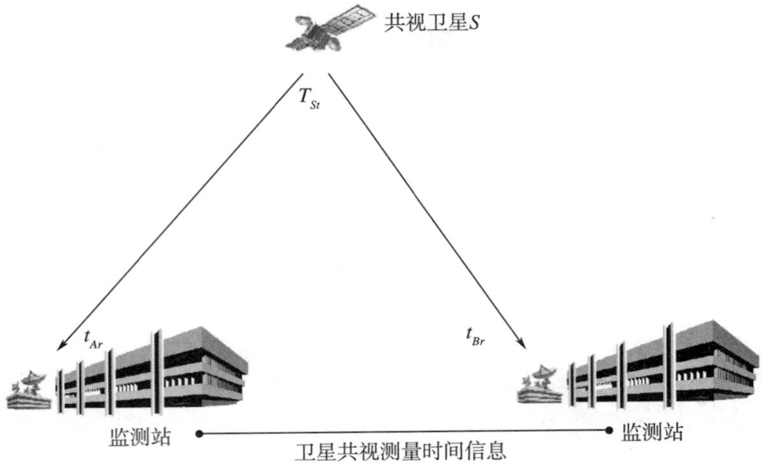

图 15－6　卫星共视法时间同步原理

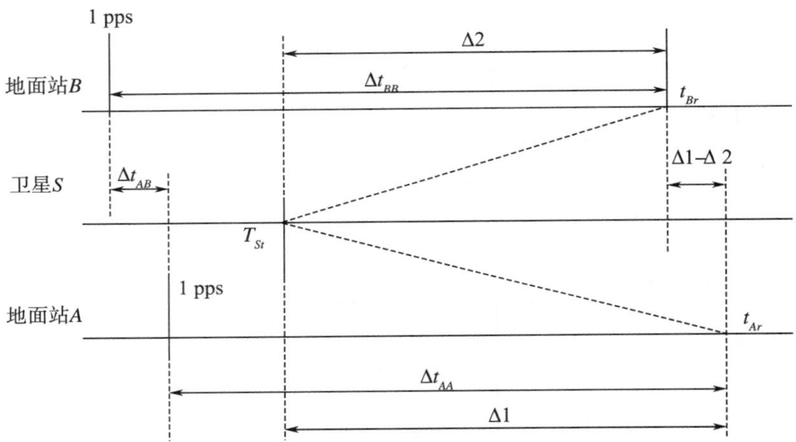

图 15－7　卫星共视法时间同步几何计算方法

15.2.2　网络时间同步

卫星导航接收机得到 GNSS 系统时间后，需要将这些时间分发给各类入网设备。随着计算机网络的迅猛发展，网络应用已经非常普遍，众多领域的网络系统如电力、石化、金融业（证券、银行）、广电业（广播、电视）、交通业（火车、飞机）、军事（航天、航空）等需要在大范围保持计算机的时间同步。通过计算机互联网络向时间用户提供授时服务使需求量日益增加。

基于导航卫星系统的网络时钟源结构如图 15－8 所示，接收机接收导航信号，并从解出的电文中计算与 UTC 时间的偏差，获得网络时间源。然后计算机根据标准的网络时钟同步协议对网络中的各个计算机用户终端进行时间同步。时间同步的过程需要进行各种信息交互，信息交互通过 ISO 分层模型实现。网络时钟源的本地晶振和时钟单元主要作为时间保持的备份手段，当外部基准导航信号不可用时，依靠本地晶体振荡器维持时间。

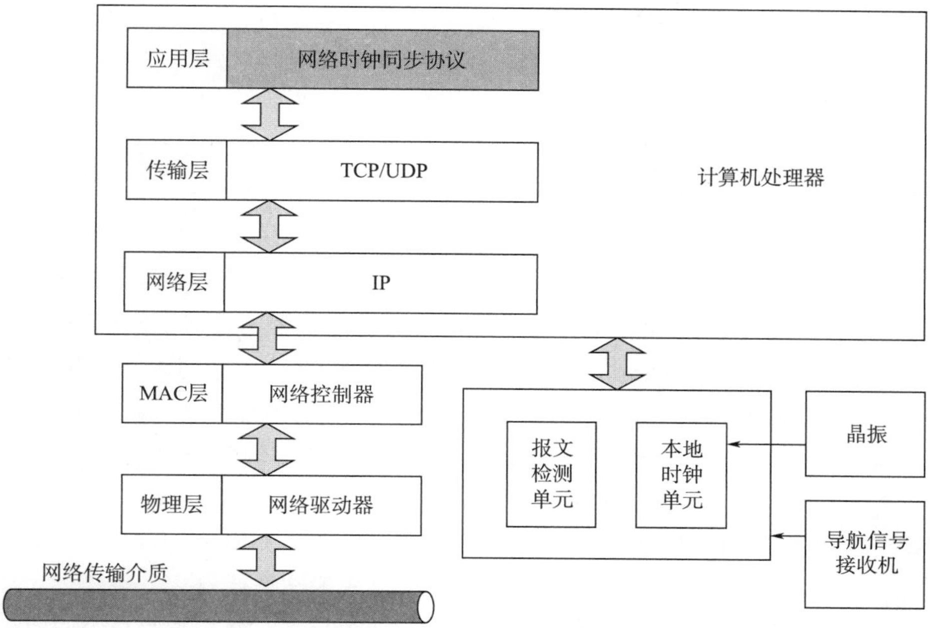

图 15-8　网络时钟源结构图

时钟同步协议是网络时间同步的关键环节。目前网络时间同步协议主要有：时间协议（Time Protocol，TP）、日期时间协议（Daytime Protocol，DP）、网络时间协议（Network Time Protocol，NTP）、简单网络时间协议（Simple Network Time Protocol，SNTP）以及 IEEE1588 标准定义的精确时间协议（Precision Time Protocol，PTP）。

时间协议和日期时间协议都只能表示到秒，而且没有估算网络延时，同步精度较低，目前在工程中已经很少使用。当前，应用最广泛的网络时钟同步协议主要是 NTP 和 IEEE1588，支持 NTP 的网络时钟源在广域网中同步精度可以达到几十毫秒的精度，在局域网内同步精度高达 0.1 ms。但对于微秒级的同步精度场合 NTP 则不能满足要求。IEEE1588 是专门针对网络测控系统等工业以太网提出的精确时钟同步协议，它在局域网内能达到微秒级的同步精度。

NTP 是在互联网上传递统一、标准的时间，目前已发展到 v4 版本。NTP 时间同步精度受队列时延、交换时延和介质访问时延等因素影响，仅为毫秒量级，广泛应用于各种同步精度要求较低的局域网和广域网。

NTP 最典型的授时方式是 Client/Server 方式，其基本原理如图 15-9 所示。客户机首先向服务器发送一个 NTP 包，其中包含了该包离开客户机的时间戳 T_1，当服务器接收到该包时，依次填入包到达的时间戳 T_2、包离开的时间戳 T_3，然后立即把包返回给客户机。客户机在接收到响应包时，记录包返回的时间戳 T_4。客户机用上述 4 个时间参数就能够计算出 2 个关键参数：NTP 包的往返延迟 δ 和客户机与服务器之间的时钟偏差 θ 。客

户机使用时钟偏差 θ 来调整本地时钟，以使其时间与服务器时间一致。

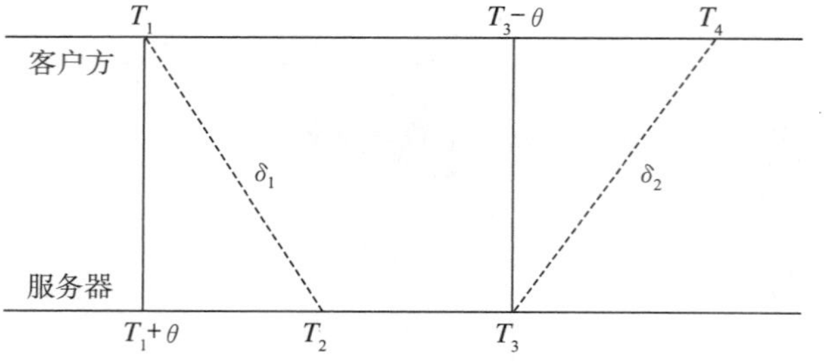

图 15-9　NTP 协议授时原理

设 T_1 为客户发送 NTP 请求时间戳（以客户时间为参照）；T_2 为服务器收到 NTP 请求时间戳（以服务器时间为参照）；T_3 为服务器回复 NTP 请求时间戳（以服务器时间为参照）；T_4 为客户收到 NTP 回复包时间戳（以客户时间为参照）；δ_1 为 NTP 请求包传送延时，δ_2 为 NTP 回复包传送延时；θ 为服务器和客户端之间的时间偏差。有如下关系式

$$T_2 = T_1 + \theta + \delta_1, T_4 = T_3 - \theta + \delta_2 \tag{15-2}$$

假设请求和回复在网络上传播的时间相同，即 $\delta_1 = \delta_2$，则有

$$2\theta = (T_2 - T_1) - (T_4 - T_3) \tag{15-3}$$

所以时间差 θ 只和 T_2、T_1 差值以及 T_4、T_3 差值有关。客户方可以通过 T_1、T_2、T_3、T_4 计算出 θ，以调整本地时钟。

为解决部分网络中高精度时间同步需求，国际电气和电子工程师协会于 2002 年发布了 IEEE 1588，也称 PTP，基本功能是在网络内使其他时钟与标准的时钟保持同步，是通用的提升网络系统时间同步能力的规范，目前已发展到 v2 版本。

PTP 较好地实现了分布式网络同步精度从毫秒向亚微秒跨越的瓶颈，其应用不仅限于以太网，还适用于各类组播网络模式的局域网体系，特点是利用较小的网络资源开销就能实现较高的时钟同步精度。协议特点如下：

1）在既有的网络环境基础上实现，简化了组网布线的复杂性，且传输距离不受时间空间限制；

2）同步机制采用现有网络中一个或多个时钟节点，可定义时间分布机制、调度概念等，通信方式多样，实现对网络中所有节点对时同步；

3）IEEE 1588 充分挖掘“软硬兼施”的技术手段，即在介质访问控制层（MAC）与以太网接收层（PHY）之间标记时间戳，可获得更高精度的同步效率。

IEEE 1588 精确时钟同步系统包括普通时钟、边界时钟和透明时钟，整个系统依靠以太网将时钟相连。系统中的时钟工作在主时钟、从时钟和无源时钟 3 种状态。IEEE 1588 的时钟同步过程如图 15-10 所示。

1）确定网络中的主时钟：系统中具体的时钟状态由最佳主时钟算法所确定，最佳主时钟算法（Best Master Clock Algorithm，BMC）依据各个 PTP 端口提供的时钟质量信息，通过比较确定哪一个时钟成为主时钟。

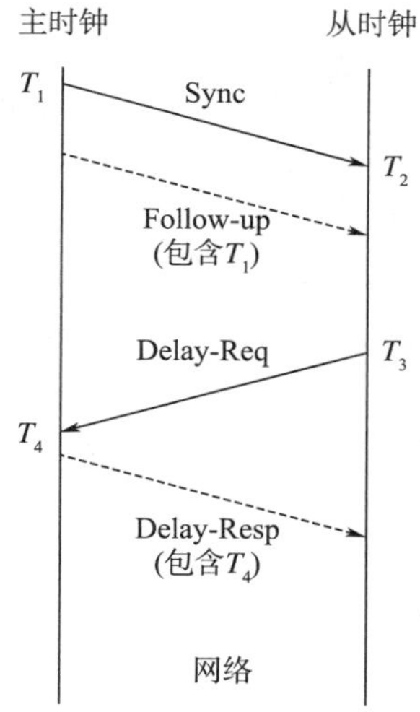

图 15 - 10　PTP 授时原理

2）偏移量测量：主时钟周期性地发出 Sync 报文（一般间隔两秒钟发送一次）。主时钟记录下 Sync 报文的发出时标 T_1，从时钟接收到 Sync 报文时，记录下收到报文时标 T_2。然后主时钟发出 Follow - up 报文，该报文包含了 Sync 报文发送的精确时标 T_1。假设网络延时为 T_d ，则偏移时差 Offset 为 $Offset = T_2 - T_1 - T_d$。

3）延迟量测量：从时钟向主时钟发送 Delay - Req 报文，从时钟记录下报文的发送时标 T_3，主时钟接收到 Delay - Req 报文后，记录下接收时刻的时标 T_4，然后主时钟向从时钟发送包含时标 T_4 的 Delay - Resp 报文。延迟 T_d 为 $T_d = T_4 - T_3 + Offset$。

根据偏移量测量和延迟量测量，有 $Offset=[(T_2-T_1)-(T_4-T_3)]/2$，$T_d=[(T_4-T_3)+(T_2-T_1)]/2$

通过计算出的 Offset 和 T_d ，从时钟就能够修正到与主时钟一致的时间标准。实际上报文由主到从所用的时间与由从到主所用的时间不可能完全相同，所以对时过程需要多次校准，就能得到一个比较精确的时钟。采用这样的同步方式过程，可以消减 PTP 栈中的时间波动和主从时钟间的等待时间。

15.3　卫星授时应用典型示例

15.3.1　互联网时间同步

网络时间同步系统以网络时间同步协议为基础，通常采用 NTP，在需要更高时间精度要求的网络中，也可采取 PTP。NTP 以 UTC 作为时间标准，使用层次性分布模型，时间按照 NTP 服务器的等级传播，其网络结构如图 15 - 11 所示。

NTP 网络按照外部 UTC 源的远近将所有时间服务器和用户归入不同的层次。第一级时间服务器为主服务器，接收导航卫星的信号获取精确时间，并使本身时间和 UTC 同步，

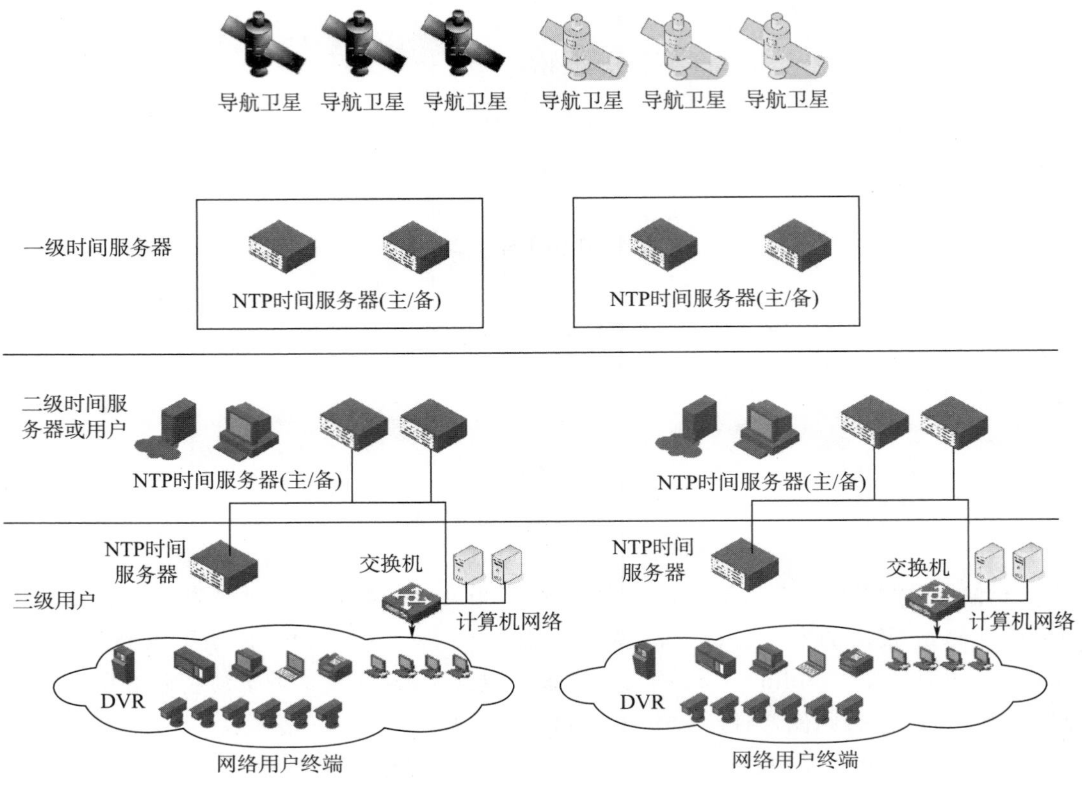

图 15－11　互联网时间同步网络结构

这是整个系统时间同步的基础。第二级从第一级获取时间信息，第三级从第二级获取时间信息。

出于精度和可靠性考虑，下层设备同时引入若干上层设备作为参考源，而且也可以引入同层设备作为参考源，整个网络中的设备可以扮演多重角色。如一个第二级设备，对于第一级来说是用户机，对于第三级可能是服务器；同级设备则可以为对等机（相互用NTP进行时间同步）。当从多个对等设备获得时间同步信息后，从这些信息中选取最佳的样本，和本地的时间进行比较，通过聚类算法对往返延迟、偏离等参数进行分析，选取若干较为准确的服务器。合成算法对这些服务器的信号进行综合，获取更为准确的时间参考。

网络时间服务器 1 作为主时间服务器，网络时间服务器 2 作为备用时间服务器。2 台网络时间服务器的 RJ45 口分别接到交换机上，各分配一个 IP 地址，如网络时间服务器 1 的 IP 地址为 IP1，网络时间服务器 2 的 IP 地址为 IP2，则 2 个 IP 地址就作为网内的标准时间服务器地址。客户端 PC 可使用操作系统自带 NTP 服务，也可以使用同步时间源设备供应商提供的 NTP 客户端软件。该软件可输入两台网络时间服务器的 IP 地址，IP1 地址作为主地址，IP2 地址作为备用地址，当客户端因某些原因无法从主地址获取时间信息时，则自动从备用地址获取时间信息。

另外，一般嵌入式录像机（DVR）不具备 NTP 对时功能，需在 PC 上安装 DVR 厂家提供的管理软件，把同步后的时间信息传给 DVR。

在网络时间同步系统中，NTP 时间同步设备至关重要。目前市场上，国内外厂商提供各种时间同步设备，这些设备支持 NTP 和 PTP。主流的 NTP 时间同步设备支持 PTP/NTP/GPS/北斗/OCXO/原子钟多模授时。设备提供高可靠性、高冗余度的时间基准信号，并采用先进的时间频率测控技术驯服晶振，使守时电路输出的时间同步信号精密同步在 GPS/北斗时间基准上，输出短期和长期稳定度都十分优良的高精度同步信号，可通过以太网提供百纳秒级的时间信号源。

15.3.2　移动通信系统时间同步

在移动通信系统高精度时间同步应用中，在不同类型或不同厂家设备之间可能存在以下 5 种时间对接场景，分别是卫星定位系统接收机与时间同步设备之间、时间同步设备与传输承载设备之间、传输承载设备之间、传输承载设备与基站设备之间、卫星定位系统接收机与基站设备之间对接，以上 5 种应用场景均有可能会涉及到 1 pps＋TOD 时间接口的互通，如图 15－12 所示。

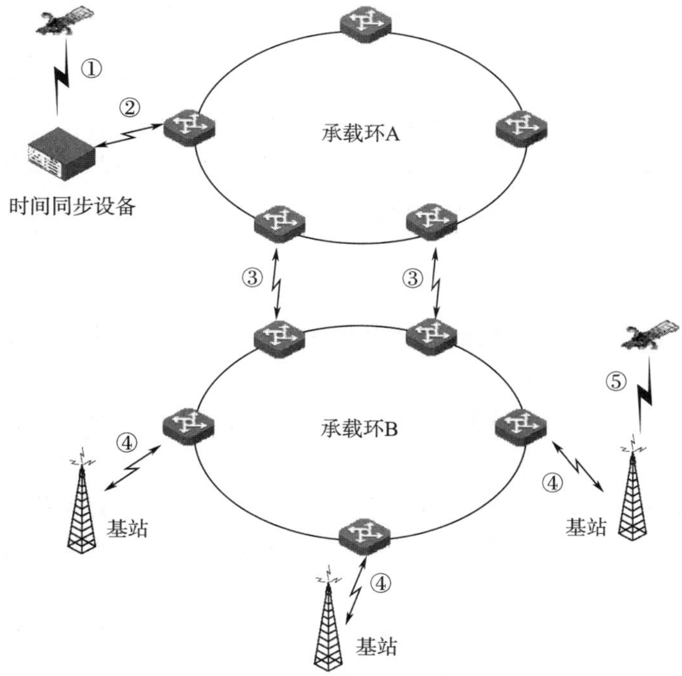

图 15－12　移动通信系统高精度时间同步方案

(1) 时间同步原理

移动通信基站和时间同步设备均能通过卫星定位系统接收机获得时间同步信息，根据移动通信的建设要求，卫星定位系统接收机均采用双模工作模式，即能够接收 GNSS 信号。双模时间同步设备原理如图 15－13 所示，设备内部包含 GNSS 授时模块，设备输出 1 pps脉冲和串口同步数据。

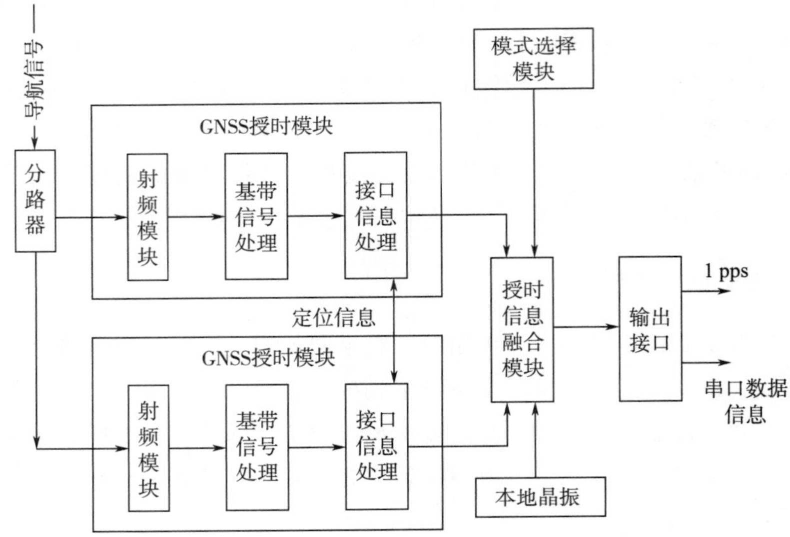

图 15－13　双模时间同步设备原理

设备模式切换的原理如图 15－14 所示，模式选择模块根据实际需求选择某种模式进行工作，如该模式下接收机工作异常则切换为另一模式工作。

另外，设备内部的本地晶振具有良好的短稳性能，利用本地晶振可以对卫星接收机输出的时间进行完好性判断。如本地振荡器的标称频率为 f_0，频率范围为 a ，频率老化速度为 b ，则频率变化范围为

$$(1-a-bn)f_0<f<(1+a+bn)f_0 \tag{15-4}$$

采用计数器对本地晶振输出的脉冲进行计数，可判断下一个 1 pps 信号所在的区域。

（2）1 pps＋TOD 时间接口

无线系统的时间精度由 1 pps 脉冲信号的上升沿决定，串口时间信息指明该秒脉冲上升沿对应的整秒以及授时设备的状态信息。目前，1 pps＋TOD 时间接口没有统一的工业标准，现以移动 TD－SCDMA、TD－LTE 系统为例，对接口进行说明。移动通信各基站应支持通过 1 pps 信号和 TOD 信息输入，获得同步定时信息，使基站与传输网络上游时间同步设备之间实现时间同步。

TOD 信息波特率默认为 9 600，无奇偶校验，1 个起始位（用低电平表示），1 个停止位（用高电平表示），空闲帧为高电平，8 个数据位，应在 1 pps 上升沿 1 ms 后开始传送 TOD 信息，并在 500 ms 内传完，此 TOD 消息标示当前 1 pps 触发上升沿时间。TOD 协议报文发送频率为每秒 1 次。1 pps 脉冲和 TOD 信息时序关系如图 15－15 所示。

对于 1 pps 脉冲，上升时间应小于 50 ns，脉宽应为 20～200 ms。TOD 帧结构如图 15－16 所示。

TOD 消息包括时间信息消息和时间状态消息两种。时间信息消息用于提供时间信息，

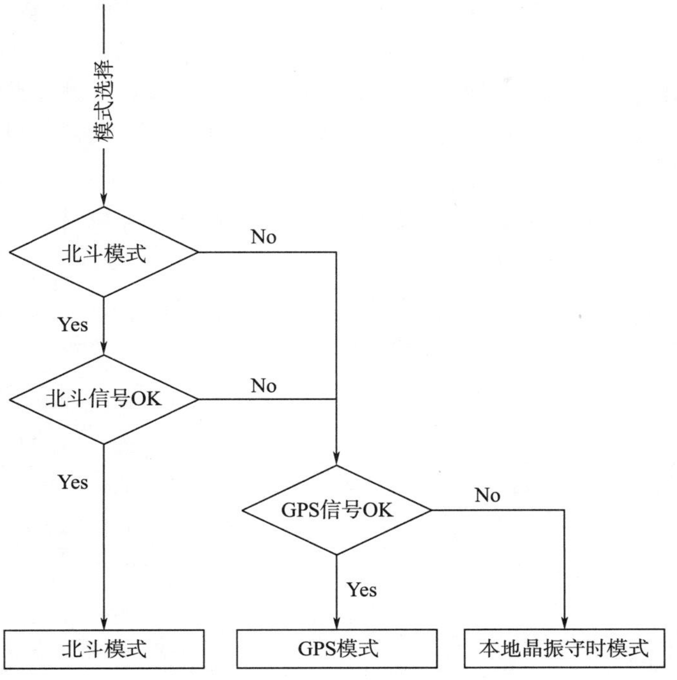

图 15－14　设备模式切换的原理

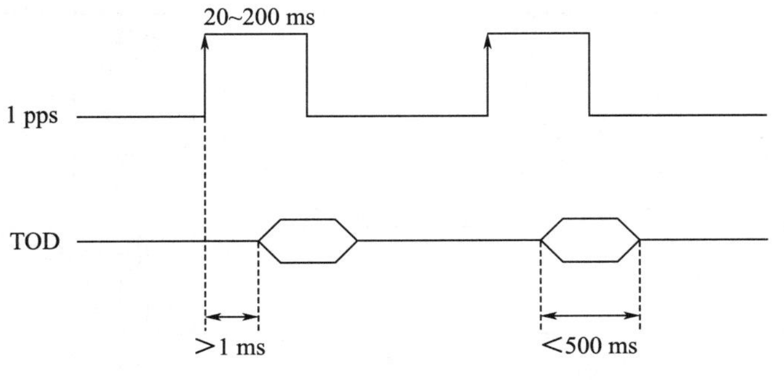

图 15－15　1 pps 脉冲和 TOD 信息时序关系

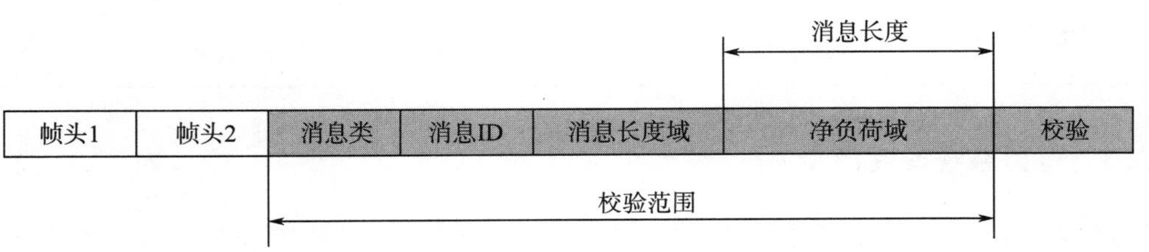

图 15－16　TOD 帧结构

时间状态消息用于指示外置卫星接收机当前工作状态。各类设备对 2 种消息的支持情况如下：

1）时间同步设备：应支持时间信息消息和时间状态消息两种消息的接收和检测，支持时间信息消息的发送；

2）传输承载设备：应支持时间信息消息 1 种消息的接收、检测和发送；

3）基站设备：应支持时间信息消息和时间状态消息两种消息的接收和检测，支持时间信息消息的发送。

1 pps 和 TOD 信息物理传送采用 422 电平方式，物理接头采用 RJ45 或 DB9，接口线序要求如表 15－1 和表 15－2 所示。

表 15－1　1 pps＋TOD 物理接口线序要求（RJ45）

PIN	信号定义	说明
1	NC	默认状态为悬空(高阻)
2	NC	默认状态为悬空(高阻)
3	422_1_N	1 pps
4	GND	RS422 电平 GND
5	GND	RS422 电平 GND
6	422_1_P	1 pps
7	422_2_N	TOD 时间信息
8	422_2_P	TOD 时间信息

表 15－2　1 pps＋TOD 物理接口线序要求（DB9）

PIN	信号定义	说明
1	NC	默认状态为悬空(高阻)
2	NC	默认状态为悬空(高阻)
3	422_1_N	1 pps
4	GND	RS422 电平 GND
5	GND	RS422 电平 GND
6	422_1_P	1 pps
7	422_2_N	TOD 时间信息
8	422_2_P	TOD 时间信息
9	NC	默认状态为悬空(高阻)

15.3.3　电力系统时间同步

电网对时间同步的需求主要体现在电网调度、电网故障分析判断上，与电力生产直接相关的是实时控制领域，直接使用时间同步系统的是电力自动化设备。随着数字电网建设的加快，一些新型的实时监测控制系统，如电网预防控制在线预测系统（OPS）、广域测量系统（WAMS）、广域监测分析保护控制系统（WARMAP）等，对时间同步的需求更为迫切。

电力系统对时间同步准确度的要求分为以下 4 类：

1）时间同步准确度不大于 1 μs：包括线路行波故障测距装置、同步相量测量装置、雷电定位系统、电子式互感器的合并单元等。

2）时间同步准确度不大于 1 ms：包括故障录波器、SOE 装置、电气测控单元/远程终端装置（RTU）/保护测控一体化装置等。

3）时间同步准确度不大于 10 ms：包括微机保护及安全自动装置、馈线终端装置（FTU）、变压器终端装置（TTU）、配电网自动化系统等。

4）时间同步准确度不大于 1 s：包括电能采集装置、负荷/用电监控终端装置、电气设备在线状态检测终端装置或自动记录仪、控制/调度中心数字显示时钟、火电厂和水电厂以及变电站计算机监控系统、监控与数据采集（SCADA）/EMS、电能量计费系统（PBS）、继电保护及保障信息管理系统主站、电力市场技术支持系统等主站、负荷监控/用电管理系统主站、配电网自动化/管理系统主站、调度管理信息系统（DMIS）、企业管理信息系统（MIS）等。

（1）时间同步体系

电力系统时间同步体系结构如图 15－17 所示，整个系统由时钟源、时间同步信号接收器、频率源、主时钟、二级钟组成。

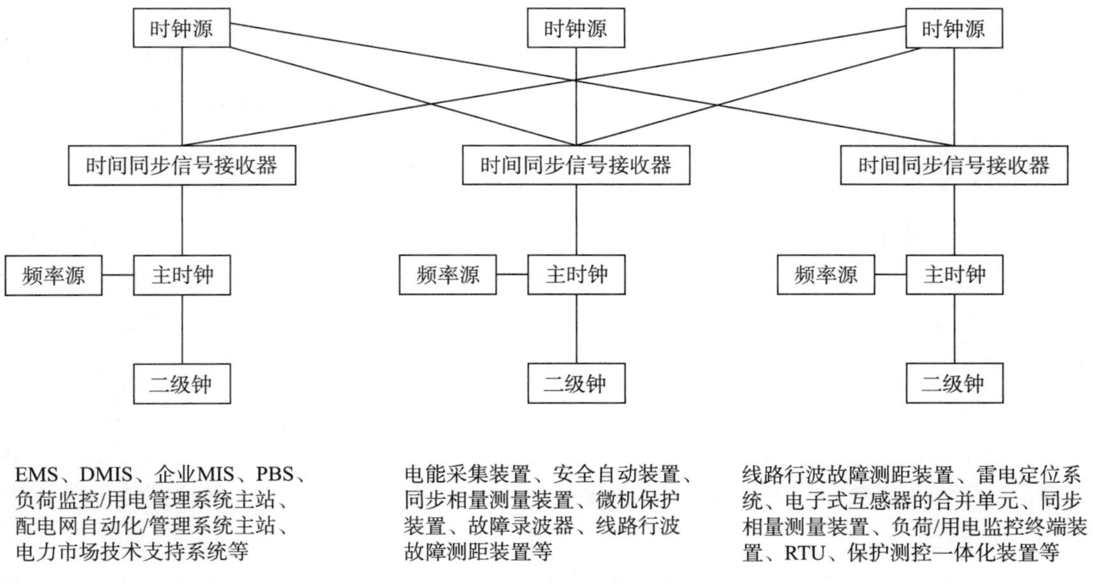

图 15－17　电力系统时间同步架构

①时钟源

时钟源提供标准时钟信号。其中，卫星导航无线授时系统有美国 GPS、欧洲 Galileo 系统、中国 BDS 以及俄罗斯 GLONASS 等系统，此外，还有长波授时系统（BPL）和短波授时系统（BPM），例如通信网络授时系统，它以网络或专线作为载体。

②时间同步信号接收器

时间同步信号接收器用来接收时钟源信号，经处理后为主时钟提供初始时间信号。基于无线授时的信号处理方法，是将载波扩频信号解码成时间及其相关信息，包括空间（经度、纬度、海拔高度）、接收卫星颗数等，其中 BPL 和 BPM 只有时间信息传送给时钟信号接收单元的处理器；基于有线授时的信号处理方法，是将传输的时间报文直接解包，然后读出，根据数据传输进行延时补偿。

③频率源

频率源又称为频标，提供稳定的频率信号，是作为时间同步信号接收器失效时的守时脉冲信号源。对于守时精度要求高以及重要的应用场合，可以选用原子频标（如铯原子频标、铷原子频标）、恒温晶振；对于一般应用场合，可以选用普通晶振。

④主时钟

主时钟也称分频钟，是用来接收时间同步信号接收器的时间、秒脉冲（1 pps）信号以及频率源的频率脉冲，并将时间信号分配成多路信号，或直接分配给应用系统或装置，或分配给二级钟。主时钟需要采取必要的补偿算法，以保证出口精度。主时钟要求配置 2 路不同的时间同步信号接收器，以接收来自不同时钟源的时间信号，只要其中任何一路时钟源正常，都可以完成授时功能。

⑤二级钟

二级钟用来接收主时钟的时间和脉冲信号，提供多路不同方式的时间同步信号输出。二级钟配置必要的守时元件（如原子频标、晶振），以确保在主时钟失效状态下能够保持一定时间长度的授时精度。

二级钟要求配置 2 路主时钟输入，可以实现主备方式配置的主时钟输入。

为确保授时精度，二级钟与主时钟之间采用光纤连接，传输内容可以有 2 种方式：IRIG（InterRange Instrumentation Group）－B 码；1 pps＋时间报文。

二级钟与主时钟之间的传输距离需要进行算法补偿，以确保时间同步，保证二级时钟出口精度。

（2）时间同步方案

主站系统的时间同步方案简述如下，主站系统包括 SCADA/EMS、DMIS、MIS、继电保护及故障信息管理系统、电力市场技术支持系统等，主站系统的授时系统配置如图 15－18 所示。

主站系统的管理系统对时间精度的要求为秒级，授时精度达到 1 s 即可，其系统特点如下：

1）分布式计算机系统，接入的计算机数量大。

2）通过电力调度运行管理网络互联成为大型 MIS，由于应用系统间信息交换的需要，系统之间是互联的。

3）分层分级，由于管理的电压等级、管理的范围和面向的用户不同，主站系统通常由分布在网公司、省（自治区、直辖市）公司、市（地）公司、县公司的多级系统组成，

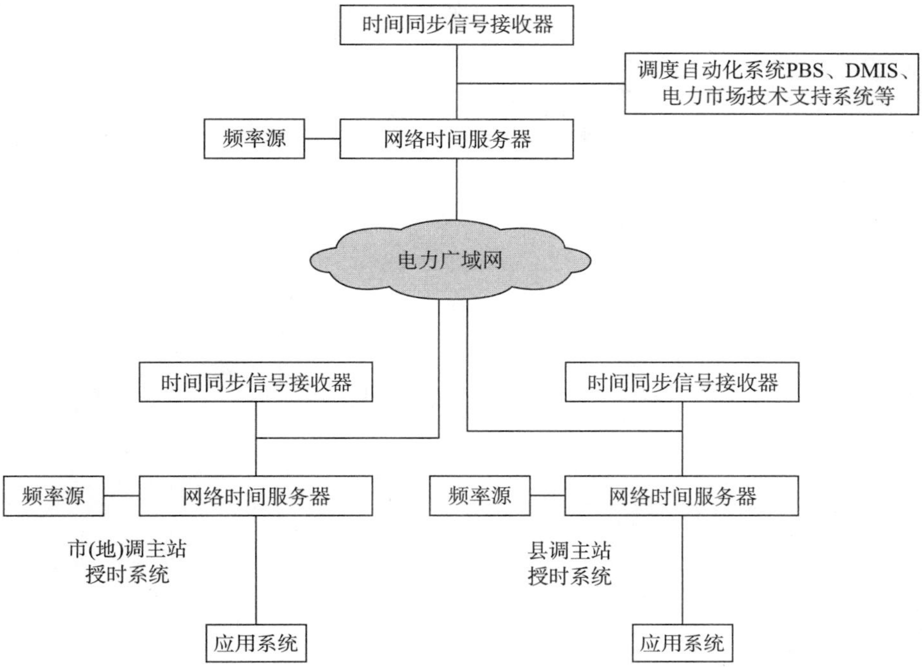

图 15－18　主站授时系统配置

各司其职，完成综合管理功能。上述分析表明，主站系统以网络作为系统的信息交换媒介，采用基于网络的对时方式是其首选，而且 NTP 或 SNTP 可以满足其精度要求，在需要高精度授时的应用场合可以采用 PTP，实现全网时间同步；另外，可以采用 IRIG－B 码的特殊形式 DCIS（DC Level Shift）时间码，通过数字通道传输。

子站系统的时间同步方案简述如下，子站系统直接监测和控制电网运行，具有分布广、同步精度要求高、可靠性要求高、接入设备多和接入方式复杂等特点，宜采用自治时间同步方案。采用这种方案，可以使各子站自行接收时钟源信号和实现守时，以多种方式为现场设备提供时间同步。子站采用自治的统一时钟系统，可以彻底改变子站根据子站运行要求的不同，有 3 种不同的子站授时系统配置方案，对时方式可以根据现场情况选用。

①最简配置方案

最简配置方案适用于被授时装置很少以及被授时装置与时钟单元距离较近的子站，配置如图 15－19 所示，主时钟的时间同步信号接收器可以按子站的重要性配置，重要的子站配置成双时钟源方式。

②主从配置方案

主从配置方案适用于被授时装置多或被授时装置分布点距离较远（如 500 kV 变电站的小室、电厂不同机组的控制室）和重要的子站，配置如图 15－20 所示。其中，二级钟作为从钟运行，扩展出多路时间同步输出端口为被授时装置授时。

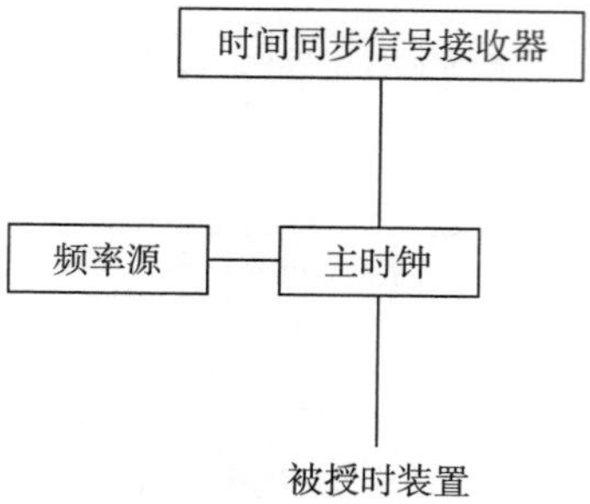

图 15-19　子站授时系统最简配置

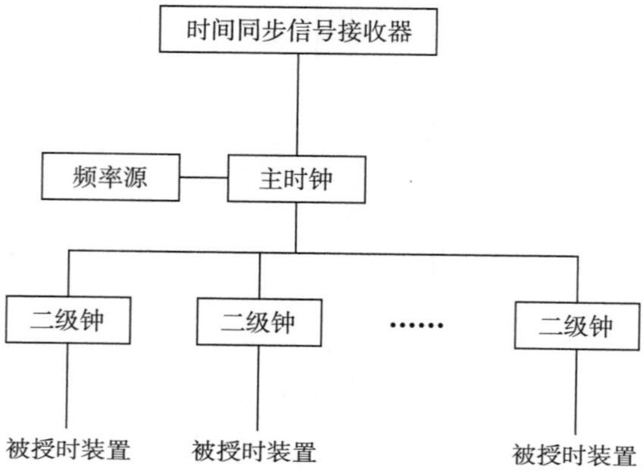

图 15-20　子站授时系统主从配置

③主备配置方案

主备配置方案适用于重要子站，例如 500 kV 变电站的小室、电厂不同机组的控制室，配置如图 15-21 所示。其中，2 套主时钟主、备运行，并要求接收不同的时钟源信号，同时，主、备主时钟的时间同步信号互为输入，作为备用时钟源输入，以确保任何一时钟源失效状态下不影响系统正常运行；二级钟同时接收来自主、备主时钟的时间同步信号。

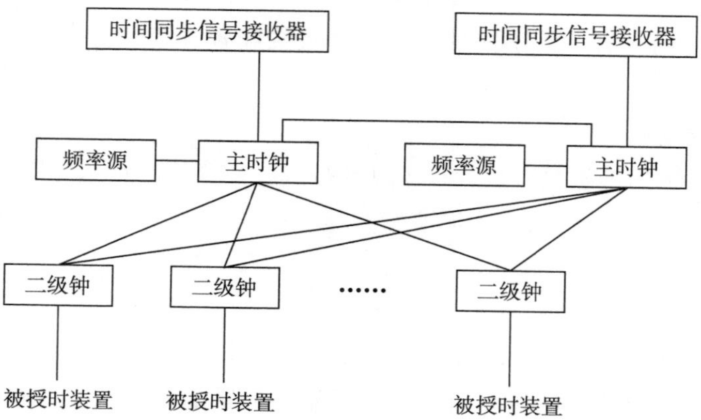

图 15-21　子站授时系统主备配置

上述 3 种典型的子站授时系统配置可以满足电力系统子站的授时需要，并可根据实际系统对授时的要求选择配置。

15.3.4　铁路系统时间同步

铁路时间同步网采用基于卫星导航授时的体系，为铁路运输各业务时钟系统提供统一标准时间信号，同时为铁路调度员、车站值班员、与行车相关的各部门工作人员和车站乘客提供统一基准时间信息。铁路时间同步网由地面时间同步网和移动列车内时间同步网两部分组成。其中地面时间同步网按三级结构组成：一级时间同步节点设置在铁道部调度中心，二级时间同步节点设置在各铁路局调度所，三级时间同步节点设置在站、段、所。移动列车时间同步节点设置在列车内。铁路时间同步网主要由卫星接收设备、母钟设备、时间显示设备、设备网管和传输通道组成。铁路时间同步网系统构成如图 15－22 所示。

（1）铁路时间同步网的系统功能

时间同步网具备时间输入、时间输出、时间调控、设备校时和监控管理等基本功能，可以通过 NTP、1 pps 等方式获取时间，也可以配备 GNSS 接收机获取时间，通过人工或自动进行多时间源输入处理，正确判断和选择可用时间源，能进行时延补偿。

时间同步网设备配备晶体钟，能跟踪时间输入信号，并具有保持的功能。各级时间同步设备可设置准确度对比门限值参数，在故障情况下可对主、备时间源输入进行自动切换。时间同步网设备还配置时间分配单元，能提供 1 pps、NTP 等类型时间信号输出接口。时间同步网系统具有自检和网络集中监控管理功能。

移动列车时间同步节点可接收 GNSS 外部标准时间源，具有独立工作能力。当外部标准时间源出现故障时，可通过内置晶体钟的保持功能，继续提供时间信号输出，并发出告警。它还负责向安装于列车内的业务系统设备及时间显示设备提供 NTP 时间信号或时间码信号。时间显示设备接收母钟发出的时间驱动信号，进行时间信息显示，脱离母钟仍能保持一定时间的独立运行。时间显示设备可采用指针和数字显示方式。

（2）时间同步网级间时间信号传送方式

铁路时间同步网各级之间的时间同步信号传送方式采用主从树状结构，时间基准信号从一级时间同步设备传送到二级时间同步设备，再传送到三级时间同步设备。时间同步设备只允许从较高等级的节点接受时间同步，不允许同级设备之间进行串接或多级时间分配单元级连。

（3）各业务系统及时间显示设备时间信号接引方式

铁路运输各业务系统的时间服务单元能通过各种时间接口从一级或二级时间同步设备获取时间信号，并能为各种业务网管系统和业务网元设备提供时间服务。当接收不到母钟时间同步信号时，采用各业务系统自身的时钟。时间显示设备能通过各种时间接口从相应的一级、二级、三级时间同步设备获取时间信号，并能在母钟时间信号输出驱动下显示时间信息。

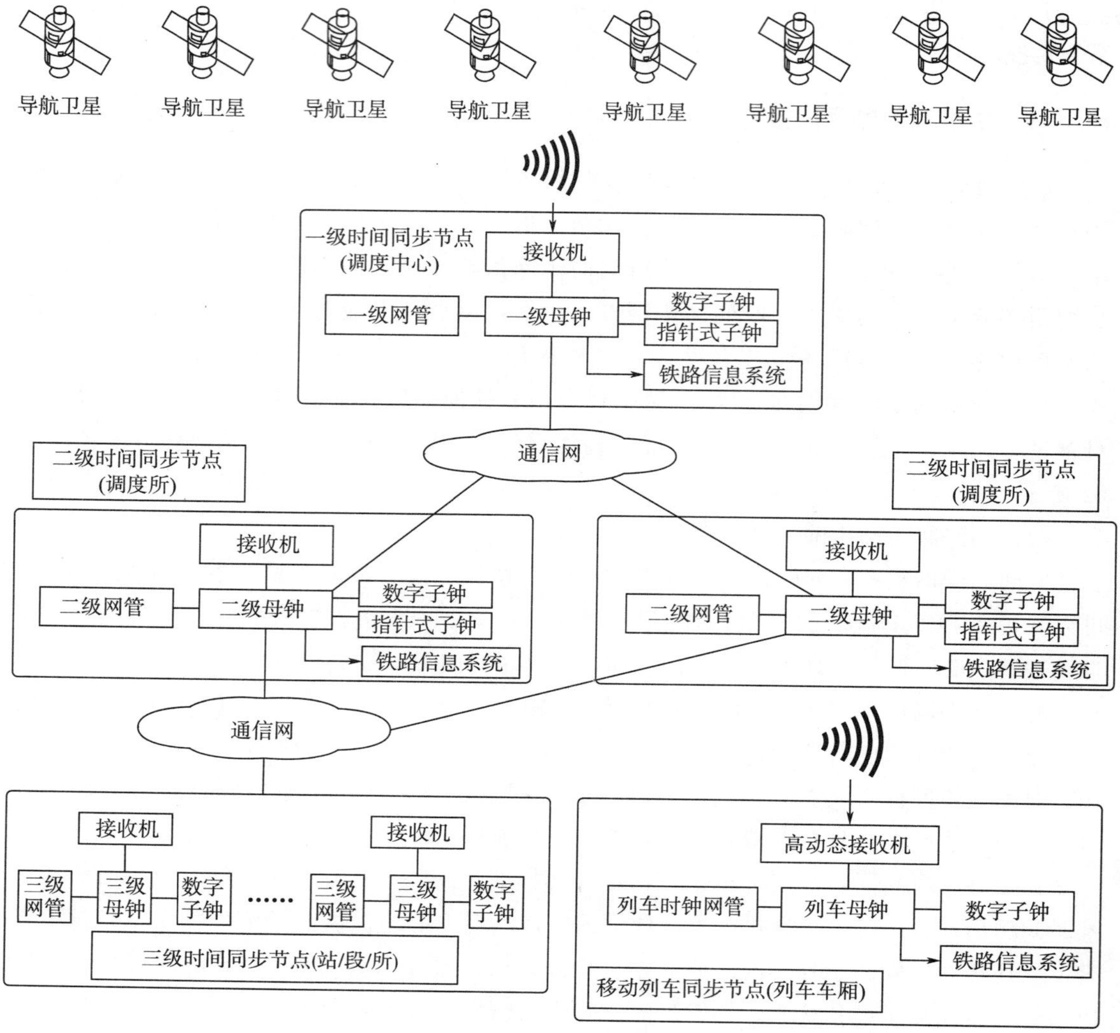

图 15－22　铁路时间同步网系统构成

在每级可配置一个或多个时间分配单元，向本级内不同的业务网（各业务网可设置各自的 VPN 或防火墙）提供时间服务。时间显示设备的时间信号接引采用就近原则，即时间显示设备就近接入各级时间同步网的母钟设备。

铁路运输各业务系统时间源的接引可采用集中和分散接引方式，建议采用集中接引方式。

1）集中接引方式：时间同步网为各业务系统中心时间服务器提供时间同步信号接引，各业务网元设备通过本业务系统与其中心时间服务器进行时间同步。

2）分散接引方式：当业务系统通过集中接引方式不能达到各业务网元设备的时间同步准确度要求，则采用分散接引方式。各业务系统设备可分别就近从母钟接引时间信号。

参考文献

[1] Elliott D. Kaplan. GPS原理与应用（第二版）[M]．寇艳红译．北京：电子工业出版社，2007.

[2] 谭述森．卫星导航定位工程 [M]．北京：国防工业出版社，2007.

[3] 李跃，丘致和．导航与定位——信息化战争的北斗星 [M]．北京：国防工业出版社，2008.

[4] 谭述森．广义RDSS全球定位报告系统 [M]．北京：国防工业出版社，2011.

[5] 杨俊，单庆晓．卫星授时原理与应用 [M]．北京：国防工业出版社，2013.

[6] 张城．基于IEEE 1588协议的网络同步时钟技术研究 [D]．浙江大学电气工程学位论文，2013.

[7] 刘天雄．“GPS时”是什么回事？[J]．卫星与网络，2013（126）：65－71.

[8] 刘天雄．GPS全球定位系统除了定位还能干些什么？卫星与网络，2011（109）：52－55.

[9] 北斗电力全网时间同步管理系统的应用 [J]．卫星应用，2010（2）.

[10] 陈洪卿，陈向东．北斗卫星导航系统授时应用 [J]．数字通信世界，2011（6）：54－58.

[11] 黄沛芳．基于NTP的高精度时钟同步系统实现 [J]．电子技术应用，2009（7）：122－127.

[12] 曲博．铁路时间同步网概述 [J]．铁路通信信号工程技术，2010（4）：43－45.

[13] 王治强．铁路时间同步网的优化方案 [J]．铁道通信信号，2013（3）：72－75.

[14] 张岚，张斌．电力时间同步系统的建设方案 [J]．电力系统通信，2007（1）：23－27.

[15] 于跃海，张道农，胡永辉，杨国庆，胡炯，邓志刚，张立培，李刚．电力系统时间同步方案 [J]．电力系统自动化，2008（7）：82－86.

[16] 周铭，罗清勇．卫星在核爆炸探测中的应用 [J]．卫星与网络，2007（05）：58－60.

[17] 曾晖，林墨，李瑞，李集林．全球卫星搜索与救援系统的现状与未来 [J]．航天器工程，2007（5）：80－84.

第 16 章　其他服务

16.1　搜索救援

国际搜救卫星系统（COSPAS - SARSAT）是由美国、苏联、法国和加拿大四国在 1981 年联合建立，目前全球 42 个成员国参加，利用卫星为世界各地搜救部门免费提供海事、民航和陆地遇险报警信息及定位信息服务。1988 年，加拿大、法国、美国和苏联共同签定了国际搜救卫星国际性项目协议书，受国际海事组织（IMO）和国际民航组织（ICAO）监管。1985 年，经国务院批准，我国由交通运输部海事局代表中国加入该组织。COSPAS - SARSAT 系统由地面部分、空间部分和用户三部分组成，如图 16 - 1 所示。地面部分由任务控制中心（Mission Control Center，MCC）、本地用户终端站（Local User Terminal，LUT）、救援协调中心（Rescue Coordination Center，RCC）三部分组成；空间部分由配置搜索救援载荷（search and rescue，SAR）的 GEO 卫星、LEO 卫星组成，现在增加了 MEO 卫星；用户由配置发射求救信号的示位标组成，包括船载紧急无线电示位标（Emergency Position Indicating Radio Beacon，EPIRB）、船载安全告警系统（Ship Security Alerting System，SSAS）、航空机载紧急定位发射机（Emergency Location Terminal，ELT）和个人遇险定位信标（Personal/Land - Personal Locator Beacon，PLB）4 种类型。COSPAS - SARSAT 系统为成员国家间提供通信服务，组织成员国家间搜救协调，为全球船舶、航空器和个人用户提供遇险报警信息服务。

COSPAS - SARSAT 的用户示位标发出频率为 121.5 MHz 和 406 MHz 的遇险报警信号，配置 SAR 载荷的 LEO 卫星和 GEO 卫星接收报警信号，同时完成多普勒频移测量，再用 1 544.5 MHz 将报警信号和相关信息播发给本地用户接收终端站（LUT），LUT 一方面接收卫星转发的遇险示位标的信号，完成对信标信号的检测、信标信息提取，利用卫星与信标机间的相对运动所产生的多普勒频移计算出信标位置，并将结果和反向链路请求信息发送给 MCC。MCC 将救援信息发送给当地 RCC，当地 RCC 组织对遇险人员的搜救工作。另一方面是实时修正其跟踪卫星的轨道参数。任务控制中心的主要功能是搜集、整理和存储从本地用户终端发来的数据，以最快的速度把报警和定位数据分发到距离最近、最为合适的搜救协调中心，由当地救援组织实施搜救任务，使遇险者能得到及时有效的救助，从而实现全球全方位、全天候的卫星搜救服务。

COSPAS - SARSAT 是 IMO 推行的全球海上遇险与安全系统（Global Maritime Distress and Safety System，GMDSS）的重要组成部分，《国际海上人命安全公约》明确要求 500 t 以上的国际航行船舶必须安装船载紧急无线电示位标（EPIRB）。国际海事组织

图 16-1　COSPAS-SARSAT 系统组成

和国际民航组织对配备的遇险定位和搜救设备有明确规定和要求，A1 海区之外的区域，船舶必须配备卫星示位标（A1 海区，VHF-EPIRB，406-EPIRB 任选其一），国际航线船舶必须配备 EPIRB，如图 16-2 所示。民用航空飞机强制要求配备使用全球卫星搜救系统体制下的 ELT，PLB 目前也在推广应用阶段。

COSPAS-SARSAT 是当前复杂环境下最有效的、最广泛使用的遇险搜救手段，具有大范围、无线电搜索救援的能力，但缺点也比较明显，一是定位精度较低，系统响应时间较长，不利于当地救援组织开展搜索与救援工作，根据 COSPAS-SARSAT 标准，低极轨道搜救卫星系统的定位精度为：主要方式下，概率 95%的定位精度为 5 km，概率 98%的定位精度为 10 km；次要方式下，概率 60%的定位精度为 5 km，概率 80%的定位精度为 20 km；中轨道搜救卫星系统的定位精度与示位标有关，二代示位标尚未使用，以一代示位标为例，定位精度为首次脉冲信号，90%概率定位精度为 5 km；示位标激活 10 min 内，95%概率定位精度 5 km，98%概率定位精度 10 km。二是用户与系统之间只有前向链路，没有系统给用户的返向链路，即系统收到用户救援申请信息并确定用户位置后，没有手段将救援信息和相关指令发送给用户，不利于救援工作的展开。

16.1.1　Galileo 系统搜索与救援业务

Galileo 系统除提供定位、导航和授时服务，还支持全球搜索救援业务，简称 SAR/Galileo 业务。较 COSPAS-SARSAT 传统搜救业务，SAR/Galileo 业务有两大技术突破，一是对用户上行救援信号的监测时间由平均 45 min 减少到平均 30 s，定位精度从典型

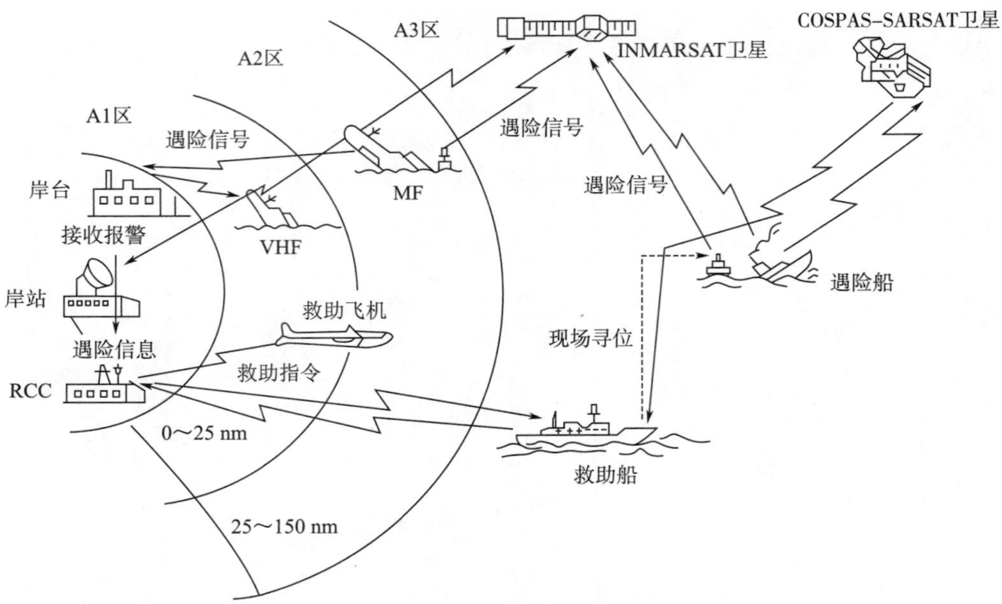

图 16-2　COSPAS-SARSAT 系统服务区划分

5 km提高到 10 m；二是增加卫星对用户信标的反向链路通信功能，从而可以使用户确认系统已经收到求救信息。从 2015 年底开始，Galileo 系统在 10 颗卫星上搭载一代 SAR 信标载荷，目前 Galileo 正在开展二代 SAR 信标载荷的论证工作。SAR/Galileo 系统由空间段、用户段和地面段三部分组成，SAR/Galileo 系统架构如图 16-3 所示。

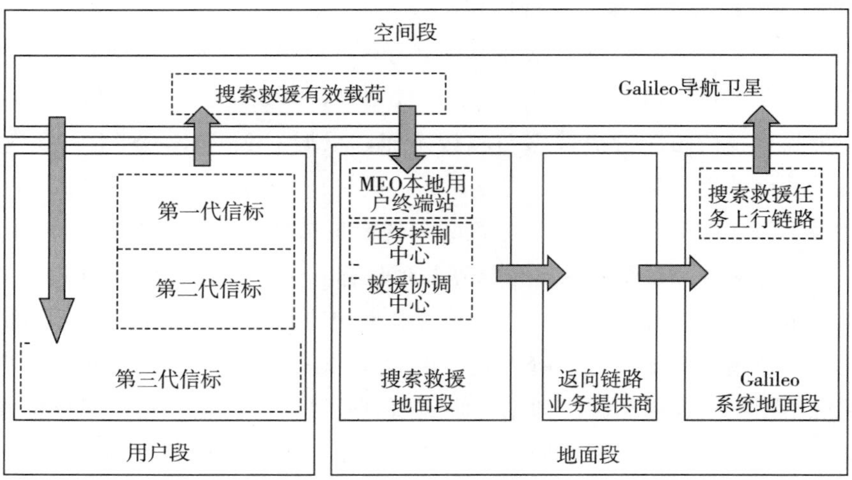

图 16-3　Galileo 卫星导航系统 SAR 搜索救援系统架构

Galileo 系统的 SAR 载荷采用透明转发器，能够接收 COSPAS-SARSAT 系统信标发出 406 MHz 的求救信标信号，然后上变频到 1 544 MHz（L6 信号），再将求救信号转发给中轨道搜索地面站（MEOLUT）。MEOLUT 计算求救信号发出的位置，并将解算结果发给 COSPAS－SARSAT 搜救任务控制中心（SAR－MCC），SAR－MCC 一方面通知当地救援协调中心组织对遇险人员的搜索与救援服务；另一方面将组织救援行动的信息发给 Galileo 任务控制中心，通过上注导航电文的方式将救援信息通过返向链路反馈给遇险人员。SAR/Galileo 系统搜索救援服务信息流程如图 16－4 所示。

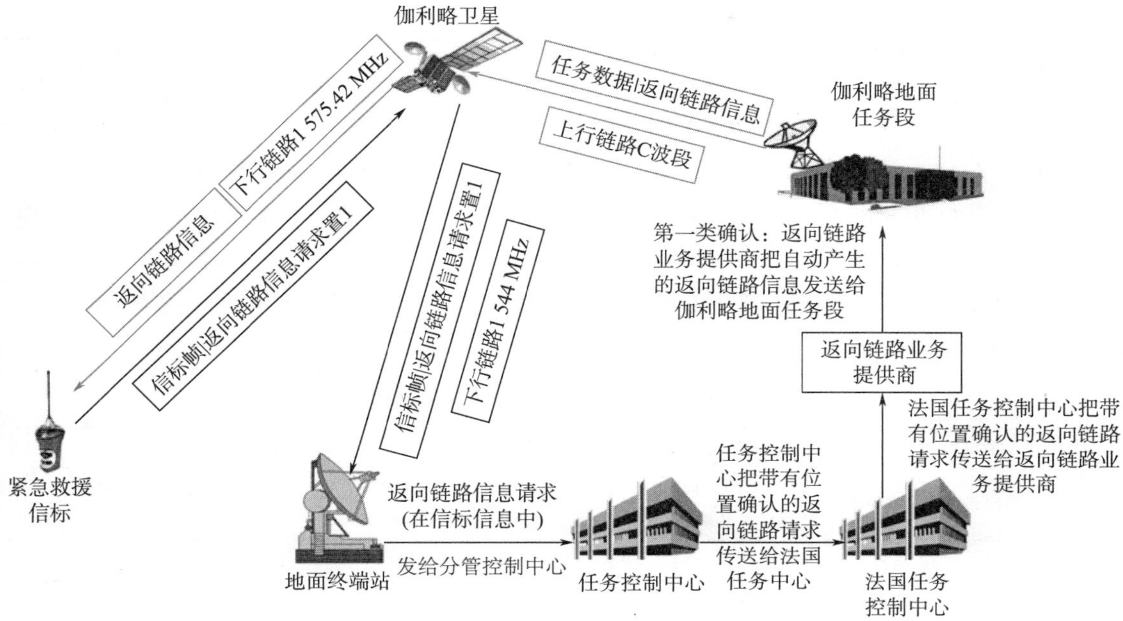

图 16－4　SAR/Galileo 系统搜索救援服务信息流程

前向链路：处于紧急状态的用户向 Galileo 卫星发出一个 406 MHz 求救的遇险信标信号，卫星接收信号后将遇险信号放大和变频，以 1 544 MHz 的频率下行播发给 SARSAT 地面终端站，又称为 MEO 地面终端站（MEO Local Unit Terminal，MEOLUT）。地面站完成对信标信号的检测、提取并计算出信标位置，将结果和返向链路请求信息发送给任务控制中心。任务控制中心将救援信息发送给当地救援协调中心，当地救援协调中心组织对遇险人员的搜救工作。

返向链路：任务控制中心接收到 MEOLUT 发来的遇险信标信息后，同时把经过位置确认的遇险信标信息发送给法国任务控制中心（France MCC，FMCC）。FMCC 把当地救援协调中心组织对遇险人员的搜救信息传送给返向链路业务提供商（Return Link Service Provider，RLSP）。RLSP 把系统自动产生的返向链路信息（第一类确认信息）发送给伽利略地面任务段（Galileo Mission Segment，GMS），GMS 把返向链路信息通过 C 频段上传给 Galileo 卫星，然后卫星利用 1 575.42 MHz 下行链路播发对用户信标以确认电文信号。Galileo 对返向链路工作模式定义了两种类型：Type－1 返向通信链路的确认消息由系统的 SAR 任务控制中心自动发出；Type－2 返向通信链路的确认消息由救援协调中心发出，从而使报警信标用户知道求救已经被确认收到。Galileo 在 2014 年公布的接口控制文件中提出了两种格式的返向链路短消息（80 bits 和 160 bits），其中 80 bits 的短报文格式如表 16－1 所示。

表 16－1　返向链路短报文消息格式

返向链路业务	信标标识符	消息码				返向链路短消息			
	60	4				16			
	从第 1 到 60 位	从 61 到 64 位				第 65 位	第 66 位	从 67 到 79 位	第 80 位
确认业务类型 1	15 个 16 进制标识					1	0	预留	奇偶校验
测试业务	15 个 16 进制标识					预留			奇偶校验

SAR/Galileo 地面站由 3 个 MEOLUT 和 1 个 MEOLUT 跟踪协作中心（MEOLUT Tracking Coordination Facility，MTCF）组成。MEOLUT 分别位于挪威的 Svalbard、塞浦路斯的 Makarios 和西班牙的 Maspalomas，每个地面站都同时与位于法国 Toulouse 的 MTCF 相连，MTCF 负责优化 3 个地面站的卫星跟踪计划。SAR/Galileo 系统服务性能如表 16－2 所示。

表 16－2　Galileo 系统 SAR 服务性能

系统能力	每颗卫星能够同时接收并转发 150 个信标发出的求救信号
系统前向链路延迟时间	从信标到 COSPAS－SARSAT 系统地面站的通信链路建链时间，包括系统检测求救信号和确定信号所在位置的时间，应小于 10 min。
服务质量	误码率 $< 10e^{-5}$，从信标到 COSPAS－SARSAT 系统地面站的系统通信链路
应答数据速率	每分钟 6 个短报文，每个短报文 100 bits
可用性	$>$ 99.8%

SAR/Galileo 系统具有如下特点：

1）能够满足国际海事组织对灾害救援服务的要求，可以检测到全球海事灾害安全服务系统发出的紧急位置指示无线电信标；能够满足国际民航组织对灾害救援服务的要求，可以检测到国际民航组织发出的紧急位置终端的无线电位置识别信号。

2）能够兼容国际 COSPAS－SARSAT 系统，Galileo 导航卫星可以接收地面舰船、飞机以及个人 SAR 终端发出的求救信号，上变频为 L 频段信号，然后将求救信号播发给地面救援中心，当地救援中心收到 Galileo 卫星导航系统得到的遇险人员的求救和位置信息后，由当地救援协调中心组织实施遇险人员的搜索与救援工作。

2014 年年底，所有生产 SAR/Galileo 地面终端信标的厂家都已经获取到返向链路通信相关指标并开展终端的生产。Galileo 系统对遇险用户的定位精度和定位时间较传统 COSPAS－SARSAT 的能力有了质的提高，有效地缩短了遇险信标位置检测时间，并且实现了向用户发送接收遇险电文的确认信息，未来信标的信息格式将与全球海上遇险与安全系统兼容，使得用户与搜救中心之间具有交换简短信息的功能。

16.1.2　GPS 危险报警业务

美国是目前 SARSAT 系统成员国之一，基于 LEO 和 GEO 的 SARSAT 系统于 2013

年将逐渐停止服务，GPS 在 BLOCK－ⅡR 卫星开展了卫星危险报警系统（Distress Alerting Satellite System，DASS）试验验证工作，简称 DASS/GPS 业务。美国境内的 COSPAS－SARSAT 业务将会由 DASS 来替代，因此，DASS/GPS 系统也称为 SAR/GPS 系统，2006 年 GPS 在戈达德航天飞行中心（Goddard Flight Space Center，GFSC）开展了 DASS 原理验证，利用 L 和 S 频段转发器播发用户示位标信号。

DASS/GPS 系统架构与 SAR/Galileo 系统一致，系统链路设计也相同，DASS/GPS 的上行链路为示位标对可见卫星发出 406 MHz 报警信号，下行链路为卫星通过下行 1 544 MHz信号将收到的报警信号转发给 MEOLUT 地面站，MEOLUT 主要完成接收处理卫星下发的信标信号，并计算出信标位置传送给 MCC。MCC 把接收到的信息传送给其他 MCC 或者发给当地救援中心开展救援工作，GPS 卫星危险报警系统 DASS 系统架构如图 16－5 所示。

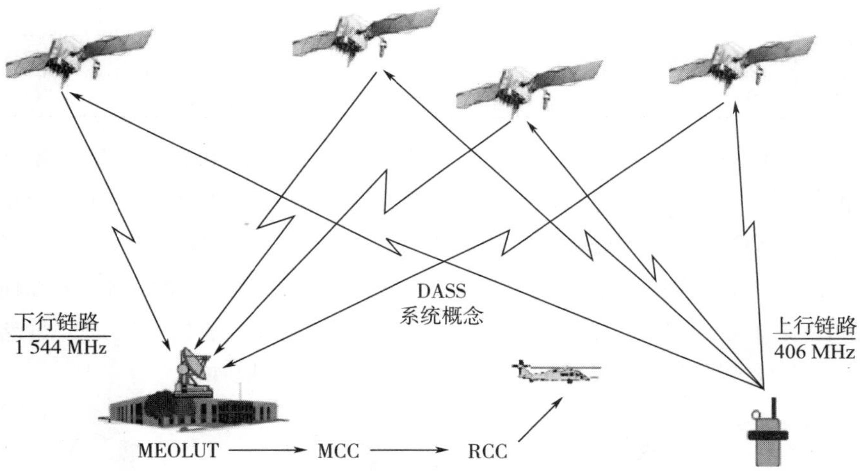

图 16－5　GPS 卫星危险报警系统 DASS 系统架构

DASS/GPS 业务建设分原理验证和正常运行两个阶段。原理验证阶段，GPS 在 9 颗 GPS BLOCK－ⅡR 和所有的 BLOCK－ⅡF 卫星上配置了 DASS 载荷，DASS 载荷不对地面信标信号进行在轨处理，直接透明转发到地面站；在正常运行阶段，GPS 在 BLOCK－Ⅲ 卫星上配置 DASS 载荷，并通过 L 频段（1 544～1 545 MHz）转发到地面站，虽然通信系统不需要四重覆盖，但在地球任何地点、任何时间的用户在 30°仰角可以看到 4 颗以上装有 DASS 载荷的 GPS 导航卫星，极大地提高了用户体验和搜救的可靠性。

16.1.3　MEOSAR 系统搜索与救援业务

鉴于全球卫星导航系统具有全球覆盖的网络，中轨道导航卫星搭载搜救载荷可以实现更高的定位精度、更短的等待时间以及更强的全球覆盖的能力。2000 年，COSPAS－SARSAT 系统将中轨卫星搜救系统作为未来发展方向，鼓励美国的 GPS、俄罗斯的 GLONASS 和中国的 BDS 卫星导航系统加入上行 406 MHz 国际搜索救援服务，在中轨道导航卫星搭载搜救载荷，简称 MEOSAR。为此国际搜救卫星组织成立了中轨道卫星搜救技术工作组，负责项目的评估、研发、测试和组织管理等方面的工作。目前，技术工作组已经编制完成了相关的项目实施计划和试验方案，并组织实施了相关的测试工作。

俄罗斯在 GLONASS 卫星导航系统的下一代 GLONASS K1 和 K2 卫星中搭载搜索救援 SAR 载荷，中国 BDS 将在北斗三号全球卫星导航系统搭载搜索救援 SAR 载荷，当前 GPS、Galileo、GLONASS 和 BDS 卫星导航均通过搭载搜救载荷为全球搜救系统提供空间段服务，可以通过中轨道导航卫星 RNSS 业务载荷与搜救载荷的系统集成，简称 MEOSAR 系统，从而提供优于单一系统的搜救业务。各全球卫星导航系统搜索救援 SAR 的频点如表 16-3 所示。

表 16-3　全球卫星导航系统搜索救援 SAR 的频点

序号	卫星导航系统	上行频点(MHz)	下行频点(MHz)
1	GPS S 频段搜救转发器	406	2 226.472 34
2	Galileo L 频段搜救转发器	406	1 544.1
3	GLONASS L 频段搜救转发器	406	1 544.9

MEOSAR 相关工作分为系统定义和发展目标、概念论证和在轨验证、演示评估验证与测试、早期运行阶段、初步运行阶段和全功能运行阶段 6 个阶段，逐步开展项目实施工作，基本思想是遇险用户向工作在 MEO 轨道的导航卫星发射 406 MHz 遇险信标信号，导航卫星接收信号后将遇险信号放大和变频，以下行 L 频段或者 S 频段播发给 MEO 当地终端站（MEO Local Unit Terminal，MEOLUT），同时新的系统设计了返向链路，可以将救援信息和指令播发给遇险人员，MEOSAR 系统的信息链路如图 16-6 所示。

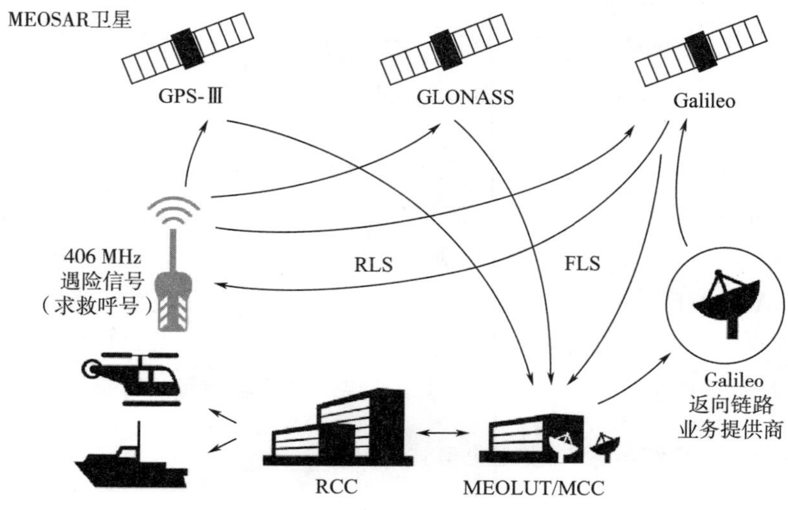

图 16-6　MEOSAR 系统架构

COSPAS-SARSAT 系统已完成“系统定义和发展目标”和“概念论证和在轨验证”两个阶段的工作，相关基础性文件的编制和后续阶段的行动计划等工作都已经完成，国际搜救卫星组织正在积极组织相关国家开展第三阶段的“演示评估验证与测试”工作。根据目前的工作计划，MEO轨道卫星搜救系统从2016年下半年开始进入“早期运行阶段”，2017年进入“初步运行阶段”，到2018年将正式进入到“全功能运行阶段”。MEOSAR系统的建设分为搜救转发器建设和地面系统建设两部分内容。

关于MEOSAR系统地面系统建设，目前美国、法国、俄罗斯等11个国家完成了各自中轨卫星地面试验站（MEOLUT）和中轨道卫星搜救任务控制中心原型站（MEOSAR-Ready MCC）的建设工作。这些地面系统正在为系统中轨道卫星业务的项目研发和相关测试工作提供支持和帮助。美国和法国是全球最早建设中轨卫星搜救地面演示验证系统的国家，分别为GPS和Galileo系统的遇险报警业务进行评估验证和相关测试等工作，同时，为全球中轨道卫星搜救系统的技术研发和演示评估验证提供支持。

中国是COSPAS-SARSAT国际搜救卫星组织的主要成员国之一，承担了全球低轨道卫星搜救系统中国地面系统的运行、维护、管理及遇险安全通信工作。2003年中国与欧盟签署了《中华人民共和国和欧洲共同体及其成员国关于“伽利略”计划的合作协定》，根据双方协议，中国航天科技集团有限公司五院承担了星载搜索救援SAR载荷研发和设备制造工作，并向Galileo系统交付了4套搜救转发器，在北京建设了具有四信道处理能力的北京伽利略中轨道卫星原型站（北京MEOLUT站）和一套测试信标机。

在COSPAS-SARSAT系统发展MEOSAR业务的背景下，北斗三号卫星系统应加快搜救转发器载荷研制进展，与其他中轨卫星搜救系统（GPS、Galileo、GLONASS）共同组成全球中轨卫星搜救系统。提升我国在国际搜救卫星组织的国际地位，增强北斗系统在国际卫星导航领域的话语权，体现我国保障公民生命财产安全的国际形象。

目前四大全球卫星导航系统空间段的导航卫星均采用MEO轨道Walker星座，标称的导航卫星都是24颗左右，都可以实现全球覆盖，四大系统完全运行后在轨将有96颗导航卫星，当前COSPAS-SARSAT系统空间段只有5颗LEO-SARSAT卫星和6颗GEO-SARSAT卫星，LEO-SARSAT卫星采用直接转发和存储转发用户示位标信号，GEO-SARSAT卫星采用直接转发户示位标信号。COSPAS-SARSAT系统积极将全球卫星导航系统纳入搜索救援服务系统，COSPAS-SARSAT系统积极增强搜索救援服务能力，将一代示位标（窄带3 kHz、各个信道容量需要通过管理授权方式实现）升级为二代示位标（宽带80 kHz、DSSS扩频信号，具有一定的保密性），提高了定位精度，扩大了用户容量。

卫星导航系统的导航卫星可以同时响应灾害告警信号，避免了一些极端情况下地形环境对求救信号的遮挡而延误对遇险人员的救助，对开展全球搜索救援业务有如下显著优势：

1）导航卫星配置SAR载荷后，几乎能够实时接收全球任何地方发出的灾害告警信号，有效缩短对用户的示位标信号的响应时间。对用户上行救援信号的监测时间为平均30 s，而COSPAS-SARSAT系统对用户上行救援信号的监测时间为平均45 min。

2）导航卫星配置SAR载荷后，有效提高对用户的示位标信号的定位精度。利用导航卫星播发的导航信号，用户能够精确确定自身的位置并连同灾害告警信号上传给救援系统，有助于系统开展搜索救援工作。全球海事灾害安全服务系统 EPIRBs 信标机和 ICAO 的无线电位置识别信号 ELTs 终端集成 Galileo 卫星导航模块后，对灾害告警信号的定位精度可以达到 10 m 以内，而前国际 COSPAS－SARSAT 系统的定位精度为 5 km。

3）SAR/Galileo 和 DASS/GPS 系统增加了从地面中心到用户的返向链路，便于当地救援组织实施遇险人员的搜索与救援工作，也有助于救援组织识别和去除虚警。

16.1.4 QZSS 灾害和危机管理报告服务

QZSS 可在指定区域以高仰角提供给用户定位、通信和广播服务。地震、海啸等自然灾害在日本频发，QZSS 的广播服务可以用于及时发布灾害信息并及时开展指挥和救援工作，QZSS 灾害和危机管理报告系统架构及业务信息流如图 16－7 所示。

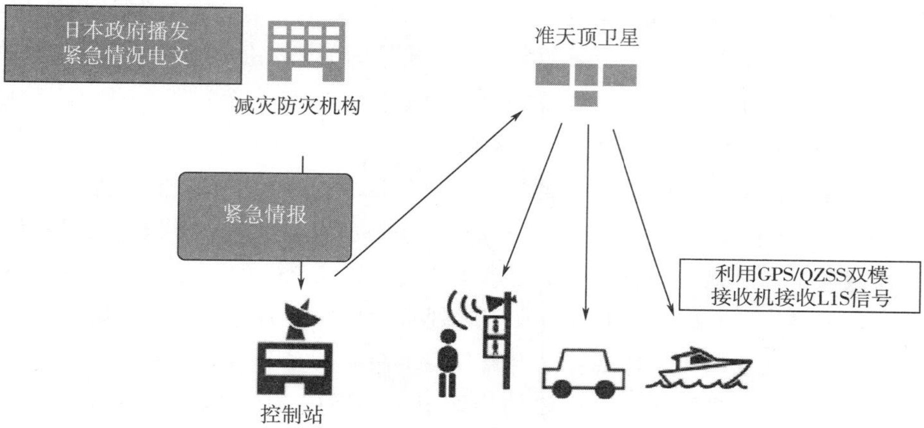

图 16－7 QZSS 灾害和危机管理报告系统架构及业务信息流

政府灾害救援及应急指挥部管理部门将灾难与危机信息发送给 QZSS 卫星地面站，通过卫星地面站每 4 s 上传 1 次灾害和危机管理报告电文给 QZSS 卫星，QZSS 卫星利用 L1－SAIF 信号播发系统灾害和危机管理报告电文，L1－SAIF 信号电文方式包含地震、海啸等自然灾害相关信息和恐怖活动等危机管理相关信息，以及紧急疏散等前向指令，地面终端接收 L1－SAIF 信号后可以及时获取灾害警报并根据政府指示开展救援工作。L1－SAIF 信号与 GPS 的 L1C/A 信号频点及信号格式完全一致，因此，用户可以使用 L1C/A 信号/L1S 信号兼容的接收机。

此外，用户终端通过地面通信网络可以把自己的位置信息发送给地面灾难管理地面站数据库，地面站根据用户位置信息给用户发送灾难救援指令信息开展救援工作。卫星发送 DC Report 短报文的最小间隔时间为 4 s，考虑到地面卫星接收终端供电情况，终端可以每分钟接收一次。目前 DC Report 短报文业务除了日本之外，在东南亚等地区也可以使用。

当发生大规模自然灾害时，地面通信网络往往受到破坏而不可用，QZSS 区域卫星导航系统可以提供生命安全确认服务（Safety Confirmation Service，Q－ANPI），相关部门可以借助 QZSS 卫星播发生命安全确认信息，QZSS 主控站接收到生命安全确认信息后，再通过互联网等地面网络将生命安全确认信息传递给注册用户。QZSS 生命安全确认服务 Q－ANPI 业务信息流如图 16－8 所示，QZSS 系统的同步静止轨道 GEO 卫星接收发送的上行生命安全确认电文数据，然后利用 S 频段对地转发上述电文数据，QZSS 系统生命安全确认服务 Q－ANPI 的范围仅限于日本本土及沿岸区域。

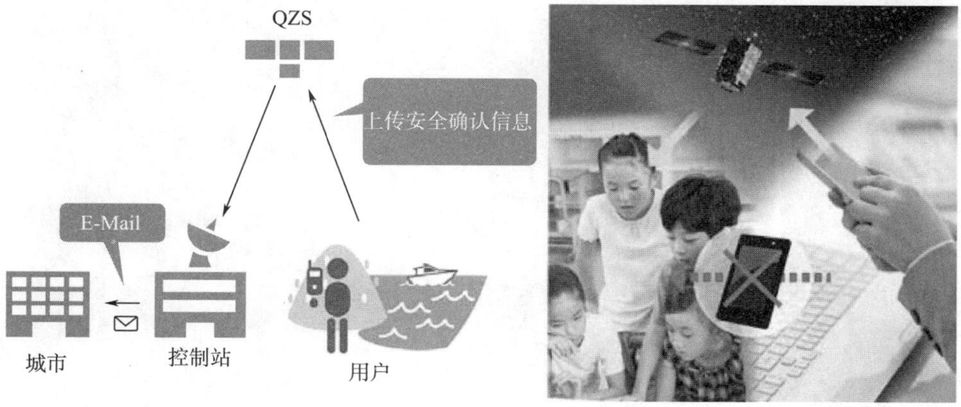

图 16－8　QZSS 生命安全确认服务（Q－ANPI）业务信息流

利用 QZSS 系统生命安全确认服务 Q－ANPI 业务，灾害发生后，当地面通信网络因破坏或者拥塞而不能使用时，用户可以借助 QZSS 告知其家庭成员受灾情况，生命安全确认服务 Q－ANPI 业务同时会自动附带位置信息，由此，救援人员可以根据灾害遇险人员的位置信息开展搜索与救援工作。

16.2　自动相关监视

空中交通管理是为了有效地维护和促进空中交通安全，维护空中交通秩序，保障空中交通畅通，根据通信系统、导航系统和监视系统的信息，实施空中交通管理，包括空中交通服务、空中交通流量管理、空域管理三方面内容。对航路的监视是民航空管一项非常重要的任务。利用卫星导航系统和移动通信系统的自动相关监视系统（Automatic Dependent Surveillance，ADS）是现代航空管理控制系统的核心技术，是目前世界上主要用来解决空中交通管制（空管）最为直接有效的办法，机载设备通过通信系统报告导航接收机给出的飞机位置、速度信息，可以提高飞行安全，增加空中交通管理的灵活性。

利用卫星导航系统、地空/空空数据链通信系统可以实现民航客机的广播式自动相关监视（Automatic Dependent Surveillance－Broadcast，ADS－B），机载导航系统将飞机的位置数据通过数据链自动发送给地面数据处理中心，包括飞机识别 ID 号、空间位置信息、速度矢量、航行意图等信息，空管系统可以实时获取民航客机的位置、速度等信息提高对飞机的监视与识别能力，提高空管系统容量、效率和安全。空中一定空域范围内的飞机之间可以直接通信，相互交换各自的位置和飞行意图等信息，从而判断和避让冲突。通过地面 ADS－B 接收机就可以捕捉到所要监控的飞行目标。ADS－B系统信息流如图16－9所示。

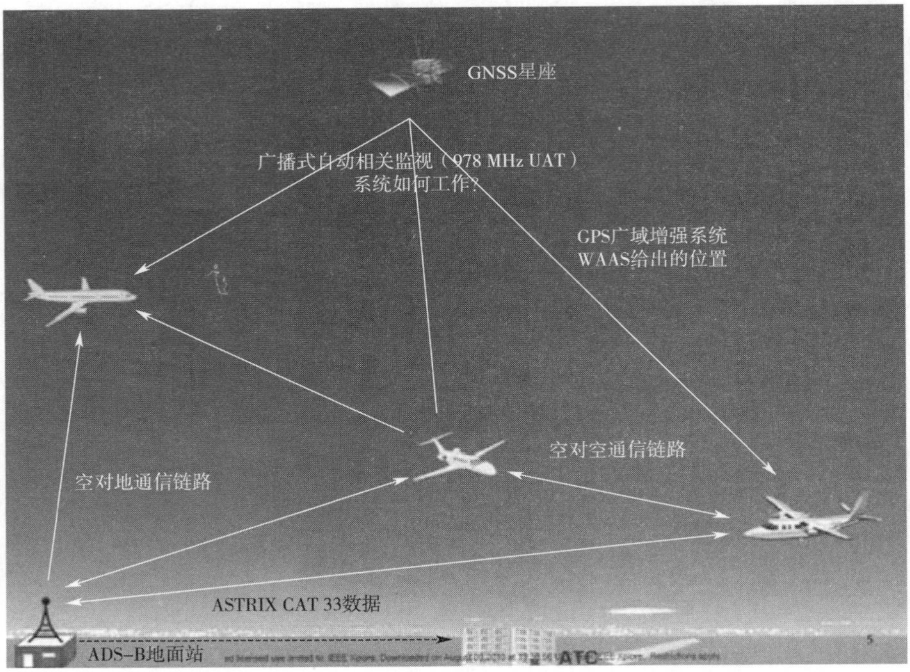

图16－9　ADS－B系统信息流

与雷达系统相比，ADS－B系统有三方面的优越性：一是ADS－B地面站的体积小，建设费用少很多；二是ADS－B系统以秒级更新一次报文，而传统雷达系统信息更新慢，十几秒才能更新一次；三是ADS－B系统获取和发送的信息要比雷达系统精确很多。此外，ADS－B技术还将进一步发展地—空通信技术，将地面上采集到的场地信息、气象信息、机场情报等与空中飞行相关的信息及时、准确地广播出去，使得飞行员可以根据这些信息及时调整飞行计划，减少对地面管制员的依赖，并保证飞行的安全与快速。

ADS－B很好地解决了传统跟踪雷达地面站体积大、建设费用高、信息更新慢的问题，但ADS－B还需较多的地面站支持，在偏远地区等不适宜建设地面站的区域，采用ADS－B系统的飞机仍然无法将位置发给地面站，造成飞机航路跟踪上的空白。2016年，马航失联事件暴露了民航空管系统在飞机航路跟踪上的薄弱环节。在传统的ADS－B系统中，飞机与地面站直接建链，进行空管数据的传输，飞机与地面站之间必须可视，如果飞机与地面站之间有信号遮挡，或者在飞机的航路附近没有地面站，空管中心将无法获知飞机信息，这就给空管带来潜在的风险，造成事故。为了减小风险，2010年前后，美国等国家提出了建设星基ADS－B数据链增强系统（ADS－B Link Augmentation System，ALAS），ALAS系统信息流如图16－10所示。

ALAS系统的空间段采用Globalstar低轨通信卫星星座，飞机只要配置Globalstar收发机，就可以与卫星Globalstar进行通信，信息传输及处理时延小于0.3 s。飞机每秒发送一次信息，帧长348 bits，各飞机采用CDMA码分多址，119个信道，占用1.23 MHz

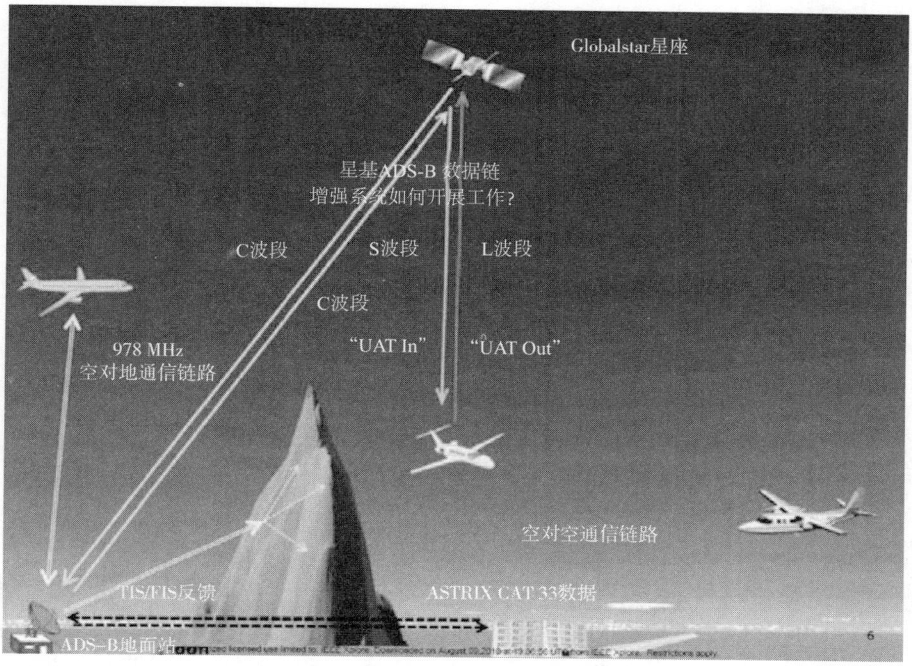

图 16 - 10　ALAS 系统信息流

带宽。卫星上行工作频率为 1 610～1 626.5 MHz，带宽为 16.5 MHz。飞机发送的带宽为 1.23 MHz 信号，在 16.5 MHz 卫星带宽内，被分为 13 个信道，进行 FDMA 频分多址。同时，Globalstar 卫星采用 16 个点波束，这样，1 颗卫星理论上可支持约 24 700 架飞机同时通信。ALAS 系统中飞机与地面站的数据链，不仅包含传统的 ADS - B 数据链，飞机还将信息通过 L 波段传输给卫星，由卫星转发通过 C 波段传输给地面站；地面站的信息通过 C 频段传输给卫星，由卫星转发通过 S 波段传输给飞机。由此，空管中心可以对飞机进行全区域的航路跟踪。Globalstar 通信链路如图 16 - 11 所示。

新一代铱星系统 Iridium NEXT 由 66 颗卫星组成，轨道高度为 780 km。卫星与用户终端的链路采用 L 波段，频率为 1 616～1 626.5 MHz，发射和接收以 TDMA 方式分别在小区之间和收发之间进行。星间链路使用 Ka 波段，频率为 23.18～23.38 GHz。卫星与地球站之间的链路也采用 Ka 波段，上行为 29.1～29.3 GHz，下行链路频率为 19.4～19.6 GHz。Iridium NEXT 将搭载 ADS - B 载荷，采用 S 频段接收飞机发来的信息，通过 C 频段向飞机发送信息。铱星系统 ADS - B 信息流如图 16 - 12 所示。

随着航空机载设备能力的提高以及卫星导航等先进技术的不断发展，国际民航组织提出了“基于性能的导航（Performance Based Navigation，PBN）”概念，PBN 是在整合各国区域导航（RNAV）和所需导航性能（RNP）运行实践和技术标准的基础上，提出的一种新型运行概念。它将航空器的机载设备能力与卫星导航及其他先进技术结合起来，涵盖了从航路、终端区到进近着陆的所有飞行阶段，提供了更加精确、安全的飞行方法和更加高效的空中管理模式。

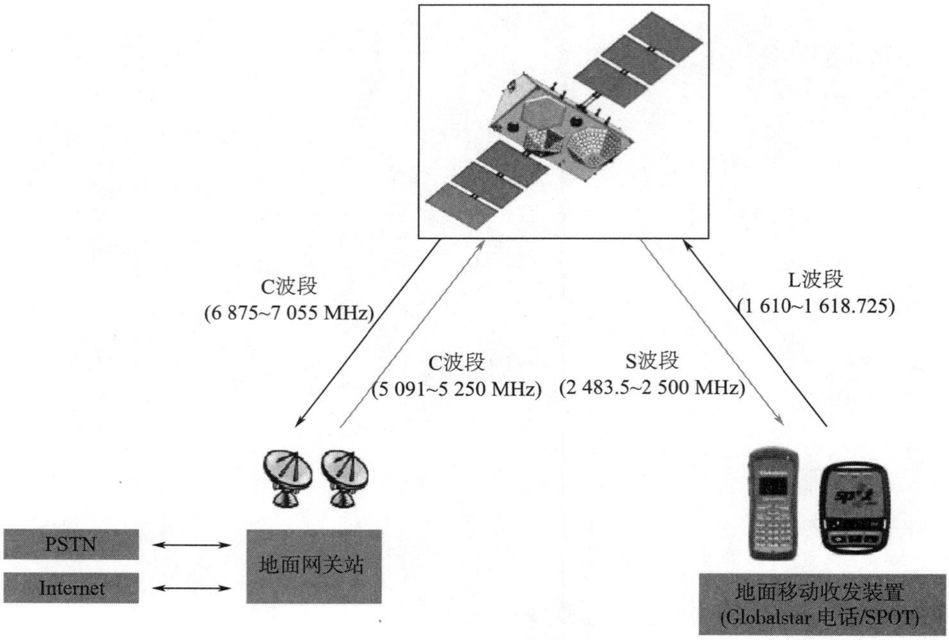

图 16-11　Globalstar 通信链路

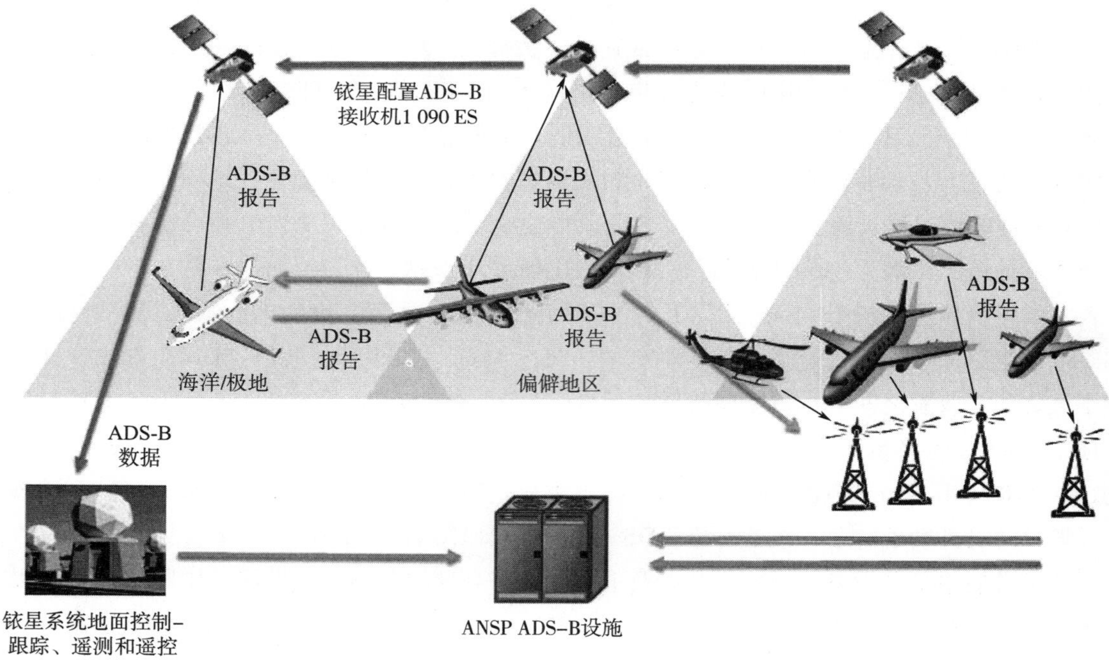

图 16-12　铱星系统 ADS-B 信息流

16.3　报文通信

随着我国经济实力不断增强，经济全球化日益加深，国家利益与安全的内涵与外延、时空界域比历史上任何时候都更加宽广。“一带一路”的国家战略使我国境外飞机、船舶、陆上运输工具的位置报告、短报文通信以及语音、图像等数据通信的需求更加迫切，用户需要及时掌控能源、矿产、贸易等陆上和海上通道的状况。全球位置报告和数据通信能力事关国家政治安全、经济安全、生命安全，可以实现我军舰船、飞机、导弹等武器装备的状态与位置监视。因此，在开展北斗全球系统建设过程中，应结合上述新的需求将北斗一号和二号系统的报文通信功能拓展至全球，同时进一步提升报文通信能力，支持位置报告与语音、图像等数据通信业务。

在全球位置报告业务的发展路线上，美国和欧洲利用“卫星导航系统＋通信卫星系统”的模式，通过通信卫星系统和卫星导航系统实现全球位置报告。然而，一方面由于我国在 2020 年之前不具备全球覆盖能力的卫星通信网络，沿袭西方国家“通信、导航双系统”的发展思路，等待卫星通信条件完全具备后再着手发展全球位置报告和通信业务系统是不现实的。另一方面，北斗系统在设计之初就创新性地开展了导航和通信一体化设计，通过卫星定位和短报文业务解决了“让自己知道自己在哪里”和“让别人知道你在哪里”的难题。在北斗全球系统建设和发展的过程中，应继承已有技术并进行创新发展。未来全球位置报告和搜索救援业务，既可以继承北斗一号和二号系统的无线电测定业务（RDSS）有源定位来实现，也可以利用无线电导航业务（RNSS）无源定位业务＋报文通信来实现。

北斗卫星导航系统按照三步走发展规划，2020 年左右将实现全球覆盖，具有独特的星间链路实现星间互联，是我国唯一可以实现全球覆盖的星座。基于北斗全球系统实现全球位置报告和数据通信业务，一方面摆脱了我国没有全球卫星通信系统的困境，另一方面也提高了北斗全球系统的效能，在科考勘探、搜索救援、救灾减灾、洲际货运、远洋航海等领域有着广泛的应用前景和巨大的应用价值，为热点区域态势感知、敏感地区情报搜集、监视/指挥/控制和前向目标指挥等业务提供全新手段。

16.3.1　通信原理

北斗一号双星定位系统是我国 20 世纪 90 年代自主研发的区域卫星导航系统，基于卫星无线电测定业务定位原理，实现有源定位及短报文通信业务。地面段由 1 个中心站和几十个分布于全国的参考标校站组成，空间段包括 3 颗部署在我国上空的地球静止轨道卫星。系统运营中心通过 1 颗地球静止轨道卫星向用户群发出 1 个查询信号，用户则通过至少 2 颗空间卫星回传 L 频段响应信号。导航信号从运营中心到卫星、再从卫星到用户接收设备，最后再返回运营中心，整个传输时间被精确测得后，结合已知的卫星位置信息和用户海拔高度估值，运营中心便可获得用户的位置及信息并传送给用户。

北斗短报文通信业务为用户提供每次 120 个汉字的短报文通信服务，通信时延约

0.5 s，通信的最高频度为 1 次/秒。系统入站容量优于 54 万次/小时；出站容量优于 18 万次/小时。系统下行为 S 频段 2 483.5～2 500 MHz，上行为 L 频段 1 610～1 626.5 MHz。北斗短报文通信业务入站信号和出站信号过程分为如下三步：

1）短消息发送方首先将包含接收方 ID 号和通信内容的通信申请信号加密后通过北斗导航卫星转发入站；

2）地面中心站接收到通信申请信号后，经解密和再加密后加入持续广播的出站广播电文中，经北斗导航卫星广播给用户；

3）接收方用户机接收出站信号，解调解密出站电文，完成一次通信。

短报文通信是北斗卫星导航系统的一大特色，简单地来说，"短报文"其实就是相当于现在人们平时手机发的"短信息"，北斗短报文通信服务可以为用户机与用户机、用户机与地面中心站之间提供每次最多 120 个汉字或 1 680 bits 的短消息通信服务，用户在发短报文的同时也能够确定用户的位置，位置信息可以通过中心站出站链路播发给用户和相关组织，也可以借助地面移动通信（2G/3G/4G）或者互联网链路反馈给其他相关组织。

2012 年 12 月建成的北斗二号区域卫星导航系统，实现了 RNSS 无源定位业务，保留了 RDSS 有源定位业务及短报文通信功能，北斗短报文通信业务已在搜索救援、灾害监测和应急通信等领域发挥巨大作用。特别是在海洋、沙漠和野外这些没有通信和网络的地方，配置了北斗系统终端的用户，可以通过 RNSS 和 RDSS 两种模式确定自己的位置，同时并能够向外界发布文字信息及接收外部指令。短报文不仅可点对点双向通信，而且其提供的指挥端机可进行一点对多点的广播传输，为各种平台应用提供了极大便利。

其中较为典型的应用是北斗搜救系统，系统由北斗卫星、地面指挥中心、用户终端构成，用户终端主要是救生型用户机和指挥型用户机，其中救生型用户机为被救人员携带的小型终端设备，指挥型用户机配置安装在搜救车辆、搜救直升机和救援船上。遇险人员携带北斗用户机进行定位操作过程中，在获得自身位置信息的同时，北斗地面指挥中心也同样获得该用户机的位置信息，从而确定遇险人员的位置。如果被救人员具备操作用户机能力，还可以通过短报文通信功能向指挥中心报告自身的安全状态、环境条件等信息。确认被救人员信息后，北斗地面指挥中心组织营救人员进行救护，将遇险人员的位置信息直接发送到搜救直升机、搜救车辆或救援船上的指挥型用户机，并在电子地图上进行显示，使营救力量在第一时间到达营救地点。同时北斗地面指挥中心也可以接收指挥型用户机的定位信息，从而得到搜救人员的即时位置，保证有效的指挥调度。

马航失联事件发生后，用户对自身位置报告需求迫切，目前解决用户位置确认有两种方法，一种是卫星无线电测定业务，其特点是由用户以外的控制系统完成定位所需的无线电参数的确定和位置计算；另一种卫星无线电导航业务和卫星通信业务双系统实现用户位置确定。北斗导航定位系统最大的特色在于定位和通信一体化服务，同时提供 RNSS 和 RDSS 业务，不止解决了 PNT 服务的问题，还能将短信和导航结合实现用户的位置报告服务，这就是北斗卫星导航系统的竞争优势。

北斗导航定位系统在国防、民生和应急救援等领域，都具有重要的应用价值。特别是灾区移动通信中断、电力中断或移动通信无法覆盖北斗终端的情况下可以使用短消息进行通信，该技术已经用于紧急救援、野外作业、海上作业等。2008 年汶川地震时，进入重灾区的救援部队就利用 120 字的短报文功能突破了通信盲点，与外界取得联系，通报了灾情，供指挥部及时作出决策。

16.3.2 RDSS 业务

RDSS 业务在航空应用的突出贡献是空中交通管理。当同气压高度表及卫星无线电导航相结合的时候，可以完成空中交通管理所需的导航、监视与通信任务。如果需要，通过 RDSS 地面中心向飞行员提供一幅 30～60 n mile 空中交通管制（ATC）形势图，飞机自身的位置显示在中心附近，就可以避免碰撞事故的发生。当然，这个 ATC 形势图还可以显示机场跑道、导航设备、领航坐标、空中交通管制滑行坡度以及其他飞行用户的航迹。其信息都可以通过 RDSS 控制中心提供。这样，RDSS 有潜力成为 ATC 的基本手段，并有可能成为 CNS 的基础设施。

RDSS 作为飞行员的救生装置已成为现实，用户终端设备的紧急定位按钮与救援设施相关联，当飞机失事时，启动用户终端工作，即可由地面中心做出坠落轨迹，其定位精度至少比常规的应急定位发射机（ELT）定位高出一个数量级，普通 ELT 的定位精度在 16 km。

RDSS 服务可为低轨近地航天用户提供精密时间同步信号。由于 RDSS 双向授时基本不受用户动态性能、位置坐标精度影响，只与中心控制系统经 RDSS 卫星至用户的双向往返时延测量精度有关。所以，RDSS 是为动态用户精密时间同步的良好手段。如果自中心控制系统经卫星至用户的往返时延一致，则只与时延测量的随机误差有关。而往返的时延差仅与 RDSS 卫星出站转发器与入站转发器的时延差、中心控制系统发送与接收系统时延差、用户接收及发送与接收系统时延差和空间电离层正反向传输的时延差有关。经标定后的各部分时延差均可控制在 20 ns 以内，那么这种时间同步的精度可优于 50～100 ns，避免了 GPS 为动态用户进行时间同步的复杂轨道交互运算及精度低的不足。其次是为近地卫星提供定轨手段。当用户星进入 RDSS 卫星波束时，其观测量为中心控制系统经 RDSS 卫星至用户的往返距离和，有 2 颗 RDSS 卫星就有 2 个距离和，以近地卫星开普勒加调和项为模型利用多次长时间观测数据可以求出近地卫星的轨道参数，精度可在几百米以内。其各近地卫星的轨道相对精度可优于 100 m，可以作为航天小卫星定轨的补充方法。

航海应用是通过 RDSS 指挥型用户机的工作原理，实现舰船编队相互间的位置报告，达到协调编队队形和航行速度的目的。更广泛的应用是海上救生，RDSS 位置报告可以实现任何舰船、个人划艇的位置报告与跟踪监视，达到迅速救援、甚至报告伤情、远程抢救诊断的目的。

货船是来往港澳贸易的主要运输工具之一，进出口企业通过租用来往港澳小型货船满足部分物流需求，货船在出发地需要报关，在中途需要停靠检查，在目的地需要清关，船舶中途监管模式的局限有 4 个方面：一是除报关、中途监管、清关外，其余过程没有违禁走私外，不能全程监管；二是中途停靠排队检查，海关劳动强度大；三是通关效率比较低，船舶等待海关查验时间长，船舶额外油耗大；四是监管部门和企业不能共享信息。

随着中国社会经济的快速发展，进出口贸易往来日益频繁，急需提高口岸联检服务效率。应用北斗导航系统构建船舶快速通关监管系统，实现集通关、物流、监管、调度、救助、服务于一体的信息共享服务。广东南方海岸科技服务有限公司利用北斗卫星导航系统建立了北斗海上电子通关系统，面向船载和车载的物流监管行业需求，以北斗/GNSS为基础，结合3G/4G等移动通信技术、卫星/短波通信、VOIP、软交换的PTT（POC）对讲技术、云计算等技术，实现对通关船舶、车辆等运输工具、人员的位置、语音和指令的综合监控调度管理。系统实现了从以往的被动监管到主动监管的转变，利用北斗的定位服务（船舶位置感知终端）可以解决在报关到清关途中船舶去了哪里的问题，利用北斗的短报文通信服务（信息服务平台）可以判断船舶是否有违规行为。电子通关信息服务平台可以实现中途监管信息化、船舶航行轨迹可视化、船舶运输货物信息记录、船舶风险信用记录。

通过搭建基于北斗的智能位置服务应用通关平台，构建一个信息互联互通、跨部门协同管理的综合物流监管平台，提供统一的信息接入服务，系统以企业申报数据、船舶船员和企业信用管理数据、船舶动态航行数据为基础进行综合数据分析，在确保海关有效监管的前提下实现船舶快速通关。

基于北斗智能位置的一站式申报物流监管创新模式，在海关、边防边检、检验检疫、海事等监管部门之间进行信息共享，实现对船舶、人员、货物的有效监控管理，集通关、物流、监管、调度、救助、服务于一体的公共信息平台，提供对船舶进出口的全程实时监控、历史回放，舱单信息传输和申报等服务，达到“严密监管、快速通关”的目的。目前，平台已在广东、广西、福建、海南、浙江五省的近234个口岸海关监管码头、46个出入境边检站、境内外500多家航运企业部署应用。近10年来，为企业节省燃油费用约7亿元，为政府部门节省行政费用约1亿元。

北斗卫星导航系统预计于2020年前后实现全球组网，届时将是我国唯一全球互联互通的天基网络，如果借助北斗全球网络实现位置报告、语音和图像数据通信业务，在未来国家安全、灾害预警和搜索救援等领域将发挥极其重大的作用。目前国外卫星导航系统（GPS和Galileo）分别在下一代导航卫星中均增加了SAR和DASS等数据通信功能，可以看出卫星导航系统融合通信业务是发展方向，在建设未来北斗全球卫星导航系统过程中，继承并创新发展北斗短报文通信业务，扩大业务范围、拓展业务类型，增强系统的抗干扰性能，建设高效可靠的北斗全球数据通信系统是必要的，也是可行的，也是未来北斗走向全球的必由之路。

参考文献

［1］ 谭述森．卫星导航定位工程［M］．北京：国防工业出版社，2007.

［2］ Editors：Nurmi，J.，Lohan，E. S.，Sand，S.，Hurskainen，H. GALILEO Positioning Technology［M］. Berlin：Springer Science＋Business Media，2015.

［3］ 刘天雄，范本尧．北斗卫星导航系统全球位置报告和数据通信业务方案设想［C］．第七届中国卫星导航学术年会，2016，长沙．

［4］ GNSS USER TECHNOLOGY REPORT ISSUE 1［C］. European Global Navigation Satellite Systems Agency，2016.

［5］ 胡梦琦．基于北斗/GNSS的海上行业应用［R］．北斗应用高峰论坛，2014，中山．

［6］ 国际搜救卫星系统（COSPAS-SARSAT）的标准技术文件 C/S G. 003～G. 005、G. 007、T. 001～T. 020、A. 001～A. 006、R. 006～R. 021［S］．

［7］ COSPAS-SARSAT system data NO. 39～42［S］．

［8］ 谭述森．北斗卫星导航系统的发展与思考［J］．宇航学报，2008（2）：392-396.

［9］ 范本尧，李祖洪，刘天雄．北斗卫星导航系统在汶川地震中的应用及建议［J］．航天器工程，2008，17（04）：6-13.

［10］ 范本尧，刘天雄，徐峰，聂欣，刘安邦，赵小鲂．全球卫星导航系统数据通信业务发展研究［J］. 航天器工程，2016，25（03）：6-13.

［11］ 刘天雄，聂欣，谢军，范本尧．基于北斗卫星导航系统的空间微信服务设想［J］．卫星应用，2017（6）：16-22.

［12］ 谭述森．北斗卫星导航系统的发展与思考［J］．宇航学报，2008（2）：391-396.

［13］ 谭述森．广义卫星无线电定位报告原理及其应用价值［J］．测绘学报，2009，38（1）：1-5.

［14］ McMURDO. Galileo：A Technologocal Revolution in the World of Search and Rescue［EB/OL］. http：//info. mcmurdogroup. com/rs/633-HPE-712/images/McMurdoMEOSARGallileoPressKit-2015September. pdf.

［15］ Xavier Maufroid（European Commission）. Galileo and SAR/Galileo Return Link Service［EB/OL］.［2014-05-01］http：//www. sarsat. noaa. gov/BMW％202014 _ files/2014％20BMW _ Galileo％20return％20link％20service _ Final _ Maufroid. pdf

［16］ James J. Miller（NASA Headquarters）. The On-Going Modernization of GPS［EB/OL］.［2013-03-01］. http：//www. gps. gov/multimedia/presentations/2013/03/satellite2013/miller. pdf.

［17］ Colonel Harold Martin. GPS Status and Modernization［EB/OL］［2011-11-01］. http：//www. gps. gov/governance/advisory/meetings/2011-11/martin. pdf.

［18］ NASA GODDARD Space Flight Center. NASA Search and Rescue Office. Concept of Operations Space Segment［EB/OL］. http：//searchandrescue. gsfc. nasa. gov/dass/spacesegment. html.

［19］ NASA GODDARD Space Flight Center. NASA Search and Rescue Office. Concept of Operations Ground Segment［EB/OL］. http：//searchandrescue. gsfc. nasa. gov/dass/groundsegment. html.

［20］ Bernhard Hofmann-Wellenhof，Herbert Lichtenegger，Elmar Wasle. GNSS-Global Navigation Satellite Systems GPS，GLONASS，Galileo，and more［M］．Springer Wien NewYork，2007.
［21］ 杨元喜．详解北斗三号：新增全球位置报告功能［EB/OL］．［2017-03-18］http：//www. beidou. gov. cn.

第 6 部分　展望篇

第 17 章　卫星导航技术发展趋势

17.1　兼容互操作

17.1.1　概述

2020 年前后，GPS、GLONASS、BDS 以及 Galileo 四大全球卫星导航系统以及 QZSS 和 IRNSS 两个区域卫星导航系统将同时为用户提供服务，四大卫星导航系统 L1 频段导航信号中心频点及带宽如表 17 - 1 所示，用户可以选择接收多个系统的导航信号，四大全球卫星导航系统 L1 频点导航信号的中心频率均为 1.5 GHz，因此，一般用户利用一部接收机接收多个导航系统的信号成为可能，通过选择接收多个系统的导航信号，可以保证接收机在位置解算过程中获得最优的几何精度因子（GDOP）值，同时保证接收信号的连续性和完好性，从而提高 PNT 服务的质量，这在理论上是可行的。

表 17 - 1　四大全球卫星导航系统 L1 频段导航信号中心频点及带宽

GNSS	频带	中心频点	带宽
GPS	L1	1 575.42 MHz	24.0 MHz
	L2	1 227.60 MHz	24.0 MHz
	L5	1 176.45 MHz	24.0 MHz
GLONASS	L1	1 603.687 5 MHz	11.812 5 MHz
	L2	1 246.000 MHz	6.125 MHz
	L3	1 202.250 MHz	24.0 MHz
	L5	1 176.450 MHz	16.38 MHz
Galileo	E1	1 575.42 MHz	32.736 MHz
	E5a	1 176.450 MHz	25.575 MHz
	E5b	1 202.025 MHz	25.575 MHz
	E6	1 278.750 MHz	40.92 MHz
BDS	B1	1 561.098 MHz	4.092 MHz
	B2	1 207.140 MHz	20.46 MHz
	L5	1 176.45 MHz	24.0 MHz

用户还可以接收 WAAS 和 EGNOS 等天基增强系统和地基增强系统的信号，一般用户可以选择接收 8 种导航信号，包括 GPS + GLONASS + Galileo + BDS + SBAS + GBAS + IRNS + QZSS，因此，开展卫星导航接收机设计时，要考虑如何解决多系统间

的兼容和互操作问题。对于用户来说，多星座接收机技术能够给用户带来更高的可用性，降低导航卫星的 GDOP 值。设计多模兼容互操作卫星导航系统接收机可以同时接收和处理多个系统的导航信号，这是卫星导航接收机的发展方向。

各大卫星导航系统在设计导航信号时，以及用户接收机在接收多个导航系统的信号时，需要采取措施以避免信号之间的相互干扰，例如，GPS 和 Galileo 系统在中心频点 1 575.42 MHz处的导航信号有 L1C/A、L1C、L1P（Y）、L1M、E1－OS 和 E1－PRS 导航信号，导航信号功率谱如图 17－1 所示，如果再加上 BDS 的 B1 频点信号、GLONASS 的 L1 频点信号以及 QZSS 的 L1C/A 和 L1C 导航增强信号，在1 575.42 MHz处的导航信号频谱则十分拥挤，不同系统之间的导航信号必然存在干扰问题。ITU 将频率范围 1 559～1 610 MHz的 L 频段分配给 RNSS/ARNS 导航服务，全球卫星导航系统享受一级服务，未来其他卫星导航系统还有可能在该 L 频段播发导航信号。

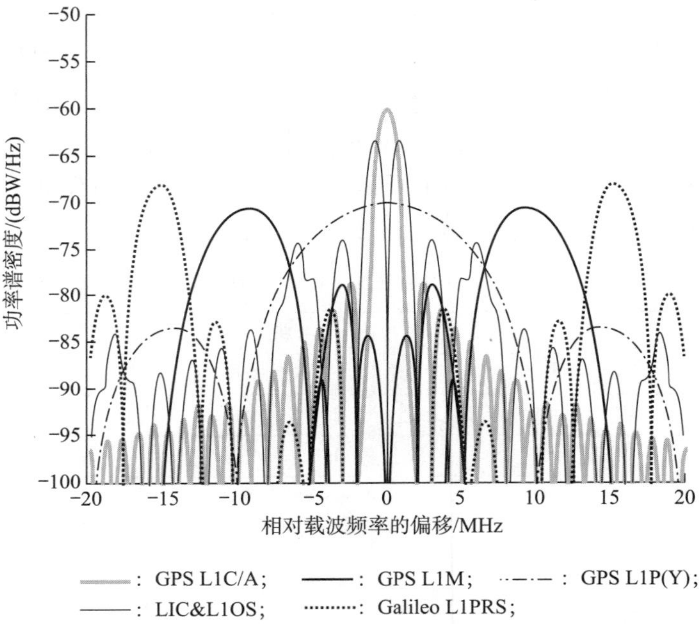

图 17－1　GPS 和 Galileo 系统在中心频点 1 575.42 MHz 处的导航信号功率谱

由此，如何更好地应用 ITU 分配给 RNSS/ARNS 导航服务的 L 频段无线电频谱资源，如何避免和减轻不同卫星导航系统之间导航信号之间的干扰问题，业内提出了卫星导航系统之间的兼容和互操作需求。兼容与互操作是卫星导航系统资源利用与共享的重要内容，是近十几年来全球导航卫星系统领域的一个研究热点，对卫星导航的理论研究、系统建设和应用推广都具有重要意义，受到了国内外学术界、工业界、政府主管部门乃至相关国际组织的高度重视。兼容与互操作的概念最早是 2004 年 12 月美国发布 PNT 国家政策时提出来的，兼容定义为单独或联合使用美国空基定位、导航以及授时系统和国外相应系统提供的服务时不互相干扰各自的服务或信号，并且没有恶意形成服务冲突。互操作定义为联合使用美国民用空基定位、导航和授时系统以及国外相应系统提供的服务从而在用户层面提供较好的性能服务，而不是依靠单一系统的服务或信号来获得服务。

2004 年 6 月，美国和欧盟发布 GPS 和 Galileo 联合发展和应用的合作协议 US - EU Agreement（2004），对兼容与互操作的相关概念进行了明确的定义，兼容主要体现于 GPS 与 Galileo 射频信号兼容，包括与两个系统相关的所有 PNT 服务；另外，两个系统之间要尽可能地实现非军用服务用户层面的互操作性。该协议还对 GPS 和 Galileo 系统兼容与互操作合作及应用的相关问题进行了框架式协定，其中包括构建与国际地球参考框架（ITS）尽量接近的大地参考框架以及在各自系统导航电文中播发两个时间系统之间的偏差信息等方面的条款。目前，兼容与互操作已经成为国际卫星导航系统委员会（International Committee on Global Navigation Satellite Systems，ICG）的核心议题，并专门成立了相应的工作组，兼容与互操作也是 GNSS 核心供应商双边谈判与多边协调的重要内容，国内外学术刊物和会议已发表了大量相关论文。

卫星导航信号的中心频率、信号功率、信号业务分配、码片速率和脉冲赋形、调制方式和编码长度以及电文数据率是影响多卫星导航系统兼容性和互操作性的 6 个要素。互操作性要求相同业务信号的中心频率和带宽重叠，从而简化接收机射频前端设计；兼容性又要求信号相互干扰在可容忍范围内，甚至频谱分离。业务分配对信号频率、带宽、编码方式和长度、码片赋形、是否加密等提出了各种不同的需求。码片速率和脉冲赋形直接影响信号的带宽，导致卫星载荷的群时延变化，也影响系统内信号和系统间信号的相互干扰的程度，从而最终影响接收机捕获和跟踪能力、抗多径能力和对伪距测量的精确度。调制方式和编码长度以及电文数据率等将影响接收机捕获跟踪性能。信号载波功率的变化会导致不同信号间的干扰级别发生变化。

上述 6 个导航信号设计要素直接影响了新信号与原有信号的兼容性和互操作性，当然也就影响新建卫星导航系统与原有卫星导航系统的兼容性和互操作性。开展导航信号体制设计时，需要权衡这 6 个要素，满足兼容性与互操作性要求的导航信号体制设计是一项具有挑战性的任务，包括如何规划信号频谱以提高频谱利用率、减小系统内干扰和系统间干扰、允许互操作所要求的一体化接收处理方式，如何设计抗干扰能力强、捕获跟踪门限低且复杂度小的伪随机码，如何根据信道特性设计高性能、高效率、低复杂度的信道编解码算法和调制方式，如何设计灵活可扩展的电文帧结构以容纳互操作信息交换等内容。因此，开展卫星导航系统设计时，要考虑如何解决多个卫星导航系统间的兼容和互操作问题，互操作性的关键因素包括空间信号、大地坐标参考框架以及时间参考系统，互操作是在卫星导航系统兼容基础上的另一种更高层面的系统优化与合作，由此提高用户位置解算的可用性。

新的卫星导航系统在保持独立性的同时，需要注重与其他卫星导航系统在时空基准的兼容与互操作设计，特别是在民用应用方面，这种互操作性主要有两种表现方式。一种是采用兼容的时空基准系统。Galileo 地球参考框架 GTRF 和 GPS 使用的 WGS84 实际上都是国际地球参考框架（ITRF）的一种实现。WGS84 和 GTRF 的误差在几厘米的量级。对于大多数用户来说，这种精度就足够了。GPS 使用的系统时间 GPST 和 Galileo 系统时间

GST 都是连续的原子时间系统，与国际原子时保持较小的固定偏差。GPST 和 GST 都与 UTC 之间有明确的时间换算关系，用户可以方便地通过 Galileo 广播信息获得 GST 与 UTC 以及 GPST 之间的偏差。另一种是在信号中广播与其他时空系统之间的转换参数。在欧洲和美国关于 Galileo/GPS 互操作性的协议中采纳了通过传统时间传递技术测量或者利用组合 GPS/Galileo 接收机在 2 个系统的监测站进行精确估计的方法来确定时间偏差。另外，GLONASS 计划播发 GPS 与 GLONASS 时标参数。我国 BDS 也将计划广播与 GPS，GLONASS，Galileo 系统时间转换参数以及 GPS 卫星钟差、星历改正参数等信息。这些方法都很好地体现了 GNSS 之间的互操作，都将为用户利用多系统观测量进行导航定位提供最直接的便利。

GNSS 之间的兼容与互操作要求体现了系统之间的合作和协同，将对系统的服务性能产生一定的影响。在保持系统独立运行的前提下，通过国际合作积极实现 GNSS 资源优化整合，最大限度地选择利用免费资源，同时充分发挥自主资源作用，并在接收机终端提出最佳融合方案，为研究出高性能廉价的接收机奠定总体设计基础，从根本上增强 BDS 在应用服务产业化领域的竞争力。

兼容与互操作是 GNSS 发展的主要方向，在北斗全球系统的设计和建设中，应进一步重视信号的兼容和互操作设计，尽可能采用与 GPS 和 Gaileo 相同的频点、类似的调制方式、相近的带宽等频域参数，达到与 GPS 和 Galileo 系统的高度互操作。目前四大卫星导航系统在导航信号设计时采用了较为灵活的 BOC 族扩频调制方式，同时要求输入信号应尽可能地为包络恒定的导航信号。随着同一系统在同一频段内播发的导航信号数量的增加，在保证信号质量的前提下，导航卫星有效载荷实现的复杂性问题也随之而来。此外，坐标系统应尽可能一致，尤其是地面跟踪站尽量保持一致，否则应采用多模接收机监测其坐标系统偏差，并播发给用户进行改正，或作为用户导航定位参数估计的先验信息；时间系统的不一致，可采用多系统跟踪站进行监测和播发，也可通过增加模型参数进行实时估计。

17.1.2 兼容性原理

全球卫星导航系统国际委员会定义卫星导航系统“兼容性”为一种能力，即“全球卫星导航系统和区域卫星导航系统以及增强系统可以独立使用或者联合使用，不会引起不可接受的干扰，也不会伤害其他单一卫星导航系统服务的能力”。兼容性需要考虑导航信号射频兼容（RFC）、授权信号和民用信号的频谱分离、信号发射功率、空间坐标与时间参考系统兼容等事宜。

导航信号射频兼容性涉及的技术因素主要包括两方面：一是保护用户接收机避免出现射频干扰；二是用户接收机接收灵敏度以及对其他系统信号的互相关特性。目前，兼容性的分析主要集中在不同系统间信号的相互干扰，2007 年，国际电联提出的干扰估计方法（ITU-RM. 1831）已经成为各卫星导航系统兼容性评估的基本准则。

导航卫星播发的无线电定位信号的功率非常低，导航信号传播到地球表面上时，信号功率通常低于用户接收机本底噪声。例如，GPS L1 频点 C/A 码的信号功率约 −160 dBW，比用户接收机本底噪声低 16 dB，L1 频点军用 P 码信号功率比 C/A 码的信号功率又低 13 dB，GPS L1 频点信号功率如图 17 - 2 所示。

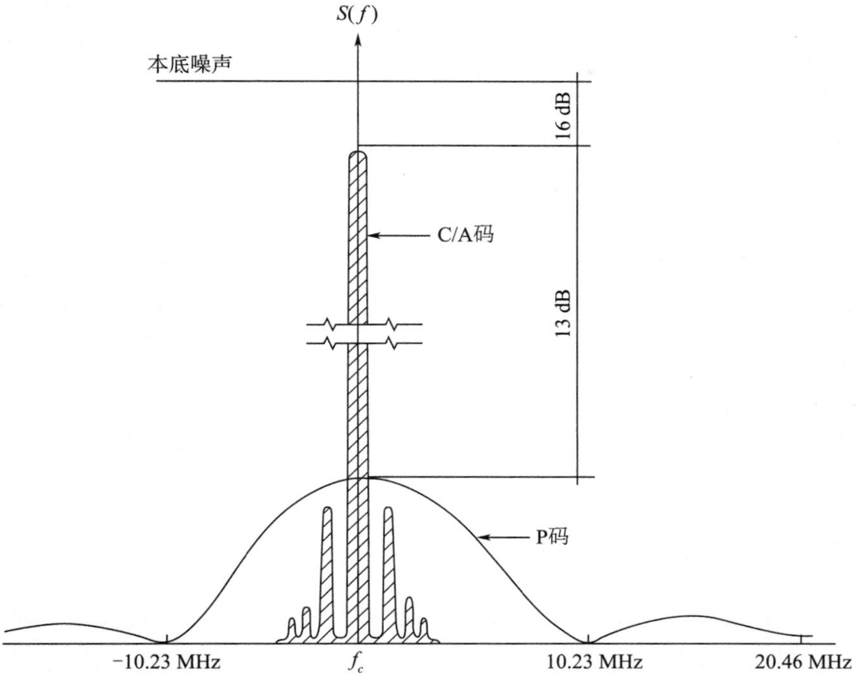

图 17 - 2　GPS 系统 L1 频点信号功率

随着在轨导航卫星数量的增加，4 个全球卫星导航星座同时在轨工作时，即大约有 100 多颗 MEO 卫星同时播发 L 频段卫星导航信号，当导航信号叠加在一起时，特别是在 L1 频段，将大幅提高用户接收机本底噪声水平，因此，这也将降低用户卫星导航接收机的信噪比。

兼容性要求系统内和系统间干扰不会对各自系统正常工作造成太大影响，存在着一个如何度量的问题，需要在用户设备层面上对系统间干扰效应进行定量分析，评估系统间的兼容性。由于接收机信号捕获、跟踪和数据解调的性能均依赖于接收机相关器输出端的信号与干扰加噪声的比值（signal to interference plus noise ratio，SINR），因此，评估干扰对相关器输出 SNIR 的影响，可以为评定干扰对这几种接收机功能的影响提供基础。一般接收机中采用载噪比来表征所接收导航信号的质量，其中假定噪声是白色的；而相关器输出 SINR 的计算中需要考虑非白干扰，可以引入等效载噪比的概念来分析这种情形。

在 ITU - RM. 1831 建议书中也是采用等效载噪比作为系统间干扰评估参量。GNSS 民用信号的兼容性要分析落在相应带宽内的 GPS、Galileo、BDS 和 GLONASS 所有导航信号互干扰所导致的载噪比损失。由于互干扰使得载噪比下降，可以用等效载噪比的下降来评估干扰对接收机的影响。信号兼容性标准是所有干扰所引起的载噪比损失不能使到达地面的信号载噪比低于载噪比门限，同时保证其他卫星导航系统导航信号的载噪比。

当前，只有海事和航空卫星导航用户接收机有导航信号射频兼容性（RFC）相关标准要求，对于陆地车载和铁路机载卫星导航用户接收机还没有导航信号 RFC 要求。最低信噪比、遮蔽角、可接收的外部干扰等 RFC 要求与用户的应用场景相关。民用交通领域将是卫星导航最大的市场，因此，建立卫星导航系统兼容性的技术体系与制定用户接收机的相关兼容性标准十分迫切的。

对于国家安全来说，授权信号和民用信号之间的频谱分离至关重要：一方面，为了确保采取功率增强等手段来提高军用信号的抗干扰能力时，不影响民用信号的正常使用；另一方面，为了避免战时敌方对军用信号实施干扰时会同时干扰民用信号，要求军民信号频谱分离，以确保导航战环境下民用信号的正常、连续使用。正如 GPS 将 M 码与C/A码和 P 码的频谱分开，就是要解决增加 M 码功率对 C/A 码和 P（Y）码的干扰问题，提高与 C/A 码和 P（Y）码的兼容性。

然而，频谱完全分离并不能做到期望的设计指标要求，有时出于互操作目的，甚至希望导航信号又是重叠的。因此，各大卫星导航系统需要开展双边和多边协商，确保系统间的导航信号兼容性。

17.1.3　互操作原理

全球卫星导航系统（GNSS）国际委员会定义卫星导航系统“互操作”为一种能力，“联合使用全球卫星导航系统和区域卫星导航系统以及增强系统及相应服务，能够在用户层面比单独使用一种系统及相应服务获得更好的服务的能力”。显然互操作的实现必须基于卫星导航系统的兼容性，与兼容性有所不同，互操作涉及面更广，不但与 GNSS 的信号密切相关，而且与 GNSS 采用的空间和时间基准有关，对多系统 GNSS 用户的影响也更为直接，研究工作更为复杂。

卫星导航系统的兼容性使得多系统互操作成为新的发展趋势，多卫星导航系统的互操作性要求信号频谱共享，调制方式、多址方式、码片速率和码片赋形类似。根据互操作要求，卫星导航系统的频率配置和空间信号的互操作主要是通过共用中心频率和频谱重叠来实现的，一方面解决了卫星导航频率资源的紧缺问题，另一方面可以简化接收机内部射频前端设计。

例如，Galileo 的 E5a（1 176.45 MHz）和 E1（1 575.42 MHz）将分别与 GPS 在 L5 和 L1 频点上实现互操作。GLONASS 也已在现代化计划中提出要在 L5 和 L1 频点上添加 CDMA 信号，与 GPS 实现互操作。日本 QZSS 发布的频率计划中，也将在 L1、L2 和 L5 上实现与 GPS 的完全兼容与互操作。可见，L1 和 L5 已成为国际上卫星导航系统的主要互操作频点。我国的北斗卫星导航系统要与国际卫星导航系统接轨，也应该在 L1 和 L5 频段上设计民用导航信号，实现与 GPS、Galileo 和 GLONASS 三大导航系统的互操作，且中心频点、调制方式和信号结构要与其他 GNSS 系统趋于一致。

一般在系统和信号两个层次研究不同系统间的互操作。在系统层次，互操作可以视为在同样的边界约束条件下，多个卫星导航系统共同解算时提供的导航解与单独一个系统所提供的导航解完全一致的能力。也就是说，一部 GPS/GLONASS 或 GPS/Galileo 双系统用户接收机与一部 GPS 或 Galileo 单系统用户接收机为用户提供同样精度的导航解。在这个层面上，可以说 GPS 和 Galileo 是系统级“互操作”的，因此，可以给用户带来更好的用户体验。在信号层次上，互操作可以视为当不同的卫星导航系统播发类似的导航信号时，用户导航接收机不需要做大的改动就能接收这些导航信号。对于卫星导航系统，导航信号互操作需要考虑下列因素：

1）空间参考坐标：虽然国际民用坐标参考标准是国际地球参考框架，但是每个卫星导航系统都有自己独立的参考坐标，并确保各自卫星导航系统的独立性。如果不同卫星导航系统参考坐标的差别在目标精度之内，那么在参考坐标角度，可以说 2 个卫星导航系统是可以互操作的。例如，GPS 的参考指标是 WGS84，而 Galileo 系统的参考指标是伽利略地球参考框架 GTRF，WGS84 和 GTRF 参考指标的差别在 3 cm 之内，因此，可以在大部分导航应用场景下保证 GPS 和 Galileo 系统具有互操作性。

2）时间参考系统：国际民用时间参考标准是协调世界时及原子时，虽然 GPS 的时间参考系统（GPST）和 Galileo 系统的时间参考系统（GST）之间的偏差在纳秒量级，但是 GPS 和 Galileo 系统均以导航电文方式播发给地面用户，因此，可以认为 GPS 和 Galileo 系统在时间参考系统环节具有互操作性。

3）载波频率：选择同样的载波频率对导航接收机的研制成本和技术复杂度具有重大的影响，由于 GPS 和 Galileo 系统选择了同样的载波频率，例如 L1 和 L5/ E5a，因此，可以说 GPS 和 Galileo 系统在信号层次是“互操作”的。GLONASS 系统采用 FDMA 信号体制，每颗 GLONASS 导航卫星的载波频率均是不同的，因此，GPS 和 Galileo 系统与 GLONASS 系统在信号层次是不能“互操作”的。这里需要指出的是，即使 GPS 和 Galileo 系统在某些载波频点是不一致的，例如 Galileo 系统的 E5b 和 GPS 系统的 L2 频点，但两者并没有造成互相干扰，因此两者仍然是兼容的。

4）空间信导航号：导航信号的特征，例如调制方式、信号结构、扩频码的选择仅仅需要调整接收机基带信号处理软件，不影响导航信号互操作。此外，为了确保导航信号兼容和互操作，在开展导航信号体制设计时，需要开展研讨和协调。

综上所述，互操作不仅与卫星导航系统的信号体制有关，还与坐标系统、时间基准的定义及实现这些定义的方法有关，也与信号、坐标、运行时间偏差有关。可以认为，互操作概念对不同卫星导航系统供应商的影响是不同的，对不同的用户影响也是不同的，不同的互操作要素对接收机厂商的影响也是不同的。

兼容互操作设计对 GPS 几乎没有任何影响，主要原因如下：

1）GPS 技术成熟，已经在世界范围内建立了行业领导者的地位；

2）GPS 用户涉及的领域非常广泛，已经嵌入到飞机、舰船与武器平台、陆地车辆等各类移动载体，并已渗透到了交通运输、电力系统、移动通信、互联网以及其他穿戴设备，改变 GPS 的互操作设计是完全不可能的；

3）国际民用航空组织和国际海事组织已经把 GPS 和 GLONASS 系统导航信号作为飞机和舰船活动的标准导航手段；

4）以 GPS 为主建立的广域和局域增强系统已经广泛用于航空精密进近，而且这些增强系统之间大多数已经实现了互操作，为民用航空提供了近于无缝的精密导航服务；

5）全球所有卫星导航系统接收机芯片和天线厂商都搭建了 GPS 接收机生产线，排斥或改建这种产品生产架构几乎是不可能的；

6）GPS 坐标参考系 WGS84 尽管与国际大地测量协会确定的国际地球参考框架有差别，但是差别较小，于是不影响 GPS 在卫星导航定位中的主导地位；

7）GPS 的时间系统虽然与国际计量局确定的协调世界时有差别，但是美国海军天文台控制的钟组在 UTC 中具有绝对主导地位，而由美国海军天文台确定的时间系统也是 GPS 时间的基础。

因此，尽管在 2020 年前后，用户将可以接收到美国 GPS、俄罗斯 GLONASS、欧洲 Galileo 以及中国 BDS 四大全球卫星导航系统以及日本的准天顶 QZSS 及印度的 IRNSS 区域卫星导航系统播发的信号，但不得不承认 GPS 被广大用户接受，已经占据全球卫星导航市场的主导地位。其他卫星导航系统不得不与 GPS 实施兼容与互操作。而且 GPS 和 Galileo 系统已先行一步，已就兼容和互操作相关要求达成一致，相关信息简述如下。

Galileo 系统 E1 信号和 GPS L1 信号共用相同的载波频率 1 575.42 MHz。GPS L1 上调制有民码 C/A 码和军码 P（Y）码、M 码。考虑到导航战中美国可能对其 C/A 码实施干扰，以避免对方的应用，Galileo 系统 E1 信号在设计中需要采用频谱搬移的手段，以避免其用户受到 GPS 的干扰，达到提高其与 GPS 之间兼容性的目的。由于 1 575.42 MHz 这一载波频率上的卫星导航信号已经相当拥挤，而且 Galileo 系统想要达到与 GPS 兼容互操作，以及大信号带宽的设计思想，Galileo 系统 E1 信号的设计是一项艰巨的任务，经历了漫长的研究阶段和复杂的研究历程。

2007 年 7 月 26 日，在 GPS - Galileo 射频兼容与互操作工作组经过将近 10 年的共同研究后，由美国和欧洲专家组成的联合设计机构推荐了一个最优化的 GPS L1C 信号和 Galileo E1 信号公开服务新扩频码调制方案 MBOC（6，1，1/11）。美国和欧盟共同宣布了一项协议，MBOC（6，1，1/11）由 BOC（1，1）和 BOC（6，1）合并而成，在 1 575.42 MHz频率上发射，BOC（1，1）和 BOC（6，1）分别占合并以后总信号功率的 10/11 和 1/11。

卫星导航系统 PNT 服务的推广应用，要求：1）提供更高质量的定位、导航和授时服务（包括精度、可靠性、操作便捷性、价格等）；2）必须与 GPS 实行兼容与互操作；3）提供与 GPS 不同的特色服务。即使其他 GNSS 供应商具备这些条件，用户依然会十分挑剔地审视使用其他 GNSS 导航信号带来的成本和效益；如果使用多 GNSS 信号给用户增加过多额外成本，用户仍然会放弃与 GPS 不能实施互操作的卫星导航系统。

卫星导航系统信号设计，包括导航信号结构、导航电文格式、导航信号载波频率、伪随机测距码及信号调制方案，直接影响系统间互操作的可能性。因此，各大卫星导航系统需要开展双边和多边协商，确保系统间的导航信号互操作。

17.1.4 兼容互操作关键技术

单个卫星导航系统在某些情况下并不能完全保证用户的定位、导航、定时服务可靠性，特别是在高楼林立的城市峡谷地区，导航信号很容易被遮挡，有时还会产生多径效应，由此导致导航信号不可用。此外，一旦某个导航系统出现问题，对单类型用户的危害是比较大的。

显然，多个卫星导航系统之间的兼容互操作能够解决单一系统出现问题时，还可以保证用户的 PNT 服务，同时还可以提高 PNT 服务的可靠性。因此，兼容互操作是卫星导航系统未来发展的大趋势。兼容互操作可以减弱对单一星座的依赖，降低电磁干扰、信号遮挡、电离层闪烁等因素导致的 PNT 性能下降或服务中断风险。在卫星导航系统多星座多频数据融合下，经过数据探测、筛选、组合，将显著增加卫星和测距信号的数量，大幅提升导航性能。

17.1.4.1 导航信号设计

导航信号是建立控制段、空间段和用户段之间联系的核心要素，首先，导航信号是控制段与空间段之间的一个重要反馈链路，导航信号的性能决定了导航系统的先天性能。其次，导航信号是空间段与用户段之间的唯一接口，导航信号的优劣直接关系到系统的定位和授时能力直接影响到用户的服务质量。由于卫星导航接收机的唯一处理对象是导航信号，因此，导航信号设计水平也决定了卫星导航系统的兼容互操作应用推广和产业化。

导航信号的主要特征包括载波频率、调制方式、信号带宽、信号功率、极化方式、多址方式、扩频码、电文格式、电文纠错码等。从用户终端的角度看，为了研制性能好、功耗低、体积小、成本低的多系统兼容接收设备，总是希望上述参数尽可能相似，以便更多地共享接收机中的硬件和软件。特别是信号载波频率、信号带宽、调制方式、多址方式等与信号频谱特征密切相关的主要特性，最好应该完全一致，这也是 ICG 所倡导的发展方向，即卫星导航系统的互操作。

卫星导航系统频率配置和空间信号的兼容与互操作主要是通过共用中心频点以及频谱重叠来实现的，当然需要使用不同的信号调制方式和不同的信号结构，这也是系统相互独立性的必然要求。国际电信联盟发布的导航频率占有情况如图 17－3 所示，图中给出了导航系统现有的和计划采用的主要频率占有情况。

由图 17－3 导航频率占有情况可知，Galileo 系统的 E2－L1－El 信号与 GPS 的 L1 信号以及 E5a 信号与 L5 信号共用中心频率，在信号层面较好地实现了兼容与互操作，为 2 个系统之间的互操作奠定了良好的基础。通过共用中心频率和频谱重叠，一方面解决了卫星导航频率资源的紧缺问题，另一方面可以减少接收机为不同中心频点信号设计射频前端而产生的负担，从而在一定程度上降低了多系统导航接收机的功耗、成本，减轻了质量。对于中心频率相同的导航信号，接收机可以采用相同的射频前端、不同的捕获跟踪模块(算法)、相同的导航解算模块来实现导航定位。虽然通过共用中心频率和频谱重叠的方式

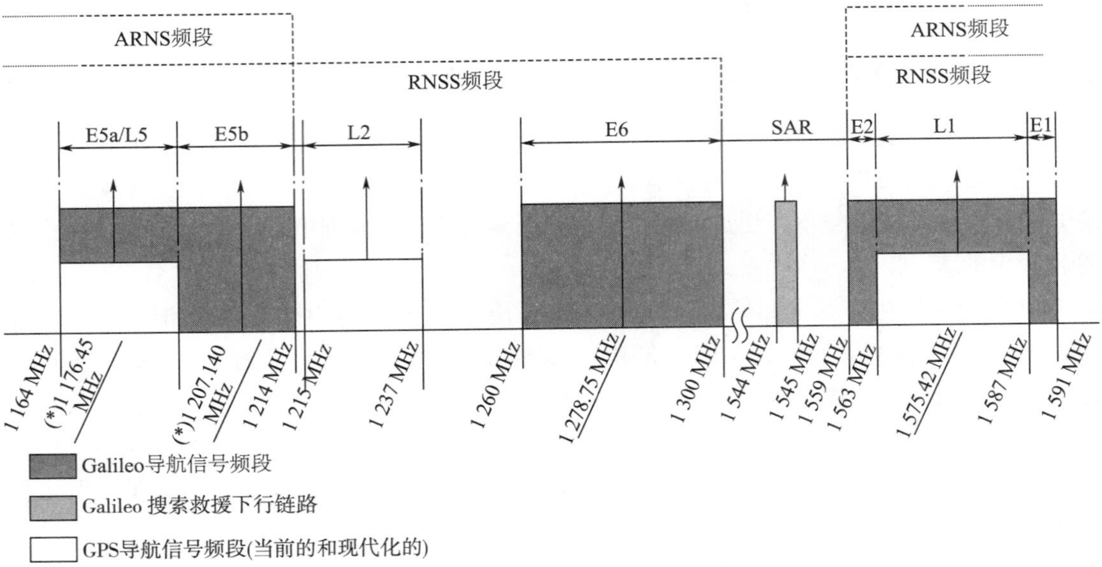

图 17－3　卫星导航系统导航频率占有情况

可以实现系统间的协同工作，但是需要采用不同的信号调制方式或参数，以便在频谱上将这 2 个信号分离，从而保证使不同系统信号之间的干扰降到最低。

新型导航信号的设计成为 GPS 现代化和 Galileo 建设中十分重要的内容，在 GPS 和 Galileo 信号设计中提出了频谱向中心频点两边分裂的二进制偏移载波（BOC）扩频调制技术，在保证与早期信号共用载波中心频点的同时，避免了系统间的频谱干扰；信号能量向以载波频率为中心的上下边带分裂的频谱可以带来更大的 Gabor 带宽，提高了导航信号的潜在码跟踪精度。在此基础上，MBOC 与 AltBOC 等技术以及导频与数据分离的信号设计方案，都充分显示了卫星导航信号的设计特色，并进一步提升了导航信号的接收和测距性能。

鉴于导航信号的重要性，在开展全球系统的信号设计时要特别重视频率资源、系统间的兼容性与互操作、测距精度、服务的稳健性、知识产权等方面的严苛约束。GPS 技术成熟，用户涉及的领域非常广泛，已经在世界范围内树立起了行业领导者的地位，其他卫星导航系统要想占领部分导航应用市场，就必须与 GPS 开展兼容与互操作设计，互操作对卫星导航系统的基本要求是不同系统的信号应该尽可能相似，特别是与信号频率相关的特征应该高度相似，导航信号的中心频点不一致和带宽不一致，不仅影响系统间的兼容性，实际上对互操作性的影响更大。不同系统在载波、带宽（扩频码速率）、扩频码、电文格式、信道编码、纠错编码等方面要考虑兼容互操作设计。

综述，未来北斗全球系统信号设计应在兼容性的基础上特别重视互操作的设计，无论是频率、坐标系统还是时间系统都将尽量与国际现有技术标准一致。需要在保持信号自身特色和独立性的同时，采用与 GPS 和 Galileo 系统相同的频点、类似的调制、相近的带宽，在频域特性上尽可能与 GPS 和 Galileo 系统保持一致，以增强其互操作性。GPS 未来的核心民用信号是 L1C，北斗全球系统信号的互操作设计应面向未来，重点实现与 L1C 的兼容与互操作。

17.1.4.2　空间坐标系统设计

时间、空间坐标参考系统设计是卫星导航定位的基础。为了体现独立性，各系统都有独立的时间和空间系统。目前四大全球卫星导航系统的空间坐标系统的定义基本一致，但与 IERS 定义的参数均有差异，各卫星导航系统地心引力常数和地球自转角速度见表 17 - 2，参考椭球的几何常数见表 17 - 3（详见杨元喜，陆明泉，韩春好 . GNSS 互操作若干问题 . 测绘学报，2016，45（3））。

表 17 - 2　各卫星导航系统使用的地心引力常数和地球自转角速度

系统	地心引力常数值/(m^3/s^2)	地球自转角速度/(rad/s)
GPS	$3.986\ 004\ 418\times10^{-14}$	$7.292\ 115\ 0\times10^{-5}$
GLONASS	$3.986\ 004\ 418\times10^{-14}$	$7.292\ 115\ 0\times10^{-5}$
Galileo	$3.986\ 004\ 415\times10^{-14}$	$7.292\ 115\ 146\ 7\times10^{-5}$
BDS	$3.986\ 004\ 418\times10^{-14}$	$7.292\ 115\ 0\times10^{-5}$
IERS	$3.986\ 004\ 418\times10^{-14}$	$7.292\ 115\ 0\times10^{-5}$

表 17 - 3　参考椭球常数

系统	参考椭球长半轴/m	地球椭球扁率
GPS	6 378 137.0	298.257 223 563
GLONASS	6 378 136.0	298.257 84
Galileo	6 378 136.5	298.257 69
BDS	6 378 137.0	298.257 222 101
IERS	6 378 136.6	298.257 222 100 882 7

全球卫星导航系统的地球参考框架实际上是 ITRF 的一种实现。GPS、GLONASS、BDS 的地心引力常数值、地球自转角速度与 ITRF 推荐值相同。全球卫星导航系统的参考椭球长半轴几乎都不相同，而且均与 IERS 推荐值存在差异，相对于 IERS 推荐的参考椭球长半轴 $a=6\ 378\ 136.6$ m，GPS 和 BDS 参考椭球差了 0.4 m，GLONASS 参考椭球差了 −0.6 m，Galileo 参考椭球差了 −1.1 m，GPS 和 BDS 与 Galileo 参考椭球差了 1.5 m，但是参考椭球的长半轴和扁率的差异一般不会影响用户的定位结果。因为用户由卫星广播星历计算卫星坐标时，不涉及参考椭球的几何参数。BDS、GPS、GLONASS 采用的地球椭球扁率也与 IERS 规定值不同，但这些常数差对卫星星历影响不大，对地图投影的影响在毫米量级，不影响用户使用。

坐标系统实现的差别对导航定位结果影响明显，缘由卫星导航系统坐标系统实现和维持所带来的误差直接影响卫星轨道精度，而卫星轨道误差对用户单点定位结果的影响是系统性的。四大全球卫星导航系统采用了不同的坐标框架，于是坐标框架的相对偏差将影响各卫星星座的互操作。解决这类问题有两种策略：对于单点定位和实时导航，可以在观测模型中设置互操作参数，并在融合定位时估计这类参数；对于事后处理的高精度定位用户，可以采用相对定位方式削弱这类互操作参数的影响。需要注意的是各 GNSS 系统必须选择各自的参考卫星进行差分，才能消除坐标互操作参数的影响。

实践中，应该采用多 GNSS 接收机同时接收 GPS、GLONASS、BDS 和 Galileo 等卫星信号，综合测定跟踪站的地心坐标，计算各 GNSS 系统存在的坐标系统误差，并播发给用户作为先验参数，供用户在多模融合导航定位时参考。如果将不同 GNSS 测定的地面点三维坐标转换成大地经纬度和大地高，则使用不同的参考椭球参数会产生明显差异。所以在我国若要求将多 GNSS 测定的点位坐标转换成大地坐标时，则一定要采用 CGCS 2000 椭球参数，而不是使用各 GNSS 所对应的其他参考椭球参数，如此才能确保不同卫星系统定位结果的坐标系统一致性。

在坐标系的不一致方面，多 GNSS 坐标基准定义相近，但选用的参考椭球常数存在差异，坐标基准的实现途径和更新周期均存在较大差异。多 GNSS 参考椭球的地心引力常数差异及地球的自传角速率差异将导致卫星广播星历有数十米偏差，而坐标基准的实现误差、更新周期等差异将首先影响卫星轨道，进而对多 GNSS 用户产生影响。于是，未来可采用多 GNSS 接收机监测各 GNSS 的坐标互操作参数，并将 BDS 跟踪站的坐标更新周期改为每年一次，以便减小地壳形变误差对坐标基准互操作参数的影响。

17.1.4.3　时间参考系统设计

GPS、GLONASS、BDS 和 Galileo 四大全球卫星导航系统对应的时间系统定义差别较大，具体情况的比较分析如表 17－4 所示。

表 17－4　GNSS 系统时间定义说明

系统	时间标识	时间起点	计数方法	是否闰秒	溯源基准	GNSS 偏差参数
GPS	GPST	1980－01－06 UTC00 h 00 min0 s/TAI＋19	周,周内秒	否	UTC(USNO)	已计划播发 GGTO (GPST－GST)
GLONASS	GLNT	与 UTC(SU)＋3h 同步 TAI＋36,2015	时,分,秒	是	UTC(SU)	暂无
BDS	BDT	2006－01－01 UTC00 h 00 min00 s TAI＋3.3	周,周内秒	否	UTC(BSNC)	暂无
Galileo	GST	1980－01－06 UTC00 h00 min0 s/TAI＋19	周,周内秒	否	UTC(PTB)	已计划播发 GGTO(GPST－GST)

GPS、Galileo、BDS 三大系统都采用连续的原子时标，无闰秒，系统间的偏差包括两部分：1）各系统在不同的 UTC 时间定义起点时间，而导致整秒偏差，BDT 与 GPST、GST 的整秒差为 14 s，而 GST 与 GPST 不存在整秒差；2）由于各系统时间由各自的原子钟组生成，在长期的运行过程中会产生微小的偏差，一般称之为“秒内偏差”，通常为几十纳秒量级。

GLONASS 系统的基准时间（GLNT）与 UTC（SU）＋3 h 同步，而且与 UTC 一起进行动态闰秒。因此，GLONASS 系统与其他系统时间的偏差存在三方面的影响：一是

GLNT 与 GPST、GST 和 BDT 系统时间的整小时偏差为 3 h；二是整秒偏差部分，由于 GLNT 与 UTC 同步闰秒，而且整秒偏差不是一个固定常数，需根据 BIPM 发布的闰秒公告具体计算；三是秒内偏差部分，GLNT 系统钟组运行产生的误差，该偏差需要通过动态监测链路来实时获取。这三类偏差有的直接影响授时，有的影响时间同步，有的影响多 GNSS 联合导航定位。

在多系统兼容互操作中，时间系统的不一致直接影响 GNSS PNT 服务精度。对于秒以下偏差部分，对定位误差的影响可达 10 m 以上，对授时的影响可达10 ns以上。在进行系统时差精确测定和修正后，定位误差的影响一般可优于 1 m，授时误差可小于 3 ns。对于整数时差可以按照系统时间的基本定义直接改正；对时间系统运行误差，则可以在函数模型中增加待定参数进行补偿，或采用系统内差分减弱其影响；也可以通过地面监测站实时进行监测、评估，并向用户播发改正信息。

17.2　导航通信一体化

17.2.1　概述

导航通信一体化发展是近年来导航领域的关注热点。导航通信一体化发展的初始动力来源于导航应用中对位置报告的需求。一般而言，导航系统只对导航终端用户提供定位、测速与授时服务，并不能满足众多导航应用场景中告诉他人我在哪里和知道他人在哪里的要求。这种需求催生了导航与通信在终端设备层次、数据传输层次进而向系统层次的一体化发展。

如今，导航通信一体化已从终端设备的一体化发展到了核心模块模组的一体化和芯片的一体化，这里既有导航功能为主的芯片集成蓝牙和 wifi 等数据通信接口，也有移动通信解决方案的芯片集成卫星导航功能。随着我国移动通信卫星“天通”一号的开通运营，已有厂家推出了集成卫星导航功能与移动通信卫星通信功能的一体化芯片。

当前，位置报告及服务的应用主体是车载移动终端和个人手持移动终端，多采用 3G/4G 移动通信网络报告位置。未来随着物联网技术的发展与普及，数量庞大的物联网移动终端或传感器将成为位置服务应用的主体，超低功耗成为影响用户体验和应用普及的一项重要指标。窄带蜂窝物联网（NB-IoT）通信标准有望成为面向物联网位置服务应用卫星导航芯片的标准配置。

我国北斗导航系统具备短报文功能，是导航与通信一体化在系统层次上结合的范例。具备位置报告（短报文）功能的卫星导航系统可以在救援搜索、应急指挥和灾害管控方面发挥重要作用，代表了未来卫星导航系统的一个发展趋势。随着我国北斗三号全球系统的建设完成，我们期待北斗导航系统提供全球化的位置报告服务。

导航通信的一体化发展不仅体现在设备产品一体化的技术层面上，国际上导航通信产业间的兼并组合也展示了导航与通信行业间的一体化发展趋势，未来导航与通信的融合将进一步演进出导航通信在商业运行模式上的一体化发展。

推动导航通信一体化发展的另一动力是提升导航系统应用性能的需求。导航应用性能的提升分为导航增强、辅助导航和协同导航几种方式。导航增强一般是指利用广播通信系统播发或通信网络传递导航系统误差改正数据和完好性告警信息，提升导航系统的定位精度与完好性性能。辅助导航一般是指利用移动通信网络传递卫星导航系统的星历，提供导航用户终端初始位置、初始时间和导航信号多普勒频偏等辅助信息，缩短导航用户的首次定位时间，提升导航系统在城市繁华街区和室内等场景下的可用性。协同导航一般是指军用通信网络用户在通信的同时，利用数据通信链路信号完成彼此间的距离测量或信号到达角度测量以及测量数据的交换，协助用户终端定位授时，提升导航系统在导航信号部分遮挡以及遭受电磁干扰等复杂环境下的适用性。

导航增强可分为星基增强和地基增强，这里星基与地基的主要区别在于差分改正数据和完好性告警信息的传播方式。星基增强通过卫星广播导航增强数据，地基增强通过地面通信或广播网络传播导航增强数据。由于技术发展历史的原因，国际上，星基增强这一术语一般特指面向民用航空运输等对导航完好性有高度要求的导航增强系统。通过卫星播发差分改正数据，可以达到实时分米级甚或厘米级的导航增强系统一般称为广域差分高精度导航增强系统。由于导航增强只是利用通信的广播功能传播增强数据，习惯上不将导航增强列入导航通信一体化的讨论范畴。当前，专业领域使用的测量型高精度定位终端的通信功能集成度也要远低于手机等导航型定位终端。今后，随着导航增强技术的发展，突破小型化终端内置天线对高精度导航定位性能的限制，导航通信一体化高度发展的普通手机也将有望实现分米级甚或厘米级的高精度导航定位性能。

辅助导航方式通常称为 A－GNSS（Assisted－GNSS）。当前，辅助导航功能已在 3G/4G 移动通信网络中实现，形成了相应的国际标准，大部分 3G/4G 手机也具备了支持辅助导航的功能。导航通信一体化的移动终端可通过识别移动通信信号的小区标识符获取数百米量级精度的初始位置，通过与通信基站信号的时间同步获得秒级精度的初始时间。移动通信网络中的定位服务器接收卫星导航信号、测量信号多普勒频偏，考虑到网络基站和移动终端的时钟稳定度以及测量传播时延等因素，定位服务器可以为移动终端提供误差小于百赫兹的初始频率估计。综合上述辅助数据，加之以定位服务器传递来的导航卫星星历，以及在获取卫星导航信号比特同步信息前就可以进行导航定位解算的粗时段定位算法，移动终端的冷启动首次定位时间可以缩短至 30 s 内。除去小区标识符的方法外，移动通信国际标准化组织还设计了基于测量移动通信网络基站下行信号到达时间差（Observed Time－Difference of Arrival，OTDOA）定位方法。OTDOA 定位方法具有室内定位能力，精度在百米量级。不久的将来，移动通信网络将进入 5G 时代，5G 通信网络有望为移动终端提供优于百米的初始定位精度和优于 10 μs 的初始时间精度，可将移动终端的首次定位时间缩短至 1 s 内，大幅改善手机用户的导航定位体验。我们期待基于 5G 网络的 OTDOA 等多种定位方法可以获得较高的定位精度，提升室内定位应用水平。

近年来，国内外许多厂家推出了卫星数目从几十颗到数百颗、甚至数千颗的大型低轨移动通信卫星星座计划，有些已经开始着手建设。低轨移动通信卫星既可播发卫星导航系统的差分改正数据起到导航增强的作用，也可像地面移动通信网络那样，为卫星导航用户终端提供初始的位置、时间和频谱辅助，提高导航终端的复杂环境适应性，起到辅助导航的作用。由于这些潜在的发展能力，基于低轨卫星星座的导航增强及导航通信一体化发展备受瞩目。其中已经建成并投入使用的美国铱星移动通信卫星系统就是其中的代表。铱星系统采用 TDD - FDMA/TDMA 通信信号体制，在这个框架内增设了专门用于定位与授时（Satellite Time and Location，STL）业务，可以为地面移动终端提供数十米量级精度的定位服务和亚微秒量级精度的授时服务，并具备一定的室内定位授时能力。铱星系统不仅在系统层次上设计了导航通信一体化的导航增强信号方式，而且其 STL 业务信号可直接由市场上的导航通信一体化芯片货架商品接收处理。未来，天空将飞翔数千颗低轨移动通信卫星，与地面移动通信网络相整合，在 5G 通信下行信号基本体制 LTE - OFDM 的基础上，天地一体、导航通信一体，是今后基于移动通信网络导航增强与辅助服务的一个技术发展方向。

早在 20 世纪 70 年代，美国军方就提出了基于战术数字通信网络的通信、导航和识别综合化联合战术信息分布系统（JTIDS）。JTIDS 采用时分多址加扩频的通信方式，移动终端在捕获同步通信信号的同时测量收发终端间的信号传播延迟，获取信号发送端到接收端的伪距。时分体制下，系统中的某个移动终端依次测量与其他终端间的伪距，接收其他终端的位置报告来计算自身的位置，并在分配的时隙中将自身的位置广播出去。这样计算得到的位置是相对于系统中其他终端的位置，所以这种导航方式也被称为集团相对导航。集团相对导航存在网络位置整体漂移和旋转的问题，需要卫星导航提供绝对坐标参照加以锚固。卫星导航信号微弱、易受干扰、复杂环境适应性差，军事战术通信系统的信号功率远强于卫星导航信号，有更强的复杂电磁环境适应性，二者间的协同定位是近期军事导航领域的一个技术发展方向。

资源有效利用和应用便捷性需求是推动导航通信一体化进一步发展的又一动力。资源有效利用不仅是用户终端层次的导航通信硬软件资源一体化利用，美国航空航天局提出了基于软件无线电的导航测控一体化卫星载荷研究计划，开展了利用已有的或即将建设的深空探测通信网络提供深空导航定位的可行性研究。另外，由于卫星无线电导航频谱资源已近饱和，寻找合法使用的频率资源成为卫星导航新技术应用需要考虑的一个重要课题。研究适合 TDMA/FDMA 窄带信号体制的高精度导航技术，基于软件无线电和认知无线电的工作原理，在信号频谱复杂变化的通信频段求得导航信号的生存之路也许是解决未来导航频率资源利用的一个途径。

17.2.2　北斗 RDSS 服务

20 世纪 80 年代初期，“两弹一星”元勋陈芳允院士提出了利用两颗地球同步静止轨道卫星实现国土及周边用户的卫星定位系统方案——双星定位方案，这是当时被大家所公认的适应我国技术水平和国家财力的最优方案，但是改革开放初期，国家资源有限，双星定位方案没有得到政府的支持。1991年海湾战争，美国的GPS定位服务在作战中的应用非常成功，作为战争武器效能的倍增器，可以说是大放异彩，在这种背景下，国家启动了被搁置十年的双星定位方案。

双星定位基于卫星RDSS为用户提供有源定位服务，工作原理是用户和卫星的距离测量和位置计算均由地面主控站通过用户机的应答来完成，在完成定位的同时，实现报告位置和短报文通信。其工作原理是用户至卫星的距离测量和位置计算无法由用户自身独立完成，必须由外部系统通过用户的应答来完成。用户发送定位申请信号，2颗卫星将定位申请信号转发给地面任务控制中心，地面任务控制中心利用用户定位申请信号的时延就可以解算用户的位置，然后将用户的位置信息以及大本营对用户的控制指令一并通过卫星转发给用户，RDSS通信流程如图17-4所示，其特点是通过用户应答，在完成定位的同时，完成了向外部系统的用户位置报告，还可实现定位与通信的集成，实现导航和通信业务的一体化。

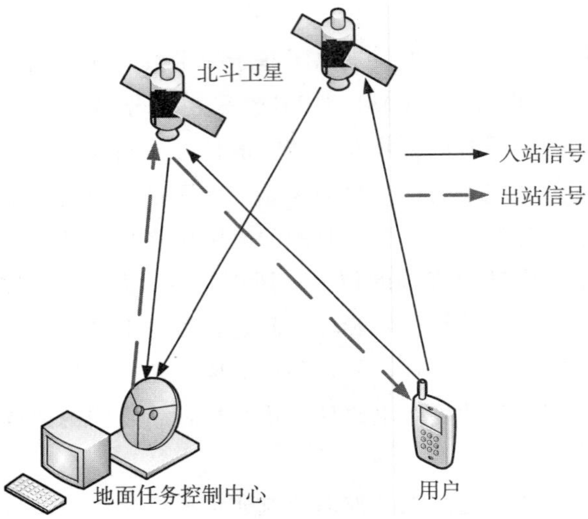

图17-4　双星定位系统RDSS业务和报文通信流程

RDSS是北斗卫星导航系统的特色服务，是区别GPS、GLONASS和Galileo系统仅有RNSS工作体制的重要特征，可提供快速定位、位置报告、短报文通信和高精度授时服务。地面中心站是RDSS的控制中心，GEO卫星构成地面中心站与用户之间的无线电链路，共同完成无线电测定业务。RDSS工作体制下，利用2颗导航卫星即可实现定位，一次定位的流程是：

Step1，由地面中心站向位于同步轨道的2颗卫星发射测距信号，卫星分别接到信号后进行放大，然后向服务区转播；

Step2，位于服务区的用户机在接收到卫星转发的测距信号后，立即发出应答信号，经过卫星中转，传送到中心站；

Step3，中心站在接收到经卫星中转的应答信号后，根据信号的时间延迟，计算出测距信号经过中心站—卫星—用户机—卫星—中心站的传递时间，并由此得出中心站—卫星—用户机的距离，由于中心站—卫星的距离已知，由此可得用户机与卫星的距离；

Step4，根据用上述方法得到的用户机与 2 颗卫星的距离数据，在中心站储存的数字地图上进行搜索，寻找符合距离条件的点，该点坐标即是所求的坐标；

Step5，中心站将计算出来的坐标数据经过卫星送往用户机，用户机再经过卫星向中心站发送一个回执，结束一次定位作业。

用户在主动发射定位申请信号的过程中会带来一个定位服务之外的好处，即可以开展短报文通信服务，有了报文通信业务，就可以实现用户的位置报告，解决了“我在哪里”的问题，同时也让别人知道“我在哪里”的难题（GPS 只解决了“我在哪里”的问题），实现搜索救援、态势感知、应急广播、指挥调度等北斗特色服务！2014 年，马航 MH370 失联后出现了很多科普，如果马航 MH370 飞机配置的北斗双星定位体制的导航接收机，飞机的位置会实时反映在空管中心，失联的悲剧也就不会发生！

美国 GPS 不具备北斗这样的通信功能，需要借助卫星通信系统才能实现位置报告服务。马航 MH370 失联事件发生后，美国和欧洲加大研发力度，一方面通过 Iridium NEXT 铱星系统和 Inmarsat 海事卫星系统这 2 个全球卫星通信系统将机载 GPS 终端的定位信息反馈给空管中心，实现民航的航路跟踪和位置报告服务；另一方面制定新的全球海上遇险与安全系统（Global maritime distress and safety system，GMDSS）和全球空中遇险与安全系统（Global air distress and safety system，GADSS）业务规范，实现民航和海事全球航行跟踪与生命救援服务，中国将继承发展北斗一号双星定位系统的报文通信业务，实现民航和海事全球航行跟踪与生命救援服务。在全球卫星移动通信频率、轨道资源、综合国力等多方面因素的考量下，北斗系统的导航和通信一体化设计是中国国情与技术基础的必然选择，在 20 世纪末，既能定位又能通信的北斗一号双星定位系统是引人瞩目的！

北斗一号双星定位系统的目标是解决“我们在哪里”的定位问题，北斗一号系统没有为用户连续导航的空间资源，连续导航要求用户视场内必须要有 4 颗导航卫星，覆盖我国国土及周边地区则需要至少 12 颗导航卫星。

2004 年，北斗二号区域卫星导航系统正式立项，中国正式启动北斗二号卫星导航系统工程建设，系统空间段由 5 颗 GEO 卫星（定点于东经 58.75°、80°、110.5°、140°和 160°赤道上空）、5 颗 IGSO 卫星（3 颗 IGSO 卫星轨道高度 36000 km，均匀分布在 3 个倾斜同步轨道面上，轨道倾角 55°，星下点轨迹重合，交叉点经度为东经 118°，相位差 120°；2 颗 IGSO 卫星位于升交点地理经度 95°，轨道倾角 55°的倾斜同步轨道上）和 4 颗 MEO 卫星（卫星轨道高度 21 528 km，轨道倾角 55°，均匀分布在 2 个轨道面上）组成混合星座。系统采用无线电导航业务（RNSS）和无线电测定业务（RDSS）双模体制，2012 年 12 月 27 日，北斗二号卫星导航系统正式向中国及部分亚太地区提供定位、导航、授时和短报文通信服务。

北斗二号 RNSS 业务的技术体制、申请的轨道和频率与欧洲 Galileo 系统一致，这就不可避免地遇到了卫星轨道和频率争夺的问题。卫星轨道和空间频率是人类共有的资源，那该如何分配呢？国际规则是既不按国家来分，也不按人口来分，而是谁先占了算谁的。

2009 年，中国启动北斗三号全球卫星导航系统工程建设，空间段由 3 颗 GEO 卫星、3 颗 IGSO 卫星和 24 颗 MEO 卫星组成混合星座，系统继承北斗二号无线电导航业务和无线电测定业务双模体制，将于 2020 年前后，为全球用户提供 PNT 服务。为全球用户提供全球导航＋航路跟踪＋搜索救援三大服务，具备世界一流卫星导航系统的水平。

17.2.3 iGPS 系统

美国 GPS 现代化涉及导航卫星、地面运行控制段以及用户终端，GPS 现代化方案主要是增强导航卫星能力。针对现代化建设成本较高、周期较长问题，美国国会预算办公室（Congressional Budget Office，CBO）对 GPS 现代化方案进行了分析，并于 2011 年 10 月 28 日发布了《针对军事用户的 GPS 现代化计划与备选方案》（详见 http：//www.cbo.gov/new_pubs.October 2011，the GPS for military users：current modernization plans and alternatives，2011－12－12）。CBO 的 GPS 现代化方案侧重于提高接收机性能和借助卫星通信系统增强 GPS 完好性，称为 GPS 现代化的备选方案。

GPS 现代化备选方案一包括研发导航接收机定向接收天线和调零线以及利用惯性导航系统（inertia navigation system，INS）提供的辅助信息提高接收机对导航信号的处理能力和噪声去除能力；备选方案二是依托美国铱星低轨移动通信系统增强 GPS，借助铱星通信系统实现 GPS 完好性增强（iGPS）。

下一代铱星系统 Iridium NEXT 空间星座由 66 颗卫星组成，均布在 6 个极地轨道组网运行，如图 17－5 所示，每个轨道平面有 11 颗卫星，轨道高度 780 km，轨道倾角 86.4°，每颗卫星可在地球表面产生 48 个点波束，如图 17－6 所示，覆盖区直径 4 700 km，星座中卫星与卫星之间利用星间链路实现互连互通，每颗卫星可与 4 颗卫星相连，包括同一轨道平面内的前后卫星，以及相邻轨道面的两颗卫星。铱星系统下行链路信号为 L 频段 1 616～1 626.5 MHz，信号带宽为 31.50 kHz，调制方式为 QPSK，数据数率为 50 Kbps，多址方式为 FDMA/TDMA/SDMA/TDD。

铱星系统卫星与用户终端的链路采用 L 波段 1 616～1 626.5 MHz，通信速率为 1.5 Mbps,发射和接收以 TDMA 方式分别在小区之间和收发之间进行。星间链路使用 Ka 波段 23.18～23.38 GHz，通信速率为8 Mbps。卫星与地面站的通信链路也采用 Ka 波段，上行链路频段为 29.1～29.3 GHz，下行链路频段为 19.4～19.6 GHz，Ka 波段关口站可支持每颗卫星与多个关口站之间同时通信。Iridium 星结构及星载天线配置如图 17－7 所示。

铱星系统地面段由控制中心、关口站和用户终端组成，系统信息流如图 17－8 所示，铱星系统控制中心负责铱星星座的运行支持和控制，把卫星跟踪数据交给关口站，包括遥测跟踪控制、操作支持网、控制设备，系统控制中心有 2 个接口，1 个接到关口站，1 个接到卫星。关口站控制用户接入并提供与地面公众电话交换网的互联，为完成上述通信任务，把信关站分为供用户接入铱星网络专用的地球终端和负责呼叫处理和与地面系统互联

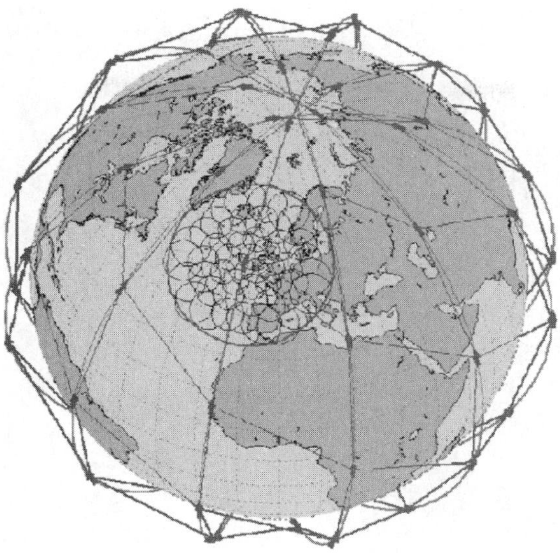

图 17-5　铱星系统组网星座图

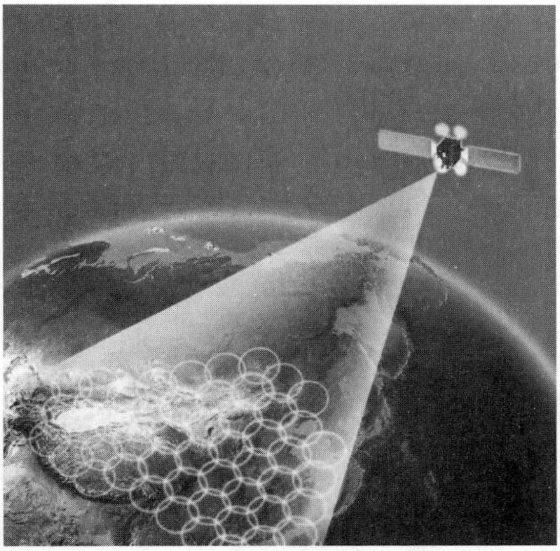

图 17-6　每颗铱星在地球表面生成 48 个点波束

的交换设备两大子系统。用户终端设备包括手持机（ISU）和寻呼机（MTD），与卫星之间的通信采用全双工 FDMA-TDMA 方式，传送数字信号，采用 QPSK 调制。语音编解码均采用 Motorola 的 4 800 bps VSELP 声码器算法。对用户的 2 400 波特率数据（短报文）和 4 800 bps 的数字语音，采用卷积编码和交织加以保护。

用户终端通过 L 频段用户链路和卫星星座进行通信，信关站和系统控制设备通过 Ka 频段馈电链路与卫星星座进行通信，卫星星座内部利用 Ka 频段星际链路实现卫星之间的互联。铱星系统中所采用的基带信息处理式转发器是最复杂的一种星上处理转发器，与信

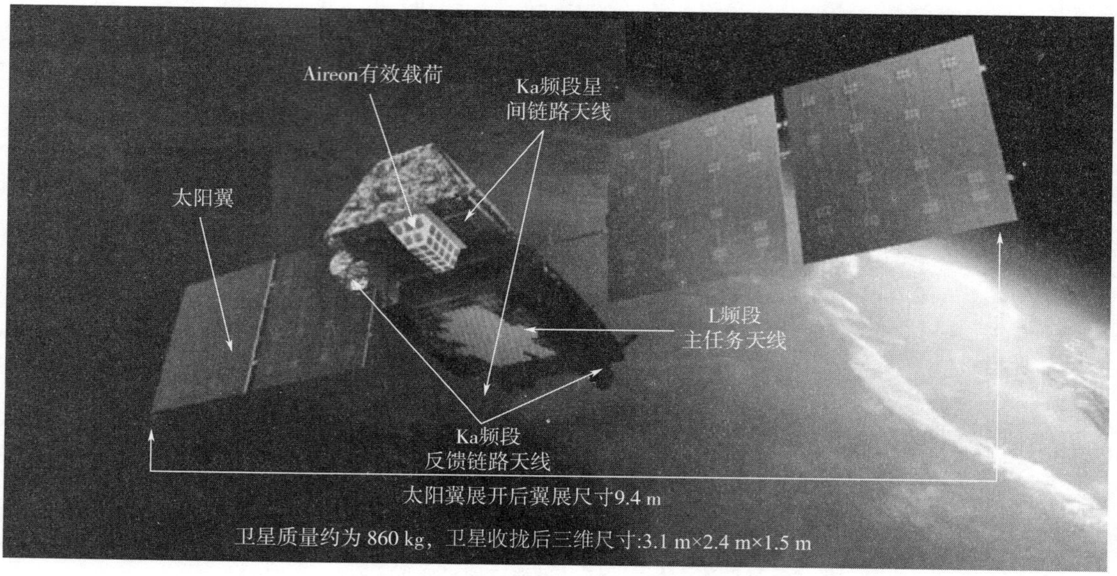

图 17－7　Iridium 星结构及星载天线配置

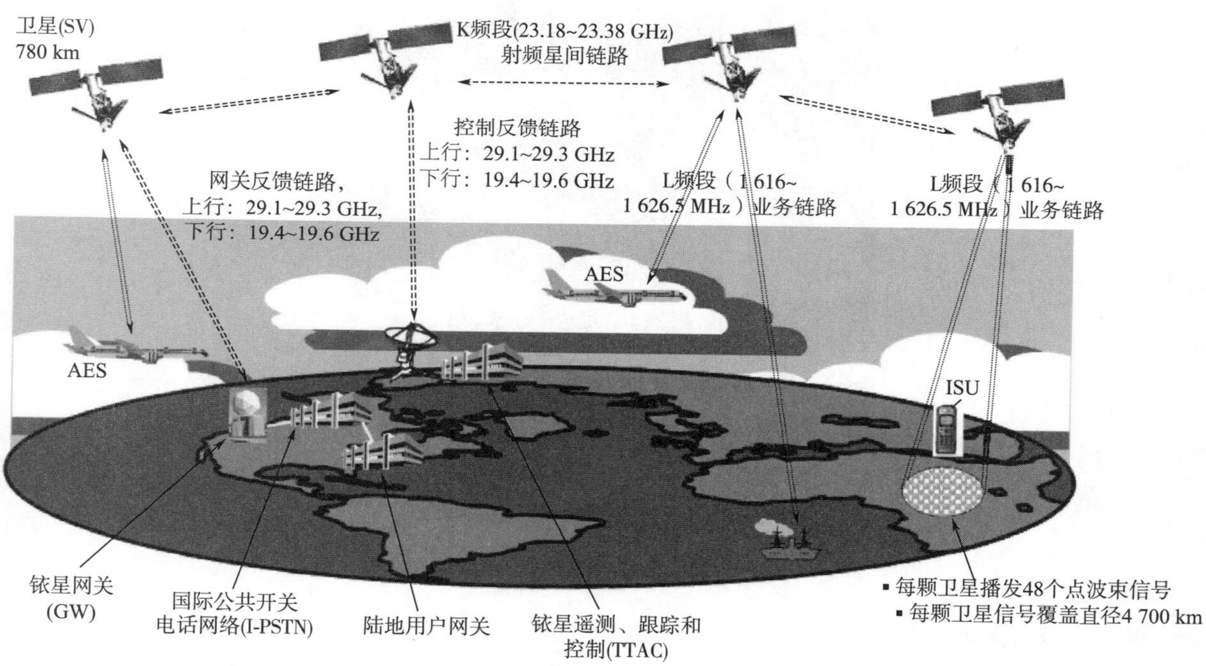

图 17－8　Iridium 系统组成及信息流

号再生式转发器相比，不仅具有星上再生能力，而且还具有星上基带信号处理和交换能力。基带信息处理式转发器通过接收机将接收到的射频信号变换为中频信号，通过解调、译码后得到基带信息，经过在基带信息处理器中对信息进行存储、交换、复用等处理后，按照网络控制信令和路由选择策略，将信号交换到相应的下行链路，通过再编码、调制，送到发射机，经过发射天线送回地面。

作为商业系统，铱星所采用的关键技术，包括星间交换方式与路由算法等都未作公开。由于铱星基于电路交换，星上可能采用 ATM 或类似的分组交换技术；未来二代铱星将采用爱立信的商用软交换技术取代电路交换；针对网络拓扑动态变化的问题，铱星系统星上路由可能采用 Extended Bellman Ford 算法或 Darting 算法等。铱星系统为用户提供语音和数据传输服务，数据传输的方式有两种：电话交换数据服务和报文交换数据服务。使用电话交换的数据服务的开销和语音电话一样。报文交换数据服务分为两种：短脉冲数据（SBD）和短消息服务（SMS）。SBD 低速数传速率 2.4 Kbps，采用标准 IP 协议；另外还提供基于路由器的无限制数字互通连接解决方案业务，速率 250 Bps，采用标准 IP 协议。

iGPS 由铱星系统地面运行控制中心、iGPS 系统差分参考站、在轨运行的铱星以及 iGPS 用户接收机 4 部分组成。iGPS 差分参考站位于铱星星下点，差分参考站对 GPS 卫星播发的导航电文中的参数（星历、钟差、电离层延迟等）误差进行修正；同时监测在轨 GPS 卫星运行情况，结合伪距观测量的状态域改正数或者观测值域改正数生成相应的完好性信息。iGPS 差分参考站将导航电文、差分修正数据、时间参考数据以及完好性信息上传给铱星，铱星接收 iGPS 差分参考站上传的信息后再转发给地面 iGPS 用户。以铱星星下点为中心，铱星每个点波束的覆盖范围为半径 750 英里的区域，用户均可以接收精度差分与完好性增强信号，iGPS 的信息链路如图 17 - 9 所示。

铱星下行频段为 L 频段的 1 616～1 626.5 MHz，接近四大全球卫星导航系统 L1 频点导航信号的中心频率（1.5 GHz），例如，GPS 和 Galileo 系统 L1C/A、L1C、L1P（Y）、L1M、E1 - OS 和 E1 - PRS 信号的中心频点为 1 575.42 MHz，GPS L1 信号带宽为 24 MHz，Galileo 系统 E1 信号带宽为 32.736 MHz，因此，一般用户利用一部导航接收机同时接收导航卫星播发的信号和铱星播发的增强信号在技术上是可行的（共用接收机天线和射频前端，数字信号处理基带不同），如图 17 - 10 所示，即利用铱星系统采用信息和信号增强方式增强 GPS PNT 服务，提高 GPS 完好性在技术上也是可行的，不会对一般用户带来额外负担。

铱星系统 Iridium NEXT 工作在地球低轨道，对 GPS 的增强体现在四个方面：第一铱星能够播发功率相对比较大的导航增强信号，落地信号电平和抗干扰能力较 GPS 信号提升 30 dB，可以使得 GPS 接收机在干扰环境中具有更高的抗干扰能力；第二利用铱星播发导航专用信号，可以辅助 GPS 提升抗欺骗能力；第三利用全球覆盖的铱星系统播发差分改正数及完好性信息，可以提高 GPS 的定位精度、增强系统完好性以及系统的可用性；第四利用铱星信号的多普勒频偏测量，大幅缩短 GPS 高精度载波相位测量收敛时间、缩短 RTK 初始化时间。

美国利用铱星移动通信系统来增强 GPS 服务，启示我们利用全球覆盖的通信卫星网络来增强卫星导航系统一定可以使卫星导航系统的定位精度、完好性、连续性、可用性指标得到显著提升，大幅度增强武器装备的作战效能，同时有效提高民用导航市场的竞争力。利用全球覆盖的卫星通信系统实现卫星导航系统的星基增强，虽然理论上可以选择

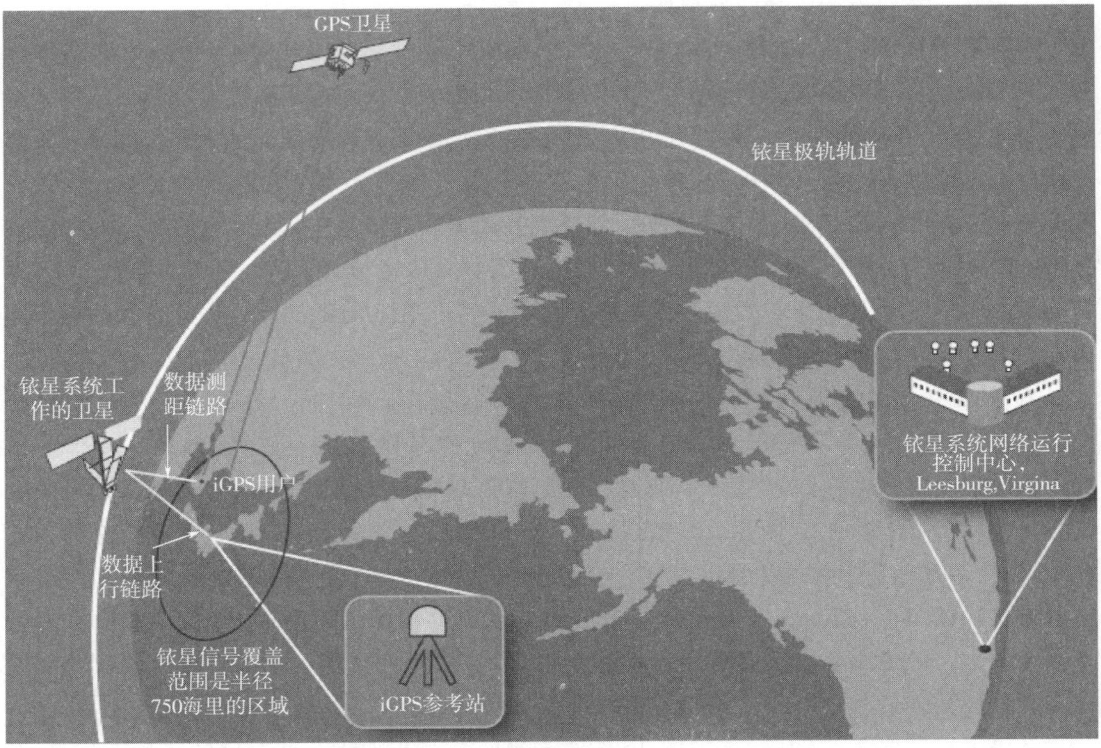

图 17-9　铱星系统对 GPS 完好性增强信息链路

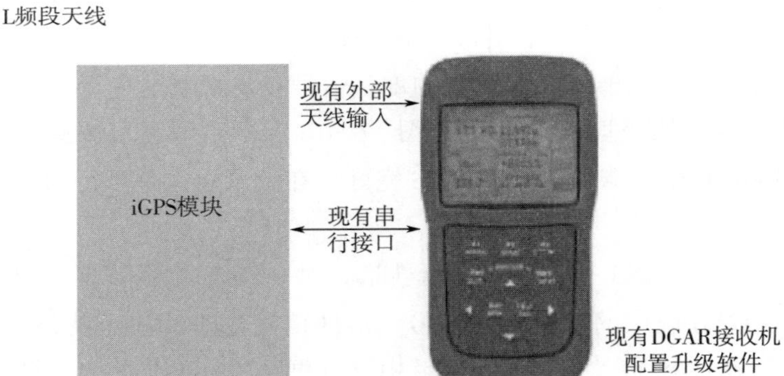

图 17-10　内置铱星系统 iGPS 模块 GPS 完好性增强接收机

GEO、LEO 以及 HEO 通信卫星系统，但是 GEO 轨道位置资源稀缺，HEO 通信卫星适合高纬度地区，LEO 低轨星座有可能成为解决上述诸项导航性能提升需求的有效手段，卫星轨道高度为 400～1 500 km，轨道周期为 92～120 min，覆盖范围为直径 600～5 800 km区域（10°仰角），卫星导航系统的导航卫星工作在 MEO 轨道，轨道高度为 20 000 km左右，两者星下覆盖范围比较如图 17-11 所示，轨道高度比较如图 17-12 所示。

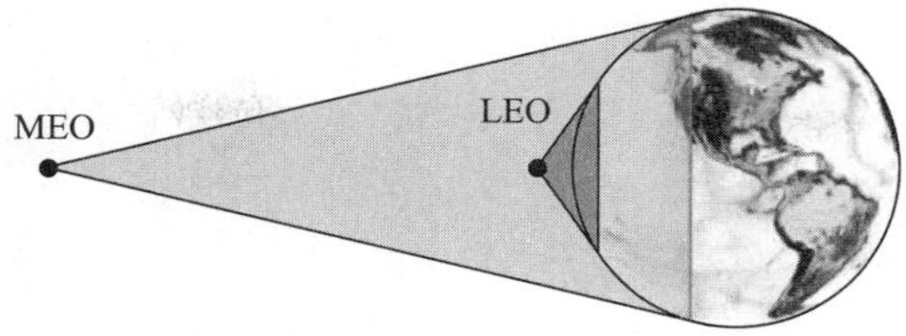

图 17-11　LEO、MEO 卫星覆盖范围比较

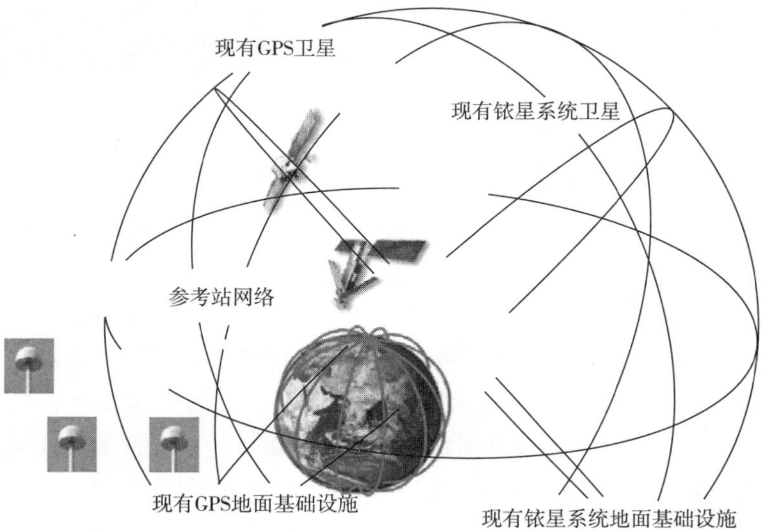

图 17-12　LEO、MEO 卫星轨道高度比较

LEO 轨道通信卫星的轨道高度远远低于卫星导航系统 MEO 卫星轨道的高度，因此，信号空间传播衰减小，落地电平大，易于适应复杂环境。LEO 通信卫星轨道位置几何变化快，信号多普勒频率变化大，易于构建独立定位授时服务体系，同时辅助提升信号接收灵敏度，提高终端抗欺骗水平。此外，利用 LEO 轨道通信卫星的蜂窝波束可以大幅增加信号转发式欺骗的难度，在点波束覆盖的400 km内，如图 17-13 所示，对方无法转发欺骗；卫星移动通信业务的信号资源动态调度机制大幅增加信号生成式欺骗难度。

综述，卫星导航系统作为高精度时空基准，可为全球用户在地表任何地点、任何时间、任何气候提供高精度、低成本的 PNT 服务，但在复杂环境适应性、系统完好性、可靠性、抗欺骗性等环节存在不足，例如在战时复杂电磁环境以及在丛林、沟壕、洞窟、城市街区等军事行动场所，导航军码信号容易失锁且难以捕获，要求接收机提升军码信号的捕获灵敏度。卫星导航接收机容易受到欺骗信号的干扰，2011 年 12 月 6 日，伊朗伊斯兰革命卫队利用电子欺骗技术诱导捕获美军 RQ170“哨兵”隐形无人机事件就是一个典型的案例，要求接收机能够提高抗干扰能力。通过导航电文认证的措施来提高接收机抗干扰的强壮性有限；依赖民用通信系统提供差分定位和增强系统完好性是可行的，但在战时系统是脆弱的；利用卫星点波束信号增强导航系统是可行的，例如，GPS 设计了二元偏置载波

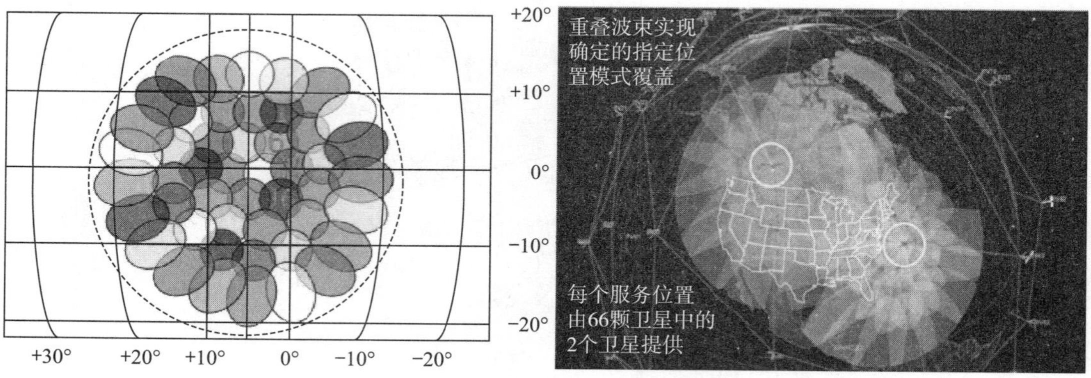

图 17－13　移动通信卫星点波束地面覆盖示意

信号调制军用 M 码信号，并利用点波束天线播发战时功率增强 M 码信号，M 码重点区域点波束信号功率为－138 dBW，而 M 码全球信号功率为－158 dBW，即 M 码信号在重点区域的信号功率比全球信号功率提高了 20 dB，但仅仅依靠卫星导航系统自身实现功率增强不仅代价大，对民用导航信号的播发造成一定影响，不是最优手段。

利用 LEO 低轨通信卫星星座播发导航差分和完好性信号，一是在提高定位精度、增强系统的完好性；二是提供低轨卫星多普勒频偏测量，大幅缩短高精度载波相位收敛时间；三是可以提高卫星导航系统的环境适应性，包括提高抗干扰能力（落地信号电平和抗干扰能力提升 30 dB）、抗欺骗能力（播发专用信号，辅助提升抗欺骗能力）；四是改善卫星导航系统的便捷性（低成本、低功耗、缩短首次定位时间）。可以预见，卫星导航系统与低轨移动通信系统的融合，启示我们在开展北斗三号全球卫星导航系统建设过程中，积极与国家的卫星通信系统融合，维护、发展和推进 BDS 的市场主导地位。

17.3　组合导航

17.3.1　GNSS/INS 组合导航

2016 年年底，我国拥有公路隧道 15 181 处，总长达到 14 039.7 km，且在快速增长，是世界上公路隧道最多、最复杂、发展最快的国家，数十千米的隧道群不断出现，在带来交通便利的同时，由于空间、光线条件的影响、驾驶人危险性认识不足等因素，隧道交通事故频发。事故前，缺少高风险车辆信息，不能有效辨识风险源，做到主动预防；事故发生时，不能做到即时发现，自动处理，预防二次事故能力差。事故隧道内及周边情况信息不全面，影响救援效率。2014 年 7 月 1 日，交通运输部、公安部、国家安监总局联合发布《道路运输车辆动态监督管理办法》，管理办法明确要求“两客一危”车辆在出厂前应当安装符合标准的卫星定位装置，重型载货汽车和半挂牵引车在出厂前应当安装符合标准的卫星定位装置，并接入全国道路货运车辆公共监管与服务平台。

汽车在穿越隧道过程中，卫星导航和通信信号均被遮挡，车载卫星导航终端以及车载监控终端在隧道内不能正常工作，监控中心无法获取隧道内车辆实时位置和速度信息，不能获取车辆的工作状态。这时车载卫星导航终端可以利用惯性测量单元 IMU 给出的导航信号的多普勒频移、速度、加速度等动态测量信息，外推用户位置坐标，GNSS/IMU 数据融合接收机结构组成如图 17-14 所示，导航滤波器状态向量包含惯性设备误差。IMU 输出用户位置和速度信息，然后与 GNSS 模块测量的伪距、多普勒频移等测量值整合在一起。根据 IMU 给出的位置和速度信息以及 GNSS 卫星星历，组合系统可以更加准确地预测出 GNSS 信号的伪距与多普勒频移等，而这些测量值与 GNSS 实际测量值一起通过相减形成误差信号，此误差再经过卡尔曼滤波后就得到对 INS 子系统定位、定速结果的校正量，最终输出位置与速度的最优估计。INS 模块输出的用户位置和速度结果给 GNSS 接收机提供了用户运动的参考轨迹，将 GNSS 定位这个非线性卡尔曼滤波问题转化成一个线性化卡尔曼滤波问题。

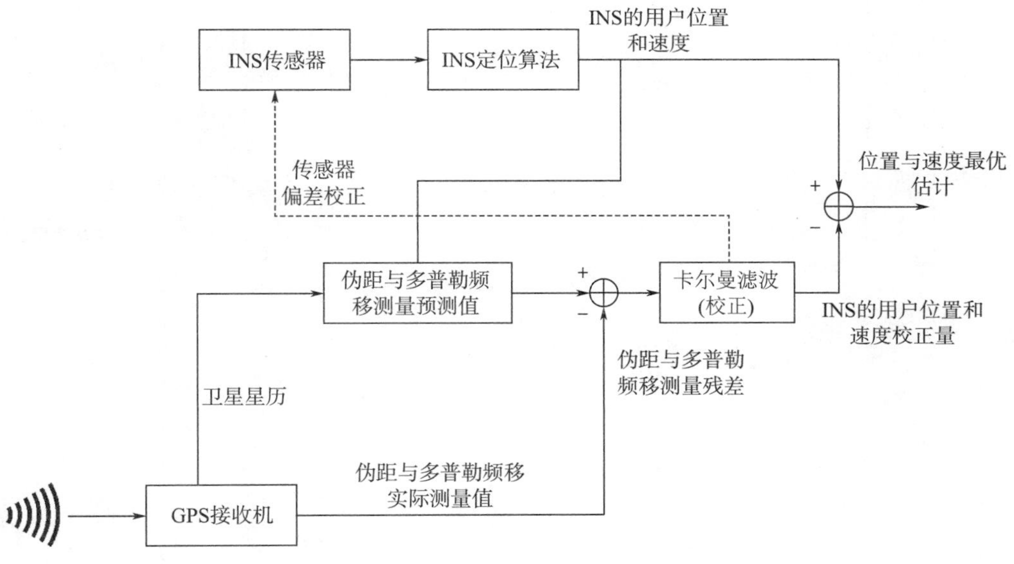

图 17-14　GNSS/IMU 数据融合接收机结构

1996 年，学术界提出了组合导航体系的概念，但对于组合导航体系的极紧耦合、深度集成等概念还没有形成统一的认识，其中一种看法是以是否有针对 GNSS 接收机的辅助作为极紧耦合的特征。因此，对于极紧耦合集成结构来讲，就有基于松耦合滤波器的极紧耦合集成结构，基于紧耦合滤波器的极紧耦合集成结构和基于极紧耦合滤波器的极紧耦合集成结构。也有根据 INS 介入组合导航的深度来划分为开环 INS 校正和闭环 INS 矫正两种体系结构。第三种观念以 GNSS 接收机输入集成滤波器的观测值的类型来区分组合导航的体系结构。当集成观测量分别选择“速度/位置”“伪距/载波”和“I/Q 累积值”时，分别对应松耦合、紧耦合或极紧耦合集成结构。

按 GNSS 组合介入的深度，GNSS/IMU 组合导航系统可以分为 3 种类型，它们是松耦合集成、紧耦合集成和极紧耦合集成。关于松耦合、紧耦合和极紧耦合的结构如图 17－15 所示。松耦合体系下 GNSS 接收机参与集成的数据是导航解（包括位置 P，速度 V，姿态 A)；紧耦合体系下 GNSS 接收机参与集成的数据是伪距 ρ 、伪距率 $\dot{\rho}$ 、载波相位 ϕ 和载波相位率 $\dot{\phi}$ 。极紧耦合体系下 GNSS 接收机参与集成的数据是相关器的输出 I/Q 两路累积值。

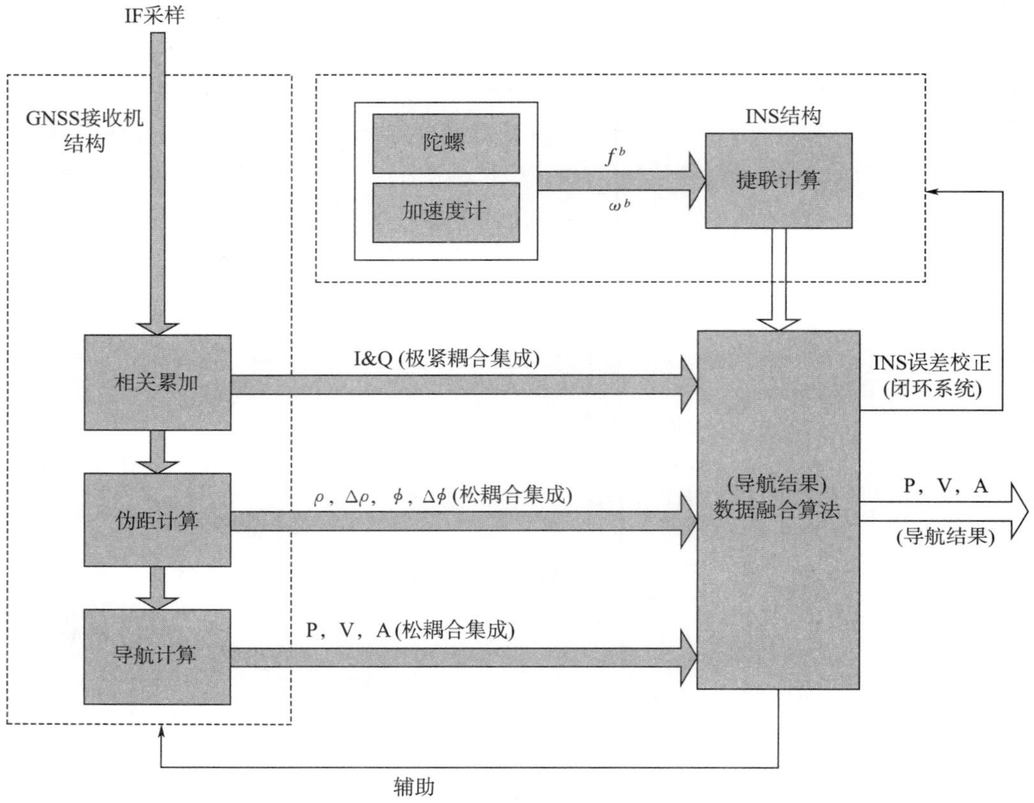

图 17－15　GNSS/IMU 组合导航系统结构示意图

在松耦合体系下，GNSS 和 INS 独立地产生导航解（包括位置 P、速度 V、姿态 A)。这两组独立的导航解同时送入数据融合滤波器，得到 GNSS/INS 的组合导航解。由于松耦合结构下，GNSS 的导航解是作为观测量输入数据融合滤波器的，所以 GNSS 必须能够导航解算。因此 GNSS 接收机必须能够同时跟踪 4 颗以上的卫星才能获得导航解算所需要的 4 个伪距值。在 GNSS 信号受到干扰的情况下，松耦合结构的组合导航接收机可能无法满足 GNSS 独立解算的要求，可能出现无 GNSS 输入解，或者 GNSS 观测量误差很大的情况。这种情况下，组合导航接收机会工作在 INS 独立导航的状态下。因此，松耦合结构的组合导航体制虽然具有一定的抗 GNSS 信号干扰的能力，但是并不适用于较严重或较长时间的干扰场合。

紧耦合结构在信号集成的层次上相对松耦合更为深入，在紧耦合结构下，GNSS 的观

测值如伪距 ρ 、伪距率 $\dot{\rho}$ 、载波 ϕ 和载波相位率 $\dot{\phi}$ ，被当作滤波器观测值送入集成滤波器。相对于松耦合，紧耦合有很多优点。紧耦合最大的优点在于对 GNSS 信号的抗干扰能力大大增强。由于不需要得到 GNSS 的独立的导航解，在 GNSS 的信号要求上就不需要 4 颗以上的卫星的先决条件。在紧耦合模式下，即使只有 1 颗可跟踪卫星，理论上亦可以对组合导航系统的整体性能做出贡献。紧耦合的第二个优点是使整个组合导航系统的结构更为简单，从而提高了系统精度。

极紧耦合结构是 GNSS 接收机介入程度最深的组合导航结构。它一方面直接采用相关器的输出 I、Q 数据作为集成滤波器的输入：另一方面，它打破了传统 GNSS 接收机的跟踪环模式，而通过对组合结果进行处理后直接去调整码 NCO 和载波 NCO。由于极紧耦合体系下，系统可以利用 INS 系统短时精度高的优点，在 NCO 控制时消除了平台的动态，所以可以降低 GNSS 信号的跟踪带宽。这样就可以更好地抑制噪声，从而使 GNSS 信号的跟踪精度更高。其次，当一路或几路 GNSS 信号由于干扰失锁的时候，组合系统仍然可以预测平台的动态，从而在一定时间内估计信号的多普勒频移和相位偏移。一旦有了信号，重捕获的时间可以大大减少。

利用惯性导航系统提供的平台信息辅助 GNSS 接收机的码环和载波环，即采用 GNSS/INS 组合导航技术，可以使 GNSS 接收机环路的跟踪带宽变窄，进而进一步抑制 GNSS 信号带外干扰，可以提高 GPS 接收机的抗干扰能力 10～15 dB。目前这种组合导航技术已在各类军用飞机、舰船、巡航导弹、精确制导炸弹等武器系统中得到广泛应用。

例如，联合直接攻击弹药（JDAM）在美军常规 MK80 系列炸弹中加装 GPS/INS 制导组件，GPS/INS 制导组件由制导控制部件（GCU）、尾翼控制舵机、控制舵面、尾翼、2 套 GPS 导航信号接收天线、测控组件、尾锥体整流罩和电缆组件等构成，如图 17 - 16 所示。制导控制部件是 JDAM 制导炸弹的核心部件，它包括任务计算机、惯性测量部件、GPS 接收模块（GPS - RM）和电源模块。制导控制部件安装在截头圆锥体内，外部采用锥形保护罩用以防止电磁干扰和其他环境因素的影响。

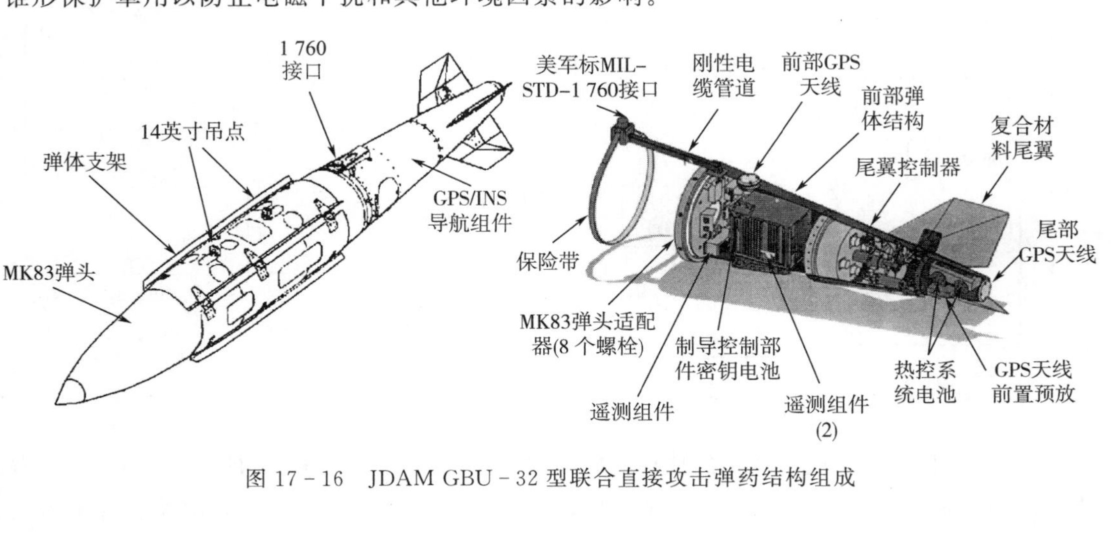

图 17 - 16　JDAM GBU - 32 型联合直接攻击弹药结构组成

JDAM 系统控制框图如图 17 - 17 所示，根据任务计算机传来的控制指令，JDAM 弹尾的可动舵面不断调整炸弹的飞行轨迹，控制导弹自动寻的，JDAM 可以从距离目标大约 15 km 的地方发射，并各自攻击所指定的目标。JDAM 制导系统包括导航系统和控制系统两部分。导航系统在炸弹飞行过程中提供位置和速度信息，以及自动驾驶仪设计所需要的弹体角速率和加速度信息；控制系统根据导航系统提供的炸弹位置和速度信息，与已知的标称弹道和目标位置信息进行综合，根据所设计的控制律控制炸弹飞向目标，并以一定的制导精度命中目标。

JDAM 系统精度分为 GPS/INS 方式和纯 INS 方式两种，假设要求弹药以 60°水平角方向命中目标，在 GPS/INS 方式下的 JDAM 命中精度将不超过 13m（CEP），纯 INS 方式下的命中精度不超过 30 m（CEP）。JDAM 系统设计时的各部件精度分配如表 17 - 5 所示。

表 17 - 5　JDAM 系统设计时的各部件精度分配

误差源	GPS 辅助模式	无辅助信息模式
GPS 子系统	10.1 m(CEP)	
IMU	1.5 m(CEP)	22.6 m(CEP)
制导和操舵	2.2 m(CEP)	2.2 m(CEP)
软件	2.9 m(CEP)	7.5 m(CEP)
目标位置	7.2 m(CEP)	7.2 m(CEP)
作战飞机		15.9 m(CEP)
总计	13.0 m(CEP)	29.6 m(CEP)
需求	13.0 m(CEP)	30.0 m(CEP)

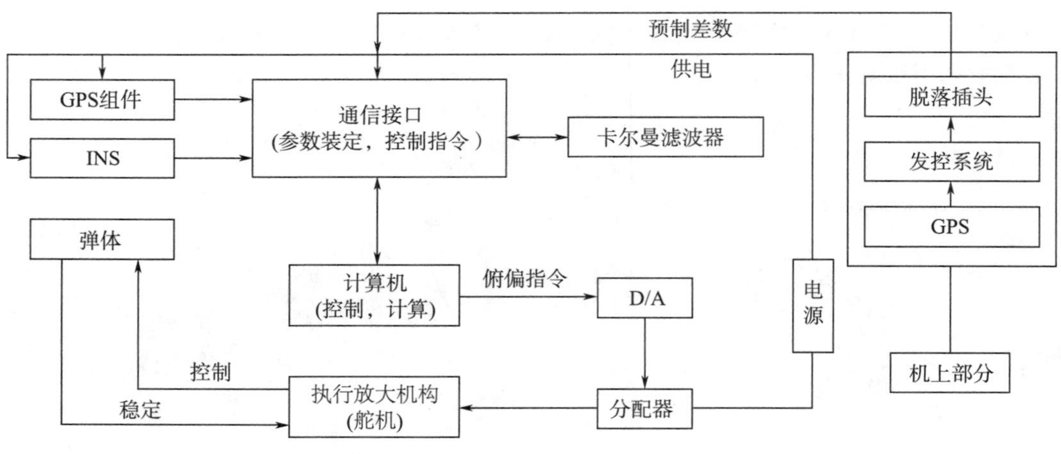

图 17 - 17　JDAM 系统控制框图

波音公司对在 30°航向变化的战机实施传递对准，然后从 25 KFT 的高空以 0.95 马赫投弹的 JDAM 的制导精度进行了仿真分析，结果表明发射误差主要来自战机传递对准的位置误差和目标定位误差。对最大偏离目标的试验数据表明，只有在对战机传递位置误差进行补偿的前提下，采用纯 INS 方式系统命中精度可达 20 m，所以传递对准技术是 JDAM 武器关键技术之一。

JDAM 系统设计要求当弹药以 60°水平角方向打击目标时，GPS/INS 方式的命中精度将不超过 13 m（CEP）；纯 INS 方式的命中精度不超过 30 m（CEP）。46 次 GPS/INS 方式下的实际武器试验精度结果如图 17－18 所示，由数据可知，系统实际的命中精度是 10.1 m（CEP），满足设计要求。对最大偏离目标的试验数据表明，在对飞机传递位置误差进行补偿的前提下，纯 INS 方式的系统命中精度为 20 m。

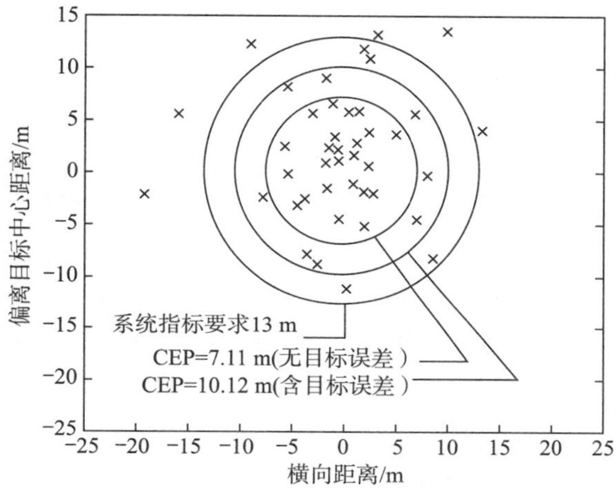

图 17－18　GPS/INS 组合制导 JDAM 联合直接攻击弹药系统精度

为防止电磁干扰和其他环境因素的影响，GPS 接收机采用两套天线，分别装在该弹尾锥体整流罩前端上部（侧向）和尾翼装置后部（后向），以便在炸弹离机后在水平飞行段和下落飞行段时截获并持续跟踪 GPS 信号。研究表明如果采用战术级 IMU，要求可见卫星数大于等于两颗，并且当可见星数大于 4 颗时，尽量采用松耦合的体系结构，从而充分发挥高精度 IMU 的短期精度优势；如果采用商业级 IMU，要求可见卫星数大于等于 3 颗，并且尽量采用紧耦合的体系结构，让 GNSS 的信息对商业级 IMU 造成的较快的误差累积进行充分的矫正。

17.3.2　量子定位系统

全空域、全时域的无缝定位导航是未来导航领域的技术制高点。全球卫星导航系统至少要接收到 4 颗卫星传来的电磁信号，才能精确地确定用户的位置。如果在地下或者水下这类无法接收到电磁波信号的地方，卫星导航系统就不能提供 PNT 服务。

量子定位系统（quantum position system，QPS）是 2007 年诺贝尔奖的成果，利用冷原子对于外力和加速度变化的敏感性，构建起原子干涉系统，通过精确探测系统所受到的磁场和重力场数据，可以计算出系统运动的路径。由于量子加速度计可以感受到极其微小的引力变化以及加速度的变化，所以量子定位系统可以非常精确地计算出物体在各个时刻所处的具体位置，从而实现系统的定位和导航功能，量子定位系统也称为量子罗盘，是一种新的惯性导航技术。量子定位系统不需要接收外界的无线电导航信号，而是通过自身所感受到的加速度的变化来确定运行路径，非常适合在地下或水下等无法接收到电磁信号的地方工作，尤其适合潜艇的定位和导航。

量子定位系统涉及超冷原子的俘获及控制技术、高精度激光产生及传输控制技术、原子干涉技术、低温超导屏蔽等关键技术，英国国防科学与技术实验室（DSTL）研究一种以超冷原子为基础的加速计，激光能捕获真空中的原子云，并使其冷却到绝对零度左右，超低温下原子会变成一种量子态，这种量子态很容易受外力干扰而破坏，这时用另一束激光来跟踪监测干扰造成的任何变化，就能计算出外部加速度的变化。由于潜艇航行时会受到海水作用而左右摇晃，导致略微偏向，DSTL 能把这套系统用在水下环境，从而精确跟踪潜艇移动的位置。

目前，除了 DSTL，美国、中国和澳大利亚也在研究量子定位系统，北京自动化控制设备研究所研制成功我国首个基于磁共振的原子自旋陀螺仪原理样机，样机零偏稳定性优于 2（°）/h，成为世界上第二个掌握该技术的国家。

量子导航定位技术还不能区分微小的万有引力效应，如果潜艇通过一个水下山脉，山脉的万有引力把它向西吸引，感觉上就像它在向东加速，需要详细的万有引力地图才能把它引导到正确方向。量子导航定位系统最大影响是系统微型化后在武器装备上的应用，特别是原子陀螺仪的技术突破使现有装备的体积、质量、功耗、成本等下降约两个数量级，同时实现米级定位精度，提供不依赖卫星导航系统的全空域、全时域无缝定位导航能力。

潜艇是量子定位系统重要的用户，卫星导航系统在水下应用受限，也使得量子定位系统优势尽显。传统惯性导航系统会逐渐累积误差，量子定位系统能够大幅度延长惯性导航系统累积误差的修正时间，确保了水下航行的安全。量子定位系统与卫星导航系统组合将是一个重要的发展方向，并具有极高的军事应用价值。

17.3.3　随机信号导航系统

随机信号导航（Navigation Via Signals of Opportunity，NAVSOP）系统主要利用充斥在用户周围不同的信号，例如 wifi 信号、无线电台信号、无线通信信号等，来估算自己的位置，如图 17 - 19 所示。NAVSOP 系统可以规避敌方对导航系统的干扰和欺骗，还能够通过获取起初未能识别的信号来建立越来越精确和可靠的定位结果。在某些情况下，它甚至可以利用卫星导航干扰机所发射的信号来进行辅助导航。

2012 年 6 月，英国 BAE 系统公司研发了 NAVSOP 系统，NAVSOP 导航最新进展是悉尼大学机器人中心和 BAE 公司 Laura A. Merry 和 Ramsey M. Faragher 共同提出的基于中波广播信号、数字广播信号、GSM 信号、3G 信号的随机导航系统，实验表明，当使用单一导航系统时误差均在 10 m 左右，而利用多源导航技术时，导航误差可以有效控制在 3 m 以内。NAVSOP 系统可以被集成到现有的各种定位设备中，系统可以在建筑物密集的城区和建筑物内部等 GPS 信号被遮挡的地点发挥作用，也可以通过捕获各种信号在

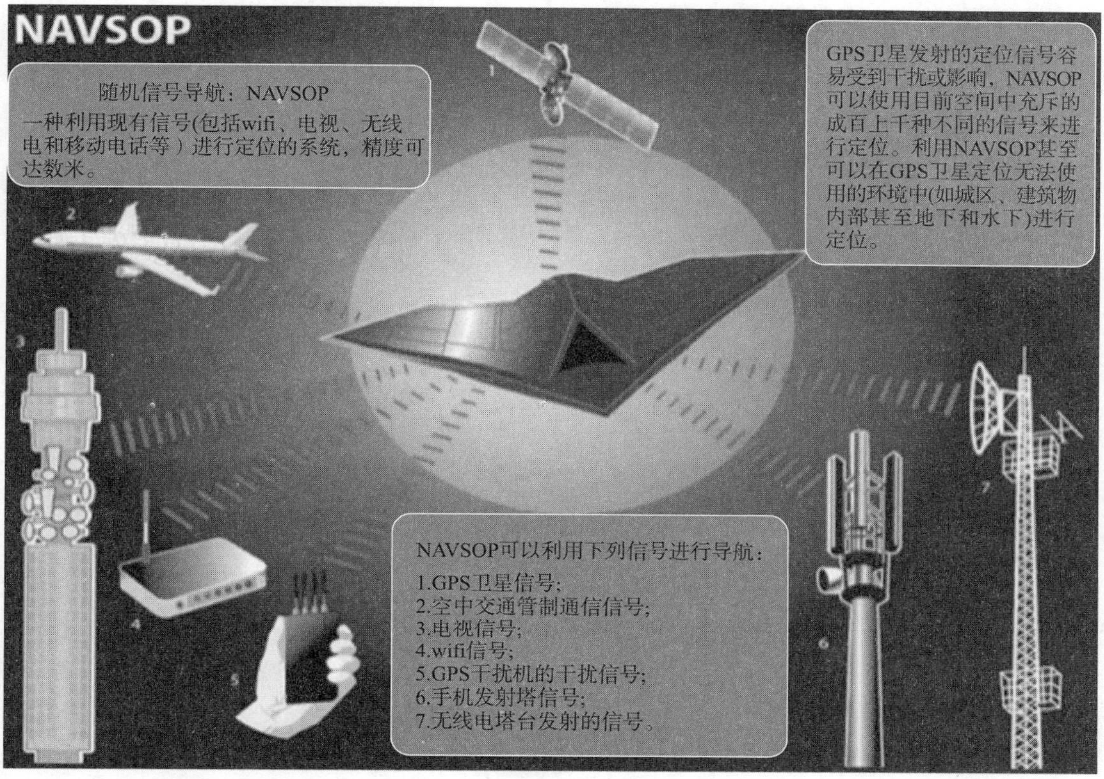

图 17-19　随机信号导航系统利用不同的信号实现位置解算

北极等世界上最偏远的地区发挥作用。NAVSOP 系统可以抵抗敌方的干扰和欺骗，还能够通过获取起初未能识别的信号来建立越来越精确和可靠的定位结果。

17.3.4　全源定位导航系统

全源定位导航（all source positioning and navigation，APSN）系统充分利用各类 PNT 传感器和测量数据，通过信息融合技术获取精确的 PVT 解算。全源定位导航系统可用于任何作战平台和作战环境，可在单兵、无人机、潜水器、轮式车、履带车、飞机、小型机器人等平台上使用，也可以在水下、地下、丛林、建筑物内部等多种战场环境下使用。无人机利用全源定位导航系统从多种传感器和测量源接收数据，如图 17-20 所示。

全源导航基于声、光、电、磁等多种 PNT 技术，包括利用电视、电台、信号发射塔、卫星信号，甚至利用雷电等机会信号，通过信息融合技术，提取相关的时间和空间信息，进而实现定位和导航服务。全源导航体系分为数据汇聚层、数据预处理层和数据融合层，均具有开放性和兼容性，全源导航效能评估主要对依据全源导航框架设计的多源导航系统实例性能进行评估。数据汇聚层包含数据分类、信息汇聚与感知、外层数据软接口 3 个模块，其中数据分类模块对输入数据进行分类；信息汇聚与感知主要完成传感器的感知和输入数据整合；外层数据软接口完成导航源传感器数据的接入，得到其导航原始数据。设计

图 17－20　无人机利用全源定位导航系统从多种传感器和测量源接收数据

数据汇聚层时，需要综合考虑当前已有的或即将装备的导航源，根据源的定位机理等对异构导航源进行类别划分，为后续工作提供支撑。数据预处理层包含数据标准化、数据平滑和数据可置信度推断模块。数据标准化模块将不同导航源输入的内容进行时空一致性处理。针对位置域融合，对数据进行时空统一；针对测量域融合，对等效观测量输入模式进行标准化，以便于融合处理。数据平滑模块，对输入的数据进行平滑操作，对数据中的毛刺、野值进行剔除；可置信度推断模块对输入的数据进行置信度分析与评估，在置信度推断模块，需要着重设计权重综合规则，对输入的导航源进行权值设定。数据融合层包括即插即用位置域融合和即插即用测量域融合模块，位置域融合针对位置观测信息；测量域融合针对定位算法独有的观测量，如卫星导航系统中的伪距、伪距率，WLAN 定位中的信号强度、视觉定位中匹配特征点位置信息等，将观测信息加入到融合框架中，提高融合结果的可靠性和精度。

全源导航概念的提出和相关项目的部署与美国《国家 PNT 体系实施计划》的发布存在着时间上的“巧合”，两者都包含有在多种导航信息源间进行融合的基本思路，这暗示着全源导航是美国国家 PNT 体系的组成之一。2010 年 11 月，美国 DARPA 启动了全源导航技术研究，全源导航计划分三个阶段进行：第一阶段主要工作目标是开发导航算法和数据融合算法，构建“即插即用”软件体系架构，支持 10 种以上类型的传感器的信息处理；第二阶段原理样机并配置实时算法软件，要求当应用场景切换导致传感器组合发生变化时，能保证定位结果的连续性；第三阶段主要工作是演示和验证，提出单兵便携型以及车载和机载型导航系统的解决方案。

第一阶段工作由 Draper Lab 实验室和 Argon ST 公司负责，完成了整体系统设计、抽象算法设计以及快速导航传感器融合与重构的导航滤波算法设计，同时对该导航系统的适配性和即插即用进行了验证。获得了阶段性成果：美国诺斯洛普格拉曼公司 Omar Aboutaliba、Bruce Awalta、Alex Fung 等人提出的一种 GPS 失效情况下能够实时全源自适应融合所有可用的导航数据的架构，美国乔治理工大学 VadimIndelman 等人提出的一种基于因子图的多源导航信息融合系统。这两项系统使用的传感器数据有惯性量测器件、测高仪、星敏感器、无源成像传感器和数字高程数据库等。仿真和实验结果表明在 GPS 失效情况下具有很好的导航性能。第二阶段于 2012 年 6 月开始，由 SAIC，Vesperix 和 Systems & Technology 3 家研究机构进行，工作主要是开发实时算法，并将算法与硬件结合，完成对多种传感器信号的接收，以及全源导航系统原型的系统演示与评估。

全源导航效能评估体现在三个方面：一是对基于全源导航框架的多源导航系统实例的评估，主要是系统复杂度、系统容错性和系统即插即用性三个环节；二是对多源导航实例输出结果的评估，主要是定位精度、连续性、完好性、可用性、实时性五方面；三是实时评估当前定位结果的可靠性。

17.4　射频信号直接采样

射频信号直接采样技术（Direct RF Sampling，DRFS）是解决卫星导航接收机射频前端兼容接收所有 L 频段导航信号的可行途径，射频信号直接采样射频前端组成如图 17－21 所示，宽频段射频前端首先对导航信号进行放大和滤波，然后利用高速率模数转换器对信号直接进行采样，随后对采样信号进行下变频得到数字中频信号，最后对数字中频信号进行搜索、跟踪、解扩、解调、译码处理，得到 PVT 导航解。

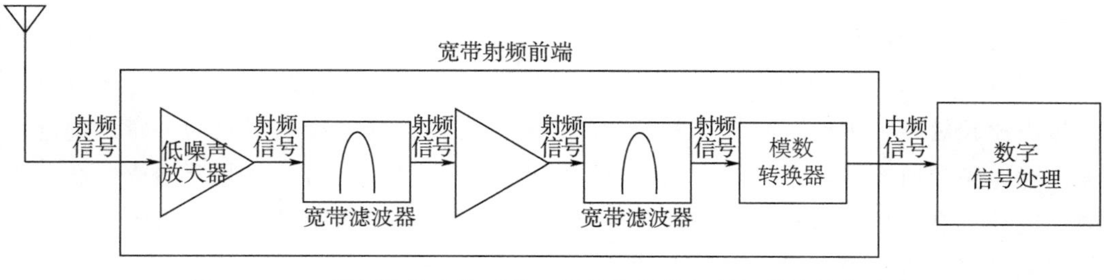

图 17－21　射频信号直接采样卫星导航接收机射频前端结构组成

Canada 的 MDA 公司研发了一款能够接收四大全球卫星导航系统射频信号的直接采样接收机，结构组成如图 17－22 所示，利用 NovAtel 公司的 GPS－704X 天线接收导航信号，利用 Hittite 公司噪声系数为 1.3 dB 的低噪声放大器 LNA 获得 30 dB 宽带增益放大，然后利用 Avago 公司的宽带增益放大器模块 GBA（Gain Block Amplifiers）进一步放大射频信号，增益放大器模块 GBA 放大增益为 22 dB，同时利用 RFM 公司的窄带滤波器剔除带外噪声信号，该型窄带滤波器具有 15.3 MHz 带宽（3 dB），中心频点与 GPS 系统 L1

频点 C/A 信号一致（1 575.42 MHz）。末级放大器采用 Hittite 公司的宽带可变增益放大器 VGA（Variable Gain Amplifier），增益调整范围是－13.5～＋18 dB，以调整模数转换器的输入功率，采用 Atmel 公司的模数转换器 AT84AS004 对 L1 频点信号采样，由此获得最佳的转换分辨率（详见 Positioning，2012，3，46－61 http：//dx.doi.org/10.4236/pos.2012.34007）。

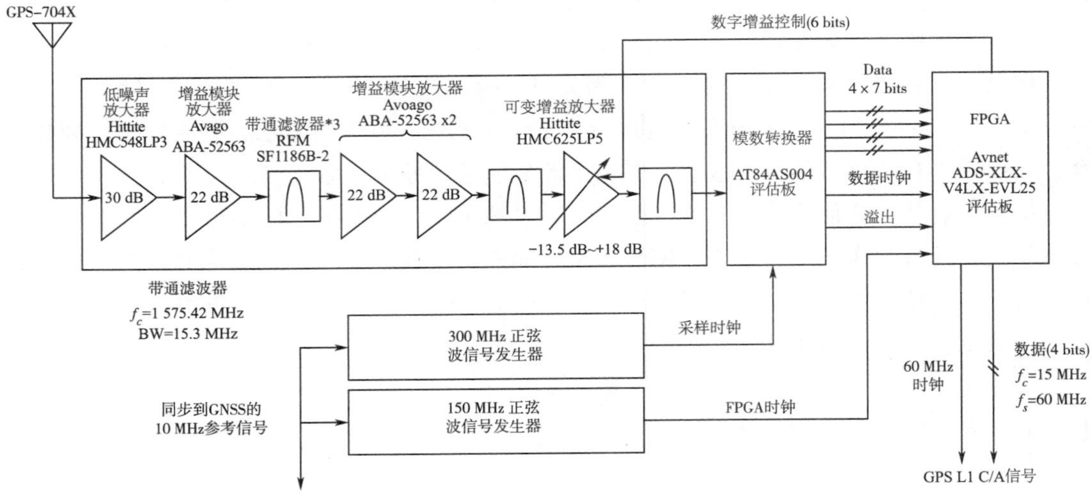

图 17－22　射频信号直接采样卫星导航接收机结构组成

DRFS 技术利用 FPGA 数字电路实现射频信号的下变频处理，因此，通过选择采样频率就可以利用一个射频前端实现同时对多个导航信号的宽频射频信号直接采样，这种方法的主要缺点是高频采样导致功耗较大、宽频信号处理导致更快的数字处理能力要求以及对采样抖动较为敏感。

用户端卫星导航信号的功率非常低，通常低于信号热噪声，例如，对于 GPS L1 频点的 C/A 信号来说，用户端的信号功率为－158.5 dBW，这意味着导航信号对接收机产生的热噪声比较敏感，因此，降低接收机的噪声系数对设计导航接收机至为关键。此外，为了满足对宽频带所有导航信号放大的要求，需要串联多级放大器，由此会造成系统不稳定问题；设计具有较低插入损耗、较高带外噪声信号抑制能力的宽带滤波器对于保持射频信号直接采样接收机来说也是非常重要的。

17.5　卫星导航信号

几十年来，特别是近十几年来，随着 GPS 的现代化及 Galileo 和 BDS 的建设，卫星导航信号经历了一个不断演变的过程，卫星导航接收机处理技术也在不断发展并已相对成熟，但困扰卫星导航信号设计以及接收机开发的一些基本问题还是没有完全消除。这些问题的核心主要体现在有限的频谱资源和受限的发射功率与不断增长的定位、导航与授时需求之间的矛盾，而且随着 GNSS 的发展，这些矛盾更加突出。所以，在未来的卫星导航信号以及接收机的设计开发过程中，还将继续面临当前在信号和接收机设计时所面对的各种问题：首先，卫星导航带内和带外的射频干扰在未来不但不可能减弱，反而会变得更加严重，所以在各种干扰环境中，如何保持导航系统的可靠和连续工作的能力，仍然是系统建设和应用所面对的一个大问题；其次，随着位置服务等需求在定位精度和服务覆盖范围上不断增长，用户对导航系统在室内、隧道、城市峡谷等各种恶劣的接收环境中的可用性要求也会不断增加，信号和接收机必须要联合对抗卫星严重遮挡造成的功率衰减以及严重的多径干扰等问题；再次，除了导航系统的本身更新换代促使导航信号的升级，未来将以导航系统为一个核心，通过各种增强、补充和备份手段结合形成国家定位导航授时体系，也需要通过卫星导航信号作为纽带，把多个增强、补充和备份系统有机地联系起来。所有这些都对卫星导航信号的设计提出了更新、更高的要求。虽然不可能把解决这些问题的希望全部寄托在信号设计的改进上，但良好的信号设计却是形成解决方案最重要的一环，也是所需成本最低、对技术要求最少的途径。正是这些需求驱使着卫星导航信号技术的不断进步，也成为我们预测卫星导航信号发展趋势的主要依据。

预测卫星导航信号发展趋势的一个基本假设是：在可以预见的未来，卫星导航系统的基本体制不会发生颠覆性的变革，即导航信号仍然是卫星导航系统传输测距码、卫星星历和钟差的载体，因此卫星导航信号的发展应该是渐变的。先进的扩频调制方式不仅使得多个 GNSS 系统的信号能够更好地共享频谱资源，而且让信号在噪声、多径和干扰环境中的测距性能也有了明显的提升。导航电文和编码技术的优化使信号可以在满足规定解调能力的条件下将省下来的功率分配给导频信道，以使捕获、跟踪和测距的性能得到进一步提升。先进的多路复用技术使卫星得以在一个频点同时播发多种不同的服务信号，而且每种信号可以针对不同的用户来专门优化。从过去几十年的演变可以看到，导航信号的发展主要体现在扩频调制、电文结构与编码以及星上的多路复用技术等方面，未来的发展也将主要体现在这些方面。因此，未来导航信号的演化可能的趋势主要有以下 5 个方面。

17.5.1　扩频调制带宽有限

在扩频调制方面，未来的导航系统可能会采用更大带宽的信号吗？现有的导航信号带宽从几兆位每秒到几十兆位每秒都有，一般认为较宽的信号带宽可以带来测距性能的提升及干扰和多径抑制能力的提高。但是，卫星导航的频率资源是非常有限的，相应的更大带宽的接收机成本会大大增加，且同时接收到窄带干扰的可能性也随之增大，而且，大带宽信号在卫星导航中的优势迄今并未得到完全体现。因此，至少在卫星导航的 L 频段使用更大带宽扩频调制的前景并不乐观。

17.5.2　空间分离的导航信号

未来的卫星导航信号的基本结构会发生什么样的变化？回顾卫星导航系统发展历程，可以发现，第一代卫星导航系统，如美国的 Transit，采用了与雷达信号类似的脉冲信号体制；早期的第二代卫星导航系统，包括 20 世纪 90 年代建成的 GPS、GLONASS，均采用了与卫星通信类似的DSSS/BPSK类信号；近期的第二代卫星导航系统，包括现代化的GPS以及建设中的Galileo和BDS，信号结构又发生了较大的变化，其中一个主要特征是普遍采用了导频和数据分量正交的信号结构。不考虑已经被完全淘汰的第一代卫星导航系统的脉冲信号体制，第二代卫星导航系统的信号也经历着从早期的导频与数据混合的信号结构到近期导频与数据正交的信号结构的演变。根据这个演化规律，再考虑到未来微小卫星很有可能在卫星导航中得到广泛应用，那么为适应这种变化，未来的卫星导航信号很有可能出现导频与数据分量进一步分离趋势，即一个完整的卫星导航信号，其导频分量和数据分量将由MEO卫星和LEO卫星分别来发射，而在接收机端同时接收来自不同卫星的导频和数据分量来完成定位功能。这种可能出现的信号体制或许可以称作空间分离的导航信号，其好处是可以专门针对测距功能来优化设计导频分量信号，专门针对电文传输来优化设计数据分量信号，互不干扰，还能进一步利用高轨MEO卫星和低轨LEO卫星的特点，实现更高灵敏度的跟踪和更高精度的测距，除了能在室外获得更好的定位效果外，进一步还可能实现GNSS的室内定位，从而实现GNSS服务的覆盖范围从室外到室内外一体的飞跃。这或许是卫星导航技术诞生以来的一次重大突破。

17.5.3 卫星同时播发多用途信号

未来的导航系统究竟是同时播发多个针对不同应用的专用信号，还是发射少量几个多用途信号呢？由于GNSS的应用非常广泛，各种实际应用需要GNSS提供多样化的服务。为满足这种需求，可以采用发射多种有针对性的专用信号，其中每种信号都是针对不同的应用，比如针对航空、高精度测绘、消费电子等不同用户而专门优化设计多种信号。还有一种思路是，卫星导航系统只发射少量几个多用途信号，利用接收机的多种接收处理策略，使不同的用户能够通过接收机灵活的信号处理方式获取所需的服务。在目前的信号设计中，几大GNSS系统在这一点上已经出现了截然相反的设计思想，并没有形成一个共同的发展趋势。但是，对于没有历史包袱的新兴导航系统，显然后者是一个比较理想的选择，但对信号设计者的设计理念和设计水平提出了更高的要求。

17.5.4 持续改进L频段卫星导航信号

未来卫星导航系统会继续固守已有的L频段，还是会像移动通信那样不断开拓新的频段？随着新的导航系统的建设和已有导航系统的现代化改造，导航信号的数量在不断增加，原本就带宽有限的L频段更加拥挤不堪，从这个角度来看，卫星导航频段的扩展已经势在必行，而且ITU已经把S频段和C频段的部分资源划分给了卫星导航。但是从目前来看，如何开发、何时启用S频段和C频段的频率资源还有很大的不确定性：一方面是用户的需求还未提出更高的要求，目前的L频段导航能基本满足用户近期的需求，另一方面，对S频段和C频段作为导航频段的传输特性还有待深入研究，且现有的技术对于开发低成本的多频段导航接收机还有一定的难度。因此，不但正在进行现代化改造的GPS和GLONASS尚未提出拓展新频段的正式计划，连正在建设的Galileo和BDS也没有比较明确的新频段开发计划。

17.5.5　卫星导航系统与移动通信深度融合

未来的卫星导航系统是否能够实现与移动通信等信息网络的深度融合？目前已经可以通过移动通信网络来播发 GNSS 增强信息，使安装有 GNSS 接收芯片的移动通信用户获得更好的 GNSS 服务。这一技术促进了位置服务产业的发展。可以认为 GNSS 与移动通信已经实现了部分融合。毫无疑问，随着信息化的步伐日益加快，移动互联网、物联网以及 GNSS 增强网将广泛普及，包括行业类用户及消费类用户在内的未来绝大多数 GNSS 用户都将在网络环境下使用 GNSS，完全独立的导航定位设备几乎消失。因此，从应用的角度来看，GNSS 与移动通信进一步融合的需求与日俱增，未来一定会在信息层面进一步加强 GNSS 与移动通信等信息网络的融合。进一步，更大胆的推测是，未来的 GNSS 与移动通信甚至可以在信号层面实现融合。参考前面所述的 GNSS 信号导频分量和数据分量分离的信号体制，可以想象，通过 GNSS 与移动通信信号的联合设计，有可能将 GNSS 所有的信号功率都分配给导频分量，使接收机能够使用全部的 GNSS 信号功率进行捕获、跟踪和测距，而电文等数据则通过移动通信、因特网、GNSS 增强网或者其他多种途径获取，从而使联网的用户可以获得更好的 GNSS 服务。这种趋势也值得认真考虑。总而言之，由于电子信息及相关技术的迅速发展及卫星导航用户需求的不断增长，未来导航系统的发展也将会日新月异，作为卫星导航系统重要标志的卫星导航信号也一定会随之发生不断的变革，从而为用户带来更高性能的多样化服务，甚至为卫星导航系统本身带来革命性的进步。

参 考 文 献

［1］ 袁建平．卫星导航原理与应用［M］．北京：中国宇航出版社，2004.

［2］ 姚铮，陆明泉．新一代卫星导航系统信号设计原理与实现［M］．北京：电子工业出版社，2016.

［3］ Groves P D. Principles of GNSS，Inertial，and Mutisensor Integrated Navigation Systems［M］. Boston London，Artech House press，2008.

［4］ Titterton，D H，Weston J L. Strapdown Inertial Navigation Technology－2nd Edition［M］. The Institution of Electrical Engineers，Stevenage，UK，2004.

［5］ 姚铮，陆明泉，冯振明．正交复用 BOC 调制及其多路复合技术［C］．第一届中国卫星导航学术年会论文集，2010：382－388.

［6］ 刘天雄，范本尧．北斗卫星导航系统全球位置报告和数据通信业务方案设想［C］．第七届中国卫星导航学术年会，2016，长沙．

［7］ GNSS USER TECHNOLOGY REPORT ISSUE 1［C］. European Global Navigation Satellite Systems Agency，2016.

［8］ 李文革，黄晓利，徐芸．从伊拉克战争看导航战在信息化战争中的作用［C］，全国第二届导航战学术研讨会论文集，北京，2004：12－16.

［9］ 李鹏，陆明泉，冯振明，组合导航体系性能仿真分析［C］．第一届中国卫星导航学术年会论文集，2010 年 05 月 19 日：1146－1158.

［10］ Current and Planned Global and Regional Navigation Satellite Systems and Satellite－based Augmentations Systems［C］，UNITED NATIONS OFFICE FOR OUTER SPACE AFFAIRS，International Committee on Global Navigation Satellite Systems Provider's Forum，UNITED NATIONS，New York，2010.

［11］ Ren D，George D，Keith S. Design and Analysis of a High－Accuracy Airborne GPS/INS System［C］.

［12］ Proc of ION GPS 96，Kansas City，Missouri，1996：955－964.

［13］ Greenspan R L. GPS and Inertial Integration［C］. in，B. W. Parkinson and J. J. Spilker，Jr，Washington，D. C.：AIAA，1996：187－220.

［14］ 姚铮，陆明泉，等．正交复用二进制偏移载波调制及其恒包络复合技术［P］．专利．

［15］ Noriyasu Inaba，Design concept of Quasi Zenith Satellite System，Acta Astronautica 65（2009）1068－1075［S］.

［16］ Defense Science Board Task Force on The Future of the Global Positioning System，Office of the Under Secretary of Defense For Acquisition，Technology，and Logistics Washington，D. C. 20301－3140［S］. October 2005.

［17］ 刘天雄．导航战及其对抗技术（I）［J］．卫星与网络，2014（141）：52－58.

［18］ 刘天雄．导航战及其对抗技术（II）［J］．卫星与网络，2014（142）：62－67.

［19］ 刘天雄．导航战及其对抗技术（III）［J］．卫星与网络，2014（143）：56－59.

[20] 刘天雄．GPS 现代化及其影响（I）[J]．卫星与网络，2014（145）：52-56.

[21] 刘天雄．GPS 现代化及其影响（II）[J]．卫星与网络，2015（148）：54-57.

[22] 刘天雄．GPS 现代化及其影响（III）[J]．卫星与网络，2015（149）：60-66.

[23] 刘天雄．GPS 现代化及其影响（IV）[J]．卫星与网络，2015（150）：56-60.

[24] 范本尧，刘天雄，徐峰，聂欣，刘安邦，赵小鲂．全球卫星导航系统数据通信业务发展研究 [J]．航天器工程，2016，25（03）：6-13.

[25] 谭述森．北斗卫星导航系统的发展与思考 [J]．宇航学报，2008（2）：391-396.

[26] 杨元喜，陆明泉，韩春好．GNSS 互操作若干问题 [J]．测绘学报，2016，45（3）：253-259.

[27] 杨元喜．北斗卫星导航系统的进展、贡献与挑战 [J]．测绘学报，2010，39（1）：1-6.

[28] 李建文，李作虎，郝金明，杨力，董明．GNSS 的兼容与互操作初步研究 [J]．测绘科学技术学报，2009，26（3）：177-181.

[29] 孙凝子．兼容性和互操作性是 GNSS 未来发展的趋势——从格洛纳斯瘫痪谈起 [J]．卫星与网络，2014：38-40.

[30] 李春霞，楚恒林．GPS 与 Galileo 共用的 MBOC 信号研究 [J]．全球定位系统，2009：47-50.

[31] 王梦丽，金国平，马志奇．卫星导航系统民用信号设计需求分析 [J]．无线电工程，2013，43（1）：29-32.

[32] 邹昂，陆勤夫．导航战对高技术战争的影响及对我军的启示 [J]．空间电子技术，2010（4）：26-30.

[33] 谭显裕，GPS 在导航战中的作用及其干扰对抗研究 [J]．现代防御技术，2001，29（3）：42-47.

[34] 谭显裕．GPS 在导航战中的作用 [J]．国防技术基础，2002：12-16.

[35] 吴志金．导航战技术发展趋势 [J]．国防科技，2005：24-26.

[36] 向吴辉，黄辉，罗一鸣．关于导航战概念的探讨 [J]．现代防御技术 2006，34（5）：65-68.

[37] 刘志春，苏震．GPS 导航战策略分析 [J]．全球定位系统，2007，36（4）：9-13.

[38] 李隽，楚恒林，蔚保国，崔麦会．导航战技术及其攻防策略研究 [J]．无线电工程，2008，38（7）：36-39.

[39] 蔡志武，楚桓林．GPS 导航对抗策略与技术分析 [J]．全球定位系统，2006（2）：29-33.

[40] 孙智信．GPS 导航系统的电子攻防对抗研究综述 [J]．航天电子对抗，2001：5-11.

[41] 姜鹏，边少锋，占乃洲．基于导航战的 GPS 压制式干扰技术研究 [J]．舰船电子工程，2010，30（8）：66-68.

[42] 王亚军，吕久明，潘启中．GPS 导航战技术研究 [J]．舰船电子工程，2003，23（2）：5-9.

[43] 胡源．导航战中的 GPS 干扰研究 [J]．空间电子技术，2009（4）：48-52.

[44] 黄小钰，董绪荣，王伟．导航战中对 GPS 的对抗技术分析 [J]．舰船电子工程，27（2）：73-76.

[45] 魏二虎，柴华，刘经南．关于 GPS 现代化进展及关键技术探讨的进展 [J]．测绘通报，2005（12）：5-12.

[46] 方秀花，尹志忠，李丽．美国防部 GPS 现代化计划及其备选方案解读 [J]．装备学院学报，2012，23（3）：83-86.

[47] 金际航，边少锋．美国全球定位系统 GPS 现代化进展 [J]．舰船电子工程，2005，25（2）：15-19.

[48] 张华．欧美全球卫星导航系统立法及其对中国的启示 [J]．北京理工大学学报（社会科学版），2012，14（4）：110-117.

[49] 陈俊勇，党亚明，程鹏飞．全球导航卫星系统的进展 [J]．大地测量与地球动力学，2007，27

(5)：1-4.

[50] 刘美生．全球定位系统及其应用综述（二）——GPS［J］．中国测试技术，2006，32（6）：5-11.

[51] 张玉册，杨道军．现代化 GPS 系统的发展趋势与导航战［J］．现代防御技术，2003，31（5）：33-42.

[52] 王华，常江．现代化的 GPS 军用 M 码综述［J］．现代防御技术，2011，39（1）：68-73.

[53] 唐祖平，胡修林，黄旭方．现代化的 GPS 新民用信号 L1C 码跟踪性能分析［J］．电视技术，2009，49（1）：1-7.

[54] Michael Russell Rip，Precision revolution ：GPS and the future of Aerial Warfare［J］，Naval Institute Press，2002.

[55] Keith D. McDonald，The Modernization of GPS：Plans，New Capabilities and the Future Relationship to Galileo［J］，Journal of Global Positioning Systems，Vol. 1，No. 1，2002.

[56] Farrell J L. GPS/INS-Streamlined［J］．Journal of the Institute of Navigation，Vol. 49，No. 4，2002：171-182.

[57] Babu R Wang J. Analysis of INS Derived Doppler Effects on Carrier Tracking Loop［J］．THE JOURNAL OF NAVIGATION，2005，58：1-15.

[58] YAO Z，LU M，FENG Z. Quadrature Multiplexed BOC Modulation for Interoperable GNSS Signals［J］．Electronics Letters，2010，46（17）：1234-1236.

[59] 杨志勇．美军打响“导航战”［N］．中国国防报，2000（3）．

[60] McMURDO. Galileo：A Technologocal Revolution in the World of Search and Rescue［EB/OL］．http：//info. mcmurdogroup. com/rs/633-HPE-712/images/McMurdoMEOSARGallileoPressKit-2015Septe-mber. pdf.

[61] 美国寻求全球定位系统的替代方案［J/OL］．美国《防务新闻》周刊网站．［2013-10-28］．

[62] Galileo Search and Rescue（SAR）Service［EB/OL］．Eurapean Global Navigation Satellite System Agecy. https：//www. gsa. europa. eu/european-gnss/galileo/services/galileo-search-and-rescue-sar-service.

[63] James J Miller，The on-going modernization of GPS［EB/OL］，［2013-03-01］．http：//www. gps. gov/multimedia/presentations/2013/ 03/satellite2013/miller. pdf

[64] The GPS for military users：current modernization plans and alternatives［EB/OL］．［2011-10-28］http：//www. cbo. gov/new _ pubs.

[65] Software _ GNSS _ Receiver［DB/OL］．Wikipedia. http：//en. wikipedia. org/wiki/Software _ GNSS _ Receiver.

[66] The GPS for military users：current modernization plans and alternatives［EB/OL］．［2011-12-12］http：//www. cbo. gov/new _ pubs. October.

第 18 章　Micro－PNT 系统与综合 PNT 体系

18.1　概述

位置和时间信息是信息社会最为基础的信息。全球卫星导航系统可以为全球用户、全天时、全天候提供免费的、高精度的 PNT 服务，一般系统都能提供 10 m 左右的定位精度、几十纳秒的授时精度。为大数据、云平台和人工智能等信息化技术提供时空基准。卫星导航信号弱、穿透能力差、易受干扰，对于依靠卫星导航系统的武器装备来说风险极大。例如，2011 年 12 月 17 日，伊朗工程师通过播发伪 GPS 导航信号对美国 RQ－170“哨兵”无人机导航系统实施欺骗式干扰，诱导 RQ－170“哨兵”无人机改变了美军设定的航线，降落在伊朗境内。同样，利用类似的技术，可以改变巡航导弹的飞行轨迹与攻击目标。海湾战争后，美国军方认识到 GPS 的脆弱性，尤其是在电子环境日益复杂、频谱对抗日益激烈的战场环境中，为了确保战场 PNT 的主导权，确保各类平台、载体使用 GPS 的安全，必须降低对 GPS 的依赖。

有识之士一直在思考如何进一步提高卫星导航系统的可用性、完好性等相关问题，2012 年 10 月 1 日，《GPS WORLD》发表了 GPS 之父、美国工程院院士 Parkinson 教授撰写的关于如何提高 PNT 性能建议的文章“*Three Key Attributes and Nine Druthers*”，面对 GPS 新的威胁、新的需求和新的挑战，Parkinson 教授给美国政府提出了九项建议，在业界引起了强烈反响（详见 http：//www.gpsworld.com/expert－advice－pnt－for－the－nation/）。2014 年，Parkinson 教授提出 PTA 概念，即保护（protect）、坚韧（toughen）和增强（augment），其核心是保护 GPS 的 PNT 信号不受攻击，并具有坚韧性，提出采用星基增强和地基增强方法提升 GPS 的性能，提高可用性和完好性。美国一些学者则强调发展以 GPS 为核心的，兼容其他手段的 PNT 体系，包括 Micro－PNT、量子感知 PNT 技术、高灵敏度和高精度传感器技术、高稳定和高可靠性原子时钟等技术。

为解决 GPS 信号抗干扰能力不足问题，迫切需要发展高精度、小型化、低成本的能广泛应用于军事武器作战平台的 PNT 系统。2010 年，美国国防先进技术研究局（Defense Advanced Research Projects Agency，DARPA）启动专项计划，开展微尺度速率积分陀螺仪（MRIG），芯片级时间和惯性测量单元（TIMU），活动层的初级和次级校准（PASCAL），芯片级组合导航仪（C－SCAN），惯性导航和授时设备使用的获取、记录和分析平台（PALADIN&T）5 个项目的研究，旨在通过提升时钟、微惯性组件及相关系统的精度，实现微型高精度自主定位、导航与授时。

导航战的威胁决定了定位导航授时服务不能只依靠单一技术手段，必须向着体系化的方向发展，以提高体系抗干扰及生存能力。2010 年，美国交通部和国防部开启了综合 PNT 架构的谋划与研究，研发基于不同物理技术、不同原理和新计算理论的 PNT 体系，拟在 2025 年前，构建能力更强、效率更高的国家 PNT 新体系。综合 PNT 体系的概念应运而生，面向海陆空天全面高性能无缝覆盖，功能性能上从地表和近地空间为主，向陆/海/空/天/室内/地下全面高性能无缝覆盖发展；技术手段上从卫星导航、惯性导航以及其他手段分散发展、自成体系，向体系化建设融合应用发展。

2016 年，西安测绘研究所地理空间工程国家重点实验室杨元喜院士在《测绘学报》发表“综合 PNT 体系及其关键技术”，给出综合 PNT 定义——基于不同原理的多种 PNT 信息源，经过云平台控制、多传感器的高度集成和多源数据融合，生成时空基准统一的，且具有抗干扰、防欺骗、稳健、可用、连续、可靠的 PNT 服务信息，要素是可用性、完好性、连续性、可靠性和稳健性。构建综合 PNT 体系涉及服务终端的高度集成化、小型化甚至微型化，而且综合 PNT 体系还涉及智能化的信息融合。

18.2 Micro－PNT 系统

18.2.1 基本概念

自海湾战争以来，卫星导航已经成为目前应用最广泛、使用最方便的 PNT 手段。然而，在电磁环境日益复杂、无线电对抗日趋激烈的战场环境下，卫星导航信号抗干扰能力不足的问题将会导致系统不可用，为确保战场导航权，保持在导航领域的技术优势，同时避免由于过度依赖 GPS 而带来的风险，美国提出建设 GPS 备份系统，将 GPS 拒止环境下的导航定位技术列为未来重点发展方向，确保未来美军能够在 GPS 不可用时仍然具有精确定位导航授时的手段。2010 年，美国空军发布的《技术地平线》报告中，将“GPS 在拒止环境下的定位、导航和授时”列为 12 项科研重点领域之一。

2010 年 1 月，DARPA 提出“微型定位、导航与授时（Micro－PNT）系统”研究项目，利用 MEMS 技术的最新进展，融合芯片级原子钟和微型惯性测量装置（IMU）技术，通过对微小型化的原子钟、惯性测量装置的集成，提供可用于多种武器平台的 Micro－PNT 服务，降低各种武器作战平台对 GPS 依赖，提供各种作战条件下的 PNT 服务。DARPA 下属战略技术办公室（Strategy Technology Office，STO）负责系统级的技术开发，微系统技术办公室（Microsystems Technology Office，MTO）负责组件以及新型制造工艺和材料的开发。

Micro－PNT 涉及时钟、惯性传感器、微尺度集成、试验与评估四个关键项目。时钟技术包括芯片级原子钟技术和集成化微型主原子钟技术两个环节；惯性传感器技术包括微尺度速率集成陀螺和导航级集成微机械陀螺两个环节；微尺度集成技术包括信息控制的微型自主旋转平台、微型惯性导航技术、主动层初级和次级校准、授时和惯性测量单元以及芯片级组合原子导航仪技术五个环节；试验与评估技术是惯性导航和时间保持仪器相关采购、记录和分析的平台，简称 PALADIN & T，Micro - PNT 系统组成如图 18 - 1 所示。

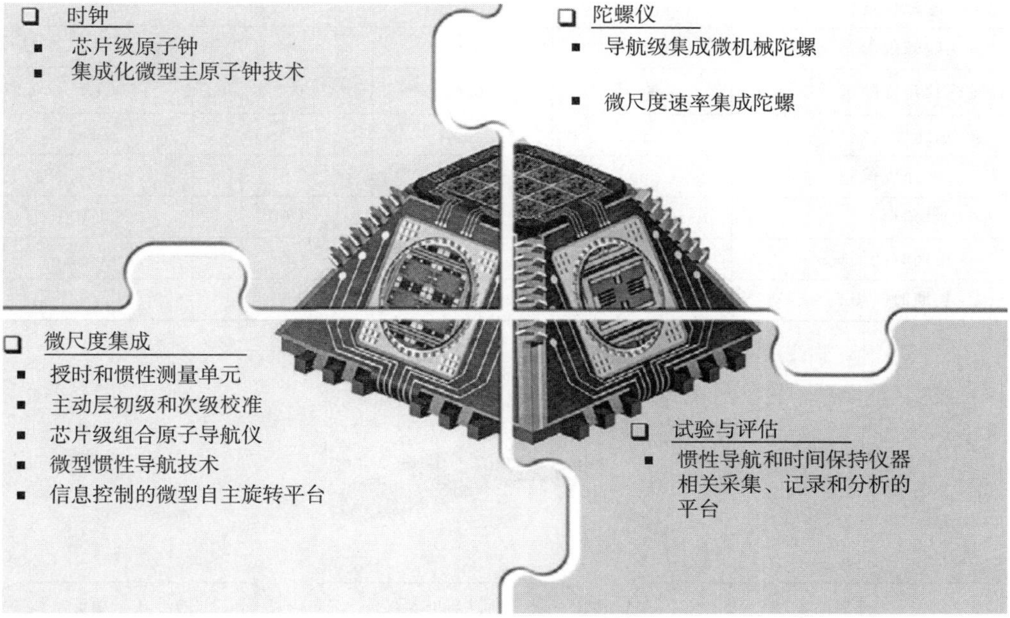

图 18 - 1　Micro - PNT 系统组成

Micro - PNT 在 DARPA 的领导下，美国 40 多家机构共同参加研究，研究项目主要包含 3 方面：一是基础器部件研究，重点寻求新的物理原理，以实现原子钟和惯性传感器更高的动态和更高的精度；二是微系统测试与校准技术研究，搭建通用测试平台，解决微型器件统一化测试评估和综合校准问题；三是微尺度集成技术与 3D - MEMS 三维互联集成设计和工艺技术，重点突破制造封装、超级集成等制造和应用层面问题。

精确打击已经成为新军事变革的核心技术，武器对卫星导航系统和惯性导航测量系统需求如图 18 - 2 所示，武器和导弹对卫星导航辅助 MEMS 惯性测量系统的导航精度需求如图 18 - 3 所示。

武器平台的小型化对卫星导航接收机提出了新的需求，基于量子力学、微组装工艺技术的进展，芯片级原子钟、微电子机械系统的惯性测量单元可以和卫星导航接收机集成为一体，未来可用于武器惯性制导、导航与控制系统。Micro - PNT 研究的性能指标如表 18 - 1 所示。

表 18 - 1　美国 Micro - PNT 项目目标

参数	单位	SOA	SOA MEMS	micro - RNT
尺寸	mm^3	1.6×10^4	8	
质量	g	4.5×10^3	2×10^2	～2
功率	W	25	5	～1

续表

参数	单位	SOA	SOA MEMS	micro－RNT
陀螺仪量程	deg/s(Hz)	1 000(3)	3 600(10)	15 000(40)
陀螺仪偏差	deg/h	0.02	4	0.01(0.001)
陀螺仪角度随机游走	deg/$\sqrt{h}$	0.01	0.12	0.001(0.000 1)
加速度计量程	g	25	70	1 000
加速度偏差	mg	0.1	4	0.1(0.001)
角误差	μ－radians，3 σ	200	1 000	100
短期时间损失	ms/min	0.001	100	1
长期时间损失	ns/month	10	N/A	32

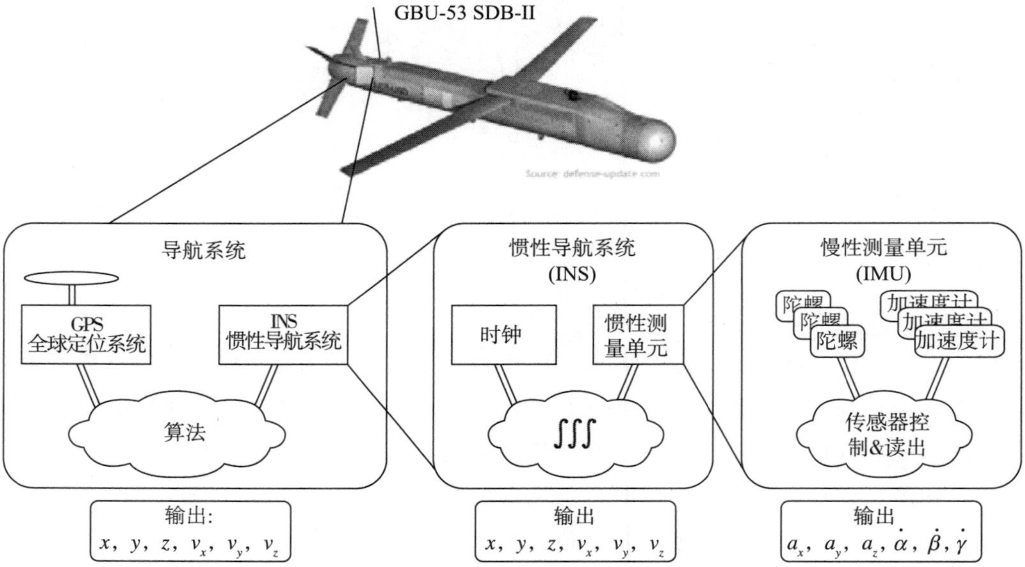

图 18－2　武器对卫星导航和惯性导航测量系统需求

18.2.2　芯片原子钟

一般对于中低动态载体导航，要求内部时钟的时间精度应达到 10^{-11}，对于以时间为参考的测量则要求达到 10^{-12} 的精度，并要求低功率的时钟和振荡器的长期稳定度要优于 10^{-10}/月，功耗优于 1 W。2002 年，DARPA 组织开展了芯片级原子钟（CSAC）研发工作，主要技术指标是功耗小于 30 mW，体积小于 1 cm^3，稳定度优于 1 μs/天，精度优于 10^{-11}，并将芯片原子钟作为十大先进技术之一予以优先支持。芯片级原子钟的产品指标取决于各组件的时间同步、时钟与测量装置的时间同步，以及内部时间传递精度。美国 Symmetricom 公司芯片原子钟经过 4 个阶段近 10 年的研发，目前的技术指标为功耗 100 mW，体积 15 cm^3，频率稳定度约 1 μs/天，工作原理与一般原子钟完全一致，通过铯 133 原子精确的能量迁移实现高精度的频率稳定度。

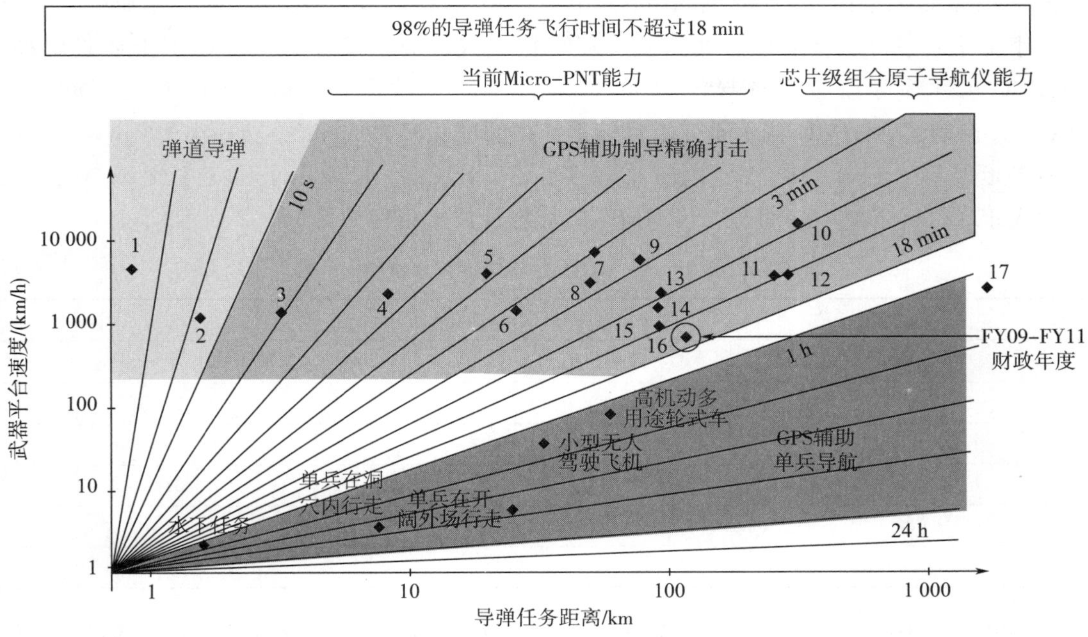

图 18－3　武器和导弹对卫星导航辅助 MEMS 惯性测量系统的需求

集成化微型主原子钟技术的研究目标是构建小型化、低功率、集成微型主原子钟，提高微型原子钟的稳定性和精确性，技术指标为体积小于 5 cm^3，功耗小于 50 mW，输出频率稳定度约 1×10^{-13}/天（Allan 方差），稳定性按时间损耗为 5 ns/天。

超小型低功耗的芯片级原子钟主要用于微纳卫星和微小卫星系统，也可应用于无人水下潜水器。如果超小型低功耗的绝对时标装置嵌入卫星导航接收机，则可提高接收机的抗干扰、防欺骗能力。此外，微小时钟在高速信号捕获、通信、监视、导航、导弹引导、敌我识别及电子战中都有重要应用。

18.2.3　微型陀螺技术

微型陀螺技术是 Micro－PNT 的关键技术之一，2008 年，DARPA 开展微型惯性导航技术（Micro Inertial Navigation Technology，MINT）研究，研发微型、低功耗的导航传感器，主要技术指标是体积优化到 1 cm^3，功耗不高于 5 mW，能用于单兵导航，要求步行 36 h 后，定位精度仍能保持 1 m，步速度偏差为 10 μm/s，微惯导组件采用直接测量中间惯性变量（速度和距离），由此可以减小加速度计和陀螺仪集成后计算速度和位置带来的累积误差。

硅微电子机械系统（SIMEMS）具有体积小、成本低等优点，但是这类装置不能测定小的旋转速率，而惯性梯度测量需要测定 0.001°/h 的微小速率。原子陀螺具有小型化的潜力，可概括分为原子干涉陀螺（atomic interference gyroscope，AIG）和原子自旋陀螺（atomic spin gyroscope，ASG）两类。2005 年，DARPA 开展了导航级集成微陀螺仪

(Navigation Grade Integrated Micromachined Gyroscope，NGIMG）相关技术研究，主要用于小型作战平台，包括核磁共振式、环形振动式、静电悬浮式、冷原子干涉式四种，NGIMG也称为导航级惯性导航单元（navigation - grade IMUs，NGIMU）。2005 年，DAPAR启动了NGIMG技术研究，目标是产品的尺寸仅为 1 cm^3、功耗小于5 mW、定向随机游走误差小于 0.001°/ $h^{1/2}$、偏差漂移小于 0.01°/h、尺度因子稳定度优于 50 ppm、测程大于500°/s、300 Hz 带宽。NGIMU 的稳定性技术指标如表 18 - 2 所示。

表 18 - 2 NGIMU 稳定性技术指标

稳定度指标(Allan 偏差)		
τ /s	陀螺仪 $\sigma_\Omega(\tau)$ /(°/h)	加速度计 $\sigma_a(\tau)$ /mg
0.1	0.66	0.19
1	0.21	0.06
10	0.066	0.01
100	0.021	0.01
1 000	0.01	0.01

1938 年，Isidor Rai 发现核磁共振（nuclear magnetic resonance，NMR）现象后，科学家尝试利用 NMR 技术研制核磁共振陀螺仪（nuclear magnetic resonance gyroscope，NMRG），其工作原理是基于原子自旋效应实现惯性的超高灵敏度测量，原子核进动频率 ω_L 是由外加磁场强度和原子核本身的性质决定的，当陀螺绕主轴以角速度 ω 转动时，NMRG 的光电探测器能够检测到的转动角速度为 $\omega_J = \omega_L + \omega$ ，那么平台的转动角速度为 $\omega = \omega_J - \omega_L$ ，目前核磁共振式 NGIMG 的技术指标为测量精度 0.05°/h，角度随机游走 ARW 为 0.01°/$h^{1/2}$，测量范围±500°/s，体积为 6 cm^3。

美国 Princeton 大学研发的原子核磁共振陀螺原理图如图 18 - 4 所示，美国 Northrop Grumman 公司原子核磁共振陀螺原理图如图 18 - 5 所示。2013 年，Northrop Grumman 公司研发的核磁共振陀螺采用真空气密封装，增加了带宽，目前原子陀螺的技术指标为偏置稳定度（bias stability）0.02°/h，角度随机游走 ARW 为 0.005°/$h^{1/2}$，体积10 cm^3，已在美国猎户座飞船（Orion）以及 T - 6B 教练机上进行了独立测试，预计 2018 年装备空军。

NMRG 已取得突破性的进展，2013 年，Northrop Grumman 公司演示了一款新型的微原子核磁共振螺旋仪（Micro - NMRG）的原理样机，利用原子核自旋功能探测和测量载体旋转，尽管该装置体积很小，但是几乎具有现有光纤陀螺仪的定向性能，产品封装后的体积为 10 cm^3，另一个特点是配备有活动部件，对载体的振动和加速度不敏感。半导体光源技术进一步促进了核磁共振陀螺仪的小型化，核磁共振陀螺仪没有机械运动部件，因此对振动或振荡环境不敏感，具有高分辨率和高稳定性等特点，可以利用多个具有不同特性的核磁共振组件进行集成。

同期，DARPA 组织美国 Honeywell、Draper、Northrop Grumman 公司和 UC Berkeley 大学研制基于半球谐振陀螺（Hemispherical Resonance Gyro，HRG）技术的微尺度速率积分陀螺仪（Micromachined Rate Integrating Gyroscope，MRIG）。一般陀螺仪

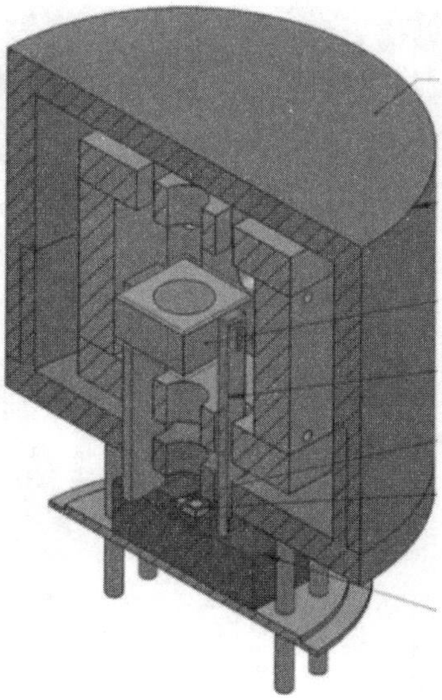

图 18－4　Princeton 大学原子核磁共振陀螺

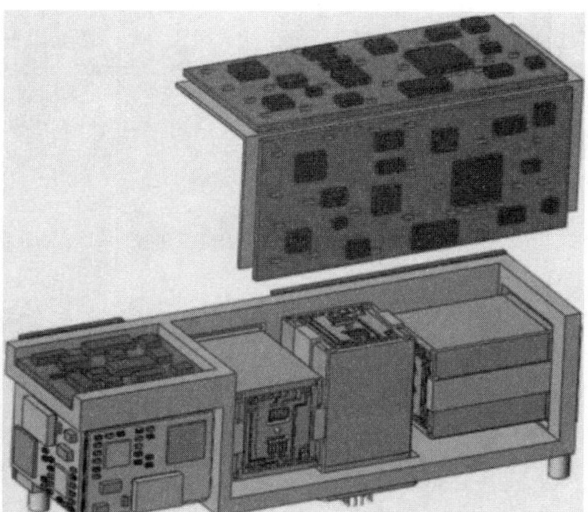

图 18－5　Northrop Grumman 公司原子核磁共振陀螺

通过集成转速信息来获得角度参数，而 MRIG 直接测量角速度并获得转角，能有效消除角速率信息集成造成的误差累积问题，扩展了平台应用的动态范围，极大地促进了自旋稳定武器的制导精度。半球谐振陀螺原理图如图 18－6 所示，MRIG 的优点是理论精度是线性的，与传统 MEMS 陀螺相比，不受动态范围的影响，同时可实现高精度的零偏稳定度，如图 18－7 所示，2012 年 2 月，微型速率积分陀螺仪项目将进入试验和数据分析阶段。

MRIG 采用玻璃合金等非传统材料进行 3D 结构细微加工，同时采用了新的工艺制造惯性传感器，结构频差可以控制在 10 Hz 以内，衰减时间可以达到 0.1～8.3 s，Northrop Grumman 公司利用微尺度集成技术研发的半球形共振陀螺及其相关组件如图 18－8 所示。

图 18－6 半球谐振陀螺原理图

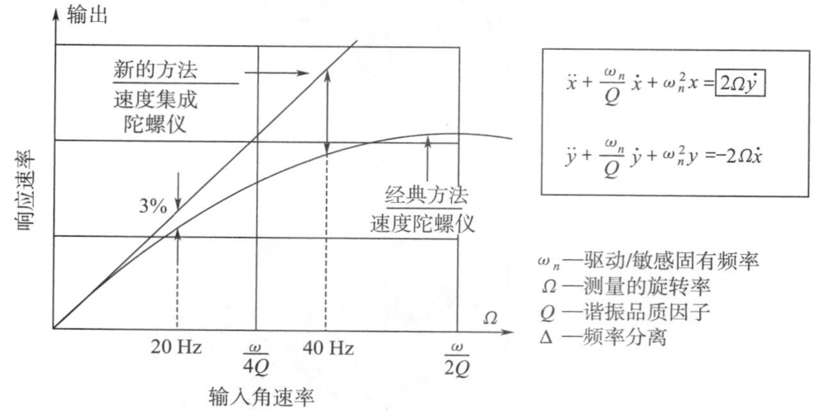

图 18－7 微型速率积分陀螺仪 MRIG 的角速率响应特性

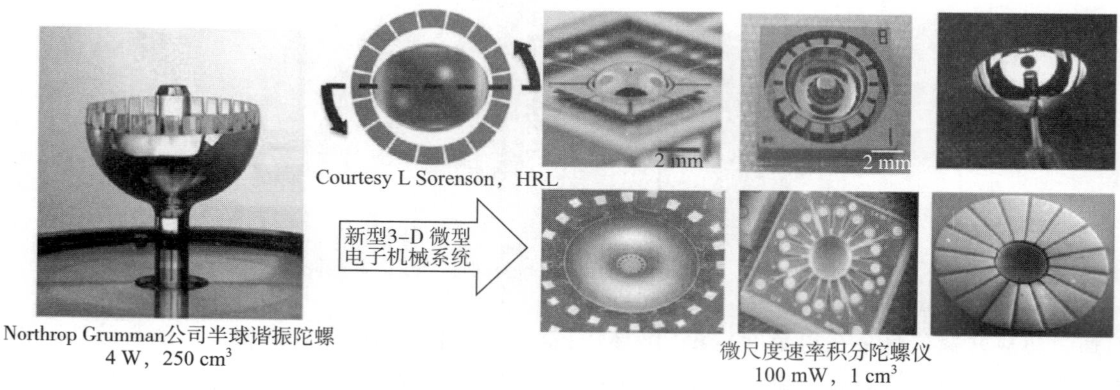

图 18－8 Northrop Grumman 公司研发的微尺度速率积分陀螺仪 MRIG

MRIG 的主要目标是提升惯性传感器的动态测程，以适应动态载体的大范围机动需求，动态测程扩大到 15 000°/s，角度相关的可重复性为 0.1°/h，偏置稳定度为 0.01°/h，角度随机游走为 $0.001°/h^{1/2}$，功耗 4 W，体积 50 cm^3，工作温度范围是－55～85 ℃，目前 MRIG 研究成果距 DARPA 制定的指标还有一定的差距。

18.2.4　主动层的初级和次级校准

主动层初级和次级校准（PASCAL）装置的目标是减小时钟和惯性传感器的长期累积误差和参数漂移，在没有卫星导航系统支持的情况下，可以实现长时间的自主导航，装置的自检校功能是关键技术，因为只有当 Micro-PNT 传感器具有自检校功能时，才能弱化惯性导航系统和时钟的长期项偏差和系统漂移等累积误差。PASCAL 利用 MEMS 惯性传感器芯片级校准或者说原位校准（in-situ）技术，纠正系统长期的偏置误差和尺度因子，解决 MEMS 惯性传感器在长期使用中出现的输入系统旋转角度和输出测量电压量之间漂移问题，如图 18-9 所示。PASCAL 的偏差稳定度要求为 1×10^{-6}，比现有微惯导的偏差稳定度指标 200×10^{-6} 高两个数量级。

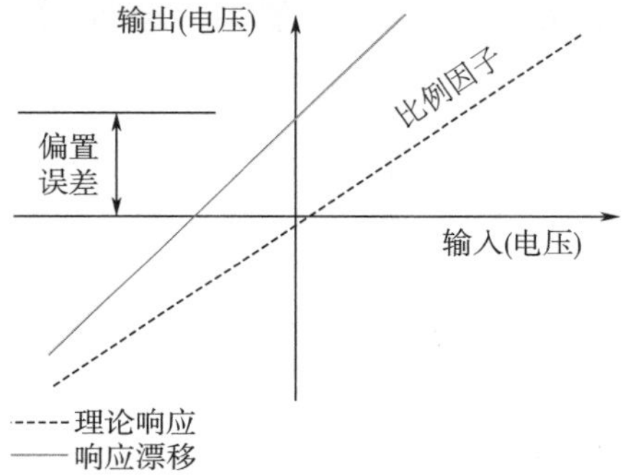

图 18-9　MEMS 惯性器件漂移

MEMS 的物理特性导致部件特性不可避免地会随温度发生机械微观尺度的变化，因此需要定期进行校准，以降低温度敏感度。目前有两种解决方案：方案一是借助外部高频振动等物理参考输入量，称为机械自校准，典型方案如图 18-10 所示；方案二是内部检测和修正机械微观尺度的变化，称为电子自校准，典型方案如图 18-11 所示。

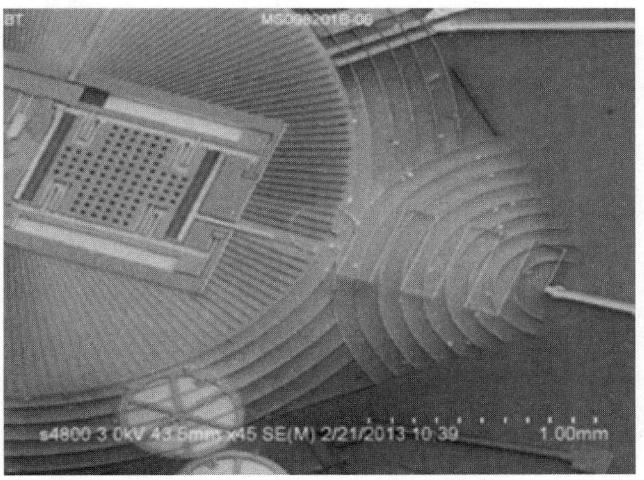

图 18-10　MEMS 惯性器件机械校准

图 18－11　MEMS 惯性器件电子校准

PASCAL 装置实施过程分为四步：一是直接在主动层自校准环路上配置高精度传感器，二是周期地接收高频振动等参考激励，三是提取参考激励和高精度传感器响应，四是恢复系统新的输入输出关系，同时将偏差进行复位，自校准实施过程如图 18－12 所示，PASCAL 技术指标如表 18－3 所示。

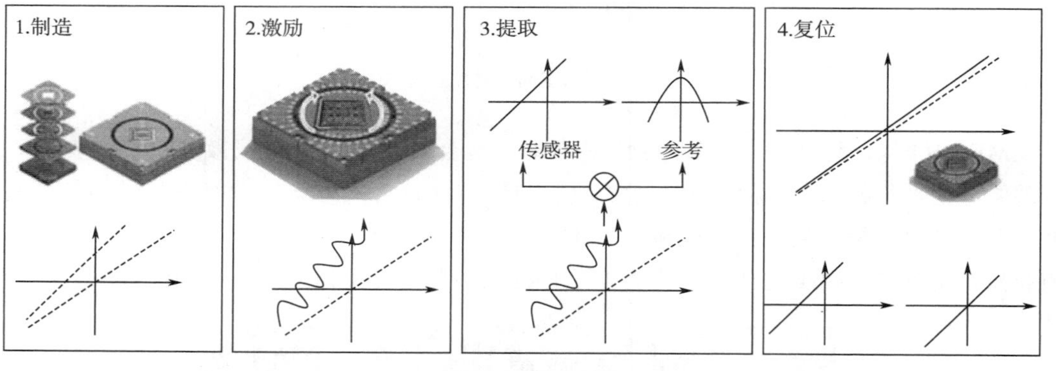

图 18－12　主动层初级和次级校准装置实施过程

表 18－3　主动层初级和次级校准装置技术指标

PASCAL 度量单位	阶段 1	阶段 2	最终目标
体积/mm^3	30	30	30
偏置稳定度(1 个月)/ppm	100	10	1
比例因子稳定度(1 个月)/ppm	100	10	1

美国 Sandia 国家实验室和 Draper 实验室联合研发的 MEMS 惯性陀螺＋主动层平衡环自校准装置如图 18－13 所示。

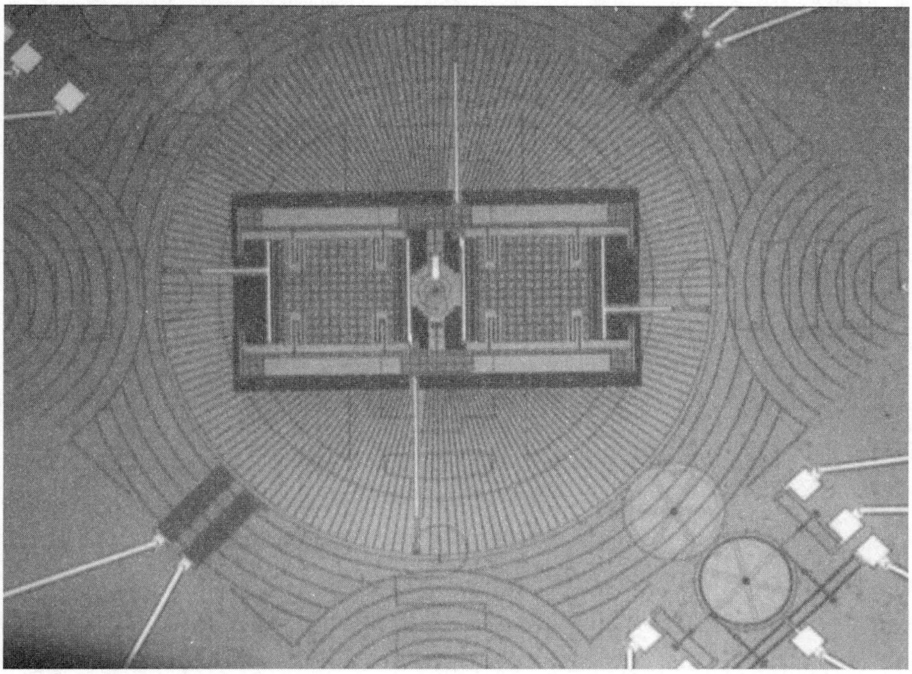

图 18－13　美国 Sandia 国家实验室和 Draper 实验室联合研发的 MEMS
惯性陀螺＋主动层平衡环自校准装置

18.2.5　微尺度集成

微尺度集成技术主要包括 3D－SIP、3D－WLP 和 3D－SiC 等三维互联集成设计和工艺技术，为了实现 Micro－PNT 系统集成化和微型化，需要采用微系统集成与互联工艺，在工艺集成上可以利用（TSV）技术，能够减小系统横向尺寸提高集成密度，同时实现异构芯片集成、电气互联，各子功能在立体层面间集成并完成封装。

Northrop Grumman 公司已成功将 Micro－PNT 系统应用于精确鲁棒惯性制导弹药（precision robust inertial guidance munition，PRIGM）武器中，首先利用 NGIMU 实现了在 GPS 拒止环境下的弹药的制导功能，然后利用先进惯性微型传感器，实现武器在发射和飞行阶段的自主导航功能，在高动态环境下需要不断校准陀螺输出角度。先进惯性微型传感器利用集成光子学技术可以生产出芯片式全光子环形激光陀螺仪，把光子技术和微电磁系统集成到一个芯片上，利用辅助光源作为系统备用的校准源，进而测量 MEMS 陀螺的输出，具有极高的精度。

18.2.6　芯片级组合原子导航仪

2010 年，DARPA 微系统技术办公室组织研发授时和惯性测量单元，包括 1 个时钟振荡器、3 个陀螺仪、3 个加速度计，作为定位和守时综合装置，主要技术指标是体积小于

10 mm³、功耗小于 200 mW、圆概率误差小于 1 nmi/h（CEP），且有自主导航能力。芯片式授时和惯性测量单元技术指标如表 18－4 所示。

表 18－4　芯片式授时和惯性测量单元技术指标

度量单位	阶段 1	阶段 2	阶段 3
体积/mm^3	10	10	10
惯性测量单元精度/(CEP，nmil/h)	Oper.	10	1
时间精度/(ns/min)	Oper.	10	1
功耗/mW (－55℃～＋85℃)	—	500	200

2013 年，美国 Michigan 大学研发了芯片式 TIMU 原理样机，内含 1 个具有 6 个测量轴的惯性测量装置（3 个陀螺仪和 3 个加速计）以及 1 个高精度的时钟振荡器，芯片式 TIMU 原理样机宽度大约是三分之一便士（penny），厚度大约 300 μm，体积不足10 mm³，如图 18－14所示。目前通过各种不同的技术和材料系统实现授时和惯性测量单元的技术指标，包括单片硅、折叠和层叠的硅或熔融石英进行实现，美国 Georgia Tech 大学研发的方案如图 18－15所示，目前单芯片硅方案 TIMU 位置误差优于 1 nmil/h（CEP），体积小于 10 mm³。美国加州 Irvine 分校的金字塔构形的芯片级 TIMU 如图 18－16 所示，其设计目标是体积小于 10 mm³、功耗小于 200 mW、位置误差优于 1 nmil/h（CEP）。

图 18－14　Michigan 大学 TIMU

图 18－15　Georgia Tech 大学 TIMU

2012 年，DARPA 启动芯片级组合原子导航仪 C－SCAN 研究，目标是将不同物理特性的惯性传感器集成到单一的微尺度惯性测量单元中，体积不超过 20 cm³，功率不超过 1 W，具有高精度的运动姿态探测能力和快速启动能力，能适用于不同平台、不同作战环境的载体精密引导，并能适用于中远程导弹的引导，构建自主的、不依赖 GPS 的芯片级 Micro－PNT 系统。C－SCAN 的核心技术是将具有不同物理特性的 PNT 组件集成到单一的微系统中，不同组件具有互补性，主要目标概况为：一是将不同高性能固态惯性传感器进行综合，将不同物理原理的各组件集成为一个整体，并实现小型化；二是发展相应的数

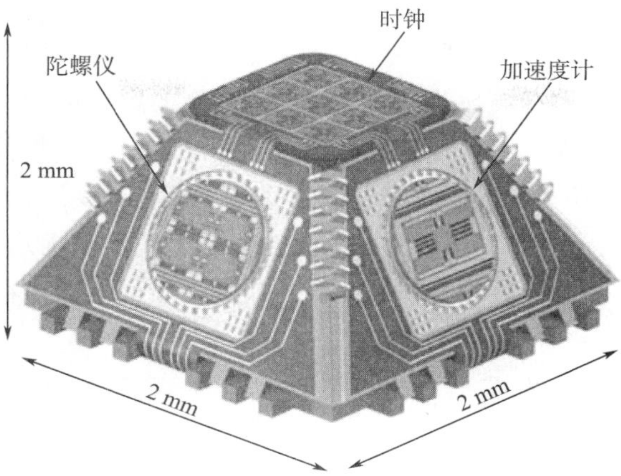

图 18－16　美国加州 Irvine 分校 TIMU

据融合处理算法。美国加州大学 Irvine 分校的金字塔构形的芯片级组合原子导航仪 C－SCAN 原理图如图 18－17 所示。

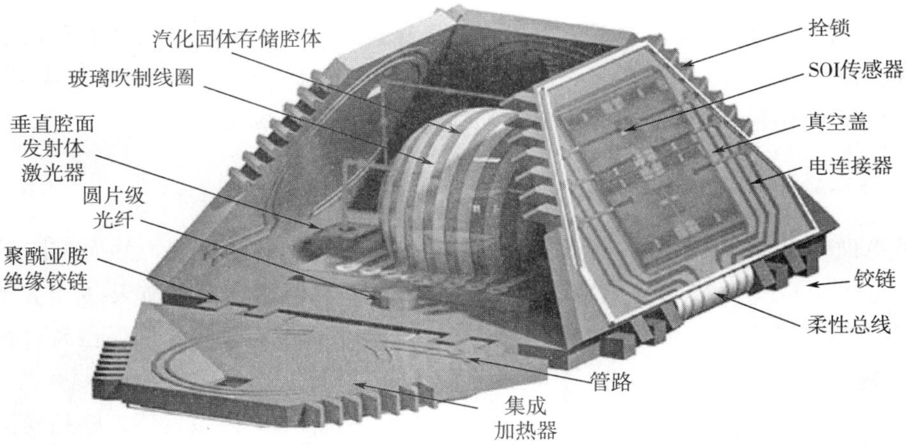

图 18－17　加州 Irvine 分校的金字塔构形的芯片级组合原子导航仪 C－SCAN 原理图

C－SCAN 的关键任务是集成 1 个多陀螺和多加速度计的惯性测量组件，精度指标 10^{-4}°/h，偏差稳定性达到 $10^{-6}\ g$，角度随机游走 5×10^{-4}°/$h^{1/2}$，速度随机游走5×10^{-4} m/s/$h^{1/2}$，动态测程达到 1 000 g，尺度偏差 1×10^{-6}，在恶劣环境下可为军用载体提供定位导航服务。

18.3　综合 PNT 体系

卫星导航系统源于军事、用于军事，是最具有创新意义的航天技术之一，其全球性、全天候、全天时的定位、测速和授时能力彻底改变现代战争模式，是信息化高技术战争的时空基准，是武器装备的效能倍增器；金融系统、通信系统、电力系统和交通系统的正常运行已离不开卫星导航系统的 PNT 服务。

卫星导航系统由空间段、地面段和用户段三部分组成，导航信号从生成、播发、传播到接收的各个环节存在许多薄弱环节。卫星受空间天气的影响可能出现故障，地面运控系统生成导航数据并上行注入给导航卫星过程中也可能出现问题，两者都将导致卫星导航系统无法提供正常的 PNT 服务。导航信号弱、穿透能力差、易受干扰；在物理遮挡（森林、城市峡谷、室内、地下、水下）、电磁干扰（无意干扰、敌意干扰）、轨道外用户（同步轨道以外空间）等场景，卫星导航本身的连续性、完好性和可用性存在风险，因此，卫星导航系统不可能全面满足用户使用需要。

2014 年 6 月，DARPA 发布了题为“在对抗条件下获得空间时间和定位信息技术”（STOIC）的招标书，拟开发不依赖于 GPS、可在对抗环境下使用的 PNT 系统，要求导航信号覆盖半径不小于 1 万千米，系统定位精度 10 m，授时精度30 ns。STOIC 项目研究包括三个方面：一是研发抗干扰导航的信号，利用 VLF 信号建立一个备份、远程、鲁棒的 PNT 参考信号源网络；二是在 DARPA 进行的“量子辅助感知与读取”（QuASAR）研究成果基础上，研发新型光学时钟，频率漂移率小于 1 ns/月；三是研发不同战术数据链之间能够实现精确时间转换的技术。

综合 PNT 体系面向海陆空天全面高性能无缝覆盖，功能性能上从地表和近地空间为主，向陆、海、空、天、室内、地下全面高性能无缝覆盖发展；技术手段上从卫星导航、惯性导航以及其他手段发展、自成体系，向体系化建设融合应用发展。

18.3.1 基本概念

尽管借助 GPS PNT 服务，美军在海湾战争中取得压倒性的胜利，然而美国意识到军事行动过分依赖 GPS 会有较大风险。因此，2002 年，美国国家安全航天办公室提议研究美国国家综合 PNT 体系，目的是确保美国在 PNT 领域的国际领先；确保在高对抗条件的 PNT 服务能力；确保在任何时间、任何地点的 PNT 服务。

美国国防部和交通部主导美国 PNT 体系研究。美国 PNT 体系发展策略是确保最大公共利益、促进多种技术手段融合、提高互换性和通用性、推动 PNT 与通信的协同、促使跨机构合作、保持美国在全球定位/导航/授时领域的主导地位，目前美国的 PNT 系统如表 18－5 所示。2008 年发布《国家定位导航授时体系结构研究最终报告》，2012 年《美国联邦无线电导航计划》增加了 PNT 体系结构，2014 年 DARPA 公布了重点发展不依赖 GPS 的 5 类 PNT 新技术。

杨元喜院士认为“综合 PNT”首先是多信息源的 PNT，其次是非中心化或云端化运控（云平台控制体系）的 PNT，第三是多传感器组件深度集成的 PNT，最后是多组件多源信息在不同用户终端深度融合的 PNT。所以综合 PNT 最终体现在用户 PNT 服务性能的提升。换言之，“综合 PNT”必须包含可用性、完好性、连续性、可靠性和稳健性几个核心性能要素。

表 18－5　美国的 PNT 系统

美国现有 PNT 系统	GPS 全球定位系统
	GPS 增强系统
	仪表着陆系统（ILS）
	伏尔系统（VOR）
	距离测量设备（DME）
	塔康（TACAN）
	航空全向信标（NDB）
	微波着陆系统（MLS）
	网络时间服务（ITS）
	电台 WWVB 信号
	双向卫星时间传递（TWSTT）
	网络时间协议（NTP）

综合 PNT 定义为基于不同原理的多种 PNT 信息源，经过云平台控制、多传感器的高度集成和多源数据融合，生成时空基准统一的，且具有抗干扰、防欺骗、稳健、可用、连续、可靠的 PNT 服务信息。“综合 PNT”具有“混合”和“自主”的属性，有人称为“混合自主 PNT”（Hybrid and Autonomous PNT System），简称 HAPS。混合自主 PNT 也强调基于不同原理的多类 PNT 信息源，多种技术和多种功能的 PNT 传感集成，多类信息的融合服务。混合自主 PNT 强调协同、组合、集成、融合，以至多系统组合提供的 PNT 服务比单一系统的 PNT 服务更具有可用性、连续性和可靠性。如多个 GNSS 融合导航、GNSS/无线电通信组合、GNSS/重力匹配/INS 组合等都属于这类综合 PNT 服务体系。

自主 PNT 系统包含两个含义：一是某单一 PNT 系统无需其他外部系统支持，可自主完成或维持 PNT 服务；二是某一系统与其他功能组件进行紧组合实现体系的自主 PNT 服务，以补充单一系统 PNT 服务的保真性和稳健性。通常采用的 GNSS/INS 紧耦合导航即属于这类自主 PNT。

PNT 的服务用户要求各不相同，如高安全用户要求抗干扰、防欺骗，并要求具有水下、地下 PNT 服务功能；普通用户要求具有室内外一体化 PNT 服务能力；交通运输用户要求具有高动态、连续且不受障碍遮挡影响的 PNT 服务；特殊群体还需要 PNT 服务可穿戴、小型化、低功耗、智能化等。显然，综合 PNT 体系构建必然涉及服务终端的高度集成化、小型化甚至微型化（如芯片集成），而且综合 PNT 体系还涉及智能化的信息融合。

18.3.2　信息源

为了满足可用性、连续性和可靠性，综合 PNT 必须具有基于不同原理的冗余信息源。之所以强调“不同原理”，是因为基于相同原理的信息一旦受干扰、遮蔽，再多的信息源也无济于事。

（1）天基无线电 PNT 信息

天基无线电 PNT 信息仍然是未来综合 PNT 的主要信息源。中国的综合 PNT 系统必须以北斗卫星导航系统（BDS）为核心，兼容 GPS、GLONASS、Galileo 和其他区域卫星导航系统，这种综合系统称为 GPSS，这些 GPSS 信号必须满足兼容与互操作要求，否则综合 PNT 服务将会产生混乱。

为了提升 GPSS 的服务能力，尤其是提升飞机安全飞行与降落安全性，多个发达国家分别建立了星基增强系统（SBAS），美国称之为广域增强系统（WAAS），欧盟称之为 EGNOS，中国称为 BDSBAS，俄罗斯称为 SDCM，日本称为 MSAS，印度称为 GAGAN；为了精密测量和局部完好性增强，多国建立了地基增强系统（GBAS）。

可以利用低轨移动通信卫星播发 GNSS 增强信号来增强天基 PNT，低轨移动通信卫星轨道较低，信号功率相对较强，一般不易受到干扰，而且低轨通信卫星参与 PNT 服务可极大增加用户可视卫星个数，改善用户观测导航信号的 DOP 值，于是有利于提升天基 PNT 服务性能。但必须注意，即使天空布满各类 PNT 卫星，但当信号被遮挡（如地下、水下、室内）时，这类天基 PNT 系统则不能提供服务。天基 PNT 服务需要地面运控系统的支持，一旦地面运控系统受损，天基 PNT 服务就可能受到严重影响。

（2）地基无线电 PNT 信息源

地基 PNT 包括地基增强系统、伪卫星系统，以及其他多种地基无线电 PNT 服务体系。实际上，在卫星导航系统出现之前，各国就发展了多种地基无线电导航定位技术，如多普勒导航雷达系统（Doppler Navigation Radar）、罗兰系统（ROLAN）、塔康系统（TACAN）、奥米伽（Omega）甚低频无线电系统、伏尔（VOR）甚高频系统、阿尔法（Alpha）系统等。这些地基无线电导航系统作用范围小，不易实现全球无缝 PNT 服务，但可以作为区域 PNT 服务的补充。近年来快速发展的移动通信和无线网络系统可以作为新型地基 PNT 的重要信息源。此外，可以基于地基无线电网络体系构建 PNT 云服务系统，类似于云计算。所有志愿者都可以在定位、导航和时间服务平台上提供各端点信息，通过云平台计算使端点用户获得网络 PNT 信息服务。

（3）惯性导航信息源

惯性导航系统（inertial navigation system，INS）是机电光学和力学导航系统。INS 具有自主性强的优点，与外界无须光电交换即可依赖自主设备完成航位推算。INS 的微机电系统具有成本低、易集成的特点。INS 系统可以提供载体的位置、速度和加速度信息，适于水下、地下、深空等无线电信号不易到达区域的导航定位。

INS 一般不能提供高精度时间信息，误差积累较为明显，INS 一般需要与其他 PNT 信息源进行集成和融合，首先需要集成高精度时间信息源，其次需要高精度外部位置信息进行累积误差纠正。

（4）匹配导航信息源

匹配导航信息源一般先存储具有统一地理坐标特征的信息，然后通过各类传感器获取相应特征信息，再与预先测量并储存的信息进行匹配，进而获得位置信息。这类匹配

PNT 信息源主要有影像匹配、重力场匹配、地磁场匹配。这类匹配导航信息适于水下、井下和室内导航定位。导航定位精度取决于预先测量信息的空间分辨率和绝对位置精度，也取决于载体传感器的实时感知精度，其中地磁场信息过于敏感，任何物理环境的扰动都会引起地磁场信息的较大变化。此外，匹配导航一般不提供时间服务，于是也需要与时间信息源集成，并与其他 PNT 信息源进行融合。

（5）其他 PNT 信息源

天文观测信息、银河系外的脉冲星信号、激光导航信息、水下声呐信标等都可以作为综合 PNT 信息源。自适应导航系统（ANS）是美国 DARPA 战略技术办公室负责的一个项目，在无需外界数据源的情况下提供精确的时间、位置惯性测量数据。瑞典的 Linkoping 大学 Gianpaolo Conte 和 Patrick Doherty 提出了基于视觉辅助的 INS、GPS 组合导航系统，系统使用传感器主要是 INS、GPS 和可见光视觉。由于可见光传感器对天气和夜晚不具有鲁棒性，因此，该系统只能在特定条件下使用，可以理解为一种多源信息融合导航方法。

综合 PNT 是未来定位导航和授时系统的发展方向。综合 PNT 首先是 PNT 信息的“多源化”，传感器的高度“集成化”，时空基准的“归一化”，运控手段的“云端化”，多源信息融合的“自适应化”，PNT 融合数据的“稳健化”，最终实现 PNT 服务模式的“智能化”。由于综合 PNT 强调 PNT 原理的多样性与信息的冗余性，于是综合 PNT 的容错能力、系统误差的补偿能力、异常误差影响的控制能力，以及抗差性（或稳健性）都会得到显著增强，进而可用性、完好性和可靠性都会得到提升。

18.3.3　相关技术

（1）综合 PNT 服务终端技术

随着 PNT 信息源的增加，必然给用户 PNT 服务终端研发带来挑战。未来的综合 PNT 服务终端应实现芯片化集成，才能实现小型化和低功耗；应包含无线电导航组件、惯性导航组件和微型原子钟组件等微型装置，且无系统间偏差，满足互操作等特性。

目前，最易实现的是将芯片级原子钟、微电子机械系统的惯性测量单元（IMU）和 GNSS 集成，或将 IMU 和芯片级原子钟嵌入到 GNSS 接收机，INS 与 GNSS 的互补性强，是比较理想而且相对简单的综合 PNT 集成系统。但是由于惯性导航的误差积累显著，在缺失 GNSS 信号的情况下，这类综合 PNT 的长期稳健服务仍然存在问题。

另一种 PNT 终端集成是各类匹配导航传感器、芯片化的原子钟与计算单元及 MEMS IMU 集成。尽管影像、重力、磁力值所对应的位置信息本身精度不高，但它们没有明显的系统误差累积，而且这几类 PNT 信息一般不受外界无线电干扰，于是可以用于长距离航行的惯性导航误差纠正。此外，超稳微型原子钟单元可以为各类匹配导航、惯性导航提供同步时间信息。

未来综合 PNT 终端还包括脉冲星信息感知传感器、光学雷达传感器。多源信息感知的敏感性、抗干扰性、稳定性是集成 PNT 传感器的关键。未来综合 PNT 体系发展，首先必须解决小型或微型超稳时钟研制难题，为机动载体提供稳定可靠的时间服务；其次是发展超稳定、累积误差小的惯性导航组件（如量子惯性导航器件），为长航时载体提供无须外部信息支持的定位、导航与授时服务；必须发展芯片化传感器的深度集成技术，而不是各类传感器的简单组合，才能满足小型化、便携式、低功耗、长航时 PNT 服务的需要。

（2）多源信息融合技术

“综合 PNT”不是单一 PNT 信息的集成或者综合，而是多类信息的融合。多类信息由于空间基准不同，必须进行空间基准的归一化，中国综合 PNT 体系应该采用中国 2000 坐标基准；多信息融合必须基于统一的时间基准，尤其是对于高速运动的载体的 PNT 服务，统一时间基准尤为重要。中国的综合 PNT 必须以北斗卫星导航系统（BDS）为核心，应该采用北斗时间（BDT）作为时标，对其他信息源进行时间归算、时间同步和时间修正，使用户的综合 PNT 对应同一时标。

基于不同背景、不同原理构建的 PNT 服务系统或 PNT 服务组件，其函数模型是不同的。各类观测信息中可能还含有各自对应的重要物理参数、几何参数和时变参数等信息。为了实现综合 PNT 服务，各类 PNT 观测信息的函数模型必须表示成相同的位置、速度和时间参数（即用户关注的 PNT 参数）。函数模型的统一表达是深度 PNT 信息融合的基础。共同的函数模型还应包括各类 PNT 传感器或各类 PNT 信息源的系统偏差参数（或互操作参数），如多个 GNSS 信息融合的频间偏差、惯导与 GNSS 组合的惯导累积误差等。

多源 PNT 信息融合必须有合理优化的随机模型。不同类型的 PNT 观测信息具有不同的不确定度以及不同的误差分布。在多类 PNT 信息融合时，应实时或近实时地确定各类观测信息的方差或权重，可以采用方差分量估计或基于实际偏差量确定的随机模型。综合 PNT 信息处理必须采用合理高效的计算方法。多源信息并行计算是实现高效 PNT 信息融合的重要手段。为了控制各观测异常对 PNT 参数的影响，可以采用抗差信息融合。为了控制动力学模型异常对综合 PNT 参数估计影响，可以采用自适应 Kalman 滤波进行 PNT 信息融合。

多源 PNT 信息融合必须建立在信息兼容与互操作的基础上，如此才能确保 PNT 结果的可互换。融合后的 PNT 信息，不仅可用性和连续性得到提升，稳健性和可靠性也会得到显著增强。此外，在综合 PNT 体系下，单一系统的完好性的重要性将显著减弱。因为综合 PNT 的信息源更丰富，多源信息的容错能力、误差补偿能力将得到增强，尤其是基于抗差估计原理的多源信息融合，将会提高综合 PNT 的抗差性（稳健性）。

参考文献

[1] 杨元喜．“北斗＋”与综合PNT体系［C］．第八届中国卫星导航学术年会论文集．2017，上海．

[2] 江城，张嵘．美国Micro－PNT发展综述［C］．第六届中国卫星导航学术年会论文集，2015，西安．

[3] Current and Planned Global and Regional Navigation Satellite Systems and Satellite－based Augmentations Systems［C］，UNITED NATIONS OFFICE FOR OUTER SPACE AFFAIRS，International Committee on Global Navigation Satellite Systems Provider's Forum，UNITED NATIONS，New York，2010.

[4] PARKINSON B. Assured PNT for Our Future：PTA. Actions Necessary to Reduce Vulnerability and Ensure Availability［C］．The 25th Anniverrsary GNSS History Special Supplement.［S. I.］：GPS World staff，2014.

[5] Parkingson B. A. PAT Program and Specitic Challenges to PNT，Presentation tlak in ICC10［R］. Boulker：［s. n.］，2015.

[6] National Positioning，Navigation，and Timing Architecture Implementation Plan［R］．［S. I.］：Department of Transportation and Department of Defense of USA. 2010.

[7] GUNDETIV M. Folded MEMS Approach to NMRG［D］．California：University of California，2015.

[8] 范本尧，刘天雄，徐峰，聂欣，刘安邦，赵小鲂．全球卫星导航系统数据通信业务发展研究［J］. 航天器工程，2016，25（03）：6－13.

[9] 杨元喜，李晓燕．微PNT与综合PNT［J］．测绘学报，2017，46（10）：1249－1254.

[10] 杨元喜．综合PNT体系及其关键技术［J］．测绘学报，2016，45（5）：505－510.

[11] 杨元喜．北斗卫星导航系统的进展、贡献与挑战［J］．测绘学报，2010，39（1）：1－7.

[12] 谭述森．北斗卫星导航系统的发展与思考［J］．宇航学报，2008（2）：391－396.

[13] 李耐和，张永红，席欢．美正在开发的PNT新技术及几点认识［J］．卫星应用，2015（12）：34－37.

[14] MEGERD，LARSEN M. Nuclear Magnetic Resonance Gyro for Inertial Navigation［J］. Gyroscopyand Navigation，2014，5（2）：75G82.

[15] SHKELA. The Chip Gscale Combinatorial Atomic Navigator［J］. GPS World. 2013，24（8）：8G10.

[16] SHKEL A M. Micro technology Comes of Age［J］. GPS World. 2011，22（9）：43G50.

[17] 美正在开发GPS以外的定位新技术［EB/OL］．科技日报．［2014－08－19］．

[18] Bradford Parkinson. Three Key Attributes and Nine Druthers［EB/OL］．http：//www. gpsworld. com/expert－advice－pnt－for－the－nation/.

[19] 美国DARPA正在开发5种不依赖GPS的定位导航与授时技术［EB/OL］．［2014－07－27］中国国防科技信息中心．http：//roll. sohu. com/20140727/n402783207. shtml.

[20] Beyond GPS：Five Next－Generation Technologies for Positioning，Navigation and Timing（PNT）［EB/OL］．［2014－08－27］https：//www. directionsmag. com/article/1338.

[21] DARPA's Micro - PNT sensor technology as positioning tracker? [EB/OL] . https: // forums. oculus. com/developer/discussion/1093/darpa - s - micro - pnt - sensor - technology - as - positioning - tracker.

[22] Micro - technology for positioning, navigation, and timing towards PNT everywhere and always [DB/OL] . http: //ieeexplore. ieee. org/document/6782498/.

[23] Muthukumar Kumar. Micro - Technology for Navigation , Positioning and Timing [EB/OL] . [2013 - 10 - 27] http: //geoawesomeness. com/micro - technology - for - navigation - positioning - and - timing/.

[24] AndreiM. Shkel. Micro - Technology for Positioning, Navigation and Timing (μPNT) [EB/OL], http: //web. stanford. edu/group/scpnt/pnt/PNT10/presentation _ slides/15 - PNT _ Symposium _ Shkel. pdf

[25] 导航战 GPS 拒止环境下的新型导航技术 [DB/OL] . 个人图书馆 . [2016 - 07 - 30] hhttp: // www. 360doc. com/content/16/0730/16/30774303 _ 579577238. shtml.

[26] DARPA beefs up positioning, navigation, timing tech [EB/OL] . [2014 - 07 - 29] http: // archive. eetindia. co. in/www. eetindia. co. in/ART _ 8800701975 _ 1800005 _ NT _ bb5067b8. HTM.

[27] DARPA's Micro - Technology for Positioning, Navigation and Timing (Micro - PNT) without GPS. [EB/OL] . [2013 - 04 - 18] http: //www. uasvision. com/2013/04/18/darpas - micro - technology - for - positioning - navigation - and - timing - micro - pnt - without - gps/.

[28] Expert Advice: The Chip - Scale Combinatorial Atomic Navigator [EB/OL] . GPS World. [2013 - 08 - 01] . http: //gpsworld. com/tag/micro - pnt/.

[29] Micro Technology for Positioning, Navigation and Timing (Micro PNT) [EB/OL] . [2016 - 04 - 23] http: //www. darpa. mil/program/micro technology for positioning - navigation and timing.

[30] Micro Technology for Positioning, Navigation and Timing (Micro PNT) [EB/OL] . http: // www. mitchelleffect. com/pdfs/EXTRA7 _ DARPAMicroTechnology. pdf.

[31] MICRO - TECHNOLOGY FOR POSITIONING, AVIGATION AND TIMING (MICRO - PNT) [EB/OL] . http: //www. darpa. mil/Our _ Work/MTO/Programs/Micro - Technology _ for _ Positioning, _ Navigation _ and _ Timing _ (Micro - PNT) . aspx.

[32] Robert Lutwak . Emerging Microsystem Technologies for Autonomous Positioning, Navigation, and Timing (PNT) [EB/OL] . [2016 - 05 - 18] http: //www. gps. gov/governance/advisory/ meetings/2016 - 05/lutwak. pdf.

[33] An intuitive approach to the GNSS positioning [DB/OL] . Navipedia. 2011, https: // www. baidu. com/link? url=oJq4uiRT6ce0cioCUGgMbi4awSIxh7M0uKjui7FqHx - 1NnADA5mlZ - ryWIB2py0OLQGgO5kTkD6QD8M5oYuU2pEmFNNuEaQQgH2BMCxrXIDM8d5EIarPpefhrHp _ oUS2&wd=&eqid=8ecdfab900045794000000045ae5608e.